U0378388

MATLAB PROGRAMMING GUIDE

MATLAB 编程指南

付文利 刘刚◎编著
Fu Wenli Liu Gang

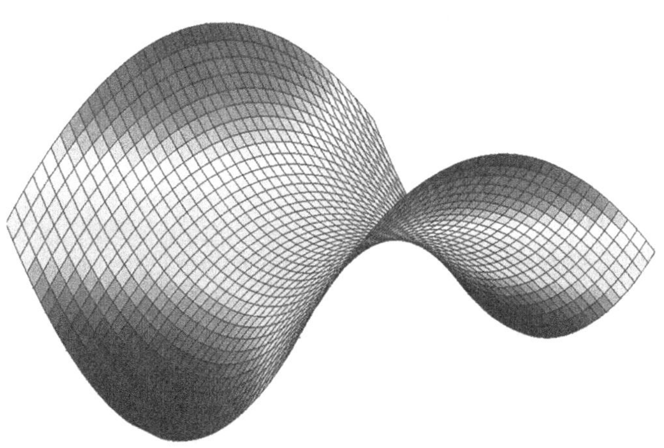

清華大學出版社
北京

内容简介

MATLAB 是适合多学科、多工作平台、开放性很强的大型科学应用软件。本书以 MATLAB R2016a 软件为基础，全面阐述 MATLAB 的功能及编程方法，帮助读者尽快掌握 MATLAB 的应用技巧。

全书共分为 22 章，从 MATLAB 简介开始，详细介绍了数组、矩阵、符号运算、MATLAB 绘图、数据分析、微积分方程、MATLAB 优化、函数、程序设计、图形用户界面、Simulink 仿真系统及其建模应用、工具箱等内容。此外，本书还详细介绍了神经网络、信号处理和图形处理等工具箱的应用；附录中给出了 MATLAB 基本命令和 Simulink 基本模块的介绍，便于读者使用和研究。为了使用户能够更好地操作 MATLAB，本书中示例的命令已记录在 M 文件及其他相关文件中，读者可以将相关的目录设置为工作目录，直接使用 M 文件进行操作，以便快速掌握 MATLAB 的使用方法。

本书是一本全面的 MATLAB 综合性参考图书。本书深入浅出，实例丰富，内容翔实，既可以作为高等院校理工科的本科生、研究生的教材，也可作为广大科研工程技术人员的参考用书。

图书在版编目(CIP)数据

MATLAB 编程指南/付文利，刘刚编著. —北京：清华大学出版社，2017（2022.10重印）
（科学与工程计算技术丛书）
ISBN 978-7-302-46739-7

Ⅰ. ①M… Ⅱ. ①付… ②刘… Ⅲ. ①Matlab 软件—程序设计—指南 Ⅳ. ①TP317-62

中国版本图书馆 CIP 数据核字(2017)第 048631 号

责任编辑：盛东亮
封面设计：李召霞
责任校对：时翠兰
责任印制：朱雨萌

出版发行：清华大学出版社
网　　址：http://www.tup.com.cn，http://www.wqbook.com
地　　址：北京清华大学学研大厦 A 座　　**邮　　编**：100084
社 总 机：010-83470000　　**邮　　购**：010-62786544
投稿与读者服务：010-62776969，c-service@tup.tsinghua.edu.cn
质量反馈：010-62772015，zhiliang@tup.tsinghua.edu.cn
课件下载：http://www.tup.com.cn，010-83470236
印 装 者：三河市龙大印装有限公司
经　　销：全国新华书店
开　　本：185mm×260mm　　**印　　张**：49.5　　**字　　数**：1168 千字
版　　次：2017 年 12 月第 1 版　　**印　　次**：2022 年 10月第 8次印刷
定　　价：110.00 元

产品编号：072491-01

序言

致力于加快工程技术和科学研究的步伐——这句话总结了 MathWorks 坚持超过三十年的使命。

在这期间，MathWorks 有幸见证了工程师和科学家使用 MATLAB 和 Simulink 在多个应用领域中的无数变革和突破：汽车行业的电气化和不断提高的自动化；日益精确的气象建模和预测；航空航天领域持续提高的性能和安全指标；由神经学家破解的大脑和身体奥秘；无线通信技术的普及；电力网络的可靠性，等等。

与此同时，MATLAB 和 Simulink 也帮助了无数大学生在工程技术和科学研究课程里学习关键的技术理念并应用于实际问题中，培养他们成为栋梁之才，更好地投入科研、教学以及工业应用中，指引他们致力于学习、探索先进的技术，融合并应用于创新实践中。

如今，工程技术和科研创新的步伐令人惊叹。创新进程以大量的数据为驱动，结合相应的计算硬件和用于提取信息的机器学习算法。软件和算法几乎无处不在——从孩子的玩具到家用设备，从机器人和制造体系到每一种运输方式——让这些系统更具功能性、灵活性、自主性。最重要的是，工程师和科学家推动了这些进程，他们洞悉问题，创造技术，设计革新系统。

为了支持创新的步伐，MATLAB 发展成为一个广泛而统一的计算技术平台，将成熟的技术方法（比如控制设计和信号处理）融入令人激动的新兴领域，例如深度学习、机器人、物联网开发等。对于现在的智能连接系统，Simulink 平台可以让您实现模拟系统，优化设计，并自动生成嵌入式代码。

“科学与工程计算技术丛书”系列主题反映了 MATLAB 和 Simulink 汇集的领域——大规模编程、机器学习、科学计算、机器人等。我们高兴地看到“科学与工程计算技术丛书”支持 MathWorks 一直以来追求的目标：助您加速工程技术和科学研究。

期待着您的创新！

Jim Tung
MathWorks Fellow

PREFACE

To Accelerate the Pace of Engineering and Science. These eight words have summarized the MathWorks mission for over 30 years.

In that time, it has been an honor and a humbling experience to see engineers and scientists using MATLAB and Simulink to create transformational breakthroughs in an amazingly diverse range of applications: the electrification and increasing autonomy of automobiles; the dramatically more accurate models and forecasts of our weather and climates; the increased performance and safety of aircraft; the insights from neuroscientists about how our brains and bodies work; the pervasiveness of wireless communications; the reliability of power grids; and much more.

At the same time, MATLAB and Simulink have helped countless students in engineering and science courses to learn key technical concepts and apply them to real-world problems, preparing them better for roles in research, teaching, and industry. They are also equipped to become lifelong learners, exploring for new techniques, combining them, and applying them in novel ways.

Today, the pace of innovation in engineering and science is astonishing. That pace is fueled by huge volumes of data, matched with computing hardware and machine-learning algorithms for extracting information from it. It is embodied by software and algorithms in almost every type of system—from children's toys to household appliances to robots and manufacturing systems to almost every form of transportation—making those systems more functional, flexible, and autonomous. Most important, that pace is driven by the engineers and scientists who gain the insights, create the technologies, and design the innovative systems.

To support today's pace of innovation, MATLAB has evolved into a broad and unifying technical computing platform, spanning well-established methods, such as control design and signal processing, with exciting newer areas, such as deep learning, robotics, and IoT development. For today's smart connected systems, Simulink is the platform that enables you to simulate those systems, optimize the design, and automatically generate the embedded code.

The topics in this book series reflect the broad set of areas that MATLAB and Simulink bring together: large-scale programming, machine learning, scientific computing, robotics, and more. We are delighted to collaborate on this series, in support of our ongoing goal: to enable you to accelerate the pace of your engineering and scientific work.

I look forward to the innovations that you will create!

Jim Tung

MathWorks Fellow

前言

作为数值计算、符号运算和模型仿真等多种功能的实现工具，MATLAB这一强大的科学计算软件越来越受到业界的广泛认可，它已成为信号处理、通信原理、自动控制等专业基础课程的首选实验平台。

目前，许多高校开设了MATLAB相关课程，广大师生迫切需要一本有效学习MATLAB课程的优秀教材；大量的MATLAB研究工作者也需要一本书籍作为各类MATLAB培训和MATLAB相关应用开发的参考书。

本书基于MATLAB R2016a，详细讲解了MATLAB的基础知识和核心内容。全书力求从实用的角度出发，通过大量经典案例，对MATLAB的功能、操作和相关应用做了详细介绍，使读者快速掌握MATLAB的各种应用。

1. 本书特点

(1) 由浅入深，循序渐进：本书以初、中级读者为对象，首先从MATLAB基本知识讲起，再以各种MATLAB应用案例帮助读者尽快掌握MATLAB的应用技能。

(2) 步骤详尽、内容新颖：本书结合作者多年的MATLAB使用经验与实际工程应用案例，将MATLAB的各种经典功能、使用技巧详细地讲解给读者。本书在讲解过程中步骤详尽、内容新颖，讲解过程辅以相应的图片，使读者在阅读时一目了然，从而快速把握书中所讲内容。

(3) 实例典型，轻松易学：通过学习经典应用案例的具体操作是掌握MATLAB使用方法最好的方式。本书通过综合应用案例，透彻、详尽地讲解了MATLAB的各种应用。

2. 本书内容

本书面向初、中级读者，在介绍MATLAB编程环境基础上，详细讲解了MATLAB计算、仿真及应用的基础知识和核心内容。书中各章均提供了大量的针对性案例，并辅以插图和注释，供读者实战练习，快速掌握数学建模的MATLAB应用。

全书共22章，可分为四部分。

第一部分为MATLAB基础知识，主要介绍MATLAB特点、向量运算、矩阵和字符串运算、数组的操作、数值运算、MATLAB符号方程求解等内容。具体的章节安排如下：

第1章　MATLAB概述；
第2章　MATLAB基础；
第3章　数组；
第4章　矩阵；
第5章　符号运算。

前言

第二部分为 MATLAB 数据处理，主要介绍二维绘图、三维绘图、曲线拟合、多种求积算法、最小二乘最优问题、随机数、统计图表的绘制、M 文件、参数传递等内容。具体的章节安排如下：

第 6 章　MATLAB 二维绘图；

第 7 章　MATLAB 三维绘图；

第 8 章　数据分析；

第 9 章　微积分方程；

第 10 章　MATLAB 优化；

第 11 章　概率和数理统计；

第 12 章　函数。

第三部分为 MATLAB 程序和 GUI 设计，主要介绍程序结构和控制语句、免疫算法、小波分析算法、GUI 对象的创建、人工神经网络的基本原理、三种常见的专业神经网络 GUI 设计等内容。具体的章节安排如下：

第 13 章　MATLAB 程序设计；

第 14 章　经典智能算法的 MATLAB 实现；

第 15 章　图形用户界面；

第 16 章　神经网络 GUI 设计。

第四部分为 Simulink 应用和 MATLAB 工具箱，主要介绍 Simulink 系统仿真、子系统操作方法、模型调试、神经网络工具箱、随机信号处理、图像处理工具箱在图像分割中的应用等内容。具体的章节安排如下：

第 17 章　Simulink 基础；

第 18 章　Simulink 子系统；

第 19 章　Simulink 仿真与调试；

第 20 章　神经网络工具箱；

第 21 章　信号处理工具箱；

第 22 章　图像处理工具箱。

3. 读者对象

本书适合于 MATLAB 初学者和期望提高 MATLAB 应用能力的读者，具体的读者对象如下：

★ MATLAB 爱好者；

★ 初学 MATLAB 的技术人员；

★ 大中专院校的教师和在校生；

★ 相关培训机构的教师和学员；

★ 参加工作实习的“菜鸟”;

★ 广大科研工作人员。

4. 读者服务

为了方便解决本书疑难问题,如果读者在学习过程中遇到与本书有关的技术问题,可以发邮件到邮箱 caxart@126.com,或者访问博客 http://blog.sina.com.cn/caxart,编者会尽快给予解答。

另外,本书所涉及的素材文件(程序代码)已经上传到清华大学出版社网站本书页面,读者可以从网上下载。

本书主要由付文利、刘刚编著。此外,王广、张岩、温正、林晓阳、任艳芳、唐家鹏、孙国强、高飞等也参与了本书的编写工作,在此一并表示感谢。

虽然作者在本书的编写过程中力求叙述准确、完善,但由于水平有限,书中欠妥之处在所难免,希望读者能够及时指出,共同促进本书质量的提高。

最后再次希望本书能为读者的学习和工作提供帮助!

编著者

2017 年 12 月

目录

第一部分　MATLAB基础知识

第1章　MATLAB概述 …… 3
1.1　MATLAB简介 …… 3
1.2　MATLAB的特点及应用领域 …… 4
1.3　MATLAB R2016a的工作环境 …… 5
1.3.1　操作界面 …… 6
1.3.2　命令行窗口 …… 6
1.3.3　命令历史记录窗口 …… 10
1.3.4　输入变量 …… 11
1.3.5　当前文件夹窗口和路径管理 …… 13
1.3.6　搜索路径 …… 14
1.3.7　工作区窗口和数组编辑器 …… 16
1.3.8　变量的编辑命令 …… 17
1.3.9　存取数据文件 …… 18
1.4　MATLAB R2016a的帮助系统 …… 19
1.4.1　纯文本帮助 …… 19
1.4.2　演示帮助 …… 21
1.4.3　帮助导航 …… 23
1.4.4　帮助文件窗口 …… 23
1.4.5　帮助文件索引窗 …… 23
本章小结 …… 24

第2章　MATLAB基础 …… 25
2.1　基本概念 …… 25
2.1.1　MATLAB数据类型概述 …… 25
2.1.2　整数类型 …… 26
2.1.3　浮点数类型 …… 28
2.1.4　复数 …… 29
2.1.5　无穷量(Inf)和非数值量(NaN) …… 30
2.1.6　数值类型的显示格式 …… 31
2.1.7　确定数值类型的函数 …… 31
2.1.8　常量与变量 …… 32
2.1.9　标量、向量、矩阵与数组 …… 33

目录

2.1.10 字符串 …… 33
2.1.11 运算符 …… 34
2.1.12 命令、函数、表达式和语句 …… 36
2.2 向量运算 …… 37
2.2.1 向量的生成 …… 37
2.2.2 向量的加减和数乘运算 …… 39
2.2.3 向量的点、叉积运算 …… 39
2.3 矩阵运算 …… 41
2.3.1 矩阵元素的存储次序 …… 42
2.3.2 矩阵元素的表示及相关操作 …… 42
2.3.3 矩阵的创建 …… 45
2.3.4 矩阵的代数运算 …… 51
2.4 字符串运算 …… 57
2.4.1 字符串变量与一维字符数组 …… 57
2.4.2 对字符串的多项操作 …… 58
2.4.3 二维字符数组 …… 60
本章小结 …… 61

第3章 数组 …… 62
3.1 MATLAB 中的数组 …… 62
3.2 数组的创建 …… 62
3.2.1 创建空数组 …… 63
3.2.2 创建一维数组 …… 63
3.2.3 创建二维数组 …… 64
3.2.4 创建三维数组 …… 65
3.2.5 创建低维标准数组 …… 69
3.2.6 创建高维标准数组 …… 70
3.3 数组的属性 …… 71
3.3.1 数组结构 …… 71
3.3.2 数组大小 …… 71
3.3.3 数组维度 …… 72
3.3.4 数组数据类型 …… 73
3.3.5 数组内存的占用 …… 74
3.4 创建特殊数组 …… 74
3.4.1 0-1 数组 …… 74

3.4.2 对角数组 …… 75
3.4.3 随机数组 …… 76
3.4.4 魔方数组 …… 77
3.5 数组操作 …… 77
3.5.1 数组的保存和装载 …… 77
3.5.2 数组索引和寻址 …… 78
3.5.3 数组的扩展和裁剪 …… 80
3.5.4 数组形状的改变 …… 85
3.5.5 数组运算 …… 88
3.5.6 数组的查找 …… 91
3.5.7 数组的排序 …… 92
3.5.8 高维数组的降维操作 …… 93
3.6 多维数组及其操作 …… 94
3.6.1 多维数组的属性 …… 94
3.6.2 多维数组的操作 …… 95
3.7 关系运算和逻辑运算 …… 97
3.7.1 关系运算 …… 97
3.7.2 逻辑运算 …… 98
3.7.3 常用函数 …… 101
本章小结 …… 102

第4章 矩阵 …… 103
4.1 矩阵的基本特征参数 …… 103
4.1.1 矩阵的基本参数 …… 103
4.1.2 条件数、矩阵的稳定性 …… 104
4.1.3 特征值和特征向量的基本概念 …… 106
4.2 矩阵的生成 …… 106
4.2.1 实数值矩阵输入 …… 107
4.2.2 复数矩阵输入 …… 107
4.2.3 符号矩阵的生成 …… 108
4.2.4 大矩阵的生成 …… 109
4.3 矩阵运算 …… 109
4.3.1 矩阵分析 …… 109
4.3.2 矩阵特征值和特征向量的计算 …… 113
4.4 矩阵分解 …… 117

目录

4.4.1 Cholesky 分解 …… 118
4.4.2 使用 Cholesky 分解求解方程组 …… 119
4.4.3 不完全 Cholesky 分解 …… 119
4.4.4 LU 分解 …… 120
4.4.5 不完全 RU 分解 …… 122
4.4.6 QR 分解 …… 122
4.4.7 操作 QR 分解结果 …… 124
4.4.8 奇异值分解 …… 124
4.5 常用的数学函数 …… 125
4.5.1 三角函数 …… 126
4.5.2 指数和对数函数 …… 127
4.5.3 复数函数 …… 129
4.6 稀疏矩阵技术 …… 131
4.6.1 基本稀疏矩阵 …… 131
4.6.2 稀疏矩阵的函数 …… 134
本章小结 …… 137

第 5 章 符号运算 …… 138
5.1 符号运算的基本概念 …… 138
5.1.1 符号对象 …… 138
5.1.2 创建符号对象与函数命令 …… 140
5.1.3 符号常量 …… 142
5.1.4 符号变量 …… 142
5.1.5 符号表达式、符号函数与符号方程 …… 144
5.1.6 函数命令 findsym() …… 148
5.1.7 数组、矩阵与符号矩阵 …… 150
5.2 符号运算的基本内容 …… 151
5.2.1 符号变量代换及其函数 subs() …… 151
5.2.2 符号对象转换为数值对象的函数 …… 153
5.2.3 符号表达式的化简 …… 154
5.2.4 符号运算的其他函数 …… 159
5.2.5 两种特定的符号运算函数 …… 161
5.3 符号微积分运算及应用 …… 163
5.3.1 MATLAB 符号极限运算 …… 163
5.3.2 符号函数微分运算 …… 166

5.3.3 符号函数积分运算 …… 167
5.3.4 符号卷积 …… 169
5.3.5 符号积分的变换 …… 170
5.4 符号矩阵及其运算 …… 172
5.4.1 符号矩阵的建立与访问 …… 173
5.4.2 符号矩阵的基本运算 …… 177
5.4.3 符号矩阵的化简 …… 182
5.4.4 符号矩阵的微分与积分 …… 185
5.4.5 符号矩阵的 Laplace 变化 …… 186
5.5 MATLAB 符号方程求解 …… 187
5.5.1 符号代数方程求解 …… 187
5.5.2 符号微分方程求解 …… 191
5.6 符号函数图形计算器 …… 194
5.6.1 符号函数图形计算器的界面 …… 194
5.6.2 符号函数图形计算器的输入框操作 …… 195
5.6.3 符号函数图形计算器的按钮操作 …… 195
本章小结 …… 197

第二部分 MATLAB 数据处理

第 6 章 MATLAB 二维绘图 …… 201
6.1 数据图像绘制简介 …… 201
6.1.1 离散数据可视化 …… 201
6.1.2 连续函数可视化 …… 204
6.2 二维图形的基本绘图命令 …… 206
6.2.1 二维图形绘制步骤 …… 206
6.2.2 二维图形基本绘图命令 plot …… 208
6.2.3 快速方程式画图(fplot,ezplot) …… 211
6.3 二维图形的修饰 …… 213
6.3.1 色彩、线型和点型 …… 213
6.3.2 坐标轴的调整 …… 215
6.3.3 刻度和分格线 …… 217
6.3.4 设置坐标框 …… 218
6.3.5 图形标识 …… 219
6.3.6 图案填充 …… 222
6.4 子图绘制法 …… 225

目录

6.5 特殊图形的绘制 …… 227

6.5.1 特殊坐标图形的绘制 …… 227

6.5.2 特殊二维图形的绘制 …… 231

6.6 二维绘图的实际应用 …… 239

本章小结 …… 244

第7章 MATLAB 三维绘图 …… 245

7.1 三维绘图基础 …… 245

7.1.1 三维绘图基本步骤 …… 245

7.1.2 三维绘图基本命令 …… 246

7.1.3 三维坐标标记及图形标记 …… 249

7.2 三维网格曲面 …… 250

7.2.1 绘制三维曲面 …… 250

7.2.2 栅格数据的生成 …… 255

7.2.3 网格曲面的绘制命令 …… 258

7.2.4 隐藏线的显示和关闭 …… 260

7.3 三维阴影曲面的绘制 …… 261

7.3.1 带有等高线的阴影曲面绘制 …… 262

7.3.2 具有光照效果的阴影曲面绘制 …… 262

7.4 三维图形的控制 …… 263

7.4.1 设置视角位置 …… 263

7.4.2 设置坐标轴 …… 265

7.5 三维图形特殊处理 …… 266

7.5.1 透视、裁剪和镂空 …… 266

7.5.2 色彩控制 …… 268

7.5.3 照明和材质处理 …… 271

7.5.4 简洁绘图指令 …… 273

7.6 特殊三维图形 …… 275

7.6.1 螺旋线 …… 275

7.6.2 抛物面 …… 277

7.6.3 柱状图 …… 278

7.6.4 柱体 …… 279

7.6.5 饼状图 …… 281

7.6.6 双曲面 …… 281

7.6.7 三维等高线 …… 282

目录

7.6.8 三维离散序列图 …… 284
7.6.9 其他图形 …… 284
7.7 三维绘图的实际应用 …… 285
本章小结 …… 293

第8章 数据分析 …… 294
8.1 插值 …… 294
8.1.1 一维插值命令及实例 …… 294
8.1.2 二维插值命令及实例 …… 297
8.1.3 样条插值 …… 298
8.2 曲线拟合 …… 300
8.2.1 多项式拟合 …… 300
8.2.2 加权最小方差(WLS)拟合原理及实例 …… 301
8.3 曲线拟合图形界面 …… 303
8.3.1 曲线拟合 …… 303
8.3.2 绘制拟合残差图形 …… 305
8.3.3 进行数据预测 …… 305
8.4 傅里叶分析 …… 306
8.4.1 离散傅里叶变换 …… 306
8.4.2 FFT和DFT …… 308
8.5 图像数据分析处理 …… 310
本章小结 …… 317

第9章 微积分方程 …… 318
9.1 微分方程的基础及其应用 …… 318
9.1.1 微分方程的概念 …… 318
9.1.2 常微分方程的解 …… 319
9.1.3 微分方程的数值解法 …… 325
9.1.4 偏微分方程的数值解 …… 326
9.2 积分方程的基础及其应用 …… 331
9.2.1 积分的有关理论 …… 331
9.2.2 数值积分的MATLAB应用 …… 335
9.2.3 高斯积分的MATLAB应用 …… 341
9.2.4 反常积分的MATLAB应用 …… 342
9.2.5 重积分的MATLAB应用 …… 349

目录

9.3 多种求积算法的分析比较 …… 352
9.3.1 牛顿-科茨求积公式及其 MATLAB 实现 …… 352
9.3.2 复化求积公式及其 MATLAB 实现 …… 354
9.3.3 龙贝格求积公式及其 MATLAB 实现 …… 357
9.3.4 高斯-勒让德求积公式及其 MATLAB 实现 …… 358
9.3.5 各种求积公式的分析比较 …… 360
9.4 MATLAB 求方程极值解 …… 362
9.4.1 一元函数的极限 …… 362
9.4.2 多元函数的极值 …… 364
本章小结 …… 366

第 10 章 MATLAB 优化 …… 367
10.1 常见优化问题 …… 367
10.1.1 无约束非线性优化 …… 367
10.1.2 有约束规划 …… 376
10.1.3 目标规划 …… 379
10.1.4 最大最小化问题 …… 385
10.1.5 线性规划 …… 388
10.1.6 二次规划 …… 391
10.1.7 多目标规划 …… 393
10.1.8 非线性方程的优化解 …… 397
10.2 最小二乘最优问题 …… 400
10.2.1 约束线性最小二乘 …… 400
10.2.2 非线性数据(曲线)拟合 …… 402
10.2.3 非负线性最小二乘 …… 403
10.3 代数方程的求解 …… 403
本章小结 …… 405

第 11 章 概率和数理统计 …… 406
11.1 随机数的产生 …… 406
11.1.1 二项分布随机数 …… 406
11.1.2 泊松分布随机数 …… 407
11.1.3 均匀分布随机数 …… 408
11.1.4 正态分布随机数 …… 409
11.1.5 其他常见分布随机数 …… 409

11.2 概率密度函数 …… 411
11.2.1 常见分布的密度函数作图 …… 411
11.2.2 通用函数计算概率密度函数值 …… 415
11.2.3 专用函数计算概率密度函数值 …… 416
11.3 随机变量的数字特征 …… 417
11.3.1 平均值、中值 …… 417
11.3.2 数学期望 …… 419
11.3.3 协方差及相关系数 …… 420
11.3.4 矩和协方差矩阵 …… 421
11.3.5 数据比较 …… 421
11.3.6 方差 …… 423
11.3.7 常见分布的期望和方差 …… 425
11.4 参数估计 …… 425
11.4.1 常见分布的参数估计 …… 426
11.4.2 点估计 …… 428
11.4.3 区间估计 …… 429
11.5 假设检验 …… 430
11.5.1 方差已知时的均值假设检验 …… 430
11.5.2 正态总体均值假设检验 …… 431
11.5.3 分布拟合假设检验 …… 433
11.6 方差分析 …… 435
11.6.1 单因子方差分析 …… 435
11.6.2 双因子方差分析 …… 437
11.7 统计图表的绘制 …… 437
本章小结 …… 443

第 12 章 函数 …… 444
12.1 M 文件 …… 444
12.1.1 M 文件概述 …… 444
12.1.2 变量 …… 445
12.1.3 脚本文件 …… 447
12.1.4 函数文件 …… 447
12.1.5 函数调用 …… 449
12.2 函数类型 …… 452
12.2.1 匿名函数 …… 452

12.2.2 M文件主函数 …… 453
12.2.3 嵌套函数 …… 453
12.2.4 子函数 …… 454
12.2.5 私有函数 …… 455
12.2.6 重载函数 …… 455
12.3 参数传递 …… 455
12.3.1 MATLAB参数传递概述 …… 455
12.3.2 输入和输出参数的数目 …… 456
12.3.3 可变数目的参数传递 …… 457
12.3.4 返回被修改的输入参数 …… 458
12.3.5 全局变量 …… 459
本章小结 …… 460

第三部分 MATLAB程序和GUI设计

第13章 MATLAB程序设计 …… 463
13.1 MATLAB的程序结构 …… 463
13.1.1 if分支结构 …… 463
13.1.2 switch分支结构 …… 464
13.1.3 while循环结构 …… 465
13.1.4 for循环结构 …… 466
13.2 MATLAB的控制语句 …… 468
13.2.1 continue命令 …… 468
13.2.2 break命令 …… 469
13.2.3 return命令 …… 470
13.2.4 input命令 …… 470
13.2.5 keyboard命令 …… 471
13.3 MATLAB文件操作 …… 471
13.4 程序调试 …… 473
13.4.1 程序调试命令 …… 473
13.4.2 程序常见的错误类型 …… 474
13.5 MATLAB程序优化 …… 478
13.5.1 效率优化(时间优化) …… 479
13.5.2 内存优化(空间优化) …… 479
13.5.3 几个常用的算法程序 …… 485
本章小结 …… 492

目录

第 14 章　经典智能算法的 MATLAB 实现 …… 493
14.1　免疫算法的 MATLAB 实现 …… 493
14.1.1　基本原理 …… 493
14.1.2　程序设计 …… 494
14.1.3　经典应用 …… 501
14.2　小波分析算法的 MATLAB 实现 …… 508
14.2.1　基本原理 …… 508
14.2.2　程序设计 …… 509
14.2.3　经典应用 …… 516
14.3　PID 控制器的实现 …… 520
14.3.1　基本原理 …… 520
14.3.2　经典应用 …… 522
本章小结 …… 536

第 15 章　图形用户界面 …… 537
15.1　创建 GUI 对象 …… 537
15.1.1　用 M 文件创建 GUI 对象 …… 537
15.1.2　使用 GUIDE 创建 GUI 对象 …… 541
15.2　定制标准菜单 …… 552
15.3　编写回调函数 …… 554
15.4　创建现场菜单 …… 555
15.4.1　编写 GUI 的程序代码 …… 555
15.4.2　演示 GUI 对象 …… 557
15.5　GUI 对象的应用 …… 558
15.5.1　控件区域框 …… 558
15.5.2　静态文本框、滑动键、检录框示例 …… 559
15.5.3　可编辑框、弹出框、列表框、按键示例 …… 561
本章小结 …… 563

第 16 章　神经网络 GUI 设计 …… 564
16.1　人工神经网络基本原理 …… 564
16.2　常规神经网络 GUI …… 565
16.3　专业神经网络 GUI …… 569
16.3.1　神经网络拟合 GUI …… 570

16.3.2 神经网络模式识别 GUI …… 576
16.3.3 神经网络聚类 GUI …… 582
本章小结 …… 588

第四部分 Simulink 应用和 MATLAB 工具箱

第 17 章 Simulink 基础 …… 591
17.1 基本介绍 …… 591
17.1.1 Simulink 工作环境 …… 591
17.1.2 模块库介绍 …… 594
17.1.3 Simulink 仿真基本步骤 …… 600
17.2 模块操作 …… 600
17.2.1 Simulink 模块类型 …… 600
17.2.2 自动连接模块 …… 601
17.2.3 手动连接模块 …… 602
17.2.4 设置模块特定参数 …… 603
17.2.5 设置输出提示 …… 604
17.3 模型的创建 …… 605
17.3.1 信号线操作 …… 605
17.3.2 对模型的注释 …… 607
17.3.3 常用的 Source 信源 …… 607
17.3.4 常用的 Sink 信宿 …… 612
17.3.5 仿真的配置 …… 615
17.3.6 启动仿真 …… 616
17.4 Simulink 系统仿真 …… 618
17.4.1 仿真基础 …… 618
17.4.2 输出信号的显示 …… 620
17.4.3 简单系统的仿真分析 …… 620
本章小结 …… 622

第 18 章 Simulink 子系统 …… 623
18.1 子系统介绍 …… 623
18.2 条件执行子系统 …… 624
18.2.1 使能子系统 …… 625
18.2.2 触发子系统 …… 630
18.2.3 触发使能子系统 …… 633

18.3 自定义库操作 …… 634
本章小结 …… 635

第 19 章 Simulink 仿真与调试 …… 636
19.1 仿真配置 …… 636
19.1.1 求解器的概念 …… 636
19.1.2 仿真的设置 …… 638
19.1.3 诊断设置 …… 641
19.2 优化仿真性能 …… 643
19.2.1 提高仿真速度 …… 643
19.2.2 提高仿真精度 …… 644
19.3 模型调试 …… 645
19.3.1 启动调试器 …… 645
19.3.2 调试器的图形用户接口 …… 646
19.3.3 调试器的命令行接口 …… 647
19.3.4 调试器命令 …… 648
19.4 显示模型信息 …… 649
19.4.1 显示模型中模块的执行顺序 …… 649
19.4.2 显示模块 …… 650
本章小结 …… 652

第 20 章 神经网络工具箱 …… 653
20.1 神经网络 MATLAB 工具箱 …… 653
20.1.1 感知器工具箱的函数 …… 653
20.1.2 线性神经网络工具箱函数 …… 660
20.1.3 BP 神经网络工具箱函数 …… 667
20.1.4 RBF 网络工具箱函数 …… 672
20.1.5 Hopfield 网络工具箱函数 …… 676
20.1.6 竞争型神经网络工具箱函数 …… 681
20.2 神经网络 Simulink 工具箱 …… 695
20.3 经典应用 …… 698
20.3.1 遗传算法优化神经网络 …… 698
20.3.2 基于 Simulink 的神经网络控制系统 …… 704
本章小结 …… 713

目录

第 21 章　信号处理工具箱 …… 714
21.1　信号处理工具箱建模 …… 714
21.2　信号的产生 …… 716
21.2.1　锯齿波、三角波和矩形波发生器 …… 717
21.2.2　周期 sinc 波 …… 718
21.2.3　高斯调幅正弦波 …… 719
21.2.4　调频信号 …… 720
21.2.5　高斯分布随机序列 …… 721
21.3　随机信号处理 …… 722
21.3.1　随机信号的互相关函数 …… 722
21.3.2　随机信号的互协方差函数 …… 724
21.3.3　谱分析——psd 函数 …… 724
21.3.4　谱分析——pwelch 函数 …… 726
21.4　模拟滤波器设计 …… 727
21.4.1　巴特沃斯滤波器 …… 727
21.4.2　切比雪夫Ⅰ型滤波器 …… 728
21.4.3　切比雪夫Ⅱ型滤波器 …… 729
21.5　IIR 数字滤波器设计 …… 730
21.5.1　巴特沃斯数字滤波器设计 …… 731
21.5.2　切比雪夫Ⅰ型数字滤波器设计 …… 731
21.5.3　切比雪夫Ⅱ型数字滤波器设计 …… 733
本章小结 …… 735

第 22 章　图像处理工具箱 …… 736
22.1　查看图像文件信息 …… 736
22.2　显示图像 …… 737
22.2.1　默认显示方式 …… 738
22.2.2　添加颜色条 …… 738
22.2.3　显示多帧图像 …… 739
22.2.4　显示动画 …… 739
22.2.5　三维材质图像 …… 740
22.3　图像的灰度变换 …… 741
22.3.1　图像的直方图 …… 741
22.3.2　灰度变换 …… 741
22.3.3　均衡直方图 …… 743

22.4 **图像处理工具箱的应用** …… 744
22.4.1 道路图像阈值分割问题 …… 744
22.4.2 基于遗传神经网络的图像分割 …… 753
本章小结 …… 757

附录 A MATLAB 基本命令 …… 758
附录 B Simulink 基本模块 …… 762
参考文献 …… 764

第一部分
MATLAB基础知识

第 1 章　MATLAB 概述

第 2 章　MATLAB 基础

第 3 章　数组

第 4 章　矩阵

第 5 章　符号运算

第1章 MATLAB概述

本章主要介绍 MATLAB 软件的基本用途和应用方法。MATLAB 是目前在国际上被广泛接受和使用的科学与工程计算软件。虽然 Cleve Moler 教授开发它的初衷是为了更简单、更快捷地解决矩阵运算，但 MATLAB 现在的发展已经使其成为一种集数值运算、符号运算、数据可视化、图形界面设计、程序设计、仿真等多种功能于一体的集成软件。

本章分别介绍 MATLAB 的发展、特点、安装、工作环境和 MATLAB 帮助系统，力图使读者能初步熟悉 MATLAB 软件的基本知识。

学习目标：

- 了解 MATLAB 的发展历史、特点和功能；
- 了解 MATLAB 工具箱的概念和类型；
- 熟悉 MATLAB 图形窗口的用途和方法。

1.1 MATLAB 简介

20 世纪 70 年代中后期，曾在密西根大学、斯坦福大学和新墨西哥大学担任数学与计算机科学教授的 Cleve Moler 博士，为讲授矩阵理论和数值分析课程的需要，他和同事用 Fortran 语言编写了两个子程序库 EISPACK 和 LINPACK，这便是构思和开发 MATLAB 的起点。MATLAB 一词是 Matrix Laboratory（矩阵实验室）的缩写，由此可看出 MATLAB 与矩阵计算的渊源。

MATLAB 除了利用 EISPACK 和 LINPACK 两大软件包的子程序外，还包含了用 Fortran 语言编写的、用于承担命令翻译的部分。

为进一步推动 MATLAB 的应用，在 20 世纪 80 年代初，John Little 等人将先前的 MATLAB 全部用 C 语言进行改写，形成了新一代的 MATLAB。1984 年，Cleve Moler 和 John Little 等人成立 MathWorks 公司，并于同年向市场推出了第一个 MATLAB 的商业版本。随着市场接受度的提高，其功能也不断增强，在完成数值计算的基础上，新增了数据可视化以及与其他流行软件的接口等功能，并开始了对 MATLAB 工具箱的研究开发。

1993年,MathWorks公司推出了基于PC的以Windows为操作系统平台的MATLAB 4.0版,随后又继续推出了MATLAB 5.0、MATLAB 6.0等版本。

2015年9月,MathWorks公司推出了全新的MATLAB R2016a版本。此版本包括新的图形系统、大数据处理功能、经过改进用于打包和分享代码及源控制集成的协作功能。工程师和科学家利用这些新增功能,能够在所有主要工业领域更加轻松地分析数据并实现数据可视化。

今天的MATLAB已经不再是仅仅解决矩阵与数值计算的软件,更是一种集数值与符号运算、数据可视化图形表示与图形界面设计、程序设计、仿真等多种功能于一体的集成软件。

MATLAB已经成为线性代数、数值分析计算、数学建模、信号与系统分析、自动控制、数字信号处理、通信系统仿真等一批课程的基本教学工具。随着MATLAB在我国高校的推广和应用不断扩大,MATLAB逐渐被越来越多的人认识和使用。

1.2 MATLAB的特点及应用领域

MATLAB有两种基本的数据运算量:数组和矩阵。单从形式上,它们之间是不好区分的。每一个量可能被当作数组,也可能被当作矩阵,这要根据所采用的运算法则或运算函数来判断。

在MATLAB中,数组与矩阵的运算法则和运算函数是有区别的。但不论是MATLAB的数组还是MATLAB的矩阵,都与一般高级语言中使用数组或矩阵的方式不同。

在MATLAB中,矩阵运算是把矩阵视为一个整体来进行,基本上与线性代数的处理方法一致。矩阵的加、减、乘、除、乘方、开方、指数、对数等运算,都有一套专门的运算符或运算函数。而对于数组,不论是算术的运算,还是关系或逻辑的运算,甚至于调用函数的运算,形式上可以当作整体,有一套有别于矩阵的、完整的运算符和运算函数,其实质上是针对数组中的每个元素进行运算。

当MATLAB把矩阵(或数组)独立地当作一个运算量来对待后,向下可以兼容向量和标量。不仅如此,矩阵和数组中的元素可以用复数作基本单元,向下可以包含实数集。这些是MATLAB区别于其他高级语言的根本特点。

除此之外,MATLAB语言还具有以下几个特点。

1. 语言简洁,编程效率高

因为MATLAB定义了专门用于矩阵运算的运算符,使得矩阵运算如同标量运算一样简单,而且这些运算符本身就能执行向量和标量的多种运算。利用这些运算符可使一般高级语言中的循环结构变成一个简单的MATLAB语句,再结合MATLAB丰富的库函数可使程序变得非常简短,几条语句即可代替数十行C语言或Fortran语言程序语句的功能。

2. 交互性好,使用方便

在MATLAB的命令行窗口中输入一条命令,立刻能看到该命令的执行结果,体现了良好的交互性。交互方式减少了编程和调试程序的工作量,给使用者带来了极大的方便。因为不用像C语言和Fortran语言那样,首先编写源程序,然后对其进行编译、连接,待形成可执行文件后,方可运行程序得出结果。

3. 强大的绘图能力,便于数据可视化

MATLAB不仅能绘制多种不同坐标系中的二维曲线,还能绘制三维曲面,体现了强大的绘图能力。正是这种能力为数据的图形化表示(即数据可视化)提供了有力工具,使数据的展示更加形象生动,有利于揭示数据间的内在关系。

4. 应用领域广泛的工具箱,便于众多学科直接使用

MATLAB工具箱(函数库)可分为两类:功能性工具箱和学科性工具箱。功能性工具箱主要用来扩充其符号计算功能、图示建模仿真功能、文字处理功能以及与硬件实时交互的功能。而学科性工具箱是专业性比较强的,如优化工具箱、统计工具箱、控制工具箱、通信工具箱、图像处理工具箱、小波工具箱等。

5. 开放性好,便于扩展

除内部函数外,MATLAB的其他文件都是公开的、可读可改的源文件,体现了MATLAB的开放性特点。用户可修改源文件和加入自己的文件,甚至构造自己的工具箱。

6. 文件I/O和外部引用程序接口

支持读入更大的文本文件,支持压缩格式的MAT文件,用户可以动态加载、删除或者重载Java类等。

基于以上几个特点,MATLAB的应用领域十分广阔,典型的应用举例如下:

(1) 数据分析;
(2) 数值与符号计算;
(3) 工程与科学绘图;
(4) 控制系统设计;
(5) 生物医学工程;
(6) 图像与数字信号处理;
(7) 财务、金融分析;
(8) 建模、仿真及样机开发;
(9) 新算法研究开发。

1.3 MATLAB R2016a 的工作环境

在一般情况下,可以使用两种方法来打开MATLAB R2016a。安装之后,将快捷方式添加到桌面上,可以双击桌面上的快捷方式图标,打开如图1-1所示的操作界面。

如果用户没有添加MATLAB快捷方式,则需要用户在MATLAB的安装文件夹里

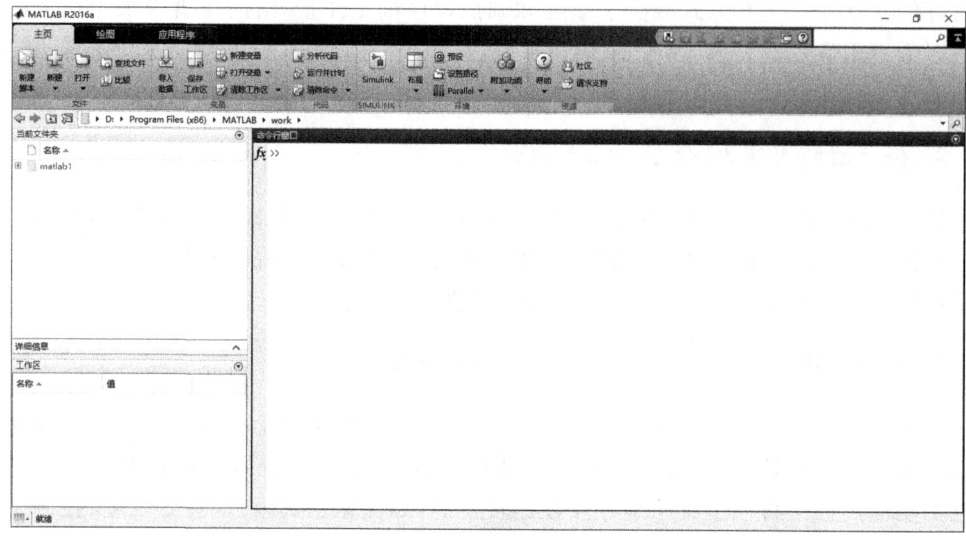

图 1-1　MATLAB 操作界面的默认外观

（默认路径为 C:\Program Files\MATLAB\R2016b\bin\win32）选择 MATLAB.exe 应用程序，同样可以打开 MATLAB 操作界面。这两种方法的结果完全相同。

1.3.1　操作界面

MATLAB R2016a 的操作界面中包含大量的交互式界面。例如通用操作界面、工具包专业界面、帮助界面和演示界面等。这些交互性界面组合在一起，构成 MALTAB 的默认操作界面。

在默认情况下，MATLAB 的操作界面包含指令窗和工作区窗口这 3 个最常见的界面，同时，在窗口左下角为“开始”按钮。安装后首次启动 MATLAB 所得的操作界面如图 1-1 所示，这是系统默认的、未曾被用户依据自身需要和喜好设置过的界面。

MATLAB 的主界面是一个高度集成的工作环境，主要有 3 个不同职责分工的窗口，它们分别是命令行窗口、当前文件夹窗口和工作区窗口。

菜单栏和工具栏在组成方式和内容上与一般应用软件基本相同或相似，本章不再详述。下面重点介绍 MATLAB 的窗口。

1.3.2　命令行窗口

在 MATLAB 默认主界面的右边是命令行窗口。因为 MATLAB 至今未被汉化，所有窗口名都用英文表示，Command Window 即指命令行窗口。

命令行窗口顾名思义是接收命令输入的窗口，但实际上，可输入的对象除 MATLAB 命令之外，还包括函数、表达式、语句以及 M 文件名或 MEX 文件名等，为叙述方便，这些可输入的对象以下通称语句。

MATLAB 的工作方式之一是在命令行窗口中输入语句，然后由 MATLAB 逐句解释执行并在命令行窗口中给出结果。命令行窗口可显示除图形以外的所有运算结果。命令行窗口可从 MATLAB 主界面中分离出来，以便单独显示和操作，当然也可重新返回主界面中，其他窗口也有相同的行为。

分离命令行窗口可单击窗口右上角的 ⊙ 按钮后选择 Undock 选项，还可以直接用鼠标将命令行窗口拖离主界面，其结果如图 1-2 所示。若从命令行窗口返回主界面，可单击窗口右上角的 ⊙ 按钮后选择 Dock 选项。

图 1-2　分离的命令行窗口

下面对使用命令行窗口的相关问题加以说明。

1. 命令提示符和语句颜色

在图 1-8 中，每行语句前都有一个符号>>，此即命令提示符。在此符号后（也只能在此符号后）输入各种语句并按 Enter 键，方可被 MATLAB 接收和执行。执行的结果通常就直接显示在语句下方，如图 1-3 所示。

图 1-3　MATLAB 语句运行结果

不同类型语句用不同颜色区分。在默认情况下，输入的命令、函数、表达式以及计算结果等采用黑色字体，字符串采用红色，if、for 等关键词采用蓝色，注释语句用绿色。

2. 语句的重复调用、编辑和重运行

命令行窗口不仅能编辑和运行当前输入的语句，而且对曾经输入的语句也有快捷的方法进行重复调用、编辑和运行。成功实施重复调用的前提是已输入的语句仍然保存在命令历史纪录窗口中(未对该窗口执行清除操作)。而重复调用和编辑的快捷方法就是利用表 1-1 所列的键盘按键。

表 1-1 语句行用到的编辑键

键盘按键	键 的 用 途	键盘按键	键 的 用 途
↑	向上回调以前输入的语句行	Home	让光标跳到当前行的开头
↓	向下回调以前输入的语句行	End	让光标跳到当前行的末尾
←	光标在当前行中左移一字符	Delete	删除当前行光标后的字符
→	光标在当前行中右移一字符	Backspace	删除当前行光标前的字符

其实，这些按键与文字处理软件中介绍的同一编辑键在功能上是大体一致的，不同点主要是：在文字处理软件中是针对整个文档使用，而 MATLAB 命令行窗口是以行为单位使用这些编辑键，类似于编辑 DOS 命令的使用手法。

3. 语句行中使用的标点符号

MATLAB 在输入语句时，可能要用到表 1-2 所列的各种符号，这些符号在 MATLAB 中所起的作用如表 1-2 所示。在向命令行窗口输入语句时，一定要在英文输入状态下输入，尤其在刚刚输完汉字后初学者很容易忽视中英文输入状态的切换。

表 1-2 MATLAB 语句中常用标点符号的作用

名称	符号	作 用
空格		变量分隔符；矩阵一行中各元素间的分隔符；程序语句关键词分隔符
逗号	,	分隔欲显示计算结果的各语句；变量分隔符；矩阵一行中各元素间的分隔符
点号	.	数值中的小数点；结构数组的域访问符
分号	;	分隔不想显示计算结果的各语句；矩阵行与行的分隔符
冒号	:	用于生成一维数值数组；表示一维数组的全部元素或多维数组某一维的全部元素
百分号	%	注释语句说明符，凡在其后的字符视为注释性内容而不被执行
单引号	' '	字符串标识符
圆括号	()	用于矩阵元素引用；用于函数输入变量列表；确定运算的先后次序
方括号	[ ]	向量和矩阵标识符；用于函数输出列表
花括号	{ }	标识细胞数组
续行号	…	长命令行需分行时连接下行用
赋值号	=	将表达式赋值给一个变量

4. 命令行窗口中数值的显示格式

为了适应用户以不同格式显示计算结果的需要，MATLAB 设计了多种数值显示格式以供用户选用，如表 1-3 所示。其中，默认的显示格式是：数值为整数时，以整数显示；

数值为实数时，以 short 格式显示；如果数值的有效数字超出了这一范围，则以科学计数法显示结果。

表 1-3　命令行窗口中数据 e 的显示格式

格式	命令行窗口中的显示形式	格式效果说明
short(默认)	2.7183	保留 4 位小数，整数部分超过 3 位的小数用 short e 格式
short e	2.7183e+000	用 1 位整数和 4 位小数表示，倍数关系用科学计数法表示成十进制指数形式
short g	2.7183	保证 5 位有效数字，数字大小在 10 的±5 次幂之间时，自动调整数位多少，超出幂次范围时用 short e 格式
long	2.71828182845905	14 位小数，最多 2 位整数，共 16 位十进制数，否则用 long e 格式表示
long e	2.718281828459046e+000	15 位小数的科学计数法表示
long g	2.71828182845905	保证 15 位有效数字，数字大小在 10 的+15 和−5 次幂之间时，自动调整数位多少，超出幂次范围时用 long e 格式
rational	1457/536	用分数有理数近似表示
hex	4005bf0a8b14576a	十六进制表示
+	+	正、负数和零分别用+、−、空格表示
bank	2.72	限两位小数，用于表示元、角、分
compact	不留空行显示	在显示结果之间没有空行的压缩格式
loose	留空行显示	在显示结果之间有空行的稀疏格式

需要说明的是，表 1-3 中最后 2 个是用于控制屏幕显示格式的，而非数值显示格式。MATLAB 所有数值均按 IEEE 浮点标准所规定的长型格式存储，显示的精度并不代表数值实际的存储精度，或者说数值参与运算的精度。

5. 数值显示格式的设定方法

格式设定的方法有两种：一是单击 MATLAB 窗口中 预设 按钮，用弹出的对话框（参见图 1-10）去设定；二是执行 format 命令，例如要用 long 格式，在命令行窗口中输入 format long 语句即可。两种方法均可独立完成设定，但使用命令方便在程序设计时进行格式设定。

不仅数值显示格式可由用户自行设置，数字和文字的字体显示风格、大小、颜色也可由用户自行挑选。其方法还是单击 MATLAB 窗口中 预设 按钮，弹出如图 1-4 所示的对话框。利用该对话框左侧的格式对象树，从中选择要设定的对象再配合相应的选项，便可对所选对象的风格、大小、颜色等进行设定。

6. 命令行窗口清屏

当命令行窗口中执行过许多命令后，窗口会被占满，为方便阅读，清除屏幕显示是经常采用的操作。

清除命令行窗口显示通常有两种方法：一是单击 Clear Commands 按钮，然后选取

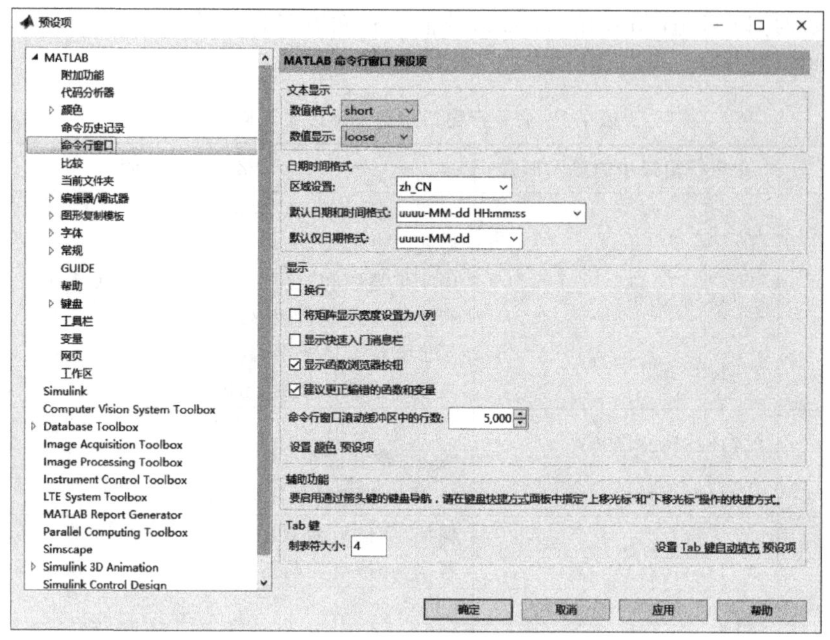

图 1-4　Preferences 设置对话框

下拉菜单中的 Command Window 选项；二是在提示符后直接输入 clc 语句。两种方法都能清除命令行窗口中的显示内容，但不能清除工作区和历史命令行窗口的显示内容。

1.3.3　命令历史记录窗口

历史命令行窗口是 MATLAB 用来存放曾在命令行窗口中使用过的语句。它借用计算机的存储器来保存信息。其主要目的是为了便于用户追溯、查找曾经用过的语句，利用这些既有的资源节省编程时间。

MATLAB 主界面中的命令历史记录窗口，如图 1-5 所示。从窗口中记录的时间来看，其中存放的正是曾经使用过的语句。

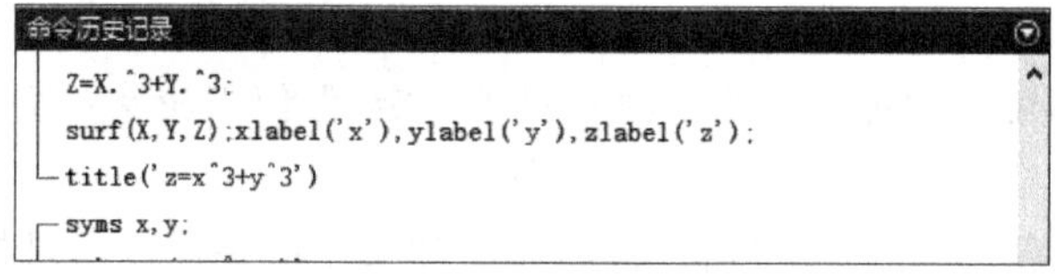

图 1-5　分离的历史命令行窗口

对历史命令行窗口中的内容，可在选中的前提下，将它们复制到当前正在工作的命令行窗口中，以供进一步修改或直接运行。其优势在如下两种情况下体现得尤为明显：一是需要重复处理长语句；二是在选择多行曾经用过的语句形成 M 文件时。

1. 复制、执行历史命令行窗口中的命令

历史命令行窗口的主要应用体现在表 1-4 中。表中操作方法一栏中提到的“选中”操作，与 Windows 选中文件时方法相同，同样可以结合 Ctrl 键和 Shift 键使用。

表 1-4 历史命令行窗口的主要应用

功　能	操 作 方 法
复制单行或多行语句	选中单行或多行语句，执行 Edit 菜单的 Copy 命令，回到命令行窗口，执行粘贴操作，即可实现复制
执行单行或多行语句	选中单行或多行语句，右击，弹出快捷菜单，执行该菜单中的 Evaluate Selection 命令，则选中语句将在命令行窗口中运行，并给出相应结果。或者双击选择的语句行也可运行
把多行语句写成 M 文件	选中单行或多行语句，右击，弹出快捷菜单，执行该菜单的 Create M-File 命令，利用随之打开的 M 文件编辑/调试器窗口，可将选中语句保存为 M 文件

用历史命令行窗口完成所选语句的复制操作：

(1) 用鼠标左键选中所需第一行；

(2) 按 Shift 键和鼠标左键选择所需最后一行，于是连续多行即被选中；

(3) 在选中区域单击鼠标右键，执行快捷菜单的 Copy 命令；

(4) 回到命令行窗口，在该窗口用快捷菜单中的 Paste 命令，所选内容即被复制到命令行窗口。

其操作如图 1-6 所示。

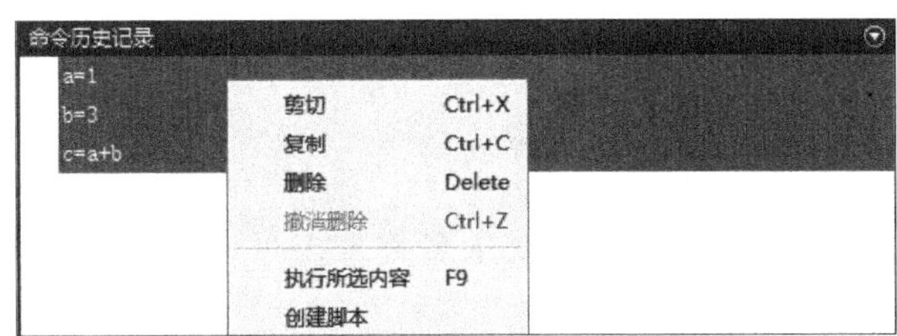

图 1-6 历史命令行窗口选中与复制操作

用历史命令行窗口完成所选语句的运行操作：

(1) 选中所需第一行；

(2) 再按 Ctrl 键结合鼠标选择所需的行，于是不连续的多行即被选中；

(3) 在选中的区域右击弹出快捷菜单，选用 Evaluate Selection 命令，计算结果就会出现在命令行窗口中。

2. 清除历史命令行窗口中的内容

清除历史命令行窗口内容的常用方法：单击 清除命令 按钮，然后选取下拉菜单中的 命令历史记录 选项。当执行上述命令后，历史命令行窗口当前的内容就被完全清除了，以前的命令再不能被追溯和利用，这一点必须清楚。

1.3.4 输入变量

在 MATLAB 的计算和编程过程中，变量和表达式都是最基础的元素。如果用户需要深入学习 MATLAB，十分有必要了解 MATLAB 关于定义变量和表达式的基本规定。

在 MATLAB 中，为变量定义名称需要满足下列规则。

1. 变量名称和函数名称有大小写区别

对于变量名称 Mu 和 mu，MATLAB 会认为是不同的变量。exp 是 MATLAB 内置的指数函数名称。

如果用户输入 exp(0)，系统会得出结果 1；而如果用户输入 EXP(0)，MATLAB 会显示错误的提示信息，表明 MATLAB 无法识别 EXP 的函数名称，如图 1-7 所示。同时，MATLAB 软件会找到相近的变量，提醒用户是否选择其找到的变量。

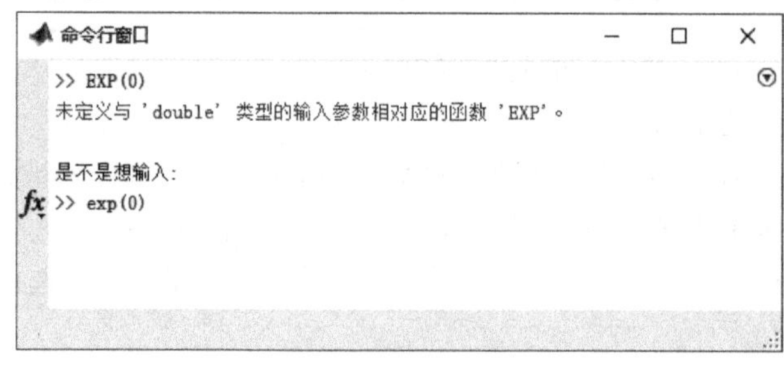

图 1-7 函数名称区别大小写

MATLAB 软件在遇到用户输入变量错误后，也会查找相近的变量。

2. 变量名称的第一个字符必须是英文字符

在 MATLAB 6.5 以后的版本中，变量名称最多可以包含 63 个字符。因此，变量 5xf、_mat 等都是不合法的变量名称。

3. 变量名称中不可以包含空格或者标点符号

变量名中可以包括下画线，因此变量名称 xf_mat 是合法的。

尽管 MATLAB 对于变量名称的限制较少，作者还是建议用户在设置变量名称时考虑变量的含义。例如，在 M 文件中，变量名称 Outputname 比名称 a 更好理解。

在上面的变量名称规则中，没有限制用户使用 MATLAB 的预定义变量名称，但是根据经验，还是建议用户不要使用 MATLAB 预先定义的变量名称。因为，用户每次启动 MATLAB，系统就会自动产生这些变量，表 1-5 中列出了常见的预定义变量名称。

表 1-5 MATLAB 中的预定义变量

预定义变量	含　义
ans	计算结果的默认名称
eps	计算机的零阈值
inf(Inf)	无穷大
Pi	圆周率
NaN(nan)	表示结果或者变量不是数值

1.3.5 当前文件夹窗口和路径管理

MATLAB 借鉴 Windows 资源管理器管理磁盘、文件夹和文件的思想，设计了当前文件夹窗口。利用该窗口可组织、管理和使用所有 MATLAB 文件和非 MATLAB 文件，例如新建、复制、删除和重命名文件夹和文件。甚至还可用此窗口打开、编辑和运行 M 程序文件以及载入 MAT 数据文件等。当然，其核心功能还是设置当前目录。

当前文件夹窗口如图 1-8 所示。下面主要介绍当前目录的概念及如何完成对当前目录的设置，并不准备在此讨论程序文件的运行。

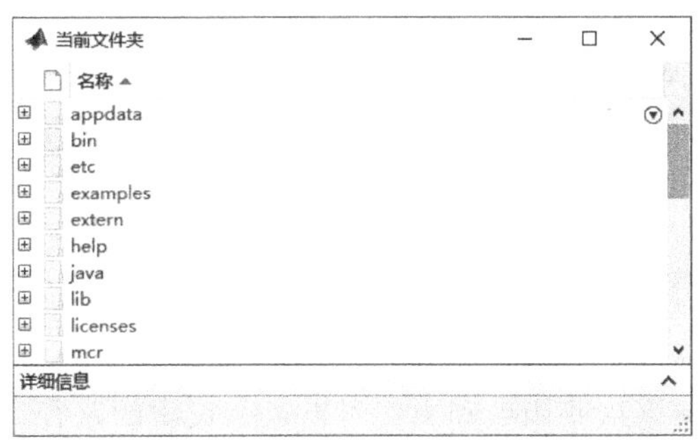

图 1-8　分离的当前文件夹窗口

MATLAB 的当前目录即是系统默认的实施打开、装载、编辑和保存文件等操作时的文件夹。用桌面图标启动 MATLAB 后，系统默认的当前目录是…\MATLAB\work。设置当前目录就是将此默认文件夹改变成用户希望使用的文件夹，它应是用户准备用来存放文件和数据的文件夹，可能正是用户自己有意提前创建好的。

具体的设置方法有两种：

1. 在当前目录设置区设置

在图 1-5 所示的 MATLAB 主界面工具栏的右边，可以在设置区的下拉列表文本框中直接填写待设置的文件夹名或选择下拉列表中已有的文件夹名；或单击▾按钮，从弹出的当前目录设置对话框的目录树中选取欲设为当前目录的文件夹即可。

2. 用命令设置

有一组从 DOS 中借用的目录命令可以完成这一任务，它们的语法格式如表 1-6 所示。

表 1-6　几个常用的设置当前目录的命令

目录命令	含　义	示　例
cd	显示当前目录	cd
cd 文件夹名	设定当前目录为“文件夹名”	cd f:\matfiles

用命令设置当前目录，为在程序中控制当前目录的改变提供了方便，因为编写完成的程序通常用 M 文件存放，执行这些文件时是不便先退出再用窗口菜单或对话框去改变

当前目录设置的。

1.3.6 搜索路径

MATLAB 中大量的函数和工具箱文件是组织在硬盘的不同文件夹中的。用户建立的数据文件、命令和函数文件也是由用户存放在指定的文件夹中。当需要调用这些函数或文件时，找到这些函数或文件所存放的文件夹就成为了首要问题，路径的概念也就因此而产生了。

路径其实就是给出存放某个待查函数和文件的文件夹名称。当然，这个文件夹名称应包括盘符和一级级嵌套的子文件夹名。

例如，现有一文件 lx04_01.m 存放在 D 盘"MATLAB 文件"文件夹下的"M 文件"子文件夹下的"第 4 章"子文件夹中，那么，描述它的路径是 D:\MATLAB 文件\M 文件\第 4 章。若要调用这个 M 文件，可在命令行窗口或程序中将其表达为 D:\MATLAB 文件\M 文件\第 4 章\lx04_01.m。

在使用时，这种书写因为过长，很不方便，MATLAB 为克服这一问题，引入了搜索路径机制。设置搜索路径机制就是将一些可能要用到的函数或文件的存放路径提前通知系统，而无须在执行和调用这些函数和文件时输入一长串的路径。

必须指出，不是说有了搜索路径，MATLAB 对程序中出现的符号就只能从搜索路径中去查找。在 MATLAB 中，一个符号出现在程序语句里或命令行窗口的语句中可能有多种解读，它也许是一个变量、特殊常量、函数名、M 文件或 MEX 文件等，到底将其识别成什么，这里涉及一个搜索顺序的问题。

如果在命令提示符>>后输入符号 xt，或程序语句中有一个符号 xt，那么，MATLAB 将试图按下列次序去搜索和识别：

(1) 在 MATLAB 内存中进行检查搜索，看 xt 是否为工作区窗口的变量或特殊常量，如果是，则将其当成变量或特殊常量来处理，不再往下展开搜索识别；

(2) 上一步否定后，检查 xt 是否为 MATLAB 的内部函数，若肯定，则调用 xt 这个内部函数；

(3) 上一步否定后，继续在当前目录中搜索是否有名为 xt.m 或 xt.mex 的文件存在，若肯定，则将 xt 作为文件调用；

(4) 上一步否定后，继续在 MATLAB 搜索路径的所有目录中搜索是否有名为 xt.m 或 xt.mex 的文件存在，若肯定，则将 xt 作为文件调用；

(5) 上述 4 步全走完后，仍未发现 xt 这一符号的出处，则 MATLAB 发出错误信息。必须指出的是，这种搜索是以花费更多执行时间为代价的。

MATLAB 设置搜索路径的方法有两种：一种是用菜单对话框；另一种是用命令。两方案介绍如下。

1. 用菜单和对话框设置搜索路径

在 MATLAB 主界面的菜单中有 设置路径 命令，执行这一命令将打开设置搜索路径的对话框，如图 1-9 所示。

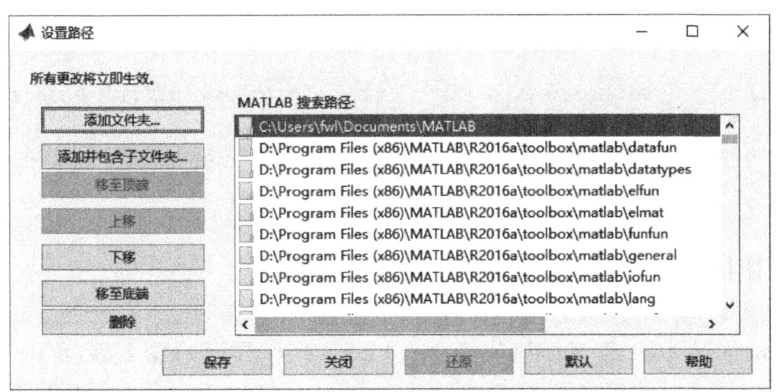

图 1-9　设置搜索路径对话框

对话框左边设计了多个按钮，其中最上面的两个按钮分别是：“添加文件夹…”和“添加并包含子文件夹…”，单击任何一个按钮都会弹出一个名为浏览文件夹的对话框，如图 1-10 所示。利用“浏览文件夹”对话框可以从树形目录结构中选择欲指定为搜索路径的文件夹。

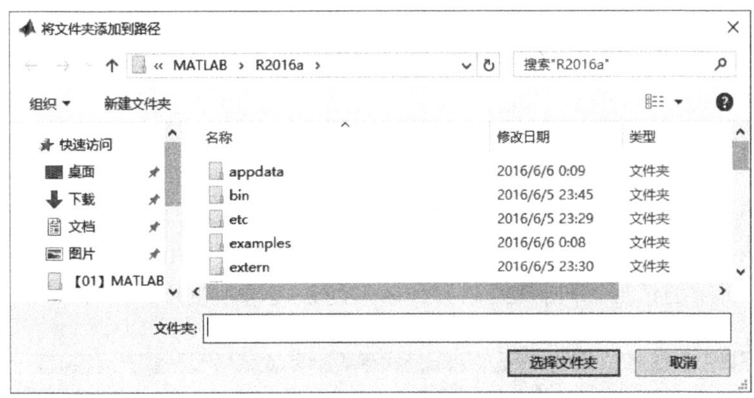

图 1-10　浏览文件夹对话框

这两个按钮的不同处在于后者设置某个文件夹成为可搜索的路径后，其下级子文件夹将自动被加入到搜索路径中。

从图 1-9 和图 1-10 中可看出将路径“F:\MATLAB 文件\M 文件”下的所有子文件夹都设置成可搜索路径的效果和过程。

图 1-9 所示的对话框下面有两个按钮(Save 和 Close)，在使用时值必须注意。Save 按钮是用来保存对当前搜索路径所做修改的，通常先执行 Save，再执行 Close。Close 按钮是用来关闭对话框的，但是如果只想将修改过的路径为本次打开 MATLAB 使用，无意供 MATLAB 永久搜索，那么直接单击 Close 按钮，再在弹出的对话框中给出否定回答即可。

2. 用命令设置搜索路径

MATLAB 能够将某一路径设置成可搜索路径的命令有两个：一个是 path；另一个是 addpath。

下面以将路径“F:\ MATLAB 文件\M 文件”设置成可搜索路径为例，分别予以说明。

用 path 和 addpath 命令设置搜索路径。

```
>> path(path,'F:\ MATLAB 文件\M 文件');     % begin 意为将路径放在路径表的前面
>> addpath F:\ MATLAB 文件\M 文件 -begin
>> addpath F:\ MATLAB 文件\M 文件 -end      % end 意为将路径放在路径表的最后
```

1.3.7 工作区窗口和数组编辑器

在默认的情况下，工作区窗口位于 MATLAB 操作界面的左下侧，单击目录窗口右上方的按钮，可以查看工作区窗口的详细外观。MATLAB 主界面中的工作区，如图 1-11 所示。

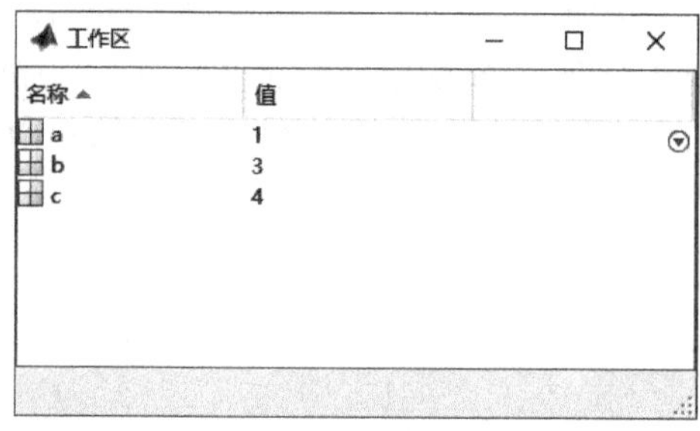

图 1-11 工作区

MATLAB 菜单栏中包含 PLOTS 图像选项菜单选项。当选中工作区内的变量且该变量至少包含两个数值时，MATLAB 的 PLOTS 组件中就会由图 1-12(a)所示的情形变为图 1-12(b)所示的情形，即出现绘制各种图形的快捷选项供用户选择。

(a) 未选中变量时的PLOTS选项

(b) 选中变量时的PLOTS选项

图 1-12 图形选项菜单

除了非常强大的绘图功能，工作区窗口还有许多其他应用功能，例如内存变量的查阅、保存和编辑等。所有这些操作都比较简单，只需要在工作区窗口中选择相应的变量，然后右击鼠标，在弹出的快捷菜单中选择相应的菜单选项，如图 1-13 所示。

在 MATLAB 中，数组和矩阵都是十分重要的基础变量，因此 MATLAB 专门提供数组编辑器这个工具来编辑数据。选择工作区窗口中任意一个数组（就是 class 类别为 double 的内存变量），然后选择菜单栏中的 Open Selection 选项，或者直接双击该变量，就可以打开该变量的数组编辑器，如图 1-14 所示。

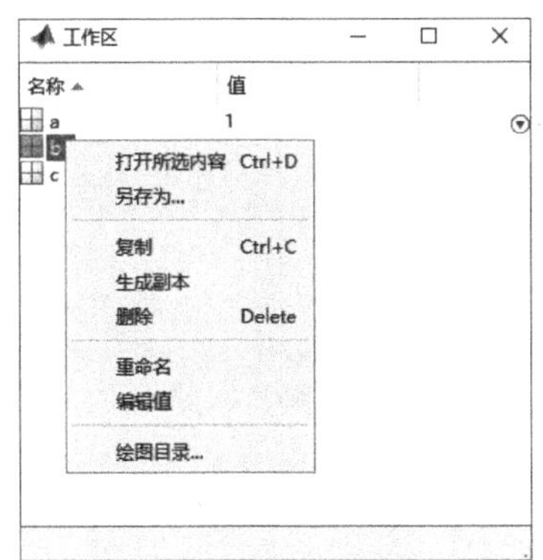

图 1-13 修改变量名称

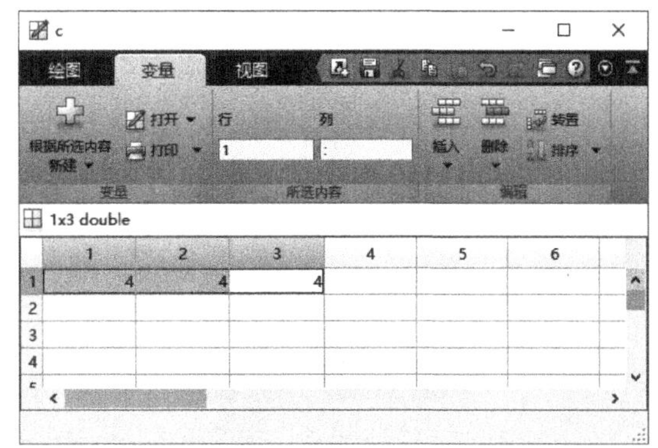

图 1-14 上图中变量 a 的数组编辑器

用户可以在数组编辑器中直接编辑该变量。对于大型数组，使用数组编辑器会给用户带来很大的便利。

1.3.8 变量的编辑命令

在 MATLAB 中，用户除了可以在工作区窗口中编辑内存变量之外，还可以在 MATLAB 的命令行窗口输入相应的命令，查阅和删除内存中的变量。下面用简单的案例，说明如何在命令行窗口中对变量进行操作。

【例 1-1】 在 MATLAB 命令行窗口中查阅内存变量。

解：具体步骤如下：

在命令行窗口中输入 who 和 whos 命令，查看内存变量的信息，如图 1-15 所示。

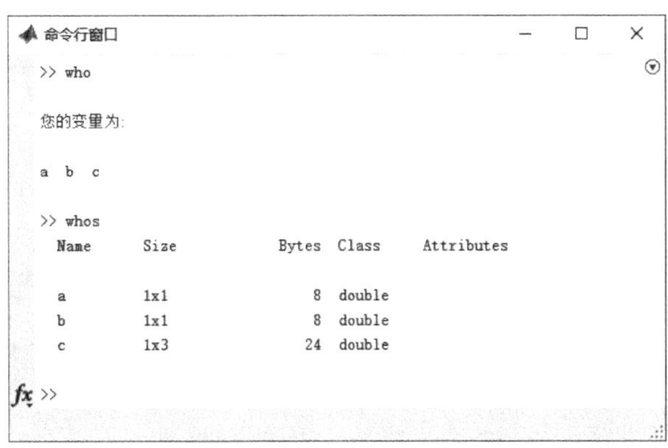

图 1-15 查阅内存变量的信息

用户需要注意，who 和 whos 命令适用于 MATLAB 各种版本，两个命令的区别只在于内存变量信息的详细程度。两个命令结果的列表次序随具体情况而不同。

【例 1-2】 在例 1-1 之后，在 MATLAB 命令行窗口中删除内存变量 b。

在命令行窗口中输入下面命令：

```
>> clear b
>> who
```

得到的结果如图 1-16 所示。

图 1-16　删除内存变量

和前面的例子相比，可以看出，当用户运行 clear 命令后，可将 b 变量从工作区删除，而且在工作区窗口中也将该变量删除。

1.3.9　存取数据文件

在 MATLAB 中，提供 save 和 load 命令来实线数据文件的存取。表 1-7 列出了命令的常见用法。

表 1-7　MATLAB 文件存取的命令

命　令	功　能
Save Filename	将工作区中的所有变量保存到名为 Filename 的 MAT 文件中
Save Filename x y z	将工作区中的 x、y、z 变量保存到名为 Filename 的 MAT 文件中
Save Filename-regecp pat1 pat2	将工作区中符合表达式要求的变量保存到名为 Filename 的 MAT 文件中
Load Filename	将名为 Filename 的 MAT 文件中的所有变量读入内存
Load Filename x y z	将名为 Filename 的 MAT 文件中的 x、y、z 变量读入内存
Load Filename-regecp pat1 pat2	将名为 Filename 的 MAT 文件中符合表达式要求的变量读入内存
Load Filename x y z -ASCII	将名为 Filename 的 ASCII 文件中的 x、y、z 变量读入内存

上表中列出了几个常见的文件存取命令，用户可以根据需要选择相应的存取命令；对于一些较少见的存取命令，用户可以查阅 MATLAB 帮助。

在 MATLAB 中，除了可以在命令行窗口中输入相应的命令之外，也可以再工作区中选择相应的按钮，实现数据文件的存取工作。例如，用户可以选择工作区窗口中的 Files→Save 命令，将所选中的变量保存到 MAT 文件中，如图 1-17 所示。

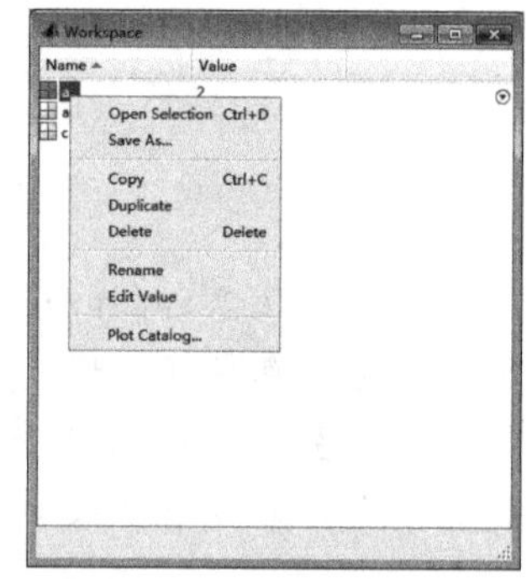

图 1-17　保存变量

1.4 MATLAB R2016a 的帮助系统

MATLAB 的各个版本都为用户提供详细的帮助系统，可以帮助用户更好地了解和运用 MATLAB。因此，不论用户是否用过 MATLAB，是否熟悉 MATLAB，都应该了解和掌握 MATLAB 的帮助系统。同时，在 MATLAB 6.x版本以后，帮助系统的帮助方式、内容层次相对之前的版本发生了较大的变化，因此，用户更加有必要了解 MATLAB R2016a 的帮助系统。本节将详细介绍 MATLAB R2016a 的帮助系统。

1.4.1 纯文本帮助

在 MATLAB 中，所有执行命令或者函数的 M 源文件都有较为详细的注释。这些注释都是用纯文本的形式来表示的。一般都包括函数的调用格式或者输入函数、输出结果的含义。这些帮助是最原始的(相当于最底层的源文件)。当 MATLAB 不同版本中函数发生变化的时候，这些文本帮助也会同步更新。

下面使用简单的例子来说明如何使用 MATLAB 的纯文本帮助。

【例 1-3】 在 MATLAB 中查阅帮助信息。

解：根据 MATLAB 的帮助体系，用户可以查阅不同范围的帮助，具体步骤如下。

(1) 在 MATLAB 的命令行窗口输入 help help 命令，然后按 Enter 键，查阅如何在 MATLAB 中使用 help 命令，如图 1-18 所示。

该操作界面显示了如何在 MATLAB 中使用 help 命令的帮助信息，用户可以详细阅读上面的信息来解决如何使用 help 命令。

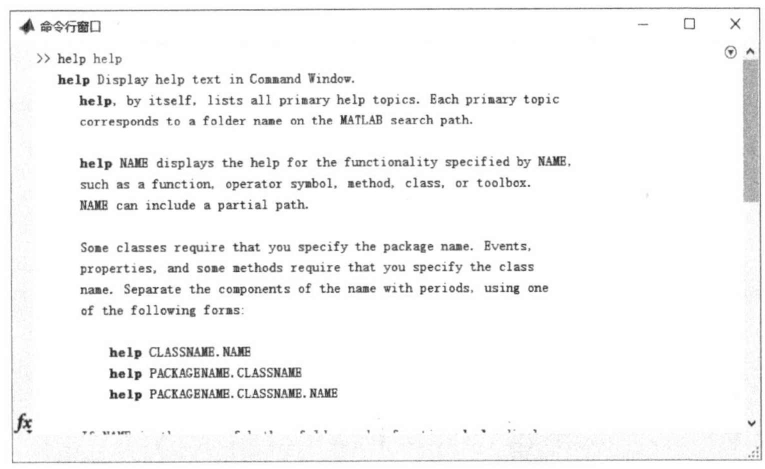

图 1-18 使用 help 命令的帮助信息

(2) 在 MATLAB 的命令行窗口中输入 help 命令，然后按 Enter 键，查阅关于 MATLAB 系统中的所有主题的帮助信息，如图 1-19 所示。

(3) 在 MATLAB 的命令行窗口中输入 help sin 命令，然后按 Enter 键，查阅关于 sin 函数的所有帮助信息，如图 1-20 所示。

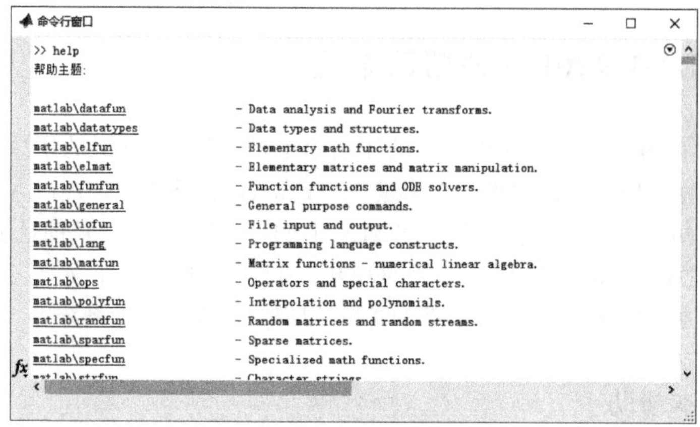

图 1-19　查阅关于主题帮助信息

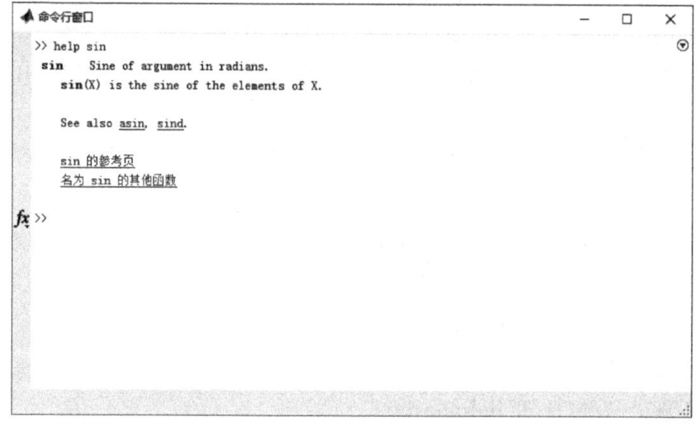

图 1-20　查阅主题下的函数帮助信息

上面的步骤简单地演示了如何在 MATLAB 中使用 help 命令，获得各种函数、命令的帮助信息。在实际应用中，用户可以灵活使用这些命令来搜索所需的帮助信息。

【例 1-4】 如何在 MATLAB 中搜索各命令的帮助信息，在 M 函数文件中搜索包含关键字 jacobian 的所有 M 函数文件名，如图 1-21 所示。

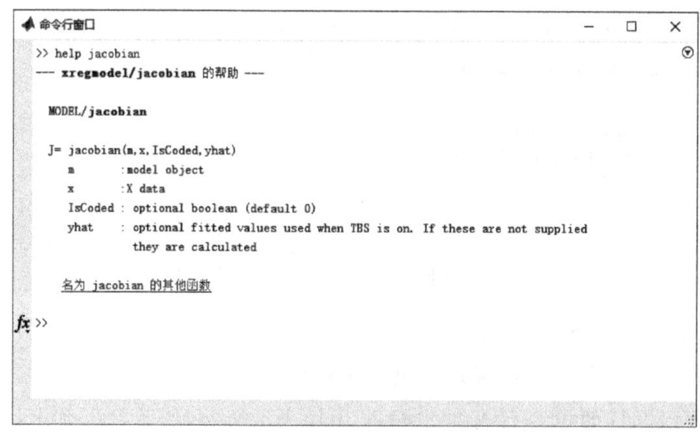

图 1-21　搜索 M 文件的帮助文件

1.4.2 演示帮助

在 MATLAB 中，各个工具包都有设计好的演示程序，这组演示程序在交互界面中运行，操作非常简便。因此，如果用户运行这组演示程序，然后研究演示程序的相关 M 文件，对 MATLAB 用户而言是十分有益的。

这种演示功能对提高用户对 MATLAB 的应用能力有着重要作用。特别对于初学者而言，不需要了解复杂的程序就可以直观地查看程序结果，可以加强用户对 MATLAB 的掌握能力。

在 MATLAB 的命令行窗口中输入 demo 命令，就可以调用关于演示程序的帮助对话框，如图 1-22 所示。

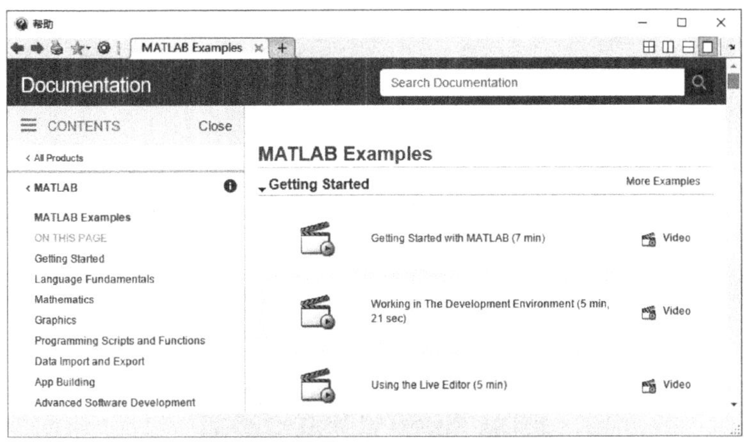

图 1-22　MATLAB 中的 demo 帮助

在该对话框中，用户可以在对话框的左侧选择演示的内容，例如选择 Graphics 选项，在对话框的右侧会出现该项目下的各种类别的演示程序。

在本例中，单击对话框中的 Creating 3-D Plots 选项，MATLAB 对话框中会显示关于 Creating 3-D Plots 演示程序的介绍，如图 1-23 所示。

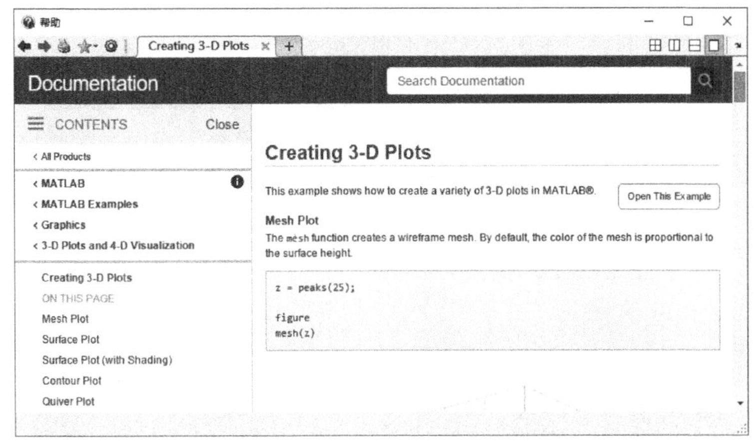

图 1-23　显示 demo 的交互界面

如果用户需要了解 Slices through 3-D Volumes 选项，可以在图 1-23 中单击 Slices through 3-D Volumes，可以看到如下所示的代码：

```
x = -2:.2:2;
y = -2:.25:2;
z = -2:.16:2;

[x,y,z] = meshgrid(x,y,z);
v = x.*exp(-x.^2-y.^2-z.^2);

xslice = [-1.2,.8,2];          % location of y-z planes
yslice = 2;                    % location of x-z plane
zslice = [-2,0];               % location of x-y planes

slice(x,y,z,v,xslice,yslice,zslice)
xlabel('x')
ylabel('y')
zlabel('z')
```

运行该代码，得到如图 1-24 所示的图形。

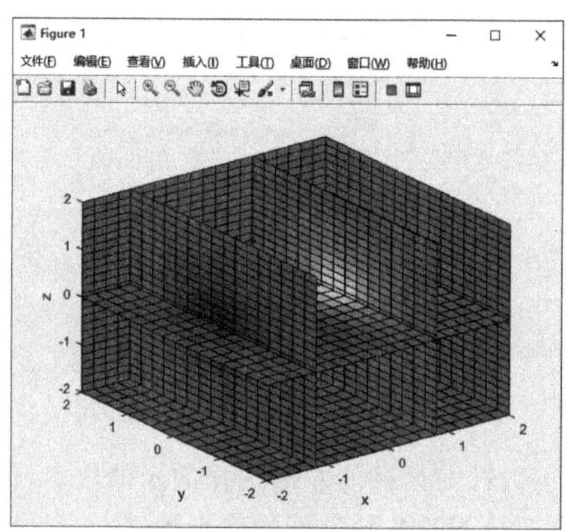

图 1-24　动态演示 demo

用户还可以通过单击图 1-23 中的 Open this Example 按钮，查看 Creating 3-D Plots 选项的缩影程序代码，如图 1-25 所示。

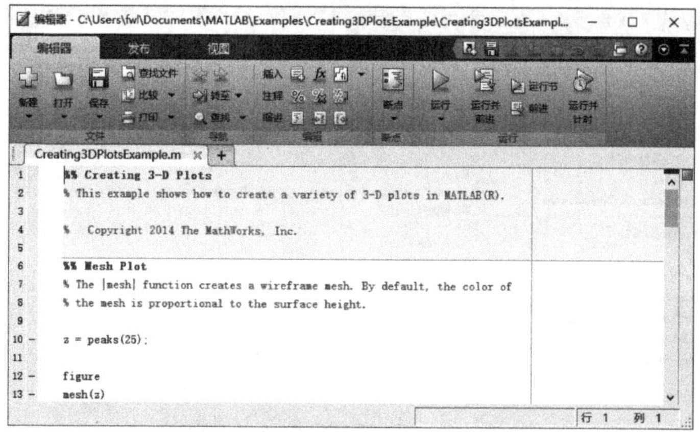

图 1-25　查看程序代码

1.4.3 帮助导航

在 MATLAB 中提供帮助信息的"帮助导航"交互界面是 MATLAB 6.x 以后的版本的重要改进，这个交互界面主要由帮助导航器和帮助浏览器两个部分组成。这个帮助文件和 M 文件中的纯文本帮助无关，而是 MATLAB 专门设置的独立帮助系统。该系统对 MATLAB 的功能叙述得比较全面，而且界面友好，使用方便，是用户查找帮助的重要途径。

用户可以在 MATLAB 的命令行窗口中输入命令 helpbrowser 或者 helpdesk，或者在操作桌面中单击按钮，打开"帮助导航"交互界面，如图 1-26 所示。

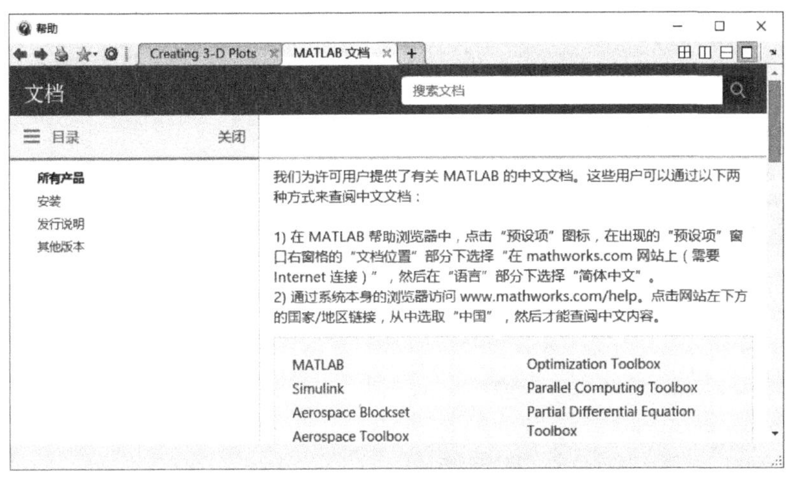

图 1-26 "帮助导航"交互界面

1.4.4 帮助文件窗口

在默认情况下，当用户在 MATLAB 中打开"帮助导航"交互界面时，界面就会选择 Contents 选项卡。这个窗口中使用节点可展开的目录树来列出各种帮助信息，直接单击相应的目录条，就可以在帮助窗口中显示相应的标题的 HTML 帮助文件。

这个窗口是向用户提供全方位系统帮助的向导，层次清晰、功能划分规范，用户可以查找相应的帮助信息。例如，初学用户希望了解 MATLAB，可以选择对话框中的 MATLAB→Getting Started with MATLAB 选项，在帮助窗口中查看关于 MATLAB 的帮助文件，如图 1-27 所示。

1.4.5 帮助文件索引窗

在 MATLAB 中，为了提高用户使用帮助文件的效率，专门为命令、函数和一些专用术语提供索引表。用户可以在交互界面中的搜索选项中输入需要查找的名称，在其下面就会出现与此匹配的词汇列表。同时，在帮助界面显示相应的介绍内容。例如，在搜索选框中输入 sin 进行搜索，得到的结果如图 1-28 所示。

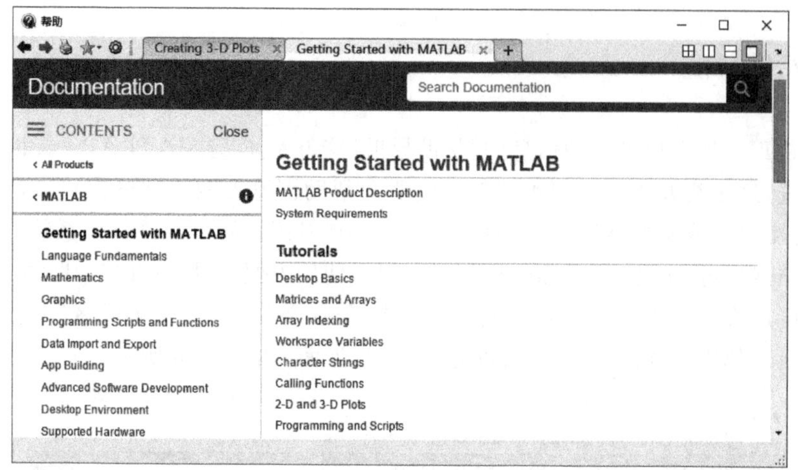

图 1-27　帮助文件窗口

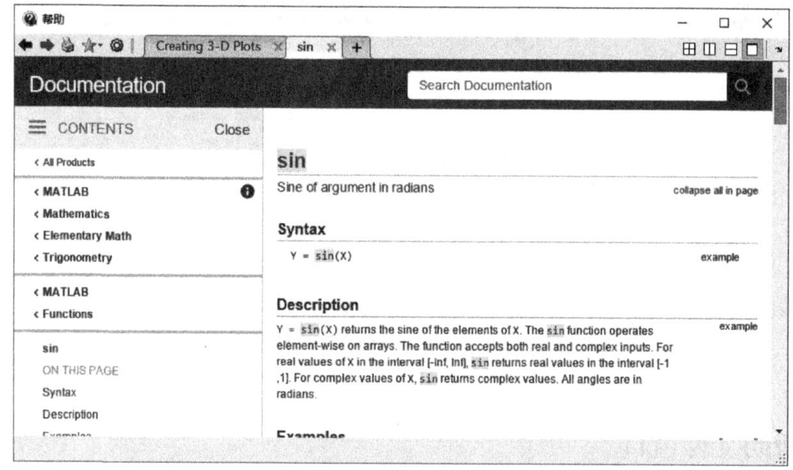

图 1-28　查看 sin 信息

本章小结

MATLAB 是一个功能多样的、高度集成的、适合科学和工程计算的软件，但它同时又是一种高级程序设计语言。

MATLAB 的主界面集成了命令行窗口、命令历史记录窗口、当前文件夹窗口、工作区窗口和帮助窗口等几个窗口。它们既可单独使用，又可相互配合，为用户提供了十分灵活方便的操作环境。

对 MATLAB 各窗口的某项设置操作通常都有两条途径：一条是用 MATLAB 相关窗口的对话框或菜单(包括快捷菜单)；另一条是在命令行窗口执行某一命令。前者的优点是方便用户与 MATLAB 的交互，而后者主要是考虑到程序设计的需要和方便。

本章只是让用户对 MATLAB 有一个直观的印象，后面将详细介绍 MATLAB 的基础知识和基本操作方法。

第2章 MATLAB基础

常量、变量、函数、运算符和表达式是所有程序设计语言中必不可少的元素，MATLAB也不例外。但是MATLAB的特殊性在于它对上述这些元素做了多方面的扩充或拓展。本章将分别介绍MATLAB中运用的一些基本概念，并对向量、矩阵和字符串运算做详细讲解。

学习目标：

- 了解MATLAB中的基本概念；
- 掌握向量、矩阵和数组的基本运算法则和运算函数的使用。

2.1 基本概念

数据类型、常量与变量是程序语言入门时必须引入的一些基本概念，MATLAB虽是一个集多种功能于一体的集成软件，但就其语言部分而言，这些概念同样不可缺少。

本节除了引入这些概念之外，还介绍诸如向量、矩阵、数组、运算符、函数和表达式等概念。

2.1.1 MATLAB数据类型概述

数据作为计算机处理的对象，在程序语言中可分为多种类型，MATLAB作为一种可编程的语言当然也不例外。MATLAB的主要数据类型如图2-1所示。

MATLAB数值型数据划分成整型和浮点型的用意和C语言有所不同。MATLAB的整型数据主要为图像处理等特殊的应用问题提供数据类型，以便节省空间或提高运行速度。对一般数值运算，绝大多数情况是采用双精度浮点型的数据。

MATLAB的构造型数据基本上与C++的构造型数据相衔接，但它的数组却有更加广泛的含义和不同于一般语言的运算方法。

符号对象是MATLAB所特有的一类为符号运算而设置的数据类型。严格地说，它不是某一类型的数据，它可以是数组、矩阵、字符等多种形式及其组合，但它在MATLAB的工作区中的确又是另立的

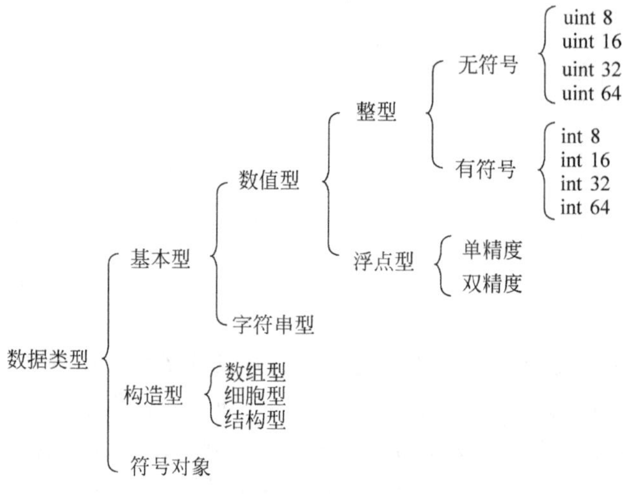

图 2-1　MATLAB 主要数据类型

一种数据类型。

在使用中，MATLAB 数据类型有一个突出的特点：在不同数据类型的变量引用时，一般不用事先对变量的数据类型进行定义或说明，系统会依据变量被赋值的类型自动进行类型识别，这在高级语言中是极有特色的。

这样处理的优势是，在编写程序时可以随时引入新的变量而不用担心会出什么问题，这的确给应用带来了很大方便。但缺点是有失严谨，会给搜索和确定一个符号是否为变量名带来更多的时间开销。

2.1.2　整数类型

MATLAB 提供了 8 种内置的整数类型，表 2-1 中列出了它们各自存储占用位数、能表示数值的范围和转换函数。

表 2-1　MATLAB 中的整数类型

整数类型	数值范围	转换函数
有符号 8 位整数	$-2^7 \sim 2^7-1$	int8
无符号 8 位整数	$0 \sim 2^8-1$	uint8
有符号 16 位整数	$-2^{15} \sim 2^{15}-1$	int16
无符号 16 位整数	$0 \sim 2^{16}-1$	uint16
有符号 32 位整数	$-2^{31} \sim 2^{31}-1$	int32
无符号 32 位整数	$0 \sim 2^{32}-1$	uint32
有符号 64 位整数	$-2^{63} \sim 2^{63}-1$	int64
无符号 64 位整数	$0 \sim 2^{64}-1$	uint64

不同的整数类型占用的位数不同，因此所能表示的数值范围不同，在实际应用中，应该根据需要的数据范围选择合适的整数类型。有符号的整数类型拿出一位来表示正负，因此表示的数据范围和相应的无符号整数类型不同。

由于 MATLAB 中数值的默认存储类型是双精度浮点类型，因此必须通过表 2-1 中列出的转换函数将双精度浮点数值转换成指定的整数类型。

在转换中，MATLAB 默认将待转换数值转换为最近的整数，若小数部分正好为 0.5，那么 MATLAB 转换后的结果是绝对值较大的那个整数。另外，应用这些转换函数也可以将其他类型转换成指定的整数类型。

【例 2-1】 通过转换函数创建整数类型。

解：在 MATLAB 命令行窗口输入

```
>> x = 105;y = 105.49;z = 105.5;
>> xx = int16(x) % 把 double 型变量 x 强制转换成 int16 型
xx =
   105
>> yy = int32(y)
yy =
         105
>> zz = int32(z)
zz =
         106
```

MATLAB 中还有多种取整函数，可以用不同的策略把浮点小数转换成整数，如表 2-2 所示。

表 2-2　MATLAB 中的取整函数

函数	说　明	举　例
round(a)	向最接近的整数取整 小数部分是 0.5 时向绝对值大的方向取整	round(4.3)结果为 4 round(4.5)结果为 5
fix(a)	向 0 方向取整	fix(4.3)结果为 4 fix(4.5)结果为 4
floor(a)	向不大于 a 的最接近整数取整	floor(4.3)结果为 4 floor(4.5)结果为 4
ceil(a)	向不小于 a 的最接近整数取整	ceil(4.3)结果为 5 ceil (4.5)结果为 5

数据类型参与的数学运算与 MATLAB 中默认的双精度浮点运算不同。当两种相同的整数类型进行运算时，结果仍然是这种整数类型；当一个整数类型数值与一个双精度浮点类型数值进行数学运算时，计算结果是这种整数类型，取整采用默认的四舍五入方式。需要注意的是，两种不同的整数类型之间不能进行数学运算，除非提前进行强制转换。

【例 2-2】 整数类型数值参与的运算。

解：在 MATLAB 命令行窗口输入：

```
>> x = uint32(367.2) * uint32(20.3)
x =
        7340
>> y = uint32(24.321) * 359.63
y =
        8631
```

```
>> z = uint32(24.321) * uint16(359.63)
Error using .*
Integers can only be combined with integers of the same class, or scalar doubles.
>> whos
  Name      Size            Bytes  Class     Attributes
  x         1x1                 4  uint32
  y         1x1                 4  uint32
```

前面表 2-1 中已经介绍了不同的整数类型能够表示的数值范围不同。数学运算中，运算结果超出相应的整数类型能够表示的范围时，就会出现溢出错误，运算结果被置为该整数类型能够表示的最大值或最小值。

MATLAB 提供了 intwarning 函数可以设置是否显示这种转换或计算过程中出现的溢出、非正常转换的错误。有兴趣的读者可以参考 MATLAB 的联机帮助。

2.1.3 浮点数类型

MATLAB 中提供了单精度浮点数类型和双精度浮点数类型，它们在存储位宽、各位用处、表示的数值范围、数值精度等方面都不同，如表 2-3 所示。

表 2-3 MALTAB 中单精度浮点数和双精度浮点数的比较

浮点类型	存储位宽	各数据位的用处	数值范围	转换函数
双精度	64	0～51 位表示小数部分 52～62 位表示指数部分 63 位表示符号(0 位正,1 位负)	−1.797 69e+308～2.225 07e−308 2.225 07e−308～1.797 69e+308	double
单精度	32	0～22 位表示小数部分 23～30 位表示指数部分 31 位表示符号(0 位正,1 位负)	−3.402 82e+038～−1.175 49e−038 −1.175 49e−038～3.402 82e+038	single

从表 2-3 可以看出，存储单精度浮点类型所用的位数少，因此内存占用上开支小，但从各数据位的用处来看，单精度浮点数能够表示的数值范围和数值精度都比双精度小。

和创建整数类型数值一样，创建浮点数类型也可以通过转换函数来实现，当然，MATLAB 中默认的数值类型是双精度浮点类型。

【例 2-3】 浮点数转换函数的应用。

解：在 MATLAB 命令行窗口输入：

```
>> x = 5.4
x =
    5.4000
>> y = single(x) %把 double 型的变量强制转换为 single 型
y =
    5.4000
>> z = uint32(87563);
>> zz = double(z)
```

```
zz =
      87563
>> whos
  Name       Size            Bytes  Class     Attributes
  x          1x1                 8  double
  y          1x1                 4  single
  z          1x1                 4  uint32
  zz         1x1                 8  double
```

双精度浮点数参与运算时，返回值的类型依赖于参与运算中的其他数据类型。双精度浮点数与逻辑型、字符型进行运算时，返回结果为双精度浮点类型：而与整数型进行运算时返回结果为相应的整数类型，与单精度浮点型运算返回单精度浮点型，单精度浮点型与逻辑型、字符型和任何浮点型进行运算时，返回结果都是单精度浮点型。

需要注意的是，单精度浮点型不能和整数型进行算术运算。

【例 2-4】 浮点型参与的运算。

解：在 MATLAB 命令行窗口输入：

```
>> x = uint32(240);y = single(32.345);z = 12.356;
>> xy = x * y
Error using .*
Integers can only be combined with integers of the same class, or
scalar doubles.
>> xz = x * z
xz =
      2965
>> whos
  Name       Size         Bytes  Class     Attributes
  x           1x1             4  uint32
  xz          1x1             4  uint32
  y           1x1             4  single
  z           1x1             8  double
```

从表 2-3 可以看出，浮点数只占用一定的存储位宽，其中只有有限位分别用来存储指数部分和小数部分。因此，浮点类型能表示的实际数值是有限的，而且是离散的。任何两个最接近的浮点数之间都有一个很微小的间隙，而所有处在这个间隙中的值都只能用这两个最接近的浮点数中的一个来表示。MATLAB 中提供了 eps 函数，可以获取一个数值和它最接近的浮点数之间的间隙大小。

2.1.4 复数

复数是对实数的扩展，每一个复数包括实部和虚部两部分。MATLAB 中默认用字符 i 作为 j 作为虚部标识。创建复数可以直接输入或者利用 complex 函数。

MATLAB 中还有多种对复数操作的函数，如表 2-4 所示。

表 2-4　MATLAB 中复数相关运算函数

函　　数	说　　明	函　　数	说　　明
real(z)	返回复数 z 的实部	imag(z)	返回复数 z 的虚部
abs(z)	返回复数 z 的幅度	angle(z)	返回复数 z 的幅角
conj(z)	返回复数 z 的共轭复数	complex(a,b)	以 a 为实部，b 为虚部创建复数

【例 2-5】 复数的创建和运算。

解：在 MATLAB 命令行窗口输入：

```
>> a = 2 + 3i
a =
   2.0000 + 3.0000i
>> x = rand(3) * 5;
>> y = rand(3) * - 8;
>> z = complex(x,y)  % 用 complex 函数创建以 x 为实部，y 为虚部的复数
z =
   4.0736 - 7.7191i  4.5669 - 7.6573i  1.3925 - 1.1351i
   4.5290 - 1.2609i  3.1618 - 3.8830i  2.7344 - 3.3741i
   0.6349 - 7.7647i  0.4877 - 6.4022i  4.7875 - 7.3259i
>> whos
  Name       Size               Bytes  Class     Attributes
  a          1x1                   16  double    complex
  x          3x3                   72  double
  y          3x3                   72  double
  z          3x3                  144  double    complex
```

2.1.5　无穷量(Inf)和非数值量(NaN)

MATLAB 中用 Inf 和-Inf 分别代表正无穷和负无穷，用 NaN 表示非数值的值。正负无穷的产生一般是由于 0 做了分母或者运算溢出，产生了超出双精度浮点数数值范围的结果；分数值量则是因为 0/0 或者 Inf/Inf 型的非正常运算。需要注意的是，两个 NaN 彼此是不相等的。

除了运算造成这些异常结果外，MATLAB 也提供了专门的函数可以创建这两种特别的量，读者可以用 Inf 函数和 NaN 函数创建指定数值类型的无穷量和非数值量，默认是双精度浮点类型。

【例 2-6】 无穷量和非数值量。

解：在 MATLAB 命令行窗口输入：

```
>> x = 1/0
x =
   Inf
>> y = log(0)
y =
  - Inf
>> z = 0.0/0.0
z =
   NaN
```

2.1.6 数值类型的显示格式

MATLAB 提供了多种数值显示方式，可以通过 format 函数或者 MATLAB 主界面下的 File 菜单 Preferences 对话框中修改 Command Window 的设置来使用不同的数值显示方式。默认情况下，MATLAB 使用 5 位定点或浮点型显示格式。

表 2-5 列出了 MATLAB 中通过 format 函数提供的几种数值显示格式，并举例加以说明。

表 2-5 format 函数设置数值显示格式

函数形式	说明	举例
format short	5 位定点显示格式(默认)	3.1416
format short e	5 位带指数浮点显示格式	3.1416e+000
format long	15 位定点浮点显示格式(单精度浮点数用 7 位)	3.141 592 653 589 79
format long e	15 位带指数浮点显示格式(单精度浮点数用 7 位)	3.141 592 653 589 793e+000
format bank	小数点后保留两位的显示格式	3.14
format rat	分数有理近似格式	355/113

format 函数和 Preferences 对话框都只修改数值的显示格式，而 MATLAB 中数值运算都不受影响，按照双精度浮点运算进行。

在 MATLAB 编程中，还常需要临时改变数值显示格式，这可以通过 get 和 set 函数来实现，下面举例加以说明。

【例 2-7】 通过 get 和 set 临时改变数值显示格式。

解：在 MATLAB 命令行窗口输入：

```
>> origFormat = get(0,'format')
origFormat =
short
>> format('rational')
>> rat_pi = pi
rat_pi =
     355/113
>> set(0,'format',origFormat) %将数值显示格式重新设置为之前保存在变量 origFormat 中的值
>> get(0,'format')
ans =
short
```

2.1.7 确定数值类型的函数

除了前面各节中介绍的数值相关函数外，MATLAB 中还有很多用于确定数值类型的函数，如表 2-6 所示。

表 2-6 MATLAB 中确定数值类型的函数

函 数	用 法	说 明
class	class(A)	返回变量 A 的类型名称
isa	isa(A,'class_name')	确定变量 A 是否为 class_name 表示的数据类型
isnumeric	isnumeric(A)	确定 A 是否为数值类型
isinteger	isinteger(A)	确定 A 是否为整数类型
isfloat	isfloat(A)	确定 A 是否为浮点类型
isreal	isreal(A)	确定 A 是否为实数
isnan	isnan(A)	确定 A 是否为非数值量
isInf	isInf(A)	确定 A 是否为无穷量
isfinite	isfinite(A)	确定 A 是否为有限数值

2.1.8 常量与变量

常量是程序语句中取不变值的哪些量,如表达式 y=0.618 * x,其中就包含一个 0.618 这样的数值常数,它便是一数值常量。而另一表达式 s='Tomorrow and Tomorrow' 中,单引号内的英文字符串 Tomorrow and Tomorrow 则是一字符串常量。

在 MATLAB 中,有一类常量是由系统默认给定一个符号来表示的,例如 pi,它代表圆周率 π 这个常数,即 3.141 592 6…,类似于 C 语言中的符号常量,这些常量如表 2-7 所列,有时又称为系统预定义的变量。

表 2-7 MATLAB 特殊常量表

常 量 符 号	常 量 含 义
i 或 j	虚数单位,定义为 $i^2=j^2=-1$
Inf 或 inf	正无穷大,由零做除数引入此常量
NaN	不定时,表示非数值量,产生于 0/0、∞/∞、0 * ∞等运算
pi	圆周率 π 的双精度表示
eps	容差变量,当某量的绝对值小于 eps 时,可以认为此量为零,即为浮点数的最小分辨率,PC 上此值为 2^{-52}
Realmin 或 realmin	最小浮点数,2^{-1022}
Realmax 或 realmax	最大浮点数,2^{1023}

变量是在程序运行中可以改变其值的量,变量由变量名来表示。在 MATLAB 中变量名的命名有自己的规则,可以归纳成如下几条:

(1) 变量名必须以字母开头,且只能由字母、数字或者下画线 3 类符号组成,不能含有空格和标点符号(如()、。、%)。

(2) 变量名区分字母的大小写。例如,a 和 A 是不同的变量。

(3) 变量名不能超过 63 个字符,第 63 个字符后的字符被忽略,对于 MATLAB 6.5 版以前的变量名不能超过 31 个字符。

(4) 关键字(如 if、while 等)不能作为变量名。

(5) 最好不要用表 2-1 中的特殊常量符号作变量名。

常见的错误命名如 f(x),y',y",A2 等。

2.1.9 标量、向量、矩阵与数组

标量、向量、矩阵和数组是 MATLAB 运算中涉及的一组基本运算量。它们各自的特点及相互间的关系可以描述如下：

(1) 数组不是一个数学量,而是一个用于高级语言程序设计的概念。如果数组元素按一维线性方式组织在一起,那么称其为一维数组,一维数组的数学原型是向量。

如果数组元素分行、列排成一个二维平面表格,那么称其为二维数组,二维数组的数学原型是矩阵。如果元素在排成二维数组的基础上,再将多个行、列数分别相同的二维数组叠成一本立体表格,便形成三维数组。依此类推下去,便有了多维数组的概念。

在 MATLAB 中,数组的用法与一般高级语言不同,它不借助于循环,而是直接采用运算符,有自己独立的运算符和运算法则。

(2) 矩阵是一个数学概念,一般高级语言并未引入将其作为基本的运算量,但 MATLAB 是个例外。一般高级语言是不认可将两个矩阵视为两个简单变量而直接进行加减乘除的,要完成矩阵的四则运算必须借助于循环结构。

当 MATLAB 将矩阵引入作为基本运算量后,上述局面改变了。MATLAB 不仅实现了矩阵的简单加减乘除运算,而且许多与矩阵相关的其他运算也因此简化了。

(3) 向量是一个数学量,一般高级语言中也未引入,它可视为矩阵的特例。从 MATLAB 的工作区窗口可以查看到：一个 n 维的行向量是一个 $1\times n$ 阶的矩阵,而列向量则当成 $n\times 1$ 阶的矩阵。

(4) 标量的提法也是一个数学概念,但在 MATLAB 中,一方面可将其视为一般高级语言的简单变量来处理,另一方面又可把它当成 1×1 阶的矩阵,这一看法与矩阵作为 MATLAB 的基本运算量是一致的。

(5) 在 MATLAB 中,二维数组和矩阵其实是数据结构形式相同的两种运算量。二维数组和矩阵的表示、建立、存储根本没有区别,区别只在它们的运算符和运算法则不同。

例如,向命令行窗口中输入 ***a***=[1 2;3 4]这个量,实际上它有两种可能的角色：矩阵 ***a*** 或二维数组 a。这就是说,单从形式上是不能完全区分矩阵和数组的,必须再看它使用什么运算符与其他量之间进行运算。

(6) 数组的维和向量的维是两个完全不同的概念。数组的维是从数组元素排列后所形成的空间结构去定义的：线性结构是一维,平面结构是二维,立体结构是三维,当然还有四维以至多维。向量的维相当于一维数组中的元素个数。

2.1.10 字符串

字符串是 MATLAB 中另外一种形式的运算量。在 MATLAB 中,字符串是用单引号来标示的,例如,S='I Have a Dream.'。赋值号之后在单引号内的字符即是一个字符串,而 S 是一个字符串变量,整个语句完成了将一个字符串常量赋值给一字符串变量的操作。

在 MATLAB 中，字符串的存储是按其中字符逐个顺序单一存放的，且存放的是它们各自的 ASCII 码，由此看来字符串实际可视为一个字符数组，字符串中每个字符则是这个数组的一个元素。

2.1.11 运算符

MATLAB 运算符可分为三大类，它们是算术运算符、关系运算符和逻辑运算符。下面分类给出它们的运算符和运算法则。

1. 算术运算符

算术运算因所处理的对象不同，分为矩阵和数组算术运算两类。表 2-8 给出的是矩阵算术运算的符号、名称、示例和使用说明，表 2-9 给出的是数组算术运算的运算符号、名称、示例和使用说明。

表 2-8 矩阵算术运算符

运算符	名称	示　例	法则或使用说明
+	加	C=A+B	矩阵加法法则，即 C(i,j)=A(i,j)+B(i,j)
−	减	C=A−B	矩阵减法法则，即 C(i,j)=A(i,j)−B(i,j)
*	乘	C=A*B	矩阵乘法法则
/	右除	C=A/B	定义为线性方程组 X*B=A 的解，即 C=A/B=A*B−1
\	左除	C=A\B	定义为线性方程组 A*X=B 的解，即 C=A\B=A−1*B
^	乘幂	C=A^B	A、B 其中一个为标量时有定义
'	共轭转置	B=A'	B 是 A 的共轭转置矩阵

表 2-9 数组算术运算符

运算符	名　称	示　例	法则或使用说明
.*	数组乘	C=A.*B	C(i,j)=A(i,j)*B(i,j)
./	数组右除	C=A./B	C(i,j)=A(i,j)/B(i,j)
.\	数组左除	C=A.\B	C(i,j)=B(i,j)/A(i,j)
.^	数组乘幂	C=A.^B	C(i,j)=A(i,j)^B(i,j)
.'	转置	A.'	将数组的行摆放成列，复数元素不做共轭

针对表 2-8 和表 2-9 需要说明几点：

(1) 矩阵的加、减、乘运算是严格按矩阵运算法则定义的，而矩阵的除法虽和矩阵求逆有关系，但却分为左、右除，因此不是完全等价的。乘幂运算更是将标量幂扩展到矩阵可作为幂指数。总的来说，MATLAB 接受了线性代数已有的矩阵运算规则，但又不仅止于此。

(2) 表 2-9 中并未定义数组的加减法，是因为矩阵的加减法与数组的加减法相同，所以未做重复定义。

(3) 不论是加减乘除，还是乘幂，数组的运算都是元素间的运算，即对应下标元素一对一的运算。

(4) 多维数组的运算法则，可依元素按下标一一对应参与运算的原则如表 2-9 所示。

2. 关系运算符

MATLAB关系运算符列在表2-10中。

表2-10 关系运算符

运算符	名称	示例	法则或使用说明
<	小于	A < B	(1) A、B都是标量，结果是或为1(真)或为0(假)的标量。 (2) A、B若一个为标量，另一个为数组，标量将与数组各元素逐一比较，结果为与运算数组行列相同的数组，其中各元素取值1或0。 (3) A、B均为数组时，必须行、列数分别相同，A与B各对应元素相比较，结果为与A或B行列相同的数组，其中各元素取值1或0。 (4) ==和~=运算对参与比较的量同时比较实部和虚部，其他运算只比较实部
<=	小于等于	A <= B	
>	大于	A > B	
>=	大于等于	A >= B	
==	恒等于	A == B	
~=	不等于	A ~= B	

需要明确指出的是，MATLAB的关系运算虽可看成矩阵的关系运算，但严格地讲，把关系运算定义在数组基础之上更为合理。因为从表2-10所列法则不难发现，关系运算是元素一对一的运算结果。数组的关系运算向下可兼容一般高级语言中所定义的标量关系运算。

3. 逻辑运算符

逻辑运算在MATLAB中同样需要，为此MATLAB定义了自己的逻辑运算符，并设定了相应的逻辑运算法则，如表2-11所示。

表2-11 逻辑运算符

运算符	名称	示例	法则或使用说明
&	与	A&B	(1) A、B都为标量，结果是或为1(真)或为0(假)的标量。 (2) A、B若一个为标量，另一个为数组，标量将与数组各元素逐一做逻辑运算，结果为与运算数组行列相同的数组，其中各元素取值或1或0。 (3) A、B均为数组时，必须行、列数分别相同，A与B各对应元素做逻辑运算，结果为与A或B行列相同的数组，其中各元素取值或1或0。 (4) 先决与、先决或是只针对标量的运算
|	或	A|B	
~	非	~A	
&&	先决与	A&&B	
||	先决或	A||B	

同样地，MATLAB的逻辑运算也是定义在数组的基础之上，向下可兼容一般高级语言中所定义的标量逻辑运算。为提高运算速度，MATLAB还定义了针对标量的先决与和先决或运算。

先决与运算是当该运算符的左边为1(真)时，才继续与该符号右边的量做逻辑运算。先决或运算是当运算符的左边为1(真)时，就不需要继续与该符号右边的量做逻辑运算，而立即得出该逻辑运算结果为1(真)；否则，就要继续与该符号右边的量运算。

4. 运算符的优先级

和其他高级语言一样，当用多个运算符和运算量写出一个MATLAB表达式时，运算符的优先次序是一个必须明确的问题。表2-12列出了运算符的优先次序。

表 2-12 MATLAB 运算符的优先次序

优先次序	运　算　符
最高	'(转置共轭)、^(矩阵乘幂)、'(转置)、^(数组乘幂)
	~(逻辑非)
	、/(右除)、\(左除)、(数组乘)、/(数组右除)、\(数组左除)
	+、-、:(冒号运算)
	<、<=、>、>=、==(恒等于)、~=(不等于)
	&(逻辑与)
	|(逻辑或)
	&&(先决与)
最低	||(先决或)

MATLAB 运算符的优先次序在表 2-12 中为从上到下的顺序，分别由高到低。而表中同一行的各运算符具有相同的优先级，而在同一级别中又遵循有括号先括号运算的原则。

2.1.12 命令、函数、表达式和语句

有了常量、变量、数组和矩阵，再加上各种运算符即可编写出多种 MATLAB 的表达式和语句。但在 MATLAB 的表达式或语句中，还有一类对象会时常出现，那便是命令和函数。

1. 命令

命令通常就是一个动词，例如 clear 命令，用于清除工作区。还有的可能在动词后带有参数，例如“addpath F:\MATLAB 文件\M 文件-end”命令，用于添加新的搜索路径。在 MATLAB 中，命令与函数都组织在函数库里，有一个专门的函数库 general 就是用来存放通用命令的。一个命令也是一条语句。

2. 函数

函数对 MATLAB 而言，有相当特殊的意义，这是因为函数在 MATLAB 中应用较广。仅就 MATLAB 的基本部分而言，其所包括的函数类别就达二十多种，而每一类中又有少则几个，多则几十个函数。

基本部分之外，还有各种工具箱，而工具箱实际上也是由一组组用于解决专门问题的函数构成。不包括 MATLAB 网站上外挂的工具箱函数，就目前 MATLAB 自带的工具箱已多达几十种，可见 MATLAB 其函数之多。从某种意义上说，函数就代表了 MATLAB，MATLAB 全靠函数来解决问题。

函数最一般的引用格式是：

```
函数名(参数 1,参数 2,…)
```

例如，引用正弦函数就书写成 sin(A)，A 就是一个参数，它可以是一个标量，也可以是一

个数组，而对数组求其正弦是针对其中各元素求正弦，这是由数组的特征决定的。

3. 表达式

用多种运算符将常量、变量(含标量、向量、矩阵和数组等)、函数等多种运算对象连接起来构成的运算式子就是 MATLAB 的表达式。例如：

```
A + B&C - sin(A * pi)
```

就是一个表达式。请分析它与表达式(A+B)&C－sin(A * pi)有无区别。

4. 语句

在 MATLAB 中，表达式本身即可视为一个语句。而典型的 MATLAB 语句是赋值语句，其一般的结构是：

```
变量名 = 表达式
```

例如，F=(A+B)&C－sin(A * pi)就是一个赋值语句。

除赋值语句外，MATLAB 还有函数调用语句、循环控制语句、条件分支语句等。这些语句将会在后面章节逐步介绍。

2.2 向量运算

向量是高等数学、线性代数中讨论过的概念。虽是一个数学的概念，但它同时又在力学、电磁学等许多领域中广泛应用。电子信息学科的电磁场理论课程就以向量分析和场论作为其数学基础。

向量是一个有方向的量。在平面解析几何中，它用坐标表示成从原点出发到平面上的一点(a,b)，数据对(a,b)称为一个二维向量。立体解析几何中，则用坐标表示成(a,b,c)，数据组(a,b,c)称为三维向量。线性代数推广了这一概念，提出了 n 维向量，在线性代数中，n 维向量用 n 个元素的数据组表示。

MATLAB 讨论的向量以线性代数的向量为起点，多可达 n 维抽象空间，少可应用到解决平面和空间的向量运算问题。下面首先讨论在 MATLAB 中如何生成向量的问题。

2.2.1 向量的生成

在 MATLAB 中，生成向量主要有 3 种方案：直接输入法、冒号表达式法和函数法，现分述如下。

1. 直接输入法

在命令提示符之后直接输入一个向量，其格式是：向量名=[a1,a2,a3,…]。

【例 2-8】 直接法输入向量。

解：输入命令后其运行结果如下：

```
>> A = [2,3,4,5,6],B = [1;2;3;4;5],C = [4 5 6 7 8 9]
A =
     2     3     4     5     6
B =
     1
     2
     3
     4
     5
C =
     4     5     6     7     8     9
```

2. 冒号表达式法

利用冒号表达式 a1:step:an 也能生成向量,式中 a1 为向量的第一个元素,an 为向量最后一个元素的限定值,step 是变化步长,省略步长时系统默认为 1。

【例 2-9】 用冒号表达式生成向量。

解:输入命令后其运行结果如下:

```
>> A = 1:2:10;B = 1:10,C = 10: - 1:1,D = 10:2:4,E = 2: - 1:10
B =
     1     2     3     4     5     6     7     8     9    10
C =
    10     9     8     7     6     5     4     3     2     1
D =
   Empty matrix: 1 - by - 0
E =
   Empty matrix: 1 - by - 0
```

3. 函数法

有两个函数可用来直接生成向量。一个实现线性等分——linspace();另一个实现对数等分——logspace()。

线性等分的通用格式为 A=linspace(a1,an ,n),其中 a1 是向量的首元素,an 是向量的尾元素,n 把 a1 至 an 之间的区间分成向量的首尾之外的其他 n−2 个元素。省略 n 则默认生成 100 个元素的向量。

【例 2-10】 请在 MATLAB 命令行窗口输入以下语句,观察用线性等分函数生成向量的结果。

解:输入命令后其运行结果如下:

```
>> A = linspace(1,50),B = linspace(1,30,10)
```

对数等分的通用格式为 A=logspace(a1,an,n),其中 a1 是向量首元素的幂,即 A(1)=10a1;an 是向量尾元素的幂,即 A(n)=10an。n 是向量的维数。省略 n 则默认生成 50 个元素的对数等分向量。

【例 2-11】 请在 MATLAB 命令行窗口输入以下语句,观察用对数等分函数生成向量的结果。

解：输入命令后其运行结果如下：

```
>> A = logspace(0,49),B = logspace(0,4,5)
```

尽管用冒号表达式和线性等分函数都能生成线性等分向量，但在使用时有几点区别值得注意：

(1) an 在冒号表达式中，它不一定恰好是向量的最后一个元素，只有当向量的倒数第二个元素加步长等于 an 时，an 才正好构成尾元素。如果一定要构成一个以 an 为末尾元素的向量，那么最可靠的生成方法是用线性等分函数。

(2) 在使用线性等分函数前，必须先确定生成向量的元素个数，但使用冒号表达式将依着步长和 an 的限制去生成向量，用不着去考虑元素个数的多少。

实际应用时，同时限定尾元素和步长去生成向量，有时可能会出现矛盾，此时必须做出取舍。要么坚持步长优先，调整尾元素限制；要么坚持尾元素限制，去修改等分步长。

2.2.2 向量的加减和数乘运算

在 MATLAB 中，维数相同的行向量之间可以相互加减，维数相同的列向量也可相互加减，标量数值可以与向量直接相乘除。

【例 2-12】 向量的加减和数乘运算。

解：输入命令后其运行结果如下：

```
>> A = [1 2 3 4 5];B = 3:7;C = linspace(2,4,3);
>> AT = A'; BT = B';
>> E1 = A + B,E2 = A - B,F = AT - BT,G1 = 3 * A,G2 = B/3,H = A + C
其运行结果为
E1 =
     4     6     8    10    12
E2 =
    -2    -2    -2    -2    -2
F =
    -2
    -2
    -2
    -2
    -2
G1 =
     3     6     9    12    15
G2 =
    1.0000    1.3333    1.6667    2.0000    2.3333
Error using +
Matrix dimensions must agree.
```

上述实例执行后，H＝A＋C 显示了出错信息，表明维数不同的向量之间的加减法运算是非法的。

2.2.3 向量的点、叉积运算

向量的点积即数量积；叉积又称向量积或矢量积。点积、叉积甚至两者的混合积在场论中是极其基本的运算。MATLAB是用函数实现向量点、叉积运算的。下面举例说明向量的点积、叉积和混合积运算。

1. 点积运算

点积运算($A \cdot B$)的定义是参与运算的两向量各对应位置上元素相乘后,再将各乘积相加。所以向量点积的结果是一标量而非向量。

点积运算函数是:dot(A,B),A、B是维数相同的两向量。

【例 2-13】 向量点积运算。

解:输入命令后其运行结果如下:

```
>> A = 1:10;B = linspace(1,10,10); AT = A';BT = B';
>> e = dot(A,B),f = dot(AT,BT)
其运算结果为
e =
   385
f =
   385
```

2. 叉积运算

在数学描述中,向量 **A**、**B** 的叉积是一新向量 **C**,**C** 的方向垂直于 **A** 与 **B** 所决定的平面。用三维坐标表示时

$$\boldsymbol{A} = \boldsymbol{A}_x \mathrm{i} + \boldsymbol{A}_y \mathrm{j} + \boldsymbol{A}_z k$$

$$\boldsymbol{B} = \boldsymbol{B}_x \mathrm{i} + \boldsymbol{B}_y \mathrm{j} + \boldsymbol{B}_z k$$

$$\boldsymbol{C} = \boldsymbol{A} \times \boldsymbol{B} = (\boldsymbol{A}_y \boldsymbol{B}_z - \boldsymbol{A}_z \boldsymbol{B}_y)\mathrm{i} + (\boldsymbol{A}_z \boldsymbol{B}_x - \boldsymbol{A}_x \boldsymbol{B}_z)\mathrm{j} + (\boldsymbol{A}_x \boldsymbol{B}_y - \boldsymbol{A}_y \boldsymbol{B}_x)k$$

叉积运算的函数是:cross(A,B),该函数计算的是A、B叉积后各分量的元素值,且A、B只能是三维向量。

【例 2-14】 合法向量叉积运算。

解:输入命令后其运行结果如下:

```
>> A = 1:3,B = 3:5
>> E = cross(A,B)
```

其运算结果为

```
A =
   1     2     3
B =
   3     4     5
E =
  -2     4    -2
```

【例 2-15】 非法向量叉积运算(不等于三维的向量做叉积运算)。

解:输入命令后其运行结果如下:

```
>> A = 1:4,B = 3:6,C = [1 2],D = [3 4] >> E = cross(A,B),F = cross(C,D)
```

其运行结果为

```
A =
1  2  3  4
B =
3  4  5  6
C =
1  2
D =
4
Error using ==> cross
A and B must have at least one dimension of length 3.
```

3. 混合积运算

综合运用上述两个函数就可实现点积和叉积的混合运算，该运算也只能发生在三维向量之间，举例如下。

【例 2-16】 向量混合积示例。

解：输入命令后其运行结果如下：

```
>> A = [1 2 3],B = [3 3 4],C = [3 2 1]
>> D = dot(C,cross(A,B))
```

其运行结果为

```
>> A =
1  2  3
>> B =
3  3  4
>> C =
3  2  1
>> D =
4
```

2.3 矩阵运算

矩阵运算是 MATLAB 特别引入的一种运算。一般高级语言只定义了标量(语言中通常分为常量和变量)的各种运算，MATLAB 将此推广，把标量换成了矩阵，而标量则成了矩阵的元素或视为矩阵的特例。如此一来，MATLAB 既可用简单的方法解决原本复杂的矩阵运算问题，又可向下兼容处理标量运算。

为方便后续的讨论，在讨论矩阵运算之前先将矩阵元素的存储次序和表示方法进行说明。

2.3.1 矩阵元素的存储次序

假设有一个 $m\times n$ 阶的矩阵 $\boldsymbol{A}$，如果用符号 i 表示它的行下标，用符号 j 表示它的列下标，那么这个矩阵中第 i 行、第 j 列的元素就可表示为 $\boldsymbol{A}(i,j)$。

如果要将一个矩阵存储在计算机中，MATLAB 规定矩阵元素在存储器中的存放次序是按列的先后顺序存放，即存完第 1 列后，再存第 2 列，依次类推。例如有一个 3×4 阶的矩阵 $\boldsymbol{B}$，若要把它存储在计算机中，其存放次序就如表 2-13 所列。

表 2-13 矩阵 $\boldsymbol{B}$ 的各元素存储次序

次序	元素	次序	元素	次序	元素	次序	元素
1	$\boldsymbol{B}(1,1)$	4	$\boldsymbol{B}(1,2)$	7	$\boldsymbol{B}(1,3)$	10	$\boldsymbol{B}(1,4)$
2	$\boldsymbol{B}(2,1)$	5	$\boldsymbol{B}(2,2)$	8	$\boldsymbol{B}(2,3)$	11	$\boldsymbol{B}(2,4)$
3	$\boldsymbol{B}(3,1)$	6	$\boldsymbol{B}(3,2)$	9	$\boldsymbol{B}(3,3)$	12	$\boldsymbol{B}(3,4)$

作为矩阵的特例，一维数组或者说向量元素是依其元素本身的先后次序进行存储的。必须指出，不是所有高级语言都这样规定矩阵（或数组）元素的存储次序，例如 C 语言就是按行的先后顺序来存放数组元素，即存完第 1 行后，再存第 2 行，依次类推。记住这一点对正确使用高级语言的接口技术是十分有益的。

2.3.2 矩阵元素的表示及相关操作

弄清了矩阵元素的存储次序，现在来讨论矩阵元素的表示方法和应用。在 MATLAB 中，矩阵除了以矩阵名为单位被整体引用外，还可能涉及对矩阵元素的引用操作，所以矩阵元素的表示也是一个必须交代的问题。

1. 元素的下标表示法

矩阵元素的表示采用下标法。在 MATLAB 中有全下标方式和单下标方式两种方案，现分述如下：

(1) 全下标方式：用行下标和列下标来标示矩阵中的一个元素，这是一个被普遍接受和采用的方法。对一个 $m\times n$ 阶的矩阵 $\boldsymbol{A}$，其第 i 行、第 j 列的元素用全下标方式就表示成 $\boldsymbol{A}(i,j)$。

(2) 单下标方式：将矩阵元素按存储次序的先后用单个数码顺序地连续编号。仍以 $m\times n$ 阶的矩阵 $\boldsymbol{A}$ 为例，全下标元素 $\boldsymbol{A}(i,j)$ 对应的单下标表示便是 $A(s)$，其中 $s=(j-1)\times m+i$。

必须指出，i、j、s 这些下标符号，不能只将其视为单数值下标，也可理解成用向量表示的一组下标。

【例 2-17】 元素的下标表示。

解： 输入命令后其运行结果如下：

```
>> A = [1 2 3;6 5 4;8 7 9]
A =
     1   2   3
     6   5   4
     8   7   9
>> A(2,3),A(6) %显示矩阵中全下标元素A(2,3)和单下标元素A(6)的值
ans =
     4
ans =
     7
>> A(1:2,3) %显示矩阵A第1、2两行的第3列的元素值
ans =
     3
     4
>> A(6:8) %显示矩阵A单下标第6~8号元素的值,此处是用一向量表示一下标区间
ans =
     7   3   4
```

2. 矩阵元素的赋值

矩阵元素的赋值有3种方式：全下标方式、单下标方式和全元素方式。必须声明，用后两种方式赋值的矩阵必须是被引用过的矩阵；否则，系统会提示出错信息。

1）全下标方式

在给矩阵的单个或多个元素赋值时，采用全下标方式接收。

【例2-18】 全下标接收元素赋值。

解：输入命令后其运行结果如下：

```
>> clear all %不要因工作区中已有内容干扰了后面的运算
>> A(1:2,1:3) = [1 1 1;1 1 1] %可用一矩阵给矩阵A的1~2行1~3列的全部元素赋值为1
A =
     1     1     1
     1     1     1
>> A(3,3) = 2 %给原矩阵中并不存在的元素下标赋值会扩充矩阵阶数,注意补0的原则
A =
     1     1     1
     1     1     1
     0     0     2
```

2）单下标方式

在给矩阵的单个或多个元素赋值时，采用单下标方式接收。

【例2-19】 单下标接收元素赋值。

解：输入命令后其运行结果如下：

```
>> A(3:6) = [ -1 1 1 -1] %可用一向量给单下标表示的连续多个矩阵元素赋值
A =
     1     1     1
     1     1     1
    -1    -1     2
>> A(3) = 0;A(6) = 0
A =
     1     1     1
     1     1     1
     0     0     2
```

3）全元素方式

将矩阵 **B** 的所有元素全部赋值给矩阵 **A**，即 **A**(:)=**B**，不要求 **A**、**B** 同阶，只要求元素个数相等。

【例 2-20】 全元素方式赋值。

解：输入命令后其运行结果如下：

```
>> A(:) = 1:9        % 将一向量按列之先后赋值给矩阵 A,A 在上例已被引用
A =
     1     4     7
     2     5     8
     3     6     9
>> A(3,4) = 16,B = [11 12 13;14 15 16;17 18 19;0 0 0]       % 扩充矩阵 A,生成 4×3 阶矩阵 B
A =
     1     4     7     0
     2     5     8     0
     3     6     9    16
B =
    11    12    13
    14    15    16
    17    18    19
     0     0     0
>> A(:) = B
A =
    11     0    18    16
    14    12     0    19
    17    15    13     0
```

3. 矩阵元素的删除

在 MATLAB 中，可以用空矩阵（用[]表示）将矩阵中的单个元素、某行、某列、某矩阵子块及整个矩阵中的元素删除。

【例 2-21】 删除元素操作。

解：输入命令后其运行结果如下：

```
>> clear all
>> A(2:3,2:3) = [1 1;2 2]      % 生成一新矩阵 A
A =
     0     0     0
     0     1     1
     0     2     2
>> A(2,:) = []
A =
     0     0     0
     0     2     2
>> A(1:2) = []
A =
     0     2     0     2
>> A = []
A =
     []
```

2.3.3 矩阵的创建

在 MATLAB 中建立矩阵的方法很多，下面分别介绍直接输入法、抽取法、拼接法、函数法、拼接函数和变形函数法、加载法和 M 文件法。不同的方法往往适用于不同的场合和需要。

因为矩阵是 MATLAB 特别引入的量，所以在表达时，必须给出一些相关的约定与其他量区别，这些约定是：

(1) 矩阵的所有元素必须放在方括号([])内；

(2) 每行的元素之间需用逗号或空格隔开；

(3) 矩阵的行与行之间用分号或回车符分隔；

(4) 元素可以是数值或表达式。

1. 直接输入法

在命令行提示符>>，直接输入一矩阵的方法即是直接输入法。直接输入法对建立规模较小的矩阵是相当方便的，特别适用于在命令行窗口讨论问题的场合，也适用于在程序中给矩阵变量赋初值。

【例 2-22】 用直接输入法建立矩阵。

解：输入命令后其运行结果如下：

```
>> x = 27;y = 3;
>> A = [1 2 3;4 5 6];B = [2,3,4;7,8,9;12,2 * 6 + 1,14];
>> C = [3 4 5;7 8 x/y;10 11 12];
>> A,B,C
```

其运算结果为

```
A =
     1     2     3
     4     5     6
B =
     2     3     4
     7     8     9
    12    13    14
C =
     3     4     5
     7     8     9
    10    11    12
```

2. 抽取法

抽取法是从大矩阵中抽取出需要的小矩阵(或子矩阵)。线性代数中分块矩阵就是一个从大矩阵中取出子矩阵块的典型实例。

矩阵的抽取实质是元素的抽取，用元素下标的向量表示从大矩阵中去提取元素就能完成抽取过程。

1）用全下标方式

【例 2-23】 用全下标抽取法建立子矩阵。

解：输入命令后其运行结果如下：

```
>> clear
>> A = [1 2 3 4;5 6 7 8;9 10 11 12;13 14 15 16]
A =
     1     2     3     4
     5     6     7     8
     9    10    11    12
    13    14    15    16
>> B = A(1:3,2:3) %取矩阵A行数为1～3,列数为2～3的元素构成子矩阵B
B =
     2     3
     6     7
    10    11
>> C = A([1 3],[2 4]) %取矩阵A行数为1、3,列数为2、4的元素构成子矩阵C
C =
     2     4
    10    12
>> D = A(4,:) %取矩阵A第4行,所有列,":"可表示所有行或列
D =
    13    14    15    16
>> E = A([2 4],end) %取1、4行,最后列,用"end"表示某一维数中的最大值
```

2）用单下标方式

【例 2-24】 用单下标抽取法建立子矩阵。

解：输入命令后其运行结果如下：

```
>> clear
>> A = [1 2 3 4;5 6 7 8;9 10 11 12;13 14 15 16]
A =
     1     2     3     4
     5     6     7     8
     9    10    11    12
    13    14    15    16
>> B = A([4:6;3 5 7;12:14])
B =
    13     2     6
     9     2    10
    15     4     8
```

本例是从矩阵 A 中取出单下标 4～6 的元素作为第 1 行，单下标 3、5、7 这 3 个元素作为第 2 行，单下标 12～14 的元素作为第 3 行，生成一 3×3 阶新矩阵 B。若用 B=A([4:6;[3 5 7];12:14])的格式去抽取也是正确的，关键在于若要抽取出矩阵，就必须在单下标引用中的最外层加上一对方括号，以满足 MATLAB 对矩阵的约定。另外，其中的分号也不能少。分号若改写成逗号时，矩阵将变成向量，例如用 C=A([4:5,7,10:13])抽取，则结果为 C=[13 2 10 7 11 15 4]。

3. 拼接法

行数与行数相同的小矩阵可在列方向扩展拼接成更大的矩阵。同理，列数与列数相同的小矩阵可在行方向扩展拼接成更大的矩阵。

【例 2-25】 小矩阵拼成大矩阵。

解：输入命令后其运行结果如下：

```
>> A=[1 2 3;4 5 6;7 8 9],B=[9 8;7 6;5 4],C=[4 5 6;7 8 9]
A =
     1     2     3
     4     5     6
     7     8     9
B =
     9     8
     7     6
     5     4
C =
     4     5     6
     7     8     9
>> E=[A B;B A] %行列两个方向同时拼接,请留意行、列数的匹配问题
E =
     1     2     3     9     8
     4     5     6     7     6
     7     8     9     5     4
     9     8     1     2     3
     7     6     4     5     6
     5     4     7     8     9
>> F=[A;C] %A、C 列数相同,沿行向扩展拼接
F =
     1     2     3
     4     5     6
     7     8     9
     4     5     6
     7     8     9
```

4. 函数法

MATLAB 有许多函数可以生成矩阵，大致可分为基本函数和特殊函数两类。基本函数主要生成一些常用的工具矩阵，如表 2-14 所示。特殊函数则生成一些特殊矩阵，如希尔伯特矩阵、魔方矩阵、帕斯卡矩阵、范德蒙矩阵等，这些矩阵如表 2-15 所示。

表 2-14　常用工具矩阵生成函数

函　数	功　能
zeros(m,n)	生成 m×n 阶的全 0 矩阵
ones(m,n)	生成 m×n 阶的全 1 矩阵
rand(m,n)	生成取值在 0～1 之间满足均匀分布的随机矩阵
randn(m,n)	生成满足正态分布的随机矩阵
eye(m,n)	生成 m×n 阶的单位矩阵

表 2-15 特殊矩阵生成函数

函　数	功　能	函　数	功　能
compan	Companion 矩阵	Magic	魔方矩阵
gallery	Higham 测试矩阵	Pascal	帕斯卡矩阵
hadamard	Hadamard 矩阵	Rosser	经典对称特征值测试矩阵
hankel	Hankel 矩阵	toeplitz	Toeplitz 矩阵
hilb	Hilbert 矩阵	Vander	范德蒙矩阵
invhilb	反 Hilbert 矩阵	wilkinson	Wilkinson's 特征值测试矩阵

在表 2-14 的常用工具矩阵生成函数中，除了 eye 外，其他函数都能生成三维以上的多维数组，而 eye(m，n)可生成非方阵的单位阵。

【例 2-26】 用函数生成矩阵。

解：输入命令后其运行结果如下：

```
>> A = ones(3,4),B = eye(3,4),C = magic(3)
A =
      1     1     1     1
      1     1     1     1
      1     1     1     1
B =
      1     0     0     0
      0     1     0     0
      0     0     1     0
C =
      8     1     6
      3     5     7
      4     9     2
>> format rat;D = hilb(3),E = pascal(4)  % rat 的数值显示格式可将小数用分数表示
D =
        1           1/2          1/3
        1/2         1/3          1/4
        1/3         1/4          1/5
E =
        1           1            1            1
        1           2            3            4
        1           3            6           10
        1           4           10           20
```

n 阶魔方矩阵的特点是每行、每列和两对角线上的元素之和各等于(n3＋n)/2。例如上例 n 阶魔方阵每行、每列和两对角线元素和为 15。希尔伯特矩阵的元素在行、列方向和对角线上的分布规律是显而易见的，而帕斯卡矩阵在其副对角线及其平行线上的变化规律实际上就是中国人称为杨辉三角而西方人称帕斯卡三角的变化规律。

5. 拼接函数和变形函数法

拼接函数法是指用 cat 和 repmat 函数将多个或单个小矩阵沿行或列的方向拼接成一个大矩阵。

cat 函数的使用格式是：cat(n,A1,A2,A3,…)，n=1 时，表示沿行方向拼接；n=2，表示沿列方向拼接。n 可以是大于 2 的数字，此时拼接出的是多维数组。

repmat 函数的使用格式是：repmat(A,m,n…)，m 和 n 分别是沿行和列方向重复拼接矩阵 A 的次数。

【例 2-27】 用 cat 函数实现矩阵 A1 和 A2 分别沿行向和沿列向的拼接。

解：输入命令后其运行结果如下：

```
>> A1 = [1 2 3;9 8 7;4 5 6]
A1 =
     1     2     3
     9     8     7
     4     5     6
>> A2 = A1.'
A2 =
     1     9     4
     2     8     5
     3     7     6
>> cat(1,A1,A2,A1)
ans =
     1     2     3
     9     8     7
     4     5     6
     1     9     4
     2     8     5
     3     7     6
     1     2     3
     9     8     7
     4     5     6
>> cat(2,A1,A2)
ans =
     1   2   3   1   9   4
     9   8   7   2   8   5
     4   5   6   3   7   6
```

【例 2-28】 用 repmat 函数对矩阵 **A**1 实现沿行向和沿列向的拼接(续例 2-27)。

解：输入命令后其运行结果如下：

```
>> repmat(A1,2,2)
ans =
     1   2   3   1   2   3
     9   8   7   9   8   7
     4   5   6   4   5   6
     1   2   3   1   2   3
     9   8   7   9   8   7
     4   5   6   4   5   6
>> repmat(A1,2,1)
ans =
     1   2   3
     9   8   7
     4   5   6
     1   2   3
     9   8   7
     4   5   6
```

```
>> repmat(A1,1,3)
ans =
      1     2     3     1     2     3     1     2     3
      9     8     7     9     8     7     9     8     7
      4     5     6     4     5     6     4     5     6
```

变形函数法主要是把一向量通过变形函数 reshape 变换成矩阵，当然也可将一个矩阵变换成一个新的、与之阶数不同的矩阵。reshape 函数的使用格式是：reshape(A,m,n…)，m 和 n 分别是变形后新矩阵的行列数。

【例 2-29】 用变形函数生成矩阵。

解：输入命令后其运行结果如下：

```
>> A = linspace(2,18,9)
A =
  2    4    6    8    10    12    14    16    18
>> B = reshape(A,3,3) %注意新矩阵的排列方式,从中体会矩阵元素的存储次序
B =
      2        8        14
      4       10        16
      6       12        18
>> a = 20:2:24;b = a.';
>> C = [B b],D = reshape(C,4,3)
C =
      2        8        14        20
      4       10        16        22
      6       12        18        24
D =
      2       10        18
      4       12        20
      6       14        22
      8       16        24
```

6. 加载法

所谓加载法是指将已经存放在外存中的. mat 文件读入 MATLAB 工作区中。这一方法的前提是：必须在外存中事先已保存了该. mat 文件且数据文件中的内容是所需的矩阵。

在用 MATLAB 编程解决实际问题时，可能需要将程序运行的中间结果用. mat 保存在外存中以备后面的程序调用。这一调用过程的实质就是将外存中的数据（包括矩阵）加载到 MATLAB 内存工作区以备当前程序使用。

加载方法具体有菜单法和命令法，在命令行窗口中交互讨论问题时，用菜单和用命令都可用来加载数据，但在程序设计时就只能用命令去编写程序了。具体来说，加载用的菜单是命令行窗口中的 File|Import Data，而命令则是 load。

【例 2-30】 利用外存数据文件加载矩阵。

解：输入命令后其运行结果如下：

```
>> A = [1 2 3];
>> clear all
```

```
>> load matlab %从外存中加载事先保存在可搜索路径中的数据文件 matlab.mat
>> who %询问加载的矩阵名称
Your variables are:
A
>> A %显示加载的矩阵内容
A =
      1  2  3
```

7. M 文件法

M 文件法和加载法其实十分相似,都是将事先保存在外存中的矩阵读入内存工作区中,不同点在于加载法读入的是数据文件(.mat),而 M 文件法读入的是内容仅为矩阵的.m 文件。

M 文件一般是程序文件,其内容通常为命令或程序设计语句,但也可存放矩阵,因为给一个矩阵赋值本身就是一条语句。

在程序设计中,当矩阵的规模较大,而这些矩阵又要经常被引用时,若每次引用都采用直接输入法,既容易出错又很笨拙。一个省时、省力而又可靠的方法就是:先用直接输入法将某个矩阵准确无误地赋值给一个程序中会被反复引用的矩阵,且用 M 文件将其保存。每当用到该矩阵时,就只需在程序中引用该 M 文件即可。

2.3.4 矩阵的代数运算

矩阵的代数运算应包括线性代数中讨论的诸多方面,限于篇幅,本节仅就一些常用的代数运算在 MATLAB 中的实现给予描述。

本节所描述的代数运算包括求矩阵行列式的值、矩阵的加减乘除、矩阵的求逆、求矩阵的秩、求矩阵的特征值与特征向量、矩阵的乘方与开方等。这些运算在 MATLAB 中有些是由运算符完成的,但更多的运算是由函数实现的。

1. 求矩阵行列式的值

求矩阵行列式的值由函数 det(A)实现。

【例 2-31】 求给定矩阵的行列式值。

解:输入命令后其运行结果如下:

```
>> A = [3 2 4;1 -1 5;2 -1 3],D1 = det(A)
A =
      3      2      4
      1     -1      5
      2     -1      3
D1 =
     24
>> B = ones(3),D2 = det(B),C = pascal(4),D3 = det(C)
B =
      1      1      1
      1      1      1
      1      1      1
```

```
D2 =
        0
C =
        1        1        1        1
        1        2        3        4
        1        3        6       10
        1        4       10       20
D3 =
        1
```

2. 矩阵加减、数乘与乘法

矩阵的加减法、数乘和乘法可用表 2-8 介绍的运算符来实现。

【例 2-32】 已知矩阵

$$A=\begin{bmatrix}1 & 3\\2 & -1\end{bmatrix},\quad B=\begin{bmatrix}3 & 0\\1 & 2\end{bmatrix}$$

求 $\boldsymbol{A}+\boldsymbol{B}$,$2\boldsymbol{A}$,$2\boldsymbol{A}-3\boldsymbol{B}$,$\boldsymbol{AB}$。

解:输入命令后其运行结果如下:

```
>> A = [1 3;2 -1];B = [3 0;1 2];
>> A + B
ans =
        4        3
        3        1
>> 2 * A
ans =
        2        6
        4       -2
```

因为矩阵加减运算的规则是对应元素相加减,所以参与加减运算的矩阵必须是同阶矩阵。而数与矩阵的加减乘除的规则一目了然,但矩阵相乘有定义的前提是两矩阵内阶相等。

3. 求矩阵的逆矩阵

在 MATLAB 中,求一个 n 阶方阵的逆矩阵远比线性代数中介绍的方法来得简单,只需调用函数 inv(A)即可实现。

【例 2-33】 求矩阵 A 的逆矩阵。

解:输入命令后其运行结果如下:

```
>> A = [1 0 1;2 1 2;0 4 6]
A =
        1        0        1
        2        1        2
        0        4        6
>> format rat;A1 = inv(A)
A1 =
       -1/3      2/3     -1/6
       -2        1        0
        4/3     -2/3      1/6
```

4. 矩阵的除法

有了矩阵求逆运算后，线性代数中不再需要定义矩阵的除法运算。但为与其他高级语言中的标量运算保持一致，MATLAB保留了除法运算，并规定了矩阵的除法运算法则，又因照顾到解不同线性代数方程组的需要，提出了左除和右除的概念。

左除即 A\B=inv(A) * B，右除即 A/B=A * inv(B)，相关运算符的定义参见表2-4。

【例2-34】 求下列线性方程组的解。

$$\begin{cases} x_1 + 4x_2 - 7x_3 + 6x_4 = 0 \\ 2x_2 + x_3 + x_4 = -8 \\ x_2 + x_3 + 3x_4 = -2 \\ x_1 + x_3 - x_4 = 1 \end{cases}$$

解：此方程可列成两组不同的矩阵方程形式。

一种形式是，设 X=[x1;x2;x3;x4]为列向量，矩阵 A=[1 4 −7 6;0 2 1 1;0 1 1 3;1 0 1 −1]，B=[0;−8;−2;1]为列向量，则方程形式为 AX=B，其求解过程用左除：

```
>> A=[1 4 -7 6;0 2 1 1;0 1 1 3;1 0 1 -1],B=[0;-8;-2;1],x=A\B
A =
     1     4    -7     6
     0     2     1     1
     0     1     1     3
     1     0     1    -1
B =
     0
    -8
    -2
     1
x =
     3
    -4
    -1
     1
>> inv(A) * B
ans =
     3
    -4
    -1
     1
```

由此可见，A\B 的确与 inv(A) * B 相等。

另一种形式是，设 X=[x1 x2 x3 x4]为行向量，矩阵 A=[1 0 0 1;4 2 1 0;−7 1 1 1;6 1 3 −1]，矩阵 B=[0 −8 −2 1]为行向量，则方程形式为 XA=B，其求解过程用右除：

```
>> A=[1 0 0 1;4 2 1 0;-7 1 1 1;6 1 3 -1],B=[0 -8 -2 1],x=B/A;
A =
     1     0     0     1
     4     2     1     0
    -7     1     1     1
     6     1     3    -1
```

```
B =
       0   -8   -2    1
>> B * inv(A)
ans =
       3   -4   -1    1
```

由此可见，A/B 的确与 B * inv(A)相等。

本例用左右除法两种方案求解同一线性方程组的解，计算结果证明两种除法都是准确可用的，区别只在于方程的书写形式不同而已。

需说明一点，本例所求的是一个恰定方程组的解，对超定和欠定方程，MATLAB 矩阵除法同样能给出其解，限于篇幅，在此不做讨论。

5．求矩阵的秩

矩阵的秩是线性代数中一个重要的概念，它描述了矩阵的一个数值特征。在 MATLAB 中求秩运算是由函数 rank(A)完成。

【例 2-35】 求矩阵的秩。

解：输入命令后其运行结果如下：

```
>> B = [1 3 -9 3;0 1 -3 4; -2 -3 9 6],rb = rank(B)
B =
       1     3    -9   3
       0     1    -3   4
      -2    -3     9   6
rb =
       2
```

6．求矩阵的特征值与特征向量

矩阵的特征值与特征向量是在最优控制、经济管理等许多领域都会用到的重要数学概念。在 MATLAB 中，求矩阵 A 的特征值和特征向量的数值解，有两个函数可用：一是[X,λ]=eig(A)，另一是[X,λ]=eigs(A)。但后者因采用迭代法求解，在规模上最多只给出 6 个特征值和特征向量。

【例 2-36】 求矩阵 A 的特征值和特征向量。

解：输入命令后其运行结果如下：

```
>> A = [1 -3 3;3 -5 3;6 -6 4], [X,Lamda] = eig(A)
A =
       1           -3           3
       3           -5           3
       6           -6           4
X =
    -881/2158              844/3459   -  313/769i     844/3459   +  313/769i
    -881/2158             -775/1862   -  313/769i    -775/1862   +  313/769i
    -881/1079             -2458/3723                 -2458/3723
```

```
Lamda =
     4           0           0
     0          -2           0
     0           0          -2
```

Lamda 用矩阵对角线方式给出了矩阵 A 的特征值为 λ1＝4，λ2＝λ3 ＝－2。而与这些特征值相应的特征向量则由 X 的各列来代表，X 的第 1 列是 λ1 的特征向量，第 2 列是 λ2 的，其余类推。必须说明，矩阵 A 的某个特征值对应的特征向量不是有限的，更不是唯一的，而是无穷的。所以，例中结果只是一个代表向量而已。有关知识请参阅线性代数教材。

7．矩阵的乘幂与开方

在 MATLAB 中，矩阵的乘幂运算与线性代数相比已经做了扩充，在线性代数中，一个矩阵 A 自己连乘数遍，就构成了矩阵的乘方，例如 A3。但 3A 这种形式在线性代数中就没有明确定义了，而 MATLAB 则承认其合法性并可进行运算。矩阵的乘方有自己的运算符(^)。

同样地，矩阵的开方运算也是 MATLAB 自己定义的，它的依据在于开方所得矩阵相乘正好等于被开方的矩阵。矩阵的开方运算由函数 sqrtm(A)实现。

【例 2-37】 矩阵的乘幂与开方运算。

解：输入命令后其运行结果如下：

```
>> A = [1 -3 3;3 -5 3;6 -6 4];
>> A^3
ans =
    28    -36    36
    36    -44    36
    72    -72    64
```

本例中，矩阵 A 的非整数次幂是依据其特征值和特征向量进行运算的，如果用 X 表示特征向量，Lamda 表特征值，具体计算式是 A^p＝Lamda * X.^p/Lamda。

需要强调指出的是，矩阵的乘方和开方运算是以矩阵作为一个整体的运算，而不是针对矩阵每个元素施行的。

8．矩阵的指数与对数

矩阵的指数与对数运算也是以矩阵为整体而非针对元素的运算。和标量运算一样，矩阵的指数与对数运算也是一对互逆的运算，也就是说，矩阵 A 的指数运算可以用对数去验证，反之亦然。

矩阵指数运算的函数有多个，例如 expm()、expm1()、expm2()和 expm3()等，其中最常用的是 expm(A)；而对数运算函数则是 logm(A)。

【例 2-38】 矩阵的指数与对数运算。

解：输入命令后其运行结果如下：

```
>> A = [1 -1 1;2 -4 1;1 -5 3];
>> Ae = expm(A)
```

```
Ae =
     723/527          -2477/669        2953/659
     1015/2546        -437/186          231/79
    -1144/453         -2642/347       16359/1712
>> Ael = logm(Ae)
Ael =
         1             -1                 1
         2             -4                 1
         1             -5                 3
```

9. 矩阵转置

在MATLAB中,矩阵的转置被分成共轭转置和非共轭转置两大类。但就一般实矩阵而言,共轭转置与非共轭转置的效果没有区别,复矩阵则在转置的同时实现共轭。

单纯的转置运算可以用函数 transpose(Z)实现,不论实矩阵还是复矩阵都只实现转置而不作共轭变换。具体情况见下例。

【例 2-39】 矩阵转置运算。

解:输入命令后其运行结果如下:

```
>> a = 1:9;
>> A = reshape(a,3,3)
A =
         1          4      7
         2          5      8
         3          6      9
>> B = A'
B =
         1          2      3
         4          5      6
         7          8      9
>> Z = A + i * B
Z =
         1 + 1i   4 + 2i   7 + 3i
         2 + 4i   5 + 5i   8 + 6i
         3 + 7i   6 + 8i   9 + 9i
```

10. 矩阵的提取与翻转

矩阵的提取和翻转是针对矩阵的常见操作。在MATLAB中,这些操作都由函数实现,这些函数如表2-16所示。

表 2-16 矩阵结构形式提取与翻转函数

函　　数	功　　能
triu(A)	提取矩阵A的右上三角元素,其余元素补0
tril(A)	提取矩阵A的左下三角元素,其余元素补0
diag(A)	提取矩阵A的对角线元素
flipud(A)	矩阵A沿水平轴上下翻转
fliplr(A)	矩阵A沿垂直轴左右翻转
flipdim(A,dim)	矩阵A沿特定轴翻转。dim=1,按行翻转; dim=2,按列翻转
rot90(A)	矩阵A整体逆时针旋转90°

下面举例说明。

【例 2-40】 矩阵提取与翻转。

解：输入命令后其运行结果如下：

```
>> a = linspace(1,23,12);
>> A = reshape(a,4,3)'
A =
     1     3     5     7
     9    11    13    15
    17    19    21    23
>> fliplr(A)
ans =
     7     5     3     1
    15    13    11     9
    23    21    19    17
>> flipdim(A,2)
ans =
     7     5     3     1
    15    13    11     9
    23    21    19    17
>> flipdim(A,1)
ans =
    17    19    21    23
     9    11    13    15
     1     3     5     7
>> triu(A)
ans =
     1     3     5     7
     0    11    13    15
     0     0    21    23
>> tril(A)
ans =
     1     0     0     0
     9    11     0     0
    17    19    21     0
>> diag(A)
ans =
     1
    11
    21
```

2.4 字符串运算

MATLAB 虽有字符串概念，但和 C 语言一样，仍是将其视为一个一维字符数组对待。因此本节针对字符串的运算或操作，对字符数组也有效。

2.4.1 字符串变量与一维字符数组

当把某个字符串赋值给一个变量后，这个变量便因取得这一字符串而被 MATLAB 作为字符串变量来识别。

当观察 MATLAB 的工作区窗口时，字符串变量的类型是字符数组类型（即 char array）。而从工作区窗口去观察一个一维字符数组时，也发现它具有与字符串变量相同的数据类型。由此可知，字符串与一维字符数组在运算处理和操作过程中是等价的。

1. 给字符串变量赋值

用一个赋值语句即可完成字符串变量的赋值操作，现举例如下。

【例 2-41】 将 3 个字符串分别赋值给 S1、S2、S3 这 3 个变量。

解：输入命令后其运行结果如下：

```
>> S1 = 'go home',S2 = '朝闻道，夕死可矣',S3 = 'go home. 朝闻道，夕死可矣'
S1 =
go home
S2 =
朝闻道，夕死可矣
S3 =
go home. 朝闻道，夕死可矣
```

2. 一维字符数组的生成

因为向量的生成方法就是一维数组的生成方法，而一维字符数组也是数组，与数值数组的区别是字符数组中的元素是一个个字符而非数值。因此，原则上生成向量的方法就能生成字符数组。当然，最常用的还是直接输入法。

【例 2-42】 用 3 种方法生成字符数组。

解：输入命令后其运行结果如下：

```
>> Sa = ['I love my teacher,' 'I' ' love truths ''more profoundly.']
Sa =
I love my teacher,   I love truths more profoundly.
>> Sb = char('a':2:'r')
Sb =
acegikmoq
>> Sc = char(linspace('e','t',10))
Sc =
efhjkmoprt
```

本例中，char()是一个将数值转换成字符串的函数。另外，请注意观察 Sa 在工作区窗口中的各项数据，尤其是 size 的大小，不要以为它只有 4 个元素，从中体会 Sa 作为一个字符数组的真正含义。

2.4.2 对字符串的多项操作

对字符串的操作主要由一组函数实现，这些函数中有求字符串长度和矩阵阶数的 length()和 size()，有字符串和数值相互转换的 double()和 char()等。

1. 求字符串长度

length()和 size()虽然都能测字符串、数组或矩阵的大小，但用法上有区别。length()只从它们各维中挑出最大维的数值大小，而 size()则以一个向量的形式给出所有各维的数值大小。两者的关系是：length()=max(size())。请仔细体会下面的举例。

【例 2-43】 length()和 size()函数的用法。

解：输入命令后其运行结果如下：

```
>> Sa = ['I love my teacher, ' 'I' ' love truths ' 'more profoundly.'];
>> length(Sa)
ans =
      50
>> size(Sa)
ans =
      50
```

2. 字符串与一维数值数组的相互转换

字符串是由若干字符组成的，在 ASCII 码中，每个字符又可对应一个数值编码，例如字符 A 对应 65。如此一来，字符串又可在一个一维数值数组之间找到某种对应关系。这就构成了字符串与数值数组之间可以相互转换的基础。

【例 2-44】 用 abs()、double()和 char()、setstr()实现字符串与数值数组的相互转换。

解：输入命令后其运行结果如下：

```
>> S1 = 'I am nobody';
>> As1 = abs(S1)
As1 =
      73   32   97   109   32   110   111   98   111   100   121
>> As2 = double(S1)
As2 =
      73   32   97   109   32   110   111   98   111   100   121
>> char(As2)
ans =
I am nobody
>> setstr(As2)
ans =
I am nobody
```

3. 比较字符串

strcmp(S1,S2)是 MATLAB 的字符串比较函数，当 S1 与 S2 完全相同时，返回值为 1；否则，返回值为 0。

【例 2-45】 strcmp()的用法。

解：输入命令后其运行结果如下：

```
>> S1 = 'I am nobody';
>> S2 = 'I am nobody.';
```

```
>> strcmp(S1,S2)
ans = 0

>> strcmp(S1,S1) ans =
1
```

4. 查找字符串

findstr(S,s)是从某个长字符串 S 中查找子字符串 s 的函数。返回的结果值是子串在长串中的起始位置。

【例 2-46】 findstr()的用法。

解：输入命令后其运行结果如下：

```
>> S = 'I believe that love is the greatest thing in the world.';
>> findstr(S,'love')
ans = 16
```

5. 显示字符串

disp()是一个原样输出其中内容的函数，它经常在程序中做提示说明用。其用法见下例。

【例 2-47】 disp()的用法。

解：输入命令后其运行结果如下：

```
>> disp('两串比较的结果是：'),Result = strcmp(S1,S1),disp('若为 1 则说明两串完全相同,为 0
则不同.')
```

两串比较的结果是：

```
Result =
1
```

若为 1 则说明两串完全相同，为 0 则不同。除了上面介绍的这些字符串操作函数外，相关的函数还有很多，限于篇幅，不再一一介绍，有需要时可通过 MATLAB 帮助获得相关主题的信息。

2.4.3 二维字符数组

二维字符数组其实就是由字符串纵向排列构成的数组。借用构造数值数组的方法，可以用直接输入法生成或连接函数法获得。下面用两个实例加以说明。

【例 2-48】 将 S1、S2、S3、S4 分别视为数组的 4 行，用直接输入法沿纵向构造二维字符数组。

解：输入命令后其运行结果如下：

```
>> S1 = '路修远以多艰兮,';
>> S2 = '腾众车使径侍.';
>> S3 = '路不周以左转兮,';
>> S4 = '指西海以为期!';
>> S = [S1;S2,' ';S3;S4,' ']  %此法要求每行字符数相同,不够时要补齐空格
S =
路修远以多艰兮,
腾众车使径侍.
路不周以左转兮,
指西海以为期!
>> S = [S1;S2,' ';S3;S4]      %每行字符数不同时,系统提示出错
Error using vertcat
CAT arguments dimensions are not consistent.
```

可以将字符串连接生成二维数组的函数有多个，下面主要介绍 char()、strvcat()和 str2mat()这 3 个函数。

【例 2-49】 用 char()、strvcat()和 str2mat()函数生成二维字符数组的示例。

解：输入命令后其运行结果如下：

```
>> S1a = 'I''m nobody,'; S1b = ' who are you?'; % 注意串中有单引号时的处理方法
>> S2 = 'Are you nobody too?';
>> S3 = 'Then there''s a pair of us.';          % 注意串中有单引号时的处理方法
>> SS1 = char([S1a,S1b],S2,S3) SS1 =
I'm nobody, who are you? Are you nobody too?
Then there's a pair of us.
>> SS2 = strvcat(strcat(S1a,S1b),S2,S3) SS2 =
I'm nobody, who are you? Are you nobody too?
Then there's a pair of us.
>> SS3 = str2mat(strcat(S1a,S1b),S2,S3) SS3 =
I'm nobody, who are you? Are you nobody too?
Then there's a pair of us.
```

例 2-48 中，strcat()和 strvcat()两个函数的区别在于：前者是将字符串沿横向连接成更长的字符串，而后者是将字符串沿纵向连接成二维字符数组。

本章小结

MATLAB 把向量、矩阵、数组当成了基本的运算量，给它们定义了具有针对性的运算符和运算函数，使其在语言中的运算方法与数学上的处理方法更趋一致。

从字符串的许多运算或操作中不难看出，MATLAB 在许多方面与 C 语言非常相近，目的就是为了与 C 语言和其他高级语言保持良好的接口能力。认清这点对进行大型程序设计与开发是有重要意义的。

第3章 数组

在 MATLAB 内部，任何数据类型都是按照数组的形式进行存储和运算的。这里说的数组是广义的，它可以只是一个元素，也可以是一行或一列元素，还可能就是最普通的二维数组，或者高维空间的多维数组；其元素也可以是任意数据类型，如数值型、逻辑型、字符串型等。

MATLAB 中把超过二维的数组称为多维数组，多维数组实际上是一般的二维数组的扩展。本章主要介绍包括多维数组在内的一些数组概念、操作和运算。

学习目标：

- 理解一维、二维及多维数组的基本概念及其各种运算和操作；
- 掌握一维、二维及多维数组的各种运算和操作。

3.1 MATLAB 中的数组

MATLAB 中的数组无处不在，任何变量在 MATLAB 中都是以数组形式存储和运算的。按照数组元素个数和排列方式，MATLAB 中的数组可以分为：

- 没有元素的空数组(empty array)；
- 只有一个元素的标量(scalar)，它实际上是一行一列的数组；
- 只有一行或者一列元素的向量(vector)，分别叫作行向量和列向量，也统称为一维数组；
- 普通的具有多行多列元素和二维数组；
- 超过二维的多维数组(具有行、列、页等多个维度)。

按照数组的存储方式，MATLAB 中的数组可以分为：普通数组和稀疏数组(常称为稀疏矩阵)。稀疏矩阵适用于那些大部分元素为 0，只有少部分非零元素的数组的存储。主要是为了提高数据存储和运算的效率。

3.2 数组的创建

MATLAB 中一般使用方括号([])、逗号(，)或空格、分号(；)来创建数组，方括号中给出数组的所有元素，同一行中的元素间用逗号或空格分隔,不同行之间用分号分隔。

3.2.1 创建空数组

空数组是 MATLAB 中的特殊数组,它不含有任何元素。空数组可以用数组声明、数组清空,以及各种特殊的运算场合(如特殊的逻辑运算)。

创建空数组很简单,只需要把变量赋值为空的方括号即可。

【例 3-1】 创建空数组 A。

解:在命令行窗口输入:

```
>> A = []
A =
     []
```

3.2.2 创建一维数组

一维数组包括行向量和列向量。它是所有元素排列在一行或一列中的数组。实际上,一维数组可以看作二维数组在某一方向(行或列)尺寸退化为 1 的特殊形式。

创建一维行向量,只需要把所有用空格或逗号分隔的元素用方括号括起来即可;而创建一维列向量,则需要在方括号括起来的元素之间用分号分隔。不过,更常用的办法是用转置运算符('),把行向量转置为列向量。

【例 3-2】 创建行向量和列向量。

解:在 MATLAB 命令行窗口输入:

```
>> A = [1 2 3]
A =
     1  2  3
>> B = [1;2;3]
B =
     1
     2
     3
```

很多时候,要创建的一维数组实际上是个等差数列,这时候可以通过冒号来创建。例如:

```
Var = start_var:step:stop_var
```

表示创建一个一维行向量 Var,它的第一个元素是 start_var,然后依次递增(step 为正)或递减(step 为负),直到向量中的最后一个元素与 stop_var 差的绝对值小于或等于 step 的绝对值为止,当不指定 step 时,默认 step 等于 1。

和冒号功能类似的是 MATLAB 提供的 linspace 函数:

```
Var = linspace(start_var,stop_var,n)
```

表示创建一个一维行向量 Var，它的第一个元素是 start_var，最后一个元素是 stop_var，形成总共是 n 个元素的等差数列。不指定 n 时，默认 n 等于 100。要注意，这和冒号是不同的，冒号创建等差的一维数组时，stop_var 可能取不到。

一维列向量可以通过一维行向量的转置(')得到。

【例 3-3】 创建一维等差数组。

解：在 MATLAB 命令行窗口输入：

```
>> A = 1:4
A =
     1   2   3   4
>> B = 1:2:4
B =
     1   3
>> C = linspace(1,2,4)
C =
    1.0000  1.3333  1.6667  2.0000
```

类似于 linspace 函数，MATLAB 中还有创建等比一维数组的 logspace 函数：

```
Var = logspace(start_var,stop_var,n)
```

表示产生从 10 start_var 到 10 staop_var 包含 n 个元素的等比一维数组 Var，不指定 n 时，默认 n 等于 50。

【例 3-4】 创建一维等比数组。

解：在 MATLAB 命令行窗口输入：

```
>> A = logspace(0,log10(32),6)
A =
    1.0000  2.0000  4.0000  8.0000  16.0000  32.0000
```

创建一维数组可能用到：方括号、逗号或空格、分号、冒号、函数 linspace 和 logspace，以及转置符号。

3.2.3 创建二维数组

常规创建二维数组的方法实际上和创建一维数组的方法类似，就是综合运用方括号、逗号、空格，以及分号。

方括号把所有元素括起来，不同行元素之间用分号间隔。同一行元素之间用逗号或者空格间隔，按照逐行排列的方式顺序书写每个元素。

当然，在创建每一行或列元素的时候，可以利用冒号和函数的方法，只是要特别注意创建二维数组时，要保证每一行(或每一列)具有相同数目的元素。

【例 3-5】 创建二维数组。

解：在 MATLAB 命令行窗口输入：

```
>> A = [1 2 3;2 5 6;1 4 5]
A =
     1   2   3
     2   5   6
     1   4   5
>> B = [1:5;linspace(3,10,5);3 5 2 6 4]
B =
    1.0000   2.0000   3.0000   4.0000   5.0000
    3.0000   4.7500   6.5000   8.2500   10.0000
    3.0000   5.0000   2.0000   6.0000   4.0000
>> C = [[1:3];[linspace(2,3,3)];[3 5 6]]
C =
    1.0000   2.0000   3.0000
    2.0000   2.5000   3.0000
    3.0000   5.0000   6.0000
```

提示：创建二维数组，也可以通过函数拼接一维数组，或者利用 MATLAB 内部函数直接创建特殊的二维数组，这些在本章后续内容中会逐步介绍。

3.2.4 创建三维数组

1. 使用下标创建三维数组

在 MATLAB 中，习惯将二维数组的第一维称为"行"，第二维称为"列"，而对于三维数组，其第三维则习惯性地称为"页"。

在 MATLAB 中，将三维或者三维以上的数组统称为高维数组。由于高维数组的形象思维比较困难，本节主要以三维为例来介绍如何创建高维数组。

【例 3-6】 使用下标引用的方法创建三维数组。

解：在 MATLAB 的窗口中输入下面的程序代码：

```
>> A(2,2,2) = 1;
for i = 1:2
for j = 1:2
for k = 1:2
A(i,j,k) = i + j + k;
end
end
end
>> A(:,:,1)
ans =
     3   4   3
     4   5   6
     1   4   5
>> A(:,:,2)
ans =
     4   5   0
     5   6   0
     0   0   0
```

创建新的高维数组。在 MATLAB 的命令行窗口中输入下面的程序代码：

```
>> B(3,4,:) = 2:5;
```

查看程序结果。在命令行窗口输入变量名称，可以得到下面的程序结果：

```
>> B(:,:,1)
ans =
     0   0   0   0
     0   0   0   0
     0   0   0   2
>> B(:,:,2)
ans =
     0   0   0   0
     0   0   0   0
     0   0   0   3
```

从上面的结果中可以看出，当使用下标的方法来创建高维数组的时候，需要使用各自对应的维度数值，没有指定的数值则在默认情况下为 0。

2. 使用低维数组创建三维数组

下面将介绍如何在 MATLAB 中使用低维数组创建三维数组。

【例 3-7】 使用低维数组来创建高维数组。

解：在 MATLAB 的命令行窗口中输入下面的程序代码：

```
>> D2 = [1,2,3;4,5,6;7,8,9];
>> D3(:,:,1) = D2;
>> D3(:,:,2) = 2 * D2;
>> D3(:,:,3) = 3 * D2;
```

查看程序结果。在命令行窗口输入变量名称，可以得到下面的程序结果：

```
>> D3
D3(:,:,1) =
     1     2     3
     4     5     6
     7     8     9
D3(:,:,2) =
     2     4     6
     8    10    12
    14    16    18
D3(:,:,3) =
     3     6     9
    12    15    18
    21    24    27
```

从上面的结果可以看出，由于三维数组中“包含”二维数组，因此可以通过二维数组来创建各种三维数组。

3. 使用创建函数创建三维数组

下面介绍如何利用 MATLAB 的创建函数来创建三维数组。

【例 3-8】 使用函数命令来创建高维数组。

解：使用 cat 命令来创建高维数组。在 MATLAB 的命令行窗口中输入下面的程序代码：

```
>> D2 = [1,2,3,;4,5,6;7,8,9];
>> C = cat(3,D2,2 * D2,3 * D2);
```

查看程序结果。在命令行窗口输入变量名称，可以得到下面的程序结果：

```
>> C
C(:,:,1) =
     1     2     3
     4     5     6
     7     8     9
C(:,:,2) =
     2     4     6
     8    10    12
    14    16    18
C(:,:,3) =
     3     6     9
    12    15    18
    21    24    27
```

cat 命令的功能是连接数组，其调用格式为 C=cat(dim,A1,A2,A3…)，其中，dim 表示创建数组的维度，A1、A2、A3 表示各维度上的数组。

使用 repmat 命令来创建数组。在 MATLAB 的命令行窗口中输入下面的程序代码：

```
>> D2 = [1,2,3,;4,5,6;7,8,9];
>> D3 = repmat(D2,2,3);
>> D4 = repmat(D2,[1 2 3]);
```

查看程序结果。在命令行窗口输入变量名称，可以得到下面的程序结果：

```
>> D3
D3 =
     1  2  3  1  2  3  1  2  3
     4  5  6  4  5  6  4  5  6
     7  8  9  7  8  9  7  8  9
     1  2  3  1  2  3  1  2  3
     4  5  6  4  5  6  4  5  6
     7  8  9  7  8  9  7  8  9
>> D4
D4(:,:,1) =
     1  2  3  1  2  3
     4  5  6  4  5  6
     7  8  9  7  8  9
```

```
D4(:,:,2) =
     1  2  3  1  2  3
     4  5  6  4  5  6
     7  8  9  7  8  9
D4(:,:,3) =
     1  2  3  1  2  3
     4  5  6  4  5  6
     7  8  9  7  8  9
```

repmat 命令的功能在于复制并堆砌数组，其调用格式为 B=repmat(A,[m n p…])，其中 A 表示复制的数组模块，第二个输入参数则表示该数组模块在各个维度上的复制个数。

使用 reshape 命令来创建数组。在 MATLAB 的命令行窗口中输入下面的程序代码：

```
>> D2 = [1,2,3,4;5,6,7,8;9,10,11,12];
>> D3 = reshape(D2,2,2,3);
>> D4 = reshape(D2,2,3,2);
>> D5 = reshape(D2,3,2,2);
```

查看程序结果。在命令行窗口输入变量名称，可以得到下面的程序结果：

```
>> D3
D3(:,:,1) =
     1     9
     5     2
D3(:,:,2) =
     6     3
    10     7
D3(:,:,3) =
    11     8
     4    12
>> D4
D4(:,:,1) =
     1     9     6
     5     2    10
D4(:,:,2) =
     3    11     8
     7     4    12
>> D5
D5(:,:,1) =
     1     2
     5     6
     9    10
D5(:,:,2) =
     3     4
     7     8
    11    12
```

reshape 命令的功能在于修改数组的大小，因此用户可以将二维数组通过该命令修改为三维的数组，其调用格式为 B=reshape(A,[m n p …])，其中 A 就是待重组的矩阵，后面输入的参数表示数组各维的维度。

3.2.5 创建低维标准数组

除了前面介绍的方法外，MATLAB 还提供多种函数来生成标准数组，用户可以直接使用这些命令来创建一些特殊的数组。本节将使用一些简单的例子来说明如何创建标准数组。

【例 3-9】 使用标准数组命令创建低维数组。

解：在 MATLAB 的命令行窗口中输入下面的程序代码：

```
>> A = zeros(3,2);
>> B = ones(2,4);
>> C = eye(4);
>> D = magic(5);
>> randn('state',0);
>> E = randn(1,2);
>> F = gallery(5);
```

查看程序结果。在命令行窗口输入变量名称，可以得到下面的程序结果：

```
>> A
A =
     0     0
     0     0
     0     0
>> B
B =
     1     1     1     1
     1     1     1     1
>> C
C =
     1     0     0     0
     0     1     0     0
     0     0     1     0
     0     0     0     1
>> D
D =
    17    24     1     8    15
    23     5     7    14    16
     4     6    13    20    22
    10    12    19    21     3
    11    18    25     2     9
>> E
E =
   -0.4326   -1.6656
>> F
F =
          -9          11         -21          63        -252
          70         -69         141        -421        1684
        -575         575       -1149        3451      -13801
        3891       -3891        7782      -23345       93365
        1024       -1024        2048       -6144       24572
```

并不是所有的标准函数命令都可以创建多种矩阵，例如 eye、magic 等命令就不能创建高维数组。同时，对于每个标准函数，参数都有各自的要求，例如 gallery 命令中只能选择 3 或者 5。

3.2.6 创建高维标准数组

本节介绍如何使用标准数组函数来创建高维标准数组。

【例 3-10】 使用标准数组命令创建高维数组。

解：在 MATLAB 的命令行窗口中输入下面的程序代码：

```
%设置随即数据器的初始条件
>> rand('state',1111);
>> D1 = randn(2,3,5);
>> D2 = ones(2,3,4);
```

查看程序结果。在命令行窗口输入变量名称，可以得到下面的程序结果：

```
>> D1
D1(:,:,1) =
    0.8156    1.2902    1.1908
    0.7119    0.6686   -1.2025
D1(:,:,2) =
   -0.0198   -1.6041   -1.0565
   -0.1567    0.2573    1.4151
D1(:,:,3) =
   -0.8051    0.2193   -2.1707
    0.5287   -0.9219   -0.0592
D1(:,:,4) =
   -1.0106    0.5077    0.5913
    0.6145    1.6924   -0.6436
D1(:,:,5) =
    0.3803   -0.0195    0.0000
   -1.0091   -0.0482   -0.3179
>> D2
D2(:,:,1) =
     1  1  1
     1  1  1
D2(:,:,2) =
     1  1  1
     1  1  1
D2(:,:,3) =
     1  1  1
     1  1  1
D2(:,:,4) =
     1  1  1
     1  1  1
```

3.3 数组的属性

MATLAB 提供了大量的函数，用于返回数组的各种属性，包括数组的排列结构、数组的尺寸大小、维度、数组数据类型，以及数组的内存占用情况等。

3.3.1 数组结构

数组的结构指的是数组中元素的排列方式。MATLAB 中的数组实际上就分为本章介绍的几种。MATLAB 提供了多种测试函数：

- isempty 检测某个数组是否是空数组；
- isscalar 检测某个数组是否是单元素的标量数组；
- isvector 检测某个数组是否是具有一行或一列元素的一维向量数组；
- issparse 检测某个数组是否是稀疏矩阵。

这些测试函数都是以 is 开头，然后紧跟检测内容的关键字。它们的返回结果为逻辑类型，返回 1 表示测试符合条件，返回 0 表示测试不符合条件。关于稀疏矩阵的测试，这里只示例前几个数组结构的测试函数。

【例 3-11】 数组结构测试函数。

解：在 MATLAB 命令行窗口输入：

```
>> A = 32;
>> isscalar(A)
ans =
     1
>> B = 1:5
B =
     1   2   3   4   5
>> isempty(B)
ans =
     0
>> isvector(B)
ans =
     1
```

3.3.2 数组大小

数组大小是数组最常用的属性，它是指数组在每一个方向上具有的元素个数。例如，对于含有 10 个元素的一维行向量组，则它在行的方向上(纵向)只有 1 个元素(1 行)，在列的方向上(横向)则有 10 个元素(10 列)。

MATLAB 中最常用的返回数组大小的函数是 size 函数。size 函数有多种用法。对于一个 m 行 n 列的数组 A，可以按以下两种方式使用 size 函数：

(1) d=size(A)：将数组 A 的行列尺寸以一个行向量的形式返回给变量 d，即 d=[m n]。

(2) [a,b]=size(A)：将数组 A 在行、列的方向的尺寸返回给 a、b，即 a=m，b=n。

length 函数常用语句返回一维数组的长度。

(1) 当 A 是一维数组时，length(A)返回此一维数组的元素的个数。

(2) 当 A 是普通二维数组时，length(A)返回 size(A)得到的两个数中较大的那个。

在 MATLAB 中，空数组被默认为行的方向和列的方向尺寸都为 0 的数组，但如果是自定义产生的多维空数组，则情况不同。

MATLAB 中还有返回数组元素总个数的函数 numel，对于 m 行 n 列的数组 A，numel(A)实际上返回 mnn。

【例 3-12】 数组大小。

解：在 MATLAB 命令行窗口输入：

```
>> A = []
A =
     []
>> size(A)
ans =
     0   0
>> B = [1 2 3]
B =
     1   2   3
>> length(B)
ans =
     3
```

通过例题可以看出，MATLAB 通常把数组都按照普通的二维数组对待，即使是没有元素的空数组，也有行和列两个方向，只不过在这两个方向上它的尺寸都是 0；而一维数组则是在行或者列中的一个方向的尺寸为 1；标量则在行和列两个方向上的尺寸都是 1。

3.3.3 数组维度

通俗一点讲，数组维度就是数组具有的方向。例如普通的二维数组，数组具有行的方向和列的方向，就是说数组具有两个方向。MATLAB 中还可以创建三维甚至更高维的数组。

对于空数组、标量和一维数组，MATLAB 还是当作普通二维数组对待的，因此他们都至少具有两个维度(至少具有行和列的方向)。特别地，用空白方括号产生的空数组是当作二维数组对待的，但在高维数组中也有空数组的概念，这时候的空数组可以是只在任意一个维度上尺寸等于零的数组，此时的空数组就具有多个维度。

MATLAB 中计算数组维度可以用函数 ndims。

ndims(A)返回结果实际上等于 length(size(A))。

【例 3-13】 数组维度。

解：在 MATLAB 命令行窗口输入：

```
>> B = 2
B =
```

```
     2
>> ndims(B)
ans =
     2
>> c = 1:5
c =
     1  2  3  4  5
>> ndims(c)
ans =
     2
```

通过例 3-13 可以看到，一般的非多维数组在 MATLAB 中都是当作二维数组处理的。

3.3.4 数组数据类型

数组作为一种 MATLAB 的内部数据存储和运算结构，其元素可以是各种各样的数据类型。对应于不同的数据类型的元素，可以有数值数组（实数数组、浮点数值数组）、字符数组、结构体数组等，MATLAB 中提供了测试一个数组是否是这些类型的数组的测试函数，如表 3-1 所示。

表 3-1 数组数据类型测试函数

测试函数	说　　明
isnumeric	测试一个数组是否是以数值型变量为元素的数组
isreal	测试一个数组是否是以实数数值型变量为元素的数组
isfloat	测试一个数组是否是以浮点数值型变量为元素的数组
isinteger	测试一个数组是否是以整数型变量为元素的数组
islogical	测试一个数组是否是以逻辑型变量为元素的数组
ischar	测试一个数组是否是以字符型变量为元素的数组
isstruct	测试一个数组是否是以结构体型变量为元素的数组

表 3-1 中，所有的测试函数同样都是以 is 开头，紧跟着一个测试内容关键字，他们的返回结果依然是逻辑类型，返回 0 表示不符合测试条件，返回 1 表示符合测试条件。

【例 3-14】 数组数据类型测试函数。

解： 在 MATLAB 命令行窗口输入：

```
>> A = [1 2;3 5]
A =
     1  2
     3  5
>> isnumeric(A)
ans =
     1
>> isinteger(A)
ans =
     0
```

```
>> isreal(A)
ans =
     1
>> isfloat(A)
ans =
     1
```

本例中用几个整数赋值的数组 A，实际上它的每一个元素都被当作双精度浮点数存储和运算，因此，测试发现数组 A 是一个实数数组、浮点数数组，而不是整数数组，更不是字符数组。这些测试函数在本书的后续章节中还有涉及。

3.3.5 数组内存的占用

了解数组的内存占用情况，对于优化 MATLAB 代码的性能是重要的。用户可以通过 whos 命令查看当前工作区中所有变量或者指定变量的多种信息，包括变量名、数组大小、内存占用和数组元素的数据类型等。

【例 3-15】 数组的内存占用。

解：在 MATLAB 命令行窗口输入：

```
>> A = [3 2 5]
A =
     3     2     5
>> whos
  Name      Size            Bytes  Class     Attributes
  A         1x3                24  double
```

不同数据类型的数组的单个元素，内存占用是不一样的，用户可以通过 whos 命令计算各种数据类型的变量占用内存的情况。

如例 3-15 中，1 行 3 列的双精度浮点型数组 A，占用内存 24 字节，那么每一个双精度浮点型的元素就占用了 8 个字节的内存空间。通过简单的 whos 命令，用户就可以了解 MATLAB 中各种数据的内存占用情况。

3.4 创建特殊数组

在矩阵代数领域，用户经常需要重建具有一定形式的特殊数组，MATLAB 提供了丰富的创建特殊数组的函数。

3.4.1 0-1 数组

顾名思义，0-1 数组就是所有元素不是 0 就是 1 的数组。在线性代数中，经常用到的 0-1 数组有：

- 所有元素都为 0 的全 0 数组；

- 所有元素都为 1 的全 1 数组；
- 只有主对角线元素为 1，其他位置元素全部为 0 的单位数组。

此外就是一般的 0-1 数组。

在 MATLAB 中，有专门的函数可以创建这些标准数组。

1) zeros(m,n)

创建一个 m 行 n 列的全 0 数组，也可以用 zeros(size(A))创建一个和 A 具有相同大小的全 0 数组。如果只指定一个数组，zeros(m)则创建一个 m 行 m 列的全 0 数组。

2) ones(m,n)

ones(m,n)和 ones(size(size(A)))则是创建 m 行 n 列，或者与 A 尺寸相同的全 1 数组，而 ones(m)也是创建一个 m 行 n 列的全 1 数组。

3) eye

用法和 zeros、ones 类似，不过创建的是指定大小的单位数组，即是有主对角线元素为 1，其他元素全为 0。

【例 3-16】 创建 0-1 数组。

解：在 MATLAB 窗口命令输入：

```
>> A = zeros(2)
A =
     0     0
     0     0
>> B = ones(2,3)
B =
     1     1     1
     1     1     1
>> c = eye(size(A))
c =
     1     0
     0     1
```

3.4.2 对角数组

在有些情况下，需要创建对角线元素为指定值、其他元素都为 0 的对角数组。这就要用到 diag 函数。

一般地，ding 函数接受一个一维行向量数组为输入参数，将此向量的元素逐次排列在所指定的对角线上，其他位置则用 0 填充。

(1) diag(v)：创建一个对角数组，其主对角线元素依次对应于向量 v 的元素。

(2) diag(v,k)：创建一个对角数组，其第 k 条对角线元素对应于向量 v 的元素。当 k 大于 0 时，表示主对角线向右上角偏离 k 个元素的位置的对角线；当 k 小于 0 时，表示主对角线向左下角偏离 k 个元素位置的对角线：当 k 等于 0 时，则和 diag(v)一样。

diag 函数也可以接受普通二维数组形式的输入参数，此时就不是创建对角数组了，而是从已知数组中提取对角元素组成一个一维数组。

(1) diag(X)提取二维数组 X 的主对角线元素组成一维数组。

(2) diag(X,k)提取二维数组 X 的第 k 条对角线元素组成的一维数组。

组合这两种方法,很容易产生已知数组 X 的指定对角线元素对应的对角数组,只需要通过组合命令 diag(diag(X,m),n),就可以提取 X 的第 m 条对角线元素,产生与此对应的第 n 条对角线元素为提取的元素的对角数组。

【例 3-17】 创建对角数组。

解:在 MATLAB 命令行窗口输入:

```
>> A = diag([1 2 3])
A =
     1     0     0
     0     2     0
     0     0     3
>> B = diag([1 2 3],2)
B =
     0     0     1     0     0
     0     0     0     2     0
     0     0     0     0     3
     0     0     0     0     0
     0     0     0     0     0
```

这种组合使用两次 diag 函数产生对角数组的方法是常用的,需要读者掌握。

3.4.3 随机数组

在各种分析领域,随机数组都是很有用途的。MATLAB 中可以通过内部函数产生服从多种随机分布的随机数组,常用的有均为分布和正态分布的随机数组。

(1) rand(m,n)可以产生 m 行 n 列的随机数组,其元素服从 0 到 1 的均匀分布;

(2) rand(size(A))产生和数组 A 具有相同大小的、元素服从 0 到 1 均匀分布的随机数组;

(3) rand(m)则产生 m 行 m 列的元素服从 0 到 1 均匀分布的随机数组。

randn 函数用于产生元素服从标准正态分布的随机数组,其用法和 rand 类似,此处不再赘述。

【例 3-18】 创建随机数组。

解:在 MATLAB 命令行窗口输入:

```
>> A = rand(2)
A =
    0.9572    0.8003
    0.4854    0.1419
>> B = randn(size(A))
B =
   -0.1241    1.4090
    1.4897    1.4172
```

3.4.4 魔方数组

魔方数组也是一种比较常用的特殊数组，这种数组一定是正方形的(即行方向上与列方向上的元素个数相等)，而且每一行、每一列的元素之和都相等。

MATLAB 可以通过 magic(n)创建 n 行 n 列的魔方数组。

【例 3-19】 创建魔方数组。

解：在 MATLAB 命令行窗口输入：

```
>> magic(3)
ans =
     8   1   6
     3   5   7
     4   9   2
```

利用 MATLAB 函数，除了可以创建这些常用的标准数组外，也可以创建许多专门应用领域常用的特殊数组。

3.5 数组操作

前面讲解了 MATLAB 中数组的创建方法和基本属性，本节重点介绍在实际应用中最常用的一些数组操作方法。

3.5.1 数组的保存和装载

许多实际应用中的数组都是很庞大的，而且当操作步骤较多，不能在短期内完成，需要多次分时进行时，这些庞大的数组的保存和装载就是一个重要问题了，因为每次在进行操作前对数组进行声明和赋值，需要很庞大的输入工作量，一个好的解决方法是将数组保存在文件中，每次需要时进行装载。

MATLAB 中提供了内置的把变量保存在文件中的方法，最简单易用的方法是将数组变量保存为二进制的.mat 文件，用户可以通过 save 命令将工作区中指定的变量存储在.mat 文件中。

(1) save 命令的一般语法是：

```
save <filename> <var1> <var2> … <varN>
```

其作用是把 var1 var2…varN 指定的工作区变量存储在 filename 指定名称的.mat 文件中。通过 save 存储到.mat 文件中的数组变量，在使用前可以用 load 命令装载到工作区。

(2) load 命令的一般语法是：

```
load <filename> <var1> <var2> … <varN>
```

其作用是把当前目录下存储在 filename.mat 文件中的 var1 var2…varN 指定的变量装载

到 MATLAB 工作区中。

关于 save 和 load 在数据保存和装载方面的更详细的内容，读者可以参考本书后续章节。

3.5.2 数组索引和寻址

数组操作中最频繁遇到的就是对数组的某个具体位置上的元素进行访问和重新赋值。这涉及定位数组中元素的位置，也就是数组索引和寻址的问题。

MATLAB 中数组元素的索引方式包括数字索引和逻辑索引两类。

1. 数字索引方式

MATLAB 中，普通二维数组元素的数字索引方式又可以分为两种：双下标（也叫全下标）索引和单下标索引。

双下标索引方式，顾名思义，就是用两个数字（自然数）来定位元素的位置。实际上就是用一个有序数对来表征元素位置，第一个数字指定元素所在的行位置，第二个数字指定元素所在的列。两个表示元素位置的索引数字之间用逗号分隔，并用圆括号括起来，紧跟在数组变量名后，就可以访问此数字索引指定的位置上的数组元素了。

例如，对于 3 行 2 列的数组 A，A(3,1)表示数组 A 的第 3 行第 1 列的元素，A(1,2)表示数组 A 的第 1 行第 2 列的元素。

相应地，单下标索引方式就是用一个数字来定位数组元素。实际上，单下标索引和双下标索引是一一对应的，对一个已知尺寸的数组，任一个单下标索引数字都可以转换成确定的双下标索引。对于 m 行 n 列的数组 A，A(x,y)实际上对应于 A((y－1) * m＋x)。

例如，对于 3 行 2 列的数组 A，A(3,1)用单下标索引表示就是 A(3)，A(1,2)用单下标索引表示就是 A(4)。

MATLAB 中单下标索引方式实际上采用了列元素优先的原则，即对于 m 行 n 列的数组 A，第一列的元素的单下标索引依次为 A(1)，A(2)，A(3)，…，A(m)。第二列的元素的单下标索引依次为 A(m＋1)，A(m＋2)，A(m＋3)，…，A(2m)，依此类推。

这两种数字索引方式中的数字索引也可以是一个数列，从而实现访问多个数组元素的目的，这通常可以通过运用冒号或一维数组来实现。

【例 3-20】 数组元素的索引与寻址。

解：在 MATLAB 命令行窗口输入：

```
>> A = [4 2 5 6;3 1 7 0;12 45 78 23] % 创建数组
A =
     4     2     5     6
     3     1     7     0
    12    45    78    23
>> A(2,3) % 双下标索引访问数组第 2 行第 3 列元素
ans =
     7
>> A(7) = 100 % 对数组第 7 个元素(即第 1 行第 3 列)重新赋值
A =
```

```
    4     2   100     6
    3     1     7     0
   12    45    78    23
```

通过例题可以看到，利用下标索引的方法，用户可以访问特定位置上的数组元素的值，或者对特定位置的数组元素重新赋值。

2. 单下标索引和双下标索引的转换

单下标索引和双下标索引之间，可以通过 MATLAB 提供的函数进行转换。

把双下标索引转换为单下标索引，需要用 sub2ind 命令，其语法为：

```
IND = sub2ind(siz,I,J)
```

其中，siz 是一个 1 行 2 列的数组，指定转换数组的行列尺寸，一般可以用 size(A)来表示；I 和 J 分别是双下标索引中的两个数字；IND 则为转换后的单下标数字。

把单下标索引转换为双下标索引，需要用 ind2sub 命令，其语法为：

```
[I,J] = sub2ind(siz,IND)
```

各变量意义同上。

【例 3-21】 单-双下标转换。

解：在 MATLAB 命令行窗口输入：

```
>> A = rand(3,5)
A =
    0.6948    0.0344    0.7655    0.4898    0.7094
    0.3171    0.4387    0.7952    0.4456    0.7547
    0.9502    0.3816    0.1869    0.6463    0.2760
>> IND = sub2ind(size(A),2,4)
IND =
    11
>> A(IND)
ans =
    0.4456
>> [I,J] = ind2sub(size(A),13)
I =
    1
J =
     5
```

可以看到，sub2ind 函数和 ind2sub 函数实现了单-双下标的转换，需要注意的是，ind2sub 函数需要指定两个输出参数的接收变量。但由于 MATLAB 中小写字母 i、j 默认是用作虚数单位，因此最好是不用小写字母 i、j 来接收转换后的下标数字。

3. 逻辑索引方式

除了这种双下标和单下标的数字索引外，MATLAB 中访问数组元素，还可以通过逻辑索引的方式，通常是通过比较关系运算产生一个满足比较关系的数组元素的索引数组

(实际上是一个由 0,1 组成的逻辑数组),然后利用这个索引数组来访问原数组,并进行重新赋值等操作。

【例 3-22】 逻辑索引。

解:在 MATLAB 命令行窗口输入:

```
>> A = rand(5) % 创建数组
A =
    0.6797    0.9597    0.2551    0.5472    0.2543
    0.6551    0.3404    0.5060    0.1386    0.8143
    0.1626    0.5853    0.6991    0.1493    0.2435
    0.1190    0.2238    0.8909    0.2575    0.9293
    0.4984    0.7513    0.9593    0.8407    0.3500
>> B = A > 0.8 % 通过比较关系运算产生逻辑索引
B =
     0     1     0     0     0
     0     0     0     0     1
     0     0     0     0     0
     0     0     1     0     1
     0     0     1     1     0
>> A(B) = 0 % 通过逻辑索引访问原数组元素,并重新赋值
A =
    0.6797         0    0.2551    0.5472    0.2543
    0.6551    0.3404    0.5060    0.1386         0
    0.1626    0.5853    0.6991    0.1493    0.2435
    0.1190    0.2238         0    0.2575         0
    0.4984    0.7513         0         0    0.3500
```

3.5.3 数组的扩展和裁剪

在许多操作过程中,需要对数组进行扩展或剪裁。数组扩展是指在超出数组现有尺寸的位置添加新元素;裁剪是指从现有数据中提取部分,产生一个新的小尺寸的数组。

1. 数组编辑器 Array Editor

数组编辑器是 MATLAB 提供的对数组进行编辑的交互式图形界面工具。双击 MATLAB 默认界面下工作区面板下的某一变量,都能打开数组编辑器,从而进行数组元素的编辑。

数组编辑器界面类似于电子表格界面,每一个单元格就是一个数组元素。当单击超出数组当前尺寸的位置的单元格,并输入数据赋值时,实际上就是在该位置添加数组元素。即进行数组的扩展操作,如图 3-1 所示。

通过鼠标双击工作区面板下的 4 行 4 列的数组变量 A,打开数组 A 的编辑器界面,在第 6 行、第 6 列的位置单击单元格并输入数值。然后,在其他位置单击鼠标或者按下 Enter 键,都可以使当前扩展操作即刻生效,如图 3-1 所示,数组 A 被扩展为 6 行 6 列的数组,原有元素不变,在第 6 行、第 6 列的位置赋值为 3.12,其他扩展的位置上元素被默认赋值为 0。

通过数组编辑器也可以裁剪数组，这主要是对数组行、列的删除操作，需要通过鼠标右键菜单来实现，数组编辑器中单击某单元格后，单击鼠标右键，弹出如图 3-2 所示菜单。

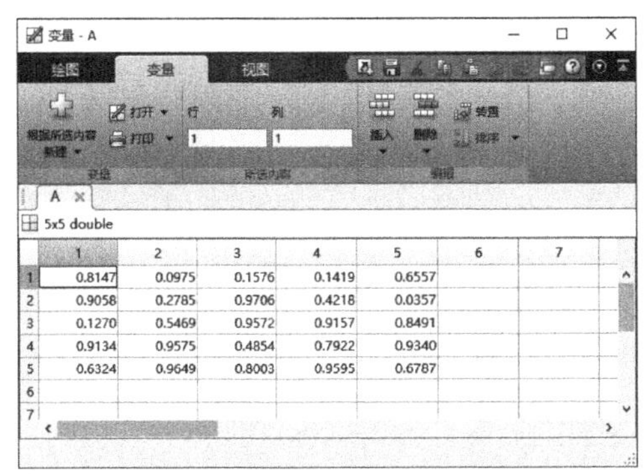

图 3-1　数组编辑器中扩展数组

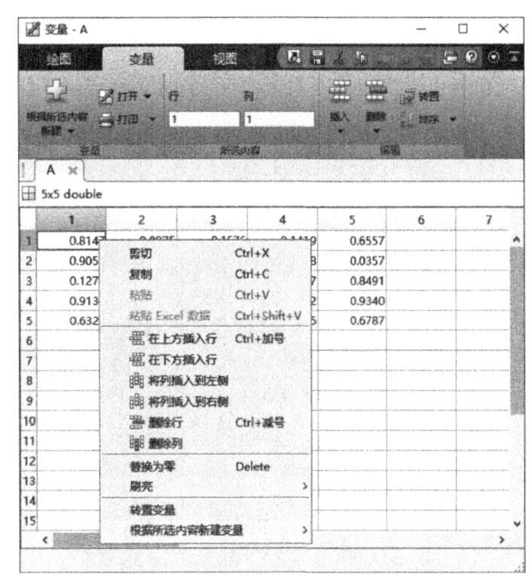

图 3-2　数组编辑器右键菜单

在图 3-2 所示的菜单中，选择删除菜单，就可以指定删除当前数组中选定位置元素所在的整行或者整列；选择插入菜单，就可以在选定位置元素上下或左右插入整行或整列。

图形用户界面的数组编辑器使用简单，但如果对数组的扩展或裁剪操作实际比较复杂时，通过数组编辑器实现是比较烦琐低效的。本节后面内容介绍通过 MATLAB 命令对数组的扩展和裁剪。

2. 数组扩展的 cat 函数

MATLAB 中可以通过 cat 系列函数将多个小尺寸数组按照指定的连接方式，组合成大尺寸的数组。这些函数包括：cat，horzcat 和 vertcat。

cat 函数可以按照指定的方向将多个数组连接成大尺寸数组。其基本语法格式为：

C=cat(dim,A1,A2,A3,A4,…)，dim 用于指定连接方向，对于两个数组的连接，cat(1,A,B)实际上相当于[A;B]，近似于把两个数组当作两个列元素连接。

horzcat(A1,A2,…)是水平方向连接数组，相当于 cat(A1,A2,…)；vercat(A1,A2,…)是垂直方向连接数组，相当于 cat(1,A1,A2,…)。

不管哪个连接函数，都必须保证被操作的数组可以被连接，即在某个方向上尺寸一致，如 horzcat 函数要求被连接的所有数组都具有相同的行数，而 vercat 函数要求被连接的所有数组都具有相同的列数。

【例 3-23】 通过 cat 函数扩展数组。

解：在 MATLAB 命令行窗口输入：

```
>> A = rand(3,5)
A =
    0.1966    0.4733    0.5853    0.2858    0.3804
    0.2511    0.3517    0.5497    0.7572    0.5678
    0.6160    0.8308    0.9172    0.7537    0.0759
```

```
>> B = eye(3)
B =
     1     0     0
     0     1     0
     0     0     1
>> C = magic(5)
C =
    17    24     1     8    15
    23     5     7    14    16
     4     6    13    20    22
    10    12    19    21     3
    11    18    25     2     9
>> cat(1,A,B) % 列数不同,不能垂直连接
Error using cat
CAT arguments dimensions are not consistent.
>> cat(2,A,B) % 行数相同,可以水平连接
ans =
    0.1966    0.4733    0.5853    0.2858    0.3804    1.0000         0         0
    0.2511    0.3517    0.5497    0.7572    0.5678         0    1.0000         0
    0.6160    0.8308    0.9172    0.7537    0.0759         0         0    1.0000
```

3. 块操作函数

MATLAB 中还有通过块操作实现数组扩展的函数。

1）数组块状赋值函数 repmat

repmat(A,m,n)可以将 a 行 b 列的元素 A 当作“单个元素”，扩展出 m 行 n 列个由此“单个元素”组成的扩展数组，实际上新产生的数组共有 m×a 行，n×b 列。

【例 3-24】 使用块状复制函数 repmat。

解：在 MATLAB 命令行窗口输入：

```
>> A = eye(2)
A =
     1     0
     0     1
>> repmat(A,2,2)
ans =
     1     0     1     0
     0     1     0     1
     1     0     1     0
     0     1     0     1
```

2）对角块生成函数 blkdiag

blkdiag(A,B,…)将数组 A、B 等当作“单个元素”，安排在新数组的主对角位置，其他位置用零数组块进行填充。

【例 3-25】 使用对角块生成函数 blkdiag。

解：在 MATLAB 命令行窗口输入：

```
>> A = eye(2)
A =
```

```
     1     0
     0     1
>> B = ones(2,3)
B =
     1     1     1
     1     1     1
>> blkdiag(A,B)
ans =
     1     0     0     0     0
     0     1     0     0     0
     0     0     1     1     1
     0     0     1     1     1
```

3）块操作函数 kron

kron(X,Y)把数组 Y 当作一个"元素块"，先复制扩展出 size(X)规模的元素块，然后每一个块元素与 X 的相应位置的元素值相乘。

例如，对 2 行 3 列的数组 X 和任意数组 Y，kron(X,Y)返回的数组相当于[X(1,1) * Y X(1,2) * Y X(1,3) * Y;X(1,3) * Y X(2,2) * Y X(2,3) * Y]。

【例 3-26】 使用块操作函数 kron。

解：在 MATLAB 命令行窗口输入：

```
>> A = [0 1;1 2]
B = magic(2)
C = kron(A,B)
A =
     0     1
     1     2
B =
     1     3
     4     2
C =
     0     0     1     3
     0     0     4     2
     1     3     2     6
     4     2     8     4
```

4）索引扩展

索引扩展是对数组进行扩展中最常用也是最易用的方法。前面讲到索引寻址时，其中的数字索引有一定的范围限制，例如 m 行 n 列的数组 A，要索引寻址访问一个已有元素，通过单下标索引 A(a)访问就要求 a<=m，b<=n，因为 A 只有 m 行 n 列。

但索引扩展中使用的索引数字，就没有这些限制；相反，必然要用超出上述限制的索引数字，来指定当前数组尺寸外的一个位置，并对其进行赋值，以完成扩展操作。

通过索引扩展，一条语句只能增加一个元素，并同时在未指定的新添位置上默认赋值为 0，因此，要扩展多个元素就需要组合运用多条索引扩展语句，并且经常也要通过索引寻址修改特定位置上被默认赋值为 0 的元素。

【例 3-27】 索引扩展。

解：在 MATLAB 命令行窗口输入：

```
>> A = eye(3)
A =
     1     0     0
     0     1     0
     0     0     1
>> A(4,6) = 25 % 索引扩展
A =
     1     0     0     0     0     0
     0     1     0     0     0     0
     0     0     1     0     0     0
     0     0     0     0     0    25
```

通过例 3-27 可见，组合应用索引扩展和索引寻址重新赋值命令，在数组的索引扩展中是经常会遇到的。

5）通过冒号操作符裁剪数组

相对于数组扩展这种放大操作，数组的裁剪就是产生新的子数组的缩小操作，从已知的大数据几种挑出一个子集合，作为新的操作对象，这在各种应用领域都是常见的。

在 MATLAB 中裁剪数组，最常用的就是冒号操作符，实际上，冒号操作符实现裁剪功能时，其意义和冒号用于创建一维数组的意义是一样的，都是实现一个递变效果。

例如，从 100 行、100 列的数组 A 中挑选偶数行偶数列的元素，相对位置不变的组成 50 行、50 列的新数组 B，只需要通过 B＝A(2：2：100，2：2：100)就可以实现，实际上这是通过数组数字索引实现了部分数据的访问。

更一般的裁剪语法是：

```
B = A([a1,a2,a3, … ], [b1,b2,b3, … ])
```

表示提取数组 A 的 a1，a2，a3，…等行，b1，b2，b3，…等列的元素组成子数组 B。

此外，冒号还有一个特别的用法。当通过数字索引访问数组元素时，如果某一索引位置上不是用数字表示，而是用冒号代替，则表示这一索引位置可以取所有可以取到的值。例如对 5 行 3 列的数组 A，A(3，：)表示取 A 的第三行所有元素(从第 1 行到第 3 列)，A(：，2)表示取 A 的第二列的所有元素(从第 1 行到第 5 行)。

【例 3-28】 数组裁剪。

解：在 MATLAB 命令行窗口输入：

```
>> A = magic(8)
A =
    64     2     3    61    60     6     7    57
     9    55    54    12    13    51    50    16
    17    47    46    20    21    43    42    24
    40    26    27    37    36    30    31    33
    32    34    35    29    28    38    39    25
    41    23    22    44    45    19    18    48
```

```
     49    15    14    52    53    11    10    56
      8    58    59     5     4    62    63     1
>> A(1:3:5,3:7) %提取数组A的第1、3、5行,3到7列的所有元素
ans =
      3    61    60     6     7
     46    20    21    43    42
     35    29    28    38    39
```

6）数组元素删除

通过删除部分数组元素，也可以实现数组的裁剪，删除数组元素很简单，只需要对该位置元素赋值为空方括号([])即可。一般配合冒号，将数组的某些行、列元素删除。但是应注意，进行删除时，索引结果必须是完成的行或完整的列，而不能是数组内部的块或单元格。

【例3-29】 数组元素删除。

解：在MATLAB命令行窗口输入：

```
>> A = magic(7)
A =
     30    39    48     1    10    19    28
     38    47     7     9    18    27    29
     46     6     8    17    26    35    37
      5    14    16    25    34    36    45
     13    15    24    33    42    44     4
     21    23    32    41    43     3    12
     22    31    40    49     2    11    20
>> A(1:3:8,:) = []
A =
     38    47     7     9    18    27    29
     46     6     8    17    26    35    37
     13    15    24    33    42    44     4
     21    23    32    41    43     3    12
```

通过例2-29可见，数组元素的部分删除是直接在原始数组上进行的操作，在实际应用中，要考虑在数组元素删除前要不要先保存一个原始数组的备份，避免不小心造成对原始数据的破坏。另外，单独的一次删除操作只能删除某些行或某些列，因此一般需要通过两条语句才能实现行与列两个方向的数组元素删除。

3.5.4 数组形状的改变

MATLAB中有大量内部函数可以对数组进行改变形状的操作，包括数组转置、数组平移和旋转，以及数组尺寸的重新调整。

1. 数组的转置

MATLAB中进行数组转置最简单的是通过转置操作符(')。

对于有复数元素的数组，转置操作符(')在变化数组形状的同时，也会将复数元素转

化为其共轭复数。

如果要对复数数组进行非共轭转置，可以通过点转置操作符(.')实现。

共轭和非共轭转置也可以通过 MATLAB 函数完成，transpose 实现非共轭转置，功能等同于点转置操作符(.')；ctranspose 实现共轭转置，功能等同于转置操作符(')。当然，这四种方法对于实数数组转置结果是一样的。

【例 3-30】 数组转置。

解：在命令行窗口输入：

```
>> A = rand(2,4)
A =
    0.9575    0.1576    0.9572    0.8003
    0.9649    0.9706    0.4854    0.1419
>> A'
ans =
    0.9575    0.9649
    0.1576    0.9706
    0.9572    0.4854
    0.8003    0.1419
>> B = [2 - i,3 + 4i,2,5i;6 + i,4 - i,2i,7]
B =
   2.0000 - 1.0000i   3.0000 + 4.0000i   2.0000                  0 + 5.0000i
   6.0000 + 1.0000i   4.0000 - 1.0000i        0 + 2.0000i   7.0000
>> B'
ans =
   2.0000 + 1.0000i   6.0000 - 1.0000i
   3.0000 - 4.0000i   4.0000 + 1.0000i
   2.0000                  0 - 2.0000i
        0 - 5.0000i   7.0000
>> B.'
ans =
   2.0000 - 1.0000i   6.0000 + 1.0000i
   3.0000 + 4.0000i   4.0000 - 1.0000i
   2.0000                  0 + 2.0000i
        0 + 5.0000i   7.0000
>> transpose(B)
ans =
   2.0000 - 1.0000i   6.0000 + 1.0000i
   3.0000 + 4.0000i   4.0000 - 1.0000i
   2.0000                  0 + 2.0000i
        0 + 5.0000i   7.0000
```

实际使用中，由于操作符的简便性，经常会使用操作符而不是转置函数来实现转置。但是复杂的嵌套运算中，转置函数可能是唯一可用的方法。所以，两类转置方式都要掌握。

2. 数组翻转

MATLAB 中数组翻转的函数如表 3-2 所示。

表 3-2 数组翻转函数

函数及语法	说　　明
fliplr(A)	左右翻转数组 A
flipud(A)	上下翻转数组 A
flipdim(A,k)	按 k 指定的方向翻转数组 对于二维数组,k=1 相当于 flipud(A);k=2 相当于 fliplr(A)
rot90(A,k)	把 A 逆时针旋转 k*90 度,k 不指定时默认为 1

【例 3-31】 数组翻转。

解:在命令行窗口输入:

```
>> A = rand(4,6)
A =
    0.4218    0.6557    0.6787    0.6555    0.2769    0.6948
    0.9157    0.0357    0.7577    0.1712    0.0462    0.3171
    0.7922    0.8491    0.7431    0.7060    0.0971    0.9502
    0.9595    0.9340    0.3922    0.0318    0.8235    0.0344
>> flipud(A)
ans =
    0.9595    0.9340    0.3922    0.0318    0.8235    0.0344
    0.7922    0.8491    0.7431    0.7060    0.0971    0.9502
    0.9157    0.0357    0.7577    0.1712    0.0462    0.3171
    0.4218    0.6557    0.6787    0.6555    0.2769    0.6948
>> fliplr(A)
ans =
    0.6948    0.2769    0.6555    0.6787    0.6557    0.4218
    0.3171    0.0462    0.1712    0.7577    0.0357    0.9157
    0.9502    0.0971    0.7060    0.7431    0.8491    0.7922
    0.0344    0.8235    0.0318    0.3922    0.9340    0.9595
>> flipdim(A,2)
ans =
    0.6948    0.2769    0.6555    0.6787    0.6557    0.4218
    0.3171    0.0462    0.1712    0.7577    0.0357    0.9157
    0.9502    0.0971    0.7060    0.7431    0.8491    0.7922
    0.0344    0.8235    0.0318    0.3922    0.9340    0.9595
>> rot90(A,2)
ans =
    0.0344    0.8235    0.0318    0.3922    0.9340    0.9595
    0.9502    0.0971    0.7060    0.7431    0.8491    0.7922
    0.3171    0.0462    0.1712    0.7577    0.0357    0.9157
    0.6948    0.2769    0.6555    0.6787    0.6557    0.4218
>> rot90(A)
ans =
    0.6948    0.3171    0.9502    0.0344
    0.2769    0.0462    0.0971    0.8235
    0.6555    0.1712    0.7060    0.0318
    0.6787    0.7577    0.7431    0.3922
    0.6557    0.0357    0.8491    0.9340
    0.4218    0.9157    0.7922    0.9595
```

3. 数组尺寸调整

改变数组形状，还有一个常用的函数 reshape，它可以把已知数组改变成指定的行列尺寸。

对于 m 行 n 列的数组 A，B=reshape(A，a，b)可以将其调整为 a 行 b 列的尺寸，并赋值为变量 B，这里必须满足 m * n=a * b。在尺寸调整前后，两个数组的单下标索引不变，即 A(x)必然等于 B(x)，只要 x 是符合取值范围要求的单下标数字。也就是说，按照列优先原则把 A 和 B 的元素排列成一列，那结果必然是一样的。

【例 3-32】 数组尺寸调整。

解：在命令行窗口输入：

```
>> A = rand(3,4)
A =
    0.4387    0.7952    0.4456    0.7547
    0.3816    0.1869    0.6463    0.2760
    0.7655    0.4898    0.7094    0.6797
>> reshape(A,2,6)
ans =
    0.4387    0.7655    0.1869    0.4456    0.7094    0.2760
    0.3816    0.7952    0.4898    0.6463    0.7547    0.6797
>> reshape(A,2,8) %a*b不等于m*n时会报错
Error using reshape
To RESHAPE the number of elements must not change.
```

3.5.5 数组运算

本节介绍数组的各种数学运算。

1. 数组-数组运算

最基本的就是数组和数组的加(+)、减(-)、乘(*)、乘方(^)等运算。要注意，数组的加、减，要求参与运算的两个数组具有相同的尺寸，而数组的乘法要求第一个数组的列数等于第二个数组的行数。

乘方运算在指数 n 为自然数时相当于 n 次自乘，这要求数组具有相同的行数和列数。关于指数为其他情况的乘方，本节不作讨论，读者可以参考有关高等代数书籍。

【例 3-33】 使用数组-数组运算。

解：在命令行窗口输入：

```
>> A = magic(4)
A =
    16     2     3    13
     5    11    10     8
     9     7     6    12
     4    14    15     1
```

```
>> B = eye(4)
B =
     1     0     0     0
     0     1     0     0
     0     0     1     0
     0     0     0     1
>> A + B
ans =
    17     2     3    13
     5    12    10     8
     9     7     7    12
     4    14    15     2
```

数组除法实际上是乘法的逆运算,相当于参与运算的一个数组和另一个数组的逆(或伪逆)数组相乘。MATLAB 中的数组除法有左除(/)和右除(\)两种:

- A/B 相当于 A * inv(B)或 A * pinv(B);
- A\B 相当于 inv(A) * B 或 pinv(A) * B。

其中 inv 是数组求逆函数,仅适用于行列数相同的方形数组(线性代数中,称为方阵);pinv 是求数组广义逆的函数。关于逆矩阵和广义逆矩阵的知识,请读者参考有关的高等代数书籍。

【例 3-34】 使用数组除法。

解:在 MATLAB 命令行窗口输入:

```
>> A = [3 5 6;2 1 4;2 5 6]
A =
     3     5     6
     2     1     4
     2     5     6
>> B = randn(3)
B =
    0.5377    0.8622   -0.4336
    1.8339    0.3188    0.3426
   -2.2588   -1.3077    3.5784
>> A/B
ans =
    8.8511    2.1711    2.5413
    2.2919    1.9120    1.2125
    9.1861    1.6402    2.6328
>> A * inv(B)
ans =
    8.8511    2.1711    2.5413
    2.2919    1.9120    1.2125
    9.1861    1.6402    2.6328
>> pinv(A) * B
ans =
    2.7965    2.1699   -4.0120
   -0.6323    0.1097   -0.2707
   -0.7817   -1.0327    2.1593
```

2. 点运算

前面讲到的数组乘、除、乘方运算，都是专门针对数组定义的运算。在有些情况下，用户可能希望对两个尺寸相同的数组进行元素对元素的乘、除，或者对数组的逐个元素进行乘方，这就可以通过点运算实现。

A. * B，就可以实现两个同样尺寸的数组 A 和数组 B 对于元素的乘法，同样的，A. /B 或 A. \B 实现元素对元素的除法，A. ^n 实现对逐个元素的乘方。

【例 3-35】 使用点运算。

解：在命令行窗口输入：

```
>> A = magic(4)
A =
    16     2     3    13
     5    11    10     8
     9     7     6    12
     4    14    15     1
>> B = ones(4) + 4 * eye(4)
B =
     5     1     1     1
     1     5     1     1
     1     1     5     1
     1     1     1     5
>> A. * B
ans =
    80     2     3    13
     5    55    10     8
     9     7    30    12
     4    14    15     5
>> B. * A %对应的元素的乘法，因此和 A. * B 结果一样
ans =
    80     2     3    13
     5    55    10     8
     9     7    30    12
     4    14    15     5
>> A.\B %以 A 的各个元素为分母，B 相对应的各个元素为分子，逐个元素作除法
ans =
    0.3125    0.5000    0.3333    0.0769
    0.2000    0.4545    0.1000    0.1250
    0.1111    0.1429    0.8333    0.0833
    0.2500    0.0714    0.0667    5.0000
```

特别要强调的是，许多 MATLAB 内置的运算函数，如 sqrt、exp、log、sin 等，都只能对数组进行逐个元素的相应运算。至于专门的数组的开方、指数等运算，都有专门的数组运算函数。

3. 专门针对数组的运算函数

MATLAB 中，专门针对数组的运算函数一般末尾都以 m 结尾（m 代表 matrix），如 sqrtm、expm 等，这些运算都是特别定义的数组运算，不同于针对单个数值的常规数学运

算。这几个函数都要求参与运算的数组是行数和列数相等的方形数组。具体的运算方式请参考高等代数方面的书籍。

【例 3-36】 使用数组运算函数。

解：在命令行窗口输入：

```
>> A = magic(4)
A =
    16     2     3    13
     5    11    10     8
     9     7     6    12
     4    14    15     1
>> sqrt(A)
ans =
    4.0000    1.4142    1.7321    3.6056
    2.2361    3.3166    3.1623    2.8284
    3.0000    2.6458    2.4495    3.4641
    2.0000    3.7417    3.8730    1.0000
>> sqrtm(A)
ans =
   3.7584 - 0.2071i   -0.2271 + 0.4886i    0.3887 + 0.7700i    1.9110 - 1.0514i
   0.2745 - 0.0130i    2.3243 + 0.0306i    2.0076 + 0.0483i    1.2246 - 0.0659i
   1.3918 - 0.2331i    1.5060 + 0.5498i    1.4884 + 0.8666i    1.4447 - 1.1833i
   0.4063 + 0.4533i    2.2277 - 1.0691i    1.9463 - 1.6848i    1.2506 + 2.3006i
>> exp(A)
ans =
   1.0e + 06 *
    8.8861    0.0000    0.0000    0.4424
    0.0001    0.0599    0.0220    0.0030
    0.0081    0.0011    0.0004    0.1628
    0.0001    1.2026    3.2690    0.0000
```

3.5.6 数组的查找

在 MATLAB 中进行数组查找只有一个函数 find。它能够查找数组中的非零元素并返回其下标索引。find 配合各种关系运算和逻辑运算，能够实现很多查找功能。find 函数有两种语法形式。

a＝find(A)返回数组 A 中非零元素的单下标索引。

[a,b]＝find(A)返回数组 A 中非零元素的双下标索引方式。

实际应用中，经常通过多重逻辑嵌套产生逻辑数组，判断数组元素是否符合某种比较关系，然后用 find 函数查找这个逻辑数组中的非零元素，返回符合比较关系的元素的索引，从而实现元素访问。find 用于产生索引数组，过度实现最终的索引访问，因此经常不需要直接指定 find 函数的返回值。

【例 3-37】 使用数组查找函数 find。

解：在 MATLAB 命令行窗口输入：

```
>> A = rand(3,5)
A =
    0.6787    0.3922    0.7060    0.0462    0.6948
```

```
    0.7577    0.6555    0.0318    0.0971    0.3171
    0.7431    0.1712    0.2769    0.8235    0.9502
>> A<0.5
ans =
     0     1     0     1     0
     0     0     1     1     1
     0     1     1     0     0
>> A>0.3
ans =
     1     1     1     0     1
     1     1     0     0     1
     1     0     0     1     1
>> (A>0.3)&(A<0.5)            % 逻辑嵌套产生符合多个比较关系的逻辑数组
ans =
     0     1     0     0     0
     0     0     0     0     1
     0     0     0     0     0
>> find((A>0.3)&(A<0.5))     % 逻辑数组中的非零元素,返回符合关系的元素索引
ans =
     4
    14
>> A(find((A>0.3)&(A<0.5))) % 实现元素访问
ans =
    0.3922
    0.3171
```

本例题一步一步地展示了 find 的最常见用法的具体使用过程。

首先通过 rand 函数创建了待操作的随机数组 A,然后通过比较运算 A>0.3 和 A<0.5 返回分别满足某一比较关系的逻辑数组。在这些逻辑数组中,1 代表该位置元素复合比较关系,0 则代表不符合比较关系。

然后,通过逻辑运算(&)可以同时产生满足两个比较关系的逻辑数组,find 操作这个逻辑数组,返回数组中非零元素的下标索引(本例中返回单下标索引),实际上就是返回原数组中符合两个比较关系的元素的位置索引,然后利用 find 返回的下标索引就可以寻址访问原来数组中符合比较关系的目标元素。

3.5.7 数组的排序

数组排序也是常用的数组操作,经常用在各种数据分析和处理中,MATLAB 中的排序函数是 sort。

sort 函数可以对数组按照升序或降序进行排列,并返回排序后的元素在原始数组中的索引位置,sort 函数有多种应用语法格式,都有重要的应用,见表 3-3。

表 3-3 sort 函数的各种语法格式

函数语法	说明
B=sort(A)	对一维或二维数组进行升序排序,并返回排序后的数组
B=sort(A,dim)	对数组是定的方向进行升序排列 dim=1 表示对每一列排序,dim=2 表示对每一行排序

可以看出，sort 都是对单独的一行或一列元素进行排序。即使对于二维数组，也是单独对每一行每一列进行排序因此返回的索引只是单下标形式，表征排序后的元素在原来行或列中的位置。

【例 3-38】 数组排序。

解：在 MATLAB 命令行窗口输入：

```
>> A = rand(1,8)
A =
    0.0344    0.4387    0.3816    0.7655    0.7952    0.1869    0.4898    0.4456
>> sort(A)                         % 按照默认的升序方式排列
ans =
    0.0344    0.1869    0.3816    0.4387    0.4456    0.4898    0.7655    0.7952
>> [B,J] = sort(A,'descend')   % 降序排列并返回索引
B =
    0.7952    0.7655    0.4898    0.4456    0.4387    0.3816    0.1869    0.0344
J =
     5     4     7     8     2     3     6     1
>> A(J)                            % 通过索引页可以产生降序排列的数组
ans =
    0.7952    0.7655    0.4898    0.4456    0.4387    0.3816    0.1869    0.0344
```

由例 3-38 可见，数组排序函数 sort 返回的索引，是表示在排序方向上排序后元素在原数组中的位置。对于一维数组，这就是其单下标索引，但对二维数组，这只是双下标索引中的一个分量，因此不能简单地通过这个返回的索引值寻址产生排序的二维数组。

当然，利用这个索引结果，通过复杂一点的方法也可以得到排序数组，如例 3-38 中，就可以通过 A(J)来产生排序数组，这种索引访问，一般只用在对部分数据的处理上。

3.5.8 高维数组的降维操作

【例 3-39】 使用 squeeze 命令来撤销"孤维"，使高维数组进行降维。

解：在 MATLAB 命令行窗口输入：

```
>> A = rand(2,3,3)
A(:,:,1) =
    0.1320    0.9561    0.0598
    0.9421    0.5752    0.2348
A(:,:,2) =
    0.3532    0.0154    0.1690
    0.8212    0.0430    0.6491
A(:,:,3) =
    0.7317    0.4509    0.2963
    0.6477    0.5470    0.7447
>> B = cat(4,A(:,:,1),A(:,:,2),A(:,:,3))
B(:,:,1,1) =
    0.1320    0.9561    0.0598
    0.9421    0.5752    0.2348
B(:,:,1,2) =
    0.3532    0.0154    0.1690
    0.8212    0.0430    0.6491
```

```
B(:,:,1,3) =
    0.7317    0.4509    0.2963
    0.6477    0.5470    0.7447
>> C = squeeze(B)
C(:,:,1) =
    0.1320    0.9561    0.0598
    0.9421    0.5752    0.2348
C(:,:,2) =
    0.3532    0.0154    0.1690
    0.8212    0.0430    0.6491
C(:,:,3) =
    0.7317    0.4509    0.2963
    0.6477    0.5470    0.7447
>> size_B = size(B)
size_B =
     2     3     1     3
>> size_C = size(C)
size_C =
     2     3     3
```

3.6 多维数组及其操作

MATLAB 中把超过两维的数组称为多维数组，多维数组实际上是一般的二维数组的扩展。本章讲述 MATLAB 中多维数组的创建和操作。

3.6.1 多维数组的属性

MATLAB 中提供了多个函数(见表 3-4)，可以获得多维数组的尺寸、维度、占用内存和数据类型等多种属性。

表 3-4 MATLAB 中获取多维数组属性的函数

数组属性	函数用法	函数功能
尺寸	size(A)	按照行-列-页的顺序，返回数组 A 每一维上的大小
维度	ndims(A)	返回数组 A 具有的维度值
内存占用/数据类型等	whos	返回当前工作区中的各个变量的详细值

【例 3-40】 通过 MATLAB 函数获取多维数组的属性。

解：在 MATLAB 命令行窗口输入：

```
>> A = cat(4,[9 2;6 5],[7 1;8 4]);
>> size(A) % 获取数组 A 的尺寸属性
ans =
     2     2     1     2
>> ndims(A) % 获取数组 A 的维度属性
ans =
     4
>> whos
  Name      Size            Bytes  Class     Attributes
  A         4 - D              64  double
  ans       1x1                 8  double
```

3.6.2 多维数组的操作

和二维数组类似，MATLAB中也有大量对多维数组进行索引、重排和计算的函数。

1. 多维数组的索引

MATLAB中索引多维数组的方法包括多下标索引和单下标索引。

对于n维数组，可以用n个下标索引访问一个特定位置的元素。用数组或者冒号来代表其中某一维，则可以访问指定位置的多个元素。单下标索引方法则是只通过一个下标来定位多维数组中某个元素的位置。

只要注意到MATLAB中是按照行-列-页-……优先级逐渐降低的顺序把多维数组的所有元素线性存储起来，就可以知道一个特定的单下标对应的多维下标位置了。

【例3-41】 多维数组的索引访问，其中A是一个随机生成的4×5×3的多维数组。

解：在MATLAB命令行窗口输入：

```
>> A = randn(4,5,3)
A(:,:,1) =
   -1.3617    0.5528    0.6601   -0.3031    1.5270
    0.4550    1.0391   -0.0679    0.0230    0.4669
   -0.8487   -1.1176   -0.1952    0.0513   -0.2097
   -0.3349    1.2607   -0.2176    0.8261    0.6252
A(:,:,2) =
    0.1832    0.1352   -0.1623   -0.8757   -0.1922
   -1.0298    0.5152   -0.1461   -0.4838   -0.2741
    0.9492    0.2614   -0.5320   -0.7120    1.5301
    0.3071   -0.9415    1.6821   -1.1742   -0.2490
A(:,:,3) =
   -1.0642   -1.5062   -0.2612   -0.9480    0.0125
    1.6035   -0.4446    0.4434   -0.7411   -3.0292
    1.2347   -0.1559    0.3919   -0.5078   -0.4570
   -0.2296    0.2761   -1.2507   -0.3206    1.2424
>> A(3,2,2)   %访问A的第3行第2列第2页的元素
ans =
    0.2614
>> A(27)      %访问A第27个元素(即第3行第2列第2页的元素)
ans =
    0.2614
```

例3-41中，A(27)是通过单下标索引来访问多维数组A的元素。一个多维数组A有3页，每一页有4×5=20个元素，所以第27个元素在第二页上，而第一页上行方向上有4个元素，根据行-列-页优先原则，第27个元素代表的就是第二页上第二列第三行的元素，即A(27)相当于A(3,2,2)。

2. 多维数组的维度操作

多维数组的维度操作包括对多维数组的形状的重排和维度的重新排序。

reshape 函数可以改变多维数组的形状，但操作前后 MATLAB 按照行-列-页-……优先级将多维数组进行线性存储的方式不变，许多多维数组在某一维度上只有一个元素，可以利用函数 squeeze 来消除这种单值维度。

【例 3-42】 利用函数 reshape 函数改变多维数组的形状。

解：在 MATLAB 命令行窗口输入：

```
>> A =[1 4 7 10; 2 5 8 11;3 6 9 12]
>> B = reshape(A,2,6)
B =
     1   3   5   7   9   11
     2   4   6   8  10   12
>> B = reshape(A,2,[])
B =
     1   3   5   7   9   11
     2   4   6   8  10   12
```

permute 函数可以按照指定的顺序重新定义多维数组的维度顺序，需要注意的是，permute 重新定义后的多维数组是把原来在某一维度上的所有元素移动到新的维度上，这会改变多维数组线性存储的位置，和 reshape 是不同的。ipermute 可以被看作是 permute 的逆函数，当 B=permute(A,dims)时，ipermute(B,dims)刚好返回多维数组 A。

【例 3-43】 对多维数组维度的重新排序。

解：在 MATLAB 命令行窗口输入：

```
>> A = randn(3,3,2)
A(:,:,1) =
    0.4227   -1.2128    0.3271
   -1.6702    0.0662    1.0826
    0.4716    0.6524    1.0061
A(:,:,2) =
   -0.6509   -1.3218   -0.0549
    0.2571    0.9248    0.9111
   -0.9444    0.0000    0.5946
>> B = permute(A,[3 1 2])
B(:,:,1) =
    0.4227   -1.6702    0.4716
   -0.6509    0.2571   -0.9444
B(:,:,2) =
   -1.2128    0.0662    0.6524
   -1.3218    0.9248    0.0000
B(:,:,3) =
    0.3271    1.0826    1.0061
   -0.0549    0.9111    0.5946
>> ipermute(B,[3 1 2])
ans(:,:,1) =
    0.4227   -1.2128    0.3271
   -1.6702    0.0662    1.0826
    0.4716    0.6524    1.0061
ans(:,:,2) =
   -0.6509   -1.3218   -0.0549
    0.2571    0.9248    0.9111
   -0.9444    0.0000    0.5946
```

3. 多维数组参与数学计算

多维数组参与数学计算，可以针对某一维度的向量，也可以针对单个元素，或者针对某一特定页面上的二维数组。

- sum、mean 等函数可以对多维数组中第 1 个不为 1 的维度上的向量进行计算；
- sin、cos 等函数则对多维数组中的每一个单独元素进行计算；
- eig 等针对二维数组的运算函数则需要用指定的页面上的二维数组作为输入函数。

【例 3-44】 多维数组参与的数学运算。

解：在 MATLAB 命令行窗口输入：

```
>> A = randn(2,5,2)
A(:,:,1) =
    0.3502    0.9298   - 0.6904    1.1921   - 0.0245
    1.2503    0.2398   - 0.6516   - 1.6118   - 1.9488
A(:,:,2) =
    1.0205    0.0012   - 2.4863   - 2.1924    0.0799
    0.8617   - 0.0708    0.5812   - 2.3193   - 0.9485
>> sum(A)
ans(:,:,1) =
    1.6005    1.1696   - 1.3419   - 0.4197   - 1.9733
ans(:,:,2) =
    1.8822   - 0.0697   - 1.9051   - 4.5117   - 0.8685
>> sin(A)
ans(:,:,1) =
    0.3431    0.8015   - 0.6368    0.9291   - 0.0245
    0.9491    0.2375   - 0.6064   - 0.9992   - 0.9294
ans(:,:,2) =
    0.8524    0.0012   - 0.6094   - 0.8129    0.0798
    0.7590   - 0.0708    0.5490   - 0.7327   - 0.8125
>> eig(A(:,[1 2],1))
ans =
    1.3746
  - 0.7846
```

3.7 关系运算和逻辑运算

MATLAB 中的运算包括算术运算、关系运算和逻辑运算。而在程序设计中应用十分广泛的是关系运算和逻辑运算。关系运算则是用于比较两个操作数，而逻辑运算则是对简单逻辑表达式进行复合运算。关系运算和逻辑运算的返回结果都是逻辑类型(1 代表逻辑真，0 代表逻辑假)。

3.7.1 关系运算

在程序中经常需要比较两个量的大小，以决定程序下一步的工作。比较两个量的运算符称为关系运算符。MATLAB 中的关系运算符如表 3-5 所示。

表 3-5　关系运算符

关系运算符	说　　明
<	小于
<=	小于等于
>	大于
>=	大于等于
==	等于
～=	不等于

当操作数是数组形式时，关系运算符总是对被比较的两个数组的各个对应元素进行比较，因此要求被比较的数组必须具有相同的尺寸。

【例 3-45】 MATLAB 中的关系运算。

解：在 MATLAB 命令行窗口输入：

```
>> 5 >= 4
ans =
     1
>> x = rand(1,4)
x =
    0.8147    0.9058    0.1270    0.9134
>> y = rand(1,4)
y =
    0.6324    0.0975    0.2785    0.5469
>> x > y

ans =
     1     1     0     1
```

注意：(1) 比较两个数是否相等的关系运算符是两个等号＝＝，而单个的等号＝在 MATLAB 中是变量赋值的符号；

(2) 比较两个浮点数是否相等时需要注意，由于浮点数的存储形式决定的相对误差的存在，在程序设计中最好不要直接比较两个浮点数是否相等，而是采用大于、小于的比较运算将待确定值限制在一个满足需要的区间之内。

3.7.2　逻辑运算

关系运算返回的结果是逻辑类型(逻辑真或逻辑假)，这些简单的逻辑数据可以通过逻辑运算符组成复杂的逻辑表达式，这在程序设计中经常用于进行分支选择或者确定循环终止条件。

MATLAB 中的逻辑运算有 3 类：

(1) 逐个元素的逻辑运算；

(2) 捷径逻辑运算；

(3) 逐位逻辑运算。

只有前两种逻辑运算返回逻辑类型的结果。

1. 逐个元素的逻辑运算

逐个元素的逻辑运算符有三种：逻辑与(&)、逻辑或(|)和逻辑非(~)。前两个是双目运算符，必须有两个操作数参与运算，逻辑非是单目运算符，只有对单个元素进行运算，其意义和示例如表3-6所示。

表3-6　逐个元素的逻辑运算符

运算符	说　　明	举　　例
&	逻辑与：双目逻辑运算符 参与运算的两个元素值为逻辑真或非零时，返回逻辑真，否则非返回逻辑假	1&0 返回 0 1&false 返回 0 1&1 返回 1
|	逻辑或：双目逻辑运算符 参与运算的两个元素都为逻辑假或零时，返回逻辑假，否则返回逻辑真	1|0 返回 1 1|false 返回 1 0|0 返回 0
~	逻辑非：单目逻辑运算符 参与运算的元素为逻辑真或非零时，返回逻辑假，否则返回逻辑真	~1 返回 0 ~0 返回 1

注意：这里逻辑与和逻辑非运算，都是逐个元素进行双目运算，因此如果参与运算的是数组，就要求两个数组具有相同的尺寸。

【例3-46】　逐个元素的逻辑运算。

解：在MATLAB命令行窗口输入：

```
>> x = rand(1,3)
x =
    0.9575    0.9649    0.1576
>> y = x > 0.5
y =
     1     1     0
>> m = x < 0.96
m =
     1     0     1
>> y&m
ans =
     1     0     0
>> y|m
ans =
     1     1     1
>> ~y
ans =
     0     0     1
```

2. 捷径逻辑运算

MATLAB中捷径逻辑运算符有两个：逻辑与(&&)和逻辑或(||)。实际上，它们的运算功能和前面讲过的逐个元素的逻辑运算符相似，只不过在一些特殊情况下，捷径逻辑运算符会少一些逻辑判断的操作。

当参与逻辑与运算的两个数据都同为逻辑真(非零)时，逻辑与运算才返回逻辑真

(1),否则都返回逻辑假(0)。

&& 运算符就是利用这一特点,当参与运算的第一个操作数为逻辑假时,直接返回假,而不再去计算第二个操作数。

& 运算符在任何情况下都要计算两个操作数的结果,然后去逻辑与。

||的情况类似,当第一个操作数为逻辑真时,||直接返回逻辑真,而不再去计算第二个操作数。

|运算符任何情况下都要计算两个操作数的结果,然后去逻辑或。

捷径逻辑运算符如表 3-7 所示。

表 3-7 捷径逻辑运算符

运算符	说　　明
&&	逻辑与:当第一个操作数为假,直接返回假,否则同 &
||	逻辑或:当第一个操作数为真,直接返回真,否则同|

因此,捷径逻辑运算符比相应的逐个元素的逻辑运算符的运算效率更高,在实际编程中,一般都是用捷径逻辑运算符。

【例 3-47】 捷径逻辑运算。

解:在 MATLAB 命令行窗口中输入以下命令:

```
>> x = 0
x =
     0
>> x~ = 0&&(1/x > 2)
ans =
     0
>> x~ = 0&(1/x > 2)
ans =
     0
```

3. 逐位逻辑运算

逐位逻辑运算能够对非负整数二进制形式进行逐位逻辑运算符,并将逐位运算后的二进制数值转换成十进制数值输出。MATLAB 中逐位逻辑运算函数如表 3-8 所示。

表 3-8 逐位逻辑运算函数

函　　数	说　　明
bitand(a,b)	逐位逻辑与,a 和 b 的二进制数位上都为 1 则返回 1,否则返回 0,并逐位逻辑运算后的二进制数字转换成十进制数值输出
bitor(a,b)	逐位逻辑或,a 和 b 的二进制数位上都为 0 则返回 0,否则返回 1,并逐位逻辑运算后的二进制数字转换成十进制数值输出
bitcmp(a,b)	逐位逻辑非,将数字 a 扩展成 n 为二进制形式,当扩展后的二进制数位上都为 1 则返回 0,否则返回 1,并逐位逻辑运算后的二进制数字转换成十进制数值输出
bitxor(a,b)	逐位逻辑异或,a 和 b 的二进制数位上相同则返回 0,否则返回 1,并逐位逻辑运算后的二进制数字转换成十进制数值输出

【例 3-48】 逐位逻辑运算函数。

解：在 MATLAB 命令行窗口输入：

```
>> m = 8;n = 2;
>> mm = bitxor(m,n);
>> dec2bin(m)
ans =
    1000
>> dec2bin(n)
ans =
    10
>> dec2bin(mm)
ans =
    1010
```

3.7.3 常用函数

除了上面的关系与逻辑运算操作符之外，MATLAB 还提供了更多的关系与逻辑操作函数，如表 3-9 所示。

表 3-9 其他关系与逻辑操作函数

函 数	说 明
xor(x,y)	异或运算：x 或 y 非零(真)返回 1，x 和 y 都是零(假)或都是非零(真)返回 0
any(x)	如果在一个向量 x 中，任何元素是非零，返回 1；矩阵 x 中的每一列有非零元素，返回 1
all(x)	如果在一个向量 x 中，所有元素非零，返回 1；矩阵 x 中的每一列所有元素非零，返回 1

【例 3-49】 关系与逻辑操作函数的应用。

解：在 MATLAB 命令行窗口输入：

```
>>A = [0 0 3;0 3 3]
>>B = [0 -2 0;1 -2 0]
>>C = xor(A,B)
>>D = any(A)
>>E = all(A)
```

得到结果如下：

```
>>
A =
     0     0     3
     0     3     3
B =
     0    -2     0
     1    -2     0
C =
     0     1     1
     1     0     1
```

```
D =
     0     1     1
E =
     0     0     1
```

除了这些函数,MATLAB 还提供了大量的函数,如表 3-10 所示,测试特殊值或条件的存在,返回逻辑值。

表 3-10　测试函数

函　　数	说　　明
finite	元素有限,返回真值
isempty	参量为空,返回真值
isglobal	参量是一个全局变量,返回真值
ishold	当前绘图保持状态是"ON",返回真值
isieee	计算机执行 IEEE 算术运算,返回真值
isinf	元素无穷大,返回真值
isletter	元素为字母,返回真值
isnan	元素为不定值,返回真值
isreal	参量无虚部,返回真值
isspace	元素为空格字符,返回真值
isstr	参量为一个字符串,返回真值
isstudent	MATLAB 为学生版,返回真值
isunix	计算机为 UNIX 系统,返回真值
isvms	计算机为 VMS 系统,返回真值

本章小结

数组是 MATLAB 中各种变量存储和运算的通用数据结构。本章从对 MATLAB 中的数组进行分类概述入手,重点讲述数组的创建、数组的属性和多种数组操作方法,还介绍了 MATLAB 中创建和操作多维数组的方法。对于多维数组,MATLAB 中提供了类似于二维数组的操作方法,包括对数组形状、维度的重新调整,以及常用的数学计算。

这些内容是学习 MATLAB 必须熟练掌握的。对于这些基本函数的深入理解和熟练组合应用,可以大大提高使用 MATLAB 的效率。因此,读者对本章中的所有函数都要仔细体会,熟练掌握。

第4章 矩阵

矩阵是高等代数学中的常见工具，也常见于统计分析等应用数学学科中。矩阵在电路学、力学、光学和量子物理中都有应用；在计算机科学中，三维动画制作也需要用到矩阵。矩阵的运算是数值分析领域的重要问题，将矩阵分解为简单矩阵的组合可以在理论和实际应用上简化矩阵的运算。

矩阵始终是 MATLAB 的核心内容，矩阵是 MATLAB 的基本运算单元。自 MATLAB 5.x 版起，由于其"面向对象"的特征，矩阵就成为了 MATLAB 最重要的一种内建数据类型。本节重点讲解矩阵的函数及运算。

学习目标：

- 了解 MATLAB 中矩阵的基本概念；
- 掌握矩阵的基本运算法则和运算函数的使用；
- 熟练使用矩阵的分解。

4.1 矩阵的基本特征参数

本节主要介绍一些矩阵特征参数，如行列式、秩、条件数、范数、特征值与特征向量等。

4.1.1 矩阵的基本参数

下面介绍矩阵信息的基本参数。

1. 元素个数、行列数及其最大者、最大最小元素

【例 4-1】 矩阵基本信息查询演示。

解：在 MATLAB 命令行窗口输入以下代码：

```
>> A = magic(4)
A =
    16     2     3    13
     5    11    10     8
     9     7     6    12
     4    14    15     1
```

```
>> numel(A)      % 统计矩阵的元素个数
ans =
    16
>> size(A)       % 计算矩阵的行列数
ans =
     4     4
>> length(A)     % 计算行数与列数中的最大者
ans =
     4
>> max(A(:))     % 求出矩阵中所有元素中的最大者
ans =
    16
>> min(A(:))     % 求出矩阵中所有元素中的最小者
ans =
     1
```

2. 矩阵的行列式、秩与范数

计算行列式、秩及范数的指令分别是 det、rank 和 norm。

【例 4-2】 矩阵行列式、秩与范数使用演示。

解：在 MATLAB 命令行窗口输入以下代码：

```
>> magic(5)
ans =
    17    24     1     8    15
    23     5     7    14    16
     4     6    13    20    22
    10    12    19    21     3
    11    18    25     2     9
>> det(A)                    % 求 A 的行列式
ans =
   5.0700e+06
>> rank(A)                   % 计算矩阵的秩
ans =
     5
>> binf = norm(A,'inf')  % 计算无穷范数
binf =
    65
>> a = norm(A,2)             % 计算 2 范数
a =
   65.0000
```

4.1.2 条件数、矩阵的稳定性

条件数是反映 AX= b 中，如果 A 或 b 发生细微变化，解变化的剧烈程度。如果条件数很大，说明是该方程是病态方程或不稳定方程。

【例 4-3】 矩阵条件数与稳定性演示。

解：在 MATLAB 命令行窗口输入以下代码：

```
>> A = [4 3 1;3 3 7;-1 5 -3]
A =
     4     3     1
     3     3     7
    -1     5    -3
>> con2 = cond(A)       %计算2-范式条件数
con2 =
    3.3597
>> con1 = condest(A)   %计算1-范式条件数
con1 =
    4.6316
```

【例 4-4】 求解线性方程组：

$$\begin{cases} 4x_1 + 3x_2 + x_3 = 2 \\ 3x_1 + 3x_2 + 7x_3 = -6 \\ -x_1 + 5x_2 - 3x_3 = 5 \end{cases}$$

$$\Rightarrow \begin{bmatrix} 4 & 3 & 1 \\ 3 & 3 & 7 \\ -1 & 5 & -3 \end{bmatrix} \begin{bmatrix} x_1 \\ x_2 \\ x_3 \end{bmatrix} = \begin{bmatrix} 2 \\ -6 \\ 5 \end{bmatrix} \Rightarrow \begin{bmatrix} x_1 \\ x_2 \\ x_3 \end{bmatrix} = \begin{bmatrix} 4 & 3 & 1 \\ 3 & 3 & 7 \\ -1 & 5 & -3 \end{bmatrix}^{-1} \begin{bmatrix} 2 \\ -6 \\ 5 \end{bmatrix}$$

解：在 MATLAB 命令行窗口输入以下代码：

```
>> A = [4 3 1;3 3 7;-1 5 -3]                % 系数矩阵
A =
     4     3     1
     3     3     7
    -1     5    -3
>> B=[2;-6;5]                               % 常数列
B =
     2
    -6
     5
>> x = inv(A)*B                             % 逆矩阵的方法求解
x =
    0.5395
    0.3618
   -1.2434
>> A\B                                      % 左除方法求解
ans =
    0.5395
    0.3618
   -1.2434
>> A = A+0.001                              % 系数矩阵加上扰动
A =
    4.0010    3.0010    1.0010
    3.0010    3.0010    7.0010
   -0.9990    5.0010   -2.9990
>> B = B-0.001                              % 常数列加上扰动
B =
    1.9990
   -6.0010
    4.9990
```

```
>> x2 = inv(A) * B % 以逆矩阵的方法求解
x2 =
    0.5394
    0.3617
   -1.2434
```

4.1.3 特征值和特征向量的基本概念

特征值和特征向量是线性代数中的一个重要概念。在数学上,线性变换的特征向量是一个非退化的向量,其方向在该变换下不变。该向量在此变换下缩放的比例称为其特征值。一个线性变换通常可以由其特征值和特征向量完全描述。

【例 4-5】 特征值与特征向量演示。

解:在 MATLAB 命令行窗口输入以下代码:

```
>> A = magic(3)
A =
     8     1     6
     3     5     7
     4     9     2
>> E = eig(A)         % 计算特征值
E =
   15.0000
    4.8990
   -4.8990
>> [B,C] = eig(A)    % 计算特征值组成的对角矩阵B和特征向量组成的矩阵C
B =
    -0.5774   -0.8131   -0.3416
    -0.5774    0.4714   -0.4714
    -0.5774    0.3416    0.8131
C =
   15.0000         0        0
         0    4.8990        0
         0         0   -4.8990
```

注:有关正交化运算(orth 函数)、三角分解(lu)、正交分解(qr)、特征值分解(eig)、奇异值分解(svd)的内容,请参看 MATLAB 的帮助系统和相关数学书籍。

4.2 矩阵的生成

在数学中,矩阵(Matrix)是指纵横排列的二维数据表格,最早来自于方程组的系数及常数所构成的方阵。这一概念由 19 世纪英国数学家凯利首先提出。

矩阵的一个重要用途是解线性方程组。线性方程组中未知量的系数可以排成一个矩阵,加上常数项,则称为增广矩阵。另一个重要用途是表示线性变换。

MATLAB 的强大功能之一体现在能直接处理矩阵,而其首要任务就是输入待处理的矩阵。本节介绍几种基本的矩阵生成方式。

4.2.1 实数值矩阵输入

无论任何矩阵(向量),都可以直接按行方式输入每个元素:同一行中的元素用逗号(,)或者用空格符来分隔,且空格个数不限;不同的行用分号(;)分隔。所有元素处于一方括号([ ])内;当矩阵是多维(三维以上),且方括号内的元素是维数较低的矩阵时,可以用多重方括号。例如:

```
>> A = [11  12  1  2  3  4  5  6  7  8  9  10]
A =
    11    12     1     2     3     4     5     6     7     8     9    10
>> B = [2.32  3.43;4.37  5.98]
B =
    2.3200    3.4300
    4.3700    5.9800
>> C = [1 2 3 4 5]
C =
     1     2     3     4     5
>> D = [1 2 3;2 3 4;3 4 5]
D =
     1     2     3
     2     3     4
     3     4     5
>> E = [ ]    % 生成一个空矩阵
E =
     []
```

4.2.2 复数矩阵输入

复数矩阵有如下两种生成方式:矩阵单个元素生成和整体生成。

```
%%%单个元素的生成%%%
>> a = 2.7
a =
    2.7000
>> b = 13/25
b =
    0.5200
>> c = [1,3 * a + i * b,b * sqrt(a); sin(pi/6),3 * a + b,3]
c =
   1.0000 + 0.0000i  8.1000 + 0.5200i  0.8544 + 0.0000i
   0.5000 + 0.0000i  8.6200 + 0.0000i  3.0000 + 0.0000i

%%%整体生成%%%
>> A = [1 2 3;4 5 6]
A =
     1     2     3
     4     5     6
```

```
>> B = [11 12 13;14 15 16]
B =
    11    12    13
    14    15    16
>> C = A + i * B
C =
   1.0000 +11.0000i   2.0000 +12.0000i   3.0000 +13.0000i
   4.0000 +14.0000i   5.0000 +15.0000i   6.0000 +16.0000i
```

4.2.3 符号矩阵的生成

在MATLAB中输入符号向量或者矩阵的方法和输入数值类型的向量或者矩阵在形式上很相似，只不过要用到符号矩阵定义函数sym，或者是用到符号定义函数syms，先定义一些必要的符号变量，再像定义普通矩阵一样输入符号矩阵。

1. 用命令sym定义矩阵

这时的函数sym实际是在定义一个符号表达式，这时的符号矩阵中的元素可以是任何的符号或者是表达式，而且长度没有限制，只是将方括号置于用于创建符号表达式的单引号中。

```
>> sym_matrix = sym('[a,b,c;Jack,HelpMe,NOWAY]')
sym_matrix =
[   a,      b,      c]
[ Jack, HelpMe, NOWAY]
>> sym_digits = sym('[1 2 3;a b c;sin(x) cos(y) tan(z)]')
sym_digits =
[      1,      2,      3]
[      a,      b,      c]
[ sin(x), cos(y), tan(z)]
```

2. 用命令syms定义矩阵

先定义矩阵中的每一个元素为一个符号变量，而后像普通矩阵一样输入符号矩阵。

```
>> syms a b c
>> M1 = sym('Classical')
M1 =
Classical
>> M2 = sym('Jazz')
M2 =
Jazz
>> M3 = sym('Blues')
M3 =
Blues
>> syms_matrix = [a b c;M1,M2,M3;2 3 5]
```

```
syms_matrix =
[         a,   b,   c]
[ Classical, Jazz, Blues]
[         2,   3,   5]
```

注意：无论矩阵是用分数形式还是浮点形式表示的，将矩阵转化成符号矩阵后，都将以最接近原值的有理数形式表示或者是函数形式表示。

4.2.4 大矩阵的生成

对于大型矩阵，一般创建M文件，以便于修改。

【例4-6】 用M文件创建大矩阵，文件名为test.m。

解：在MATLAB的M文件中输入：

```
tes = [457   468   873     2   579     55
21     687    54   488     8     13
65    4567    88    98    21      5
456     68  4589   654     5    987
5488    10     9     6    33     77]
```

然后在MATLAB命令行窗口中输入：

```
>> test
tes =
         457          468          873            2          579           55
          21          687           54          488            8           13
          65         4567           88           98           21            5
         456           68         4589          654            5          987
        5488           10            9            6           33           77
>> size(tes)        %显示exm的大小
ans =
     5     6            %表示exm有5行6列
```

4.3 矩阵运算

在MATLAB中，数值运算主要是通过函数或者命令来实现，本章主要介绍对矩阵函数的重点应用。

4.3.1 矩阵分析

矩阵分析是线性代数的重要内容，也是几乎所有MATLAB函数分析的基础。在MATLAB R2016a中，可以支持多种线性代数中定义的操作，正是其强大的矩阵运算能力才使得MATLAB成为优秀的数值计算软件。

下面介绍三种典型的矩阵分析。

1. 使用 norm 函数进行范数分析

根据线性代数的知识，对于线性空间中某个向量 $\boldsymbol{X}=\{X_1,X_2,\cdots,X_n\}$，其对应的 P 级范数的定义为 $\|\boldsymbol{X}\|_p=\left(\sum_{i=1}^{n}|X_i|^p\right)^{1/p}$，其中的参数 $p=1,2,\cdots,n$。同时，为了保证整个定义的完整性，定义范数数值 $\|\boldsymbol{X}\|_\infty=\max\limits_{1<i<n}|X_i|$，$\|\boldsymbol{X}\|_{-\infty}=\max\limits_{1<i<n}|X_i|$。

矩阵范数的定义是基于向量的范数而定义的，具体的表达式为

$$\|\boldsymbol{A}\|=\max_{\forall \boldsymbol{X}\neq 0}\frac{\|\boldsymbol{AX}\|}{\|\boldsymbol{X}\|}$$

在实际应用中，比较常用的矩阵范数是 1、2 和∞阶范数，其对应的定义如下：

$$\|\boldsymbol{A}\|_1=\max_{1<j<n}\sum_{i=1}^{n}|a_{ij}|，\|\boldsymbol{A}\|_2=\sqrt{S_{\max}\{\boldsymbol{A}^{\mathrm{T}}\boldsymbol{A}\}}\text{ 和 }\|\boldsymbol{A}\|_\infty=\max_{1<j<n}\sum_{i=1}^{n}|a_{ij}|$$

在上面的定义式 $\|\boldsymbol{A}\|_2=\sqrt{S_{\max}\{\boldsymbol{A}^{\mathrm{T}}\boldsymbol{A}\}}$ 中，$S_{\max}\{\boldsymbol{A}^{\mathrm{T}}\boldsymbol{A}\}$ 表示矩阵 $\boldsymbol{A}$ 的最大奇异值的平方，关于奇异值的定义将在后面章节中介绍。

在 MATLAB 中，求解向量和矩阵范数的命令如下：

- n=norm(A)计算向量或者矩阵的 2 阶范数；
- n=norm(A,p)计算向量或者矩阵的 p 阶范数。

在上面的命令 n=norm(A,p)中，p 可以选择任何大于 1 的实数，如果需要求解的是无穷阶范数，则可以讲 p 设置为 inf 或者－inf。

【例 4-7】 根据定义和 norm 来分别求解向量的范数。

解：进行范数运算。执行命令行窗口编辑栏中的 HOME→Script 命令，打开 M 文件编辑器，在其中输入下面的程序代码：

```
%输入向量
x = [1:6];
y = x.^2;
%使用定义求解各阶范数
N2 = sqrt(sum(y));
Ninf = max(abs(x));
Nvinf = min(abs(x));
%使用 norn 命令求解范数
n2 = norm(x);
ninf = norm(x, inf);
nvinf = norm(x, - inf);
%输出求解的结果
disp('The method of definition;')
fprintf('The 2 - norm is %6.4f\n', N2)
fprintf('The inf - norm is %6.4f\n', Ninf)
fprintf('The minusinf - norm is %6.4f\n', Nvinf)
fprintf('\n//------------------------//\n\n')
disp('The method of norm command:')
fprintf('The 2 - norm is %6.4f\n', n2)
fprintf('The inf - norm is %6.4f\n', ninf)
fprintf('The minusinf - norm is %6.4f\n', nvinf)
```

在输入上面的代码后，将该程序保存为“normtest.m”文件。

在 MATLAB 的命令行窗口输入“normtest”后，可以得到如下结果：

```
>> normtest
The method of definition;
The 2 - norm is 15.0000
The inf - norm is 5.0000
The minusinf - norm is 1.0000
//-----------------------//
The method of norm command:
The 2 - norm is 7.4162
The inf - norm is 5.0000
The minusinf - norm is 1.0000
```

从上面的结果可以看出，根据范数定义得到的结果和 norm 命令得到的结果完全相同。通过上面的代码，读者可以更好地理解范数定义。

2. 使用 normest 函数进行范数分析

当需要分析的矩阵比较大时，求解矩阵范数的时间就会比较长，因此当允许某个近似的范数满足某条件时，可以使用 normest 函数来求解范数。

在 MATLAB 的设计中，normest 函数主要是用来处理稀疏矩阵的，但是该命令也可以接受正常矩阵的输入，一般用来处理维数比较大的矩阵。

normest 函数的主要调用格式如下：

nrm＝normest(S) %估计矩阵 S 的 2 阶范数数值，默认的允许误差数值为 1e－6；

nrm＝normest(S,to)%使用参数 to 作为允许的相对误差。

【例 4-8】 分别使用 norm 和 normest 命令来求解矩阵的范数。

解：在 MATLAB 命令行窗口中输入下面的命令：

```
W = wilkinson(90);
t1 = clock;
W_norm = norm(W);
t2 = clock;
t_norm = etime(t2,t1);
t3 = clock;
W_normest = normest(W);
t4 = clock;
t_normest = etime(t4,t3);
```

在上面的程序代码中，首先创建 wilkinson 高维矩阵，然后分别使用 norm 和 normest 命令求解矩阵的范数，并统计每个命令所使用的时间。

```
>> W_norm
W_norm =
   45.2462
>> t_norm
t_norm =
    0.0150
```

```
>> W_normest
W_normest =
   45.2459
>> t_normest
t_normest =
     0
```

从上面的结果可以看出，两种方法得到的结果几乎相等，但在消耗的时间上，normest命令明显要少于norm命令。

3. 条件数分析

在线性代数中，描述线性方程$\boldsymbol{Ax}=\boldsymbol{b}$的解对$\boldsymbol{b}$中的误差或不确定性的敏感度的度量就是矩阵$\boldsymbol{A}$的条件数，其对应的数学定义是

$$k=\|\boldsymbol{A}^{-1}\|\cdot\|\boldsymbol{A}\|$$

根据基础的数学知识，矩阵的条件数总是大于等于1。其中，正交矩阵的条件数为1，奇异矩阵的条件数为∞，而病态矩阵的条件数则比较大。

依据条件数，方程解的相对误差可以由下面的不等式来估计

$$\frac{1}{k}\left(\frac{\delta\boldsymbol{b}}{\boldsymbol{b}}\right)\leqslant\frac{|\delta\boldsymbol{X}|}{|\boldsymbol{X}|}\leqslant k\left(\frac{\delta\boldsymbol{b}}{\boldsymbol{b}}\right)$$

在MATLAB中，求取矩阵$\boldsymbol{X}$的条件数的命令如下：

c=cond(X)：求矩阵X的条件数。

【例4-9】 以MATLAB产生的Magic和Hilbert矩阵为例，使用矩阵的条件数来分析对应的线性方程解的精度。

解：进行数值求解。在MATLAB的命令行窗口中，输入下面的命令：

```
>> M = magic(3);
>> b = ones(3,1);       % 利用左除M求解近似解
>> x = M\b;
>> xinv = inv(M) * b;  % 计算实际相对误差
>> ndb = norm(M * x - b);
>> nb = norm(b);
>> ndx = norm(x - xinv);
>> nx = norm(x);
>> chu = ndx/nx;
>> cha = cond(M);       % 计算最大可能的近似相对误差
>> chaa = k * eps;      % 计算最大可能的相对误差
>> chaau = k * ndb/nb;
```

在上面的程序代码中，首先产生Magic矩阵，然后使用近似和解和准确解进行比较，得出计算误差。

在命令行窗口中输入计算的变量名称，得到的结果如下：

```
>> chu
chu =
   1.6997e-16
```

```
>> cha
cha =
    4.3301
>> chu
chu =
   1.6997e-16
>> chaa
chaa =
   9.6148e-16
>> chaau
chaau =
     0
```

修改求解矩阵，重新计算求解的精度。在命令行窗口中输入下面的代码：

```
>> M = hilb(12);
>> b = ones(12,1);
>> x = M\b;
>> xinv = invhilb(12) * b;
>> ndb = norm(M * x - b);
>> nb = norm(b);
>> nbx = norm(x - xinv);
>> nx = norm(x);
>> chu = ndx/nx;
>> cha = cond(M);
>> chaa = k * eps;
>> chaau = k * ndb/nb;
```

在命令行窗口中输入计算的变量名称，得到的结果如下：

```
>> chu
cha =
   1.7462e+16
>> cha
er =
   2.3706e-26
>> chaa
erk1 =
     3.8773
>> chaau
erk2 =
   4.2174e+07
```

从上面的结果可以看出，该矩阵的条件数为 1.7462e+16，该矩阵在数学理论中就是高度病态的，这样会造成比较大的计算误差。

4.3.2 矩阵特征值和特征向量的计算

矩阵的特征值和特征向量可以揭示线性变换的深层特性。在 MATLAB 中，求解矩阵特征值和特征向量的数值运算方法为：对矩阵进行一系列的 House-holder 变换，产生一个准上三角矩阵，然后使用 OR 法迭代进行对角化。

关于矩阵的特征值和特征向量的命令比较简单，具体的调用格式如下：

d=eig(A)仅计算矩阵 A 的特征值，并且以向量的形式输出；

[V,0]=eig(A)计算矩阵 A 的特征向量矩阵 V 和特征值对角阵 D，满足等式 AV=VD；

[V,D]=eig(A,'nobalance')当矩阵 A 中有截断误差数量级相差不大时，该指令更加精确；

[V,D]=eig(A,B)计算矩阵 A 的广义特征向量矩阵 V 和广义特征值对角阵 D，满足等式 AV=BVD；

d=eigs(A,K,sigma)计算稀疏矩阵 A 的 k 个有 sigm 指定的特征向量和特征值，关于参数 sigma 的取值，请查看相应的帮助文件。

当只需要了解矩阵的特征值的时候，推荐使用第一条命令，这样可以节约系统的资源，同时可以得到有效的结果。

【例 4-10】 对基础矩阵求解矩阵的特征值和特征向量。

解：对矩阵进行特征值分析。在 MATLAB 命令行窗口中输入下面的命令：

```
>> A = pascal(3);
>> [V D] = eig(A);
>> V
V =
   - 0.5438   - 0.8165    0.1938
     0.7812   - 0.4082    0.4722
   - 0.3065     0.4082    0.8599
>> D
D =
     0.1270          0         0
          0     1.0000         0
          0          0    7.8730
```

检测分析得到的结果。在 MATLAB 命令行窗口中输入下面的命令：

```
>> dV = det(V);
>> B = A * V - V * D;
>> dV
dV =
     1.0000
>> B
B =
   1.0e - 14 *
     0.0236     0.0111     0.0222
     0.0916   - 0.0167   - 0.0444
```

从上面的结果可以看出，V 矩阵的行列式为 1，是可逆矩阵，同时求解得到的矩阵结果满足等式 AV=VD。

【例 4-11】 用 eigs 命令来求取稀疏矩阵的特征值和特征向量。

解：生成稀疏矩阵，并求取特征值。在 MATLAB 命令行窗口中输入下面的命令：

```
>> A = delsq(numgrid('C',10));
>> e = eig(full(A));
>> [dum,ind] = sort(abs(e));
>> dlm = eigs(A);
>> dsm = eigs(A,6,'sm');
>> dsmt = sort(dsm);
>> subplot(2,1,1)
>> plot(dlm,'r+')
>> hold on
>> plot(e(ind(end:-1:end-5)),'rs')
>> hold off
>> legend('eigs(A)','eig(full(A))',3)
>> set(gca,'XLim',[0.5 6.5])
>> grid
>> subplot(2,1,2)
>> plot(dsmt,'r+')
>> hold on
>> plot(e(ind(1:6)),'rs')
>> hold off
>> legend('eigs(A,6,"sm")','eig(full(A))',2)
>> grid
>> set(gca,'XLim',[0.5 6.5])
```

计算结果如图 4-1 所示。

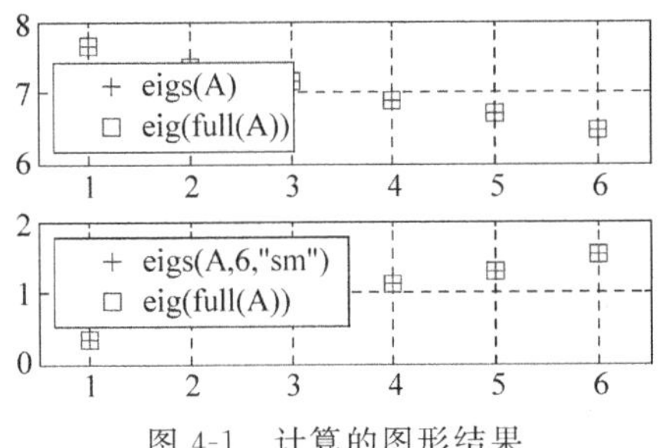

图 4-1　计算的图形结果

如果在 MATLAB 中求解代数方程的条件数,这个命令不能用来求解矩阵的特征值对扰动的灵敏度。矩阵特征值条件数定义是对矩阵的每个特征值进行的,其具体的定义如下:

$$C_i = \frac{1}{\cos\theta(v_i, v_j)}$$

在上面等式中,$v_i v_j$ 分别是特征值 λ 所对应的左特征行向量和右特征列向量。其中 $\theta(\cdot,\cdot)$表示的是两个向量的夹角。

在 MATLAB 中,计算特征值条件数的命令如下:

C=condeig(A)向量 C 中包含了矩阵 A 中关于各特征值的条件数。

[V,D,s]=condeig(A)该命令相等于[V,D]=eig(A)和 C=condeig(A)的组合。

【例 4-12】 使用命令分别求解方程组的条件数和特征值。

解:在 MATLAB 命令行窗口中输入下面的命令:

```
>> A = magic(5);
>> c = cond(A);
>> cg = condeig(A);
```

查看求解结果：

```
>> c
c =
    5.4618
>> cg
cg =
    1.0000
    1.0575
    1.0593
    1.0575
    1.0593
```

从上面的结果来看，方程的条件数很大，但是矩阵特征值的条件数则比较小，这就表明了方程的条件数和对应矩阵特征值条件数是不等的。

重新计算新的矩阵，进行分析。在MATLAB的命令行窗口输入下面命令：

```
>> A = eye(5,5);
>> A(3,2) = 1;
>> A(2,5) = 1;
>> c = cond(A);
>> cg = condeig(A);
Warning: Matrix is close to singular or badly scaled. Results may be
inaccurate. RCOND = 2.465190e-32.
> In condeig at 33
>> A
A =
     1     0     0     0     0
     0     1     0     0     1
     0     1     1     0     0
     0     0     0     1     0
     0     0     0     0     1
>> c
c =
    4.0489
>> cg
cg =
   1.0e+31 *
    0.0000
    0.0000
    2.0282
    0.0000
    2.0282
```

从上面的结果可以看出，在上面的例子中方程组的条件数很小，而对应的特征值条件数则有两个分量相当大。

在理论上即使是实数矩阵，其对应的特征值也可能是复数。在实际应用中，经常需要将一对共轭复数特征值转换为一个实数块，为此MATLAB提供了下列命令：

[VR,DR]=cdf2rdf(VC,DC)把复数对角形转换成实数对角形；

[VC,DC]=cdf2rdf(VR,DR)把复数对角形转换成实数对角形。

在上面的命令参数中，DC 表示含有复数的特征值对角阵，VC 表示对应的特征向量矩阵；DR 表示含有实数的特征值对角阵，VR 表示对应的特征向量矩阵。

【例 4-13】 对矩阵的复数特征值进行分析。

解：在 MATLAB 命令行窗口中输入下列命令：

```
>> A = [2 -2 3;0 4 7;3 -7 1];
>> [VC,DC] = eig(A);
>> [VR,DR] = cdf2rdf(VC,DC);
>> AR = VR * DR/VR;
>> AC = VC * DC/VC;
```

查看求解的结果：

```
>> VC
VC =
   -0.9074        0.2356 + 0.2977i    0.2356 - 0.2977i
   -0.3771        0.6840              0.6840
    0.1856       -0.0760 + 0.6183i   -0.0760 - 0.6183i
>> DC
DC =
    0.5553             0                    0
         0        3.2223 + 6.3275i          0
         0             0               3.2223 - 6.3275i
>> VR
VR =
   -0.9074    0.2356    0.2977
   -0.3771    0.6840         0
    0.1856   -0.0760    0.6183
>> DR
DR =
    0.5553         0         0
         0    3.2223    6.3275
         0   -6.3275    3.2223
>> AC
AC =
   2.0000 + 0.0000i   -2.0000 - 0.0000i     3.0000
   0.0000              4.0000               7.0000
   3.0000 + 0.0000i   -7.0000               1.0000 + 0.0000i
>> AR
AR =
    2.0000   -2.0000    3.0000
    0.0000    4.0000    7.0000
    3.0000   -7.0000    1.0000
```

4.4 矩阵分解

在 MATLAB 中，线性方程组的求解主要基于三种基本的矩阵分解——Cholesky 分解、LU 分解、QR 分解。对于这些分解，MATLAB 都提供了相应的函数。除了上面介绍的几种分解之外，本节还介绍奇异值分解和舒尔求解两种比较常见的分解。

4.4.1 Cholesky 分解

Cholesky 分解是把一个正定矩阵 $\boldsymbol{A}$ 分解为一个上三角矩阵 $\boldsymbol{B}$ 和其转置矩阵的乘积，其对应的表达式为：$\boldsymbol{A}=\boldsymbol{B}^{\mathrm{T}} * \boldsymbol{B}$。从理论的角度来看，并不是所有的对称矩阵都可以进行 Cholesky 分解，需要进行 Cholesky 分解的矩阵必须是正定的。

在 MATLAB 中，进行 Cholesky 分解的是 chol 命令：

B=chol(X)：其中，X 是对称的正定矩阵，B 是上三角矩阵，使得 $A=B^{T} * B$。如果矩阵 X 是非正定矩阵，该命令会返回错误信息；

[B,n]=chol(X)：该命令返回两个参数，并不返回错误信息。当 X 是正定矩阵时，返回的矩阵 B 是上三角矩阵，而且满足等式 $X=B^{T} * B$，同时返回参数 n=0；当 X 不是正定矩阵时，返回的参数 p 是正整数，B 是三角矩阵，且矩阵阶数是 n－1，并且满足等式 $X(1:n-1,1:n-1)= B^{T} * B$。

对对称正定矩阵进行分解在矩阵理论中是十分重要的理论，可以首先对该对称正定进行 Cholesky 分解，然后经过处理得到线性方程的解，这些内容将在后面的步骤中通过实例介绍。

【例 4-14】 对对称正定矩阵进行 Cholesky 分解。

解：在 MATLAB 命令行窗口输入下列命令：

```
>> n = 5;
>> X = pascal(n);
>> B = chol(X);
>> A = chol(X);
>> B = transpose(A) * A;
>> X
X =
     1     1     1     1     1
     1     2     3     4     5
     1     3     6    10    15
     1     4    10    20    35
     1     5    15    35    70
>> A
A =
     1     1     1     1     1
     0     1     2     3     4
     0     0     1     3     6
     0     0     0     1     4
     0     0     0     0     1
>> B
B =
     1     1     1     1     1
     1     2     3     4     5
     1     3     6    10    15
     1     4    10    20    35
     1     5    15    35    70
```

从上面的结果可以看出，A 是上三角矩阵，同时满足等式 $B=A^{T}A=X$，表明上面的 Cholesky 分解过程成功。

4.4.2 使用 Cholesky 分解求解方程组

【例 4-15】 使用 Cholesky 分解来求解线性方程组。

解：在命令行窗口输入下面的命令：

```
>> A = pascal(4);
>> b = [2;5;13;9];
>> x = A\b;
>> R = chol(A);
>> Rt = transpose(R);
>> xr = R\(Rt\b);
>> x
x =
    21
   -58
    56
   -17
>> xr
xr =
    21
   -58
    56
   -17
```

从上面的结果可以看出，使用 Cholesky 分解求解得到的线性方程组的数值解，与使用左除得到的结果完全相同。其对应的数学原理如下：

对应线性方程组 $Ax=b$，其中 A 是对称的正定矩阵，其 $A=R^{T}R$，则根据上面的定义，线性方程组可以转换为 $R^{T}Rx=b$，该方程组的数值为 $x=R\backslash(R^{T}\backslash b)$。

4.4.3 不完全 Cholesky 分解

对于稀疏矩阵，MATLAB 提供 Cholinc 命令来做不完全的 Cholesky 分解，该命令的另外一个重要功能是求解实数半正定矩阵的 Cholesky 分解，其调用格式如下：

R=cholinc(X,droptol)：其中参数 X 和 R 的含义和 chol 命令中的含义相同，其中 droptol 表示不完全 Cholesky 分解的丢失容限，当该参数为 0 时，则属于完全 Choleshy 分解。

R=cholinc(X,options)：其中参数 options 用来设置该命令的相关参数：具体地讲，options 是一个结构体，包含 droptol、michol 和 rdiag 三个参数。

R=cholinc(X,'0')：完全 Choleshy 分解。

[R,p]=cholinc(X,'0')：与 chol(X)命令相同。

R=cholinc(X,'inf')：采用 Choleshy-Infinity 方法来进行分解的，但是可以用来处理实半正定分解。

【例 4-16】 使用 cholinc 命令对矩阵进行 Cholesky 分解。

解：在 MATLAB 命令行窗口中输入下列命令：

```
>> A20 = sparse(hilb(20));
>> [B,p] = chol(A20);
>> Binf = cholinc(A20,'inf');
>> Bfull = full(Binf(14:end,14:end));
```

在命令行窗口输入计算的变量名称，可以得到如下结果：

```
Bfull =
   Inf     0     0     0     0     0     0
     0   Inf     0     0     0     0     0
     0     0   Inf     0     0     0     0
     0     0     0   Inf     0     0     0
     0     0     0     0   Inf     0     0
     0     0     0     0     0   Inf     0
     0     0     0     0     0     0   Inf
```

检验是否满足分解条件，在命令行窗口输入如下命令：

```
>> A = full(A20(14:end,14:end));
>> A20B = Bfull * Rfull;
>> A
A =
    0.0370    0.0357    0.0345    0.0333    0.0323    0.0313    0.0303
    0.0357    0.0345    0.0333    0.0323    0.0313    0.0303    0.0294
    0.0345    0.0333    0.0323    0.0313    0.0303    0.0294    0.0286
    0.0333    0.0323    0.0313    0.0303    0.0294    0.0286    0.0278
    0.0323    0.0313    0.0303    0.0294    0.0286    0.0278    0.0270
    0.0313    0.0303    0.0294    0.0286    0.0278    0.0270    0.0263
    0.0303    0.0294    0.0286    0.0278    0.0270    0.0263    0.0256
>> A20B
A20B =
   Inf   NaN   NaN   NaN   NaN   NaN   NaN
   NaN   Inf   NaN   NaN   NaN   NaN   NaN
   NaN   NaN   Inf   NaN   NaN   NaN   NaN
   NaN   NaN   NaN   Inf   NaN   NaN   NaN
   NaN   NaN   NaN   NaN   Inf   NaN   NaN
   NaN   NaN   NaN   NaN   NaN   Inf   NaN
   NaN   NaN   NaN   NaN   NaN   NaN   Inf
```

从上面的结果可以看出，尽管 cholinc 命令可以求解得到分解结果，但是该分解结果并不能保证开始的等式关系。

4.4.4 LU 分解

LU 分解又称为高斯消去法。它可以将任意一个方阵 **A** 分解为一个“心理”下三角矩阵 **L** 和一个上三角矩阵 **U** 的乘积，也就是 $\boldsymbol{A}=\boldsymbol{LU}$。其中，“心理”下三角矩阵的定义为下三角矩阵和置换矩阵的乘积。

在 MATLAB 中，求解 LU 分解的命令为 lu，其主要调用格式如下：

[L,U]=lu(X)：其中 X 是任意方阵，L 是“心理”下三角矩阵，U 是上三角矩阵，这三个变量满足条件式为 X=LU。

[L,U,P]= lu(X)：其中 X 是任意方阵，L 是“心理”下三角矩阵，U 是上三角矩阵，P 是置换矩阵，满足的条件式为 PX=LU。

Y=lu(X)：其中 X 是任意方阵，把上三角矩阵和下三角矩阵合并在矩阵 Y 中给出，满足等式为 Y=L+U−I，该命令将损失置换矩阵 P 的信息。

【例 4-17】 使用 lu 命令对矩阵进行 LU 分解。

解：在 MATLAB 命令行窗口中输入下面的命令：

```
>> A = [ - 1 8 - 5;9 - 1 2;2 - 5 7];
>> [L1,U1] = lu(A);
>> A1 = L1 * U1;
>> x = inv(A);
>> x1 = inv(U1) * inv(L1);
>> d = det(A);
>> d1 = det(L1) * det(U1);
```

在命令行窗口输入计算的变量名称，可以得到如下结果：

```
>> L1
L1 =
   - 0.1111    1.0000         0
     1.0000         0         0
     0.2222   - 0.6056    1.0000
>> U1
U1 =
     9.0000   - 1.0000    2.0000
          0     7.8889  - 4.7778
          0          0    3.6620
>> A1
A1 =
   - 1    8  - 5
     9  - 1    2
     2  - 5    7
>> x
x =
   - 0.0115    0.1192  - 0.0423
     0.2269  - 0.0115    0.1654
     0.1654  - 0.0423    0.2731
>> x1
x1 =
   - 0.0115    0.1192  - 0.0423
     0.2269  - 0.0115    0.1654
     0.1654  - 0.0423    0.2731
>> d
d =
   - 260
>> d1
d1 =
   - 260
```

从上面的结果可以看出，方阵 LU 分解满足下面的等式条件：

```
A = LU,U⁻¹L⁻¹ = A⁻¹和 det(A) = det(L)det(U)
```

4.4.5 不完全 RU 分解

对于稀疏矩阵，MATLAB 提供 luinc 函数来进行不完全的 LU 分解。其调用格式如下：

[L,U]=luinc(X,droptol)：命令中各参数 X 和 R 的含义和 lu 命令中的含义相同，其中 droptol 表示不完全 LU 分解的丢失容限，当该参数为 0 时，属于完全 LU 分解。

[L,U]=luinc(X,options)：参数 options 设置关于 LU 分解的各种参数。

[L,U]=luinc(X,'0')：0 级不完全 LU 分解。

[L,U,P]=luinc(X,'0')：0 级不完全 LU 分解。

【例 4-18】 使用 lunic 命令对稀疏矩阵进行 LU 分解。

解：在 MATLAB 命令行窗口中输入下列命令：

```
>> D = [1 3 5;2 1 3;2 3 3;3 4 1;4 2 4;4 3 3];
>> LU = lu(D);
>> subplot(1,2,1);
>> spy(D);
>> title('D')
>> subplot(1,2,2);
>> spy(LU);
>> title('LU')
```

在输入上面的程序代码后，可以得到如图 4-2 所示图形。

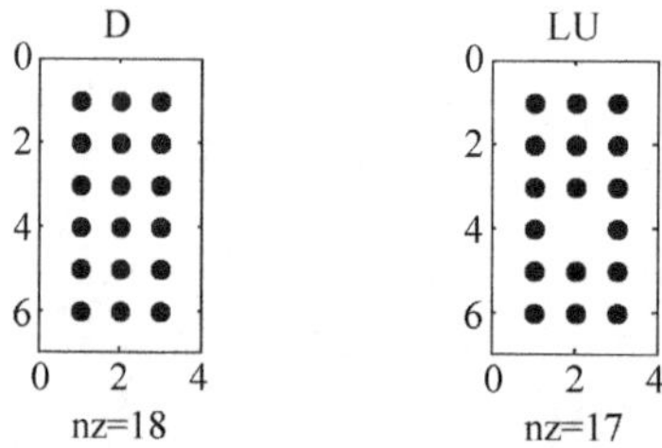

图 4-2　稀疏矩阵和 LU 分解结果图形

由于加载的系数矩阵比较复杂，如果直接使用数据查看，很难看出或者分解出矩阵的性质。在上面的实例中，使用了 spy 命令来查看矩阵的属性。

4.4.6 QR 分解

矩阵的正交分解又被称为 QR 分解，也就是将一个 $m*n$ 的矩阵 $\boldsymbol{A}$ 分解为一个正交矩阵 $\boldsymbol{Q}$ 和一个上三角矩阵 $\boldsymbol{R}$ 的乘积，也就是说 $\boldsymbol{A}=\boldsymbol{QR}$。

在 MATLAB 中，进行 QR 分解的命令为 qr，其调用格式如下：

[Q,R]=qr(A)：矩阵 R 和矩阵 A 大小相同，Q 是正交矩阵，满足等式 A=QR，该调用方式适用于满矩阵和稀疏矩阵。

[Q,R]=qr(A,0)：比较经济类型的 QR 分解。假设矩阵 A 是一个 m×n 的矩阵，其中 m>n，则命令将只计算前 n 列的元素，返回的矩阵 R 是 n×n 矩阵；如果 m≤n，该命令和上面的命令[Q,R]=qr(A)相等，该调用方式适用于满矩阵和稀疏矩阵。

[Q,R,E]=qr(A)：该命令中，Q 是正交矩阵，R 是上三角矩阵，E 是置换矩阵，满足条件关系式 A·E=Q·R，该调用方式适用于满矩阵。

【例 4-19】 使用 qr 命令对矩阵进行 QR 分解。

解：在 MATLAB 命令行窗口中输入下列命令：

```
>> H = magic(4);
>> [Q,R] = qr(H);
>> A = Q * R;
```

在命令行窗口输入计算的变量名称，可以得到如下结果：

```
>> A
A =
   16.0000    2.0000    3.0000   13.0000
    5.0000   11.0000   10.0000    8.0000
    9.0000    7.0000    6.0000   12.0000
    4.0000   14.0000   15.0000    1.0000
>> Q
Q =
   -0.8230    0.4186    0.3123   -0.2236
   -0.2572   -0.5155   -0.4671   -0.6708
   -0.4629   -0.1305   -0.5645    0.6708
   -0.2057   -0.7363    0.6046    0.2236
>> R
R =
  -19.4422  -10.5955  -10.9041  -18.5164
         0  -16.0541  -15.7259   -0.9848
         0         0    1.9486   -5.8458
         0         0         0    0.0000
>> A
A =
   16.0000    2.0000    3.0000   13.0000
    5.0000   11.0000   10.0000    8.0000
    9.0000    7.0000    6.0000   12.0000
    4.0000   14.0000   15.0000    1.0000
```

从上面的结果可以看出，矩阵 R 是上三角矩阵，同时满足 A=QR，在下面的步骤中，将需要证明 Q 矩阵是正交矩阵。

```
>> dQ = det(Q);
>> for i = 1:4
H = Q(:,i);
```

```
for j = (i + 1):4
M = Q(:,j);
N = H' * M;
disp(num2str(N))
end
end
```

得到结果如下：

```
dQ
   - 1.0000
N =
 - 5.5511e - 17
0
 - 2.7756e - 17
 - 2.2204e - 16
 - 1.9429e - 16
  2.7756e - 16
```

4.4.7 操作QR分解结果

在MATLAB中，除了提供qr命令之外，还提供qrdelete和qrinsert命令来处理矩阵运算的QR分解。

其中，qrdelete的功能是删除QR分解得到矩阵的行或者列；qrinsert的功能则是插入QR分解得到矩阵的行或者列。

下面以qrdelete命令为例，来说明如何调用命令：

[Q1,R1]=qrdelete(O,R,j)：返回矩阵A1的QR分解结果，其中A1结果是矩阵A删除第j列得到的结果，而矩阵A=QR。

[Q1,R1]=qrdelete(O,R,j,'col')：计算结果和[Q1,R1]=qrdelete(O,R,j)相同。

[Q1,R1]=qrdelete(O,R,j,'row')：返回矩阵A1的QR分解结果，其中A1结果是矩阵A删除第j行的数据得到的结果，而矩阵A=QR。

4.4.8 奇异值分解

奇异值分解在矩阵分析中有着重要的地位，对于任意矩阵$\boldsymbol{A}\in\boldsymbol{C}^{m\times n}$，存在酉矩阵，$\boldsymbol{U}=[u^1,u^2,\cdots,u^n]$，$\boldsymbol{V}=[v^1,v^2,\cdots,v^n]$。使得

$$\boldsymbol{U}^t\boldsymbol{A}\boldsymbol{V}=\mathrm{diag}(\sigma_1,\sigma_2,\cdots,\sigma_p)$$

其中，参数$\sigma_1\geqslant\sigma_2\geqslant\cdots\geqslant\sigma_p$，$P=\min\{m,n\}$。在上面的式子中，$\{\sigma_i,u_i,v_i\}$分别是矩阵$\boldsymbol{A}$的第$i$个奇异值、左奇异值和右奇异值，它们的组合就称为奇异值分解三对组。

在MATLAB中，计算奇异值分解的命令如下：

[U,S,V]=svd(X)：奇异值分解。

[U,S,V]=svd(X,0)：比较经济的奇异值分解。

s=svds(A,K,0)：向量 s 中包含矩阵 A 分解得到的 K 个最小奇异值。

[U,S,V]=svds(A,K,0)：给出 A 的 K 个最大奇异值分解结果。

【例 4-20】 对矩阵进行奇异值分解。

解：在 MATLAB 命令行窗口中输入下列命令：

```
>> D = [1 3 5;2 1 3;2 3 3];
>> [U,S,V] = svd(D);
>> U
U =
    -0.7098    0.6667   -0.2273
    -0.4315   -0.6667   -0.6078
    -0.5567   -0.3333    0.7609
>> S
S =
     8.2188         0         0
          0    1.4142         0
          0         0    1.2045
>> V
V =
    -0.3268   -0.9428    0.0655
    -0.5148    0.2357    0.8243
    -0.7925    0.2357   -0.5624
```

使用最经济的方法来进行分解：

```
>> D = [1 3 5;2 1 3;2 3 3];
>> [U,S,V] = svd(D,0);
>> U
U =
    -0.7098    0.6667   -0.2273
    -0.4315   -0.6667   -0.6078
    -0.5567   -0.3333    0.7609
>> S
S =
     8.2188         0         0
          0    1.4142         0
          0         0    1.2045
>> V
V =
    -0.3268   -0.9428    0.0655
    -0.5148    0.2357    0.8243
    -0.7925    0.2357   -0.5624
```

4.5 常用的数学函数

MATLAB 是以矩阵为基本的数据运算单位，它能够很好地与 C 语言进行混合编程，对于符号运算，其可以直接调用 maple 的命令，增加了它的适用范围。本节主要讨论一些常用的数学函数。

4.5.1 三角函数

常用的三角函数如表4-1所示。

表4-1 常用三角函数

序号	函数名称	公式
1	正弦函数	Y=sin(X)
2	双曲正弦函数	Y=sinh(X)
3	余弦函数	Y=cos(X)
4	双曲余弦函数	Y=cosh(X)
5	反正弦函数	Y=asin(X)
6	反双曲正弦函数	Y=asinh(X)
7	反余弦函数	Y=acos(X)
8	反双曲余弦函数	Y=acosh(X)
9	正切函数	Y=tan(X)
10	双曲正切函数	Y=tanh(X)
11	反正切函数	Y=atan(X)
12	反双曲正切函数	Y=atanh(X)

以上函数简单应用示例如下：

```
>> x = magic(2)
x =
     1     3
     4     2

>> y = sin(x)                 % 计算矩阵正弦
y =
    0.8415    0.1411
   -0.7568    0.9093

>> y = cos(x)                 % 计算矩阵余弦
y =
    0.5403   -0.9900
   -0.6536   -0.4161

>> y = sinh(x)                % 计算矩阵双曲正弦
y =
    1.1752   10.0179
   27.2899    3.6269

>> y = cosh(x)                % 计算矩阵双曲余弦
y =
    1.5431   10.0677
   27.3082    3.7622
```

```
>> y = asin(x)  % 计算矩阵反正弦
y =
   1.5708 + 0.0000i   1.5708 - 1.7627i
   1.5708 - 2.0634i   1.5708 - 1.3170i

>> y = acos(x)  % 计算矩阵反余弦
y =
   0.0000 + 0.0000i   0.0000 + 1.7627i
   0.0000 + 2.0634i   0.0000 + 1.3170i

>> y = asinh(x)                    % 计算矩阵反双曲正弦
y =
    0.8814    1.8184
    2.0947    1.4436

>> y = acosh(x)                    % 计算矩阵反双曲余弦
y =
         0    1.7627
    2.0634    1.3170

>> y = tan(x)                      % 计算矩阵正切
y =
    1.5574   -0.1425
    1.1578   -2.1850

>> y = tanh(x)                     % 计算矩阵双面正切
y =
    0.7616    0.9951
    0.9993    0.9640

>> y = atan(x)                     % 计算矩阵反正切
y =
    0.7854    1.2490
    1.3258    1.1071

>> y = atanh(x)                    % 计算矩阵反双面正切
y =
      Inf + 0.0000i   0.3466 + 1.5708i
   0.2554 + 1.5708i   0.5493 + 1.5708i
```

4.5.2 指数和对数函数

在矩阵中，常用的指数和对数函数包括 exp、expm 和 logm。其中，指数函数具体用法如下：

```
Y = exp(X)
Y = expm(X)
```

输入参数 X 必须为方阵，函数计算矩阵 X 的指数并返回 Y。

expm 函数计算的是矩阵指数，而 exp 函数则分别计算每一元素的指数。若输入矩阵是上三角矩阵或下三角矩阵，两函数计算结果中主对角线位置的元素是相等的，其余元素则不相等。expm 的输入参数必须为方阵，而 exp 函数则可以接受任意维度的数组作为输入。

【例 4-21】 对矩阵分别用 expm 和 exp 函数计算魔方矩阵 a 及其上三角矩阵的指数。

解：在 MATLAB 命令行窗口输入以下命令：

```
>> a = magic(3)
a =
     8     1     6
     3     5     7
     4     9     2

>> b = expm(a)                % 对矩阵 a 求指数
b =
   1.0e+06 *

    1.0898    1.0896    1.0897
    1.0896    1.0897    1.0897
    1.0896    1.0897    1.0897

>> c = exp(a)                 % 对矩阵 a 的每一元素求指数
c =
   1.0e+03 *

    2.9810    0.0027    0.4034
    0.0201    0.1484    1.0966
    0.0546    8.1031    0.0074

>> b = triu(a)                % 抽取矩阵 a 中的元素构成上三角阵
b =
     8     1     6
     0     5     7
     0     0     2

>> expm(b)                    % 求上三角阵的指数
ans =
   1.0e+03 *

    2.9810    0.9442    4.0203
         0    0.1484    0.3291
         0         0    0.0074

>> exp(b)                     % 求上三角矩阵每一元素的指数
ans =
   1.0e+03 *

    2.9810    0.0027    0.4034
    0.0010    0.1484    1.0966
    0.0010    0.0010    0.0074
```

对上三角矩阵 b 分别用 expm 和 exp 计算，主对角线位置元素相等，其余元素则不相等。

矩阵对数函数的使用格式如下：

```
L = logm(A)
```

输入参数 A 必须为方阵，函数计算矩阵 A 的对数并返回 L。如果矩阵 A 是奇异的或者有特征值在负实数轴，那么 A 的主要对数是未定义的，函数将计算非主要对数并打印警告信息。logm 函数是 expm 函数的逆运算。

```
[L,exitflag] = logm(A)
```

exitflag 是一个标量值，用于描述函数 logm 的退出状态。exitflag 为零时，表示函数成功完成计算，为 1 时，需要计算太多的矩阵平方根，但此时返回的结果依然是准确的。

【例 4-22】 先对方阵计算指数，再对结果计算对数，得到原矩阵。

解：在 MATLAB 命令行窗口输入以下命令：

```
>> x = [1,0,1;1,0, - 2; - 1,0,1];
>> y = expm(x)          % 对矩阵计算指数
y =

    1.4687         0    2.2874
    3.1967    1.0000  - 1.8467
  - 2.2874         0    1.4687

>> xx = logm(y)         % 对所得结果计算对数,得到的矩阵 xx 等于矩阵 x
xx =

    1.0000  - 0.0000    1.0000
    1.0000    0.0000  - 2.0000
  - 1.0000    0.0000    1.0000
```

logm 函数是 expm 函数的逆运算，因此得到的结果与原矩阵相等。

4.5.3 复数函数

复数函数包括复数的创建、复数的模、复数的共轭函数等。

1. 复数的创建函数 complex

函数使用方法如下：

```
c = complex(a,b)
```

用两个实数 a 和 b 创建复数 c，c=a+bi。c 与 a、b 是同型的数组或矩阵。如果 b 是全零的，c 也依然是一个复数。例如，c=complex(1,0)返回复数 1，isreal(c)等于 false，而

1＋0i 则返回实数 1。

```
c = complex(a)
```

输入参数 a 作为复数 c 的实部，c 的虚部为零，但 isreal(a)返回 false，表示 c 是一个复数。

【例 4-23】 创建复数 3＋4i 和 2＋0i。

解：在 MATLAB 命令行窗口输入以下命令：

```
>> a = complex(3,2)          % 创建复数 3 + 2i
a =
   3.0000 + 2.0000i

>> b = complex(3,0)          % 用 complex 创建复数 3 + 0i
b =
   3.0000 + 0.0000i

>> c = 3 + 0i                % 直接创建复数 3 + 0i
c =
     3

>> b == c                    % b 的值与 c 相等
ans =
     1

>> isreal(b)                 % b 是复数
ans =
     0

>> isreal(c)                 % c 是实数
ans =
     1
```

虽然 b 与 c 相等，但 b 是由 complex 创建的，属于复数，c 则是实数。

2. 求矩阵的模 abs

函数使用方法如下：

```
Y = abs(X)
```

Y 是与 X 同型的数组，如果 X 中的元素是实数，函数返回其绝对值，如果 X 中的元素是复数，函数返回复数模值，即 sqrt(real(X).^2＋imag(X).^2)。

【例 4-24】 求复数 3＋4i 的幅值。

```
>> a = abs(3 + 2i) % 求复数 3 + 2i 的幅值
a =
    3.6056
```

abs 函数是 MATLAB 中十分常用的数值计算函数。

3. 求复数的共轭 conj

函数使用方法如下：

```
Y = conj(Z)
```

返回 Z 中元素的复共轭值，conj(Z) = real(Z) − i * imag(Z)。

【例 4-25】 求复数 3+2i 的共轭值。

```
>> z = 3 + 2i;
>> conj(z)      % 求 3 + 2i 的共轭值
ans =
   3.0000 - 2.0000i
```

复数 Z 的共轭，其实部与 Z 的实部相等，虚部是 Z 的虚部的相反数。

4.6 稀疏矩阵技术

矩阵中非零元素的个数远远小于矩阵元素的总数，并且非零元素的分布没有规律，则称该矩阵为稀疏矩阵；与之相区别的是，如果非零元素的分布存在规律（如上三角矩阵、下三角矩阵、对称矩阵），则称该矩阵为特殊矩阵。

4.6.1 基本稀疏矩阵

1. 带状（对角）稀疏矩阵

带状（对角）稀疏矩阵使用的函数是 spdiags，其调用格式如下：

[B,d] = spdiags(A) %从矩阵 A 中提取所有非零对角元素，这些元素保存在矩阵 B 中，向量 d 表示非零元素的对角线位置。

B = spdiags(A,d) %从 A 中提取由 d 指定的对角线元素，并存放在 B 中。

A = spdiags(B,d,A) %用 B 中的列替换 A 中由 d 指定的对角线元素，输出稀疏矩阵。

A = spdiags(B,d,m,n) %产生一个 m×n 稀疏矩阵 A，其元素是 B 中的列元素放在由 d 指定的对角线位置上。

```
>> A = [11    0   13    0
         0   22    0   24
         0    0   55    0
        61    0    0   77]

A =
    11     0    13     0
     0    22     0    24
```

```
     0     0    55     0
    61     0     0    77

>> [B,d] = spdiags(A)
B =
    61    11     0
     0    22     0
     0    55    13
     0    77    24

d =
    -3          % 表示B的第1列元素在A中主对角线下方第3条对角线上
     0          % 表示B的第2列在A的主对角线上
     2          % 表示B的第3列在A的主对角线上方第2条对角线上
```

2. 单位稀疏矩阵

单位稀疏矩阵使用函数 speye，其调用格式如下：

```
S = speye(m,n)        % 生成 m×n 的单位稀疏矩阵
S = speye(n)          % 生成 n×n 的单位稀疏矩阵
```

该函数使用方法如下所示：

```
>> y = speye(3,4)
y =
   (1,1)        1
   (2,2)        1
   (3,3)        1
```

3. 稀疏均匀分布随机矩阵

稀疏均匀分布随机矩阵函数为 sprand，其调用格式如下：

```
R = sprand(S)             % 生成与S具有相同稀疏结构的均匀分布随机矩阵
R = sprand(m,n,density) % 生成一个 m×n 的服从均匀分布的随机稀疏矩阵，非零元素的分布
                          % 密度是 density
R = sprand(m,n,density,rc)
                        % 生成一个近似的条件数为 1/rc、大小为 m×n 的均匀分布的随机稀疏矩阵
```

4. 稀疏正态分布随机矩阵

稀疏正态分布随机矩阵函数是 sprandn，其调用格式如下所示：

```
R = sprandn(S)                % 生成与S具有相同稀疏结构的正态分布随机矩阵
R = sprandn(m,n,density)      % 生成一个 m×n 的服从正态分布的随机稀疏矩阵，非零元素的
                              % 分布密度是 density
R = sprandn(m,n,density,rc)
                        % 生成一个近似的条件数为 1/rc、大小为 m×n 的均匀分布的随机稀疏矩阵
```

该函数使用方法如下：

```
>> x = magic(2)
x =
     1     3
     4     2

>> y = sprand(x)
y =
   (1,1)      0.9058
   (2,1)      0.1270
   (1,2)      0.9134
   (2,2)      0.6324

>> y = sprand(2,3,4)
y =
   (2,1)      0.9595
   (1,2)      0.9157
   (2,2)      0.6557
   (1,3)      0.7922
   (2,3)      0.0357
```

5. 稀疏对称随机矩阵

稀疏对称随机矩阵函数 sprandsym，其调用格式如下：

```
R = sprandsym(S)                      % 生成稀疏对称随机矩阵,其下三角和对角线与 S 具有相同
                                      % 的结构,其元素服从均值为 0、方差为 1 的标准正态分布
R = sprandsym(n,density)              % 生成 n×n 的稀疏对称随机矩阵,矩阵元素服从正态分布,
                                      % 分布密度为 density
R = sprandsym(n,density,rc)           % 生成近似条件数为 1/rc 的稀疏对称随机矩阵
R = sprandsym(n,density,rc,kind)      % 生成一个正定矩阵,参数 kind 取值为 kind = 1 表示矩阵
                                      % 由一正定对角矩阵经随机 Jacobi 旋转得到,其条件数正
                                      % 好为 1/rc; kind = 2 表示矩阵为外积的换位和,其条件数
                                      % 近似等于 1/rc; kind = 3 表示生成一个与矩阵 S 结构相同
                                      % 的稀疏随机矩阵,条件数近似为 1/rc,density 被忽略
```

该函数使用方法如下：

```
>> x = magic(3)
x =
     8     1     6
     3     5     7
     4     9     2

>> y = sprandsym(x)
y =
   (1,1)      0.7172
   (2,1)      1.0347
   (3,1)      0.7269
   (1,2)      1.0347
```

```
   (2,2)       1.6302
   (3,2)      -0.3034
   (1,3)       0.7269
   (2,3)      -0.3034
   (3,3)       0.4889

>> y = sprandsym(3,4)
y =
   (1,1)      -2.0238
   (2,1)      -1.7931
   (3,1)       1.1706
   (1,2)      -1.7931
   (2,2)      -0.6538
   (3,2)       0.1835
   (1,3)       1.1706
   (2,3)       0.1835
   (3,3)      -0.5182
```

4.6.2 稀疏矩阵的函数

1. 稀疏矩阵的创建

稀疏矩阵的创建函数为 sparse,其应用格式如下：

```
S = sparse(A)                    % 将矩阵 A 转化为稀疏矩阵形式,即由 A 的非零元素和下标构
                                 % 成稀疏矩阵 S. 若 A 本身为稀疏矩阵,则返回 A 本身
S = sparse(m,n)                  % 生成一个 m×n 的所有元素都是 0 的稀疏矩阵
S = sparse(i,j,s)                % 生成一个由长度相同的向量 i,j 和 s 定义的稀疏矩阵 S,其中
                                 % i,j 是整数向量,定义稀疏矩阵的元素位置(i,j),s 是一个标
                                 % 量或与 i,j 长度相同的向量,表示在(i,j)位置上的元素
S = sparse(i,j,s,m,n)            % 生成一个 m×n 的稀疏矩阵,(i,j)对应位置元素为 si,m =
                                 % max(i)且 n = max(j)
S = sparse(i,j,s,m,n,nzmax)      % 生成一个 m×n 的含有 nzmax 个非零元素的稀疏矩阵 S,nzmax
                                 % 的值必须大于或者等于向量 i 和 j 的长度
```

例如在 MATLAB 命令行窗口输入以下内容来创建一个稀疏矩阵。

```
>> S = sparse(1:10,1:10,1:10)
S =
   (1,1)     1
   (2,2)     2
   (3,3)     3
   (4,4)     4
   (5,5)     5
   (6,6)     6
   (7,7)     7
   (8,8)     8
   (9,9)     9
  (10,10)   10
```

2. 将稀疏矩阵转化为满矩阵函数 full

其使用格式如下：

```
A = full(S)      % S 为稀疏矩阵,A 为满矩阵
```

其使用方法如下：

```
>> S = sparse(1:3,1:3,2:4)
S =
   (1,1)     2
   (2,2)     3
   (3,3)     4

>> A = full(S)
A =
      2     0     0
      0     3     0
      0     0     4
```

3. 稀疏矩阵非零元素的索引

稀疏矩阵非零元素索引函数的使用格式如下：

```
k = find(X)          % 按行检索 X 中非零元素的点,若没有非零元素,将返回空矩阵。
[i,j] = find(X)      % 检索 X 中非零元素的行标 i 和列标 j。
[i,j,v] = find(X)    % 检索 X 中非零元素的行标 i 和列标 j 以及对应的元素值 v。
```

其使用方法如下：

```
>> X = sparse(1:3,2:4,3:5)
X =
   (1,2)       3
   (2,3)       4
   (3,4)       5

>> [i,j,v] = find(S)

i =

      1
      2
      3

j =
      1
      2
      3

v =
      2
      3
      4
```

4．外部数据转化为稀疏矩阵

外部数据转化为稀疏矩阵函数的使用格式如下：

```
S = spconvert(D)   %D是只有3列或4列的矩阵。
```

注意：先运用 load 函数把外部数据(.mat 文件或.dat 文件)装载于 MATLAB 的变量 T 中；T 数组的行为 nnz 或 nnz+1，列为 3(对实数而言)或列为 4(对复数而言)；T 数组的每一行(以[i,j,Sre,Sim]形式)均指定了一个稀疏矩阵元素。

其使用方法如下：

```
>> D = [2 2 3;2 5 4;3 4 6;3 6 7]
D =
     2     2     3
     2     5     4
     3     4     6
     3     6     7

>> S = spconvert(D)
S =
   (2,2)        3
   (3,4)        6
   (2,5)        4
   (3,6)        7

>> D = [2 2 3 4; 2 5 4 0;3 4 6 9;3 6 7 4]
D =
     2     2     3     4
     2     5     4     0
     3     4     6     9
     3     6     7     4

>> S = spconvert(D)
S =
   (2,2)    3.0000 + 4.0000i
   (3,4)    6.0000 + 9.0000i
   (2,5)    4.0000 + 0.0000i
   (3,6)    7.0000 + 4.0000i
```

5．稀疏矩阵非零元素的个数

求取稀疏矩阵非零元素的个数的函数是 nnz，该函数调用格式如下：

```
n = nnz(X)      %返回矩阵 X 中非零元素的个数
```

其使用方法如下：

```
>> X = wilkinson(3)
X =
     1     1     0
     1     0     1
     0     1     1
```

```
>> n = nnz(X)
n =
     6
```

6. 稀疏矩阵的非零元素

求取稀疏矩阵的非零元素函数是 nonzeros,该函数调用格式如下:

```
s = nonzeros(A)     %返回矩阵 A 中非零元素按列顺序构成的列向量
```

其使用方法如下:

```
>> X = eye(3)
X =
     1     0     0
     0     1     0
     0     0     1

>> n = nonzeros(X)
n =
     1
     1
     1
```

本章小结

由于 MATLAB 中所有的数据均以矩阵的形式出现,所以 MATLAB 的基本运算单元是数组。矩阵分析是线性代数的重要内容,也是几乎所有 MATLAB 函数的分析基础。

本章依次向读者介绍了矩阵的基本特征参数、矩阵的生成、矩阵的运算、矩阵的分解、矩阵的数学函数,最后还介绍了稀疏矩阵技术,这些内容是 MATLAB 进行数值运算的重要部分。

第5章 符号运算

MATLAB 除了能够处理数值、矩阵运算之外，还可以进行各种符号计算。在 MATLAB 中，进行符号计算可以用推理解析的方式进行，避免数值计算带来的截断误差，同时符号计算可以得到正确的封闭解。

符号运算实质上属于数值计算的补充部分，并非 MATLAB 的核心内容，但在 MATLAB 中，关于符号计算的命令、符号计算结果的图形显示、计算程序的编写或者帮助系统等，都是十分完整和便捷的。

学习目标：

- 理解符号对象；
- 熟练运用符号表达式和函数；
- 熟练掌握符号代数方程组和微分方程等。

5.1 符号运算的基本概念

科学与工程技术中的数值运算固然重要，但自然科学理论分析中各种各样的公式、关系式及其推导就是符号运算要解决的问题。它与数值运算一样，都是科学计算研究的重要内容。MATLAB 数值运算的对象是数值，而 MATLAB 符号运算的对象则是非数值的符号对象。符号对象就是代表非数值的符号字符串。

通过 MATLAB 的符号运算功能，可以求解科学计算中符号数学问题的符号解析表达精确解，这在自然科学与工程计算的理论分析中有着极其重要的作用与实用价值。

5.1.1 符号对象

符号对象(symbolic object)是 Symbolic Math Toolbox 定义的一种新的数据类型(sym 类型)，用来存储代表非数值的字符符号(通常是大写或小写的英文字母及其字符串)。符号对象可以是符号常量(符号形式的数)、符号变量、符号函数以及各种符号表达式(符号数学表达式、符号方程与符号矩阵)等。

在 MATLAB 中，符号对象可利用函数命令 sym()、syms()来建立，而利用函数命令 class()来测试建立的操作对象为何种操作对象类型、是否为符号对象类型(即 sym 类型)。下面就来介绍函数命令 sym()、syms()与 class()的调用格式、功能及其使用说明。

【例 5-1】 符号常数形成中的差异。

解：在 MATLAB 命令行窗口输入以下命令：

```
>> a1 = [1/3,pi/7,sqrt(5),pi + sqrt(5)]
a2 = sym([1/3,pi/7,sqrt(5),pi + sqrt(5)])
a3 = sym([1/3,pi/7,sqrt(5),pi + sqrt(5)],'e')
a4 = sym('[1/3,pi/7,sqrt(5),pi + sqrt(5)]')
```

得到

```
a1 =
    0.3333    0.4488    2.2361    5.3777

a2 =
[ 1/3, pi/7, 5^(1/2), 189209612611719/35184372088832]

a3 =
[ 1/3 - eps/12, pi/7 - (13 * eps)/165, (137 * eps)/280 + 5^(1/2), 189209612611719/
35184372088832]

a4 =
[ 1/3, pi/7, 5^(1/2), pi + 5^(1/2)]
```

【例 5-2】 把字符表达式转换为符号变量。

解：在 MATLAB 命令行窗口输入以下内容：

```
>> y = sym('2 * sin(x) * cos(x)')
y =
2 * cos(x) * sin(x)

>> y = simple(y)
y =
sin(2 * x)
```

【例 5-3】 用符号计算验证三角等式 $\sin\phi_1\cos\phi_2-\cos\phi_1\sin\phi_2=\sin(\phi_1-\phi_2)$。

解：在 MATLAB 命令行窗口输入以下内容：

```
>> syms fai1 fai2
>> y = simple(sin(fai1) * cos(fai2) - cos(fai1) * sin(fai2))
y =
sin(fai1 - fai2)
```

【例 5-4】 求矩阵

$$\boldsymbol{A}=\begin{bmatrix} a_{11} & a_{12} \\ a_{21} & a_{22} \end{bmatrix}$$

行列式的值、逆和特征根。

解：在 MATLAB 命令行窗口输入以下内容：

```
syms a11 a12 a21 a22;A = [a11,a12;a21,a22]
DA = det(A),IA = inv(A),EA = eig(A)
>> syms a11 a12 a21 a22
>> A = [a11,a12;a21,a22]
A =
[ a11, a12]
[ a21, a22]

>> DA = det(A)
DA =
a11 * a22 - a12 * a21

>> IA = inv(A)
IA =
[ a22/(a11 * a22 - a12 * a21), -a12/(a11 * a22 - a12 * a21)]
[ -a21/(a11 * a22 - a12 * a21), a11/(a11 * a22 - a12 * a21)]

>> EA = eig(A)
EA =
  a11/2 + a22/2 - (a11^2 - 2 * a11 * a22 + a22^2 + 4 * a12 * a21)^(1/2)/2
a11/2 + a22/2 + (a11^2 - 2 * a11 * a22 + a22^2 + 4 * a12 * a21)^(1/2)/2
```

【例 5-5】 验证积分 $\int_{-\tau/2}^{\tau/2} A\mathrm{e}^{-i\omega t}\mathrm{d}t = A\tau \cdot \dfrac{\sin\dfrac{\omega\tau}{2}}{\dfrac{\omega\tau}{2}}$。

解：在 MATLAB 命令行窗口输入以下内容：

```
>> syms A t tao w
>> yf = int(A * exp( - i * w * t),t, - tao/2,tao/2)

yf =
(2 * A * sin((tao * w)/2))/w

Yf =
(2 * A * sin((tao * w)/2))/w
```

5.1.2 创建符号对象与函数命令

在一个 MATLAB 程序中，作为符号对象的符号常量、符号变量、符号函数以及符号表达式，首先得用函数命令 sym()、syms()加以规定即创建。

1. 函数命令 sym()的调用格式

S=sym(A)：命令功能是由 A 来建立一个符号对象 S，其类型为 sym 类型。

S=sym('A')：如果 A(不带单引号)是一个数字(值)或数值矩阵或数值表达式，则输出是将数值对象转换成的符号对象。如果 A(带单引号)是一个字符串，输出则是将字符串转换成的符号对象。

S=sym(A,flag)：命令功能同 S=sym(A)。只不过转换成的符号对象应符合 flag 格式。

flag 可取以下选项：

(1) 'd'——最接近的十进制浮点精确表示；

(2) 'e'——带(数值计算时 0)估计误差的有理表示；

(3) 'f'——十六进制浮点表示；

(4) 'r'——为默认设置，是最接近有理表示的形式。这种形式是指用两个正整数 p、q 构成的 p/q、p * pi/q、sqrt(p)、2 ^ p、10 ^ q 表示的形式之一。

S=sym('A',flag)：命令功能同 S=sym('A')。只不过转换成的符号对象应按 flag 指定的要求。flag 可取以下“限定性”选项：

(1) 'positive'——限定 A 为正的实型符号变量；

(2) 'real'——限定 A 为实型符号变量；

(3) 'unreal'——限定 A 为非实型符号变量。

2. 函数命令 syms()的调用格式

```
syms s1 s2 s3 flag;
```

命令功能是建立 3 个或多个符号对象：s1、s2、s3。指定的要求即按 flag 取的“限定性”选项同上。

3. 函数命令 class()的调用格式

```
str = class(object)
```

命令功能是返回指代数据对象类型的字符串。数据对象类型如表 5-1 所示。

表 5-1 数据对象类型

类　　型	说　　明
cell	CELL 数组
char	字符数组
double	双精度浮点数值类型
int8	8 位带符号整型数组
int16	16 位带符号整型数组
int32	32 位带符号整型数组
sparse	实(或复)稀疏矩阵
struct	结构数组
unint8	8 位不带符号整型数组
unint16	16 位不带符号整型数组

续表

类　　型	说　　明
unint32	32 位不带符号整型数组
<class_name>	用户定义的对象类型
<java_class>	java 对象的 java 类型
sym	符号对象类型

5.1.3　符号常量

符号常量是一种符号对象。数值常量如果作为函数命令 sym()的输入参量，这就建立了一个符号对象——符号常量，即看上去的一个数值量，但它已是一个符号对象了。创建的这个符号对象可以用 class()函数来检测其数据类型。

【例 5-6】 对数值量 1/4 创建符号对象并检测数据的类型。

解：用以下 MATLAB 语句来创建符号对象并检测数据的类型：

```
a = 1/4;
b = '1/4';
c = sym(1/4);
d = sym('1/4');
classa = class(a)
classb = class(b)
classc = class(c)
classd = class(d)
```

语句执行结果：

```
classa =
double

classb =
char

classc =
sym

classd =
sym
```

即 a 是双精度浮点数值类型；b 是字符类型；c 与 d 都是符号对象类型。

5.1.4　符号变量

变量是程序设计语言的基本元素之一。MATLAB 数值运算中，变量是内容可变的数据。而 MATLAB 符号运算中，符号变量是内容可变的符号对象。符号变量通常是指一个或几个特定的字符，而不是指符号表达式——虽然可以将一个符号表达式赋值给一个符号变量。

符号变量有时也叫作自由变量。符号变量与MATLAB数值运算的数值变量名称的命名规则相同。

变量名可以由英语字母、数字和下画线组成：

- 变量名应以英语字母开头；
- 组成变量名的字符长度不大于31个；
- MATLAB区分大小写英语字母。

在MATLAB中，可以用函数命令sym()或syms()来建立符号变量。

【例5-7】 用函数命令sym()与syms ()建立符号变量α、β、γ。

解：用函数命令sym()来创建符号对象并检测数据的类型：

```
>> a = sym('alpha')
b = sym('beta')
c = sym('gama')
classa = class(a)
classb = class(b)
classc = class(c)
```

语句执行，检测数据对象α、β、γ均为符号对象类型。

```
a =
alpha

b =
beta

c =
gama

classa =
sym

classb =
sym

classc =
sym
```

用函数命令syms()来创建符号对象并检测数据的类型：

```
>> syms alpha beta gama;
classa = class(alpha)
classb = class(beta)
classg = class(gama)
```

语句执行，检测数据对象α、β、γ也是符号对象类型：

```
classa =
sym

classb =
sym

classg =
sym
```

5.1.5 符号表达式、符号函数与符号方程

表达式也是程序设计语言的基本元素之一。MATLAB数值运算中，数字表达式是由常量、数值变量、数值函数或数值矩阵用运算符连接而成的数学关系式。而MATLAB符号运算中，符号表达式是由符号常量、符号变量、符号函数用运算符或专用函数连接而成的符号对象。

符号表达式有两类：符号函数与符号方程。符号函数不带等号，而符号方程是带等号的。在MATLAB中，同样用命令sym()来建立符号表达式。

1. 符号表达式的建立

【例5-8】 用函数命令sym ()与syms()建立符号函数f1、f2、f3、f4并检测符号对象的类型。

解：用函数命令syms ()与sym ()来创建符号函数并检测数据的类型：

```
syms n x T wc p;
f1 = n * x ^n/x;
classf1 = class(f1)
f2 = sym(log(T)^2 * T + p);
classf2 = class(f2)
f3 = sym('w + sin(a * z)');
classf3 = class(f3)
f4 = pi + atan(T * wc);
classf4 = class(f4)
```

语句执行，检测符号函数均为符号对象类型：

```
classf1 =
    sym
classf2 =
    sym
classf3 =
    sym
classf4 =
    sym
```

【例 5-9】 用函数命令 sym()建立符号方程 e1、e2、e3、e4 并检测符号对象的类型。

解：用函数命令 sym()来创建符号方程并检测数据的类型：

```
e1 = sym('a * x^2 + b * x + c = 0')
classe1 = class(e1)
e2 = sym('log(t)^2 * t = p')
classe2 = class(e2)
e3 = sym('sin(x)^2 + cos(x) = 0')
classe3 = class(e3)
e4 = sym('Dy - y = x')
classe4 = class(e4)
```

语句执行，检测符号方程均为符号对象类型：

```
classe1 =
    sym

classe2 =
    sym

classe3 =
    sym

classe4 =
    sym
```

2. 符号函数和符号方程的操作

【例 5-10】 按不同的方式合并同幂项。

解：在 MATLAB 命令行窗口输入以下代码：

```
>> EXPR = sym('(x^2 + x * exp(-t) + 1) * (x + exp(-t))')
EXPR =
(x + exp(-t)) * (x^2 + exp(-t) * x + 1)

>> expr1 = collect(EXPR)
expr1 =
x^3 + 2 * exp(-t) * x^2 + (exp(-2 * t) + 1) * x + exp(-t)

>> expr2 = collect(EXPR, 'exp(-t)')
expr2 =
x * exp(-2 * t) + (2 * x^2 + 1) * exp(-t) + x * (x^2 + 1)
```

【例 5-11】 factor 指令的使用。

解：在 MATLAB 命令行窗口输入以下代码：

```
>> syms a x
>> f1 = x^4 - 5 * x^3 + 5 * x^2 + 5 * x - 6;factor(f1)
ans =
[ x - 1, x - 2, x - 3, x + 1]
```

```
>> f2 = x^2 - a^2;factor(f2)
ans =
[ -1, a - x, a + x]

>> factor(1025)
ans =
     5     5    41
```

【例 5-12】 对多项式进行嵌套型分解。

解：在 MATLAB 命令行窗口输入以下代码：

```
>> syms a x
>> f1 = x^4 - 5*x^3 + 5*x^2 + 5*x - 6
f1 =
x^4 - 5*x^3 + 5*x^2 + 5*x - 6

>> horner(f1)
ans =
x*(x*(x*(x - 5) + 5) + 5) - 6
```

【例 5-13】 写出下面的矩阵中各元素的分子、分母多项式。

$$\begin{bmatrix} \dfrac{3}{2} & \dfrac{x^2+3}{2x-1}+\dfrac{3x}{x-1} \\ \dfrac{4}{x^2} & 3x+4 \end{bmatrix}$$

解：在 MATLAB 命令行窗口输入以下代码：

```
>> syms x
>> A = [3/2,(x^2+3)/(2*x-1)+3*x/(x-1);4/x^2,3*x+4]
A =
[  3/2, (3*x)/(x - 1) + (x^2 + 3)/(2*x - 1)]
[4/x^2,                             3*x + 4]

>> [n,d] = numden(A)
n =
[ 3, x^3 + 5*x^2 - 3]
[ 4,         3*x + 4]

d =
[  2, (2*x - 1)*(x - 1)]
[ x^2,                1]

>> pretty(simplify(A))
/                  2       \
|  3    3x           x+3|
|  -, ----- + -------|
|  2  x-1     2x-1|
|                         |
|  4                      |
|  --,     3 x + 4    |
| 2                       |
\ x                       /
```

```
>> pretty(simplify(n./d))
/            3       2        \
| 3     x   + 5 x - 3   |
| -, ------------------ |
| 2 (2 x - 1) (x - 1) |
|                         |
| 4                       |
| --,     3 x + 4       |
| 2                       |
\ x                      /
```

【例 5-14】 化简 $f=\sqrt[3]{\frac{1}{x^3}+\frac{6}{x^2}+\frac{12}{x}+8}$。

解：在 MATLAB 命令行窗口输入以下代码：

```
>> syms x
>> f = (1/x^3 + 6/x^2 + 12/x + 8)^(1/3)
 f =
 (12/x + 6/x^2 + 1/x^3 + 8)^(1/3)

>> sfy1 = simplify(f)
 sfy1 =
 ((2 * x + 1)^3/x^3)^(1/3)

>> sfy2 = simplify(sfy1)
 sfy2 =
 ((2 * x + 1)^3/x^3)^(1/3)

>> g1 = simple(f)
g1 =
 ((2 * x + 1)^3/x^3)^(1/3)

>> g2 = simple(g1)
g2 =
((2 * x + 1)^3/x^3)^(1/3)
```

【例 5-15】 化简 $\mathrm{ff}=\cos x+\sqrt{-\sin^2 x}$。

解：在 MATLAB 命令行窗口输入以下代码：

```
>> syms x
>> ff = cos(x) + sqrt( - sin(x)^2)
ff =
cos(x) + ( - sin(x)^2)^(1/2)

>> ssfy1 = simplify(ff),ssfy2 = simplify(ssfy1)
ssfy1 =
cos(x) + ( - sin(x)^2)^(1/2)

ssfy2 =
cos(x) + ( - sin(x)^2)^(1/2)
```

```
>> gg1 = simple(ff)
gg1 =
 cos(x) + (-sin(x)^2)^(1/2)

>> gg2 = simple(gg1)
gg2 =
 cos(x) + (-sin(x)^2)^(1/2)
```

3. 符号函数的求反和复合

【例 5-16】 求 $f=x^2$ 的反函数。

解：在 MATLAB 命令行窗口输入以下代码：

```
>> syms x
>> f = x^2
f =
x^2

>> g = finverse(f)
g =
x^(1/2)

>> fg = simple(compose(g,f))      % 验算 g(f(x))是否等于 x
fg =
(x^2)^(1/2)
```

【例 5-17】 求 $f=\frac{x}{1+u^2}$,$g=\cos(y+fai)$的复合函数。

解：在 MATLAB 命令行窗口输入以下代码：

```
>> syms x y u fai t
>> f = x/(1+u^2)
f =
x/(u^2 + 1)

>> g = cos(y+fai)
g =
cos(fai + y)

>> fg1 = compose(f,g)
fg1 =
cos(fai + y)/(u^2 + 1)

>> fg2 = compose(f,g,u,fai,t)
fg2 =
x/(cos(t + y)^2 + 1)
```

5.1.6 函数命令 findsym()

在微积分或函数表达式化简与解方程时，确定自变量是必不可少的。在不指定自变量的情况下，按照数学常规，自变量通常都是小写英文字母，并且为字母表末尾的几个如t、w、x、y、z等。

在MATLAB中，可以用函数findsym()按这种数学习惯来确定一个符号表达式中的自变量，这对于按照特定要求进行某种计算是非常有实用价值的。

函数命令findsym()的调用格式为：

findsym (f,n)：这种格式的功能是按数学习惯确定符号函数f中的n个自变量。当指定的n=1时，从符号函数f中找出在字母表中与x最近的字母；如果有两个字母与x的距离相等，则取较后的一个。当默认输入参数n时，函数命令将给出f中所有的符号变量。

findsym (e,n)：这种格式的功能是按数学习惯确定符号方程e中的n个自变量，其余功能同上。

【例5-18】 用函数命令findsym()确定符号函数f1、f2中的自变量。

解：用以下MATLAB语句来确定符号函数f1、f2中的自变量：

```
syms k m n w y z;
f = n * y^n + m * y + w;
ans1 = findsym(f,1)
f2 = m * y + n * log(z) + exp(k * y * z);
ans2 = findsym(f2,2)
```

语句执行结果：

```
ans1 =
    y

ans2 =
    y,z
```

【例5-19】 用函数命令findsym()确定符号方程e1、e2中的自变量。

解：用以下MATLAB语句来确定符号方程e1、e2中的自变量：

```
syms a b c x p q t w;
e1 = sym('a * x^2 + b * x + c = 0');
ans1 = findsym(e1,1)
e2 = sym('w * (sin(p * t + q)) = 0');
ans2 = findsym(e2)
```

语句执行结果如下：

```
ans1 =
    x

ans2 =
    p, q, t, w
```

5.1.7 数组、矩阵与符号矩阵

1. 数组

数组(Array)是由一组复数排成的长方形阵列(而实数可视为复数的虚部为零的特例)。对于 MATLAB,在线性代数范畴之外,数组也是进行数值计算的基本处理单元。

一行多列的数组是行向量;一列多行的数组就是列向量;数组可以是二维的"矩形",也可以是三维的,甚至还可以是多维的。多行多列的"矩形"数组与数学中的矩阵从外观形式与数据结构上看,没有什么区别。

在 MATLAB 中,定义了一套数组运算规则及其运算符,但数组运算是 MATLAB 软件所定义的规则。设置规则的目的是为了管理数据方便、操作简单、指令形式自然、程序简单易读与运算高效。在 MATLAB 中,大量数值计算是以数组形式进行的。而在 MATLAB 中凡是涉及线性代数范畴的问题,其运算则是以矩阵作为基本的运算单元。

2. 矩阵

线性代数中矩阵是这样定义的:

有 $m\times n$ 个数

$$a_{ij}(i=1,2,\cdots,m;\ j=1,2,\cdots,n)$$

组成的数组,将其排成如下格式(用方括号括起来):

$$\boldsymbol{A}=\begin{bmatrix} a_{11} & \cdots & a_{1n} \\ \vdots & & \vdots \\ a_{m1} & \cdots & a_{mn} \end{bmatrix}$$

将此表达式作为整体,当作一个抽象的量——矩阵,且是 m 行 n 列的矩阵。横向每一行所有元素依次序排列则为行向量;纵向每一列所有元素依次序排列则为列向量。注意,数组用方括号括起来后就成为了矩阵。

在线性代数中,矩阵有特定的数学含义,并且有其自身严格的运算规则。矩阵概念是线性代数范畴内特有的。在 MATLAB 中,也定义了矩阵运算规则及其运算符。MATLAB 中的矩阵运算规则与线性代数中的矩阵运算规则相同。

MATLAB 既支持数组的运算也支持矩阵的运算。但在 MATLAB 中,数组与矩阵的运算却有很大的差别。在 MATLAB 中,数组的所有运算都是对被运算数组中的每个元素平等地执行同样的操作。矩阵运算是从把矩阵整体当作一个特殊的量这个基点出发,依照线性代数的规则来进行的运算。

3. 符号矩阵

符号变量与符号形式的数(符号常量)构成的矩阵叫作符号矩阵。符号矩阵既可以构成符号矩阵函数,也可以构成符号矩阵方程,它们都是符号表达式。

符号矩阵的 MATLAB 表达式的书写特点是:矩阵必须用一对方括号括起来,行之间用分号分隔,一行的元素之间用逗号或空格分隔。

【例 5-20】 用函数命令 sym()建立符号矩阵函数 m1、m2 与符号矩阵方程 m3，并检测符号对象的类型。

解：用函数命令 sym()来创建符号矩阵 m1、m2、m3，并检测符号对象的类型：

```
m1 = sym('[ab bc cd;de ef fg;h I j]');
clam1 = class(m1)
m2 = sym('[1 12;23 34]');
clam2 = class(m2)
m3 = sym('[a b;c d] * x = 0');
clam3 = class(m3)
```

语句执行结果：

```
clam1 =
    sym
clam2 =
    sym
clam3 =
    sym
```

5.2 符号运算的基本内容

除符号对象的加减乘除、乘方开方基本运算外，本节重点介绍几个在符号运算中非常重要的函数。

5.2.1 符号变量代换及其函数 subs()

使用函数 subs()实现符号变量代换。其函数调用格式为：

subs (S, old, new)：这种格式的功能是将符号表达式 S 中的 old 变量替换为 new。old 一定是符号表达式 S 中的符号变量，而 new 可以是符号变量、符号常量、双精度数值与数值数组等。

subs (S, new)：这种格式的功能是用 new 置换符号表达式 S 中的自变量，其他同上。

【例 5-21】 已知 f = axn+by+k，试对其进行符号变量替换：a=sint、b=lnw、k=ce-dt。符号常量替换：n=5、k=p 与数值数组替换：k=1:1:4。

解：用以下 MATLAB 程序进行符号变量、符号常量与数值数组替换：

```
syms a b c d k n x y w t;
f = a * x ^ n + b * y + k
f1 = subs(f,[a b],[sin(t) log(w)])
f2 = subs(f,[a b k],[sin(t) log(w) c * exp( - d * t)])
f3 = subs(f,[n k],[5 pi])
f4 = subs(f1,k,1:4)
```

程序运行结果：

```
f =
    a*x^n+b*y+k

f1 =
    sin(t)*x^n+log(w)*y+k

f2 =
    sin(t)*x^n+log(w)*y+c*exp(-d*t)

f3 =
    a*x^5+b*y+pi

f4 =
    [sin(t)*x^n+log(w)*y+1, sin(t)*x^n+log(w)*y+2,
    sin(t)*x^n+log(w)*y+3, sin(t)*x^n+log(w)*y+4]
```

若要对符号表达式进行两个变量的数值数组替换，可以用循环程序来实现，不必使用函数 subs()，这样既简单又高效。

【例 5-22】 已知 f＝asinx＋k，试求当 a＝1:1:2 与 x＝0:π/6:π/3 时函数 f 的值。

解：用以下 MATLAB 程序进行求值：

```
syms a k;
f = a * sin(x) + k;
for a = 1:2;
    for x = 0:pi/6:pi/3;
        f1 = a * sin(x) + k
    end
end
```

程序运行第一组（当 a ＝ 1 时）结果：

```
f1 =
    k

f1 =
    1/2 + k

f1 =
    1/2 * 3^(1/2) + k
```

程序运行第二组（当 a ＝ 2 时）结果：

```
f1 =
    k

f1 =
    1 + k

f1 =
    3^(1/2) + k
```

5.2.2 符号对象转换为数值对象的函数

大多数 MATLAB 符号运算的目的是为了计算表达式的数值解，于是需要将符号表达式的解析解转换为数值解。当要得到双精度数值解时，可使用函数 double()；当要得到指定精度的精确数值解时，可联合使用以下 digits()与 vpa()两个函数来实现解析解的数值转换。

1. 函数 double()

double(C)：这种格式的功能是将符号常量 C 转换为双精度数值。

2. 函数 digits()

要得到指定精度的数值解时，使用函数 digits()设置精度，其函数调用格式为：

digits(D)：这种格式的功能是设置有效数字个数为 D 的近似解精度。

3. 函数 vpa()

使用函数 vpa()精确计算表达式的值。其函数调用格式有两种：

R=vpa(E)：这种格式必须与函数 digits(D)连用，在其设置下，求得符号表达式 E 的设定精度的数值解。注意，返回的数值解为符号对象类型。

R=vpa(E, D)：这种格式的功能是求得符号表达式 E 的 D 位精度的数值解，返回的数值解也是符号对象类型。

4. 函数 numeric()

使用函数 numeric()将符号对象转换为数值形式。其函数调用格式为：

N=numeric(E)：这种格式的功能是将不含变量的符号表达式 E 转换为双精度浮点数值形式，其效果与 N=double(sym(E))相同。

【例 5-23】 计算以下三个符号常量的值：$c_1=\sqrt{2}\ln 7$、$c_2=\pi\sin\frac{\pi}{5}e^{1.3}$、$c_3=e^{\sqrt{8}\pi}$，并将结果转换为双精度型数值。

解：用以下 MATLAB 程序进行双精度数值转换：

```
syms c1 c2 c3;
c1 = sym('sqrt(2) * log(7)');
c2 = sym('pi * sin(pi/5) * exp(1.3)');
c3 = sym('exp(pi * sqrt(8))');
ans1 = double(c1)
ans2 = double(c2)
ans3 = double(c3)
class(ans1)
class(ans2)
class(ans3)
```

程序运行结果：

```
ans1 =
    2.7519
ans2 =
    6.7757
ans3 =
    7.2283e + 003
ans =
    double
ans =
    double
ans =
    double
```

即 $c_1=\sqrt{2}\ln 7=2.7519$、$c_2=\pi\sin\frac{\pi}{5}e^{1.3}=6.7757$、$c_3=e^{\sqrt{8}\pi}=7.2283e+003$，并且它们都是双精度型数值。

【例 5-24】 计算符号常量 $c_1=e^{\sqrt{79}\pi}$的值，并将结果转换为指定精度 8 位与 18 位的精确数值解。

解：用以下 MATLAB 程序进行数值转换：

```
c = sym('exp(pi * sqrt(79))');
c1 = double(c)
ans1 = class(c1)
c2 = vpa(c1,8)
ans2 = class(c2)
digits 18
c3 = vpa(c1)
ans3 = class(c3)
```

程序运行结果：

```
c1 =
    1.3392e + 012
ans1 =
    double
c2 =
    .13391903e13
ans2 =
    sym
c3 =
    1339190288739.15527
ans3 =
    sym
```

5.2.3 符号表达式的化简

在 MATLAB 中，提供了多个对符号表达式进行化简的函数，如因式分解、同类项合并、符号表达式的展开、符号表达式的化简与通分等，它们都是表达式的恒等变换。

1. 函数 factor()

符号表达式因式分解的函数命令 factor(),其调用格式为:

factor(E):这是一种恒等变换,格式的功能是对符号表达式 E 进行因式分解,如果 E 包含的所有元素为整数,则计算其最佳因式分解式。对于大于 252 的整数的分解,可使用语句 factor(sym('N'))。

【例 5-25】 已知 $f=x^3+x^2-x-1$,试对其因式分解。

解:用以下 MATLAB 语句进行因式分解:

```
syms x;
f = x^3 + x^2 - x - 1;
f1 = factor(f)
```

语句执行结果:

```
f1 =
[ x - 1, x + 1, x + 1]
```

即 $f=x^3+x^2-x-1=(x-1)\cdot(x+1)^2$。

2. 函数 expand()

符号表达式展开的函数 expand(),其调用格式为:

expand(E):格式的功能是将符号表达式 E 展开,这种恒等变换常用在多项式表示式、三角函数、指数函数与对数函数的展开中。

【例 5-26】 已知 $f=(x+y)^3$,试将其展开。

解:用以下 MATLAB 语句进行展开:

```
syms x y;
f = (x + y)^3;
f1 = expand(f)
```

语句执行结果:

```
f1 =

x^3 + 3*x^2*y + 3*x*y^2 + y^3
```

即 $f=(x+y)^3=x^3+3x^2y+3xy^2+y^3$。

3. 函数 collect()

符号表达式同类项合并的函数 collect(),其调用格式有两种:

collect(E, v):这是一种恒等变换,格式的功能是将符号表达式 E 中的 v 的同幂项系数合并。

collect(E)：这种格式的功能是将符号表达式 E 中由函数 findsym()确定的默认变量的系数合并。

【例 5-27】 已知 $f=-axe^{-cx}+be^{-cx}$，试对其同类项进行合并。

解：用以下 MATLAB 程序对同类项进行合并：

```
syms a b c x;
f = - a * x * exp( - c * x) + b * exp( - c * x);
f1 = collect(f,exp( - c * x))
```

语句执行结果：

```
f1 =

(b - a * x) * exp( - c * x)
```

即 $f=-axe^{-cx}+be^{-cx}=(b-ax)e^{-cx}$。

4．函数 simplify()与 simple()

符号表达式化简的函数 simplify()与 simple()，函数命令 simplify()调用格式为：

simplify(E)：这种格式的功能是将符号表达式 E 运用多种恒等式变换进行综合化简。

【例 5-28】 试对 $e_1=\sin^2 x+\cos^2 x$ 与 $e_2=e^{c\cdot\ln(\alpha+\beta)}$ 进行综合化简。

解：用以下 MATLAB 语句进行综合化简：

```
syms x n c alph beta;
e10 = sin(x)^2 + cos(x)^2;
e1 = simplify(e10)
e20 = exp(c * log(alph + beta));
e2 = simplify(e20)
```

语句执行结果：

```
e1 =
 1
e2 =
 (alph + beta)^c
```

即 $e_1=\sin^2 x+\cos^2 x=1$ 和 $e_2=e^{c\cdot\ln(\alpha+\beta)}=(\alpha+\beta)^c$。

函数命令 simple()调用格式为：

simple(E)：这种格式的功能是对符号表达式 E 尝试多种不同(包括 simplify)的简化算法，以得到符号表达式 E 的长度最短的简化形式。若 E 为一符号矩阵，则结果为全矩阵的最短型，而可能不是每个元素的最短型。

[R,HOW]=simple(E)：这种格式的功能是对符号表达式 E 尝试多种不同(包括 simplify)的简化算法，返回参数 R 为表达式的简化型，HOW 为简化过程中使用的简化方法。

【例 5-29】 试对

$$e_1 = \ln x + \ln y$$
$$e_2 = 2\cos^2 x - \sin^2 x$$
$$e_3 = \cos x + \text{j}\sin x$$
$$e_4 = x^3 + 3x^2 + 3x + 1$$
$$e_5 = \cos^2 x - \sin^2 x$$

进行化简,并返回使用的简化方法。

解:用以下 MATLAB 语句进行化简:

```
syms x y;
e1 = log(x) + log(y);
[R1,HOW1] = simple(e1)
e2 = 2 * cos(x)^2 - sin(x)^2;
[R2,HOW2] = simple(e2)
e3 = cos(x) + j * sin(x);
[R3,HOW3] = simple(e3)
e4 = x^3 + 3 * x^2 + 3 * x + 1;
[R4,HOW4] = simple(e4)
e5 = cos(x)^2 - sin(x)^2;
[R5,HOW5] = simple(e5)
```

语句执行结果:

```
R1 =
log(x) + log(y)

HOW1 =
     ''

R2 =
 2 - 3 * sin(x)^2

HOW2 =
simplify

R3 =
exp(x * i)

HOW3 =
rewrite(exp)

R4 =
 (x + 1)^3

HOW4 =
simplify

R5 =
cos(2 * x)

HOW5 =
simplify
```

由计算的结果,可以列出表 5-2。由此而知 simple()函数所使用的方法非常多,当然函数的应用也就十分广泛。

表 5-2　符号函数简化示例表

S	R	How
cos(x)^2+sin(x)^2	1	combine(trig)
2 * cos(x)^2-sin(x)^2	3 * cos(x)^2-1	simplify
cos(x)^2-sin(x)^2	cos(2 * x)	combine(trig)
cos(x)+(-sin(x)^2)^(1/2)	cos(x)+i * sin(x)	radsimp
cos(x)+i * sin(x)	exp(i * x)	convert(exp)
(x+1) * x * (x-1)	x ^ 3-x	collect(x)
x ^ 3+3 * x ^ 2+3 * x+1	(x+1) ^ 3	factor
cos(3 * acos(x))	4 * x ^ 3-3 * x	expand
log(x) + log(y)	log(x * y)	collect

5. 函数 numden()

符号表达式通分的函数 numden(),其调用格式为:

[N, D]=numden(E):这是一种恒等变换,格式的功能是将符号表达式 E 通分,分别返回 E 通分后的分子 N 与分母 D,并转换成的分子与分母都是整系数的最佳多项式形式。只需要再计算 N/D 即求得符号表达式 E 通分的结果。若无等号左边的输出参数,则仅返回 E 通分后的分子 N。请看以下示例。

【例 5-30】 已知

$$f = \frac{x}{ky} + \frac{y}{px}$$

试对其进行通分。

解:用以下 MATLAB 语句对同类项进行合并:

```
syms k p x y;
f = x/(k * y) + y/(p * x);
[n,d] = numden(f)
f1 = n/d
numden(f)
```

语句执行结果:

```
n =
p*x^2 + k*y^2

d =
k*p*x*y

f1 =
(p*x^2 + k*y^2)/(k*p*x*y)

ans =
p*x^2 + k*y^2
```

即

$$f=\frac{x}{ky}+\frac{y}{px}=\frac{px^2+ky^2}{kpxy}$$

当无等号左边的输出参数时,仅返回通分后的分子 N。

6. 函数 horner()

对符号表达式进行嵌套型分解的函数 horner(),其调用格式为:

horner(E):这是一种恒等变换,格式的功能是将符号表达式 E 转换成嵌套形式表达式。

【例 5-31】 已知

$$f=-ax^4+bx^3-cx^2+x+d$$

试将其转换成嵌套形式表达式。

解:用以下 MATLAB 语句将其转换成嵌套形式表达式:

```
syms a b c d x;
f = -a*x^4+b*x^3-c*x^2+x+d;
f1 = horner(f)
```

语句执行结果:

```
f1 =
 d - x*(x*(c - x*(b - a*x)) - 1)
```

即 $f=-ax^4+bx^3-cx^2+x+\mathrm{d}=\mathrm{d}-x*(x*(c-x*(b-a*x))-1)$。

5.2.4 符号运算的其他函数

1. 函数 char()

将数值对象、符号对象转换与为字符对象的函数 char(),其调用格式为:

char(S):这种格式的功能是将数值对象或符号对象 S 转换为字符对象。

【例 5-32】 试将数值对象 c = 123456 与符号对象 f = x + y + z 转换成字符对象。

解:用以下 MATLAB 语句进行转换:

```
syms a b c x y;
c = 123456;
ans1 = class(c)
c1 = char(sym(c))
ans2 = class(c1)
f = sym('x+y+z');
ans3 = class(f)
f1 = char(f)
ans4 = class(f1)
```

语句执行结果：

```
ans1 =
double

c1 =
123456

ans2 =
char

ans3 =
sym

f1 =
x + y + z

ans4 =
char
```

即原数值对象与符号对象均都转换成字符对象。

2. 函数 pretty()

以习惯的方式显示符号表达式的函数 pretty()，其调用格式为：

pretty(E)：以习惯的“书写”方式显示符号表达式 E(包括符号矩阵)。

【例 5-33】 试将 MATLAB 符号表达式 f=a＊x/b+c/(d＊y)与 sqrt(b^2-4＊a＊c)以习惯的“书写”方式显示。

解：用以下 MATLAB 语句进行“书写”显示：

```
syms a b c d x y;
f = a * x/b + c/(d * y);
f1 = sqrt(b^2 - 4 * a * c);
pretty(f)
pretty(f1)
```

语句执行结果：

```
c     a x
---  +  ---
d y   b

       2
sqrt(b  -  4 a c)
```

即 $f=\frac{ax}{b}+\frac{c}{dy}$ 与 $f_1=\sqrt{b^2-4ac}$。

3. 函数 clear

清除 MATLAB 工作区的命令 clear，其调用格式为：

clear：这是一个不带输入参数的命令，其功能是清除 MATLAB 工作区中保存的变量与函数。通常置于程序之首，以免原来MATLAB工作区中保存的变量与函数影响新的程序。

5.2.5 两种特定的符号运算函数

MATLAB两种特定的符号函数运算是指复合函数运算与反函数运算。

1. 复合函数的运算与函数命令compose()

设z是y(自变量)的函数z =f (y)，而y又是x(自变量)的函数y=j(x)，则z对x的函数：z =f (j (x))叫作z对x的复合函数。求z对x的复合函数z=f(j (x))的过程叫作复合函数运算。

MATLAB求复合函数的命令为compose()。其函数调用格式有以下6种：

compose(f, g)：这种格式的功能是当f=f(x)与g=g(y)时返回复合函数f(g(y))，即用g=g(y)代入f(x)中的x，且x为函数命令findsym()确定的f的自变量，y为findsym()确定g的自变量。

compose(f,g,z)：这种格式的功能是当f = f (x)与g = g(y)时返回以z为自变量的复合函数f (g(z))，即用g = g(y)代入f (x)中的x，且g(y)中的自变量y改换为z。

compose(f,g,x,z)：这种格式的功能同格式2的功能。

compose(f,g,t,z)：格式的功能是当f=f (t)与g=g(y)时返回以z为自变量的复合函数f(g(z))，即用g=g(y)代入f(t)中的t，且g(y)中的自变量y改换为z。

compose(f,h,x,y,z)：这种格式的功能与格式2与格式3的功能相同。

compose(f, g, t, u, z)：格式的功能是当f=f(t)与g=g(u)时返回以z为自变量的复合函数f(g(z))，即用g=g(u)代入f(t)中的t，且g(u)中的自变量u改换为z。

【例5-34】 已知

$f=\ln\left(\frac{x}{t}\right)$与$g=u\times\cos y$，求其复合函数$f(\varphi(x))$与$f(g(z))$。

解：用以下MATLAB程序计算其复合函数：

```
syms f g t u x y z;
f = log(x/t);
g = u * cos(y);
cfg = compose(f,g)
cfgt = compose(f,g,z)
cfgxz = compose(f,g,x,z)
cfgtz = compose(f,g,t,z)
cfgxyz = compose(f,g,x,y,z)
cfgxyz = compose(f,g,t,u,z)
```

程序运行结果：

```
cfg =
log((u * cos(y))/t)
```

```
cfgt =
log((u*cos(z))/t)

cfgxz =
log((u*cos(z))/t)

cfgtz =
log(x/(u*cos(z)))

cfgxyz =
log((u*cos(z))/t)

cfgxyz =
log(x/(z*cos(y)))
```

2. 反函数的运算与函数命令 finverse()

设 y 是 x(自变量)的函数 y=f(x),若将 y 当作自变量,x 当作函数,则上式所确定的函数 x=j(y)叫作函数 f(x)的反函数,而 f(x)叫作直接函数。在同一坐标系中,直接函数 y=f(x)与反函数 x=j(y)表示同一图形。通常把 x 当作自变量,而把 y 当作函数,故反函数 x=j(y)写为 y=j(x)。

MATLAB 提供的求反函数的函数命令为 finverse(),其函数调用格式有以下 2 种。

g=finverse (f, v):这种格式的功能是求符号函数 f 的自变量为 v 的反函数 g。

g=finverse (f):这种格式的功能是求符号函数 f 的反函数 g,符号函数表达式 f 有单变量 x,函数 g 也是符号函数,并且有 g(f(x)) =x。

【例 5-35】 求函数 $y=ax+b$ 的反函数。

解:(1) 数学分析:对 $y=ax+b$,经恒等变换 $y-b=ax$,得 $x=\frac{-(b-y)}{a}$。

(2) 求 $y = ax + b$ 的反函数的 MATLAB 实现:

```
syms a b x y;
y=a*x+b
g=finverse(y)
compose(y,g)
```

语句执行结果:

```
y =
b + a*x

g =
-(b - x)/a

ans =
x
```

即反函数为 $y=\frac{-(b-y)}{a}$,且 $g(f(x))=x$。

5.3 符号微积分运算及应用

微分学是微积分的首要组成部分。它的基本概念是导数与微分，其中导数是曲线切线的斜率，反应函数相对于自变量变化的速度；而微分则表明当自变量有微小变化时函数大体上变化多少。积分是微分的逆运算。

求给定函数为导函数的原函数的运算，是不定积分——积分学的第一个基本问题。被积函数在积分的上下限区间的计算问题，是定积分——积分学的第二个基本问题，该问题已由牛顿-莱布尼茨公式解决。微积分学是高等数学重要的基本内容。

5.3.1 MATLAB 符号极限运算

众所周知，微积分中导数的定义是通过极限给出的，即极限概念是数学分析或高等数学最基本的概念，所以极限运算就是微积分运算的前提与基础。函数极限的概念及其运算在高等数学中已经学习过，在此来介绍 MATLAB 的符号极限运算的函数命令 limit()。函数 limit()的调用格式有以下五种。

1. limit(F,x,a)

这种格式用来实现计算符号函数或符号表达式 F 当变量 x®a 条件下的极限值。

【例 5-36】 试证明 $\lim\limits_{x\to\infty}\left(1+\dfrac{1}{n}\right)^{n}=\mathrm{e}$ 和 $\lim\limits_{x\to\infty}\left(\dfrac{2x+3}{2x+1}\right)^{x+1}=\mathrm{e}$。

解：(1) 运行以下 MATLAB 语句来证明：

```
syms n
limit((1 + (1/n))^n,n,inf)
```

语句运行结果：

```
ans =
    exp(1)
```

即 $\lim\limits_{x\to\infty}\left(1+\dfrac{1}{n}\right)^{n}=\mathrm{e}$ 得证。

(2) 可以运行以下 MATLAB 语句来证明：

```
syms x;
limit(((2 * x + 3)/(2 * x + 1))^(x + 1),x,inf)
```

语句运行结果：

```
ans =
 exp(1)
```

即$\lim\limits_{x\to\infty}\left(\frac{2x+3}{2x+1}\right)^{x+1}=e$得证。

2. limit(F,a)

这种格式用来实现计算符号函数或符号表达式 F 中由函数命令 findsym()返回的独立变量趋向于 a 时的极限值。

【例 5-37】 试求$\lim\limits_{x\to a}\frac{\sqrt[m]{x}-\sqrt[m]{a}}{x-a}$与$\lim\limits_{x\to a}\frac{\sin x-\sin a}{x-a}$的值。

解：可以运行以下 MATLAB 语句来计算：

```
syms x m a
limit(((x^(1/m) - a^(1/m))/(x - a)),a)
```

语句运行结果：

```
ans =

a^(1/m - 1)/m
```

即$\lim\limits_{x\to a}\frac{\sqrt[m]{x}-\sqrt[m]{a}}{x-a}=\frac{\sqrt[m]{a}}{ma}$

```
syms x a
limit(((sin(x) - sin(a))/(x - a)),a)
```

语句运行结果：

```
ans =
 cos(a)
```

即$\lim\limits_{x\to a}\frac{\sin x-\sin a}{x-a}=\cos a$。

3. limit(F)

这种格式用来实现计算符号函数或符号表达式 F 在 x=0 时的极限。

【例 5-38】 试求$\lim\limits_{x\to 0}\frac{\sin x}{x}$与$\lim\limits_{x\to 0}\frac{\tan(2x)}{\sin(5x)}$的值。

解：可以运行以下 MATLAB 语句来计算：

```
syms x
limit(sin(x)/x)
```

语句运行结果：

```
ans =
 1
```

即$\lim\limits_{x\to 0}\frac{\sin x}{x}=1$。

可以运行以下 MATLAB 语句来计算：

```
syms x
c = limit(tan(2 * x)/sin(5 * x))
```

语句运行结果：

```
c =
2/5
```

即$\lim\limits_{x\to 0}\frac{\tan(2x)}{\sin(5x)}=\frac{2}{5}$。

4. limit(F,x,a,'right')

这种格式用来实现计算符号函数或符号表达式 F 从右趋向于 a 的极限值。

5. limit(F,x,a,'left')

这种格式用来实现计算符号函数或符号表达式 F 从左趋向于 a 的极限值。

【例 5-39】 试求$\lim\limits_{x\to a+0}\frac{\sqrt{x}-\sqrt{a}+\sqrt{x-a}}{\sqrt{x^2-a^2}}$和$\lim\limits_{x\to a-0}\frac{\sqrt{x}-\sqrt{a}+\sqrt{x-a}}{\sqrt{x^2-a^2}}$的值。

解：可以运行以下 MATLAB 语句来计算右极限：

```
syms x a
c = limit(((sqrt(x) - sqrt(a) + sqrt(x - a))/sqrt(x ^ 2 - a ^ 2)),x,a,'right');
c = collect(c)
```

语句运行结果：

```
c =
 1/2 * 2 ^ (1/2)/a ^ (1/2)
```

即$\lim\limits_{x\to a+0}\frac{\sqrt{x}-\sqrt{a}+\sqrt{x-a}}{\sqrt{x^2-a^2}}=\frac{1}{\sqrt{2a}}$。

可以运行以下 MATLAB 语句来计算左极限：

```
syms x a
c = limit(((sqrt(x) - sqrt(a) + sqrt(x - a))/sqrt(x ^ 2 - a ^ 2)),x,a,'left');
c = collect(c)
```

语句运行结果：

```
c = i/( - 2 * a)^(1/2)
```

即 $\lim\limits_{x\to a-0}\dfrac{\sqrt{x}-\sqrt{a}+\sqrt{x-a}}{\sqrt{x^2-a^2}}=0+\dfrac{1}{\sqrt{-2a}}\mathrm{j}$。

5.3.2 符号函数微分运算

微分运算是高等数学中除极限运算外的最重要的基本内容。MATLAB 的符号微分运算，实际上是计算函数的导(函)数。MATLAB 系统提供的函数命令 diff()不仅可求函数的一阶导数，而且还可计算函数的高阶导数与偏导数。函数命令 diff()的调用格式有以下三种：

dfvn=diff(f,'v',n)：这种格式的功能是对符号表达式或函数 f 按指定的自变量 v 计算其 n 阶导(函)数。函数可以有左端的返回变量，也可以没有。

dfn=diff(f,n)：这种格式的功能是对符号表达式或函数 f 按 findsym()命令确定的自变量计算其 n 阶导(函)数。函数可以有左端的返回变量，也可以没有。

df=diff(f)：这种格式的功能是对符号表达式或函数 f 按 findsym()命令确定的自变量计算其一阶导(函)数(即函数默认 n=1)。函数可以有左端的返回变量，也可以没有。

从以上 diff()函数的调用格式可知，计算函数的高阶导数很容易通过输入参数 n 的值来实现；对于求多元函数的偏导数，除指定的自变量外的其他变量均当作常数处理就可以了。

必须指出，以上几种格式中的函数 f 若为矩阵时，求导时则对元素逐个进行，且自变量定义在整个矩阵上。请看以下示例。

【例 5-40】 已知函数

$$f=\begin{bmatrix} a & t^5 \\ t\sin(x) & \ln(x) \end{bmatrix}$$

试求$\dfrac{\mathrm{d}f}{\mathrm{d}x}$、$\dfrac{\mathrm{d}^2 f}{\mathrm{d}t^2}$与$\dfrac{\mathrm{d}^2 f}{\mathrm{d}x\mathrm{d}t}$。

解：用以下 MATLAB 语句进行计算：

```
syms a t x;
f = [a t^5;t * sin(x) log(x)];
df = diff(f)
dfdt2 = diff(f,t,2)
dfdxdt = diff(diff(f,x),t)
```

语句执行结果：

```
df =
[         0, 0]
[ t * cos(x), 1/x]
dfdt2 =
[ 0, 20 * t^3]
[ 0,        0]
```

```
dfdxdt =
[      0, 0]
[ cos(x), 0]
```

即$\frac{\mathrm{d}f}{\mathrm{d}x}=\begin{bmatrix}0 & 0\\ t\cos(x) & 1/x\end{bmatrix}$，$\frac{\mathrm{d}^2f}{\mathrm{d}t^2}=\begin{bmatrix}0 & 20t^3\\ 0 & 0\end{bmatrix}$，$\frac{\mathrm{d}^2f}{\mathrm{d}x\mathrm{d}t}=\begin{bmatrix}0 & 0\\ \cos(x) & 0\end{bmatrix}$。

5.3.3 符号函数积分运算

函数的积分是微分的逆运算，即由已知导(函)数求原函数的过程。函数的积分有不定积分与定积分两种运算。

定积分中，若是积分区间为无穷或被积函数在积分区间上有无穷不连续点但积分存在或收敛者叫作广义积分。

MATLAB 系统提供的函数命令 int()不仅可计算函数的不定积分，而且还可计算函数的定积分及广义积分。函数命令 int()的调用格式有以下四种。

1. int(S)

这种格式的功能是计算符号函数或表达式 S 对函数 findsym()返回的符号变量的不定积分。如果 S 为常数，则积分针对 x。函数可以有左端的返回变量，也可以没有。

2. int(S,v)

这种格式的功能是计算符号函数或表达式 S 对指定的符号变量 v 的不定积分。函数可以有左端的返回变量，也可以没有。

3. int(S,v,a,b)

这种格式的功能是计算符号函数或表达式 S 对指定的符号变量 v 从下限 a 到上限 b 的定积分。函数可以有左端的返回变量，也可以没有。

积分下限 a 与积分上限 b 都是有限数的定积分叫作常义积分。

4. int(S,a,b)

这种格式的功能是计算符号函数或表达式 S 对函数 findsym()返回的符号变量从 a 到 b 的定积分。函数可以有左端的返回变量，也可以没有。

注意：MATLAB 的函数命令 int()计算的函数不定积分，没有积分常数这一部分；高等数学中，有分部积分、换元积分、分解成部分分式的积分等各种积分方法，但在 MATLAB 中，都只使用一个函数命令 int()来计算。

一般来说，当多次使用 int()时，计算的就是重积分；当积分下限 a 或积分上限 b 或上下限 a、b 均为无穷大时，计算的就是广义积分，广义积分是相对于常义积分而言的。

【例 5-41】 已知导函数

$$\frac{\mathrm{d}f}{\mathrm{d}x}=\begin{bmatrix}x\cos x & \mathrm{e}^x\sin x\\ x\ln x & \ln x\end{bmatrix}$$

试求原函数 f(x)。

解：用以下 MATLAB 语句进行计算：

```
syms x;
dfdx = [x * cos(x) exp(x) * sin(x);x * log(x) log(x)];
f = int(dfdx)
```

语句执行结果：

```
f =


[        cos(x) + x * sin(x), - (exp(x) * (cos(x) - sin(x)))/2]
[ (x^2 * (log(x) - 1/2))/2,                x * (log(x) - 1)]
```

即

$$f(x)=\begin{bmatrix}\cos(x)+x*\sin(x) & -(\exp(x)*(\cos(x)-\sin(x)))/2\\(x^2*(\log(x)-1/2))/2 & x*(\log(x)-1)\end{bmatrix}。$$

【例 5-42】 计算下式：

$$\int\begin{bmatrix}ax & bx^2\\\dfrac{1}{x} & \sin x\end{bmatrix}\mathrm{d}x$$

解：用以下 MATLAB 语句进行计算：

```
clear all
clc
syms a b x;
f = [a * x,b * x^2;1/x,sin(x)];
disp('The integral of f is');
pretty(int(f))
```

语句执行结果：

```
The integral of f is
/    2          3  \
|  a x        b x  |
| -- --, -- -- |
|    2          3  |
|                  |
\ log(x), - cos(x) /
```

【例 5-43】 求 $\int_0^x \frac{1}{\ln t}\mathrm{d}t$。

解：用以下 MATLAB 语句进行计算：

```
x = 0.5:0.1:0.9
F = - mfun('Ei',1, - log(x))
```

语句执行结果：

```
x =
    0.5000      0.6000      0.7000      0.8000      0.9000

F =
  -0.3787   -0.5469   -0.7809   -1.1340   -1.7758
```

【例 5-44】 求积分

$$\int_1^2\int_{\sqrt{x}}^{x^2}\int_{\sqrt{xy}}^{x^2 y}(x^2+y^2+z^2)\mathrm{d}z\mathrm{d}y\mathrm{d}x。$$

注意：内积分上下限都是函数。

解：用以下 MATLAB 语句进行计算：

```
clear all
clc
syms x y z
F2 = int(int(int(x^2 + y^2 + z^2,z,sqrt(x * y),x^2 * y),y,sqrt(x),x^2),x,1,2)
VF2 = vpa(F2)
```

语句执行结果：

```
F2 =
 (14912 * 2 ^ (1/4))/4641 - (6072064 * 2 ^ (1/2))/348075 + (64 * 2 ^ (3/4))/225 +
1610027357/6563700

VF2 =
224.92153573331143159790710032805
```

5.3.4 符号卷积

【例 5-45】 本例演示卷积的时域积分法：已知系统冲激响应

$$h(t)=\frac{1}{T}\mathrm{e}^{-t/T}U(t)$$

求 $u(t)=\mathrm{e}^{-t}U(t)$输入下的输出响应。

解：用以下 MATLAB 语句进行计算：

```
clear all
clc
syms T t tao;
ut = exp( - t);
ht = exp( - t/T)/T;
uh_tao = subs(ut,t,tao) * subs(ht,t,t - tao);
yt = int(uh_tao,tao,0,t);
yt = simple(yt)
```

语句执行结果：

```
yt =
-(exp(-t) - exp(-t/T))/(T - 1)
```

【例 5-46】 求函数

$$u(t) = U(t) - U(t-1)$$

和

$$h(t) = te^{-t}U(t)$$

的卷积。

解：用以下 MATLAB 语句进行计算：

```
clear all
clc
syms tao;
t = sym('t','positive');
ut = sym('Heaviside(t) - Heaviside(t - 1)');
ht = t * exp(-t);
yt = int(subs(ut,t,tao) * subs(ht,t,t - tao),tao,0,t);
yt = collect(yt,'Heaviside(t - 1)')
```

语句执行结果：

```
yt =
int(-exp(tao - t) * (Heaviside(tao - 1) - Heaviside(tao)) * (t - tao), tao, 0, t)
```

5.3.5 符号积分的变换

1. Fourier 变换及其反变换

【例 5-47】 求

$$f(t) = \begin{cases} e^{-(t-x)} & t \geq x \\ 0 & t < x \end{cases}$$

的 Fourier 变换，在此 x 是参数，t 是时间变量。

解：本例主要演示 Fourier 的默认调用格式的使用。

```
clear all
clc
syms t x w;
ft = exp(-(t - x)) * sym('Heaviside(t - x)');
F1 = simple(fourier(ft,t,w))
F2 = simple(fourier(ft))
F3 = simple(fourier(ft,t))
```

得到结果：

```
F1 =
 fourier(exp(x - t) * Heaviside(t - x), t, w)

F2 =
 fourier(exp(x - t) * Heaviside(t - x), x, w)

F3 =
 fourier(exp(x - t) * Heaviside(t - x), x, t)
```

2. Laplace 变换及其反变换

【例 5-48】 求

$$\begin{bmatrix} \delta(t-a) & u(t-b) \\ e^{-at}\sin bt & t^2\cos 3t \end{bmatrix}$$

的 Laplace 变换。

解：用以下 MATLAB 语句进行计算：

```
clear all
clc
syms t s;
syms a b positive
Dt = sym('Dirac(t - a)');
Ut = sym('Heaviside(t - b)');
Mt = [Dt,Ut;exp( - a * t) * sin(b * t),t ^2 * exp( - t)];
MS = laplace(Mt,t,s)
```

得到结果：

```
MS =
[ laplace(Dirac(t - a), t, s), laplace(Heaviside(t - b), t, s)]
[              b/((a + s)^2 + b^2),                      2/(s + 1)^3]
```

【例 5-49】 验证 Laplace 时移性质：

$$L\{f(t-t_0)U(t-t_0)\} = e^{-st_0}L\{f(t)\} \quad t_0 > 0。$$

解：使用以下 MATLAB 代码：

```
clear all
clc
syms t s;
t0 = sym('t0','positive');
ft = sym('f(t - t0)') * sym('Heaviside(t - t0)')
FS = laplace(ft,t,s)
FS_t = ilaplace(FS,s,t)
```

得到结果：

```
ft =
 f(t - t0) * Heaviside(t - t0)
```

```
FS =
 laplace(f(t - t0) * Heaviside(t - t0), t, s)

FS_t =
 f(t - t0) * Heaviside(t - t0)
```

3. Z 变换及其反变换

【**例 5-50**】 求序列

$$f(n)=\begin{cases}0 & n<0\\ 2 & n=0\\ 6(1-0.5^n) & n>0\end{cases}$$

的 Z 变换。

解：使用以下 MATLAB 代码：

```
clear all
clc
syms n
Delta = sym('charfcn[0](n)');
D0 = subs(Delta,n,0);
D15 = subs(Delta,n,15);
disp('[D0,D15]');
disp([D0,D15])
syms z;
fn = 2 * Delta + 6 * (1 - (1/2)^n);
FZ = simple(ztrans(fn,n,z));
disp('FZ = ');pretty(FZ)
FZ_n = iztrans(FZ,z,n)
```

得到结果：

```
[D0,D15]
[ charfcn[0](0), charfcn[0](15)]

FZ =
                                          6 z
2 ztrans(charfcn (n), n, z) + -----------------
                0         (2 z - 1) (z - 1)

FZ_n =
2 * charfcn[0](n) - 6 * (1/2)^n + 6
```

5.4 符号矩阵及其运算

线性代数中矩阵是这样定义的：有 $m\times n$ 个数 $a_{ij}(i=1,2,\cdots,m;j=1,2,\cdots,n)$ 的数组，将其排成如下格式(用方括号括起来)：

$$\mathbf{A} = \begin{bmatrix} a_{11} & \cdots & a_{1n} \\ \vdots & \ddots & \vdots \\ a_{m1} & \cdots & a_{mn} \end{bmatrix}$$

此表作为整体，将它当作一个抽象的量称为矩阵，且是 m 行 n 列的矩阵。横向每一行所有元素依次序排列则为行向量；纵向每一列所有元素依次序排列则为列向量。

注意：数组用方括号括起来后已作为一个抽象的特殊量——矩阵。

在线性代数中，矩阵有特定的数学含义，并且有其自身严格的运算规则。矩阵概念是线性代数范畴内特有的。在 MATLAB 中，也定义了矩阵运算规则及其运算符。MATLAB 中的矩阵运算规则与线性代数中的矩阵运算规则相同。

5.4.1 符号矩阵的建立与访问

1. 符号矩阵的建立

(1) 定义矩阵的元素为符号对象，然后用创建矩阵的连接算子——方括号括起来成为符号矩阵。每行内的元素间用逗号或空格分开；行与行之间用分号隔开。

【例 5-51】 创建符号矩阵(示例一)。

解：用以下 MATLAB 语句创建符号矩阵：

```
syms a11 a12 a13 a21 a22 a23 a31 a32 a33;
A = [a11 a12 a13; a21 a22 a23; a31 a32 a33]
```

语句执行后得到符号矩阵 A：

```
A =
[ a11, a12, a13]
[ a21, a22, a23]
[ a31, a32, a33]
```

(2) 定义整个矩阵为符号对象。矩阵元素可以是任何不带等号的符号表达式或数值表达式，各符号表达式的长度可以不同；矩阵每行内的元素间用逗号或空格分隔；行与行之间用分号隔开。

【例 5-52】 创建符号矩阵(示例二)。

解：用以下 MATLAB 语句创建符号矩阵：

```
P = sym('[a b c;d e f;g h k]')
Q = sym('[1 2 3;4 5 6;7 8 9]')
S = P + Q * j
```

语句执行后得到符号矩阵 P、Q 和 S：

```
P =
[ a, b, c]
[ d, e, f]
```

```
[ g, h, k]

Q =
[ 1, 2, 3]
[ 4, 5, 6]
[ 7, 8, 9]

S =
[ a+i, b+2*i, c+3*i]
[ d+4*i, e+5*i, f+6*i]
[ g+7*i, h+8*i, k+9*i]
```

说明：使用函数命令 sym()定义整个矩阵为符号对象时，作为函数输入参量的矩阵方括号[ ]两端必须加半角的单引号“''”。

(3) 用子矩阵创建矩阵。在 MATLAB 的符号运算中，利用连接算子——方括号[ ]可将小矩阵连接为一个大矩阵。

【例 5-53】 利用方括号[ ]连接算子将小矩阵连接成大矩阵。

解：用以下 MATLAB 语句创建大符号矩阵：

```
syms p q x y;A = sym('[a b;c d]');
A1 = A + p
A2 = A - q
A3 = A * x
A4 = A/y
G1 = [A A3;A1 A4]
G2 = [A1 A2;A3 A4]
```

当指令运行后可生成矩阵：

```
A1 =
[ a+p, b+p]
[ c+p, d+p]

A2 =
[ a-q, b-q]
[ c-q, d-q]

A3 =
[ x*a, x*b]
[ x*c, x*d]

A4 =
[ a/y, b/y]
[ c/y, d/y]

G1 =
     [ a, b, x*a, x*b]
     [ c, d, x*c, x*d]
```

```
        [ a+p, b+p, a/y, b/y]
        [ c+p, d+p, c/y, d/y]

G2 =
        [ a+p, b+p, a-q, b-q]
        [ c+p, d+p, c-q, d-q]
        [ x*a, x*b, a/y, b/y]
        [ x*c, x*d, c/y, d/y]
```

由上可见，4 个 2×2 的子矩阵组成一个 4×4 的大矩阵。

2. 符号矩阵的访问

符号矩阵的访问是针对矩阵的行或列与矩阵元素进行的。矩阵元素的标识或定位地址的通用双下标格式如下：

```
A(r,c)
```

其中，r 为行号；c 为列号。有了元素的标识方法，矩阵元素的访问与赋值常用的相关指令格式如表 5-3 所示。

表 5-3 矩阵访问与赋值常用的相关指令格式

指令格式	指令功能
A(r,c)	由矩阵 A 中 r 指定行、c 指定列之元素组成的子数组
A(r,:)	由矩阵 A 中 r 指定行对应的所有列之元素组成的子数组
A(:,c)	由矩阵 A 中 c 指定列对应的所有行之元素组成的子数组
A(:)	由矩阵 A 的各个列按从左到右的次序首尾相接的“一维长列”子数组
A(i)	“一维长列”子数组的第 i 个元素
A(r,c)=Sa	对矩阵 A 赋值，Sa 也必须为 Sa (r,c)
A(:)=D(:)	矩阵全元素赋值，保持 A 的行宽、列长不变，A、D 两矩阵元素总数应相同，但行宽、列长可不同

数组是由一组复数排成的长方形阵列。对于 MATLAB，在线性代数范畴之外，数组也是进行数值计算的基本处理单元。

一行多列的数组是行向量；一列多行的数组就是列向量；数组可以是二维的“矩形”，也可以是三维的，甚至还可以是多维的。多行多列的“矩形”数组与线性代数中的矩阵从外观形式与数据结构上看，没有什么区别。

【例 5-54】 矩阵元素的标识与访问。

解：用以下 MATLAB 语句对符号矩阵元素进行访问：

(1) 查询 A 数组的行号为 2 列号为 3 的元素。

```
A = sym('[a11 a12 a13; a21 a22 a23; a31 a32 a33]');
A(2,3)
ans = a23
```

（2）查询 A 数组第三行所有的元素。

```
A = sym('[a11 a12 a13; a21 a22 a23; a31 a32 a33]');
A(3,:)
ans = [ a31, a32, a33]
```

（3）查询 A 数组第二列转置后所有的元素。

```
A = sym('[a11 a12 a13; a21 a22 a23; a31 a32 a33]');
(A(:,2))
(A(:,2))'
```

语句执行后得到

```
ans =
      [ a12]
      [ a22]
      [ a32]

ans =
[ conj(a12), conj(a22), conj(a32)]
```

（4）查询 A 数组按列拉长转置后所有的元素。

```
A = sym('[a11 a12 a13; a21 a22 a23; a31 a32 a33]');
B = (A(:))'
C(A(:)).'
```

语句执行后得到

```
B =
[ conj(a11), conj(a21), conj(a31), conj(a12), conj(a22), conj(a32), conj(a13), conj(a23),
conj(a33)]

C =
[ a11, a21, a31, a12, a22, a32, a13, a23, a33]
```

在 MATLAB 中，数组的转置与矩阵的转置是不同的。用运算符“'”定义的矩阵转置，是其元素的共轭转置；运算符“.'”定义的数组的转置则是其元素的非共轭转置。

（5）查询“一维长列”数组的第 6 个元素。

```
A = sym('[a11 a12 a13; a21 a22 a23; a31 a32 a33]');
A(6)
```

语句执行后得到

```
ans =
a32
```

(6) 查询原 A 矩阵所有的元素。

```
A = sym('[a11 a12 a13; a21 a22 a23; a31 a32 a33]');
A
```

语句执行后得到

```
A =
    [ a11, a12, a13]
    [ a21, a22, a23]
    [ a31, a32, a33]
```

(7) 创建 S 矩阵,所有的元素以"双下标"方式对矩阵 A 赋值。

```
P = sym('[p p p;p p p;p p p]');
A = P
```

语句执行后得到

```
A =
      [ p, p, p]
      [ p, p, p]
      [ p, p, p]
```

(8) 创建 T 数组所有的元素,以数组全元素赋值方式对矩阵 A 赋值。

```
T = sym('[t t t t t t t t t]');
A(:) = T(:)
```

语句执行后得到

```
A =
      [ t, t, t]
      [ t, t, t]
      [ t, t, t]
```

5.4.2 符号矩阵的基本运算

符号矩阵基本运算的规则是把矩阵当作一个整体,依照线性代数的规则进行运算。

1. 符号矩阵的加减运算

矩阵加减运算的条件是两个矩阵的行数与列数分别相同即为同型矩阵,其运算规则是矩阵相应元素的加减运算。需要指出,标量与矩阵间也可以进行加减运算,其规则是标量与矩阵的每一个元素进行加减操作。

【例 5-55】 符号矩阵的加减运算。

解：用以下 MATLAB 语句对符号矩阵进行加减运算：

```
syms x y;
A = sym('[a11 a12 a13; a21 a22 a23; a31 a32 a33]');
B = sym('[b11 b12 b13; b21 b22 b23; b31 b32 b33]');
P = A + (5 + 8j)
Q = A - (x + y * j)
S = A + B
```

语句执行结果：

```
P =
      [ a11 + 5 + 8 * i, a12 + 5 + 8 * i, a13 + 5 + 8 * i]
      [ a21 + 5 + 8 * i, a22 + 5 + 8 * i, a23 + 5 + 8 * i]
      [ a31 + 5 + 8 * i, a32 + 5 + 8 * i, a33 + 5 + 8 * i]

Q =
      [ a11 - x - i * y, a12 - x - i * y, a13 - x - i * y]
      [ a21 - x - i * y, a22 - x - i * y, a23 - x - i * y]
      [ a31 - x - i * y, a32 - x - i * y, a33 - x - i * y]

S =
      [ a11 + b11, a12 + b12, a13 + b13]
      [ a21 + b21, a22 + b22, a23 + b23]
      [ a31 + b31, a32 + b32, a33 + b33]
```

在 MATLAB 里，维数为 1×1 的数组叫作标量。而 MATLAB 里的数值元素是复数，所以一个标量就是有一个复数。

2. 符号矩阵的乘法运算

矩阵与标量间可以进行乘法运算，而两矩阵相乘必须服从数学中矩阵叉乘的条件与规则。

1）符号矩阵与标量的乘法运算

矩阵与一个标量之间的乘法运算都是指该矩阵的每个元素与这个标量分别进行乘法运算。矩阵与一个标量相乘符合交换律。

【例 5-56】 标量与矩阵之间的乘法运算。

解：用以下 MATLAB 语句对符号矩阵与标量之间进行乘法运算：

```
syms k;
s = 5;
P = sym('[a b c;d e f;g h i]');
sP = s * P
Ps = P * s
kP = k * P
Pk = P * k
```

语句执行结果：

```
sP =
     [ 5*a, 5*b, 5*c]
     [ 5*d, 5*e, 5*f]
     [ 5*g, 5*h, 5*i]

Ps =
     [ 5*a, 5*b, 5*c]
     [ 5*d, 5*e, 5*f]
     [ 5*g, 5*h, 5*i]

kP =
     [ k*a, k*b, k*c]
     [ k*d, k*e, k*f]
     [ k*g, k*h, i*k]

Pk =
     [ k*a, k*b, k*c]
     [ k*d, k*e, k*f]
     [ k*g, k*h, i*k]
```

运算结果表明：

- 与矩阵相乘的标量既可以是数值对象也可以是符号对象；
- 由 s×P=P×s 与 k×P=P×k，即矩阵与一个标量相乘符合交换律。

2）符号矩阵的乘法运算

两矩阵相乘的条件是左矩阵的列数必须等于右矩阵的行数，两矩阵相乘必须服从线性代数中矩阵叉乘的规则。

【例 5-57】 符号矩阵的乘法运算。

解：用以下 MATLAB 语句对符号矩阵进行乘法运算：

```
A = sym('[a11 a12; a21 a22]')
B = sym('[b11 b12; b21 b22]')
AB = A * B
BA = B * A
```

语句执行结果：

```
A =
     [ a11, a12]
     [ a21, a22]

B =
     [ b11, b12]
     [ b21, b22]

AB =
     [ a11*b11 + a12*b21, a11*b12 + a12*b22]
     [ a21*b11 + a22*b21, a21*b12 + a22*b22]

BA =
     [ a11*b11 + a21*b12, b11*a12 + b12*a22]
     [ b21*a11 + b22*a21, a12*b21 + a22*b22]
```

运算结果表明：

- 矩阵的乘法的规则是左行元素依次乘右列元素之和作为不同行元素，行元素依次乘不同列元素之和作为不同列元素；
- A×B≠B×A，即矩阵乘法不满足交换律。

3．符号矩阵的除法运算

两矩阵相除的条件是两矩阵均为方阵，且两方阵的阶数相等。矩阵除法运算有左除与右除之分，即运算符号"\"和"/"所指代的运算。其运算规则是：A\B=inv(A) * B，A/B=A * inv(B)。

【例 5-58】 符号矩阵与数值矩阵的除法运算示例。

解：(1) 用以下 MATLAB 语句对符号矩阵进行除法运算：

```
A = sym('[a11 a12; a21 a22]');
B = sym('[b11 b12; b21 b22]');
C1 = A\B
[C2] = simple(inv(A) * B)
D1 = A/B
[D2] = simple(A * inv(B))
```

语句执行结果：

```
C1 =
        [ - (a12 * b21 - b11 * a22)/(a11 * a22 - a21 * a12), - (a12 * b22 - b12 * a22)/(a11 * a22 -
a21 * a12)]
        [( - a21 * b11 + a11 * b21)/(a11 * a22 - a21 * a12), (a11 * b22 - a21 * b12)/(a11 * a22 -
a21 * a12)]

C2 =
        [( - a12 * b21 + b11 * a22)/(a11 * a22 - a21 * a12), (b12 * a22 - a12 * b22)/(a11 * a22 -
a21 * a12)]
        [( - a21 * b11 + a11 * b21)/(a11 * a22 - a21 * a12), (a11 * b22 - a21 * b12)/(a11 * a22 -
a21 * a12)]

D1 =
        [( - a12 * b21 + a11 * b22)/(b11 * b22 - b12 * b21), - (b12 * a11 - a12 * b11)/(b11 * b22 -
b12 * b21)]
        [ (b22 * a21 - b21 * a22)/(b11 * b22 - b12 * b21), - (a21 * b12 - b11 * a22)/(b11 * b22 -
b12 * b21)]

D2 =
        [( - a12 * b21 + a11 * b22)/(b11 * b22 - b12 * b21), - (b12 * a11 - a12 * b11)/(b11 * b22 -
b12 * b21)]
        [ (b22 * a21 - b21 * a22)/(b11 * b22 - b12 * b21), - (a21 * b12 - b11 * a22)/(b11 * b22 -
b12 * b21)]
```

由运算结果可知：

```
C1 = C2;
D1 = D2,即验证了以上运算规则。
```

(2) 用以下 MATLAB 语句对数值矩阵进行除法运算：

① 求 C/D：

```
C = [1 2 3;4 5 6;7 8 9];
D = [1 0 0;0 2 0;0 0 3];
P1 = C/D
P2 = C * inv(D)
```

语句执行结果：

```
P1 =
     1.0000 1.0000 1.0000
     4.0000 2.5000 2.0000
     7.0000 4.0000 3.0000
P2 =
     1.0000 1.0000 1.0000
     4.0000 2.5000 2.0000
     7.0000 4.0000 3.0000
```

② 求 C\D：

```
C = [1 2 3;4 5 6;7 8 9];
D = [1 0 0;0 2 0;0 0 3];
Q1 = C\D
Q2 = inv(C) * D
```

指令运行结果：

```
Q1 =
     1.0e+016 *
   -0.4504    1.8014   -1.3511
    0.9007   -3.6029    2.7022
   -0.4504    1.8014   -1.3511

Q2 =
     1.0e+016 *
   -0.4504    1.8014   -1.3511
    0.9007   -3.6029    2.7022
   -0.4504    1.8014   -1.3511
```

由运算结果可知，数值矩阵的除法也符合以上符号矩阵运算规则。

4. 符号矩阵的乘方运算

在 MATLAB 的符号运算中定义了矩阵的整数乘方运算，其运算规则是矩阵 A 的 b 次乘方 Ab 是矩阵 A 自乘 b 次。

【例 5-59】 符号矩阵的乘方运算。

解：用以下 MATLAB 语句对符号矩阵进行乘方运算：

```
A = sym('[a11 a12; a21 a22]');
b = 2;
C1 = A^b
C2 = A * A
```

语句执行结果：

```
C1 =
    [ a11^2 + a21 * a12, a11 * a12 + a12 * a22]
    [ a21 * a11 + a22 * a21, a21 * a12 + a22^2]

C2 =
    [ a11^2 + a21 * a12, a11 * a12 + a12 * a22]
    [ a21 * a11 + a22 * a21, a21 * a12 + a22^2]
```

由运算结果可知，C1 = C2，即验证了以上运算规则。

5. 符号矩阵的指数运算

在 MATLAB 的符号运算中定义了符号矩阵的指数运算，运算由函数 exp()来实现。

【例 5-60】 符号矩阵的指数运算示例。

解：用以下 MATLAB 语句对符号矩阵进行指数运算：

```
A = sym('[a11 a12; a21 a22]');
B = exp(A)
```

语句执行结果：

```
B =
    [ exp(a11), exp(a12)]
    [ exp(a21), exp(a22)]
```

由运算结果可知，符号矩阵的指数运算的规则是得到一个与原矩阵行列数相同的矩阵，而以 e 为底以矩阵的每一个元素作指数进行运算的结果作为新矩阵的对应元素。

5.4.3 符号矩阵的化简

在科学研究与工程技术的计算中，通常都要对于数值表达式与符号表达式进行化简，诸如分解因式、表达式展开、合并同类项、通分以及表达式的化简等等运算，MATLAB 就提供了进行这些运算的函数命令。

表达式化简不论在数值运算还是在符号运算中都有十分重要的意义，极具使用价值。需要说明，以下介绍化简的符号矩阵的元素如果只有一行一列，那就是对于单个数值或符号表达式进行化简，这种情况是极为普遍的。

1. 符号矩阵的因式分解函数 factor()

因式分解函数 factor()的调用格式为：

factor(S)：函数的输入参量是一符号矩阵，这个函数格式的功能是对矩阵的各个元素进行因式分解。如果 S 包含的所有元素均为整数，则计算最佳因式分解式。

【例 5-61】 符号矩阵的因式分解。

解：用以下 MATLAB 语句对符号矩阵进行因式分解：

```
syms x a b c d e;
A = sym('[a^2 + a * b c^2 + 2 * c * d + d^2;e^2 + 4 * e + 3 f^2 - 1]')
B = factor(A)
```

语句执行结果：

```
A =
      [ a^2 + a * b, c^2 + 2 * c * d + d^2]
      [ e^2 + 4 * e + 3, f^2 - 1]

B =
      [ a * (a + b), (d + c)^2]
      [ (e + 3) * (e + 1), (f - 1) * (f + 1)]
```

由运算结果可知，B 矩阵各个元素是 A 矩阵各个元素因式分解的结果。

2. 符号矩阵的展开函数 expand()

符号矩阵展开函数 expand()的调用格式为：

expand(S)：函数的输入参量是一符号矩阵，这个函数格式的功能是对矩阵的各个元素进行展开。此函数多用在多项式表达式的展开中，也经常用于含有三角函数、指数函数与对数函数表达式的展开中。

【例 5-62】 符号矩阵的展开。

解：用以下 MATLAB 语句对符号矩阵进行展开：

```
syms x y a b c d e f;
A = sym('[(a + b)^3 sin(x + y);(c + d) * (e + f) exp(x + y)]')
B = expand(A)
```

语句执行结果：

```
A =
[ (a + b)^3, sin(x + y)]
[ (c + d) * (e + f), exp(x + y)]

B =
[ a^3 + 3 * a^2 * b + 3 * a * b^2 + b^3, sin(x) * cos(y) + cos(x) * sin(y)]
[ c * e + c * f + d * e + d * f, exp(x) * exp(y)]
```

由运算结果可知，B 矩阵各个元素是 A 矩阵各个元素展开的结果。

3. 符号矩阵的同类式合并函数 collect()

符号矩阵的同类式合并函数 collect()有两种调用格式：

collect(S,v)：将符号矩阵 S 中的各元素对于字符串 v 的同幂项系数合并。

collect(S)：将符号矩阵 S 中各元素的对由函数 findsym()返回的默认变量进行同幂项系数合并。

【例 5-63】 符号矩阵的同类式合并。

解：用以下 MATLAB 语句对符号矩阵进行同类式合并：

```
syms x y a b c d e f;
A = sym('[x^3 * y - x^3 exp(c) + d * exp(c);8 * sin(a) + sin(a) * b f * log(e) - f]')
B11 = collect(A(1,1),x^3);
B12 = collect(A(1,2),exp(c));
B21 = collect(A(2,1),sin(a));
B22 = collect(A(2,2),f);
B = [B11 B12;B21 B22]
```

语句执行结果：

```
A =
        [ x^3 * y - x^3, exp(c) + d * exp(c)]
        [ 8 * sin(a) + sin(a) * b, f * log(e) - f]

B =
        [ (y - 1) * x^3, (1 + d) * exp(c)]
        [ (8 + b) * sin(a), (log(e) - 1) * f]
```

由运算结果可知，B 矩阵各个元素是 A 矩阵各个元素同类式合并的结果。

4. 符号矩阵的简化函数 simple()或 simplify()

符号矩阵的简化函数 simple()的调用格式有以下两种：

simple(S)：对矩阵 S 试用多种不同的算法化简，以求得 S 矩阵的最短形，但可能不是每个元素的最短形；若 S 只有一个元素，则求得的是 S 元素表达式的最短简化形式。

[R,HOW]=simple(S)：R 是返回的 S 简化形式，返回的 HOW 为简化过程中使用的主要方法。

【例 5-64】 符号表达式 $s=\dfrac{x^2-1}{x-1}$的化简。

解：用以下 MATLAB 语句对题中符号表达式进行化简：

```
syms x;S = (x^2 - 1)/(x - 1);
[R,h] = simple(S)
```

语句执行结果：

```
R =
x + 1

h =
factor
```

5. 符号矩阵的分式通分函数 numden()

分式通分 numden()的调用格式为：

[N,D]=numden(A)：求解符号矩阵 A 各元素表达式的分子与分母，并且把 A 的各元素转换成为分子与分母都是整系数的最佳多项式形式。计算出的分子依次对应存放在输出参量 N 矩阵中，计算出的分母依次对应存放在输出参量 D 矩阵中。

6. 符号矩阵的求值函数 subs()

求值函数 subs()的调用格式有以下几种：

subs(S,OLD,NEW)：将符号矩阵 S 的中 OLD 变量替换为 NEW 变量。

subs(S,NEW)：对符号矩阵 S 用新变量 NEW 替代其中的自由变量。

需要注意，OLD 与 NEW 变量内可能存放多个参量，替换的参量既可是符号对象，也可是数值对象。注意求值函数的书写格式。

7. 矩阵元素分解成嵌套形式的函数 horner()

矩阵元素分解成嵌套形式的函数 horner()的调用格式为：

horner(S)：把矩阵 S 的各元素分解成嵌套形式或叫"秦九韶型"多项式表达式。

5.4.4 符号矩阵的微分与积分

矩阵的微分与积分是将通常函数的微分与积分概念推广到矩阵的结果。如果矩阵

$$\boldsymbol{A}=(a_{ij})_{m\times n}$$

的每个元素都是变量 t 的函数，即

$$\boldsymbol{A}=\begin{bmatrix} a_{11}(t) & \cdots & a_{1n}(t) \\ \vdots & & \vdots \\ a_{m1}(t) & \cdots & a_{mn}(t) \end{bmatrix}$$

则称 $\boldsymbol{A}$ 为一个函数矩阵，记为 $\boldsymbol{A}(t)$。若 $t\in[a,b]$，则称 $\boldsymbol{A}(t)$定义在$[a,b]$上；又若每个元素 $a_{ij}(t)$在$[a,b]$上连续、可微、可积，则称 $\boldsymbol{A}(t)$在$[a,b]$上连续、可微、可积，并定义函数矩阵的导数：

$$\frac{\mathrm{d}\boldsymbol{A}}{\mathrm{d}t}=\begin{bmatrix} \frac{\mathrm{d}}{\mathrm{d}t}a_{11}(t) & \cdots & \frac{\mathrm{d}}{\mathrm{d}t}a_{1n}(t) \\ \vdots & & \vdots \\ \frac{\mathrm{d}}{\mathrm{d}t}a_{m1}(t) & \cdots & \frac{\mathrm{d}}{\mathrm{d}t}a_{mn}(t) \end{bmatrix}$$

与函数矩阵的积分：

$$\int\boldsymbol{A}\mathrm{d}t=\begin{bmatrix} \int a_{11}(t)\mathrm{d}t & \cdots & \int a_{1n}(t)\mathrm{d}t \\ \vdots & \ddots & \vdots \\ \int a_{m1}(t)\mathrm{d}t & \cdots & \int a_{mn}(t)\mathrm{d}t \end{bmatrix}$$

【例 5-65】 已知符号矩阵

$$A=\begin{bmatrix}a_{11}(t) & a_{12}(t)\\ a_{21}(t) & a_{22}(t)\end{bmatrix}$$

与数值矩阵

$$B=\begin{bmatrix}2t & \sin(t)\\ e^t & \ln(t)\end{bmatrix}$$

试计算$\frac{dA}{dt}$与$\frac{dB}{dt}$。

解：(1) 用以下 MATLAB 语句计算符号矩阵的微分：

```
syms t a11 a12 a21 a22;
A = [sym('a11(t)') sym('a12(t)');sym('a21(t)') sym('a22(t)')];
dA = diff(A,'t')
```

语句执行结果：

```
A =
    [ a11(t), a12(t)]
    [ a21(t), a22(t)]

dA =
    [ diff(a11(t),t), diff(a12(t),t)]
    [ diff(a21(t),t), diff(a22(t),t)]
```

(2) 用以下 MATLAB 语句计算数值矩阵的微分：

```
syms t a11 a12 a21 a22;
a11 = 2 * t;a12 = sin(t);a21 = exp(t);a22 = log(t);
A = [a11 a12;a21 a22];
B = subs(A,[a11 a12 a21 a22],[a11 a12 a21 a22])
dB = diff(B, 't')
```

语句执行结果：

```
B =
    [ 2 * t, sin(t)]
    [ exp(t), log(t)]

dB =
    [ 2, cos(t)]
    [ exp(t), 1/t]
```

5.4.5 符号矩阵的 Laplace 变化

矩阵的 Laplace 变换是将函数的 Laplace 变换推广到矩阵的结果。设函数矩阵 $A(t)$ 的每个元素 $a_{ij}(t)$在 $t\geqslant 0$ 有定义，而且积分在 s 的某一域内收敛，则称

$$L[\boldsymbol{A}(t)]=\int_0^{\infty}\boldsymbol{A}(t)\mathrm{e}^{-st}\,\mathrm{d}t$$

为函数矩阵 $\boldsymbol{A}(t)$的 Laplace 变换。

【例 5-66】 已知矩阵

$$\boldsymbol{P}=\begin{bmatrix} At & \mathrm{e}^{at} \\ \sin(\omega t) & \delta(t) \end{bmatrix}$$

试计算 $\boldsymbol{P}$ 的 Laplace 变换 $L[\boldsymbol{P}(t)]$。

解：用以下 MATLAB 语句计算矩阵的 Laplace 变换：

```
syms t s A a omega;
f = sym('Dirac(t) ');
P = [A * t exp(a * t);sin(omega * t) f]
Q = laplace(P)
```

语句执行结果：

```
P =
    [ A * t,exp(a * t)]
    [ sin(omega * t),Dirac(t)]

Q =
    [ A/s^2, 1/(s - a)]
    [ omega/(s^2 + omega^2), 1]
```

5.5 MATLAB 符号方程求解

在初等数学中主要有代数方程与超越方程。能够通过有限次的代数运算(加、减、乘、除、乘方、开方)求解的方程叫代数方程；不能够通过有限次的代数运算求解的方程叫超越方程。超越方程有指数方程、对数方程与三角方程。在高等数学里，主要有微分方程。

5.5.1 符号代数方程求解

方程的种类繁多，但用 MATLAB 符号方程解算的函数命令来求解方程，其函数的调用格式简明而精炼，其求解过程很简单，使用也很方便。

众所周知，MATLAB 的函数是已经设计好的子程序。需要特别强调，函数命令的执行过程是看不到的，也就是方程如何变形的情况，变形中是否有引起增根或遗根的可能，不得不对原方程进行校验。

符号代数方程求解函数命令 solve()的调用格式有以下两种。

第一种：

```
solve('eqn1', 'eqn2', … , 'eqnN', 'v1', 'v2', … , 'vN')
```

这种格式函数是对'eqn1', 'eqn2',…, 'eqnN'方程组关于指定变量'v1', 'v2',…, 'vN'联立求解，函数无输出参数。函数的输入参数 eqn1,eqn2,…,eqnN 是字符串表达的方程(是指 eqn1=0,eqn2=0,…,eqnN=0 等),或是字符串表达式(即将等式等号右边的非零项部分移项到左边后得到的没有等号的左端表达式),函数的输入参数 v1,v2,…,vN 是对方程组求解的指定变量。

每一方程与变量的字符串,其两端必须用半角单引号“'”加以限定,方程组的多个方程之间用半角的逗号“,”加以分隔。这种调用格式有输出参数的形式为:

```
S = solve('eqn1', 'eqn2', …, 'eqnN', 'v1', 'v2', …, 'vN')
```

函数输出参数 S 是一个“构架数组”。如果要显示求解结果,必须再执行 Sv1,Sv2,…,Svn。这是最规范的推荐格式,使用最为广泛。函数输出参数也可以不采用构架数组的形式,而是直接用指定变量行向量的形式。这样,函数命令 solve()的调用格式则为

```
[v1,v2, … ,vN] = solve('eqn1','eqn2', … ,'eqnN','v1','v2', … ,'vN')
```

【例 5-67】 对以下联立方程组:

$$\begin{cases} y^2 - z^2 = x^2 \\ y + z = a \\ x^2 - bx = c \end{cases}$$

求 $a=1,b=2,c=3$ 时的 x、y、z。

解:(1) 根据函数命令 solve()的调用格式的要求,求方程组的解的 MATLAB 语句段如下:

```
syms x y z a b c;
a = 1;b = 2;c = 3;
eq1 = y^2 - z^2 - x^2
eq2 = y + z - a
eq3 = x^2 - b * x - c
```

语句段运行结果:

```
eq1 =
 y^2 - z^2 - x^2

eq2 =
 y + z - 1

eq3 =
 x^2 - 2 * x - 3
```

再执行以下 MATLAB 语句:

```
[x,y,z] = solve('y^2 - z^2 - x^2','y + z - 1','x^2 - 2 * x - 3 ','x','y','z')
```

语句运行结果:

```
x =
    [ -1]
    [ 3]
```

```
y =
    [ 1]
    [ 5]

z =
    [ 0]
    [ -4]
```

即方程组的解有两组：

当 x1＝－1 时，y1＝1，z1＝0；

当 x2＝3 时，y2＝5，z2＝4。

(2) 经验算，x1，y1，z1 与 x2 ，y2 ，z2 两组均为方程组的解。

(3) 求方程组的构架数组 S，然后计算 x、y、z，分别执行以下 MATLAB 语句段会求得同样的结果。

① 先求方程组的构架数组 S，其 MATLAB 语句段如下：

```
syms x y z a b c;
S = solve('y^2 - z^2 = x^2','y + z = a','x^2 - b * x = c','x','y','z')
```

② 求方程组的 x 解的 MATLAB 语句段如下：

```
syms x y z a b c;
a = 1;
b = 2;
c = 3;
x = simple(subs(S.x,'[a b c]',[a b c]))
```

③ 求方程组的 y 解的 MATLAB 语句段如下：

```
syms x y z a b c;
a = 1;
b = 2;
c = 3;
y = simple(subs(S.y,'[a b c x]',[a b c x]))
```

④ 求方程组的 z 解的 MATLAB 语句段如下：

```
syms x y z a b c;
a = 1;
b = 2;
c = 3;
z = simple(subs(S.z,'[a b c x]',[a b c x]))
```

第二种：

```
solve('eqn1','eqn2', … ,'eqnN','var1,var2, … ,varN')
S = solve('eqn1','eqn2', … ,'eqnN','var1,var2, … ,varN')
[v1,v2, … ,vN] = solve('eqn1','eqn2', … ,'eqnN','var1,var2, … ,varN')
```

这种调用格式函数命令与第一种调用格式的区别仅在函数输入参数的指定变量不需将每个变量都用单引号“'”加以限定，而只要将所有指定变量的前后用单引号“'”分隔就可以，即'v1,v2,…,vN'。

【例 5-68】 求下述线性方程组的解。

$$d+\frac{n}{2}+\frac{p}{2}=q, n+d+q-p=10, q+d-\frac{n}{4}=p, q+p-n-8d=1$$

解：该方程组的矩阵形式是

$$\begin{bmatrix} 1 & \frac{1}{2} & \frac{1}{2} & -1 \\ 1 & 1 & -1 & 1 \\ 1 & -\frac{1}{4} & -1 & 1 \\ -8 & -1 & 1 & 1 \end{bmatrix} \cdot \begin{bmatrix} d \\ n \\ p \\ q \end{bmatrix} = \begin{bmatrix} 0 \\ 10 \\ 0 \\ 1 \end{bmatrix}$$

该式简记为 $AX=b$。

求符号解的指令如下：

```
clear all
clc
A = sym([1 1/2 1/2 -1;1 1 -1 1;1 -1/4 -1 1;-8 -1 1 1]);
b = sym([0;10;0;1]);
X1 = A\b
```

得到结果：

```
X1 =

 1
 8
 8
```

【例 5-69】 求方程组

$$uy^2+vz+w=0 \quad 和 \quad y+z+w=0$$

关于 y、z 的解。

解：求解该方程程序如下：

```
clear all
clc
S = solve('u*y^2 + v*z + w = 0','y + z + w = 0','y','z')
disp('S.y'),
disp(S.y),
disp('S.z'),
disp(S.z)
```

得到

```
S =
    y: [2x1 sym]
```

```
    z: [2x1 sym]

S.y
(v + 2*u*w - (v^2 + 4*u*w*v - 4*u*w)^(1/2))/(2*u) - w
(v + 2*u*w + (v^2 + 4*u*w*v - 4*u*w)^(1/2))/(2*u) - w

S.z
-(v + 2*u*w - (v^2 + 4*u*w*v - 4*u*w)^(1/2))/(2*u)
-(v + 2*u*w + (v^2 + 4*u*w*v - 4*u*w)^(1/2))/(2*u)
```

【例 5-70】 求$(x+2)^x=2$的解。

解：使用如下代码：

```
clear all
clc
syms x;
s = solve('(x + 2)^x = 2','x')
```

得到结果：

```
s =
0.69829942170241042826920133106081
```

5.5.2 符号微分方程求解

1. 有关微分方程及其求解的基本概念

表示未知函数与未知函数的导数以及自变量之间关系的方程叫作微分方程。如果在一个微分方程中出现的未知函数只含一个自变量，这个方程叫作常微分方程。如果在一个微分方程中出现多元函数的偏导数，这个方程叫作偏微分方程。

微分方程中出现的未知函数的最高阶导数的阶数，叫作微分方程的阶。找出这样的函数，把该函数代入微分方程能使该方程成为恒等式，这个函数叫作该微分方程的解。如果微分方程的解中含有相互独立的任意常数，且任意常数的个数与微分方程的阶数相同，这样的解叫作微分方程的通解。

由于通解中含有任意常数，所以它还不能完全确定地反映某一客观事物的规律性。要完全确定地反映某一客观事物的规律性，必须确定这些常数的值。为此，要根据实际问题的具体情况，提出确定这些常数的条件，此即叫作初始条件。设微分方程的未知函数为$y=y(x)$，一阶微分方程的初始条件通常是$y|_{x=x_0}=y_0$；二阶微分方程的初始条件通常是$y|_{x=x_0}=y_0, y'|_{x=x_0}=y'_0$。由初始条件确定了通解的任意常数后的解叫作微分方程的特解。求微分方程$y'=f(x,y)$满足初始条件$y|_{x=x_0}=y_0$的特解的问题叫作一阶微分方程的初始问题，记作

$$\begin{cases} y' = f(x,y) \\ y|_{x=x_0} = y_0 \end{cases}$$

微分方程的一个解的图形是一条曲线，叫作微分方程的积分曲线。一阶微分方程的特解的几何意义就是求微分方程的通过已知点(x_0,y_0)的那条积分曲线。二阶微分方程的特解的几何意义就是求微分方程的通过已知点(x_0,y_0)且在该点处的切线斜率为y_0的那条积分曲线，即二阶微分方程的初始问题，记作

$$\begin{cases} y'' = f(x,y,y') \\ y|_{x=x_0} = y_0, y'|_{x=x_0} = y'_0 \end{cases}$$

2. MATLAB符号微分方程求解的函数命令

常微分方程的符号解由函数命令 dsolve()来计算，其不带输出参数的调用格式如下：

```
dsolve('eqn1','eqn2',…,'初始条件部分','指定独立变量部分')
```

函数命令 dsolve()的输入参数包括三部分内容：微分方程部分、初始条件部分、指定独立变量部分。每一部分两端必须加英文输入状态下的单引号“'”，同等成分间用英文输入状态下的逗号“,”加以分隔。三部分中微分方程是必不可少的输入参数，其余两部分可有可无，视问题的需要而定。输入参数必须以字符形式书写。

这种调用格式的功能是对'eqn1','eqn2',…微分方程组联立求符号解，而被求解的微分方程不论什么类型。注意，微分方程组的每一个方程式的两端必须加半角的单引号“'”，同等成分间用半角的逗号“,”加以分隔；或者在微分方程组的所有方程式间用半角的逗号“,”加以分隔，其首末两端再用半角的单引号“'”加以限定。

关于微分方程部分中导函数书写格式的特别规定：当y为“因变量”时，用Dny表示“y的n阶导函数”。例如，Dy表示y对默认独立变量t的一阶导函数$\frac{\mathrm{d}y}{\mathrm{d}t}$；$Dny$表示$y$对默认独立变量$t$的$n$阶导函数$\frac{\mathrm{d}^n y}{\mathrm{d}^n t}$。

关于初始条件的书写格式规定：初始或边界条件$y|_{x=a}=b$与$y'|_{x=c}=d$分别写成$y(a)=b$与$Dy(c) = d$等。a、b、c、d可以是除因变量、独立变量字符以外的其他字符。对于常数C1、C2,…，任意常数的个数等于微分方程的阶数与初始条件个数的差；对于一微分方程组而言，当初始条件的个数少于微分方程组中方程的个数时，任意常数的个数等于所缺少的初始条件的个数。

关于独立变量的书写格式规定：若要指定独立变量，需要在输入参数的第三部分中加以规定。若不对独立变量作专门的定义，则本函数命令默认小写英文字母t为独立变量。

函数命令 dsolve()带输出参数的调用格式如下：

```
S = dsolve('eqn1','eqn2',…,'初始条件部分','指定独立变量部分')
```

函数命令 dsolve()的输入参数的含义同上。其输出参数 S 是“架构数组”。数组元素是微分方程或微分方程组的因变量。

需要特别强调，如要对微分方程进行验算，不能用求解微分方程的导函数的特定符

号"Dny",只能用 MATLAB 微分的函数命令 diff()。

3. 各类微分方程求解举例

高等数学中,按微分方程的不同结构形式,可以有多种解法。在此,将要着重复习科学研究与实际工程中六类最常用的微分方程,并且都用 MATLAB 的求解符号微分方程的函数命令来进行求解。

科学研究与实际工程中会遇到由几个微分方程联立起来共同确定几个具有同一个自变量的函数的情形,这些联立的微分方程叫作微分方程组。下面示例就来求解几个微分方程组。

【例 5-71】 求微分方程组的通解:

$$\begin{cases} \dfrac{\mathrm{d}x}{\mathrm{d}t}+2x+\dfrac{\mathrm{d}y}{\mathrm{d}t}+y=t \\ \dfrac{\mathrm{d}y}{\mathrm{d}t}+5x+3y=t^2 \end{cases}$$

解:(1) 求微分方程组通解的 MATLAB 语句如下:

```
syms t x y;
S = dsolve('Dx + 2 * x + Dy + y = t','Dy + 5 * x + 3 * y = t ^2','t');
x = collect(collect(collect(S.x,t),sin(t)),cos(t))
y = collect(collect(collect(S.y,t),sin(t)),cos(t))
```

语句执行结果:

```
x =
    (2 * C2 + 3 * C1) * sin(t) + C1 * cos(t) + t - t ^2 + 3

y =
(- 3 * C2 - 5 * C1) * sin(t) - 4 + C2 * cos(t) + 2 * t ^2 - 3 * t
```

即方程组的通解为

$$\begin{cases} x=(2\cdot C_2+3\cdot C_1)\cdot\sin(t)+C_1\cdot\cos(t)-t^2+t+3 \\ y=(-5\cdot C_1-3\cdot C_2)\cdot\sin(t)+C_2\cdot\cos(t)+2t^2-3t-4 \end{cases}$$

(2) 验算微分方程的解,其 MATLAB 语句如下:

```
syms t x y C1 C2;
x = (2 * C2 + 3 * C1) * sin(t) + C1 * cos(t) + t - t ^2 + 3;
y = ( - 3 * C2 - 5 * C1) * sin(t) - 4 + C2 * cos(t) + 2 * t ^2 - 3 * t;
L1 = diff(x,t) + 2 * x + diff(y,t) + y - t;
L1 = collect(collect(L1,sin(t)),cos(t))
R1 = 0
L2 = diff(y,t) + 5 * x + 3 * y - t ^2;
L2 = collect(collect(L2,sin(t)),cos(t))
R2 = 0
```

语句执行结果：

```
L1 =
    0
R1 =
    0
L2 =
    0
R2 =
    0
```

即第一式左＝第一式右；第二式左＝第二式右。

(3) 结论：

验算结果表明

$$\begin{cases} x=(2\cdot C_2+3\cdot C_1)\cdot \sin(t)+C_1\cdot \cos(t)-t^2+t+3 \\ y=(-5\cdot C_1-3\cdot C_2)\cdot \sin(t)+C_2\cdot \cos(t)+2t^2-3t-4 \end{cases}$$

是微分方程的通解。

【例 5-72】 求下述方程的解。

$$\frac{dx}{dt}=y,\quad \frac{dy}{dt}=-x$$

解：使用以下语句：

```
clear all
clc
S = dsolve('Dx = y,Dy = - x');
disp([blanks(12),'x',blanks(21),'y'])
disp([S.x,S.y])
```

得到结果：

```
                    x                                y
[ C2 * cos(t) + C1 * sin(t), C1 * cos(t) - C2 * sin(t)]
```

5.6 符号函数图形计算器

对于习惯使用计算器或者只想作一些简单的符号运算与图形处理的读者，MATLAB提供的图示化符号函数计算器是一个较好的选择。该计算器功能虽简单，但操作方便，可视性强，深受广大用户的喜爱。

5.6.1 符号函数图形计算器的界面

先来看一下计算器的界面。在MATLAB命令行窗口中输入命令funtool(不带输入参数)，即可进入如图5-1所示的图示化符号函数计算器的用户界面。

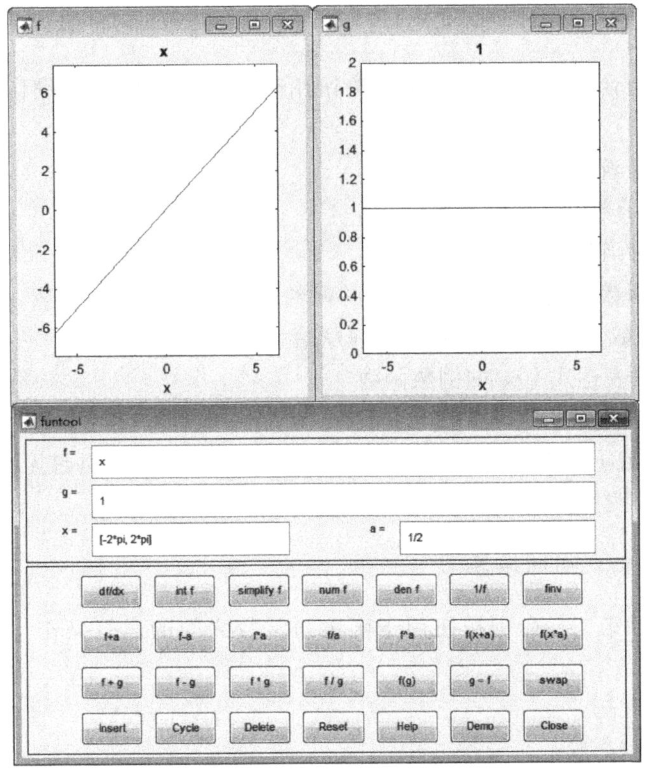

图 5-1 图示化符号函数计算器用户界面

图示化函数计算器由 3 个独立窗口组成：2 个图形窗口(f 和 g)与 1 个函数运算控制窗口(funtool)。在任何时候，两个图形窗口只有一个处于被激活状态。函数运算控制窗口上的任何操作都只对被激活的函数图形窗口起作用，即被激活窗口的函数图像可随运算控制窗口的操作而作相应的变化。

5.6.2 符号函数图形计算器的输入框操作

在函数运算控制窗口中，有 4 个输入框供用户对要操作的函数进行输入。这 4 个输入框分别是 f、g、x、a。其中：f 为图形窗口 1 输入的控制函数，其默认值为 x；g 为图形窗口 2 输入的控制函数，其默认值为 1；x 为函数自变量的取值范围，其默认值为[－2 * pi, 2 * pi]；a 为输入常数，用来进行各种运算，其默认值为 1/2。在打开函数图形计算器时，对 4 个输入框 MATLAB 将自动赋予其默认值，用户可随时对其进行输入修改，而对应的图形窗口中的图形也会随之作相应的变化。

5.6.3 符号函数图形计算器的按钮操作

函数图形计算器共有 4(行)×7(列)＝28 个按钮，每一行代表一类运算：函数自身的运算；函数与常数之间的运算；两函数间的运算与对于系统的操作。

1. 函数自身的运算

在函数运算控制窗口的第一行命令按钮用于函数自身的运算操作。每一按钮的命令功能如下：

- df/dx 计算函数 f 对 x 的导函数。
- int f 计算函数 f 的积分函数。
- simple f 对函数 f 进行最简式化简。
- num f 取函数表达式 f(x)的分子，并赋给 f。
- den f 取函数表达式 f(x)的分母，并赋给 f。
- 1/f 求函数表达式 f(x)的倒数函数。
- finv f 求函数表达式 f(x)的反函数。

在计算 int f 或 finv f 时，若因为函数的不可积或非单调而引起无特定解，则函数栏中将返回 NaN，表明计算失败。

2. 函数与常数之间的运算

在控制窗口的第二行命令按钮用于函数与常数之间的运算操作。每一按钮的命令功能如下：

- f+a 计算 f(x)+a。
- f−a 计算 f(x)−a。
- f*a 计算 f(x)×a。
- f/a 计算 f(x)/a。
- f^a 计算()2 f x。
- f(x+a)计算 f(x+a)。
- f(x*a)计算 f(ax)。

3. 两函数间的运算

在控制窗口的第三行命令按钮用于对函数 f 与 g 常数之间的各种运算操作。每一按钮的命令功能如下：

- f+g 计算两函数 f 与 g 之和，并将其和赋值给 f。
- f−g 计算两函数 f 与 g 之差，并将其差赋值给 f。
- f*g 计算两函数 f 与 g 之积，并将其积赋值给 f。
- f/g 计算两函数 f 与 g 之比，并将其商赋值给 f。
- f(g)计算复合函数 f(g(x))。
- g=f 将 f 函数值赋值给 g。
- swap 将 f 函数表达式与 g 函数表达式交换。

4. 几个系统的操作按钮

在窗口的第四行命令按钮用来对符号函数图形计算器进行各种操作。每一按钮的命令功能如下：

- insert 把当前图窗 1 中的函数插入到计算器内含的典型函数表中。
- cycle 在图窗 1 中依次演示计算器内含的典型函数表中的函数图形。
- delete 从内含的典型函数演示表中删除当前的图窗 1 中的函数。
- reset 重置符号函数计算器的功能。
- help 符号函数图形计算器的在线帮助。
- demo 演示符号函数图形计算器的功能。
- close 关闭符号函数图形计算器。

本章小结

科学与工程技术中的数值运算固然重要，但自然科学理论分析中各种各样的公式、关系式及其推导就是符号运算要解决的问题。

MATLAB 的科学运算包含两大类：MATLAB 的数值运算与 MATLAB 的符号运算，因此符号运算工具 Symbolic Math Toolbox 也是 MATLAB 的重要组成部分。通过本章的介绍，可以使读者了解、熟悉并掌握符号运算的基本概念、MATLAB 符号运算函数命令的功能及其调用格式，为符号运算的应用打下基础。

第二部分 MATLAB数据处理

第 6 章　MATLAB 二维绘图

第 7 章　MATLAB 三维绘图

第 8 章　数据分析

第 9 章　微积分方程

第 10 章　MATLAB 优化

第 11 章　概率和数理统计

第 12 章　函数

第6章 MATLAB二维绘图

MATLAB不但擅长与矩阵相关的数值运算，而且还提供了许多在二维和三维空间内显示可视信息的函数，利用这些函数可以绘制出所需的图形。MATLAB还对绘出的图形提供了各种修饰方法，使图形更加美观、精确。

学习目标：

- 了解MATLAB绘图基础知识；
- 熟悉MATLAB各种绘图命令；
- 熟悉MATLAB图形打印方法。

6.1 数据图像绘制简介

数据可视化的目的在于：通过图形，从一堆杂乱的离散数据中观察数据间的内在关系，感受由图形传递的内在本质。

MATLAB一向注重数据的图形表示，并不断地采用新技术改进和完备其可视化功能。

6.1.1 离散数据可视化

任何二元实数标量对(x_a, y_a)可以在平面上表示一个点；任何二元实数向量对(X,Y)可以在平面上表示一组点。

对于离散实函数$y_n=f(x_n)$，当$X=[x_1,x_2,\cdots,x_n]$以递增或递减的次序取值时，有$Y=[y_1,y_2,\cdots,y_n]$，这样，该向量对用直角坐标序列点图示时，实现了离散数据的可视化。

在科学研究中，当处理离散量时，可以用离散序列图来表示离散量的变化情况。MATLAB用stem命令来实现离散图形的绘制，stem命令有以下几种：

1. stem(y)

以$x=1,2,3,\cdots$作为各个数据点的x坐标，以向量y的值为y坐标，在(x,y)坐标点画一个空心小圆圈，并连接一条线段到X轴。

【例 6-1】 用 stem 函数绘制一个离散序列图。

解：在 MATLAB 命令行窗口输入以下程序：

```
clear all
clc
figure
t = linspace( - 2 * pi,2 * pi,8);
h = stem(t);
set(h(1),'MarkerFaceColor','blue')
set(h(2),'MarkerFaceColor','red','Marker','square')
```

输出的图形如图 6-1 所示。

2. stem(x,y,'option')

以 x 向量的各个元素为 x 坐标，以 y 向量的各个对应元素为 y 坐标，在 (x,y) 坐标点画一个空心小圆圈，并连接一条线段到 X 轴。option 选项表示绘图时的线型、颜色等设置。

3. stem(x,y,'filled')

以 x 向量的各个元素为 x 坐标，以 y 向量的各个对应元素为 y 坐标，在 (x,y) 坐标点画一个空心小圆圈，并连接一条线段到 X 轴。

【例 6-2】 用 stem 函数绘制一个线型为圆圈的离散序列图。

解：在 MATLAB 命令行窗口输入以下程序：

```
clear all
clc
figure
x = 0:20;
y = [exp( - .05 * x). * cos(x);exp(.06 * x). * cos(x)]';
h = stem(x,y);
set(h(1),'MarkerFaceColor','blue')
set(h(2),'MarkerFaceColor','red','Marker','square')
```

输出的图形如图 6-2 所示。

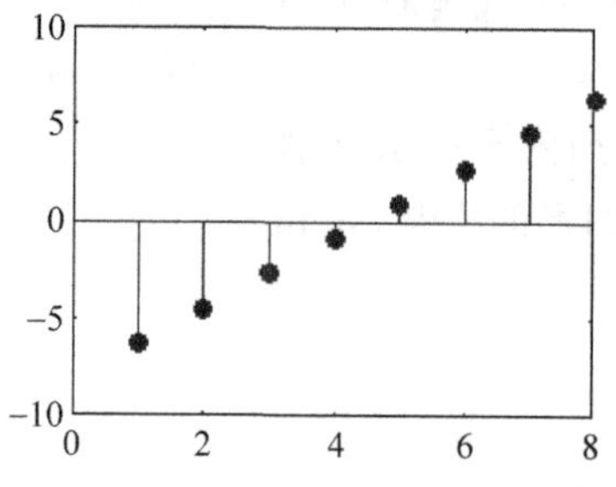

图 6-1　例 6-1 绘制的离散序列图

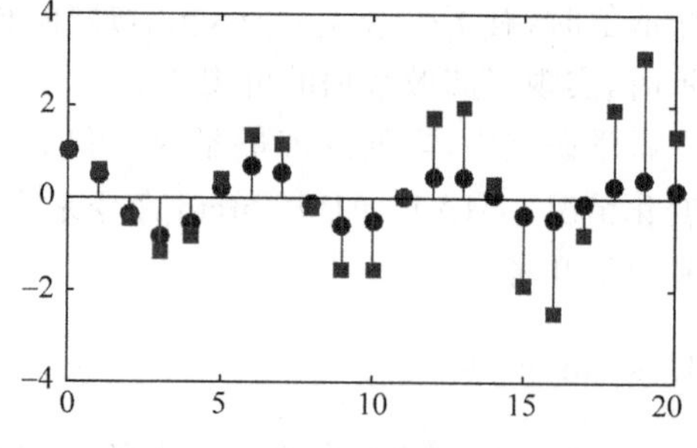

图 6-2　例 6-2 绘制的离散序列图

除了可以使用 stem 命令之外，使用离散数据也可以画离散图形。

【例 6-3】 用图形表示离散函数。

解：在 MATLAB 命令行窗口输入以下程序：

```
clear all
clc
n = 0:10;                    % 产生一组 10 个自变量函数 Xn
y = 1./abs(n - 6);           % 计算相应点的函数值 Yn
plot(n,y,'r * ','MarkerSize',25)
                             % 用尺寸 15 的红星号标出函数点
grid on                      % 画出坐标方格
```

输出图形如图 6-3 所示。

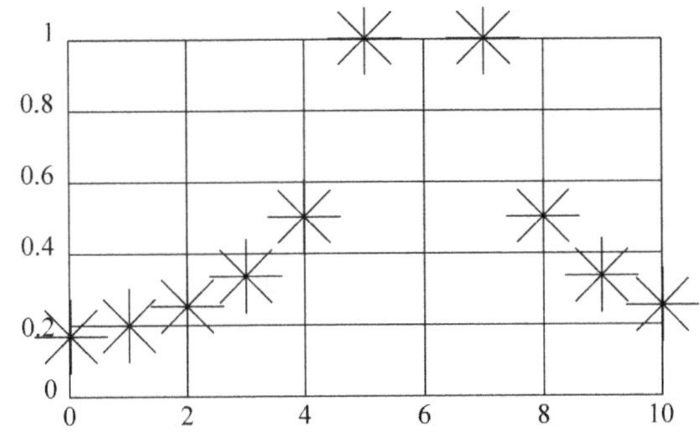

图 6-3 例 6-3 绘制的离散函数图形

【例 6-4】 画出函数 $y=e^{-\alpha t}\cos\beta t$ 的茎图。

解：在 MATLAB 命令行窗口输入以下程序：

```
clear all
clc
a = 0.02;
b = 0.5;
t = 0:2:100;
y = exp( - a * t). * sin(b * t);
plot(t,y)
```

输出图形如图 6-4 所示。

二维的茎图函数为 stem(t, y)，具体代码如下：

```
a = 0.02;
b = 0.5;
t = 0:2:100;
y = exp( - a * t). * sin(b * t);
stem(t,y)
xlabel('Time')
ylabel('stem')
```

输出二维的茎图如图 6-5 所示。

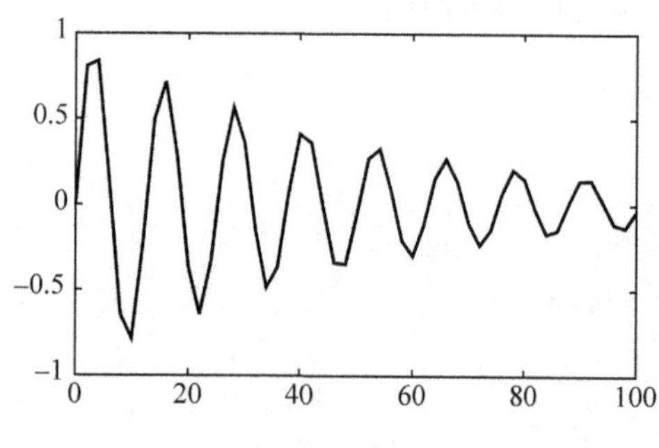

图 6-4　例 6-4 绘制的连续图形

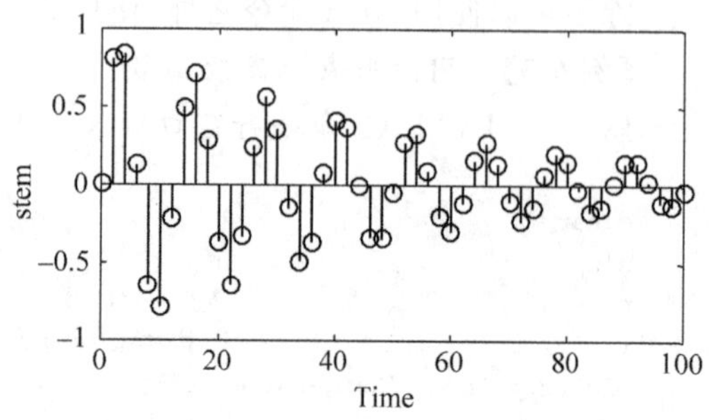

图 6-5　例 6-4 绘制的二维的茎图

6.1.2　连续函数可视化

对于连续函数可以取一组离散自变量，然后计算函数值，与离散数据的显示方式一样显示。

一般画函数或方程式的图形，都是先标上几个图形上的点，进而再将点连接即为函数图形，其点越多图形越平滑。MATLAB 在简易二维画图中也是相同做法，必须先指出 x 和 y 坐标(离散数据)，再将这些点连接，语法如下：

plot(x,y)：x 为图形上 x 坐标向量，y 为其对应的 y 坐标向量。

【例 6-5】 用图形表示连续调制波形 $y=\sin(t)\sin(9t)$。

解：在 MATLAB 命令行窗口输入以下程序：

```
clear all
clc
t1 = (0:12)/12 * pi;                    % 自变量取 13 个点
y1 = sin(t1). * sin(9 * t1);            % 计算函数值
t2 = (0:50)/50 * pi;                    % 自变量取 51 个点
y2 = sin(t2). * sin(9 * t2);
subplot(2,2,1);                         % 在子图 1 上画图
plot(t1,y1,'r.');                       % 用红色的点显示
axis([0,pi, - 1,1]);                    % 定义坐标大小
title('子图 1');                        % 显示子图标题
% 子图 2 用红色的点显示
subplot(2,2,2);
plot(t2,y2,'r.');
axis([0,pi, - 1,1]);
title('子图 2')
% 子图 3 用直线连接数据点和红色的点显示
subplot(2,2,3);
plot(t1,y1,t1,y1,'r.')
axis([0,pi, - 1,1]);
title('子图 3')
% 子图 4 用直线连接数据点
subplot(2,2,4);
plot(t2,y2);
axis([0,pi, - 1,1]);
title('子图 4')
```

输出图形如图 6-6 所示。

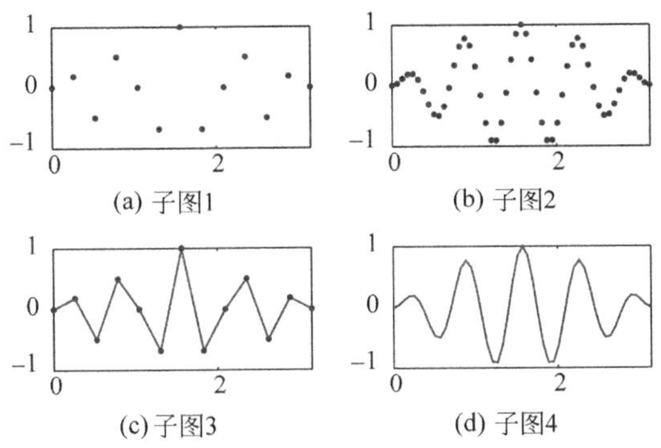

图 6-6　输出图形

【例 6-6】 分别取 5、10、100 个点，绘制 $y=\sin(x)$，$x\in[0,2\pi]$图形。

解：在 MATLAB 命令行窗口输入以下程序：

```
clear all
clc
x5 = linspace(0,2 * pi,5);              % 在 0 到 2π 间，等分取 5 个点
y5 = sin(x5);                           % 计算 x 的正弦函数值
plot(x5,y5);                            % 进行二维平面描点作图
```

输出 5 个点图形如图 6-7 所示。

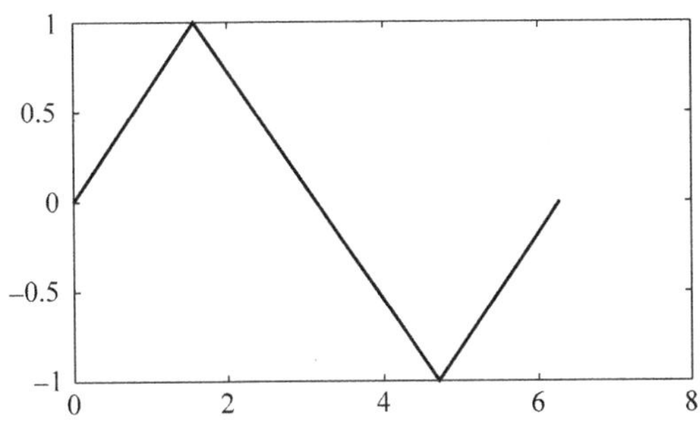

图 6-7　绘制 5 个点函数波形

在 MATLAB 命令行窗口输入以下程序：

```
clear all
clc
x10 = linspace(0,2 * pi,10);            % 在 0 到 2π 间，等分取 10 个点
y10 = sin(x10);                         % 计算 x 的正弦函数值
plot(x10,y10);                          % 进行二维平面描点作图
```

输出 10 个点图形如图 6-8(a)所示。

在 MATLAB 命令行窗口输入以下程序：

```
clear all
clc
```

```
x100 = linspace(0,2*pi,100);          % 在 0 到 2π,等分取 100 个点
y100 = sin(x100);                     % 计算 x 的正弦函数值
plot(x100,y100);                      % 进行二维平面描点作图
```

输出 100 个点的图形如图 6-8(b)所示。

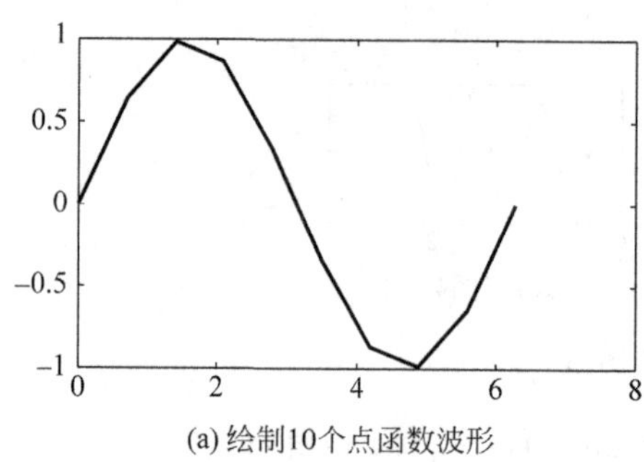

(a) 绘制10个点函数波形

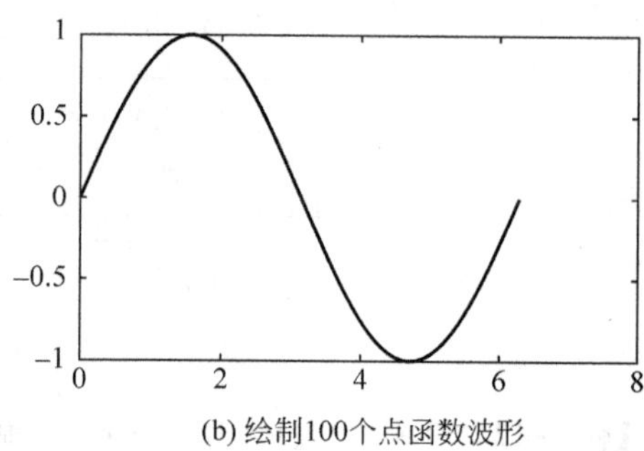

(b) 绘制100个点函数波形

图 6-8　绘制函数波形

6.2　二维图形的基本绘图命令

6.2.1　二维图形绘制步骤

1. 数据准备

选定要表现的范围；产生自变量采样向量；计算相应的函数值向量。对于二维曲线，需要准备横坐标和纵坐标数据；对于三维曲面，则要准备矩阵参变量和对应的 Z 坐标。

命令格式如下：

```
t = pi * (0:100)/100;
y = sin(t). * sin(9 * t);
```

2. 指定图形窗口和子图位置

可以使用 Figure 命令指定图形窗口，默认时，打开 Figure 1 或当前窗、当前子图。还可以使用 subplot 命令指定当前子图。

命令格式如下：

```
figure(1)          % 指定 1 号图形窗
subplot(2,2,3)     % 指定 3 号子图
```

3. 绘制图形

根据数据绘制曲线后，并设置曲线的绘制方式包括线型、色彩、数据点形等。

命令格式如下：

```
plot(t,y,'b-')      % 用蓝实线画曲线
```

4. 设置坐标轴和图形注释

设置坐标轴包括坐标的范围、刻度和坐标分隔线等，图形注释包括图名、坐标名、图例、文字说明等。

命令格式如下：

```
title('调制波形')                % 图名
xlabel('t');
ylabel('y')                      % 轴名
legend('sin(t)')                 % 图例
text(2,0.5,'y=sin(t)')           % 文字
axis([0,pi,-1,1])                % 设置轴的范围
grid on                          % 画坐标分隔线
```

5. 图形的精细修饰

图形的精细修饰可以利用对象或图形窗口的菜单和工具条进行设置，属性值使用图形句柄进行操作。

命令格式如下：

```
set(h,'MarkerSize',10)      % 设置数据点大小
```

6. 按指定格式保存或导出图形

将绘制的图形窗口保存为.fig 文件，或转换成其他图形文件。

【例 6-7】 绘制 $y=e^{2\cos x}, x\in[0,4\pi]$函数图形。

解：绘图步骤如下：

(1) 准备数据：

```
clear all
clc
x = 0 : 0.1 : 4*pi;
y = exp (2*cos (x));
```

(2) 指定图形窗口：

```
figure(1)
```

(3) 绘制图形：

```
plot(x,y,'b.')
```

得到图形如图 6-9 所示。

(4) 设置图形注释和坐标轴:

```
title('test')                  % 图名
xlabel('x');
ylabel('y')                    % 轴名
legend('e2cosx')               % 图例
text(2,0.5,'y= e2cosx ')       % 文字
axis([0,4*pi,-1,1])            % 设置轴的范围
grid on                        % 画坐标分隔线
```

得到修改后的图形如图 6-10 所示。

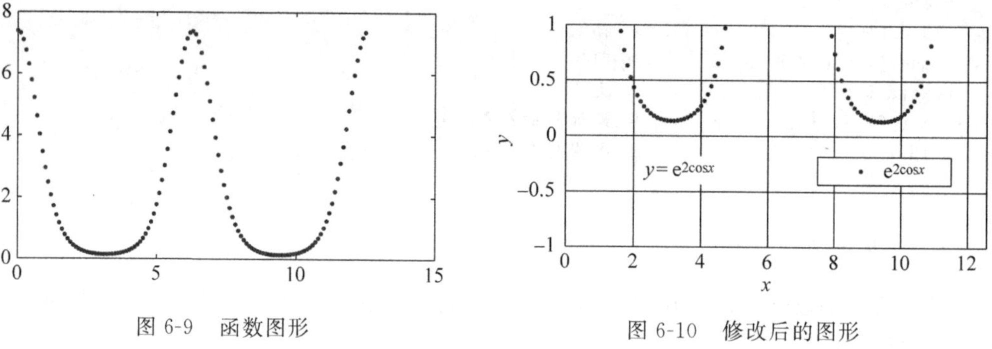

图 6-9　函数图形

图 6-10　修改后的图形

6.2.2　二维图形基本绘图命令 plot

二维图形绘图命令 plot 调用格式如下:

(1) plot(X,'s'): X 是实向量时,以向量元素的下标为横坐标,元素值为纵坐标画一连续曲线; X 是实矩阵时,按列绘制每列元素值对应其下标的曲线,曲线数目等于 X 矩阵的列数; X 是复数矩阵时,分别以元素实部和虚部为横、纵坐标绘制多条曲线。

(2) plot(X,Y,'s'): X、Y 是同维向量时,则绘制以 X、Y 元素为横、纵坐标的曲线; X 是向量,Y 是有一维与 X 等维的矩阵时,则绘出多根不同彩色的曲线。曲线数等于 Y 的另一维数,X 作为这些曲线的共同坐标; X 是矩阵,Y 是向量时,情况与上相同,Y 作为共同坐标; X、Y 是同维实矩阵时,则以 X、Y 对应的元素为横、纵坐标分别绘制曲线,曲线数目等于矩阵的列数。

(3) plot(X1,Y1,'s1',X2,Y2,'s2',…): s、s1、s2 用来指定线型、色彩、数据点形的字符串。

【例 6-8】 绘制一组幅值不同的余弦函数。

解: 在 MATLAB 命令行窗口输入以下程序:

```
clear all
clc
```

```
t = (0:pi/5:2 * pi)';          % 横坐标列向量
k = 0.3:0.1:1;                 % 8 个幅值
Y = cos(t) * k;                % 8 条函数值矩阵
plot(t,Y)
```

得到的图形如图 6-11 所示。

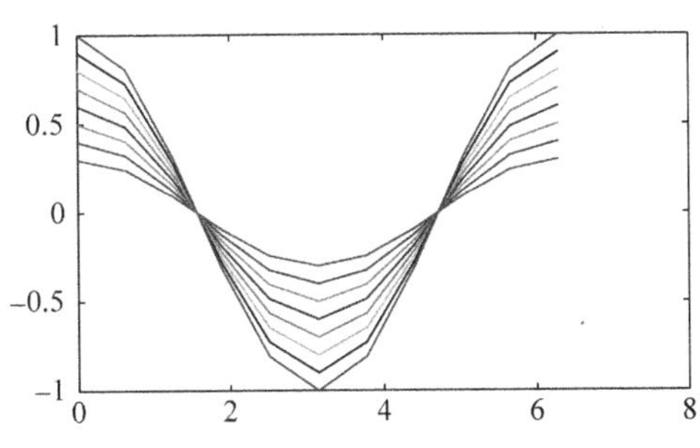

图 6-11　幅值不同的余弦函数

【例 6-9】 用图形表示连续调制波形及其包络线。

解：在 MATLAB 命令行窗口输入以下程序：

```
clear all
clc
t = (0:pi/100:4 * pi)';                        % 长度为 101 的时间采样序列
y1 = sin(t) * [1, - 1];                        % 包络线函数值,101 × 2 矩阵
y2 = sin(t). * sin(9 * t);                     % 长度为 101 的调制波列向量
t3 = pi * (0:9)/9;
y3 = sin(t3). * sin(9 * t3);
plot(t,y1,'r:',t,y2,'b',t3,y3,'b * ')          % 绘制三组曲线
axis([0,2 * pi, - 1,1])                        % 控制轴的范围
```

得到的图形如图 6-12 所示。

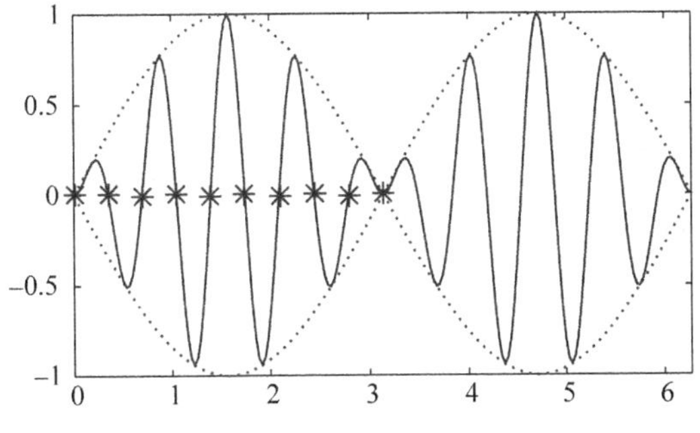

图 6-12　连续调制波形及其包络线

【例 6-10】 用复数矩阵形式画图形。

解：在 MATLAB 命令行窗口输入以下程序：

```
clear all
clc
```

```
t = linspace(0,2 * pi,100)';                              % 产生 100 个数
X = [cos(t),cos(2 * t),cos(3 * t)] + i * sin(t) * [1,1,1];  % 100x3 的复数矩阵
plot(X),axis square;                                      % 使坐标轴长度相同
legend('1','2','3')                                       % 图例
```

得到的图形如图 6-13 所示。

【例 6-11】 采用模型$\frac{x^2}{a^2}+\frac{y^2}{25-a^2}=1$画一组椭圆。

解：在 MATLAB 命令行窗口输入以下程序：

```
clear all
clc
th = [0:pi/50:2 * pi]';
a = [0.5:.5:4.5];
X = cos(th) * a;
Y = sin(th) * sqrt(25 - a.^2);
plot(X,Y)
axis('equal')
xlabel('x')
ylabel('y')
title('A set of Ellipses')
```

得到的图形如图 6-14 所示。

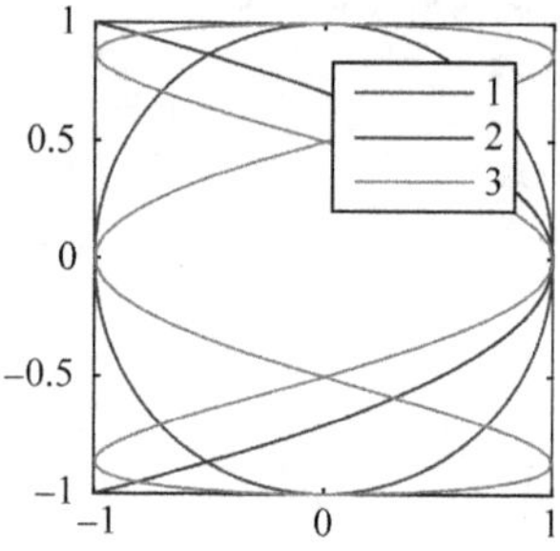

图 6-13 用复数矩阵形式画的图形

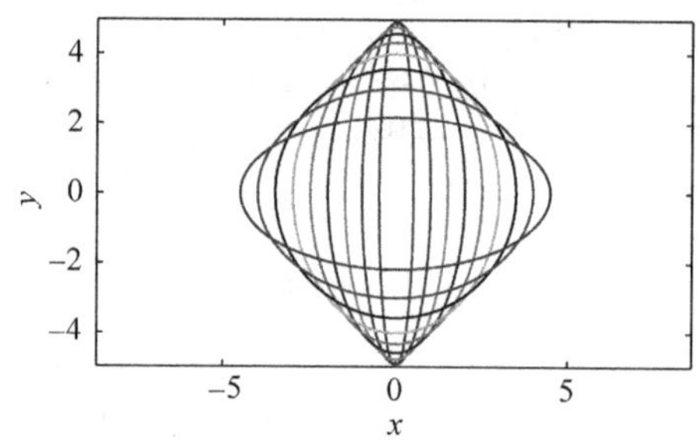

图 6-14 椭圆图形

使用 plot 命令还可以进行矩阵的线绘。

在 MATLAB 命令行窗口输入以下程序：

```
z = peaks;          % 矩阵为 49×49
plot (z)
```

得到的图形如图 6-15 所示。

变换方向绘图：

```
y = 1 : length (peaks);
plot (peaks, y)
```

得到如图 6-16 所示的图形。

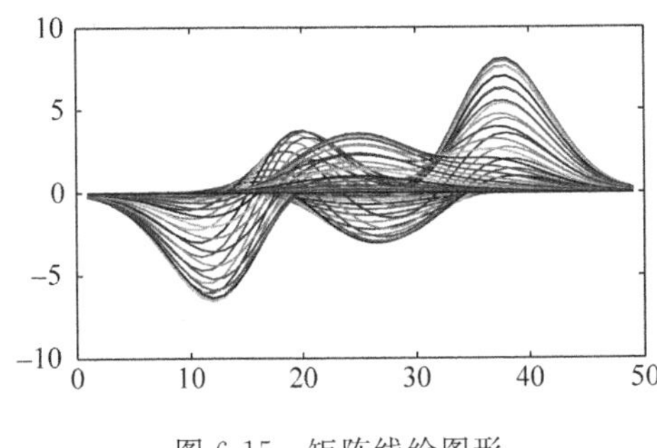

图 6-15 矩阵线绘图形

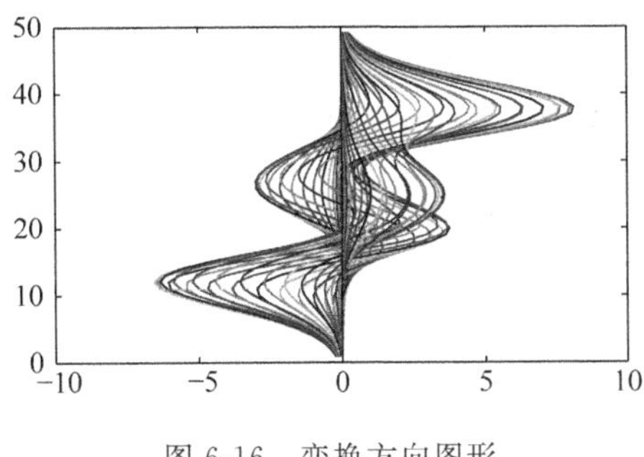

图 6-16 变换方向图形

6.2.3 快速方程式画图(fplot,ezplot)

MATLAB 中的快速方程式画图函数包括 fplot、ezplot,具体使用方法如下。

(1) fplot:单纯画方程式图形,图形上之(x,y)坐标值会自动取,但必须输入 x 坐标的范围,其指令如下:

fplot('函式',[xmin,xmax,ymin,ymax]):绘出函式图形,x 轴的范围取 xmin 到 %xmax,y 轴的范围取 ymin 到 ymax。

【例 6-12】 绘制 $y=x-\cos(x^2)-\sin(2x^3)$图形。

解:在 MATLAB 命令行窗口输入以下程序:

```
clear all
clc
fplot('x - cos(x^2) - sin(2 * x^3)',[ - 4,4])        % 绘制图形
```

得到的图形如图 6-17 所示。

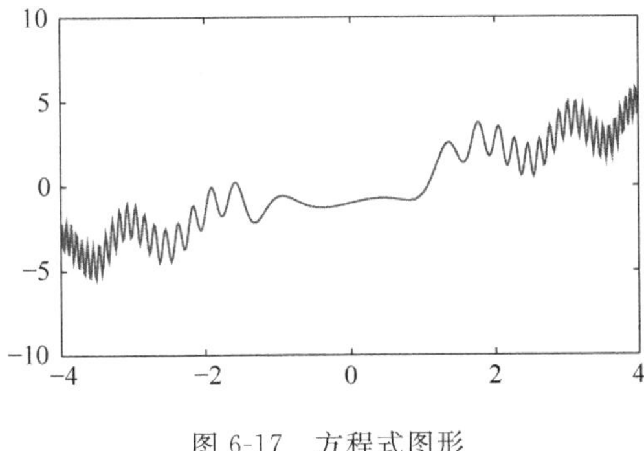

图 6-17 方程式图形

(2) ezplot:类似 fplot,可以绘出 y=f(x)显函数,也可绘出 f(x,y)=0 隐函数以及参数式。指令如下:

ezplot('函式',[xmin,xmax,ymin,ymax]):绘出函式图形,x 轴的范围取 xmin 到 xmax。

ezplot('x 参数式','y 参数式',[tmin，tmax])：绘出参数式图形，t 范围取 tmin 到 tmax。

【例 6-13】 利用 ezplot 绘制函数 $f(x)=x^2$ 的图形。

解：在 MATLAB 命令行窗口输入以下程序：

```
clear all
clc
ezplot('x^2')      % 绘制图形
```

得到的图形如图 6-18 所示。

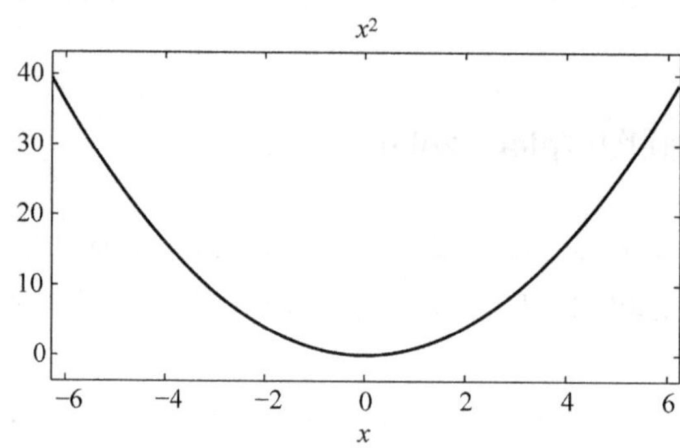

图 6-18 方程式图形

注意：在 MATLAB 命令的''内不需要写成先前 x.^2 元素对元素的形式。

【例 6-14】 利用 ezplot 命令绘制 $f(x,y)=x^2-y=0$ 的图形。

解：在 MATLAB 命令行窗口输入以下程序：

```
clear all
clc
ezplot('x^2 - y',[ - 6 6  - 2 8])      % 绘制图形
```

得到的图形如图 6-19 所示。

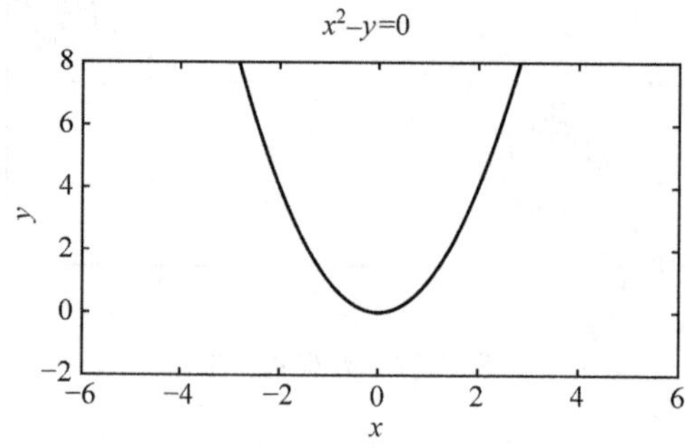

图 6-19 方程式图形

【例 6-15】 利用 ezplot 命令绘制参数式

$$x = \cos(3t), \quad y = \sin(5t), \quad t \in [0,2\pi]$$

的图形。

解：在 MATLAB 命令行窗口输入以下程序：

```
clear all
clc
ezplot('cos(3 * t)','sin(5 * t)',[0,2 * pi])      % 绘制图形
```

得到的图形如图 6-20 所示。

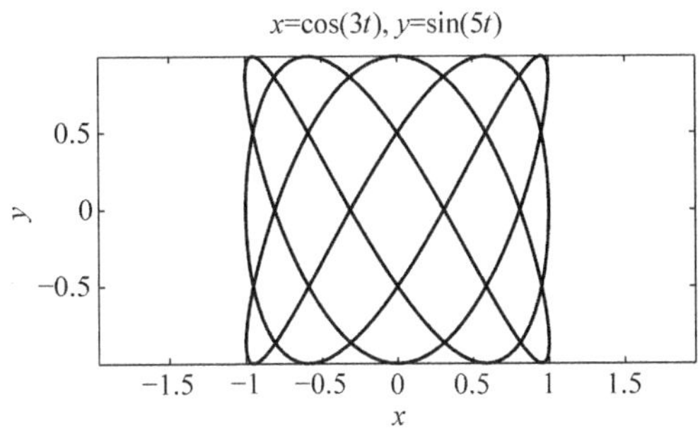

图 6-20　方程式图形

6.3　二维图形的修饰

MATLAB 在绘制二维图形的时候，还提供了多种修饰图形的方法，包括色彩、线型、点型、坐标轴等方面。本节详细介绍了 MATLAB 中常见了二维图形修饰方法。

6.3.1　色彩、线型和点型

1. 色彩和线型

色彩和线型如表 6-1 所示。

表 6-1　常见的色彩和线型

线型	符号	—		:		-.		--	
	含义	实线		虚线		点画线		双画线	
色彩	符号	b	g	r	c	m	y	k	w
	含义	蓝	绿	红	青	品红	黄	黑	白

有效的组合方式为“色彩＋线型”。默认时，线型为实线，色彩从蓝色到白色循环。

【例 6-16】　在 MATLAB 中演示色彩与线型。

解：在 MATLAB 命令行窗口输入以下程序：

```
clear all
clc
A = ones(1,10);                              % A 为 10 个 1 的行向量，用于画横线
hold on                                      % 绘图保持
plot(A,'b - ')     ;plot(2 * A,'g - ');      % 蓝色、绿色的实线
```

```
plot(3 * A,'r:')  ;plot(4 * A,'c:');          % 红色、青色的虚线
plot(5 * A,'m-.');plot(6 * A,'y-.');           % 品红、黄色的点画线
plot(7 * A,'k--');plot(8 * A,'w--');           % 黑色、白色的双画线
axis([0,11,0,9]);                               % 定义坐标轴
hold off                                        % 取消绘图保持
```

得到的图形如图 6-21 所示。

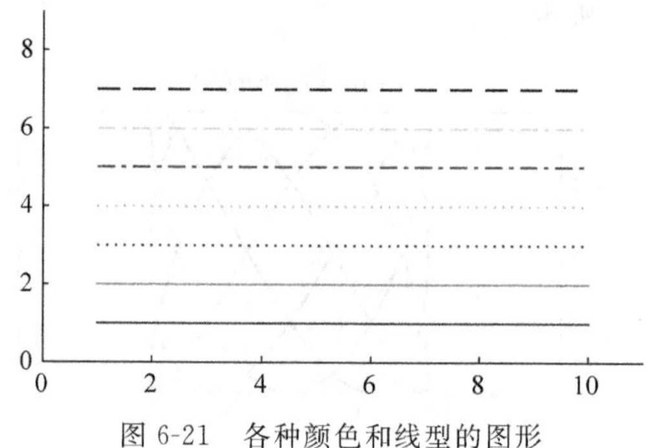

图 6-21　各种颜色和线型的图形

2. 数据点型

数据点型如表 6-2 所示。

表 6-2　数据点型

符号	含义	符号	含义	符号	含义	符号	含义
.	实心点	+	十字符	o	空心圆	x	叉字符
*	八线符	^	上三角	s	方块符		
<	左三角	>	右三角	h	六角星		
v	下三角	d	菱形	p	五角星		

有效的组合方式为“点型”或者“色彩＋点型”。

【例 6-17】 演示数据点型。

解：在 MATLAB 命令行窗口输入以下程序：

```
clear all
clc
A = ones(1,10);
figure(1);
hold on
plot(A,'.');
plot(2 * A,'+');
plot(3 * A,'*');
plot(4 * A,'^');
plot(5 * A,'<');
plot(6 * A,'>');
plot(7 * A,'v');
plot(8 * A,'d');
plot(9 * A,'h');
plot(10 * A,'o');
```

```
plot(11*A,'p');
plot(12*A,'s');
plot(13*A,'x');
axis([0,11,0,14]);
hold off
```

得到的图形如图 6-22 所示。

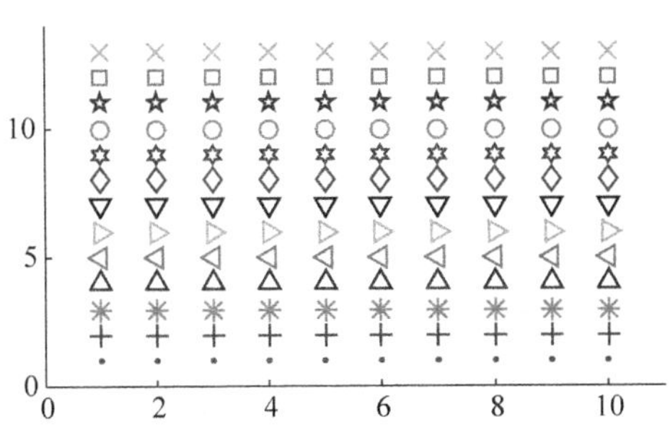

图 6-22 数据点型的图形

6.3.2 坐标轴的调整

在一般情况下,不必选择坐标系,MATLAB 可以自动根据曲线数据的范围选择合适的坐标系,从而使曲线尽可能清晰地显示出来。但是,如果对 MATLAB 自动产生的坐标轴不满意,可以利用 axis 命令对坐标轴进行调整。

```
axis(xmin xmax ymin ymax)
```

这个命令将所画图形的 X 轴的大小范围限定在 xmin 和 xmax 之间,Y 轴的大小范围限定在 ymin 和 ymax 之间。

在 MATLAB 中,坐标轴控制的方法见表 6-3 所示。

表 6-3 坐标轴控制方法

坐标轴控制方式、取向和范围		坐标轴的高宽比	
axis auto	使用默认设置	axis equal	纵、横轴采用等长刻度
axis manual	使用当前坐标范围不变	axis fill	Manual 方式起作用,坐标充满整个绘图区
axis off	取消轴背景	axis image	同 equal 且坐标紧贴数据范围
axis on	使用轴背景	axis normal	默认矩形坐标系
axis ij	矩阵式坐标,原点在左上方	axis square	产生正方形坐标系
axis xy	直角坐标,原点在左下方	axis tight	数据范围设为坐标范围
axis(V);V = [x1, x2, y1, y2]; V = [x1, x2, y1, y2, z1, z2]	人工设定坐标范围	axis vis3d	保持高、宽比不变,用于三维旋转时避免图形大小变化

【例 6-18】 尝试使用不同的 MATLAB 坐标轴控制指令,观察各种坐标轴控制指令的影响。

解：在 MATLAB 命令行窗口输入以下程序：

```
clear all
clc
t = 0:2 * pi/99:2 * pi;
x = 1.15 * cos(t);
y = 3.25 * sin(t);                              % 椭圆
subplot(2,3,1),
plot(x,y),
grid on;                                        % 子图 1
axis normal,
title('normal');
subplot(2,3,2),
plot(x,y),
grid on;                                        % 子图 2
axis equal,
title('equal');
subplot(2,3,3),
plot(x,y),
grid on;                                        % 子图 3
axis square,
title('Square')
subplot(2,3,4),
plot(x,y),
grid on;                                        % 子图 4
axis image,
box off,
title('Image and Box off')
subplot(2,3,5),
plot(x,y);grid on                               % 子图 5
axis image fill,
box off,
title('Image and Fill')
subplot(2,3,6),
plot(x,y),
grid on;                                        % 子图 6
axis tight,
box off,
title('Tight')
```

得到的图形如图 6-23 所示。

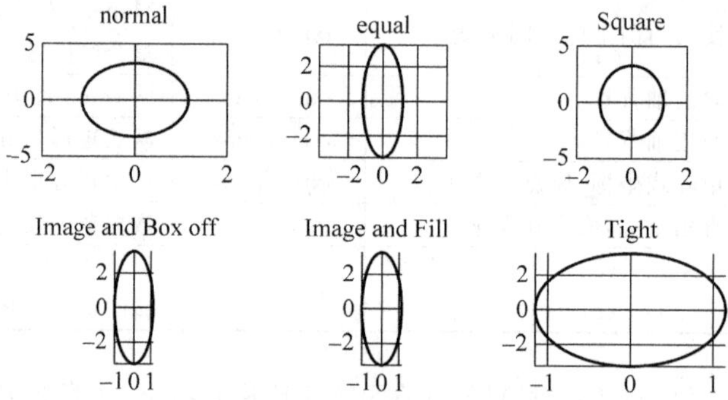

图 6-23　坐标轴变换对比图

【例 6-19】 将一个正弦函数的坐标轴由默认值修改为指定值。

解：在 MATLAB 命令行窗口输入以下程序：

```
clear all
clc
x = 0:0.02:4 * pi;
y = sin(x);
plot(x,y)                  % 画出振幅为 1 的正弦波
axis([0 4 * pi  - 3 3])    % 将先前绘制的图形坐标修改为所设置的大小
```

输出的图形如图 6-24 所示。

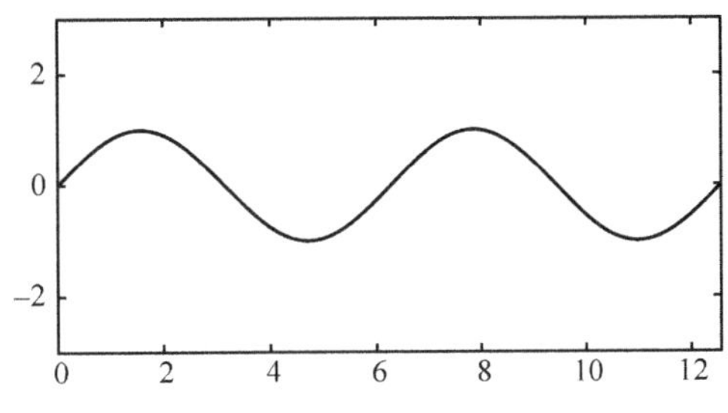

图 6-24　坐标轴调整示意图

6.3.3　刻度和分格线

MATLAB 刻度设置的函数包括 semilogx 和 semilogy，其使用格式如下：

```
semilogx(X1,Y1, … )        % X 轴为对数刻度,Y 轴为线性刻度
semilogy(X1,Y1, … )        % X 轴为线性刻度,Y 轴为对数刻度
```

而 MATLAB 分格线函数为 grid，其中 grid on/off 的作用分别是显示或关闭画图中的分格线。

【例 6-20】 使用 MATLAB 函数绘制不同刻度的二维图形，并分别显示和关闭分格线。

解：在 MATLAB 命令行窗口输入以下程序：

```
clear all;
clc;
x = 0:0.1:10;
y = 2 * x + 3;
subplot(221);
plot(x,y);                    % 使用 plot 进行常规画图
grid on
title('plot')
subplot(222);
semilogy(x,y);                % X 轴为线性刻度,Y 轴为对数刻度
grid on
title('semilogy')
subplot(223);
```

```
x = 0:1000;
y = log(x);
semilogy(x,y);           % X轴为对数刻度,Y轴为线性刻度
grid on
title('semilogx')
subplot(224);
plot(x,y);
grid off                 % 关闭分格线
title('grid off')
```

输出的图形如图 6-25 所示。

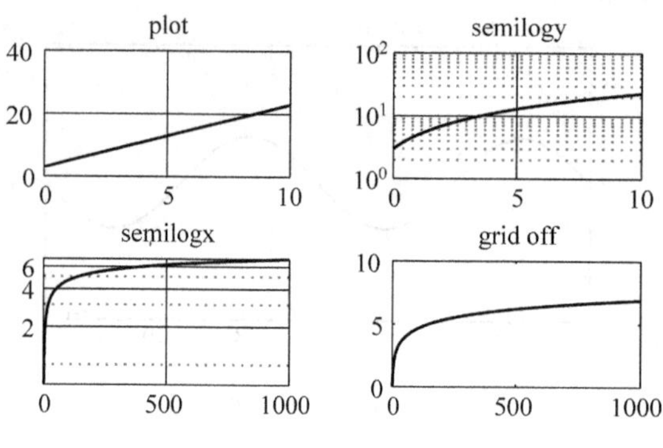

图 6-25 不同刻度的二维图

6.3.4 设置坐标框

使用 box 命令,可以开启或封闭二维图形的坐标框,其使用方法如下:

box:坐标形式在封闭和开启间切换。

box on:开启。

box off:封闭。

在实际使用过程中,系统默认为坐标框处于开启状态。

【例 6-21】 使用 box 命令,演示坐标框开启和封闭之间的区别。

解:在 MATLAB 命令行窗口输入以下程序:

```
clear all;
clc;
x = linspace( - 2 * pi,2 * pi);
y1 = sin(x);
y2 = cos(x);
figure
h = plot(x,y1,x,y2);
box on
```

输出有坐标框的图形如图 6-26 所示。

在上面代码后面增加如下语句:

```
box off;
```

即可以看到如图 6-27 所示的无坐标框二维图。

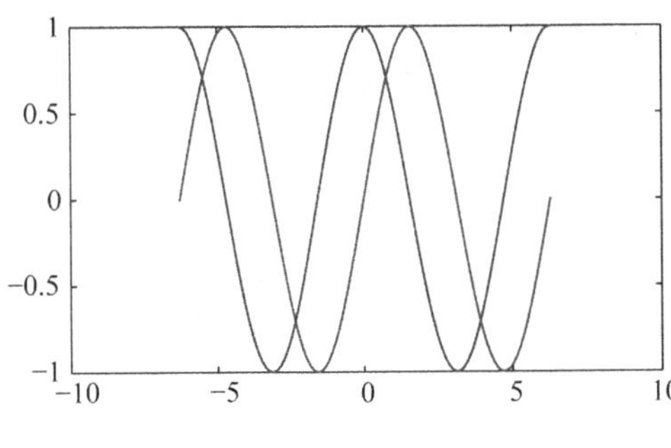

图 6-26　有坐标框的二维图

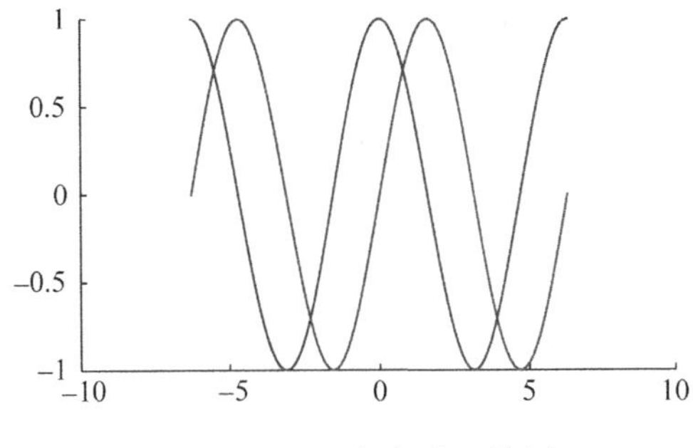

图 6-27　无坐标框的二维图

6.3.5　图形标识

在 MATLAB 中增加标识可以使用 title 和 text 命令。其中,title 是将标识添加在固定位置,text 是将标识添加到用户指定位置。

使用 title('string')命令给绘制的图形加上固定位置的标题,xlabel ('string')命令和 ylabel ('string')命令分别给 X 轴和 Y 轴加上标注。

例如,在 MATLAB 命令行窗口输入如下命令,可得到如图 6-28 所示的图形。

```
x = 0:0.01:2 * pi;
y1 = sin(x);
y2 = cos(x);
plot(x,y1,x,y2, '--')
grid on;
xlabel ('弧度值')
ylabel ('函数值')
title('正弦与余弦曲线')
```

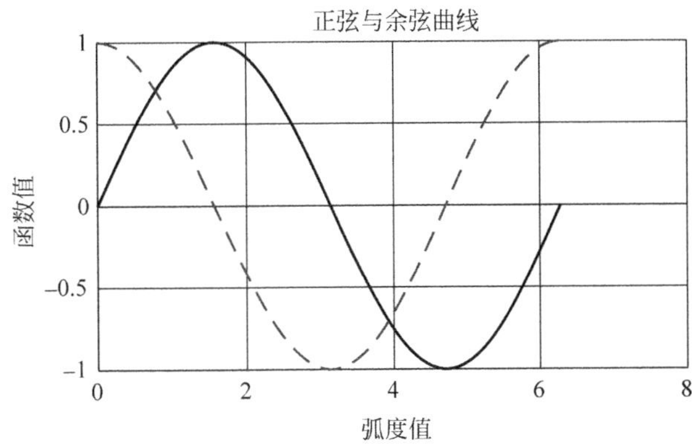

图 6-28　标识坐标轴名称

在 MATLAB 中,用户可以在图形的任意位置加注一串文本作为注释。在任意位置加注文本可以使用坐标轴确定文字位置的 text 命令,其使用格式如下:

```
text(x,y, 'string','option')
```

在图形的指定坐标位置(x,y)处，写出由 string 给出的字符串。其中 x、y 坐标的单位是由后面的 option 选项决定的。如果不加选项，则 x、y 的坐标单位和图中一致；如果选项为'sc'，表示坐标单位是取左下角为(0,0)，右上角为(1,1)的相对坐标。

在画出 6-28 图形后，继续输入如下命令：

```
text(0.4,0.8, '正弦曲线', 'sc')
text(0.8,0.8, '余弦曲线', 'sc')
```

得到如图 6-29 所示的图形。

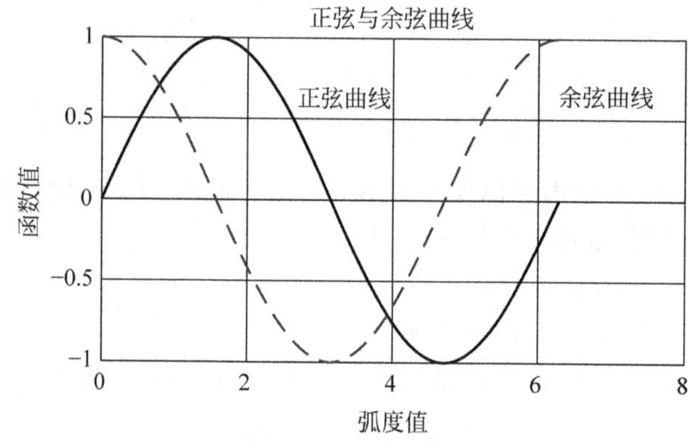

图 6-29　曲线加注名称

【例 6-22】 使用 text 命令，计算标注文字的位置。

解：在 MATLAB 命令行窗口输入以下程序：

```
clear all
clc
t = 0 : 900;
hold on;
plot (t, 0.25 * exp ( - 0.005 * t));
text (300, .25 * exp ( - 0.005 * 300), '\bullet \leftarrow \fontname {times} 0.05 at t =
300' , 'FontSize', 14)
hold off;
```

得到如图 6-30 所示的图形。

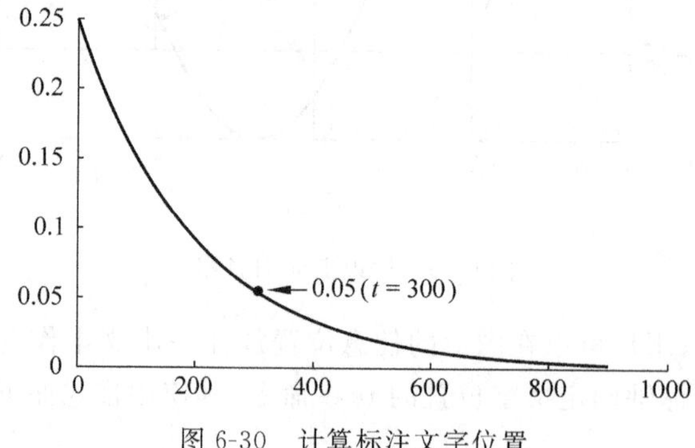

图 6-30　计算标注文字位置

【例 6-23】 使用 text 命令，绘制连续和离散数据图形，并对图形进行标识。

解：在 MATLAB 命令行窗口输入以下程序：

```
clear all
clc
x = linspace (0, 2 * pi, 60);
a = sin (x);
b = cos (x);
hold on
stem_handles = stem (x, a + b);
plot_handles = plot (x, a, '-r', x, b, '-g');
xlabel ('Time in \ musecs')
ylabel ('Magnitude')
title ('Linear Combination of Two Functions ')
legend_handles = [ stem_handles; plot_handles ];
legend (legend_handles, 'a + b', 'a = sin (x)', 'b = cos (x)')
```

得到如图 6-31 所示的详细文字标识图形。

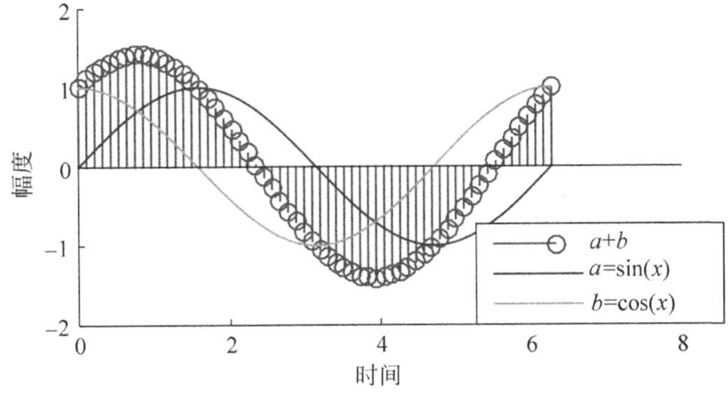

图 6-31 详细文字标识图

【例 6-24】 使用 text 命令，绘制包括不同统计量的标注说明图形。

解：在 MATLAB 命令行窗口输入以下程序：

```
clear all
clc
x = 0:.2:12;
b = bar(rand(10,5),'stacked'); colormap(summer); hold on
x = plot(1:10,5 * rand(10,1),'marker','square','markersize',12, 'markeredgecolor','y',
'markerfacecolor',[.6 0 .6],'linestyle','-','color','r','linewidth',2);
hold off
legend([b,x],'Carrots','Peas','Peppers','Green Beans', 'Cucumbers','Eggplant')

b = bar(rand(10,5),'stacked');
colormap(summer);
hold on
x = plot(1:10,5 * rand(10,1),'marker','square','markersize',12, 'markeredgecolor','y',
'markerfacecolor',[.6 0 .6],'linestyle','-','color','r','linewidth',2);
hold off
legend([b,x],'Carrots','Peas','Peppers','Green Beans','Cucumbers','Eggplant')
```

得到如图 6-32 所示的包括不同统计量的标注说明图形。

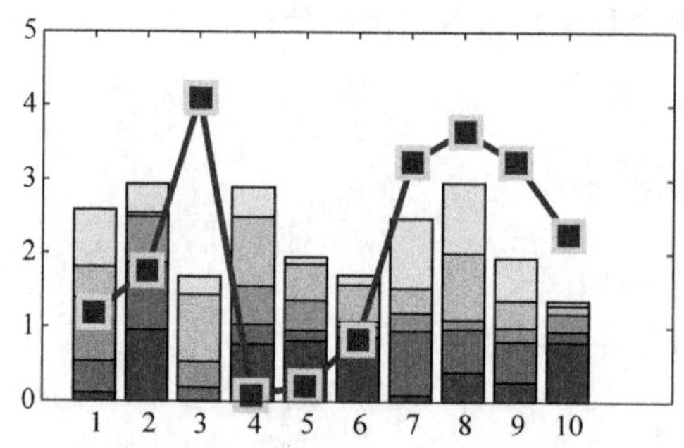

图 6-32　包括不同统计量的标注说明图形

6.3.6　图案填充

MATLAB 除了可以直接画出单色二维图之外，还可以使用 patch 函数在指定的两条曲线和水平轴所包围的区域填充指定的颜色，其使用格式如下：

patch(x, y, [r g b])：[r g b]中的 r 表示红色，g 表示绿色，b 表示蓝色。

例如，在 MATLAB 命令行窗口输入如下命令，可得到如图 6-33 所示的图形。

```
clear all
clc
patch([0 .5 1], [0 1 0], [1 0 0]);
```

【例 6-25】 使用函数在图 6-34 中的两条实线之间填充红色，并在两条虚线之间填充黑色。

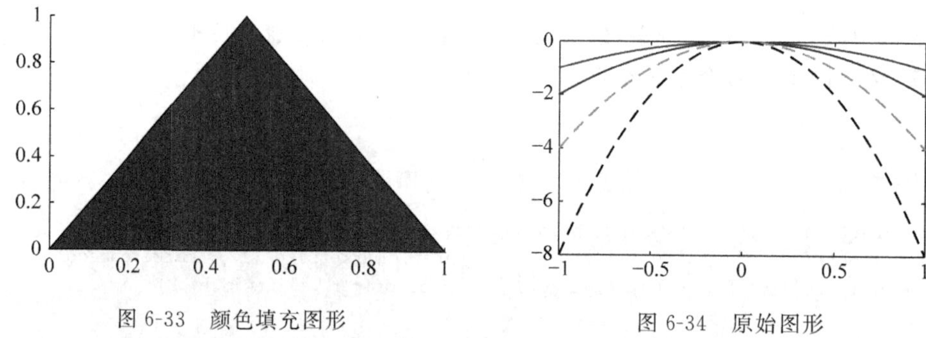

图 6-33　颜色填充图形　　　图 6-34　原始图形

解：在 MATLAB 命令行窗口输入以下程序：

```
clear all
clc
x = -1:0.01:1;
y = -1. * x. * x;
plot(x,y,'-','LineWidth',1)
XX = x;
```

```
YY = y;
hold on
y = -2.*x.*x;
plot(x,y,'r-','LineWidth',1)
hold on
XX = [XX x(end:-1:1)];
YY = [YY y(end:-1:1)];
patch(XX,YY,'r')

y = -4.*x.*x;
plot(x,y,'g--','LineWidth',1)
XX = x;
YY = y;
hold on
y = -8.*x.*x;
plot(x,y,'k--','LineWidth',1)
XX = [XX x(end:-1:1)];
YY = [YY y(end:-1:1)];
patch(XX,YY,'b')
```

得到的图形如图 6-35 所示。

【例 6-26】 使用函数在图 6-36 中的实线和虚线之间的区域填充红色。

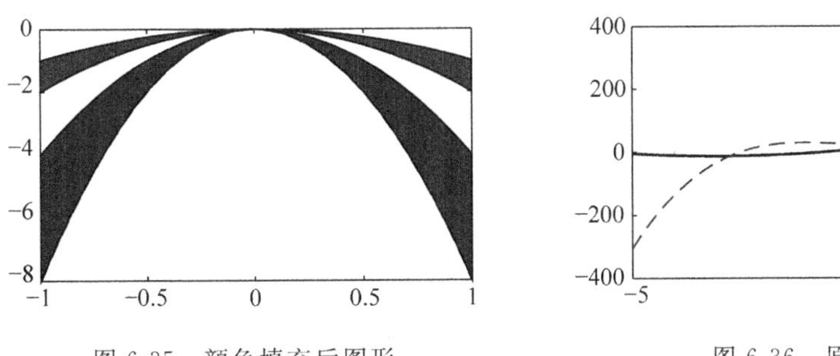

图 6-35 颜色填充后图形

图 6-36 原始图形

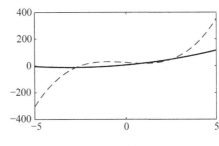

解：在 MATLAB 命令行窗口输入以下程序：

```
clear all
clc
x = -5:0.01:5;
ls = length(x);
y1 = 2*x.^2 + 12*x + 6;        % y1 是一个长 ls 的行向量
y2 = 3*x.^3 - 9*x + 24;        % y2 是一个长 ls 的行向量
plot(x,y1,'r-');
hold on;
plot(x,y2,'b--');
hold on;
y1_y2 = [y1;y2];               % 是一个 2×ls 的矩阵,第一行为 y1,第二行为 y2
maxY1vsY2 = max(y1_y2);        % 1×ls 的是一个行向量,表示 y1_y2 每一列的最大值,即 x 相同
                               % 时,y1 与 y2 的最大值
```

```
minY1vsY2 = min(y1_y2);  % 1×ls 的是一个行向量,表示 y1_y2 每一列的最小值,即 x 相同时,y1
                         % 与 y2 的最小值
yForFill = [maxY1vsY2,fliplr(minY1vsY2)];
xForFill = [x,fliplr(x)];
fill(xForFill,yForFill,'r','FaceAlpha',0.5,'EdgeAlpha',0.5,'EdgeColor','r');
```

得到的图形如图 6-37 所示。

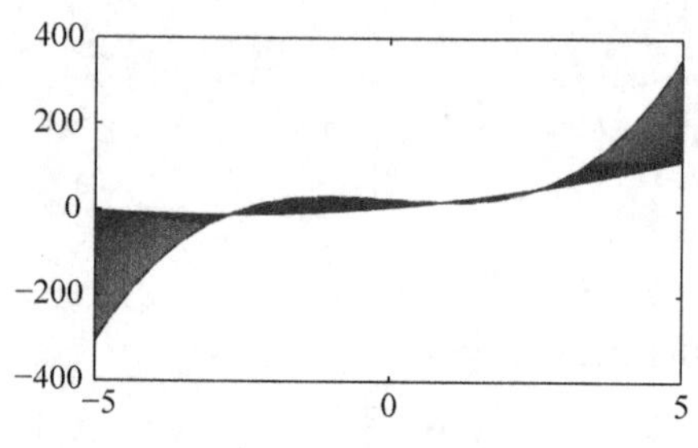

图 6-37 颜色填充后图形

【例 6-27】 函数 $y=\sin x-x^3\cdot\cos x$ 的曲线如图 6-38 所示，在该条曲线上方与下方的一个函数标准差的区域内填充红色。

解：在 MATLAB 命令行窗口输入以下程序：

```
clear all
clc
x = 0:0.005:50;
y = sin(x) - x.^3. * cos(x);                % 指定函数
stdY = std(y);                              % 标准差
y_up = y + stdY;                            % 上限值
y_low = y - stdY;                           % 下限值
plot(x,y,'b-','LineWidth',2);               % 绘制曲线图像
hold on;
yForFill = [y_up,fliplr(y_low)];
xForFill = [x,fliplr(x)];
fill(xForFill,yForFill,'r','FaceAlpha',0.5,'EdgeAlpha',1,'EdgeColor','r');
```

得到的图形如图 6-39 所示。

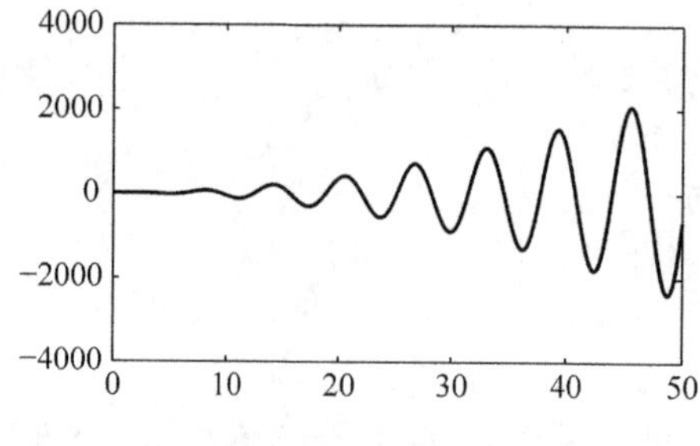

图 6-38 原始函数曲线图形

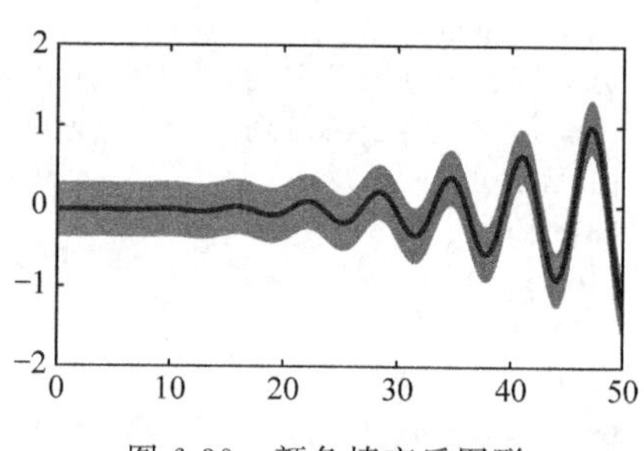

图 6-39 颜色填充后图形

6.4 子图绘制法

在一个图形窗口可以用函数 subplot 同时画出多个子图形，其调用格式主要有以下几种：

1. subplot(m,n,p)

将当前图形窗口分成 $m\times n$ 个子窗口，并在第 x 个子窗口建立当前坐标平面。子窗口按从左到右、从上到下的顺序编号，如图 6-40 所示。如果 **p** 为向量，则以向量表示的位置建立当前子窗口的坐标平面。

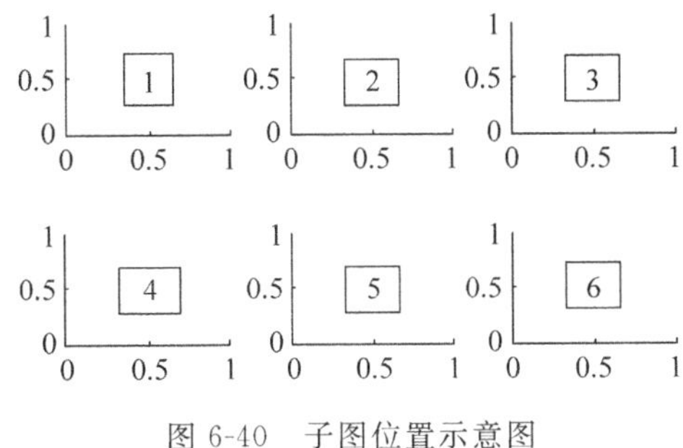

图 6-40　子图位置示意图

2. subplot(m,n,p,'replace')

按图 6-40 建立当前子窗口的坐标平面时，若指定位置已经建立了坐标平面，则以新建的坐标平面代替。

3. subplot(h)

指定当前子图坐标平面的句柄 h，h 为按 mnp 排列的整数。例如，在图 6-40 所示的子图中 h=232，表示第 2 个子图坐标平面的句柄。

4. subplot('Position',[left bottom width height])

在指定的位置建立当前子图坐标平面，它把当前图形窗口看成是 1.0×1.0 的平面，所以 left、bottom、width、height 分别在(0,1)的范围内取值，分别表示所创建当前子图坐标平面距离图形窗口左边、底边的长度，以及所建子图坐标平面的宽度和高度。

5. h = subplot(…)

创建当前子图坐标平面时，同时返回其句柄。值得注意的是：函数 subplot 只是创建子图坐标平面，在该坐标平面内绘制子图，仍然需要使用 plot 函数或其他绘图函数。

【例 6-28】 用 subplot 函数画一个子图，要求两行两列共 4 个子窗口，且分别画出正弦、余弦、正切、余切函数曲线。

解：在 MATLAB 命令行窗口输入以下程序：

```
clear all
clc
x = -5:0.01:5;
subplot(2,2,1);
plot(x,sin(x));                          % 画 sin(x)
xlabel('x');
ylabel('y');
title('sin(x)')
subplot(2,2,2);
plot(x,cos(x));                          % 画 cos(x)
xlabel('x');
ylabel('y');
title('cos(x)');
subplot(2,2,3);
x = (-pi/2)+0.01:0.01:(pi/2)-0.01;
plot(x,tan(x));                          % 画 tan(x)
xlabel('x');
ylabel('y');
title('tan x');
subplot(2,2,4);
x = 0.01:0.01:pi-0.01;
plot(x,cot(x));
xlabel('x');
ylabel('y');
title('cot x');                          % 画 cot(x)
```

输出的图形如图 6-41 所示。

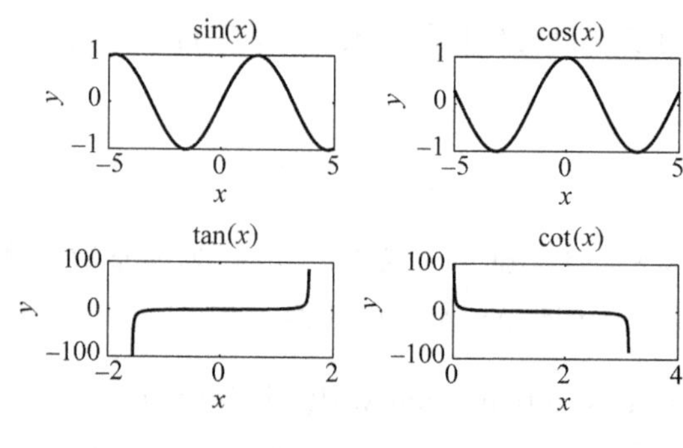

图 6-41　子图

【例 6-29】 用 subplot 函数画一个子图，要求两行两列共四个子窗口，且分别显示四种不同的曲线图像。

解：在 MATLAB 命令行窗口输入以下程序：

```
clear all
clc
t = 0 : pi/20 : 2*pi;
[ x, y ] = meshgrid (t);

subplot (2, 2, 1)
```

```
plot (sin (t), cos (t))
axis equal

subplot (2, 2, 2)
z = sin (x) + cos (y);
plot (t, z)
axis ([ 0 2 * pi - 2 2 ])

subplot (2, 2, 3)
z = sin (x). * cos (y);
plot (t, z)
axis ([ 0 2 * pi - 1 1 ])

subplot (2, 2, 4)
z = (sin (x).^2) - (cos (y).^2);
plot (t, z)
axis ([ 0 2 * pi - 1 1 ])
```

输出图形如图 6-42 所示。

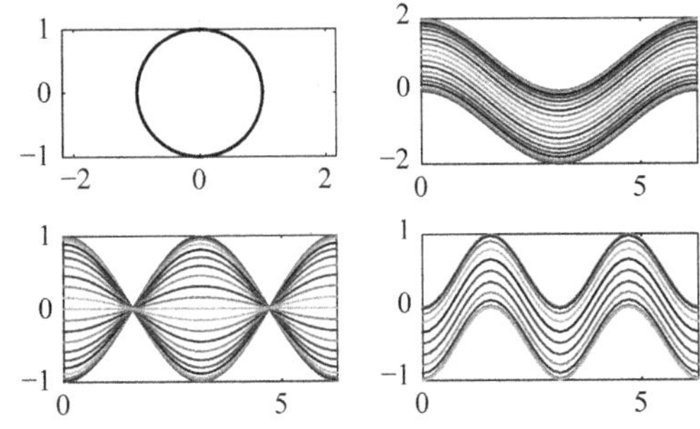

图 6-42　子图图形

6.5　特殊图形的绘制

在基本的绘图函数使用时，它们的坐标轴刻度均为线性刻度。但是，当实际的数据出现指数变化时，指数变化就不能直观地从图形上体现出来。为了解决这个问题，MATLAB 提供了多种特殊的绘图函数。

6.5.1　特殊坐标图形的绘制

这里所谓的特殊坐标系是区别于均匀直角坐标系而言，具体包括极坐标系、对数坐标系、柱坐标和球坐标等。

1. 极坐标系

polar 可用于描绘极坐标图像。

最简单而常用的命令格式如下：

polar(theta，rho，LineSpec)：theta 是用弧度制表示的角度，rho 是对应的半径。极

角 theta 为从 x 轴到半径的单位为弧度的向量，极径 rho 为各数据点到极点的半径向量，LineSpec 指定极坐标图中线条的线型、标记符号和颜色等。

【例 6-30】 用函数画一个极坐标图。

解：在 MATLAB 命令行窗口输入以下程序：

```
clear all
clc
t = 0:0.1:3 * pi;          % 极坐标的角度
polar(t,abs(cos(5 * t)));
```

输出图形如图 6-43 所示。

【例 6-31】 用函数画一个包含心形图案的极坐标图。

解：在 MATLAB 命令行窗口输入以下程序：

```
clear all
clc
a = - 2 * pi:.001:2 * pi;          % 设定角度
b = (1 - sin(a));                  % 设定对应角度的半径
polar(a, b,'r')                    % 绘图
```

输出图形如图 6-44 所示。

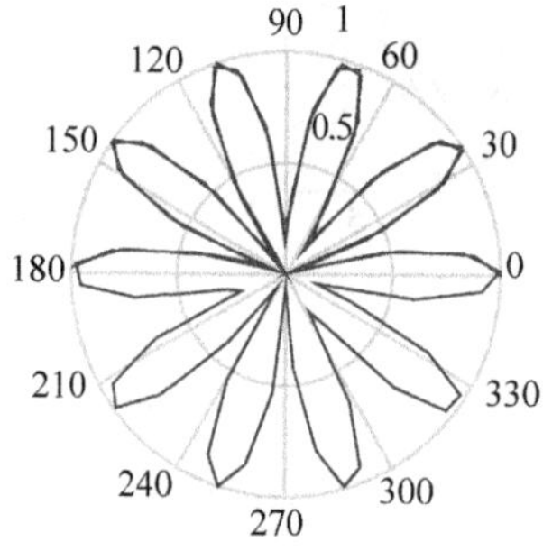

图 6-43　普通极坐标图

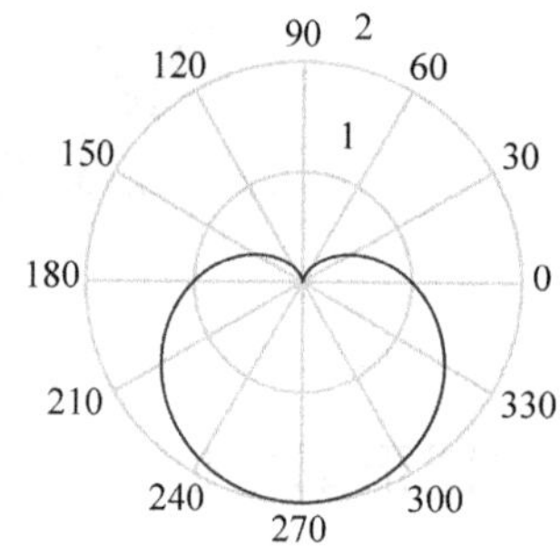

图 6-44　心形极坐标图

2. 对数坐标系

MATLAB 语言提供了绘制不同形式的对数坐标曲线的功能，具体实现该功能的函数是 semilogx、semilogy 和 loglog。

semilogx：x 轴对数刻度坐标图，即用该函数绘制图形时 x 轴采用对数坐标。

例如，在 MATLAB 命令行窗口输入如下命令：

```
clear all
clc
x = 0:1000;
y = log(x);
semilogx(x,y)
```

可得到如图 6-45 所示的图形。

semilogx(y)：对 x 轴的刻度求常用对数(以 10 为底)，而 y 为线性刻度。

若 y 为实数向量或矩阵，则 semilogx(y)结合 y 列向量的下标与 y 的列向量画出线条。即以 y 列向量的索引值为横坐标，以 y 列向量的值为纵坐标。

例如，在 MATLAB 命令行窗口输入如下命令，可得到如图 6-46 所示的图形。

```
clear all
clc
y = [21,35,26,84;65,28,39,68;62,71,59,34];
semilogx (y)
```

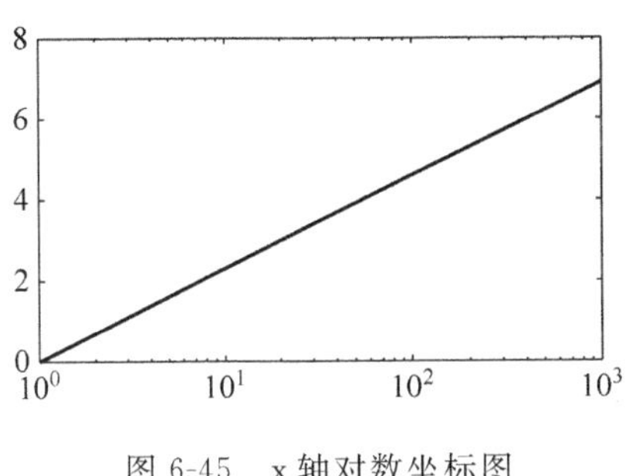

图 6-45　x 轴对数坐标图

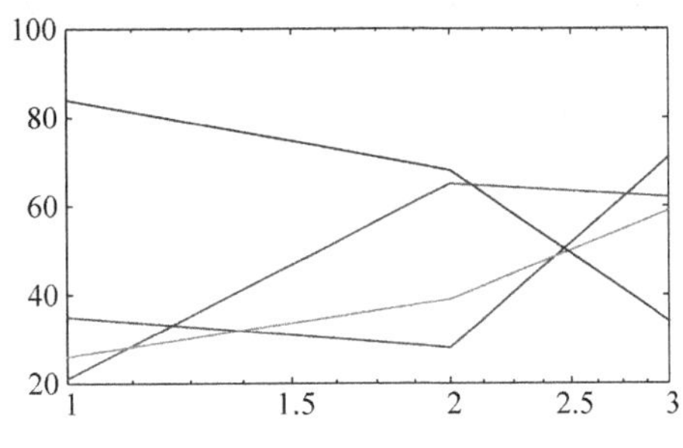

图 6-46　实数向量 x 轴对数坐标图

若 y 为复数向量或矩阵，则 semilogx(y)等价于 semilogx(real(y). imag(y))。

例如，在 MATLAB 命令行窗口输入如下命令，可得到如图 6-47 所示的图形。

```
clear all
clc
y = [1 + 3 * i,5 + 6 * i,3 + 9 * i;5 + 9 * i,5 + 1 * i,9 + 8 * i;3 + 2 * i,5 + 4 * i,3 + 7 * i];
semilogx (y)
```

Semilogy：y 轴对数刻度坐标图，用该函数绘制图形时 y 轴采用对数坐标。调用格式与 semilogx 基本相同。

例如，在 MATLAB 命令行窗口输入如下命令，可得到如图 6-48 所示的图形。

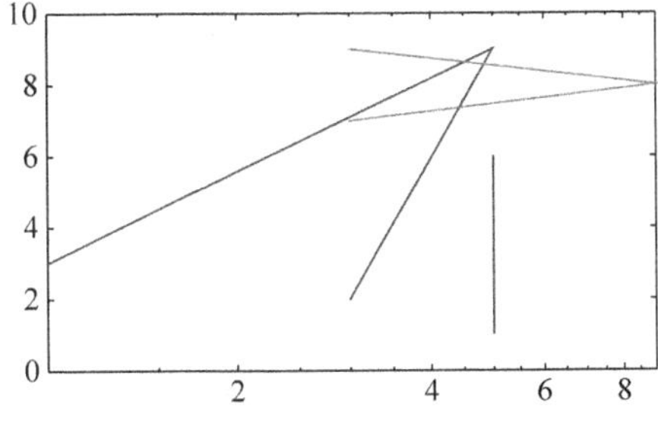

图 6-47　复数向量 x 轴对数坐标图

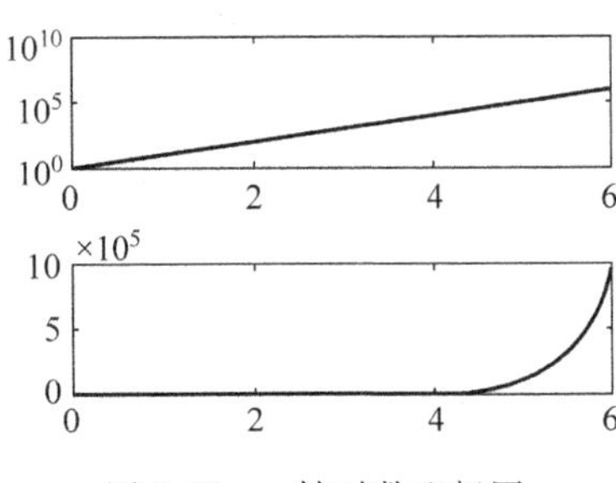

图 6-48　y 轴对数坐标图

```
clear all
clc
x = 0.001:0.1 * pi:2 * pi;
y = 10.^x;
figure
subplot (2, 1, 1)
semilogy(x,y,'r-')
hold on
subplot (2, 1, 2)
plot(x,y)
```

【例 6-32】 把直角坐标和对数坐标轴合并绘图。

解：在 MATLAB 命令行窗口输入以下程序：

```
clear all
clc
t = 0 : 900;
A = 1000;
a = 0.005;
b = 0.005;
z1 = A * exp ( - a * t);                % 对数函数
z2 = sin (b * t);                       % 正弦函数
[ haxes, hline1, hline2 ] = plotyy (t, z1, t, z2, 'semilogy', 'plot');
axes (haxes (1))
ylabel ('对数坐标')
axes (haxes (2))
ylabel ('直角坐标')
set (hline2, 'LineStyle', ' -- ')
```

输出图形如图 6-49 所示。

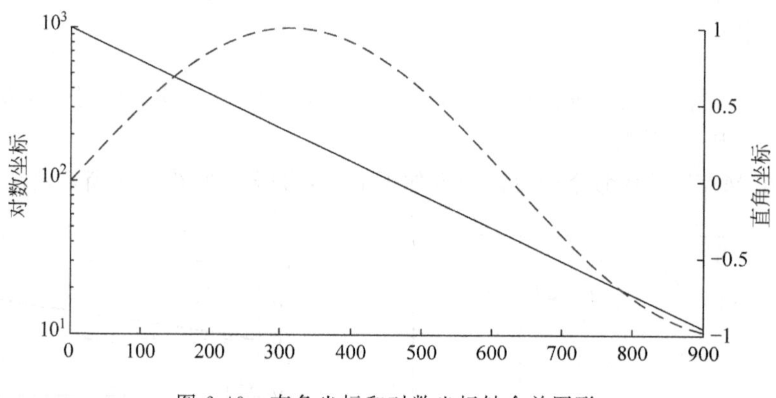

图 6-49　直角坐标和对数坐标轴合并图形

3. 柱坐标系

在 MATLAB 中没有在柱坐标和球坐标下直接绘制数据图形的命令，但 pol2cart 命令能够将柱坐标和球坐标值转化为直角坐标系下的坐标值，然后在直角坐标下绘制数据图形。

pol2cart 命令用于将极坐标或柱坐标值转换成直角坐标系下的坐标值。调用格式如下：

```
[x ,y ] = pol2cart(theta,rho,)
[x ,y ,z] = pol2cart(theta,rho,z)
```

例如，在 MATLAB 命令行窗口输入如下命令：

```
clear all
clc
theta = 0:pi/20:2 * pi;
rho = sin (theta);
[t,r] = meshgrid (theta,rho);
z = r. * t;
[X,Y,Z,] = pol2cart(t,r,z);
mesh(X,Y,Z)
```

可得到如图 6-50 所示的图形。

4. 球坐标系

在 MATLAB 中可以使用 sph2cart 将球坐标值转换成直角坐标系下的坐标值。然后使用 plot3、mesh 等绘图命令，即在直角坐标系下绘制使用球坐标值描述的图形。

调用格式如下：

```
[x ,y ,z] = sph2cart(theta,phi,r)
```

例如，在 MATLAB 命令行窗口输入如下命令：

```
clear all
clc
theta = 0:pi/20:2 * pi;
rho = sin (theta);
[t,r] = meshgrid (theta,rho);
z = r. * t;
[X,Y,Z,] = sph2cart(t,r,z);
mesh(X,Y,Z)
```

可得到如图 6-51 所示的图形。

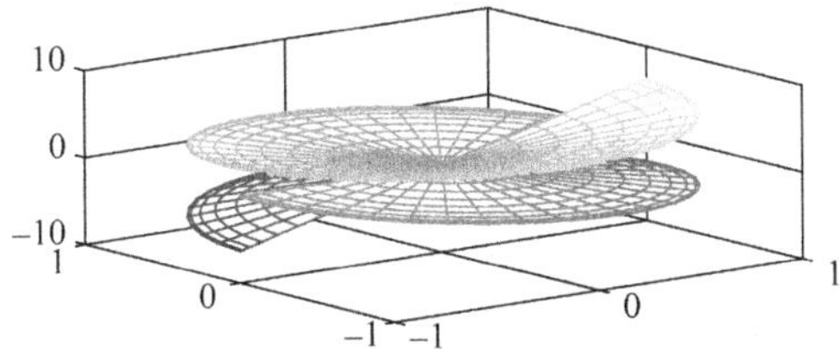

图 6-50　在直角坐标下绘制柱坐标数据图形

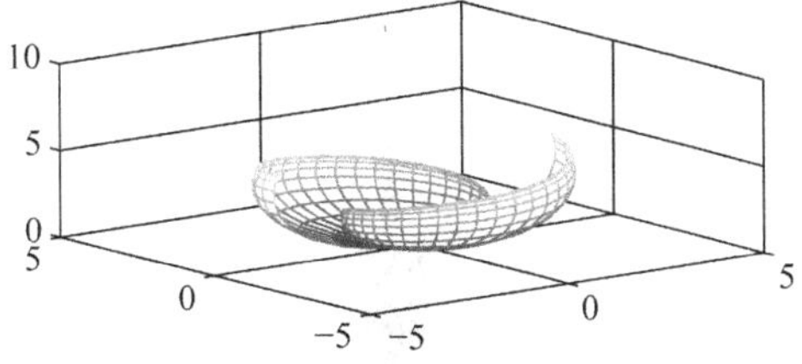

图 6-51　在直角坐标下绘制球坐标数据图形

6.5.2　特殊二维图形的绘制

在 MATLAB 中，还有其他绘图函数，可以绘制不同类型的二维图形，以满足不同的要求，表 6-4 列出了这些绘图函数。

表 6-4　其他绘图函数

函　　数	二维图的形状	备　　注
bar(x,y)	条形图	x 是横坐标，y 是纵坐标
fplot(y,[a b])	精确绘图	y 代表某个函数，[a b]表示需要精确绘图的范围
polar(θ,r)	极坐标图	θ 是角度，r 代表以 θ 为变量的函数
stairs(x,y)	阶梯图	x 是横坐标，y 是纵坐标
line([x1, y1],[x2,y2],…)	折线图	[x1, y1]表示折线上的点
fill(x,y,'b')	实心图	x 是横坐标，y 是纵坐标，'b'代表颜色
scatter(x,y,s,c)	散点图	s 是圆圈标记点的面积，c 是标记点颜色
pie(x)	饼图	x 为向量
contour(x)	等高线	x 为向量
…	…	…

【例 6-33】 用函数画一个条形图。

解：在 MATLAB 命令行窗口输入以下程序：

```
clear all
clc
x = -5:0.5:5;
bar(x,exp(-x.*x));
```

输出图形如图 6-52 所示。

【例 6-34】 用函数画一个针状图。

解：在 MATLAB 命令行窗口输入以下程序：

```
clear all
clc
x = 0:0.05:3;
y = (x.^0.4).*exp(-x);
stem(x,y)
```

输出图形如图 6-53 所示。

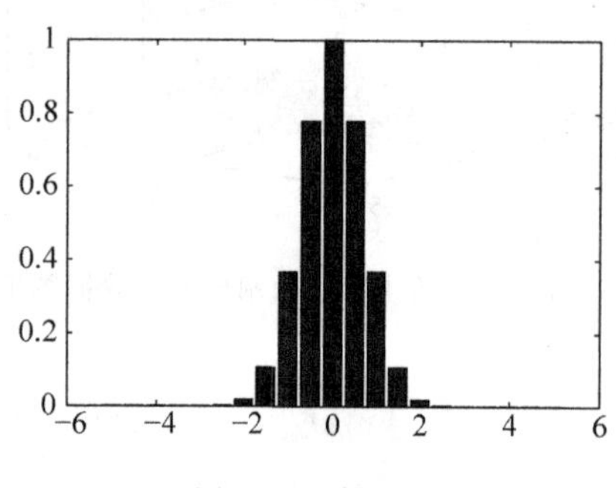

图 6-52　条形图

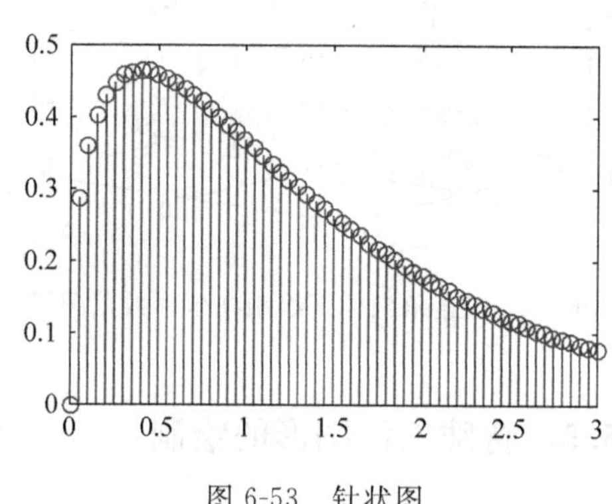

图 6-53　针状图

【例 6-35】 用函数画一个阶梯图。

解：在 MATLAB 命令行窗口输入以下程序：

```
clear all
clc
x = 0:0.5:10;
stairs(x,sin(2 * x) + sin(x));
```

输出图形如图 6-54 所示。

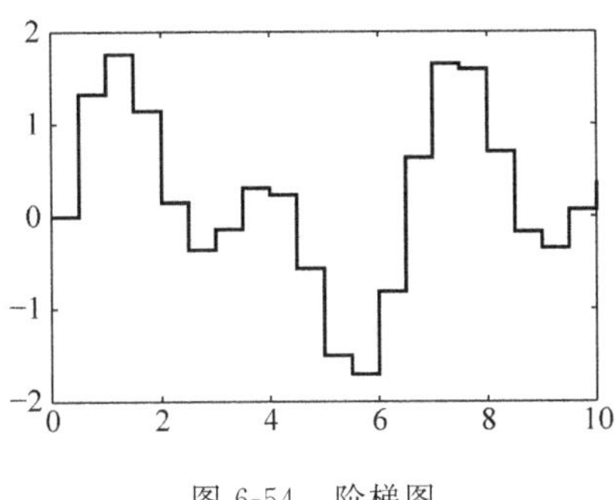

图 6-54　阶梯图

【例 6-36】 用函数画一个饼图。

解：在 MATLAB 命令行窗口输入以下程序：

```
clear all
clc
x = [13,28,23,43,22];
pie(x)
```

输出图形如图 6-55(a)所示。

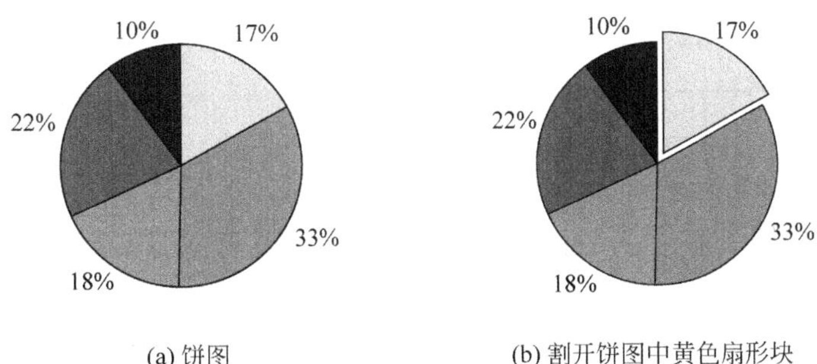

(a) 饼图　　(b) 割开饼图中黄色扇形块

图 6-55　饼图及其割开效果

另外，如果要将饼图 6-55 中的某一块颜色块(例如黄色块，占比为 17%)割开(见图 6-55(b))，可以采用以下程序：

```
clear all
clc
x = [13,28,23,43,22];
```

```
y=[0 0 0 0 1];
pie(x,y)
```

【例 6-37】 绘制二维等高线。

解：在 MATLAB 命令行窗口输入以下程序：

```
clear all
clc
x = linspace(-2*pi,2*pi);
y = linspace(0,4*pi);
[X,Y] = meshgrid(x,y);
Z = sin(X)+cos(Y);
figure
contour(X,Y,Z)
grid on
```

输出图形如图 6-56 所示。

【例 6-38】 绘制误差条图。

解：在 MATLAB 命令行窗口输入以下程序：

```
clear all
clc
y=[10 6 17 13 20];
e=[2 1.5 1 3 1];
errorbar(y,e)
```

输出图形如图 6-57 所示。

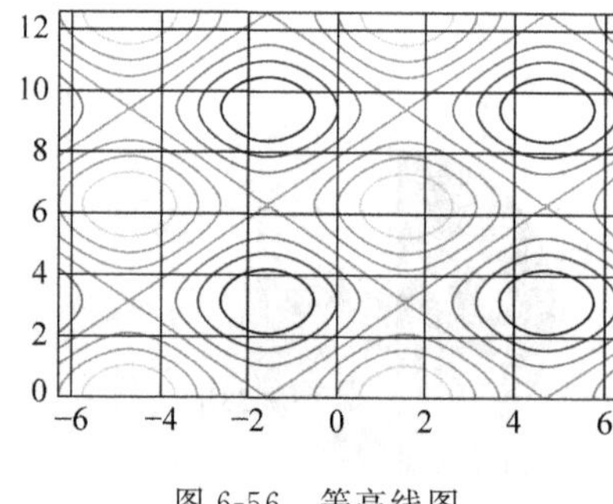

图 6-56 等高线图

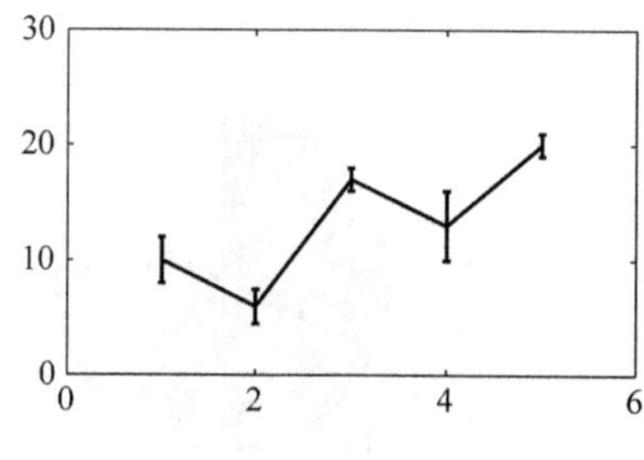

图 6-57 误差条图

【例 6-39】 分别用 scatter 函数和 scatter3 函数绘制二维散点图。

解：在 MATLAB 命令行窗口输入以下程序：

```
clear all
clc
x=[1:40];
y=rand(size(x));
scatter(x,y)
```

输出图形如图 6-58 所示。

【例 6-40】 用 hist 函数绘制直方图。

解：在 MATLAB 命令行窗口输入以下程序：

```
clear all
clc
Y = randn(10000,3);
hist(Y)
```

输出图形如图 6-59 所示。

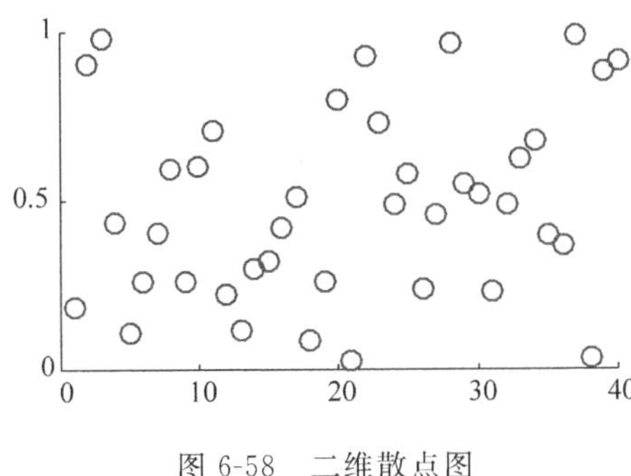

图 6-58 二维散点图

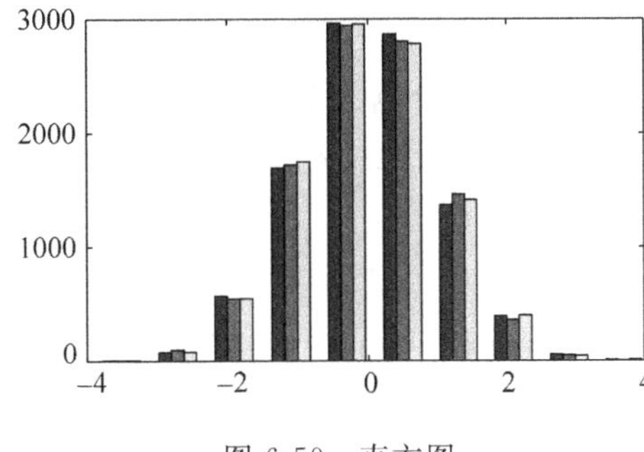

图 6-59 直方图

【例 6-41】 绘制向量图。

解：在 MATLAB 命令行窗口输入以下程序：

```
clear all
clc
[x,y,z] = peaks(30);
[dx,dy] = gradient(z,.2,.2);
contour(x,y,z)
hold on
quiver(x,y,dx,dy)
colormap autumn
grid off
hold off
```

输出图形如图 6-60 所示。

【例 6-42】 绘制方向和速度矢量图。

解：在 MATLAB 命令行窗口输入以下程序：

```
clear all
clc
wdir = [ 40 90 90 45 360 335 360 270 335 270 335 335];
knots = [ 5 6 8 6 3 9 6 8 9 10 14 12 ];
rdir = wdir * pi / 180;
[ x, y ] = pol2cart (rdir , knots);
compass (x, y)
text ( - 28, 15, desc)
```

输出图形如图 6-61 所示。

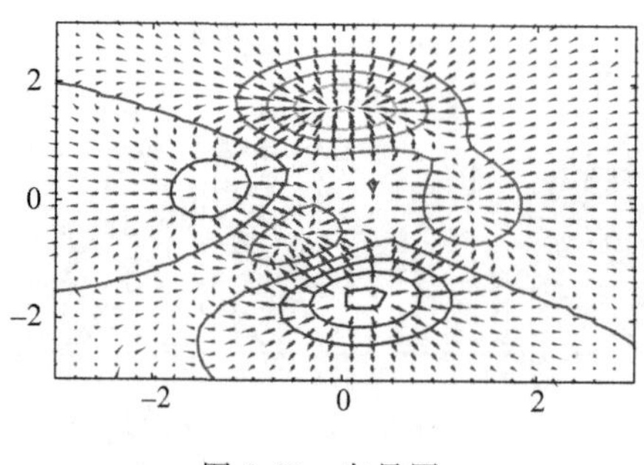

图 6-60　向量图

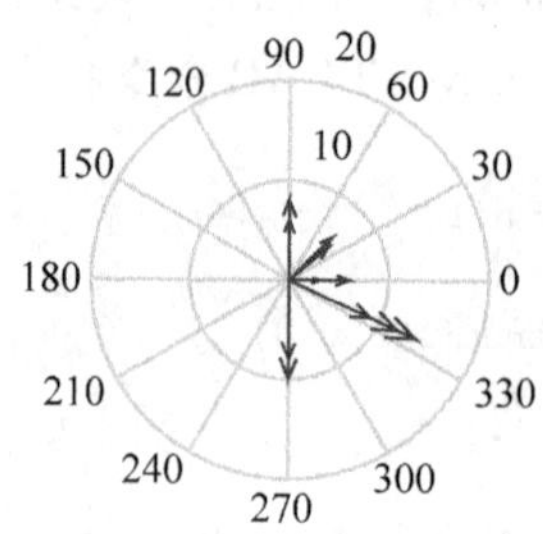

图 6-61　方向和速度矢量图

【例 6-43】 绘制火柴棍图。

解：在 MATLAB 命令行窗口输入以下程序：

```
clear all
clc
t = linspace( - 2 * pi,2 * pi,10);
h = stem(t,cos(t),'fill','--');
set(get(h,'BaseLine'),'LineStyle',':')
set(h,'MarkerFaceColor','red')
```

输出图形如图 6-62 所示。

【例 6-44】 绘制椭圆图。

解：在 MATLAB 命令行窗口输入以下程序：

```
clear all
clc
t = 0 : pi/20 : 2 * pi;
plot (sin (t), 2 * cos (t))
grid on
```

输出椭圆图如图 6-63 所示。

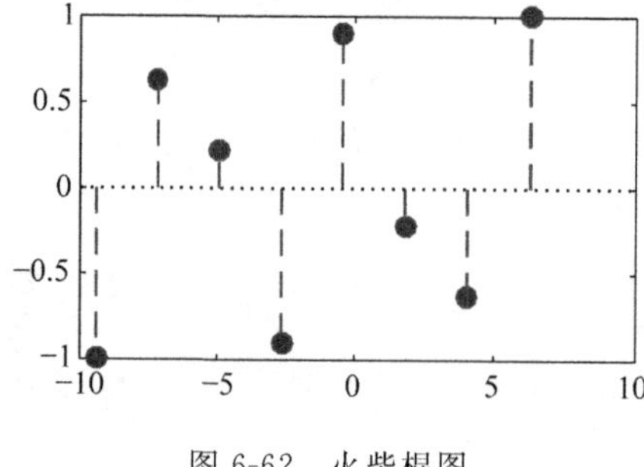

图 6-62　火柴棍图

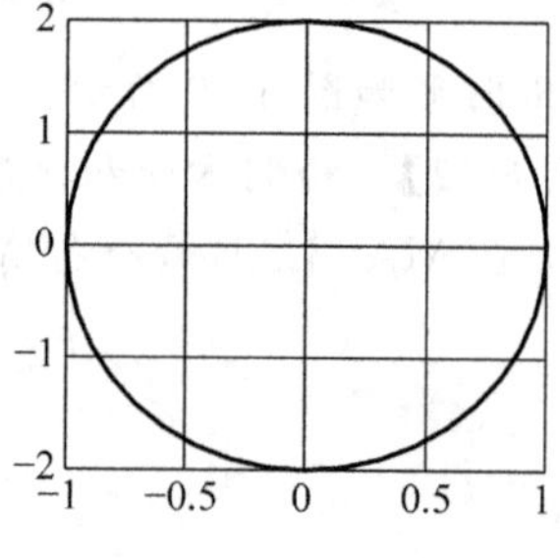

图 6-63　椭圆图

当不断增加命令 axis square 后，绘出图形变得更加扁平，如图 6-64 所示。加入命令 axis equal tight 后，绘出最扁平的椭圆图形如图 6-65 所示。

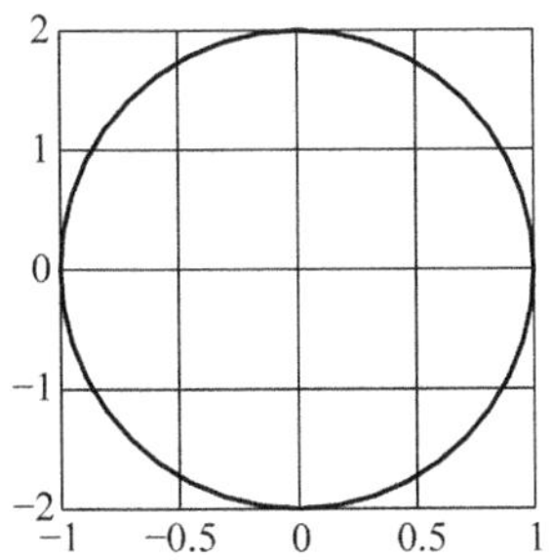

图 6-64　扁平处理后的图形

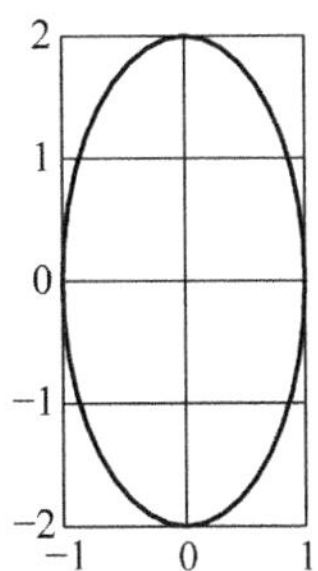

图 6-65　更加扁平的椭圆图形

【例 6-45】 绘制复数函数图形。

解：在 MATLAB 命令行窗口输入以下程序：

```
clear all
clc
t = 0:0.5: 8;
s = 0.04 + i;
z = exp ( - s * t);
feather (z)
```

输出图形如图 6-66 所示。

【例 6-46】 建立一个二维动态 Movie。

解：在 MATLAB 命令行窗口输入以下程序：

```
clear all
clc
for k =1 : 10
    plot (fft (eye (k + 10)))
    axis equal
    M (k) = getframe;
end
movie (M , 5)
```

输出图形如图 6-67 所示。

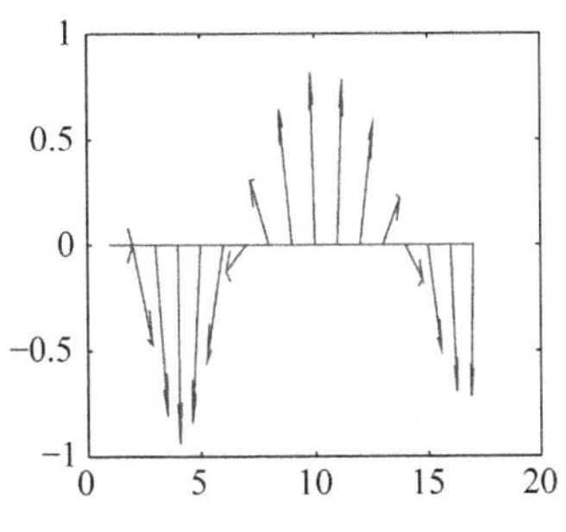

图 6-66　复数函数图形

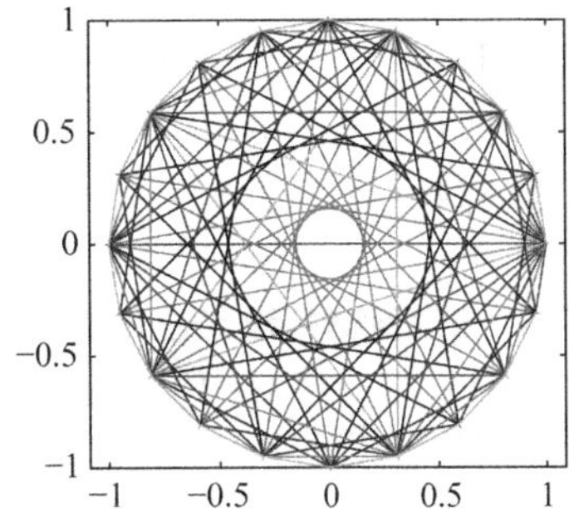

图 6-67　动态二维图形

【例 6-47】 在迪卡儿坐标系中的 Contour 图。

解：在 MATLAB 命令行窗口中输入以下程序：

```
clear all
clc
[ th , r ] = meshgrid ((0 : 5 :360) * pi /180 , 0 : .05 :1);
[ X , Y ] = pol2cart (th , r);
Z = X + i * Y; f = (Z .^ 4 - 1) .^(1 / 4);
contour (X , Y , abs (f) , 30)
axis ([ -1 1 -1 1 ])
```

代码运行后，得到如图 6-68 所示结果。

【例 6-48】 在极坐标系中的 Contour 图。

解：在 MATLAB 命令行窗口中输入：

```
[ th , r ] = meshgrid ((0 : 5 :360) * pi /180 , 0 : .05 :1);
[ X , Y ] = pol2cart (th , r);
h = polar ([ 0 2 * pi ] , [ 0 1 ])
delete (h)
Z = X + i * Y; f = (Z .^ 4 - 1) .^(1 / 4);
hold on
contour (X , Y , abs (f) , 30)
```

代码运行后，得到如图 6-69 所示结果。

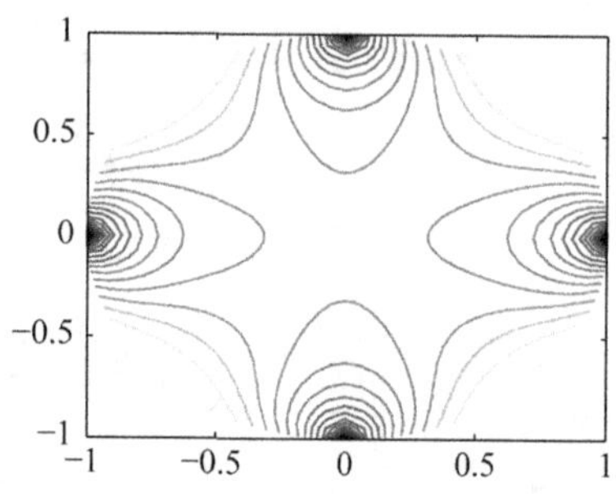

图 6-68 迪卡儿坐标系中的 Contour 图

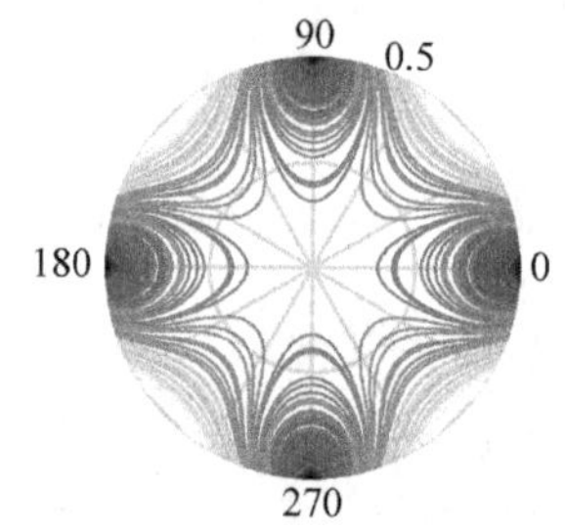

图 6-69 极坐标系中的 Contour 图

在 MATLAB 中，除上述函数绘图方式外，还有一种较为简单的方法就是使用工作区进行绘图，即在工作区选中变量，然后选择 MATLAB 的绘图选项，如图 6-70 所示，即可选择需要绘制的图形方式。

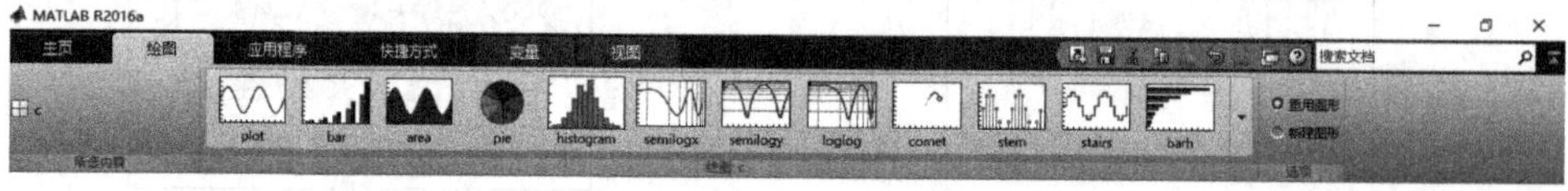

图 6-70 绘图选项

6.6 二维绘图的实际应用

【例 6-49】 利用 MATLAB 绘图函数，绘制模拟电路演示过程，要求电路中有蓄电池、开关和灯，开关默认处于不闭合状态。当开关闭合后，灯变亮。

解：在 MATLAB 命令行窗口中输入以下代码：

```
clear
clc
figure('name','模拟电路');
axis([-3,12,0,10]);                                    %建立坐标系
hold on                                                %保持当前图形的所有特性
axis('off');                                           %关闭所有轴标注和控制
%绘制蓄电池的过程
fill([-1.5,-1.5,1.5,1.5],[1,5,5,1],[0.5,1,1]);
fill([-0.5,-0.5,0.5,0.5],[5,5.5,5.5,5],[0,0,0]);
text(-0.5,1.5,'—');
text(-0.5,3,'蓄电池');
text(-0.5,4.5,'+');
%绘制导电线路的过程
plot([0;0],[5.5;6.7],'color','r','linestyle','-','linewidth',4);
                                                       %绘制二维图形线竖实心红色
plot([0;4],[6.7;6.7],'color','r','linestyle','-','linewidth',4);
                                                       %绘制二维图形线,实心红色为导线
a=line([4;5],[6.7;7.7],'color','b','linestyle','-','linewidth',4,'erasemode','xor');
                                                       %画开关蓝色
plot([5.2;9.2],[6.7;6.7],'color','r','linestyle','-','linewidth',4);
                                                       %绘制图导线为红色
plot([9.2;9.2],[6.7;3.7],'color','r','linestyle','-','linewidth',4);
                                                       %绘制图导线竖线为红线
plot([9.2;9.7],[3.7;3.7],'color','r','linestyle','-','linewidth',4);
                                                       %绘制图导线横线为红色
plot([0;0],[1;0],'color','r','linestyle','-','linewidth',4);
                                                       %如上画红色竖线
plot([0;10],[0;0],'color','r','linestyle','-','linewidth',4);
                                                       %如上画横线
plot([10;10],[0;3],'color','r','linestyle','-','linewidth',4);
                                                       %画竖线
%绘制灯泡的过程
fill([9.8,10.2,9.7,10.3],[3,3,3.3,3.3],[0 0 0]);       %确定填充范围
plot([9.7,9.7],[3.3,4.3],'color','b','linestyle','-','linewidth',0.5);
                                                       %绘制灯泡外形线为蓝色
plot([10.3,10.3],[3.3,4.45],'color','b','linestyle','-','linewidth',0.5);
%绘制圆
x=9.7:pi/50:10.3;
plot(x,4.3+0.1*sin(40*pi*(x-9.7)),'color','b','linestyle','-','linewidth',0.5);
t=0:pi/60:2*pi;
plot(10+0.7*cos(t),4.3+0.6*sin(t),'color','b');
%下面是箭头及注释的显示
text(4.5,10,'电流运动方向');
line([4.5;6.6],[9.4;9.4],'color','r','linestyle','-','linewidth',4,'erasemode','xor');
                                                       %绘制箭头横线
```

```
line(6.7,9.4,'color','b','linestyle','-','erasemode','xor','markersize',10);
                                        % 绘制箭头三角形
pause(1);
%绘制开关闭合的过程
t=0;
y=7.6;
while y>6.6                             % 电路总循环控制开关动作条件
x=4+sqrt(2)*cos(pi/4*(1-t));
y=6.7+sqrt(2)*sin(pi/4*(1-t));
set(a,'xdata',[4;x],'ydata',[6.7;y]);
drawnow;
t=t+0.1;
end
%绘制开关闭合后模拟大致电流流向的过程
pause(1);
light=line(10,4.3,'color','y','marker','.','markersize',40,'erasemode','xor');
                                        % 画灯丝发出的光：黄色
%画电流的各部分
h=line([1;1],[5.2;5.6],'color','r','linestyle','-','linewidth',4,'erasemode','xor');
g=line(1,5.7,'color','b','linestyle','-','erasemode','xor','markersize',10);
%给循环初值
t=0;
m2=5.6;
n=5.6;
while n<6.5;                            % 确定电流竖向循环范围
m=1;
n=0.05*t+5.6;
set(h,'xdata',[m;m],'ydata',[n-0.5;n-0.1]);
set(g,'xdata',m,'ydata',n);
t=t+0.01;
drawnow;
end
t=0;
while t<1;                              % 在转角处的停顿时间
m=1.2-0.2*cos((pi/4)*t);
n=6.3+0.2*sin((pi/4)*t);
set(h,'xdata',[m-0.5;m-0.1],'ydata',[n;n]);
set(g,'xdata',m,'ydata',n);
t=t+0.05;
drawnow;
end
t=0;
while t<0.4                             % 在转角后的停顿时间
t=t+0.5;
g=line(1.2,6.5,'color','b','linestyle','^','markersize',10,'erasemode','xor');
g=line(1.2,6.5,'color','b','linestyle','>','markersize',10,'erasemode','xor');
set(g,'xdata',1.2,'ydata',6.5);
drawnow;
end
pause(0.5);
t=0;
while m<7                               % 确定第二个箭头的循环范围
m=1.1+0.05*t;
```

```
n = 6.5;
set(g,'xdata',m + 0.1,'ydata',6.5);
set(h,'xdata',[m - 0.4;m],'ydata',[6.5;6.5]);
t = t + 0.05;
drawnow;
end
t = 0;
while t < 1                              % 在转角后的停顿时间
m = 8.1 + 0.2 * cos(pi/2 - pi/4 * t);
n = 6.3 + 0.2 * sin(pi/2 - pi/4 * t);
set(g,'xdata',m,'ydata',n);
set(h,'xdata',[m;m],'ydata',[n + 0.1;n + 0.5]);
t = t + 0.05;
drawnow;
end
t = 0;
while t < 0.4                            % 在转角后的停顿时间
t = t + 0.5;
%绘制第三个箭头
g = line(8.3,6.3,'color','b','linestyle','>','markersize',10,'erasemode','xor');
g = line(8.3,6.3,'color','b','linestyle','v','markersize',10,'erasemode','xor');
set(g,'xdata',8.3,'ydata',6.3);
drawnow;
end

pause(0.5);
t = 0;
while n > 1                              % 确定箭头的运动范围
m = 8.3;
n = 6.3 - 0.05 * t;
set(g,'xdata',m,'ydata',n);
set(h,'xdata',[m;m],'ydata',[n + 0.1;n + 0.5]);
t = t + 0.04;
drawnow;
end
t = 0;
while t < 1                              % 箭头的起始时间
m = 8.1 + 0.2 * cos(pi/4 * t);
n = 1 - 0.2 * sin(pi/4 * t);
set(g,'xdata',m,'ydata',n);
set(h,'xdata',[m + 0.1;m + 0.5],'ydata',[n;n]);
t = t + 0.05;
drawnow;
end
t = 0;
while t < 0.5
t = t + 0.5;
%绘制第四个箭头
g = line(8.1,0.8,'color','b','linestyle','v','markersize',10,'erasemode','xor');
g = line(8.1,0.8,'color','b','linestyle','<','markersize',10,'erasemode','xor');
set(g,'xdata',8.1,'ydata',0.8);
drawnow;
```

```
end
pause(0.5);
t=0;
while m>1.1            % 箭头的运动范围
m=8.1-0.05*t;
n=0.8;
set(g,'xdata',m,'ydata',n);
set(h,'xdata',[m+0.1;m+0.5],'ydata',[n;n]);
t=t+0.04;
drawnow;
end
t=0;
while t<1              % 停顿时间
m=1.2-0.2*sin(pi/4*t);
n=1+0.2*cos(pi/4*t);
set(g,'xdata',m,'ydata',n);
set(h,'xdata',[m;m+0.5],'ydata',[n-0.1;n-0.5]);
t=t+0.05;
drawnow;
end
t=0;
while t<0.5            % 画第五个箭头
t=t+0.5;
g=line(1,1,'color','b','linestyle','<','markersize',10,'erasemode','xor');
g=line(1,1,'color','b','linestyle','^','markersize',10,'erasemode','xor');
set(g,'xdata',1,'ydata',1);
drawnow;
end
t=0;
while n<6.2
m=1;
n=1+0.05*t;
set(g,'xdata',m,'ydata',n);
set(h,'xdata',[m;m],'ydata',[n-0.5;n-0.1]);
t=t+0.04;
drawnow;
end
%绘制开关断开后的情况
t=0;
y=6.6;
while y<7.6            % 开关的断开
x=4+sqrt(2)*cos(pi/4*t);
y=6.7+sqrt(2)*sin(pi/4*t);
set(a,'xdata',[4;x],'ydata',[6.7;y]);
drawnow;
t=t+0.1;
end
pause(0.2);            % 开关延时作用
nolight=line(10,4.3,'color','y','marker','.','markersize',40,'erasemode','xor');
```

代码运行后，得到模拟电路图形如图 6-71 所示。

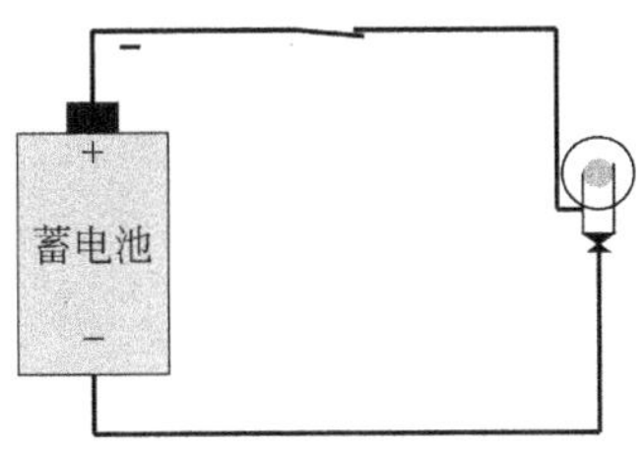

图 6-71　模拟电路演示图

【例 6-50】 利用 MATLAB 绘图函数，绘制防汛检测系统动态图形。

解：在 MATLAB 命令行窗口中输入：

```
clear
clc
for j = 0:11
axis([ - 0.7 0.9 - 0.9 0.5]);                  % 设置 x,y 的坐标范围
axis('off');                                   % 覆盖坐标刻度

x1 = [0 0 0.8 0.8];
y1 = [ - 0.6  - 0.8  - 0.8  - 0.6];            % 对水槽中的水进行初设置
line([0;0],[0.2; - 0.8],'color','k','linewidth',3);          % 水槽左壁的颜色和宽度
line([0;0.8],[ - 0.8; - 0.8],'color','k','linewidth',3);     % 水槽底部的颜色和宽度
line([0.8;0.8],[ - 0.7; - 0.8],'color','k','linewidth',3);
                                               %水槽右边出水口的下面的颜色和宽度
line([0.8;0.8],[0.2; - 0.6],'color','k','linewidth',3);
                                               %水槽右边出水口的上面的颜色和宽度
line([0.8;0.85],[ - 0.7; - 0.7],'color','k','linewidth',3);  %出水口的下壁的颜色和宽度
line([0.8;0.85],[ - 0.6; - 0.6],'color','k','linewidth',3);  %出水口的上壁的颜色和宽度
line( - 0.35,0,'Color','r','linestyle',' - ', 'markersize',20);
                                               %给水线处小圆的颜色和尺寸
line( - 0.35, - 0.6,'Color','r','linestyle',' - ', 'markersize',20);
                                               %警戒线处小圆的颜色和尺寸
line([ - 0.45; - 0.35],[0;0],'color','k','linewidth',2);     %给水线处线条的颜色和宽度
line([ - 0.45; - 0.35],[ - 0.6; - 0.6],'color','k','linewidth',2);
                                               % 警戒线处线条的颜色和宽度
line([ - 0.5; - 0.5],[0.2, - 1],'color','b','linewidth',15); % 标杆的颜色和宽度
text( - 0.9,0,'给水线');
text( - 0.9, - 0.6,'警戒线');
text( - 0.4,0.5,'防汛水位检测系统');
text(0.7, - 0.9,'江河水位');

water = patch(x1,y1,[0 1 1]);                                 % 设置水的颜色及运动路径
ball1 = line(0.4, - 0.6,'EraseMode','xor','Color','b','linestyle',' - ', 'markersize',100);
ball2 = line( - 0.3, - 0,'EraseMode','xor','Color','r','linestyle',' - ', 'markersize',50);
gan = line([ - 0.3;0.4],[ - 0; - 0.6],'EraseMode','xor','color','k','linewidth',1);
%水的上升过程
for i = 1:120
```

```
a = -0.6+0.005*i;
y1 = [a -0.8 -0.8 a];
yy1 = a;
yy2 = -a-0.6;
set(water,'ydata',y1);
set(ball1,'ydata',yy1);
set(ball2,'ydata',yy2);
set(gan,'ydata',[yy2 yy1]);                    % 设置两球之间的杆的运动
drawnow;
end
%水的下降过程
for i = 1:120
a = -0.005*i;                                  % 设置系统运动规律
y1 = [a -0.8 -0.8 a];                          % 设置水的下降运动过程
yy1 = a;                                       % 设置水槽中小球的下降运动过程
yy2 = -a-0.6;                                  % 设置标杆处小球的下降运动过程
set(water,'ydata',y1);                         % 设置水的下降运动
set(ball1,'ydata',yy1);                        % 设置水槽中小球下降的运动
set(ball2,'ydata',yy2);                        % 设置标杆处小球的下降运动
set(gan,'ydata',[yy2 yy1]);                    % 设置两球之间的杆的下降运动
drawnow;
end
water = patch(x1,y1,[0 1 1]);                  % 设置水的颜色及运动路径
ball1 = line(0.4,-0.6,'EraseMode','xor','Color','b','linestyle','-', 'markersize',100);
%设置水槽中小球的颜色、大小和擦除方式
ball2 = line(-0.3,-0,'EraseMode','xor','Color','r','linestyle','-', 'markersize',50);
%设置标杆处小球的颜色、大小和擦除方式
gan = line([-0.3;0.4],[-0;-0.6],'EraseMode','xor','color','k','linewidth',1);
                                               %设置两球之间连线的颜色、大小和擦除方式
end
```

代码运行后,得到防汛检测系统动态图形如图 6-72 所示。

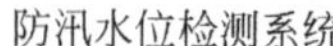

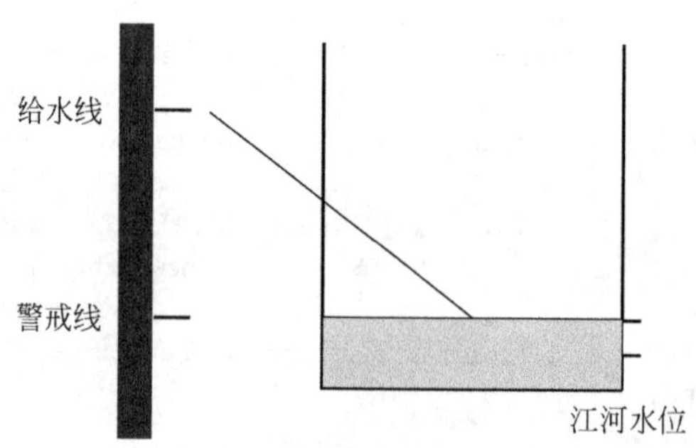

图 6-72　防汛检测系统动态图形

本章小结

本章介绍了 MATLAB 的二维绘图。主要介绍了二维绘图的基本绘图命令、二维绘图的各种图形修饰方法,对二维绘图中经常出现的子图也做了部分讲解,最后通过举例介绍了多种特殊坐标图形和特殊二维图形。

第7章 MATLAB三维绘图

MATLAB提供了多种函数来显示三维图形，这些函数可以在三维空间中画曲线，也可以画曲面，MATLAB还提供了用颜色来代表第四维，即伪色彩。我们还可以通过改变视角看三维图形的不同侧面。本节介绍三维图形的作图方法及其修饰。

通过本章的学习，读者可以学会灵活使用三维绘图函数以及图形属性进行数据绘制，使数据具有一定的可读性，能够表达出一定的信息。

学习目标：

- 了解三维绘图的基本步骤；
- 熟悉三维图形的控制；
- 熟悉各种特殊三维图形的绘制方法。

7.1 三维绘图基础

MATLAB中的三维图形包括三维折线及曲线图、三维曲面图等。创建三维图形和创建二维图形的过程类似，都包括数据准备、绘图区选择、绘图、设置和标注，以及图形的打印或输出。不过，三维图形能够设置和标注更多的元素，如颜色过渡、光照和视角等。

7.1.1 三维绘图基本步骤

MATLAB中创建三维图形的基本步骤如表7-1所示。

表7-1 三维绘图基本步骤

三维绘图基本步骤	M-代码举例	备注
清理空间	clear all clc	清空空间的数据
数据准备	x=－8:0.1:8; y=－8:0.1:8; [X,Y]=meshgrid(x,y); Z=(exp(X)－exp(Y)).*sin(X－Y);	三维曲线图用一般的数组创建即可 三维网线图和三维表面图的创建需要通过meshgrid创建网格数据

续表

三维绘图基本步骤	M-代码举例	备　注
图形窗口和绘图区选择	figure	创建绘图窗口和选定绘图子区
绘图	surf(X,Y,Z)	创建三维曲线图或网线图、表面图
设置视角	view([75 25])	设置观察者查看图形的视角和 Camera 属性
设置颜色表	colormap hsv shading interp	为图形设置颜色表，从而可以用颜色显示 z 值的大小变化 对表面图和三维片块模型还可以设置颜色过渡模式
设置光照效果	light('Position',[1 0.5 0.5]) lighting gouraud material metal	设置光源位置和类型 对表面图和三维片块模型还可以设置反射特性
设置坐标轴刻度和比例	axis square set(gca,'ZTickLabel','')	设置坐标轴范围、刻度和比例
标注图形	Xlabel('x') Ylabel('y') colorbar	设置坐标轴标签、标题等标注元素
保存、打印或导出	print	将绘图结果打印或导出为标准格式图像

从表 7-1 可以看出，三位绘图中多了颜色表、颜色过渡、光照等专门针对三维图形的设置项，其他基本步骤都和二维绘图类似。

表 7-1 中举例的 M-代码连贯起来运行，可以得到如图 7-1 所示的绘图结果。

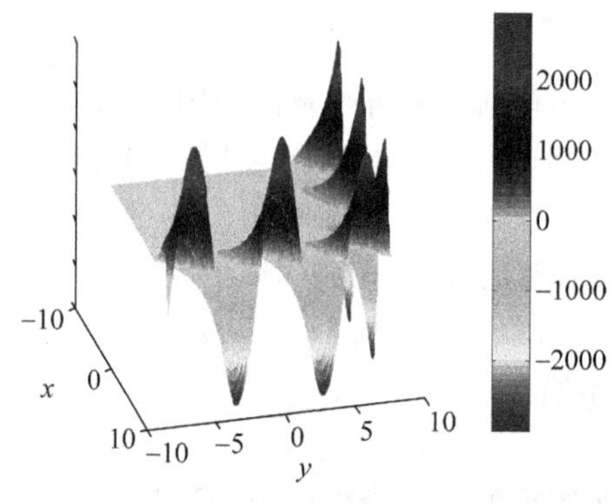

图 7-1　绘图结果

下面根据绘制三维图形的基本步骤，分别介绍各种创建图形的函数。

7.1.2　三维绘图基本命令

绘制二维折线或曲线时，可以使用 plot 命令。与这条命令类似，MATLAB 也提供了一个绘制三维折线或曲线的基本命令 plot3，其格式如下：

```
plot(x1,y1,z1,option1,x2,y2,z2,option2,…)
```

plot3 命令以 x1、y1、z1 所给出的数据分别为 x、y、z 坐标值，option1 为选项参数，以逐点连折线的方式绘制 1 个三维折线图形；同时，以 x2、y2、z2 所给出的数据分别为 x、y、z 坐标值，option2 为选项参数，以逐点折线的方式绘制另一个三维折线图形。

plot3 命令的功能及使用方法与 plot 命令的功能及使用方法相类似，它们的区别在于前者绘制出的是三维图形。

plot3 命令参数的含义与 plot 命令的参数含义相类似，它们的区别在于前者多了一个 Z 方向上的参数。同样，各个参数的取值情况及其操作效果也与 plot 命令相同。

上面给出的 plot3 命令格式是一种完整的格式，在实际操作中，根据各个数据的取值情况，均可以有下述简单的书写格式：

```
plot3(x,y,z)
plot3(x,y,z,option)
```

其中，选项参数 option 指明了所绘图中线条的线型、颜色以及各个数据点的表示记号。

plot3 命令使用的是以逐点连线的方法来绘制三维折线的，当各个数据点的间距较小时，也可利用它来绘制三维曲线。

【例 7-1】 绘制三维曲线示例。

解：在 MATLAB 命令行窗口输入以下程序代码：

```
clear all
clc
t=0:0.5:10;
figure
subplot(2,2,1);
plot3(sin(t),cos(t),t);                % 画三维曲线
grid,
text(0,0,0,'0');                       % 在 x=0,y=0,z=0 处标记"0"
title('Three Dimension');
xlabel('sin(t)'),
ylabel('cos(t)'),
zlabel('t');
subplot(2,2,2);plot(sin(t),t);
grid
title('x-z plane');                    % 三维曲线在 x-z 平面的投影
xlabel('sin(t)'),
ylabel('t');
subplot(2,2,3);
plot(cos(t),t);
grid
title('y-z plane');                    % 三维曲线在 y-z 平面的投影
xlabel('cos(t)'),
ylabel('t');
subplot(2,2,4);
plot(sin(t),cos(t));
title('x-y plane');                    % 三维曲线在 x-y 平面的投影
xlabel('sin(t)'),
ylabel('cos(t)');
grid
```

输出图形如图 7-2 所示。

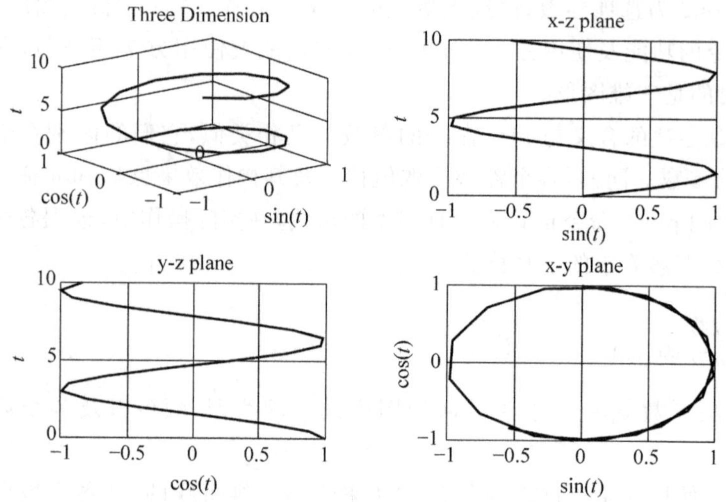

图 7-2　三维曲线及三个平面上的投影

从例 7-2 可以看到，二维图形的基本特性在三维图形中都存在；函数 subplot、title、xlabel、grid 等都可以扩展到三维图形。

【例 7-2】 绘制函数 $z=\sqrt{x^2+y^2}$ 的图形，其中 $(x,y)\in[-5,5]$。

解：使用 MATLAB 作图的程序代码如下：

```
clear all
clc
x = -5:0.1:5;
y = -5:0.1:5;
[X,Y] = meshgrid(x,y);          % 将向量x,y指定的区域转化为矩阵X,Y
Z = sqrt(X.^2 + Y.^2);          % 产生函数值Z
mesh(X,Y,Z)
```

输出图形如图 7-3 所示。

【例 7-3】 利用 plot3 绘制 $x=\sin t$、$y=\cos t$ 三维螺旋线。

解：在命令行窗口中，输入以下命令：

```
clear all
clc
t = 0:pi/100:9 * pi;
x = sin(t);
y = cos(t);
z = t;
plot3(x,y,z)
```

执行程序后，得到如图 7-4 所示图形。

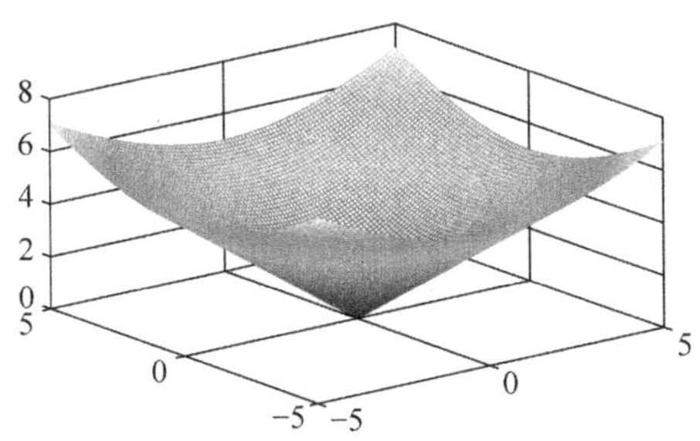

图 7-3 函数 $z=\sqrt{x^2+y^2}$ 图形

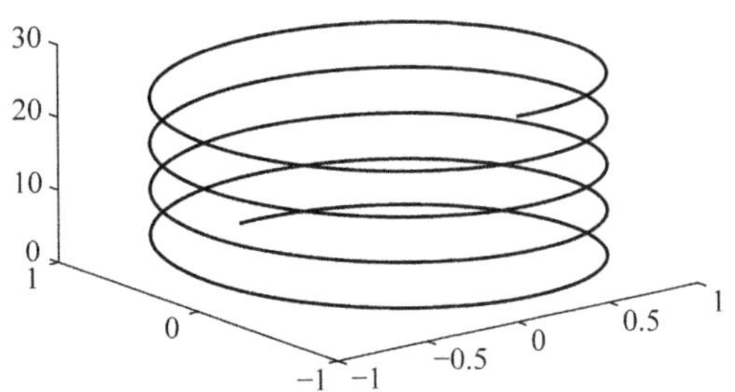

图 7-4 三维螺旋线图形

【例 7-4】 利用 plot3 绘制 $z=x(-x^3-y^2)$ 三维线条图形。

解：在命令行窗口中，输入下列代码：

```
clear all
clc
[X,Y] = meshgrid([-5:0.1:5]);
Z = X.*(-X.^3 - Y.^3);
plot3(X,Y,Z,'b')
```

执行程序后，显示结果如图 7-5 所示。

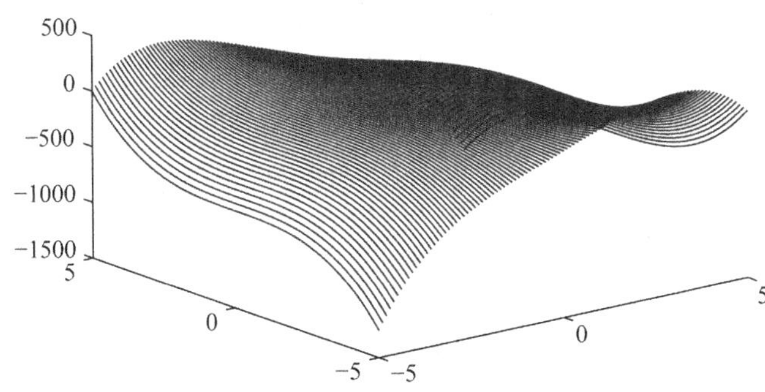

图 7-5 三维线条图形

7.1.3 三维坐标标记及图形标记

MATLAB 提供了三条用于三维图形坐标标记的命令，还提供了用于图形标题说明的语句。这种标记方式的格式是：

xlabel(str)：将字符串 str 水平放置于 X 轴，以说明 X 轴数据的含义。

ylabel(str)：将字符串 str 水平放置于 Y 轴，以说明 Y 轴数据的含义。

zlabel(str)：将字符串 str 水平放置于 Z 轴，以说明 Z 轴数据的含义。

title(str)：将字符串 str 水平放置于图形的顶部，以说明该图形的标题。

【例 7-5】 利用函数为 $x=2\sin(t)$、$y=3\cos(t)$的三维螺旋线图形添加标题说明。

解：在命令行窗口中输入下面的程序代码：

```
clear all
clc
t = 0:pi/100:9 * pi;
x = 2 * sin(t);
y = 3 * cos(t);
z = t;
plot3(x,y,z)
xlabel('x = 2sin(t)')
ylabel('y = 3cos(t)')
zlabel('z = t')
title('三维螺旋图形')
```

执行该程序后，显示结果如图 7-6 所示。

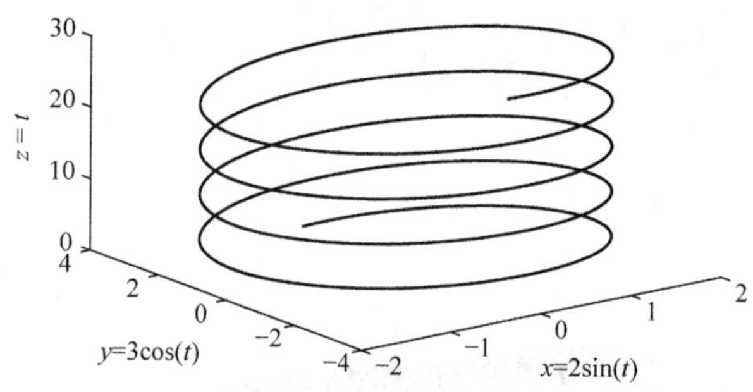

图 7-6　添加标记的三维螺旋线图形

7.2　三维网格曲面

三维网格曲面是由一些四边形相互连接在一起所构成的一种曲面，这些四边形的 4 条边所围成的颜色与图形窗口的背景色相同，并且无色调的变化，呈现的是一种线架图的形式。

绘制这种网格曲面时，我们需要知道各个四边形的顶点的(x,y,z)3 个坐标值，然后再使用 MATLAB 所提供的网格曲面绘图命令 mesh、meshc 或 meshz 来绘制不同形式的网格曲面。

7.2.1　绘制三维曲面

在 MATLAB 中，可用函数 surf、surfc 来绘制三维曲面图。其调用格式如下：

surf(Z)：以矩阵 Z 指定的参数创建一渐变的三维曲面，坐标 x=1:n，y=1:m，其中[m,n]=size(Z)。

surf(X,Y,Z)：以 Z 确定的曲面高度和颜色，按照 X、Y 形成的格点矩阵，创建一个渐变的三维曲面。**X**、**Y** 可以为向量或矩阵，若 **X**、**Y** 为向量，则必须满足 m=size(X)，n=size(Y)，[m,n]=size(Z)。

surf(X,Y,Z,C)：以 Z 确定的曲面高度，C 确定的曲面颜色，按照 X、Y 形成的格点矩阵，创建一渐变的三维曲面。

surf(…,'PropertyName',PropertyValue)：设置曲面的属性。

surfc(…)：采用 surfc 函数的格式同 surf，同时绘制曲面的等高线。

【例 7-6】 绘制球体的三维图形。

解：在 MATLAB 中输入以下程序：

```
clear all
clc
figure
[X,Y,Z] = sphere(30);        % 计算球体的三维坐标
surf (X,Y,Z);                % 绘制球体的三维图形
xlabel('x'),
ylabel('y'),
zlabel('z');
title(' shading faceted ');
```

输出图形如图 7-7 所示。

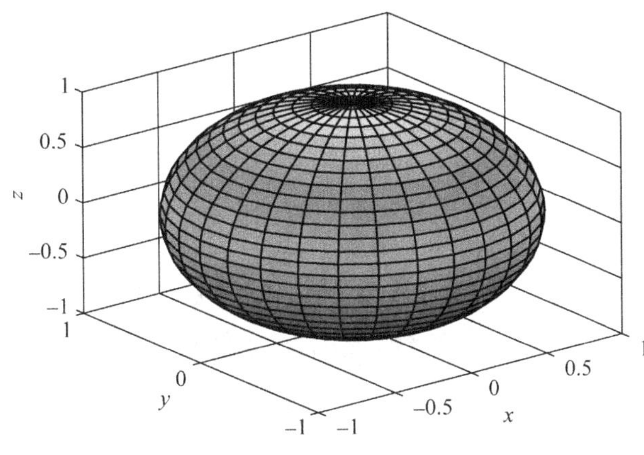

图 7-7 球体图形

注意：在图形窗口，需将图形的属性 Renderer 设置成 Painters，才能显示出坐标名称和图形标题。

图 7-7 中，我们看到球面被网格线分割成小块；每一小块可看作是一块补片，嵌在线条之间。这些线条和渐变颜色可以由命令 shading 来指定，其格式为：

shading faceted：在绘制曲面时采用分层网格线，为默认值。

shading flat：表示平滑式颜色分布方式；去掉黑色线条，补片保持单一颜色。

shading interp：表示插补式颜色分布方式；同样去掉线条，但补片以插值加色。这种方式需要比分块和平滑更多的计算量。

对于例 7-7 所绘制的曲面分别采用 shading flat 和 shading interp，显示的效果如图 7-8所示。

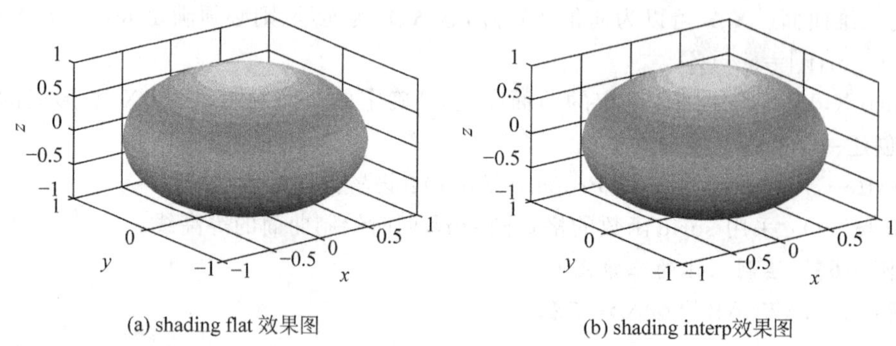

图 7-8　不同方式下球体的三维曲面

【例 7-7】 以 surfl 函数绘制具有亮度的曲面图。

解：在 MATLAB 中输入以下程序：

```
clear all
clc
[x,y] = meshgrid( - 5:0.1:5);        % 以 0.1 的间隔形成格点矩阵
z = peaks(x,y);
surfl(x,y,z);
shading interp
colormap(gray);
axis([ - 4 4 - 4 4 - 5 5]);
```

输出图形如图 7-9 所示。

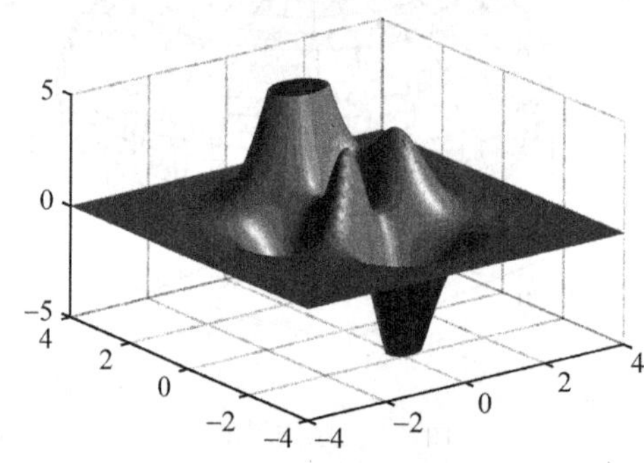

图 7-9　具有亮度的曲面图

除了函数 surf、surfc 以外，还有下列函数可以绘制不同的三维曲面。

用 sphere 函数绘制三维球面，调用格式如下：

[x,y,z]=sphere(n)：球面的光滑程度，默认值为 20。

用 cylinder 函数绘制三维柱面，调用格式如下：

[x,y,z]=cylinder(R,n)：R 是一个向量，存放柱面各等间隔高度上的半径，n 表示圆柱圆周上有 n 个等间隔点，默认值为 20。

多峰函数 peaks 常用于三维函数的演示。其中函数形式为

$$f(x,y)=3(1-x^2)\mathrm{e}^{-x^2-(y+1)^2}-10\left(\frac{x}{5}-x^3-y^5\right)\mathrm{e}^{-x^2-y^2}-\frac{1}{3}\mathrm{e}^{-(x+1)^2-y^2},$$

$$-3 \leqslant x, y \leqslant 3$$

多峰函数 peaks 的调用格式如下：

z=peaks(n)：生成一个 n×n 的矩阵 z，n 的默认值为 48。

z=peaks(x,y)：根据网格坐标矩阵 x，y 计算函数值矩阵 z。

【例 7-8】 绘制三维标准曲面。

解：在 MATLAB 命令行窗口输入：

```
clear all
clc
t = 0:pi/20:2 * pi;
[x,y,z] = sphere;
subplot(1,3,1);
surf(x,y,z);xlabel('x'),ylabel('y'),zlabel('z');
title('球面')
[x,y,z] = cylinder(2 + sin(2 * t),30);
subplot(1,3,2);
surf(x,y,z);xlabel('x'),ylabel('y'),zlabel('z');
title('柱面')
[x,y,z] = peaks(20);
subplot(1,3,3);
surf(x,y,z);xlabel('x'),ylabel('y'),zlabel('z');
title('多峰');
```

输出图形如图 7-10 所示。因柱面函数的 R 选项 2+sin(2 * t)，所以绘制的柱面是一个正弦型的。

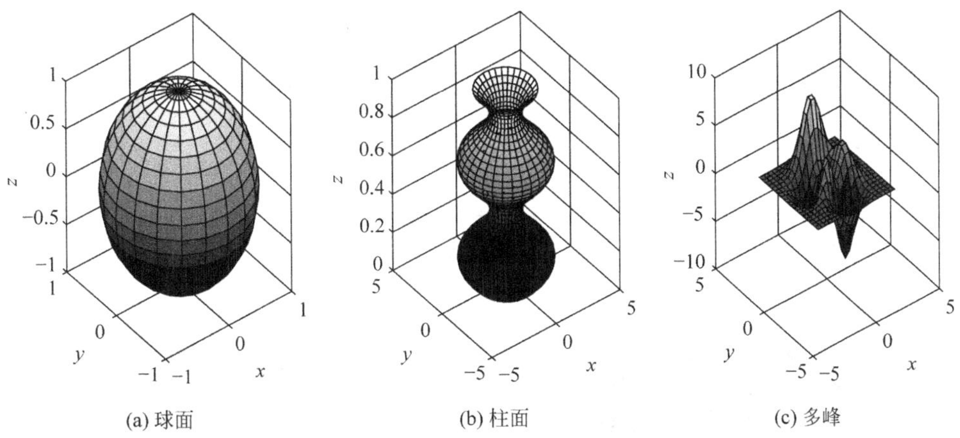

(a) 球面　(b) 柱面　(c) 多峰

图 7-10　三维标准曲面

【例 7-9】 讨论参数 a、b、c 对二次曲面的方程

$$\frac{x^2}{a^2}+\frac{y^2}{b^2}+\frac{z^2}{c^2}=d$$

形状的影响。

解：相应的 MATLAB 代码为

```
clear all
clc
```

```
a = input('a = ');
b = input('b = ');
c = input('c = ');
d = input('d = ');
N = input('N = ');                                  % 输入参数,N为网格线数目
xgrid = linspace( - abs(a),abs(a),N);               % 建立x网格坐标
ygrid = linspace( - abs(b),abs(b),N);               % 建立y网格坐标
[x,y] = meshgrid(xgrid,ygrid);                      % 确定N×N个点的x,y网格坐标
z = c * sqrt(d - y. * y/b^2 - x. * x/a^2);u = 1;    % u = 1,表示z要取正值
z1 = real(z);                                       % 取z的实部z1
for k = 2:N - 1;                                    % 以下7行程序的作用是取消z中含虚数的点
for j = 2:N - 1
if imag(z(k,j))~ = 0
    z1(k,j) = 0;
end
if all(imag(z([k - 1:k + 1],[j - 1:j + 1])))~ = 0
    z1(k,j) = NaN;
end
end
end
surf(x,y,z1),hold on                                % 画空间曲面
if u == 1
    z2 = - z1;
    surf (x,y,z2);                                  % u = 1时加画负半面
axis([ - abs(a),abs(a), - abs(b),abs(b), - abs(c),abs(c)]);
end
xlabel('x'),
ylabel('y'),
zlabel('z')
hold off
```

运行程序,当 a=5,b=4,c=3,d=1,N=50 时结果如图 7-11 所示。

当 a=5,b=4,c=3,d=1,N=15 时结果如图 7-12 所示。

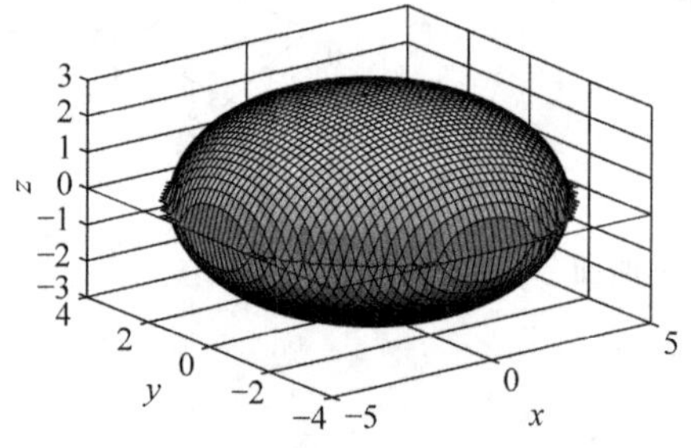

图 7-11　a=5,b=4,c=3,d=1,N=50 的结果

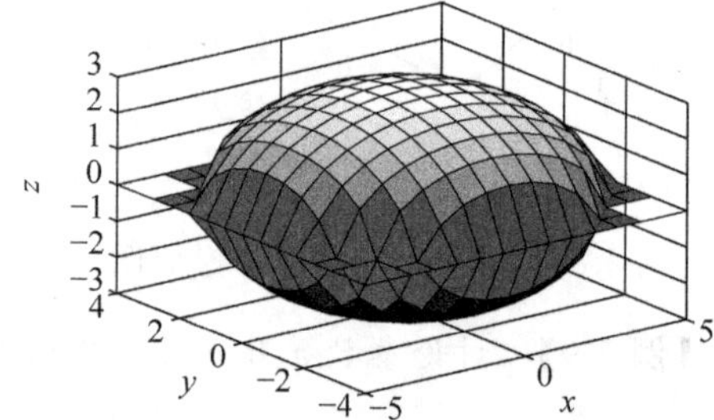

图 7-12　a=5,b=4,c=3,d=1,N=15 的结果

当 a=5i,b=4,c=3,d=1,N=50 时结果为如图 7-13 所示。

当 a=5i,b=4,c=3i,d=0.1,N=10 时结果为如图 7-14 所示。

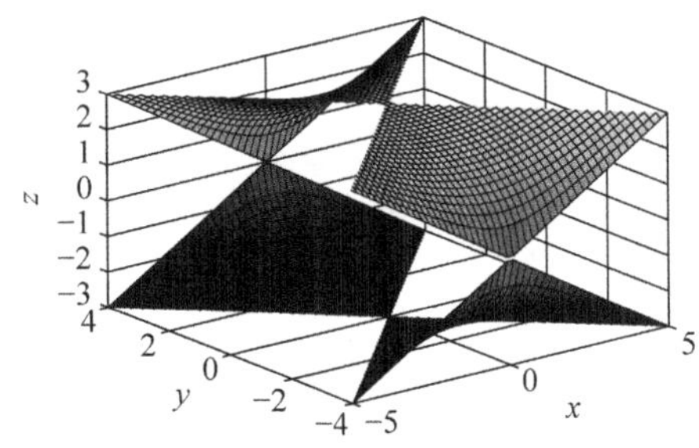

图 7-13 a=5i,b=4,c=3,d=1,N=50 的结果

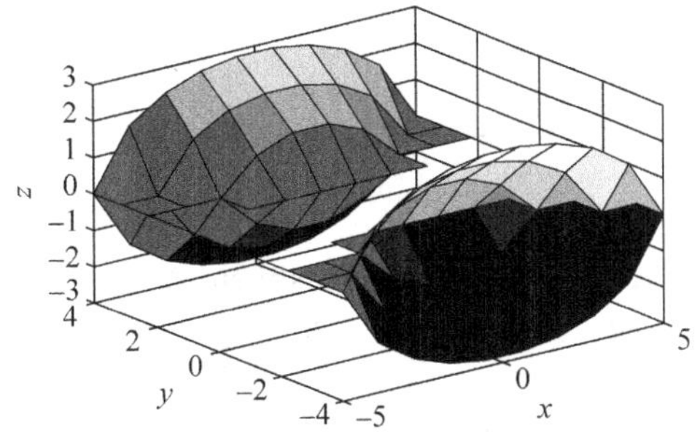

图 7-14 a=5i,b=4,c=3i,d=0.1,N=10 的结果

7.2.2 栅格数据的生成

栅格数据是按网格单元的行与列排列、具有不同灰度或颜色的阵列数据。每一个单元(像素)的位置由它的行列号定义,所表示的实体位置隐含在栅格行列位置中,数据组织中的每个数据表示地物或现象的非几何属性或指向其属性的指针。

在绘制网格曲面之前,必须先知道各个四边形顶点的三维坐标值。绘制曲面的一般情况是:我们先知道四边形各个顶点的二维坐标(x,y),然后再利用某个函数公式计算出四边形各个顶点的 z 坐标。

这里所使用的(x, y)二维坐标值是一种栅格形的数据点,它可由 MATLAB 所提供的 meshgrid 产生。

meshgrid 命令的调用格式如下:

```
[X, Y] = meshgrid(x, y)
```

该命令的功能是由 x 向量和 y 向量值通过复制的方法产生绘制三维图形时所需的栅格数据 X 矩阵和 Y 矩阵。在使用该命令的时候,需要说明以下两点:

(1) 向量 x 和 y 向量分别代表三维图形在 X 轴、Y 轴方向上的取值数据点;

(2) x 和 y 分别是 1 个向量,而 X 和 Y 分别代表 1 个矩阵。

如果需要查看 meshgrid 函数功能执行效果,可以在 MATLAB 命令行窗口输入以下命令:

```
clear all
clc
x=[1 2 3 4 5 6 7 8 9];
y=[3 5 7];
[X ,Y] = meshgrid(x,y)
```

得到栅格数据如下:

```
X =
     1     2     3     4     5     6     7     8     9
     1     2     3     4     5     6     7     8     9
     1     2     3     4     5     6     7     8     9
```

```
Y =
     3     3     3     3     3     3     3     3     3
     5     5     5     5     5     5     5     5     5
     7     7     7     7     7     7     7     7     7
```

【例 7-10】 利用 meshgrid 函数绘制矩形网格。

解：在命令行窗口中输入

```
clear all
clc
x = -1:0.2:1;
y = 1:-0.2:-1;
[X,Y] = meshgrid(x,y);
plot(X,Y,'o')
```

运行这段 M 代码，绘制出如图 7-15 所示的矩形网格顶点。

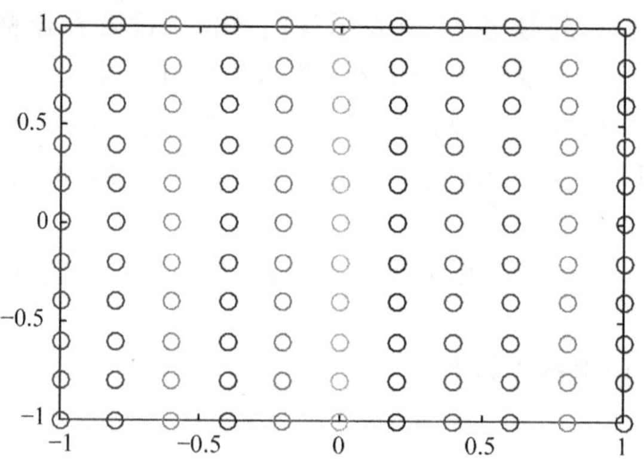

图 7-15　矩形网格

运行 whos 查看工作区变量属性，得到结果为

```
>> whos
  Name      Size            Bytes  Class     Attributes

  X         11x11             968  double
  Y         11x11             968  double
  x         1x11               88  double
  y         1x11               88  double
```

绘制栅格数据还可以使用 georasterref 命令，其使用格式如下：

```
R = georasterref()
```

对于 georasterref 对象，最主要的是要输入栅格的大小和栅格数据表示的地理范围，否则原始数据 Z 无法衍射到图形上。

【例 7-11】 使用 georasterref 函数绘制一组地理栅格数据。

解：在 MATLAB 命令行窗口输入

```
clear all
clc
Z=[1 2 3 4 5 6; 7 8 9 10 11 12; 13 14 15 16 17 18];      % 地理数据3*6
R=georasterref('RasterSize', size(Z), 'Latlim', [-90 90], 'Lonlim', [-180 180]);
                                                          % 地理栅格数据参考对象(类)
figure('Color','white')
ax=axesm('MapProjection', 'eqdcylin');                    % 设定地图等距离圆柱投影方式
axis off                                                  % 关闭本地坐标轴系统
setm(ax,'GLineStyle','--', 'Grid','on','Frame','on')      % 指定网格线形,绘制frame框架
setm(ax,…
'MlabelLocation', 60,…                                    % 每隔60度绘制经度刻度标签
'PlabelLocation',[-30 30],…                               % 只在指定值处绘制纬度刻度标签
'MeridianLabel','on',…                                    % 显示经度刻度标签
'ParallelLabel','on',…                                    % 显示纬度刻度标签
'MlineLocation',60,…                                      % 每隔60度绘制经度线
'PlineLocation',[-30 30],…                                % 在指定值处绘制纬度线
'MLabelParallel','north' …                                % 将经度刻度标签放在北方,即上部
);
geoshow(Z, R, 'DisplayType', 'texturemap');               % 显示地理数据
colormap('autumn')
colorbar
```

绘制的图形如图7-16所示。

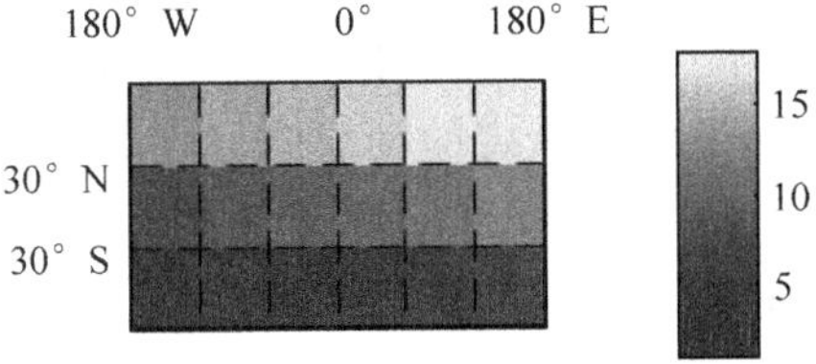

图7-16 地理栅格数据图形

【例7-12】 使用地理栅格数据绘制经纬度曲线。

解：在MATLAB命令行窗口输入

```
clear all
clc
maps                                  % 查看当前可用的地图投影方式
%%% 导入数据,全球海岸线 %%%
load coast
%%% 绘图 %%%
axesm robinson
patchm(lat,long,'g');
%%% 设置属性 %%%
setm(gca);                            % 查看当前可以设置的所有图形坐标轴(map axes)的属性
setm(gca,'Frame','on');               % 使框架可见
getm(gca,'Frame');                    % 使用getm可以获取指定的图形坐标轴的属性
setm(gca,'Grid','on');                % 打开网格
setm(gca,'MLabelLocation',180);       % 标上经度刻度标签,每隔60度
setm(gca,'MeridianLabel','on');       % 设置经度刻度标签可见
setm(gca,'PLabelLocation',[-90:90:90])  %标上经度刻度标签
```

```
setm(gca,'ParallelLabel','on');       % 设置经度刻度标签可见
setm(gca,'MLabelParallel','south'); % 将经度刻度标签放在南方,即下部
setm(gca,'Origin',[0,90,0]);          %设置地图的中心位置和绕中心点和地心点的轴旋转角度
```

得到的图形如图 7-17 所示。

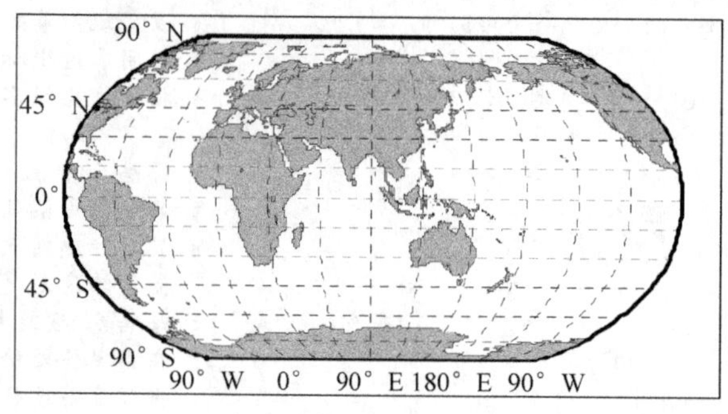

图 7-17　经纬度曲线

7.2.3　网格曲面的绘制命令

MATLAB 可以通过 mesh 函数绘制三维网格曲面图,该函数可以生成指定的网线面及其颜色。其使用格式如下:由 X、Y 和 Z 指定网线面,由 C 指定颜色的三维网格图 mesh(X,Y,Z)画出颜色由 X,Y 和 Z 指定的网线面。

若 X 与 Y 均为向量,length(X)=n,length(Y)=m,而[m,n]=size(Z),空间中的点(X(j),Y(I),Z(I,j))为所画曲面网线的交点,X 对应于 z 的列,Y 对应于 z 的行。

若 X 与 Y 均为矩阵,则空间中的点(X(I,j),Y(I,j),Z(I,j))为所画曲面的网线的交点。

mesh(Z)可由[n,m]=size(Z)得到 X=1:n 与 Y=1:m,其中 z 为定义在矩形划分区域上的单值函数。

mesh(…,C)用由矩阵 C 指定的颜色画网线网格图。MATLAB 对矩阵 C 中的数据进行线性处理,以便从当前色图中获得有用的颜色。

mesh(…,PropertyName',PropertyValue, …)对指定的属性 PropertyName 设置属性值 PropertyValue,可以在同一语句中对多个属性进行设置。

h=mesh(…)返回 surface 图形对象句柄。

函数 mesh 的运算规则如下:

(1) 数据 X、Y 和 Z 的范围,或者是对当前轴的 XLimMode、YLimMode 和 ZLimMode 属性的设置决定坐标轴的范围。命令 aXis 可对这些属性进行设置。

(2) 参量 C 的范围,或者是对当前轴的 Clim 和 ClimMode 属性的设置(可用命令 caxis 进行设置),决定颜色的刻度化程度。刻度化颜色值作为引用当前色图的下标。

(3) 网格图显示命令生成由于把 Z 的数据值用当前色图表现出来的颜色值。MATLAB 会自动用最大值与最小值计算颜色的范围(可用命令 caxis auto 进行设置),最小值用色图中的第一个颜色表现,最大值用色图中的最后一个颜色表现。MATLAB

会对数据的中间值执行一个线性变换，使数据能在当前范围内显示出来。

【例 7-13】 利用 mesh 函数绘制网格曲面图。

解：在 MATLAB 命令窗口中输入

```
clear all
clc
[X,Y] = meshgrid( - 3:.125:3);
Z = peaks(X,Y);
mesh(X,Y,Z);
```

结果如图 7-18 所示。

【例 7-14】 在笛卡儿坐标系中绘制函数 $f(x,y)=\frac{\sin(\sqrt{x^2+y^2})}{\sqrt{x^2+y^2}}$ 的网格曲面图。

解：在命令行窗口中输入

```
clear all
clc
x = - 8:0.5:8;
y = x;
[X,Y] = meshgrid(x,y);
R = sqrt(X.^2 + Y.^2) + eps;
Z = sin(R)./R;
mesh(X,Y,Z)
grid on
```

运行以上程序，得到函数的三维网格图如图 7-19 所示。

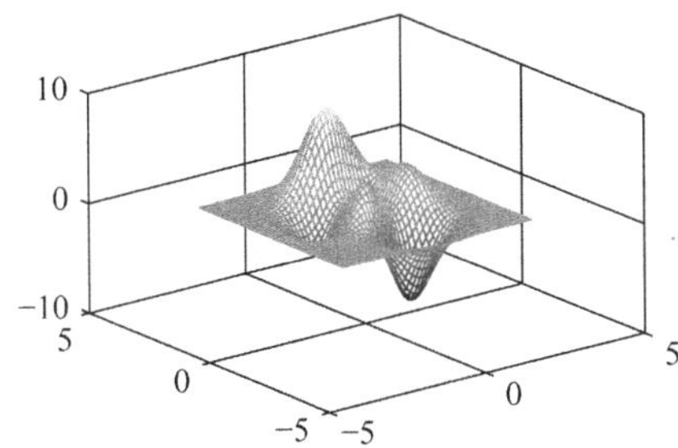

图 7-18 网格曲面图图

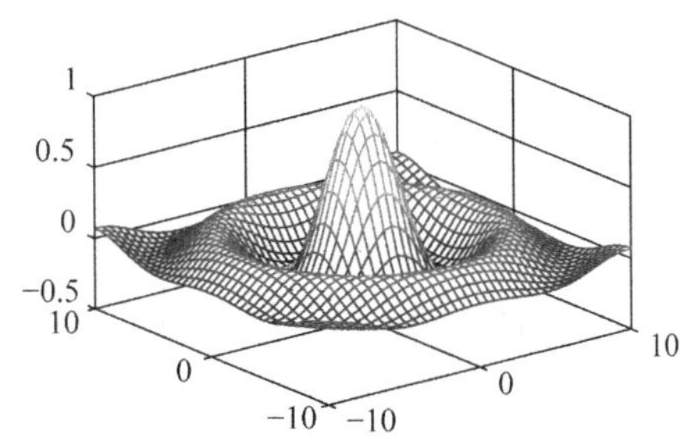

图 7-19 笛卡儿坐标系的网格曲面图

另外，MATLAB 中还有两个 mesh 的派生函数：

(1) meshc：在绘图的同时，在 x-y 平面上绘制函数的等值线。

(2) meshz：在网格图基础上，在图形的底部外侧绘制平行 z 轴的边框线。

【例 7-15】 利用 meshc 和 meshz 绘制三维网格图。

解：在命令行窗口中输入

```
close all
clear
[X,Y] = meshgrid( - 3:.5:3);
Z = 2 * X.^2 - 3 * Y.^2;
```

```
subplot(2,2,1)
plot3(X,Y,Z)
title('plot3')
subplot(2,2,2)
mesh(X,Y,Z)
title('mesh')
subplot(2,2,3)
meshc(X,Y,Z)
title('meshc')
subplot(2,2,4)
meshz(X,Y,Z)
title('meshz')
```

运行代码,得到如图 7-20 所示的绘图结果。

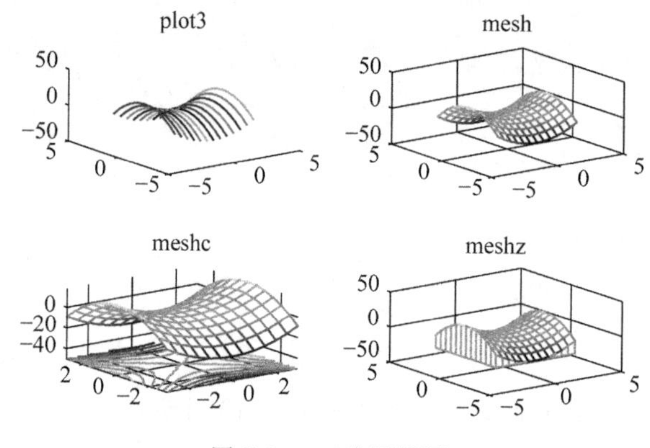

图 7-20　三维网线图

从图 7-20 可以看到,plot3 只能画出 X、Y、Z 的对应列表示的一系列三维曲线,它只要求 X、Y、Z 三个数组具有相同的尺寸,并不要求(X,Y)必须定义网格点。

mesh 函数则要求(X,Y)必须定义网格点,并且在绘图结果中可以把邻近网格点对应的三维曲面点(X,Y,Z)用线条连接起来。

此外,plot3 绘图时按照 MATLAB 绘制图线的默认颜色,循环使用颜色来区别各条三维曲线,而 mesh 绘制的网格曲面图中的颜色用来表征 Z 值的大小,可以通过 colormap 命令显示表示图形中颜色和数值对应关系的颜色表。

7.2.4　隐藏线的显示和关闭

显示或不显示的网格曲面的隐藏线将对图形的显示效果有一定的影响。MATLAB 提供了相关的控制命令 hidden,调用这种命令的格式是 hidden on 或 hidden off。

hidden on:去掉网格曲面的隐藏线。

hidden off:显示网格曲面的隐藏线。

【例 7-16】 绘制有隐藏线和无隐藏线的函数 $f(x,y)=\frac{\sin(\sqrt{x^2+y^2})}{\sqrt{x^2+y^2}}$ 的网格曲面。

解：在 M 编辑器中输入

```
close all
clear
x = -8:0.5:8;
y = x;
[X,Y] = meshgrid(x,y);
R = sqrt(X.^2 + Y.^2) + eps;
Z = sin(R)./R;
subplot(1,2,1)
mesh(X,Y,Z)
hidden on
grid on
title('hidden on')
axis([-10 10 -10 10 -1 1])
subplot(1,2,2)
mesh(X,Y,Z)
hidden off
grid on
title('hidden off')
axis([-10 10 -10 10 -1 1])
```

运行上述代码后，得到如图 7-21 所示的图形。

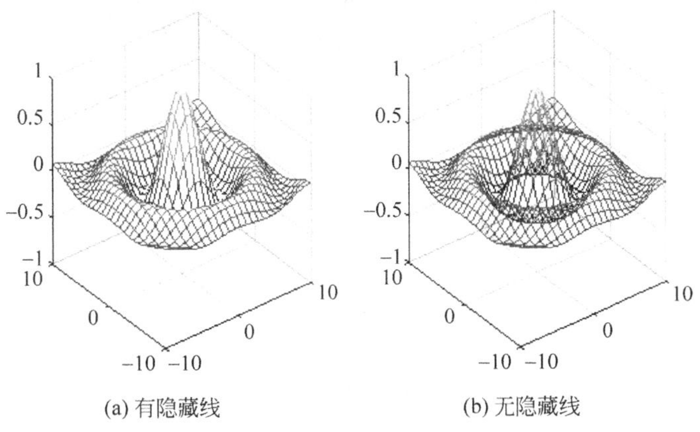

(a) 有隐藏线　　(b) 无隐藏线

图 7-21　函数网格曲面

7.3　三维阴影曲面的绘制

在 MATLAB 中，可用函数 surfc、surfl 来绘制三维曲面图。同时，这些函数也可以用于绘制三维阴影曲面。这种曲面是由很多个较小的四边形构成的，但是各个四条边是无色的(即为绘图窗口的底色)，其内部却分布着不同的颜色，也可认为是各个四边形带有阴影效果。

7.3.1 带有等高线的阴影曲面绘制

绘制在 X-Y 平面上带有等高线的三维阴影曲面可采用函数 surfc，调用这种函数的格式与 surf 的使用方法及参数含义相同。

surfc 命令与 surf 命令的区别是前者除了绘制出三维阴影曲面外，在 X-Y 坐标平面上还绘制了曲面在 Z 轴方向上的等高线，而后者仅绘制出三维阴影曲面。

【例 7-17】 利用函数 surfc 为三维曲面添加等高线。

解：在 MATLAB 命令行窗口输入

```
clear all
clc
[X,Y,Z] = peaks(30);
figure
surfc(X,Y,Z)
```

运行程序后，可以得到如图 7-22 所示的显示效果。

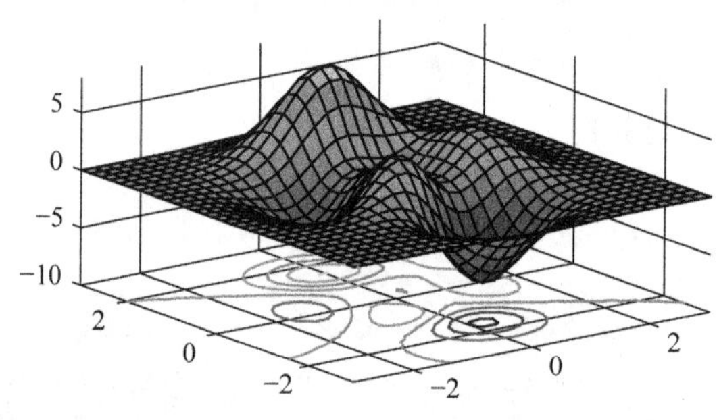

图 7-22 三维图形等高线

7.3.2 具有光照效果的阴影曲面绘制

MATLAB 为用户提供了一种可以绘制具有光照效果的阴影曲面绘制函数 surfl，该命令与 surf 命令的使用方法及参数含义相似。surfl 命令与 surf 命令的区别是前者绘制出的三维阴影曲面具有光照效果，而后者绘制出的三维阴影曲面无光照效果。

【例 7-18】 利用 sufl 函数为三维阴影曲面添加光照效果。

解：在 M 文件编辑器中输入

```
clear all
clc
[x,y] = meshgrid( - 3:1/8:3);
z = peaks(x,y);
surfl(x,y,z)
shading interp
```

运行程序后，得到图形如图 7-23 所示。

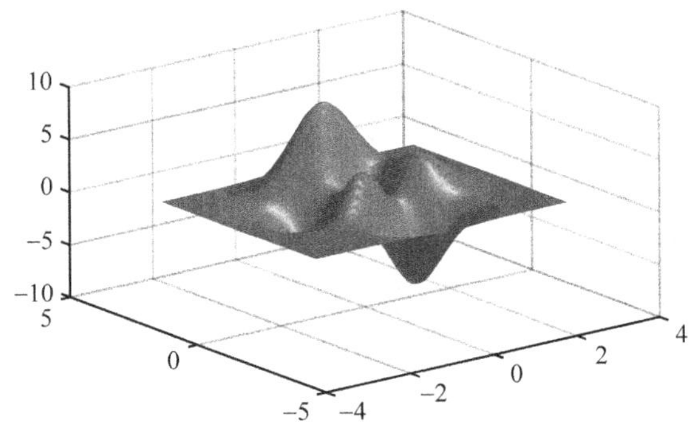

图 7-23 增加光照效果的三维图形等高线

7.4 三维图形的控制

三维图形的控制主要指视角位置和坐标轴。本节将详细介绍三维图形中的视角位置和坐标轴设置方法。

7.4.1 设置视角位置

观察前面绘制的三维图形，是以 30°视角向下看 $z=0$ 平面，以－37.5°视角看 $x=0$ 平面与 $z=0$ 平面所成的方向角称为仰角，与 $x=0$ 平面的夹角叫方位角，如图 7-24 所示。因此默认的三维视角为仰角 30°，方位角－37.5°。默认的二维视角为仰角 90°，方位角 0°。

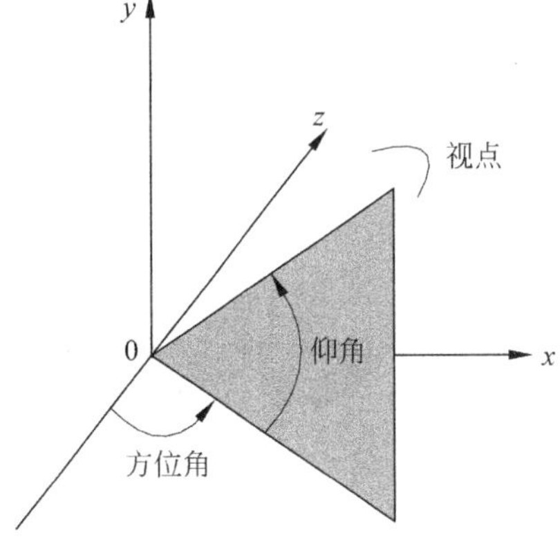

图 7-24 定义视角

在 MATLAB 中，用函数 view 改变所有类型的图形视角。命令格式为

view(az,el)与 view([az,el])：设置视角的方位角和仰角分别为 az 与 el。

view([x,y,z])：将视点设为坐标(x,y,z)。

view(2)：设置为默认的二维视角，az＝0，el＝90。

view(3)：设置为默认的三维视角，az＝－37.5，el＝30。

view(T)：以矩阵 T 设置视角，T 为由函数 viewmtx 生成的 4×4 矩阵。

[az,el]＝view：返回当前视角的方位角和仰角。

T＝view：由当前视角生成的 4×4 矩阵 T。

【例 7-19】 从不同的视角观察曲线。

解：在 MATLAB 命令行窗口中输入

```
clear all
clc
x = - 4:4;
y = - 4:4;
[X,Y] = meshgrid(x,y);
```

```
Z = X.^2 + Y.^2;
subplot(2,2,1)
surf(X,Y,Z);                    % 画三维曲面
ylabel('y'),
xlabel('x'),
zlabel('z');
title('(a) 默认视角 ')
subplot(2,2,2)
surf(X,Y,Z);                    % 画三维曲面
ylabel('y'),
xlabel('x'),
zlabel('z');
title('(b) 仰角 75°,方位角 - 45°')
view( - 45,75)                  % 将视角设为仰角 75°,方位角 - 45°
subplot(2,2,3)
surf(X,Y,Z);                    % 画三维曲面
ylabel('y'),
xlabel('x'),
zlabel('z');
title('(c) 视点为(2,1,1)')
view([2,1,1])                   % 将视点设为(2,1,1)指向原点
subplot(2,2,4)
surf(X,Y,Z);                    % 画三维曲面
ylabel('y'),
xlabel('x'),
zlabel('z');
title('(d) 仰角 120°,方位角 30°')
view(30,120)                    % 将视角设为仰角 120°,方位角 30°
```

输出图形如图 7-25 所示。

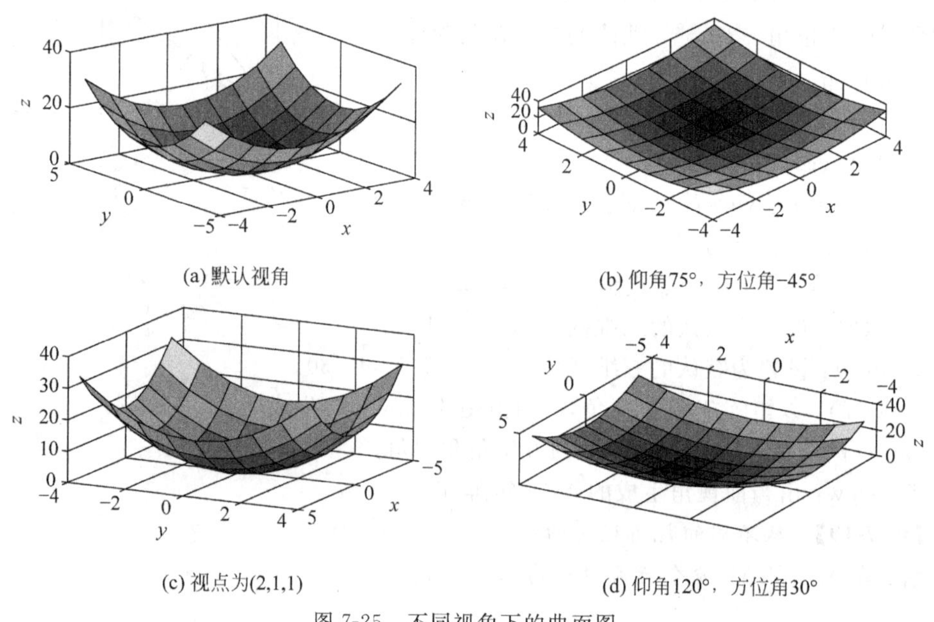

(a) 默认视角

(b) 仰角75°，方位角-45°

(c) 视点为(2,1,1)

(d) 仰角120°，方位角30°

图 7-25　不同视角下的曲面图

最后，为了演示 MATLAB 句柄图形能力，MATLAB 工具箱包含了函数 mmview3d。在产生二维或三维图形后调用此函数，在当前图形中放置水平角和方位角滑标(滚动条)以设置视角。使用函数 mmview3d 的更详细的信息见 MATLAB 在线帮助。

7.4.2 设置坐标轴

三维图形下坐标轴的设置和二维图形下类似，都是通过带参数的 axis 命令设置坐标轴显示范围和显示比例。

axis([xmin xmax ymin ymax zmin zmax])：设置三维图形的显示范围，数组元素分别确定了每一坐标轴显示的最大和最小值。

axis auto：则根据 x、y、z 的范围自动确定坐标轴的显示范围。

axis manual：锁定了当前坐标轴的显示范围，可手动进行修改。

axis tight：设置坐标轴显示范围为数据所在范围。

axis equal：设置各坐标轴的单位刻度长度等长显示。

axis square：将当前坐标范围显示在正方形(或正方体)内。

axis vis3d：锁定坐标轴比例不随对三维图形的旋转而改变。

【例 7-20】 坐标轴设置函数 axis 使用示例。

解：在 MATLAB 命令行窗口中输入

```
clear all
clc
subplot(1,3,1)
ezsurf(@(t,s)(sin(t). * cos(s)),@(t,s)(sin(t). * sin(s)),@(t,s)cos(t),[0,2 * pi,0,2 *
pi])
axis auto;title('auto')
subplot(1,3,2)
ezsurf(@(t,s)(sin(t). * cos(s)),@(t,s)(sin(t). * sin(s)),@(t,s)cos(t),[0,2 * pi,0,2 *
pi])
axis equal;title('equal')
subplot(1,3,3)
ezsurf(@(t,s)(sin(t). * cos(s)),@(t,s)(sin(t). * sin(s)),@(t,s)cos(t),[0,2 * pi,0,2 *
pi])
axis square;title('square')
```

运行结果如图 7-26 所示。

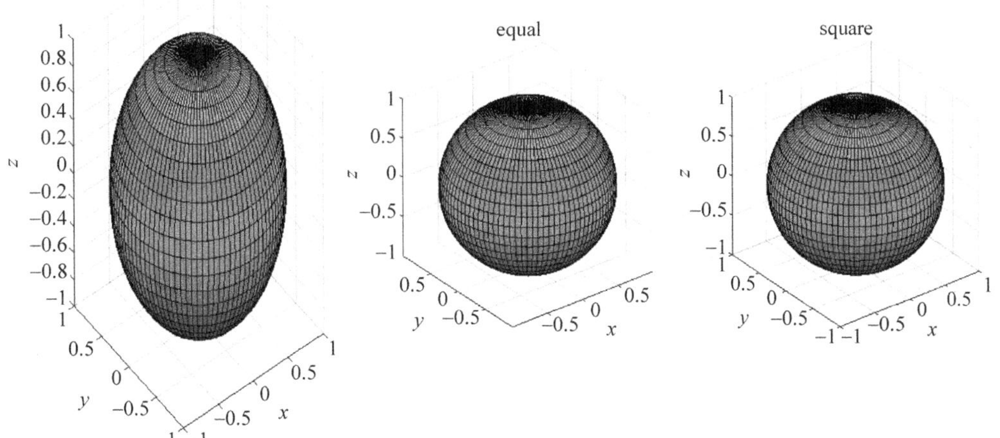

图 7-26 设置坐标轴

7.5 三维图形特殊处理

相对二维图形，三维图形增加了一个维度，其需要处理的方面更多样。本节重点介绍几种比较典型的处理方法。

7.5.1 透视、裁剪和镂空

1. 透视

MATLAB 在绘制三维网线图和曲面图时，一般进行消隐处理。为了得到透视效果，可以使用以下命令：

hidden off：透视被遮挡的图形。

hidden on：消隐被遮挡的图形。

【例 7-21】 透视效果演示。

解：在 MATLAB 命令行窗口中输入

```
clear all
clc
[X0,Y0,Z0] = sphere(25);              % 产生单位球面的三维坐标
X = 3 * X0;
Y = 3 * Y0;
Z = 3 * Z0;                           % 产生半径为 3 的球面坐标
surf(X0,Y0,Z0);                       % 画单位球面
shading interp                        % 对球的着色进行浓淡细化处理
hold on;                              % 绘图保持
mesh(X,Y,Z)                           % 绘大球
colormap(hot);                        % 定义色表
hold off                              % 取消绘图保持
hidden off                            % 产生透视效果
axis equal,axis off                   % 坐标等轴并隐藏
```

运行上述程序得到结果如图 7-27 所示。

图 7-27 透视球

2. 裁剪

在 MATLAB 中，一般利用非数（NaN）对图形进行裁剪处理。

【例 7-22】 利用 NaN 对图 7-28 进行剪切处理。

解：在 MATLAB 命令行窗口中输入

```
clear all
clc
t = linspace(0,2 * pi,100);              % 产生参数
r = 1 - exp( - t/2). * cos(4 * t);       % 旋转母线
```

```
[X,Y,Z] = cylinder(r,60);                          % 创建圆柱
ii = find(X < 0&Y < 0);                            % 确定 x - y 平面第四象限的坐标
%Z(ii) = NaN;                                      % 剪切
surf(X,Y,Z);colormap(spring),shading interp
%light('position',[ - 3, - 1,3],'style','local')   % 设置光源
%material([0.5,0.4,0.3,10,0.3])                    % 设置表面反射
```

运行上述程序得到结果如图 7-29 所示。

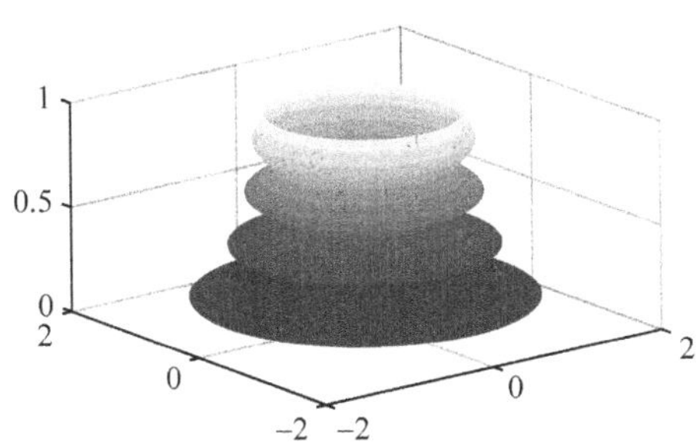

图 7-28　待处理图形

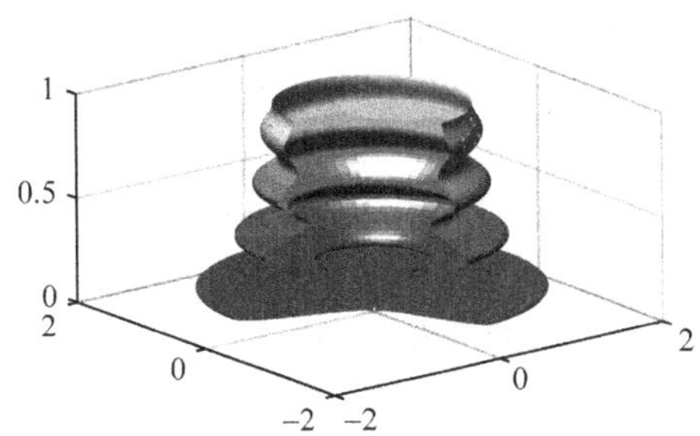

图 7-29　处理后的图形

注意：裁剪处理不能产生切面，为看清图形需要切的表面，把被切部分强制为 0。

【例 7-23】 画三维切面图。

解：在 MATLAB 命令行窗口中输入

```
clear all
clc
x = [ - 8:0.05:8];
y = x;[X,Y] = meshgrid(x,y);                % 产生格点数据
ZZ = X.^2 - Y.^2;                           % 计算函数值
ii = find(abs(X)> 6|abs(Y)> 6);             % 确定超出[ - 6,6]范围的格点下标
ZZ(ii) = zeros(size(ii));                   % 强制为 0
surf(X,Y,ZZ),
shading interp;
colormap(copper)
light('position',[0, - 15,1]);
lighting phong
material([0.8,0.8,0.5,10,0.5])
```

运行上述程序得到结果如图 7-30 所示。

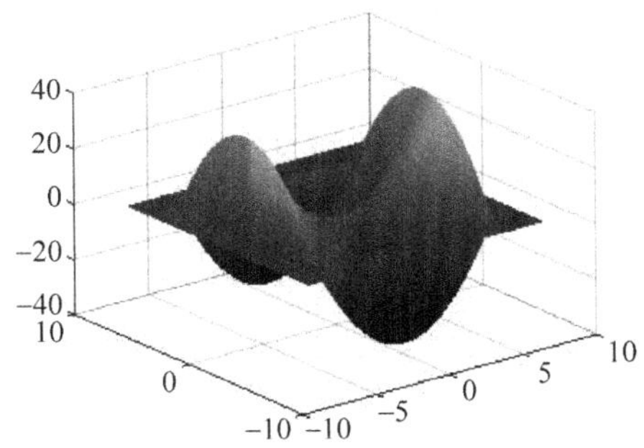

图 7-30　图形切面图

3. 镂空

【例 7-24】 利用 NaN 对图形进行镂空处理。

解：在 MATLAB 命令行窗口中输入：

```
clear all
clc
P = peaks(25);                     % Matlab 提供的一个典型三维函数
P(17:21,8:18) = NaN;               % 镂空
surfc(P);colormap(summer)          % 加投影等高线的曲面
light('position',[40, - 8,5]),
lighting flat
material([0.8,0.8,0.9,14,0.5])
```

运行上述程序得到结果如图 7-31 所示。

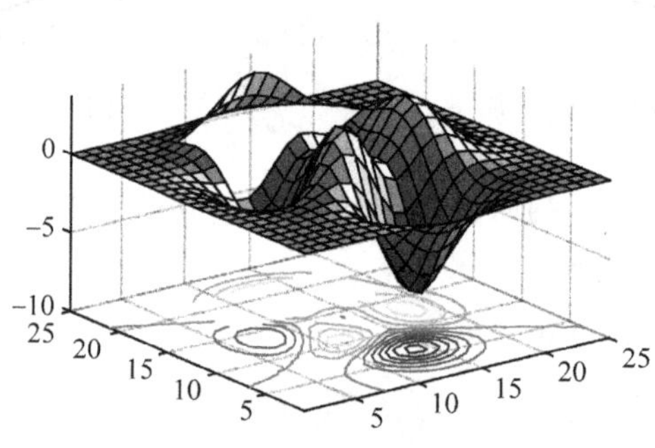

图 7-31　三维镂空图形

7.5.2　色彩控制

MATLAB 提供的色彩风格函数如下：

colordef C：对屏幕上所有子对象设置默认值。

colordef(fig,C)：对图形窗 fig 的所有子对象设置默认。

h=colordef('new',C)：对新图形窗设置。

whitebg：使当前图形窗背景色在黑白间切换。

whitebg(fig)：切换指定窗。

whitebg(C)：使当前图形窗背景色变为 C 指定的颜色。

背景颜色如表 7-2 所示。

表 7-2　背景颜色

C	轴背景色	图背景色	轴标色	色图	画线用色次序
White	白	淡灰	黑	Jet	蓝，深绿，红，青，洋红，黄，黑
Black	黑	黑	白	jet	黄，洋红，青，红，淡绿，蓝，淡灰

一种色彩用[R,G,B]基色三元行数组表示，取值在(0,1)之间。常用颜色的 RGB 值如表 7-3 所示。

表 7-3 常用颜色 RGB 值

R	G	B	颜　色	色符	R	G	B	颜　色	色符
0	0	1	蓝色 blue	B	1	0	1	洋红 magenta	M
0	1	0	绿色 green	G	1	1	0	黄色 yellow	Y
1	0	0	红色 red	R	0	0	0	黑色 black	B
0	1	1	青色 cyan	C	1	1	1	白色 white	W

MATLAB 的每一个图形窗里只能有一个色图，色图为 $m\times3$ 的矩阵，m 默认为 64。表 7-4 为定义的色度矩阵。

表 7-4 色度矩阵

CM	含　义	CM	含　义	CM	含　义
Autumn	红、黄浓淡色	Gray	灰色调	Prism	光谱交错色
Bone	蓝色调浓淡色	Hot	黑-红-黄-白	Spring	青、黄浓淡色
Colorcube	三浓淡多彩交错色	Hsv	红-红饱和色	Summer	绿、黄浓淡色
Cool	青、品红浓淡色	Jet	篮-红饱和色	Winter	篮、绿浓淡色
Copper	纯铜色调线性浓淡色	Lines	采用 plot 色	White	全白色
Flag	红-白-蓝-黑交错色	Pink	淡粉红色图		

如果需要在 MATLAB 中显示色图，可以使用如下语句：

```
clear all
clc
colormap(bone);
colorbar
```

得到图形如图 7-32 所示。

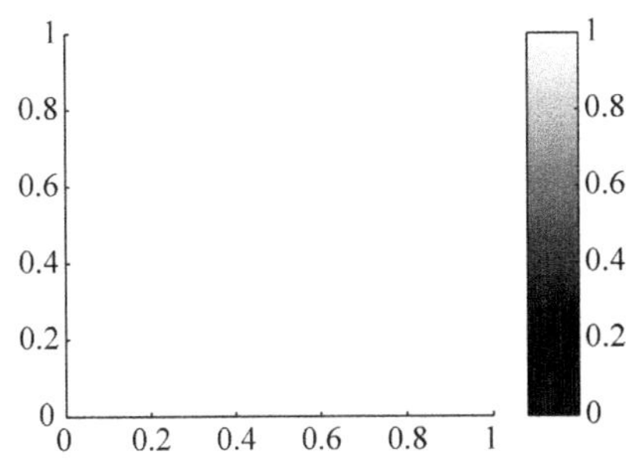

图 7-32　色图图形

【例 7-25】 用 MATLAB 预定义的两个色图矩阵构成一个更大的色图阵。

解：在 MATLAB 命令行窗口中输入：

```
clear all
clc
% %%产生 25×25 的典型函数,C 为颜色分量,等于函数值%%%
Z = peaks(20);
```

```
C = Z;
%%% 计算颜色的最大值、最小值和差 %%%
Cmin = min(min(C));
Cmax = max(max(C));
DC = Cmax - Cmin;
CM = [autumn;winter];                          % 用两个已知的色图构成新的色图
colormap(CM);                                  % 给窗口符色图
subplot(1,3,1),
surf(Z,C);                                     % 子图 1 画曲面
caxis([Cmin + DC * 2/5,Cmax - DC * 2/5]);      % 把色轴范围定义比 C 小
colorbar('horiz')                              % 显示水平色度条
subplot(1,3,2),
surf(Z,C);
colorbar('horiz')
subplot(1,3,3),
surf(Z,C);
caxis([Cmin,Cmax + DC]);
colorbar('horiz')
```

运行上述程序得到结果如图 7-33 所示。

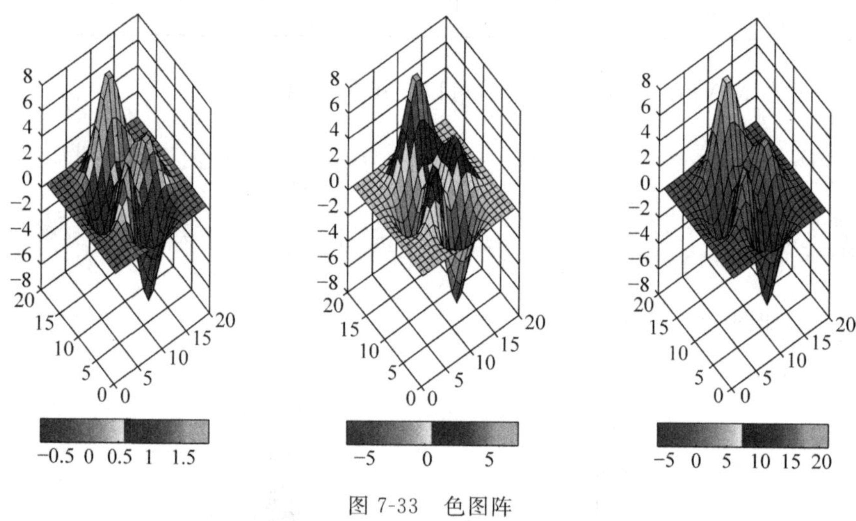

图 7-33　色图阵

处理修改图形颜色，MATLAB 还可以对图形颜色的浓淡进行处理。MATLAB 中处理颜色浓淡的函数如下：

shading flat：用一种颜色。

shading interp：用线性插值成色。

shading faceted：勾画出网格线。

【例 7-26】 比较三种浓淡处理方式的效果。

解：在 MATLAB 命令行窗口中输入

```
clear all
clc
Z = peaks(25);
```

```
colormap(jet)
subplot(1,3,1),
surf(Z)
subplot(1,3,2),
surf(Z),
shading flat
subplot(1,3,3),
surf(Z),
shading interp
```

运行程序，得到如图7-34所示的结果。

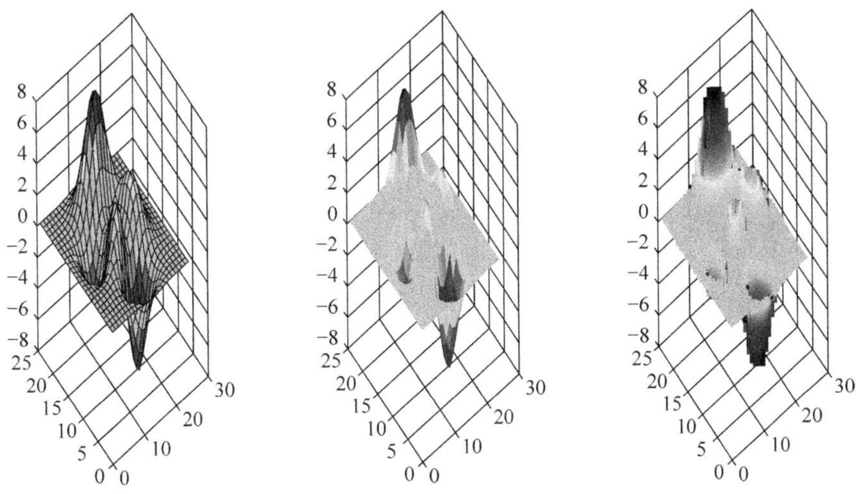

图7-34 三种浓淡处理方式效果比较图

7.5.3 照明和材质处理

MATLAB不指定光照，图形采用强度各处相等的漫射光。如果需要对光源、照明模式和材质进行处理，可以使用如下方式：

1. 设置光源命令

light('color',c1,'style',s1,'position',p1)

其中三个参数：

c1：代表光的颜色，用[r,g,b]表示，默认为[1 1 1]。

s1：无穷远光='infinite'，近光='local'。

p1：表示[x,y,z]，对于远光，表示穿过该点射向原点对于近光，指光源的位置。

2. 设置照明模式

lighting flat：均匀洒落在图形对象上(默认值)。

lighting gouraud：采用插补。

lighting phong：计算反射光，效果最好。

lighting none：关闭光源。

3. 控制光效果的材质指令

material shiny：使对象比较明亮，镜反射大。

material dull：使对象比较暗淡，漫反射大。

material metal：使对象带金属光泽(默认模式)。

material default：返回默认模式。

material([ka kd ks n sc])：对反射五要素设置，其中 ka 表示均匀背景光的强度，kd 表示漫反射的强度，ks 表示反射光的强度，n 表示控制镜面亮点大小，sc 表示控制镜面颜色的反射系数。

【例 7-27】 比较不同灯光、照明、材质条件下的球形效果。

解：在 MATLAB 命令行窗口中输入

```
clear all
clc
[X,Y,Z] = sphere(35);                                % 球形坐标
colormap(jet)                                        % 选定色图
subplot(1,2,1);
surf(X,Y,Z);
shading interp                                       % 子图 1 绘曲面
light ('position',[2, - 2,2],'style','local')        % 近白光
lighting phong                                       % 照明模式
material([0.4,0.4,0.4,11,0.5])                       % 材质
subplot(1,2,2);
surf(X,Y,Z, - Z);
shading flat                                         % 子图 2 绘曲面
light;                                               % 用光源 1
lighting flat                                        % 照明模式
light('position',[ - 1, - 2, - 1],'color','y')       % 用光源 2
light('position',[ - 2,0.5,2],'style','local','color','w') % 用光源 3
material([0.5,0.3,0.4,11,0.4])                       % 材质
```

运行以上代码，得到效果图如图 7-35 所示。

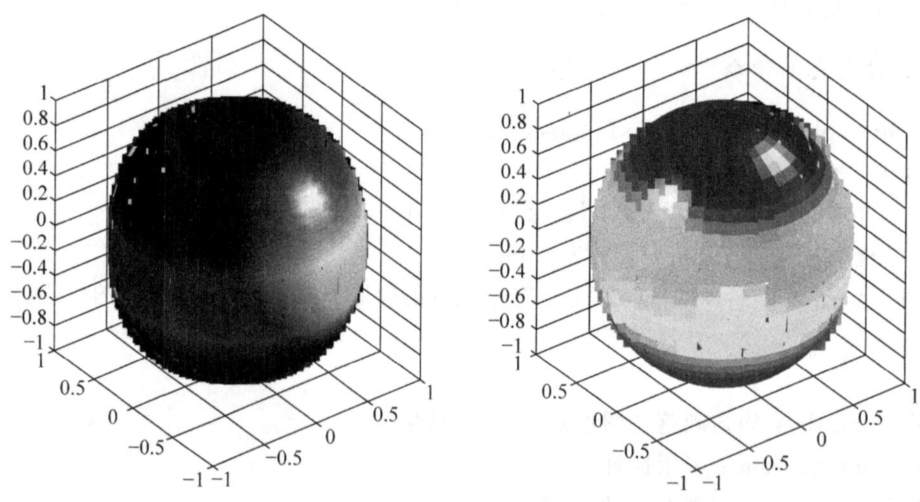

图 7-35　不同灯光、照明、材质条件下的球形效果比较图

7.5.4 简洁绘图指令

简洁绘图指令包括泛函绘图函数 fplot、一元函数简捷绘图指令 ezplot、二元函数简捷绘图指令 ezsurf 三种。其具体使用方法如下。

1. 泛函绘图函数 fplot

使用格式如下：

```
fplot(fname,lims,tol,linespec)
```

其中：fname：函数字符串，自变量为 x；

lims：绘图区域，[x1,x2]、[x1,x2,y1,y1]；

tol：精度，缺省为 2e−3；

linespec：线型、色彩、点形。

【例 7-28】 比较 fplot 函数与一般绘图函数的绘图效果。

解：在 MATLAB 命令行窗口中输入

```
clear all
clc
[x,y] = fplot('cos(tan(pi * x))',[ - 0.4,1.4],0.2e - 3);
n = length(x);
subplot(1,2,1);
plot(x,y)
title('泛函绘图')
t = ( - 0.4:1.8/n:1.4)';
subplot(1,2,2);
plot(t,cos(tan(pi * t)))
title('等分采样')
```

运行以上代码，得到效果图如图 7-36 所示。

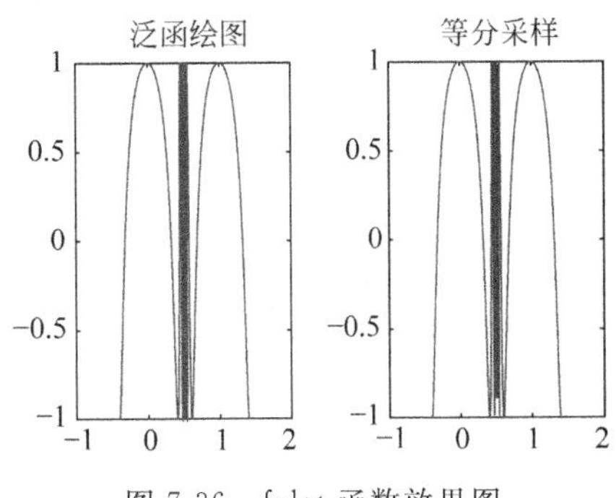

图 7-36　fplot 函数效果图

2. 一元函数简捷绘图函数 ezplot

使用格式如下：

```
ezplot(F,[x1,x2],fig)
```

其中：F：函数；

[x1,x2]：自变量范围，缺省为[−2 * pi,2 * pi]；

fig：指定图形窗。

【例 7-29】 绘制 $y=\frac{2}{3}e^{-\frac{t}{2}}\cos\frac{\sqrt{3}}{2}t$ 和它的积分 $s(t)=\int_0^t y(t)\mathrm{d}t$ 在[0,3 * pi] 范围内的图形。

解：在 MATLAB 命令行窗口中输入

```
clear all
clc
syms t tao;
y = 2/3 * exp( - t/2) * cos(sqrt(3)/2 * t);
s = subs(int(y,t,0,tao),tao,t);
subplot(1,2,1),
ezplot(y,[0,3 * pi]);
grid
subplot(1,2,2),
ezplot(s,[0,3 * pi]);
grid
title('s = \inty(t)dt')
```

运行以上代码，得到效果图如图 7-37 所示。

3. 二元函数简捷绘图函数 ezsurf

使用格式如下：

ezsurf(fun)，其中 fun 为需要绘制的函数。

例如，在圆域上画 $z=x^2y$ 的图形的代码如下：

```
clear all
clc
ezsurf('x * x * y','circ');
shading flat;
view([ - 15,25])
```

得到如图 7-38 所示的图形。

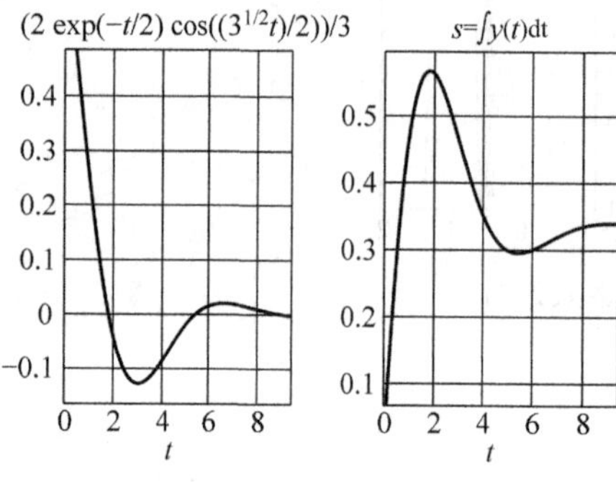

图 7-37 一元函数效果图

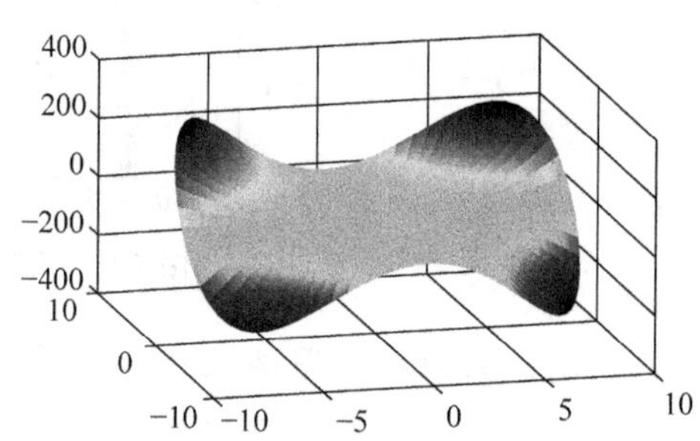

图 7-38 圆域上函数图形

【例 7-30】 使用球坐标参量画部分球壳。

解：在 MATLAB 命令行窗口中输入

```
clear all
clc
x = 'cos(s) * cos(t)';
y = 'cos(s) * sin(t)';
z = 'sin(s)';
ezsurf(x,y,z,[0,pi/2,0,3 * pi/2])
view(17,40);shading interp;colormap(spring)
light('position',[0,0,-10],'style','local')
light('position',[-1,-0.5,2],'style','local')
material([0.5,0.5,0.5,10,0.3])
```

运行以上代码，得到效果图如图 7-39 所示。

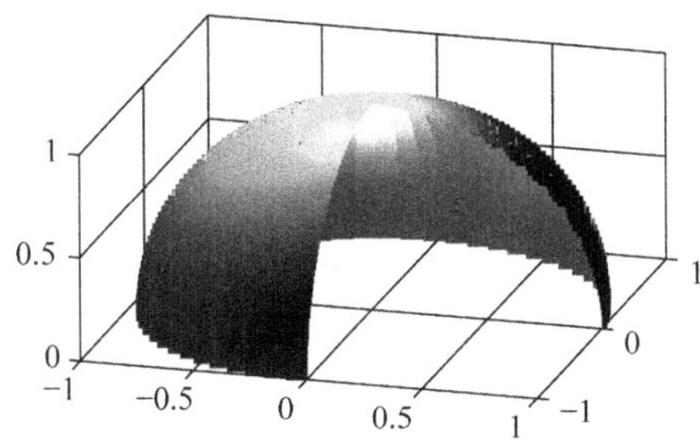

图 7-39　部分球壳图形

7.6　特殊三维图形

在科学研究中，有时也需要绘制一些特殊的三维图形，如统计学中的三维直方图、圆柱体图、饼状图等特殊样式的三维图形。

7.6.1　螺旋线

在三维绘图中，螺旋线分为静态螺旋线、动态螺旋线和圆柱螺旋线。其中，产生静态螺旋线的 MATLAB 代码如下：

```
clear all
clc
a = 0:0.1:20 * pi;
h = plot3(a. * cos(a),a. * sin(a),2. * a,'b','linewidth',2);
axis([-50,50,-50,50,0,150]);
grid on
set(h,'erasemode','none','markersize',22);
title('静态螺旋线');
```

运行以上代码，得到图形如图 7-40 所示。

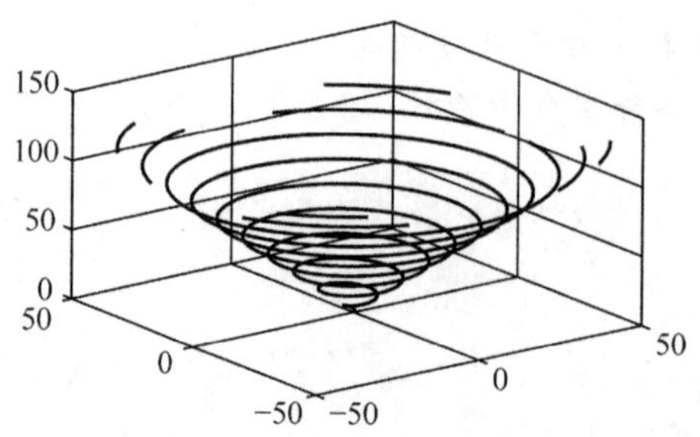

图 7-40　静态螺旋线图

产生动态螺旋线的 MATLAB 代码如下：

```
clear all
clc
t = 0:0.1:9 * pi;
i = 1;
h = plot3(sin(t(i)),cos(t(i)),t(i),'*','erasemode','none');
grid on
axis([ - 1 1 - 1 1 0 30])
for i = 2:length(t)
    set(h,'xdata',sin(t(i)),'ydata',cos(t(i)),'zdata',t(i));
    drawnow
    pause(0.01)
end
title('动态螺旋线');
```

运行以上代码，得到图形如图 7-41 所示。

产生圆柱螺旋线的 MATLAB 代码如下：

```
clear all
clc
a = 0:0.1:20 * pi;
h = plot3(a. * cos(a),a. * sin(a),2. * a,'b','linewidth',2);
axis([ - 50,50, - 50,50,0,150]);
grid on
set(h,'erasemode','none','markersize',22);
title('圆柱螺旋线');
```

运行以上代码，得到图形如图 7-42 所示。

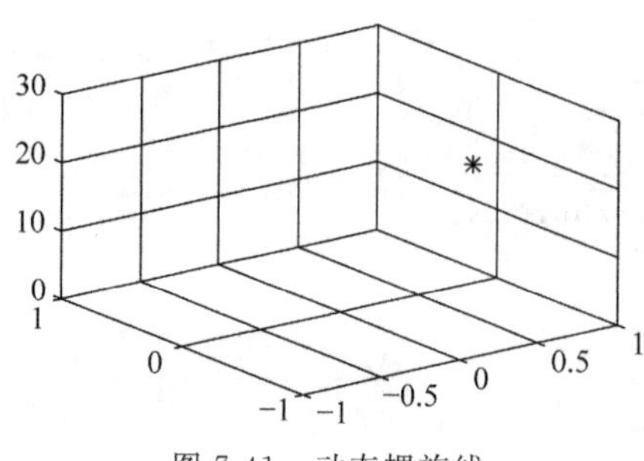

图 7-41　动态螺旋线

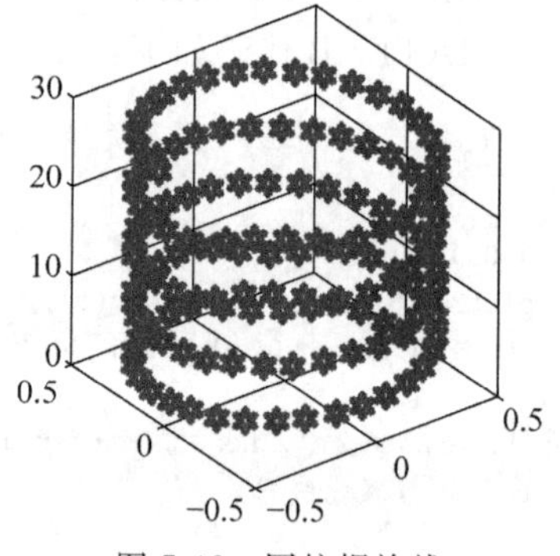

图 7-42　圆柱螺旋线

7.6.2 抛物面

在 MATLAB 三维图形中，抛物面包括旋转抛物面、椭圆抛物面和双曲抛物面。其中，产生旋转抛物面的 MATLAB 代码如下：

```
clear all
clc
b = 0:1:3 * pi;
[X,Y] = meshgrid( - 5:0.1:5);
Z = (X.^2 + Y.^2)./4;
meshc(X,Y,Z);
axis('square')
title('旋转抛物面')
```

运行以上代码，得到图形如图 7-43 所示。

产生椭圆抛物面的 MATLAB 代码如下：

```
clear all
clc
b = 0:1:50 * pi;
[X,Y] = meshgrid( - 5:0.1:5);
Z = X.^2./9 + Y.^2./4;
meshc(X,Y,Z);
axis('square')
title('椭圆抛物面')
```

运行以上代码，得到图形如图 7-44 所示。

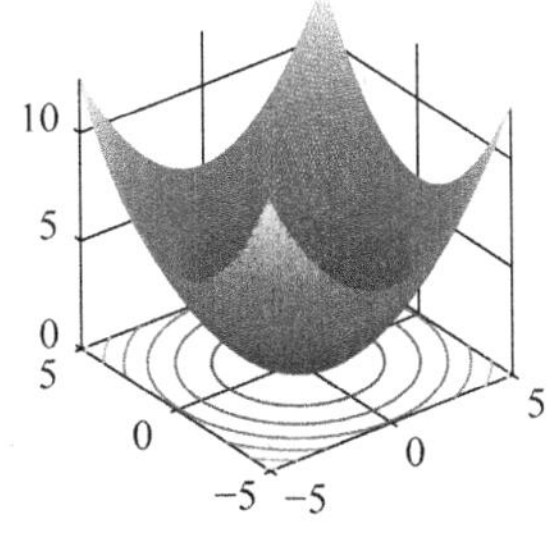

图 7-43 旋转抛物面

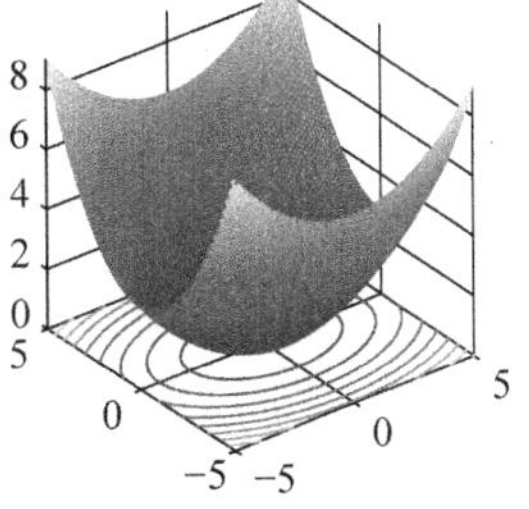

图 7-44 椭圆抛物面

产生双曲抛物面的 MATLAB 代码如下：

```
clear all
clc
[X,Y] = meshgrid( - 6:0.1:6);
Z = X.^2./8 - Y.^2./6;
meshc(X,Y,Z);
view(80,25)
```

```
axis('square')
title('双曲抛物面')
```

运行以上代码，得到图形如图 7-45 所示。

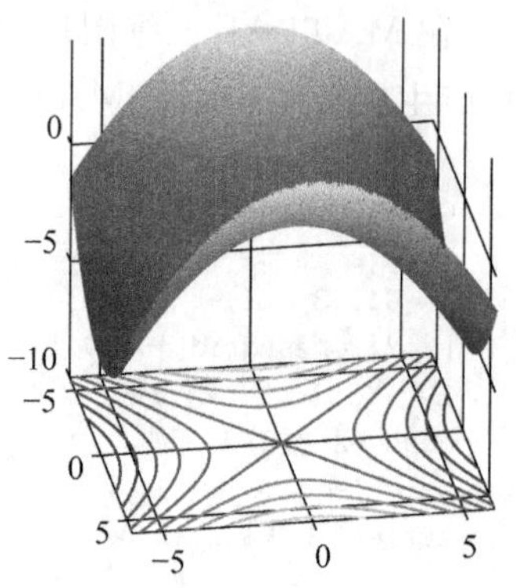

图 7-45　双曲抛物面

7.6.3　柱状图

与二维情况相类似，MATLAB 提供了两类画三维直方图的命令：一类是用于画垂直放置的三维直方图，另一类是用于画水平放置的三维直方图。

1. 垂直放置的三维直方图

MATLAB 中绘制垂直放置的三维直方图函数格式如下：

bar3(Z)：以 x=1,2,3,…,m 为各个数据点的 x 坐标，以 y=1,2,3,…,n，为各个数据点的 y 坐标，以 Z 矩阵的各个对应元素为 z 坐标(Z 矩阵的维数为 m×n)。

bar3(Y,Z)：以 x=1,2,3,…,m 为各个数据点的 x 坐标，以 Y 向量的各个元素为各个数据点的 y 坐标，以 Z 矩阵的各个对应元素为 z 坐标(Z 矩阵的维数为 m×n)。

bar3(Z,option)：以 x=1,2,3,…,m 为各个数据点的 x 坐标，以 y=1,2,3,…,n 为各个数据点的 y 坐标，以 Z 矩阵的各个对应元素为 z 坐标(Z 矩阵的维数为 m×n)；并且各个方块的放置位置由字符串参数 option 来指定。(detached 为分离式三维直方图；grouped 为分组式三维直方图；stached 为累加式三维直方图。)

2. 水平放置的三维直方图

MATLAB 中绘制水平放置的三维直方图的函数包括 bar3h(Z)、bar3h(Y,Z)、bar3h(Z,option)。它们的功能及使用方法与前述的 3 个 bar3 命令的功能及使用方法相同。

【例 7-31】 利用函数绘制出不同类型的直方图。

解：在 MATLAB 命令行窗口中输入

```
clear all
clc
Z = [15,35,10;20,10,30]
subplot(2,2,1)
h1 = bar3(Z,'detached')
set(h1,'FaceColor','W')
title('分离式直方图')
subplot(2,2,2)
h2 = bar3(Z,'grouped')
set(h2,'FaceColor','W')
title('分组式直方图')
subplot(2,2,3)
h3 = bar3(Z,'stacked')
```

```
set(h3,'FaceColor','W')
title('叠加式直方图')
subplot(2,2,4)
h4 = bar3h(Z)
set(h4,'FaceColor','W')
```

运行以上代码,得到效果图如图 7-46 所示。

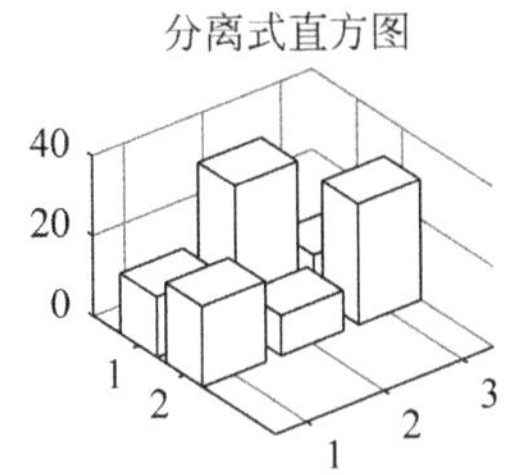

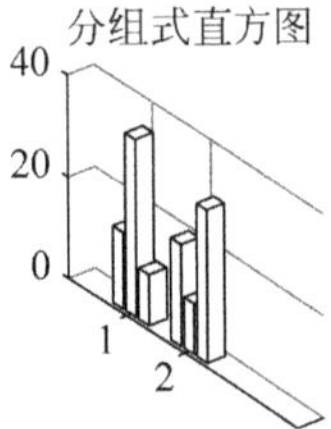

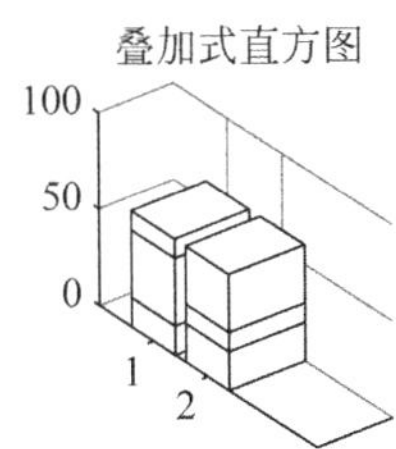

图 7-46　不同类型的三维直方图

7.6.4　柱体

MATLAB 中的柱体种类比较多,主要分为圆柱体、椭圆柱体、双曲柱体和抛物面柱体。下面分别举例说明每种类型柱体的绘图方法。

【例 7-32】　利用函数 cylinder 绘制出两种圆柱体。

解: 在 MATLAB 命令行窗口中输入

```
clear all
clc
subplot(1,2,1)
[X,Y,Z] = cylinder;
mesh(X,Y,Z)
title('单位圆柱体')
subplot(1,2,2)
t = 1:9;
r(t) = t. * t;
[X,Y,Z] = cylinder(r,35);
mesh(X,Y,Z)
title('一般圆柱体')
```

运行以上代码,得到效果图如图 7-47 所示。

【例 7-33】 利用函数 ezsurf 绘制椭圆柱面。

解：在 MATLAB 命令行窗口中输入

```
clear all
clc
load clown
ezsurf('(2 * cos(u))','4 * sin(u)','v',[0,2 * pi,0,2 * pi])
view( - 105,40)                    % 视角处理
shading interp                     % 灯光处理
colormap(map)                      % 颜色处理
grid on                            % 添加网格线
axis equal                         % 使 x,y 轴比例一致
title('椭圆柱面')                  % 添加标题
```

运行以上代码，得到效果图如图 7-48 所示。

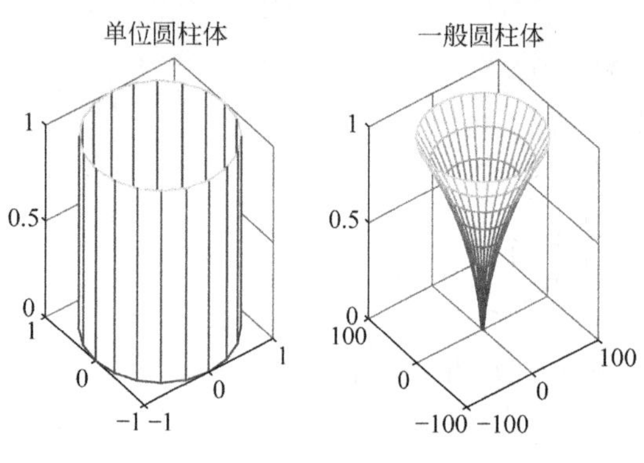

图 7-47 两种三维圆柱体比较图

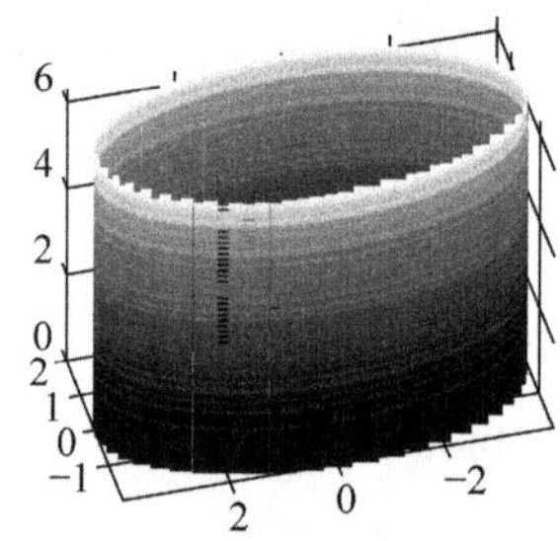

图 7-48 椭圆柱面图

【例 7-34】 利用函数 ezsurf 绘制双曲柱面。

解：在 MATLAB 命令行窗口中输入

```
clear all
clc
load clown
ezsurf('2 * sec(u)','2 * tan(u)','v',[ - pi/2,pi/2, - 3 * pi,3 * pi])
hold on
ezsurf('2 * sec(u)','2 * tan(u)','v',[pi/2,3 * pi/2, - 3 * pi,3 * pi])
colormap(map)
shading interp
view( - 15,30)
axis equal
grid on
axis equal
title('双曲柱面')
```

运行以上代码，得到效果图如图 7-49 所示。

【例 7-35】 利用函数 ezsurf 绘制双曲柱面。

解：在 MATLAB 命令行窗口中输入

```
clear all
clc
[X,Y] = meshgrid( - 7:0.1:7);
Z = Y.^2./8;
h = mesh(Z);
rotate(h,[1 0 1],180)        % 旋转处理
%axis([ - 8,8, - 8,8, - 2,6]);
axis('square')
title('抛物柱面')
```

运行以上代码,得到效果图如图 7-50 所示。

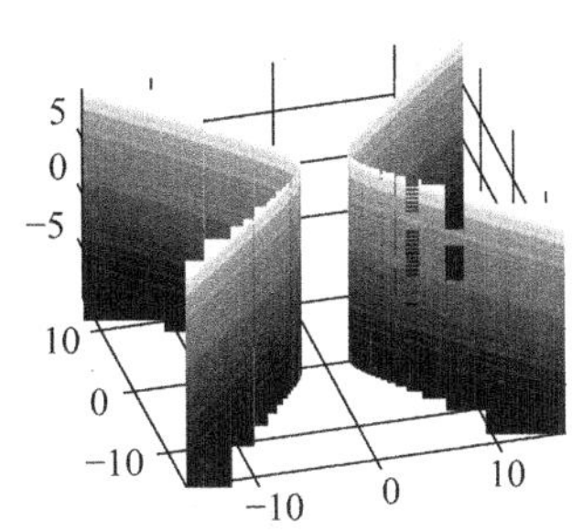

图 7-49 双曲柱面图

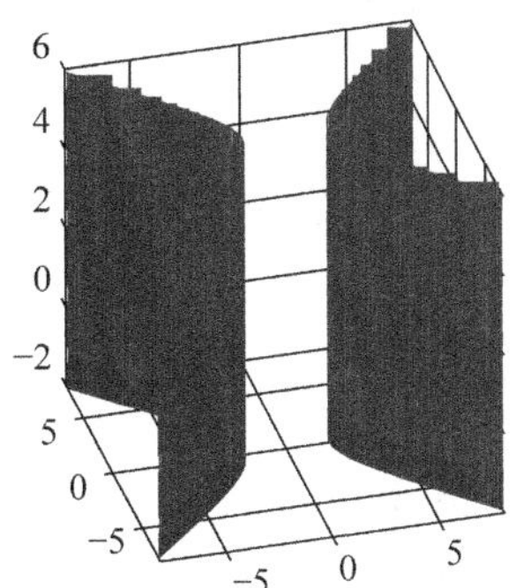

图 7-50 抛物柱面图

7.6.5 饼状图

MATLAB 中,三维饼状图的绘制函数是 pie3,用法和 pie 类似,其功能是以三维饼状图形显示各组分所占比例。调用这种函数的格式是 pie3(x,Z)。

【例 7-36】 利用 pie3 函数绘制三维饼状图。

解: 在命令行窗口中输入

```
clear all
clc
x = [32 45 11 76 56];
explode = [0 0 1 0 1];
pie3(x,explode)
```

代码运行后绘制结果如图 7-51 所示。

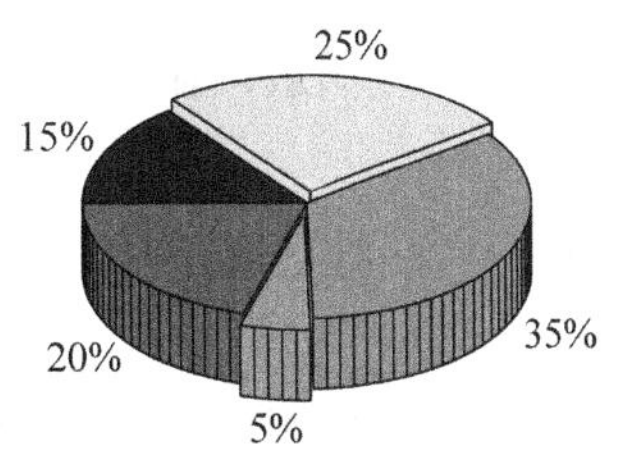

图 7-51 三维饼状图

7.6.6 双曲面

MATLAB 中的双曲面种类主要分为单叶双曲面、旋转单叶双曲面和双叶双曲面。下面分别举例说明每种类型

的双曲面的绘图方法。

例如,想要得到单叶双曲面图形,可以在 MATLAB 命令行窗口输入以下命令:

```
clear all
clc
ezsurf('4 * sec(u) * cos(v)','2. * sec(u) * sin(v)','3. * tan(u)',[ - pi./2,pi./2,0,2 * pi])
axis equal
grid on
title('单叶双曲面')
```

运行程序,得到如图 7-52 所示的图像。

如果需要获得旋转单叶双曲面图形,可以在 MATLAB 命令行窗口输入以下命令:

```
clear all
clc
ezsurf('4 * sec(u) * cos(v)','2. * sec(u) * sin(v)','3. * tan(u)',[ - pi./2,pi./2,0,2 * pi])
axis equal
grid on
title('单叶双曲面')
```

运行程序,得到如图 7-53 所示的图像。

如果需要获得旋转双叶双曲面图形,可以在 MATLAB 命令行窗口输入以下命令:

```
clear all
clc
ezsurf('4 * sec(u) * cos(v)','2. * sec(u) * sin(v)','3. * tan(u)',[ - pi./2,pi./2,0,2 * pi])
axis equal
grid on
title('双叶双曲面')
```

运行程序,得到如图 7-54 所示的图像。

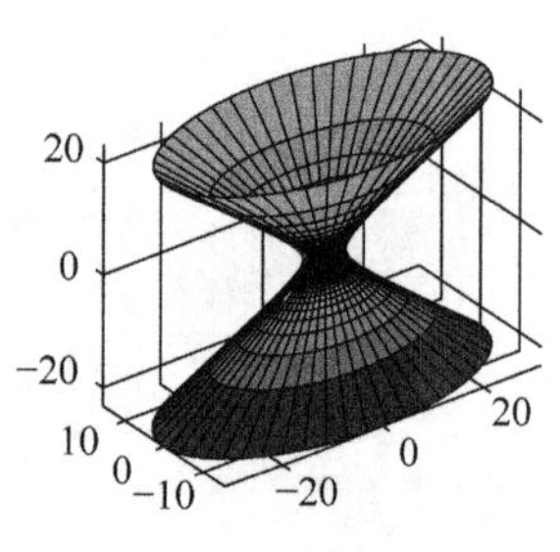

图 7-52　单叶双曲面

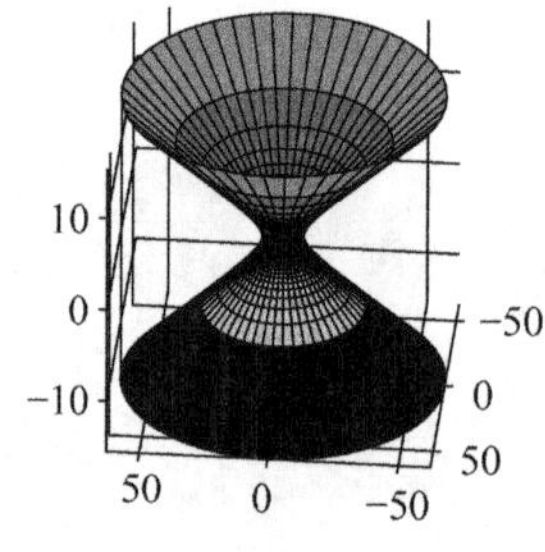

图 7-53　旋转单叶双曲面

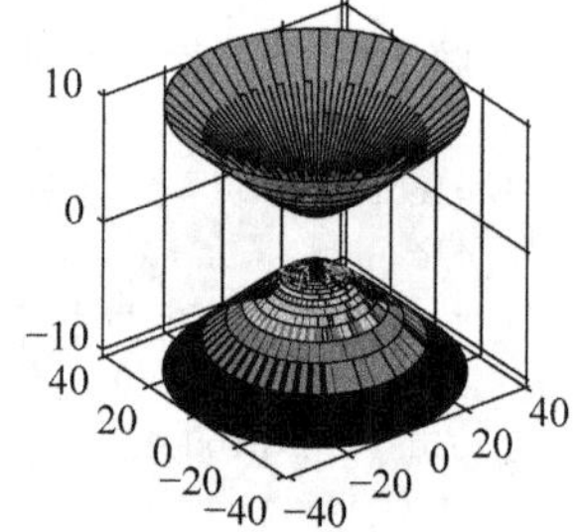

图 7-54　旋转双叶双曲面

7.6.7　三维等高线

MATLAB 中提供的三维等高线的绘制函数格式如下:

contour3(X,Y,Z,n,option):参数 n 指定要绘制出 n 条等高线。若默认参数 n,则系统自动确定绘制等高线的条数；参数 option 指定了等高线的线型和颜色；

clabel(c,h)：标记等高线的数值，参数(c,h)必须是 contour 命令的返回值。

【例 7-37】 绘制下列函数的曲面及其对应的三维等高线：

$$f(x,y)=3(1-x)^2\mathrm{e}^{-x^2-(y+1)^2}-10\left(\frac{x}{5}-x^3-y^5\right)\mathrm{e}^{-(x^2+y^2)}-\frac{1}{3}\mathrm{e}^{-(x+1)^2-y^2}$$

解：在 MATLAB 命令行窗口中输入

```
clear all
clc
x = -5:0.2:5;
y = x;
[X,Y] = meshgrid(x,y);
Z = 3 * (1 - X).^2. * exp( - (X.^2) - (Y + 1).^2) ...
   - 10 * (X/5 - X.^3 - Y.^5). * exp( - X.^2 - Y.^2) ...
   - 1/3 * exp( - (X + 1).^2 - Y.^2);
subplot(2,2,1)
mesh(X,Y,Z)
xlabel('x')
ylabel('y')
zlabel('Z')
title('Peaks 函数图形')
subplot(2,1,2)
[c,h] = contour3(x,y,Z);
clabel(c,h)
xlabel('x')
ylabel('y')
zlabel('z')
title('Peaks 函数的三维等高线')
```

代码运行后，得到如图 7-55 所示的结果。

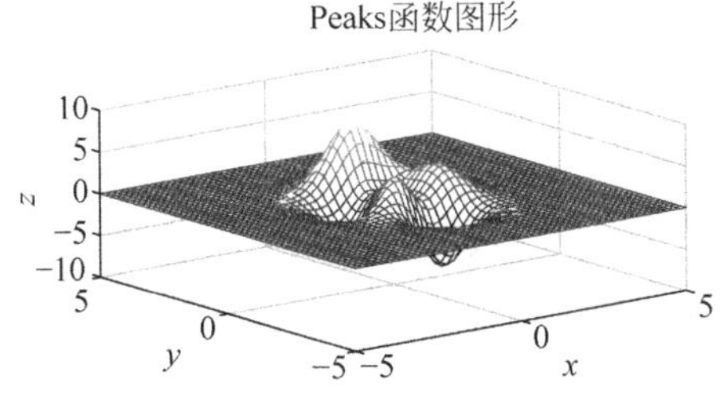

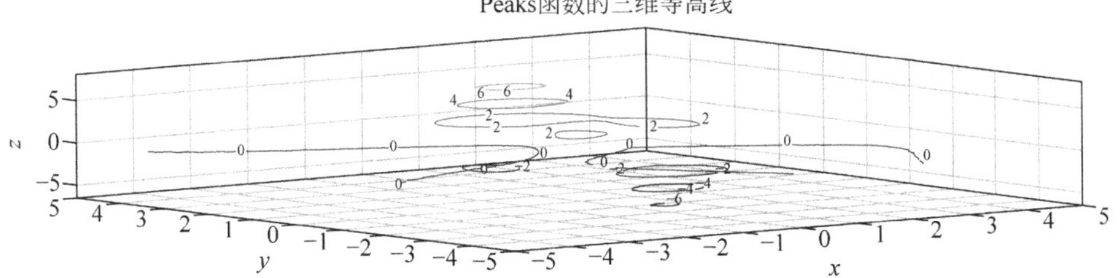

图 7-55 函数曲面及其对应的三维等高线

7.6.8 三维离散序列图

MATLAB提供了绘制三维离散序列图的命令，该函数命令的调用格式如下：

stem3(X,Y,Z,option)：以向量X的各个元素为x坐标，以向量Y的各个元素为y坐标，以Z矩阵的各个对应为z坐标，在(x,y,z)坐标点画1个空心的小圆圈，并连接一条线段到X坐标轴，option是个可选的参数，它代表绘图时的线型、颜色。

stem3(X,Y,Z,'filled')：以向量X的各个元素为x坐标，以向量Y的各个元素为y坐标，以Z矩阵的各个对应元素为z坐标，在(x,y,z)坐标点画1个实心的小圆圈，并连接一条线段到XY坐标轴。

【例7-38】 利用三维离散序列图绘制函数stem3绘制离散序列图。

解：在MATLAB命令行窗口中输入

```
clear all
clc
t = 0:pi/11:5 * pi;
x = exp( - t/11). * cos(t);
y = 3 * exp( - t/11). * sin(t);
stem3(x,y,t,'filled')
hold on
plot3(x,y,t)
xlabel('X')
ylabel('Y')
zlabel('Z')
```

代码运行后，得到如图7-56所示的结果。

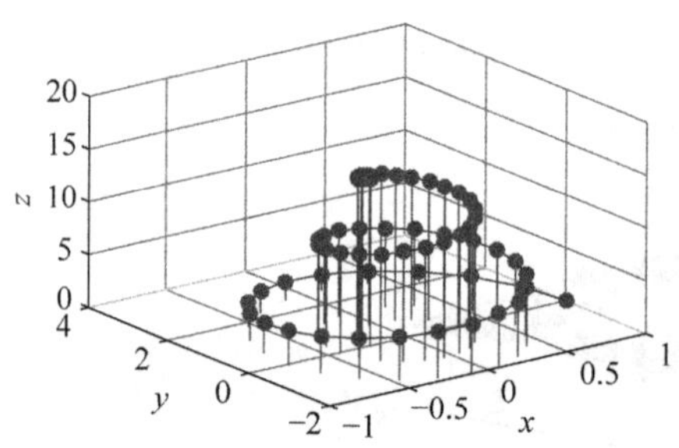

图7-56 三维离散序列图

7.6.9 其他图形

本节通过举例介绍几种平时较少用到的特殊三维图形。

【例7-39】 利用函数绘制三维心形图案。

解：在MATLAB命令行窗口中输入

```
clear all
clc
```

```
[X,Y,Z] = meshgrid( - 3:0.05:3, - 3:0.05:3, - 3:0.05:3);
V = (X.^2 + 9/4 * Y.^2 + Z.^2 - 1).^3 - X.^2. * Z.^3 - 9/80 * (Y.^2) . * Z.^3;
V1 = V < 0;
figure
W = smooth3(V1);
p = patch(isosurface(X,Y,Z,W,0));
isonormals(X,Y,Z,W,p)
hold on
set(p,'FaceColor','red','EdgeColor','none');
daspect([1 1 1])
view(3); axis tight
camlight
lighting phong
rotate3d on
hold off
```

代码运行后，得到如图 7-57 所示的结果。

【例 7-40】 绘制一个三维 FFT 的茎图。

解：在 MATLAB 命令行窗口中输入

```
clear all
clc
th = (0 : 119) / 120 * pi;
x = cos (th);
y = sin (th);
f = abs (fft (ones (9, 1), 120));
stem3 (x, y, f', 'd', 'fill')
view ([ - 60 35])
```

代码运行后，得到如图 7-58 所示的结果。

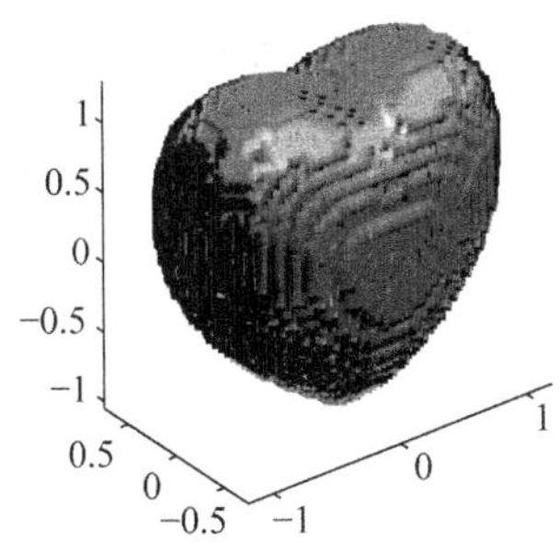

图 7-57 三维心形图形

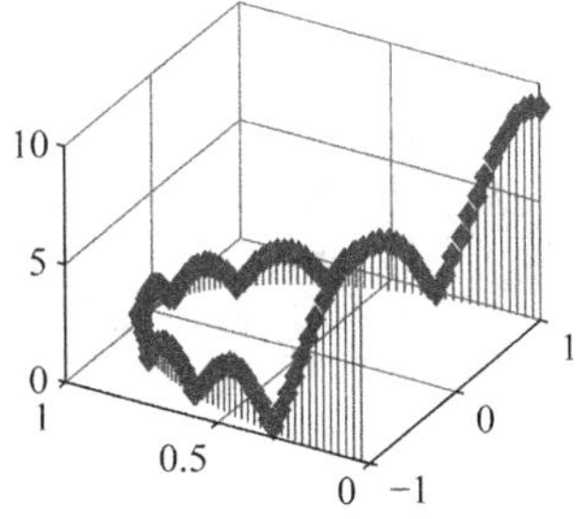

图 7-58 三维 FFT 的茎图

7.7 三维绘图的实际应用

【例 7-41】 在一丘陵地带测量高度，x 和 y 方向每隔 100m 测一个点，得到高度数据如表 7-5 所示，试拟合一曲面，确定合适的模型，并由此找出最高点和该点的高度。

表 7-5　高度数据

x	y			
	100	**200**	**300**	**400**
100	536	597	524	278
200	598	612	530	378
300	580	574	498	312
400	562	526	452	234

解：在命令行窗口中输入

```
clear all
clc
x = [100 100 100 100 200 200 200 200 300 300 300 300 400 400 400 400];
y = [100 200 300 400 100 200 300 400 100 200 300 400 100 200 300 400];
z = [536 597 524 378 598 612 530 378 580 574 498 312 562 526 452 234];
xi = 100:5:400;
yi = 100:5:400;
[X,Y] = meshgrid(xi,yi);
H = griddata(x,y,z,X,Y,'cubic');
surf(X,Y,H);
view( - 112,26);
hold on;
maxh = vpa(max(max(H)),6)
[r,c] = find(H >= single(maxh));
stem3(X(r,c),Y(r,c),maxh,'fill')
```

代码运行后，结果如图 7-59 所示。

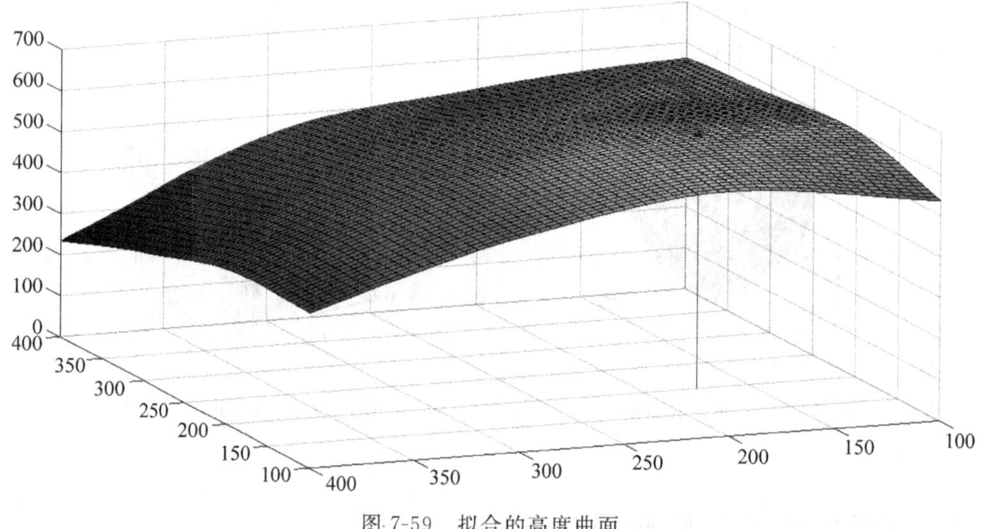

图 7-59　拟合的高度曲面

同时，在 MATLAB 命令行窗口得到如下结果：

```
>> maxh =
  616.242
```

即该丘陵地带高度最高点为 616.242m。

【例 7-42】 利用 MATLAB 绘图函数，绘制电梯门自动开关的演示图。

解：在 MATLAB 命令行窗口中输入

```
clear all
clc
figure('name','自动门系统');
axis ([0 ,55,0,55]);
hold on;
axis off;
text(23,55,'自动门','fontsize',20,'color','b');
text(8,32,'放大器','fontsize',8,'color','r');
text(20,40,'电动机','fontsize',8,'color','k');
text(20,14,'门','fontsize',10,'color','r');
text(43.5,23,'开关(开门)','fontsize',10,'color','k');
text(43.5,8,'开关(关门)','fontsize',10,'color','k');
%画导线
c1 = line([1;55],[50;50],'color','g','linewidth',2);
c2 = line([4;35],[45;45],'color','g','linewidth',2);
c3 = line([4;7],[35;35],'color','g','linewidth',2);
c4 = line([1;1],[30;50],'color','g','linewidth',2);
c5 = line([4;4],[35;45],'color','g','linewidth',2);
c6 = line([1;7],[30;30],'color','g','linewidth',2);
c7 = line([55;55],[15;50],'color','g','linewidth',2);
c8 = line([49;55],[15;15],'color','g','linewidth',2);
%画放大器
c9 = line([7;7],[28;37],'color','g','linewidth',2);
c10 = line([7;12],[37;37],'color','g','linewidth',2);
c11 = line([12;12],[28;37],'color','g','linewidth',2);
c12 = line([7;12],[28;28],'color','g','linewidth',2);
hold on;
%画箭头
j1 = line([6;7],[35.5;35],'linewidth',2);
j2 = line([6;7],[34.5;35],'linewidth',2);
j3 = line([6;7],[30.5;30],'linewidth',2);
j4 = line([6;7],[29.5;30],'linewidth',2);
j5 = line([43;44],[20;20.5],'linewidth',2);
j6 = line([43;44],[20;19.5],'linewidth',2);
j7 = line([43;44],[10;10.5],'linewidth',2);
j8 = line([43;44],[10;9.5],'linewidth',2);
j9 = line([36;37],[10.5;10],'linewidth',2);
j10 = line([36;37],[9.5;10],'linewidth',2);
hold on;
%画电阻
fill([37,38,38,37],[28,28,2,2],[1,0.1,0.5]); % 左电阻
fill([42,43,43,42],[28,28,2,2],[1,0.1,0.5]); % 右电阻
%画连接电阻的导线
f1 = line([25;37],[10;10],'color','g','linewidth',2);
f2 = line([35;35],[10;45],'color','g','linewidth',2);
f3 = line([37.5;37.5],[1;2],'color','g','linewidth',2);
f4 = line([37.5;42.5],[1;1],'color','g','linewidth',2);
f5 = line([42.5;42.5],[1;2],'color','g','linewidth',2);
```

```
f6 = line([37.5;37.5],[28;29],'color','g','linewidth',2);
f7 = line([37.5;42.5],[29;29],'color','g','linewidth',2);
f8 = line([42.5;42.5],[28;29],'color','g','linewidth',2);
f9 = line([40;40],[17;29],'color','g','linewidth',2);
f10 = line([40;40],[1;15.5],'color','g','linewidth',2);
%画电源
f11 = line([39;41],[15.5;15.5],'color','r','linewidth',2);          % 负极
f12 = line([38.5;41.5],[17;17],'color','r','linewidth',2);          % 正极
f13 = line([43;48],[20;20],'color','g','linewidth',2);              % 开门开关
f14 = line([43;48],[10;10],'color','g','linewidth',2);              % 关门开关
g0 = line([48;49],[20;15],'color','k','linewidth',2);               % 闸刀
door = line([25;25],[5;15],'color','g','linewidth',25);             % 画门
d1 = line([25;25],[27.5;15],'color','g','linewidth',2);             % 画门顶的绳索
hold on;
%画电机的两端(用两个椭圆)
t = 0:pi/100:2 * pi;
fill(18 + 2 * sin(t),32.5 + 5 * cos(t),[0.7,0.85,0.9]);             % 电机左端
fill(25 + 2 * sin(t),32.5 + 5 * cos(t),[0.7,0.85,0.9]);             % 电机右端
e0 = line([12;18],[32.5;32.5],'color','r','linewidth',2);           %画连接电机中轴的线
%画电机的表面(用八根不同颜色的线代替,每根之间相差 pi/4)
%为简便起见,初始条件下可将八根线分成两组放在电机的顶端和底端
sig1 = line([18;25],[37.5;37.5],'color','r','linestyle','-','linewidth',2);
sig2 = line([18;25],[27.5;27.5],'color','m','linestyle','-','linewidth',2);
sig3 = line([18;25],[37.5;37.5],'color','w','linestyle','-','linewidth',2);
sig4 = line([18;25],[27.5;27.5],'color','b','linestyle','-','linewidth',2);
sig5 = line([18;25],[37.5;37.5],'color','c','linestyle','-','linewidth',2);
sig6 = line([18;25],[27.5;27.5],'color','g','linestyle','-','linewidth',2);
sig7 = line([18;25],[37.5;37.5],'color','k','linestyle','-','linewidth',2);
sig8 = line([18;25],[27.5;27.5],'color','b','linestyle','-','linewidth',2);
a = 0;              % 设定电机运转的初始角度
da = 0.02;          % 设定电机正转的条件
s = 0;              % 设定门运动的初始条件
ds = 0.02;          % 设定门运动的周期
while s<9           % 条件表达式(当 0<s<9 时,电机正转,门上升)
a = a + da;
xa1 = 18 + abs(2 * sin(a));
xa2 = 25 + 2 * sin(a);
ya1 = 32.5 + 5 * cos(a);
ya2 = 32.5 + 5 * cos(a);
xb1 = 18 + 2 * abs(sin(a + pi));
xb2 = 25 + 2 * sin(a + pi);
yb1 = 32.5 + 5 * cos(a + pi);
yb2 = 32.5 + 5 * cos(a + pi);
xc1 = 18 + abs(2 * sin(a + pi/2));
xc2 = 25 + 2 * sin(a + pi/2);
yc1 = 32.5 + 5 * cos(a + pi/2);
yc2 = 32.5 + 5 * cos(a + pi/2);
xd1 = 18 + 2 * abs(sin(a - pi/2));
xd2 = 25 + 2 * sin(a - pi/2);
yd1 = 32.5 + 5 * cos(a - pi/2);
yd2 = 32.5 + 5 * cos(a - pi/2);

xe1 = 18 + abs(2 * sin(a + pi/4));
```

```
xe2 = 25 + 2 * sin(a + pi/4);
ye1 = 32.5 + 5 * cos(a + pi/4);
ye2 = 32.5 + 5 * cos(a + pi/4);
xf1 = 18 + 2 * abs(sin(a + pi * 3/4));
xf2 = 25 + 2 * sin(a + pi * 3/4);
yf1 = 32.5 + 5 * cos(a + pi * 3/4);
yf2 = 32.5 + 5 * cos(a + pi * 3/4);
xg1 = 18 + abs(2 * sin(a - pi * 3/4));
xg2 = 25 + 2 * sin(a - 3 * pi/4);
yg1 = 32.5 + 5 * cos(a - 3 * pi/4);
yg2 = 32.5 + 5 * cos(a - 3 * pi/4);
xh1 = 18 + 2 * abs(sin(a - pi/4));
xh2 = 25 + 2 * sin(a - pi/4);
yh1 = 32.5 + 5 * cos(a - pi/4);
yh2 = 32.5 + 5 * cos(a - pi/4);
%绘制电机表面各线条的运动
set(sig1,'xdata',[xa1;xa2],'ydata',[ya1;ya2]);
set(sig2,'xdata',[xb1;xb2],'ydata',[yb1;yb2]);
set(sig3,'xdata',[xc1;xc2],'ydata',[yc1;yc2]);
set(sig4,'xdata',[xd1;xd2],'ydata',[yd1;yd2]);
set(sig5,'xdata',[xe1;xe2],'ydata',[ye1;ye2]);
set(sig6,'xdata',[xf1;xf2],'ydata',[yf1;yf2]);
set(sig7,'xdata',[xg1;xg2],'ydata',[yg1;yg2]);
set(sig8,'xdata',[xh1;xh2],'ydata',[yh1;yh2]);

s = s + ds;
set(door,'xdata',[25;25],'ydata',[5 + s;15 + s]);          % 绘制门的向上运动
set(d1,'xdata',[25;25],'ydata',[27.5;15 + s]);             % 绘制门顶的绳索的向上运动
set(f1,'xdata',[25;37],'ydata',[10 + s;10 + s]);           % 绘制门和电阻之间两根导线的运动
set(f2,'xdata',[35;35],'ydata',[45;10 + s]);
set(j9,'xdata',[36;37],'ydata',[10.5 + s;10 + s]);         % 绘制上箭头的向上运动
set(j10,'xdata',[36;37],'ydata',[9.5 + s;10 + s]);         % 绘制下箭头的向上运动
set(gcf,'doublebuffer','on'); %消除振动
drawnow;
end

b = 0;                                                     % 设定电机反转的条件
db = 0.02;
while s < 22                                               % 条件表达式(当9<s<22时,电机反
                                                           % 转,门下降)

b = b - db;
xa1 = 18 + abs(2 * sin(a + b));
xa2 = 25 + 2 * sin(a + b);
ya1 = 32.5 + 5 * cos(a + b);
ya2 = 32.5 + 5 * cos(a + b);
xb1 = 18 + 2 * abs(sin(a + pi + b));
xb2 = 25 + 2 * sin(a + pi + b);
yb1 = 32.5 + 5 * cos(a + pi + b);
yb2 = 32.5 + 5 * cos(a + pi + b);
xc1 = 18 + abs(2 * sin(a + pi/2 + b));
xc2 = 25 + 2 * sin(a + pi/2 + b);
yc1 = 32.5 + 5 * cos(a + pi/2 + b);
```

```
yc2 = 32.5 + 5 * cos(a + pi/2 + b);
xd1 = 18 + 2 * abs(sin(a - pi/2 + b));
xd2 = 25 + 2 * sin(a - pi/2 + b);
yd1 = 32.5 + 5 * cos(a - pi/2 + b);
yd2 = 32.5 + 5 * cos(a - pi/2 + b);

xe1 = 18 + abs(2 * sin(a + pi/4 + b));
xe2 = 25 + 2 * sin(a + pi/4 + b);
ye1 = 32.5 + 5 * cos(a + pi/4 + b);
ye2 = 32.5 + 5 * cos(a + pi/4 + b);
xf1 = 18 + 2 * abs(sin(a + pi * 3/4 + b));
xf2 = 25 + 2 * sin(a + pi * 3/4 + b);
yf1 = 32.5 + 5 * cos(a + pi * 3/4 + b);
yf2 = 32.5 + 5 * cos(a + pi * 3/4 + b);
xg1 = 18 + abs(2 * sin(a - pi * 3/4 + b));
xg2 = 25 + 2 * sin(a - 3 * pi/4 + b);
yg1 = 32.5 + 5 * cos(a - 3 * pi/4 + b);
yg2 = 32.5 + 5 * cos(a - 3 * pi/4 + b);
xh1 = 18 + 2 * abs(sin(a - pi/4 + b));
xh2 = 25 + 2 * sin(a - pi/4 + b);
yh1 = 32.5 + 5 * cos(a - pi/4 + b);
yh2 = 32.5 + 5 * cos(a - pi/4 + b);
%绘制电机表面各线条的运动
set(sig1,'xdata',[xa1;xa2],'ydata',[ya1;ya2]);
set(sig2,'xdata',[xb1;xb2],'ydata',[yb1;yb2]);
set(sig3,'xdata',[xc1;xc2],'ydata',[yc1;yc2]);
set(sig4,'xdata',[xd1;xd2],'ydata',[yd1;yd2]);
set(sig5,'xdata',[xe1;xe2],'ydata',[ye1;ye2]);
set(sig6,'xdata',[xf1;xf2],'ydata',[yf1;yf2]);
set(sig7,'xdata',[xg1;xg2],'ydata',[yg1;yg2]);
set(sig8,'xdata',[xh1;xh2],'ydata',[yh1;yh2]);

s = s + ds;
set(g0,'xdata',[49;48],'ydata',[15;10]);            % 绘制闸刀的换向运动
set(door,'xdata',[25;25],'ydata',[35 - s;25 - s]);  % 绘制门的向下运动
set(d1,'xdata',[25;25],'ydata',[27.5;35 - s]);      % 绘制门顶绳索的向下运动
set(f1,'xdata',[25;37],'ydata',[30 - s;30 - s]);    % 绘制门和电阻之间两根导线的运动
set(f2,'xdata',[35;35],'ydata',[45;30 - s]);
set(j9,'xdata',[36;37],'ydata',[30.5 - s;30 - s]);  % 绘制上箭头的向下运动
set(j10,'xdata',[36;37],'ydata',[29.5 - s;30 - s]); % 绘制下箭头的向下运动
set(gcf,'doublebuffer','on');                       % 消除振动
drawnow;
end
```

代码运行后,得到自动门演示图如图 7-60 所示。

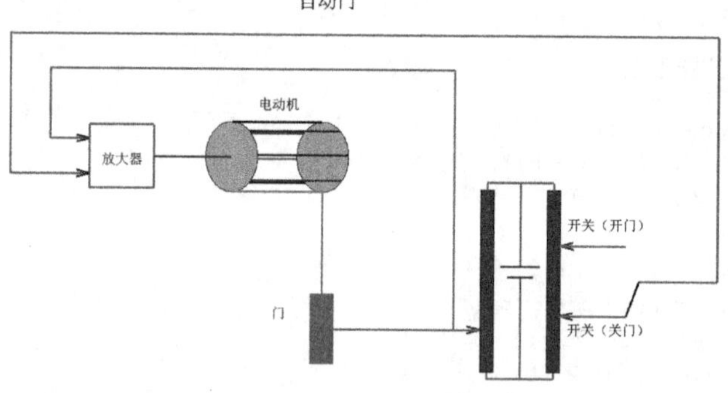

图 7-60　自动门演示图

【例 7-43】 利用 MATLAB 绘图函数绘制调速风扇图形。

解：在 MATLAB 命令行窗口中输入

```
clear all
clc
speed = 50;
t = 0;
Y_a = 3;Y_b = 3;Y_c = 3;
y0 = figure;
axis equal;axis off
axis([ - 5 5  - 12 5])
title('调速风扇','fontsize',18);
grid off;
[x1,y1,z1] = sphere(30);       % 产生球体坐标
x = 5 * x1;
y = 5 * y1;
z = 5 * z1;
shading interp;
hold on;
mesh(x,y,z),colormap(hot);   % 画风扇框架
hold on;
hidden off;
hold on;
fill([ - 3, - 1,1,3],[ - 8.5, - 5, - 5, - 8.5],[0.5,0.5,0.5]); % 画一个多边形
text( - 1.3, - 7,'调速风扇 ','color','k');                      % 多边形里的文字
hold on
ax = Y_a * cos(2 * pi * t);ay = Y_a * sin(2 * pi * t);     % 计算初始三个叶片的横坐标
                                                               和纵坐标
bx = Y_b * cos(2 * pi * t - 2 * pi/3);by = Y_b * sin(2 * pi * t - 2 * pi/3);
cx = Y_c * cos(2 * pi * t + 2 * pi/3);cy = Y_c * sin(2 * pi * t + 2 * pi/3);
y_line_a = line([0 ax],[0 ay],'EraseMode','xor','Color','r','linestyle',' - ','linewidth',20);
                                                            % 画出三个叶片
y_line_b = line([0 bx],[0 by],'EraseMode','xor','Color','b','linestyle',' - ','linewidth',20);
y_line_c = line([0 cx],[0 cy],'EraseMode','xor','Color','g','linestyle',' - ','linewidth',20);
k = 1;

 % b1 为停止按钮
b1 = uicontrol('parent',y0,…
'units','points',…
'tag','b2',…
'style','pushbutton',…
'string','停止',…
'backgroundcolor',[0.75 0.75 0.75],…
'position',[280 10 50 20],…
'callback','k = 0;');

 % b2 为关闭按钮
b2 = uicontrol('parent',y0,…
'units','points',…
'tag','b3',…
'style','pushbutton',…
'string','关闭',…
'backgroundcolor',[0.75 0.75 0.75],…
'position',[350 10 50 20],…
'callback',[…
'k = 1;,',…
'close']);
```

```
%s1 为调速框条
s1 = uicontrol('parent',y0, ...
'units','points', ...
'tag','s1', ...
'style','slider', ...
'value',1 * speed, ...
'max',100, ...
'min',30, ...
'backgroundcolor',[0.75 0.75 0.75], ...
'position',[30 10 190 20], ...
'callback',[ ...
'm = get(gcbo,''value'');,', ...
'speed = m/1;']);

%t1 为上面的文字说明
t1 = uicontrol('parent',y0, ...
'units','points', ...
'tag','t', ...
'style','text', ...
'fontsize',15, ...
'string','风扇转速调节', ...
'backgroundcolor',[0.75 0.75 0.75], ...
'position',[30 30 190 20]);

while 1 % 让风扇转起来的循环
if k == 0
break
end
t = t + 1/speed;
ax = Y_a * cos(2 * pi * t);ay = Y_a * sin(2 * pi * t);
bx = Y_b * cos(2 * pi * t - 2 * pi/3);by = Y_b * sin(2 * pi * t - 2 * pi/3);
cx = Y_c * cos(2 * pi * t + 2 * pi/3);cy = Y_c * sin(2 * pi * t + 2 * pi/3);
drawnow;
set(y_line_a,'XData',[0 ax],'YData',[0 ay]);
set(y_line_b,'XData',[0 bx],'YData',[0 by]);
set(y_line_c,'XData',[0 cx],'YData',[0 cy]);
end
```

代码运行后，得到调速风扇图形如图 7-61 所示。

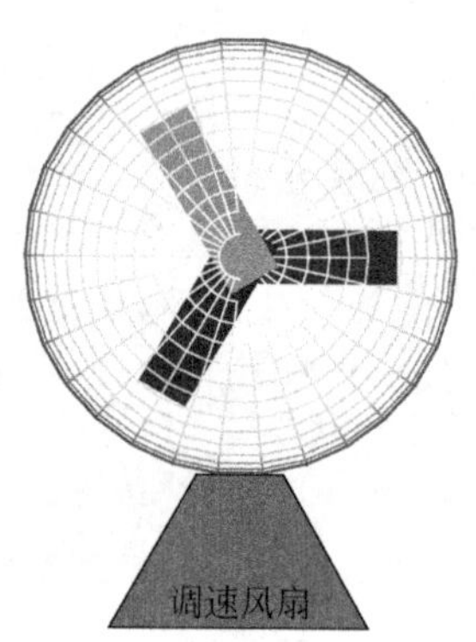

图 7-61　可调速电风扇图形

本章小结

本章讲述了MATLAB中的三维绘图的知识，包括基本的三维曲线图和三维曲面图的绘制，以及设置三维图形显示的方法、特殊的三维图形等。其中，基本的三维图形的绘制和显示设置是本章的重点，尤其是网格曲面和各种三维图形的区别，读者需要仔细体会和理解。

第8章 数据分析

数据分析和处理在各个领域有着广泛的应用，尤其是在数学、物理等科学领域和工程领域的实际应用中，会经常遇到数据分析的情况。例如，在工程领域根据有限的已知数据对未知数据进行推测时经常需要用到数据插值和拟合，在信号工程领域则经常需要用到傅里叶变换工具。

学习目标：

- 了解各种命令的使用和内在关系；
- 掌握数据插值和拟合的方法；
- 熟练掌握傅里叶变换。

8.1 插值

插值是指在所给的基准数据情况下，研究如何平滑地估算出基准数据之间的其他函数数值。每当其他函数值获取的代价比较高时，插值就会发挥作用。

在数字信号处理和图像处理中，插值是极其常用的方法。MATLAB 提供了大量的插值函数。在 MATLAB 中，插值函数保存在 MATLAB 工具箱的 polyfun 子目录下。下面对一维插值、二维插值、样条插值和高维插值分别进行介绍。

8.1.1 一维插值命令及实例

一维插值是进行数据分析的重要方法，在 MATLAB 中，一维插值有基于多项式的插值和基于快速傅里叶的插值两种类型。一维插值就是对一维函数 $y=f(x)$ 进行插值。

在 MATLAB 中，一维多项式插值采用函数 interp1()实现。函数 interp1()使用多项式技术，用多项式函数通过提供的数据点来计算目标插值点上的插值函数值，该命令对数据点之间计算内插值。它找出一元函数 $f(x)$ 在中间点的数值。其中，函数 $f(x)$ 由所给数据决定。

其调用格式如下：

yi=interp1(x,Y,xi)：返回插值向量 yi,每一元素对应于参量 xi,同时由向量 x 与 Y 的内插值决定。参量 x 指定数据 Y 的点。若 Y 为一矩阵,则按 Y 的每列计算。yi 是阶数为 length(xi) * size(Y,2)的输出矩阵。

yi=interp1(Y,xi)：假定 x=1:N,其中 N 为向量 Y 的长度,或者为矩阵 Y 的行数。

yi=interp1(x,Y,xi,method)：用指定的算法计算插值。

一维插值可以采用的方法如下：

临近点插值(Nearest neighbor interpolation)：设置 method='nearest',这种插值方法在已知数据的最邻近点设置插值点,对插值点的数采用四舍五入的方法。对超出范围的点将返回一个 NaN(Not a Number)。

线性插值(Linear interpolation)：设置 method='linear',该方法采用直线连接相邻的两点,为 MATLAB 系统中采用的默认方法。对超出范围的点将返回 NaN。

三次样条插值(Cubic spline interpolation)：设置 method='spline',该方法采用三次样条函数来获得插值点。

分段三次 Hermite 插值(Piecewise cubic Hermite interpolation)：设置 method='pchip'。

三次多项式插值：设置 method='cubic',与分段三次 Hermite 插值相同。

MATLAB5 中使用的三次多项式插值：设置 method='v5cubic',该方法使用一个三次多项式函数对已知数据进行拟合。

对于超出 x 范围的 xi 的分量,使用方法'nearest'、'linear'、'v5cubic'的插值算法,相应地将返回 NaN。对其他的方法,interp1 将对超出的分量执行外插值算法。

yi=interp1(x,Y,xi,method,'extrap')：对于超出 x 范围的 xi 中的分量将执行特殊的外插值法 extrap。

yi=interp1(x,Y,xi,method,extrapval)：确定超出 x 范围的 xi 中的分量的外插值 extrapval,其值通常取 NaN 或 0。

【例 8-1】 已知当 x=0:0.3:3 时,函数

$$y=(x^2-4x+2)\cdot\sin(x)$$

的值,对 xi=0:0.01:3 采用不同的方法进行插值。

解：其实现的 MATLAB 代码如下：

```
clear all
clc
x = 0:0.3:3;
y = (x.^2 - 4 * x + 2). * sin(x);
xi = 0:0.01:3;                                  % 要插值的数据
yi_nearest = interp1(x,y,xi,'nearest');         % 临近点插值
yi_linear = interp1(x,y,xi);                    % 默认为线性插值
yi_spine = interp1(x,y,xi,'spine');             % 三次样条插值
yi_pchip = interp1(x,y,xi,'pchip');             % 分段三次 Hermite 插值
yi_v5cubic = interp1(x,y,xi,'v5cubic');         % MATLAB5 中三次多项式插值
figure;                                         % 画图显示
hold on;
subplot(231);
```

```
plot(x,y,'ro');                               % 绘制数据点
title('已知数据点');
subplot(232);
plot(x,y,'ro',xi,yi_nearest,'b-');            % 绘制临近点插值的结果
title('临近点插值');
subplot(233);
plot(x,y,'ro',xi,yi_linear,'b-');             % 绘制线性插值的结果
title('线性插值');
subplot(234);
plot(x,y,'ro',xi,yi_spine,'b-');              % 绘制三次样条插值的结果
title('三次样条插值');
subplot(235);
plot(x,y,'ro',xi,yi_pchip,'b-');              % 绘制分段三次 Hermite 插值的结果
title('分段三次 Hermite 插值');
subplot(236);
plot(x,y,'ro',xi,yi_v5cubic,'b-');            % 绘制三次多项式插值的结果
title('三次多项式插值');
```

运行程序后，对数据采用不同的插值方法，输出结果如图 8-1 所示。由图可以看出，采用临近点插值时，数据的平滑性最差，得到的数据不连续。

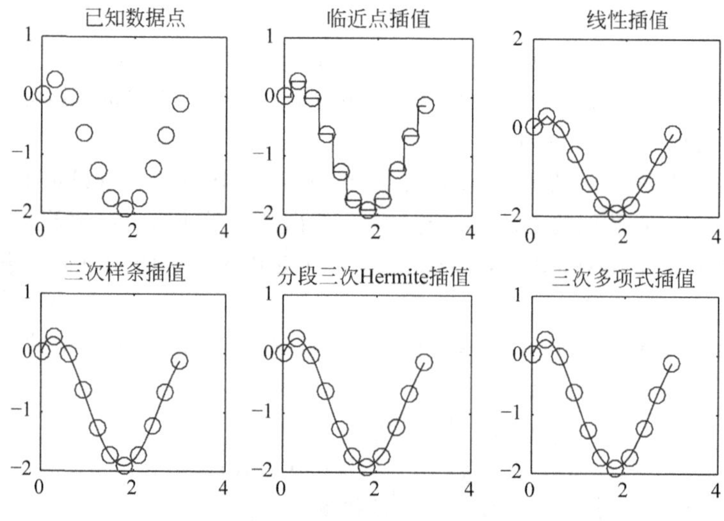

图 8-1　一维多项式插值

选择插值方法时主要考虑的因素有运算时间、占用计算机内存和插值的光滑程度。下面对临近点插值、线性插值、三次样条插值和分段三次 Hermite 插值进行比较，如表 8-1 所示。临近点插值的速度最快，但是得到的数据不连续，其他方法得到的数据都连续。三次样条插值的速度最慢，可以得到最光滑的结果，是最常用的插值方法。

表 8-1　不同插值方法进行比较

插值方法	运算时间	占用计算机内存	光滑程度
临近点插值	快	少	差
线性插值	稍长	较多	稍好
三次样条插值	最长	较多	最好
三次 Hermite 插值	较长	多	较好

在上面的小节中，多次使用到了 MATLAB 中 M 文件基础知识来实现各种插值方法，关于 M 文件的使用方法请读者查看相应的章节。

8.1.2 二维插值命令及实例

二维插值主要用于图像处理和数据的可视化，其基本思想与一维插值相同，对函数 $y=f(x,y)$ 进行插值。在 MATLAB 中，采用函数 interp2()进行二维插值，其调用格式如下：

```
Zi = interp2(X,Y,Z,Xi,Yi)
```

返回矩阵 Zi，其元素包含对应于参量 Xi 与 Yi（可以是向量或同型矩阵）的元素，即 Zi(i,j)属于[Xi(i,j),yi(i,j)]。用户可以输入行向量和列向量 Xi 与 Yi，此时，输出向量 Zi 与矩阵 meshgrid(xi,yi)是同型的，取决于由输入矩阵 X、Y 与 Z 确定的二维函数 Z=f(X,Y)。参量 X 与 Y 必须是单调的，且具有相同的划分格式，就像由命令 meshgrid 生成的一样。若 Xi 与 Yi 中有在 X 与 Y 范围之外的点，则相应地返回 nan(Not a Number)。

Zi=interp2(Z,Xi,Yi)：默认 X=1:n、Y=1:m，其中[m,n]=size(Z)。再按第一种情形进行计算。

Zi=interp2(Z,n)：作 n 次递归计算，在 Z 的每两个元素之间插入它们的二维插值，这样，Z 的阶数将不断增加。interp2(Z)等价于 interp2(z,1)。

Zi=interp2(X,Y,Z,Xi,Yi,method)：用指定的算法 method 计算二维插值。

二维插值可以采用的方法如下：

linear：双线性插值算法（默认算法）；

nearest：最临近插值；

spline：三次样条插值；

cubic：双三次插值。

【例 8-2】 二维插值函数实例分析，分别采用 nearest、linear、spline 和 cubic 进行二维插值，并绘制三维表面图。

解：其实现的 MATLAB 代码如下：

```
clear all
clc
[x,y] = meshgrid( - 5:1:5);                          % 原始数据
z = peaks(x,y);
[xi,yi] = meshgrid( - 5:0.8:5);                      % 插值数据
zi_nearest = interp2(x,y,z,xi,yi,'nearest');         % 临近点插值
zi_linear = interp2(x,y,z,xi,yi);                    % 系统默认为线性插值
zi_spline = interp2(x,y,z,xi,yi,'spline');           % 三次样条插值
zi_cubic = interp2(x,y,z,xi,yi,'cubic');             % 三次多项式插值
figure;                                              % 数据显示
hold on;
subplot(321);
```

```
surf(x,y,z);                                % 绘制原始数据点
title('原始数据');
subplot(322);
surf(xi,yi,zi_nearest);                     % 绘制临近点插值的结果
title('临近点插值');
subplot(323);
surf(xi,yi,zi_linear);                      % 绘制线性插值的结果
title('线性插值');
subplot(324);
surf(xi,yi,zi_spline);                      % 绘制三次样条插值的结果
title('三次样条插值');
subplot(325);
surf(xi,yi,zi_cubic);                       % 绘制三次多项式插值的结果
title('三次多项式插值');
```

运行程序后，输出的结果如图 8-2 所示。

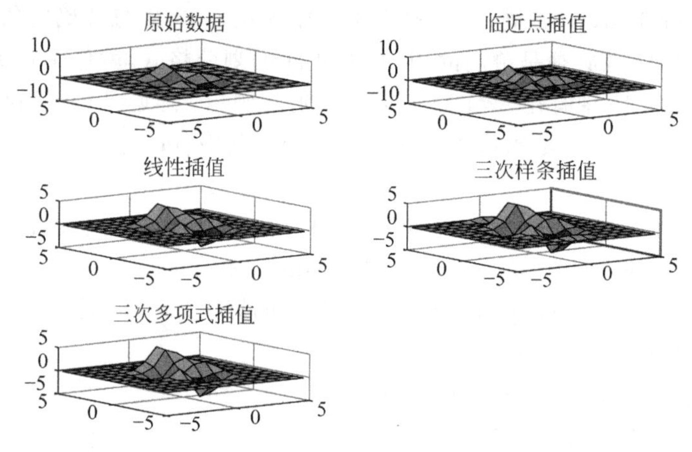

图 8-2　二维插值

输出结果分别采用临近点插值、线性插值、三次样条插值和三次多项式插值。在二维插值中已知数据(x,y)必须是栅格格式，一般采用函数 meshgrid()产生，例如本程序中采用[x,y]=meshgrid(-4:0.8:4)来产生数据(x,y)。

另外，函数 interp2()要求数据(x,y)必须是严格单调的，即单调增加或单调减少。如果数据(x,y)在平面上分布不是等间距时，函数 interp2()会通过变换将其转换为等间距；如果数据(x,y)已经是等间距的，可以在 method 参数的前面加星号'*'，例如参数'cubic'变为'*cubic'，来提高插值的速度。

8.1.3　样条插值

在 MATLAB 中，三次样条插值可以采用函数 spline()，该函数的调用格式如下：

yy=spline(x,y,xx)：对于给定的离散的测量数据(x,y)(称为断点)，要寻找一个三项多项式 $y=p(x)$，以逼近每对数据(x,y)点间的曲线。过两点(x_i,y_i)和(x_{i+1},y_{i+1})只能确定一条直线，而通过一点的三次多项式曲线有无穷多条。为使通过中间断点的三次多项式曲线具有唯一性，要增加两个条件(因为三次多项式有 4 个系数)：

三次多项式在点(x_i, y_i)处有 $p_i'(x_i)=p_i''(x_i)$；

三次多项式在点(x_{i+1}, y_{i+1})处有 $p_i'(x_{i+1})=p_i''(x_{i+1})$；

$p(x)$在点(x_i, y_i)处的斜率是连续的；

$p(x)$在点(x_i, y_i)处的曲率是连续的。

对于第一个和最后一个多项式规定如下条件：

$$p_1'''(x) = p_2'''(x)$$

$$p_n'''(x) = p_{n-1}'''(x)$$

上述两个条件称为非结点(not-a-knot)条件。综合上述内容，可知对数据拟合的三次样条函数 $p(x)$是一个分段的三次多项式：

$$p(x) = \begin{cases} p_1(x), & x_1 \leqslant x \leqslant x_2 \\ p_2(x), & x_2 \leqslant x \leqslant x_3 \\ \vdots \\ p_n(x), & x_n \leqslant x \leqslant x_{n+1} \end{cases}$$

其中每段 $p_i(x)$都是三次多项式。

该命令用三次样条插值计算出由向量 x 与 y 确定的一元函数 y=f(x)在点 xx 处的值。若参量 y 是一矩阵，则以 y 的每一列和 x 配对，再分别计算由它们确定的函数在点 xx 处的值。则 yy 是一阶数为 length(xx) * size(y,2)的矩阵。

pp=spline(x,y)：返回由向量 x 与 y 确定的分段样条多项式的系数矩阵 pp，它可用于命令 ppval、unmkpp 的计算。

【例 8-3】 对离散地分布在 y=exp(x)sin(x)函数曲线上的数据点进行样条插值计算。

解：在 MATLAB 命令行窗口输入如下代码：

```
clear all
clc
x = [0 2 4 5 8 12 12.8 17.2 19.9 20];
y = exp(x). * sin(x);
xx = 0:.25:20;
yy = spline(x,y,xx);
plot(x,y,'o',xx,yy)
```

插值图形结果如图 8-3 所示。

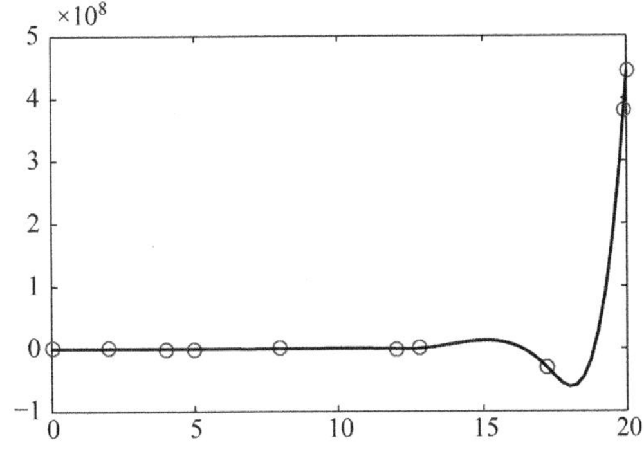

图 8-3 三次样条插值

8.2 曲线拟合

在科学和工程领域，曲线拟合的主要功能是寻求平滑的曲线来最好地表现带有噪声的测量数据，从这些测量数据中寻求两个函数变量之间的关系或者变化趋势，最后得到曲线拟合的函数表达式 $y=f(x)$。

从前面关于“插值”的叙述中可以看出，使用多项式进行数据拟合会出现数据振荡，而 Spline 插值的方法可以得到很好的平滑效果，但是关于该插值方法有太多的参数，不适合曲线拟合的方法。

同时，由于在进行曲线拟合的时候，已经认为所有测量数据中已经包含噪声，因此最后的拟合曲线并不要求通过每一个已知数据点，衡量拟合数据的标准则是整体数据拟合的误差最小。

一般情况下，MATLAB 的曲线拟合方法是用“最小方差”函数，其中方差的数值是拟合曲线和已知数据之间的垂直距离。

8.2.1 多项式拟合

在 MATLAB 中，函数 polyfit()采用最小二乘法对给定的数据进行多项式拟合，得到该多项式的系数。该函数的调用方式如下：

polyfit(x,y,n)：找到次数为 n 的多项式系数，对于数据集合{(xi,yi)}，满足差的平方和最小。

[p,E]=polyfit(x,y,n)：返回同上的多项式 P 和矩阵 E。多项式系数在向量 p 中，矩阵 E 用在 polyval 函数中来计算误差。

【例 8-4】 某数据的横坐标为 $x=[0.3\ 0.4\ 0.7\ 0.9\ 1.2\ 1.9\ 2.8\ 3.2\ 3.7\ 4.5]$，纵坐标为 $y=[1\ 2\ 3\ 4\ 5\ 2\ 6\ 9\ 2\ 7]$，对该数据进行多项式拟合。

解：MATLAB 代码如下：

```
clear all
clc
x = [0.3 0.4 0.7 0.9 1.2 1.9 2.8 3.2 3.7 4.5];
y = [1 2 3 4 5 2 6 9 2 7];
p5 = polyfit(x,y,5);                    % 5 阶多项式拟合
y5 = polyval(p5,x);
p5 = vpa(poly2sym(p5),5)                % 显示 5 阶多项式
p9 = polyfit(x,y,9);                    % 9 阶多项式拟合
y9 = polyval(p9,x);
figure;                                 % 画图显示
plot(x,y,'bo');
hold on;
plot(x,y5,'r:');
plot(x,y9,'g--');
legend('原始数据','5 阶多项式拟合','9 阶多项式拟合');
xlabel('x');
ylabel('y');
```

运行程序后，得到的5阶多项式如下：

```
p5 =
    0.8877*x^5 - 10.3*x^4 + 42.942*x^3 - 77.932*x^2 + 59.833*x - 11.673
```

运行程序后，得到的输出结果如图8-4所示。由图可以看出，使用5阶多项式拟合时，得到的结果比较差。

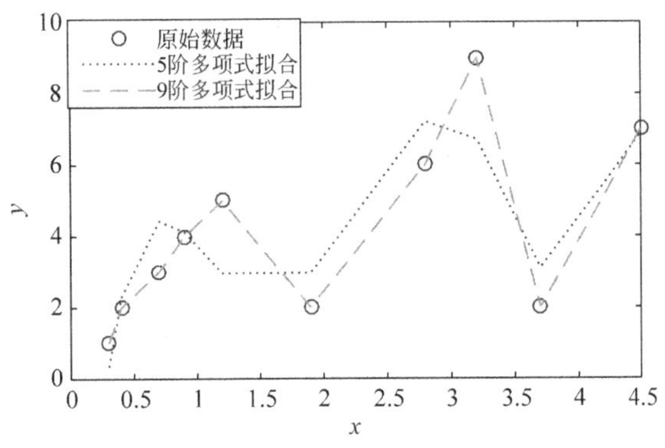

图8-4 多项式曲线拟合

当采用9阶多项式拟合时，得到的结果与原始数据符合较好。当使用函数polyfit()进行拟合时，多项式的阶次最大不超过length(x)－1。

8.2.2 加权最小方差(WLS)拟合原理及实例

所谓加权最小方差，就是根据基础数据的准确度不同，在拟合的时候给每个数据以不同的加权数值。这种方法比前面介绍的单纯最小方差方法更加符合拟合的初衷。

与N阶多项式的拟合公式对应，求解拟合系数需要求解线性方程组，其中线性方程组的系数矩阵和需要求解的拟合系数矩阵分别为

$$\boldsymbol{A}=\begin{bmatrix} x_1^N & \cdots & x_1\cdots 1 \\ x_2^N & \cdots & x_2\cdots 1 \\ \vdots & \ddots & \vdots \\ x_m^N & \cdots & x_m\cdots 1 \end{bmatrix},\quad \boldsymbol{\theta}=\begin{bmatrix} \theta_n \\ \theta_{n-1} \\ \vdots \\ \theta_1 \end{bmatrix}$$

使用加权最小方差方法求解得到拟合系数为

$$\boldsymbol{\theta}_m^n=\begin{bmatrix} \theta_{mn}^n \\ \theta_{mn-1}^n \\ \vdots \\ \theta_1^n \end{bmatrix}=[\boldsymbol{A}^{\mathrm{T}}\boldsymbol{M}\boldsymbol{A}]^{-1}\boldsymbol{A}^{\mathrm{T}}\boldsymbol{M}\boldsymbol{y}$$

其对应的加权最小方差为表达式

$$\boldsymbol{J}_m=[\boldsymbol{A}\boldsymbol{\theta}-\boldsymbol{y}]^{\mathrm{T}}\boldsymbol{W}[\boldsymbol{A}\boldsymbol{\theta}-\boldsymbol{y}]$$

【例 8-5】 根据 WLS 数据拟合方法，自行编写使用 WLS 方法拟合数据的 *M* 函数，然后使用 WLS 方法进行数据拟合。

解：在 M 文件编辑器中输入

```
function  [th,err,yi] = polyfits(x,y,N,xi,r)
%x,y:数据点系列
%N : 多项式拟合的系统
%r : 加权系数的逆矩阵

M = length(x);
x = x(:);
y = y(:);

%判断调用函数的格式
if nargin == 4
%当调用函数的格式为(x,y,N,r)
   if length(xi) == M
          r = xi;
          xi = x;
%当调用函数的格式为(x,y,N,xi)
     else r = 1;
     end
%当调用格式为(x,y,N)
elseif nargin == 3
         xi = x;
         r = 1;
end
%求解系数矩阵
A(:,N+1) = ones(M,1);
for n = N:-1:1
      A(:,n) = A(:,n+1).*x;
end
if length(r) == M
       for m = 1:M
            A(m,:) = A(m,:)/r(m);
            y(m) = y(m)/r(m);
       end
end
  %计算拟合系数
th = (A\y)';
ye = polyval(th,x);
err = norm(y-ye)/norm(y);
yi = polyval(th,xi);
```

将上面代码保存为“polyfits.m”文件。

使用上面的程序代码，对基础数据进行 LS 多项式拟合。在 MATLAB 的命令行窗口中输入

```
clear all
clc
x = [-3:1:3]';
```

```
y = [1.1650 0.0751 -0.6965 0.0591 0.6268 0.3516 1.6961]';
[x,i] = sort(x);
y = y(i);
xi = min(x) + [0:100]/100 * (max(x) - min(x));
for i = 1:4
    N = 2 * i - 1;
    [th,err,yi] = polyfits(x,y,N,xi);
    subplot(2,2,i)
    plot(x,y,'o')
    hold on
    plot(xi,yi,'-')
    grid on
end
```

得到的拟合结果如图 8-5 所示。

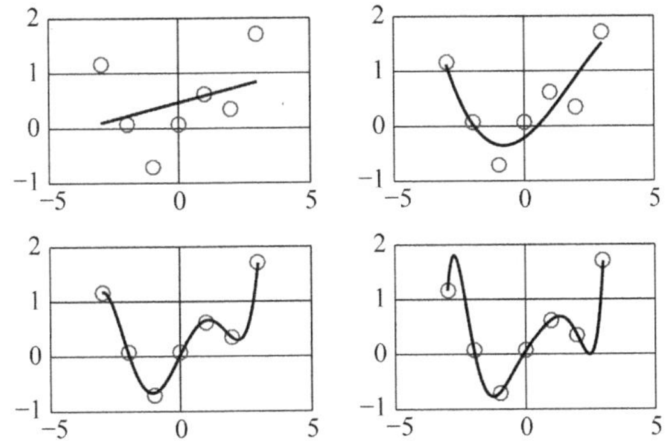

图 8-5　使用 LS 方法求解的拟合结果

从上面的例子可以看出，LS 方法其实是 WLS 方法的一种特例，相当于将每个基础数据的准确度都设为 1，但是自行编写的 M 文件和默认的命令结果不同，请仔细比较。

8.3　曲线拟合图形界面

在 MATLAB 中，为用户提供曲线拟合图形界面，用户可以在该界面上直接进行曲线拟合。在该界面中，用户可以实现多种曲线拟合、绘制拟合残余等多种功能。最后，该界面还可以将拟合结果和估计数值保存到 MATLAB 的工作区中。

8.3.1　曲线拟合

为了方便用户使用，MATLAB 提供了曲线拟合的图形用户接口。它位于 MATLAB 图形窗口 Tools 菜单下的 Basic Fitting 菜单中。在使用该工具时，首先将需要拟合的数据采用函数 plot()画图，其 MATLAB 代码如下：

```
clear all
clc
```

```
x=[-3:1:3];
y=[1.1650 0.0751 -0.6965 0.0591 0.6268 0.3516 1.6961];
plot(x,y,'o')
```

该程序运行后，得到Figure窗口，如图8-6所示。

然后选择“工具”→“基本拟合”命令，弹出基本拟合对话框。单击该窗口右下角的 → 按钮，将会全部展开基本拟合对话框，如图8-7所示。

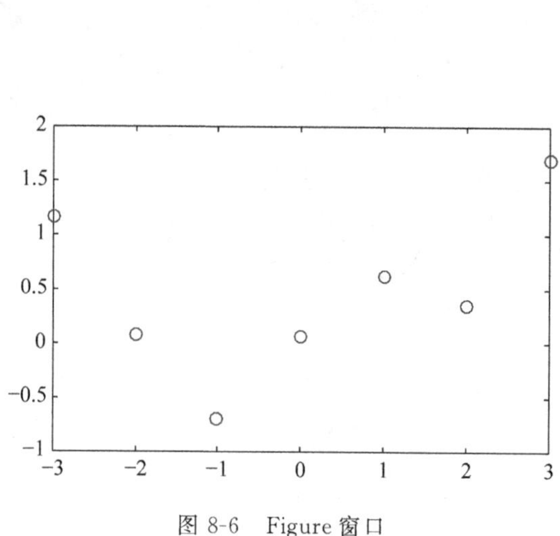

图8-6 Figure窗口

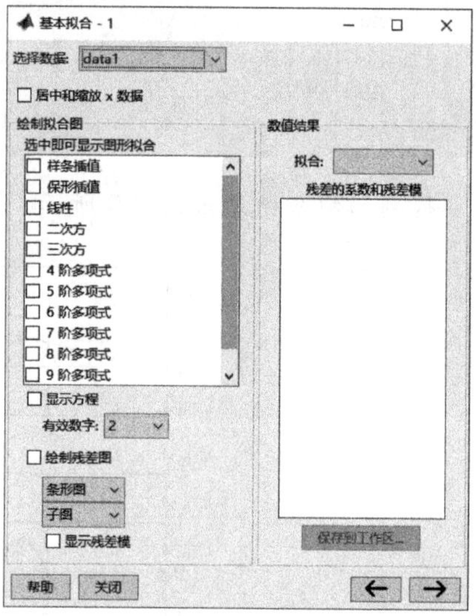

图8-7 完整的Basic Fitting对话框

在基本拟合对话框的绘制拟合图选项区域中，勾选5阶多项式复选框；在数值结果选项区域中，会自动列出曲线拟合的多项式系数和残留误差，如图8-8所示。

同时，在Figure窗口中会把拟合曲线绘制出来，如图8-9所示。

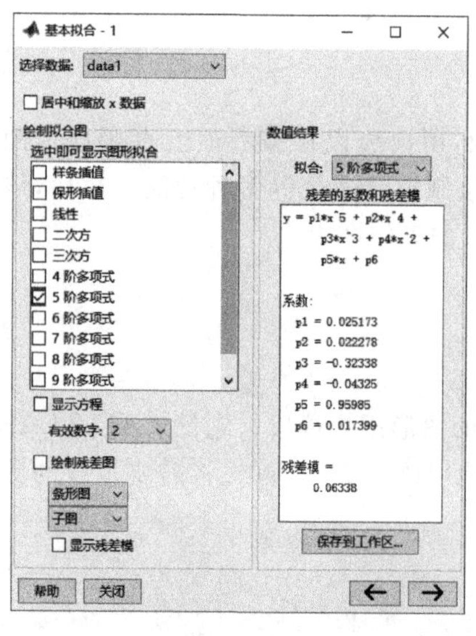

图8-8 选择5阶多项式拟合

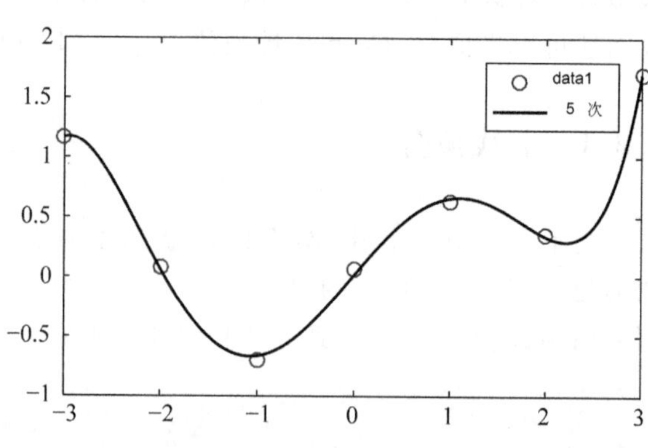

图8-9 拟合后的曲线

8.3.2 绘制拟合残差图形

延续 8.3.1 节的步骤。绘制拟合残差图形，并显示残差的标准差。选择基本拟合对话框中的绘制残差图和显示残差模选项，如图 8-10 所示。

查看绘制的结果。当选择上面的选项后，MATLAB 会在原始图形的下方绘制残差图形，并在图形中显示残差的标准差，得到结果如图 8-11 所示。

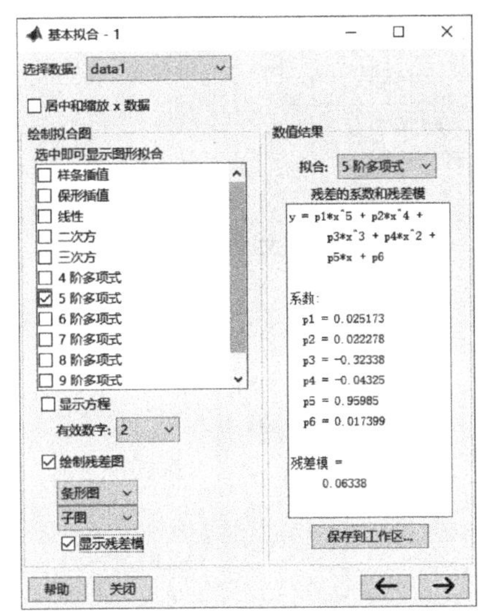

图 8-10 显示拟合残差以及其标准差

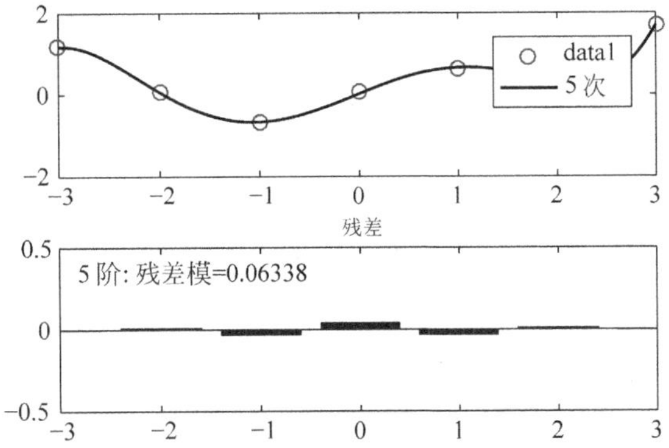

图 8-11 显示拟合的残差

在基本拟合对话框中，可以选择残差图形的图标类型，可以在对应的选项框中选择图标类型。同时，可以选择绘制残差图形的位置。在默认情况下，图标类型为 Bar plot，位置为 Subplot。

8.3.3 进行数据预测

延续 8.3.2 节的步骤。对数据进行预测。

在基本拟合对话框中，打开 Find Y=f(x) 面板，在计算选框中输入“10:15”，然后单击“计算”按钮，在其下面的选框中会显示预测的数据。

最后，选择对话框中的“绘制计算结果图”选项，将预测的结果显示在图形中，如图 8-12所示。

查看绘制结果，如图 8-13 所示。

保存预测的数据。单击 Find Y=f(x)面板中的“保存到工作区”按钮，打开“将结果保存到工作区”对话框，如图 8-14 所示。在其中设置保存数据选项，然后单击“确定”按钮，保存预测的数据。

上面的例子比较简单，基本演示了如何使用曲线拟合曲线界面的方法，读者可以根据实际情况，选择不同的拟合参数，完成其他的拟合工作。

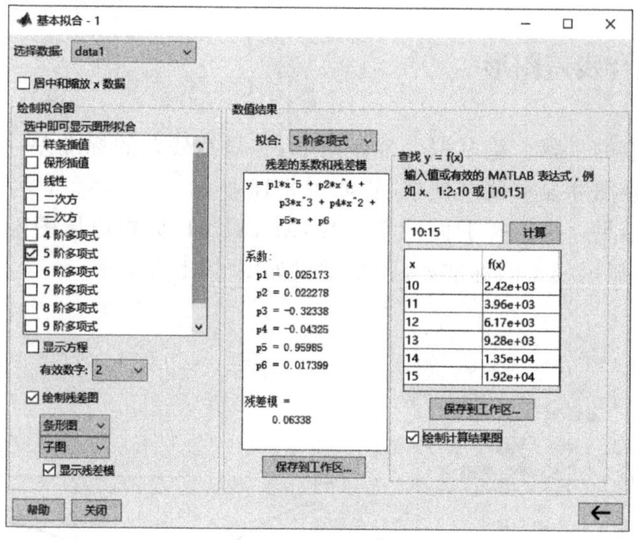

图 8-12　预测数据

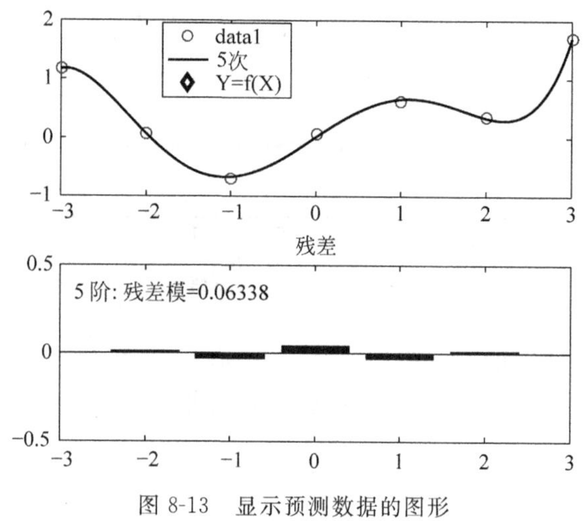

图 8-13　显示预测数据的图形

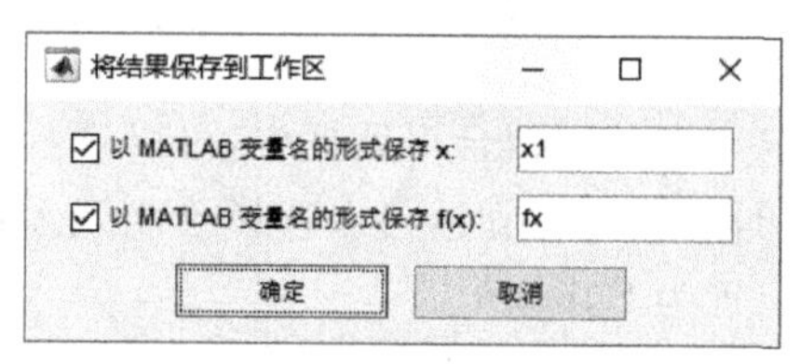

图 8-14　保存预测数据

8.4　傅里叶分析

傅里叶分析在信号处理领域有着广泛的应用，现实生活中大部分信号包含多种不同的频率，这些信号频率会随着时间的变化而变化。

傅里叶变化是用来分析周期或者非周期信号的频率特性的数学工具。从时间角度来看，傅里叶分析包括连续时间和离散时间的傅里叶(Fourier)变换。

8.4.1　离散傅里叶变换

离散傅里叶变换是离散时间傅里叶变换(DTFT)的特例。DTFT 在时域上离散，在频域上则是周期的。DTFT 可以被看作是傅里叶级数的逆变换。

离散傅里叶变换(Discrete Fourier Transform,DFT)是傅里叶变换在时域和频域上都呈离散的形式,将信号的时域采样变换为其DTFT的频域采样。在形式上,变换两端(时域和频域上)的序列是有限长的,而实际上这两组序列都应当被认为是离散周期信号的主值序列。即使对有限长的离散信号作DFT,也应当将其看作其周期延拓的变换。在实际应用中通常采用快速傅里叶变换计算DFT。

定义一个有限长序列 $x(n)$,长为 N,且

$$x(n)=\begin{cases}x(n), & 0\leqslant n\leqslant N-1\\ 0, & 其他\end{cases}$$

(只有 $n=0\sim N-1$ 个点上有非零值,其余为零)

为了利用周期序列的特性,假定周期序列$\tilde{x}(n)$,是由有限长序列 $x(n)$以周期为 N 延拓而成的,它们的关系为

$$\begin{cases}\tilde{x}(n)=\sum\limits_{r=-\infty}^{\infty}x(n+rN)\\ x(n)=\begin{cases}\tilde{x}(n) & 0\leqslant n\leqslant N-1\\ 0 & 其他\end{cases}\end{cases}$$

对于周期序列$\tilde{x}(n)$,定义其第一个周期 $n=0\sim N-1$ 为$\tilde{x}(n)$的"主值区间",主值区间上的序列为主值序列 $x(n)$。$x(n)$与$\tilde{x}(n)$的关系可描述为

$$\begin{cases}\tilde{x}(n)\ 是\ x(n)\ 的周期延拓\\ x(n)\ 是\tilde{x}(n)\ 的“主值序列”\end{cases}$$

下面给出离散傅里叶变换的变换对:

对于 N 点序列$\{\tilde{x}[n]\}$,$0\leqslant n\leqslant N$,它的离散傅里叶变换(DFT)为

$$\tilde{x}[n]=\sum_{n=0}^{N-1}\mathrm{e}^{-i\frac{2\pi}{N}nk}x[n],\quad k=0,1,\cdots,N-1$$

通常以符号 F 表示这一变换,即$\hat{x}=Fx$。

离散傅里叶变换的逆变换(IDFT)为

$$x[n]=\frac{1}{N}\sum_{k=0}^{N-1}\mathrm{e}^{i\frac{2\pi}{N}nk}\ \hat{x}[k]\quad n=0,1,\cdots,N-1$$

可以记为

$$x=F^{-1}\ \hat{x}$$

实际上,DFT和IDFT变换式中和式前面的归一化系数并不重要。在上面的定义中,DFT和IDFT前的系数分别为1和$1/N$。有时会将这两个系数都改成$1/\sqrt{N}$。

关于上面的两种傅里叶变换,MATLAB提供了FFT和IFFT命令来求解。FFT是指快速傅里叶变换,使用快速的算法来计算上面两种傅里叶变换。其相应的调用命令如下:

fft(x):进行向量x的离散傅里叶变换。如果x的长度是2的幂,则用快速傅里叶变换,FFT。

fft(x,n):得到一个长度为n的向量。它的元素是x中前n个元素离散傅里叶变换

值。如果 x 有 m<n 个元素，则令最后的 m+1,…,n 元素等于零。

fft(A)：求矩阵 A 的列离散傅里叶变换矩阵。

fft(A,n,dim)：求多维数组 A 中 dim 维内列离散傅里叶变换矩阵。

ifft(x)：求向量 x 的离散逆傅里叶变换。用因子 1/n 进行规格化，n 为向量的长度。也可像 fft 命令一样对矩阵或者固定长度的向量进行变换。

【例 8-6】 使用 FFT，从包含噪声信号在内的信号信息中寻找组成信号的主要频率。

解：产生原始信号，并绘制信号图形。

```
clear all
clc
t = 0:0.01:6;
x = sin(2 * pi * 5 * t) - cos(pi * 15 * t);
y = x + 2 * randn(size(t));
plot(100 * t(1:50),y(1:50))
grid
```

查看原始信号的图形如图 8-15 所示。

对信号进行傅里叶变换。

```
Y = fft(y,512);
Py = Y. * conj(Y)/512;
f = 1000 * (1:257)/512;
fy = f(1:257);
Pyy = Py(1:257);
plot(fy,Pyy)
```

查看信号转换图形如图 8-16 所示。

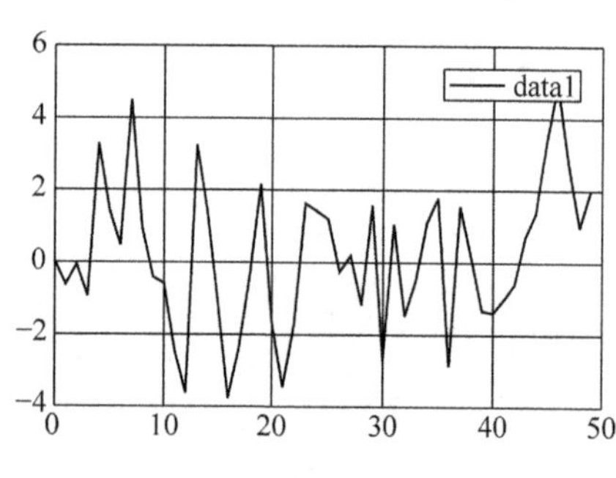

图 8-15 原始噪声信号

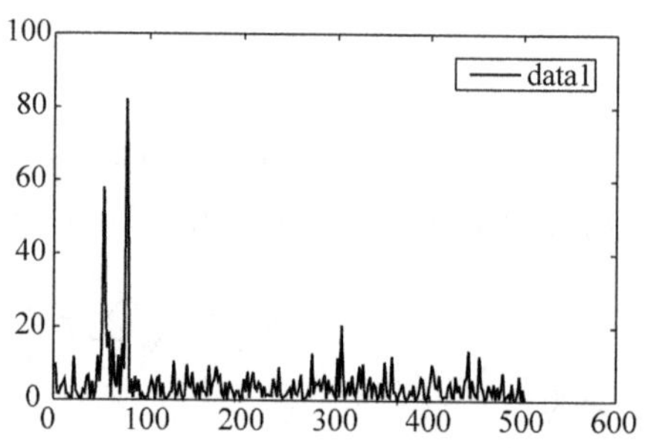

图 8-16 结果傅里叶变换的信号

8.4.2 FFT 和 DFT

前面曾经提高过，MATLAB 提高 FFT 函数命令来实现离散傅里叶变换(DFT)，该命令对应的是快速计算算法。为了让读者更加直观地了解到 FFT 命令算法相对于 DFT 算法的优势，在本节中，将使用一个简单的例子，分别使用 FFT 和 DFT 方法来进行傅里叶变换，比较两者的优劣。

【例 8-7】 分别使用 FFT 和 DFT 方法来进行傅里叶变换，比较两者的优劣。

解：在命令行窗口中输入下面的程序代码：

```
clear all
clc
N = 2^10;
n = [0:N-1];
x = sin(2*pi*200/N*n) + 2*cos(2*pi*300/N*n);
tic
%使用 DFT 方法
for k = 0:N-1
    X(k+1) = x*exp(-j*2*pi*k*n/N).';
end
k = [0:N-1];
%使用 IDET 方法
for n = 0:N-1
    xx(n+1) = X*exp(j*2*pi*k*n/N).';
end
time_IDFT = toc;
subplot(2,1,1)
plot(k,abs(X))
title('DET')
grid
hold on
tic
%使用 FET 方法
x1 = fft(xx);
%使用 IFFT 方法
xx1 = ifft(x1);
time_IFFT = toc;
subplot(2,1,2)
plot(k,abs(x1))
title('FFT')
grid
hold on
tic
```

得到结果如图 8-17 所示。

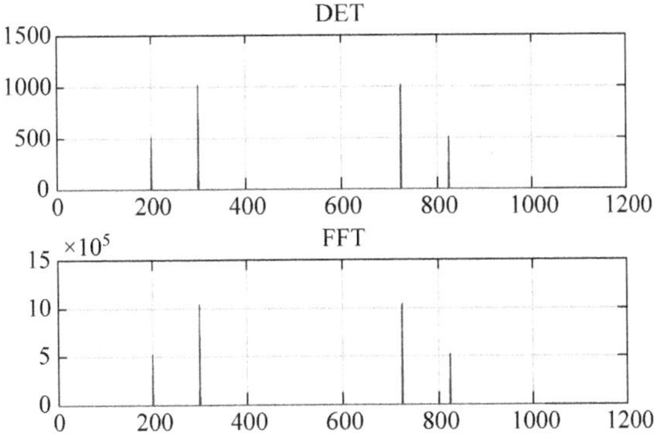

图 8-17 两种变换方法得到的结果

比较两个方法的计算时间：

```
t1 = ['time DFT' num2str(time_IDFT)];
t2 = ['time FFT' num2str(time_IFFT)];
time = strvcat(t1,t2)
disp(time)
```

查看程序结果：

```
>> DFT
time =
    time DFT 0.24125
    time FFT 9.247e - 05
    time DFT 0.24125
    time FFT 9.247e - 05
```

8.5 图像数据分析处理

在 MATLAB 中，有很多函数用于图像分析和处理。本章利用 MATLAB 函数，调用与图像相关的函数读取图 8-18，求出图 8-18(a)的最大值、最小值、均值、中值、和、标准差，并求出图像 8-18(a)和 8-18(b)的协方差、相关系数。

除了对图像的进行数据分析，还可以调用 MATLAB 中的函数对图像(第三幅)进行处理，包括灰度处理、灰度直方图绘制、快速傅里叶变换等。

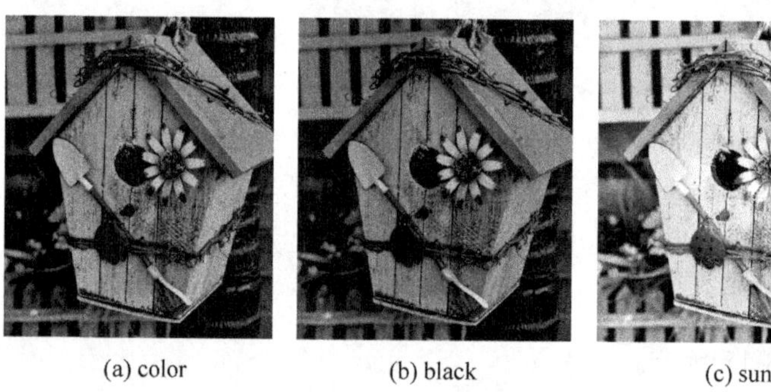

(a) color　(b) black　(c) sun

图 8-18　待处理图像

首先，需要调用 imread()函数读入三幅图像文件的数据，分别存放在 A、B、C 三个矩阵中，调用 imshow()函数可以显示图像，对矩阵 A 调用 max()、min()、mean2()、median()、sum()、std2()函数求出第一幅图像的最大值、最小值、均值、中值、和、标准差，利用定义对矩阵 A、B 进行相关运算求出前两幅图像的协方差、相关系数。

对矩阵 C 调用 isgray()函数判断其是否为灰度图像，若返回值为 0 则调用 rgb2gray()函数将其转换为灰度图像，调用 imhist()函数绘制灰度直方图，调用 fft2()、ifft2()函数对图像进行傅里叶变换和傅里叶逆变换。

MATLAB 图像数据分析处理流程如图 8-19 所示。

从图像文件中读取数据用函数 imread()，这个函数的作用就是将图像文件的数据读

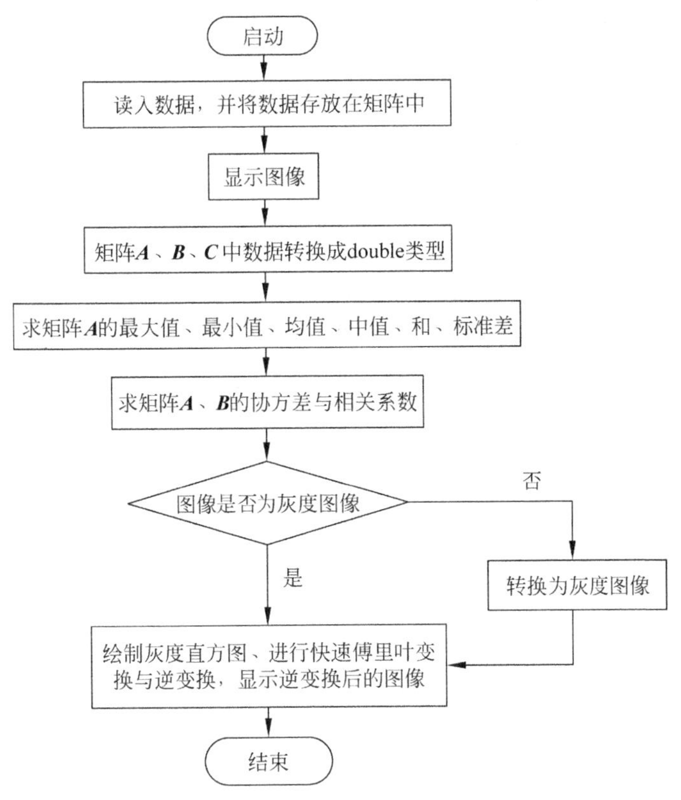

图 8-19 图形数据分析处理流程图

入矩阵中，还可以用 imfinfo()函数查看图像文件的信息。

图像数据及图像信息的读取程序如下：

```
A = imread('C:\Users\Administrator\Documents\MATLAB\matlab classics\8\ex8_30\color.jpg');
                                          % 图像数据的读取
                                          % 将图像数据放入矩阵 A 中
A = double(A);                            % A 中数据转换成 double 型
info_A = imfinfo('C:\Users\Administrator\Documents\MATLAB\matlab classics\8\ex8_30\
color.jpg')                               % 读取图像信息
imshow(A)                                 % 显示图像
```

运行以上程序得到图形的基本信息如下：

```
info_A =

          Filename : 'C:\Users\Administrator\Documents\MATLAB\matlab classics\8\ex8_30\color.jpg'
       FileModDate : '13 - Apr - 2015 00:32:17'
          FileSize : 104490
            Format : 'jpg'
     FormatVersion : ''
          Width    : 469
          Height   : 543
          BitDepth : 24
```

```
        ColorType: 'truecolor'
  FormatSignature: ''
  NumberOfSamples: 3
     CodingMethod: 'Huffman'
    CodingProcess: 'Sequential'
          Comment: {}
      XResolution: 240
      YResolution: 240
   ResolutionUnit: 'Inch'
         Software: 'Adobe Photoshop Lightroom 5.6 (Windows)'
         DateTime: '2015:04:13 00:31:26'
           Artist: 'fox'
        Copyright: 'sunshine boy fox'
    DigitalCamera: [1x1 struct]
    ExifThumbnail: [1x1 struct]
```

为了方便计算和图像处理，常把图像转换为灰度图像，首先要确定所选图像是否为灰度图，如果是则可正常处理，如果不是则要将图片转换为二维灰度图。

MATLAB 中实现判别图像是否为灰度图的函数为 isgray()，若为灰度图则返回 1，否则返回值为 0。另外，MATLAB 还有多种图形转换函数来实现不同图形的转换。

MATLAB 实现把 RGB 图像转换为灰度图像的函数为 rgb2gray()，可以用此函数把原图像转换为所需类型的图像。

```
A = rgb2gray(A);                % 用已有的函数进行 RGB 到灰度图像的转换
```

下面运用 MATLAB 函数计算图 8-18(a)中各像素点的最大值、最小值、均值、中值、和、标准差，以及计算两幅图像的协方差、相关系数计算最大值。

1. 图像最大值

MATLAB 中提供最大值计算函数 max()，若 A 为 n 列矩阵，max(A)会对矩阵 A 的每一列取最大值得到一个 1×n 列矩阵，可先将 n 列矩阵 A 合并成一列，合并方法为 A(:)，再调用 max()函数得到结果，或者调用两次 max()函数。max()函数的使用方法如下：

```
max(max(A))或 max(A(:))      % 求出矩阵 A 所有元素的最大值
```

运行以下语句：

```
A_max = max(A(:))               % 计算图像各像素点的最大值
```

得到结果为

```
A_max =

     1
```

2. 图像最小值

MATLAB 中提供最小值计算函数 min()，使用方法同 max()函数。

```
min(min(A))或 min(A(:))        % 求出矩阵 A 所有元素的最小值
```

图像数据最小值计算程序如下：

```
A_min = min(min(A))            % 计算图像各像素点的最小值
```

得到结果为

```
A_min =

    0
```

3. 均值计算

MATLAB 中提供均值计算函数 mean()和 mean2()，mean()函数的使用方法同 max()函数，mean2()函数直接返回二维矩阵中所有值的均值，使用方法如下：

```
mean(mean(A))或 mean(A(:))     % 求出矩阵 A 中所有元素的均值
mean2(A)                       % 求出矩阵 A 中所有元素的均值
```

图像数据均值计算源程序如下：

```
A_average = mean2(A)           % 计算图像各像素点的均值
```

得到结果为

```
A_average =

    0.9999
```

4. 中值计算

MATLAB 中提供中值计算函数 median()，median()函数的使用方法同 max()函数。

```
median(A(:))                   % 求出矩阵 A 中所有元素的中值
```

图像数据中值计算源程序如下：

```
A_middle = median(A(:))        % 计算图像各像素点的中值
```

程序运行结果为

```
A_middle =
     1
```

5. 和计算

MATLAB中提供和计算函数sum(),sum()函数的使用方法同max()函数。

```
sum(sum(A))或 sum(A(:))          % 求出矩阵 A 中所有元素的和
```

图像数据和计算程序如下：

```
A_sum = sum(A(:))                  % 计算图像各像素点的和
```

得到结果为

```
A_sum =
   2.5465e + 05
```

6. 标准差计算

MATLAB中提供标准差计算函数std()和std2(),两个函数的使用方法如下：

```
s = std(A)                     % 求出一维矩阵 A 的标准差
s = std2(A)                    % 求出二维矩阵 A 的标准差
```

要求计算图像各像素点的标准差,因而可通过std2()函数进行计算,在命令行中输入std2(A)即可求得图像各像素点的标准差。

图像数据标准差计算程序如下：

```
A_std = std2(A)                % 计算图像各像素点的标准差
```

源程序运行结果为

```
A_std =
    0.0078
```

7. 协方差计算

在概率论和统计学中,协方差用于衡量两个变量的总体误差。期望值分别为$E(X)$与$E(Y)$的两个实数随机变量X与Y之间的协方差定义为：

$$\mathrm{COV}(X,Y)=E[(X-E(X))(Y-E(Y))]$$

其中,E是期望值。

两幅图像数据协方差计算程序如下：

```
A = imread('color.jpg');
B = imread('black.jpg');
```

```
A = double(A);B = double(B);                  % 数据转换成 double 型
A = A(:);B = B(:);                            % 合并成一列矩阵
A = A';B = B';                                % 列矩阵转换成行矩阵
length_A = length(A);
length_B = length(B);                         % 求矩阵长度
if(length_A > length_B)                       % 若 A 矩阵比 B 矩阵长
B = [B,zeros(1,length_A - length_B)];         % 在 B 矩阵后面加 0 补齐
else                                          % 若 A 矩阵比 B 矩阵短
A = [A,zeros(1,length_B - length_A)];         % 在 A 矩阵后面加 0 补齐
end
A_average = mean(A);B_average = mean(B);      % 求矩阵均值
AB = (A - A_average).*(B - B_average);        % 构造矩阵 AB = [A - E(A)][B - E(B)]
cov = mean(AB);                               % 求矩阵 AB 均值即 A、B 的协方差
```

程序运行得到协方差为

```
cov =
   1.9226e + 03
```

8. 相关系数计算

协方差作为描述 X 和 Y 相关程度的量，在同一物理量纲之下有一定的作用，但同样的两个量采用不同的量纲使它们的协方差在数值上表现出很大的差异。为此引入如下概念，定义

$$\rho_{XY} = \frac{COV(X,Y)}{\sqrt{D(X)}\ \sqrt{D(Y)}}$$

为随机变量 X 和 Y 的相关系数。

两幅图像数据相关系数计算源程序如下：

```
r = cov/std(A)/std(B);          % 计算两幅图像各像素点的相关系数
```

程序运行结果为

```
r =
    0.9054
```

9. 灰度直方图绘制

灰度直方图用于显示图像的灰度值分布情况，是数字图像处理中最简单和最实用的工具。MATLAB 中提供了专门绘制直方图的函数 imhist()。用它可以很简单地绘制出一幅图像的灰度直方图。

在 MATLAB 中可以调用函数 hist 来绘制图像的灰度直方图，对应图像处理函数为 imhist()；用该函数可以方便地绘制图像的数据柱状图，在命令行窗口输入 imhist(C_gray) 即可得到图像 C_gray 的灰度直方图。

灰度直方图绘制源程序如下：

```
C = imread('sun');                    % 图像数据的读取
C_gray = rgb2gray(C);                 % 图像转换
imhist(C_gray);                       % 绘制灰度直方图
```

程序运行结果如图 8-20 所示。

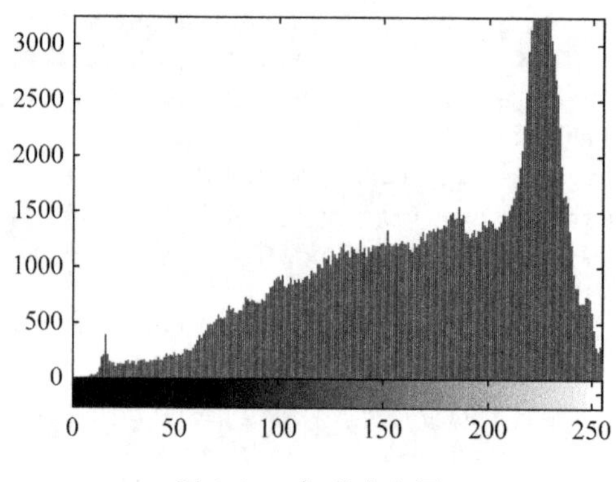

图 8-20　灰度直方图

10. 快速傅里叶变换

傅里叶变换是线性系统分析的一个有力的工具。它在图像处理,特别是在图像增强、复原和压缩中,扮演着非常重要的作用。实际中一般采用一种叫作快速傅里叶变换(FFT)的方法,MATLAB 中的 fft2 指令用于得到二维 FFT 的结果,ifft2 指令用于得到二维 FFT 逆变换的结果。

快速傅里叶变换与反变换程序如下:

```
C = imread('color.png');              % 读取图像信息
C_gray = rgb2gray(C);                 % 图像转换
figure(1)
imshow(C_gray,[])                     % 显示图像
colorbar
title('原图像')
j = fft2(C_gray);
k = fftshift(j);
l = log(abs(k));                      % 进行傅里叶变换
figure(2);
imshow(l,[])                          % 显示傅里叶变换后结果
colorbar
title('二维 FFT 结果')
C_gray1 = ifft2(j)/255;               % 进行傅里叶反变换
figure(3);
imshow(C_gray1,[])                    % 显示傅里叶反变换后结果
colorbar
title('傅里叶逆变换结果')
```

程序运行后得到二维 FTT 结果如图 8-21(a)所示,傅里叶逆变换结果如图 8-21(b)所示。

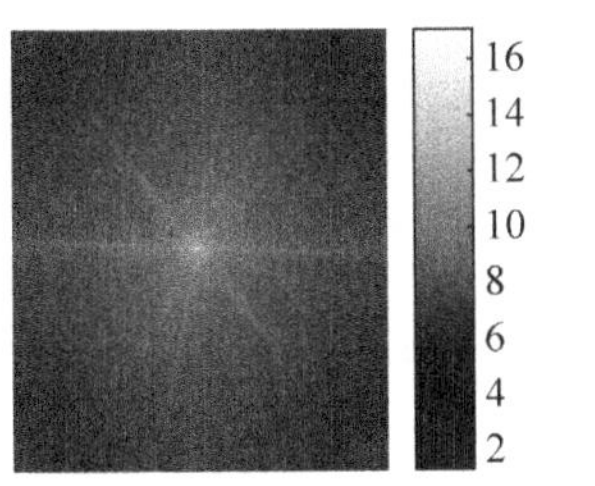

(a) 二维FTT结果图形

(b) 傅里叶逆变换结果图形

图 8-21 二维 FTT 与傅里叶逆变换结果

本章小结

数据分析和处理在各个领域有着广泛的应用，尤其是在数学、物理等科学领域和工程领域的实际应用中，会经常遇到进行数据分析的情况。

本章依次向读者介绍了如何使用 MATLAB 来进行常见的数据分析：数据插值、曲线拟合、傅里叶变换等。这些应用相对于前面的章节的内容而言，更加复杂，涉及的数学原理也比较深入，因此建议读者在阅读本章内容的时候，结合数学原理一起学。

第9章 微积分方程

在很多学科领域研究过程中遇到的问题，如自动控制、各种电子学装置的设计、弹道的计算、飞机和导弹飞行的稳定性的研究、化学反应过程稳定性的研究等，都可以化为求微积分的解，或者化为研究解的性质的问题。本章主要介绍微积分方程的MATLAB实现和应用。

学习目标：

- 了解微积分的基本概念；
- 熟悉微积分的MATLAB实现；
- 掌握MATLAB在微积分问题中的应用。

9.1 微分方程的基础及其应用

微分方程包括线性方程、二次方程、高次方程、指数方程、对数方程、三角方程和方程组等等。这些方程的作用就是找出问题中的已知数和未知数之间的关系，列出包含一个未知数或几个未知数的一个或者多个方程式，然后求方程的解。

MATLAB提供了多种求解微分方程的命令，本节将使用具体的例子来介绍微分方程的应用。

9.1.1 微分方程的概念

未知的函数以及它的某些阶的导数连同自变量都由已知方程联系在一起的方程称为微分方程。如果未知函数是一元函数，称为常微分方程。常微分方程的一般形式为

$$F(t,y,y',y'',\cdots,y^{(n)})=0$$

如果未知函数是多元函数，称为偏微分方程。微分方程中出现未知函数的导数的最高阶数称为微分方程的阶。若方程中未知函数及其各阶导数都是一次的，称为线性常微分方程，一般表示为

$$y^{(n)}+a_1(t)y^{(n-1)}+\cdots+a_{n-1}(t)y'+a_n(t)y=b(t)$$

若上式中的系数 $a_i(t),i=1,2,\cdots,n$ 均与 t 无关，就称为常系数。

9.1.2 常微分方程的解

在 MATLAB 中，函数 ode45、ode23、ode113、ode15s、ode23s、ode23t、ode23tb 多用于求常微分方程(ODE)组初值问题的数值解。

求解具体 ODE 的基本过程如下：

(1) 根据问题所属学科中的规律、定律、公式，用微分方程与初始条件进行描述。

$$F(y,y',y'',\cdots,y^{(n)},t)=0$$

$$y(0)=y_0,y'(0)=y_1,\cdots,y^{n-1}(0)=y_{n-1}$$

而 $y=[y,y_1,y_2,\cdots,y_{m-1}]$，$n$ 与 m 可以不等。

(2) 运用数学中的变量替换：$y_n=y(n-1)$，$y_{n-1}=y(n-2)$，…，$y_2=y_1=y$，把高阶(大于 2 阶)的方程(组)写成一阶微分方程组：

$$\boldsymbol{y}'=\begin{bmatrix}y_1'\\y_2'\\\vdots\\y_n'\end{bmatrix}=\begin{bmatrix}f_1(t,y)\\f_2(t,y)\\\vdots\\f_n(t,y)\end{bmatrix}$$

$$\boldsymbol{y}_0=\begin{bmatrix}y_1(0)\\y_2(0)\\\vdots\\y_n(0)\end{bmatrix}=\begin{bmatrix}y_0\\y_1\\\vdots\\y_n\end{bmatrix}$$

(3) 根据(1)与(2)的结果，编写能计算导数的 M 文件 odefile。

(4) 将文件 odefile 与初始条件传递给求解器 Solver，运行后就可以得到在指定时间区间上的解列向量 **y**(其中包含 **y** 及不同阶的导数)。

求解器 Solver 与方程组的关系见表 9-1。

表 9-1 求解器 Solver 与方程组的关系

<table>
<tr><th colspan="2">函 数</th><th>含 义</th><th colspan="2">函 数</th><th>含 义</th></tr>
<tr><td rowspan="7">求解器 Solver</td><td>ode23</td><td>普通 2～3 阶法解 ODE</td><td colspan="2">odefile</td><td>包含 ODE 的文件</td></tr>
<tr><td>ode23s</td><td>低阶法解刚性 ODE</td><td rowspan="2">选项</td><td>odeset</td><td>创建、更改 Solver 选项</td></tr>
<tr><td>ode23t</td><td>解适度刚性 ODE</td><td>odeget</td><td>读取 Solver 的设置值</td></tr>
<tr><td>ode23tb</td><td>低阶法解刚性 ODE</td><td rowspan="4">输出</td><td>odeplot</td><td>ODE 的时间序列图</td></tr>
<tr><td>ode45</td><td>普通 4～5 阶法解 ODE</td><td>odephas2</td><td>ODE 的二维相平面图</td></tr>
<tr><td>ode15s</td><td>变阶法解刚性 ODE</td><td>odephas3</td><td>ODE 的三维相平面图</td></tr>
<tr><td>ode113</td><td>普通变阶法解 ODE</td><td>odeprint</td><td>在命令行窗口输出结果</td></tr>
</table>

因为没有一种算法可以有效地解决所有的 ODE 问题，所以 MATLAB 提供了多种求解器 Solver。对于不同的 ODE 问题，采用不同的 Solver。不同求解器 Solver 的特点如表 9-2 所示。

表 9-2 不同求解器 Solver 的特点

求解器 Solver	ODE 类型	特 点	说 明
ode45	非刚性	一步算法；4、5 阶 Runge-Kutta 方程；累计截断误差达$(\Delta x)^3$	大部分场合的首选算法
ode23	非刚性	一步算法；2、3 阶 Runge-Kutta 方程；累计截断误差达$(\Delta x)^3$	用于精度较低的情形
ode113	非刚性	多步法；Adams 算法；高低精度可到 $10^{-6}\sim10^{-3}$	计算时间比 ode45 短
ode23t	适度刚性	采用梯形算法	适度刚性情形
ode15s	刚性	多步法；Gear's 反向数值微分；精度中等	若 ode45 失效时，可尝试使用
ode23s	刚性	一步法；2 阶 Rosebrock 算法；低精度	当精度较低时，计算时间比 ode15s 短
ode23tb	刚性	梯形算法；低精度	当精度较低时，计算时间比 ode15s 短

在计算过程中，用户可以对求解指令 Solver 中的具体执行参数进行设置（如绝对误差、相对误差、步长等）。不同求解器 Solver 的特点如表 9-3 所示。

表 9-3 Solver 中 options 的属性

属性名	取 值	含 义
AbsTol	有效值：正实数或向量 默认值：1e-6	绝对误差对应于解向量中的所有元素；向量则分别对应于解向量中的每一分量
RelTol	有效值：正实数 默认值：1e-3	相对误差对应于解向量中的所有元素。在每步（第 k 步）计算过程中，误差估计为 e(k)≤max(RelTol * abs(y(k)), AbsTol(k))
NormControl	有效值：on、off 默认值：off	为 on 时，控制解向量范数的相对误差，使每步计算中，满足 norm(e)≤max(RelTol * norm(y), AbsTol)
Events	有效值：on、off	为 on 时，返回相应的事件记录
OutputFcn	有效值：odeplot、odephas2、odephas3、odeprint 默认值：odeplot	若无输出参量，则 solver 将执行下面操作之一： 画出解向量中各元素随时间的变化； 画出解向量中前两个分量构成的相平面图； 画出解向量中前三个分量构成的三维相空间图； 随计算过程，显示解向量
OutputSel	有效值：正整数向量 默认值：[]	若不使用默认设置，则 OutputFcn 所表现的是那些正整数指定的解向量中的分量的曲线或数据。若为默认值时，则按上面情形进行操作
Refine	有效值：正整数 k>1 默认值：k=1	若 k>1，则增加每个积分步中的数据点记录，使解曲线更加光滑
Jacobian	有效值：on、off 默认值：off	若为 on 时，返回相应的 ode 函数的 Jacobi 矩阵
Jpattern	有效值：on、off 默认值：off	为 on 时，返回相应的 ode 函数的稀疏 Jacobi 矩阵
Mass	有效值：none、M、M(t)、M(t,y) 默认值：none	M：不随时间变化的常数矩阵 M(t)：随时间变化的矩阵 M(t,y)：随时间、地点变化的矩阵
MaxStep	有效值：正实数 默认值：tspans/10	最大积分步长

ode45 是最常用的求解微分方程数值解的命令，刚性方程组不宜采用。ode23 与 ode45 类似，只是精度低一些。ode12s 用来求解刚性方程组，使用格式同 ode45。可以用 help dsolve、help ode45 查阅这些命令的详细信息。

【例 9-1】 求解描述振荡器的经典 VerderPol 微分方程$\frac{d^2y}{dt^2}-\mu(1-y^2)\frac{dy}{dt}+1=0$。

解：令 $x_1=y, x_2=dy/dx$，则

$$dx_1/dt = x_2$$
$$dx_2/dt = \mu(1-x_2)-x_1$$

编写 MATLAB 代码文件 verderpol.m：

```
function xprime = verderpol(t,x)
global MU
xprime = [x(2);MU * (1 - x(1)^2) * x(2) - x(1)];
```

在 MATLAB 命令行窗口中输入：

```
clear all
clc
global MU
MU = 7;
Y0 = [1;0];
[t,x] = ode45('verderpol',40,Y0);
x1 = x(:,1);
x2 = x(:,2);
plot(t,x1,t,x2)
```

运行代码，得到如图 9-1 所示结果。

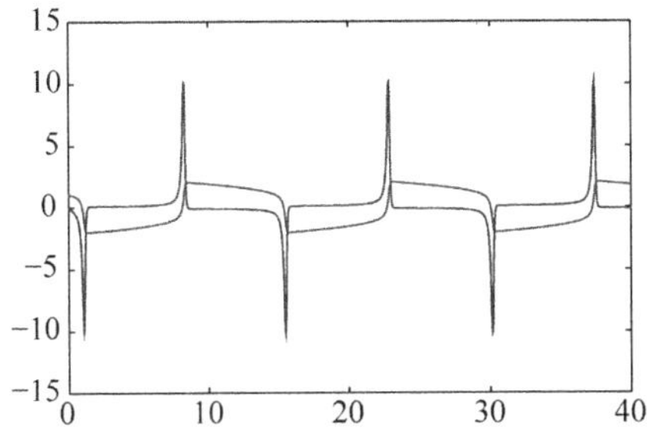

图 9-1　VerderPol 微分方程图

【例 9-2】 求下列微分方程的解析解：

$$y' = ay + b$$
$$y'' = \sin(2x) - y, \quad y(0) = 0, \quad y'(0) = 1$$
$$f' = f + g, \quad g' = g - f, \quad f'(0) = 1, \quad g'(0) = 1$$

解：求解第一个方程的 MATLAB 代码为

```
clear all
clc
s = dsolve('Dy = a * y + b')
```

运行代码得到结果：

```
s =
-(b - C3 * exp(a * t))/a
```

求解第二个方程的 MATLAB 代码为

```
clear all
clc
s = dsolve('D2y = sin(2 * x) - y','y(0) = 0','Dy(0) = 1','x')
simplify(s) % 以最简形式显示 s
```

运行代码得到结果：

```
s =
(5 * sin(x))/3 - sin(2 * x)/3

ans =
(5 * sin(x))/3 - sin(2 * x)/3
```

求解第三个方程的 MATLAB 代码为

```
clear all
clc
s = dsolve('Df = f + g','Dg = g - f','f(0) = 1','g(0) = 1')
simplify(s.f) % s是一个结构
simplify(s.g)
```

运行代码得到结果：

```
s =
    g: [1x1 sym]
    f: [1x1 sym]

ans =
exp(t) * (cos(t) + sin(t))

ans =
exp(t) * (cos(t) - sin(t))
```

【例 9-3】 求解微分方程

$$y' = -y + t + 1, \quad y(0) = 1$$

先求解析解，再求数值解，并比较两种解的值。

解：微分方程解析解的 MATLAB 代码如下：

```
clear all
clc
s = dsolve('Dy = - y + t + 1','y(0) = 1','t')
simplify(s)
```

运行代码得到解析解为

```
s =
t + exp( - t)

ans =
t + exp( - t)
```

下面继续求微分方程的数值解。先编写 M 文件 fun9_3. m：

```
function f = fun9_3(t,y)
f = - y + t + 1;
```

在 MATLAB 命令行窗口输入以下代码：

```
clear all
clc
t = 0:0.1:1;
y = t + exp( - t); plot(t,y);    % 化解析解的图形
hold on;                          % 保留已经画好的图形,如果下面再画图,两个图形和并在一起
[t,y] = ode45('fun9_3',[0,1],1);
plot(t,y,'ro');                   % 画数值解图形,用红色小圈画
xlabel('t'),
ylabel('y')
```

运行代码得到的结果如图 9-2 所示。

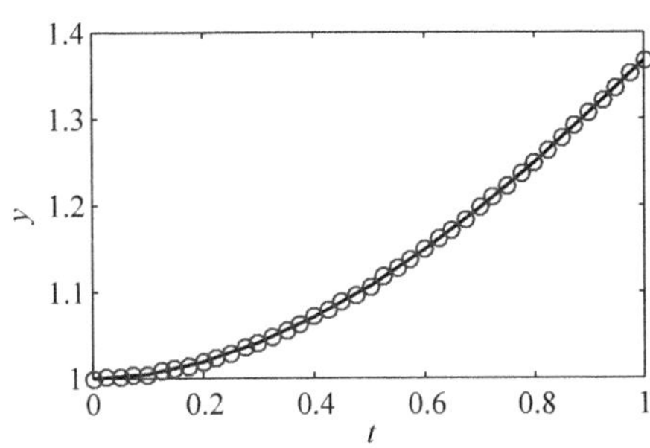

图 9-2　解析解与数值解

由图 9-2 可见,解析解和数值解的值吻合很好。

【例 9-4】　求方程

$$ml\theta'' = mg\sin\theta,\quad \theta(0) = \theta_0,\quad \theta'(0) = 0$$

的数值解。

解：首先取 $l=1$,$g=9.8$,$\theta(0)=\theta_0$,$\theta'(0)=0$,则题中的方程可以简化为

$$\theta'' = 9.8\sin\theta,\quad \theta(0) = 15,\quad \theta'(0) = 0$$

运行以下 MATLAB 代码：

```
clear all
clc
```

```
clear;
s = dsolve('D2y = 9.8 * sin(y)','y(0) = 15','Dy(0) = 0','t')
simplify(s)
```

得到结果：

```
s =
[ empty sym ]

ans =
[ empty sym ]
```

即知原方程没有解析解。

继续求方程数值解。令 $y_1=\theta, y_2=\theta'$，可将原方程化为如下方程组：

$$y_1' = y_2$$
$$y_2' = 9.8\sin(y_1)$$
$$y_1(0) = 15, \quad y_2(0) = 0$$

建立 M 函数 fun9_4.m 如下：

```
function f = fun9_4(t,y)
f = [y(2),9.8 * sin(y(1))]';   % f 向量必须为一列向量
```

运行以下 MATLAB 代码：

```
clear all
clc
[t,y] = ode45('fun9_4',[0,10],[15,0]);
plot(t,y(:,1));
xlabel('t'),
ylabel('y1')
```

程序运行结果如图 9-3 所示。

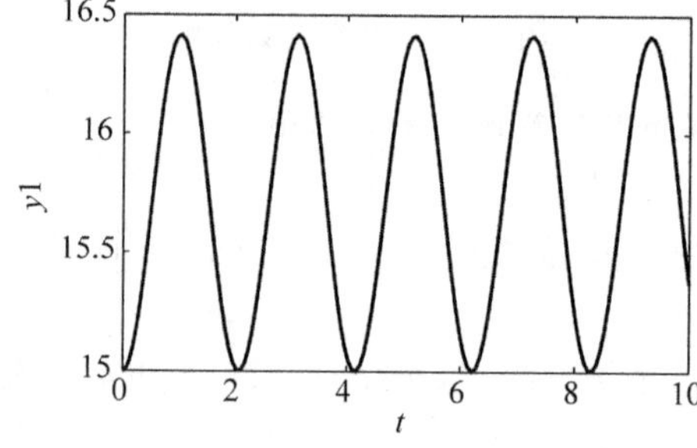

图 9-3　数值解

由图 9-3 可见，θ 随时间 t 周期变化。

9.1.3 微分方程的数值解法

除常系数线性微分方程可用特征根法求解，少数特殊方程可用初等积分法求解以外，大部分微分方程的求解主要依靠数值解法。

考虑一阶常微分方程初值问题：

$$y'(t)=f(t,y(t)),\quad t_0<t<t_f$$
$$y(t_0)=y_0$$

其中，$y=(y_1,y_2,\cdots,y_m)'$，$f=(f_1,f_2,\cdots,f_m)'$，$y_0=(y_{10},y_{20},\cdots,y_{m0})'$。

所谓数值解法，就是寻求 $y(t)$ 在一系列离散节点 $t_0<t_1<\cdots<t_n\leqslant t_f$ 上的近似值。

【例 9-5】 求微分方程 $y^{(3)}+tyy''+t^2y'y^2=\mathrm{e}^{-ty}$，$y(0)=2$，$y'(0)=y''(0)$ 的数值解。

解：对方程 $y^{(3)}+tyy''+t^2y'y^2=\mathrm{e}^{-ty}$ 进行变换，得到如下方程组：

$$\begin{cases}x_1=y,\quad x_2=y',\quad x_3=y''\\x_1'=x_2\\x_2'=x_3\\x_3'=-t^2x_2x_1^2-tx_1x_3+\mathrm{e}^{-tx_1}\end{cases}$$

用 edit 命令建立自定义函数名为 f9_5.m，内容为

```
function y = f9_5 (t,x)
    y = [x(2);x(3); - t^2 * x(2) * x(1)^2 - t * x(1) * x(3) + exp( - t * x(1))];
```

调用对微分方程数值解 ode45 函数求解，其 MATLAB 代码如下：

```
clear all
clc
x0 = [2;0;0];
[t,y] = ode45('f',[0,10],x0);
plot(t,y);
figure;
plot3(y(:,1),y(:,2),y(:,3))
```

得到如图 9-4 所示的结果。

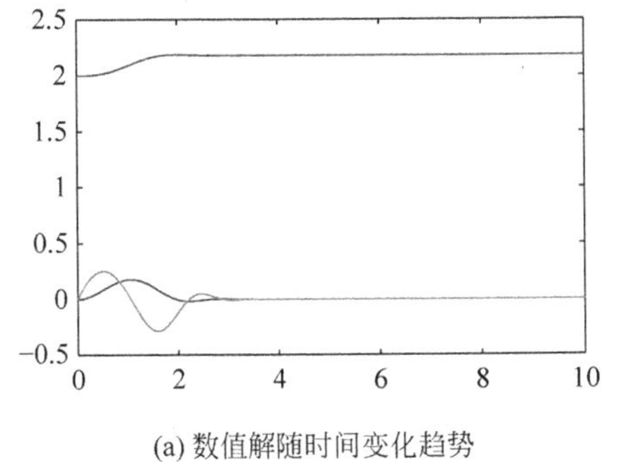

(a) 数值解随时间变化趋势

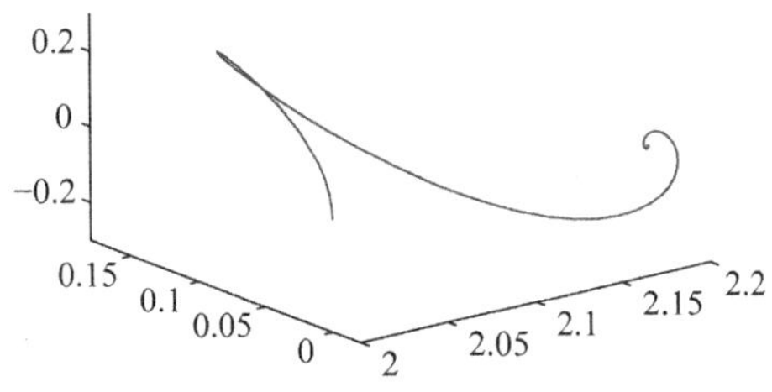

(b) 数值解的三维曲线

图 9-4 方程数值解变化图

【例 9-6】 求刚性微分方程 $y^{(3)}+tyy''+t^2y'y^2=\mathrm{e}^{-ty}$，$y(0)=2$，$y'(0)=y''(0)=0$ 的数值解。

解：使用 ode15s 函数对微分方程求解，其 MATLAB 代码如下：

```
>> x0 = [2;0;0];
>>[t,y] = ode15s('f',[0,10],x0);plot(t,y(:,1))
>> figure;
>> plot(t,y(:,2))
```

得到状态变量的时间曲线如图 9-5 所示。

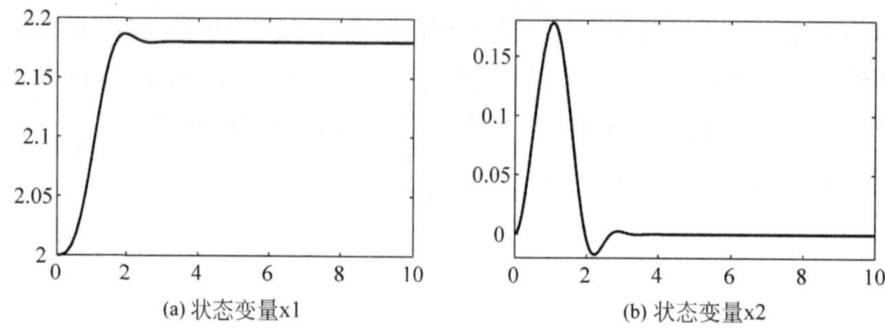

(a) 状态变量x1 (b) 状态变量x2

图 9-5 状态变量的时间曲线

用刚性方程求解函数可以快速求出该方程的数值解，并且画出两个状态变量的时间曲线。x1(t)曲线变化比较平滑，x2(t)曲线在某些点上变化较快。

9.1.4 偏微分方程的数值解

MATLAB 提供了一个专门用于求解偏微分方程的工具箱——PDE Toolbox(Paticial Difference Equation)。

下面仅提供一些最简单、最经典的偏微分方程，例如椭圆型、双曲型、抛物型等偏微分方程，并给出求解方法。用户可以从中了解其解题基本方法，从而解决相类似的问题。

MATLAB 能解决的偏微分类型有以下几类。

1. 单 Poission 方程

Poission 方程是特殊的椭圆型方程：$\begin{cases}-\nabla^2 u=1\\ u|_{\partial G}=0\end{cases}$，$G=\{(x,y)\,|\,x^2+y^2\leqslant 1\}$，即 $c=1$，$a=0$，$f=-1$。

Poission 的解析解为：$u=\dfrac{1-x^2-y^2}{4}$。在下面的计算中，用求得的数值解与精确解进行比较，观察误差。

下面求解方程。

(1) 问题输入：

```
clear all
```

```
clc
c = 1; a = 0; f = 1;            % 方程的输入.给 c,a,f 赋值即可
g = 'circleg'                   % 区域 G,内部已经定义为 circleg
b = 'circleb1'                  % u 在区域 G 的边界上的条件,内部已经定义好
```

(2) 对单位圆进行网格化,对求解区域 G 作剖分,且作的是三角分划:

```
[p,e,t] = initmesh(g,'hmax',1)
```

(3) 迭代求解:

```
error = []; err = 1;
while err > 0.001,
[p,e,t] = refinemesh('circleg',p,e,t);
u = assempde('circleb1',p,e,t,1,0,1);
exact = - (p(1,:).^2 + p(2,:).^2 - 1)/4;
err = norm(u - exact',inf);
error = [error,err];
end
```

(4) 结果显示:

```
subplot(2,2,1),pdemesh(p,e,t)             % 结果显示
title('数值解')
subplot(2,2,2),pdesurf(p,t,u)             % 精确解显示
title('精确解')
subplot(2,2,3),pdesurf(p,t,u - exact')    % 与精确解的误差
title('计算误差')
```

得到结果图形如图 9-6 所示。

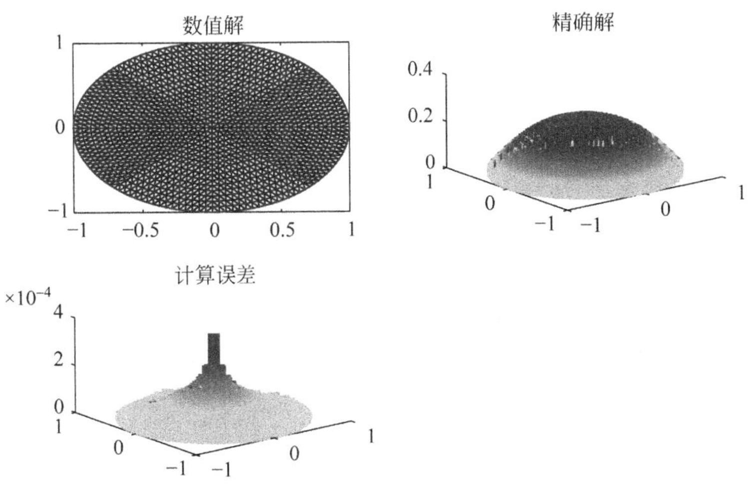

图 9-6 Poission 方程图

在 MATLAB 命令行窗口输入 error 命令可以得到方程数值解与精确解的误差为

```
error =

    0.0129    0.0041    0.0012    0.0004
```

2. 双曲型偏微分方程

(1) MATLAB 能求解的类型：

$$d\frac{\partial^2 u}{\partial t^2}-\nabla\cdot(c\nabla u)+au=f$$

其中，$u=u(x,y,z)$，$(x,y,z)\in G$，$d=d(x,y,z)\in C^0(G)$，$a\geqslant 0$，$a\in C^0(\partial G)$，$f\in L_2(G)$。

(2) 形传递问题：

$$\begin{cases}\dfrac{\partial^2 u}{\partial t^2}-\left(\dfrac{\partial^2 u}{\partial x^2}+\dfrac{\partial^2 u}{\partial y^2}+\dfrac{\partial^2 u}{\partial z^2}\right)=0\\ u\Big|_{t=0}=0\\ \dfrac{\partial u}{\partial t}\Big|_{t=0}=0\end{cases},\quad G=\{(x,y,z)\mid 0\leqslant x,y,z\leqslant 1\}$$

即 $c=1$；$a=0$；$f=0$；$d=1$。

(3) 方程求解：

问题输入：

```
clear all
clc
c = 1;
a = 0;
f = 0;
d = 1;              % 输入方程的系数
g = 'squareg'       % 输入方形区域 G,内部已经定义好
b = 'squareb3'      % 输入边界条件,即初始条件
```

对单位矩形 G 进行网格化：

```
[p,e,t] = initmesh('squareg');
```

定解条件和求解时间点：

```
x = p(1,:)'; y = p(2,:)';
u0 = atan(cos(pi/2 * x));
ut0 = 3 * sin(pi * x). * exp(sin(pi/2. * y));
n = 31;
tlist = linspace(0,5,n);
```

求解：

```
uu = hyperbolic(u0,ut0,tlist,b,p,e,t,c,a,f,d);
```

结果显示：计算过程中的时间点和信息

```
g =
squareg

b =
squareb3

428 successful steps
62 failed attempts
982 function evaluations
1 partial derivatives
142 LU decompositions
981 solutions of linear systems
```

动画显示：

```
delta = -1:0.1:1;
[uxy,tn,a2,a3] = tri2grid(p,t,uu(:,1),delta,delta);
gp = [tn;a2;a3];
umax = max(max(uu));
umin = min(min(uu));
newplot;M = moviein(n);
for i = 1:n,
    pdeplot(p,e,t,'xydata',uu(:,i),'zdata',uu(:,i),...
    'mesh','off','xygrid','on','gridparam',gp,...
    'colorbar','off','zstyle','continuous');
    axis([-1 1 -1 1 umin umax]);
    caxis([umin umax]);
    M(:,i) = getframe;
end
movie(M,5)
```

图 9-7 所示为动画过程中的一个状态。

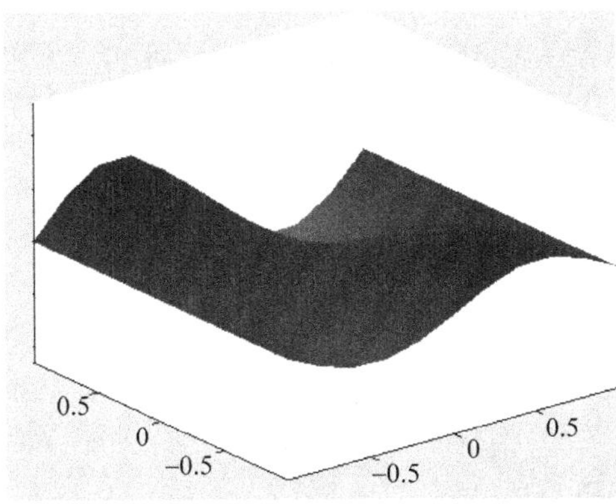

图 9-7　波动方程动画中的一个状态

3. 抛物型偏微分方程

(1) MATLAB 能求解的类型：

$$d\frac{\partial^2 u}{\partial t^2}-\nabla\cdot(c\nabla u)+au=f$$

其中，$u=u(x,y,z)$，$(x,y,z)\in G$，$d=d(x,y,z)\in C^0(G)$，$a\geqslant 0$，$a\in C^0(\partial G)$，$f\in L_2(G)$。

(2) 形传递问题：

$$\begin{cases}\dfrac{\partial u}{\partial t}-\left(\dfrac{\partial^2 u}{\partial x^2}+\dfrac{\partial^2 u}{\partial y^2}+\dfrac{\partial^2 u}{\partial z^2}\right)=0\\ u|_{\partial G}=0\end{cases},\quad G=\{(x,y,z)\mid 0\leqslant x,y,z\leqslant 1\}$$

即 $c=1$；$a=0$；$f=0$；$d=1$。

(3) 问题计算：

问题的输入：

```
clear all
clc
c = 1;
a = 0;
f = 1;
d = 1;                    % 输入方程的系数
g = 'squareg';            % 输入方形区域 G
b = 'squareb1';           % 输入边界条件
```

对单位矩形的网格化：

```
[p,e,t] = initmesh(g);
```

定解条件和求解的时间点：

```
u0 = zeros(size(p,2),1);
ix = find(sqrt(p(1,:).^2 + p(2,:).^2) < 0.4);
u0(ix) = ones(size(ix));
nframes = 20;
tlist = linspace(0,0.1,nframes)       % 在时间[0,0.1]内 20 个点上计算,生成 20 帧
```

求解方程：

```
u1 = parabolic(u0,tlist,b,p,e,t,c,a,f,d)
```

计算结果：

```
75 successful steps
1 failed attempts
154 function evaluations
```

```
1 partial derivatives
17 LU decompositions
153 solutions of linear systems
```

动画显示：

```
x = linspace( - 1,1,31); y = x;
newplot;
Mv = moviein(nframes);
umax = max(max(u1));
umin = min(min(u1));
for j = 1:nframes
    u = tri2grid(p,t,u1(:,j),x,y);
i = find(isnan(u));
u(i) = zeros(size(i));
    surf(x,y,u);caxis([umin umax]);colormap(cool),axis([ - 1 1  - 1 1 0 1]);
    Mv(:,j) = getframe;
end
movie(Mv,10)
```

图 9-8 是动画过程中的瞬间状态。

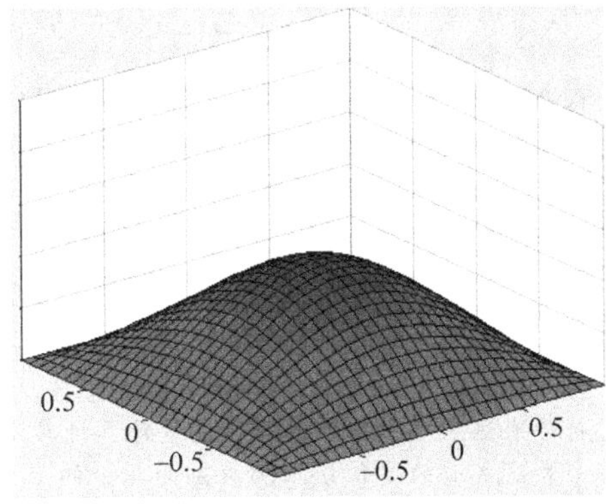

图 9-8 热传导方程动画瞬间状态图

9.2 积分方程的基础及其应用

在求一些函数的定积分时，由于原函数十分复杂难以求出或用初等函数表达，导致积分很难精确求出，只能设法求其近似值。本章主要介绍了几种积分法的理论及用 MATLAB 编程求数值积分的实例。

9.2.1 积分的有关理论

积分是微分的无限和，函数 $f(x)$在区间$[a,b]$上的积分定义为

$$I = \int_a^b f(x)\mathrm{d}x = \lim_{\max(\Delta x_i)\to 0} \sum_{i=1}^{n} f(\xi_i)\Delta x_i$$

其中，$a=x_0<x_1<\cdots<x_n=b, \Delta x_i=x_i-x_{i-1}, \xi_i\in(x_{i-1},x), i=1,2,\cdots,n$。从几何意义上说，对于$[a,b]$上非负函数$f(x)$，积分值I是曲线$y=f(x)$与直线$x=a,x=b$及$x$轴所围的曲边梯形的面积。有界连续(或几何处处连续)函数的积分总是存在的。

微积分基本定理(Newton-Leibniz公式)：$f(x)$在$[a,b]$上连续，且$F'(x)=f(x)$，$x\in[a,b]$，则有

$$\int_a^b f(x)\mathrm{d}x = F(b)-F(a)$$

这个公式表明导数与积分是一对互逆运算，它也提供了求积分的解析方法：为了求$f(x)$的定积分，需要找到一个函数$F(x)$，使$F(x)$的导数是$f(x)$，就称$F(x)$是$f(x)$的原函数或不定积分。不定积分的求法有多种，常用的有换元积分和分部积分法。从理论上讲，可积函数的原函数总是存在的，但很多被积函数的原函数不能用初等函数表示，也就是说这些积分不能用解析方法求解，需用数值积分法解决。

在应用问题中，常常是利用微分进行分析，而问题最终归结为微分的和(即积分)。一些更复杂的问题是含微分的方程，不能直接积分求解。

多元函数的积分称为多重积分。二重积分的定义为：

$$\iint_G f(x,y)\mathrm{d}x\mathrm{d}y = \lim_{\max(\Delta x_i^2+\Delta y_j^2)\to 0} \sum_i \sum_j f(\xi_i,\eta_j)\Delta x_i \Delta y_j$$

当$f(x,y)$非负时，积分值表示曲顶柱体的体积。二重积分的计算主要是转换为两次单积分来解决，无论是解析方法还是数值方法，如何实现这种转换，是解决问题的关键。

在MATLAB中，主要用int进行符号积分，用trapz,dblquad,quad,quad8等进行数值积分。其使用格式如下：

```
R = int(s,v)        % 对符号表达式 s 中指定的符号变量 v 计算不定积分,表达式 R 只是表达式
                    % 函数 s 的一个原函数,后面没有带任意常数 C;
R = int(s)          % 对符号表达式 s 中确定的符号变量计算计算不定积分;
R = int(s,a,b)      % 符号表达式 s 的定积分,a、b 分别为积分的上、下限;
R = int(s,x,a,b)    % 符号表达式 s 关于变量 x 的定积分,a、b 分别为积分的上、下限;
trapz(x,y)梯形积分法,x 是表示积分区间的离散化向量,y 是与 x 同维数的向量,表示被积函数,
z 返回积分值;
fblquad('fun',a,b,c,d)矩形区域二重数值积分,fun 表示被积函数的 M 函数名,a、b 分别为 x 的
上、下限,c、d 分别为 y 的上、下限.
```

【例9-7】 用符号积分命令int计算积分$\int x^2\sin x\mathrm{d}x$。

解：计算积分的MATLAB代码为

```
clear all
clc
syms x;
int(x^2 * sin(x))
```

运行代码得到结果为

```
ans =

2 * x * sin(x) - cos(x) * (x^2 - 2)
```

如果用微分命令 diff 验证积分正确性，MATLAB 代码为

```
clear all
clc
syms x;
diff( - x^2 * cos(x) + 2 * cos(x) + 2 * x * sin(x))
```

运行代码得到结果为

```
ans =

x^2 * sin(x)
```

【例 9-8】 计算数值积分$\int_{-2}^{2} x^4 \mathrm{d}x$。

解：先用梯形积分法命令 trapz 计算积分$\int_{-2}^{2} x^4 \mathrm{d}x$，MATLAB 代码为

```
clear all
clc
x = - 2:0.1:2;
y = x.^4;
trapz(x,y)
```

结果为

```
ans =

   12.8533
```

实际上，积分$\int_{-2}^{2} x^4 \mathrm{d}x$ 的精确值为$\frac{64}{5} = 12.8$。如果取积分步长为 0.01，MATLAB 代码为

```
clear all
clc
x = - 2:0.1:2;
y = x.^4;
trapz(x,y)
```

结果为

```
ans =

   12.8533
```

可用不同的步长进行计算,考虑步长和精度之间的关系。一般说来,trapz 是最基本的数值积分方法,精度低,适用于数值函数和光滑性不好的函数。

如果用符号积分法命令 int 计算积分$\int_{-2}^{2} x^4 \mathrm{d}x$,输入 MATLAB 代码为

```
clear all
clc
syms x;
int(x^4,x,-2,2)
```

结果为

```
ans = 64/5
```

【例 9-9】 计算数值积分$\iint\limits_{x^2+y^2\leqslant 1}(1+x+y)\mathrm{d}x\mathrm{d}y$,可将此二重积分转化为累次积分

$$\iint\limits_{x^2+y^2\leqslant 1}(1+x+y)\mathrm{d}x\mathrm{d}y=\int_{-1}^{1}\int_{-\sqrt{1-x^2}}^{\sqrt{1-x^2}}(1+x+y)\mathrm{d}y$$

解:在 MATLAB 命令行窗口输入

```
clear all
clc
syms x y;
iy = int(1 + x + y,y, - sqrt(1 - x^2),sqrt(1 - x^2));
int(iy,x, - 1,1)
```

结果为

```
ans =

pi
```

【例 9-10】 计算广义积分 $I=\int_{-\infty}^{\infty}\exp\left(\sin x-\frac{x^2}{50}\right)\mathrm{d}x$。

解:输入 MATLAB 代码为

```
clear all
clc
syms x;
y = int(exp(sin(x) - x^2/50), - inf,inf);
vpa(y,10)
```

结果为

```
ans =

15.86778263
```

9.2.2 数值积分的 MATLAB 应用

求解定积分的数值方法多种多样，例如梯形法、辛普森法、牛顿-科茨法等，这些都是经常采用的方法。它们的基本思想都是将整个积分区间$[a,b]$分成 n 个子区间$[x_i, x_{i+1}]$，$i=1,2,\cdots,n$，其中 $x_1=a$，$x_{n+1}=b$。这样，求定积分问题就分解为求和问题了。

下面举例介绍几种数值积分求解的方法。

1. 梯形公式

【例 9-11】 用 MATLAB 的函数 trapz 和 cumtrapz 分别计算 $\int_0^{\pi/2} e^{-2x}\cos x\,dx$，精确到 10^{-4}。

解：将$[0,\pi/2]$分成 20 等份，步长为 $\pi/40$，输入程序如下：

```
clear all
clc
h = pi/40;
x = 0:h:pi/2;
y = exp( - 2 * x). * cos(x);
z1 = sum(y(1:20)) * h;
z2 = sum(y(2:21)) * h;
z = (z1 + z2)/2;
z3 = trapz(y) * h;
z3h = trapz(x, y)
z3c = cumtrapz(y) * h
```

运行后得到结果为

```
z3h =
    0.4096

z3c =
  Columns 1 through 7
         0    0.0727    0.1345    0.1867    0.2304    0.2669    0.2971

  Columns 8 through 14
    0.3219    0.3421    0.3584    0.3714    0.3817    0.3897    0.3959

  Columns 15 through 21
    0.4005    0.4040    0.4064    0.4080    0.4090    0.4095    0.4096
```

【例 9-12】 取 $h=\pi/8000$，用梯形公式计算定积分 $I=\int_0^{\pi/2} e^{\sin x}\,dx$，并与精确值比较，计算绝对误差。

解：在 MATLAB 命令行窗口输入如下程序：

```
clear all
clc
h = pi/8000;
```

```
a = 0;
b = pi/2;
x = a:h:b;
n = length(x);
y = exp(sin(x));
z1 = (y(1) + y(n)) * h/2;
z2 = sum(y(2:n - 1)) * h;
z8000 = z1 + z2,
syms t
f = exp(sin(t));
intf = int(f,t,a,b);
Fs = double(intf);
Jueduiwucha8000 = abs(z8000 - Fs)
```

运行后得到梯形公式计算定积分 I 的值 z8000 及其绝对误差 Jueduiwucha8000。

```
z8000 =
    3.1044

Jueduiwucha8000 =
   1.2851e - 08
```

2. 辛普森公式及其误差分析

【例 9-13】 用辛普森公式计算 $I=\frac{1}{\sqrt{2\pi}}\int_0^1 \mathrm{e}^{-\frac{x^2}{2}}\mathrm{d}x$，取 $n=20001$ 个等距节点，并将计算结果与精确值比较，然后再取 $n=13$ 计算，观察 n 对误差的影响。

解：由 $n=2m+1=20001$，得 $m=10000$。根据辛普森(Simpson)公式编写并输入以下代码：

```
clear all
clc
a = 0;
b = 1;
m = 10000;
h = (b - a)/(2 * m);
x = a:h:b;
y = exp(( - x.^2)./2)./(sqrt(2 * pi));
z1 = y(1) + y(2 * m + 1);
z2 = 2 * sum(y(2:2:2 * m));
z3 = 4 * sum(y(3:2:2 * m));
z = (z1 + z2 + z3) * h/3,
syms t,
f = exp(( - t^2)/2)/(sqrt(2 * pi));
intf = int(f,t,a,b),
Fs = double(intf);
Jueduiwucha = abs(z - Fs)
```

运行后得到定积分 I 的近似值 z、精确值 intf 及其绝对误差 Jueduiwucha：

```
z =
    0.3413
intf =
    (1125899906842624 * 2 ^ (1/2) * pi ^ (1/2) * erf(2 ^ (1/2)/2))/5644425081792261
Jueduiwucha =
   1.0682e - 05
```

3. 牛顿-科茨(Newton-Cotes)数值积分和误差分析

计算 n 阶牛顿-科茨的公式的截断误差公式的 MATLAB 程序如下：

```
function RNC = ncE(n)
suk = 1;
p = n/2 - fix(n/2);
if p == 0
for k = 1:n + 2
suk = suk * k;
end
suk;
syms t a b fxn2,
su = t ^ 2;
  for u = 1:n
su = su * (t - u);
end
su;
intf = int(su,t,0,n);
y = double(intf);
RNC = (((b - a)/n)^(n + 3)) * fxn2 * abs(y)/ suk;
else
for k = 1:n + 1
suk = suk * k;
end
suk;
syms t a b fxn1,
su = t;
  for u = 1:n
su = su * (t - u);
end
su;
intf = int(su,t,0,n);
y = double(intf);
RNC = (((b - a)/n)^(n + 2)) * fxn1 * abs(y)/ suk;
end
```

【例 9-14】 用求截断误差公式的 MATLAB 程序，计算定积分 $\int_a^b f(x)\mathrm{d}x$ 近似值的 1、2、3、4、8 阶牛顿-科茨公式的截断误差公式。

解：输入求 1、2、3、4、8 阶牛顿-科茨公式的截断误差公式的程序：

```
clear all
clc
```

```
n = 1,
RNC1 = ncE(n),
n = 2,
RNC2 = ncE(n),
n = 3,
RNC3 = ncE(n)
n = 4,
RNC4 = ncE(n),
n = 8,
RNC8 = ncE(n)
```

运行后，显示结果如下：

```
n =
     1
RNC1 =
- (fxn1 * (a - b)^3)/12
n =
     2
RNC2 =
- (fxn2 * (a/2 - b/2)^5)/90
n =
     3
RNC3 =
- (3 * fxn1 * (a/3 - b/3)^5)/80
n =
     4
RNC4 =
- (8 * fxn2 * (a/4 - b/4)^7)/945
n =
     8
RNC8 =
- (35065906189543 * fxn2 * (a/8 - b/8)^11)/6926923254988800
```

【例 9-15】 估计用 5、6 阶牛顿-科茨公式计算定积分 $I=\int_0^{\frac{\pi}{2}} e^{\sin x}dx$ 的截断误差公式和误差限，取 15 位小数。

解：输入求 $n=5$ 和 $n=6$ 阶牛顿-科茨公式的截断误差公式和被积函数的 6、8 阶导函数的程序如下：

```
clear all
clc
n = 5;
RNC5 = ncE(n)
n = 6;
RNC6 = ncE(n)
syms x
y = exp(sin(x));
yx6 = diff(y,x,6),
yx8 = diff(y,x,8)
```

运行后输出被积函数的6、8阶导函数和$n=5$、$n=6$阶牛顿-科茨公式的截断误差公式如下：

```
RNC5 =
-(275*fxn1*(a/5 - b/5)^7)/12096

RNC6 =
-(9*fxn2*(a/6 - b/6)^9)/1400

yx6 =
16*exp(sin(x))*cos(x)^2 - exp(sin(x))*sin(x) - 20*exp(sin(x))*cos(x)^4 + exp(sin(x))*
cos(x)^6 - 15*exp(sin(x))*sin(x)^2 - 15*exp(sin(x))*sin(x)^3 + 45*exp(sin(x))*
cos(x)^2*sin(x)^2 + 75*exp(sin(x))*cos(x)^2*sin(x) - 15*exp(sin(x))*cos(x)^4*
sin(x)

yx8 =
exp(sin(x))*sin(x) - 64*exp(sin(x))*cos(x)^2 + 336*exp(sin(x))*cos(x)^4 - 56*
exp(sin(x))*cos(x)^6 + exp(sin(x))*cos(x)^8 + 63*exp(sin(x))*sin(x)^2 + 210*exp
(sin(x))*sin(x)^3 + 105*exp(sin(x))*sin(x)^4 - 1260*exp(sin(x))*cos(x)^2*sin(x)
^2 - 420*exp(sin(x))*cos(x)^2*sin(x)^3 + 210*exp(sin(x))*cos(x)^4*sin(x)^2 -
756*exp(sin(x))*cos(x)^2*sin(x) + 630*exp(sin(x))*cos(x)^4*sin(x) - 28*exp(sin
(x))*cos(x)^6*sin(x)
          RNC5 =                              RNC6 =
275/12096*(1/5*b-1/5*a)^7*fxn1     9/1400*(1/6*b-1/6*a)^9*fxn2
```

然后再输入误差估计程序：

```
a = 0;
b = pi/2;
h = pi/40;
x = 0:0.00001:pi/2;
yx6 = -sin(x).*exp(sin(x)) + 16*cos(x).^2.*exp(sin(x)) - 15*sin(x).^2.*exp(sin(x))
+ 75*sin(x).*cos(x).^2.*exp(sin(x)) - 20*cos(x).^4.*exp(sin(x)) - 15*sin(x).^3.*
exp(sin(x)) + 45*sin(x).^2.*cos(x).^2.*exp(sin(x)) - 15*sin(x).*cos(x).^4.*exp
(sin(x)) + cos(x).^6.*exp(sin(x));
yx8 = cos(x).^8.*exp(sin(x)) - 756*sin(x).*cos(x).^2.*exp(sin(x)) - 1260*sin(x).^2.
*cos(x).^2.*exp(sin(x)) + 630*sin(x).*cos(x).^4.*exp(sin(x)) - 420*sin(x).^3.*
cos(x).^2.*exp(sin(x)) + 210*sin(x).^2.*cos(x).^4.*exp(sin(x)) - 28*sin(x).*cos
(x).^6.*exp(sin(x)) - 56*cos(x).^6.*exp(sin(x)) + sin(x).*exp(sin(x)) + 63*sin(x).^
2.*exp(sin(x)) + 210*sin(x).^3.*exp(sin(x)) + 105*sin(x).^4.*exp(sin(x)) - 64*cos
(x).^2.*exp(sin(x)) + 336*cos(x).^4.*exp(sin(x));
myx6 = max(yx6);
myx8 = max(yx8);
RNC5 = 275/12096*(1/5*b-1/5*a)^7*myx6
RNC6 = 9/1400*(1/6*b-1/6*a)^9*myx8
```

运行后，屏幕显示误差限如下：

```
RNC5 =
   3.6254e-04
RNC6 =
   3.8262e-05
```

4. 计算科茨系数 $C_k^{(n)}$ 和求截断误差公式

计算 n 阶科茨系数 $C_k^{(n)}$ 和求截断误差公式的 MATLAB 主程序：

```
function [Cn,RNCn] = newcotE(n)
syms t a b M,Fz = zeros(1,n+1);
Cn = zeros(1,n+1); su = t;k = 1;m = 1;m0 = 1;
  for u = 1:n
su1 = su*(t-u);m01 = m0*u; su = su1;m0 = m01;
end
su;m0; f1 = su/(t-0); intf1 = int(f1,t,0,n);
y = double(intf1);
Cn(1) = ((-1)^(n-0)*y)/(n*m0); k = 1;m = 1;
for j = 1:n
k1 = k*j; m1 = m*(n-j); f = su/(t-j);
intf = int(f,t,0,n); y = double(intf);
Cn(j+1) = ((-1)^(n-j)*y)/(n*k1*m1);
warning off MATLAB:divideByZero
end
  fn = su/(t-n); intfn = int(fn,t,0,n);
y = double(intfn);Cn(n+1) = y/(n*m0);
Cn; suk = 1; p = n/2 - fix(n/2);
if p == 0
for k = 1:n+2
suk = suk*k;
end
suk; syms t a b fxn2,su = t^2;
    for u = 1:n
su = su*(t-u);
end
su; intf = int(su,t,0,n); y = double(intf);
RNCn = (((b-a)/n)^(n+3))*fxn2*abs(y)/suk;
else
for k = 1:n+1
suk = suk*k;
end
suk; syms t a b fxn1,su = t;
   for u = 1:n
su = su*(t-u);
end
su; intf = int(su,t,0,n); y = double(intf);
RNCn = (((b-a)/n)^(n+2))*fxn1*abs(y)/ suk;
end
```

【例 9-16】 用计算 n 阶科茨系数 $C_k^{(n)}$ 和求截断误差公式的 MATLAB 主程序，计算定积分 $I=\int_a^b f(x)\mathrm{d}x$ 的 1～3 阶牛顿-科茨公式的系数和截断误差公式。

解：首先求 1～3 阶牛顿-科茨公式的系数和截断误差公式。其 MATLAB 代码程序如下：

```
clear all
clc
```

```
n1 = 1,
[Cn1,RNCn1] = newcotE(n1)
n2 = 2,
[Cn2,RNCn2] = newcotE(n2)
n3 = 3,
[Cn3,RNCn3] = newcotE(n3)
```

运行后得到1～3阶牛顿-科茨公式的系数 Cn_1、Cn_2、Cn_3 和截断误差公式 $RNCn_1$、$RNCn_2$、$RNCn_3$，结果如下：

```
n1 =
     1
Cn1 =
    0.5000    0.5000
RNCn1 =
- (fxn1 * (a - b)^3)/12
n2 =
     2
Cn2 =
    0.1667    0.6667    0.1667
RNCn2 =
- (fxn2 * (a/2 - b/2)^5)/90
n3 =
     3
Cn3 =
    0.1250    0.3750    0.3750    0.1250
RNCn3 =
- (3 * fxn1 * (a/3 - b/3)^5)/80
```

9.2.3 高斯积分的MATLAB应用

高斯积分也称为概率积分，是高斯函数的积分。高斯积分在概率论和连续傅里叶变换等的统一化计算中有广泛的应用。在误差函数的定义中也经常出现。虽然误差函数没有初等函数，但是高斯积分可以通过微积分学的手段解析求解。

【例9-17】 分别用两点高斯-勒让德积分公式、步长为2的梯形公式和步长为1的辛普森求积公式计算 $I=\int_{-1}^{1}\frac{1}{4+x}\mathrm{d}x$，并将计算结果与精确值进行比较。

解：设 $f(x)=\frac{1}{4+x}$，在MATLAB命令行窗口输入以下代码：

```
clear all
clc
x1 = - 1/sqrt(3);
x2 = 1/sqrt(3);
y1 = 1/(4 + x1);
y2 = 1/(4 + x2);
G2 = y1 + y2
```

```
t = -1:2:1;
y = 1./(4 + t);
T = trapz(t,y)
syms x
fi = int(1/(4 + x),x, -1,1);
Fs = double (fi)
Q = 0.40555555555556
wQ = double (abs(fi - Q))
wG2 = double (abs(fi - G2))
wT = double (abs(fi - T))
```

运行后屏幕显示分别用两点高斯-勒让德积分公式和步长为 2 的梯形求积公式计算的结果 G_2、T、Q 和精确值 F_S，以及其分别与 F_S 的绝对误差 wG_2、wT 和步长为 1 的辛普森与 F_S 的绝对误差 wQ：

```
G2 =
    0.5106
T =
   0.5333
Fs =
    0.5108
Q =
    0.4056
wQ =
    0.1053
wG2 =
   1.8733e-04
wT =
    0.0225
```

9.2.4 反常积分的 MATLAB 应用

在一些实际问题中，常会遇到积分区间为无穷区间，或者被积函数为无界函数的积分，它们已经不属于一般意义上的定积分了，因此对定积分进行推广，从而形成了反常积分的概念。

【例 9-18】 讨论反常积分 $I=\int_1^{+\infty}\frac{5x^p}{x^4+2}\mathrm{d}x$ 的敛散性。

解：在 MATLAB 命令行窗口输入以下代码：

```
clear all
clc
syms x
F1 = int((5 * x)/(x ^4 + 2),x,1, + inf);
LimF1 = double(F1)
F2 = int((5 * x.^2)/(x ^4 + 2),x,1, + inf);
LimF2 = double(F2)
F3 = int((5 * x.^3)/(x ^4 + 2),x,1, + inf);
LimF3 = double(F3)
F8 = int((5 * x.^8)/(x ^4 + 2),x,1, + inf);
LimF8 = double(F8)
```

运行后屏幕显示如下：

```
LimF1 =
    1.6888
LimF2 =
    3.9734
LimF3 =
   Inf
LimF8 =
   Inf
```

【例 9-19】 讨论反常积分 $\int_{-\infty}^{-1}\frac{1}{x^{2p}}\mathrm{d}x$（其中 $p=-2,0.2,0.5,1,4$）的敛散性。

解：当 $p=-2,0.2,0.5,1,4$ 时，输入以下代码：

```
clear all
clc
syms x
Ff2 = int(1/x^(-2*2),x,-inf,-1),
F02 = int(1/x^(2*0.2),x,-inf,-1)
LimF02 = double(F02)
F05 = int(1/x^(0.5*2),x,-inf,-1)
F1 = int(1/x^(1*2),x,-inf,-1)
F4 = int(1/x^(4*2),x,-inf,-1)
```

运行后屏幕显示：

```
Ff2 =
  Inf

F02 =
  Inf - Inf*i
LimF02 =
        Inf -      Infi
F05 =
   -Inf
F1 =
  1
F4 =
  1/7
```

【例 9-20】 近似计算 $I=\int_{0}^{1}x(1-\ln x)\mathrm{d}x$，误差在 10^{-6} 处。

解：在 MATLAB 命令行窗口输入代码：

```
clear all
clc
  syms r
r = solve('r*(1-(log(r))) = 10^(-6)',r)
R = double(r)
```

运行后屏幕显示 r 的值为

```
r =
   - 1/(100000000 * lambertw(0, - exp( - 1)/100000000))
R =
    2.7183
```

输入代码

```
clear all
clc
r = [2.71828181845905,0.00000000044374];
y = r. * (1 - (log(r)))
```

运行后屏幕显示 r 处的函数值为

```
y =
   1.0e - 07 *

    0.1000    0.1000
```

从上述结果可以看出,r 处函数值的误差在 10^{-6} 处。

如果需要求无穷积分,可以编写如下的累积求和无穷积分法计算无穷积分的近似值程序:

```
function [k,suj,wugu,Fjj,WC] = wqjfjx(a,Wucha,m)
r = a;k = 0; wugu = 1;
syms t
Y = input('请继续输入被积函数 f(x) = '); % exp( - t)./(1 + t.^4);
su = int(Y,t,a,a + 2)
suj = double(su)
while ((wugu > Wucha)&(k < m))
k = k + 1,r = a + 2 ^ k,r1 = a + 2 ^ (k + 1)
syms t
Y = input('请继续输入被积函数 f(x) = ');
F1 = int(Y,t,r,r1),intF1 = double(F1);
suj = suj + intF1,wugu = abs(intF1)
Fj = int(Y,t,0, + inf)
Fjj = double(Fj),WC = abs(Fjj - suj)
end
disp('k 是累加次数,suj 是利用累积求和无穷积分法计算 f(x)从 a 到正无穷的无穷积分的近似值,wugu 是 f(x)在[r(n),r(n+1)]上的积分的绝对值,Fjj 是 f(x)从 a 到正无穷的无穷积分的值,WC = |Fjj - suj|')
```

【例 9-21】 计算 $I=\int_0^{+\infty}\frac{1}{\mathrm{e}^x(1+x^3)}\mathrm{d}x$,使精确度为 10^{-6},并与精确值比较。

解:取 $r_n=2^n$,计算 $I=\sum_{k=0}^{+\infty}\int_{r_k}^{r_{k+1}}\frac{1}{\mathrm{e}^x(1+x^3)}\mathrm{d}x$,在 MATLAB 命令行窗口输入以下代码:

```
clear all
clc
a = 0;
Wucha = 1.e - 6;
m = 100;
[k, suj, wugu, Fjj, WC] = wqjfjx(a, Wucha, m)
```

运行后屏幕显示：

```
su =
  int(exp( - t)/(t ^ 3 + 1), t, 0, 2)
suj =
    0.6213
k =
     1
r =
     2
r1 =
     4
请继续输入被积函数 f(x) =
```

根据以上提示，继续输入函数：

```
exp( - t). /(1 + t. ^ 3);
```

运行后屏幕显示：

```
F1 =
int(exp( - t)/(t ^ 3 + 1), t, 2, 4)
suj =
    0.6281
wugu =
    0.0068
Fj =
(3 ^ (1/2) * meijerG([[1], []], [[1/3, 2/3, 1, 1], []], 1/27))/(2 * pi)
Fjj =
    0.6283
WC =
   1.7071e - 04
k =
     2
r =
     4
r1 =
     8
请继续输入被积函数 f(x) =
```

如此继续下去，当 wugu $< 10^{-6}$ 时，屏幕显示：

```
F1 =
int(exp( - t)/(t ^ 3 + 1), t, 8, 16)
suj =
```

```
    0.6283
wugu =
   4.8642e-07
Fj =
(3^(1/2) * meijerG([[1],[]],[[1/3,2/3,1,1],[]],1/27))/(2 * pi)
Fjj =
    0.6283
WC =
   2.3310e-11
k是累加次数,suj是利用累积求和无穷积分法计算f(x)从a到正无穷的无穷积分的近似值,wugu是f(x)在[r(n),r(n+1)]上的积分的绝对值,Fjj是f(x)从a到正无穷的无穷积分的值,WC = |Fjj - suj|
k =
     3
suj =
    0.6283
wugu =
   4.8642e-07
Fjj =
    0.6283
WC =
   2.3310e-11
```

【例 9-22】 用数值方法计算 $I=\int_0^{+\infty} \mathrm{e}^{-3x^2}\,\mathrm{d}x$，使精确度为 10^{-12}，并与精确值比较。

解：将下面的函数保存为名为 nm.m 的 M 文件

```
function y = nm(x)
y = exp(-3 * x.^2)./(3 * x);
输入程序
clear all
clc
N = 2:5;
y = nm(N)
```

运行后屏幕显示：

```
y =
   1.0e-05 *
    0.1024    0.0000    0.0000    0.0000
```

由此可见，如果不计算误差传播，取 $N=3$，则可满足 $\left|I-\int_0^3 \mathrm{e}^{-3x^2}\,\mathrm{d}x\right| \leqslant 10^{-12}$。

继续输入以下程序代码：

```
clear all
clc
x = 0:0.1:3;
y = exp(-3 * x.^2);
z = trapz(x,y)
syms t,
F1 = int(exp(-3 * t.^2),t,0, + inf)
```

```
F3 = int(exp( - 3 * t.^2),t,0,3)
intF1 = double(F1)
Wuchaz = abs(intF1 - z)
intF3 = double(F3)
Wucha3 = abs(intF1 - intF3)
```

运行后屏幕显示当 $N=3$ 时，分别用梯形公式和 int 函数计算 $\int_0^3 e^{-3x^2}dx$ 的近似值 z 和精确解 F_3(或 intF_3)及其与 I 的误差 Wuchaz 和 Wucha3：

```
z =
    0.5117

F1 =
(3^(1/2) * pi^(1/2))/6
F3 =
(3^(1/2) * pi^(1/2) * erf(3 * 3^(1/2)))/6
intF1 =
    0.5117
Wuchaz =
   1.2945e - 13
intF3 =
    0.5117
Wucha3 =
   1.0258e - 13
```

用高斯-拉盖尔无穷积分公式计算 $\int_0^{+\infty} e^{-x}f(x)dx$ 的数值积分及其截断误差公式的 MATLAB 函数代码如下：

```
function [GL,Y,RGn] = GaussL1(fun,X,A)
n = length(X);n2 = 2 * n; Y = feval(fun,X);
GL = sum(A. * Y); sun = 1; su2n = 1; su2n1 = 1;
for k = 1:n
sun = sun * k;
end
for k = 1:n2
su2n = su2n * k;
end
syms M
RGn = (sun^2) * M/(su2n);
```

用高斯-拉盖尔无穷积分公式计算 $\int_0^{+\infty} e^{-x}f(x)dx$ 的数值积分和误差估计的 MATLAB 函数代码如下：

```
function [GL,Y,Rn] = GaussL2 (fun,X,A,fun2n)
n = length(X);n2 = 2 * n; Y = feval(fun,X);
GL = sum(A. * Y); sun = 1; su2n = 1; su2n1 = 1;
```

```
for k = 1:n
sun = sun * k;
end
for k = 1:n2
su2n = su2n * k;
end
mfun2n1 = max(fun2n);
mfun2n = abs(mfun2n1);
Rn = (sun^2) * mfun2n /(su2n);
```

【例 9-23】 用高斯-拉盖尔无穷积分公式计算$\int_0^{+\infty}\frac{1}{e^x(5+x^2)}dx$，取$n=7$，再根据截断误差公式写出误差公式，并将计算结果与精确值进行比较。

解：首先建立如下所示的 M 文件函数：

```
function y = fun(x)
        y = 1./(5 + x.^2);
```

在 MATLAB 命令行窗口输入以下代码：

```
clear all
clc
syms x
fun2n = diff(exp( - x)./(5 + x^2),x,10);
fun2ns = simple(fun2n)
```

得到结果如下：

```
fun2ns =

(exp( - x) * (x^20 + 20 * x^19 + 320 * x^18 + 3780 * x^17 + 36675 * x^16 + 285840 * x^15
+ 1748400 * x^14 + 7568400 * x^13 + 14759850 * x^12 - 79569000 * x^11 - 868165200 *
x^10 - 3734325000 * x^9 - 6677396250 * x^8 + 9796290000 * x^7 + 69284490000 * x^6 +
89352450000 * x^5 - 70161046875 * x^4 - 185554687500 * x^3 - 29608750000 * x^2 +
50889062500 * x + 7000234375))/(x^2 + 5)^11
```

继续在 MATLAB 命令行窗口运行以下程序：

```
X = [0.19304367656036,1.02666489533919,2.56787674495075,4.90035308452648,
8.18215344456286,12.73418029179782,19.39572786226254];
A = [0.40931895170127,0.42183127786172,0.14712634865750,0.02063351446872,
0.00107401014328,0.00001586546435,0.00000003170315];
x = 0:0.001:1000;
fun2ns = exp ( - x). * (50889062500 * x - 29608750000 * x. ^ 2 + 89352450000 * x. ^ 5 +
69284490000 * x. ^ 6 + 9796290000 * x. ^ 7 - 185554687500 * x. ^ 3 - 70161046875 * x. ^ 4 -
6677396250 * x. ^ 8 - 868165200 * x. ^ 10 - 3734325000 * x. ^ 9 + 14759850 * x. ^ 12 + 1748400 *
x. ^14 - 79569000 * x. ^11 + 7568400 * x. ^ 13 + 36675 * x. ^ 16 + 320 * x. ^ 18 + x. ^ 20 + 285840 *
x. ^15 + 3780 * x. ^17 + 20 * x. ^19 + 7000234375)./(5 + x.^2).^11;
[GL,Y,Rn] = GaussL2(@fun,X,A,fun2ns)
syms t
fi = int(exp( - t)/(5 + t^2),t,0, + inf); Fs = double (fi),wGL = double (abs(fi - GL))
```

运行后得到结果如下：

```
GL =
    0.1644
Y =
    0.1985    0.1652    0.0863    0.0345    0.0139    0.0060    0.0026
Rn =
    0.0654
Fs =
    0.1644
wGL =
  1.4555e-06
```

9.2.5 重积分的 MATLAB 应用

重积分包括二重积分、三重积分等，目前应用最广泛的是二重积分。二重积分可以用来计算曲面的面积、平面薄片重心、平面薄片转动惯量，平面薄片对质点的引力等。此外，二重积分在实际生活（如无线电）中也广泛应用。

重积分的数值计算可通过若干次单积分的组合实现。

【例 9-24】 求二次积分 $\int_0^1 dx\int_{2x}^{x^2+1} xy\,dy$。

解：使用函数 int 求二次积分，在 MATLAB 命令行窗口输入如下代码：

```
clear all
clc
syms x y
int(int(x * y,y,2 * x,x^2 + 1),x,0,1)
```

运行后，得到结果如下：

```
ans =
1/12
```

【例 9-25】 计算二重积分 $\iint\limits_D (x^2+y^2-x)\,dx dy$，其中 D 是由直线 $y=2, y=x, y=2x$ 所围成的闭区域。

解：该二重积分可以化为二次积分 $\int_0^2 dy\int_{\frac{y}{2}}^{y}(x^2+y^2-x)\,dx$，在 MATLAB 命令行窗口输入以下命令：

```
clear all
clc
syms x y
int(int(x^2 + y^2 - x,x,y/2,y),y,0,2)
```

运行后，得到结果如下：

```
ans =

13/6
```

【例 9-26】 计算 $\iint\limits_{D_{xy}} \frac{\sin(x+y)}{x+y} d\sigma$，其中 D_{xy} 是由曲线 $x=y^2$，$y=x-2$ 所围成的平面区域。

解：首先，编写如下代码：

```
clear all
clc
syms x y
f1 = x - y^2;
f2 = x - y - 2;
ezplot(f1)
hold on
ezplot(f2)
hold off
axis([ - 0.5 5  - 1.5 3])
title('由 x = y^2 和 y = x - 2 所围成的积分区域 Dxy')
```

运行代码，得到积分区域图如图 9-9 所示。

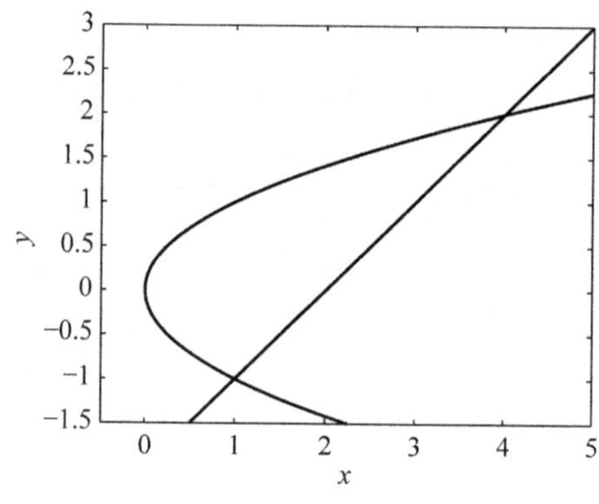

图 9-9　积分区域

其次，使用如下代码确定积分限：

```
>> syms x y
y1 = ('x - y^2 = 0'); y2 = ('x - y - 2 = 0'); [x,y] = solve(y1,y2,x,y)
```

运行后得到两条曲线 $x=y^2$，$y=x-2$ 的交点如下：

```
x =
  1
4
y =
  - 1
  2
```

最后，输入积分的计算代码如下：

```
>> syms x y
f = sin(x + y)/(x + y);
x1 = y^2;
x2 = y + 2;
jfx = int(f,x,x1,x2);
jfy = int(jfx,y,-1,2);
jf2 = double(jfy)
```

运行后得到结果如下：

```
jf2 =
    1.9712
```

因此，所求的 $\iint\limits_{D_{xy}} \frac{\sin(x+y)}{x+y} d\sigma = 1.9712$。

【例 9-27】 根据基本梯形公式编写 MATLAB 程序，计算 $I = \iint\limits_{D_{xy}} \frac{\sin(x+y)}{x+y}$ 的近似值，并将计算结果与精确值比较。其中 D_{xy} 是矩形区域 $0 \leqslant x \leqslant 4, -1 \leqslant y \leqslant 2$。

解：编写并输入下列 MATLAB 代码：

```
clear all
clc
a = 0;
b = 4;
c = -1;
d = 2;
fac = sin(a + c)/(a + c);
fad = sin(a + d)/(a + d);
fbc = sin(b + c)/(b + c);
fbd = sin(b + d)/(b + d);
h = (b - a) * (d - c);
F = fac + fad + fbc + fbd;
T2 = (h * F)/4
syms x y
bjh = sin(x + y)/(x + y);
jfx = int(bjh,x,a,b);
jfy = int(jfx,y,c,d);
I2 = double(jfy),
juewu = abs(I2 - T2)
```

运行后屏幕显示：

```
T2 =
   3.8898
I2 =
    3.6440
juewu =
    0.2457
```

【例 9-28】 计算三重积分 $I=\int_0^1 \mathrm{d}x\int_0^{1-x}\mathrm{d}y\int_0^{1-x-y}\frac{\mathrm{d}z}{(1+x+y+z)^3}$。

解：在 MATLAB 命令行窗口输入命令：

```
clear all
clc
syms x y z
int(int(int(1/(1 + x + y + z)^3,z,0,1 - x - y),y,0,1 - x),x,0,1)
```

运行后得到结果如下：

```
ans =
0.034073590279972654708616060729088
```

9.3 多种求积算法的分析比较

9.3.1 牛顿-科茨求积公式及其 MATLAB 实现

若函数 $f(x)$在区间$[a,b]$上连续且其原函数为 $F(x)$，则可用牛顿-科茨(Newton-Cotes)求积公式：

$$\int_a^b f(x)\mathrm{d}x = F(b) - F(a)$$

求定积分的值，该公式无论在理论上还是在解决实际问题上都起了很大作用。

求积公式 $\int_a^b f(x)\mathrm{d}x = F(b) - F(a)$ 的 MATLAB 实现如下：

```
% i 是要调用第几个被积函数 g(i),x 是自变量
function f = f1(i,x)
g(1) = sqrt(x);
if x == 0
    g(2) = 1;
else
g(2) = sin(x)/x;
end
g(3) = 4/(1 + x^2);
f = g(i);
function [C,g] = NCotes(a,b,n,m)
% a,b 分别为积分的上下限;
% n 是子区间的个数;
% m 是调用上面第几个被积函数;
% 当 n = 1 时计算梯形公式; 当 n = 2 时计算辛浦生公式,以此类推;
    i = n;
    h = (b - a)/i;
    z = 0;
for j = 0:i
     x(j + 1) = a + j * h;
      s = 1;
    if j == 0
         s = s;
    else
```

```
for k = 1:j
      s = s * k;
end
end
r = 1;
if i - j == 0
    r = r;
else
for k = 1:(i - j)
      r = r * k;
end
end
if mod((i - j),2) == 1
    q = - (i * s * r);
else
    q = i * s * r;
end
y = 1;
for k = 0:i
    if k~ = j
        y = y * (sym('t') - k);
  end
end
l = int(y,0,i);
C(j + 1) = l/q;
    z = z + C(j + 1) * f1(m,x(j + 1));
end
g = (b - a) * z
```

(1) 当输入 $a=0,b=1,n=1,m=2$ 时,即在 MATLAB 命令行窗口输入

```
>> NCotes(0,1,2,2)
```

即可得到用梯形公式计算的积分值和相应的科茨系数:

```
g =
8293248040994423/9007199254740992

ans =
[ 1/2,1/2]
```

(2) 当输入 $a=0,b=1,n=2,m=2$ 时,即在 MATLAB 命令行窗口输入

```
>> NCotes(0,1,2,2)
```

即可得辛普森公式的积分值和相应科茨系数

```
g =
8522124485690909/9007199254740992

ans =
[ 1/6,2/3,1/6]
```

(3) 当输入 $a=0,b=1,n=4,m=2$ 时,即在 MATLAB 命令行窗口输入:

```
>> NCotes(0,1,4,2)
```

即可得科茨公式的积分值和相应科茨系数:

```
g =
383470115810645009/405323966463344640

ans =
[ 7/90,16/45,2/15,16/45,7/90]
```

9.3.2 复化求积公式及其 MATLAB 实现

复化求积公式的基本思想是:将区间[a,b]分为若干个小子区间,在每个小子区间上使用低阶的牛顿-科茨公式。然后把它们加起来,作为整个区间上的求积公式。

复化求积公式包括复化梯形求积公式、复化辛普森求积公式、复化牛顿-科茨求积公式。它们的 MATLAB 实现方式如下所示。

1. 复化梯形求积公式的 MATLAB 实现

通过 $f(x)$的 $n+1$ 个等步长节点逼近积分

$$\int_a^b f(x)\mathrm{d}x \approx \frac{h}{2}(f(a)+f(b))+h\sum_{k=1}^{n-1} f(x_k)$$

其中,$x_k=a+kh,x_0=a,x_n=b$。

其 MATLAB 程序如下:

```
function s = trapr1(f,a,b,n)
% f 是被积函数;
% a,b 分别为积分的上下限;
% n 是子区间的个数;
% s 是梯形总面积;
h = (b - a)/n;
s = 0;
for k = 1:(n - 1)
    x = a + h * k;
    s = s + feval('f',x);
end
format long
s = h * (feval('f',a) + feval('f',b))/2 + h * s;
%%%%%%%%%%%%%%%%%%%
function y = f(x)
if x == 0
        y = 1;
else
        y = sin(x)/x;
end
```

在 MATLAB 命令行窗口中输入

```
>> trapr1('f',0,1,4)
```

运行后得到

```
ans =

   0.944513521665390
```

若取子区间的个数 $n=8$，则需在 MATLAB 命令行窗口中输入

```
>> trapr1('f',0,1,8)
```

运行程序后得到

```
ans =

   0.945690863582701
```

2. 复化辛普森求积公式的 MATLAB 实现

复化辛普森求积公式的 MATLAB 函数代码如下：

```
function s = simpr1(f,a,b,n)
% f 是被积函数;
% a,b 分别为积分的上下限;
% n 是子区间的个数;
% s 是梯形总面积,即所求积分数值;
h = (b - a)/(2 * n);
s1 = 0;
s2 = 0;
for k = 1:n
        x = a + h * (2 * k - 1);
        s1 = s1 + feval('f',x);
end
for k = 1:(n - 1)
        x = a + h * 2 * k;
        s2 = s2 + feval('f',x);
end
s = h * (feval('f',a) + feval('f',b) + 4 * s1 + 2 * s2)/3;
%%%%%%%%%%%%%%%%%%%%
function y = f(x)
if x == 0
        y = 1;
else
        y = sin(x)/x;
end
```

在 MATLAB 命令行窗口中输入

```
>> simpr1('f',0,1,4)
```

运行程序后得到

```
ans =

   0.946083310888472
```

若取子区间个数 n=8 时
在 MATLAB 命令行窗口中输入

```
>> simpr1('f',0,1,8)
```

运行程序后得到

```
ans =
   0.946083085384947
```

3. 复化科茨求积公式的 MATLAB 实现

复化科茨求积公式的 MATLAB 代码如下：

```
function s = cotespr1(f,a,b,n)
% f是被积函数;
% a,b分别为积分的上下限;
% n是子区间的个数;
% s是梯形总面积,即所求积分数值;
h = (b - a)/n;
s1 = 0;
s2 = 0;
s3 = 0;
s4 = 0;
for k = 1:n
        x = a + (4 * k - 3) * h/4;
        s1 = s1 + feval('f',x);
end
for k = 1:n
        x = a + (4 * k - 2) * h/4;
        s2 = s2 + feval('f',x);
end
for k = 1:n
        x = a + (4 * k - 1) * h/4;
        s3 = s3 + feval('f',x);
end
for k = 1:(n - 1)
        x = a + 4 * k * h/4;
        s4 = s4 + feval('f',x);
end
s = h * (7 * feval('f',a) + 7 * feval('f',b) + 32 * s1 + 12 * s2 + 32 * s3 + 14 * s4)/90;
%%%%%%%%%%%%%%%%%
function y = f(x)
if x == 0
        y = 1;
else
        y = sin(x)/x;
end
```

在 MATLAB 命令行窗口中输入

```
>> cotespr1('f',0,1,4)
```

运行程序后得到

```
ans =

   0.946083070351379
```

9.3.3 龙贝格求积公式及其 MATLAB 实现

龙贝格求积公式也称为逐次分半加速法。它是在梯形公式、辛普森公式和科茨公式之间关系的基础上，构造出的一种加速计算积分的方法。作为一种外推算法，它在不增加计算量的前提下提高了误差的精度。

在等距基点的情况下，用计算机计算积分值通常都采用把区间逐次分半的方法进行。这样，前一次分割得到的函数值在分半以后仍可被利用，且易于编程。

构造 T 数表来逼近积分 $\int_a^b f(x)\mathrm{d}x \approx R(J,J)$。

其中，$R(J,J)$表示 T 数表的最后一行、最后一列的值。

龙贝格求积公式的 MATLAB 函数代码如下：

```
function [R,quad,err,h] = romber(f,a,b,n,delta)
% f 是被积函数
% a,b 分别是积分的上下限
% n+1 是 T 数表的列数
% delta 是允许误差
% R 是 T 数表
% quad 是所求积分值
M = 1;
h = b - a;
err = 1
J = 0;
R = zeros(4,4);
R(1,1) = h * (feval('f',a) + feval('f',b))/2
while ((err > delta)&(J < n))|(J < 4)
        J = J + 1;
        h = h/2;
        s = 0;
        for p = 1:M
            x = a + h * (2 * p - 1);
            s = s + feval('f',x);
        end
        R(J + 1,1) = R(J,1)/2 + h * s;
        M = 2 * M;
        for K = 1:J
```

```
            R(J+1,K+1) = R(J+1,K) + (R(J+1,K) - R(J,K))/(4^K-1);
        end
        err = abs(R(J,J) - R(J+1,K+1));
end
quad = R(J+1,J+1)
%%%%%%%%%%%%%%%%%%%%%%%
function y = f(x)
if x == 0
        y = 1;
else
        y = sin(x)/x;
end
```

在 MATLAB 命令行窗口中输入

```
>> romber('f',0,1,5,0.5*(10^(-8)))
```

运行代码得到结果如下：

```
err =
    1

R =
  0.920735492403948                   0                   0                   0
                  0                   0                   0                   0
                  0                   0                   0                   0
                  0                   0                   0                   0

quad =
  0.946083070367181

ans =
  0.920735492403948  0                  0                  0                  0
  0.939793284806177  0.946145882273587  0                  0                  0
  0.944513521665390  0.946086933951794  0.946083004063674  0                  0
  0.945690863582701  0.946083310888472  0.946083069350917  0.946083070387223
  0
  0.945985029934386  0.946083085384947  0.946083070351379  0.946083070367259
0.946083070367181
```

9.3.4 高斯-勒让德求积公式及其 MATLAB 实现

高斯-勒让德求积公式是一种高斯型求积公式，其 MATLAB 函数代码实现如下：

```
function [A,x] = Guass1(N)
i = N+1;
    f = ((sym('t'))^2-1)^i;
    f = diff(f,i);
```

```
    t = solve(f);
    for j = 1:i
        for k = 1:i
            X(j,k) = t(k)^(j-1);
        end
        if mod(j,2) == 0
        B(j) = 0;
        else
            B(j) = 2/j;
        end
    end
     X = inv(X);
    for j = 1:i
        A(j) = 0;
        x(j) = 0;
        for k = 1:i
            A(j) = A(j) + X(j,k) * B(k);
            x(j) = x(j) + t(j);
        end
        x(j) = x(j)/k;
    end
function g = GuassLegendre (a,b,n,m)
% a,b 分别是积分的上下限;
% n+1 为节点个数;
% m 是调用 f1.m 中第几个被积函数;
[A,x] = Guass1(n);
g = 0;
for i = 1:n+1
    y(i) = (b-a)/2 * x(i) + (a+b)/2;
        f(i) = f1(m,y(i));
        g = g + (b-a)/2 * f(i) * A(i);
end
```

用 M 文件分别把上面两个自定义函数定义为名为 Guass1. m 函数和 GuassLegendre. m 函数。用 M 文件定义一个名为 f1. m 的函数,其 MATLAB 代码如下:

```
function f = f1(i,x)
g(1) = sqrt(x);
if x == 0
    g(2) = 1;
else
g(2) = sin(x)/x;
end
g(3) = 4/(1 + x^2);
f = g(i);
```

在 MATLAB 命令行窗口中输入:

```
>> GuassLegendre (0,1,2,2)
>> GuassLegendre (0,1,3,2)
```

运行后得到结果如下：

```
ans =

   0.946083134078473
ans =

   0.946083070311255
```

9.3.5 各种求积公式的分析比较

【例 9-29】 分别用不同的方法计算积分 $I=\int_0^1 \frac{\sin x}{x}\mathrm{d}x$，并作比较。

解：下面用几种求积公式分别计算积分，并给出了相应的计算误差，进行比较。

(1) 用牛顿-科茨公式：

当 $n=1$ 时，即用梯形公式，在 MATLAB 命令行窗口中输入

```
>> NCotes(0,1,1,2)
```

运行后，得到结果为

```
g =
8293248040994423/9007199254740992
ans =
[ 1/2,1/2]
```

当 $n=2$ 时，即用辛普森公式，在 MATLAB 命令行窗口中输入

```
>> NCotes(0,1,2,2)
```

运行后，得到结果如下：

```
g =
8522124485690909/9007199254740992
ans =
[ 1/6,2/3,1/6]
```

当 $n=4$ 时，即用科茨公式，在 MATLAB 命令行窗口中输入

```
>> NCotes(0,1,4,2)
```

运行后，得到结果如下：

```
g =
383470115810645009/405323966463344640
ans =
[ 7/90,16/45,2/15,16/45,7/90]
```

(2) 用复化梯形公式：

令 h=1/8=0.125，在 MATLAB 命令行窗口中输入

```
>> trapr1('f',0,1,8),
```

运行后，得到结果为：

```
ans =
   0.945690863582701
```

(3) 用复化辛普森公式：

令 h=1/8=0.125，在 MATLAB 命令行窗口中输入

```
>> simpr1('f',0,1,8),
```

运行后，得到结果如下：

```
ans =
  0.946083085384947
```

(4) 用龙贝格公式：

在 MATLAB 命令行窗口中输入

```
>> romber('f',0,1,5,0.5*(10^(-8))),
```

运行后，得到结果如下：

```
err =
     1
R =
  0.920735492403948                  0                  0                  0
                  0                  0                  0                  0
                  0                  0                  0                  0
                  0                  0                  0                  0
quad =
  0.946083070367181

ans =
  0.920735492403948  0                  0                  0                  0
  0.939793284806177  0.946145882273587  0                  0                  0
  0.944513521665390  0.946086933951794  0.946083004063674  0                  0
  0.945690863582701  0.946083310888472  0.946083069350917  0.946083070387223  0
  0.945985029934386  0.946083085384947  0.946083070351379  0.946083070367259  0.946083070367181
```

(5) 用高斯-勒让德求积公式：

令 $x=(t+1)/2$ 则 $I=\int_{-1}^{1}\frac{\sin(t+1)/2}{t+1}\mathrm{d}t$

在 MATLAB 命令行窗口中输入

```
>> GuassLegendre (0,1,2,2)
```

得到结果如下：

```
ans =
   0.946083134078473
```

9.4 MATLAB 求方程极值解

极值是一个函数的极大值或极小值。如果一个函数在一点的一个邻域内处处都有确定的值，而以该点处的值为最大(小)，则函数在该点处的值就是一个极大(小)值。如果它比邻域内其他各点处的函数值都大(小)，它就是一个严格极大(小)。该点就相应地称为一个极值点或严格极值点。

极值的概念来自数学应用中的最大值与最小值问题。根据极值定律，定义在一个有界闭区域上的每一个连续函数都必定达到它的最大值和最小值，问题在于要确定它在哪些点处达到最大值或最小值。如果极值点不是边界点，就一定是内点。因此，这里的首要任务是求得一个内点成为一个极值点的必要条件。

9.4.1 一元函数的极限

MATLAB 求极限的命令如表 9-4 所示。

表 9-4　常用 MATLAB 求极限的命令

数学运算	MATLAB 命令
$\lim_{x\to 0} f(x)$	limit(f)
$\lim_{x\to a} f(x)$	limit(f,x,a)或 limit(f,a)
$\lim_{x\to a-} f(x)$	limit(f,x,a,'left')
$\lim_{x\to a+} f(x)$	limit(f,x,a,'right')

【例 9-30】 观察数列 $\left\{\frac{n}{n+1}\right\}$ 当 $n\to\infty$ 时的变化趋势。

解：令 $xn=\frac{n}{n+1}$，在 MATLAB 命令行窗口输入以下命令：

```
clear all
clc
n = 1:100;
xn = n./(n+1);
stem(n,xn)
```

得到函数 xn 的变化趋势如图 9-10 所示。

从图 9-10 可以看出，随 n 的增大，点列与直线 $y=1$ 无限接近，因此可得以下结论：

$$\lim_{n\to\infty}\frac{n}{n+1}=1$$

【例 9-31】 分析函数 $f(x)=\sin\frac{1}{x}$ 当 $x\to 0$ 时的变化趋势。

解：在 MATLAB 命令行窗口输入以下命令：

```
clear all
clc
x = -1:0.001:1;
y = sin(1./x);
plot(x,y)
```

得到函数变化趋势如图 9-11 所示。从图中可以看出，当 $x\to 0$ 时，$\sin\frac{1}{x}$ 在 -1 到 1 无限次振荡，极限不存在。

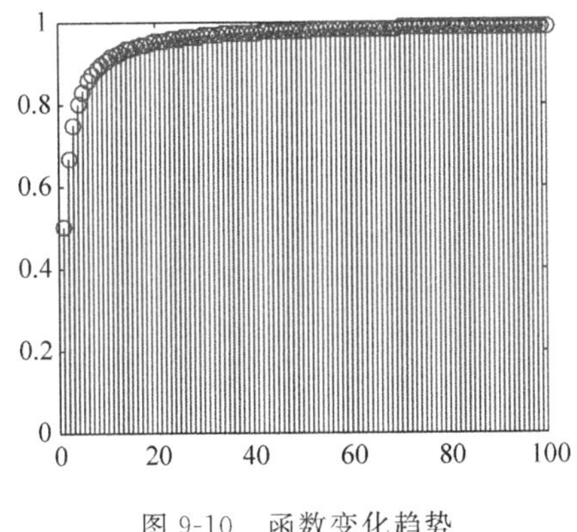

图 9-10 函数变化趋势

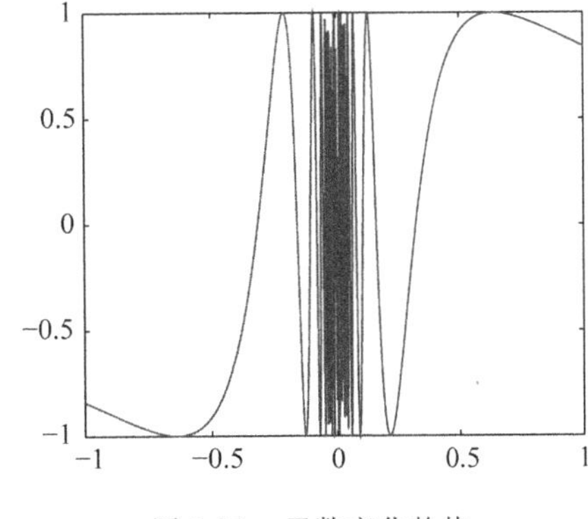

图 9-11 函数变化趋势

注意：仔细观察该图像，发现图像的某些峰值不是 1 和 -1，而我们知道正弦曲线的峰值是 1 和 -1，这是由于自变量的数据点选取未必使 $\sin\frac{1}{x}$ 取到 1 和 -1 的缘故。

【例 9-32】 求 $\lim_{x\to -1}\left(\frac{1}{x-1}-\frac{2}{x^3-1}\right)$。

解：在 MATLAB 命令行窗口输入

```
clear all
clc
syms x;
f = 1/(x-1) - 2/(x^3-1);
limit(f,x,-1)
ezplot(f);
hold on;
plot(-1,-1,'r.')
```

运行程序后得到

```
ans =
1
```

函数的图形如图 9-12 所示。

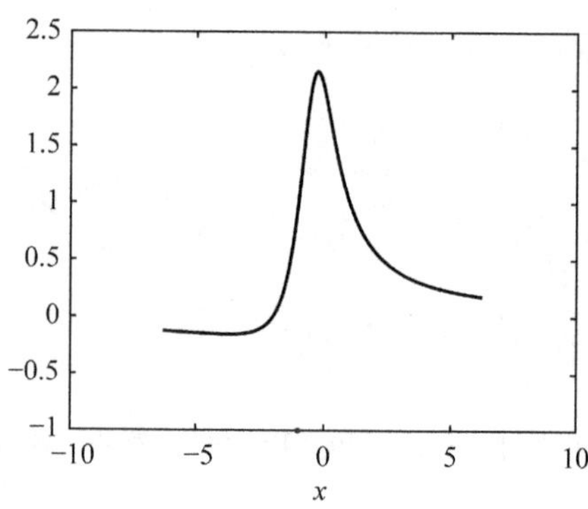

图 9-12　函数变化趋势

【例 9-33】 解方程 $ax^2+bx+c=0$。

解：在 MATLAB 命令行窗口输入

```
clear all
clc
syms a b c x;
f = a * x^2 + b * x + c;
solve(f)
```

运行程序后得到

```
ans =
-(b + (b^2 - 4 * a * c)^(1/2))/(2 * a)
-(b - (b^2 - 4 * a * c)^(1/2))/(2 * a)
```

如果不指明自变量，系统默认为 x，也可指定自变量，比如指定 b 为自变量。

```
solve(f,b)
```

运行程序后得到

```
ans =
-(a * x^2 + c)/x.
```

9.4.2　多元函数的极值

对于多元函数的自由极值问题，根据多元函数极值的必要和充分条件，可分为以下几个步骤：

(1) 定义多元函数 $z=f(x,y)$；

(2) 求解正规方程 $f_x(x,y)=0,f_y(x,y)=0$，得到驻点；

(3) 对于每一个驻点(x_0,y_0)，求出二阶偏导数 $A=\frac{\partial^2 z}{\partial x^2},B=\frac{\partial^2 z}{\partial x\partial y},C=\frac{\partial^2 z}{\partial y^2}$；

(4) 对于每一个驻点(x_0,y_0)，计算判别式 $AC-B^2$，如果 $AC-B^2>0$，则该驻点是极值点，当 $A>0$ 为极小值，$A<0$ 为极大值；如果 $AC-B^2=0$，判别法失效，需进一步判断；如果 $AC-B^2<0$，则该驻点不是极值点。

MATLAB 中主要用 diff 求函数的偏导数。

【例 9-34】 求函数 $z=x^4-8xy+2y^2-3$ 的极值点和极值。

解：首先用 diff 命令求 z 关于 x、y 的偏导数：

```
clear all
clc
syms x y;
z = x^4 - 8 * x * y + 2 * y^2 - 3;
diff(z,x)
diff(z,y)
```

运行得到结果如下：

```
ans =
4 * x^3 - 8 * y
ans =
4 * y - 8 * x
```

即$\frac{\partial z}{\partial x}=4x^3-8y,\frac{\partial z}{\partial y}=-8x+4y$。

再求解正规方程，求得各驻点的坐标。一般方程组的符号解用 solve 命令，当方程组不存在符号解时，solve 将给出数值解。求解正规方程的 MATLAB 代码如下：

```
clear all
clc
[x,y] = solve('4 * x^3 - 8 * y = 0','- 8 * x + 4 * y = 0','x','y')
```

运行得到结果如下：

```
x =
   0
 - 2
   2
y =
   0
 - 4
   4
```

表示方程有三个驻点，分别是 $P(-2,-4)$、$Q(0,0)$、$R(2,4)$。

下面再求判别式中的二阶偏导数：

```
clear all
clc
syms x y;
z = x^4 - 8*x*y + 2*y^2 - 3;
A = diff(z,x,2)
B = diff(diff(z,x),y)
C = diff(z,y,2)
```

运行代码得到结果如下：

```
A =
12*x^2
B =
-8
C =
4
```

由判别法可知，$P(-4,-2)$和$Q(4,2)$都是函数的极小值点，而点$Q(0,0)$不是极值点，实际上，$P(-4,-2)$和$Q(4,2)$是函数的最小值点。

本章小结

微分方程指描述未知函数的导数与自变量之间的关系的方程。微分方程的应用十分广泛，可以解决许多与导数有关的问题。积分方程是含有对未知函数的积分运算的方程，与微分方程相对。许多数学物理问题需通过积分方程或微分方程求解。

本章详细介绍了微积分方程的基础及其应用，并对多种求积算法做了分析比较，最后举例说明 MATLAB 在求方程极值解过程中的作用。

第10章 MATLAB优化

优化理论是一门实践性很强的学科，广泛应用于生产管理、军事指挥和科学试验等各种领域，MATLAB 优化工具箱提供了对各种优化问题的完整解决方案。本章主要讲解常见的优化问题及其求解方法。

学习目标：

- 了解 MATLAB 常见优化问题；
- 掌握 MATLAB 求解优化问题的方法。

10.1 常见优化问题

在数学上，优化问题是指在给定的条件下求解目标函数的最优解。当给定条件为空时，此优化问题称为自由优化或无约束优化问题；当给定条件不空时，称为有约束优化或强约束优化问题。

在优化问题中，根据变量、目标函数和约束函数的不同，可以将问题大致分为如下三类：

- 线性优化：目标函数和约束函数均为线性函数。
- 二次优化：目标函数为二次函数，而约束条件为线性方程。线性优化和二次优化统称为简单优化。
- 非线性优化：目标函数为非二次的非线性函数，或约束条件为非线性方程。

本章重点介绍几类优化问题在 MATLAB 中的实现。

10.1.1 无约束非线性优化

无约束最优化问题在实际应用中也比较常见，例如工程中常见的参数反演问题。另外，许多有约束最优化问题可以转化为无约束最优化问题进行求解。

求解无约束最优化问题的方法主要有两类，即直接搜索法和梯度法。

直接搜索法适用于目标函数高度非线性，没有导数或导数很难计算的情况。由于实际工程中很多问题都是非线性的，直接搜索法不失为一种有效的解决办法。常用的直接搜索法为单纯形法，此外还有 Hooke-Jeeves 搜索法、Pavell 共轭方向法等，其缺点是收敛速度慢。

在函数的导数可求的情况下，梯度法是一种更优的方法，该法利用函数的梯度（一阶导数）和 Hessian 矩阵（二阶导数）构造算法，可以获得更快的收敛速度。

在 MATLAB 中，无约束规划由 3 个功能函数 fminbnd、fminsearch 和 fminunc 实现。

1. fminbnd 函数

该函数的功能是求取固定区间内单变量函数的最小值，也就是一元函数最小值问题。其数学模型为

$$\min_x f(x), \quad x_1 < x < x_2$$

式中，x、x_1、x_2 均为标量，$f(x)$为目标函数。

fminbnd 函数的使用格式如下：

```
x = fminbnd(fun,x1,x2)
x = fminbnd(fun,x1,x2,options)
x = fminbnd(fun,x1,x2,options,P1,P2,…)
[x,fval] = fminbnd(…)
[x,fval,exitflag] = fminbnd(…)
[x,fval,exitflag,output] = fminbnd(…)
```

其中，x=fminbnd(fun,x1,x2)返回[x1,x2]区间上 fun 参数描述的标量函数的最小值点 x。

x=fminbnd(fun,x1,x2,options)用 options 参数指定的优化参数进行最小化。

x=fminbnd(fun,x1,x2,options,P1,P2,…)提供另外的参数 P1、P2 等，传输给目标函数 fun。如果没有设置 options 选项，则令 options=[ ]。

[x,fval]=fminbnd(…)返回解 x 处目标函数的值。

[x,fval,exitflag]=fminbnd(…)返回 exitflag 值描述 fminbnd 函数的退出条件。

[x,fval,exitflag,output]=fminbnd(…)返回包含优化信息的结构输出。

对于优化参数选项 options，用户可以用 optimset 函数设置或改变这些参数的值。Options 参数有以下几个选项：

- Display：显示的水平，选择'off'，不显示输出；选择'iter'，显示每一步迭代过程的输出；选择'final'，显示最终结果。
- MaxFunEvals：函数评价的最大允许次数。
- MaxIter：最大允许迭代次数。
- TolX：x 处的终止容限。
- exitflag：描述退出条件，退出条件大于 0 表示目标函数收敛于解 x 处；退出条件等于 0 表示已经达到函数评价或迭代的最大次数；退出条件小于 0 表示目标函数不收敛。
- output：该参数包含三种优化信息，output. iteratiions 表示迭代次数；output. algorithm 表示所采用的算法；output. funcCount 表示函数评价次数。

注意：

(1) 目标函数必须是连续的；

(2) fminbnd 函数可能只给出局部最优解；

(3) 当问题的解位于区间边界上时，fminbnd 函数的收敛速度常常很慢。此时，fmincon 函数的计算速度更快，计算精度更高；

(4) fminbnd 函数只用于实数变量。

【例 10-1】 在$(0,2\pi)$上求函数 $\sin(2x)$的最小值。

解：在 MATLAB 命令行窗口输入

```
clear all
clc
[x,y_min] = fminbnd('sin(2 * x)',0,2 * pi)
```

得到结果如下：

```
x =
    2.3562

y_min =
   - 1.0000
```

【例 10-2】 对边长为 4m 的正方形铁板，在四个角处剪去相等的小正方形以制成方形无盖盒子，如何剪可以使盒子容积最大？

解：设剪去的正方形的边长为 x，则盒子容积为

$$f(x) = (4 - 2x)^2 x$$

题目含义即要求在区间(0,2)上确定 x 的值，使得 $f(x)$最大化。

因为优化工具箱中要求目标函数最小化，所以需要对目标函数进行转换，即要求 $-f(x)$最小化。

在 MATLAB 命令行窗口输入以下代码：

```
clear all
clc
[x,f_min] = fminbnd(' - (4 - 2 * x)^2 * x',0,2)
```

得到结果如下：

```
x =
    0.6667

f_min =
   - 4.7407
```

即剪去边长为 0.6667m 的正方形，最大容积为 4.7407m^3。

2. fminsearch 函数

该函数功能为求解多变量无约束函数的最小值。其数学模型是

$$\min_{x} f(x)$$

其中，x 为向量，$f(x)$ 为函数，返回标量。

fminsearch 函数的使用格式如下：

```
x = fminsearch(fun,x0)
x = fminsearch(fun,x0,options)
x = fminsearch(fun,x0,options,P1,P2,…)
[x,fval] = fminsearch(…)
[x,fval,exitflag] = fminsearch(…)
[x,fval,exitflag,output] = fminsearch(…)
```

其中，fminsearch 求解多变量无约束函数的最小值。该函数常用于无约束非线性最优化问题。

x=fminsearch(fun,x0)初值为 x0，求 fun 函数的局部极小点 x。x0 可以是标量、向量或矩阵。

x=fminsearch(fun,x0,options)用 options 参数指定的优化参数进行最小化。

x=fminsearch(fun,x0,options,P1,P2,…)将问题参数 P1、P2 等直接输给目标函数 fun，将 options 参数设置为空矩阵，作为 options 参数的默认值。

[x,fval]=fminsearch(…)将 x 处的目标函数值返回到 fval 参数中。

[x,fval,exitflag]=fminsearch(…)返回 exitflag 值，描述函数的退出条件。

[x,fval,exitflag,output]=fminsearch(...)返回包含优化信息参数 output 的结构输出。

各变量的意义与 fminbnd 函数一致。

注意：

(1) 应用 fminsearch 函数可能会得到局部最优解；

(2) fminsearch 函数只对实数进行最小化，即 x 必须由实数组成，f(x)函数必须返回实数。如果 x 为复数，则必须将它分为实部和虚部两个部分；

(3) 对于求解二次以上的问题，fminunc 函数比 fminsearch 函数有效，但对于高度非线性不连续问题，fminsearch 函数更具稳健性；

(4) fminsearch 函数不适合求解平方和问题，用 lsqnonlin 函数更好一些。

【例 10-3】 求 $3x_1^3+3x_1x_2^3-7x_1x_2+2x_2^2$ 的最小值。

解：MATLAB 命令行窗口输入以下代码：

```
clear all
clc
f = '3 * x(1)^3 + 3 * x(1) * x(2)^3 - 7 * x(1) * x(2) + 2 * x(2)^2';
x0 = [0,0];
[x,f_min] = fminsearch(f,x0)
```

运行后得到结果如下：

```
x =
    0.6269    0.5960

f_min =
   - 0.7677
```

3. fminunc 函数

该函数功能为求多变量无约束函数的最小值。其使用格式如下：

```
x = fminunc(fun,x0)
x = fminunc(fun,x0,options)
x = fminunc(fun,x0,options,P1,P2, … )
[x,fval] = fminunc( … )
[x,fval,exitflag] = fminunc( … )
[x,fval,exitflag,output] = fminunc( … )
[x,fval,exitflag,output,grad] = fminunc( … )
[x,fval,exitflag,output,grad,hessian] = fminunc( … )
```

其中，fminunc 给定初值，求多变量标量函数的最小值。常用于无约束非线性最优化问题。

x＝fminunc(fun，x0)给定初值 x0，求 fun 函数的局部极小点 x。x0 可以是标量、向量或矩阵。

x＝fminunc(fun，x0，options)用 options 参数指定的优化参数进行最小化。

x＝fminunc(fun，x0，options，P1，P2，…)将问题参数 P1、P2 等直接输给目标函数 fun，将 options 参数设置为空矩阵，作为 options 参数的默认值。

[x，fval]＝fminunc(…)将 x 处的目标函数值返回到 fval 参数中。

[x，fval，exitflag]＝fminunc(…)返回 exitflag 值，描述函数的退出条件。

[x，fval，exitflag，output]＝fminunc(…)返回包含优化信息参数 output 的结构输出。

[x，fval，exitflag，output，grad]＝fminunc(…)将解 x 处 fun 函数的梯度值返回到 grad 参数中。

[x，fval，exitflag，output，grad，hessian]＝fminunc(…)将解 x 处目标函数的 Hessian 矩阵信息返回到 hessian 参数中。

对于优化参数选项 options，用户可以用 optimset 函数设置或改变这些参数的值。其中，有些参数适用于所有的优化算法，有些则只适用于大型优化问题，另外一些则只适用于中型问题。

首先描述适用于大型问题的 options 选项。对于 fminunc 函数来说，必须提供的梯度信息包括：

(1) LargeScale：当设为'on'时，使用大型算法；若设为'off'，则使用中型问题的算法。

(2) Diagnostics：打印最小化函数的诊断信息。

(3) Display：显示水平，选择'off'，不显示输出；选择'iter'，显示每一步迭代过程的输出；选择'final'，显示最终结果。

(4) GradObj：用户定义的目标函数的梯度。对于大型问题，此参数是必选的，对于中型问题则是可选项。

(5) MaxFunEvals：函数评价的最大次数。

(6) MaxIter：最大允许迭代次数。

(7) TolFun：函数值的终止容限。

(8) TolX：x处的终止容限，只适用于大型算法的参数。

(9) Hessian：用户定义的目标函数的Hessian矩阵。

(10) HessPattern：用于有限差分的Hessian矩阵的稀疏形式。

(11) MaxPCGIter：PCG迭代的最大次数。

(12) PrecondBandWidth：PCG前处理的上带宽，默认为零；对于有些问题，增加带宽可以减少迭代次数。

(13) TolPCG：PCG迭代的终止容限。

(14) TypicalX：典型x值，只适用于中型算法的参数。

(15) DerivativeCheck：对用户提供的导数和有限差分求出的导数进行对比。

(16) DiffMaxChange：变量有限差分梯度的最大变化。

(17) DiffMixChange：变量有限差分梯度的最小变化。

(18) LineSearchType：一维搜索算法的选择。

(19) exitflag变量：描述退出条件，退出条件>0表示目标函数收敛于解x处，退出条件等于0表示已经达到函数评价或迭代的最大次数，退出条件<0表示目标函数不收敛。

(20) output变量：该参数包含下列优化信息——output.iterations表示迭代次数；output.algorithm表示所采用的算法；output.funCount表示函数评价次数；output.cgiterations表示PCG迭代次数(只适用于大型规划问题)；output.stepsize表示最终步长的大小(只适用于中型问题)；output.firstorderopt表示一阶优化的度量。

fun为目标函数，即需要最小化的目标函数。fun函数需要输入向量参数x，返回x处的目标函数标量值f。可以将fun函数指定为命令行，例如：

```
x = fminunc(inline('norm(x)^2'),x0)
```

同样，fun函数可以是一个包含函数名的字符串。对应的函数可以是M文件、内部函数或MEX文件。若fun='myfun'，则x=fminunc(@myfun,x0)。

其中，M文件函数myfun.m必须有下面的形式：

```
function f = myfun (x)
f = …                          % 计算 x 处的函数值.
```

若fun函数的梯度可以计算得到，且options.GradObj设为'on'，其设定方式如下：

```
options = optimset ('GradObj','on')
```

则fun函数必须返回解x处的梯度向量g到第二个输出变量中去。当被调用的fun函数只需要一个输出变量时(如算法只需要目标函数的值而不需要其梯度值时)，可以通过核对nargout的值来避免计算梯度值。

```
function[f,g] = myfun (x)
f = …                          % 计算 x 处的函数值
```

```
if nargout > 1                % 调用 fun 函数并要求有两个输出变量
    g = …                     % 计算 x 处的梯度值
end
```

若 Hessian 矩阵可以求得,并且 options. Hessian 设为'on',即

```
options = optimset ('Hessian ','on')
```

则 fun 函数必须返回解 x 处的 Hessian 对称矩阵 H 到第三个输出变量中去。当被调用的 fun 函数只需要一个或两个输出变量时(例如在算法只需要目标函数的值 f 和梯度值 g,而不需要 Hessian 矩阵 H 时),可以通过核对 nargout 的值来避免计算 Hessian 矩阵。

```
function[f,g] = myfun (x)
f = …                         % 计算 x 处的函数值
if nargout > 1                % 调用 fun 函数并要求有两个输出变量
    g = …                     % 计算 x 处的梯度值
    if nargout > 2
    H = …                     % 计算 x 处的 Hessian 矩阵
end
```

注意:

(1) 目标函数必须是连续的,fminunc 函数有时会给出局部最优解;

(2) fminunc 函数只对实数进行优化,即 x 必须为实数,而且 f (x)必须返回实数,若 x 为复数时,必须将它分解为实部和虚部;

(3) 在使用大型算法时,用户必须在 fun 函数中提供梯度(options 参数中 GradObj 属性必须设置为'on'),否则将给出警告信息;

(4) 对于求解平方和问题,fminunc 函数不是最好的选择,用 Isqnonlin 函数效果更佳。

【例 10-4】 最小化下列函数:

$$f(x) = 3x_1^2 + 2x_1x_2 + x_2^2$$

解:使用 M 文件,创建文件 myfun. m:

```
function f = myfun(x)
f = 3 * x(1)^2 + 2 * x(1) * x(2) + x(2)^2;
```

然后调用 fminunc 函数求[1,1]附近 f(x)函数的最小值:

```
x0 = [1,1];
[x,fval] = fminunc(@myfun,x0);
```

运行得到结果:

```
Warning: Gradient must be provided for trust - region algorithm; using quasi - newton
algorithm instead.
> In fminunc at 403
  In test at 4

Local minimum found.
```

```
Optimization completed because the size of the gradient is less than
the default value of the function tolerance.

<stopping criteria details>
```

继续在 MATLAB 命令行窗口输入

```
>> x,fval
```

得到结果：

```
x =
   1.0e-06 *
    0.2541    -0.2029
fval =
   1.3173e-13
```

下面用提供的梯度 g 最小化函数，修改 M 文件为 Ex10072.m：

```
function [f,g] = myfun(x)
f = 3 * x(1)^2 + 2 * x(1) * x(2) + x(2)^2;     % Cost function
if nargout > 1
   g(1) = 6 * x(1) + 2 * x(2);
   g(2) = 2 * x(1) + 2 * x(2);
end
```

下面通过将优化选项结构 options.GradObj 设置为'on'来得到梯度值。

```
options = optimoptions('fminunc','GradObj','on','Algorithm','trust-region');
x0 = [1,1];
[x,fval] = fminunc(@myfun,x0,options);
```

运行上述代码，得到结果：

```
Local minimum found.

Optimization completed because the size of the gradient is less than
the default value of the function tolerance.

<stopping criteria details>
>> x,fval
x =
   1.0e-15 *
    0.1110  -0.8882
fval =
   6.2862e-31
```

【例 10-5】 求函数 $f(x)=e^{x1}(4x_1^2+2x_2^2+4x_1x_2+2x_2+1)$ 的最小值。

解：在 MATLAB 命令行窗口输入以下代码：

```
>> [x,fval,exitflag,output] = fminunc('exp(x(1)) * (4 * x(1)^2 + 2 * x(2)^2 + 4 * x(1) * x(2) + 2 *
x(2) + 1)',[ - 1,1])
```

运行后得到结果：

```
Warning: Gradient must be provided for trust - region algorithm; using quasi - newton
algorithm instead.
> In fminunc at 403

Local minimum found.

Optimization completed because the size of the gradient is less than
the default value of the function tolerance.

< stopping criteria details >

x =
    0.5000  - 1.0000
fval =
   3.6609e - 15
exitflag =
     1
output =
        iterations : 8
         funcCount : 66
          stepsize : 1
    firstorderopt : 1.2284e - 07
         algorithm : 'quasi - newton'
           message : 'Local minimum found.

Optimization completed because the size of the gradie…'
```

【例 10-6】 求无约束非线性问题 $f(x)=100(x_2-x_1^2)^2+(1-x_1)^2$，$x0=[-1.2,1]$

解：在 MATLAB 命令行窗口中输入

```
clear all
clc
x0 = [ - 1.2,1];
[x,fval] = fminunc('100 * (x(2) - x(1)^2)^2 + (1 - x(1))^2',x0)
```

运行后得到结果：

```
Warning: Gradient must be provided for trust - region algorithm; using quasi - newton
algorithm instead.
> In fminunc at 403
Local minimum found.
Optimization completed because the size of the gradient is less than
the default value of the function tolerance.
< stopping criteria details >
x =
    1.0000 1.0000
fval =
   2.8336e - 11
```

10.1.2 有约束规划

在有约束最优化问题中，通常要将该问题转化为更简单的子问题，这些子问题可以求解并作为迭代过程的基础。

早期的方法通常是通过构造惩罚函数等来将有约束的最优化问题转换为无约束最优化问题进行求解。现在，这些方法已经被更有效的基于 K-T 方程解的方法所取代。

K-T 方程的解形成了许多非线性规划算法的基础，这些算法直接计算拉格朗日乘子。用拟牛顿法更新过程，给 K-T 方程积累二阶信息，可以保证有约束拟牛顿的超线性收敛。

这些方法称为序列二次规划法(SQP)，因为在每次主要的迭代过程中都求解一个二次规划子问题。该子问题可以用任意一种二次规划算法求解，求得的解可以用来形成新的迭代公式。

1. fmincon 函数

该函数的功能是求多变量有约束非线性函数的最小值。

fmincon 函数的调用格式如下：

- x=fmincon(fun,x0,A,b)：给定初值 x0，求解 fun 函数的最小值点 x。fun 函数的约束条件为 A·x≤b，x0 可以是标量、矢量或矩阵。
- x=fmincon(fun,x0,A,b,Aeq,beq)：最小化 fun 函数，约束条件为 A·x≤b 和 Aeq·x=beq，若没有不等式存在，则设置 A=[ ]，b=[ ]。
- x=fmincon(fun,x0,A,b,Aeq,beq,lb,ub)：定义设计变量 x 的下界 lb 和上界 ub，使得总是有 lb≤x≤ub。若无等式存在，则令 Aeq=[ ]，beq=[ ]。
- x=fmincon(fun,x0,A,b,Aeq,beq,lb,ub,nonlcon)：在上面的基础上，在 nonlcon 参数中提供非线性的 c(x)或 ceq(x)。fmincon 函数要求 c(x)≤0 且 ceq(x)=0。当无边界存在时，令 lb=[ ]和(或)ub=[ ]。
- x=fmincon(fun,x0,A,b,Aeq,beq,lb,ub,nonlcon,options)：用 options 参数指定的参数进行最小化。
- [x,fval]=fmincon(…)：返回解 x 处的目标函数值。
- [x,fval,exitflag]=fmincon(…)：返回 exitflag 参数，描述函数计算的退出条件。
- [x,fval,exitflag,output]=fmincon (…)：返回包含优化信息的输出参数 output。
- [x,fval,exitflag,output,lambda]=fmincon (…)：返回解 x 处包含拉格朗日乘子的 lambda 参数。
- [x,fval,exitflag,output,lambda,grad]=fmincon (…)：返回解 x 处 fun 函数的梯度。
- [x,fval,exitflag,output,lambda,grad,hessian]=fmincon (…)：返回解 x 处 fun 函数的 Hess 矩阵。

在上述调用格式中，nonlcon 参数计算非线性不等式约束 c(x)≤0 和等式约束 ceq(x)=0。nonlcon 参数是一个包含函数名的字符串。该函数可以是 M 文件、内部文件或 MEX 文件。

【例 10-7】 求解优化问题：目标函数为 $\min f(x_1,x_2,x_3)=x_1^2(x_2+2)x_3$，其约束条件为

$$\begin{cases}350-163x_1^{-2.86}x_3^{0.86}\leqslant 0\\10-4\times 10^{-3}x_1^{-4}x_2x_3^3\leqslant 0\\x_1(x_2+1.5)+4.4\times 10^{-3}x_1^{-4}x_2x_3^3-3.7x_3\leqslant 0\\375-3.56\times 10^5x_1x_2^{-1}x_3^{-2}\leqslant 0\\4-x_3/x_1\leqslant 0\\1\leqslant x_1\leqslant 4\\4.5\leqslant x_2\leqslant 50\\10\leqslant x_3\leqslant 30\end{cases}$$

解：首先创建目标函数程序：

```
function f = ex10_6a(x)
f = x(1) * x(1) * (x(2) + 2) * x(3);
```

然后创建非线性约束条件函数程序：

```
function [c,ceq] = ex10_6b(x)
c(1) = 350 - 163 * x(1)^( - 2.86) * x(3)^0.86;
c(2) = 10 - 0.004 * (x(1)^( - 4)) * x(2) * (x(3)^3);
c(3) = x(1) * (x(2) + 1.5) + 0.0044 * (x(1)^( - 4)) * x(2) * (x(3)^3) - 3.7 * x(3);
c(4) = 375 - 356000 * x(1) * (x(2)^( - 1)) * x(3)^( - 2);
c(5) = 4 - x(3)/x(1);
ceq = 0;
```

函数求解程序如下：

```
clear all
clc
x0 = [2 25 20]';
lb = [1 4.5 10]';
ub = [4 50 30]';
[x,fval,exitflag] = fmincon(@ex10_6a,x0,[],[],[],[],lb,ub,@ex10_6b)
```

运行得到的结果为

```
x =
    1.0000
    4.5000
   10.0000
fval =
   65.0005
exitflag =
     1
```

2. nonlcon 参数

该参数计算非线性不等式约束 c(x)≤0 和非线性等式约束 ceq(x)=0。nonlcon 参数是一个包含函数名的字符串。该函数可以是 M 文件、内部文件或 MEX 文件。

它要求输入一个向量 x，返回两个变量——解 x 处的非线性不等式向量 c 和非线性等式向量 ceq。

例如，若 nonlcon='mycon'，则 M 文件 mycon.m 具有下面的形式：

```
function [c,ceq] = mycon (x)
c = …                          % 计算 x 处的非线性不等式
ceq = …                        % 计算 x 处的非线性等式
```

若还计算了约束的梯度，即

```
options = optimset ('GradConstr ', 'on ')
```

则 nonlcon 函数必须在第三个和第四个输出变量中返回 c(x)的梯度 GC 和 ceq(x)的梯度 GCeq。

当被调用的 nonlcon 函数只需要两个输出变量(此时优化算法只需要 c 和 ceq 的值，而不需要 GC 和 GCeq)时，可以通过查看 nargout 的值来避免计算 GC 和 GCeq 的值。

```
function [c,ceq,GC,GCeq] = mycon (x)
c = …                      % 解 x 处的非线性不等式
ceq = …                    % 解 x 处的非线性等式
if nargout > 2             % 被调用的 nonlcon 函数,要求有 4 个输出变量
    GC = …                 % 不等式的梯度
    GCeq = …               % 等式的梯度
end
```

若 nonlcon 函数返回 m 元素的向量 c 和长度为 n 的 x，则 c(x)的梯度 GC 是一个 n×m 的矩阵，其中 GC(i,j)是 c(j)对 x(i)的偏导数。同样，若 ceq 是一个 p 元素的向量，则 ceq(x)的梯度 GCeq 是一个 n×p 的矩阵，其中 GCeq(i,j)是 ceq(j)对 x(i)的偏导数。

注意：

(1) 使用大型算法，必须在 fun 函数中提供梯度信息(options.GradObj 设置为'on ')，如果没有梯度信息，则将给出警告信息；

(2) 当对矩阵的二阶导数(即 Hessian 矩阵)进行计算后，用该函数求解大型问题将更有效；

(3) 求大型优化问题的代码中不允许上限和下限相等；

(4) 目标函数和约束函数都必须是连续的，否则可能会只给出局部最优解；

(5) 目标函数和约束函数都必须是实数。

【例 10-8】 求解下列优化问题：

目标函数为

$$f(x) = -x_1x_2x_3$$

约束条件为

$$0 \leqslant x_1 + 2x_2 + 2x_3 \leqslant 72$$

解：将题中的约束条件修改为如下所示不等式

$$-x_1 - 2x_2 - 2x_3 \leqslant 0$$

$$x_1 + 2x_2 + 2x_3 \leqslant 72$$

两个约束条件都是线性的，在 MATLAB 中输入

```
clear all
clc
x0 = [10;10;10];
A = [ -1  -2  -2;1 2 2];
b = [0;72];
[x,fval] = fmincon('-x(1) * x(2) * x(3)',x0,A,b)
```

运行后得到如下结果：

```
Local minimum found that satisfies the constraints.

Optimization completed because the objective function is non-decreasing in
feasible directions,to within the default value of the function tolerance,
and constraints are satisfied to within the default value of the constraint tolerance.

<stopping criteria details>

x =
    24.0000
    12.0000
    12.0000
fval =
   -3.4560e+03
```

10.1.3 目标规划

前面介绍的最优化方法只有一个目标函数，是单目标最优化方法。但是，在许多实际的工程问题中，往往希望多个指标都达到最优值，所以它有多个目标函数。这种问题称为多目标最优化问题。

由于多目标最优化问题中各目标函数之间一般是不可公度的，因此往往没有唯一解，此时必须引进非劣解的概念（非劣解又称为有效解或帕累托解）。

多目标规划有许多解法，下面列出常用的几种：

1. 权和法

该法将多目标向量问题转化为所有目标的加权求和的标量问题。加权因子的选取方法很多，有专家打分法、α 方法、容限法和加权因子分解法等。

该问题可以用标准的无约束最优化算法进行求解。

2. ε约束法

ε约束法克服了权和法的某些凸性问题。它对目标函数向量中的主要目标 Fp 进行最小化,将其他目标用不等式约束的形式写出。

3. 目标达到法

目标函数系列为 F(x)={F1(x),F2(x),…,Fm(x)},对应地有其目标值系列。允许目标函数有正负偏差,偏差的大小由加权系数向量 W={W1,W2,…,Wm}控制,于是目标达到问题可以指定目标{ },定义目标点 P。权重向量定义从 P 到可行域空间 Λ(γ)的搜索方向,在优化过程中,γ 的变化改变可行域的大小,约束边界变为唯一解点 F1s、F2s。

4. 目标达到法的改进

目标达到法的一个好处是可以将多目标最优化问题转化为非线性规划问题,但是在序列二次规划(SQP)过程中,一维搜索的目标函数选择不是一件容易的事情,因为在很多情况下,很难决定是使目标函数变大好还是使它变小好。这导致许多目标函数创建过程的提出。可以通过将目标达到问题变为最大或最小化问题来获得更合适的目标函数。

目标规划优化问题在 MATLAB 中主要由函数 fgoalattain 来实现。此问题在控制系统中有广泛的应用。

函数 fgoalattain 的功能为求解多目标达到问题。其使用格式如下:

x=fgoalattain(fun,x0,goal,weight):试图通过变化 x 来使目标函数 fun 达到 goal 指定的目标。初值为 x0,weight 参数指定权重。

x=fgoalattain(fun,x0,goal,weight,A,b):求解目标达到问题,约束条件为线性不等式 A * x<=b。

x=fgoalattain(fun,x0,goal,weight,A,b,Aeq,beq):求解目标达到问题,除提供上面的线性不等式外,还提供线性等式 Aeq * x=beq。当没有不等式存在时,设置 A=[ ]和 b=[ ]。

x=fgoalattain(fun,x0,goal,weight,A,b,Aeq,beq,lb,ub):为设计变量 x 定义下界 lb 和上界 ub 集合,这样始终有 lb<=x<=ub。

x=fgoalattain(fun,x0,goal,weight,A,b,Aeq,beq,lb,ub,nonlcon):将目标达到问题归结为 nonlcon 参数定义的非线性不等式 c(x)或非线性等式 ceq(x)。fgoalattain 优化的约束条件为 c(x)<=0 和 ceq(x)=0。若不存在边界,设置 lb=[ ]和(或)ub=[ ]。

x=fgoalattain(fun,x0,goal,weight,A,b,Aeq,beq,lb,ub,nonlcon,options):用 options 中设置的优化参数进行最小化。

x=fgoalattain(fun,x0,goal,weight,A,b,Aeq,beq,lb,ub,nonlcon,options,P1,P2,…):将问题参数 P1,P2 等直接传递给函数 fun 和 nonlcon。若不需要参数 A,b,Aeq,beq,lb,ub,nonlcon 和 options,将它们设置为空矩阵。

[x,fval]=fgoalattain(…):返回解 x 处的目标函数值。

[x,fval,attainfactor]=fgoalattain(…):返回解 x 处的目标达到因子。

[x,fval,attainfactor,exitflag]=fgoalattain(…):返回 exitflag 参数,描述计算的退

出条件。

[x,fval,attainfactor,exitflag,output]=fgoalattain(…)：返回包含优化信息的结构输出 output。

[x,fval,attainfactor,exitflag,output,lambda]=fgoalattain(…)：返回解 x 处包含 Lagrange 乘子的 lambda 参数。

注意：

(1) 当目标值中的任意一个为零时，设置 weight=abs(goal)将导致目标约束看起来更像硬约束，而不像目标约束。

(2) 当加权函数 weight 为正时，fgoalattain 函数试图使对象小于目标值。为了使目标函数大于目标值，将权重 weight 设置为负。为了使目标函数尽可能地接近目标值，使用 GoalExactAchieve 参数，将 fun 函数返回的第一个元素作为目标。

【例 10-9】 某化工厂拟生产两种新产品 A 和 B，其生产设备费用分别为：A——2 万元/吨；B——5 万元/吨。这两种产品均将造成环境污染，设由公害所造成的损失可折算为：A——4 万元/吨；B——1 万元/吨。由于条件限制，工厂生产产品 A 和 B 的最大生产能力各为每月 5 吨和 6 吨，而市场需要这两种产品的总量每月不少于 7 吨。试问工厂如何安排生产计划，在满足市场需要的前提下，使设备投资和公害损失均达到最小。该工厂决策认为，这两个目标中环境污染应优先考虑，设备投资的目标值为 20 万元，公害损失的目标为 12 万元。

解：设工厂每月生产产品 A 为 x1 吨，B 为 x2 吨，设备投资费为 f1(x)，公害损失费为 f2(x)，则这个问题可表达为多目标优化问题：

目标函数为

$$\begin{cases} f_1(x) = 2x_1 + 5x_2 \\ f_2(x) = 4x_1 + x_2 \end{cases}$$

约束条件为

$$\begin{cases} x_1 \leqslant 5 \\ x_2 \leqslant 6 \\ x_1 + x_2 \geqslant 7 \\ x_1, x_2 \geqslant 0 \end{cases}$$

编写目标函数 M 文件 ex1009.m 如下：

```
function f = ex1009(x)
f(1) = 2 * x(1) + 5 * x(2);
f(2) = 4 * x(1) + x(2);
```

给出初值，在 MATLAB 中输入

```
clear all
clc
goal = [20 12];
weight = [20 12];
```

```
x0 = [2 5];
A = [1 0;0 1; -1 -1];
b = [5 6 7];
b = [5 6 -7];
lb = zeros(2,1);
[x,fval,attainfactor,exitflag] = fgoalattain(@ex1009,x0,goal,weight,A,b,[],[],lb,[])
```

运行以上代码,得到结果如下:

```
fgoalattain stopped because the size of the current search direction is less than
twice the default value of the step size tolerance and constraints are
satisfied to within the default value of the constraint tolerance.

<stopping criteria details>


x =
    2.9167    4.0833
fval =
   26.2500    15.7500
attainfactor =
    0.3125
exitflag =
     4
```

工厂每月生产产品A为2.9167吨,B为4.0833吨。设备投资费和公害损失费的目标值分别为26.250万元和15.750万元。达到因子为0.3125,计算收敛。

【例10-10】 某工厂因生产需要欲采购一种原材料,市场上的这种原料有两个等级,甲级单价2元/千克,乙级单价1元/千克。要求所花总费用不超过200元,购得原料总量不少于100千克,其中甲级原料不少于50千克,如何确定最好的采购方案?

解:设x1和x2分别为采购甲级和乙级原料的数量(kg),要求采购总费用尽量少,采购总量尽量多,采购甲级原料尽量多。

这个问题可表达为多目标优化问题如下:

目标函数为

$$\begin{cases} z_1 = 2x_1 + x_2 \\ z_2 = x_1 + x_2 \\ z_3 = x_1 \end{cases}$$

约束条件为

$$\begin{cases} 2x_1 + x_2 \leqslant 200 \\ x_1 + x_2 \geqslant 100 \\ x_1 \geqslant 50 \\ x_1, x_2 \geqslant 0 \end{cases}$$

根据上述分析编写目标函数M文件ex1010.m如下:

```
function f = ex1010(x)
f(1) = 2 * x(1) + x(2);
```

```
f(2) = - x(1) - x(2);
f(3) = - x(1);
```

给定目标,权重按目标比例确定,给出初值,在 MATLAB 中输入

```
clear all
clc
goal = [200  - 100  - 50];
weight = [200  - 100  - 50];
x0 = [50 50];
A = [2 1; - 1  - 1; - 1 0];
b = [200  - 100  - 50];
lb = zeros(2,1);
[x,fval,attainfactor,exitflag] = fgoalattain(@ex1010,x0,goal,weight,A,b,[],[],lb,[])
```

运行以上代码,得到结果如下:

```
fgoalattain stopped because the size of the current search direction is less than
twice the default value of the step size tolerance and constraints are
satisfied to within the default value of the constraint tolerance.

<stopping criteria details>
x =
    50    50
fval =
   150   - 100   - 50
attainfactor =
     0
exitflag =
     4
```

所以,最好的采购方案是采购甲级原料和乙级原料各 50 千克。此时采购总费用为 150 元,总重量为 100 千克,甲级原料总重量为 50 千克。

【例 10-11】 设有如下线性系统:

$$\begin{cases}\dot{x} = Ax + Bu \\ y = Cx\end{cases}$$

其中

$$\boldsymbol{A} = \begin{bmatrix} -0.5 & 0 & 0 \\ 0 & -2 & 10 \\ 0 & 1 & -2 \end{bmatrix}, \quad \boldsymbol{B} = \begin{bmatrix} 1 & 0 \\ -2 & 2 \\ 0 & 1 \end{bmatrix}, \quad \boldsymbol{C} = \begin{bmatrix} 1 & 0 & 0 \\ 0 & 0 & 1 \end{bmatrix}$$

请设计控制系统输出反馈器 $\boldsymbol{K}$,使得闭环系统

$$\begin{cases}\dot{x} = (A + BKC)x + Bu \\ y = Cx\end{cases}$$

在复平面实轴上点[$-5,-3,-1$]的左侧有极点,且 $-4 \leqslant K_{ij} \leqslant 4(i,j=1,2)$。

解:本题是一个多目标规划问题,要求解矩阵 $\boldsymbol{K}$,使矩阵($\boldsymbol{A}+\boldsymbol{BKC}$)的极点为[$-5,-3,-1$]。

建立目标函数文件 ex1011.m 如下：

```
function F = ex1011(K,A,B,C)
F = sort(eig(A + B * K * C));
```

输入参数并调用优化程序：

```
A = [ - 0.5 0 0; 0 - 2 10; 0 1 - 2];
clear all
clc
A = [ - 0.5 0 0; 0 - 2 10; 0 1 - 2];
B = [1 0; - 2 2; 0 1];
C = [1 0 0; 0 0 1];
K0 = [ - 1 - 1; - 1 - 1];                    % 初始化控制器矩阵
goal = [ - 5 - 3 - 1];                       % 为闭合环路的特征值设置目标值向量
weight = abs(goal)                           % 设置权值向量
lb = - 4 * ones(size(K0));
ub = 4 * ones(size(K0));
options = optimset('Display','iter');        % 设置显示参数：显示每次迭代的输出
[K,fval,attainfactor] = fgoalattain(@ex1011, K0, goal, weight, [ ], [ ], [ ], [ ], lb, ub, [ ],
options,A,B,C)
```

结果如下：

```
weight =
     5     3     1
                 Attainment      Max      Line search     Directional
Iter F - count     factor     constraint   steplength      derivative     Procedure
    0      6     0 1.88521
    1     13       1.031      0.02998      1           0.745
    2     20       0.3525     0.06863      1         - 0.613
    3     27     - 0.1706     0.1071       1         - 0.223      Hessian modified
    4     34     - 0.2236     0.06654      1         - 0.234      Hessian modified twice
    5     41     - 0.3568     0.007894     1         - 0.0812
    6     48     - 0.3645     0.000145     1         - 0.164      Hessian modified
    7     55     - 0.3645     0            1         - 0.00515    Hessian modified
    8     62     - 0.3675     0.0001548    1         - 0.00812    Hessian modified twice
    9     69     - 0.3889     0.008327     1         - 0.00751    Hessian modified
   10     76     - 0.3862     0            1           0.00568
   11     83     - 0.3863     3.552e - 13  1         - 0.998      Hessian modified twice

Local minimum possible. Constraints satisfied.

fgoalattain stopped because the size of the current search direction is less than
twice the default value of the step size tolerance and constraints are
satisfied to within the default value of the constraint tolerance.

<stopping criteria details>

K =
    - 4.0000   - 0.2564
    - 4.0000   - 4.0000
```

```
fval =
    -6.9313
    -4.1588
    -1.4099
attainfactor =
    -0.3863
```

10.1.4 最大最小化问题

通常我们遇到的都是目标函数的最大化和最小化问题，但是在某些情况下，则要求使最大值最小化才有意义。

最大最小化问题的基本数学模型为

$$\min_{x} \max_{\{F\}} \{F(x)\}$$

$$\begin{cases} c(x) \leqslant 0 \\ \text{ceq}(x) = 0 \\ A \cdot x \leqslant b \\ \text{Aeq} \cdot x = \text{beq} \\ \text{lb} \leqslant x \leqslant \text{ub} \end{cases}$$

式中，x、b、beq、lb 和 ub 为矢量，$\boldsymbol{A}$ 和 Aeq 为矩阵，$c(x)$，ceq(x)和 $F(x)$为函数，返回矢量。$F(x)$、$c(x)$和 ceq(x)可以是非线性函数。

fminimax 使多目标函数中的最坏情况达到最小化，其调用格式如下：

x=fminimax(fun,x0)：初值为 x0，找到 fun 函数的最大最小化解 x。

x=fminimax(fun,x0,A,b)：给定线性不等式 Ax≤b，求解最大最小化问题。

x=fminimax(fun,x0,A,b,Aeq,beq)：还给定线性等式 Aeq · x=beq，求解最大最小化问题。如果没有不等式存在，设置 A=[ ]、b=[ ]。

x=fminimax(fun,x0,A,b,Aeq,beq,lb,ub)：还为设计变量 x 定义一系列下限 lb 和上限 ub，使得总有 lb≤x≤ub。

x=fminimax(fun,x0,A,b,Aeq,beq,lb,ub,nonlcon)：在 nonlcon 参数中给定非线性不等式 c(x)或等式 ceq(x)。fminimax 函数要求 c(x)≤0 且 ceq(x)=0。若无边界存在，则设 lb=[ ]和(或)ub=[ ]。

x=fminimax(fun,x0,A,b,Aeq,beq,lb,ub,nonlcon,options)：用 options 参数指定的参数进行优化。

x=fminimax(fun,x0,A,b,Aeq,beq,lb,ub,nonlcon,options,P1,P2,…)：将问题参数 P1、P2 等直接传递给函数 fun 和 nonlcon。如果不需要变量 A、b、Aeq、beq、lb、ub、nonlcon 和 options，则将它们设置为空矩阵。

[x,fval]=fminimax(…)：返回解 x 处的目标函数值。

[x,fval,maxfval]=fminimax(…)：返回解 x 处的最大函数值。

[x,fval,maxfval,exitflag]=fminimax(…)：返回 exitflag 参数，描述函数计算的退出条件。

[x,fval,maxfval,exitflag,output]=fminimax(…)：返回描述优化信息的结构输出output参数。

[x,fval,maxfval,exitflag,output,lambda]=fmincon(…)：返回包含解x处拉格朗日乘子的lambda参数。

其中，maxfval变量为解x处函数值的最大值，即maxfval=max{fun(x)}。

使用fminimax函数时需要注意：

(1) 在options.MinAbsMax中设置F最大绝对值最小化了的目标数。该目标应该放到F的第1个元素中去。

(2) 当提供了等式约束并且在二次子问题中发现并剔除了因变等式时，则在等式连续的情况下才被剔除。若系统不连续，则子问题不可行并且在过程标题中打印infeasible字样。

另外，目标函数必须连续，否则fminimax函数有可能给出局部最优解。

【例10-12】 设某城市有某种物品的10个需求点，第i个需求点P_i的坐标为(a_i,b_i)，道路网与坐标轴平行，彼此正交。现需建一个该物品的供应中心，且该供应中心设在x界于[5,8]，y界于[5,8]。

其中，P_i点的坐标为

(2 4 3 5 9 12 6 20 17 8,3 10 8 18 1 4 5 10 8 9)

解：假设该供应中心的位置为(x,y)，它到最远需求点的距离尽量小。因为此处应采用沿道路行走的距离，可知用户P_i到该中心的距离为

$$|x-a_i|+|y-b_i|$$

由此可得目标函数如下：

$$\min_{x,y}\max_{1\leqslant i\leqslant m}\{|x-a_i|+|y-b_i|\}$$

根据以上分析，建立目标函数文件ex1012.m如下：

```
function f = ex1012 (x)
a = [2 4 3 5 9 12 6 20 17 8]';
b = [3 10 8 18 1 4 5 10 8 9]';
f = abs(x(1) - a) + abs(x(2) - b);
end
```

输入参数并调用优化程序：

```
clear all
clc
x0 = [8;8];
lb = [6;6];
ub = [9;9];
[x,fval,maxfval] = fminimax(@ex1012,x0,[],[],[],[],lb,ub)
```

运行得到结果如下：

```
fminimax stopped because the size of the current search direction is less than
twice the default value of the step size tolerance and constraints are
```

```
satisfied to within the default value of the constraint tolerance.

<stopping criteria details>

x =
    8.5000
    9.0000
fval =
   12.5000
    5.5000
    6.5000
   12.5000
    8.5000
    8.5000
    6.5000
   12.5000
    9.5000
    0.5000
maxfval =
   12.5000
```

即最小的最大距离为12.5。

【例10-13】 求$f=3e^{-x}\sin x$在(0,9)上的最大值和最小值。

解：编写MATLAB代码如下：

```
clear all
clc
f = '3 * exp( - x) * sin(x)';
fplot(f,[0,9]);
xmin = fminbnd(f,0,8);
x = xmin;
ymin = eval(f)
f1 = ' - 3 * exp( - x) * sin(x)';
xmax = fminbnd(f1,0,8);
x = xmax;
ymax = eval(f)
```

运行后得到结果如下：

```
ymin =
   - 0.0418
ymax =
    0.9672
```

函数在(0,9)区间上的最大值为0.9762，最小值为−0.0418，其变化曲线如图10-1所示。

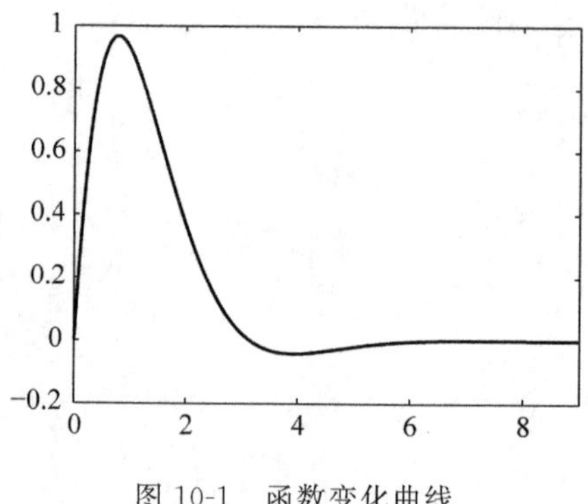

图 10-1　函数变化曲线

10.1.5　线性规划

线性规划方法是在第二次世界大战中发展起来的一种重要的数量方法，它是处理线性目标函数和线性约束的一种较为成熟的方法，主要用于研究有限资源的最佳分配问题，即如何对有限的资源作出最佳调配和使用，以便最充分发挥资源的效能去获取最佳经济效益。目前已经广泛应用于军事、经济、工业、农业、教育、商业和社会科学等许多领域。

线性规划问题的标准形式如下：

$$\begin{cases}\min z = c_1x_1 + c_2x_2 + \cdots + c_nx_n \\ a_{11}x_1 + a_{12}x_2 + \cdots + a_{1n}x_n = b_1 \\ a_{21}x_1 + a_{22}x_2 + \cdots + a_{2n}x_n = b_2 \\ \vdots \\ a_{m1}x_1 + a_{m2}x_2 + \cdots + a_{mn}x_n = b_m \\ x_1, x_2, \cdots, x_n \geqslant 0\end{cases}$$

或

$$\begin{cases}\min z = \sum_{j=1}^{n} c_jx_j \\ \sum_{j=1}^{n} a_{ij}x_j = b_i, i = 1,2,\cdots,m \\ x_j \geqslant 0, j = 1,2,\cdots,n\end{cases}$$

写成矩阵形式为

$$\begin{cases}\min z = CX \\ AX = b \\ X \geqslant 0\end{cases}$$

线性规划的标准形式要求使目标函数最小化，约束条件取等式，变量 b 非负。不符合这几个条件的线性模型可以转化成标准形式。

线性规划的求解方法主要是单纯形法：从所有基本可行解的一个较小部分中通过迭

代过程选出最优解。其迭代过程的一般描述为：

(1) 将线性规划转化为典范形式，从而可以得到一个初始基本可行解 $x(0)$（初始顶点），将它作为迭代过程的出发点，其目标值为 $z(x(0))$。

(2) 寻找一个基本可行解 $x(1)$，使 $z(x(1))\leqslant z(x(0))$。方法是通过消去法将产生 $x(0)$ 的典范形式化为产生 $x(1)$ 的典范形式。

(3) 继续寻找较好的基本可行解 $x(2), x(3), \cdots$，使目标函数值不断改进，即 $z(x(1))\geqslant z(x(2))\geqslant z(x(3))\geqslant\cdots$。当某个基本可行解再也不能被其他基本可行解改进时，它就是所求的最优解。

MATLAB 采用投影法求解线性规划问题，该方法是单纯形法的变种。

MATLAB 中求解线性规划的函数是 linprog，其使用方式如下：

x=linprog(f,A,b)求解问题 min f' * x，约束条件为 A * x≤b。

x=linprog(f,A,b,Aeq,beq)求解上面的问题，但增加等式约束，即 Aeq * x=beq。若没有不等式存在，则令 A=[ ]、b=[ ]。

x=linprog(f,A,b,Aeq,beq,lb,ub)定义设计变量 x 的下界 lb 和上界 ub，使得 x 始终在该范围内。若没有等式约束，令 Aeq=[ ]、beq=[ ]。

x=linprog(f,A,b,Aeq,beq,lb,ub,x0)设置初值为 x0。该选项只适用于中型问题，默认时大型算法将忽略初值。

x=linprog(f,A,b,Aeq,beq,lb,ub,x0,options)用 options 指定的优化参数进行最小化。

[x,fval]=linprog(…)返回解 x 处的目标函数值 fval。

[x,fval,exitflag]=linprog(…)返回 exitflag 值，描述函数计算的退出条件。

[x,fval,exitflag,output]=linprog(…)返回包含优化信息的输出变量 output。

[x,fval,exitflag,output,lambda]=linprog(…)将解 x 处的 Lagrange 乘子返回到 lambda 参数中。

【例 10-14】 求函数的最小值 $f(x)=-5x_1-4x_2-6x_3$，其中 x 满足条件：

$$\begin{cases} x_1-x_2+x_3\leqslant 20 \\ 3x_1+2x_2+4x_3\leqslant 42 \\ 3x_1+2x_2\leqslant 30 \\ 0\leqslant x_1,\quad 0\leqslant x_2,\quad 0\leqslant x_3 \end{cases}$$

解：首先将变量按顺序排好，然后用系数表示目标函数，即

```
f=[-5; -4; -6];
```

因为没有等式条件，所以 Aeq、beq 都是空矩阵，即

```
Aeq=[ ];
beq=[ ];
```

不等式条件的系数为

$$\boldsymbol{A}=\begin{bmatrix}1 & -1 & 1\\ 3 & 2 & 4\\ 3 & 2 & 0\end{bmatrix},\quad \boldsymbol{b}=\begin{bmatrix}20\\ 42\\ 30\end{bmatrix}$$

由于没有上限要求，故 $\boldsymbol{lb}$、$\boldsymbol{ub}$ 设为

$$\boldsymbol{lb}=\begin{bmatrix}0\\0\\0\end{bmatrix},\quad \boldsymbol{ub}=\begin{bmatrix}\text{inf}\\\text{inf}\\\text{inf}\end{bmatrix}$$

根据以上分析，编写 MATLAB 代码为

```
clear all
clc
f = [ -5; -4; -6];                                  % 目标函数的系数
A = [1 -1 1
     3 2 4
     3 2 0];
b = [20; 42; 30];
lb = [0;0;0];                                       % 各变量的下限
ub = [inf;inf;inf];                                 % 各变量的上限
[x,fval] = linprog(f,A,b,[ ],[ ],lb,[ ]);           % 求解运算
x
fval
```

运行程序后，得到结果为

```
Optimization terminated.
x =
    0.0000
   15.0000
    3.0000
fval =
  -78.0000
```

【例 10-15】 求解下述优化问题：

$$f(x)=-5x_1-4x_2-6x_3$$

其中

$$\begin{cases}x_1-x_2+x_3\leqslant 20\\3x_1+2x_2+4x_3\leqslant 42\\3x_1+2x_2\leqslant 30\\0\leqslant x_1,\quad 0\leqslant x_2,\quad 0\leqslant x_3\end{cases}$$

解：在 MATLAB 命令行窗口输入以下代码：

```
clear all
clc
f = [ -5; -4; -6];
A = [1 -1 1;3 2 4;3 2 0];
b = [20;42;30];
lb = zeros(3,1);
[x,fval,exitflag,output,lambda] = linprog(f,A,b,[],[],lb)
```

运行代码得到结果为

```
Optimization terminated.
x =
    0.0000
   15.0000
    3.0000
fval =
  - 78.0000
exitflag =
     1
output =
          iterations : 6
           algorithm : 'interior - point'
        cgiterations : 0
             message : 'Optimization terminated.'
      constrviolation : 0
        firstorderopt : 5.8703e - 10
lambda =
     ineqlin: [3x1 double]
       eqlin: [0x1 double]
       upper: [3x1 double]
       lower: [3x1 double]
```

exitflag=1 表示过程正常收敛于解 x 处。

10.1.6 二次规划

如果某非线性规划的目标函数为自变量的二次函数，约束条件全是线性函数，就称这种规划为二次规划。其标准数学模型为

$$\min_{x} \frac{1}{2}\boldsymbol{x}^{\mathrm{T}}\boldsymbol{H}\boldsymbol{x}+\boldsymbol{f}^{\mathrm{T}}\boldsymbol{x}$$

其中

$$\begin{cases}\boldsymbol{A}\cdot\boldsymbol{x}\leqslant\boldsymbol{b}\\ \mathrm{Aeq}\cdot\boldsymbol{x}=\mathrm{beq}\\ \mathrm{lb}\leqslant\boldsymbol{x}\leqslant\mathrm{ub}\end{cases}$$

式中，$\boldsymbol{H}$、$\boldsymbol{A}$ 和 Aeq 为矩阵，$\boldsymbol{f}$、$\boldsymbol{b}$、beq、lb、ub 和 $\boldsymbol{x}$ 为列矢量。

其他形式的二次规划问题都可转化为标准形式。

在 MATLAB 中可以利用 quadprog 函数求解二次规划问题，其调用格式如下：

x=quadprog(H,f,A,b)：返回矢量 x，使函数 $\frac{1}{2}x^{\mathrm{T}}Hx+f^{\mathrm{T}}x$ 最小化，其约束条件为 $A\cdot x\leqslant b$；

x=quadprog(H,f,A,b,Aeq,beq)：仍然求解上面的问题，但添加了等式约束条件 $Aeq\cdot x\leqslant beq$；

x=quadprog(H,f,A,b,lb,ub)：定义设计变量的下界 lb 和上界 ub，使得 lb≤x≤ub。

x=quadprog(H,f,A,b,lb,ub,x0)：同上，并设置初值 x0。

x=quadprog(H,f,A,b,lb,ub,x0,options)：根据 options 参数指定的优化参数进

行最小化。

[x,fval]=quadprog(…)：返回解 x 和 x 处的目标函数值 fval。

[x,fval,exitflag]=quadprog(…)：返回 exitflag 参数，描述计算的退出条件。

[x,fval,exitflag,output]=quadprog(…)：返回包含优化信息的结构输出 output。

[x,fval,exitflag,output,lambda]=quadprog(…)：返回解 $\boldsymbol{x}$ 处包含拉格朗日乘子的 lambda 结构参数。

【例 10-16】 求解下面的最优化问题：

目标函数为

$$f(x)=\frac{1}{2}x_1^2+x_2^2-x_1x_2-2x_1-6x_2$$

约束条件为

$$\begin{cases}x_1+x_2\leqslant 2\\-x_1+2x_2\leqslant 2\\2x_1+x_2\leqslant 3\\x_1\geqslant 0,\quad x_2\geqslant 0\end{cases}$$

解：目标函数可以修改为

$$\begin{aligned}f(x)&=\frac{1}{2}x_1^2+x_2^2-x_1x_2-2x_1-6x_2\\&=\frac{1}{2}(x_1^2-2x_1x_2+2x_2^2)-2x_1-6x_2\end{aligned}$$

记

$$\boldsymbol{H}=\begin{bmatrix}1&-1\\-1&2\end{bmatrix},\quad \boldsymbol{f}=\begin{bmatrix}-2\\-6\end{bmatrix},\quad \boldsymbol{x}=\begin{bmatrix}x_1\\x_2\end{bmatrix},\quad \boldsymbol{A}=\begin{bmatrix}1&1\\-1&2\\2&1\end{bmatrix},\quad \boldsymbol{b}=\begin{bmatrix}2\\2\\3\end{bmatrix}$$

则上面的优化问题可写为：

$$\min_x \frac{1}{2}\boldsymbol{x}^{\mathrm{T}}\boldsymbol{H}\boldsymbol{x}+\boldsymbol{f}^{\mathrm{T}}\boldsymbol{x}$$

其中

$$\begin{cases}\boldsymbol{A}\cdot\boldsymbol{x}\leqslant\boldsymbol{b}\\(0\quad 0)^{\mathrm{T}}\leqslant\boldsymbol{x}\end{cases}$$

编写 MATLAB 代码如下：

```
clear all
clc
H = [1 -1; -1 2];
f = [-2; -6];
A = [1 1; -1 2;2 1];b = [2;2;3];
lb = zeros(2,1);
[x,fval,exitflag] = quadprog(H,f,A,b,[],[],lb)
```

运行结果如下：

```
Minimum found that satisfies the constraints.
```

```
Optimization completed because the objective function is non - decreasing in
feasible directions,to within the default value of the function tolerance,
and constraints are satisfied to within the default value of the constraint tolerance.

<stopping criteria details>
x =
    0.6667
    1.3333
fval =
   - 8.2222
exitflag =
     1
```

10.1.7 多目标规划

多目标线性规划是多目标最优化理论的重要组成部分，由于多个目标之间的矛盾性和不可公度性，要求使所有目标均达到最优解是不可能的，因此多目标规划问题往往只是求其有效解。目前，求解多目标线性规划问题有效解的方法包括理想点法、线性加权和法、最大最小法、目标规划法。

多目标线性规划有两个和两个以上的目标函数，且目标函数和约束条件全是线性函数，其数学模型表示为

$$\max\begin{cases} z_1 = c_{11}x_1 + c_{12}x_2 + \cdots + c_{1n}x_n \\ z_2 = c_{21}x_1 + c_{22}x_2 + \cdots + c_{2n}x_n \\ \vdots \\ z_r = c_{r1}x_1 + c_{r2}x_2 + \cdots + c_{rn}x_n \end{cases}$$

约束条件为：

$$\begin{cases} a_{11}x_1 + a_{12}x_2 + \cdots + a_{1n}x_n \leqslant b_1 \\ a_{21}x_1 + a_{22}x_2 + \cdots + a_{2n}x_n \leqslant b_2 \\ \vdots \\ a_{m1}x_1 + a_{m2}x_2 + \cdots + a_{mn}x_n \leqslant b_m \\ x_1, x_2, \cdots, x_n \geqslant 0 \end{cases}$$

上述多目标线性规划可用矩阵形式表示为

$$\max \boldsymbol{Z} = \boldsymbol{C}\boldsymbol{x}$$

约束条件为

$$\begin{cases} \boldsymbol{A}\boldsymbol{x} \leqslant \boldsymbol{b} \\ \boldsymbol{x} \geqslant 0 \end{cases}$$

1. 理想点法

$\max \boldsymbol{Z}=\boldsymbol{C}\boldsymbol{x}$

在 $\begin{cases} \boldsymbol{A}\boldsymbol{x}\leqslant\boldsymbol{b} \\ \boldsymbol{x}\geqslant 0 \end{cases}$ 中，先求解 r 个单目标问题：$\min\limits_{x\in D}\boldsymbol{Z}_j(\boldsymbol{x}), j=1,2,\cdots,r$。设其最优值为 $\boldsymbol{Z}_j^*$，

称 $\boldsymbol{Z}^*$ 为值域中的一个理想点。于是，在期望的某种度量之下，寻求距离 $\boldsymbol{Z}^*$ 最近的 $\boldsymbol{Z}$ 作为近似值。一种最直接的方法是最短距离理想点法，构造评价函数

$$\varphi(\boldsymbol{Z}) = \sqrt{\sum_{i=1}^{r} (\boldsymbol{Z}_i - \boldsymbol{Z}_i^*)^2}$$

然后极小化 $\varphi[\boldsymbol{Z}(x)]$，即求解

$$\min_{x \in D} \varphi[\boldsymbol{Z}(x)] = \sqrt{\sum_{i=1}^{r} [\boldsymbol{Z}_i(x) - \boldsymbol{Z}_i^*]^2}$$

$$\max \boldsymbol{Z} = \boldsymbol{C}\boldsymbol{x}$$

并将它的最优解 $\boldsymbol{x}^*$ 作为 $\begin{cases} \boldsymbol{A}\boldsymbol{x} \leqslant \boldsymbol{b} \\ \boldsymbol{x} \geqslant 0 \end{cases}$ 在这种意义下的“最优解”。

【例 10-17】 利用理想点法求解

$$\max f_1(x) = -3x_1 + 2x_2$$
$$\max f_2(x) = 4x_1 + 3x_2$$

其中

$$\begin{cases} 2x_1 + 3x_2 \leqslant 18 \\ 2x_1 + x_2 \leqslant 10 \\ x_1, x_2 \geqslant 0 \end{cases}$$

解：先分别对单目标求解。

求解 $f_1(x)$ 最优解的 MATLAB 程序为

```
clear all
clc
f = [3; - 2];
A = [2,3;2,1];
b = [18;10];
lb = [0;0];
[x,fval] = linprog(f,A,b,[],[],lb)
```

结果输出为

```
x =
    0.0000
    6.0000
fval =
  - 12.0000
```

即最优解为 12。

求解 $f_2(x)$ 最优解的 MATLAB 程序为

```
f = [ - 4; - 3];
A = [2,3;2,1];
b = [18;10];
lb = [0;0];
[x,fval] = linprog(f,A,b,[],[],lb)
```

结果输出为

```
x =
    3.0000
    4.0000
fval =
  - 24.0000
```

即最优解为 24。

于是得到理想点(12,24)。

然后求如下模型的最优解：

$$\min_{x\in D}\varphi[f(x)] = \sqrt{[f_1(x)-12]^2+[f_2(x)-24]^2}$$

其中

$$\begin{cases}2x_1+3x_2\leqslant 18\\2x_1+x_2\leqslant 10\\x_1,x_2\geqslant 0\end{cases}$$

MATLAB 程序如下：

```
A = [2,3;2,1];
b = [18;10];
x0 = [1;1];
lb = [0;0];
x = fmincon('(( - 3 * x(1) + 2 * x(2) - 12)^2 + (4 * x(1) + 3 * x(2) - 24)^2)^(1/2)',x0,A,b,[],
[],lb,[])
```

结果输出为

```
x =
    0.5268
    5.6488
```

2. 线性加权和法

在具有多个指标的问题中，人们总希望对那些相对重要的指标给予较大的权系数，因而将多目标向量问题转化为所有目标的加权求和的标量问题。

基于上述设计，构造如下评价函数，即

$$\min_{x\in D}\boldsymbol{Z}(\boldsymbol{x}) = \sum_{i=1}^{r}\omega_i\boldsymbol{Z}_i(\boldsymbol{x})$$

$$\max \boldsymbol{Z} = \boldsymbol{Cx}$$

将它的最优解 $\boldsymbol{x}^*$ 作为$\begin{cases}\boldsymbol{Ax}\leqslant\boldsymbol{b}\\ \boldsymbol{x}\geqslant 0\end{cases}$在线性加权和意义下的“最优解”($\omega_i$ 为加权因子，其选取的方法包括专家打分法、容限法和加权因子分解法等)。

【例 10-18】 对例 10-17 进行线性加权和法求解。(权系数分别取 $\omega_1=0.5$,$\omega_2=0.5$)

解:构造如下评价函数,即求如下模型的最优解。

$$\min\{0.5\times(3x_1-2x_2)+0.5\times(-4x_1-3x_2)\}$$

其中

$$\begin{cases}2x_1+3x_2\leqslant 18\\2x_1+x_2\leqslant 10\\x_1,x_2\geqslant 0\end{cases}$$

MATLAB 程序如下:

```
clear all
clc
f = [ - 0.5; - 2.5];
A = [2,3;2,1];
b = [18;10];
lb = [0;0];
x = linprog(f,A,b,[],[],lb)
```

结果输出为

```
x =

    0.0000
    6.0000
```

3. 最大最小法

在决策的时候,采取保守策略是稳妥的,即在最坏的情况下,寻求最好的结果,按照此想法,可以构造如下评价函数,即

$$\varphi(\boldsymbol{Z})=\max_{1\leqslant i\leqslant r}\boldsymbol{Z}_i$$

然后求解:

$$\min_{x\in D}\varphi[Z(x)]=\min_{x\in D}\max_{1\leqslant i\leqslant r}Z_i(x)$$

$$\max\boldsymbol{Z}=\boldsymbol{Cx}$$

并将它的最优解 $\boldsymbol{x}^*$ 作为 $\begin{cases}\boldsymbol{Ax}\leqslant\boldsymbol{b}\\\boldsymbol{x}\geqslant 0\end{cases}$ 在最大最小意义下的"最优解"。

【例 10-19】 对例 10-17 进行最大最小法求解。

解:首先编写目标函数的 M 文件:

```
function f = ex1019(x)
f(1) = 3 * x(1) - 2 * x(2);
f(2) = - 4 * x(1) - 3 * x(2);
```

然后变成 MATLAB 程序如下:

```
clear all
clc
```

```
x0 = [1;1];
A = [2,3;2,1];
b = [18;10];
lb = zeros(2,1);
[x,fval] = fminimax('ex1019',x0,A,b,[],[],lb,[])
```

结果输出为

```
x =
     0
     6
fval =
   -12     -18
```

多目线性标规划是优化问题的一种，由于其存在多个目标，要求各目标同时取得较优的值，使得求解的方法与过程都相对复杂。通过将目标函数进行模糊化处理，可将多目标问题转化为单目标，借助工具软件，从而达到较易求解的目标。

10.1.8 非线性方程的优化解

非线性方程的求解问题可以看作是单变量的最小化问题，通过不断缩小搜索区间来逼近问题解的真值。在 MATLAB 中，非线性方程求解所采用的算法包括二分法、secant 法和逆二次内插法的组合。

在 MATLAB 中可以利用 fzero 函数求解求单变量函数的零点，其调用格式如下：

x=fzero(fun,x0)如果 x0 为标量，函数试图找到 x0 附近 fun 函数的零点。fzero 函数返回的 x 值为 fun 函数改变符号处邻域内的点，或者是 NaN。当函数发现 Inf、NaN 或复数时，搜索终止。若 x0 为一长度为 2 的向量，fzero 函数假设 x0 为一区间，其中 fun(x0(1))的符号与 fun(x0(2))的符号相反。当该情况不为真时，发生错误。用此区间调用 fzero 函数可以保证 fzero 函数返回 fun 函数改变符号处附近的点。

x=fzero(fun,x0,options)用 options 结构指定的参数进行最小化。

x=fzero(fun,x0,options,P1,P2,…)提供其他变量如 P1、P2 等并传递给目标函数 fun。如果没有选项设置，令 options=[ ]。

[x,fval]=fzero(…)返回解 x 处目标函数的值。

[x,fval,exitflag]=fzero(…)返回 exitflag 参数，描述退出条件。

[x,fval,exitflag,output]=fzero(…)返回包含优化信息的输出结构 output。

注意：

(1) 调用 fzero 函数时，使用初值区间(二元素的 x0)常常比用标量 x0 快。

(2) fzero 命令给零点的定义是函数与 x 轴相交的点。函数与 x 轴接触但并没有穿过 x 轴的点不算作有效零点。如 y=x^2 函数曲线便在 0 处与 x 轴接触，但没有穿过 x 轴，所以没有发现零点。对于没有有效零点的函数，fzero 函数将一直运行到发现 Inf、NaN 和复数值。

【例 10-20】 通过计算 sin 函数在 4 附近的零点来计算 π。

解：在 MATLAB 命令行窗口输入以下命令：

```
>> x = fzero(@sin,4)
```

得到结果为

```
x =
    3.1416
```

非线性方程组的数学模型为

$$\boldsymbol{F}(\boldsymbol{x}) = 0$$

其中 $\boldsymbol{x}$ 为一向量，$\boldsymbol{F}(\boldsymbol{x})$ 为一函数，返回向量值。

在 MATLAB 中，用 fsolve 函数求解非线性方程组。其调用格式如下：

x=fsolve(fun,x0)初值为 x0，试图求解由 fun 函数描述的等式系统。

x=fsolve(fun,x0,options)用 options 结构指定的参数进行最小化。

x=fsolve(fun,x0,options,P1,P2,…)提供其他变量如 P1、P2 等并传递给目标函数 fun。如果没有选项设置，令 options=[ ]。

[x,fval]=fsolve(…)返回解 x 处目标函数的值。

[x,fval,exitflag]=fsolve(…)返回 exitflag 参数，描述退出条件。

[x,fval,exitflag,output]=fsolve(…)返回包含优化信息的输出结构 output。

[x,fval,exitflag,output,jacobian]=fsolve(…)返回解 x 处的 fun 函数的 Jacobian 矩阵。

【例 10-21】 求解下列方程组：

$$\begin{cases} 2x_1 - x_2 = \mathrm{e}^{-x_1} \\ -x_1 + 2x_2 = \mathrm{e}^{-x_2} \end{cases}$$

解：求解下面的系统：

$$\begin{cases} 2x_1 - x_2 - \mathrm{e}^{-x_1} = 0 \\ -x_1 + 2x_2 - \mathrm{e}^{-x_2} = 0 \end{cases}$$

初始值为 x0=[−5,−5]。

首先编写 M 文件 ex1021. m，计算 x 处等式的值 F：

```
function F = ex1021(x)
F = [2 * x(1) - x(2) - exp( - x(1));
      - x(1) + 2 * x(2) - exp( - x(2))];
```

调用优化函数：

```
clear all
clc
x0 = [ - 5; - 5];
options = optimset('Display','iter');          % 输出显示的选项
[x,fval] = fsolve(@Ex1021,x0,options)          % 调用优化函数
```

运行上述程序，得到结果如下：

```
                                          Norm of      First-order   Trust-region
 Iteration  Func-count     f(x)            step         optimality    radius
     0          3         47071.2                        2.29e+04          1
     1          6         12003.4              1         5.75e+03          1
     2          9         3147.02              1         1.47e+03          1
     3         12         854.452              1              388          1
     4         15         239.527              1              107          1
     5         18         67.0412              1             30.8          1
     6         21         16.7042              1             9.05          1
     7         24         2.42788              1             2.26          1
     8         27        0.032658       0.759511            0.206        2.5
     9         30     7.03149e-06       0.111927          0.00294        2.5
Equation solved.

fsolve completed because the vector of function values is near zero
as measured by the default value of the function tolerance, and
the problem appears regular as measured by the gradient.

<stopping criteria details>

x =
    0.5671
    0.5671
fval =
  1.0e-06 *
   -0.4059
   -0.4059
```

这说明优化过程成功终止，函数值的相对改变小于 Options. TolFun。x_1 和 x_2 的取值均为 0.5671，两个函数的目标值均为 1.0e－06 ＊－0.4059。

【例 10-22】 求矩阵 $\boldsymbol{x}$，使其满足方程

$$\boldsymbol{X} * \boldsymbol{X} * \boldsymbol{X} = \begin{bmatrix} 1 & 2 \\ 3 & 4 \end{bmatrix}$$

初值为 $\boldsymbol{x}=[1,1;\ 1,1]$。

解：首先编写一待求等式的 M 文件 ex1022. m：

```
function F = ex1022(x)
F = x * x * x - [1,2;3,4];
```

然后调用优化过程：

```
clear all
clc
x0 = ones(2,2);                          % 设初值
options = optimset('Display','off');     % 取消显示
[x,Fval,exitflag] = fsolve(@Ex1022,x0,options)
```

运行程序后得到

```
x =
   - 0.1291    0.8602
     1.2903    1.1612
Fval =
   1.0e - 09 *
   - 0.1621    0.0780
     0.1167  - 0.0465
exitflag =
     1
```

计算残差如下：

```
>> sum(sum(Fval. * Fval))
ans =
   4.8133e - 20
```

10.2 最小二乘最优问题

最小二乘问题$\min\limits_{x\in R^n} f(x) = \min\limits_{x\in R^n}\sum_{i=1}^{m} f_i^2(x)$中的$f_i(x)$可以理解为误差，优化问题就是要使得误差的平方和最小。

10.2.1 约束线性最小二乘

有约束线性最小二乘的标准形式为

$$\min_x \frac{1}{2}\|\boldsymbol{C}x-\boldsymbol{d}\|_2^2$$

$$\begin{cases}\boldsymbol{A}\cdot\boldsymbol{x}\leqslant\boldsymbol{b}\\ \text{Aeq}\cdot\boldsymbol{x}=\text{beq}\\ \text{lb}\leqslant\boldsymbol{x}\leqslant\text{ub}\end{cases}$$

其中：$\boldsymbol{C}$、$\boldsymbol{A}$、Aeq为矩阵；$\boldsymbol{d}$、$\boldsymbol{b}$、beq、lb、ub、$\boldsymbol{x}$是向量。

在MATLAB中，约束线性最小二乘用函数conls求解。该函数的调用格式如下：

x=lsqlin(C,d,A,b)：求在约束条件A·x≤b下，方程Cx=d的最小二乘解x。

x=lsqlin(C,d,A,b,Aeq,beq)：Aeq、beq满足等式约束Aeq·x=beq，若没有不等式约束，则设A=[],b=[]。

x=lsqlin(C,d,A,b,Aeq,beq,lb,ub)：lb、ub满足lb≤x≤ub，若没有等式约束，则Aeq=[],beq=[]。

x=lsqlin(C,d,A,b,Aeq,beq,lb,ub,x0)：x0为初始解向量，若x没有界，则lb=[],ub=[]。

x=lsqlin(C,d,A,b,Aeq,beq,lb,ub,x0,options)：options为指定优化参数。

【例 10-23】 求系统的最小二乘解。

$$Cx = d$$

$$\begin{cases} A \cdot x \leqslant b \\ \text{lb} \leqslant x \leqslant \text{ub} \end{cases}$$

解：首先在 MATLAB 命令行窗口输入系统的系数和 x 的上界与下界：

```
clear all
clc
C = [0.9501    0.7620    0.6153    0.4057; 0.2311    0.4564    0.7919    0.9354; …
    0.6068    0.0185    0.9218    0.9169; 0.4859    0.8214    0.7382    0.4102; …
    0.8912    0.4447    0.1762    0.8936];
d = [ 0.0578; 0.3528; 0.8131; 0.0098; 0.1388];
A = [0.2027    0.2721    0.7467    0.4659; 0.1987    0.1988    0.4450    0.4186; …
    0.6037    0.0152    0.9318    0.8462];
b = [ 0.5251; 0.2026; 0.6721];
lb = - 0.1 * ones(4,1);
ub = 2 * ones(4,1);
[x,resnorm,residual,exitflag,output,lambda] = lsqlin(C,d,A,b,[],[],lb,ub)
```

运行后得到结果如下：

```
Optimization terminated.
x =
   - 0.1000
   - 0.1000
     0.2152
     0.3502
resnorm =
     0.1672
residual =
     0.0455
     0.0764
   - 0.3562
     0.1620
     0.0784
exitflag =
     1
output =
          iterations: 4
     constrviolation: 0
           algorithm: 'active - set'
             message: 'Optimization terminated.'
       firstorderopt: 3.3307e - 16
        cgiterations: []
lambda =
       lower: [4x1 double]
       upper: [4x1 double]
       eqlin: [0x1 double]
     ineqlin: [3x1 double]
```

10.2.2 非线性数据(曲线)拟合

非线性曲线拟合是已知输入向量 xdata、输出向量 ydata，并知道输入与输出的函数关系为 ydata=$\boldsymbol{F}(\boldsymbol{x},\text{xdata})$，但不清楚系数向量 $\boldsymbol{x}$。进行曲线拟合即求 $\boldsymbol{x}$ 使得下式成立：

$$\min_{x}\frac{1}{2}\|\boldsymbol{F}(\boldsymbol{x},\text{xdata})-\text{ydata}\|_2^2=\frac{1}{2}\sum_i(\boldsymbol{F}(\boldsymbol{x},\text{xdata}_i)-\text{ydata}_i)^2$$

在 MATLAB 中，可以使用函数 curvefit 解决此类问题，其调用格式如下：

x=lsqcurvefit(fun,x0,xdata,ydata)：x0 为初始解向量；xdata、ydata 为满足关系 ydata=F(x,xdata)的数据。

x=lsqcurvefit(fun,x0,xdata,ydata,lb,ub)：lb、ub 为解向量的下界和上界 lb≤x≤ub，若没有指定界，则 lb=[]，ub=[]。

x=lsqcurvefit(fun,x0,xdata,ydata,lb,ub,options)：options 为指定的优化参数。

[x,resnorm]=lsqcurvefit(…)：resnorm 是在 x 处残差的平方和。

[x,resnorm,residual]=lsqcurvefit(…)：residual 为在 x 处的残差。

[x,resnorm,residual,exitflag]=lsqcurvefit(…)：exitflag 为终止迭代的条件。

[x,resnorm,residual,exitflag,output]=lsqcurvefit(…)：output 为输出的优化信息。

【例 10-24】 已知输入向量 xdata 和输出向量 ydata，且长度都是 n，使用最小二乘非线性拟合函数：

$$\text{ydata}(i)=\boldsymbol{x}(1)\cdot\text{xdata}(i)^2+\boldsymbol{x}(2)\cdot\sin(\text{xdata}(i))+\boldsymbol{x}(3)\cdot\text{xdata}(i)^3$$

解：根据题意可知，目标函数为

$$\min_{x}\frac{1}{2}\sum_{i=1}^{n}(\boldsymbol{F}(\boldsymbol{x},\text{xdata}_i)-\text{ydata}_i)^2$$

其中

$$\boldsymbol{F}(\boldsymbol{x},\text{xdata})=\boldsymbol{x}(1)\cdot\text{xdata}^2+\boldsymbol{x}(2)\cdot\sin(\text{xdata})+\boldsymbol{x}(3)\cdot\text{xdata}^3$$

初始解向量定位 x0=[0.3,0.4,0.1]。

首先建立拟合函数文件 ex1024.m。

```
function F = ex1024 (x,xdata)
F = x(1) * xdata.^2 + x(2) * sin(xdata) + x(3) * xdata.^3;
```

再编写函数拟合代码如下：

```
clear all
clc
xdata = [3.6 7.7 9.3 4.1 8.6 2.8 1.3 7.9 10.0 5.4];
ydata = [16.5 150.6 263.1 24.7 208.5 9.9 2.7 163.9 325.0 54.3];
x0 = [10,10,10];
[x,resnorm] = lsqcurvefit(@ex1024,x0,xdata,ydata)
```

结果为

```
x =
    0.2269    0.3385    0.3022
resnorm =
    6.2950
```

即函数在 x=0.2269,x=0.3385,x=0.3022 处残差的平方和均为 6.295。

10.2.3 非负线性最小二乘

非负线性最小二乘的标准形式为

$$\min_{x} \frac{1}{2} \| \boldsymbol{Cx} - \boldsymbol{d} \|_2^2$$
$$\boldsymbol{x} \geqslant 0$$

其中,矩阵 $\boldsymbol{C}$ 和向量 $\boldsymbol{d}$ 为目标函数的系数,向量 $\boldsymbol{x}$ 为非负独立变量。

在 MATLAB 中,可以使用函数 lsqnonneg 求解此类问题,其调用格式如下:

x=lsqnonneg(C,d):C 为实矩阵,d 为实向量。

x=lsqnonneg(C,d,x0):x0 为初始值且大于 0。

x=lsqnonneg(C,d,x0,options):options 为指定优化参数。

[x,resnorm]=lsqnonneg(…):%resnorm 表示 norm(C* x-d).^2 的残差。

[x,resnorm,residual]=lsqnonneg(…):%residual 表示 C* x-d 的残差。

【例 10-25】 比较一个最小二乘问题的无约束与非负约束解法。

解:编写两种问题求解的 MATLAB 代码如下:

```
clear all
clc
C = [ 0.0372 0.2869; 0.6861 0.7071; 0.6233 0.6245; 0.6344 0.6170];
d = [0.8587; 0.1781; 0.0747; 0.8405];
A = C\d                          % 无约束线性最小二乘问题
B = lsqnonneg(C,d)               % 非负最小二乘问题
```

运行代码得到结果为

```
A =
   - 2.5627
     3.1108
B =
          0
     0.6929
```

10.3 代数方程的求解

代数方程即由多项式组成的方程,有时也泛指由未知数的代数式所组成的方程,包括整式方程、分式方程和无理方程。

求解代数方程的函数是 solve，其使用方法如下：

solve(eq)：eq 是用符号表达式或字符串表示的方程。

solve(eq,var)：var 用于指定未知变量。

【例 10-26】 求解方程 $ax^2+bx+c=0$，其中 x 和 b 为未知数。

解：首先将 x 作为未知数，在 MATLAB 命令行窗口输入以下语句：

```
>> A = solve('a * x^2 + b * x + c')
```

得到结果为

```
A =
-(b + (b^2 - 4 * a * c)^(1/2))/(2 * a)
-(b - (b^2 - 4 * a * c)^(1/2))/(2 * a)
```

再将 b 作为未知数，在 MATLAB 命令行窗口输入以下语句：

```
>> A = solve('a * x^2 + b * x + c','b')
```

得到结果为

```
A =
    -(a * x^2 + c)/x
```

【例 10-27】 求解方程组 $\begin{cases}x+y=1\\x-11y=5\end{cases}$ 和 $\begin{cases}au^2+v^2=0\\u-v=1\\a^2-5a+6=0\end{cases}$。

解：求解方程组 $\begin{cases}x+y=1\\x-11y=5\end{cases}$ 的 MATLAB 代码如下：

```
>> S = solve('x + y = 1','x - 11 * y = 5')
S.x,S.y
```

运行后得到结果为

```
S =


    x: [1x1 sym]
    y: [1x1 sym]
ans =
4/3
ans =
-1/3
```

求解方程组 $\begin{cases}au^2+v^2=0\\u-v=1\\a^2-5a+6=0\end{cases}$ 的 MATLAB 代码如下：

```
>> A = solve('a*u^2 + v^2','u - v=1','a^2 - 5*a + 6')
A.a,A.u,A.v
```

运行后得到结果为

```
A =

    a: [4x1 sym]
    u: [4x1 sym]
    v: [4x1 sym]
ans =

2
2
3
3
ans =
1/3 - (2^(1/2)*i)/3
(2^(1/2)*i)/3 + 1/3
1/4 - (3^(1/2)*i)/4
(3^(1/2)*i)/4 + 1/4
ans =
 - (2^(1/2)*i)/3 - 2/3
   (2^(1/2)*i)/3 - 2/3
 - (3^(1/2)*i)/4 - 3/4
   (3^(1/2)*i)/4 - 3/4
```

本章小结

最优化方法是专门研究如何从多个方案中选择最佳方案的科学。最优化理论和方法日益受到重视，而最优化方法与模型也广泛应用于农业、工业、商业、交通运输、国防等各个部门及各个领域。

本章重点介绍了常见的八种优化问题，并对最小二乘最优问题作了介绍，最后通过举例说明了代数方程的求解。

第11章 概率和数理统计

MATLAB提供了丰富的函数用于概率和数理统计，包括随机数产生、参数估计、假设检验、统计图表的绘制等。另外，MATLAB还有专门的统计工具箱，可以进行各种专业的统计分析。本章重点讲解随机数的产生和统计图表的绘制，并对其他统计相关内容作简单介绍。

学习目标：

- 掌握随机数的产生；
- 了解概率密度函数等函数的使用；
- 掌握统计图表的绘制方法。

11.1 随机数的产生

随机数是专门的随机试验结果。在统计学的不同技术中需要使用随机数，例如在从统计总体中抽取有代表性的样本的时候，或者在将实验动物分配到不同的试验组的过程中，或者在进行蒙特卡罗模拟法计算的时候，等等。

产生随机数有多种不同的方法。这些方法被称为随机数发生器。随机数最重要的特性是：它所产生的后面的那个数与前面的那个数毫无关系。本节将重点讲解几种常见的随机数产生的方法。

11.1.1 二项分布随机数

在概率论和统计学中，二项分布是 n 个独立的是/非试验中成功的次数的离散概率分布，其中每次试验的成功概率为 p。这样的单次成功/失败试验又称为伯努利试验。实际上，当 $n=1$ 时，二项分布就是伯努利分布，二项分布是显著性差异的二项试验的基础。

在 MATLAB 中，可以使用 binornd 函数产生二项分布随机数，其使用方法如下：

R=binornd(N,P)：N、P 为二项分布的两个参数，返回服从参数为 N、P 的二项分布的随机数，且 N、P、R 的形式相同。

R=binornd(N,P,m)：m 是一个 1×2 向量，它为指定随机数的个数。其中 N、P 分别代表返回值 R 中行与列的维数。

R=binornd(N,P,m,n)：m、n 分别表示 R 的行数和列数。

【例 11-1】 某射击手进行射击比赛，假设每枪射击命中率为 0.45，每轮射击 10 次，共进行 10 万轮。用直方图表示这 10 万轮射击中每轮命中成绩的可能情况。

解：在 MATLAB 中编写代码如下：

```
clear all
clc
x = binornd(10,0.45,100000,1);
hist(x,11);
```

运行程序，得到结果如图 11-1 所示。

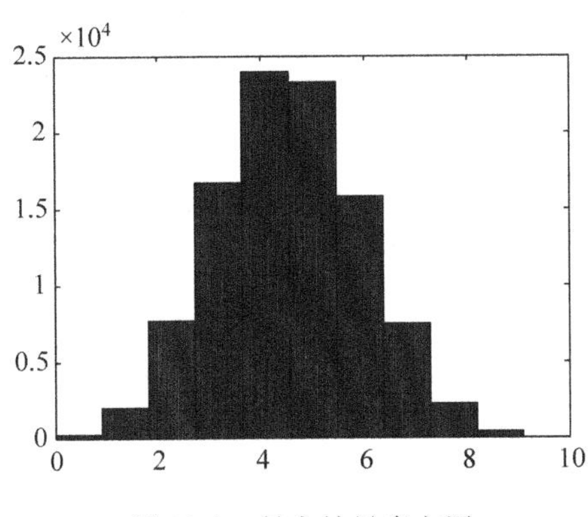

图 11-1 射击结果直方图

从图 11-1 中可以看出，该射击员每轮最有可能命中 4 环。

11.1.2 泊松分布随机数

泊松分布是一种概率与统计学里常见的离散概率分布，由法国数学家西莫恩·德尼·泊松(Siméon-Denis Poisson)在 1838 年时发表。

泊松分布表达式为

$$f(x \mid \lambda)=\frac{\lambda^{x}}{x!}e^{-\lambda}, \quad x=0,1,\cdots,\infty$$

在 MATLAB 中，可以使用 poisspdf 函数获取泊松分布随机数，该函数调用格式如下：

y=poisspdf(x,lambda)：求取参数为 Lambda 的泊松分布的概率密度函数值。

【例 11-2】 取不同的 Lambda 值，使用 poisspdf 函数绘制泊松分布概率密度图像。

解：在 MATLAB 中编写以下代码：

```
clear all
clc
x = 0:20;
```

```
y1 = poisspdf(x,2.5);
y2 = poisspdf(x,5);
y3 = poisspdf(x,10);
hold on
plot(x,y1,':r*')
plot(x,y2,':b*')
plot(x,y3,':g*')
hold off
```

运行后，得到不同 Lambda 值所对应的泊松分布概率密度图像如图 11-2 所示。

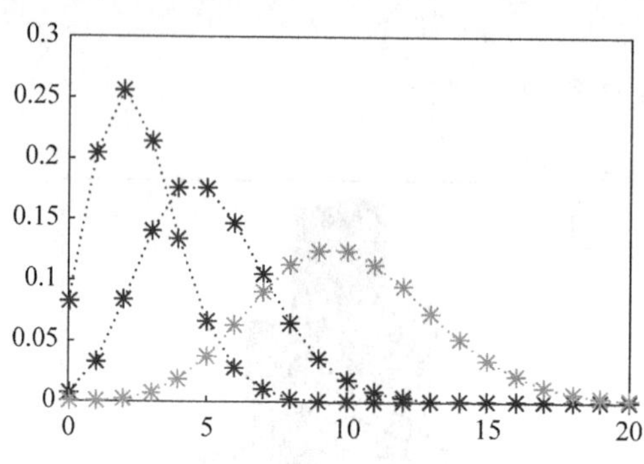

图 11-2　泊松分布概率密度图

11.1.3　均匀分布随机数

MATLAB 中提供的均匀分布函数为 unifrnd，其使用方法如下：

R=unifrnd(A,B)：生成被 A 和 B 指定上下端点[A,B]的连续均匀分布的随机数组 R。如果 A 和 B 是数组，R(i,j)是生成的被 A 和 B 对应元素指定连续均匀分布的随机数。如果 N 或 P 是标量，则被扩展为和另一个输入有相同维数的数组。

R=unifrnd(A,B,m,n,…)或 R=unifrnd(A,B,[m,n,…])：返回 m*n*…数组。如果 A 和 B 是标量，则 R 中所有元素是相同分布产生的随机数。如果 A 或 B 是数组，则必须是 m*n*…数组。

例如，在 MATLAB 命令行窗口输入以下代码：

```
>> a = 0;
b = 1:5;
r1 = unifrnd(a,b)
```

运行后得到一个均匀分布随机数：

```
r1 =

    0.7098    0.6766    0.1397    3.0542    3.6924
```

11.1.4 正态分布随机数

MATLAB中提供正态分布函数normrnd,其使用方法如下：

R=normrnd(mu,sigma)：返回均值为mu,标准差为sigma的正态分布的随机数据,R可以是向量或矩阵。

R=normrnd(mu,sigma,m,n,…)：m、n分别表示R的行数和列数。

例如,如果需要得到mu为10、sigma为0.4的2行4列个正态随机数,可以在MATLAB命令行窗口输入以下代码：

```
>> R = normrnd(10,0.4,[2,4])
```

运行后得到结果为

```
R =

  10.7351     9.6786   10.0997     9.9343
   9.5435     9.9385    9.5000     9.8592
```

11.1.5 其他常见分布随机数

常见分布随机数的函数调用形式如表11-1所示。

表11-1 随机数产生函数表

函数名	调用形式	注　释
Unidrnd	R=unidrnd(N) R=unidrnd(N,m) R=unidrnd(N,m,n)	均匀分布(离散)随机数
Exprnd	R=exprnd(Lambda) R=exprnd(Lambda,m) R=exprnd(Lambda,m,n)	参数为Lambda的指数分布随机数
Normrnd	R=normrnd(MU,SIGMA) R=normrnd(MU,SIGMA,m) R=normrnd(MU,SIGMA,m,n)	参数为MU、SIGMA的正态分布随机数
chi2rnd	R=chi2rnd(N) R=chi2rnd(N,m) R=chi2rnd(N,m,n)	自由度为N的卡方分布随机数
Trnd	R=trnd(N) R=trnd(N,m) R=trnd(N,m,n)	自由度为N的t分布随机数
Frnd	R=frnd(N_1,N_2) R=frnd(N_1,N_2,m) R=frnd(N_1,N_2,m,n)	第一自由度为N_1、第二自由度为N_2的F分布随机数

续表

函数名	调用形式	注　释
gamrnd	R=gamrnd(A,B) R=gamrnd(A,B,m) R=gamrnd(A,B,m,n)	参数为A、B的γ分布随机数
betarnd	R=betarnd(A,B) R=betarnd(A,B,m) R=betarnd(A,B,m,n)	参数为A、B的β分布随机数
lognrnd	R=lognrnd(MU,SIGMA) R=lognrnd(MU,SIGMA,m) R=lognrnd(MU,SIGMA,m,n)	参数为MU、SIGMA的对数正态分布随机数
nbinrnd	R=nbinrnd(R,P) R=nbinrnd(R,P,m) R=nbinrnd(R,P,m,n)	参数为R、P的负二项式分布随机数
ncfrnd	R=ncfrnd(N_1,N_2,delta) R=ncfrnd(N_1,N_2,delta,m) R=ncfrnd(N_1,N_2,delta,m,n)	参数为N_1、N_2、delta的非中心F分布随机数
nctrnd	R=nctrnd(N,delta) R=nctrnd(N,delta,m) R=nctrnd(N,delta,m,n)	参数为N、delta的非中心t分布随机数
ncx2rnd	R=ncx2rnd(N,delta) R=ncx2rnd(N,delta,m) R=ncx2rnd(N,delta,m,n)	参数为N、delta的非中心卡方分布随机数
raylrnd	R=raylrnd(B) R=raylrnd(B,m) R=raylrnd(B,m,n)	参数为B的瑞利分布随机数
weibrnd	R=weibrnd(A,B) R=weibrnd(A,B,m) R=weibrnd(A,B,m,n)	参数为A、B的韦伯分布随机数
binornd	R=binornd(N,P) R=binornd(N,P,m) R=binornd(N,P,m,n)	参数为N、p的二项分布随机数
geornd	R=geornd(P) R=geornd(P,m) R=geornd(P,m,n)	参数为p的几何分布随机数
hygernd	R=hygernd(M,K,N) R=hygernd(M,K,N,m) R=hygernd(M,K,N,m,n)	参数为M、K、N的超几何分布随机数
Poissrnd	R=poissrnd(Lambda) R=poissrnd(Lambda,m) R=poissrnd(Lambda,m,n)	参数为Lambda的泊松分布随机数
random	Y=random('name',A1,A2,A3,m,n)	服从指定分布的随机数

11.2 概率密度函数

在数学中，连续型随机变量的概率密度函数（在不至于混淆时可以简称为密度函数）是一个描述这个随机变量的输出值，在某个确定的取值点附近的可能性的函数。本节分别介绍常见分布的密度函数作图及使用函数计算概率密度函数值。

11.2.1 常见分布的密度函数作图

在 MATLAB 中，常见分布的密度函数有二项分布、卡方分布等。下面介绍几种常用的分布密度函数。

1. 二项分布

在 MATLAB 中，绘制二项分布密度函数图像的代码如下：

```
clear all
clc
x = 0:10;
y = binopdf(x,10,0.4);
plot(x,y,'*')
```

运行后得到如图 11-3 所示的图像。

2. 卡方分布

在 MATLAB 中，绘制卡方分布密度函数图像的代码如下：

```
clear all
clc
x = 0:0.3:10;
y = chi2pdf(x,4);
plot(x,y)
```

运行后得到如图 11-4 所示的图像。

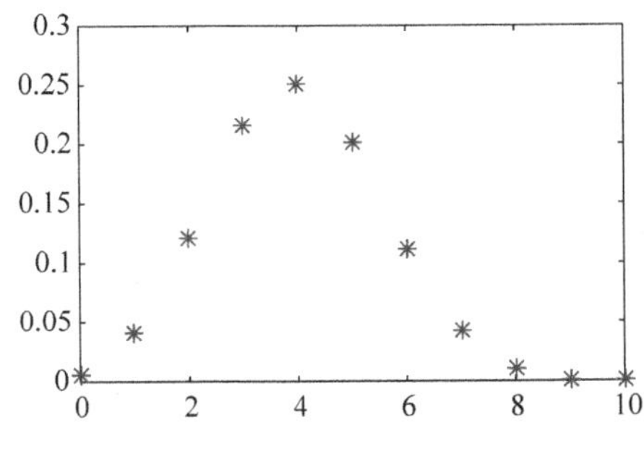

图 11-3 二项分布密度函数图像

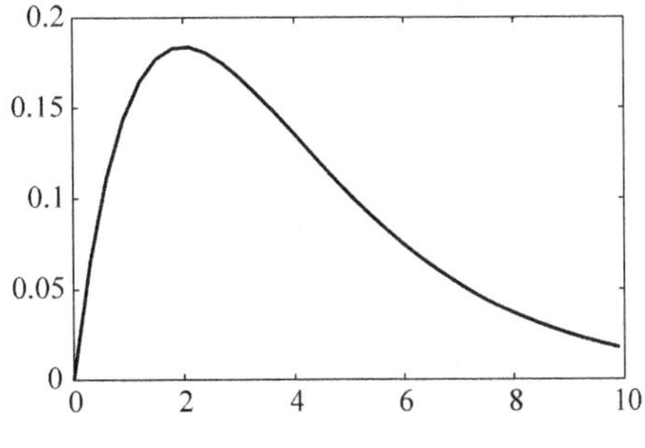

图 11-4 卡方分布密度函数图像

3. 非中心卡方分布

在 MATLAB 中，绘制非中心卡方分布密度函数图像的代码如下：

```
clear all
clc
x = (0:0.2:10)';
p1 = ncx2pdf(x,3,2);
p = chi2pdf(x,3);
plot(x,p,'-',x,p1,'--')
```

运行后得到如图 11-5 所示的图像。

4. 指数分布

在 MATLAB 中，绘制指数分布密度函数图像的代码如下：

```
clear all
clc
x = 0:0.2:10;
y = exppdf(x,3);
plot(x,y,'--')
```

运行后得到如图 11-6 所示的图像。

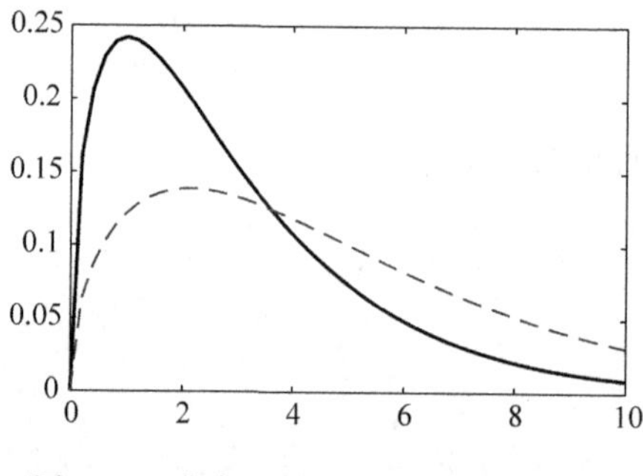

图 11-5　非中心卡方分布密度函数图像

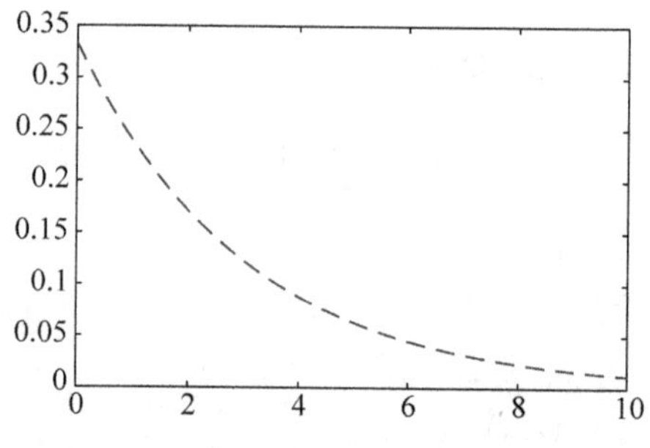

图 11-6　指数分布密度函数图像

5. 正态分布

在 MATLAB 中，绘制正态分布密度函数图像的代码如下：

```
clear all
clc
x = -3:0.2:3;
y = normpdf(x,0,1);
plot(x,y)
```

运行后得到如图 11-7 所示的图像。

6. 对数正态分布

在 MATLAB 中，绘制对数正态分布密度函数图像的代码如下：

```
clear all
clc
x = (10:100:125010)';
y = lognpdf(x,log(20000),2.0);
plot(x,y)
set(gca,'xtick',[0 20000 50000 90000 140000])
set(gca,'xticklabel',str2mat('0','$ 20,000','$ 50,000','$ 90,000','$ 140,000'))
```

运行后得到如图 11-8 所示的图像。

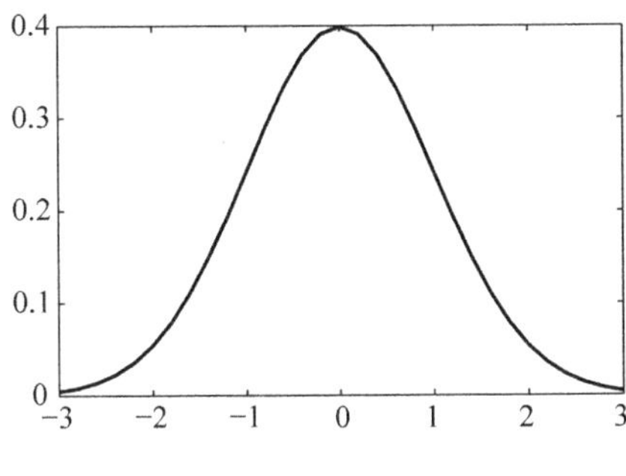

图 11-7　正态分布密度函数图像

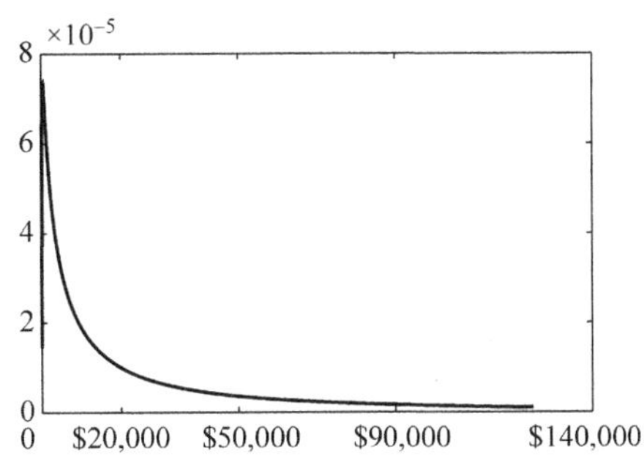

图 11-8　对数正态分布密度函数图像

7. F 分布

在 MATLAB 中，绘制 F 分布密度函数图像的代码如下：

```
clear all
clc
x = 0:0.02:10;
y = fpdf(x,5,4);
plot(x,y)
```

运行后得到如图 11-9 所示的图像。

8. 非中心 F 分布

在 MATLAB 中，绘制非中心 F 分布密度函数图像的代码如下：

```
clear all
clc
x = (0.02:0.2:10.02)';
p1 = ncfpdf(x,4,20,5);
p = fpdf(x,4,20);
plot(x,p,'-',x,p1,'--')
```

运行后得到如图 11-10 所示的图像。

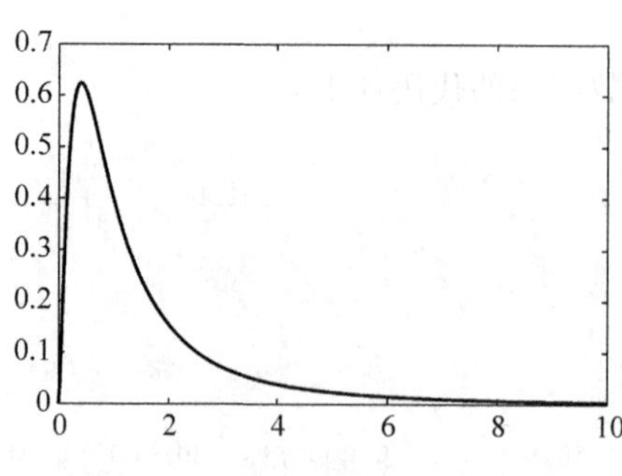

图 11-9　F 分布密度函数图像

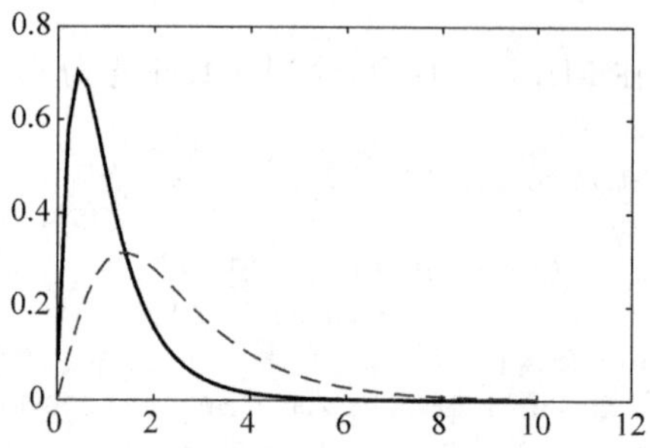

图 11-10　非中心 F 分布密度函数图像

9. Γ 分布

在 MATLAB 中，绘制 Γ 分布密度函数图像的代码如下：

```
clear all
clc
x = gaminv((0.005:0.01:0.995),100,10);
y = gampdf(x,100,10);
y1 = normpdf(x,1000,100);
plot(x,y,'--',x,y1,'-.')
```

运行后得到如图 11-11 所示的图像。

10. 负二项分布

在 MATLAB 中，绘制负二项分布密度函数图像的代码如下：

```
clear all
clc
x = (0:10);
y = nbinpdf(x,3,0.5);
plot(x,y,'--')
```

运行后得到如图 11-12 所示的图像。

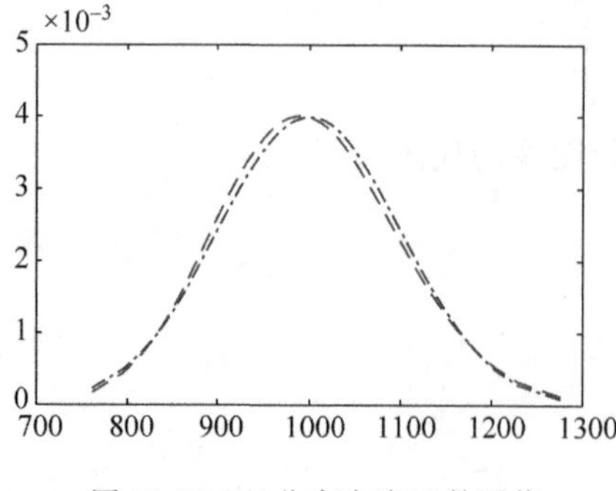

图 11-11　Γ 分布密度函数图像

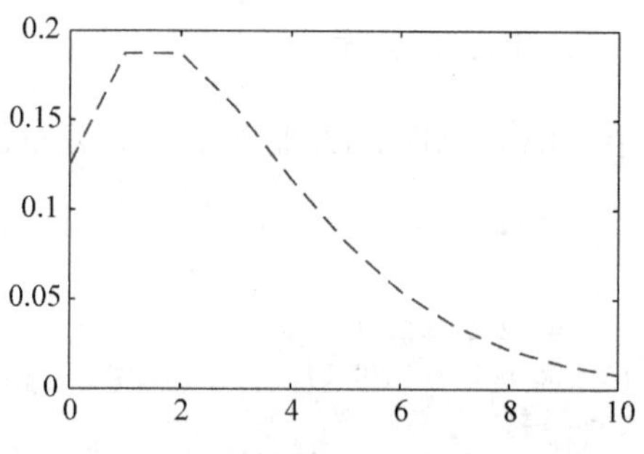

图 11-12　负二项分布密度函数图像

11.2.2 通用函数计算概率密度函数值

在 MATLAB 中，通用函数 pdf 可以计算概率密度函数值，其调用格式如下：

```
Y = pdf(name,K,A)
Y = pdf(name,K,A,B)
```

Y=pdf(name,K,A,B,C)：返回在 X=K 处、参数为 A、B、C 的概率密度值，对于不同的分布，参数个数不同；name 为分布函数名，其取值如表 11-2 所示。

表 11-2 常见分布函数表

name 的取值		函数说明
'beta'	'Beta'	Beta 分布
'bino'	'Binomial'	二项分布
'chi2'	'Chisquare'	卡方分布
'exp'	'Exponential'	指数分布
'f'	'F'	F 分布
'gam'	'Gamma'	GAMMA 分布
'geo'	'Geometric'	几何分布
'hyge'	'Hypergeometric'	超几何分布
'logn'	'Lognormal'	对数正态分布
'nbin'	'Negative Binomial'	负二项式分布
'ncf'	'Noncentral F'	非中心 F 分布
'nct'	'Noncentral t'	非中心 t 分布
'ncx2'	'Noncentral Chi-square'	非中心卡方分布
'norm'	'Normal'	正态分布
'poiss'	'Poisson'	泊松分布
'rayl'	'Rayleigh'	瑞利分布
't'	'T'	T 分布
'unif'	'Uniform'	均匀分布
'unid'	'Discrete Uniform'	离散均匀分布
'weib'	'Weibull'	Weibull 分布

例如，要计算正态分布 N(0,1)的随机变量 X 在点 0.5 的密度函数值，可以在 MATLAB 命令行窗口输入：

```
>> pdf('norm',0.5,0,1)
```

运行得到结果为

```
ans =

    0.3521
```

如果需要求自由度为 9 的卡方分布在点 3 处的密度函数值，可以在 MATLAB 命令行窗口输入：

```
>> pdf('chi2',3,9)
```

运行得到结果为

```
ans =

    0.0396
```

11.2.3 专用函数计算概率密度函数值

专用函数计算概率密度函数如表 11-3 所示。

表 11-3 专用函数计算概率密度函数表

函数名	调用形式	注　释
Unifpdf	unifpdf (x,a,b)	[a,b]上均匀分布(连续)概率密度在 X=x 处的函数值
unidpdf	Unidpdf(x,n)	均匀分布(离散)概率密度函数值
Exppdf	exppdf(x,Lambda)	参数为 Lambda 的指数分布概率密度函数值
normpdf	normpdf(x,mu,sigma)	参数为 mu,sigma 的正态分布概率密度函数值
chi2pdf	chi2pdf(x,n)	自由度为 n 的卡方分布概率密度函数值
Tpdf	tpdf(x,n)	自由度为 n 的 t 分布概率密度函数值
Fpdf	fpdf(x,n_1,n_2)	第一自由度为 n_1,第二自由度为 n_2 的 F 分布概率密度函数值
gampdf	gampdf(x,a,b)	参数为 a,b 的 γ 分布概率密度函数值
betapdf	betapdf(x,a,b)	参数为 a,b 的 β 分布概率密度函数值
lognpdf	lognpdf(x,mu,sigma)	参数为 mu,sigma 的对数正态分布概率密度函数值
nbinpdf	nbinpdf(x,R,P)	参数为 R,P 的负二项式分布概率密度函数值
Ncfpdf	ncfpdf(x,n_1,n_2,delta)	参数为 n_1,n_2,delta 的非中心 F 分布概率密度函数值
Nctpdf	nctpdf(x,n,delta)	参数为 n,delta 的非中心 t 分布概率密度函数值
ncx2pdf	ncx2pdf(x,n,delta)	参数为 n,delta 的非中心卡方分布概率密度函数值
raylpdf	raylpdf(x,b)	参数为 b 的瑞利分布概率密度函数值
weibpdf	weibpdf(x,a,b)	参数为 a,b 的韦伯分布概率密度函数值
binopdf	binopdf(x,n,p)	参数为 n,p 的二项分布的概率密度函数值
geopdf	geopdf(x,p)	参数为 p 的几何分布的概率密度函数值
hygepdf	hygepdf(x,M,K,N)	参数为 M,K,N 的超几何分布的概率密度函数值
poisspdf	poisspdf(x,Lambda)	参数为 Lambda 的泊松分布的概率密度函数值

【例 11-3】 绘制卡方分布密度函数在自由度分别为 3、6、9 的图形。

解：在 MATLAB 中输入以下代码：

```
clear all
clc
x = 0:0.5:10;
y1 = chi2pdf(x,3);
plot(x,y1,'-')
```

```
hold on
y2 = chi2pdf(x,6);
plot(x,y2,'--')
y3 = chi2pdf(x,9);
plot(x,y3,'-.')
axis([0,10,0,0.3])
```

运行后,在不同自由度下的卡方分布密度函数图像如图 11-13 所示。

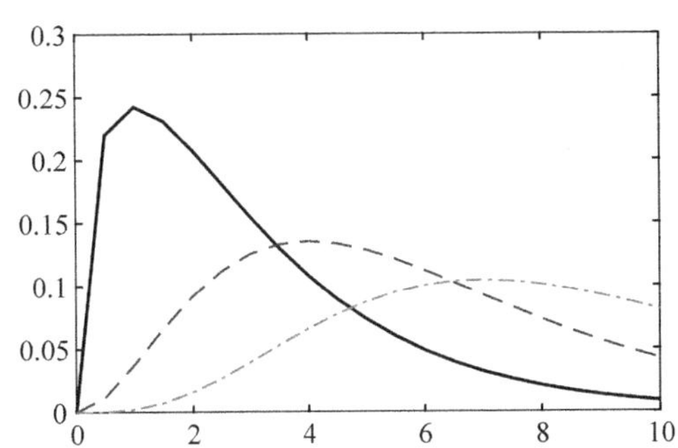

图 11-13 在不同自由度下的卡方分布密度函数图像

11.3 随机变量的数字特征

在解决实际问题的过程中,往往并不需要全面了解随机变量的分布情况,而只需要知道它们的某些特征,这些特征通常称为随机变量的数字特征。常见的有数学期望、方差、相关系数和矩等。

11.3.1 平均值、中值

当 $\boldsymbol{X}$ 为向量时,算术平均值的数学含义为 $\bar{x}=\frac{1}{n}\sum_{i=1}^{n}x_i$,即样本均值。在 MATLAB 中,可以利用 mean 求 $\boldsymbol{X}$ 的算术平均值。函数 mean 的调用格式如下:

mean(X):X 为向量,返回 X 中各元素的平均值。

mean(A):A 为矩阵,返回 A 中各列元素的平均值构成的向量。

mean(A,dim):求给出的维数内的平均值。

例如,需要定义一个 4×3 的向量,并求取其算术平均值。可以在 MATLAB 命令行窗口输入

```
>> A = [2 3 4 7;1 5 4 5;3 3 2 5]
A =
     2     3     4     7
     1     5     4     5
     3     3     2     5
```

```
>> mean(A)
ans =
    2.0000    3.6667    3.3333    5.6667
>> mean(A,1)
ans =
2.0000    3.6667    3.3333    5.6667
```

除此之外，在 MATLAB 中，还可以使用 nanmean 函数忽略 NaN 计算算术平均值。函数 nanmean 的调用格式如下：

nanmean(X)：X 为向量，返回 X 中除 NaN 外元素的算术平均值。

nanmean(A)：A 为矩阵，返回 A 中各列除 NaN 外元素的算术平均值向量。

例如，需要定义一个含有 NaN 的 3×3 的向量，并求取其算术平均值，可以在 MATLAB 命令行窗口输入

```
>> A = [1 2 3;nan 5 2;3 7 nan]
A =
     1     2     3
   NaN     5     2
     3     7   NaN
>> nanmean(A)
ans =
2.0000    4.6667    2.5000
```

在 MATLAB 中，可以使用 median 计算中值(中位数)。函数 median 的调用格式如下：

median(X)：X 为向量，返回 X 中各元素的中位数。

median(A)：A 为矩阵，返回 A 中各列元素的中位数构成的向量。

median(A,dim)：求给出的维数内的中位数。

例如，需要定义一个 3×4 的向量，并求取其中值，可以在 MATLAB 命令行窗口输入

```
>> A = [2 6 3 5;2 5 4 6;3 4 2 5]
A =
     2     6     3     5
     2     5     4     6
     3     4     2     5
>> median(A)
ans =
     2     5     3     5
```

与 nanmean 类似，在 MATLAB 中，nanmedian 函数可以忽略 NaN 计算中的位数。其调用格式如下：

nanmedian(X)：X 为向量，返回 X 中除 NaN 外元素的中位数。

nanmedian(A)：A 为矩阵，返回 A 中各列除 NaN 外元素的中位数向量。

例如，需要定义一个 4×4 的向量，并求取其中值。可以在 MATLAB 命令行窗口输入

```
>> A = [4 1 2 3;nan 5 2 3;6 3 5 nan]
A =
     4     1     2     3
   NaN     5     2     3
     6     3     5   NaN
>> nanmedian(A)
ans =
     5     3     2     3
```

11.3.2 数学期望

1. 连续型随机变量的数学期望

设连续型随机变量 x 的概率密度为 $f(x)$，若积分 $\int_R xf(x)\mathrm{d}x$ 绝对收敛，则称该积分的值为随机变量 x 的数学期望。

【例 11-4】 设 X 的概率密度为 $f(x)=\begin{cases}\dfrac{x}{150^2}, & 0\leqslant x\leqslant 150\\ \dfrac{300-x}{150^2}, & 150<x<300;\\ 0, & \text{其他}\end{cases}$ 试求 $E(X)$。

解：在 MATLAB 命令行窗口输入以下代码：

```
>> syms x
f1 = x/150^2;
f2 = (300 - x)/150^2;
Ex = int(x * f1,0,150) + int(x * f2,150,300)
```

运行结果：

```
Ex =

150
```

2. 离散型随机变量的数学期望

设离散型随机变量 x 的分布律为

$$P\{X=x_k\}=p_k,\quad k=1,2,\cdots$$

如果 $\sum_k x_k p_k$ 绝对收敛，则称 $\sum_k x_k p_k$ 的和为随机变量 x 的数学期望。

【例 11-5】 设 x 表示一张彩票的奖金额，x 的分布如表 11-4 所示。

表 11-4 x 分布

x	500000	50000	5000	500	50	10	0
p	0.000001	0.000009	0.00009	0.0009	0.009	0.09	0.9

试求 $E(X)$。

解：在 MATLAB 命令行窗口输入以下代码：

```
x = [500000 50000 5000 500 50 10 0]';
p = [0.000001 0.000009 0.00009 0.0009 0.009 0.09 0.9]';
Ex = x' * p
```

运行结果：

```
Ex =
    3.2000
```

11.3.3 协方差及相关系数

在概率与统计中，随机变量 X 与 Y 的协方差 $\mathrm{Cov}(X,Y)$ 和相关系数 ρ_{XY} 的定义式如下：

$$\mathrm{Cov}(X,Y)=E\{[X-E(X)][Y-E(Y)]\}$$

$$\rho_{XY}=\frac{\mathrm{Cov}(X,Y)}{\sqrt{D(X)}\ \sqrt{D(Y)}}$$

设 (x_i,y_i)，$i=1,2,\cdots,n$ 是容量为 n 的二维样本，则样本的相关系数为

$$r=\frac{\sum_i(x_i-\bar{x})(y_i-\bar{y})}{\sqrt{\sum_i(x_i-\bar{x})^2}\sqrt{\sum_i(y_i-\bar{y})^2}}$$

相关系数常常用来衡量两套变量之间的线性相关性，相关系数的绝对值越接近 1，表示相关性越强，反之越弱。

MATLAB 中提供了 cov 函数来计算样本协方差矩阵。其语法格式如下：

C=cov(X)：如果 X 为单一矢量，则返回一个包含协方差的标量；如果 X 的列为变量观测值的矩阵，则返回协方差矩阵。

C=cov(X,Y)=cov([X,Y])：X、Y 为长度相等的列向量。

函数 cov 的算法如下：

```
[n,p] = size(X);
Y = X - ones(n,1) * mean(X);
C = Y' * Y./(n - 1)
```

在 MATLAB 中计算协方差的示例如下：

```
clear all
clc
x = [50 100 150 250 280]';
%使用函数计算协方差
a = cov(x)
%使用算法计算协方差
```

```
[n,p] = size(x);
y = x - ones(n,1) * mean(x);
b = y' * y/(n-1)
```

运行上述程序后，得到结果：

```
a =
        9530
b =
        9530
```

11.3.4 矩和协方差矩阵

MATLAB 提供了 moment 函数计算样本的中心矩，其调用格式如下：

m=moment(X,order)：返回 X 的 order 阶中心矩。对于矢量，moment(X,order)函数返回 X 数据的指定阶次中心矩。对于矩阵，moment(X,order)返回 X 数据的每一列的指定阶次中心矩。

例如，随机产生一个 6 行 5 列的向量，用函数 moment 计算该向量的三阶中心矩程序如下：

```
>> X = randn([6 5])
X =
      0.5377   -0.4336    0.7254    1.4090    0.4889
      1.8339    0.3426   -0.0631    1.4172    1.0347
     -2.2588    3.5784    0.7147    0.6715    0.7269
      0.8622    2.7694   -0.2050   -1.2075   -0.3034
      0.3188   -1.3499   -0.1241    0.7172    0.2939
     -1.3077    3.0349    1.4897    1.6302   -0.7873
>> m = moment(X,3)
m =
   -1.1143   -0.9973    0.1234   -1.1023   -0.1045
```

注意：一阶中心矩为 0，二阶中心矩为用除数 n(而非 $n-1$)得到的方差，其中 n 为矢量 $\boldsymbol{X}$ 的长度或是矩阵 $\boldsymbol{X}$ 的行数。

11.3.5 数据比较

在 MATLAB 中，提供了如下多种函数进行数据比较。

1. 排序

在 MATLAB 中，提供排序功能的函数为 sort，其调用格式如下：

Y=sort(X)：X 为向量，返回 X 按由小到大排序后的向量。

Y=sort(A)：A 为矩阵，返回 A 的各列按由小到大排序后的矩阵。

[Y,I]=sort(A)：Y为排序的结果，I中元素表示Y中对应元素在A中位置。

sort(A,dim)：在给定的维数dim内排序。

注意：若X为复数，则通过|X|排序。

函数sort在MATLAB中的使用示例如下：

```
>>  A = [1 9 2;4 5 8;3 7 1]
A =
     1     9     2
     4     5     8
     3     7     1
>> sort(A)
ans =
     1     5     1
     3     7     2
     4     9     8
>> [Y,I] = sort(A)
Y =
     1     5     1
     3     7     2
     4     9     8
I =
     1     2     3
     3     3     1
     2     1     2
```

2. 按行方式排序

MATLAB提供按行方式排序的函数为sortrows，其调用格式如下：

Y=sortrows(A)：若A为矩阵，则返回矩阵Y、Y按A的第1列由小到大，以行方式排序后生成的矩阵。

Y=sortrows(A,col)：按指定列col由小到大进行排序。

[Y,I]=sortrows(A,col)：Y为排序的结果，I表示Y中第col列元素在A中位置。

注意：若X为复数，则通过|X|排序。

在MATLAB中，可以根据以下示例使用sortrows函数。

```
>> A = [2 4 2;4 5 6;3 7 1]
A =
     2     4     2
     4     5     6
     3     7     1
>> sortrows(A)
ans =
     2     4     2
     3     7     1
     4     5     6
>> sortrows(A,1)
ans =
     2     4     2
     3     7     1
     4     5     6
```

```
>> sortrows(A,3)
ans =
     3     7     1
     2     4     2
     4     5     6
>> sortrows(A,[3 2])
ans =
     3     7     1
     2     4     2
     4     5     6
>> [Y,I] = sortrows(A,3)
Y =
     3     7     1
     2     4     2
     4     5     6
I =
     3
     1
     2
```

3. 求最大值与最小值之差

MATLAB 提供函数 range 求取参数的最大值与最小值之差，其调用格式如下：

Y=range(X)：X 为向量，返回 X 中的最大值与最小值之差。

Y=range(A)：A 为矩阵，返回 A 中各列元素的最大值与最小值之差。

函数 range 的使用示例如下。

```
>> A = [2 6 2;4 5 8;3 7 1]
A =
     2     6     2
     4     5     8
     3     7     1
>>  Y = range(A)
Y =
     2     2     7
```

11.3.6 方差

MATLAB 提供了包括求解样本方差和标准差的函数，分别是 var 和 std，它们的调用格式如下：

D=var(X)：若 X 为向量，则返回向量的样本方差。

D=var(A)：A 为矩阵，则 D 为 A 的列向量的样本方差构成的行向量。

D=var(X,1)：返回向量(矩阵)X 的简单方差$\left(\text{即置前因子为}\frac{1}{n}\text{的方差}\right)$。

D=var(X,w)：返回向量(矩阵)X 的以 w 为权重的方差。

std(X)：返回向量(矩阵)X 的样本标准差。

std(X,1)：返回向量(矩阵)X 的标准差$\left(\text{置前因子为}\frac{1}{n}\right)$。

std(X,0)：与 std(X)相同。

std(X,flag,dim)：返回向量(矩阵)中维数为 dim 的标准差值，其中 flag=0 时，置前因子为$\frac{1}{n-1}$；否则置前因子为$\frac{1}{n}$。

【例 11-6】 求下列样本的样本方差和样本标准差、方差和标准差：

15.60　13.41　17.20　14.42　16.61

解：编写 MATLAB 代码如下：

```
clear all
clc
X = [15.60 13.41 17.20 14.42 16.61];
DX = var(X,1)                 % 求解方差
sigma = std(X,1)              % 求解标准差
DX1 = var(X)                  % 求解样本方差
sigma1 = std(X)               % 求解样本标准差
```

运行上述程序，得到结果为

```
DX =
    1.9306
sigma =
    1.3895
DX1 =
    2.4133
sigma1 =
    1.5535
```

除了上述求解标准差函数，MATLAB 还提供了求解忽略 NaN 的标准差函数 nanstd，其调用格式如下：

y=nanstd(X)：若 X 为含有元素 NaN 的向量，则返回除 NaN 外的元素的标准差，若 X 为包含元素 NaN 的矩阵，则返回各列除 NaN 以外的标准差构成的向量。

【例 11-7】 在 MATLAB 中生成一个四阶魔方阵，并将其第 1、5、9 个元素替换为 NaN，求取替换后的各列向量的标准差。

解：根据题意，编写代码如下：

```
clear all
clc
M = magic(4)                      % 生成魔方阵
M([1 5 9]) = [NaN NaN NaN]        % 替换
y = nanstd(M)                     % 求解忽略 NaN 后的标准差
```

运行后得到结果如下：

```
M =
    16     2     3    13
     5    11    10     8
     9     7     6    12
     4    14    15     1
```

```
M =
   NaN   NaN   NaN   13
     5    11    10    8
     9     7     6   12
     4    14    15    1
y =
   2.6458    3.5119    4.5092    5.4467
```

11.3.7 常见分布的期望和方差

常见分布的期望和方差见表 11-5。对于其使用方法，读者可以在 MATLAB 提供的 Help 文本中查找。

表 11-5 常见分布的期望和方差

函数名	调用形式	注 释
unifstat	[M,V]=unifstat(a,b)	均匀分布(连续)的期望和方差，M 为期望，V 为方差
unidstat	[M,V]=unidstat(n)	均匀分布(离散)的期望和方差
expstat	[M,V]=expstat(p,Lambda)	指数分布的期望和方差
normstat	[M,V]=normstat(mu,sigma)	正态分布的期望和方差
chi2stat	[M,V]=chi2stat(x,n)	卡方分布的期望和方差
tstat	[M,V]=tstat(n)	t 分布的期望和方差
fstat	[M,V]=fstat(n_1,n_2)	F 分布的期望和方差
gamstat	[M,V]=gamstat(a,b)	γ 分布的期望和方差
betastat	[M,V]=betastat(a,b)	β 分布的期望和方差
lognstat	[M,V]=lognstat(mu,sigma)	对数正态分布的期望和方差
nbinstat	[M,V]=nbinstat(R,P)	负二项式分布的期望和方差
ncfstat	[M,V]=ncfstat(n_1,n_2,delta)	非中心 F 分布的期望和方差
nctstat	[M,V]=nctstat(n,delta)	非中心 t 分布的期望和方差
ncx2stat	[M,V]=ncx2stat(n,delta)	非中心卡方分布的期望和方差
raylstat	[M,V]=raylstat(b)	瑞利分布的期望和方差
Weibstat	[M,V]=weibstat(a,b)	韦伯分布的期望和方差
Binostat	[M,V]=binostat(n,p)	二项分布的期望和方差
Geostat	[M,V]=geostat(p)	几何分布的期望和方差
hygestat	[M,V]=hygestat(M,K,N)	超几何分布的期望和方差
Poisstat	[M,V]=poisstat(Lambda)	泊松分布的期望和方差

11.4 参数估计

参数估计的内容包括点估计和区间估计。MATLAB 统计工具箱提供了很多参数估计相关的函数，例如计算待估参数及其置信区间，估计服从不同分布的函数的参数。

11.4.1 常见分布的参数估计

MATLAB 统计工具箱提供了多种参数估计函数，如表 11-6 所示。

例如，利用 normfit 函数可以对正态分布总体进行参数估计。

[muhat,sigmahat,muci,sigmaci]=normfit(x)：对于给定的正态分布的数据 x，返回参数 μ 的估计值 muhat、σ 的估计值 sigmahat、μ 的 95%置信区间 muci、σ 的 95%置信区间 sigmaci。

[muhat,sigmahat, muci, sigmaci] = normfit (x, alpha)：进行参数估计并计算 100(1−alpha)%置信区间。

表 11-6 常见分布的参数估计函数及其调用格式

分 布	调用格式
贝塔分布	phat=betafit(x) [phat,pci]=betafit(x,alpha)
贝塔对数似然函数	logL=betalike(params,data) [logL,info]=betalike(params,data)
二项分布	phat=binofit(x,n) [phat,pci]=binofit(x,n) [phat,pci]=binofit(x,n,alpha)
指数分布	muhat=expfit(x) [muhat,muci]=expfit(x) [muhat,muci]=expfit(x,alpha)
伽马分布	phat=gamfit(x) [phat,pci]=gamfit(x) [phat,pci]=gamfit(x,alpha)
伽马似然函数	logL=gamlike(params,data) [logL,info]=gamlike(params,data)
最大似然估计	phat=mle('dist',data) [phat,pci]=mle('dist',data) [phat,pci]=mle('dist',data,alpha) [phat,pci]=mle('dist',data,alpha,p1)
正态对数似然函数	L=normlike(params,data)
正态分布	[muhat,sigmahat,muci,sigmaci]=normfit(x) [muhat,sigmahat,muci,sigmaci]=normfit(x,alpha)
泊松分布	lambdahat=poissfit(x) [lambdahat,lambdaci]=poissfit(x) [lambdahat,lambdaci]=poissfit(x,alpha)
均匀分布	[ahat,bhat]=unifit(x) [ahat,bhat,aci,bci]=unifit(x) [ahat,bhat,aci,bci]=unifit(x,alpha)
威布尔分布	phat=weibfit(x) [phat,pci]=weibfit(x) [phat,pci]=weibfit(x,alpha)
威布尔对数似然函数	logL=weiblike(params,data) [logL,info]=weiblike(params,data)

【例 11-8】 观测某型号 20 辆汽车消耗 10L 汽油的行驶里程,具体数据如下:

59.6 55.2 56.6 55.8 60.2 57.4 59.8 56.0 55.8 57.4

56.8 54.4 59.0 57.0 56.0 60.0 58.2 59.6 59.2 53.8

假设行驶里程服从正态分布,请用 normfit 函数求解平均行驶里程的 95%置信区间。

解:根据题意,可以编写 MATLAB 代码如下:

```
clear all
clc
x1 = [59.6 55.2 56.6 55.8 60.2 57.4 59.8 56.0 55.8 57.4];
x2 = [56.8 54.4 59.0 57.0 56.0 60.0 58.2 59.6 59.2 53.8];
x = [x1 x2]';
a = 0.05;
[muhat,sigmahat,muci,sigmaci] = normfit(x,a);
[p,ci] = mle('norm',x,a);
n = numel(x);
format long
muhat
p1 = p(1)
sigmahat
sigmahat1 = var(x).^0.5
p2 = p(2)
muci
ci
sigmaci
muci1 = [muhat - tinv(1 - a/2,n - 1) * sigmahat/sqrt(n),muhat + tinv(1 - a/2,n - 1) * sigmahat/
sqrt(n)]
sigmaci1 = [((n - 1). * sigmahat.^2/chi2inv(1 - a/2,n - 1)).^0.5,((n - 1). * sigmahat.^2/
chi2inv(a/2,n - 1)).^0.5]
```

运行后得到结果如下:

```
muhat =
  57.390000000000001
p1 =
  57.390000000000001
sigmahat =
   1.966535826750873
sigmahat1 =
   1.966535826750873
p2 =
   1.916742027503963
muci =
  56.469632902339683
  58.310367097660318
ci =
  56.469632902339683   1.495531606349597
  58.310367097660318   2.872266449964584
sigmaci =
   1.495531606349597
   2.872266449964584
```

```
mucil =
   56.469632902339683   58.310367097660318
sigmacil =
    1.495531606349597   2.872266449964584
```

11.4.2 点估计

点估计是用单个数值作为参数的估计，目前使用较多的方法是最大似然法和矩法。

1. 最大似然法

最大似然法是在待估参数的可能取值范围内，挑选使似然函数值最大的那个参数值为最大似然估计量。由于最大似然估计法得到的估计量通常不仅满足无偏性、有效性等基本条件，还能保证其为充分统计量，所以在点估计和区间估计中，一般推荐使用最大似然法。

MATLAB 用函数 mle 进行最大似然估计，其调用格式如下：

phat＝mle('dist',data)：使用 data 矢量中的样本数据，返回 dist 指定的分布的最大似然估计。

【例 11-9】 观测某型号 20 辆汽车消耗 10L 汽油的行驶里程，具体数据如下：

59.6 55.2 56.6 55.8 60.2 57.4 59.8 56.0 55.8 57.4

56.8 54.4 59.0 57.0 56.0 60.0 58.2 59.6 59.2 53.8

假设行驶里程服从正态分布，请用最大似然估计法估计总体的均值和方差。

解：根据题意，最大似然估计求解程序为

```
clear all
clc
x1 = [59.6 55.2 56.6 55.8 60.2 57.4 59.8 56.0 55.8 57.4];
x2 = [56.8 54.4 59.0 57.0 56.0 60.0 58.2 59.6 59.2 53.8];
x = [x1 x2]';
p = mle('norm',x);
muhatmle = p(1)
sigma2hatmle = p(2)^2
```

运行结果如下：

```
muhatmle =
   57.390000000000001
sigma2hatmle =
    3.673900000000002
```

2. 矩法

待估参数经常作为总体原点矩或原点矩的函数，此时可以用该总体样本的原点矩或样本原点矩的函数值作为待估参数的估计，这种方法称为矩法。

例如，样本均值总是总体均值的矩估计量，样本方差是总体方差的矩估计量，样本标

准差总是总体标准差的矩估计量。

MATLAB 计算矩的函数为 moment(X,order)。

【例 11-10】 观测某型号 20 辆汽车消耗 10L 汽油的行驶里程，具体数据如下：

59.6 55.2 56.6 55.8 60.2 57.4 59.8 56.0 55.8 57.4

56.8 54.4 59.0 57.0 56.0 60.0 58.2 59.6 59.2 53.8

试估计总体的均值和方差。

解：根据题意，编写求解程序如下：

```
clear all
clc
x1 = [59.6 55.2 56.6 55.8 60.2 57.4 59.8 56.0 55.8 57.4];
x2 = [56.8 54.4 59.0 57.0 56.0 60.0 58.2 59.6 59.2 53.8];
x = [x1 x2]';
muhat = mean(x)
sigma2hat = moment(x,2)
var(x,1)
```

运行后得到结果如下：

```
muhat =
  57.390000000000001
sigma2hat =
  3.673900000000002
ans =
  3.673900000000002
```

11.4.3 区间估计

求参数的区间估计，首先要求出该参数的点估计，然后构造一个含有该参数的随机变量，并根据一定的置信水平求该估计值的范围。

在 MATLAB 中用 mle 函数进行最大似然估计时，有如下几种调用格式：

[phat,pci]=mle('dist',data)：返回最大似然估计和 95%置信区间。

[phat,pci]=mle('dist',data,alpha)：返回指定分布的最大似然估计值和 100(1−alpha)%置信区间。

[phat,pci]=mle('dist',data,alpha,p1)：该形式仅用于二项分布，其中 p1 为实验次数。

【例 11-11】 观测某型号 20 辆汽车消耗 10L 汽油的行驶里程，具体数据如下：

59.6 55.2 56.6 55.8 60.2 57.4 59.8 56.0 55.8 57.4

56.8 54.4 59.0 57.0 56.0 60.0 58.2 59.6 59.2 53.8

设行驶里程服从正态分布，求平均行驶里程的 95%置信区间。

解：根据题意，编写求解程序如下：

```
clear all
clc
x1 = [29.8 27.6 28.3 27.9 30.1 28.7 29.9 28.0 27.9 28.7];
```

```
x2 = [28.4 27.2 29.5 28.5 28.0 30.0 29.1 29.8 29.6 26.9];
x = [x1 x2]';
[p,pci] = mle('norm',x,0.05)
```

运行结果如下：

```
p =
  28.695000000000000   0.958371013751981
pci =
  28.234816451169841   0.747765803174798
  29.155183548830159   1.436133224982292
```

11.5 假设检验

在总体分布函数完全未知或部分未知时，为了推断总体的某些性质，需要提出关于总体的假设。对于提出的假设是否合理，需要进行检验。

11.5.1 方差已知时的均值假设检验

在给定方差的条件下，可以使用 ztest 函数来检验单样本数据是否服从给定均值的正态分布。函数 ztest 的调用格式如下：

h=ztest(x,m,sigma)：在 0.05 的显著性水平下进行 z 检验，以确定服从正态分布的样本的均值是否为 m，其中 sigma 为标准差。

h=ztest(x,m,sigma ,alpha)：给出显著性水平的控制参数 alpha。若 alpha=0.01，则当结果 h=1 时，可以在 0.01 的显著性水平上拒绝零假设；若 h=0，则不能在该水平上拒绝零假设。

[h,sig,ci,zval]=ztest(x,m,sigma,alpha,tail)：允许指定是进行单侧检验还是进行双侧检验。tail=0 或'both'时表示指定备择假设均值不等于 m；tail=1 或'right'时表示指定备择假设均值大于 m；tail=−1 或'left'时表示指定备择假设均值小于 m。

sig 为能够利用统计量 z 的观测值做出拒绝原假设的最小显著性水平，ci 为均值真值的 1−alpha 置信区间，zval 是统计量 $z=\frac{\bar{x}-m}{\sigma/\sqrt{n}}$的值。

【例 11-12】 某工厂随机选取的 20 只零部件的装配时间如下：

11.8　10.5　10.6　9.6　10.7　9.8　10.9　11.1　10.6　10.3

10.2　10.6　9.8　12.2　10.6　9.8　10.6　10.1　9.5　9.9

假设装配时间的总体服从正态分布，标准差为 0.4，请确认装配时间的均值在 0.05 的水平下不小于 10。

解： 根据题意编写 MATLAB 代码如下：

```
clear all
clc
```

```
x1 = [11.8 10.5 10.6 9.6 10.7 9.8 10.9 11.1 10.6 10.3];
x2 = [10.2 10.6 9.8 12.2 10.6 9.8 10.6 10.1 9.5 9.9];
x = [x1 x2]';
m = 10;sigma = 0.4;a = 0.05;
[h,sig,muci] = ztest(x,m,sigma,a,1)
```

运行后得到的结果如下：

```
h =
     1
sig =
     1.352242394316856e - 07
muci =
   10.312879819083976
                  Inf
```

由上述结果可知，在 0.05 的水平下，可以判断装配时间的均值不小于 10。

11.5.2 正态总体均值假设检验

在数理统计中，正态总计均值检测包括方差未知时单个正态总体均值的假设检验和两个正态总体均值的假设检验，其具体使用方法如下。

1. 方差未知时单个正态总体均值的假设检验

t 检验的特点是在均方差不知道的情况下，它是用小样本检验总体参数，可以检验样本平均数的显著性。

在 MATLAB 中可以使用 ttest 进行样本均值的 t 检验，其调用格式如下：

h=ttest(x,m)：在 0.05 的显著性水平下进行 t 检验，以确定在标准差未知的情况下取自正态分布的样本的均值是否为 m。

h=ttest(x,m,alpha)：给定显著性水平的控制参数 alpha。例如，当 alpha=0.01 时，如果 h=1，则在 0.01 的显著性水平上拒绝零假设；若 h=0，则不能在该水平上拒绝零假设。

[h,sig,ci]=ttest(x,m,alpha,tail)：允许指定是进行单侧检验还是进行双侧检验。tail=0 或'both'时表示指定备择假设均值不等于 m；tail=1 或'right'时表示指定备择假设均值大于 m；tail=−1 或'left'时表示指定备择假设均值小于 m。sig 为能够利用 T 的观测值做出拒绝原假设的最小显著性水平。ci 为均值真值的 1−alpha 置信区间。

【例 11-13】 假如某种电子元件的寿命 X 服从正态分布，且 μ 和 σ^2 均未知。现在获得 16 只元件的寿命如下：

169 180 131 182 234 274 188 254 232 172 165 249 249 180 465 192

试判断元件的平均寿命是否大于 180。

解：根据题意，编写以下 MATLAB 代码：

```
clear all
clc
```

```
x = [169 180 131 182 234 274 188 254 232 172 165 249 249 180 465 192];
m = 225;
a = 0.05;
[h,sig,muci] = ttest(x,m,a,1)
```

运行后，得到结果如下：

```
h =
     1
sig =
   0.028015688607804
muci =
   1.0e + 02 *
   1.861014401323129                          Inf
```

由于 h＝1 且 sig＝0.028015688607804＞0.01，因此有充分的理由认为元件的平均寿命大于 180 小时。

2. 方差未知时两个正态总体均值差的检验

在比较两个独立正态总体的均值时，可以根据方差齐不齐的情况，应用不同的统计量进行检验。下面仅对方差齐的情况进行讲解。

用 ttest2 函数对两个样本的均值差异进行 t 检验，其调用格式如下：

h＝ttest2(x,y)：假设 x 和 y 为取自服从正态分布的两个样本。在它们标准差未知但相等时检验它们的均值是否相等。当 h＝1 时，可以在 0.05 的水平下拒绝零假设；当 h＝0 时，则不能在该水平下拒绝零假设。

[h,significance,ci]＝ttest2(x,y,alpha)：给定显著性水平的控制参数 alpha。例如，当 alpha＝0.01 时，如果 h＝1，则在 0.01 的显著性水平下拒绝零假设；若 h＝0，则不能在该水平下拒绝零假设。此外，significance 参数是与 t 统计量相关的 p 值，即为能够利用 T 的观测值做出拒绝原假设的最小显著性水平。ci 为均值差异真值的 1－alpha 置信区间。

ttest2(x,y,alpha,tail)：允许指定是进行单侧检验或双侧检验。tail＝0 或'both'时表示指定备择假设 $\mu_x \neq \mu_y$；tail＝1 或'right'时表示指定备择假设 $\mu_x > \mu_y$；tail＝－1 或'left'时表示指定备择假设 $\mu_x < \mu_y$。

【例 11-14】 某厂铸造车间进行技术升级，将铜合金铸件更换为镍合金铸件，现在对镍合金铸件和铜合金铸件进行硬度测试，得到硬度数据为

镍合金：82.45　86.21　83.58　79.69　75.29　80.73　72.75　82.35

铜合金：83.56　64.27　73.34　74.37　79.77　67.12　77.27　78.07　72.62

假设硬度服从正态分布，且方差保持不变，请在显著性水平 α＝0.05 下判断镍合金的硬度是否有明显提高。

解：根据题意，编写以下 MATLAB 代码：

```
clear all
clc
```

```
x = [82.45 86.21 83.58 79.69 75.29 80.73 72.75 82.35]';
y = [83.56 64.27 73.34 74.37 79.77 67.12 77.27 78.07 72.62]';
a = 0.05;
[h,sig,ci] = ttest2(x,y,a,1)
```

运行后，得到结果如下：

```
h =
     1
sig =
   0.019504179277914
ci =
   1.325223048786295
                 Inf
```

因此，在显著性水平 $\alpha=0.05$ 下，可以判断镍合金的硬度有明显的提高。

11.5.3 分布拟合假设检验

在统计分析中常用到分布拟合检验方法，下面介绍两种比较简单的分布拟合检验方法，即 q-q 图法和峰度-偏度法。

1. q-q 图

q-q 图法就是用指定分布的分位数和变量数据分布的分位数之间的关系曲线来检验数据的分布。如果两个样本来自同一分布，则图中数据点呈现直线关系，否则为曲线关系。该图中将样本数据用图形标记"+"显示。在图中将每一个分布的四分之一和四分之三处进行连线，此连线可以用来评价数据的线性特征。

MATLAB 可以用 qqplot 函数生成样本 q-q 图，其调用格式如下：

qqplot(X)：显示 X 的样本值与服从正态分布的理论数据之间的 q-q 图。如果 X 的分布为正态分布，则图形接近直线。

qqplot(X,Y)：显示两个样本的 q-q 图。若样本是来自于相同的分布，则图形将是线性的。对于矩阵 X 和 Y，q-q 图为一个配对列显示分隔线。

h=qqplot(X,Y,pvec)：返回直线的句柄到 h 中。

例如，可以使用以下 MATLAB 代码进行分布拟合检验，生成 q-q 图。

```
clear all
clc
x = normrnd(0,1,100,1);          % 生成服从正态分布的随机数
y = normrnd(0.5,2,50,1);         % 生成服从正态分布的随机数
z = weibrnd(2,0.5,100,1);        % 生成服从威布尔分布的随机数
subplot(2,2,1)
qqplot(x)
hold on
subplot(2,2,2)
```

```
qqplot(x,y)
hold on
subplot(2,2,3)
qqplot(z)
hold on
subplot(2,2,4)
qqplot(x,z)
hold off
```

运行后得到结果如图 11-14 所示。

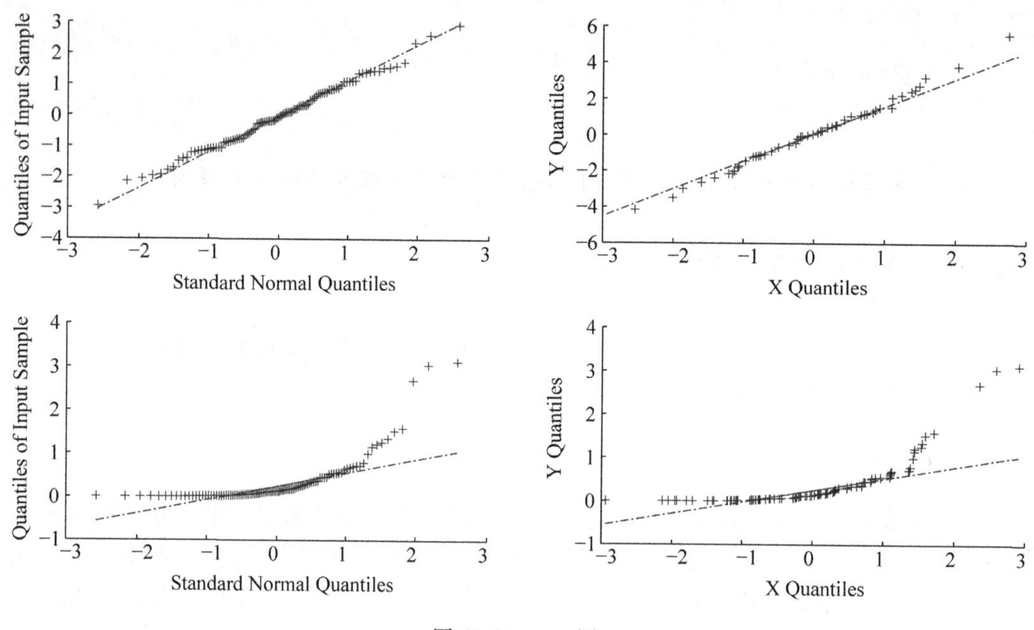

图 11-14　q-q 图

在图 11-14 中，第 1 个子图用 x 的数据绘图，因为服从正态分布，图中数据点呈直线分布；第 2 个子图用 x 数据和 y 数据均服从正态分布，数据点的主体部分呈直线；第 3 个子图用 z 数据绘图，由于它服从威布尔分布，所以数据点不在一条直线上；第 4 个子图是用 x 数据和 z 数据绘制的，因为它们不是同分布的，图中数据点不呈直线分布。

2. 峰度-偏度检验

峰度-偏度检验又称为 Jarque-Bera 检验，该检验基于数据样本的偏度和峰度，评价给定数据是否服从未知均值和方差的正态分布的假设。对于正态分布数据，样本偏度接近于 0，样本峰度接近于 3。

Jarque-Bera 检验可以确定样本偏度和峰度是否与它们的期望值相差较远。

在 MATLAB 中，使用 jbtest 函数进行 Jarque-Bera 检验，测试数据对正态分布的拟合程度，其调用格式如下：

h=jbtest(X)：对输入数据矢量 X 进行 Jarque-Bera 检验，返回检验结果 h。若 h=1，则在显著性水平 0.05 下拒绝 X 服从正态分布的假设；若 h=0，我们可认为 X 服从正态分布。

h=jbtest(X,alpha)：在显著性水平 alpha 下进行 Jarque-Bera 检验。

[h,P,JBSTAT,CV]=jbtest(X,alpha)：返回 3 个其他输出值。P 为检验的 p 值，JBSTAT 为检验统计量，CV 为确定是否拒绝零假设的临界值。

【例 11-15】 试检验以下数据是否处于正态分布：

5200 5056 561 6016 635 669 686 692 704 7007 711

7013 7104 719 727 735 740 744 745 750 7076 777

7086 7806 791 7904 821 822 826 834 837 8051 862

8703 879 889 9000 904 922 926 952 963 1056 10074

解：根据题意，进行峰度-偏度检验，编写 MATLAB 代码如下：

```
clear all
clc
x1 = [5200 5056 561 6016 635 669 686 692 704 7007 711];
x2 = [7013 7104 719 727 735 740 744 745 750 7076 777];
x3 = [7086 7806 791 7904 821 822 826 834 837 8051 862];
x4 = [8703 879 889 9000 904 922 926 952 963 1056 10074];
x = [x1 x2 x3 x4];
[H,P,JBSTAT,CV] = jbtest(x)
```

运行后，得到结果如下：

```
H =
     1
P =
   0.021806188315314
JBSTAT =
   8.022626680925750
CV =
   4.846568648885889
```

由于 H=1 时，P<0.05，因此有充分理由认为上述数据不是处于正态分布的。

11.6 方差分析

事件的发生总是与多个因素有关，而各个因素对事件发生的影响很可能不一样，且同一因素的不同水平对事件发生的影响也会有所不同。通过方差分析，便可以研究不同因素或相同因素的不同水平对事件发生的影响程度。

一般可以根据自变量的个数不同，将方差分析分为单因子方差分析和多因子方差分析。

11.6.1 单因子方差分析

在 MATLAB 中，anova1 函数可以用于单因子方差分析，其调用格式如下：

p=anova1(X)：比较样本 m×n 的矩阵 X 中两列或多列数据的均值。其中，每一列包含一个具有 m 个相互独立观测值的样本，返回 X 中所有样本取自同一群体(或取自均值相等的不同群体)的零假设成立的概率 p。若 p 值接近 0，则认为零假设可疑并认为列均值存在差异。为了确定结果是否“统计上显著”，需要确定 p 的值，该值由用户自己确定。一般地，当 p 值小于 0.05 或 0.01 时，可认为结果是显著的。

anova1(X,group)：当 X 为矩阵时，利用 group 变量(字符数组或单元数组)作为 X 中样本的箱形图的标签。变量 group 中的每一行包含 X 中对应列中的数据的标签，所以变量的长度必须等于 X 的列数。

当 X 为矢量时，anova1 函数对 X 中的样本进行单因素方差分析，通过输入变量 group 来标识 X 矢量中的每个元素的水平，所以 group 与 X 的长度必须相等。group 中包含的标签同样可用于箱形图的标注。anova1 函数的矢量输入形式不需要每个样本中的观测值个数相同，所以它适用于不平衡数据。

p=anova1(X,group,'displayopt')：当'displayopt'参数设置为'on'(默认设置)时，激活 ANOVA 表和箱形图的显示；'displayopt'参数设置为'off'时，不予显示。

[p,table]=anova1(…)：返回单元数组表中的 ANOVA 表(包含列标签和行标签)。

[p,table,stats]=anova1(…)：返回 stats 结构，用于进行多重比较检验。anova1 检验评价所有样本均值相等的零假设和均值不等的备择假设。有时进行检验，决定哪对均值差异显著，哪对均值差异不显著是很有效的。提供 stats 结构作为输入，使用 multcompare 函数可以进行此项检验。

【例 11-16】 假设某工程有 3 台机器生产规格相同的铝合金薄板。现在对铝合金薄板的厚度进行取样测量，得到数据如下：

机器 1：0.246　0.248　0.238　0.235　0.233

机器 2：0.267　0.263　0.265　0.264　0.251

机器 3：0.268　0.254　0.269　0.257　0.252

请检验各台机器所生产薄板的厚度有没有明显的差异。

解：根据题意，编写 MATLAB 代码如下：

```
clear all
clc
X = [0.246  0.248  0.238  0.235  0.233; 0.267  0.263  0.265  0.264  0.251;0.268
0.254  0.269  0.257  0.252];
P = anova1(X')
```

运行代码，得到结果如下：

```
P =
    5.439910241480993e - 04
```

由以上结果可以得知，各台机器所生产薄板的厚度没有明显的差异。

注意：方差分析要求样本数据满足下面的假设条件：

(1) 所有样本数据满足正态分布条件；

(2) 所有样本数据具有相等的方差；

(3) 所有观测值相互独立。

11.6.2 双因子方差分析

在 MATLAB 中，anova2 函数可以用于进行单因子方差分析，其调用格式如下：

p=anova2(X,reps)：不同列中的数据代表一个因子 A 的变化。不同行中的数据代表另一因子 B 的变化。若在每一个行每一列匹配点上有一个以上的观测值，则变量 reps 指示每一个单元中观测值的个数。

p=anova2(X,group,'displayopt')：当'displayopt'参数设置为'on'(默认设置)时，激活 ANOVA 表和箱形图的显示；'displayopt'参数设置为'off'时，不予显示。

[p,table]=anova2(…)：返回单元数组表中的 ANOVA 表(包含列标签和行标签)。

[p,table,stats]=anova2(…)：返回 stats 结构，用于进行列因子均值的多重比较检验。

【例 11-17】 为考察高温合金中碳的含量(因子 A)和锑的含量(因子 B)对合金强度的影响。因子 A 取 3 个水平 0.02、0.03、0.04，因子 B 取 4 个水平 3.4、3.5、3.6、3.7。在每个 AB 组合下进行一次试验，试验结果如表 11-7 所示。

表 11-7 实验结果

项目		***B***(锑的含量)			
		3.3	**3.4**	**3.5**	**3.6**
A (碳的含量)	0.02	63.1	63.9	65.6	66.8
	0.03	65.1	66.4	67.8	69.0
	0.04	67.2	71.0	71.9	73.5

请对上表做方差分析。

解：根据题意，编写 MATLAB 代码如下：

```
clear all
clc
y=[63.1 63.9 65.6 66.8;65.1 66.4 67.8 69.0;67.2 71.0 71.9 73.5];
p=anova2(y)
```

运行代码，得到结果如下：

```
p=
  0.001237313685369   0.000069271046152
```

可见，列因子 B 和行因子 A 均是显著的。

11.7 统计图表的绘制

因为图表的直观性，在概率和统计方法中，经常需要绘制图表。MATLAB 提供了多种类型图表绘制函数。下面介绍几种常用的统计图表绘制函数。

1. 正整数的频率表

绘制正整数频率表的函数是 tabulate，其调用格式如下：

table＝tabulate(X)：X 为正整数构成的向量，返回 3 列。第 1 列中包含 X 的值，第 2 列为这些值的个数，第 3 列为这些值的频率。

在 MATLAB 中，绘制正整数的频率表的示例如下：

```
clear all
clc
A = [1 2 2 5 6 3 8]
tabulate(A)
```

运行后得到正整数的频率表如下：

```
  Value    Count   Percent
      1        1     14.29 %
      2        2     28.57 %
      3        1     14.29 %
      4        0      0.00 %
      5        1     14.29 %
      6        1     14.29 %
      7        0      0.00 %
      8        1     14.29 %
```

2. 经验累积分布函数图形

绘制经验累积分布函数图形的函数是 cdfplot，其调用格式如下：

cdfplot(X)：作样本 X(向量)的累积分布函数图形。

h＝cdfplot(X)：h 表示曲线的环柄。

[h,stats]＝cdfplot(X)stats：表示样本的一些特征。

在 MATLAB 中，绘制经验累积分布函数图形的示例如下：

```
clear all
clc
X = normrnd (0,1,50,1);
[h,stats] = cdfplot(X)
```

运行后得到结果如下：

```
h =
  Line with properties:
              Color: [0 0.447000000000000 0.741000000000000]
          LineStyle: '-'
          LineWidth: 0.500000000000000
             Marker: 'none'
         MarkerSize: 6
    MarkerFaceColor: 'none'
```

```
                XData: [1x102 double]
                YData: [1x102 double]
                ZData: [1x0 double]

  Show all properties
stats =
       min: -2.486283920703279           % 样本最小值
       max: 1.250251228304996            % 最大值
      mean: -0.150362576169752           % 平均值
    median: 0.040547896890977            % 中间值
       std: 1.022383919836042            % 样本标准差
```

经验累积分布函数图形如图 11-15 所示。

3. 最小二乘拟合直线

绘制最小二乘拟合直线的函数是 lsline,其调用格式如下:

h=lsline: h 为直线的句柄。

在 MATLAB 中,绘制最小二乘拟合直线的示例如下:

```
clear all
clc
A=[1 2 2 5 6 3 8]
tabulate(A)
```

运行后得到最小二乘拟合直线如图 11-16 所示。

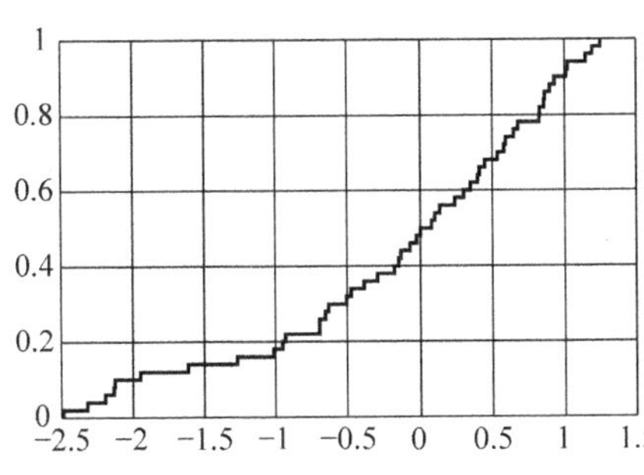

图 11-15 经验累积分布函数图形

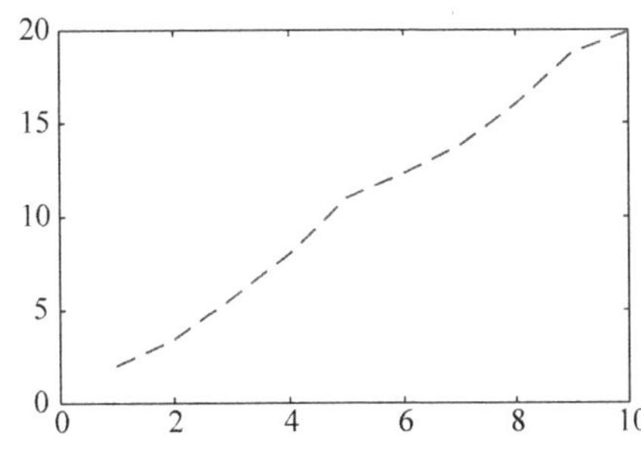

图 11-16 最小二乘拟合直线

4. 绘制正态分布概率图形

绘制正态分布概率图形的函数是 normplot,其调用格式如下:

normplot(X): 若 X 为向量,则显示正态分布概率图形,若 X 为矩阵,则显示每一列的正态分布概率图形。

h=normplot(X): 返回绘图直线的句柄。

在 MATLAB 中,绘制正态分布概率图形的示例如下:

```
clear all
clc
```

```
A=[1 2 2 5 6 3 8]
tabulate(A)
```

运行后得到正态分布概率图形如图 11-17 所示。

5. 绘制威布尔概率图形

绘制威布尔概率图形的函数是 weibplot，其调用格式如下：

weibplot(X)：若 X 为向量，则显示威布尔(Weibull)概率图形，若 X 为矩阵，则显示每一列的威布尔概率图形。

h=weibplot(X)：返回绘图直线的柄。

在 MATLAB 中，绘制威布尔概率图形的示例如下：

```
clear all
clc
A=[1 2 2 5 6 3 8]
tabulate(A)
```

运行后得到威布尔概率图形如图 11-18 所示。

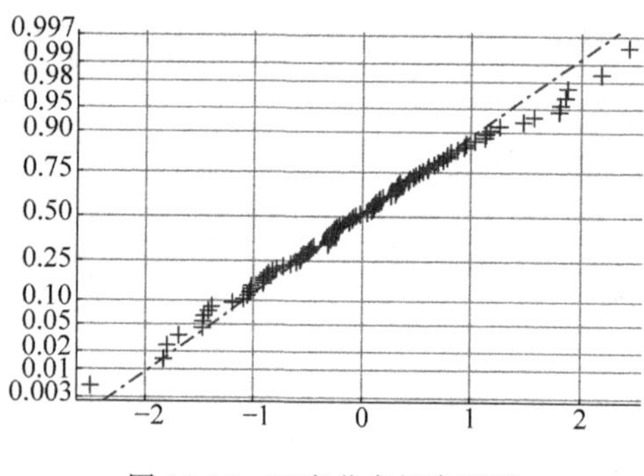

图 11-17　正态分布概率图形

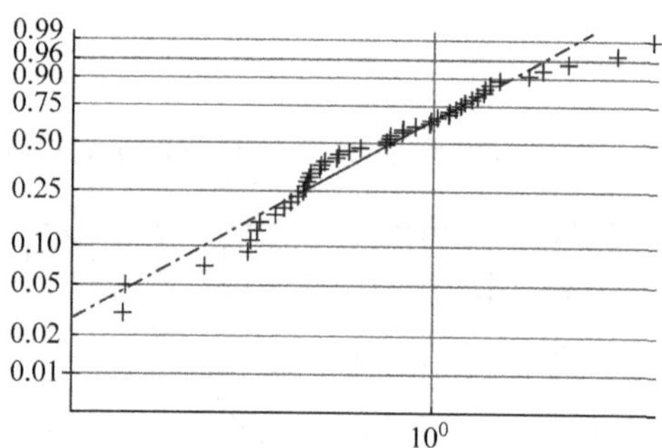

图 11-18　威布尔概率图形

6. 样本数据的盒图

绘制样本数据的盒图的函数是 boxplot，其调用格式如下：

boxplot(X)：产生矩阵 X 的每一列的盒图和“须”图，“须”是从盒的尾部延伸出来，并表示盒外数据长度的线，如果“须”的外面没有数据，则在“须”的底部有一个点。

boxplot(X,notch)：当 notch=1 时，产生一凹盒图，notch=0 时产生一矩箱图。

boxplot(X,notch,'sym')：sym 表示图形符号，默认值为“+”。

boxplot(X,notch,'sym',vert)：当 vert=0 时，生成水平盒图，vert=1 时，生成竖直盒图(默认值 vert=1)。

boxplot(X,notch,'sym',vert,whis)：whis 定义“须”图的长度，默认值为 1.5；若 whis=0，则 boxplot 函数通过绘制 sym 符号图来显示盒外的所有数据值。

在 MATLAB 中，绘制样本数据的盒图的示例如下：

```
clear all
clc
x1 = normrnd(5,1,100,1);
x2 = normrnd(6,1,100,1);
x = [x1 x2];
boxplot(x,1,'g--',1,0)
```

运行后得到样本数据的盒图如图 11-19 所示。

7. 增加参考线

给当前图形加一条参考线的函数是 refline，其调用格式如下：

refline(slope,intercept)：slope 表示直线斜率，intercept 表示截距。

refline(slope)：slope=[a b]，图中加一条直线：y=b+ax。

在 MATLAB 中，给当前图形加一条参考线的示例如下：

```
clear all
clc
y = [4.2 3.6 3.1 4.4 2.4 3.9 3.0 3.4 3.3 2.2 2.7]';
plot(y,'+')
refline(0,4)
```

运行后得到给当前图形加一条参考线的图像如图 11-20 所示。

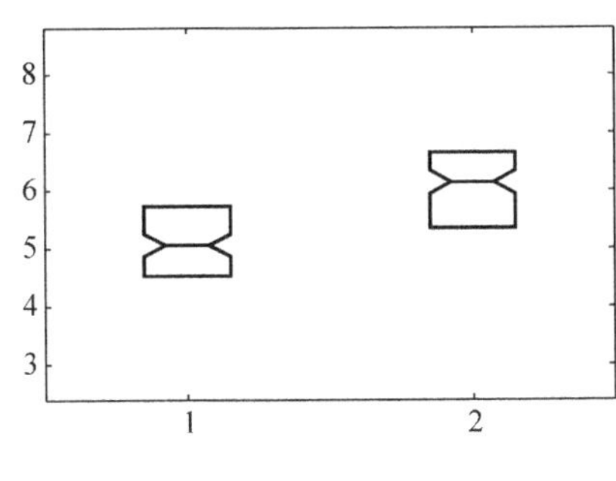

图 11-19 样本数据的盒图

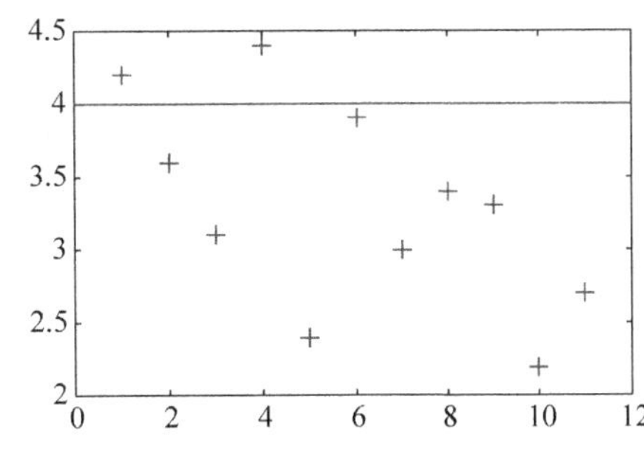

图 11-20 增加参考线图形

8. 增加多项式曲线

在当前图形中加入一条多项式曲线的函数是 refcurve，其调用格式如下：

h=refcurve(p)：在图中加入一条多项式曲线，h 为曲线的环柄，p 为多项式系数向量，p=[p1,p2,p3,…,pn]，其中 p1 为最高幂项系数。

在 MATLAB 中，绘制增加多项式曲线的示例如下：

```
clear all
clc
h = [95 172 220 269 349 281 423 437 432 478 556 430 410 356];
plot(h,'--')
refcurve([-5.9 120 0])
```

运行后得到增加多项式曲线的图像如图 11-21 所示。

9. 样本概率图形

绘制样本概率图形的函数是 capaplot，其调用格式如下：

p＝capaplot(data，specs)：返回来自于估计分布的随机变量落在指定范围内的概率。data 为所给样本数据，specs 指定范围，p 表示在指定范围内的概率。

在 MATLAB 中，绘制样本概率图形的示例如下：

```
clear all
clc
A = [1 2 2 5 6 3 8]
tabulate(A)
```

运行后得到样本概率图形如图 11-22 所示。

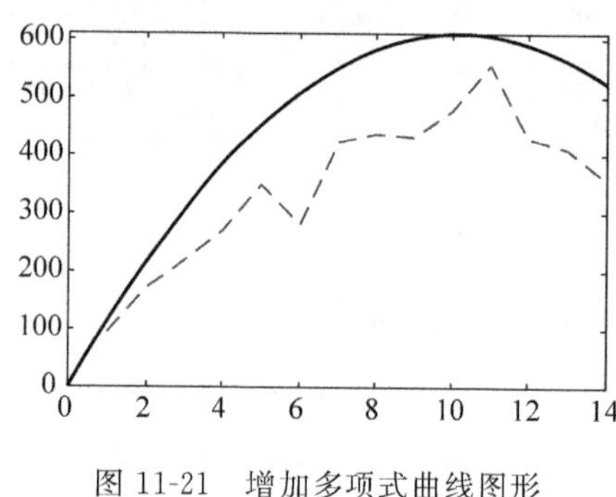

图 11-21　增加多项式曲线图形

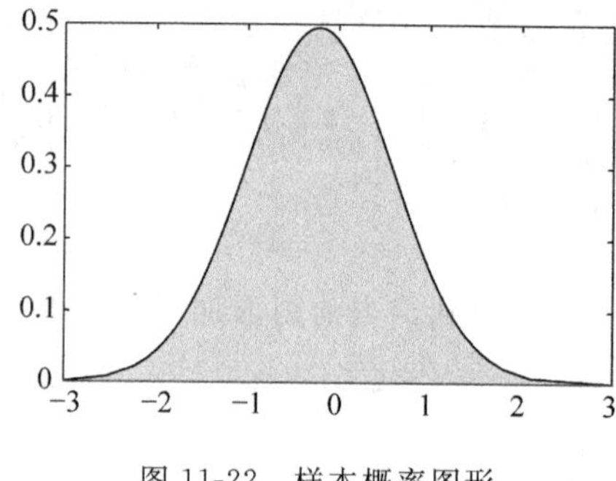

图 11-22　样本概率图形

10. 附加有正态密度曲线的直方图

绘制附加有正态密度曲线的直方图的函数是 histfit，其调用格式如下：

histfit(data)：data 为向量，返回直方图和正态曲线。

histfit(data，nbins)：nbins 指定 bar 的个数。

在 MATLAB 中，绘制附加有正态密度曲线的直方图的示例如下：

```
clear all
clc
r = normrnd (10,1,100,1);
histfit(r)
```

运行后得到附加有正态密度曲线的直方图如图 11-23 所示。

11. 在指定的界线之间画正态密度曲线

绘制在指定的界线之间画正态密度曲线的函数是 normspec，其调用格式如下：

p＝normspec(specs，mu，sigma)：specs 指定界线，mu、sigma 为正态分布的参数 p 为样本落在上、下界之间的概率。

在 MATLAB 中，绘制在指定的界线之间画正态密度曲线的示例如下：

```
clear all
clc
normspec([10 Inf],11,1.2)
```

运行后得到在指定的界线之间的正态密度曲线如图 11-24 所示。

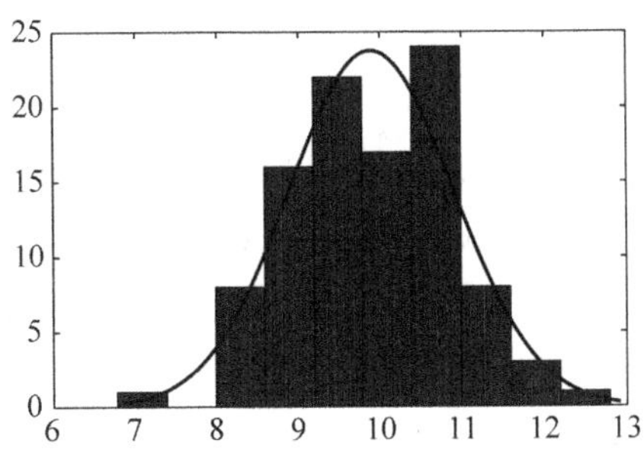

图 11-23　附加有正态密度曲线的直方图

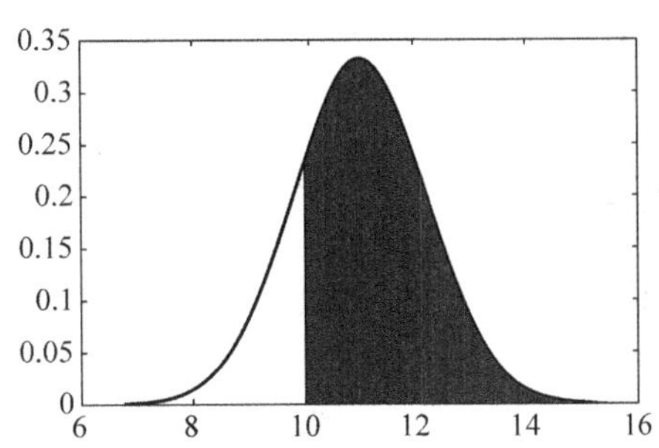

图 11-24　在指定的界线之间画正态密度曲线

本章小结

本章介绍了 MATLAB 中的多种数据统计分析方法，其中随机数的产生和统计图表的绘制是本章的重要内容，它们在许多领域都有广泛的应用。读者一定要熟练掌握相关函数的应用和参数估计、假设检验等统计方法的使用。

第12章 函数

本书在前面几章中已经详细介绍了 MATLAB 中各种基本数据类型和程序流控制语句，本章在此基础上讲述 MATLAB 编程的知识。MATLAB 跟其他高级计算机语言一样，可以编写程序进行设计，同时也具有许多独特的优点。

学习目标：

- 熟练掌握 MATLAB M 文件的概念和基本方法；
- 熟练掌握 MATLAB 函数类型；
- 熟悉 MATLAB 中的参数传递。

12.1 M 文件

M 文件有两种形式：脚本文件和函数文件。脚本文件通常用于执行一系列简单的 MATLAB 命令，运行时只需输入文件名字，MATLAB 就会自动按顺序执行文件中的命令。

函数文件和脚本文件不同，它可以接受参数，也可以返回参数。在一般情况下，用户不能靠单独输入其文件名来运行函数文件，而必须由其他语句来调用，MATLAB 的大多数应用程序都以函数文件的形式给出。

12.1.1 M 文件概述

MATLAB 提供了极其丰富的内部函数，使得用户可以通过命令行调用完成很多工作，但是想要更加高效地利用 MATLAB，离不开 MATLAB 编程。

用户可以通过组织一个 MATLAB 命令序列完成一个独立的功能，这就是脚本 M 文件编程；而把 M 文件抽象封装，形成可以重复利用的功能块，这就是函数 M 文件编程。

M 文件是包含 MATLAB 代码的文件。M 文件按其内容和功能可以分为脚本 M 文件和函数 M 文件这两大类。

1. 脚本 M 文件

它是许多 MATLAB 代码按顺序组成的命令序列集合，不接受参数的输入和输出，与 MATLAB 工作区共享变量空间。脚本 M 文件一般用来实现一个相对独立的功能，比如对某个数据集进行分析与绘图，求解某个已知条件下的微分方程等。用户可以通过在命令行窗口直接输入文件名来运行脚本 M 文件。

通过脚本 M 文件，用户可以把为实现一个具体功能的一系列 MATLAB 代码书写在一个 M 文件中，每次只需要输入文件名即可运行脚本 M 文件中的所有代码。

2. 函数 M 文件

它也是为了实现一个单独功能的代码块，但它与脚本 M 文件不同的地方是需要接受参数输入和输出，函数 M 文件中的代码一般只处理输入参数传递的数据，并把地方处理结果作为函数输出参数返回给 MATLAB 工作区中指定的接受量。

因此，函数 M 文件具有独立的内部变量空间，在执行函数 M 文件时，需指定输入参数的实际取值，而且一般要指定接收输出结果的工作区变量。

MATLAB 提供的许多函数就是用函数 M 文件编写的。尤其是各种工具箱中的函数，用户可以打开这些 M 文件查看。实际上，对应特殊应用领域的用户，如果积累了充足的专业领域应用的函数，就可以组建自己的专业领域工具箱。

通过函数 M 文件，用户可以把为实现一个抽象功能的 MATLAB 代码封装成一个函数接口，在以后的应用中重复调用。

12.1.2 变量

在复杂的程序结构中，变量是各种程序结构的基础。

MATLAB 中变量的命名规则如下：

(1) 必须以字母开头，之后可以是任意字母、数字或者下画线；

(2) 变量命名不能有空格，变量名称区分大小写；

(3) 变量名称不能超过 63 个字符，第 63 个字符之后的部分都将被忽略。

在 MATLAB 中有一些默认的预定义变量，用户在设置变量时应该尽量避免和这些默认的变量相同，否则会给程序代码带来不可预测的错误。表 12-1 列出了常见的预定义变量。

表 12-1 MATLAB 中的预定义变量

预定义变量	含 义
ans	计算结果的默认名称
eps	计算机的零阈值
inf(Inf)	无穷大
pi	圆周率
NaN(nan)	表示结果或者变量不是数值

在编写程序代码的时候，可以定义全局变量和局部变量两种类型，这两种变量类型在程序设计中有着不同的应用范围和工作原理。因此，有必要了解这两种变量的使用方法和特点。

每一个函数在运行的时候，都会占有独自的内存，这个工作区独立于 MATLAB 的基本工作区和其他函数的工作区。这样的工作原理保证了不同的工作区中的变量相互独立，不会相互影响，这些变量都称为局部变量。

无论在脚本文件还是在函数文件中，都会定义一些变量。函数文件所定义的变量是局部变量，这些变量独立于其他函数的局部变量和工作区的变量，即只能在该函数的工作区引用，而不能在其他函数的工作区和命令工作区引用。但是，如果某些变量被定义成全局变量，就可以在整个 MATLAB 工作区进行存取和修改，以实现共享。

在默认情况下，如果用户没有特别声明，函数运行过程中使用的变量都是局部变量。如果希望减少变量传递，可以使用全局变量。在 MATLAB 中，用命令 global 定义全局变量，其格式如下：

```
global A B C
```

将 A、B、C 这 3 个变量定义为全局变量。

在 M 文件中定义全局变量时，如果在当前工作区已经存在相同的变量，系统将会给出警告，说明由于将该变量定义为全局变量，可能会使变量的值发生改变。为避免发生这种情况，应该在使用变量前先将其定义为全局变量。

注意：MATLAB 对变量名是区分大小写的，因此为了在程序中分清楚而不至于误声明，习惯上可以将全局变量定义为大写字母。

在命令变量名称时，MATLAB 预留了一些关键字并且不允许用户对其进行重新赋值。因此在定义变量名称的时候，应该避免使用这些关键字，否则系统会显示类似于缺少操作之类的错误提示。在 MATLAB 中，可以使用"iskeyword"命令来查看 MATLAB 中的关键字，得到的结果如下：

```
>> iskeyword
ans =
    'break'
    'case'
    'catch'
    'classdef'
    'continue'
    'else'
    'elseif'
    'end'
    'for'
    'function'
    'global'
    'if'
    'otherwise'
    'parfor'
    'persistent'
```

```
    'return'
    'spmd'
    'switch'
    'try'
    'while'
```

12.1.3 脚本文件

脚本文件是 M 文件中最简单的一种，用命令语句可以控制 MATLAB 命令工作区的所有数据。

在程序运行过程中，产生的所有变量均是命令工作区变量，这些变量一旦生成，就一直保存在内存空间中，除非用户执行 clear 命令将它们清除。运行一个脚本文件等价于从命令行窗口中顺序运行文件里的语句。由于脚本文件只是一串命令的集合，因此只需像在命令行窗口中输入语句那样，依次将语句编辑在脚本文件中即可。

【例 12-1】 编程计算向量元素的平均值。

解：在 MATLAB 命令行窗口输入

```
clear all
clc
a = input('输入变量: a = ');
[b,c] = size(a);
if ~((b == 1)|(c == 1))|(((b == 1)&(c == 1)))      % 判断输入是否为向量
    error('必须输入向量')
end
average = sum(a)/length(a)                          % 计算向量 a 所有元素的平均值
```

运行后，系统提示

```
输入变量: a =
```

如果输入行向量[1 2 3]，则运行结果为

```
average =
     2
```

如果输入的不是向量，如[1 2; 3 4]，则运行结果为

```
Error using test (line 6)
必须输入向量
```

12.1.4 函数文件

如果 M 文件的第一个可执行语句以 function 开始，该文件就是函数文件，每一个函数文件都定义一个函数。事实上，MATLAB 提供的函数命令大部分都是由函数文件定

义的，这足以说明函数文件的重要。

从使用的角度看，函数是一个“黑箱”，把一些数据送进去，经加工处理，把结果送出来。从形式上看，函数文件区别于脚本文件的地方在于脚本文件的变量为命令工作区变量，在文件执行完成后保留在命令工作区中；而函数文件内定义的变量为局部变量，只在函数文件内部起作用，当函数文件执行完后，这些内部变量将被清除。

【例 12-2】 编写函数 average()用于计算向量元素的平均值。

解：在 MATLAB 编辑窗口输入

```
function y = average(x)
[a,b] = size(x);                                    % 判断输入量的大小
if~((a == 1)|(b == 1))|((a == 1)&(b == 1))          % 判断输入是否为向量
    error('必须输入向量.')
end
y = sum(x)/length(x);                               %计算向量x所有元素的平均值
```

将文件存盘，默认状态下函数名为 average.m(文件名与函数名相同)，函数 average 接收一个输入参数并返回一个输出参数，该函数的用法与其他 MATLAB 函数一样；在 MATLAB 命令行窗口中运行以下语句，便可求得 1～9 的平均值。

```
>> x = 1:9
x =
     1    2    3    4    5    6    7    8    9
>> average(x)
ans =
     5
```

通常，函数文件由以下几个基本部分组成。

1. 函数定义行

函数定义行由关键字 function 引导，指明这是一个函数文件，并定义函数名、输入参数和输出参数，函数定义行必须为文件的第一个可执行语句，函数名与文件名相同，可以是 MATLAB 中任何合法的字符。

函数文件可以带有多个输入和输出参数，例如：

```
function [x,y,z] = sphere(theta,phi,rho)
```

也可以没有输出参数，例如：

```
function printresults(x)
```

2. H1 行

H1 行就是帮助文本的第一行，是函数定义行下的第一个注释行，供 lookfor 查询使用。一般来说，为了充分利用 MATLAB 的搜索功能，在编制 M 文件时，应在 H1 行中尽可能多地包含该函数的特征信息。由于在搜索路径上包含 average 的函数很多，因此用 lookfor average 语句可能会查询到多个有关的命令。例如：

```
>> lookfor average_2
average_2.m:    % 函数 average_2(x)用以计算向量元素的平均值
```

3. 帮助文本

在函数定义行后面，连续的注释行不仅可以起到解释与提示作用，更重要的是为用户自己的函数文件建立在线查询信息，以供 help 命令在线查询使用。例如：

```
>> help average_2
```

函数 average_2(x)用以计算向量元素的平均值。输入参数 x 为输入向量，输出参数 y 为计算的平均值。非向量输入将导致错误。

4. 函数体

函数体包含了用于完成计算及给输出参数赋值等工作的全部语句，这些语句可以是调用函数、流程控制、交互式输入/输出、计算、赋值、注释和空行。

5. 注释

从%起始到行尾结束的部分为注释部分，MATLAB 的注释可以放置在程序的任何位置，可以单独占一行，也可以在一个语句之后，例如：

```
%非向量输入将导致错误
[m,n] = size(x);    % 判断输入量的大小
```

12.1.5 函数调用

调用函数文件的一般格式如下：

```
[输出参数表] = 函数名(输入参数表)
```

调用函数时应注意如下几点。

(1) 当调用一个函数时，输入和输出参数的顺序应与函数定义时的一致，其数目可以按少于函数文件中所规定的输入和输出参数调用函数，但不能使用多于函数文件所规定的输入和输出参数数目。

如果输入和输出参数数目多于或少于函数文件所允许的数目，则调用时自动返回错误信息。例如：

```
>> [x,y] = sin(pi)
??? Error using ==> sin
Too many output arguments.
又如：
>> y = linspace(2)
??? Input argument "n" is undefined.
Error in ==> linspace at 21
```

(2) 在编写函数文件调用时常通过 nargin、nargout 函数来设置默认输入参数，并决定用户所希望的输出参数。函数 nargin 可以检测函数被调用时用户指定的输入参数个数；函数 nargout 可以检测函数被调用时用户指定的输出参数个数。

在函数文件中通过 nargin、nargout 函数，可以适应函数被调用时，用户输入和输出参数数目少于函数文件中 function 语句所规定数目的情况，以决定采用何种默认输入参数和用户所希望的输出参数。例如：

```
function y = linspace(d1,d2,n)
% LINSPACE Linearly spaced vector.
% LINSPACE(X1,X2) generates a row vector of 100 linearly
% equally spaced points between X1 and X2.
%
% LINSPACE(X1,X2,N) generates N points between X1 and X2.
% For N < 2,LINSPACE returns X2.
%
% Class support for inputs X1,X2:
% float: double,single
%
% See also LOGSPACE, :.
% Copyright 1984 - 2004 The MathWorks,Inc.
% $Revision: 5.12.4.1 $  $Date: 2004/07/05 17:01:20 $
if nargin == 2
    n = 100;
end
n = double(n);
y = [d1 + (0:n - 2) * (d2 - d1)/(floor(n) - 1) d2];
```

如果用户只指定 2 个输入参数调用 linspace，例如 linspace(0,10)，linspace 在 0～10 之间等间隔产生 100 个数据点；相反，如果输入参数的个数是 3，例如 linspace(0,10,50)，第 3 个参数决定数据点的个数，linspace 在 0～10 之间等间隔产生 50 个数据点。

函数也可按少于函数文件中所规定的输出参数进行调用。例如，对函数 size()的调用，可以有以下方式：

```
>> x = [1 2 3; 4 5 6];
>> m = size(x)
m =
    2 3
>> [m,n] = size(x)
m =
    2
n =
    3
```

(3) 当函数有一个以上输出参数时，输出参数包含在方括号内，例如[m,n]=size(x)。注意，[m,n]在左边表示函数的两个输出参数 m 和 n；不要把它和[m,n]在等号右边的情况混淆，例如 y=[m,n]表示数组 y 由变量 m 和 n 组成。

(4) 当函数有一个或多个输出参数，但调用时未指定输出参数，则不给输出变量赋任何值。例如：

```
function t = toc
 % TOC Read the stopwatch timer.
 % TOC,by itself,prints the elapsed time (in seconds) since TIC was used.
 % t = TOC; saves the elapsed time in t,instead of printing it out.
 % See also TIC,ETIME,CLOCK,CPUTIME.
 % Copyright(c)1984 - 94byTheMathWorks,Inc.
 % TOC uses ETIME and the value of CLOCK saved by TIC.
Global TICTOC
If nargout < 1
elapsed_time = etime(clock,TICTOC)
else
t = etime(clock,TICTOC);
end
```

在用户调用 toc 时，不指定输出参数 t，例如：

```
>> tic
>> toc
elapsed_time =
    4.0160
```

函数在命令行窗口显示函数工作区变量 elapsed_time 的值，但在 MATLAB 命令工作区里不给输出参数 t 赋任何值，也不创建变量 t。

如果用户调用 toc 时指定输出参数 t，例如：

```
>> tic
>> out = toc
out =
    2.8140
```

则以变量 out 的形式返回到命令行窗口，并在 MATLAB 命令工作区里创建变量 out。

(5) 函数有自己的独立工作区，它与 MATLAB 的工作区分开。除非使用全局变量，函数内变量与 MATLAB 其他工作区之间唯一的联系是函数的输入和输出参数。如果函数任一输入参数值发生变化，其变化仅在函数内出现，不影响 MATLAB 其他工作区的变量。函数内所创建的变量只驻留在该函数工作区，而且只在函数执行期间临时存在，以后就消失。因此，从一个调用到另一个调用，不能在函数工作区以变量存储信息。

(6) 在 MATLAB 其他工作区重新定义预定义的变量，不会延伸到函数的工作区；反之亦然，即在函数内重新预定义的变量不会延伸到 MATLAB 的其他工作区中。

(7) 如果变量说明是全局的，函数可以与其他函数、MATLAB 命令工作区和递归调用本身共享变量。为了在函数内或 MATLAB 命令工作区中访问全局变量，全局变量在每一个所希望的工作区都必须给予说明。

(8) 全局变量可以为编程带来某些方便，但却破坏了函数对变量的封装，所以在实际编程中，无论什么时候都应尽量避免使用全局变量。如果一定要用全局变量，建议全局变量名要长，采用大写字母，并有选择地以首次出现的 M 文件的名字开头，使全局变量之间不必要的互作用减至最小。

(9) MATLAB 以搜寻脚本文件的方式搜寻函数文件。例如,输入 cow 语句,MATLAB首先认为 cow 是一个变量;如果它不是,那么 MATLAB 认为它是一个内置函数;如果还不是,MATLAB 检查当前 cow.m 的目录或文件夹;如果仍然不是,MATLAB就检查 cow.m 在 MATLAB 搜寻路径上的所有目录或文件夹。

(10) 从函数文件内可以调用脚本文件。在这种情况下,脚本文件查看函数工作区,不查看 MATLAB 命令工作区。从函数文件内调用的脚本文件不必调到内存进行编译,函数每调用一次,它们就被打开和解释。因此,从函数文件内调用脚本文件减慢了函数的执行。

(11) 当函数文件到达文件终点,或者碰到返回命令 return,就结束执行和返回。返回命令 return 提供了一种结束函数的简单方法,而不必到达文件的终点。

12.2 函数类型

MATLAB 中的函数可以分为:匿名函数、M 文件主函数、嵌套函数、子函数、私有函数和重载函数。

12.2.1 匿名函数

匿名函数通常是很简单的函数。不像一般的 M 文件主函数要通过 M 文件编写,匿名函数是面向命令行代码的函数形式,它通常只需一句非常简单的语句,就可以在命令行窗口或 M 文件中调用函数,这对于那些函数内容非常简单的情况,是很方便的。

创建匿名函数的标准格式如下:

```
fhandle = @(arglist)expr
```

其中:

(1) expr 通常是一个简单的 MATLAB 变量表达式,实现函数的功能,比如 x+x.^2 等;

(2) arglist 是参数列表,它指定函数的输入参数列表,对应于多个输入参数的情况,通常要用逗号分隔各个参数;

(3) 符号@是 MATLAB 中创建函数句柄的操作符,表示创建由输入参数列表 arglist 和表达式 expr 确定的函数句柄,并把这个函数句柄返回给变量 fhandle,这样就可以通过 fhandle 来调用定义好的这个函数。

例如,定义函数:

```
myfunhd = @(x)(x + x.^2)
```

表示创建了一个匿名函数,它有一个输入参数 x,它实现的功能是 x+x.^2,并把这个函数句柄保存在变量 myfunhd 中,以后就可以通过 myfunhd(a)来计算当 x=a 时的函数值。

需要注意的是,匿名函数的参数列表 arglist 中可以包含一个参数或多个参数,这样调用的时候就要按顺序给出这些参数的实际取值。但是，arglist 也可以不包含参数，即留空。这种情况下调用函数时还需要通过 fhandle()的形式来调用，即要在函数句柄后紧跟一个空的括号，否则，只显示 fhandle 句柄对应的函数形式。

匿名函数可以嵌套，即在 expr 表达式中可以用函数来调用一个函数句柄。

【例 12-3】 匿名函数的使用。

解：在 MATLAB 命令行窗口输入

```
>> myth = @(x)(x + x.^2)
myth =
    @(x)(x + x.^2)
>> myth(2)
ans =
     6
>> myth1 = @()(3 + 2)
myth1 =
    @()(3 + 2)
>> myth1()
ans =
     5
>> myth1
myth1 =
    @()(3 + 2)
```

匿名函数可以保持在.mat 文件中，例 12-3 中通过 save myth.mat 把匿名函数句柄 myth 保存在 save myth.mat 文件中，以后需要用到匿名函数 myth 时，只需要运行 load myth.mat 即可。

12.2.2 M 文件主函数

每一个函数中 M 文件第一行定义的函数就是 M 文件的主函数，一个 M 文件只能包含一个主函数，并且习惯上通常将 M 文件名和 M 文件主函数名设为一致。

M 文件主函数是针对其内部嵌套函数和子函数而言的，一个 M 文件中除了一个一维主函数，还可以编写多个嵌套函数或子函数，以便在主函数功能实现中进行调用。

12.2.3 嵌套函数

在一个函数内部，可以定义一个或多个函数，这种定义在其他函数内部的函数称为嵌套函数。嵌套可以多层发生，就是说一个函数内部就可以嵌套多个函数，这些嵌套函数内部又可以继续嵌套其他函数。

嵌套函数的书写语法格式如下：

```
function x = a(b,c)
...
```

```
    function y = d(e,f)
    ...
            function z = h(m,n)
            ...
            end
    end
end
```

一般,函数代码中结尾是不需要专门标明 end 的,但是使用嵌套函数时,无论嵌套函数还是嵌套函数的父函数(直接上一层次的函数)都要明确标出 end 表示的函数结束。

嵌套函数的互相调用需要注意嵌套的层次,在下面一段代码中:

(1) 外层的函数可以调用向内一层直接嵌套的函数(A 可以调用 B 和 C),而不能调用更深层次的嵌套函数(A 不可以调用 D 和 E);

(2) 嵌套函数可以调用与自己具有相同父函数的其他同层函数(B 和 C 可以相互调用);

(3) 嵌套函数也可以调用其父函数,或与父函数具有相同父函数的其他嵌套函数(D 可以调用 B 和 C),但不能调用其父函数具有相同父函数的其他嵌套函数内深层嵌套的函数。

```
function A(a,b)
...
    function B(c,d)
    ...
            function D = h(e)
            ...
            end
    end
    function C(m,n)
        ...
            function E(g,f)
            ...
            end
    end
end
```

12.2.4 子函数

一个 M 文件只能包含一个主函数,但是一个 M 文件可以包含多个函数,这些编写在主函数后的函数都称为子函数。所有子函数只能被其所在 M 文件中的主函数或其他子函数调用。

所有子函数都有自己独立的声明、帮助和注释等结构,只需要在位置上放在主函数之后即可。而各个子函数的前后顺序都可以任意放置,和被调用的前后顺序无关。

M 文件内部发生函数调用时,MATLAB 首先检查该 M 文件中是否存在相应名称的子函数,然后检查这一 M 文件所在的目录的子目录是否存在同名的私有函数,然后按照 MATLAB 路径,检查是否存在同名的 M 文件或内部函数。根据这一顺序,函数调用时首先查找相应的子函数，因此可以通过编写同名子函数的方法实现 M 文件内部的函数重载。

子函数的帮助文件也可以通过 help 命令显示。

12.2.5 私有函数

私有函数是具有限制性访问权限的函数，它们对应的 M 文件需要保持在名为 private 的文件夹下，这些私有函数在编写代码方面和普通的函数没有什么区别，也可以在一个 M 文件中编写一个主函数和多个子函数，以及嵌套函数。但私有函数只能被 private 目录的直接父目录下的脚本 M 文件或 M 文件主函数调用。

通过 help 命令获取私有函数的帮助，也需要声明其私有特点，例如要获取私有函数 myprifun 的帮助，就要通过 help private/myprifun 命令。

12.2.6 重载函数

重载是计算机编程中非常重要的概念，它经常用在处理功能类似而参数类型或个数不同的函数中。

例如，现在要实现一个计算功能，一种情况是输入的几个参数都是双精度浮点型；另一种情况是输入几个参数都是整型变量，这时用户就可以编写两个同名函数，一个用来处理双精度浮点类型的输入参数，另一个用来处理整型的输入参数。这样，当用户实际调用函数时，MATLAB 就可以根据实际传递的变量类型选择执行其中一个函数。

MATLAB 中重载函数通常放置在不同的文件夹下，通常文件夹名称以符号@开头，然后跟一个代表 MATLAB 数据类型的字符，如@double 目录下的重载函数输入参数应该是双精度浮点型，而@int32 目录下的重载函数的输入参数应该是 32 位整型。

12.3 参数传递

12.3.1 MATLAB 参数传递概述

在 MATLAB 中，通过 M 文件编写函数时，只需要指定输入和输出的形式参数列表，只是在函数实际被调用的时候，才需要把具体的数值提供给函数声明中给出的输入参数。

在 MATLAB 中，参数传递过程是传值传递，也就是说，在函数调用过程中，MATLAB 将传入的实际变量值赋值为形式参数指定的变量名，这些变量都存储在函数的变量空间中，这和工作区变量空间是独立的，每一个函数在调用中都有自己独立的函数空间。

例如，在 MATLAB 中编写函数：

```
function y = myfun(x, y)
```

在命令行窗口通过 a=myfun(3,2)调用此函数，那么 MATLAB 首先会建立 myfun 函数的变量空间，把 3 赋值给 x，把 2 赋值给 y，然后执行函数实现的代码，在执行完毕后，把 myfun 函数返回的参数 y 的值传递给工作区变量 a，调用过程结束后，函数变量空间被清除。

12.3.2 输入和输出参数的数目

MATLAB 的函数可以具有多个输入或输出参数。在调用时，通常需要给出和函数声明语句中一一对应的输入参数；而输出参数个数可以按参数列表对应指定，也可以不指定。不指定输出参数调用函数时，MATLAB 默认地把输出参数列表中的第一个参数的数值返回给工作区变量 ans。

在 MATLAB 中，可以通过 nargin 和 nargout 函数确定函数调用时实际传递的输入和输出参数个数，结合条件分支语句，就可以处理函数调用中指定不同数目的输入输出参数的情况。

【例 12-4】 输入和输出参数数目的使用。

解：在命令行窗口输入

```
function [n1,n2] = mythe(m1,m2)
if nargin == 1
    n1 = m1;
    if nargout == 2
        n2 = m1;
    end
else
    if nargout == 1
        n1 = m1 + m2;
    else
        n1 = m1;
        n2 = m2;
    end
end
```

函数调试结果如下：

```
>> m = mythe(4)
m =
     4
>> [m,n] = mythe(4)
m =
     4
n =
     4
>> m = mythe(4,8)
m =
    12
>> [m,n] = mythe(4,8)
```

```
m =
     4
n =
     8
>> mythe(4,8)
ans =
     4
```

指定输入和输出参数个数的情况比较好理解，只要对应函数 M 文件中对应的 if 分支项即可；而不指定输出参数个数的调用情况，MATLAB 是按照指定了所有输出参数的调用格式对函数进行调用的，不过在输出时只是把第一个输出参数对应的变量值赋给工作区变量 ans。

12.3.3 可变数目的参数传递

函数 nargin 和 nargout 结合条件分支语句，可以处理可能具有不同数目的输入和输出参数的函数调用，但这要求对每一种输入参数数目和输出参数数目的结果分别编写代码。

有些情况下，用户可能并不能确定具体调用中传递的输入参数或输出参数的数目，即具有可变数目的传递参数。MATLAB 可通过 varargin 和 varargout 函数实现可变数目的参数传递，这两个函数也适用于处理具有复杂的输入输出参数个数组合的情况。

函数 varargin 和 varargout 把实际的函数调用时的传递的参数值封装成一个元胞数组，因此在函数实现部分的代码编写中，就要用访问元胞数组的方法访问封装在 varargin 和 varargout 中的元胞或元胞内的变量。

【例 12-5】 可变数目的参数传递。

解：在 MATLAB 命令行窗口输入

```
function y = myth(x)
a = 0;
for i = 1:1:length(x)
    a = a + mean(x(i));
end
y = a/length(x);
```

函数 myth 以 x 作为输入参数，从而可以接收可变数目的输入参数，函数实现部分首先计算了各个输入参数(可能是标量、一维数组或二维数组)的均值，然后计算这些均值的均值，调用结果如下：

```
>> myth([4 3 4 5 1])
ans =
    3.4000
>> myth(4)
ans =
     4
>> myth([2 3;8 5])
```

```
ans =
     5
>> myth(magic(4))
ans =
    8.5000
```

12.3.4 返回被修改的输入参数

前面已经讲过，MATLAB函数有独立于MATLAB工作区的变量空间，因此输入参数在函数内部的修改，都只具有和函数变量空间相同的生命周期，如果不指定将此修改后的输入参数值返回到工作区间，那么在函数调用结束后，这些修改后的值将被自动清除。

【例12-6】 函数内部的输入参数修改。

解：在命令行窗口输入

```
function y = mythe(x)
x = x + 2;
y = x.^2;
```

在mythe函数的内部，首先修改了输入参数x的值(x=x+2)，然后以修改后的x值计算输出参数y的值(y=x*2)。调用结果如下：

```
>> x = 2
x =
     2
>> y = mythe(x)
y =
    16
>> x
x =
     2
```

由此结果可见，调用结束后，函数变量区中的x在函数调用中被修改，但此修改只能在函数变量区有效，这并没有影响到MATLAB工作区变量空间中的变量x的值，函数调用前后，MATLAB工作区中的变量x始终取值为3。

那么，如果用户希望函数内部对输入参数的修改也对MATLAB工作区的变量有效，那么就需要在函数输出参数列表中返回此输入参数。对例12-6的函数，则需要把函数修改为function[y,x]=mythe(x)，而在调用时也要通过[y,x]=mythe(x)语句。

【例12-7】 将修改后的输入参数返回给MATLAB工作区。

解：在MATLAB命令行窗口输入

```
function [y,x] = mythee(x)
x = x + 2;
y = x.^2;
```

调试结果如下：

```
>> x = 3
x =
     3
>> [y,x] = mythee(x)
y =
    25
x =
     5
>> x
x =
     5
```

通过函数调用后，MATLAB 工作区中的变量 x 取值从 3 变为 8，可见通过[y,x]=mythee(x)调用，实现了函数对 MATLAB 工作区变量的修改。

12.3.5 全局变量

通过返回修改后的输入参数，可以实现函数内部对 MATLAB 工作区变量的修改，而另一种殊途同归的方法是使用全局变量，声明全局变量需要用到的 global 关键词，语法格式为 global variable。

通过全局变量可以实现 MATLAB 工作区变量空间和多个函数的函数空间共享。这样，多个使用全局变量的函数和 MATLAB 工作区共同维护这一全局变量，任何一处对全局变量的修改，都会直接改变此全局变量的取值。

在应用全局变量时，通常在各个函数内部通过 global variable 语句声明，在命令行窗口或脚本 M 文件中也要先通过 global 声明，然后进行赋值。

【例 12-8】 全局变量的使用。

解：在 MATLAB 命令行窗口输入

```
function y = myt(x)
global a;
a = a + 9;
y = cos(x);
```

然后，在命令行窗口声明全局变量赋值调用：

```
>> global a
>> a = 2
a =
     2
>> myt(pi)
ans =
    -1
>> cos(pi)
ans =
    -1
```

```
>> a
a =
    11
```

通过例 12-8 可见,用 global 将 a 声明为全局变量后,函数内部对 a 的修改也会直接作用到 MATLAB 工作区中,函数调用一次后,a 的值从 2 变为 11。

本章小结

MATLAB 提供了极其丰富的内部函数,使得用户通过命令行调用就可以完成很多工作,但是想要更加高效地利用 MATLAB,就离不开编程。

通过本章的学习,读者应该了解到脚本 M 文件和函数 M 文件在结构、功能、应用范围上的差别。熟悉并掌握 MATLAB 中各种类型的函数,尤其对匿名函数,以 M 文件为核心的 M 文件主函数、子函数、嵌套函数等要熟练应用,还要熟悉参数传递过程及相关函数。

第三部分

MATLAB程序和GUI设计

第 13 章　MATLAB 程序设计

第 14 章　经典智能算法的 MATLAB 实现

第 15 章　图形用户界面

第 16 章　神经网络 GUI 设计

第13章 MATLAB程序设计

本章介绍 MATLAB 中的四大类程序流程控制语句：分支控制语句(if 结构和 switch 结构)、循环控制语句(for 循环、continue 语句和 break 语句)、错误控制语句和程序终止程序。除此之外，在本章中还将介绍 MATLAB 编程的各种基础知识，同时对于程序调试也将加以介绍。

学习目标：

- 熟练掌握 MATLAB 的结构程序；
- 熟练掌握 MATLAB 控制语句；
- 掌握程序调试的方法。

13.1 MATLAB 的程序结构

MATLAB 程序结构一般可分为顺序结构、循环结构、分支结构 3 种。顺序结构是指按顺序逐条执行，循环结构与分支结构都有其特定的语句，这样可以增强程序的可读性。在 MATLAB 中，常用的程序结构包括 if、switch、while 和 for 程序结构。

13.1.1 if 分支结构

如果在程序中需要根据一定条件来执行不同的操作时，可以使用条件语句，在 MATLAB 中提供 if 分支结构，或者称为 if-else-end 语句。

根据不同的条件情况，if 分支结构有多种形式，其中最简单的用法是：如果条件表达式为真，则执行语句 1，否则跳过该组命令。

if 结构是一个条件分支语句，若满足表达式的条件，则往下执行；若不满足，则跳出 if 结构。else if 表达式 2 与 else 为可选项，这两条语句可依据具体情况取舍。

if 语法结构如下：

```
if  表达式 1
    语句 1
    else if 表达式 2 (可选)
```

```
        语句 2
    else (可选)
        语句 3
    end
end
```

注意：(1) 每一个 if 都对应一个 end，即有几个 if，就应有几个 end；

(2) if 分支结构是所有程序结构中最灵活的结构之一，可以使用任意多个 else if 语句，但是只能有一个 if 语句和一个 end 语句；

(3) if 语句可以相互嵌套，可以根据实际需要将各个 if 语句进行嵌套，从而解决比较复杂的实际问题。

【例 13-1】 思考下列程序及其运行结果，说明原因。

解：在 MATLAB 命令行窗口中输入以下程序：

```
>> clear
a = 100;
b = 20;
if a < b
   fprintf ('b > a')            % 在 Word 中输入'b > a'单引号不可用,要在 Editor 中输入
else
   fprintf ('a > b')            % 在 Word 中输入'b > a'单引号不可用,要在 Editor 中输入
end
```

运行后得到：

```
a>b
```

程序中用到了 if-else-end 的结构，如果 a＜b，则输出 b＞a 反之，输出 a＞b。由于 a＝100，b＝20，比较可得结果 a＞b。

在分支结构中，多条语句可以放在同一行，但语句间要用"；"分开。

13.1.2 switch 分支结构

和 C 语言中的 switch 分支结构类似，MATLAB 适用于条件多而且比较单一的情况，类似于一个数控的多个开关，其语法调用方式如下：

```
switch  表达式
case 常量表达式 1
    语句组 1
    case 常量表达式 2
        语句组 2
        …
    otherwise
        语句组 n
end
```

其中，switch 后面的表达式可以是任何类型，如数字、字符串等。

当表达式的值与 case 后面常量表达式的值相等时，就执行这个 case 后面的语句组，如果所有的常量表达式的值都与这个表达式的值不相等，则执行 otherwise 后的语句组。

表达式的值可以重复，在语法上并不错误，但是在执行时，后面符合条件的 case 语句将被忽略。

各个 case 和 otherwise 语句的顺序可以互换。

【例 13-2】 输入一个数，判断它能否被 5 整除。

解：在 MATLAB 中输入以下程序：

```
>> clear
n = input('输入 n = ');          % 输入 n 值
switch mod(n,5)                 % mod 是求余函数，余数为 0，得 0，余数不为 0，得 1
case 0
   fprintf ('%d是 5 的倍数',n)
otherwise
   fprintf('%d 不是 5 的倍数',n)
end
```

运行后得到结果如下：

```
输入 n = 12
12 不是 5 的倍数>>
```

在 swith 分支结构中，case 命令后的检测不仅可以为一个标量或者字符串，还可以为一个元胞数组。如果检测值是一个元胞数组，MATLAB 将把表达式的值和该元胞数组中的所有元素进行比较；如果元胞数组中某个元素和表达式的值相等，MATLAB 认为比较结构为真。

13.1.3 while 循环结构

除了分支结构之外，MATLAB 还提供多个循环结构。和其他编程语言类似，循环语句一般用于有规律的重复计算。被重复执行的语句称为循环体，控制循环语句流程的语句称为循环条件。

在 MATLAB 中，while 循环结构的语法形式如下：

```
while 逻辑表达式
    循环语句
end
```

while 结构依据逻辑表达式的值判断是否执行循环体语句。若表达式的值为真，则执行循环体语句一次，在反复执行时，每次都要进行判断。若表达式为假，则程序执行 end 之后的语句。

为了避免因逻辑上的失误，而陷入死循环，建议在循环体语句的适当位置加 break 语句，以便程序能正常执行。

while 循环也可以嵌套，其结构如下：

```
while 逻辑表达式 1
    循环体语句 1
while 逻辑表达式 2
    循环体语句 2
end
循环体语句 3
end
```

【例 13-3】 设计一段程序，求 1～100 的偶数和。

解：在 MATLAB 命令行窗口输入以下程序：

```
>> clear
x = 0;                       % 初始化变量 x
sum = 0;                     % 初始化 sum 变量
   while x < 101             % 当 x < 101 执行循环体语句
      sum = sum + x;         % 进行累加
      x = x + 2;
   end                       % while 结构的终点
sum                          % 显示 sum
```

运行后得到的结果如下：

```
sum =
        2550
```

【例 13-4】 设计一段程序，求 1～100 的奇数和。

解：在 MATLAB 命令行窗口输入以下程序：

```
>> clear
x = 1;                       % 初始化变量 x
sum = 0;                     % 初始化 sum 变量
   while x < 101             % 当 x < 101 执行循环体语句
      sum = sum + x;         % 进行累加
      x = x + 2;
   end                       % while 结构的终点
sum                          % 显示 sum
```

运行后得到的结果如下：

```
sum =
        2500
```

13.1.4 for 循环结构

在 MATLAB 中，另外一种常见的循环结构是 for 循环，其常用于知道循环次数的情况，其语法规则如下：

```
for ii = 初值: 增量: 终值
    语句 1
    …
    语句 n
end
```

ii=初值：终值，则增量为1。初值、增量、终值可正可负，可以是整数，也可以是小数，只须符合数学逻辑。

【例 13-5】 请设计一段程序，求1+2+…+100的和。

解：程序设计如下：

```
>> clear
sum = 0;                        % 设置初值(必须要有)
for ii = 1: 100;                % for 循环,增量为 1
    sum = sum + ii;
end
sum
% end                           % 程序结束
```

运行后得到结果如下：

```
sum =
        5050
```

【例 13-6】 比较以下两个程序的区别。

解：第一种MATLAB程序设计如下：

```
>> for ii = 1: 100;             % for 循环,增量为 1
    sum = sum + ii;
end
sum
% end                           % 程序结束
```

运行后得到的结果如下：

```
sum =
       10100
```

第二种程序设计如下：

```
>> clear
for ii = 1: 100;                % for 循环,增量为 1
sum = sum + ii;
end
sum
% end                           % 程序结束
```

运行结果如下：

```
??? Error: "sum" was previously used as a function,
conflicting with its use here as the name of a variable.
```

一般的高级语言中，变量若没有设置初值，程序会以 0 作为其初始值，然而这在 MATLAB 中是不允许的。所以，在 MATLAB 中，应给出变量的初值。

第一种程序没有 clear，则程序可能会调用到内存中已经存在的 sum 值，其结果就成了

```
sum = 10100.
```

第二种程序与上一题的差别是少了 sum＝0，出现这种情况时，因为程序中有 clear 语句，则出现错误信息。

注意：while 循环和 for 循环都是比较常见的循环结构，但是两个循环结构还是有区别的。其中最明显的区别在于，while 循环的执行次数是不确定的，而 for 循环的执行次数是确定的。

13.2 MATLAB 的控制语句

在使用 MATLAB 设计程序时，经常遇到提前终止循环、跳出子程序、显示错误等情况，因此需要其他的控制语句来实现上面的功能。在 MATLAB 中，对应的控制语句有 continue、break、return 等。

13.2.1 continue 命令

continue 语句通常用于 for 或 while 循环体中，其作用就是终止一趟的执行，也就是说它可以跳过本趟循环中未被执行的语句，去执行下一轮的循环。下面使用一个简单的实例，说明 continue 命令的使用方法。

【例 13-7】 请思考下列程序及其运行结果，说明原因。

解：在 MATLAB 中输入以下程序：

```
>> clear
a = 3;
b = 6;
for ii = 1: 3
   b = b + 1
   if ii < 2
     continue
   end              % if 语句结束
   a = a + 2
end                 % for 循环结束
% end
```

运行后得到结果如下：

```
b =
     7
b =
     8
a =
     5
b =
     9
a =
     7
```

当if条件满足时，程序将不再执行continue后面的语句，而是开始下一轮的循环。continue语句常用于循环体中，与if一同使用。

13.2.2 break命令

break语句通常也用于for或while循环体中，与if一同使用。当if后的表达式为真时就调用break语句，跳出当前的循环。它只终止最内层的循环。

【例13-8】 请思考下列程序及其运行结果，说明原因。

解：在MATLAB中输入

```
>> clear
a = 3;
b = 6;
for ii = 1: 3
   b = b + 1
   if ii > 2
       break
   end
   a = a + 2
end
%end
```

运行后得到结果如下：

```
b =
     7
a =
     5
b =
     8
a =
     7
b =
     9
```

从以上程序可以看出，当if表达式的值为假时，程序执行a=a+2；当if表达式的值为真时，程序执行break语句，跳出循环。

13.2.3 return 命令

在通常情况下，当被调用函数执行完毕后，MATLAB 会自动地把控制转至主调函数或者指定窗口。如果在被调函数中插入 return 命令，可以强制 MATLAB 结束执行该函数并把控制转出。

return 命令是终止当前命令的执行，并且立即返回到上一级调用函数或等待键盘输入命令，可以用来提前结束程序的运行。

在 MATLAB 的内置函数中，很多函数的程序代码中引入了 return 命令，下面引用一个简要的 det 函数代码：

```
function d = det(A)
if isempty(A)
    a = 1;
    return
else
    …
end
```

在上面的程序代码中，首先通过函数语句来判断函数 A 的类型，当 A 是空数组时，直接返回 a=1，然后结束程序代码。

13.2.4 input 命令

在 MATLAB 中，input 命令的功能是将 MATLAB 的控制权暂时借给用户，然后，用户通过键盘输入数值、字符串或者表达式，通过按 Enter 键将输入的内容输入到工作区中，同时将控制权交换给 MATLAB，其常用的调用格式如下：

```
user_entry = input('prompt')将用户输入的内容赋给变量 user_entry
user_entry = input('prompt','s')将用户输入的内容作为字符串赋给变量 user_entry
```

【例 13-9】 在 MATLAB 中演示如何使用 input 函数。

解：在 MATLAB 命令行窗口输入并运行以下代码：

```
>> a = input('input a number: ')             % 输入数值给 a
input a number: 45
a =
    45
b = input('input a number: ','s')            % 输入字符串给 b
input a number: 45
b =
45
input('input a number: ')                    % 将输入值进行运算
input a number: 2 + 3
ans =
     5
```

13.2.5 keyboard 命令

在 MATLAB 中，将 keyboard 命令放置到 M 文件中，将使程序暂停运行，等待键盘命令。通过提示符 k 来显示一种特殊状态，只有当用户使用 return 命令结束输入后，控制权才交还给程序。在 M 文件中使用该命令，对程序的调试和在程序运行中修改变量都会十分方便。

【例 13-10】 在 MATLAB 中，演示如何使用 keyboard 命令。

解：keyboard 命令的使用方法如下：

```
>> keyboard
K>> for i = 1: 9
    if i == 3
      continue
     end
     fprintf('i = %d\n',i)
     if i == 5
       break
     end
end
i = 1
i = 2
i = 4
i = 5
K>> return
>>
```

从上面的程序代码中可以看出，当输入 keyboard 命令后，在提示符的前面会显示 k 提示符，而当用户输入 return 后，提示符恢复正常的提示效果。

在 MATLAB 中，keyboard 命令和 input 命令的不同在于，keyboard 命令运行用户输入任意多个 MATLAB 命令，而 input 命令则只能输入赋值给变量的数值。

13.3 MATLAB 文件操作

常用的文件操作函数列于表 13-1 中。本节仅对文件打开和关闭命令进行介绍，其他命令请读者自行查阅 MATLAB 帮助文档。

表 13-1 常用的文件操作函数

类别	函数	说明
文件打开和关闭	fopen	打开文件，成功则返回非负值
	fclose	关闭文件，可用参数 all 关闭所有文件
二进制文件	fread	读文件，可控制读入类型和读入长度
	fwrite	写文件

续表

类　别	函数	说　明
格式化文本文件	fscanf	读文件,与C语言中的fscanf相似
	fprintf	写文件,与C语言中的fprintf相似
	fgetl	读入下一行,忽略回车符
	fgets	读入下一行,保留回车符
文件定位	ferror	查询文件的错误状态
	feof	检验是否到文件结尾
	fseek	移动位置指针
	ftell	返回当前位置指针
	frewind	把位置指针指向文件头
临时文件	tempdir	返回系统存放临时文件的目录
	tempname	返回一个临时文件名

1. fopen 语句

其常用格式有：

fid=fopen(filename)：以只读方式打开名为 filename 的二进制文件,如果文件可以正常打开,则获得一个文件句柄号 fid；否则 fid=－1。

fid=fopen(filename,permission)：以 permission 指定的方式打开名为 filename 的二进制文件或文本文件,如果文件可以正常打开,则获得一个文件句柄号 fid(非 0 整数)；否则 fid=－1。

参数 permission 的设置见表 13-2。

表 13-2　参数 permission 的设置

permission	功　能
'r'	以只读方式打开文件,默认值
'w'	以写入方式打开或新建文件,如果是存有数据的文件,则删除其中的数据,从文件的开头写入数据
'a'	以写入方式打开或新建文件,从文件的最后追加数据
'r＋'	以读/写方式打开文件
'w＋'	以读/写方式打开或新建文件,如果是存有数据的文件,写入时删除其中的数据,从文件的开头写入数据
'a＋'	以读/写方式打开或新建文件,写入时从文件的最后追加数据
'A'	以写入方式打开或新建文件,从文件的最后追加数据。在写入过程中不会自动刷新当前输出缓冲区,是为磁带驱动器的写入设计的参数
'W'	以写入方式打开或新建文件,如果是存有数据的文件,则删除其中的数据,从文件的开头写入数据。在写入过程中不会自动刷新当前输出缓冲区,是为磁带驱动器的写入设计的参数

2. fclose 语句

其调用格式有：

status=fclose(fid)：关闭句柄号 fid 指定的文件。如果 fid 是已经打开的文件句柄号,成功关闭,status=0;否则 status=-1。

status=fclose('all'):关闭所有文件(标准的输入/输出和错误信息文件除外)。成功关闭,status=0;否则 status=-1。

【例 13-11】 编写函数,统计 M 文件中源代码的行数(注释行和空白行不计算在内)。

```
function y = hans(sfile)
% lenm count the code lines of a M - file,
% not include the comments and blank lines
s = deblank(sfile);                    % 删除文件名 sfile 中的尾部空格
if length(s)< 2||(length(s)> 2&&any(lower(s(end - 1: end))~ = '.m'))
    s = [s,'.m'];                      % 判断有无扩展名.m,若没有,则加上
end
if exist(s,'file')~ = 2;
    error([s,' not exist']);
    return;
end
%判断指定的 m 文件是否存在;若不存在,则显示错误信息,并返回
line = fgetl(fid);                     % 逐行读取文件的数据
if isempty(line)||strncmp(deblanks(line),'%',1);
%判断是否为空白行或注释行
    continue;                          % 若是空白行或注释行则执行下一次循环
end
    count = count + 1;                 % 记录源代码的行数
end
y = count;
function st = deblanks(s);             % 删除字符串中的首尾空格的函数
st = fliplr(deblank(fliplr(deblank(s))));
```

以 lenm.m 为例,调用并验证该函数。

```
>> sfile = 'hans';
>> y = lenm(sfile)
y =
    17
```

13.4 程序调试

程序调试的目的是检查程序是否正确,即程序能否顺利运行并得到预期结果。在运行程序之前,应先设想到程序运行的各种情况,测试在各种情况下程序是否能正常运行。

对初学编程的人来说,很难保证所编的每个程序都能一次性运行通过,而大多情况下都需要对程序进行反复调试才能正确运行。所以,不要害怕程序出错,要时时准备着去查找错误,改正错误。

13.4.1 程序调试命令

MATLAB 提供了一系列程序调试命令,利用这些命令,可以在调试过程中设置、清除和列出断点,逐行运行 M 文件,在不同的工作区检查变量,用来跟踪和控制程序的运

行，帮助寻找和发现错误。所有的程序调试命令都是以字母 db 开头的，如表 13-3 所示。

表 13-3 程序调试命令

命　令	功　能
dbstop in fname	在 M 文件 fname 的第一可执行程序上设置断点
dbstop at r in fname	在 M 文件 fname 的第 r 行程序上设置断点
dbstop if v	当遇到条件 v 时，停止运行程序。当发生错误时，条件 v 可以是 error，当发生 NaN 或 inf 时，也可以是 naninf/infnan
dstop if warning	如果有警告，则停止运行程序
dbclear at r in fname	清除文件 fname 的第 r 行处断点
dbclear all in fname	清除文件 fname 中的所有断点
dbclear all	清除所有 M 文件中的所有断点
dbclear in fname	清除文件 fname 第一可执行程序上的所有断点
dbclear if v	清除第 v 行由 dbstop if v 设置的断点
dbstatus fname	在文件 fname 中列出所有的断点
Mdbstatus	显示存放在 dbstatus 中用分号隔开的行数信息
dbstep	运行 M 文件的下一行程序
dbstep n	执行下 n 行程序，然后停止
dbstep in	在下一个调用函数的第一可执行程序处停止运行
dbcont	执行所有行程序直至遇到下一个断点或到达文件尾
dbquit	退出调试模式

进行程序调试，要调用带有一个断点的函数。当 MATLAB 进入调试模式时，提示符为 K >>。最重要的区别在于现在能访问函数的局部变量，但不能访问 MATLAB 工作区中的变量。具体的调试技术，请读者在调试程序的过程中逐渐体会。

程序调试的目的是检查程序是否正确，即程序能否顺利运行并得到预期结果。在运行程序之前，应先设想到程序运行的各种情况，测试在各种情况下程序是否能正常运行。

13.4.2 程序常见的错误类型

1. 输入错误

常见的输入错误一般有：

（1）在输入某些标点时没有切换成英文状态；

（2）表循环或判断语句的关键词“for”“while”“if”的个数与“end”的个数不对应（尤其是在多层循环嵌套语句中）；

（3）左右括号不对应。

2. 语法错误

不符合 MATLAB 语言的规定，即为语法错误。

例如，在用 MATLAB 语句表示数学式 $k1 \leqslant x \leqslant k2$ 时，不能直接写成“k1＜＝x＜＝k2”，而应写成“k1＜＝x&x＜＝k2”。此外，输入错误也可能导致语法错误。

3. 逻辑错误

在程序设计中逻辑错误也是较为常见的一类错误，这类错误往往隐蔽性较强、不易查找。产生逻辑错误的原因通常是算法设计有误，这时需要对算法进行修改。

4. 运行错误

程序的运行错误通常包括不能正常运行和运行结果不正确，出错的原因一般有：

(1) 数据不对，即输入的数据不符合算法要求；

(2) 输入的矩阵大小不对，尤其是当输入的矩阵为一维数组时，应注意行向量与列向量在使用上的区别；

(3) 程序不完善，只能对某些数据运行正确，而对另一些数据则运行错误，或是根本无法正常运行，这有可能是算法考虑不周所致。

对于简单的MATLAB程序中出现的语法错误，可以采用直接调试法，即直接运行该M文件，MATLAB将直接找出语法错误的类型和出现的地方，根据MATLAB的反馈信息对语法错误进行修改。

当M文件很大或M文件中含有复杂的嵌套时，则需要使用MATLAB调试器来对程序进行调试，即使用MATLAB提供的大量调试函数及与之相对应的图形化工具。

下面通过一个判断2000年至2010年间的闰年年份的示例来介绍MATLAB调试器的使用方法。

【例13-12】 编写一个判断2000年至2010年间的闰年年份的程序并调试。

解：(1) 创建一个leapyear.m的M函数文件，并输入如下函数代码程序。

```
%程序为判断2000年至2010年10年间的闰年年份
%本程序没有输入/输出变量
%函数的使用格式为leapyear,输出结果为2000年至2010年10年间的闰年年份
function leapyear                      % 定义函数 leapyear
for year = 2000: 2010                  % 定义循环区间
    sign = 1;
    a = rem(year,100);                 % 求 year 除以 100 后的剩余数
    b = rem(year,4);                   % 求 year 除以 4 后的剩余数
    c = rem(year,400);                 % 求 year 除以 400 后的剩余数
    if a = 0                           % 以下根据 a、b、c 是否为 0 对标志变量 sign 进行处理
        signsign = sign - 1;
    end
    if b = 0
        signsign = sign + 1;
    end
    if c = 0
        signsign = sign + 1;
    end
    if sign = 1
        fprintf('%4d \n',year)
    end
end
```

(2) 运行以上M程序，此时MATLAB命令行窗口会给出如下错误提示：

```
>> leapyear
Error: File: leapyear.m Line: 10 Column: 10
The expression to the left of the equals sign is not a valid target for an assignment.
```

由错误提示可知，在程序的第10行存在语法错误，检测可知if选择判断语句中，用户将"=="写成了"="。因此将"="改成"=="，同时也更改第13、16、19行中的"="为"=="。

(3) 程序修改并保存完成后，可直接运行修正后的程序，程序运行结果如下：

```
>> leapyear
2000
2001
2002
2003
2004
2005
2006
2007
2008
2009
2010
```

显然，2001年至2010年间不可能每年都是闰年，由此判断程序存在运行错误。

(4) 分析原因。可能由于在处理年号是否是100的倍数时，变量sign存在逻辑错误。

(5) 断点设置。断点为MATLAB程序执行时人为设置的中断点，程序运行至断点时便自动停止运行，等待用户的下一步操作。设置断点只需要单击程序左侧的"—"，使得"—"变成红色的圆点(当存在语法错误时圆点颜色为灰色)，如图13-1所示。

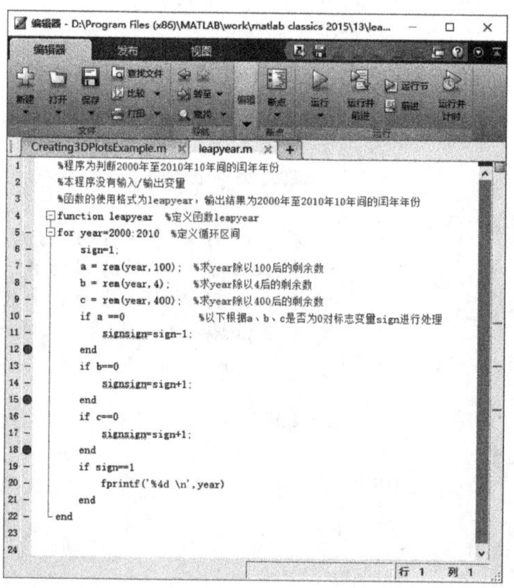

图13-1　断点标记

应该在可能存在逻辑错误或需要显示相关代码执行数据附近设置断点，例如本例中的12、15和18行。如果用户需要去除断点，可以再次单击红色圆点去除。

(6) 运行程序。按F5键或单击工具栏中的按钮执行程序，这时其他调试按钮将被激活。程序运行至第一个断点暂停，在断点右侧则出现向右指向的绿色箭头，如图 13-2 所示。

程序调试运行时，在 MATLAB 的命令行窗口中将显示如下内容：

```
>> leapyear
12    end
K>>
```

此时，可以输入一些调试指令，方便对程序调试的相关中间变量进行查看。

(7) 单步调试。可以通过按 F10 键或单击工具栏中相应的单步执行图形按钮，此时程序将一步一步按照用户需求向下执行，如图 13-3 所示，在单击 F10 键后，程序从第 12 步运行到第 13 步。

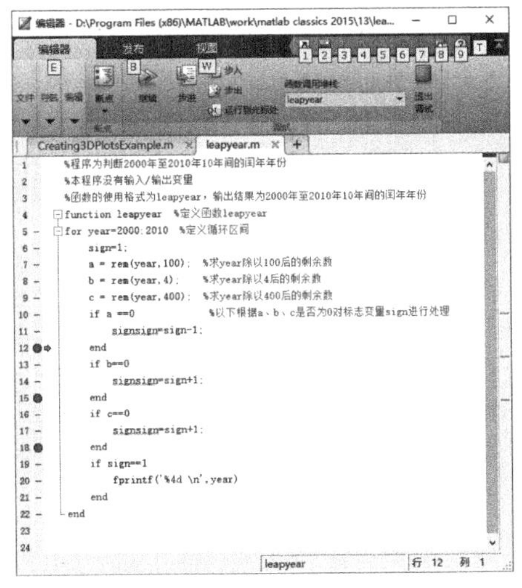

图 13-2 程序运行至断点处暂停

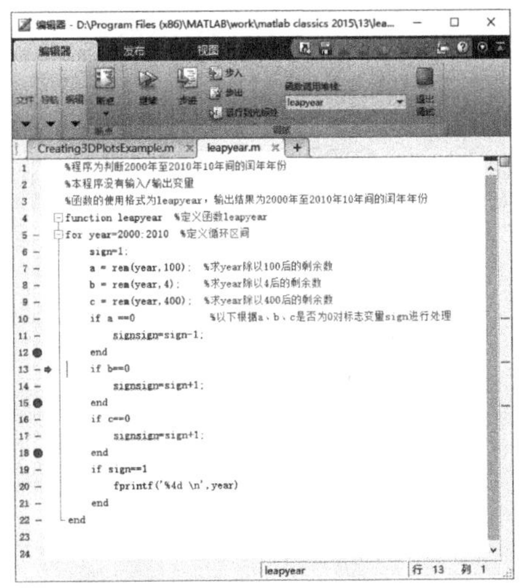

图 13-3 程序单步执行

(8) 查看中间变量。可以将鼠标停留在某个变量上，MATLAB 将会自动显示该变量的当前值，也可以在 MATLAB 的工作区中直接查看所有中间变量的当前值，如图 13-4 和图 13-5 所示。

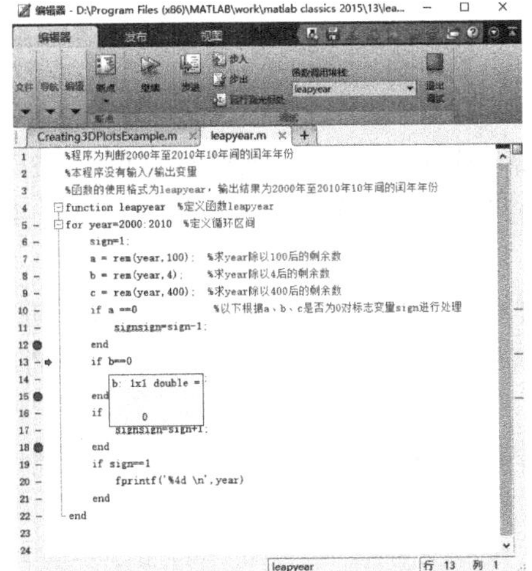

图 13-4 用鼠标停留方法查看中间变量

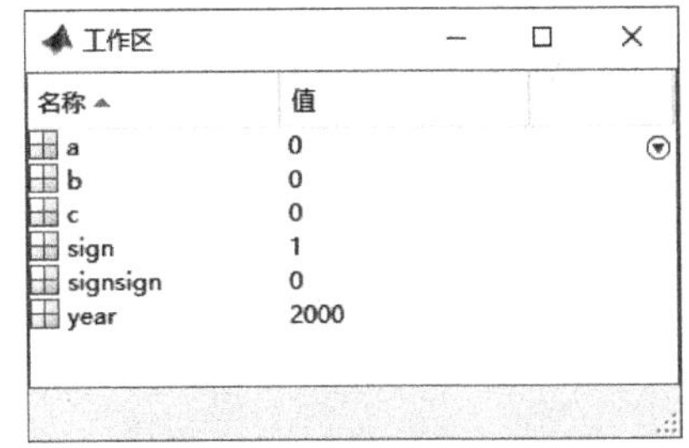

图 13-5 查看工地区中所有中间变量的当前值

(9) 修正代码。通过查看中间变量可知,在任何情况下 sign 的值都是 1,此时调整修改代码程序如下:

```
>> %程序为判断 2000 年至 2010 年 10 年间的闰年年份
%本程序没有输入/输出变量
%函数的使用格式为 leapyear,输出结果为 2000 年至 2010 年 10 年间的闰年年份
function leapyear
for year = 2000: 2010
    sign = 0;
    a = rem(year,400);
    b = rem(year,4);
    c = rem(year,100);
    if a == 0
        sign = sign + 1;
    end
    if b == 0
        sign = sign + 1;
    end
    if c == 0
        sign = sign - 1;
    end
    if sign == 1
        fprintf(' %4d \n',year)
    end
end
```

按 F5 键再次执行程序,运行结果如下:

```
>> leapyear
2000
2004
2008
```

分析发现,结果正确,此时程序调试结束。

13.5 MATLAB 程序优化

MATLAB 程序调试工具只能对 M 文件中的语法错误和运行错误进行定位,但是无法评价该程序的性能。程序的性能包括程序的执行效率,内存使用效率,程序的稳定性、准确性及适应性。

MATLAB 提供了一个性能剖析指令 profile,使用它可以评价程序的性能指标,获得程序各个环节的耗时分析报告。用户可以依据该分析报告寻找程序运行效率低下的原因,以便修改程序。

MATLAB 程序优化主要包括效率优化和内存优化两个部分,下面将分别介绍常用的优化方法及建议。

13.5.1 效率优化(时间优化)

在程序编写的起始阶段,用户往往将精力集中在程序的功能实现、结构、准确性和可读性等方面,并没有考虑程序的执行效率问题,而是在程序不能够满足需求或者效率太低的情况下才考虑对程序的性能进行优化。因程序所解决的问题不同,程序的效率优化存在差异,这对编程人员的经验以及对函数的编写和调用有一定的要求。下面给出程序效率优化的建议。

依据所处理问题的需要,尽量预分配足够大的数组空间,避免在出现循环结构时增加数组空间,但是也要注意不能太大而产生不需要的数组空间,太多的大数组会影响内存的使用效率。

例如预先声明一个 8 位整型数组 A 时,语句 A=repmat(int8(0),5000,5000)要比 A=int8zeros(5000,5000))快 25 倍左右,且更节省内存。因为前者中的双精度 0 仅需一次转换,然后直接申请 8 位整型内存;而后者不但需要为 zeros(5000,5000))申请 double 型内存空间,而且还需要对每个元素都执行一次类型转换。需要注意的是:

(1) 尽量采用函数文件而不是脚本文件,通常运行函数文件都比脚本文件效率更高;

(2) 尽量避免更改已经定义的变量的数据类型和维数;

(3) 合理使用逻辑运算,防止陷入死循环;

(4) 尽量避免不同类型变量间的相互赋值,必要时可以使用中间变量解决;

(5) 尽量采用实数运算,对于复数运算可以转化为多个实数进行运算;

(6) 尽量将运算转化为矩阵的运算;

(7) 尽量使用 MATLAB 的 load、save 指令而避免使用文件的 I/O 操作函数进行文件操作。

以上建议仅供参考,针对不同的应用场合,用户可以有所取舍。有时为了实现复杂的功能不可能将这些要求全部考虑进去。程序的效率优化通常要结合 MATLAB 的优越性,由于 MATLAB 的优势是矩阵运算,所以尽量将其他数值运算转化为矩阵的运算,在 MATLAB 中处理矩阵运算的效率要比简单四则运算更加高效。

13.5.2 内存优化(空间优化)

内存优化对于一些普通的用户而言,并非必要,这是因为计算机的内存容量已经能够满足大多数数学运算的要求,而且 MATLAB 本身对计算机内存优化提供的操作支持较少,只有遇到超大规模运算时,内存优化才能起到作用。下面给出几个比较常见的内存操作函数,可以在需要时使用。

whos:查看当前内存使用状况函数。

clear:删除变量及其内存空间,可以减少程序的中间变量。

save:将某个变量以 mat 数据文件的形式存储到磁盘中。

load:载入 mat 数据到内存空间。

由于内存操作函数在函数运行时使用较少,合理的优化内存操作往往由用户编写程序时养成的习惯和经验决定。一些较好的做法如下：

(1) 尽量保证创建变量的集中性，最好在函数开始时创建；

(2) 对于含零元素多的大型矩阵，尽量转化为稀疏矩阵；

(3) 及时清除占用内存很大的临时中间变量；

(4) 尽量少开辟新的内存，而是重用内存。

程序的优化本质上也是算法的优化，如果一个算法描述比较详细的话，它几乎也就指定了程序的每一步。若算法本身描述不够详细，在编程时会给某些步骤的实现方式留有较大空间，这样就需要找到尽量好的实现方式以达到程序优化的目的，但一般情况下认为算法是足够详细的。如果一个算法设计得足够"优"的话，就等于从源头上控制了程序走向"劣质"。

算法优化的一般要求是：不仅在形式上尽量做到步骤简化，简单易懂，更重要的是能用最少的时间复杂度和空间复杂度完成所需计算，包括巧妙的设计程序流程、灵活的控制循环过程(如及时跳出循环或结束本次循环)、较好的搜索方式及正确的搜索对象等，以避免不必要的计算过程。例如，在判断一个整数是否是素数时，可以看它能否被 m/2 以前的整数整除，而更快的方法是，只需看它能否被 mm 以前的整数整除就可以了。下面通过几个具体的例子来体会其中所包含的优化思想。

【例 13-13】 编写冒泡排序算法程序。

解：冒泡排序是一种简单的交换排序，其基本思想是两两比较待排序记录，如果是逆序则进行交换，直到这个记录中没有逆序的元素。

该算法的基本操作是逐趟进行比较和交换。第一趟比较将最大记录放在 $x[n]$ 的位置。一般地，第 i 趟从 $x[1]$ 到 $x[n-i+1]$ 依次比较相邻的两个记录，将这 $n-i+1$ 个记录中的最大者放在了第 $n-i+1$ 的位置上。其算法程序如下：

```
function s = BubbleSort(x)
% 冒泡排序,x 为待排序数组
n = length(x);
for i = 1: n - 1                    % 最多做 n - 1 趟排序
    flag = 0;                       % flag 为交换标志,本趟排序开始前,交换标志应为假
    for j = 1: n - i                % 每次从前向后扫描,j 从 1 到 n - i
        if x(j)> x(j + 1)           % 如果前项大于后项则进行交换
            t = x(j + 1);
            x(j + 1) = x(j);
            x(j) = t;
            flag = 1;               % 当发生了交换,将交换标志置为真
        end
    end
    if (~flag)                      % 若本趟排序未发生交换,则提前终止程序
        break;
    end
end
s = x;
```

本程序通过使用标志变量 flag 来记录在每一趟排序中是否发生了交换，若某趟排序中一次交换都没有发生则说明此时数组已经为有序(正序)，应提前终止算法(跳出循

环)。若不使用这样的标志变量来控制循环往往会增加不必要的计算量。

【例 13-14】 公交线路查询问题：设计一个查询算法，给出一个公交线路网中从起始站 s1 到终到站 s2 之间的最佳线路。其中一个最简单的情形就是查找直达线路，假设相邻公交车站的平均行驶时间(包括停站时间)为 3 分钟，若以时间最少为择优标准，请在此简化条件下完成查找直达线路的算法，并根据附录数据(见题后数据 1)，利用此算法求出以下起始站到终到站之间的最佳路线。

(1) 242→105 (2) 117→53 (3) 179→201 (4) 16→162

解：为了便于 MATLAB 程序计算，应先将线路信息转化为矩阵形式，导入 MATLAB(可先将原始数据经过文本导入 Excel)。每条线路可用一个一维数组来表示，且将该线路终止站以后的节点用 0 来表示，每条线路从上往下顺序排列构成矩阵 A。

此算法的核心是线路选择问题，要找最佳线路，应先找到所有的可行线路，然后再以所用的时间为关键字选出用时最少的线路。在寻找可行线路时，可先在每条线路中搜索 s1，当找到 s1 则接着在该线路中搜索 s2，若又找到 s2，则该线路为一可行线路，记录该线路及所需时间，并结束对该线路的搜索。

另外，在搜索 s1 与 s2 时若遇到 0 节点，则停止对该数组的遍历。

```
%A为线路信息矩阵,s1、s2分别为起始站和终到站.
%返回值L为最佳线路,t为所需时间
[m,n] = size(A);
L1 = [];t1 = [];                         % L1记录可行线路,t1记录对应线路所需时间
for i = 1: m
    for j = 1: n
        if A(i,j) == s1                  % 若找到s1,则从下一站点开始寻找s2
            for k = j + 1: n
                if A(i,k) == 0           % 若此节点为0,则跳出循环
                    break;
                elseif A(i,k) == s2      % 若找到s2,记录该线路及所需时间,然后跳出循环
                    L1 = [L1,i];
                    t1 = [t1,(k - j) * 3];
                    break;
                end
            end
        end
    end
end
m1 = length(L1);                         % 测可行线路的个数
if m1 == 0                               % 若没有可行线路,则返回相应信息
    L = 'No direct line';
    t = 'Null';
elseif m1 == 1
    L = L1;t = t1;                  % 否则,存在可行线路,用L存放最优线路,t存放最小的时间 else
    L = L1(1);t = t1(1);                 % 分别给L和t赋初值为第一条可行线路和所需时间
    for i = 2: m1
        if t1(i)< t                      % 若第i条可行线路的时间小于t,
            L = i;                       % 则给L和t重新赋值
            t = t1(i);
```

```
            elseif t1(i) == t                    % 若第 i 条可行线路的时间等于 t,
                L = [L,L1(i)];                   % 则将此线路并入 L
            end
        end
    end
```

首先说明，这个程序能正常运行并得到正确结果，但仔细观察之后就会发现它的不足之处：一是在对 j 的循环中应先判断节点是否为 0，若为 0 则停止向后访问，转向下一条路的搜索；二是对于一个二维的数组矩阵，用两层(不是两个)循环进行嵌套就可以遍历整个矩阵，得到所有需要的信息，而上面的程序中却出现了三层循环嵌套的局面。

其实，在这种情况下，倘若找到了 s2，本该停止对此线路节点的访问，但这里的"break"只能跳出对 k 的循环，而对该线路数组节点的访问(即对 j 的循环)将会一直进行到 n，做了大量的"无用功"。

为了消除第三层的循环能否对第二个循环内的判断语句做如下修改：

```
if A(i,j) == s1
    continue;
    if A(i,k) == s2
        L1 = [L1,i];
        t1 = [t1,(k - j) * 3];
        break;
    end
end
```

这种做法企图控制流程在搜到 s1 时能继续向下走，搜索 s2，而不用再嵌套循环。这样却是行不通的，因为即使 s1 的后面有 s2，也会被先被"ifA(i,j) = = s1"拦截，"continue"后的语句将不被执行。所以，经过这番修改后得到的其实是一个错误的程序。

事实上，若想消除第三层循环可将这第三层循环提出来放在第二层成为与"j"并列的循环，若在对 j 的循环中找到了 s1，可用一个标志变量对其进行标志，然后再对 s1 后的节点进行访问，查找 s2。综上，可将第一个"for"循环内的语句修改如下：

```
flag = 0;                           % 用 flag 标志是否找到 s1,为其赋初值为假
for j = 1: n
    if A(i,j) == 0                  % 若该节点为 0,则停止对该线路的搜索,转向下一条线路
        break;
    elseif A(i,j) == s1             % 否则,若找到 s1,置 flag 为真,并跳出循环
        flag = 1;
        break;
    end
end
if flag                             % 若 flag 为真,则找到 s1,从 s1 的下一节点开始搜索 s2
    for k = j + 1: n
        if A(i,k) == 0
            break;
        elseif A(i,k) == s2         % 若找到 s2,记录该线路及所需时间,然后跳出循环
            L1 = [L1,i];
            t1 = [t1,(k - j) * 3];
```

```
            break;
        end
    end
end
```

若将程序中重叠的部分合并，还可以得到一种形式上更简洁的方案：

```
q = s1;                             % 用 q 保存 s1 的原始值
for i = 1: m
        s1 = q;                     % 每一次给 s1 赋初值
        p = 0;                      % 用 p 值标记是否搜到 s1 或 s2
        k = 0;                      % 用 k 记录站点差
    for j = 1: n
        if ~A(i,j)
            break;
        elseif A(i,j) == s1         % 若搜到 s1,之后在该线路上搜索 s2,并记 p 为 1
            p = p + 1;
            if p == 1
                k = j - k;
                s1 = s2;
            elseif p == 2           % 当 p 值为 2 时,说明已搜到 s2,记录相关信息,
                L1 = [L1,i];
                t1 = [t1,3 * k];    % 同时 s1 恢复至原始值,进行下一线路的搜索
                break;
            end
        end
    end
end
```

程序运行后得到结果如下：

```
?[L,t] = DirectLineSearch(242,105,A)
L =
    8
t =
    24
?[L,t] = DirectLineSearch(117,53,A)
L =
    10
t =
    15
?[L,t] = DirectLineSearch(179,201,A)
L =
    7 14
t =
    27
?[L,t] = DirectLineSearch(16,162,A)
L =
    No direct line
t =
    Null
```

在设计算法或循环控制时，应注意信息获取的途径，避免做无用的操作步骤。如果上面这个程序不够优化，它将为后续转换车的程序造成不良影响。

附录数据：公交线路信息

线路 1

219-114-88-48-392-29-36-16-312-19-324-20-314-128-76-113-110-213-14-301-115-34-251-95-184-92

线路 2

348-160-223-44-237-147-201-219-321-138-83-161-66-129-254-331-317-303-127-68

线路 3

23-133-213-236-12-168-47-198-12-236-113-212-233-18-127-303-117-231-254-129-366-161-133-181-132

线路 4

201-207-177-144-223-216-48-42-280-140-238-236-158-53-93-64-130-77-264-208-286-123

线路 5

217-272-173-25-33-76-37-27-65-274-234-221-137-306-162-84-325-97-89-24

线路 6

301-82-79-94-41-105-142-118-130-36-252-172-57-20-302-65-32-24-92-218-31

线路 7

184-31-69-179-84-212-99-224-232-157-68-54-201-57-172-22-36-143-218-129-106-101-194

线路 8

57-52-31-242-18-353-33-60-43-41-246-105-28-33-111-77-49-67-27-8-63-39-317-168-12-163

线路 9

217-161-311-25-29-19-171-45-71-173-129-219-210-35-83-43-139-241-78-50

线路 10

136-208-23-117-77-130-68-45-53-51-78-241-139-343-83-333-190-237-251-291-129-173-171-90-42-179-25-311-161-17

线路 11

43-77-111-303-28-65-246-99-54-37-303-53-18-242-195-236-26-40-280-142

线路 12

274-302-151-297-329-123-122-215-218-102-293-86-15-215-186-213-105-128-201-122-12-29-56-79-141-24-74

线路 13

135-74-16-108-58-274-53-59-43-86-85-47-246-108-199-296-261-203-227-146

线路 14

224-22-70-89-219-228-326-179-49-154-251-262-307-294-208-24-201-261-192-264-146-377-172-123-61-235-294-28-94-57-226-18

线路 15

189-170-222-24-92-184-254-215-345-315-301-214-213-210-113-263-12-167-177-313-219-154-349-316-44-52-19

线路 16

233-377-327-97-46-227-203-261-276-199-108-246-227-45-346-243-59-93-274-58-118-116-74-135

事实上，对于编程能力的训练，往往是先从解决一些较为简单问题入手，然后通过对这些问题修改某些条件，增加难度等不断地摸索，在不知不觉中提升自己的编程能力。

13.5.3 几个常用的算法程序

1. 雅可比(Jacobi)迭代算法

该算法是解方程组的一个较常用的迭代算法，其 MATLAB 程序如下：

```
function x = ykb(A,b,x0,tol)
% A 为系数矩阵,b 为右端项,x0(列向量)为迭代初值,tol 为精度
D = diag(diag(A));                % 将 A 分解为 D, - L, - U
L = - tril(A, - 1);
U = - triu(A,1);
B1 = D\(L + U);
f1 = D\b;
q = norm(B1);
d = 1;
while q * d/(1 - q)> tol          % 迭代过程
     x = B1 * x0 + f1;
     d = norm(x - x0);
     x0 = x;
end
```

2. 拉格朗日(Lagrange)插值函数算法

该算法用于求解插值点处的函数值。

```
function y = lagr1(x0,y0,x)
% x0,y0 为已知点列,x 为待插值节点(可为数组)
% 当输入参数只有 x0,y0 时,返回 y 为插值函数
% 当输入参数有 x 时返回 y 为插值函数在 x 处所对应的函数值
n = length(x0);
if nargin == 2
     syms x
     y = 0;
     for i = 1: n
          L = 1;
          for j = 1: n
               if j~ = i
                    L = L * (x - x0(j))/(x0(i) - x0(j));
```

```
                end
            end
            y = y + L * y0(i);
            y = simple(y);
        end
        x1 = x0(1): 0.01: x0(n);
        y1 = subs(y,x1);
        plot(x1,y1);
    else
        m = length(x);
        for k = 1: m % 对每个插值节点分别求值
            s = 0;
                for i = 1: n
                    L = 1;
                    for j = 1: n
                        if j~ = i
                            L = L * (x(k) - x0(j))/(x0(i) - x0(j));
                        end
                    end
                    s = s + L * y0(i);
                end
            end
```

3. 图论相关算法

图论算法在计算机科学中扮演着很重要的角色，它提供了一种对很多问题都有效的简单而系统的建模方式。很多问题都可以转化为图论问题，然后用图论的基本算法加以解决。下面介绍几种常见的图论算法。

1）最小生成树

```
function [w,E] = MinTree(A)
% 避圈法求最小生成树
% A为图的赋权邻接矩阵
% w记录最小树的权值之和,E记录最小树上的边
n = size(A,1);
for i = 1: n
A(i,i) = inf;
end
s1 = [];s2 = [];                    % s1,s2记录一条边上的两个顶点
w = 0; k = 1;                       % k记录顶点数
T = A + inf;
T(1,:) = A(1,:);
A(: ,1) = inf;
while k < n
    [p1,q1] = min(T);               % q1记录行下标
    [p2,q2] = min(p1);
    i = q1(q2);
    s1 = [s1,i];s2 = [s2,q2];
    w = w + p; k = k + 1;
    A(: ,q2) = inf;                 % 若此顶点已被连接,则切断此顶点的入口
```

```
    T(q2,:) = A(q2,:);                  % 在 T 中并入此顶点的出口
    T(:,q2) = inf;
end
E = [s1;s2];                            % E 记录最小树上的边
```

2）最短路的 Dijkstra 算法

```
function [d,path] = ShortPath(A,s,t)
% Dijkstra 最短路算法实现,A 为图的赋权邻接矩阵
% 当输入参数含有 s 和 t 时,求 s 到 t 的最短路
% 当输入参数只有 s 时,求 s 到其他顶点的最短路
% 返回值 d 为最短路权值,path 为最短路径
if nargin == 2
    flag = 0;
elseif nargin == 3
    flag = 1;
end
n = length(A);
for i = 1:n
    A(i,i) = inf;
end
V = zeros(1,n);                         % 存储 lamda(由来边)标号值
D = zeros(1,n);                         % 用 D 记录权值
T = A + inf;                            % T 为标号矩阵
T(s,:) = A(s,:);                        % 先给起点标号
A(:,s) = inf;                           % 关闭进入起点的边
for k = 1:n-1
    [p,q] = min(T);                     % p 记录各列最小值,q 为对应的行下标
    q1 = q;                             % 用 q1 保留行下标
    [p,q] = min(p);                     % 求最小权值及其列下标
    V(q) = q1(q);                       % 求该顶点 lamda 值
    if flag&q == t
        d = p;                          % 求最短路权值
        break;
    else                                % 修改 T 标号:
        D(q) = p;                       % 求最短路权值
        A(:,q) = inf;                   % 将 A 中第 q 列的值改为 inf
        T(q,:) = A(q,:) + p;            % 同时修改从顶点 q 出去的边上的权值
        T(:,q) = inf;                   % 顶点 q 点已完成标号,将进入 q 的边关闭
    end
end
if flag                                 % 输入参数含有 s 和 t,求 s 到 t 的最短路
    path = t;                           % 逆向搜索路径
    while path(1) ~= s
        path = [V(t),path];
        t = V(t);
    end
else                                    % 输入参数只有 s,求 s 到其他顶点的最短路
    for i = 1:n
        if i ~= s
            path0 = i;v0 = i;           % 逆向搜索路径
            while path0(1) ~= s
```

```
                path0 = [V(i),path0];
                i = V(i);
            end
            d = D; path(v0) = {path0};           % 将路径信息存放在元胞数组中
                                                 % 在命令行窗口显示权值和路径
            disp([int2str(s),'->',int2str(v0),'d=',…
            int2str(D(v0)),'path=',int2str(path0)]);
        end
    end
end
```

3) Ford 最短路算法

该算法用于求解一个赋权图中 sv 到的最短路,并且对于权值的情况同样适用。

```
function [w,v] = Ford(W,s,t)
% W为图的带权邻接矩阵,s为发点,t为终点
% 返回值w为最短路的权值之和,v为最短路线上的顶点下标
n = length(W);
d(:,1) = (W(s,:))'; %             求 d(vs,vj) = min{d(vs,vi) + wij} 的解,用 d 存放
                                  % d(t)(v1,vj),赋初值为 W 的第 s 行,以列存放
j = 1;
while j
    for i = 1:n
        b(i) = min(W(:,i) + d(:,j));
    end
    j = j + 1;
    d = [d,b'];
    if d(:,j) == d(:,j-1)         % 若找到最短路,跳出循环
        break;
    end
end
w = d(t,j);                       % 记录最短路的权值之和
v = t;                            % 用数组 v 存放最短路上的顶点,终点为 t
while v(1)~ = s
    for i = n: -1: 1
        if i~ = t&W(i,t) + d(i,j) == d(t,j)
           break;
        end
    end
    v = [i,v];
    t = i;
end
```

4) 模糊聚类分析算法程序(组)

在模糊聚类分析中,该算法中的"程序_3"用于求解模糊矩阵、模糊相似矩阵和模糊等价矩阵。"程序_4"用来完成聚类。"程序_1"和"程序_2"是为"程序_3"服务的子程序。

(1) 程序_1 求模糊合成矩阵的最大最小法:

```
function s = mhhc(R1,R2)                         % 模糊合成
[m,n] = size(R1);
```

```
[n,n1] = size(R2);
for i = 1: m
    for j = 1: n1
        s(i,j) = max(min(R1(i,:),(R2(: ,j))'));            % 最大最小法
    end
end
```

(2) 程序_2 求模糊传递包的算法：

```
function s = mhcdb(R)
% 求模糊传递包
while sum(sum(R~ = mhhc(R,R))) % 调用模糊合成函数'mhhc'
    R = mhhc(R,R);
end
s = R;
```

(3) 程序_3：

```
for j = 1: n
    s1(j) = sqrt(sum((x(: ,j) - x0(j)).^2)/m); % 对x做平移——标准差变换
    x(: ,j) = (x(: ,j) - x0(j))/s1(j);
    x1(: ,j) = (x(: ,j) - min(x(: ,j)))/(max(x(: ,j)) - min(x(: ,j)));
% 平移——极差变换
end
s1 = x1;                                        % s1 表示模糊矩阵
R = eye(m);
M = 0;                                          % 相似系数 r 由数量积法求得
for i = 1: m
    for j = i + 1: m
        if(sum(x1(i,:). * x1(j,:))> M);
            M = sum(x1(i,:). * x1(j,:));
        end
    end
end
for i = 1: m
    for j = 1: m
        if(i~ = j)
            R(i,j) = (sum(x1(i,:). * x1(j,:)))/M;
        end
    end
end
s2 = R;                                         % R 为模糊相似矩阵
s3 = mhcdb(R);                         % s3 表示模糊等价矩阵，此处调用'mhcdb'求模糊传递包
```

本程序中若想用“夹角余弦法”求相似系数 r，可将上面程序中的第 14 行(M=0;)至第 28 行(倒数第 3 行)用下面的程序段替换。

```
for i = 1: m % 夹角余弦法求相似系数 r
    for j = 1: m
        M1 = sqrt(sum(x1(i,:).^2) * sum(x1(j,:).^2));
        R(i,j) = (sum(x1(i,:). * x1(j,:)))/M1;
    end
end
```

(4) 程序_4:

```
function [L1,s] = Lamjjz(x,lam)
% 求λ-截矩阵并完成聚类,x为模糊等价矩阵
%(即程序_3中求得的s3),lam为待输入的λ值
n = length(x(1,:));
for i = 1: n
    for j = 1: n
        if x(i,j)> = lam
            L1(i,j) = 1;          % x1为λ-截矩阵
        end
    end
end
A = zeros(n,n+1);
for i = 1: n
if ~A(i,1)
A(i,2) = i;                       % A的第一列为标示符其值为0或1
for j = i+1: n
    if x1(i,:) == x1(j,:)
        A(i,j+1) = j;
        A(j,1) = 1;
    end
end
for i = 1: n
    if ~A(i,1)
        a = [];
        for j = 2: n+1
            if A(i,j)
                a = [a,A(i,j)];   % a表示聚类数组
            end
        end
        disp(a)                   % 将聚类数组依次显示
    end
end
```

5) 层次分析——求近似特征向量算法

在层次分析中,该算法用于根据成对比较矩阵求近似特征向量。

```
function [w,lam,CR] = ccfx(A)
% A为成对比较矩阵,返回值w为近似特征向量
% lam为近似最大特征值maxλ,CR为一致性比率
n = length(A(: ,1));
a = sum(A);
B = A;                  % 用B代替A做计算
for j = 1: n            % 将A的列向量归一化
    B(: ,j) = B(: ,j)./a(j);
end
s = B(: ,1);
for j = 2: n
    s = s + B(: ,j);
end
```

```
c = sum(s);                          % 和法计算近似最大特征值 maxλ
w = s./c;
d = A * w;
lam = 1/n * sum((d./w));
CI = (lam - n)/(n - 1);              % 一致性指标
RI = [0,0,0.58,0.90,1.12,1.24,1.32,1.41,1.45,1.49,1.51];
% RI 为随机一致性指标
CR = CI/RI(n);                       % 求一致性比率
if CR > 0.1
    disp('没有通过一致性检验');
    else disp('通过一致性检验');
end
```

6）灰色关联性分析——单因子情形

当系统的行为特征只有一个因子 0x，该算法用于求解各种因素 ix 对 0x 的影响大小。

```
function s = Glfx(x0,x)              % x0(行向量)为因子,x 为因素集
[m,n] = size(x);
B = [x0;x];
k = m + 1;                           % k 为 B 的行数
c = B(: ,1);                         % 对序列进行无量纲化处理
for j = 1: n
    B(: ,j) = B(: ,j)./c;
end
for i = 2: k                         % 求参考序列对各比较序列的绝对差
    B(i,:) = abs(B(i,:) - B(1,:));
end
A = B(2: k,:);                       % 求关联系数
a = min(min(A));
b = max(max(A));
for i = 1: m
    for j = 1: n
        r1(i,j) = r1(i,j) * (a + 0.5 * b)/(A(i,j) + 0.5 * b);
    end
end
s = 1/n * (r1 * ones(m,1));          % 比较序列对参考序列 x0 的灰关联度
```

7）灰色预测——GM(1,1)

该算法用灰色模型中的 GM(1,1)模型做预测。

```
function [s,t] = huiseyc(x,m)
% x 为待预测变量的原值,为其预测 m 个值
[m1,n] = size(x);
if m1 ~= 1                      % 若 x 为列向量,则将其变为行向量放入 x0
    x0 = x';
else
    x0 = x;
end
n = length(x0);
c = min(x0);
if c < 0                        % 若 x0 中有小于 0 的数,则作平移,使每个数字都大于 0
```

```
        x0 = x0 - c + 1;
    end
    x1 = (cumsum(x0))';                          % x1 为 x0 的 1 次累加生成序列,即 AGO
    for k = 2: n
        r(k - 1) = x0(k)/x1(k - 1);
    end
    rho = r,                                     % 光滑性检验
    for k = 2: n
        z1(k - 1) = 0.5 * x1(k) + 0.5 * x1(k - 1);
    end
    B = [ - z1',ones(n - 1,1)];
    YN = (x0(2: n))';
    a = (inv(B' * B)) * B' * YN;
    y1(1) = x0(1);
    for k = 2: n + m                             % 预测 m 个值
        y1(k) = (x0(1) - a(2)/a(1)) * exp( - a(1) * (k - 1)) + a(2)/a(1);
    end
    y(1) = y1(1);
    for k = 2: n + m
        y(k) = y1(k) - y1(k - 1);                % 还原
    end
    if c < 0
        y = y + c - 1;
    end
    y;
    e1 = x0 - y(1: n);
    e = e1(2: n),                                % e 为残差
    for k = 2: n
        dd(k - 1) = abs(e(k - 1))/x0(k);
    end
    dd;
    d = 1/(n - 1) * sum(dd);
    f = 1/(n - 1) * abs(sum(e));
    s = y;
    t = e;
```

本章小结

MATLAB 又称为第四代编程语言,程序简洁、可读性强而且十分容易调试,是 MATLAB 的重要组成部分。

MATLAB 为用户提供了非常方便易懂的程序设计方法,类似于其他的高级编程语言。本章侧重于 MATLAB 中最基础的程序设计,分别介绍了 M 文件、程序控制结构、数据的输入与输出、面向对象编程、程序优化及程序调试等内容。

第14章 经典智能算法的MATLAB实现

人工智能学科诞生于20世纪50年代中期，当时由于计算机的产生与发展，人们开始了具有真正意义的人工智能的研究。它在自动推理、认知建模、机器学习、神经元网络、自然语言处理、专家系统、智能机器人等方面的理论和应用上都取得了一定的成果。本章主要讲解多种经典智能算法及其MATLAB实现方法。

学习目标：

- 掌握免疫算法原理及其使用方法；
- 掌握小波分析算法算法原理及其使用方法；
- 掌握智能算法在PID控制器上的实现。

14.1 免疫算法的MATLAB实现

免疫算法是基于生物免疫系统的基本机制，模仿了人体的免疫系统。人工免疫系统作为人工智能领域的重要分支，同神经网络及遗传算法一样也是智能信息处理的重要手段，已经受到越来越多的关注。

14.1.1 基本原理

免疫遗传算法解决了遗传算法的早熟收敛问题，这种问题一般出现在实际工程优化计算中。因为遗传算法的交叉和变异运算本身具有一定的盲目性，如果在最初的遗传算法中引入免疫的方法和概念，对遗传算法的全局搜索过程进行一定强度的干预，就可以避免很多重复无效的工作，从而提高算法效率。

因为合理提取疫苗是算法的核心，为了更加稳定的提高群体适应度，算法可以针对群体进化过程中的一些退化现象进行抑制。

我们在生物免疫学的基础上发现，生物免疫系统的运行机制与遗传算法的求解是类似的。在抵抗抗原时，相关细胞增殖分化进而产生大量抗体抵御。倘若将所求的目标函数及约束条件当作抗原，问题的解当作抗体，那么遗传算法求解的过程实际上就是生物免疫系统抵御抗原的过程。

因为免疫系统具有辨识记忆的特点，所以可以更快识别个体群体。而我们所说的基于疫苗接种的免疫遗传算法就是将遗传算法映射到生物免疫系统中,结合工程运算得到的一种更高级的优化算法。面对待求解问题时,相当于面对各种抗原,可以提前注射"疫苗"来抑制退化问题,从而保持优胜劣汰的特点,使算法一直优化下去,达到免疫的目的。

免疫算法可分为三种情况:

(1) 模仿免疫系统抗体与抗原识别,结合抗体产生过程而抽象出来的免疫算法;

(2) 基于免疫系统中的其他特殊机制抽象出的算法,例如克隆选择算法;

(3) 与遗传算法等其他计算智能融合产生的新算法,例如免疫遗传算法。

14.1.2 程序设计

免疫遗传算法和遗传算法的结构基本一致,最大的不同之处就在于,在免疫遗传算法中引入了浓度调节机制。进行选择操作时,遗传算法值只利用适应度值指标对个体进行评价;免疫遗传算法的选择策略变为:适应度越高,浓度越小,个体复制的概率越大;适应度越低,浓度越高的个体得到选择的概率就越小。

免疫遗传算法的基本思想就是在传统遗传算法的基础上加入一个免疫算子,加入免疫算子的目的是防止种群退化。免疫算子由接种疫苗和免疫选择两个步骤组成免疫遗传算法可以有效地调节选择压力。因此,免疫算法具有更好的保持群体多样性的能力。

1. 免疫遗传算法步骤和流程

免疫遗传算法流程如图14-1所示。

其主要步骤如下:

(1) 抗原识别:将所求的目标函数及约束条件当作抗原进行识别,来判定是否曾经解决过该类问题。

(2) 初始抗体的产生,对应于遗传算法就是得到解的初始值。经过对抗原的识别,如果曾解决过此类问题,则直接寻找相应记忆细胞,从而产生初始抗体。

(3) 记忆单元更新:选择亲和度高的抗体进行存储记忆。

(4) 抗体的抑制和促进:在免疫遗传算法中,由于亲和度高的抗体显然受到促进,传进下一代的概率更大,而亲和度低的就会受到抑制,这样很容易导致群体进化单一,导致局部优化。因此需要在算法中插入新的策略,保持群体的多样性。

(5) 遗传操作:遗传操作即经过交叉、变异产生下一代抗体的过程。免疫遗传算法通过考虑抗体亲和度以及群体多样性,选择抗体群体,

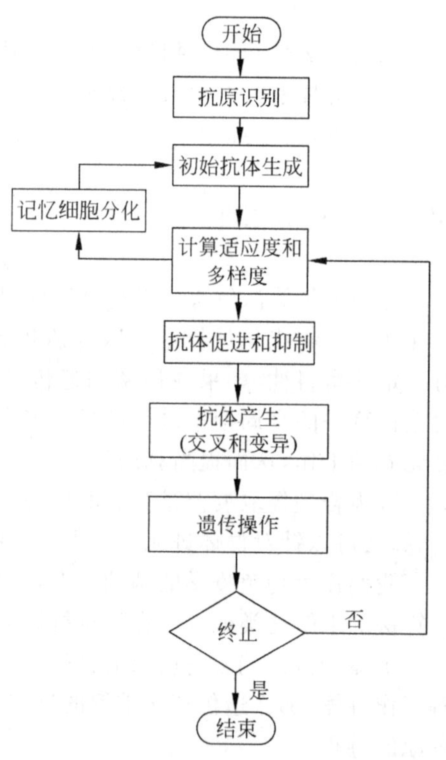

图14-1 免疫遗传算法流程图

进行交叉编译从而产生新一代抗体,保证种族向适应度高的方向进化。

2. 基于 MATLAB 实现免疫遗传算法

用 MATLAB 实现免疫遗传算法的最大优势在于它具有强大的处理矩阵运算的功能。

免疫遗传算法中的标准遗传操作,包括选择、交叉、变异,以及基于生物免疫机制的免疫记忆、多样性保持、自我调节等功能,都是针对抗体(遗传算法称为个体或染色体)进行的,而抗体可很方便地用向量(即 $1\times n$ 矩阵)表示,因此上述选择、交叉、变异、免疫记忆、多样性保持、自我调节等操作和功能全部由矩阵运算实现的。

用 MATLAB 实现免疫遗传算法的程序图如图 14-2 所示。

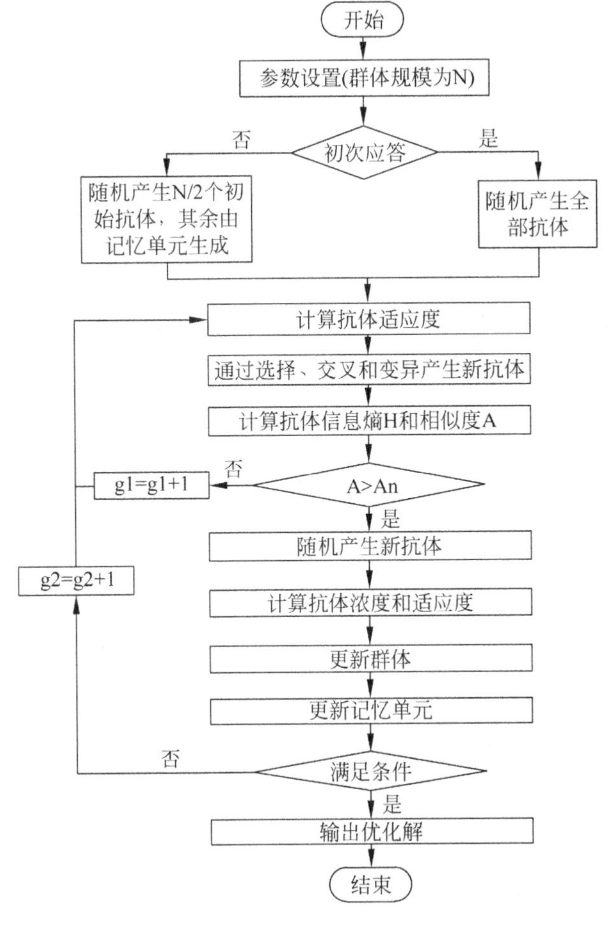

图 14-2 程序图

【例 14-1】 设计一个免疫遗传算法,实现对图 14-3 所示的单阈值图像的分割,并作图比较分割前后图片效果。

解:图像阈值分割是一种广泛应用的分割技术,利用图像中要提取的目标区域与其背景在灰度特性上的差异,把图像看作具有不同灰度级的两类区域(目标区域和背景区域)

图 14-3　单阈值图像

的组合，选取一个比较合理的阈值，以确定图像中每个像素点应该属于目标区域还是背景区域，从而产生相应的二值图像。

假设免疫系统群体规模为 N，每个抗体基因长度为 M，采用符号集大小为 S(对二进制编码，$S=2$)，输入变量数为 L(对优化问题指被优化变量个数)，适应度为 1，随机产生的新抗体个数 P 为群体规模的 40%，进化截止代数为 50。

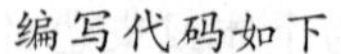

编写代码如下：

```
%免疫遗传算法主程序
clear all
clc
tic
popsize = 15;
lanti = 10;
maxgen = 50;                                  % 最大代数
cross_rate = 0.4;                             % 交叉速率
mutation_rate = 0.1;                          % 变异速率
a0 = 0.7;
zpopsize = 5;
bestf = 0;
nf = 0;
number = 0;
I = imread('bird.bmp');
q = isrgb(I);                                 % 判断是否为 RGB 真彩图像
if q == 1
    I = rgb2gray(I);                          % 转换 RGB 图像为灰度图像
end
[m,n] = size(I);
p = imhist(I);                                % 显示图像数据直方图
p = p';                                       % 阵列由列变为行
p = p/(m * n);                                % 将 p 的值变换到(0,1)
figure(1)
subplot(1,2,1);
imshow(I);
title('原始图像的灰度图像');
hold on
%%% 抗体群体初始化 %%%%%%%%%%%
pop = 2 * rand(popsize,lanti) - 1;            % pop 的值为(-1,1)之间的随机数矩阵
pop = hardlim(pop);                           % 大于等于 0 为 1,小于 0 为 0
%%%%%% 免疫操作 %%%%%%%%%%%%%%%%%
for gen = 1:maxgen
  [fitness,yuzhi,number] = fitnessty(pop,lanti,I,popsize,m,n,number);
                                              %% 计算抗体—抗原的亲和度
  if max(fitness)> bestf
    bestf = max(fitness);
    nf = 0;
  for i = 1:popsize
        if fitness(1,i) == bestf              % 找出最大适应度在向量 fitness 中的序号
            v = i;
        end
  end
```

```
yu = yuzhi(1,v);
  elseif max(fitness) == bestf
    nf = nf + 1;
  end
    if nf >= 20
     break;
     end
A = shontt(pop);                    % 计算抗体—抗体的相似度
f = fit(A,fitness);                 % 计算抗体的聚合适应度
pop = select(pop,f);                % 进行选择操作
pop = coss(pop,cross_rate,popsize,lanti); % 交叉
pop = mutation_compute1(pop,mutation_rate,lanti,popsize);      %变异
a = shonqt(pop);                    % 计算抗体群体的相似度
if a > a0
    zpop = 2 * rand(zpopsize,lanti) - 1;
    zpop = hardlim(zpop);           % 随机生成 zpopsize 个新抗体
    pop(popsize + 1:popsize + zpopsize,:) = zpop(:,:);
    [fitness,yuzhi,number] = fitnessty(pop,lanti,I,popsize,m,n,number);
     %计算抗体—抗原的亲和度
    A = shontt(pop);                % 计算抗体—抗体的相似度
    f = fit(A,fitness);             % 计算抗体的聚合适应度
    pop = select(pop,f);            % 进行选择操作
end
if gen == maxgen
   [fitness,yuzhi,number] = fitnessty(pop,lanti,I,popsize,m,n,number);
   %计算抗体—抗原的亲和度
end
end
imshow(I);
subplot(1,2,2);
fresult(I,yu);
title('阈值分割后的图像');

%均匀杂交
function pop = coss(pop,cross_rate,popsize,lanti)
j = 1;
for i = 1:popsize                    % 选择进行抗体交叉的个体
    p = rand;
    if p < cross_rate
        parent(j,:) = pop(i,:);
        a(1,j) = i;
        j = j + 1;
    end
end
j = j - 1;
if rem(j,2) ~= 0
    j = j - 1;
end
for i = 1:2:j
    p = 2 * rand(1,lanti) - 1;       % 随机生成一个模板
    p = hardlim(p);
    for k = 1:lanti
        if p(1,k) == 1
```

```
                pop(a(1,i),k) = parent(i+1,k);
                pop(a(1,i+1),k) = parent(i,k);
            end
        end
    end

    %抗体的聚合适应度函数
    function f = fit(A,fitness)
    t = 0.8;
    [m,m] = size(A);
    k = -0.8;
    for i = 1:m
        n = 0;
        for j = 1:m
        if A(i,j)> t
            n = n + 1;
        end
        end
        C(1,i) = n/m;                          % 计算抗体的浓度
    end
    f = fitness. * exp(k. * C);                % 抗体的聚合适应度

    %适应度计算
    function [fitness,b,number] = fitnessty(pop,lanti,I,popsize,m,n,number)
    num = m * n;
    for i = 1:popsize
         number = number + 1;
            anti = pop(i,:);
            lowsum = 0;                        % 低于阈值的灰度值之和
            lownum = 0;                        % 低于阈值的像素点的个数
            highsum = 0;                       % 高于阈值的灰度值之和
            highnum = 0;                       % 高于阈值的像素点的个数
            a = 0;
            for j = 1:lanti
                a = a + anti(1,j) * (2 ^ (j-1));      %加权求和
            end
            b(1,i) = a * 255/(2 ^ lanti - 1);
            for x = 1:m
                for y = 1:n
                    if I(x,y)< b(1,i)
                        lowsum = lowsum + double(I(x,y));
                        lownum = lownum + 1;
                    else
                        highsum = highsum + double(I(x,y));
                        highnum = highnum + 1;
                    end
                end
            end
            u = (lowsum + highsum)/num;
            if lownum~ = 0
                u0 = lowsum/lownum;
            else
                u0 = 0;
```

```
        end
        if highnum~ = 0
            u1 = highsum/highnum;
        else
            u1 = 0;
        end
        w0 = lownum/(num);
        w1 = highnum/(num);
        fitness(1,i) = w0 * (u0 - u)^2 + w1 * (u1 - u)^2;
end
end

%根据最佳阈值进行图像分割输出结果
function fresult(I,f,m,n)
[m,n] = size(I);
for i = 1:m
    for j = 1:n
        if I(i,j)< = f
            I(i,j) = 0;
        else
            I(i,j) = 255;
        end
    end
end
imshow(I);

%判断是否为RGB真彩图像
function y = isrgb(x)
wid = sprintf('Images: % s:obsoleteFunction',mfilename);
str1 = sprintf(' % s is obsolete and may be removed in the future.',mfilename);
str2 = 'See product release notes for more information.';
warning(wid,' % s\n % s',str1,str2);

y = size(x,3) == 3;
if y
   if isa(x,'logical')
      y = false;
   elseif isa(x,'double')
      m = size(x,1);
      n = size(x,2);
      chunk = x(1:min(m,10),1:min(n,10),:);
      y = (min(chunk(:))> = 0 && max(chunk(:))< = 1);
      if y
         y = (min(x(:))> = 0 && max(x(:))< = 1);
      end
   end
end

%变异操作
function pop = mutation_compute(pop,mutation_rate,lanti,popsize) %均匀变异
for i = 1:popsize
    s = rand(1,lanti);
    for j = 1:lanti
```

```
            if s(1,j)< mutation_rate
                if pop(i,j) == 1
                    pop(i,j) = 0;
                else pop(i,j) = 1;
                end
            end
        end
    end

    %选择操作
    function v = select(v,fit)
    [px,py] = size(v);
    for i = 1:px;
    pfit(i) = fit(i)./sum(fit);
    end
    pfit = cumsum(pfit);
    if pfit(px)<1
        pfit(px) = 1;
    end
    rs = rand(1,10);
    for i = 1:10
        ss = 0;
        for j = 1:px
            if rs(i)<= pfit(j)
                v(i,:) = v(j,:);
                ss = 1;
            end
            if ss == 1
                break;
            end
        end
    end

    %群体相似度函数
    function a = shonqt(pop)
    [m,n] = size(pop);
    h = 0;
    for i = 1:n
        s = sum(pop(:,i));
        if s == 0||s == m
            h = h;
        else
        h = h - s/m * log2(s/m) - (m - s)/m * log2((m - s)/m);
        end
    end
    a = 1/(1 + h);

    %抗体相似度计算函数
    function A = shontt(pop)
    [m,n] = size(pop);
    for i = 1:m
        for j = 1:m
            if i == j
```

```
            A(i,j) = 1;
        else H(i,j) = 0;
            for k = 1:n
                if pop(i,k)~ = pop(j,k)
                    H(i,j) = H(i,j) + 1;
                end
            end
        H(i,j) = H(i,j)/n;
        A(i,j) = 1/(1 + H(i,j));
        end
    end
end
```

运行以上代码,得到如图 14-4 所示的比较分割前后图片效果。

(a) 原始图像的灰度图像

(b) 阈值分割后的图像

图 14-4　分割前后图片效果比较图

阈值分割法适用于目标与背景灰度有较强对比的情况,重要的是背景或物体的灰度比较单一,而且总可以得到封闭且连通区域的边界。

图 14-5 是待分割的竹子图片,竹子和背景的灰度没有很强烈的对比。根据例 14-1 中的程序,运行后得到图 14-5 中图片阈值分割前后对比如图 14-6 所示。

图 14-5　待分割的竹子图片

(a) 原始图像的灰度图像

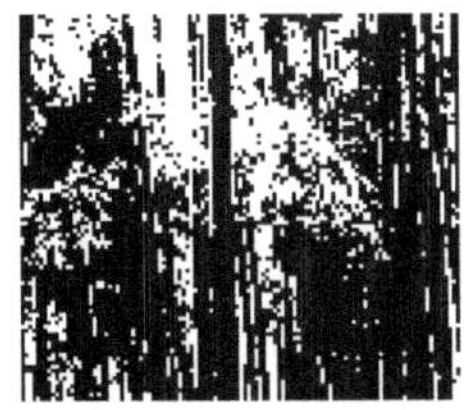

(b) 阈值分割后的图像

图 14-6　阈值分割前后对比图

从图 14-6 可以看出,该图的阈值分割前后对比效果就没有图 14-4 那么强烈。

14.1.3　经典应用

在现有基于知识的智能诊断系统设计中,知识的自动获取一直是一个难处理的问题。目前,虽然遗传算法、模拟退火算法等优化算法在诊断中获取了一定的效果,但是在处理知识类型、有效性等方面仍然存在一些不足。

免疫算法的基础就在于如何计算抗原与抗体、抗体与抗体之间相似度，在处理相似性方面有着独特的优势。

基于人工免疫的故障检测和诊断模型如图 14-7 所示。

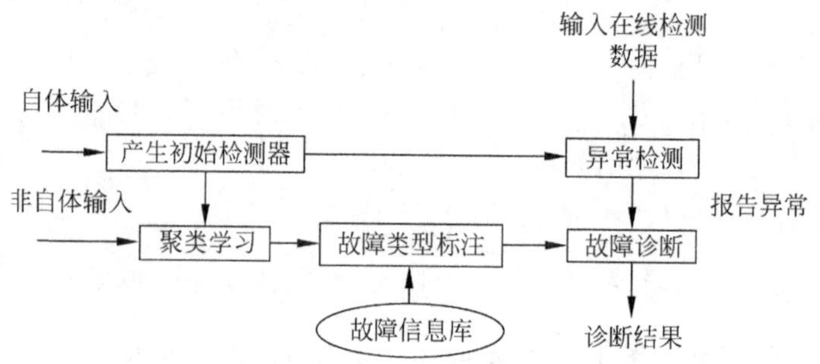

图 14-7　基于人工免疫的故障检测和诊断模型

在此模型中，用一个 N 维特征向量表示系统工作状态的数据。为了减少时间的复杂度，对系统工作状态的检测分为两个层次：

(1) 异常检测：负责报告系统的异常工作状态。

(2) 故障诊断：确定故障类型和发生的位置。

描述系统正常工作的自体为第一类抗原，用于产生原始抗体；描述系统工作异常的非自体作为第二类抗原，用于刺激抗体进行变异和克隆进化，使其成熟。

下面采用免疫算法对诊断知识的获取技术进行讲解。

【例 14-2】 随机设置一组故障编码和三种故障类型编码，通过免疫算法，求得故障编码属于故障类型编码的概率。

解：编写 MATLAB 代码如下：

```
clear all;
clc
global popsize length min max N code;
N = 10;                          % 每个染色体段数(十进制编码位数)
M = 100;                         % 进化代数
popsize = 20;                    % 设置初始参数,群体大小
length = 10;                     % length 为每段基因的二进制编码位数
chromlength = N * length;        % 字符串长度(个体长度),染色体的二进制编码长度
pc = 0.7;
%设置交叉概率,本例中交叉概率是定值,若想设置变化的交叉概率可用表达式表示
%或从写一个交叉概率函数,例如用神经网络训练得到的值作为交叉概率
pm = 0.3;                        % 设置变异概率,同理也可设置为变化的
bound = { - 100 * ones(popsize,1),zeros(popsize,1)};min = bound{1};max = bound{2};
pop = initpop(popsize,chromlength);
%运行初始化函数,随机产生初始群体
ymax = 500;
K = 1;

%故障类型编码,每一行为一种!code(1,:),正常; code(2,:),50 %; code(3,:),100 %
code = [ - 0.8180   - 1.6201   - 14.8590   - 17.9706   - 24.0737   - 33.4498   - 43.3949   - 53.3849
   - 63.3451   - 73.0295   - 79.6806   - 74.3230;   - 0.7791   - 1.2697   - 14.8682   - 26.2274
```

```
  -30.2779   -39.4852   -49.4172   -59.4058   -69.3676   -79.0657   -85.8789   -81.0905;
  -0.8571   -1.9871   -13.4385   -13.8463   -20.4918   -29.9230   -39.8724
  -49.8629   -59.8215   -69.4926   -75.9868   -70.6706];
%设置故障数据编码
Unnoralcode=[-0.5164   -5.6743   -11.8376   -12.6813   -20.5298   -39.9828   -43.9340
  -49.9246   -69.8820   -79.5433   -65.9248   -8.9759];

for i=1:3
%3种故障模式,每种模式应该产生popsize种监测器(抗体),每种监测器的长度和故障编码的
%长度相同
   for k=1:M                                %判断每种模式适应值
       [objvalue]=calobjvalue(pop,i);      %计算目标函数
       fitvalue=calfitvalue(objvalue);
       favg(k)=sum(fitvalue)/popsize;      %计算群体中每个个体的适应度
       newpop=selection(pop,fitvalue);
       objvalue=calobjvalue(newpop,i);     %选择
       newpop=crossover(newpop,pc,k);
       objvalue=calobjvalue(newpop,i);     %交叉
       newpop=mutation(newpop,pm);
       objvalue=calobjvalue(newpop,i);     %变异
       for j=1:N                            %译码!
           temp(:,j)=decodechrom(newpop,1+(j-1)*length,length);
           %将newpop每行(个体)每列(每段基因)转化成十进制数
           x(:,j)=temp(:,j)/(2^length-1)*(max(j)-min(j))+min(j);
           %popsize×N将二值域中的数转化为变量域的数
       end
       [bestindividual,bestfit]=best(newpop,fitvalue);
       %求出群体中适应值最大的个体及其适应值
       if bestfit<ymax
          ymax=bestfit;
          K=k;
       end
       %y(k)=bestfit;
       if ymax<10                              %如果最大值小于设定阈值,停止进化
           X{i}=x;
           break
       end
       if k==1
           fitvalue_for=fitvalue;
           x_for=x;
       end
       result=resultselect(fitvalue_for,fitvalue,x_for,x);
       fitvalue_for=fitvalue;
       x_for=x;
       pop=newpop;
   end
   X{i}=result;
   %第i类故障的popsize个监测器
   distance=0;
   %计算Unnoralcode属于每一类故障的概率
   for j=1:N
       distance=distance+(result(:,j)-Unnoralcode(j)).^2;        %将得N个不同的距离
   end
```

```
    distance = sqrt(distance);
    D = 0;
    for p = 1:popsize
        if distance(p)< 40        % 预设阈值
            D = D + 1;
        end
    end
    P(i) = D/popsize % Unnoralcode 隶属每种故障类型的概率
end

X;  % 结果为(i * popsie)个监测器(抗体)
plot(1:M,favg)
title('个体适应度变化趋势')
xlabel('迭代数')
ylabel('个体适应度')

%%%%%%% 子函数 %%%%%%%%
% 求出群体中适应值最大的个体及其适应值
function [bestindividual,bestfit] = best(pop,fitvalue)
global popsize N length;
bestindividual = pop(1,:);
bestfit = fitvalue(1);
for i = 2:popsize
    if fitvalue(i)> bestfit      % 最大的个体
       bestindividual = pop(i,:);
       bestfit = fitvalue(i);
    end
end

% 计算个体的适应值,目标: 产生可比较的非负数值
function fitvalue = calfitvalue(objvalue)
fitvalue = objvalue;
global popsize;
Cmin = 0;
for i = 1:popsize
  if objvalue(i) + Cmin > 0        % objvalue 为一列向量
       temp = Cmin + objvalue(i);
   else
       temp = 0;
   end
   fitvalue(i) = temp;              % 得一向量
end
end

% 实现目标函数的计算
function [objvalue] = calobjvalue(pop,i)
global length N min max code;
% 默认染色体的二进制长度 length = 10
distance = 0;
for j = 1:N
     temp(:,j) = decodechrom(pop,1 + (j - 1) * length,length);
     % 将 pop 每行(个体)每列(每段基因)转化成十进制数
     x(:,j) = temp(:,j)/(2 ^ length - 1) * (max(j) - min(j)) + min(j);
```

```
    % popsize×N 将二值域中的数转化为变量域的数
    distance = distance + (x(:,j) - code(i,j)).^2;
    % 将得 popsize 个不同的距离
end
objvalue = sqrt(distance);
%计算目标函数值: 欧氏距离
end

function newpop = crossover(pop,pc,k)
global N length M;
pc = pc - (M - k)/M * 1/20;
A = 1:N * length;
% A = randcross(A,N,length);    % 将数组 A 的次序随机打乱(可实现两两随机配对)
for i = 1:length
    n1 = A(i);n2 = i + 10;          % 随机选中的要进行交叉操作的两个染色体
    for j = 1:N                     % N 点(段)交叉
            cpoint = length - round(length * pc);    % 这两个染色体中随机选择的交叉的位置
            temp1 = pop(n1,(j - 1) * length + cpoint + 1:j * length);temp2 = pop(n2,(j - 1) *
length + cpoint + 1:j * length);
            pop(n1,(j - 1) * length + cpoint + 1:j * length) = temp2;pop(n2,(j - 1) * length +
cpoint + 1:j * length) = temp1;
    end
    newpop = pop;
end
end

%产生 [2^n 2^(n-1) … 1] 的行向量,然后求和,将二进制转化为十进制
function pop2 = decodebinary(pop)
[px,py] = size(pop);                % 求 pop 行和例数
for i = 1:py
pop1(:,i) = 2.^(py - 1).* pop(:,i);
%pop 的每一个行向量(二进制表示),for 循环语句将每个二进制行向量按位置
py = py - 1;
% 乘上权重
end
pop2 = sum(pop1,2);
%求 pop1 的每行之和,即得到每行二进制表示变为十进制表示值,实现二进制到十进制的转变
end

% 将二进制编码转换成十进制,参数 spoint 表示待解码的二进制串的起始位置
% (对于多个变量而言,如有两个变量,采用 20 为表示,每个变量 10 为,则第一个变量从 1 开始,
% 另一个变量从 11 开始,本例为 1),参数 length 表示所截取的长度
function pop2 = decodechrom(pop,spoint,length)
pop1 = pop(:,spoint:spoint + length - 1);
%将从第"spoint"位开始到第"spoint + length - 1"位(这段码位表示一个参数)取出
pop2 = decodebinary(pop1);
%利用上面函数"decodebinary(pop)"将用二进制表示的个体基因变为十进制数,得到 popsize×1
%列向量
end

%置换
function B = hjjsort(A)
N = length(A);t = [0 0];
```

```
for i = 1:N
    temp(i,2) = A(i);
    temp(i,1) = i;
end
for i = 1:N - 1          % 沉底法将 A 排序
    for j = 2:N + 1 - i
        if temp(j,2)< temp(j - 1,2)
            t = temp(j - 1, :);temp(j - 1, :) = temp(j, :);temp(j, :) = t;
        end
    end
end
for i = 1:N/2           % 将排好的 A 逆序
    t = temp(i,2);temp(i,2) = temp(N + 1 - i,2);temp(N + 1 - i,2) = t;
end
for i = 1:N
    A(temp(i,1)) = temp(i,2);
end
B = A;

% 编码初始化编码
% initpop.m 函数的功能是实现群体的初始化,popsize 表示群体的大小,chromlength 表示染色
% 体的长度(二值数的长度),长度大小取决于变量的二进制编码的长度
function pop = initpop(popsize,chromlength)
pop = round(rand(popsize,chromlength));
% rand 随机产生每个单元为 {0,1} 行数为 popsize,列数为 chromlength 的矩阵,
% roud 对矩阵的每个单元进行圆整.这样产生随机的初始种群
end

% 变异操作
function [newpop] = mutation(pop,pm)
global popsize N length;
for i = 1:popsize
   if(rand < pm)        % 产生一随机数与变异概率比较
      mpoint = round(rand * N * length);   % 个体变异位置
     if mpoint < = 0
        mpoint = 1;
     end
     newpop(i, :) = pop(i, :);
     if newpop(i,mpoint) == 0
        newpop(i,mpoint) = 1;
     else
        newpop(i,mpoint) = 0;
     end
   else
     newpop(i, :) = pop(i, :);
   end
end

function result = resultselect(fitvalue_for,fitvalue,x_for,x);
global popsize;
A = [fitvalue_for;fitvalue];B = [x_for;x];
N = 2 * popsize;
```

```
t = 0;
for i = 1:N
    temp1(i) = A(i);
    temp2(i,:) = B(i,:);
end
for i = 1:N - 1                          % 沉底法将 A 排序
    for j = 2:N + 1 - i
        if temp1(j)< temp1(j - 1)
            t1 = temp1(j - 1);t2 = temp2(j - 1,:);
            temp1(j - 1) = temp1(j);temp2(j - 1,:) = temp2(j,:);
            temp1(j) = t1;temp2(j,:) = t2;
        end
    end
end
for i = 1:popsize                        % 将 A 的低适应值(前一半)的序号取出
    result(i,:) = temp2(i,:);
end

function [newpop] = selection(pop,fitvalue)
global popsize;
fitvalue = hjjsort(fitvalue);
totalfit = sum(fitvalue);              % 求适应值之和
fitvalue = fitvalue/totalfit;          % 单个个体被选择的概率
fitvalue = cumsum(fitvalue);           % 如 fitvalue = [4 2 5 1],则 cumsum(fitvalue) = [4 6 11 12]
ms = sort(rand(popsize,1));
 % 从小到大排列,将"rand(px,1)"产生的一列随机数变成轮盘赌形式的表示方法,由小到大排列
fitin = 1;
 % fivalue 是一向量,fitin 代表向量中元素位,即 fitvalue(fitin)代表第 fitin 个个体的单个个
 % 体被选择的概率
newin = 1;
while newin <= popsize
      if (ms(newin))< fitvalue(fitin)
 % ms(newin)表示的是 ms 列向量中第"newin"位数值,同理 fitvalue(fitin)
          newpop(newin,:) = pop(fitin,:);
 % 赋值 ,即将旧种群中的第 fitin 个个体保留到下一代(newpop)
          newin = newin + 1;
      else
          fitin = fitin + 1;
      end
end
```

运行以上代码,得到个体适应度变化趋势如图 14-8 所示。

设置的故障数据属于三种故障类型的概率 P 值如下:

```
>> P =

         0    0.9500    0.7500
```

这表示故障数据完全不属于故障一,属于故障二的概率为 95%,属于故障三的概率为 75%。

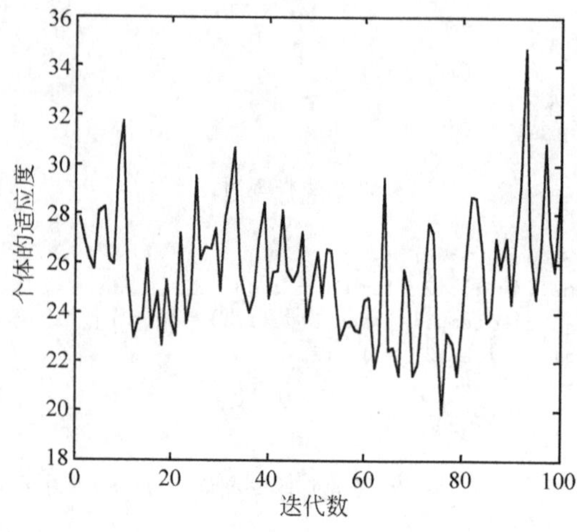

图 14-8　个体适应度变化趋势

14.2　小波分析算法的 MATLAB 实现

小波分析方法是一种窗口大小(即窗口面积)固定但其形状可改变,时间窗和频率窗都可改变的时频局部化分析方法。即在低频部分具有较高的频率分辨率和较低的时间分辨率,在高频部分具有较高的时间分辨率和较低的频率分辨率,所以被誉为数学显微镜。正是这种特性,使小波变换具有对信号的自适应性。

14.2.1　基本原理

小波分析被看成调和分析这一数学领域半个世纪以来的工作结果,已经广泛地应用于信号处理、图像处理、量子场论、地震勘探、语音识别与合成、音乐、雷达、CT 成像、彩色复印、流体湍流、天体识别、机器视觉、机械故障诊断与监控、分形及数字电视等科技领域。

原则上讲,传统上使用傅里叶分析的领域,都可以使用小波分析。小波分析优于傅里叶变换的方面是,它在时域和频域同时具有良好的局部化性质。

设 $y(t)\in L2(R)$,$L2(R)$表示平方可积的实数空间,即能量有限的信号空间,其傅里叶变换为 $Y(w)$。如果 $Y(w)$满足允许条件:

$$C_\psi = \int_R \frac{|\hat{\psi}(\omega)|}{|\omega|}\mathrm{d}\omega < \infty$$

我们称 $y(t)$为一个基本小波或母小波(mother wavelet)。将母函数 $y(t)$经伸缩和平移后,就可以得到一个小波序列。

对于连续的情况,小波序列为

$$\psi_{a,b}(t) = \frac{1}{\sqrt{|a|}}\psi\left(\frac{t-b}{a}\right) \quad a,b \in R;a \neq 0$$

其中，a 为伸缩因子；b 为平移因子。

对于离散的情况，小波序列为

$$\psi_{j,k}(t) = 2^{\frac{-j}{2}}\psi(2^{-j}t-k) \quad j,k \in Z$$

对于任意的函数 $f(t) \in L2(R)$，连续小波变换为

$$W_f(a,b) = < f,\psi_{a,b} > = | a |^{-1/2}\int_R f(t)\, \overline{\psi\left(\frac{t-b}{a}\right)}\mathrm{d}t$$

其逆变换为

$$f(t) = \frac{1}{C_\psi}\int_{R^+}\int_R \frac{1}{a^2}W_f(a,b)\psi\left(\frac{t-b}{a}\right)\mathrm{d}a\mathrm{d}b$$

小波变换的时频窗口特性与短时傅里叶的时频窗口不一样。其窗口形状为两个矩形$[b-aDy,b+aDy]$，$[(\pm w0-DY)/a,(\pm w0+DY)/a]$，窗口中心为$(b,\pm w0/a)$，时窗和频窗宽分别为 aDy 和 DY/a。其中，b 仅仅影响窗口在相平面时间轴上的位置，而 a 不仅影响窗口在频率轴上的位置，也影响窗口的形状。

这样，小波变换对不同的频率在时域上的取样步长是调节性的：在低频时，小波变换的时间分辨率较低，而频率分辨率较高；在高频时，小波变换的时间分辨率较高，而频率分辨率较低，这符合低频信号变化缓慢而高频信号变化迅速的特点。

这是它优于经典的傅里叶变换与短时傅里叶变换的方面。

注意：从总体上来说，小波变换比短时傅里叶变换具有更好的时频窗口特性。

14.2.2 程序设计

Stephane Mallat 利用多分辨分析的特征构造了快速小波变换算法，即 Mallat 算法。

假定选择了空间 Wm 和函数 ϕ，且 ϕ_{0n} 是正交的，设$\{\psi_{mn};m,n\in Z\}$是相伴的正交小波基，ϕ 和 ψ 是实的。把初始序列 $C^0=(C_n^0)_{n\in Z}\in l^2(Z)$分解到相应于不同频带空间的层。

由数据列 $C0\in L2(Z)$可构成函数 f：

$$f = \sum_n c_n^0\phi_{0n}$$

它的每个分支分别对应于正交基 ϕ_{1n}、ψ_{1n}，被扩展为

$$P_1 f = \sum_k C_k^1\phi_{1k}$$

$$Q_1 f = \sum_k D_k^1\psi_{1k}$$

序列 C^1 表示原数据列 C^0 的平滑形式，而 D^1 表示 C^0 和 C^1 之间的信息差，序列 C^1、D^1 可作为 C^0 的函数用下式计算，由于 ϕ_{1n} 是 V_1 的正交基，有

$$C_k^1 = < \phi_{1k},P_1 f > = < \phi_{1k},f > = \sum C_n^0 < \phi_{1k},\phi_{0n} >$$

其中

$$< \phi_{1k},\phi_{0n} > = 2^{-1/2}\int\phi\left(\frac{1}{2}x-k\right)\phi(x-n)\mathrm{d}x$$

$$= 2^{-1/2}\int\phi\left(\frac{1}{2}x\right)\phi(x-(n-2k))\mathrm{d}x$$

还可以写作

$$C_k^1 = \sum_n h(n-2k)C_n^0, \quad 简化为\ C^1 = HC^0$$

其中

$$h(n) = 2^{-1/2}\int\phi\left(\frac{1}{2}x\right)\phi(x-n)\mathrm{d}x$$

注意，这里的 $h(n)$ 包括正规化因子 $2^{-1/2}$。类似地，有

$$D_k^1 = \sum_n g(n-2k)C_n^0, \quad 简化为\ D^1 = GC^0$$

其中

$$g(n) = 2^{-1/2}\int\psi\left(\frac{1}{2}x\right)\phi(x-n)\mathrm{d}x$$

H、G 是从 $L^2(Z)$ 到自身的有界算子：

$$(H_a)_k = \sum_n h(n-2k)a_n$$

$$(G_a)_k = \sum_n g(n-2k)a_n$$

对这个过程进行迭代，由于 $P_1 f \in V_1 = V_2 \oplus W_2$，有

$$P_1 f = P_2 f + Q_2 f$$

$$P_2 f = \sum_k C_k^2 \phi_{2k}$$

$$Q_2 f = \sum_k D_k^2 \psi_{2k}$$

因此，可以得到

$$C_k^2 = <\phi_{2k}, P_2 f> = <\phi_{2k}, P_1 f> = \sum_n C_n^1 <\phi_{2k}, \phi_{j+1k}>$$

从而可以验证

$\phi_{jn} > h(n-2k)$ 与 j 无关，由此可得

$$C_k^2 = \sum_n h(n-2k)C_n^1$$

或者

$$C^2 = HC^1$$

类似地，有

$$D^1 = GC^1$$

此式显然可根据需要多次迭代，在每一步都可看到

$$P_{j-1} f = P_j f + Q_j f = \sum_k C_k^j \phi_{jk} + \sum_k D_k^j \varphi_{jk}$$

其中，$C^j = HC^{j-1}$，$D_j = GC^{j-1}$。

此即 Mallat 算法的分解过程。迭代 C^j 是原始 C^0 越来越低的分解形式，每次采样点比前一步减少一半，D^j 包含了 C^j 和 C^{j-1} 之间的信息差。

Mallat 算法可在有限的 L 步分解后停止，即把 C^0 分解为 $D^1,\cdots,D^L$ 和 C^L。若开始 C^0 有 N 个非零元，则在分解中非零元的总数(不算边的影响)是 $N/2+N/4+\cdots+N/2^L=N$。这说明，在每一步中，Mallat 算法都保持非零元总数。

算法的分解部分如下：

假若已知 C^j 和 D^j，则

$$P_{j-1}f = P_j f + Q_j f = \sum_k C_k^j \phi_{jk} + \sum_k D_k^j \varphi_{jk}$$

因而

$$\begin{aligned} C_n^{j-1} &= < \phi_{j-1n}, P_{j-1}f > \\ &= \sum_k C_k^j < \phi_{j-1n}, \phi_{jk} > + \sum D_k^j < \phi_{j-1n}, \varphi_{jk} > \\ &= \sum_k h(n-2k) C_k^j + \sum_k g(m-2k) D_k^j \end{aligned}$$

或者

$$C^{j-1} = H^* C^j + G^* D^j$$

重构算法也是一个树状算法，而且与分解算法用的是同样的滤波系数。

算法的分解和重构结构如图14-9和图14-10所示。

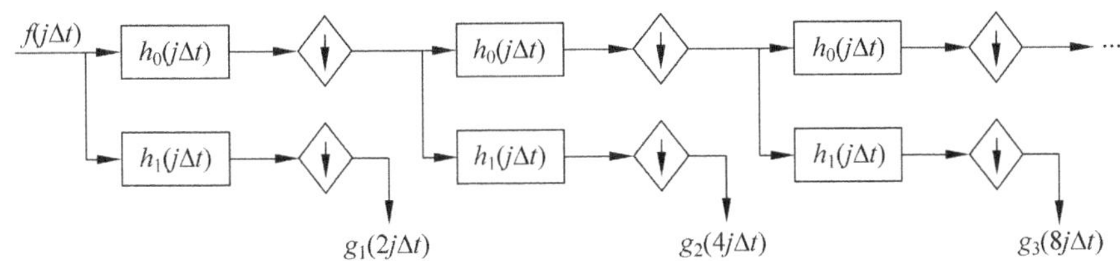

图14-9 算法的分解

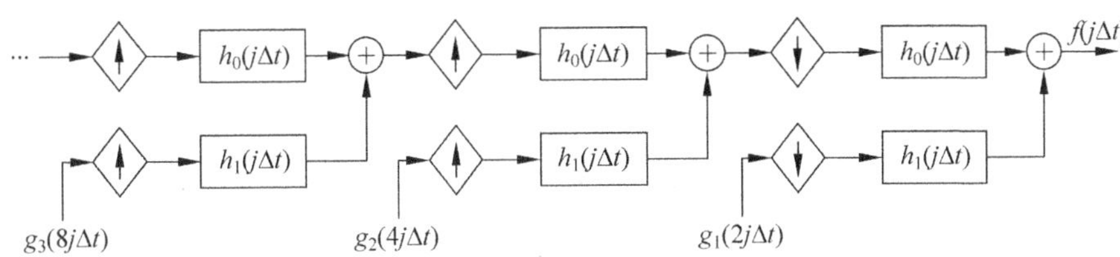

图14-10 重构结构

与标准傅里叶变换相比，小波分析中所用到的小波函数不具有唯一性，即小波函数 $y(x)$ 具有多样性。但小波分析在工程应用中的一个十分重要的问题是最优小波基的选择问题，这是因为用不同的小波基分析同一个问题会产生不同的结果。目前，主要是通过用小波分析方法处理信号的结果与理论结果的误差来判定小波基的好坏，并由此选定小波基。

根据不同的标准，小波函数具有不同的类型，这些标准通常有：

(1) y、Y、f 和 F 的支撑长度：即当时间或频率趋向无穷大时，y、Y、f 和 F 从一个有限值收敛到0的速度。

(2) 对称性：它在图像处理中对于避免移相是非常有用的。

(3) y 和 f（如果存在的情况下）的消失矩阶数：它对于压缩是非常有用的。

(4) 正则性：它对信号或图像的重构获得较好的平滑效果是非常有用的。

但在众多小波基函数（也称核函数）的家族中，有一些小波函数被实践证明是非常有用的。我们可以通过 waveinfo 函数获得工具箱中的小波函数的主要性质，小波函数 y 和

尺度函数 f 可以通过 wavefun 函数计算,滤波器可以通过 wfilters 函数产生。

MATLAB 中常用到的小波函数如下:

1. RbioNr. Nd 小波

RbioNr. Nd 函数是 reverse 双正交小波。在 MATLAB 中,可输入 waveinfo('rbio') 获得该函数的主要性质。

2. Gaus 小波

Gaus 小波是从高斯函数派生出来的,其表达式为

$$f(x) = C_p \mathrm{e}^{-x^2}$$

其中,整数 p 是参数,由 p 的变化导出一系列的 $f(p)$,它满足如下条件

$$\| f^{(p)} \|^2 = 1$$

在 MATLAB 中,可输入 waveinfo('gaus')获得该函数的主要性质。

3. Dmey 小波

Dmey 函数是 Meyer 函数的近似,它可以进行快速小波变换。在 MATLAB 中,可输入 waveinfo('dmey')获得该函数的主要性质。

4. Cgau 小波

Cgau 函数是复数形式的高斯小波,它是从复数的高斯函数中构造出来的,其表达式为

$$f(x) = C_p \mathrm{e}^{-ix} \mathrm{e}^{-x^2}$$

其中,整数 p 是参数,由 p 的变化导出一系列的 $f(p)$,它满足如下条件:

$$\| f(p) \|^2 = 1$$

在 MATLAB 中,可输入 waveinfo('cgau')获得该函数的主要性质。

5. Cmor 小波

Cmor 是复数形式的 Morlet 小波,其表达式为

$$\psi(x) = \sqrt{\pi f_b}\, \mathrm{e}^{2i\pi f_c x}\, \mathrm{e}^{\frac{x}{f_b}}$$

其中,f_b 是带宽参数,f_c 是小波中心频率。

在 MATLAB 中,可输入 waveinfo('cmor')获得该函数的主要性质。

6. Fbsp 小波

Fbsp 是复频域 B 样条小波,表达式为

$$\psi(x) = \sqrt{f_b} \left(\sin\left(\frac{f_b x}{m}\right)\right)^m \mathrm{e}^{2i\pi f_c x}$$

其中,m 是整数型参数; f_b 是带宽参数; f_c 是小波中心频率。

在 MATLAB 中,可输入 waveinfo('fbsp')获得该函数的主要性质。

7. Shan 小波

Shan 函数是复数形式的 Shannon 小波。在 B 样条频率小波中，令参数 $m=1$，就得到了 Shan 小波，其表达式为

$$\psi(x) = \sqrt{f_b}\sin(f_b x)\mathrm{e}^{2j\pi f_c x}$$

其中，f_b 是带宽参数；f_c 是小波中心频率。

在 MATLABA 中，可输入 waveinfo('shan')获得该函数的主要性质。

小波分析一般按照以下四步进行：

(1) 根据问题的需求，选择或设计小波母函数及其重构小波函数；

(2) 确定小波变换的类型和维度(选择离散栅格小波变换还是序列小波变换，是一维的还是多维的)；

(3) 选择恰当的 MATLAB 函数对信号进行小波变换，对结果进行显示、分析和处理；

(4) 如果对变换结果进行了处理，可选择恰当的 MATLAB 函数对信号重建(重构)。

【例 14-3】 用 Mallat 算法进行小波谱分析。

解：定义频率分别为 5 和 10 的正弦波，程序如下：

```
clc;
clear;
f1 = 5;                                   % 频率 1
f2 = 10;                                  % 频率 2
fs = 2 * (f1 + f2);                       % 采样频率
Ts = 1/fs;                                % 采样间隔
N = 12;                                   % 采样点数
n = 1:N;
y = sin(2 * pi * f1 * n * Ts) + sin(2 * pi * f2 * n * Ts);      % 正弦波混合
figure(1)
plot(y);
title('两个正弦信号')
figure(2)
stem(abs(fft(y)));
title('两信号频谱')
```

运行结束后得到两个正弦信号混合后如图 14-11 所示，信号频谱如图 14-12 所示。

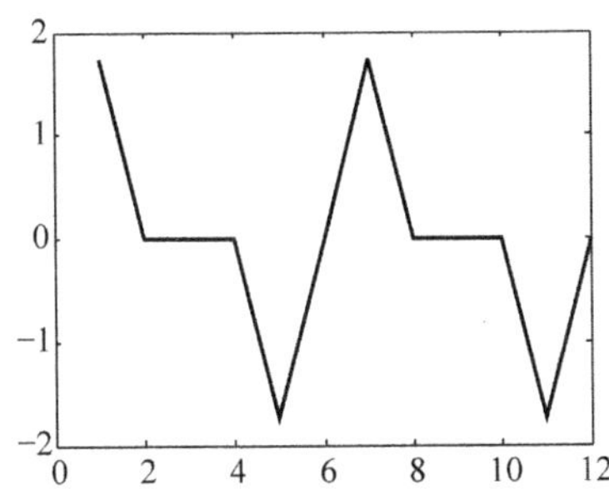

图 14-11　两个正弦信号混合效果曲线

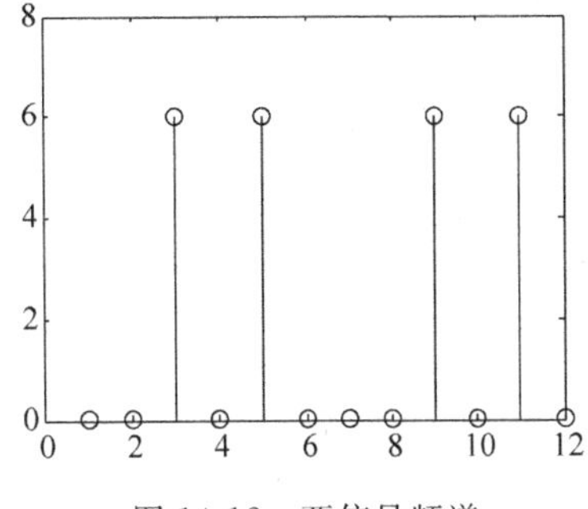

图 14-12　两信号频谱

再对所定义的波形进行小波滤波器谱分析：

```
h = wfilters('db6','l');                % 低通
g = wfilters('db6','h');                % 高通
h = [h,zeros(1,N - length(h))];        % 补零(圆周卷积,且增大分辨率变于观察)
g = [g,zeros(1,N - length(g))];        % 补零(圆周卷积,且增大分辨率变于观察)
figure(3);
stem(abs(fft(h)));
title('低通滤波器图')
figure(4);
stem(abs(fft(g)));
title('高通滤波器图')
```

得到低通和高通滤波器波形如图 14-13 和图 14-14 所示。

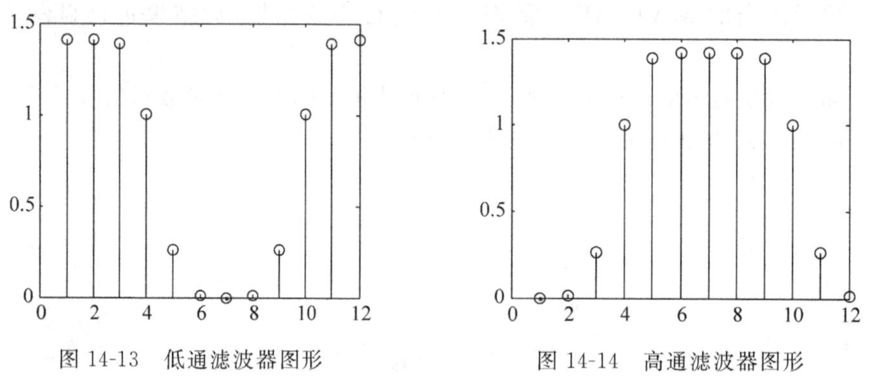

图 14-13　低通滤波器图形　　图 14-14　高通滤波器图形

然后，选择 Mallet 分解算法(圆周卷积的快速傅里叶变换实现)对波形进行处理：

```
sig1 = ifft(fft(y). * fft(h));       % 低通(低频分量)
sig2 = ifft(fft(y). * fft(g));       % 高通(高频分量)
figure(5);                           % 信号图
subplot(2,1,1)
plot(real(sig1));
title('分解信号 1')
subplot(2,1,2)
plot(real(sig2));
title('分解信号 2')
figure(6);                           % 频谱图
subplot(2,1,1)
stem(abs(fft(sig1)));
title('分解信号 1 频谱')
subplot(2,1,2)
stem(abs(fft(sig2)));
title('分解信号 2 频谱')
```

运行程序后得到分解信号及其频谱如图 14-15 和图 14-16 所示。

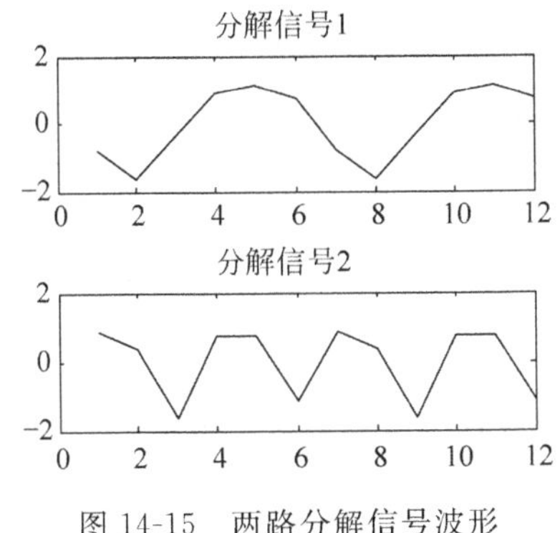

图 14-15 两路分解信号波形

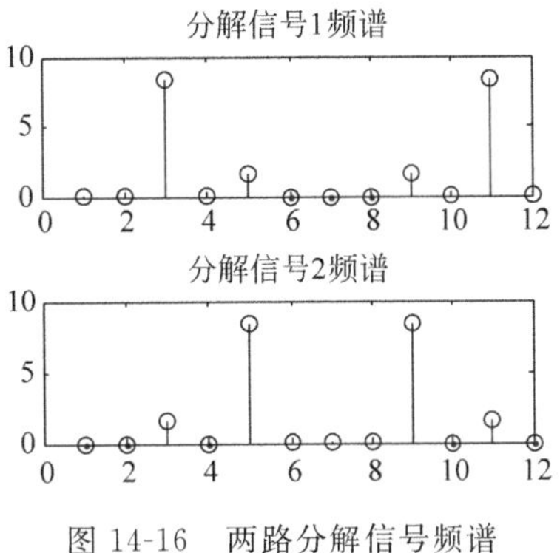

图 14-16 两路分解信号频谱

最后，利用 MALLET 重构算法对变换结构进行处理，并对重构后的图形进行比较。

```
sig1 = dyaddown(sig1);                    % 2 抽取
sig2 = dyaddown(sig2);                    % 2 抽取
sig1 = dyadup(sig1);                      % 2 插值
sig2 = dyadup(sig2);                      % 2 插值
sig1 = sig1(1,[1:N]);                     % 去掉最后一个零
sig2 = sig2(1,[1:N]);                     % 去掉最后一个零
hr = h(end: - 1:1);                       % 重构低通
gr = g(end: - 1:1);                       % 重构高通
hr = circshift(hr',1)';                   % 位置调整圆周右移一位
gr = circshift(gr',1)';                   % 位置调整圆周右移一位
sig1 = ifft(fft(hr). * fft(sig1));        % 低频
sig2 = ifft(fft(gr). * fft(sig2));        % 高频
sig = sig1 + sig2;                        % 源信号
figure(7);
subplot(2,1,1)
plot(real(sig1));
title('重构低频信号');
subplot(2,1,2)
plot(real(sig2));
title('重构高频信号');
figure(8);
subplot(2,1,1)
stem(abs(fft(sig1)));
title('重构低频信号频谱');
subplot(2,1,2)
stem(abs(fft(sig2)));
title('重构高频信号频谱');
figure(9)
plot(real(sig),'r','linewidth',2);
hold on;
plot(y);
legend('重构信号','原始信号')
title('重构信号与原始信号比较')
```

运行得到重构信号及其频谱如图 14-17、图 14-18 和图 14-19 所示。

由图 14-19 可以看出，重构信号与原始信号基本吻合，说明小波分析结果是有效的。

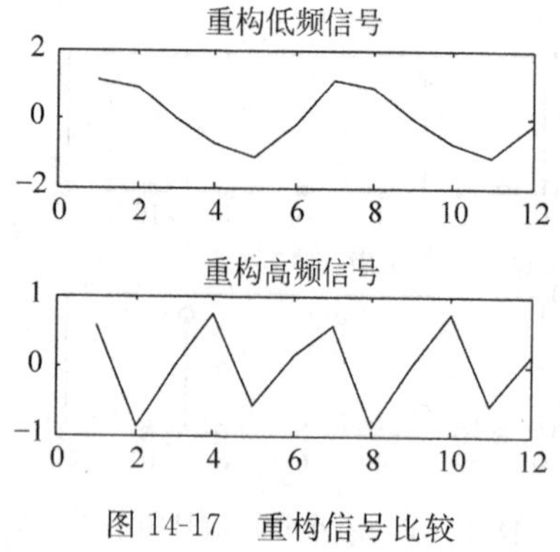

图 14-17　重构信号比较

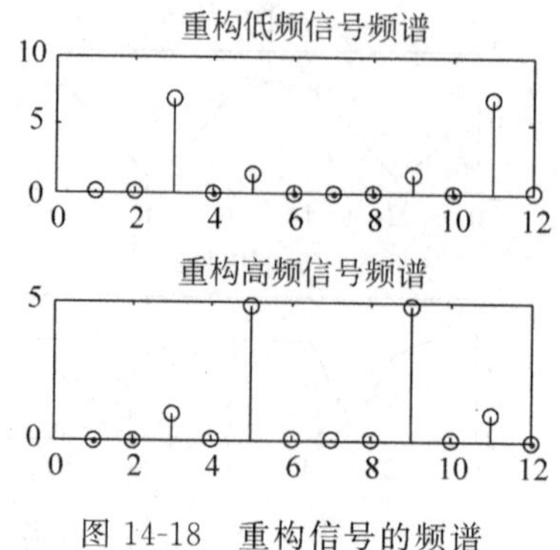

图 14-18　重构信号的频谱

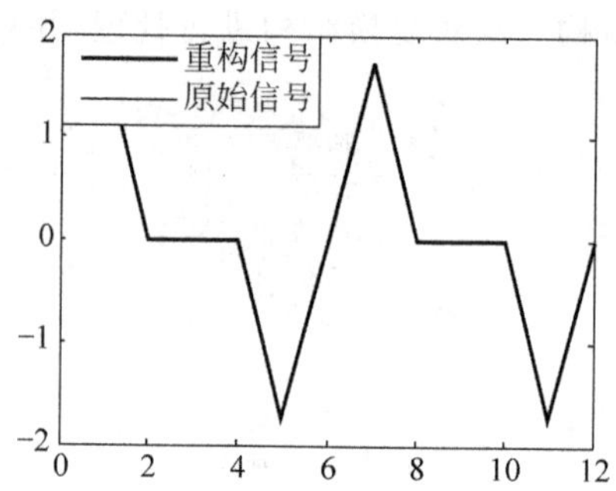

图 14-19　重构信号与原始信号比较(两者基本重合)

14.2.3　经典应用

对一维信号进行压缩,可以选用小波分析和小波包分析两种手段进行,主要包括以下步骤:

步骤(1):信号的小波(或小波包)分解。

步骤(2):对高频系数进行阈值量化处理,对第 1 到第 N 层的高频系数,均可选择不同的阈值,并且用硬阈值进行系数的量化。

步骤(3):对量化后的系数进行小波(或小波包)重构。

下面给出一个具体的实例,以便使读者对小波分析在信号压缩中的应用有一个较直观的印象。

【例 14-4】 利用小波分析对给定信号进行压缩处理。

解:使用函数 wdcbm()获取信号压缩阈值,然后采用函数 wdencmp()实现信号压缩。

```
clear all
clc
load nelec;             % 装载信号
index = 1:512;
x = nelec(index);
```

```
[c,l] = wavedec(x,5,'haar');          % 用小波 haar 对信号进行 5 层分解
alpha = 1.4;
[thr,nkeep] = wdcbm(c,l,alpha);       % 获取信号压缩的阈值
[xd,cxd,lxd,perf0,perfl2] = wdencmp('lvd',c,l,'haar',5,thr,'s');
% 对信号进行压缩
subplot(2,1,1);
plot(index,x);
title('初始信号');
subplot(2,1,2);
plot(index,xd);
title('经过压缩处理的信号');
```

程序运行结果如图 14-20 所示。

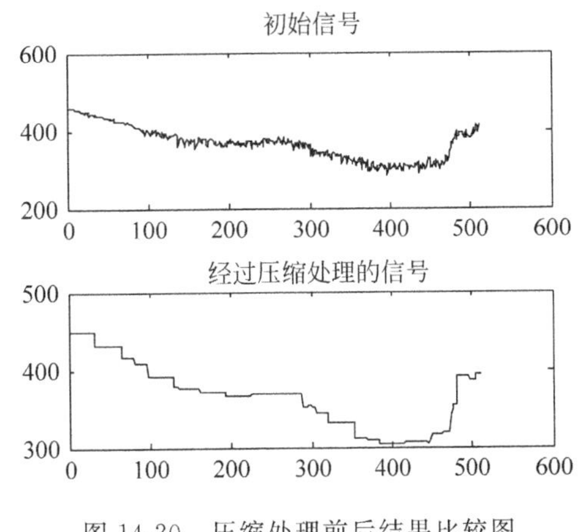

图 14-20 压缩处理前后结果比较图

信号的压缩与去噪比，主要差别在第二步。一般地，有两种比较有效的信号压缩方法：

第一种方法是对信号进行小波尺度的扩展，并且保留绝对值最大的系数；在这种情况下，可以选择使用全局阈值，此时仅需要输入一个参数即可。

第二种方法是根据分解后各层的效果来确定某一层的阈值，且每一层的阈值可以是互不相同的。

对信号去噪实质上是抑制信号中的无用部分，增强信号中有用部分的过程。一般地，一维信号去噪的过程可分为如下 3 个步骤。

步骤(1)：一维信号的小波分解。选择一个小波并确定分解的层次，然后进行分解计算。

步骤(2)：小波分解高频系数的阈值量化。对各个分解尺度下的高频系数选择一个阈值进行软阈值量化处理。

步骤(3)：一维小波重构。根据小波分解的最底层低频系数和各层高频系数进行一维小波重构。

这 3 个步骤中，最关键的是如何选择阈值以及进行阈值量化。在某种程度上，它关系到信号去噪的质量。

总体上，对于一维离散信号来说，其高频部分所影响的是小波分解的第一层细节，其

低频部分所影响的是小波分解的最深层和低频层。如果对一个仅由白噪声所组成的信号进行分析,则可得出这样的结论:高频系数的幅值随着分解层次的增加而迅速地衰减,且其方差也有同样的变化趋势。

小波分析工具箱中用于信号去噪的一维小波函数是 wden()的 wdencmp()。

小波分析进行去噪处理一般有下述 3 种方法。

(1) 默认阈值去噪处理:该方法利用函数 ddencmp()生成信号的默认阈值,然后利用函数 wdencmp()进行去噪处理。

(2) 给定阈值去噪处理:在实际的去噪处理过程中,阈值往往可通过经验公式获得,且这种阈值比默认阈值的可信度高。在进行阈值量化处理时可利用函数 wthresh()。

(3) 强制去噪处理:该方法是将小波分解结构中的高频系数全部置为 0,即滤掉所有高频部分,然后对信号进行小波重构。这种方法比较简单,且去噪后的信号比较平滑,但是容易丢失信号中的有用成分。

【例 14-5】 利用小波分析对污染信号进行去噪处理以恢复原始信号。

解:在 MATLAB 命令行窗口输入以下程序:

```
load leleccum;                    % 装载采集的信号 leleccum.mat
s = leleccum(1:1500);             % 将信号中第 1 到第 1500 个采样点赋给 s
ls = length(s);
%画出原始信号
subplot(2,2,1);
plot(s);
title('原始信号');grid;
%用 db1 小波对原始信号进行 3 层分解并提取系数
[c,l] = wavedec(s,3,'db1');
ca3 = appcoef(c,l,'db1',3);
cd3 = detcoef(c,l,3);
cd2 = detcoef(c,l,2);
cd1 = detcoef(c,l,1);
%对信号进行强制性去噪处理并图示结果
cdd3 = zeros(1,length(cd3));
cdd2 = zeros(1,length(cd2));
cdd1 = zeros(1,length(cd1));
c1 = [ca3 cdd3 cdd2 cdd1];
s1 = waverec(c1,l,'db1');
subplot(2,2,2);
plot(s1);
title('强制去噪后的信号');
grid;
%用默认阈值对信号进行去噪处理并给出图示结果
%用 ddencmp()函数获得信号的默认阈值,使用 wdencmp()命令函数实现去噪过程
[thr,sorh,keepapp] = ddencmp('den','wv',s);
s2 = wdencmp('gbl',c,l,'db1',3,thr,sorh,keepapp);
subplot(2,2,3);
plot(s2);
title('默认阈值去噪后的信号');grid;
%用给定的软阈值进行去噪处理
cd1soft = wthresh(cd1,'s',2.65);
cd2soft = wthresh(cd2,'s',1.53);
```

```
cd3soft = wthresh(cd3,'s',1.76);
c2 = [ca3 cd3soft cd2soft cd1soft];
s3 = waverec(c2,l,'db1');
subplot(2,2,4);
plot(s3);
title('给定软阈值去噪后的信号');
grid
```

信号去噪结果如图 14-21 所示。

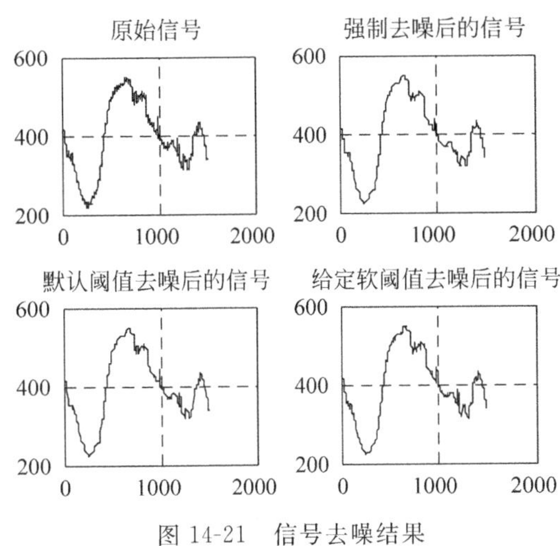

图 14-21　信号去噪结果

从得到的结果来看：应用强制去噪处理后的信号较为光滑，但是它很有可能丢了信号中的一些有用成分；默认阈值去噪和给定软阈值去噪这两种处理方法在实际中应用得更为广泛一些。

在实际的工程应用中，大多数信号可能包含着许多尖峰或突变，而且噪声信号也并不是平稳的白噪声。对这种信号进行去噪处理时，传统的傅里叶变换完全是在频域中对信号进行分析，它不能给出信号在某个时间点上的变化情况，因此分辨不出信号在时间轴上的任何一个突变。

但是小波分析能同时在时频域内对信号进行分析，所以它能有效地区分信号中的突变部分和噪声，从而实现对非平稳信号的去噪。

下面通过一个实例考察小波分析对非平稳信号的去噪效果。

【例 14-6】 利用小波分析对含噪余弦波进行去噪。

解：在 MATLAB 命令行窗口输入以下代码：

```
>> % 生成余弦信号
N = 100;
t = 1:N;
x = cos(0.5 * t);
 % 加噪声
load noissin;
ns = noissin;
 % 显示波形
subplot(3,1,1);
```

```
plot(t,x);
title('原始余弦信号');
subplot(3,1,2);
plot(ns);
title('含噪余弦波');
%小波去噪
xd = wden(ns,'minimaxi','s','one',4,'db3');
subplot(3,1,3);
plot(xd);
title('去噪后的波形信号');
```

运行后得到信号去噪结果如图 14-22 所示。

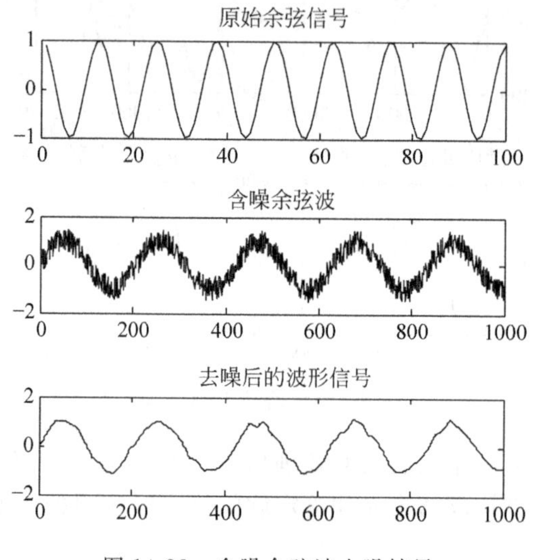

图 14-22 含噪余弦波去噪结果

从图中可以看出：去噪后的信号大体上恢复了原始信号的形状，并明显地除去了噪声引起的干扰。但是，恢复后的信号和原始信号相比，有明显的改变。这主要是因为在进行去噪处理的过程中所用的分析小波和细节系数阈值不恰当。

14.3 PID 控制器的实现

PID 控制器是一个在工业控制中常见的反馈回路部件。这个控制器把收集到的数据和一个参考值进行比较，然后把这个差别用于计算新的输入值，这个新的输入值的目的是让系统的数据达到或者保持在参考值。

PID 在本质上是线性控制规律，具有传统控制理论的弱点——只适合于线性 SISO 系统，在复杂系统中控制效果不佳。

14.3.1 基本原理

PID 控制是最早发展起来的经典控制策略，是用于过程控制最有效的策略之一。由于其原理简单、技术成熟，在实际应用中较易于整定，在工业控制中得到了广泛的应用。

它最大的优点是不需了解被控对象的精确数学模型，只需根据系统误差及误差的变化率等简单参数，经过经验进行调节器参数在线整定，即可取得满意的结果，具有很强的适应性和灵活性。

在单回路控制系统中，由于扰动作用使被控参数偏离给定值，从而产生偏差。自动控制系统的调节单元将来自变送器的测量值与给定值相比较后产生的偏差进行比例(P)、积分(I)、微分(D)运算，并输出统一标准信号，去控制执行机构的动作，以实现对温度、压力、流量、液位及其他工艺参数的自动控制。

被控参数能否回到给定值上来，通过怎样的途径，经过多长时间回到设定值上来，以及控制过程的品质如何，这不仅与对象特性相关，而且还与调节器的特性即调节器的运算规律(或称调节规律)有关。

比例作用P与偏差成正比，积分作用I是偏差对时间的累积，微分作用D是偏差的变化率。自动调节系统中，当干扰出现时，微分D立即起作用，P随偏差的增大而明显起来，两者起克服偏差的作用，使被控量在新值上稳定，此新稳定值与设定值之差叫余差；I随时间增加逐渐增强，直至克服掉余差，使被控量重返设定值上来。

PID控制器主要有以下几种类型：

1. 积分(I)控制

在积分控制中，控制器的输出与输入误差信号的积分是正比关系。

积分控制的作用是消除稳态误差。只要系统有误差存在，积分控制器就不断地积累，输出控制量，以消除误差。积分项的误差取决于时间的积分，随着时间的增加，积分项会增大。即便误差很小，积分项也会随着时间的增加而加大，它推动控制器的输出增大使稳态误差进一步减小，直到等于零。因而，只要有足够的时间，积分控制将能完全消除误差，使系统误差为零，从而消除稳态误差。积分作用太强会使系统超调加大，甚至使系统出现振荡。

2. 比例(P)控制

比例控制是一种最简单的控制方式，其控制器的输出与输入误差信号是比例关系。当仅有比例控制时，系统输出存在稳态误差(steady-state error)。

比例控制作用及时，能迅速反应误差，从而减小稳态误差。但是，比例控制不能消除稳态误差。其调节器用在控制系统中，会使系统出现余差。为了减少余差，可适当增大比例；但增大比例会引起系统的不稳定，使系统的稳定性变差，容易产生振荡。

3. 微分(D)控制

在微分控制中，控制器的输出与输入误差信号的微分(即误差的变化率)是正比关系。

自动控制系统在克服误差的调节过程中可能会出现振荡甚至失稳。其原因是存在较大惯性组件(环节)或滞后(delay)组件，具有抑制误差的作用，其变化总是落后于误差的变化。解决的办法是使抑制误差的作用的变化“超前”，即在误差接近零时，抑制误差的作用就应该是零。

微分控制能够预测误差变化的趋势，可以减小超调量，克服振荡，使系统的稳定性提高。同时，加快系统的动态响应速度，减小调整时间，从而改善系统的动态性能。

14.3.2 经典应用

由于被控对象的复杂性、确定性和分布性，要实现自动控制，基于传统精确数学模型的控制理论就显现出极大的局限性。

智能控制的概念和原理主要是针对被控对象、环境、控制目标或任务的复杂性而提出来的。

1. 神经网络在 PID 控制器设计中的应用

PIDNN(PID 神经元网络)的基础是分别定义了具有比例、积分、微分功能的神经元，从而将 PID 控制规律融合进神经元网络之中。PIDNN 的各层神经元个数、连接方式、连接权重初值是按 PID 控制规律的基本原则来确定的。

PIDNN 的主要特点如下：

(1) PIDNN 属于交层前向神经元网络。

(2) PIDNN 参照 PID 的控制规律的要求构成，结构比较简单、规范。

(3) PIDNN 的初值按 PID 控制规律的基本原则确定，加快了收敛速度，不易陷入极小点；更重要的是，可以利用现有的 PID 控制的大量经验数据确定网络权重初值，使控制系统保持初始稳定，使系统的全局稳定成为可能。

(4) PIDNN 可采用“无教师”的学习方式，根据控制效果进行在线自学习和调整，使系统具备较好的性能。

(5) PIDNN 可同时适用于 SISO 及 MIMO 控制系统。

PIDNN 的结构形式：SPIDNN(single-out PIDNN)和 MPIDNN (Multi-output PIDNN)，其中 SPIDNN 结构如图 14-23 所示，MPIDNN 结构如图 14-24 所示。

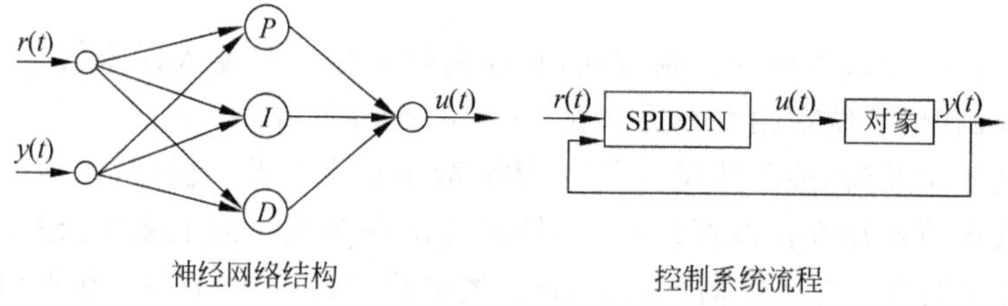

图 14-23 SPIDNN 结构示意图

目前应用较多的神经元模型，一般只考虑了神经元的静态特性，只把神经元看作是一个具有静态输入-输出影射关系的单元，只能处理静态信息。

对于动态信息的处理，一般是通过神经网络的互连方式的动态结构进行。PID 神经元中不仅有具备静态非线性影射功能的比例元，还有可处理动态信息的积分和微分元。

PID 神经元既具有一般神经元的共性，又具备着不同的特性，尤其是积分元和微分

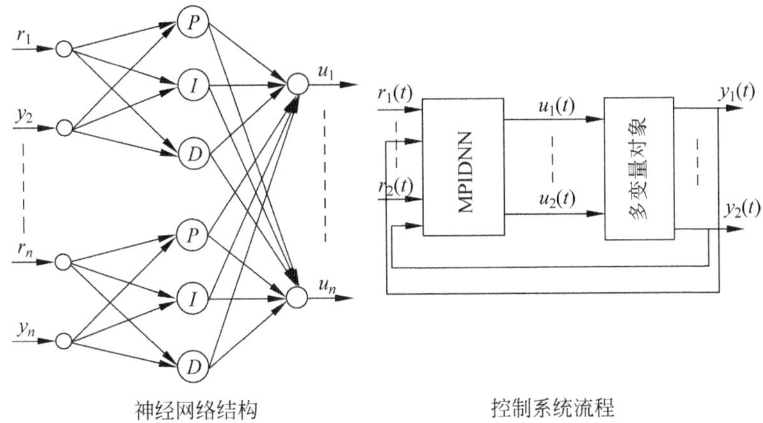

图 14-24　MPIDNN 结构示意图

元的引入，使作为数字基石的微积分概念同神经元网络的基本单位融合为一体，增强了神经元处理信息的能力，充实和完善了神经元的种类和内涵，使神经元网络更加丰富多样。

将 PID 和一般神经元网络融合起来的方法包括两个步骤：

(1) 将 PID 功能引入神经网络的神经元中，构成 PID 神经元；

(2) 按照 PID 神经元的控制规律的基本模式，用这些基本神经元构成新的神经元网络，并找到有效的计算与学习方法。

【例 14-7】 根据 PID 神经元网络控制器原理，在 MATLAB 中编程实线 PID 神经元网络三个控制变量的控制系统。

解：PID 神经网络控制器的 MATLAB 代码如下：

```
clc
clear

%网络结构初始化
rate1 = 0.001;
rate2 = 0.005;
rate3 = 0.0001;
k = 0.1;
K = 5;
y_1 = zeros(3,1);
y_2 = y_1;
y_3 = y_2;                          % 输出值
u_1 = zeros(3,1);
u_2 = u_1;
u_3 = u_2;                          % 控制率
h1i = zeros(3,1);
h1i_1 = h1i;                        % 第一个控制量
h2i = zeros(3,1);
h2i_1 = h2i;                        % 第二个控制量
h3i = zeros(3,1);
h3i_1 = h3i;                        % 第三个控制量
```

```
x1i = zeros(3,1);
x2i = x1i;
x3i = x2i;
x1i_1 = x1i;
x2i_1 = x2i;
x3i_1 = x3i;                                    % 隐含层输出

%权值初始化
k0 = 0.03;

%第一层权值
w11 = k0 * rand(3,2);w11_1 = w11;w11_2 = w11_1;
w12 = k0 * rand(3,2);w12_1 = w12;w12_2 = w12_1;
w13 = k0 * rand(3,2);w13_1 = w13;w13_2 = w13_1;
%第二层权值
w21 = k0 * rand(1,9);w21_1 = w21;w21_2 = w21_1;
w22 = k0 * rand(1,9);w22_1 = w22;w22_2 = w22_1;
w23 = k0 * rand(1,9);w23_1 = w23;w23_2 = w23_1;

%值限定
ynmax = 1;ynmin = -1;                           % 系统输出值限定
xpmax = 1;xpmin = -1;                           % P节点输出限定
qimax = 1;qimin = -1;                           % I节点输出限定
qdmax = 1;qdmin = -1;                           % D节点输出限定
uhmax = 1;uhmin = -1;                           % 输出结果限定

%% 网络迭代优化
for k = 1:1:200
    % 控制量输出计算
    %网络前向计算

    %系统输出
    y1(k) = (0.4 * y_1(1) + u_1(1)/(1 + u_1(1)^2) + 0.2 * u_1(1)^3 + 0.5 * u_1(2)) + 0.3 * y_1(2);
    y2(k) = (0.2 * y_1(2) + u_1(2)/(1 + u_1(2)^2) + 0.4 * u_1(2)^3 + 0.2 * u_1(1)) + 0.3 * y_1(3);
    y3(k) = (0.3 * y_1(3) + u_1(3)/(1 + u_1(3)^2) + 0.4 * u_1(3)^3 + 0.4 * u_1(2)) + 0.3 * y_1(1);

    r1(k) = 0.7;r2(k) = 0.4;r3(k) = 0.6;    % 控制目标

    %系统输出限制
    yn = [y1(k),y2(k),y3(k)];
    yn(find(yn > ynmax)) = ynmax;
    yn(find(yn < ynmin)) = ynmin;

    %输入层输出
    x1o = [r1(k);yn(1)];
    x2o = [r2(k);yn(2)];
    x3o = [r3(k);yn(3)];

    %隐含层
    x1i = w11 * x1o;
    x2i = w12 * x2o;
    x3i = w13 * x3o;
```

```
%比例神经元P计算
xp = [x1i(1),x2i(1),x3i(1)];
xp(find(xp > xpmax)) = xpmax;
xp(find(xp < xpmin)) = xpmin;
qp = xp;
h1i(1) = qp(1);h2i(1) = qp(2);h3i(1) = qp(3);

%积分神经元I计算
xi = [x1i(2),x2i(2),x3i(2)];
qi = [0,0,0];qi_1 = [h1i(2),h2i(2),h3i(2)];
qi = qi_1 + xi;
qi(find(qi > qimax)) = qimax;
qi(find(qi < qimin)) = qimin;
h1i(2) = qi(1);h2i(2) = qi(2);h3i(2) = qi(3);

%微分神经元D计算
xd = [x1i(3),x2i(3),x3i(3)];
qd = [0 0 0];
xd_1 = [x1i_1(3),x2i_1(3),x3i_1(3)];
qd = xd - xd_1;
qd(find(qd > qdmax)) = qdmax;
qd(find(qd < qdmin)) = qdmin;
h1i(3) = qd(1);h2i(3) = qd(2);h3i(3) = qd(3);

%输出层计算
wo = [w21;w22;w23];
qo = [h1i',h2i',h3i'];
qo = qo';
uh = wo * qo;
uh(find(uh > uhmax)) = uhmax;
uh(find(uh < uhmin)) = uhmin;
u1(k) = uh(1);
u2(k) = uh(2);
u3(k) = uh(3);

%网络反馈修正
%计算误差
error = [r1(k) - y1(k);r2(k) - y2(k);r3(k) - y3(k)];
error1(k) = error(1);error2(k) = error(2);error3(k) = error(3);
J(k) = 0.5 * (error(1)^2 + error(2)^2 + error(3)^2);      %调整大小
ypc = [y1(k) - y_1(1);y2(k) - y_1(2);y3(k) - y_1(3)];
uhc = [u_1(1) - u_2(1);u_1(2) - u_2(2);u_1(3) - u_2(3)];

%隐含层和输出层权值调整

%调整w21
Sig1 = sign(ypc./(uhc(1) + 0.00001));
dw21 = sum(error. * Sig1) * qo';
w21 = w21 + rate2 * dw21 + rate3 * (w21_1 - w21_2);

%调整w22
Sig2 = sign(ypc./(uh(2) + 0.00001));
dw22 = sum(error. * Sig2) * qo';
```

```
w22 = w22 + rate2 * dw22 + rate3 * (w22_1 - w21_2);

% 调整 w23
Sig3 = sign(ypc./(uh(3) + 0.00001));
dw23 = sum(error. * Sig3) * qo';
w23 = w23 + rate2 * dw23 + rate3 * (w23_1 - w23_2);

% 输入层和隐含层权值调整
delta2 = zeros(3,3);
wshi = [w21;w22;w23];
for t = 1:1:3
    delta2(1:3,t) = error(1:3). * sign(ypc(1:3)./(uhc(t) + 0.00000001));
end
for j = 1:1:3
    sgn(j) = sign((h1i(j) - h1i_1(j))/(x1i(j) - x1i_1(j) + 0.00001));
end

s1 = sgn' * [r1(k),y1(k)];
wshi2_1 = wshi(1:3,1:3);
alter = zeros(3,1);
dws1 = zeros(3,2);
for j = 1:1:3
    for p = 1:1:3
        alter(j) = alter(j) + delta2(p,:) * wshi2_1(:,j);
    end
end

for p = 1:1:3
    dws1(p,:) = alter(p) * s1(p,:);
end
w11 = w11 + rate1 * dws1 + rate3 * (w11_1 - w11_2);

% 调整 w12
for j = 1:1:3
    sgn(j) = sign((h2i(j) - h2i_1(j))/(x2i(j) - x2i_1(j) + 0.0000001));
end
s2 = sgn' * [r2(k),y2(k)];
wshi2_2 = wshi(:,4:6);
alter2 = zeros(3,1);
dws2 = zeros(3,2);
for j = 1:1:3
    for p = 1:1:3
        alter2(j) = alter2(j) + delta2(p,:) * wshi2_2(:,j);
    end
end
for p = 1:1:3
    dws2(p,:) = alter2(p) * s2(p,:);
end
w12 = w12 + rate1 * dws2 + rate3 * (w12_1 - w12_2);

% 调整 w13
for j = 1:1:3
    sgn(j) = sign((h3i(j) - h3i_1(j))/(x3i(j) - x3i_1(j) + 0.0000001));
```

```
    end
    s3 = sgn' * [r3(k),y3(k)];
    wshi2_3 = wshi(:,7:9);
    alter3 = zeros(3,1);
    dws3 = zeros(3,2);
    for j = 1:1:3
        for p = 1:1:3
            alter3(j) = (alter3(j) + delta2(p,:) * wshi2_3(:,j));
        end
    end
    for p = 1:1:3
        dws3(p,:) = alter2(p) * s3(p,:);
    end
    w13 = w13 + rate1 * dws3 + rate3 * (w13_1 - w13_2);

    %参数更新
    u_3 = u_2;u_2 = u_1;u_1 = uh;
    y_2 = y_1;y_1 = yn;
    h1i_1 = h1i;h2i_1 = h2i;h3i_1 = h3i;
    x1i_1 = x1i;x2i_1 = x2i;x3i_1 = x3i;
    w11_1 = w11;w11_2 = w11_1;
    w12_1 = w12;w12_2 = w12_1;
    w13_1 = w13;w13_2 = w13_1;
    %第二层权值
    w21_1 = w21;w21_2 = w21_1;
    w22_1 = w22;w22_2 = w22_1;
    w23_1 = w23;w23_2 = w23_1;
end

% 结果分析
time = 0.001 * (1:k);
figure(1)
subplot(3,1,1)
plot(time,r1,'r-',time,y1,'b-');
title('PID 神经元网络控制','fontsize',12);
ylabel('控制量 1','fontsize',12);
legend('控制目标','实际输出','fontsize',12);

subplot(3,1,2)
plot(time,r2,'r-',time,y2,'b-');

ylabel('控制量 2','fontsize',12);
legend('控制目标','实际输出','fontsize',12);
subplot(3,1,3)
plot(time,r3,'r-',time,y3,'b-');
xlabel('时间(秒)','fontsize',12);ylabel('控制量 3','fontsize',12);
legend('控制目标','实际输出','fontsize',12);

figure(2)
plot(time,u1,'r-',time,u2,'g-',time,u3,'b');
title('PID 神经网络提供给对象的控制输入');
xlabel('时间'),ylabel('被控量');
legend('u1','u2','u3');grid
```

```
figure(3)
plot(time,J,'r-');
axis([0,0.2,0,1]);grid
title('控制误差曲线','fontsize',12);
xlabel('时间','fontsize',12);ylabel('控制误差','fontsize',12);
```

用PID神经元网络控制中3个输入3个输出的负责的控制系统。

注意：因为网络初始权值是随机得到的，所以每次运行的结果可能不一致。

运行以上代码，得到控制器控制效果如图14-25所示。

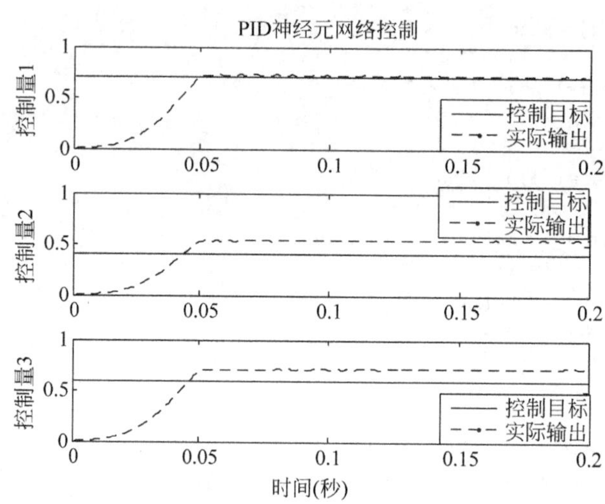

图14-25　可控制器控制效果图

控制器的误差如图14-26所示。

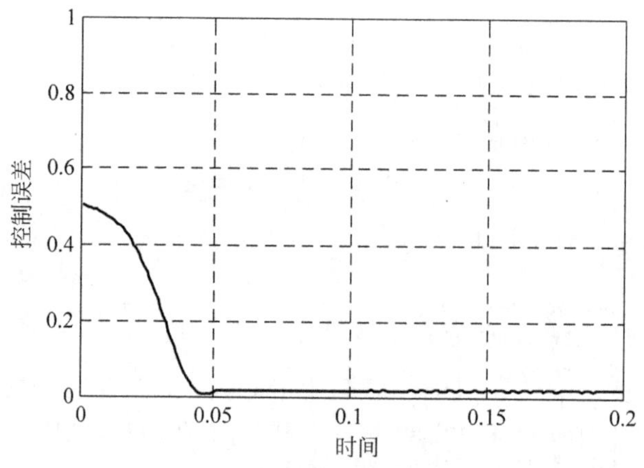

图14-26　控制器的误差

从图14-25和图14-26可以看出，PID神经元控制器能够很好地控制3输入-3输出控制系统，控制量的最终值接近目标值。

在仿真过程中，连接权系数初值的选择对系统的调节过程有很大影响，应尽量取较小的值。另外，对于BP神经网络中隐含层节点的个数选择还没有理论指导依据，只能根据经验选取。

仿真结果表明，多输入-多输出神经网络PID控制器可以在系统对象参数未知的情况下，通过自身的训练和学习，实现多变量系统的解耦控制，能够基本消除变量之间的耦合作用。

另外，控制器结构可以根据输入和输出变量的个数来确定，而不必预先知道控制对象的结构；网络连接权系数和PID参数的初值可以按照经典PID控制的经验来取值；通过调节网络阈值，可以调节系统的动态和静态性能。

2. 模糊控制在PID控制器设计中的应用

普通的二维模糊控制器是以偏差和偏差变化作为输入变量，一般认为这种控制器具有Fuzzy比例和微分控制作用，但缺少Fuzzy积分控制作用。

在线性控制理论中，积分控制作用能消除稳态误差，但动态响应慢；比例控制作用动态响应快；而比例积分控制作用既能获得较高的稳态精度，又能获得较快的动态响应。

把PID控制策略引入模糊控制器，可构成Fuzzy-PID复合控制，使动态与静态性能都得到很好的改善，即达到动态响应快、超调小、稳态误差小的效果。模糊控制和PID控制结合的形式有多种：

(1) 模糊-PID复合控制：控制策略是在大偏差范围内，即偏差e在某个阈值之外时采用模糊控制，以获得良好的瞬态性能；在小偏差范围内，即e落到阈值之内时转换成PID(或PI)控制，以获得良好的稳态性能。二者的转换阈值由微机程序根据事先给定的偏差范围自动实现。常用的是模糊控制和PI控制两种控制模式相结合的控制方法(称为Fuzzy-PI双模控制)。

(2) 比例-模糊-PID控制：当偏差e大于某个阈值时，用比例控制以提高系统响应速度，加快响应过程；当偏差e减小到阈值以下时，切换转入模糊控制，以提高系统的阻尼性能，减小响应过程中的超调。

在该方法中，模糊控制的论域仅是整个论域的一部分，这就相当于模糊控制论域被压缩，等效于语言变量的语言值即分档数增加，提高了灵敏度和控制精度。

模糊控制没有积分环节，必然存在稳态误差，即可能在平衡点附近出现小振幅的振荡现象。故在接近稳态点时切换成PI控制，一般都选在偏差语言变量的语言值为零时，(这时绝对误差实际上并不一定为零)切换至PI控制。

(3) 模糊-积分混合控制：通过将常规积分控制器和模糊控制器并联构成。

(4) 参数模糊自整定PID控制：该方法是用模糊控制来确定PID参数，也就是根据系统偏差e和偏差变化率ec，用模糊控制规则在线对PID参数进行修改。

其实现思想是：先找出PID各个参数与偏差e和偏差变化率ec之间的模糊关系，在运行中通过不断检测e和ec，根据模糊控制原理来对各个参数进行在线修改，以满足在不同e和ec时对控制参数的不同要求，使控制对象具有良好的动态与静态性能，且计算量小，易于实现。

模糊控制器原理图如图14-27所示。

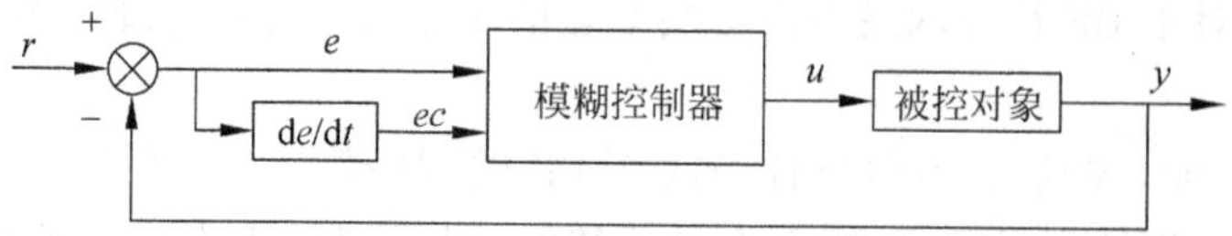

图 14-27　模糊控制器原理图

【例 14-8】 根据图 14-27 所示的模糊控制器原理，编写 MATLAB 程序，完成 PID 控制器设计。

解：编写 MATLAB 代码如下：

```
clear all
clc
%使用 MOM 算法(取隶属度最大的那个数)
a = newfis('fuzzf');
f1 = 1;
a = addvar(a,'input','e',[ - 3 * f1,3 * f1]);
a = addmf(a,'input',1,'NB','zmf',[ - 3 * f1, - 1 * f1]);
a = addmf(a,'input',1,'NM','trimf',[ - 3 * f1, - 2 * f1,0]);
a = addmf(a,'input',1,'NS','trimf',[ - 3 * f1, - 1 * f1,1 * f1]);
a = addmf(a,'input',1,'Z','trimf',[ - 2 * f1,0,2 * f1]);
a = addmf(a,'input',1,'PS','trimf',[ - 1 * f1,1 * f1,3 * f1]);
a = addmf(a,'input',1,'PM','trimf',[0,2 * f1,3 * f1]);
a = addmf(a,'input',1,'PB','smf',[1 * f1,3 * f1]);
f2 = 1;
a = addvar(a,'input','ec',[ - 3 * f2,3 * f2]);
a = addmf(a,'input',2,'NB','zmf',[ - 3 * f2, - 1 * f2]);
a = addmf(a,'input',2,'NM','trimf',[ - 3 * f2, - 2 * f2,0]);
a = addmf(a,'input',2,'NS','trimf',[ - 3 * f2, - 1 * f2,1 * f2]);
a = addmf(a,'input',2,'Z','trimf',[ - 2 * f2,0,2 * f2]);
a = addmf(a,'input',2,'PS','trimf',[ - 1 * f2,1 * f2,3 * f2]);
a = addmf(a,'input',2,'PM','trimf',[0,2 * f2,3 * f2]);
a = addmf(a,'input',2,'PB','smf',[1 * f2,3 * f2]);
f3 = 1.5;
a = addvar(a,'output','u',[ - 3 * f3,3 * f3]);
a = addmf(a,'output',1,'NB','zmf',[ - 3 * f3, - 1 * f3]);
a = addmf(a,'output',1,'NM','trimf',[ - 3 * f3, - 2 * f3,0]);
a = addmf(a,'output',1,'NS','trimf',[ - 3 * f3, - 1 * f3,1 * f3]);
a = addmf(a,'output',1,'Z','trimf',[ - 2 * f3,0,2 * f3]);
a = addmf(a,'output',1,'PS','trimf',[ - 1 * f3,1 * f3,3 * f3]);
a = addmf(a,'output',1,'PM','trimf',[0,2 * f3,3 * f3]);
a = addmf(a,'output',1,'PB','smf',[1 * f3,3 * f3]);
%规则
rulelist = [1 1 1 1 1;
    1 2 1 1 1;
    1 3 2 1 1;
    1 4 2 1 1;
    1 5 3 1 1;
    1 6 3 1 1;
    1 7 4 1 1;

    2 1 1 1 1;
```

```
    2 2 2 1 1;
    2 3 2 1 1;
    2 4 3 1 1;
    2 5 3 1 1;
    2 6 4 1 1;
    2 7 5 1 1;

    3 1 2 1 1;
    3 2 2 1 1;
    3 3 3 1 1;
    3 4 3 1 1;
    3 5 4 1 1;
    3 6 5 1 1;
    3 7 5 1 1;

    4 1 2 1 1;
    4 2 3 1 1;
    4 3 3 1 1;
    4 4 4 1 1;
    4 5 5 1 1;
    4 6 5 1 1;
    4 7 6 1 1;

    5 1 3 1 1;
    5 2 3 1 1;
    5 3 4 1 1;
    5 4 5 1 1;
    5 5 5 1 1;
    5 6 6 1 1;
    5 7 6 1 1;

    6 1 3 1 1;
    6 2 4 1 1;
    6 3 5 1 1;
    6 4 5 1 1;
    6 5 6 1 1;
    6 6 6 1 1;
    6 7 7 1 1;

    7 1 4 1 1;
    7 2 5 1 1;
    7 3 5 1 1;
    7 4 6 1 1;
    7 5 6 1 1;
    7 6 7 1 1;
    7 7 7 1 1];
a = addrule(a,rulelist);
a1 = setfis(a,'DefuzzMethod','mom');
writefis(a1,'fuzzf');
a2 = readfis('fuzzf');
Ulist = zeros(7,7);
for i = 1:7
    for j = 1:7
```

```
            e(i) = - 4 + i;
            ec(j) = - 4 + j;
            Ulist(i,j) = evalfis([e(i),ec(j)],a2);
        end
    end
    figure(1);
    plotfis(a2);
    title('模糊控制器内部原理图')
    figure(2);
    plotmf(a,'input',1);
    title('输入 1 图形')
    xlabel('e','fontsize',10);
    ylabel('隶属度函数','fontsize',10);
    figure(3);
    plotmf(a,'input',2);
    title('输入 2 图形')
    xlabel('ec','fontsize',10);
    ylabel('隶属度函数','fontsize',10);
    figure(4);
    plotmf(a,'output',1);
    title('隶属度函数图')
    xlabel('u','fontsize',10);
    ylabel('隶属度函数','fontsize',10);
```

运行以上代码,得到模糊控制器内部原理如图 14-28 所示,隶属度函数如图 14-29 所示。

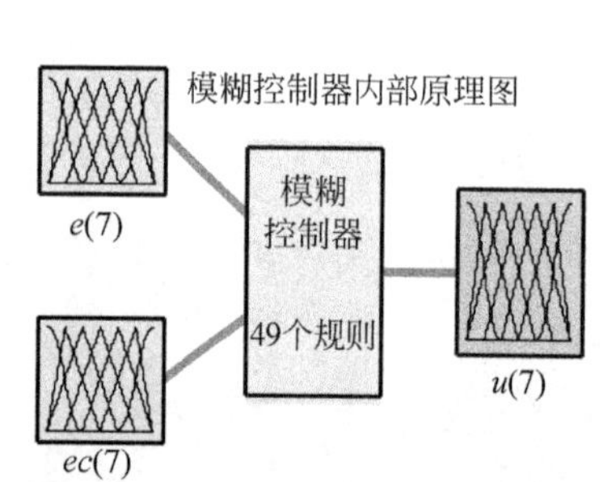

图 14-28　模糊控制器内部原理图

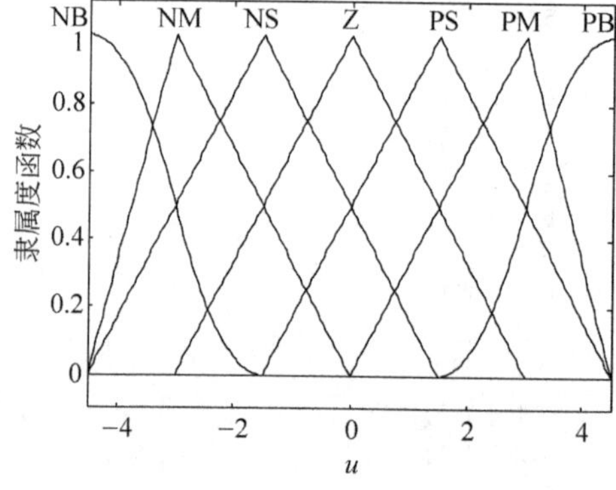

图 14-29　隶属度函数图

3. 遗传算法在 PID 控制器设计中的应用

遗传算法是一种借鉴生物界自然选择和自然遗传学机理上的迭代自适应概率性搜索算法。本论文主要应用遗传算法对 PID 调节器参数进行优化。

遗传算法模仿生物进化的步骤,在优化过程中引入了选择、交叉、变异等算子。选择是从父代种群中将适应度较高的个体选择出来,以优化种群；交叉是从种群中随机地抽取一对个体,并随机地选择多位进行交叉,生成新样本,达到增大搜索空间的目的；变异是为了防止选择和交叉丢失重要的遗传信息，对个体按位进行操作，以提高 GA 的搜索效率和全局搜索能力。通过适应度函数来确定寻优方向，与其他的常规整定方法相比，遗传算法更简便，整定精度较高。

【例 14-9】 假设有一个被控对象为二阶函数

$$G(s) = \frac{500}{s^2 + 50s + 1}$$

采样时间为 1ms，输入信号为阶跃信号，使用遗传算法完成 PID 控制器设计。

解：编写遗传算法 PID 设计的代码如下：

```
% 基于遗传算法的 PID 设计
clear all
clc;
global rin yout timef                        % 定义全局变量

G = 20;                                      % 迭代次数
Size = 30;                                   % 种群大小
CodeL = 10;                                  % 种群个体长度(二进制编码)

MinX = zeros(1,3);                           % 约束条件,即 kp,kd,ki 的取值范围
MaxX(1) = 20 * ones(1);                      % kp in [0 20]
MaxX(2) = 1.0 * ones(1);                     % kd,ki in [0 1]
MaxX(3) = 1.0 * ones(1);

E = round(rand(Size,3 * CodeL));             %初始化种群,编码

Bsj = 0;

for k = 1:G                                  % 迭代次数
    time(k) = k;

    for s = 1:Size
        m = E(s,:);
        y1 = 0;y2 = 0;y3 = 0;                % 输出量初始化(十进制)

        m1 = m(1:CodeL);
        for i = 1:CodeL
            y1 = y1 + m1(i) * 2 ^ (i - 1);   % 计算输出量
        end
        K(s,1) = (MaxX(1) - MinX(1)) * y1/1024 + MinX(1);     % 解码,计算 Kp 的取值

        m2 = m(CodeL + 1:2 * CodeL);
        for i = 1:CodeL
            y2 = y2 + m2(i) * 2 ^ (i - 1);   % 计算输出量
        end
        K(s,2) = (MaxX(2) - MinX(2)) * y2/1024 + MinX(2);     % 解码,计算 Kd 的取值

        m3 = m(2 * CodeL + 1:3 * CodeL);
        for i = 1:CodeL
            y3 = y3 + m1(i) * 2 ^ (i - 1);   % 计算输出量
        end
```

```
    K(s,3) = (MaxX(3) - MinX(3)) * y1/1024 + MinX(3); %解码,计算 Ki 的取值

 % *********** 适应度函数 ************
 KK = K(s,:);
 [KK,Bsj] = pidg(KK,Bsj);                    % 调用 pidg.m
 Bsji(s) = Bsj;                              % 最优代价值
 end

 [O,D] = sort(Bsji);                         % 最优代价值排序
 Bestj(k) = O(1)                             % 取最小值
 BJ = Bestj(k);


 Ji = Bsji + 1e - 10;
 fi = 1./Ji;                                 % 适应函数值
 [O2,D2] = sort(fi);                         % 适应函数值排序
 Bestfi = O2(Size);                          % 取最大值
 Bests = E(D2(Size),:);

 % ************ 选择算子 ************
 fi_sum = sum(fi);
 fi_size = (O2/fi_sum) * Size;
 fi_s = floor(fi_size);                      % 取较大的适应值,确定其位置
 kk = 1;
 for i = 1:Size
     for j = 1:fi_s(i)                       % 选择,复制
         tempE(kk,:) = E(D2(j),:);
         kk = kk + 1;
     end
 end

 % *********** 交叉算子 ************
 pc = 0.6;                                   % 交叉概率
 n = 30 * pc;
 for i = 1:2:(Size - 1)
     temp = rand;
     if pc > temp                            % 交叉条件
         for j = n: - 1:1
             tempE(i,j) = E(i + 1,j);        % 新、旧种群个体交叉互换
             tempE(i + 1,j) = E(i,j);
         end
     end
 end
 tempE(Size,:) = Bests;
 E = tempE;

 % *********** 变异算子 ************
 pm = 0.001 - [1:1:Size] * (0.001)/Size;     % 变异算子,从大到小
 for i = 1:Size
     for j = 1:2 * CodeL
         temp = rand;
         if pm > temp                        % 变异条件
             if tempE(i,j) == 0
```

```
                    tempE(i,j) = 1;
                else
                    tempE(i,j) = 0;
                end
            end
        end
    end
    tempE(Size,:) = Bests;
    E = tempE;
end

BJ,Bestfi,KK
figure(1),plot(time,Bestj);
xlabel('Times');ylabel('Best J');
figure(2),plot(timef,rin,'r',timef,yout,'b');
xlabel('Times');ylabel('rin,yout');

function [KK,Bsj] = pidg(KK,Bsj)
global rin yout timef
ts = 0.001;
sys = tf(400,[1,50,0]);                    % 被控对象为二阶传递函数
dsys = c2d(sys,ts,'z');                    % 做 Z 变换
[num,den] = tfdata(dsys,'v');

rin = 1.0;                                 % 输入信号为阶跃信号
u_1 = 0.0;u_2 = 0.0;
y_1 = 0.0;y_2 = 0.0;
x = [0 0 0];
B = 0;err_1 = 0;tu = 1;s = 0;P = 100;

for k = 1:P
    timef(k) = k * ts;
    r(k) = rin;

    u(k) = sum(KK. * x);                   % 控制器输出

    if u(k)>= 10                           % 约束条件
        u(k) = 10;
    end
    if u(k)<= - 10
        u(k) = - 10;
    end
    %跟踪输入信号
    yout(k) = - den(2) * y_1 - den(3) * y_2 + num(2) * u_1 + num(3) * u_2;
    err(k) = r(k) - yout(k);
    % ****** 返回 PID 参数 *****
    u_2 = u_1;u_1 = u(k);
    y_2 = y_1;y_1 = yout(k);

    x(1) = err(k);                         % 计算 P
    x(2) = (err(k) - err_1)/ts;            % 计算 D
    x(3) = x(3) + err(k) * ts;             % 计算 I
    err(2) = err_1;
```

```
        err_1 = err(k);
        if s == 0
            if yout(k)> 0.95&yout(k)< 1.05
                tu = timef(k);                    % tu 为上升时间
                s = 1;                            % 进入稳态区域
            end
        end
    end

    for i = 1:P
        % 求代价函数值
        Ji(i) = 0.999 * abs(err(i)) + 0.01 * u(i)^2 * 0.1;
        B = B + Ji(i);
        if i > 1
            erry(i) = yout(i) - yout(i - 1);    % 系统误差
            if erry(i)< 0                        % 若产生超调,采取惩罚措施
                B = B + 100 * abs(erry(i));
            end
        end
    end
    Bsj = B + 0.2 * tu * 10;                    % 最优代价值
```

运行程序得到遗传算法优化过程如图 14-30 所示,最佳适应度值变化趋势如图 14-31 所示。

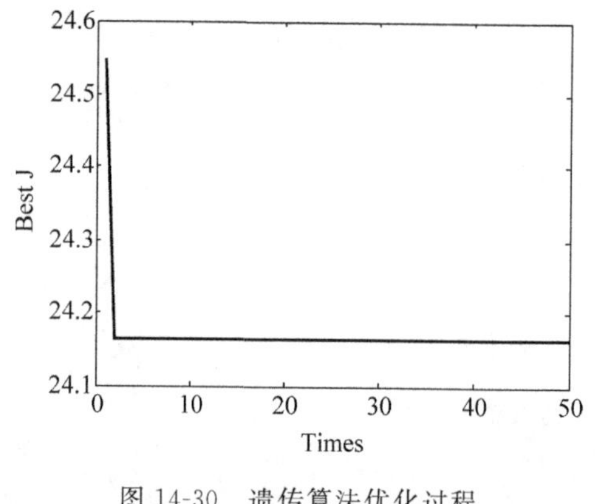

图 14-30　遗传算法优化过程

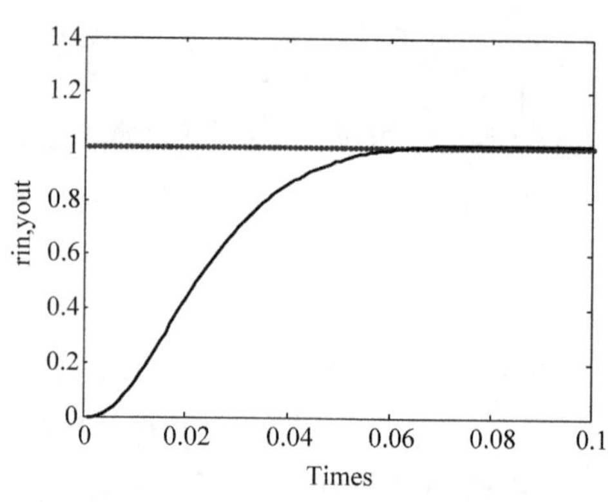

图 14-31　最佳适应度值变化趋势

本章小结

本章主要介绍了免疫算法、小波分析算法两种常见的经典智能算法,利用 MATLAB 代码实现其算法过程,并通过应用举例详细讲解这两种智能算法在 MATLAB 中的应用。最后,采用神经网络、模糊控制和遗传算法实现了 PID 控制器。

第15章 图形用户界面

程序的用户界面是用户与计算机程序交互的方式。用户通过键盘、鼠标等输入设备与计算机交换信息。图形用户界面(GUI)是包含图形对象,如窗口、图标、菜单和文本的用户界面。用户以某种方式选择或激活这些对象,会引起动作或发生变化,例如调用计算机程序或者绘图等。在本章中讲解如何使用 M 文件和 GUIDE 来创建 GUI 对象,如何创建图形界面的各种菜单对象等。

学习目标:

- 能使用 GUIDE 创建 GUI;
- 熟悉使用 M 文件创建 GUI;
- 熟练创建现场菜单。

15.1 创建 GUI 对象

用户界面(或接口)是指人与机器(或程序)之间交互作用的工具和方法,例如键盘、鼠标、跟踪球、话筒都可成为与计算机交换信息的接口。

图形用户界面(Graphical User Interfaces,GUI)是由窗口、光标、按键、菜单、文字说明等对象(objects)构成的一个用户界面。用户通过一定的方法(如鼠标或键盘)选择、激活这些图形对象,使计算机产生某种动作或变化,比如实现计算、绘图等。

GUI 对象可以由 M 文件或 GUIDE 创建,本节分别介绍这两种方法的应用。

15.1.1 用 M 文件创建 GUI 对象

本节将介绍如何使用 M 文件来创建一个简单的 GUI 对象,该 GUI 对象中不包含 GUI 菜单和控件,其与用户之间的互动通过键盘和鼠标操作来实现。对于这种类型的 GUI 对象,最好使用 M 文件来直接编写而不适用于 GUIDE 来创建。

GUI 设计工具包括以下几个方面:

(1) 对象设计编辑器:在图形对象内创建和安排各种对象。

(2) 菜单编辑器：创建、设置或修改下拉式菜单和内容式菜单。

(3) 对象属性查看器：可查看每个对象的属性值，也可修改和设置对象的属性值。

(4) 位置调整工具：左右、上下对多个对象的位置进行调整。

(5) 对象浏览器：可观察当前设计阶段的各个句柄图形对象。

1. 对象设计编辑器

在 MATLAB 命令行窗口中，选择 Home 主菜单的 New 子菜单，选择 GUI，或者在命令行窗口中输入 guide，MATLAB 会出现 GUIDE 快速入门提示框，如图 15-1 所示。

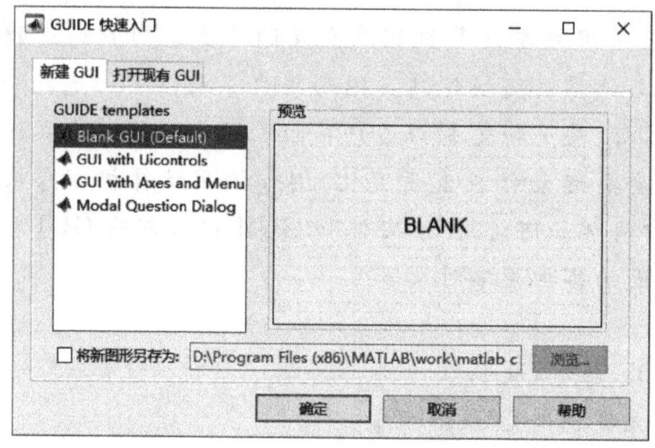

图 15-1　GUIDE 快速入门提示框

MATLAB 为用户提供了 4 个 GUI 模式供用户选择，分别是空白版(Blank GUI)、带有控件的模板(GUI with Uicontrols)、带有坐标轴和菜单的模板(GUI with Axes and Menu)和问答式对话框(Modal Questions Dialog)。一般选择默认模式(Blank GUI)进入对象设计编辑器，如图 15-2 所示。

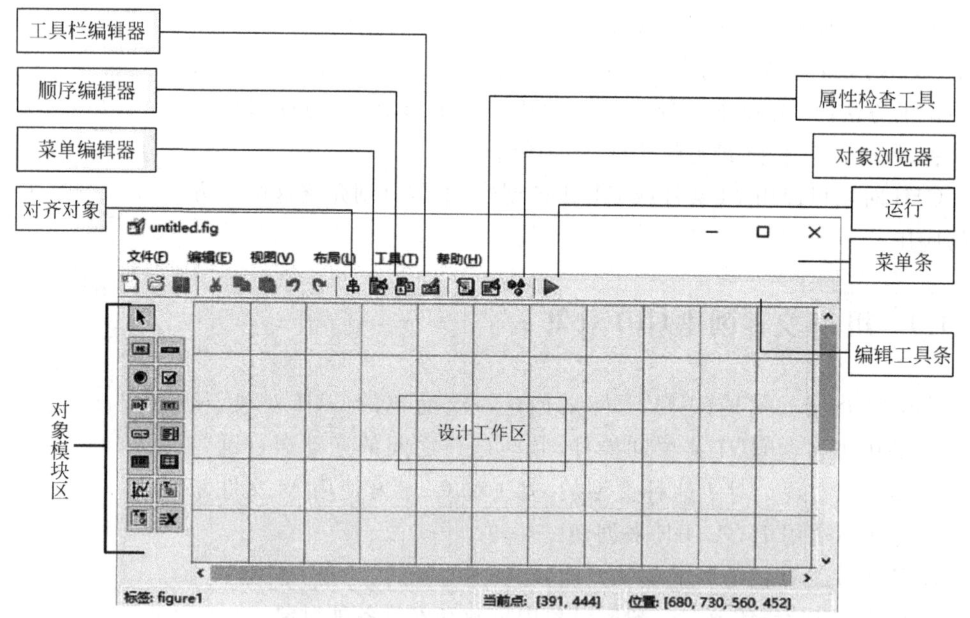

图 15-2　对象设计编辑器

选择图 15-2 中左边某一控件拖到中间的对象设计区，即生成该对象。创建图形对象后，双击该对象，就会显示该对象的属性编辑器，如图 15-3 所示。

在对象设计编辑器界面的工具条上，有菜单编辑器、位置调整器、属性编辑器、对象浏览器的按钮，可用于调用需要使用的 GUI 设计工具。

2. 菜单编辑器

利用菜单编辑器，可以创建、设置和修改下拉式菜单和内容式菜单。单击 Tools-Menu Editor 进入菜单编辑器，使用菜单编辑器左上角的按钮用于添加或删除下拉式菜单和子菜单，以及对菜单的设置和修改，如图 15-4 所示。

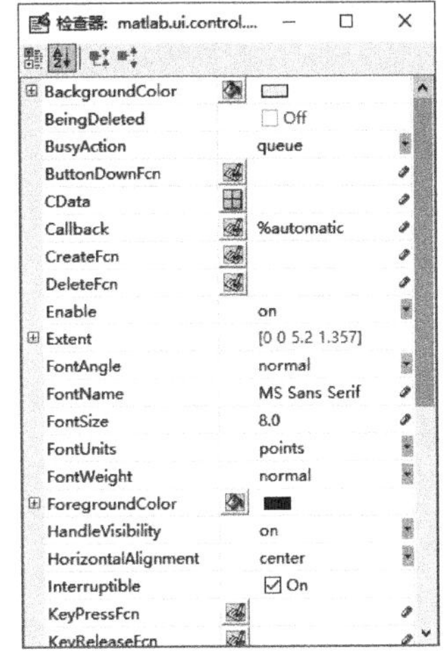

图 15-3　对象属性编辑器

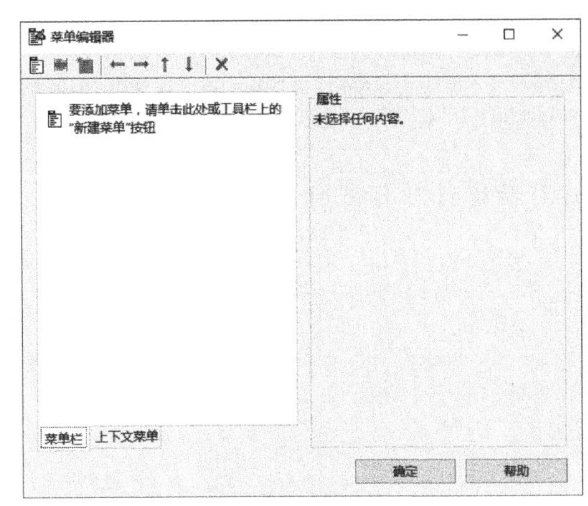

图 15-4　对象属性查看器

3. 位置调整工具

利用位置调整工具，可以对对象设计编辑区中对象设计区的多个对象位置进行调整。选择工具条上的串按钮，就可看到对象位置调整器界面，如图 15-5 所示。

第一栏用于垂直方向的位置调整，Align 表示对象间垂直对齐，Distribute 表示对象间的垂直距离。在选中 Distribute 中的某个按钮后，Set Spacing 变为可用，即可设置对象间距离，其中距离单位为像素(Pixels)。

第二栏是水平方向的位置调整，可以用同样的方法调整水平位置。

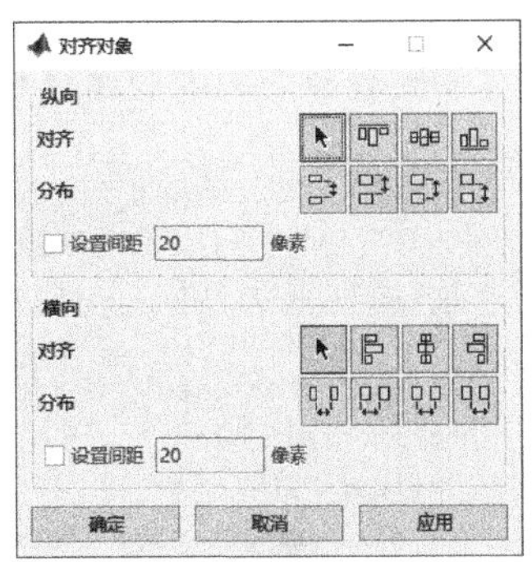

图 15-5　位置调整工具

4. 对象浏览器

利用对象浏览器，可查看当前设计阶段的各个句柄图形对象。从对象设计编辑器界面工具条上选择 Object Browser，或者选择 Tool 菜单下的 Object Browser 子菜单，就可以进入对象浏览器界面。

在对象设计编辑器界面上，要编制某控件的回调程序，可以在该控件上右击，在弹出菜单中选择 View Callbacks 子菜单，从中选择一种激活回调程序的方式，就可以编制程序了。

【例 15-1】 对于传递函数为 $G=\dfrac{1}{s^2+2\zeta s+1}$ 的归一化二阶系统，制作一个能绘制该系统单位阶跃响应的图形用户界面。

解：首先在 MATLAB 中输入以下程序：

```
clf reset
H = axes('unit','normalized','position',[0,0,1,1],'visible','off');
set(gcf,'currentaxes',H);
str = '\fontname{隶书}归一化二阶系统的阶跃响应曲线';
text(0.12,0.93,str,'fontsize',13);
h_fig = get(H,'parent');
set(h_fig,'unit','normalized','position',[0.1,0.2,0.7,0.4]);
h_axes = axes('parent',h_fig,'unit','normalized','position',[0.1,0.15,0.55,0.7],...
'xlim',[0 15],'ylim',[0 1.8],'fontsize',8);
```

运行后得到图 15-6 所示的界面。

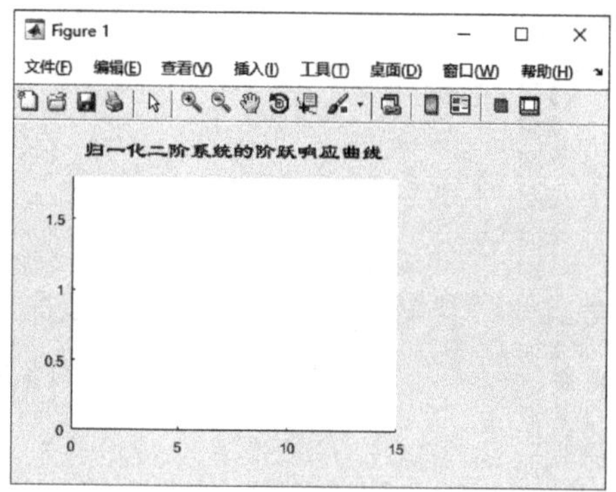

图 15-6 图形界面

再生成静态文本和编辑框，编写如下程序：

```
h_text = uicontrol(h_fig,'style','text',...
'unit','normalized','position',[0.67,0.73,0.25,0.14],...
'horizontal','left','string',{'输入阻尼比系数','zeta = '});
h_edit = uicontrol(h_fig,'style','edit',...
'unit','normalized','position',[0.67,0.59,0.25,0.14],...
'horizontal','left',...
'callback',[...
'z = str2num(get(gcbo,''string''));',...
't = 0:0.1:15;',...
'for k = 1:length(z);',...
'y(:,k) = step(1,[1 2 * z(k) 1],t);',...
'plot(t,y(:,k));',...
'if (length(z)> 1) ,hold on,end,',...
'end;',...
'hold off,']);
```

运行后得到如图 15-7 所示的静态文本和编辑框。

形成坐标方格控制键，编写如下程序：

```
h_push1 = uicontrol(h_fig,'style','push',…
'unit','normalized','position',[0.67,0.37,0.12,0.15],…
'string','grid on','callback','grid on');
h_push2 = uicontrol(h_fig,'style','push',…
'unit','normalized','position',[0.67,0.15,0.12,0.15],…
'string','grid off','callback','grid off');
```

运行后得到如图 15-8 所示的静态文本和编辑框。

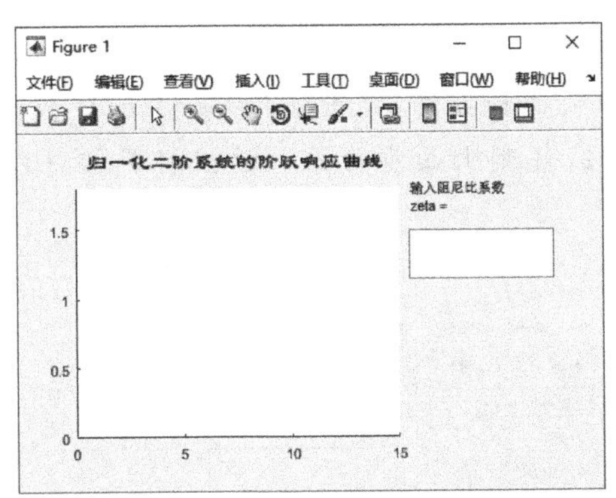

图 15-7　静态文本和编辑框

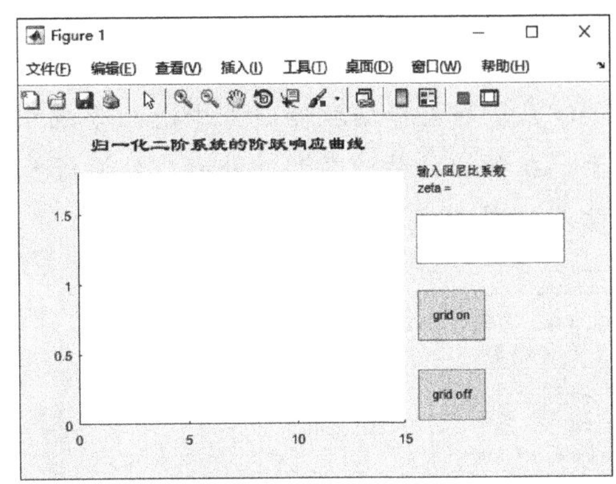

图 15-8　坐标方格形成

15.1.2　使用 GUIDE 创建 GUI 对象

在 MATLAB 中，GUIDE 提供了多种设计模板，用户可以很轻松地定制属于自己的 GUI 对象，同时自动生成对应的 M 文件框架，这样就简化了 GUI 应用程序的创建工作。用户可以直接使用该框架来编写自己的函数代码。GUIDE 模板中包含了相关回调函数，可以打开对应的 M 文件，查看工作方式或者修改函数，实现用户所需要的功能。

下面分步骤介绍如何利用 GUIDE 创建 GUI 对象。

【例 15-2】　在 MATLAB 中创建 GUI 对象。

解：(1) 启动 GUI 的空白模板，如图 15-9 所示。设置模板的显示属性：选择空白模板菜单栏中文件中的预设选项，打开预设对话框，然后再其中选择 GUI 选项，选中"在组件选项板中显示名称"选项，如图 15-10 所示，显示空间面板中各个空间的名称。

(2) 向面板中添加"坐标轴"控件。从"控件面板"中选择"坐标轴"对象，将其拖动到空白模板中的合适位置上，得到如图 15-11 所示的结果。

在 MATLAB 中，坐标轴控件的主要功能是使用用户的 GUI 对象显示图像对象，用户可以为坐标轴控件设置外观和行为参数。

在本实例中，不需要为坐标轴控件设置参数，直接使用 MATLAB 中的默认属性就能很好地显示该实例中的所有图形对象。

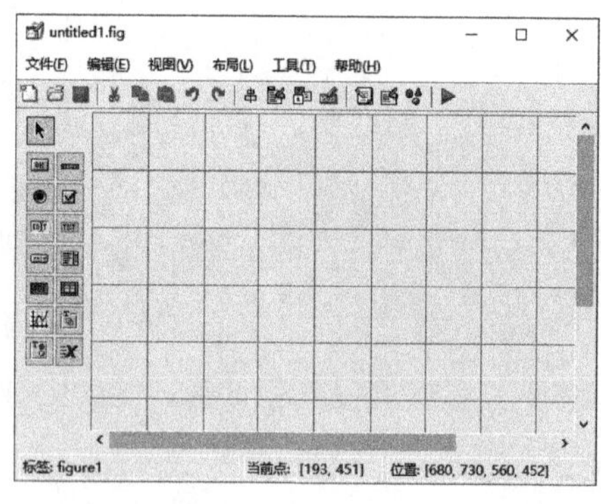

图 15-9 修改后的空白模板

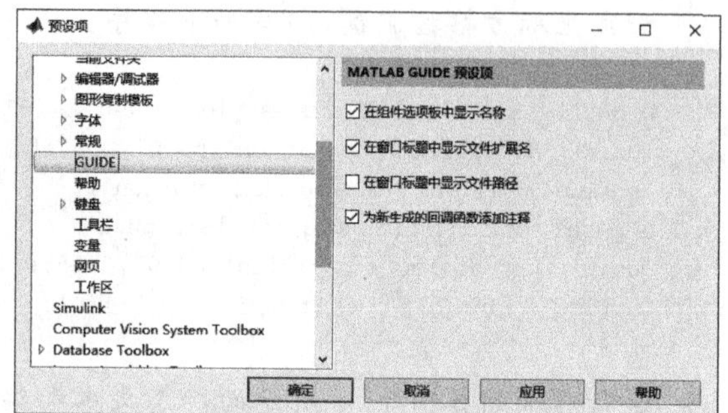

图 15-10 模板属性设置

(3) 复制坐标轴控件。选中上面步骤中添加坐标轴控件,单击鼠标右键,如图 15-12 所示。在弹出的快捷菜单中选择“生成副本”选项,复制上面步骤添加的坐标轴控件,得到结果如图 15-13 所示。

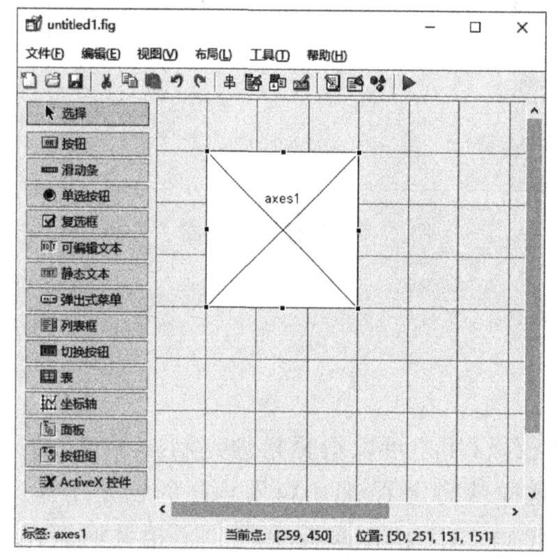

图 15-11 添加坐标轴控件

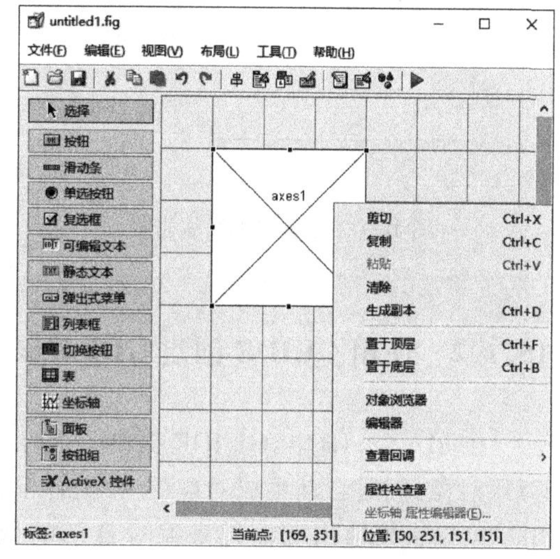

图 15-12 复制坐标轴控件

(4) 添加组合框(面板)控件。在本实例中,需要添加绘制图形的各种参数,为了便于管理,需要将这些参数放置在组合框控件中。在控件面板中选择“面板”控件,然后将其添加到面板中,如图 15-14 所示。

在 MATLAB 中,组合框是图形窗口中的一个封闭区域,它可以将相关联的控件(例如一组单选按钮或者一组编辑框等)组合在一起,使图形窗口变得更加容易理解。该组合框的主要属性包含标题和边框。

在默认情况下,组合框的边框类型是“etchedin”,也就是内嵌的蚀刻效果;其标题为“面板”,可以通过“属性检查器”来修改这些属性。

(5) 添加“可编辑文本”控件对象。选择控件面板中的“可编辑文本”对象,然后将其添加到上面步骤中的“面板”对象中,如图 15-15 所示。

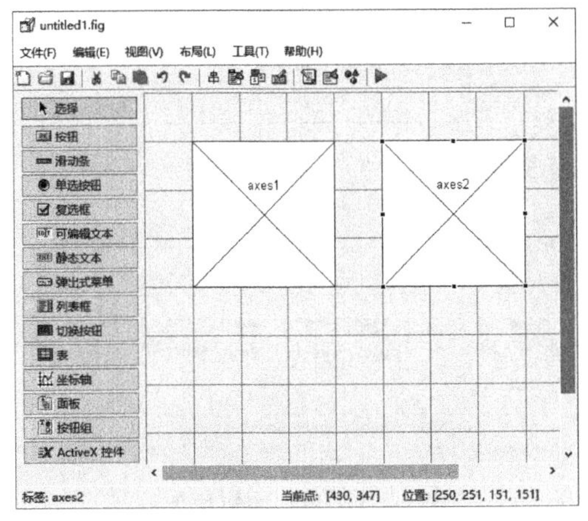

图 15-13　复制后的坐标轴控件

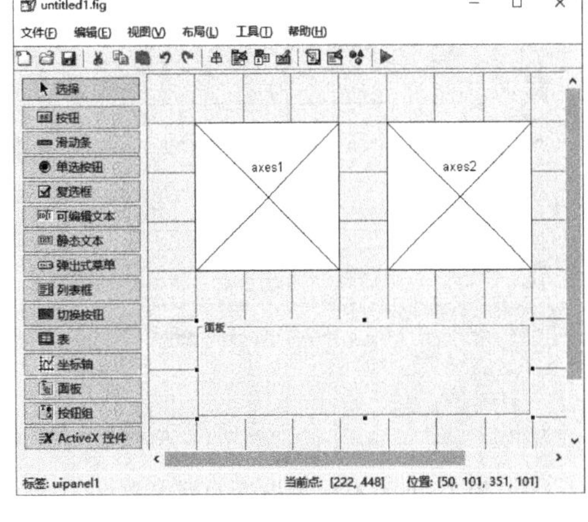

图 15-14　面板控件框

在 MATLAB 中，编辑框控件的功能是控制用户编辑或者修改字符串的文本区域，该对象的 String 属性包含了用户输入的文本信息。在 Windows 操作系统中，单击图形窗口不会引发编辑框的回调函数的执行。

(6) 添加“静态文本”控件对象。选择控件面板中的“静态文本”对象，然后将其添加到上面步骤中的“面板”对象中，如图 15-16 所示。

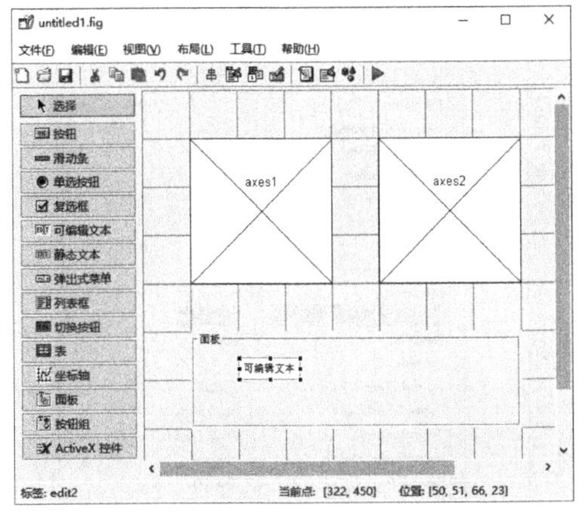

图 15-15　添加可编辑文本控件

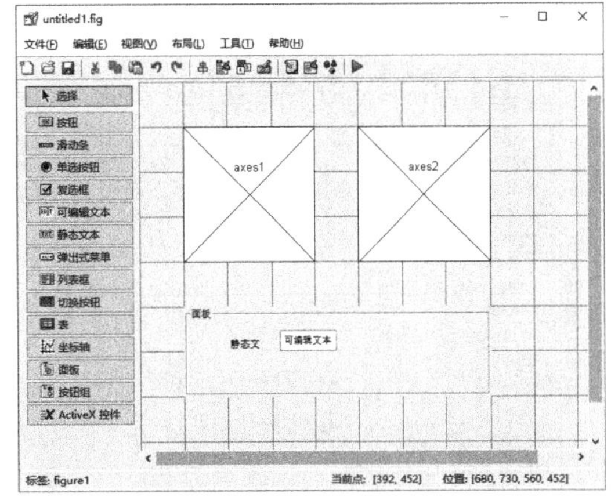

图 15-16　添加静态文本控件对象

在 MATLAB 中，静态文本控件的功能是用作其他控件的标签，该控件对象与编辑框控件的主要区别在于，用户不能在交互的状态下修改其文字或者调用其相应的回调函数。在本例中，该控件的功能是用于显示输入参数的标签。

复制“可编辑文本”和“静态文本”控件对象。使用签名步骤介绍的方法，复制签名步骤添加的“可编辑文本”和“静态文本”控件，如图 15-17 所示。

添加“按钮”控件。选择控件面板中的“按钮”对象，将其添加到面板中，如图 15-18 所示。

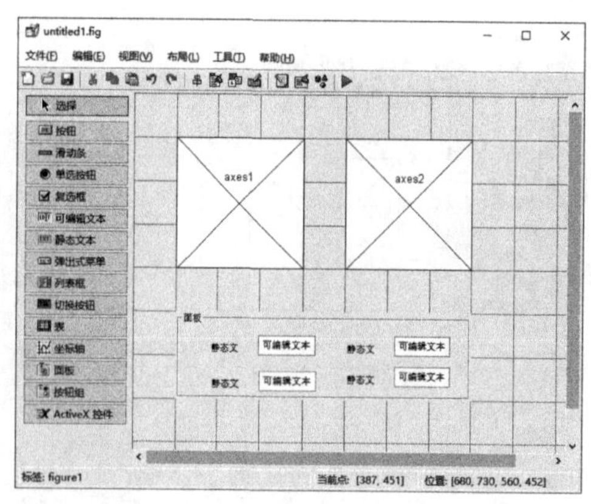

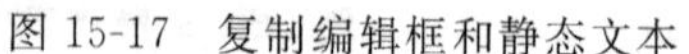
图 15-17 复制编辑框和静态文本

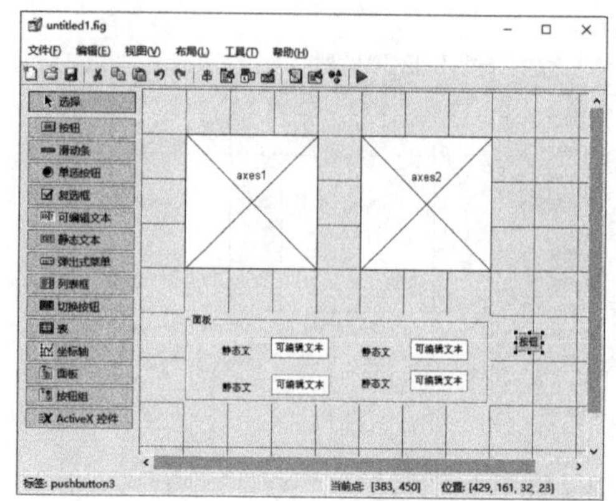

图 15-18 添加按钮控件

和其他编程实例类似，按钮是实现用户和程序互动的主要控件类型，通过单击按钮来实现某种行为并调用相应的回调函数。

复制上面步骤的"按钮"控件。由于本实例中图形界面中包含三个按钮控件，因此在本步骤中需要复制该按钮控件，如图 15-19 所示。

(7) 设置图形界面的标题属性。选中整个图形界面，单击按钮，打开"属性检查器"对话框，然后选择 Name 选项，在其中输入标题 Simulator，如图 15-20 所示。

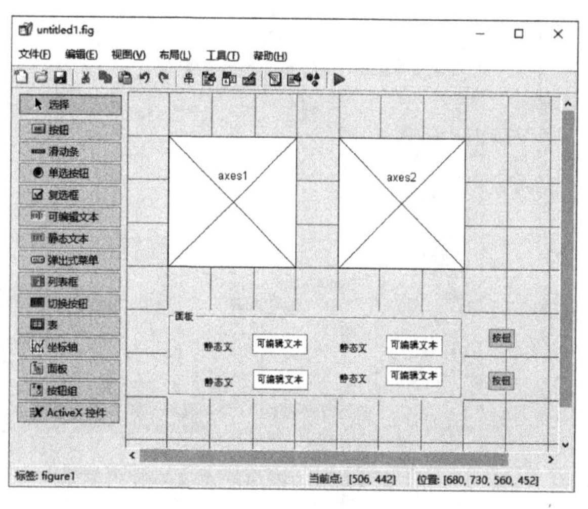

图 15-19 复制按钮控件

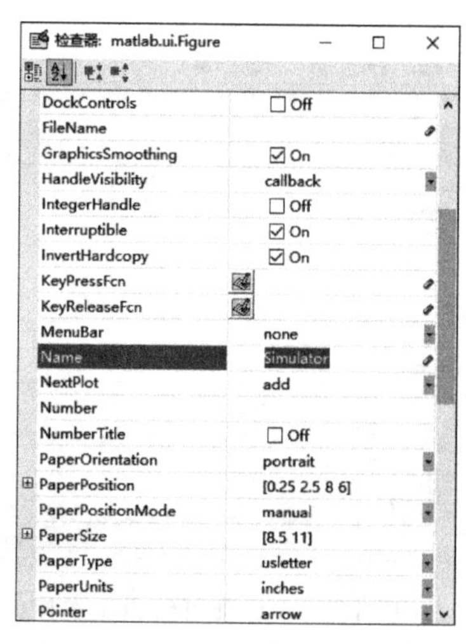

图 15-20 设置图形界面的标题

(8) 设置组合框控件的属性。选中"面板"控件，单击按钮，打开"属性检查器"对话框，在其中设置组合框控件的属性。在上面的"属性检查器"对话框中，选择 HighlightColor 选项，将其设置为空白，其他属性保存系统默认属性。

(9) 设置"静态文本"控件的属性。选择第一个"静态文本"控件，单击按钮，打开"属性检查器"对话框，选择 String 选项，在其中输入"X"，得到的结果如图 15-21 所示。

依次修改其他"静态文本"控件的文字。可以使用和上面步骤类似的方法来修改其他"静态文本"控件的文字，修改后的结果如图 15-22 所示。

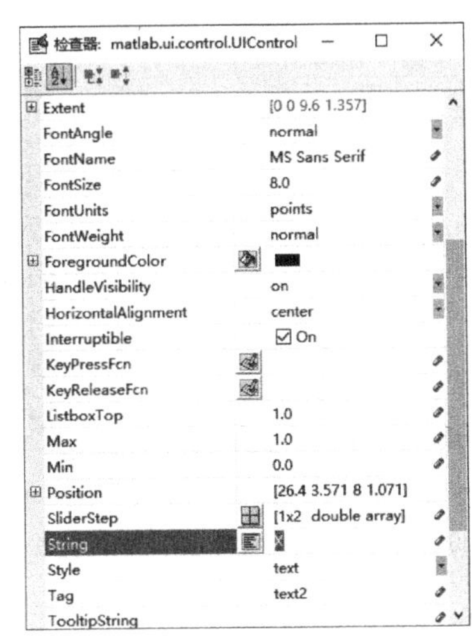

图 15-21　设置“静态文本”的标题

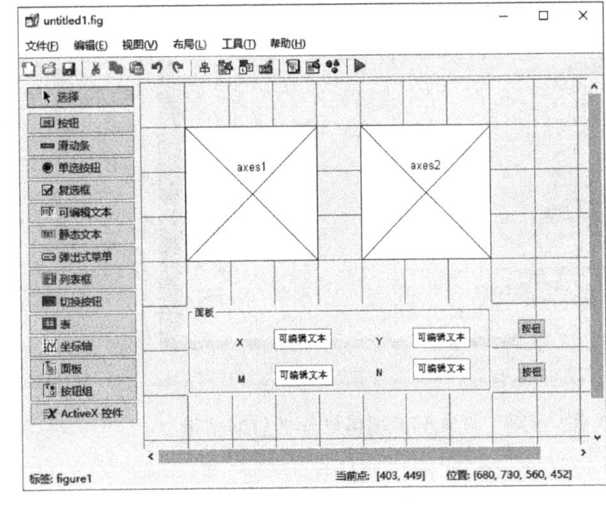

图 15-22　修改其他“静态文本”控件的文字

（10）设置“编辑框”控件的属性。

在本例中，可编辑文本是提供给用户输入分量表达式，因此该编辑框的默认数值是“空格”。选择第一个“可编辑文本”控件，然后单击按钮，打开“属性检查器”对话框，选择“String”选项，将其设置为“空”，得到结果如图 15-23 所示。

选择右侧第一个“静态文本”控件，单击按钮，打开 Property Inspector 对话框，选择 String 选项，将其设置为“[−1,1]”（见图 15-24），得到的结果如图 15-25 所示。

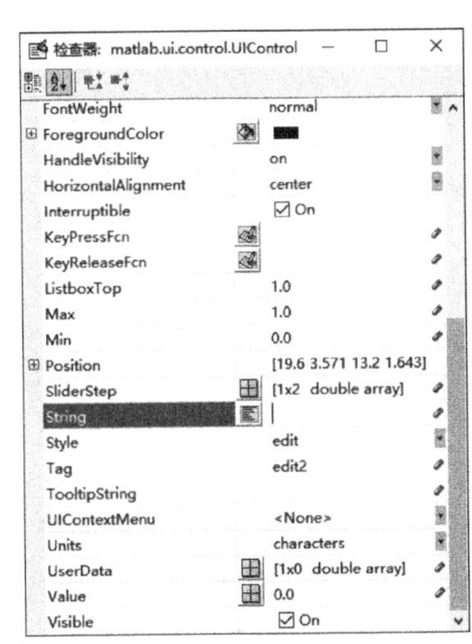

图 15-23　设置可编辑文本控件的属性

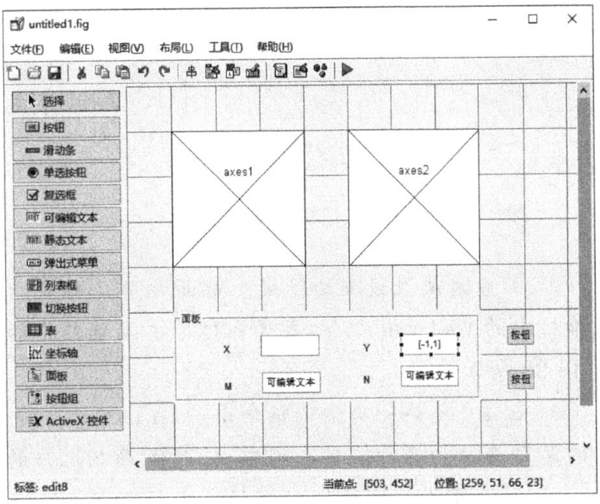

图 15-24　设置右侧编辑框控件的属性

使用相同的方法设置其他编辑框的属性，然后适当编辑其他编辑框的宽度，以及对齐方式，得到的最后结果如图 15-26 所示。

（11）设置“按钮”控件的名称。选择“按钮”控件，单击按钮，打开“属性检查器”对话框，选择 String 选项，将其设置为 Draw，得到的结果如图 15-27 所示。

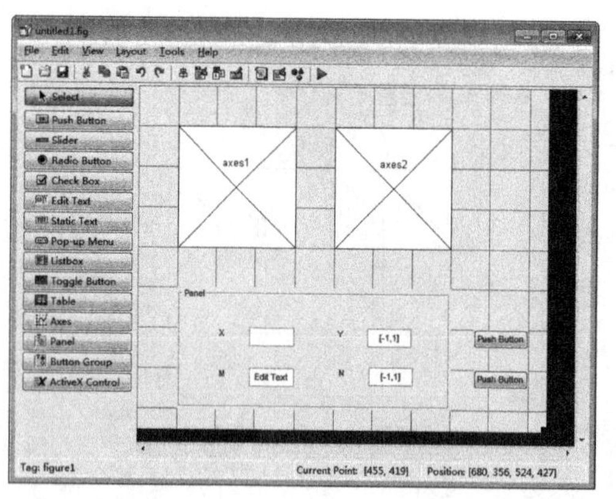

图 15-25　设置右侧编辑框控件后的结果

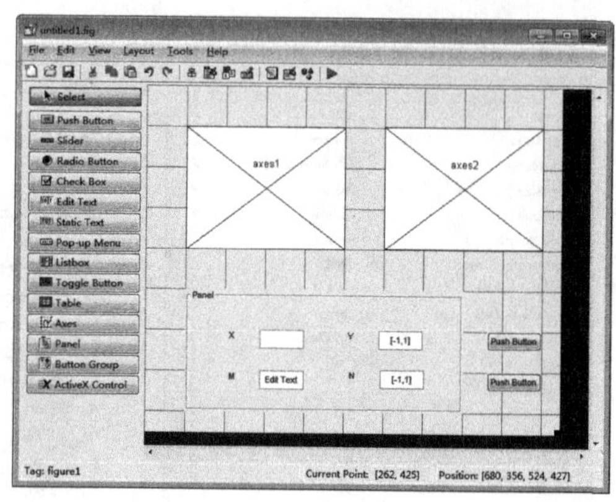

图 15-26　设置右侧可编辑文本控件后的结果

(12) 设置“按钮”控件的属性。

选择“按钮”控件，单击 按钮，打开“属性检查器”对话框，选择 Enable 选项，将其设置为 Off，得到的结果如图 15-28 所示。

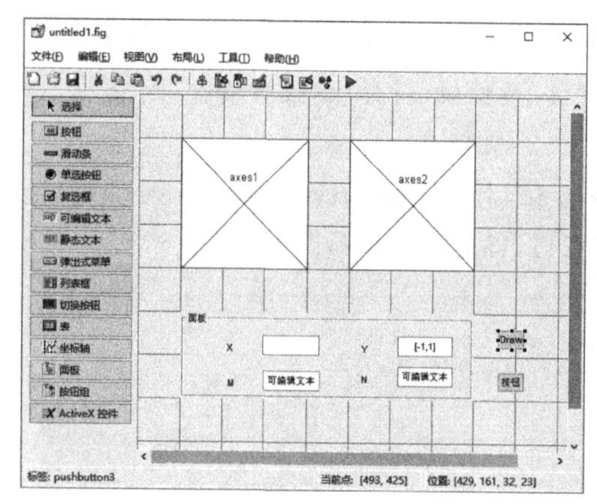

图 15-27　设置按钮控件名称

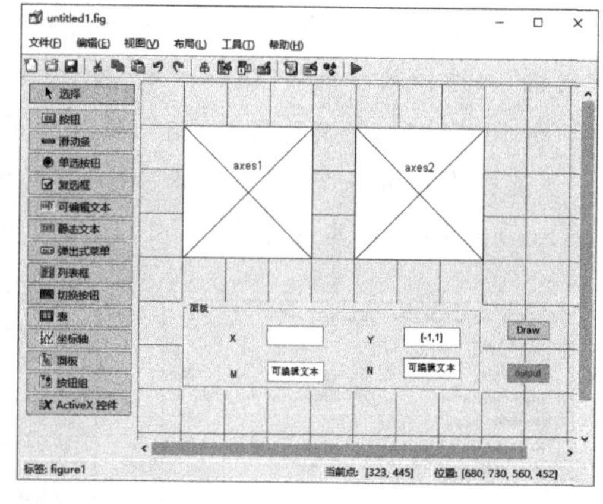

图 15-28　设置按钮控件属性

(13) 查看属性设置的结果。前面步骤已经设置控件所有的相关属性，选择 GUIDE 菜单栏中的 tool-run 命令，或者直接单击菜单栏中的 Run 按钮，查看属性设置的结果，如图 15-29 所示。

如果用户是第一次运行该命令，MATLAB 会提示保存该 FIG 文件，用户可以选择合适的保存路径和名称。在本例中，将其保存在用户的默认路径中，名称设置为 GUItest。

(14) 设置各控件的 Tag 属性。选择 Draw 按钮，单击 按钮，打开“属性检查器”对话框，选择 Tag 选项，将其设置为 Draw，得到的结果如图 15-30 所示。

重复上面的步骤，为添加的各种控件设置 Tag 属性。

(15) 打开 M 文件编辑器。选择 GUIDE 菜单栏中的“视图”→“编辑器”命令，绘制直接单击菜单栏中的“编辑器”按钮，打开 M 文件编辑器，如图 15-31 所示。

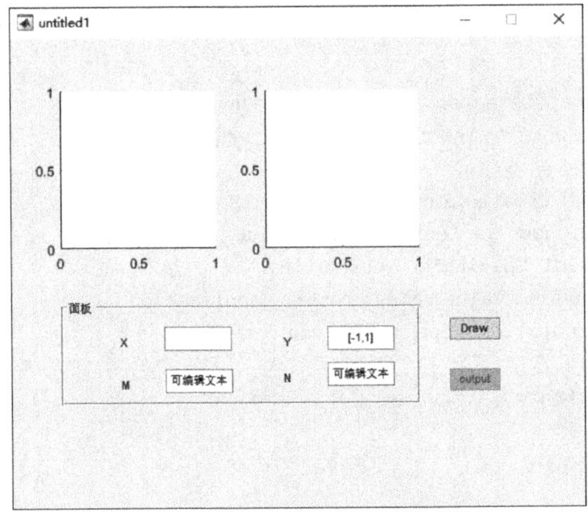

图 15-29　查看属性设置的结果

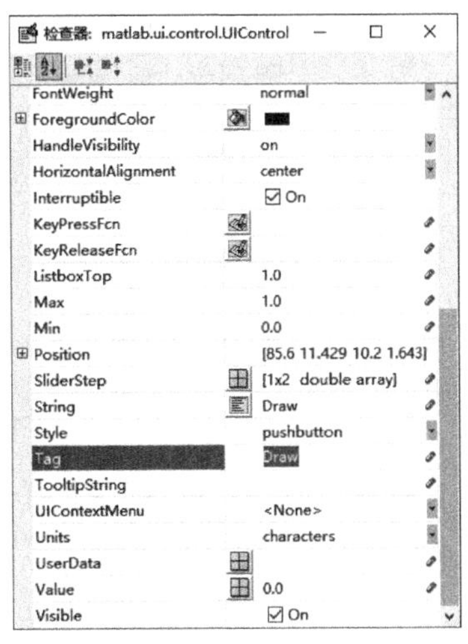

图 15-30　设置控件的 Tag 属性

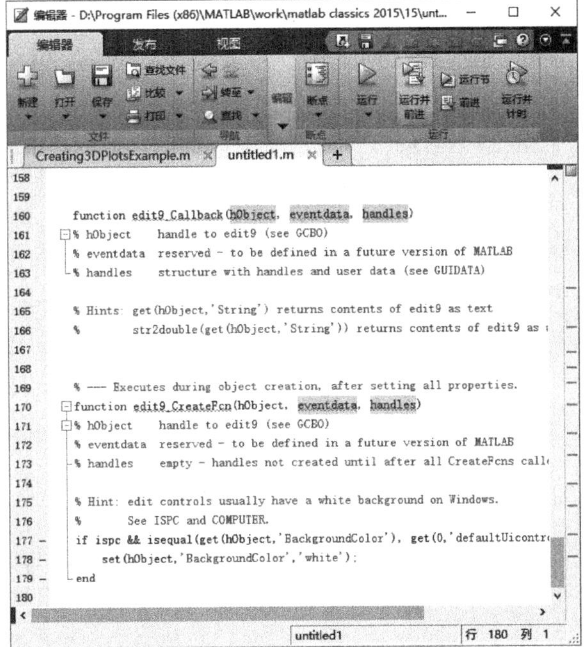

图 15-31　M 文件编辑器

查看 M 文件程序代码。在前面介绍过，GUIDE 会自动生成前面所有布局和属性设置的 M 文件，其代码程序如下：

```
function varargout = untitled1(varargin)
% UNTITLED1 MATLAB code for untitled1.fig
%       UNTITLED1,by itself,creates a new UNTITLED1 or raises the existing
%       singleton *.
%
```

```
%      H = UNTITLED1 returns the handle to a new UNTITLED1 or the handle to
%      the existing singleton*.
%
%      UNTITLED1('CALLBACK',hObject,eventData,handles,...) calls the local
%      function named CALLBACK in UNTITLED1.M with the given input arguments.
%
%      UNTITLED1('Property','Value',...) creates a new UNTITLED1 or raises the
%      existing singleton*.  Starting from the left, property value pairs are
%      applied to the GUI before untitled1_OpeningFcn gets called.  An
%      unrecognized property name or invalid value makes property application
%      stop.  All inputs are passed to untitled1_OpeningFcn via varargin.
%
%      *See GUI Options on GUIDE's Tools menu.  Choose "GUI allows only one
%      instance to run (singleton)".
%
% See also: GUIDE, GUIDATA, GUIHANDLES

% Edit the above text to modify the response to help untitled1

% Last Modified by GUIDE v2.5 03-Aug-2016 21:44:28

% Begin initialization code - DO NOT EDIT
gui_Singleton = 1;
gui_State = struct('gui_Name',       mfilename, ...
                   'gui_Singleton',  gui_Singleton, ...
                   'gui_OpeningFcn', @untitled1_OpeningFcn, ...
                   'gui_OutputFcn',  @untitled1_OutputFcn, ...
                   'gui_LayoutFcn',  [] , ...
                   'gui_Callback',   []);
if nargin && ischar(varargin{1})
    gui_State.gui_Callback = str2func(varargin{1});
end

if nargout
    [varargout{1:nargout}] = gui_mainfcn(gui_State, varargin{:});
else
    gui_mainfcn(gui_State, varargin{:});
end
% End initialization code - DO NOT EDIT


% --- Executes just before untitled1 is made visible.
function untitled1_OpeningFcn(hObject, eventdata, handles, varargin)
% This function has no output args, see OutputFcn.
% hObject    handle to figure
% eventdata  reserved - to be defined in a future version of MATLAB
% handles    structure with handles and user data (see GUIDATA)
% varargin   command line arguments to untitled1 (see VARARGIN)

% Choose default command line output for untitled1
handles.output = hObject;

% Update handles structure
```

```
guidata(hObject,handles);

% UIWAIT makes untitled1 wait for user response (see UIRESUME)
% uiwait(handles.figure1);


% --- Outputs from this function are returned to the command line.
function varargout = untitled1_OutputFcn(hObject,eventdata,handles)
% varargout  cell array for returning output args (see VARARGOUT);
% hObject    handle to figure
% eventdata  reserved - to be defined in a future version of MATLAB
% handles    structure with handles and user data (see GUIDATA)

% Get default command line output from handles structure
varargout{1} = handles.output;


% --- Executes on button press in Draw.
function Draw_Callback(hObject,eventdata,handles)
% hObject    handle to Draw (see GCBO)
% eventdata  reserved - to be defined in a future version of MATLAB
% handles    structure with handles and user data (see GUIDATA)


% --- Executes on button press in pushbutton4.
function pushbutton4_Callback(hObject,eventdata,handles)
% hObject    handle to pushbutton4 (see GCBO)
% eventdata  reserved - to be defined in a future version of MATLAB
% handles    structure with handles and user data (see GUIDATA)



function edit2_Callback(hObject,eventdata,handles)
% hObject    handle to edit2 (see GCBO)
% eventdata  reserved - to be defined in a future version of MATLAB
% handles    structure with handles and user data (see GUIDATA)

% Hints: get(hObject,'String') returns contents of edit2 as text
%        str2double(get(hObject,'String')) returns contents of edit2 as a double


% --- Executes during object creation,after setting all properties.
function edit2_CreateFcn(hObject,eventdata,handles)
% hObject    handle to edit2 (see GCBO)
% eventdata  reserved - to be defined in a future version of MATLAB
% handles    empty - handles not created until after all CreateFcns called

% Hint: edit controls usually have a white background on Windows.
%       See ISPC and COMPUTER.
if ispc && isequal(get(hObject,'BackgroundColor'),get(0,'defaultUicontrolBackgroundColor'))
    set(hObject,'BackgroundColor','white');
end
```

```
function edit7_Callback(hObject,eventdata,handles)
% hObject    handle to edit7 (see GCBO)
% eventdata  reserved - to be defined in a future version of MATLAB
% handles    structure with handles and user data (see GUIDATA)

% Hints: get(hObject,'String') returns contents of edit7 as text
%        str2double(get(hObject,'String')) returns contents of edit7 as a double


% --- Executes during object creation,after setting all properties.
function edit7_CreateFcn(hObject,eventdata,handles)
% hObject    handle to edit7 (see GCBO)
% eventdata  reserved - to be defined in a future version of MATLAB
% handles    empty - handles not created until after all CreateFcns called

% Hint: edit controls usually have a white background on Windows.
%       See ISPC and COMPUTER.
if ispc && isequal(get(hObject,'BackgroundColor'),get(0,'defaultUicontrolBackgroundColor'))
    set(hObject,'BackgroundColor','white');
end



function edit8_Callback(hObject,eventdata,handles)
% hObject    handle to edit8 (see GCBO)
% eventdata  reserved - to be defined in a future version of MATLAB
% handles    structure with handles and user data (see GUIDATA)

% Hints: get(hObject,'String') returns contents of edit8 as text
%        str2double(get(hObject,'String')) returns contents of edit8 as a double


% --- Executes during object creation,after setting all properties.
function edit8_CreateFcn(hObject,eventdata,handles)
% hObject    handle to edit8 (see GCBO)
% eventdata  reserved - to be defined in a future version of MATLAB
% handles    empty - handles not created until after all CreateFcns called

% Hint: edit controls usually have a white background on Windows.
%       See ISPC and COMPUTER.
if ispc && isequal(get(hObject,'BackgroundColor'),get(0,'defaultUicontrolBackgroundColor'))
    set(hObject,'BackgroundColor','white');
end



function edit9_Callback(hObject,eventdata,handles)
% hObject    handle to edit9 (see GCBO)
% eventdata  reserved - to be defined in a future version of MATLAB
% handles    structure with handles and user data (see GUIDATA)

% Hints: get(hObject,'String') returns contents of edit9 as text
%        str2double(get(hObject,'String')) returns contents of edit9 as a double
```

```
% --- Executes during object creation,after setting all properties.
function edit9_CreateFcn(hObject,eventdata,handles)
% hObject     handle to edit9 (see GCBO)
% eventdata   reserved - to be defined in a future version of MATLAB
% handles     empty - handles not created until after all CreateFcns called

% Hint: edit controls usually have a white background on Windows.
%       See ISPC and COMPUTER.
if ispc && isequal(get(hObject,'BackgroundColor'),get(0,'defaultUicontrolBackgroundColor'))
    set(hObject,'BackgroundColor','white');
end
```

上面的程序代码代表了使用 GUIDE 创建 GUI 对象的典型代码结构，下面详细介绍其中各组成部分的结构。

函数名称：function varargout-vectguf，MATLAB 会根据用户保存的名称定义该 GUI 对象的主函数名称。在本实例中使用的名称为 GUIDE。

函数的注释文字：从"% hObject handle to edit4 (see GCBO)"到"%See ISPC and COMPUTER"都是 MATLAB 自动生成的代码。

GUI 对象的初始化代码：从"% Begin initialization code-DO NOT EDIT"到"% End initialization code-DO NOT EDIT"代码部分，是 MATLAB 自动生成的 GUI 对象初始化程序代码，这部分代码用户不能编辑(DO NOT EDIT)。

函数 vectgui_OpeningFcn 的程序代码：该函数也是 MATLAB 自动设置的函数，该部分程序代码在 GUI 可见之前执行，也就是在打开 GUI 对象之前执行的程序代码。

函数 vectgui_OutputFcn 的程序代码：该函数也是自动设置空间属性。对于用户在 GUIDE 中添加的所有空间，MATLAB 都会设置创建函数。

控件的回调函数：这部分函数是编辑 GUI 的 M 文件主要部分，主要功能就是编写互动事件的程序。例如，函数 Draw_Callback 的功能就是编写单击 Draw 按钮所相应的事件和行为。因此，回调函数是实现 GUI 互动功能的主要部分，也就是用户编写代码的主要部分。

编写 X_Callback 控件的回调函数。为了方便用户编写回调函数，将 M 文件编辑器回嵌到 MATLAB 的命令行窗口中，然后选择 X_Callback 选项，MATLAB 会自动跳到程序代码的相应位置，如图 15-32 所示。

在 MATLAB 转到的位置上，编写对应的程序代码如下：

```
function X_Callback(hObject,eventdata,handles)
% hObject     handle to X (see GCBO)
% eventdata   reserved - to be defined in a future version of MATLAB
% handles     structure with handles and user data (see GUIDATA)

% Hints: get(hObject,'String') returns contents of X as text
% str2double(get(hObject,'String')) returns contents of X as a double
set(handlee.Draw,'Enable','On');
function is available
guidata(hObject,handles)
```

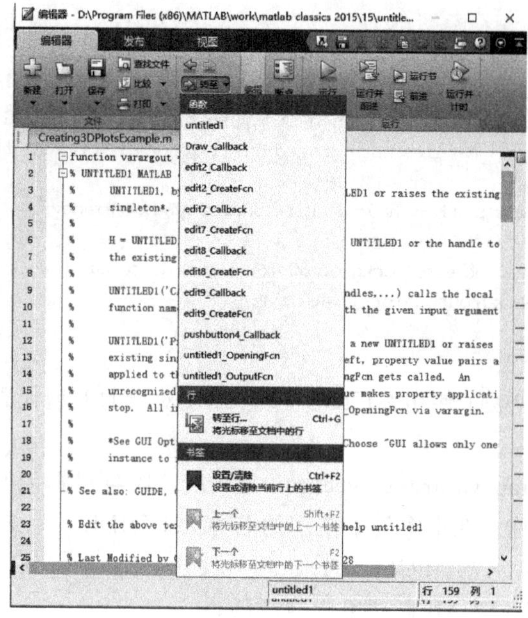

图 15-32　选择对应的程序代码

在上面的程序代码中，只有后面两行代码是用户填写的，注释文字是 MATLAB 自动生成的，用户可以不用编写或者修改。上面两行代码的功能是：当用户在编辑框中输入相应的表达式后，将 Draw 按钮设置为可用，然后将编辑框中输入的数值传递到相应的变量中。

对应 GUI 对象中左侧的三个编辑框，用户可以编写对应的回调函数，其具体的程序代码和上面控件程序完全不同。

编写 M 的回调函数。在 MATLAB 命令行窗口中，选择 M_Callback 选项，编写对应的程序代码，编写后的代码如下：

```
function M_Callback(hObject,eventdata,handles)
% hObject     handle to M (see GCBO)
% eventdata   reserved - to be defined in a future version of MATLAB
% handles     structure with handles and user data (see GUIDATA)

% Hints: get(hObject,'String') returns contents of M as text
% str2double(get(hObject,'String')) returns contents of M as a double
as a double
guidata(hObject,handles)
```

上面的程序代码功能十分简单，就是将用户在"M"控件中输入的数值传递给对应的程序变量。对于其他的编辑框控件，用户可以添加相同的程序代码。

15.2　定制标准菜单

在 GUI 控件对象中，界面菜单是一个重要的组成部分。在句柄图形对象结构中，Uimenu 对象的结构体系以 Figure 图形窗口为父对象，它和 Axes 坐标轴、Unicontrol 界面控件为平等级别的组建。

在 MATLAB 中，可以根据需要在 GUI 对象中创建标准菜单、自行设置菜单或者创建现场菜单等。同时，可以设置菜单控件的各种属性，例如添加快捷键、设置对应的回调函数等。因此，在 GUI 对象中，可以设置菜单控件来完成多种功能。对于比较简单的 GUI 对象，可以根据需要定制 MATLAB 图形窗口的标准菜单，设置不同的菜单属性。下面介绍一个简单的实例，来说明如何定制标准菜单。

【例 15-3】 创建一个简单的 GUI 对象，根据需要定制标准菜单。

解：创建一个默认的图形窗口。在 MATLAB 的命令行窗口中输入下面的命令代码：

```
>> Handle_figure = figure;
```

查看图形结构。输入上面的代码后，按 Enter 键，得到默认的图形窗口，如图 15-33 所示。

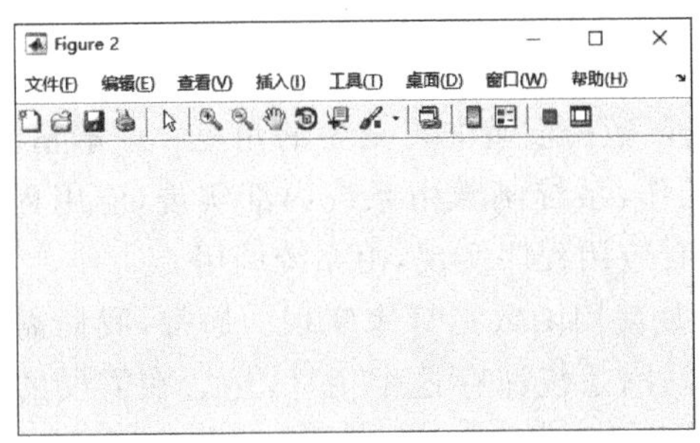

图 15-33 创建默认图形窗口

在默认情况下，MATLAB 的图形窗口有一个顶层菜单条(Top-Level Menu)，在 MATLAB 中，该菜单条包括 8 个菜单项目：File、Edit、View、Insert、Tools、Desktop、Window 和 Help。当用户单击每一菜单项时，都会产生对应的下拉菜单(Pull-Down Menu)。

查看 Menu 属性列表。在命令行窗口中输入命令“set(Handle_figure,'MenuBar')”，得到结果如下：

```
>> set(Handle_figure, 'MenuBar')
    'none'
    'figure'
```

从上面的结果中可以看出，标准菜单'MenuBar'有两个属性[none | {figure}]。当对象的属性选取 none 时，表示图形窗口不显示标准菜单以及对应的工具条。当对象的属性选取'figure'属性时，图形窗口将显示标准菜单，这是图形窗口菜单的默认属性。

隐藏标准菜单。在有些程序项目中，为了不让用户对程序对象进行操作，可以隐藏菜单。在命令行窗口中输入下面的代码：

```
>> set(Handle_figure , 'MenuBar', 'none')
```

查看图形结构。输入代码后，按 Enter 键，得到的结果如图 15-34 所示。

图 15-34　隐藏菜单选项后的图形窗口

恢复标准菜单。在命令行窗口中输入下面的代码：

```
>> set(Handle_figure,'MenuBar','Figure');
```

15.3　编写回调函数

在 GUI 系统中，回调函数扮演着非常重要的角色。一般情况下，应用程序调用系统提供的函数完成自己的工作，系统函数由系统内部实现，应用程序调用。与系统提供的函数不同，回调函数一般有应用程序实现，由系统调用。

在 C 语言中，回调函数使用函数指针来实现。通常，我们需要通过某种接口告诉系统已定义好的回调函数指针，系统保存这个指针，然后在需要的时候通过这个指针来调用由应用程序定义的回调函数。

这里将结合一些 GUI 系统，介绍回调函数的使用实例。

【例 15-4】 回调函数的编写。（本例演示：从处理方便出发编写回调函数。）

解：在 MATLAB 程序编辑框输入下面程序。

（1）弹出框的回调函数 Mycolormap. m：

```
[Mycolormap.m]
function Mycolormap
popstr = {'spring','summer','autumn','winter'};              % 弹出框色图矩阵
vpop = get(findobj(gcf,'Tag','PopupMenu1'),'value');         % 获得选项的位置标识
colormap(eval(popstr{vpop}))                                 % 采用弹出框所选色图
```

（2）列表框和"Apply"按键配合的回调函数 Myapply. m：

```
[Myapply.m]
function Myapply
vlist = get(findobj(gcf,'Tag','Listbox1'),'value');          % 获得选项位置向量
liststr = {'grid on','box on','hidden off','axis off'};      % 列表框选项内容
invstr = {'grid off','box off','hidden on','axis on'};       % 列表框的逆指令
vv = zeros(1,4);vv(vlist) = 1;
for k = 1:4
   if vv(k)
eval(liststr{k});
else
```

```
eval(invstr{k});
end %按列表选项影响图形
end
```

(3) 动态编辑框的回调函数 Myedit.m：

```
[Myedit.m]
function Myedit
ct = get(findobj(gcf,'Tag','EditText1'),'string');
eval(ct')
```

15.4 创建现场菜单

现场菜单就是当用户用右键选择对象后，弹出的快捷菜单选项。因此，可以认为现场菜单和某个图形对象相联系，并通过鼠标右键来激活。

创建现场菜单的一般步骤如下：

(1) 利用命令 ufcontextnenu 创建现场菜单对象；

(2) 利用命令 uinenu 来设置该现场菜单对象的具体属性；

(3) 利用命令 set 将现场菜单和图形对象联系起来。

本节将利用一个比较简单的实例来介绍如何在 MATLAB 创建现场菜单。现场菜单也属于 MATLAB 的图形对象之一，因此可以使用 GUIDE 来创建现场菜单，也可以直接使用 M 文件来创建现场菜单。

15.4.1 编写 GUI 的程序代码

【例 15-5】 创建一个 GUI 画图模型。

解：在 MATLAB 编辑器中输入以下代码：

```
%建立一个图像框
fig = figure(1);
set(fig,'position',[256 198 420 360],'name','GUI
example','numbertitle','off','menubar','none');
axes_h = axes('position',[0.1 0.1 0.8 0.6]);
set(gcf,'currentaxes',axes_h);
text(0.25,0.93,'\fontname{标楷体}GUI - Plot example','fontsize',15);
uicontrol(fig,'style','pushbutton','string','plot','position',[280 290 100 30],…
'callback',['x = eval(get(t1,''string''));y = eval(get(t2,''string''));'…
'p = plot(x,y);xlabel(''x'');ylabel(''y'');']);
t1 = uicontrol(fig,'style','edit','position',[170 320 100
30],'string','linspace(0,2 * pi)','fontsize',8);
t2 = uicontrol(fig,'style','edit','position',[170 270 100
30],'string','sin(linspace(0,2 * pi))','fontsize',8);
uicontrol(fig,'style','text','position',[50 320 105 30],'string',
{'please input ordinate','x = '});
```

```
uicontrol(fig,'style','text','position',[50 270 105 30],'string',
{'please input ordinate','y='});
Option_menu=uimenu(gcf,'label','&Option');
type=uimenu(Option_menu,'label','&Type');
uimenu(type,'label','&Solid','position',1,'callback','set(p,''linestyle'',''-'')');
uimenu(type,'label','&Dashed','position',3,'callback','set(p,''linestyle'',''--'')');
uimenu(type,'label','D&otted','position',2,'callback','set(p,''linestyle'','':'')');
uimenu(type,'label','D&ashdot','position',4,'callback','set(p,''linestyle'','':'')');
symbol=uimenu(Option_menu,'label','&Symbol','separator','on');
uimenu(symbol,'label','Circle(o)','callback','set(p,''linestyle'',''o'')');
uimenu(symbol,'label','X_mark(x)','callback','set(p,''linestyle'',''x'')');
uimenu(symbol,'label','Star(*)','callback','set(p,''linestyle'',''*'')');
uimenu(symbol,'label','Diamond(d)','callback','set(p,''linestyle'',''d'')');
uimenu(symbol,'label','Triangle_up(^)','callback','set(p,''linestyle'',''^'')');
uimenu(symbol,'label','Triangle_right(>)','callback','set(p,''linestyle'',''>'')');
uimenu(symbol,'label','Hexagram(h)','callback','set(p,''linestyle'',''h'')');
color=uimenu(Option_menu,'label','&Color','separator','on');
uimenu(color,'label','&Blue','callback','set(p,''color'',''b'')');
uimenu(color,'label','&Green','callback','set(p,''color'',''g'')');
uimenu(color,'label','&Red','callback','set(p,''color'',''r'')');
uimenu(color,'label','&Cyan','callback','set(p,''color'',''c'')');
uimenu(color,'label','&Magenta','callback','set(p,''color'',''m'')');
uimenu(color,'label','&Yellow','callback','set(p,''color'',''y'')');
uimenu(color,'label','Blac&k','callback','set(p,''color'',''k'')');
Grid_menu=uimenu(gcf,'label','&Grid');
check1=uimenu(Grid_menu,'label','Gridon','callback',['set(check1,''Checked'',''on'');'...
'set(check2,''Checked'',''off'');GRID ON;'],'accelerator','y');
heck2=uimenu(Grid_menu,'label','Grid off','callback',['set(check2,''Checked'',''on'');'...
'set(check1,''Checked'',''off'');GRID OFF;'],'accelerator','z');
rwm=uicontextmenu;
uimenu(rwm,'label','Width_2','callback','set(p,''linewidth'',2)');
uimenu(rwm,'label','Width_4','callback','set(p,''linewidth'',4)');
uimenu(rwm,'label','Width_6','callback','set(p,''linewidth'',6)');
uimenu(rwm,'label','Width_8','callback','set(p,''linewidth'',8)');
uimenu(rwm,'label','Original','callback','set(p,''linewidth'',1)');
set(gca,'uicontextmenu',rwm);
```

运行以上程序，得到如图15-35所示的图形。

单击plot后出现如图15-36所示图形。

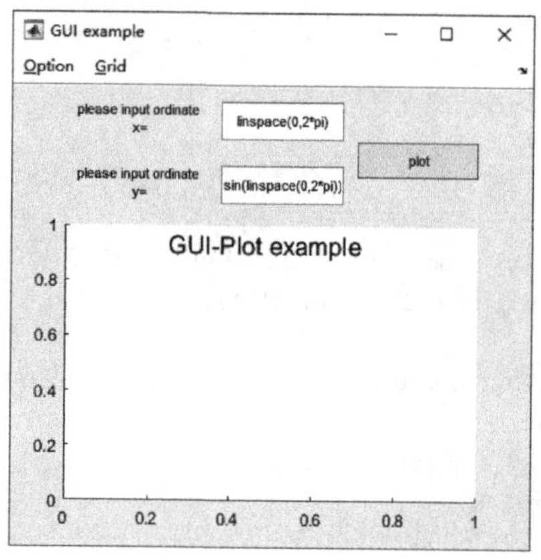

图15-35　GUI模型

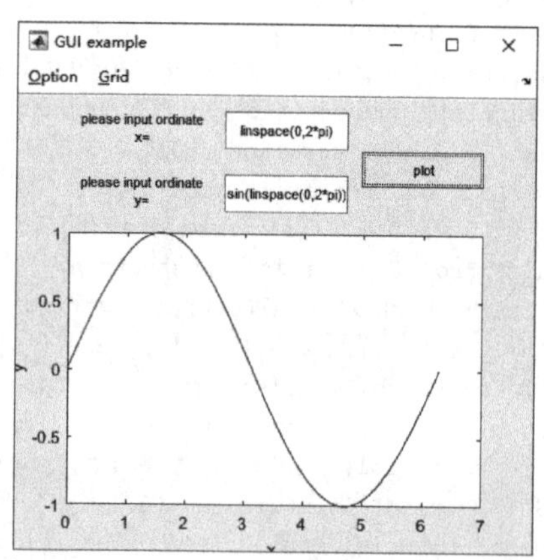

图15-36　运行程序后画图结果

在 MATLAB 命令行窗口中输入 x 值：

```
>> x = 1;
```

得到 y 值：

```
>> y
y =
  Columns 1 through 9
     0    0.0634    0.1266   0.1893   0.2511   0.3120   0.3717   0.4298   0.4862
  Columns 10 through 18
    0.5406   0.5929   0.6428   0.6901   0.7346   0.7761   0.8146   0.8497   0.8815
  Columns 19 through 27
    0.9096   0.9341   0.9549   0.9718   0.9848   0.9938   0.9989   0.9999   0.9969
  Columns 28 through 36
    0.9898   0.9788   0.9638   0.9450   0.9224   0.8960   0.8660   0.8326   0.7958
  Columns 37 through 45
    0.7557   0.7127   0.6668   0.6182   0.5671   0.5137   0.4582   0.4009   0.3420
  Columns 46 through 54
    0.2817   0.2203   0.1580   0.0951   0.0317   -0.0317   -0.0951   -0.1580   -0.2203
  Columns 55 through 63
    -0.2817   -0.3420   -0.4009   -0.4582   -0.5137   -0.5671   -0.6182
    -0.6668   -0.7127
  Columns 64 through 72
    -0.7557   -0.7958   -0.8326   -0.8660   -0.8960   -0.9224   -0.9450
    -0.9638   -0.9788
  Columns 73 through 81
    -0.9898   -0.9969   -0.9999   -0.9989   -0.9938   -0.9848   -0.9718
    -0.9549   -0.9341
  Columns 82 through 90
    -0.9096   -0.8815   -0.8497   -0.8146   -0.7761   -0.7346   -0.6901
    -0.6428   -0.5929
  Columns 91 through 99
    -0.5406   -0.4862   -0.4298   -0.3717   -0.3120   -0.2511   -0.1893
    -0.1266   -0.0634
  Column 100
    -0.0000
```

15.4.2 演示 GUI 对象

【例 15-6】 绘制一条 S 曲线，创建一个与之相联系的现场菜单，用以控制 S 曲线的颜色。

解：(1) 编写脚本 M 文件：

```
clear all
clc
t = ( - 3 * pi:pi/50:3 * pi) + eps;
y = sin(t)./t;                  % 制作具体菜单项，定义相应的回调
hline = plot(t,y);              % 绘制 S 曲线
cm = uicontextmenu;             % 创建现场菜单
```

```
uimenu(cm,'label','Red','callback','set(hline,''color'',''r''),')
uimenu(cm,'label','Blue','callback','set(hline,''color'',''b''),')
uimenu(cm,'label','Green','callback','set(hline,''color'',''g''),')
set(hline,'uicontextmenu',cm) % 使 cm 现场菜单与 S 曲线相联系
```

(2) 在指令窗中运行以下文件，得到图 15-37 所示的(蓝色线条)S 曲线。

(3) 将鼠标指针指向线条，单击鼠标右键的同时弹出现场菜单，在选中某菜单项(如 Red)后，蓝色曲线就变成红色曲线，如图 15-38 所示。

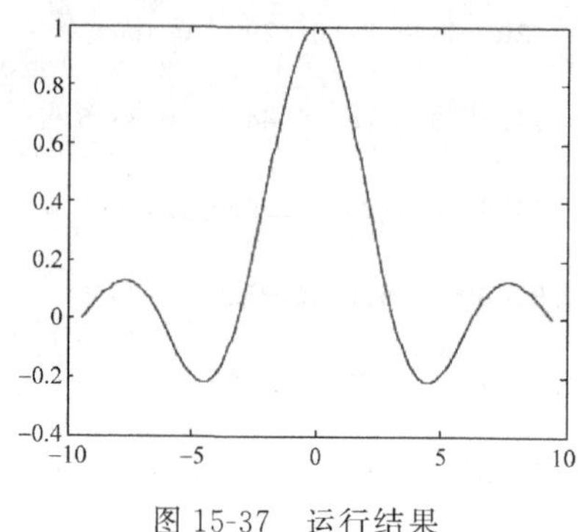

图 15-37　运行结果

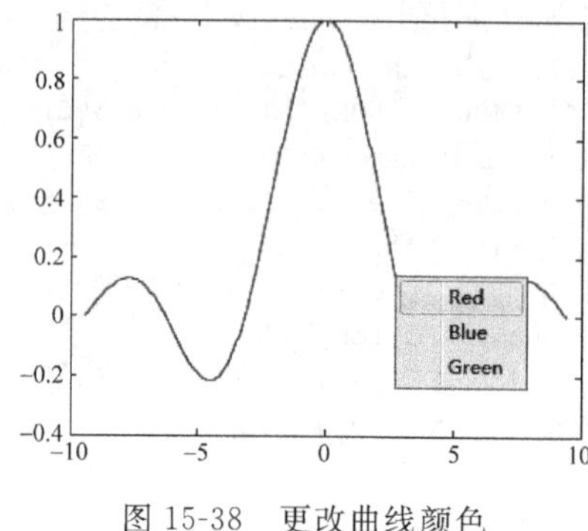

图 15-38　更改曲线颜色

15.5　GUI 对象的应用

在 GUI 中，用户控件是除了用户菜单之外，实现用户和计算机交互的重要途径。本节通过举例，分别说明 GUI 在控件区域等方面的应用。

15.5.1　控件区域框

本节将以一个比较简单的例子来介绍在 MATLAB 中创建控件区域框。

【例 15-7】 创建一个界面包含 3 种控件：静态文本、双位按键、控件区域框。

解：在 MATLAB 编辑框口输入以下代码：

```
clf reset
set(gcf,'menubar','none')
set(gcf,'unit','normalized','position',[0.2,0.2,0.64,0.32]);
set(gcf,'defaultuicontrolunits','normalized')          % 设置用户默认控件单位属性值
h_axes = axes('position',[0.05,0.2,0.6,0.6]);
t = 0:pi/50:2 * pi;y = sin(t);plot(t,y);
set(h_axes,'xlim',[0,2 * pi]);
set(gcf,'defaultuicontrolhorizontal','left');
htitle = title('正弦曲线');
set(gcf,'defaultuicontrolfontsize',12);                % 设置用户默认控件字体属性值
uicontrol('style','frame',…                            % 创建用户控件区
   'position',[0.67,0.55,0.25,0.25]);
uicontrol('style','text',…                             % 创建静态文本框
   'string','正斜体图名:',…
```

```
    'position',[0.68,0.77,0.18,0.1],…
    'horizontal','left');
hr1 = uicontrol(gcf,'style','radio',…                % 创建"无线电"选择按键
    'string','正体',…                                % 按键功能的文字标识'正体'
    'position',[0.7,0.69,0.15,0.08]);               % 按键位置
set(hr1,'value',get(hr1,'Max'));                     % 因图名缺省使用正体,所以小圆圈应被点黑
set(hr1,'callback',[…
    'set(hr1,''value'',get(hr1,''max'')),',…         % 选中将小圆圈点黑
    'set(hr2,''value'',get(hr2,''min'')),',…         % 将"互斥"选项点白
    'set(htitle,''fontangle'',''normal''),',…        % 使图名字体正体显示
   ]);
hr2 = uicontrol(gcf,'style','radio',…                % 创建"无线电"选择按键
   'string','斜体',…                                 % 按键功能的文字标识'斜体'
   'position',[0.7,0.58,0.15,0.08],…                % 按键位置
   'callback',[…
    'set(hr1,''value'',get(hr1,''min'')),',…
    'set(hr2,''value'',get(hr2,''max'')),',…
    'set(htitle,''fontangle'',''italic'')',…         % 使图名字体斜体显示
   ]);
    ht = uicontrol(gcf,'style','toggle',…            % 制作双位按键
        'string','Grid',…
        'position',[0.67,0.40,0.15,0.12],…
        'callback','grid');
```

运行以上程序后,出现如图 15-39 所示的图形。可以选择图名的正体或者斜体,也可以增加图中栅栏。

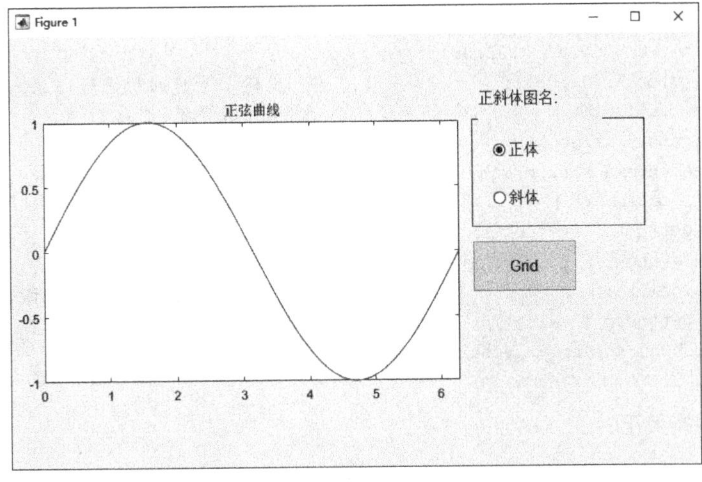

图 15-39 控件区域框

15.5.2 静态文本框、滑动键、检录框示例

【例 15-8】 目标:制作演示"归一化二阶系统单位阶跃响应"的交互界面。在该界面中,阻尼比可在[0.02,2.02]中连续调节,标志当前阻尼比值,可标志峰值时间和大小,可标志(响应从 0 到 0.95 所需的)上升时间。

解：在 MATLAB 编辑框中输入以下程序：

```
clf reset
set(gcf,'unit','normalized','position',[0.1,0.2,0.64,0.35]);
set(gcf,'defaultuicontrolunits','normalized');
set(gcf,'defaultuicontrolfontsize',12);
set(gcf,'defaultuicontrolfontname','隶书');
set(gcf,'defaultuicontrolhorizontal','left');
str = '归一化二阶系统阶跃响应曲线';
set(gcf,'name',str,'numbertitle','off');       % 书写图形窗名
h_axes = axes('position',[0.05,0.2,0.6,0.7]); % 定义轴位框位置
set(h_axes,'xlim',[0,15]);                      % 设置时间轴长度
str1 = '当前阻尼比 = ';
t = 0:0.1:10;z = 0.5;y = step(1,[1 2 * z 1],t);
hline = plot(t,y);
htext = uicontrol(gcf,'style','text', ...       % 制作静态说明文本框
   'position',[0.67,0.8,0.33,0.1], ...
   'string',[str1,sprintf('%1.4g',z)]);
hslider = uicontrol(gcf,'style','slider', ...   % 创建滑动键
   'position',[0.67,0.65,0.33,0.1], ...
   'max',2.02,'min',0.02, ...                   % 设最大阻尼比为 2,最小阻尼比为 0.02
   'sliderstep',[0.01,0.05], ...                % 箭头操纵滑动步长 1%,游标滑动步长 5%
   'value',0.5);                                % 默认取阻尼比等于 0.5
hcheck1 = uicontrol(gcf,'style','checkbox', ... % 创建峰值检录框
   'string','最大峰值', ...
   'position',[0.67,0.50,0.33,0.11]);
vchk1 = get(hcheck1,'value');                   % 获得峰值检录框的状态值
hcheck2 = uicontrol(gcf,'style','checkbox', ... % 创建上升时间检录框
   'string','上升时间(0->0.95)', ...
   'position',[0.67,0.35,0.33,0.11]);
vchk2 = get(hcheck2,'value');                   % 获得上升时间检录框的状态值
set(hslider,'callback',[ ...                    % 操作滑动键,引起回调
   'z = get(gcbo,''value'');', ...              % 获得滑动键状态值
   'callcheck(htext,str1,z,vchk1,vchk2)']);     % 被回调的函数文件
set(hcheck1,'callback',[ ...                    % 操作峰值检录框,引起回调
   'vchk1 = get(gcbo,''value'');', ...          % 获得峰值检录框状态值
   'callcheck(htext,str1,z,vchk1,vchk2)']);     % 被回调的函数文件
set(hcheck2,'callback',[ ...                    % 操作峰值检录框,引起回调
   'vchk2 = get(gcbo,''value'');', ...          % 获得峰值检录框状态值
   'callcheck(htext,str1,z,vchk1,vchk2)']);     % 被回调的函数文件
```

编写 M 函数如下：

```
function callcheck(htext,str1,z,vchk1,vchk2)
cla,set(htext,'string',[str1,sprintf('%1.4g\',z)]);    % 更新静态文本框内容
dt = 0.1;t = 0:dt:15;N = length(t);y = step(1,[1 2 * z 1],t);plot(t,y);
if vchk1                                                % 假如峰值框被选中
   [ym,km] = max(y);
   if km<(N-3)                                          % 假如在设定时间范围内能插值
      k1 = km-3;k2 = km+3;k12 = k1:k2;tt = t(k12);
      yy = spline(t(k12),y(k12),tt);                    % 局部样条插值
      [yym,kkm] = max(yy);                              % 求更精确的峰值位置
```

```
        line(tt(kkm),yym,'marker','.',…                    % 画峰值点
            'markeredgecolor','r','markersize',20);
        ystr = ['ymax = ',sprintf('%1.4g\',yym)];
        tstr = ['tmax = ',sprintf('%1.4g\',tt(kkm))];
        text(tt(kkm),1.05 * yym,{ystr;tstr})
    else                                                   % 假如在设定时间范围内不能插值
        text(10,0.4 * y(end),{'ymax --> 1';'tmax --> inf'})
    end
end
if vchk2                                                   % 假如上升时间框被选中
    k95 = min(find(y > 0.95));k952 = [(k95 - 1),k95];
    t95 = interp1(y(k952),t(k952),0.95);                   % 线性插值
    line(t95,0.95,'marker','o','markeredgecolor','k','markersize',6);
    tstr95 = ['t95 = ',sprintf('%1.4g\',t95)];
    text(t95,0.65,tstr95)
end
```

运行以上程序后,出现如图 15-40 所示图形。本例涉及以下主要内容:

(1) 静态文本的创建和实时改写;

(2) 滑动键的创建,'Max'和'Min'的设置,'value'的设置和获取;

(3) 检录框的创建,'value'的获取;

(4) 受多个控件影响的回调操作。

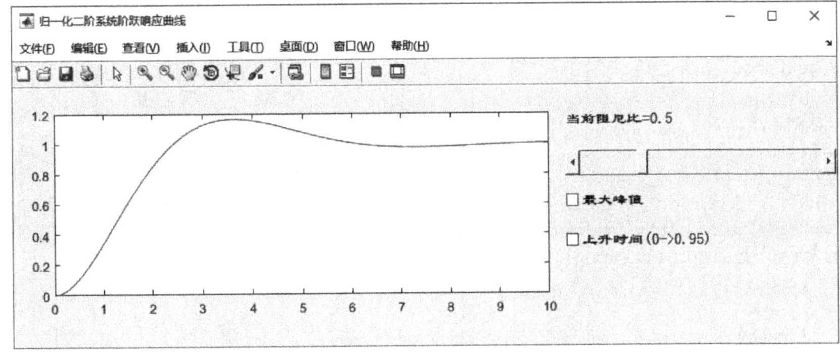

图 15-40 归一化二阶系统阶跃响应曲线

15.5.3 可编辑框、弹出框、列表框、按键示例

【例 15-9】 制作一个能绘制任意图形的交互界面,包括可编辑文本框、弹出框、列表框。

解:本例的关键内容是如何使编辑框允许输入多行指令。

在 MATLAB 中输入以下代码:

```
clf reset
set(gcf,'unit','normalized','position',[0.1,0.4,0.85,0.35]); % 设置图形窗大小
set(gcf,'defaultuicontrolunits','normalized');
set(gcf,'defaultuicontrolfontsize',11);
set(gcf,'defaultuicontrolfontname','隶书');
set(gcf,'defaultuicontrolhorizontal','left');
```

```
set(gcf,'menubar','none');                              % 删除图形窗工具条
str = '通过多行指令绘图的交互界面';
set(gcf,'name',str,'numbertitle','off');                % 书写图形窗名
h_axes = axes('position',[0.05,0.15,0.45,0.70],'visible','off');    % 定义轴位框位置
uicontrol(gcf,'Style','text',…                          % 制作静态文本框
    'position',[0.52,0.87,0.26,0.1],…
    'String','绘图指令输入框');
hedit = uicontrol(gcf,'Style','edit',…                  % 制作可编辑文本框
    'position',[0.52,0.05,0.26,0.8],…
    'Max',2);                                           % 取2,使 Max - Min > 1,而允许多行输入
hpop = uicontrol(gcf,'style','popup',…                  % 制作弹出菜单
    'position',[0.8,0.73,0.18,0.12],…
    'string','spring|summer|autumn|winter');            % 设置弹出框中选项名
hlist = uicontrol(gcf,'Style','list',…                  % 制作列表框
    'position',[0.8,0.23,0.18,0.37],…
    'string','Grid on|Box on|Hidden off|Axis off',..% 设置列表框中选项名
    'Max',2);                                           % 取2,使 Max - Min > 1,而允许多项选择
hpush = uicontrol(gcf,'Style','push',…                  % 制作与列表框配用的按键
    'position',[0.8,0.05,0.18,0.15],'string','Apply');
set(hedit,'callback','calledit(hedit,hpop,hlist)'); % 编辑框输入引起回调
set(hpop,'callback','calledit(hedit,hpop,hlist)');  % 弹出框选择引起回调
set(hpush,'callback','calledit(hedit,hpop,hlist)'); % 按键引起的回调
```

编写以下函数。

```
function calledit(hedit,hpop,hlist)
ct = get(hedit,'string');                                   % 获得输入的字符串函数
vpop = get(hpop,'value');                                   % 获得选项的位置标识
vlist = get(hlist,'value');                                 % 获得选项位置向量
if ~isempty(ct)                                             % 可编辑框输入非空时
    eval(ct')                                               % 运行从编辑文本框送入的指令
    popstr = {'spring','summer','autumn','winter'};         % 弹出框色图矩阵
    liststr = {'grid on','box on','hidden off','axis off'};     % 列表框选项内容
    invstr = {'grid off','box off','hidden on','axis on'};      % 列表框的逆指令
    colormap(eval(popstr{vpop}))                            % 采用弹出框所选色图
    vv = zeros(1,4);vv(vlist) = 1;
    for k = 1:4
        if vv(k)
            eval(liststr{k});
        else
            eval(invstr{k});
        end                                                 % 按列表选项影响图形
    end
end
```

运行以上程序,可以得到如图15-41所示的图形。

图15-41　通过多行指令绘图交互界面

在图 15-41 所示图形的“绘图指令输入框”中输入一个简单函数，单击 Apply 按钮，得到如图 15-42 所示的图形。

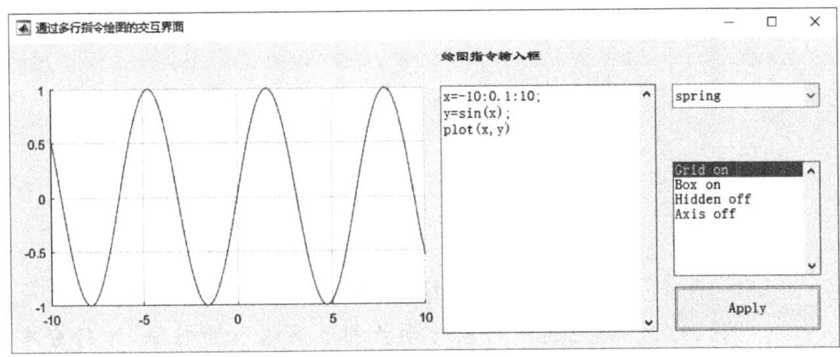

图 15-42　创建简单函数绘制结果

本章小结

图形用户界面(GUI)是由窗口、按键、菜单、文字说明等对象构成的一个用户界面，用户通过一定的方法，选择、激活这些图形对象，实现计算、绘图等功能。一个好的 GUI 不仅有利于用户快速掌握程序的操作流程，有效地使用程序，也有利于开发者展示 MATLAB 平台下的开发技术。

第16章 神经网络GUI设计

人工神经网络(Artificial Neural Networks,ANN)也简称为神经网络(NN),它是一种模仿动物神经网络行为特征,进行分布式并行信息处理的算法数学模型。本章将简单介绍神经网络 GUI 设计的相关知识。

学习目标:

- 了解神经网络基本原理;
- 掌握常规神经网络 GUI;
- 熟悉专业神经网络的 GUI 设计。

16.1 人工神经网络基本原理

人工神经网络算法根据系统的复杂程度,通过调整内部大量节点之间相互连接的关系,从而达到处理信息的目的。

人工神经网络模型主要考虑网络连接的拓扑结构、神经元的特征、学习规则等。目前,已有近 40 种神经网络模型,其中有反传网络、感知器、自组织映射、Hopfield 网络、波耳兹曼机、适应谐振理论等。根据连接的拓扑结构,神经网络模型可以分为以下几种。

1. 前向网络

网络中各个神经元接受前一级的输入,并输出到下一级,网络中没有反馈,可以用一个有向无环路图表示。这种网络实现信号从输入空间到输出空间的变换,它的信息处理能力来自于简单非线性函数的多次复合。

图 16-1 所示为两层前向神经网络,该网络只有输入层和输出层,其中 x 为输入,W 为权值,y 为输出。输出层神经元为计算节点,其传递函数取符号函数 f。该网络一般用于线性分类。

图 16-2 所示为多层前向神经网络,该网络有一个输入层、一个输出层和多个隐含层,其中隐含层和输出层神经元为计算节点。多层前向神经网络传递函数可以取多种形式。如果所有的计算节点都取符号函数,则网络称为多层离散感知器。

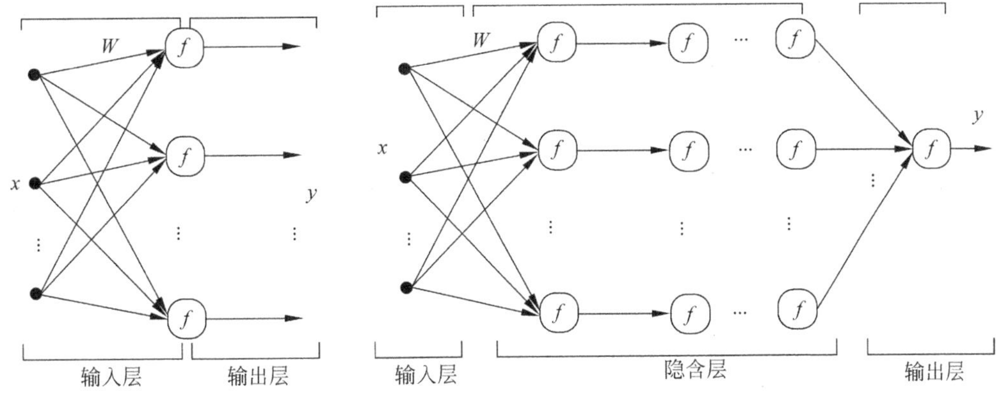

图 16-1 两层前向神经网络

图 16-2 多层前向神经网络

前向网络结构简单,易于实现。反传网络是一种典型的前向网络。

2. 反馈网络

网络内神经元间有反馈,可以用一个无向的完备图表示。这种神经网络的信息处理是状态的变换,可以用动力学系统理论处理。系统的稳定性与联想记忆功能有密切的关系,Hopfield 网络、波耳兹曼机均属于这种类型。

以两层前馈神经网络模型(输入层为 n 个神经元)为例,反馈神经网络结构如图 16-3 所示。

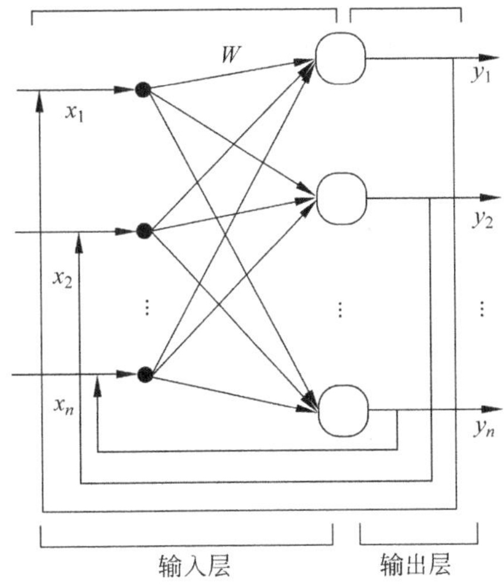

图 16-3 反馈神经网络的结构

16.2 常规神经网络 GUI

在 MATLAB 的 Command Window 窗口输入 nntool 可以打开神经网络 GUI 工具窗口,具体如图 16-4 所示。

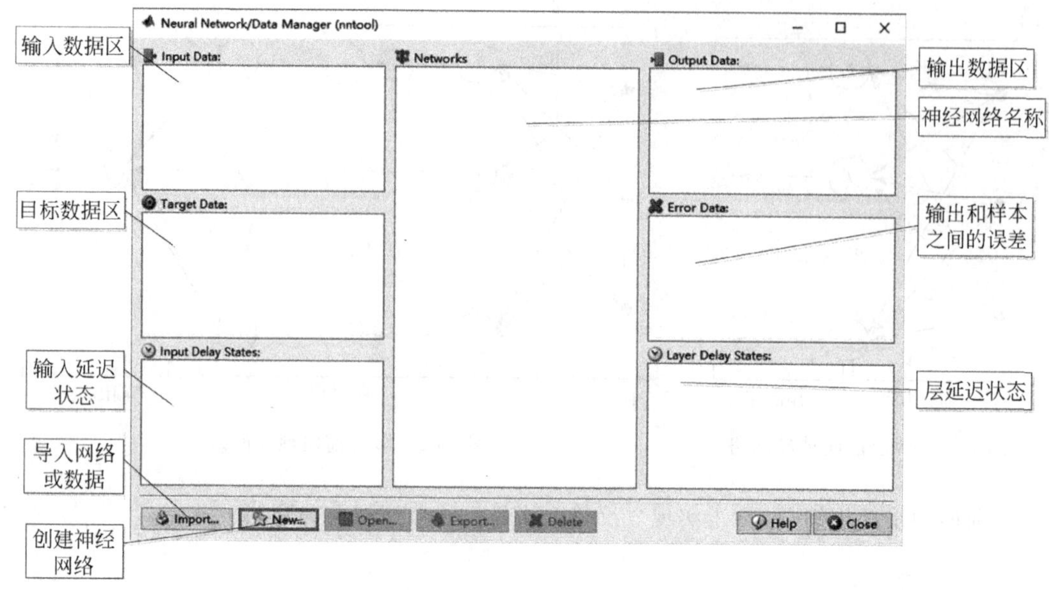

图 16-4　神经网络 GUI 工具窗口

从图 16-4 可以得到，使用这个 GUI 工具可以非常方便地建立一个神经网络，并对网络进行训练、仿真，还可以很方便地管理神经网络的输入和输出数据。

单击图 16-4 中的 New... 可以建立一个新的神经网络设置窗口，如图 16-5 所示。这个窗口包含了建立一个神经网络需要的各种操作。

在图 16-5 中，可以设置创建神经网络的名称、类型、传递函数、层数、每层神经元数等参数。单击图中 Data 按钮，可以得到如图 16-6 所示的神经网络数据设置窗口。

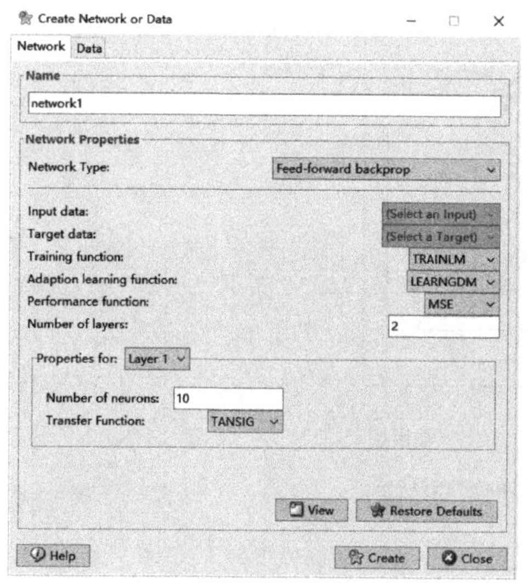

图 16-5　新的神经网络设置窗口

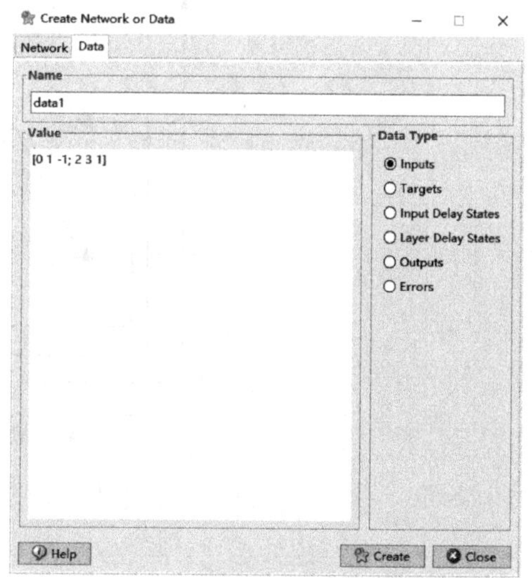

图 16-6　神经网络数据设置窗口

在图 16-6 中设置神经网络所需要的参数，然后在图 16-5 中创建神经网络 network1 后，神经网络 GUI 工具窗口变为如图 16-7 所示的窗口。

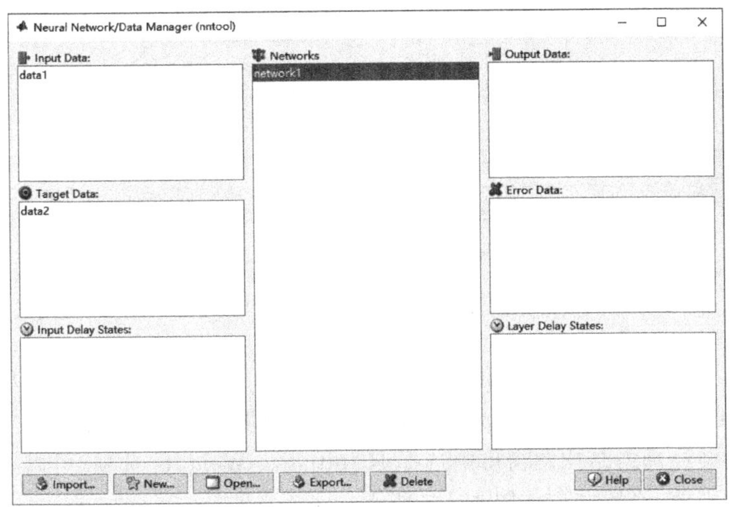

图 16-7　创建神经网络 network1 后的 GUI 工具窗口

选择 Networks 选项下的 Network1，单击 Open... 按钮，建立神经网络，得到建立的神经网络结构图窗口如图 16-8 所示。

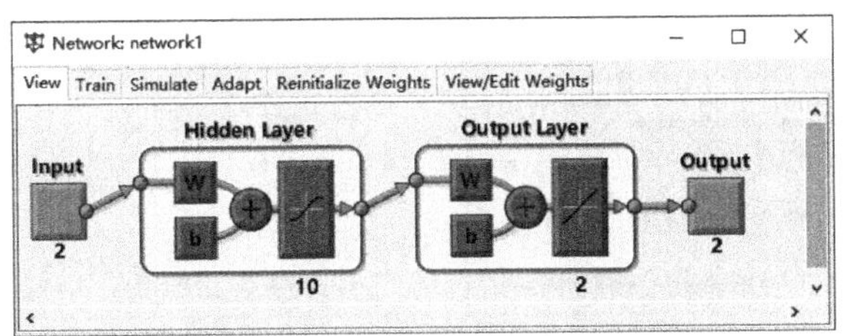

图 16-8　建立的神经网络结构图窗口

单击图 16-8 中的 Train 选项，得到神经网络训练参数设置窗口，其中神经网络训练数据和训练结果参数设置如图 16-9 所示，神经网络训练的学习速率、训练步进等参数设置如图 16-10 所示。

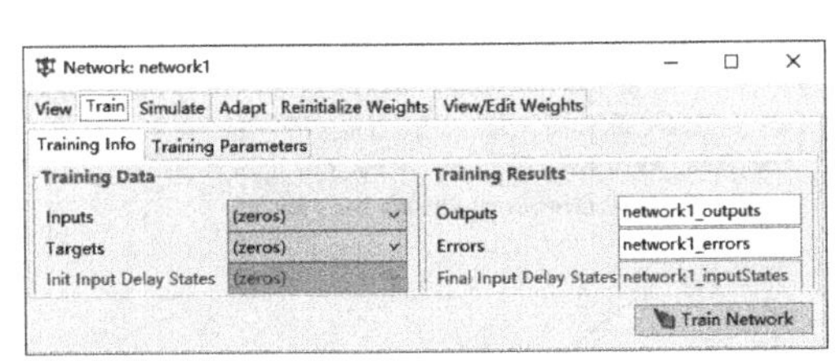

图 16-9　训练数据和训练结果参数设置窗口

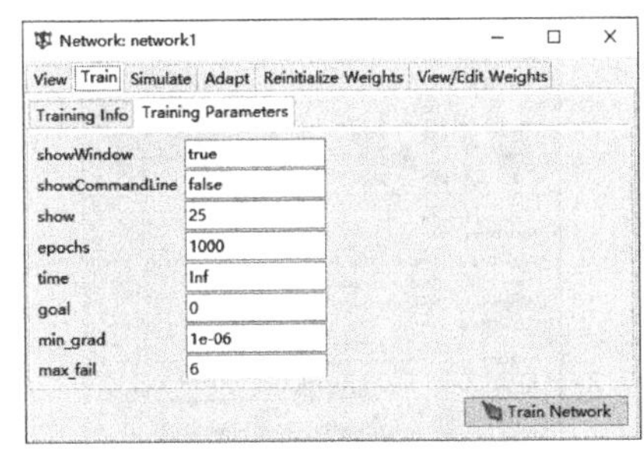

图 16-10　学习速率、训练步进等参数设置

神经网络的学习速率、训练步进等参数保持默认设置，输入数据和目标数据分别设置为 data1 和 data2，如图 16-11 所示。

在建立的神经网络结构图窗口中选择 Adapt 选项，可以打开神经网络自适应参数设置对话框，如图 16-12 所示。

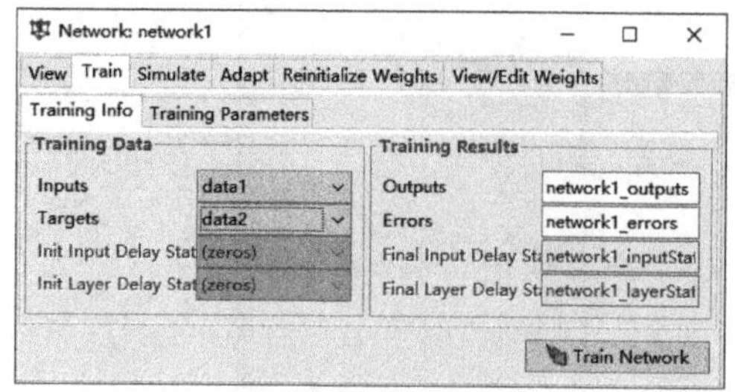

图 16-11 神经网络训练参数设置

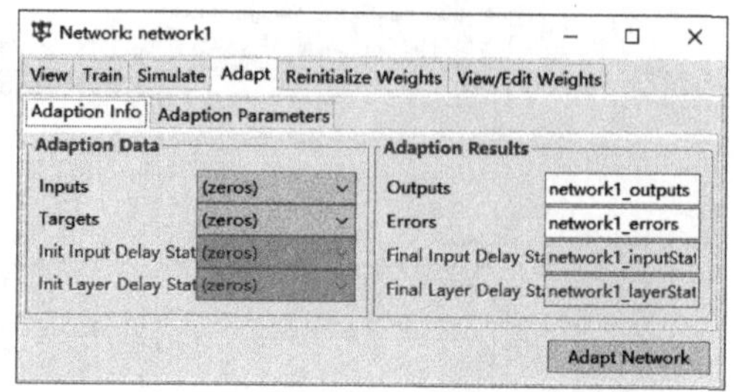

图 16-12 神经网络自适应参数设置

该窗口主要用来设置网络的自适应训练参数。自适应训练是一种变步长的训练过程,可以自动地改变训练步长,从而提高网络的训练速度,缩减训练时间。

在建立的神经网络结构图窗口中选择 Reinitialize Weights 选项,可以选择重新设置网络的权值和阈值,设置窗口如图 16-13 所示。

在建立的神经网络结构图窗口中选择 View/Edit Weights 选项,可以选择查看和编辑神经网络的权值和阈值,如图 16-14 所示。

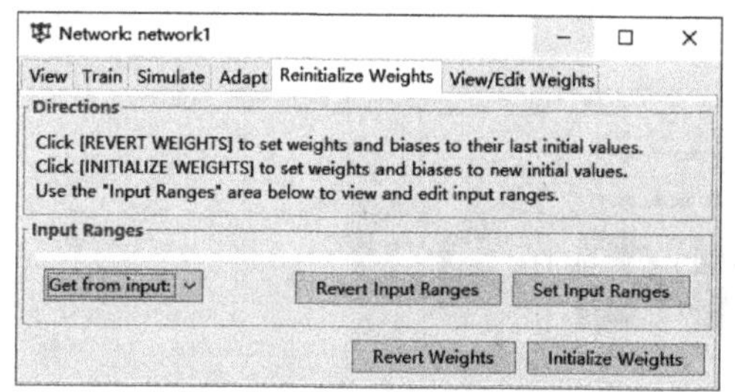

图 16-13 重新设置网络的权值和阈值窗口

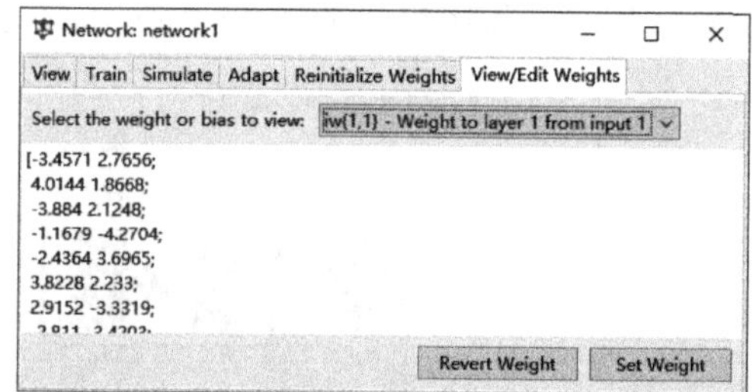

图 16-14 查看和编辑网络的权值和阈值窗口

设置完网络参数后,可以单击图 16-11 中的 Train Network 按钮训练神经网络。得到神经网络训练窗口如图 16-15 所示。

神经网络训练的误差曲线如图 16-16 所示。

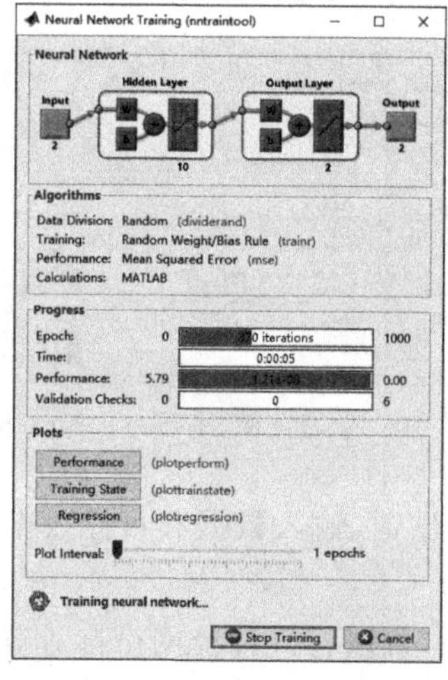

图 16-15 神经网络训练窗口

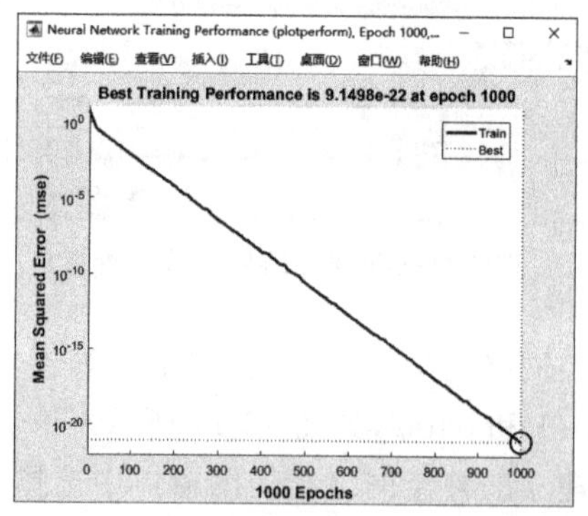

图 16-16 神经网络训练的误差变化曲线

完成神经网络的训练后，在建立的神经网络结构图窗口中选择 Simulink 选项，可以设置神经网络的仿真参数，这里选择 data1 作为神经网络的仿真输入数据，如图 16-17 所示。

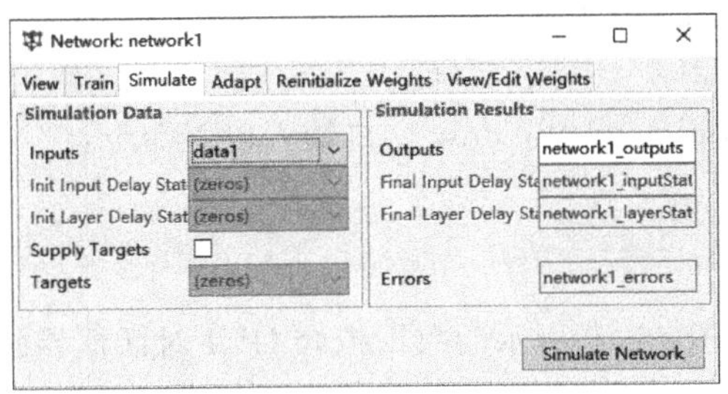

图 16-17　设置仿真参数

单击图 16-17 中的 Simulate Network 按钮，可以得到如图 16-18 所示的提示。这表明仿真操作已经完成，在 Network/Data Manager 窗口可以查看仿真结果。

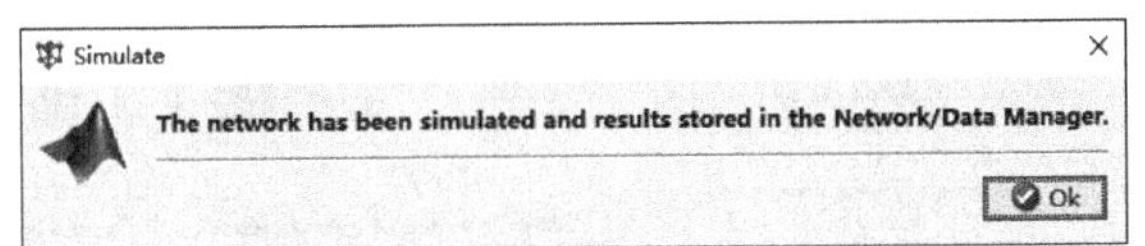

图 16-18　神经网络完成仿真的提示

仿真完成后的 Network/Data Manager 窗口如图 16-19 所示。

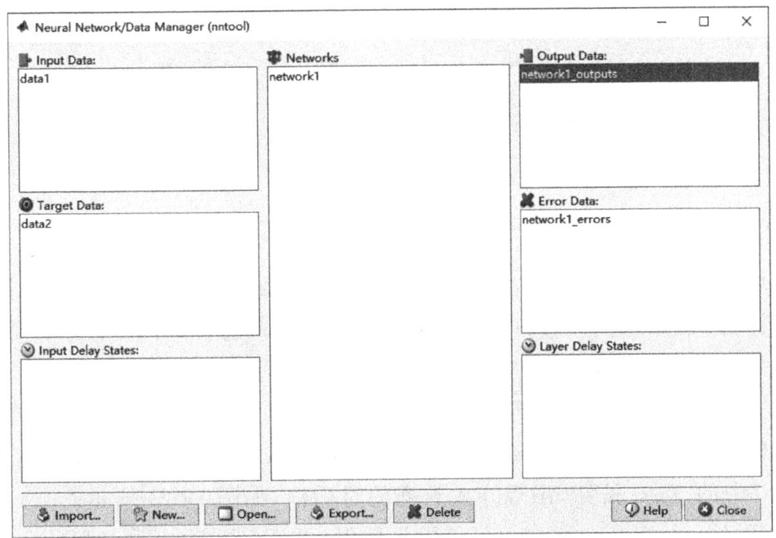

图 16-19　仿真完成后的 Network/Data Manager 窗口

16.3　专业神经网络 GUI

在 Simulink 软件的神经网络工具箱中，有多种神经网络工具箱 GUI，本节主要介绍常用的 3 种专业神经网络 GUI。

16.3.1 神经网络拟合 GUI

在函数逼近和数据拟合等方面，神经网络得到了广泛的应用。在 Simulink 中有专门完成数据拟合功能的 GUI。

在 MATLAB 的 Command Window 窗口输入以下命令：

```
nftool
```

运行后可以得到如图 16-20 所示的数据拟合 GUI 对话框界面。

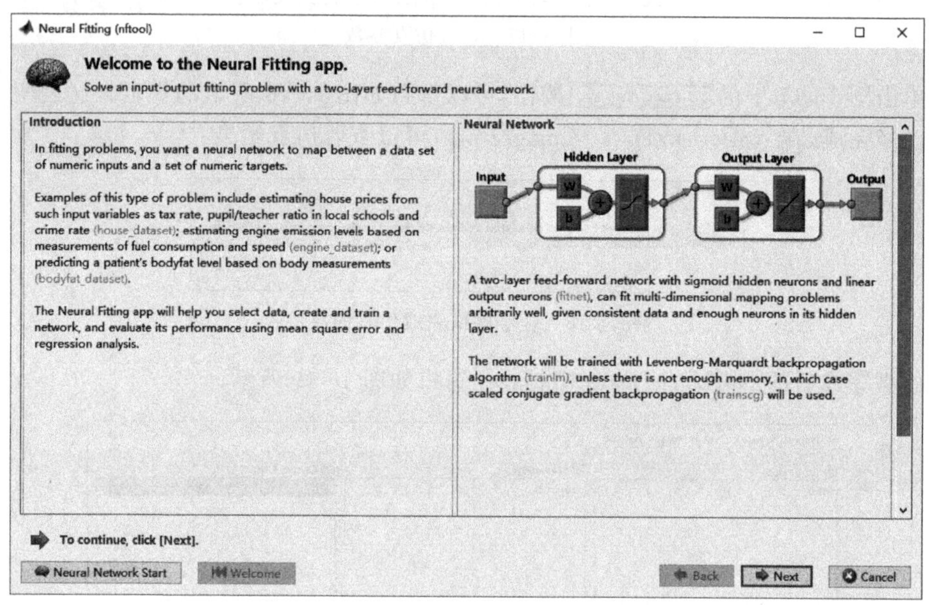

图 16-20 数据拟合 GUI 对话框界面

神经网络数据拟合 GUI 可以用来收集、建立和训练神经网络，并且利用回归分析和均方误差来评价网络的效果。该 GUI 采用一个两层前向型神经网络拟合函数，隐藏层神经元使用的是 Sigmoid 函数，输出神经元使用线性神经元。

如果设置足够多的隐含层神经元，神经网络就可以实现多维数据的拟合问题。拟合的训练算法使用了 Levenberg-Marquardt 算法，在 MATLAB 中的函数名称为 trainlm。单击图 16-20 中的 Next 按钮，出现导入数据的对话框，如图 16-21 所示。

从 MATLAB 的 Workspace 内可以导入数据，数据分为输入数据和目标数据。在输入数据导入后，数据的大小会自动的矩形归一化，即数据大小均在[−1,1]之间。

在 MATLAB 的 Command Window 窗口输入以下命令：

```
x=[1 2 3 4 5];
t=[2 3 5 7 9];
```

得到 x 和 t 两个数据，分别作为神经网络的输入数据和目标数据。

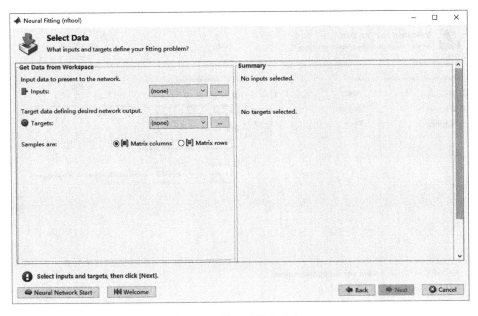

图 16-21 导入数据的对话框

在导入数据的对话框中选择输入数据为 x,选择目标数据为 t,如图 16-22 所示。

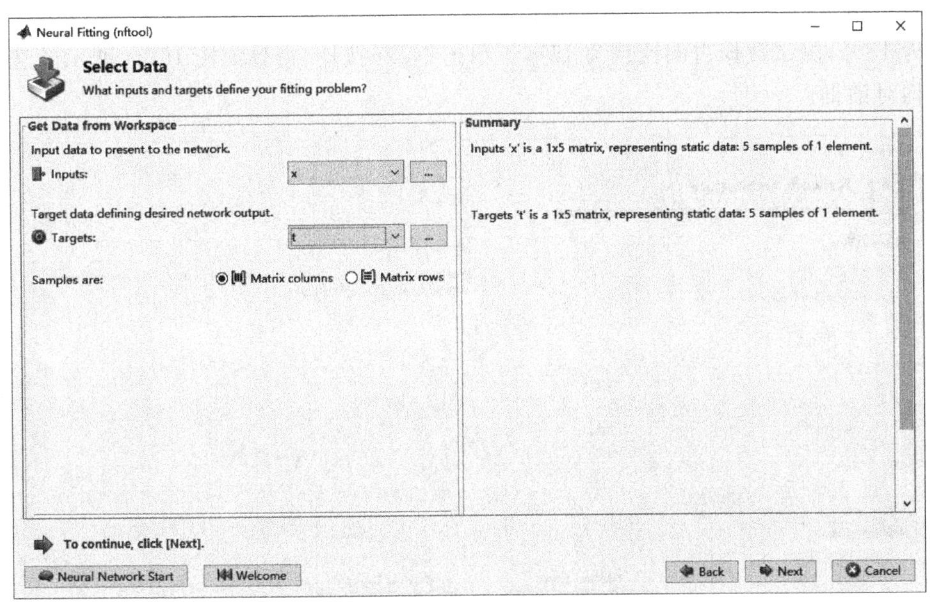

图 16-22 选择输入数据和目标数据

单击图 16-22 中的 Next 按钮,可以看到选取验证数据和测试数据的对话框,如图 16-23 所示。

整个数据分为训练数据、验证数据和测试数据。其中,训练数据是用来训练神经网络的样本数据,目的是为了使神经网络对训练数据的特征进行学习。验证数据同样是来自网络训练,目的是为了在训练过程中提高网络的泛化能力。

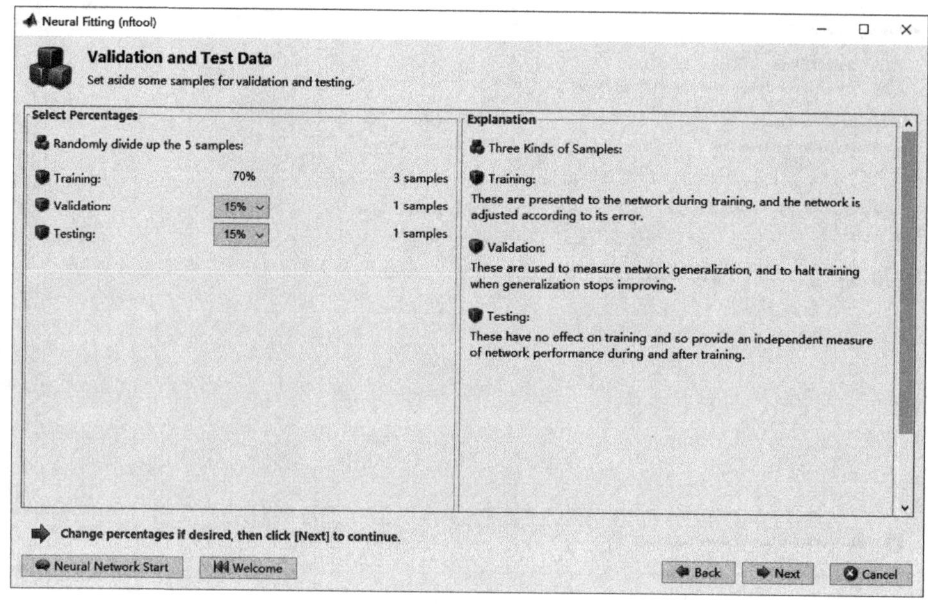

图 16-23　选取验证数据和测试数据对话框

图 16-23 中左边的三个百分比是对总的数据来说的，即训练数据、验证数据和测试数据分别占整个数据的比例。从图中可以看出，训练数据占的比例为 70%，验证数据占的比例为 15%，测试数据占的比例为 15%。单击 Next 按钮，得到如图 16-24 所示的选择网络结构对话框。

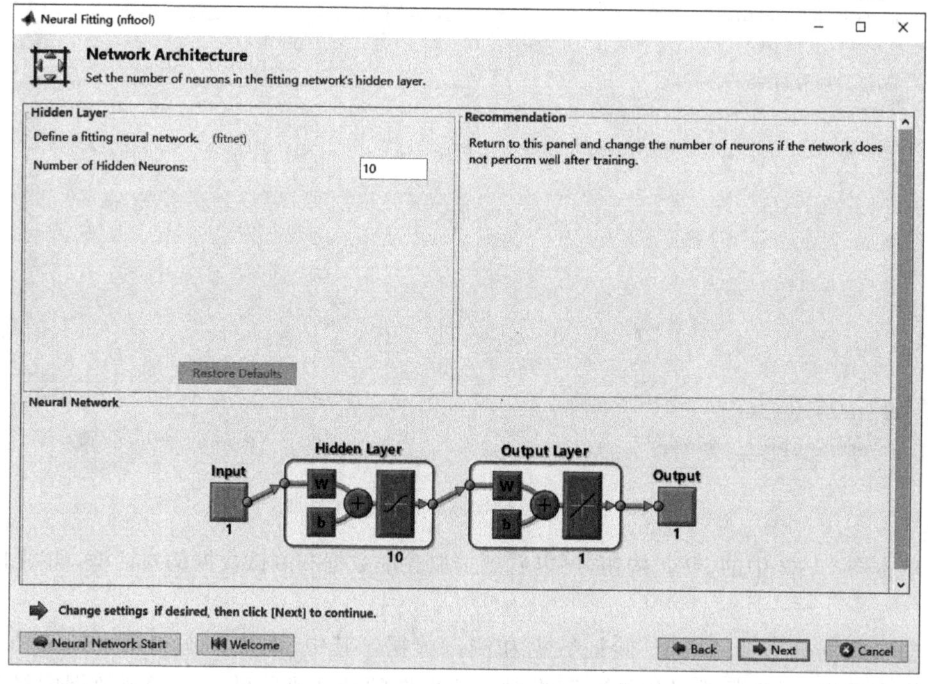

图 16-24　选择网络结构对话框

该对话框能设置神经网络的隐含层神经元个数。由于使用了三层的前向型神经网络，所以输入和输出数据确定后，可以调整的只有隐含层的神经元数目。

注意：如果在测试过程中，发现拟合的效果不好，可以回到这个对话框来重新调整隐含层神经元数目。

单击图 16-24 中的 Next 按钮，得到网络训练对话框，如图 16-25 所示。

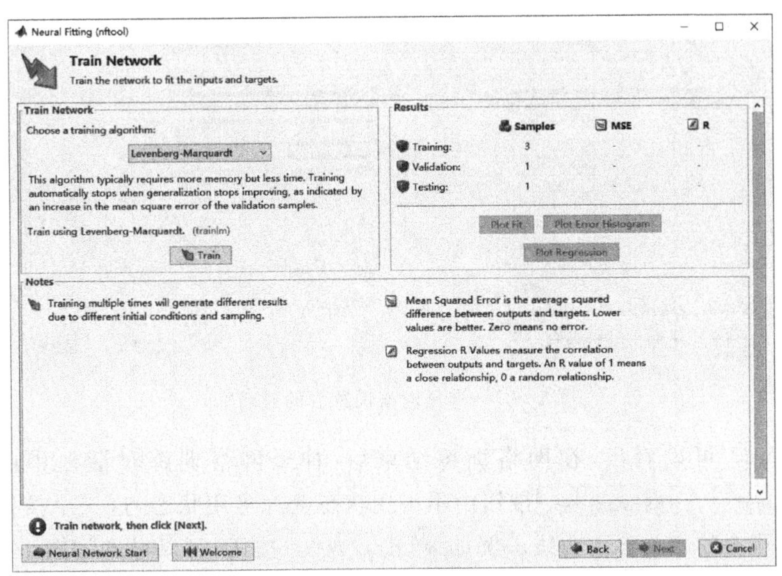

图 16-25　网络训练对话框

在图 16-25 中，单击 Train 按钮，可以对设计的神经网络进行训练。神经网络的训练窗口如图 16-26 所示。训练后得到的网络训练对话框如图 16-27 所示。

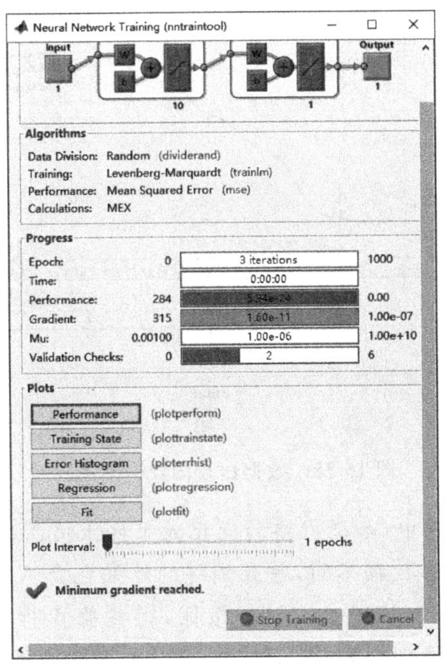

图 16-26　神经网络训练窗口

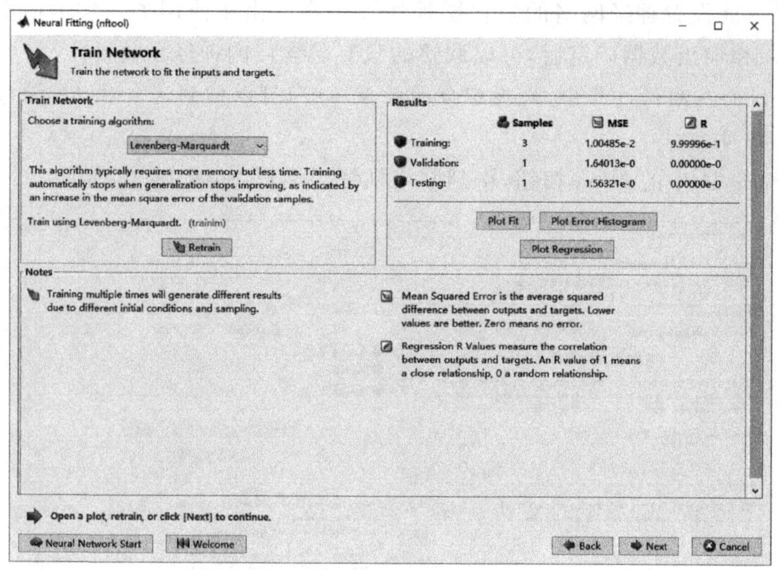

图 16-27　神经网络训练后的对话框

从图 16-27 可以看出，在网络训练结束后，神经网络训练对话框中的 Plot Fit 、 Plot Error Histogram 、 Plot Regression 按钮由不可用状态变为可用状态，这三个按钮的作用是画出训练过程中的相关参数曲线。例如，单击 Plot Fit 按钮，可以得到如图 16-28 所示的神经网络训练输入数据与目标数据比较图及误差曲线。

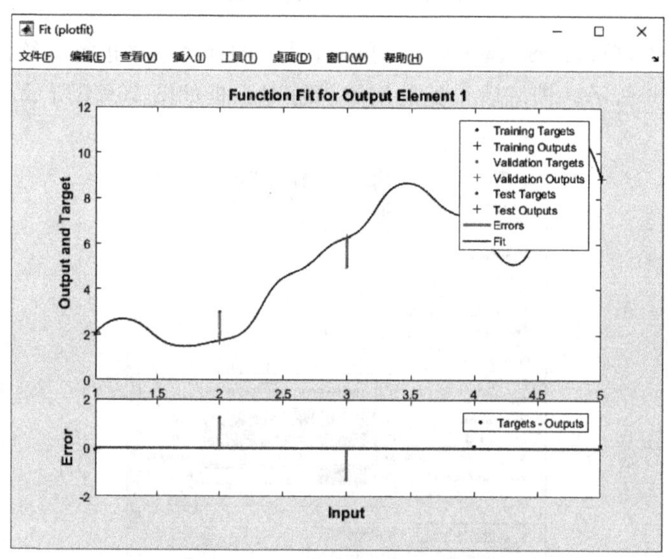

图 16-28　数据比较图及误差曲线

注意：在网络训练过程中，如果网络的泛化效果停止提高，神经网络的训练会自动停止。选取的初始条件和样本数据不同，导致训练的结果也会不同。

训练完成后，单击图 16-27 中的 Next 按钮，得到修正神经网络训练的对话框，如图 16-29 所示。当神经网络拟合效果不好时，可以单击图中的 Train Again 按钮重新训

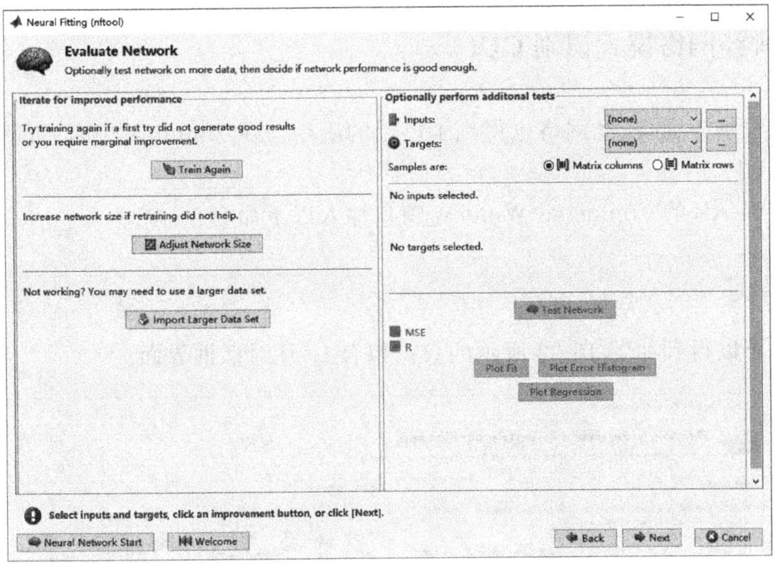

图 16-29 修正神经网络训练的对话框

练神经网络；如果需要调整神经网络中的神经元数目，可以单击 Adjust Network Size 按钮；如果需要调整输入或目标数据，可以单击 Import Larger Data Set 按钮。

如果认为网络的拟合效果达到预期目标，单击图 16-29 中的 Next 按钮，得到最后保存数据和神经网络的对话框，如图 16-30 所示。

这个对话框运行存储输入、输出、误差和网络结构等与训练相关的数据。

在图 16-30 中单击 Finish 按钮，MATLAB 会出现如图 16-31 所示的神经网络确认保存警告，继续单击 Finish 按钮，就将训练好的神经网络保存成功。

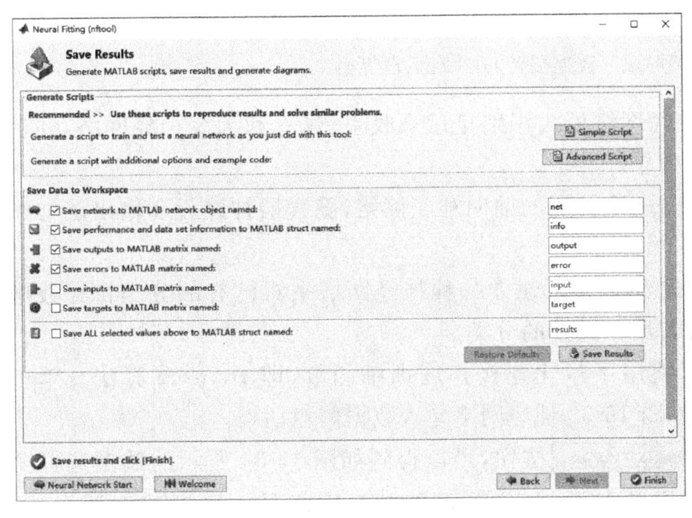

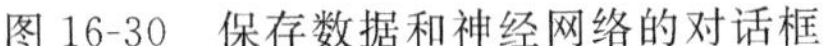

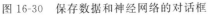

图 16-30 保存数据和神经网络的对话框

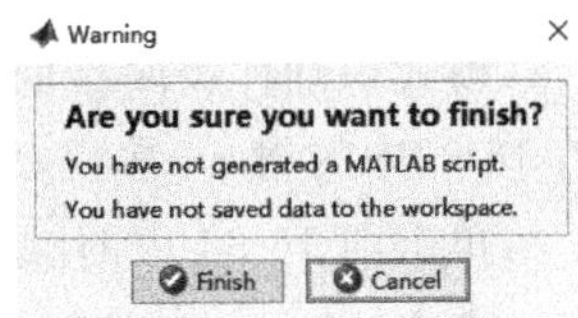

图 16-31 确认保存警告

将训练好的网络保存以后，如果有新的需要拟合的数据，可以通过调用保存好的神经网络进行拟合，从而节省建立和训练网络的时间。

16.3.2 神经网络模式识别GUI

在模式识别方面，神经网络也得到了广泛的应用。在Simulink中有专门完成数据拟合功能的GUI。

在MATLAB的Command Window窗口输入以下命令：

```
nprtool
```

运行后可以得到如图16-32所示的数据拟合GUI对话框界面。

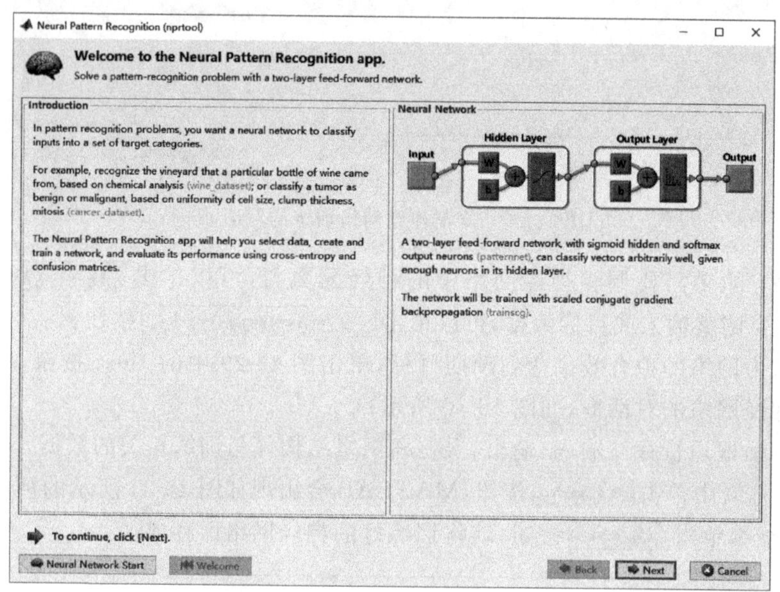

图16-32 数据拟合GUI对话框界面

从图16-32中可以看出，神经网络模式识别是用来收集、建立和训练神经网络，并且利用均方误差等来评价网络的效果。

一般用来进行模式识别的是一个两层的前向神经网络，隐含层神经元和输出层神经元使用的都是Sigmoid函数。

神经网络解决模式识别问题都是通过建立一种神经网络来对已有的分类目标数据进行学习，训练好网络后，再将其用于数据的分类。

模式识别神经网络的训练使用了量化连接梯度训练函数，即trainscg算法。单击图16-32中的Next按钮，出现如图16-33神经网络导入数据的对话框。

单击图16-33中的 Load Example Data Set 按钮，可以得到如图16-34所示的数据选择窗口。单击 Import 按钮，选择默认的数据，得到新的神经网络导入数据的对话框，如图16-35所示。

单击图16-35中的Next按钮，可以看到选取验证数据和测试数据的对话框，如图16-36所示。

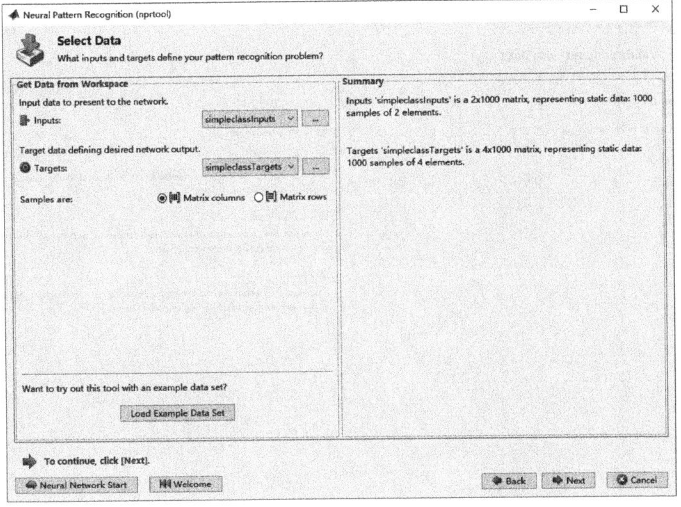

图 16-33 神经网络导入数据的对话框

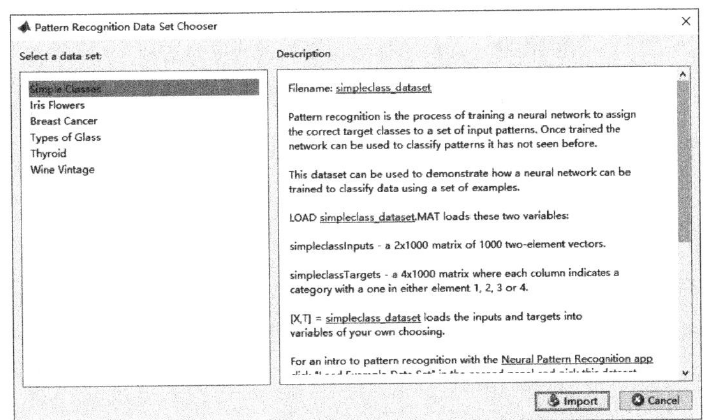

图 16-34 数据选择窗口

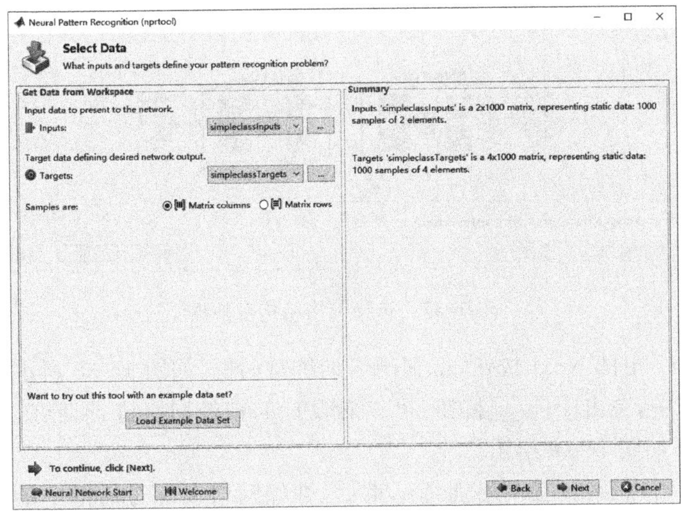

图 16-35 新的神经网络导入数据的对话框

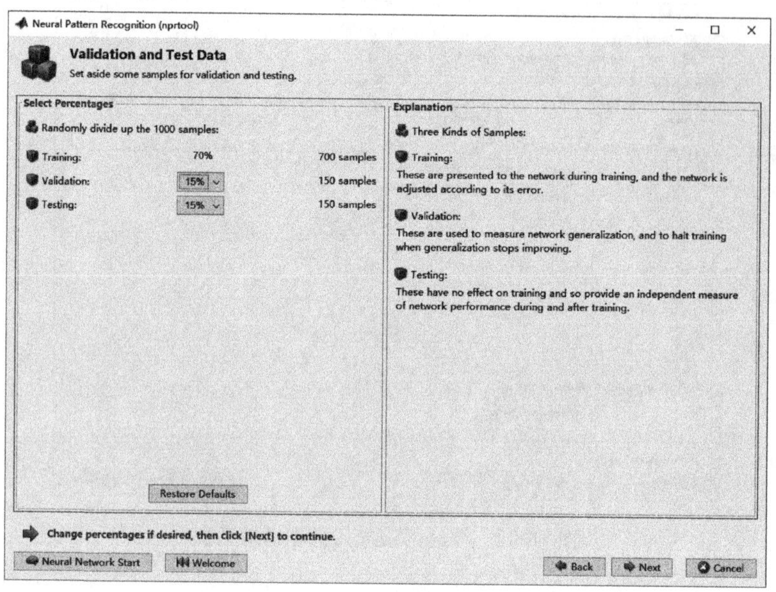

图 16-36 选取验证数据和测试数据对话框

在图 16-36 中单击 Next 按钮，隐含层神经元个数选为 20，可得到如图 16-37 所示的选择网络结构对话框。

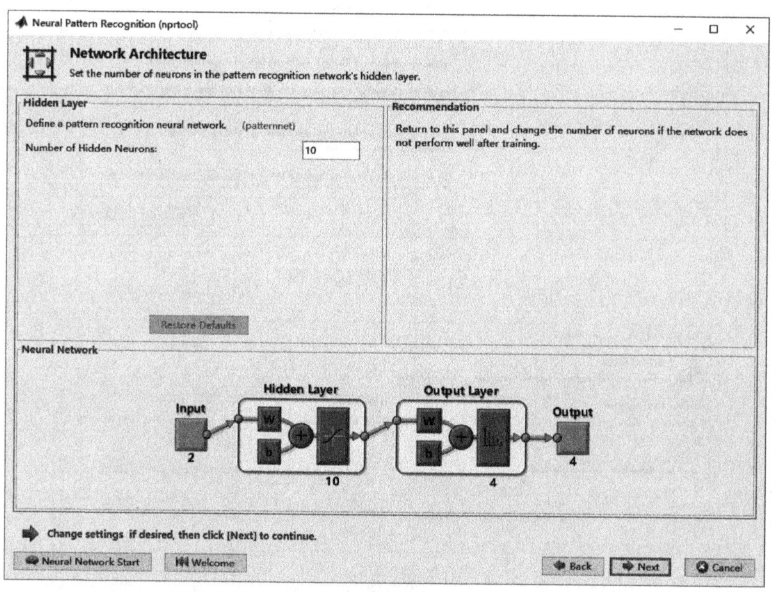

图 16-37 选择网络结构对话框

单击图 16-37 中的 Next 按钮，得到网络训练对话框，如图 16-38 所示。

在图 16-38 中，单击 Train 按钮，可以对设计的神经网络进行训练。训练后得到的网络训练对话框如图 16-39 所示。

从图 16-39 可以看出，在网络训练结束后，神经网络训练对话框中的 Plot Confusion 和 Plot ROC 按钮由不可用状态变为可用状态，这两个按钮的作用是查看神经网络的分类

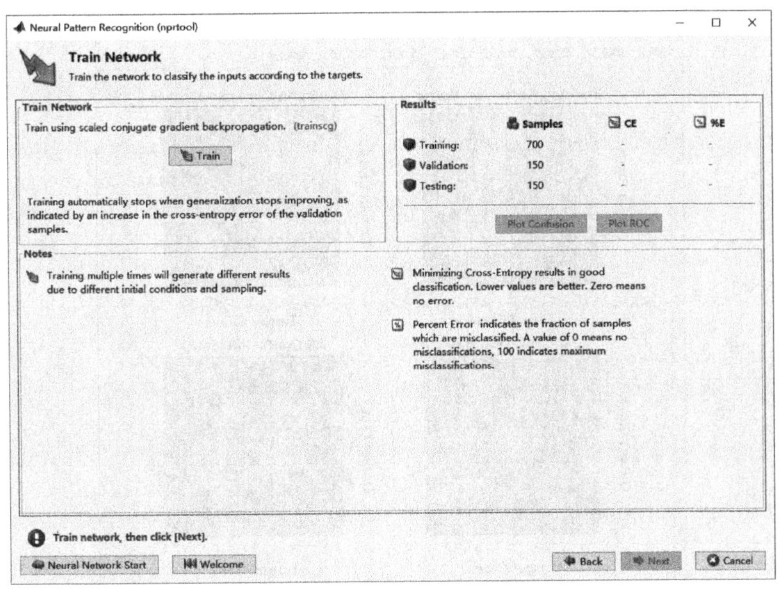

图 16-38　网络训练对话框

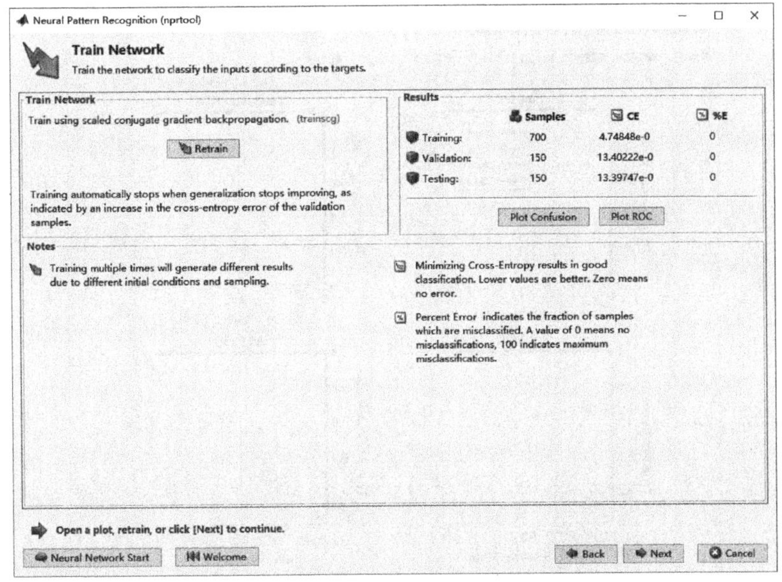

图 16-39　神经网络训练后的对话框

结果。

如单击 Plot Confusion 按钮，可以得到如图 16-40 所示的神经网络对各种数据（训练数据、测试数据、验证数据和所有数据）的分类结果。

Confusion Matrix（匹配矩阵）是一种展示分类效果好坏的矩阵。匹配矩阵把所有正确和错误的分类信息都归到一个表里。ROC 曲线是反映敏感性和特异性连续变量的综合指标。

如果单击 Plot ROC 按钮，可以得到如图 16-41 所示的 ROC 曲线。

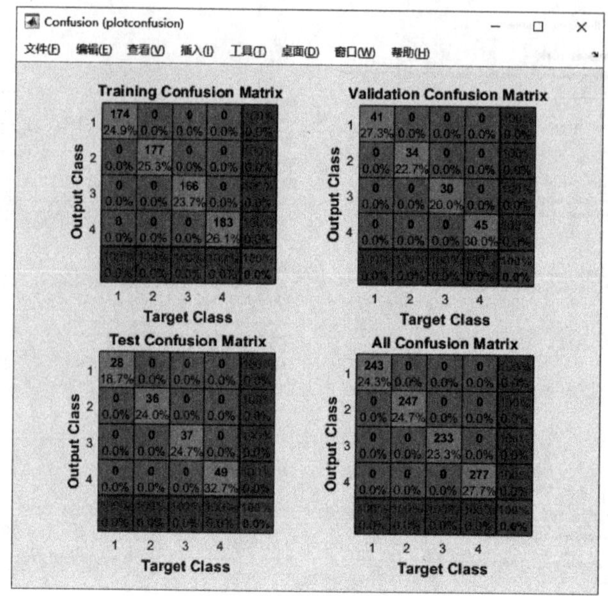

图 16-40　神经网络训练输入数据与目标数据比较图及误差曲线

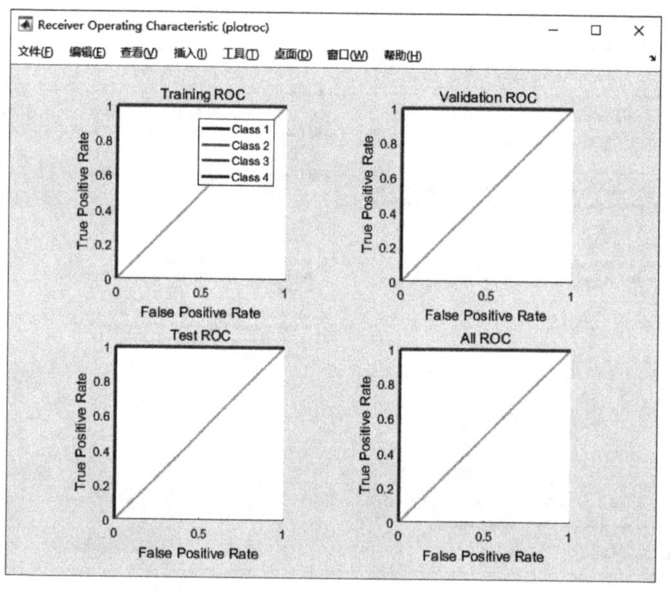

图 16-41　ROC 曲线

ROC 曲线真阳性率为纵坐标，假阳性率为横坐标。在坐标上由无数个临界值求出的无数对真阳性率和假阳性率作图构成，计算 ROC 曲线下面的 AUC 来评价分类效率。

训练完成后，单击图 16-39 中的 Next 按钮，得到修正神经网络训练的对话框，如图 16-42 所示。当神经网络拟合效果不好时，可以单击图中 Train Again 按钮重新训练神经网络；如果需要调整神经网络神经元数目，可以单击 Adjust Network Size 按钮；如果需要调整输入或目标数据，可以单击 Import Larger Data Set 按钮。

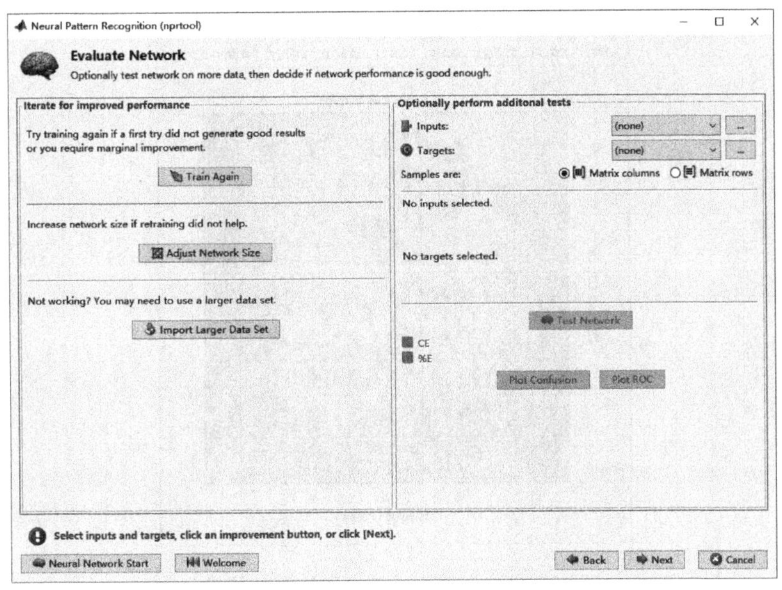

图 16-42　修正神经网络训练的对话框

如果需要测试训练好的网络是否达到预期目标，可以设置输入和目标数据，之后图 16-42中的 Test Network 按钮被激活，如图 16-43 所示。

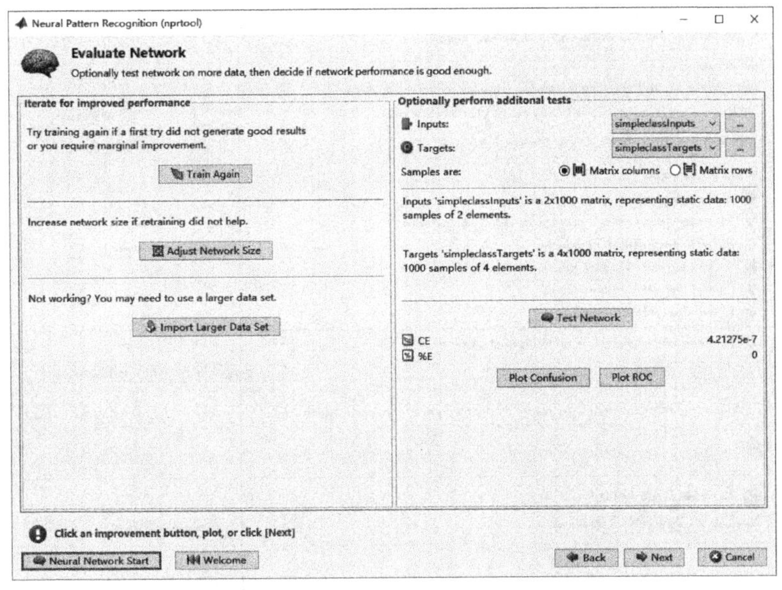

图 16-43　Test Network 按钮被激活界面

单击 Test Network 和 Plot Confusion 按钮，得到训练好的神经网络测试结果如图 16-44 所示。

如果认为网络的拟合效果达到预期目标，单击图 16-43 中的 Next 按钮，得到最后保存数据和神经网络的对话框，如图 16-45 所示。

这个对话框运行存储输入、输出、误差和网络结构等与训练相关的数据。

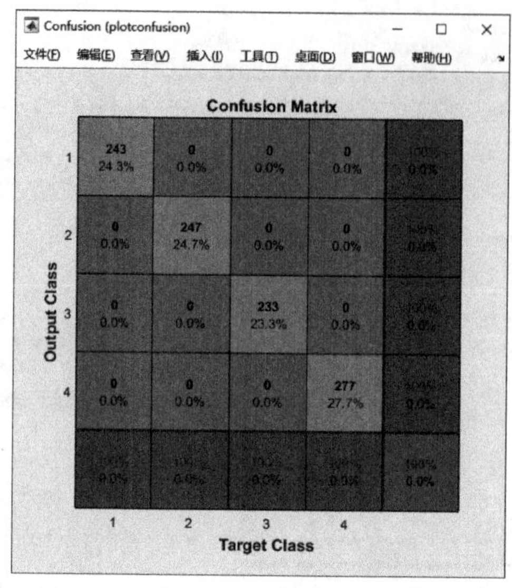

图 16-44　训练好的神经网络测试结果

在图 16-45 中单击 Finish 按钮，MATLAB 会出现神经网络确认保存警告，继续单击 Finish 按钮，就将训练好的神经网络保存成功。

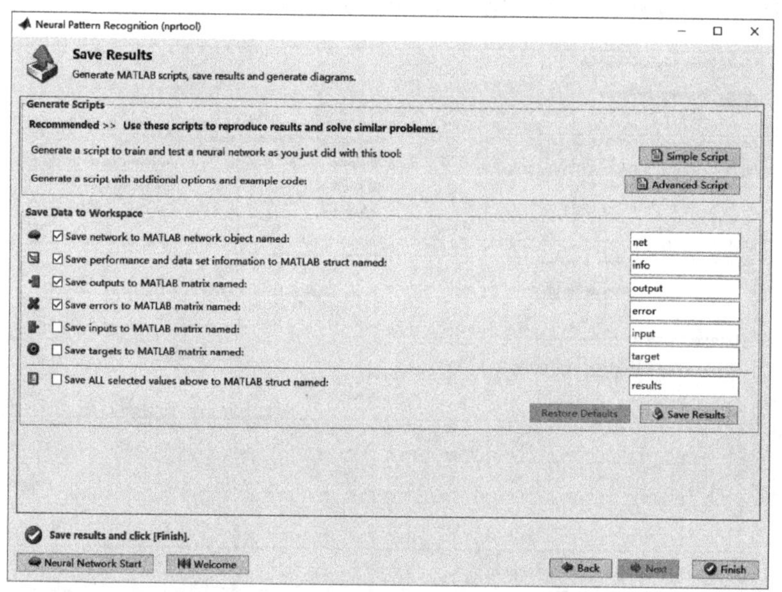

图 16-45　保存数据和神经网络的对话框

16.3.3　神经网络聚类 GUI

在模式识别方面，神经网络也得到了广泛的应用。在 Simulink 中有专门完成数据拟合功能的 GUI。

在 MATLAB 的 Command Window 窗口输入以下命令：

```
nctool
```

运行后可以得到如图 16-46 所示的数据拟合 GUI 对话框界面。

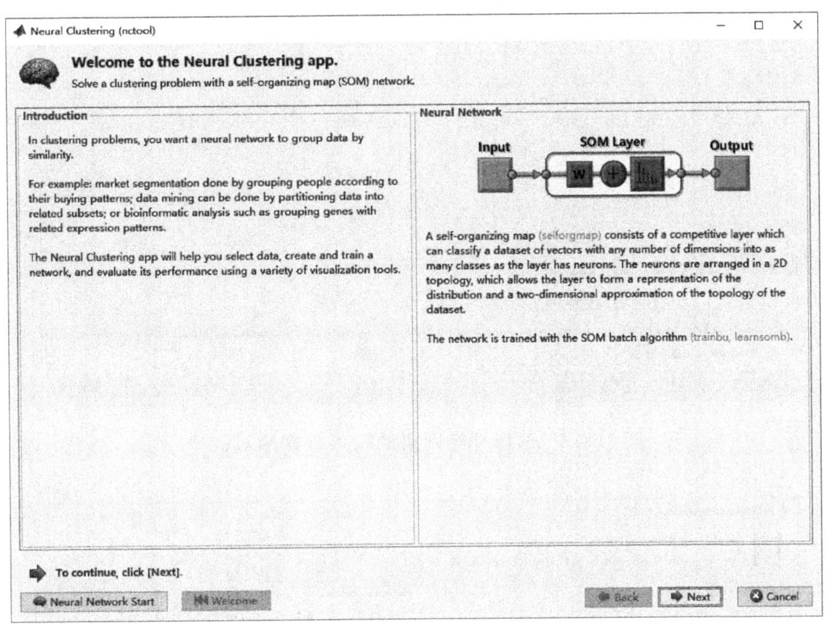

图 16-46　数据拟合 GUI 对话框界面

从图 16-46 中可以看出，神经网络聚类用来收集、建立和训练神经网络，并且利用可视化工具来评价网络的效果。聚类问题往往是建立一种神经网络，按照相似性对一组数据进行分组。

MATLAB 使用 Self-Organizing Map（SOM，自组织特征映射网络）进行数据的聚类。SOM 神经网络一般使用 SOM batch 算法，使用的函数是 trainubwb 和 learnsomb。

SOM 网络包括一个可以将任意维数的数据分为若干类的竞争层。在竞争层中，神经元按照二维拓扑结构排列，这就使竞争层神经元能够代表与样本分布相似的分布。

单击图 16-46 中的 Next 按钮，得到数据导入对话框。

由于 SOM 网络是无导师、无监督的分类网络，这里不需要输入目标和输出，所以聚类神经网络只需要聚类的数据输入即可。

在 MATLAB 的 Command Window 窗口输入以下命令：

```
x=[1 2 3 4 5];
```

得到神经网络的输入数据 x。

在导入数据的对话框中选择输入数据为 x，选择目标数据为 t，如图 16-47 所示。

在图 16-47 中单击 Next 按钮，选取隐含层神经元个数选为 15 个，得到如图 16-48 所示的选择网络结构对话框。此时，网络的输出有 225 个。

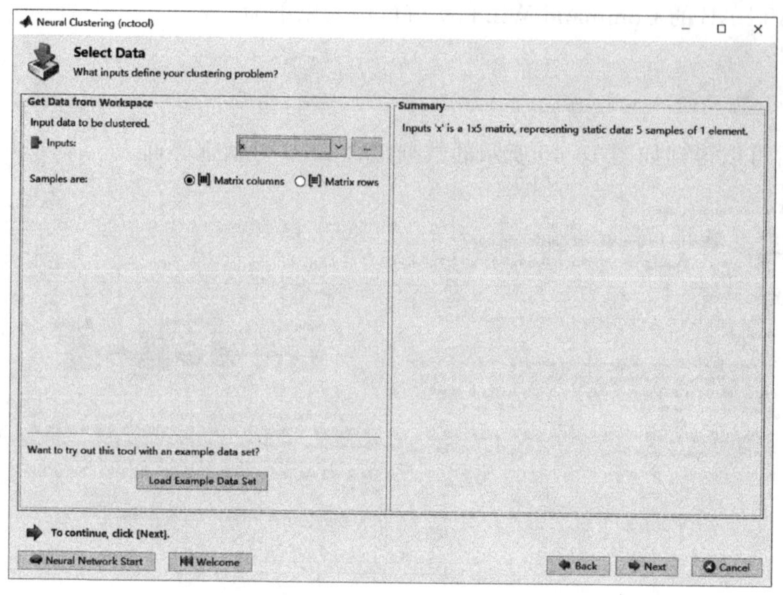

图 16-47　选择神经网络的输入数据的对话框

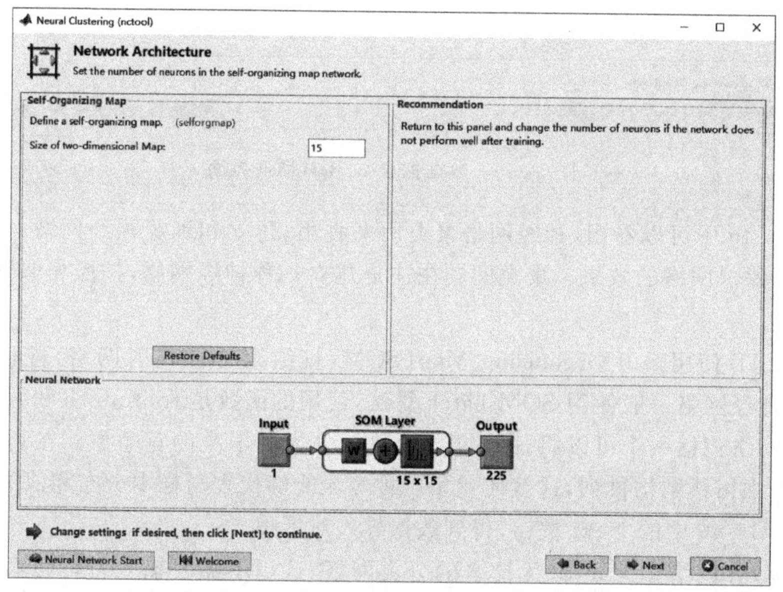

图 16-48　选择网络结构对话框

单击图 16-48 中的 Next 按钮，得到网络训练对话框，如图 16-49 所示。

在图 16-49 中，单击 Train 按钮，可以对设计的神经网络进行训练。训练后得到的网络训练对话框如图 16-50 所示。

从图 16-50 可以看出，在网络训练结束后，神经网络训练对话框中的 Plot SOM Neighbor Distances 、Plot SOM Weight Planes 、Plot SOM Sample Hits 和 Plot SOM Weight Positions 按钮由不可用状态变为可用状态，这两个按钮的作用是查看神经网络聚类的效果。

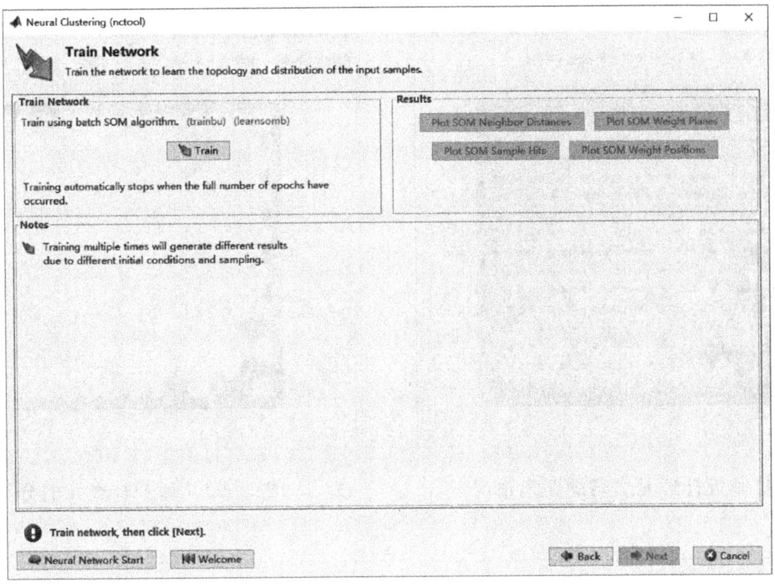

图 16-49 网络训练对话框

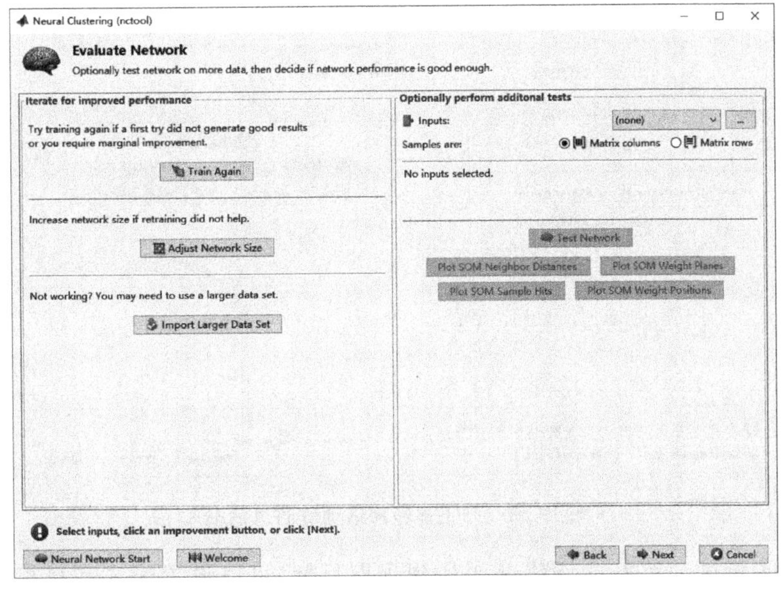

图 16-50 神经网络训练后的对话框

单击 Plot SOM Neighbor Distances 按钮,可以得到如图 16-51 所示的临近神经元之间的距离情况。

如果单击 Plot SOM Sample Hits 按钮,可以得到如图 16-52 所示的每个神经元的分类情况。

训练完成后,单击图 16-50 中的 Next 按钮,得到修正神经网络训练的对话框,如图 16-53 所示。当神经网络拟合效果不好时,可以单击图中 Train Again 按钮重新训练神经网络;如果需要调整神经网络神经元数目,可以单击 Adjust Network Size 按钮;如果需要调整输入或目标数据,可以单击 Import Larger Data Set 按钮。

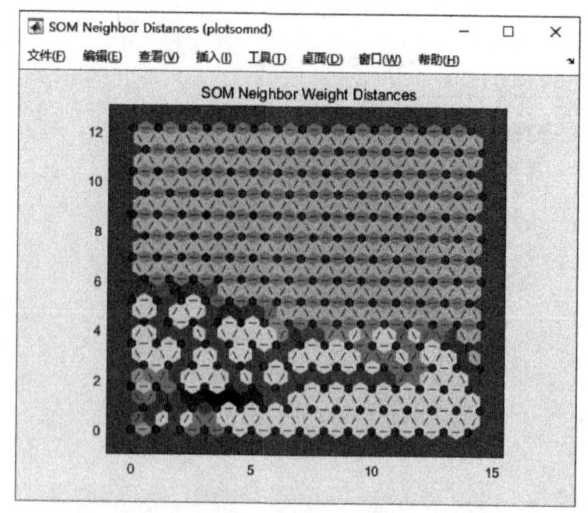

图 16-51　临近神经元之间的距离情况

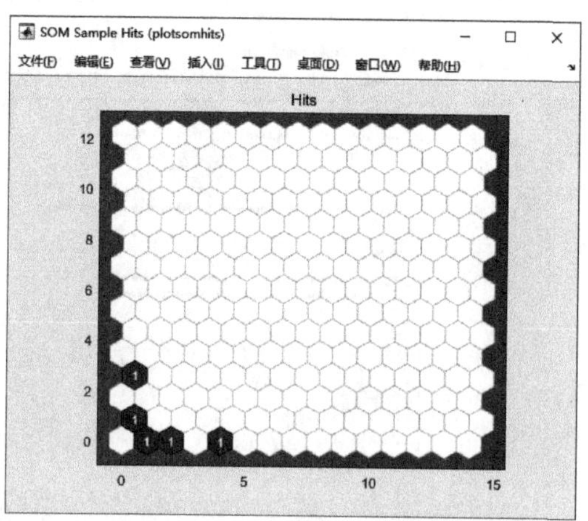

图 16-52　每个神经元的分类情况

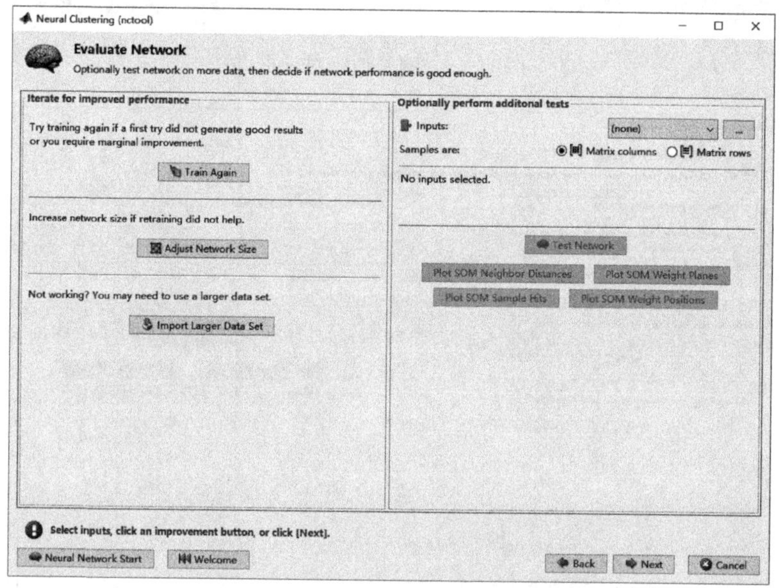

图 16-53　修正神经网络训练的对话框

如果需要测试训练好的网络是否达到预期目标，可以设置输入和目标数据，之后图 16-53中的 Test Network 按钮被激活，继续单击 Test Network 按钮，Plot SOM Neighbor Distances 、Plot SOM Weight Planes 、Plot SOM Sample Hits 和 Plot SOM Weight Positions 按钮被激活，如图 16-55 所示。单击 Plot SOM Sample Hits 按钮，得到训练好的神经网络测试结果如图 16-56 所示。图 16-56 与图 16-53 的分类情况一致，说明神经网络满足要求。

如果认为网络的拟合效果达到预期目标，单击图 16-54 中的 Next 按钮，得到最后保存数据和神经网络的对话框，如图 16-56 所示。

这个对话框运行存储输入、输出、误差和网络结构等与训练相关的数据。

在图 16-56 中单击 Finish 按钮，MATLAB 会出现神经网络确认保存警告，继续单击 Finish 按钮，就将训练好的神经网络保存成功。

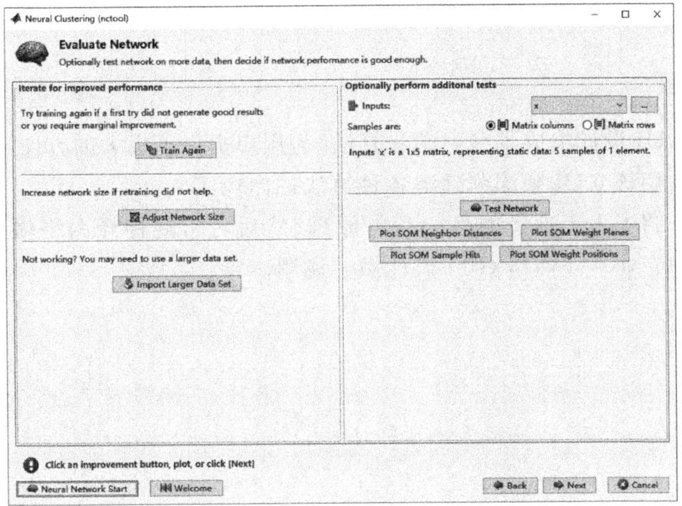

图 16-54　Test Network 按钮被激活界面

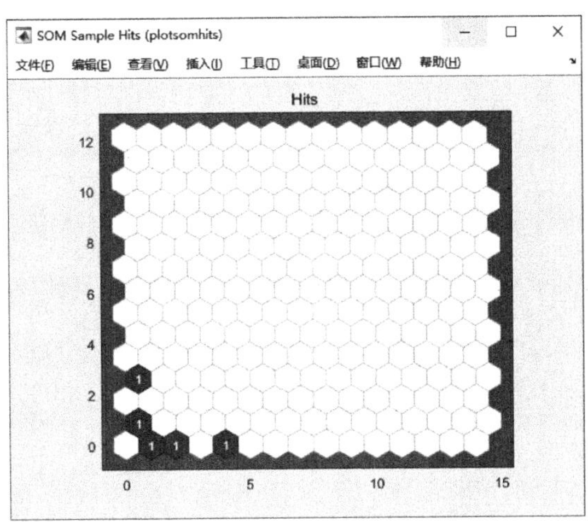

图 16-55　每个神经元的分类情况

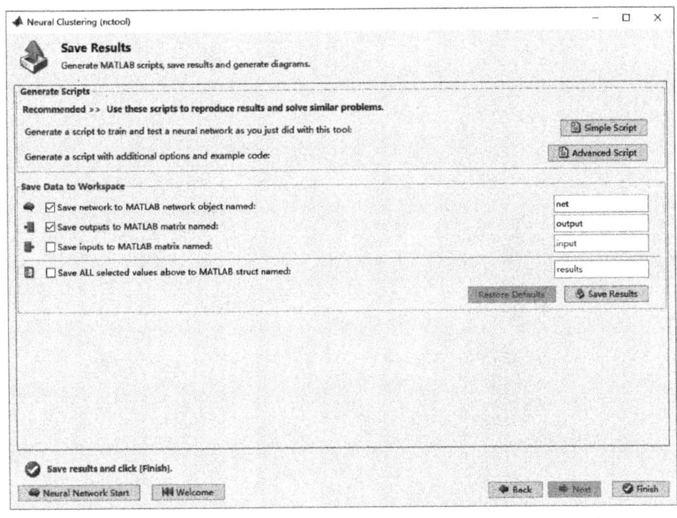

图 16-56　保存数据和神经网络的对话框

本章小结

神经网络 GUI 设计集成了多种学习算法，为用户提供了极大的方便。神经网络理论的初学者可以利用该 GUI 来深刻理解各种算法的内在实质。

本章首先介绍了人工神经网络的基本原理，然后对常规神经网络做了简单介绍，最后对三种常见的专业神经网络 GUI 设计做了说明。

第四部分
Simulink应用和MATLAB工具箱

第 17 章　Simulink 基础
第 18 章　Simulink 子系统
第 19 章　Simulink 仿真与调试
第 20 章　神经网络工具箱
第 21 章　信号处理工具箱
第 22 章　图像处理工具箱

第17章 Simulink基础

Simulink适应面广，结构和流程清晰，仿真精细，贴近实际且效率高。基于以上优点，Simulink已被广泛应用于控制理论和数字信号处理的复杂仿真和设计。同时，有大量的第三方软件和硬件可应用于或被要求应用于Simulink。

目前，Simulink已成为信号处理、通信原理、自动控制等专业的基础课程的首选实验平台。

学习目标：

- 了解Simulink的概念及其应用；
- 理解Simulink模块的组成；
- 掌握如何使用Simulink搭建系统模型和仿真。

17.1 基本介绍

Simulink是MATLAB中的一种可视化仿真工具，是一种基于MATLAB的框图设计环境来实现动态系统建模、仿真和分析的一个软件包，它广泛应用于线性系统、非线性系统、数字控制及数字信号处理的建模和仿真中。

17.1.1 Simulink工作环境

Simulink的工作环境是由库浏览器与模型窗口组成的，库浏览器为用户提供了进行Simulink建模与仿真的标准模块库与专业工具箱，而模型窗口是用户创建模型的主要场所。

1. MATLAB环境中启动Simulink的方法

单击MATLAB软件主页选项中的Simulink图标。

Simulink启动以后首先出现的是Simulink库浏览器，如图17-1所示。其右侧窗口即Simulink公共模块库中的子库，如Continuous（连续模块库）、Discrete（离散模块库）、Sinks（信宿模块库）、Sources（信源模块库）等等。其中包含了Simulink仿真所需的基本模块。

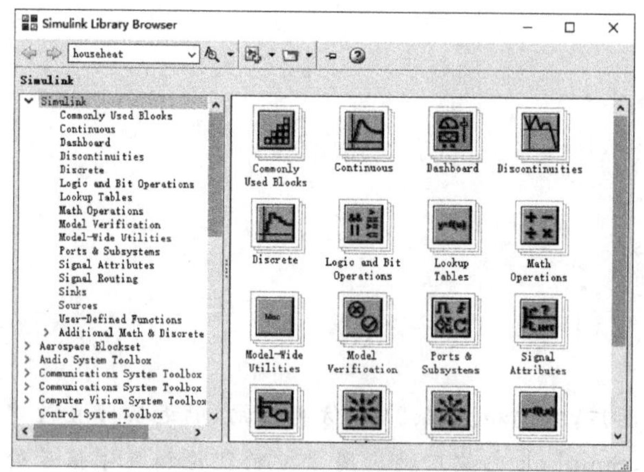

图 17-1　Simulink 库浏览器

窗口的左半部分是 Simulink 所有库的名称，第一个库是 Simulink 库，该库为 Simulink 的公共模块库，Simulink 库下面的模块库为专业模块库，服务于不同专业领域的，普通用户很少用到，例如 Control System Toolbox 模块库（面向控制系统的设计与分析）、Communications Blockset（面向通信系统的设计与分析）等。窗口的右半部分是对应于左窗口打开的库中包含的子库或模块。

2. 打开 Simulink 模型窗口的方法

在图 17-1 中单击 ，即可打开一个名为 untited1 的空的模型窗口，如图 17-2 所示。

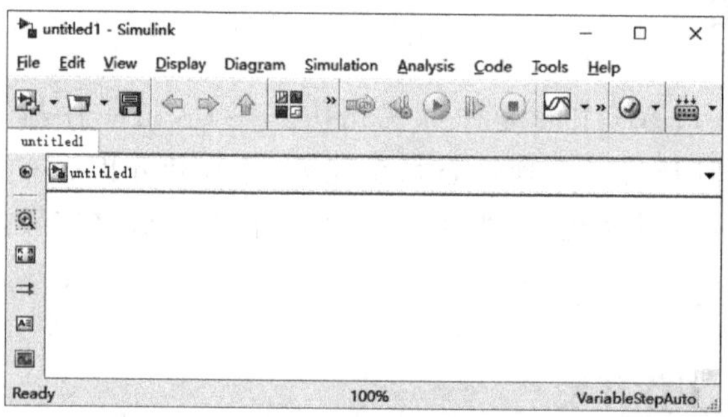

图 17-2　空模型窗口

整个模型创建窗口是由菜单栏、工具栏、编辑窗口和状态栏组成，如图 17-3 所示。

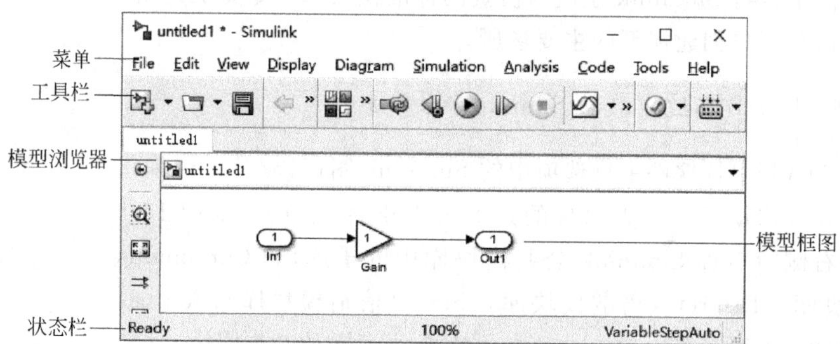

图 17-3　模型创建窗口

(1) 菜单栏：与 Windows 菜单栏类似，其中 Simulation 一项在仿真配置中很重要。模型窗口常用菜单如表 17-1 所示。

表 17-1　模型窗口常用菜单表

菜单名	菜单项	功　能
File	New——Model	新建模型
	Model properties	模型属性
	Preferences	Simulink 界面的默认设置选项
	Print…	打印模型
	Close	关闭当前 Simulink 窗口
	Exit MATLAB	退出 MATLAB 系统
Edit	Create subsystem	创建子系统
	Mask subsystem…	封装子系统
	Look under mask	查看封装子系统的内部结构
	Update diagram	更新模型框图的外观
View	Go to parent	显示当前系统的父系统
	Model browser options	模型浏览器设置
	Block data tips options	鼠标位于模块上方时显示模块内部数据
	Library browser	显示库浏览器
	Fit system to view	自动选择最合适的显示比例
	Normal	以正常比例(100%)显示模型
Simulation	Start/Stop	启动/停止仿真
	Pause/Continue	暂停/继续仿真
	Simulation Parameters…	设置仿真参数
	Normal	普通 Simulink 模型
	Accelerator	产生加速 Simulink 模型
Format	Text alignment	标注文字对齐工具
	Filp name	翻转模块名
	Show/Hide name	显示/隐藏模块名
	Filp block	翻转模块
	Rotate Block	旋转模块
	Library link display	显示库链接
	Show/Hide drop shadow	显示/隐藏阴影效果
	Sample time colors	设置不同的采样时间序列的颜色
	Wide nonscalar lines	粗线表示多信号构成的向量信号线
	Signal dimensions	注明向量信号线的信号数
	Port data types	标明端口数据的类型
	Storage class	显示存储类型
Tools	Data explorer…	数据浏览器
	Simulink debugger…	Simulink 调试器
	Data class designer	用户定义数据类型设计器
	Linear Analysis	线性化分析工具

(2) 工具栏：能实现标准的 Windows 操作及用于与 Simulink 仿真相关的操作。模型工具栏具体内容如图 17-4 所示。

图 17-4　工具栏

(3) 状态栏："Ready"表示建模已完成；"100%"表示编辑框模型的显示比例；"ode45"表示仿真所采用的算法。

17.1.2　模块库介绍

为了方便用户快速构建所需的动态系统，Simulink 提供了大量的、以图形形式给出的内置系统模块。使用这些内置模块可以快速方便地设计出特定的动态系统。下面介绍了模块库中一些常用的模块功能。

1. 连续模块子集

在连续模块(Continuous)库中包括了常见的连续模块，这些模块如图 17-5 所示。这些功能介绍介绍如下：

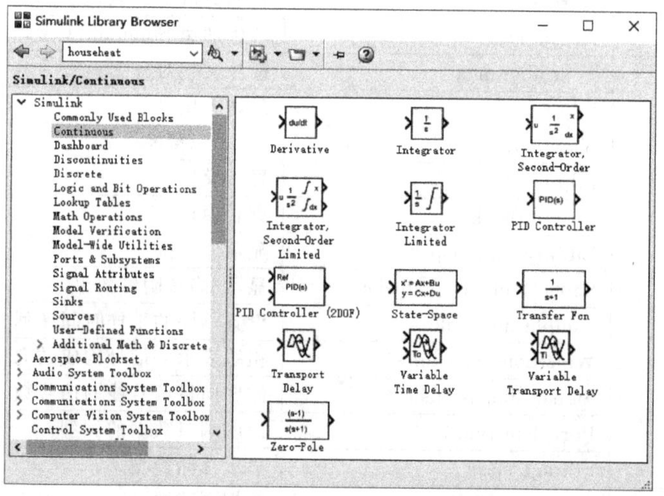

图 17-5　连续模块

微分模块(Derivative)：通过计算差分 $\Delta u/\Delta t$ 近似计算输入变量的微分。

积分模块(Integrator)：对输入变量进行积分。模块的输入可以是标量，也可以是矢量；输入信号的维数必须与输入信号保持一致。

线性状态空间模块(State-Space)：用于实现以下数学方程描述的系统：

$$
\begin{cases}
x' = Ax + Bu \\
y = Cx + Du
\end{cases}
$$

传递函数模块(Transfer Fcn)：用于执行一个线性传递函数。

零极点传递函数模块(Zero-Pole)：用于建立一个预先指定的零点、极点，并用延迟算子 s 表示的连续。

PID 控制模块(PID Controller)：进行 PID 控制。

传输延迟模块(Transport Delay)：用于将输入端的信号延迟指定时间后再传输给输出信号。

可变传输延迟模块(Variable Transport Delay)：用于将输入端的信号进行可变时间的延迟。

2. 离散模块子集

离散模块库(Discrete)主要用于建立离散采样的系统模型，如图 17-6 所示。

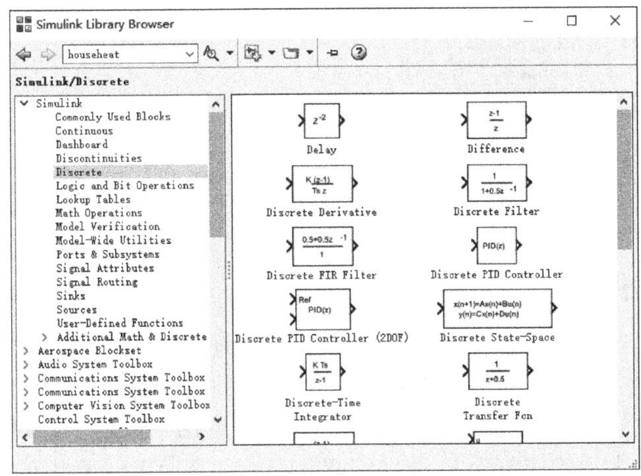

图 17-6 离散模块库

零阶保持器模块(Zero-Order Hold)：在一个步长内将输出的值保持在同一个值上。

单位延迟模块(Unit Delay)：将输入信号作单位延迟，并且保持一个采样周期相当于时间算子 $z-1$。

离散时间积分模块(Discrete-Time Integrator)：在构造完全离散的系统时，代替连续积分的功能。使用的积分方法有向前欧拉法、向后欧拉法和梯形法。

离散状态空间模块(Discrete State-Space)：用于实现如下数学方程描述的系统：

$$
\begin{cases}
x[(n+1)T] = Ax(nT) + Bu(nT) \\
y(nT) = Cx(nT) + Du(nT)
\end{cases}
$$

离散滤波器模块(Discrete Filter)：用于实现无限脉冲响应和有限脉冲响应的数字滤波器。

离散传递函数模块(Discrete Transfer Fcn)：用于执行一个离散传递函数。

离散零极点传递函数模块(Discrete Zero-Pole)：用于建立一个预先指定的零点、极点,并用延迟算子 $z-1$ 表示的离散系统。

一阶保持器模块(First-Order Hold):在一定时间间隔内保持一阶采样。

3. 表格模块库

表格模块库(Lookup Tables)主要实现各种一维、二维或者更高维函数的查表。另外,用户还可以根据需要自己创建更复杂的函数。该模块库包括多个主要模块,如图 17-7 所示。

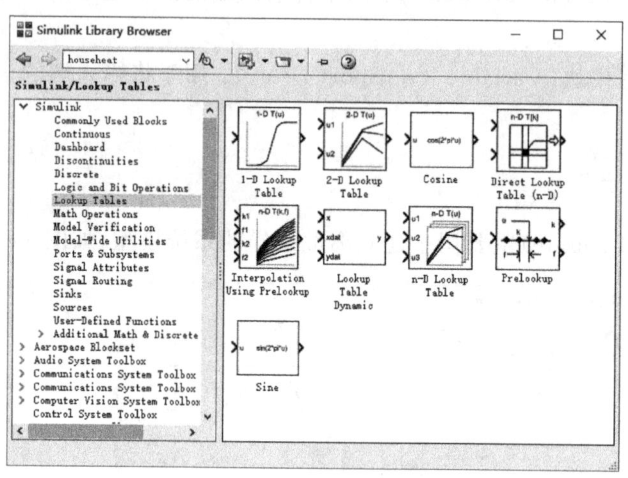

图 17-7 表格模块库

一维查表模块(Look-Up Table):实现对单路输入信号的查表和线性插值。

二维查表模块(Look-Up Table2-D):根据给定的二维平面网格上的高度值,把输入的两个变量经过查表、插值,计算出模块的输出值,并返回。

自定义函数模块(Fcn):用于将输入信号进行指定的函数运算,最后计算出模块的输出值。输入的数学表达式应符合 C 语言编程规范;与 MATLAB 中的表达式有所不同,不能完成矩阵运算。

MATLAB 函数模块(MATLAB Fcn):对输入信号进行 MATLAB 函数及表达式的处理。模块为单输入模块;能够完成矩阵运算。

注意:从运算速度角度,Mathfunction 模块要比 Fcn 模块慢。当需要提高速度时,可以考虑采用 Fcn 或者 S 函数模块。

S-函数模块(S-Function):按照 Simulink 标准,编写用户自己的 Simulink 函数。它能够将 MATLAB 语句、C 语言等编写的函数放在 Simulink 模块中运行,最后计算模块的输出值。

4. 数学运算模块库

数学运算模块库(Math)包括多个数学运算模块,如图 17-8 所示。

求和模块(Sum):用于对多路输入信号进行求和运算,并输出结果。

乘法模块(Product):用于实现对多路输入的乘积、商、矩阵乘法或者模块的转置等。

矢量的点乘模块(Dot Product):用于实现输入信号的点积运算。

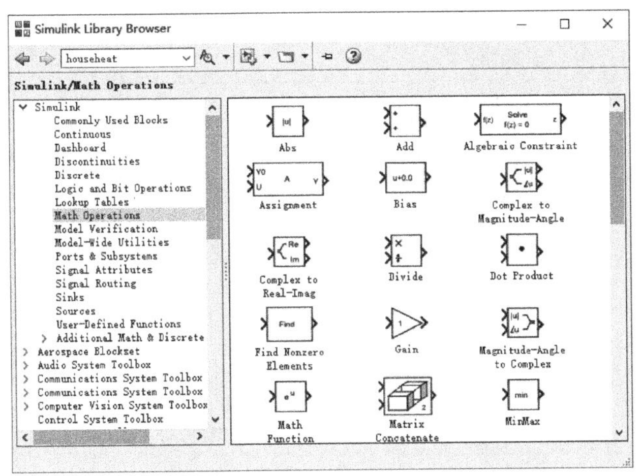

图 17-8　数学运算模块库

增益模块(Gain)：用于把输入信号乘以一个指定的增益因子，使输入产生增益。

常用数学函数模块(Math Function)：用于执行多个通用数学函数，其中包含 exp、log、log10、square、sqrt、pow、reciprocal、hypot、rem、mod 等。

三角函数模块(Trigonometric Function)：用于对输入信号进行三角函数运算，共有10 种三角函数供选择。

特殊数学模块：包括求最大/最小值模块(MinMax)、取绝对值模块(Abs)、符号函数模块(Sign)、取整数函数模块(Rounding Function)等。

数字逻辑函数模块：包括复合逻辑模块(Combinational Logic)、逻辑运算符模块(Logical Operator)、位逻辑运算符模块(Bitwise Logical Operator)等。

关系运算模块(Relational Operator)：包括==(等于)、≠(不等于)、<(小于)、<=(小于等于)、>(大于)、>=(大于等于)等。

复数运算模块：包括计算复数的模与幅角(Complex to Magnitude-Angle)、由模和幅角计算复数(Magnitude-Angleto Complex)、提取复数实部与虚部模块(Complexto Realand Image)、由复数实部和虚部计算复数(Real and Image to Complex)。

5. 不连续模块库

不连续模块库(Discontinuities)中包括一些常用的非线性模块，如图 17-9 所示。各模块功能如下：

比率限幅模块(Rate Limiter)：用于限制输入信号的一阶导数，使得信号的变化率不超过规定的限制值。

饱和度模块(Saturation)：用于设置输入信号的上下饱和度(即上下限的值)，来约束输出值。

量化模块(Quantizer)：用于把输入信号由平滑状态变成台阶状态。

死区输出模块(Dead Zone)：在规定的区内没有输出值。

继电模块(Relay)：用于实现在两个不同常数值之间进行切换。

选择开关模块(Switch)：根据设置的门限来确定系统的输出。

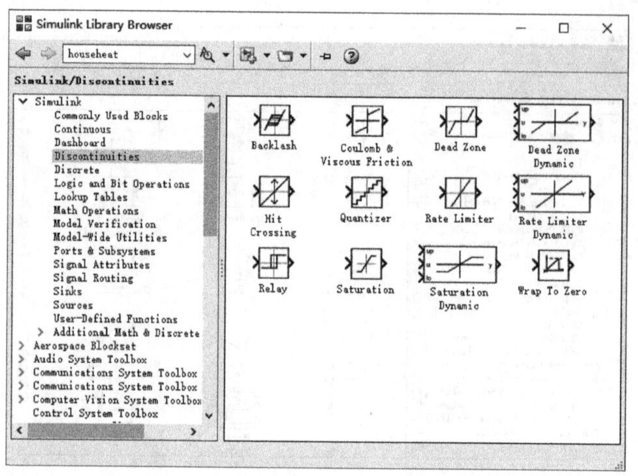

图 17-9　不连续模块库

6. 信号模块库

信号模块库(Signal Routing)包括的主要模块如图 17-10 所示。各模块功能如下：

Bus 信号选择模块(Bus Selector)：用于得到从 Mux 模块或其他模块引入的 Bus 信号。

混路器模块(Mux)：把多路信号组成一个矢量信号或者 Bus 信号。

分路器模块(Demux)：把混路器组成的信号按照原来的构成方法分解成多路信号。

信号合成模块(Merge)：把多路信号进行合成一个单一的信号。

接收/传输信号模块(From/Goto)：常常配合其他模块使用，From 模块用于从一个 Goto 模块中接收一个输入信号，Goto 模块用于把输入信号传递给 From 模块。

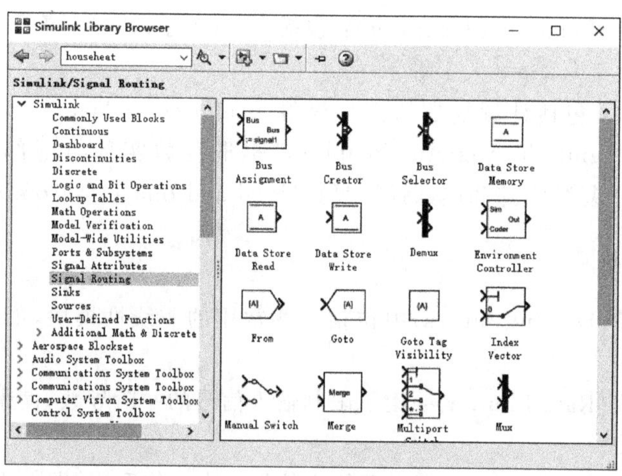

图 17-10　信号模块库

7. 信号输出模块

信号输出模块(Sinks)包括的主要模块如图 17-11 所示。各模块功能如下：

示波器模块(Scope)：显示在仿真过程中产生的输出信号，用于在示波器中显示输入

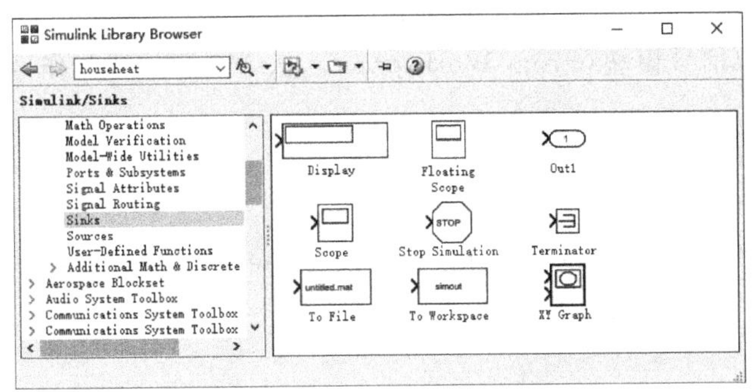

图 17-11　信号输出模块库

信号与仿真时间的关系曲线，仿真时间为 x 轴。

二维信号显示模块(XY Graph)：在 MATLAB 的图形窗口中显示一个二维信号图，并将两路信号分别作为示波器坐标的 x 轴与 y 轴，同时把它们之间的关系图形显示出来。

显示模块(Display)：按照一定的格式显示输入信号的值，可供选择的输出格式包括 short、long、short_e、long_e、bank 等。

输出到文件模块(To File)：按照矩阵的形式把输入信号保存到一个指定的 MAT 文件。第一行为仿真时间，余下的行则是输入数据，一个数据点是输入矢量的一个分量。

输出到工作区模块(To Workspace)：把信号保存到 MATLAB 的当前工作区，是另一种输出方式。

终止信号模块(Terminator)：中断一个未连接的信号输出端口。

结束仿真模块(Stop Simulation)：停止仿真过程。当输入为非零时，停止系统仿真。

8. 源模块子集

源模块库(Sources)包括的主要模块如图 17-12 所示。各模块功能如下：

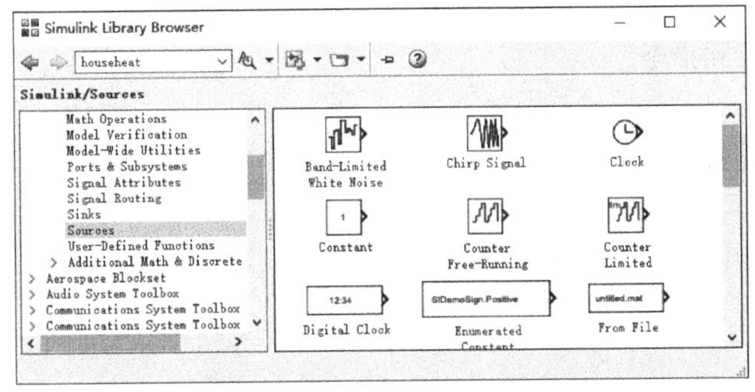

图 17-12　信号源模块库

输入常数模块(Constant)：产生一个常数。该常数可以是实数，也可以是复数。

信号源发生器模块(Signal Generator)：产生不同的信号，其中包括正弦波、方波和锯齿波信号。

从文件读取信号模块(From File)：从一个 MAT 文件中读取信号，读取的信号为一个矩阵，矩阵的格式与 To File 模块中的矩阵格式相同。如果矩阵在同一采样时间有两个或者更多的列，则数据点的输出应该是首次出现的列。

从工作区读取信号模块(From Workspace)：从 MATLAB 工作区读取信号作为当前的输入信号。

随机数模块(Random Number)：产生正态分布的随机数，默认的随机数是期望为 0、方差为 1 的标准正态分布量。

带宽限制白噪声模块(Band-Limited White Noise)：实现对连续或者混杂系统的白噪声输入。

17.1.3 Simulink 仿真基本步骤

创建系统模型及利用所创建的系统模型对其进行仿真是 Simulink 仿真的两个最基本的步骤。

1. 创建系统模型

创建系统模型是用 Simulink 进行动态系统仿真的第一个步骤，它是进行系统仿真的前提。模块是创建 Simulink 模型的基本单元，通过适当的模块操作及信号操作就能完成系统模型的创建。为了达到理想的仿真效果，在建模后仿真前必须对各个仿真参数进行配置。

2. 利用模型对系统仿真

在完成了系统模型的创建及合理的仿真参数设置后，就可以进行第二个步骤——利用模型对系统仿真。

运行仿真的方法包括使用窗口菜单和命令运行两种；对仿真结果的分析是进行系统建模与仿真的重要环节，因为仿真的主要目的就是通过创建系统模型以得到某种计算结果。Simulink 提供了很多可以对仿真结果分析的输出模块，而且在 MATLAB 中也有用于结果分析的函数和指令。

17.2 模块操作

模块是构成 Simulink 模型的基本元素，用户可以通过连接模块来构造任何形式的动态系统模型。

17.2.1 Simulink 模块类型

用户在创建模型时必须知道，Simulink 把模块分为两种类型：非虚拟模块和虚拟模块。非虚拟模块在仿真过程中起作用，如果用户在模型中添加或删除了一个非虚拟模块，那么 Simulink 会改变模型的动作方式；相比而言，虚拟模块在仿真过程中不起作用，它只是以图形方式管理模型。

此外，有些 Simulink 模块在某些条件下是虚拟模块，而在其用户条件下则是非虚拟模块，这样的模块称为条件虚拟模块。表 17-2 列出了 Simulink 中的虚拟模块和条件虚拟模块。

表 17-2 虚拟模块和条件虚拟模块

模块名称	作为虚拟的条件
BusSelector	总是虚拟模块
Demux	总是虚拟模块
Enable	当与 Outport 模块直接连接时是非虚模块，否则总是纯虚模块
From	总是纯虚模块
Goto	总是纯虚模块
GotoTagVisibility	总是纯虚模块
Ground	总是纯虚模块
Inport	除非把模块放置在条件执行子系统内，而且与输出端口模块直接连接，否则就是纯虚模块
Mux	总是纯虚模块
Outport	当模块放置在任何子系统模块(条件执行子系统或无条件执行子系统)内，而且不在最顶层的 Simulink 窗口中时才是纯虚模块
Selector	除了在矩阵模式下不是虚拟模块，其用户都是纯虚模块
SignalSpecification	总是纯虚模块
Subsystem	当模块依条件执行，并且选择了模块的 TreatasAtomicUnit 选项时，该模块是纯虚模块
Treminator	总是纯虚模块
TriggerPort	当输出端口未出现时是纯虚模块

在建立 Simulink 模型时，用户可以从 Simulink 模型库或已有的模型窗口中将模块复制到新的模型窗口，拖动到目标模型窗口中的模块可以利用鼠标或者键盘上的 up、down、left 或 right 键移动到新的位置。

在复制模块时，新模块会继承源模块的所有参数值。如果要把模块从一个窗口移动到另一个窗口，则在选择模块的同时要按下 Shift 键。

Simulink 会为每个被复制模块分配名称，如果这个模块是模型中此种模块类型的第一个模块，那么模块名称会与源窗口中的模块名称相同。例如，如果用户从 math 模块库中向用户模型窗口中复制 Gain 模块，那么这个新模块的名称是 Gain；如果模型中已经包含了一个名称为 Gain 的模块，那么 Simulink 会在模块名称后增加一个序列号。当然，用户也可以为模块重新命名。

在把 Sum、mux、Demux、BusSelector 和 BusSelector 模块从模块库中复制到模型窗口中时，Simulink 会隐藏这些模块的名称，这样做是为了避免模型图不必要的混乱，而且这些模块的形状已经清楚地表明了它们各自的功能。

17.2.2 自动连接模块

Simulink 方块图中使用线表示模型中各模块之间信号的传送路径，用户可以用鼠标从模块的输出端口到另一模块的输入端口绘制连线，也可以由 Simulink 自动连接模块。

如果要 Simulink 自动连接模块，可先用鼠标选择模块，然后按下 Ctrl 键，再用鼠标单击目标模块，则 Simulink 会自动把源模块的输出端口与目标模块的输入端口相连。

Simulink 还可以绕过某些干扰连接的模块，如图 17-13 所示。

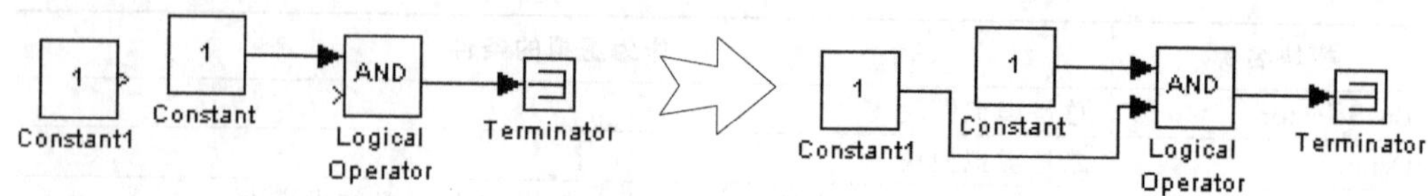

图 17-13　模块连线

在连接两个模块时，如果两个模块上有多个输出端口和输入端口，Simulink 则会尽可能地连接这些端口，如图 17-14 所示。

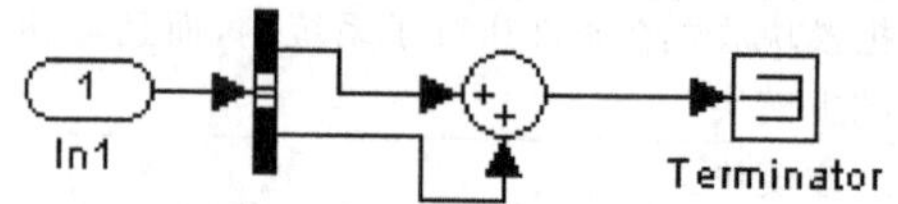

图 17-14　多个输出端口连线

如果要把一组源模块与一个目标模块连接，则可以先选择这组源模块，然后按下 Ctrl 键，再用鼠标单击目标模块，如图 17-15 所示。

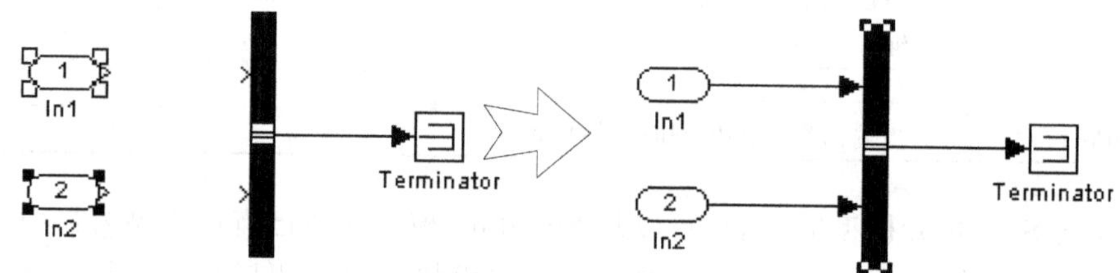

图 17-15　连接一组源模块与一个目标模块

如果要把一个源模块与一组目标模块连接，则可以先选择这组目标模块，然后按下 Ctrl 键，再用鼠标单击源模块，如图 17-16 所示。

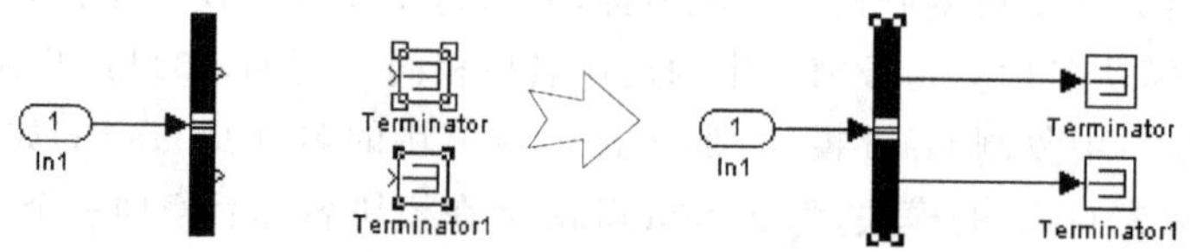

图 17-16　连接一个源模块与一组目标模块

17.2.3　手动连接模块

如果要手动连接模块，可先把鼠标光标放置在源模块的输出端口，不必精确地定位光标位置，光标的形状会变为十字形，然后按下鼠标按钮，拖动光标指针到目标模块的输入端口，如图 17-17 所示。

当释放鼠标时，Simulink 会用带箭头的连线替代端口符号，箭头的方向表示了信号

图 17-17 手动连接模块

流的方向。

用户也可以在模型中绘制分支线，即从已连接的线上分出支线，携带相同的信号至模块的输入端口，利用分支线可以把一个信号传递到多个模块。首先用鼠标选择需要分支的线，按下 Ctrl 键，同时在分支线的起始位置单击鼠标，拖动鼠标指针到目标模块的输入端口，然后释放 Ctrl 键和鼠标按钮，Simulink 会在分支点和模块之间建立连接，如图 17-18 所示。

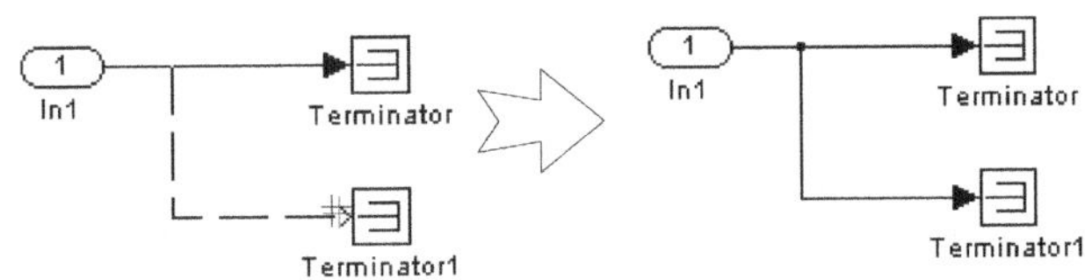

图 17-18 在分支点和模块之间建立连接

如果要断开模块与线的连接，可按下 Shift 键，然后将模块拖动到新的位置即可。

用户也可以在连线上插入模块，但插入的模块只能有一个输入端口和一个输出端口。首先用鼠标选择要插入的模块，然后拖动模块到连线上，释放鼠标按钮并把模块放置到线上，Simulink 会在连线上自动插入模块，如图 17-19 所示。

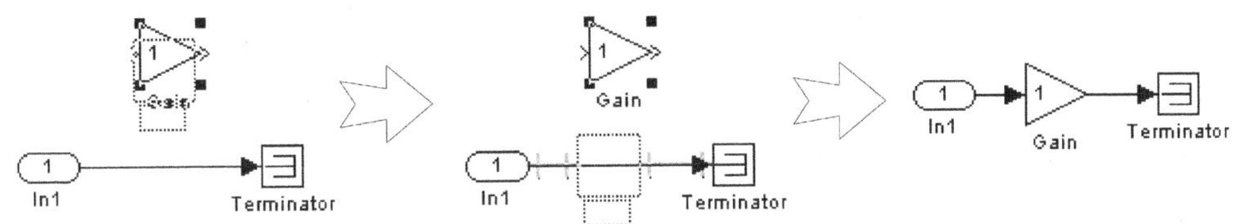

图 17-19 在连线上自动插入模块

17.2.4 设置模块特定参数

带有特定参数的模块都有一个模块参数对话框，用户可以在对话框内查看和设置这些参数。用户可以利用如下几种方式打开模块参数对话框：

(1) 在模型窗口中选择模块，然后选择模型窗口中 Diagram 菜单下的 Block parameters 命令。这里 Block 是模块名称，对于每个模块会有所不同。

(2) 在模型窗口中选择模块，右击模块，从模块的上下文菜单中选择 Block parameters 命令。

(3) 双击模型或模块库窗口中的模块图标，打开模块参数对话框。

对于每个模块，模块的参数对话框也会有所不同，用户可以用任何 MATLAB 常值、变量或表达式作为参数对话框中的参数值。

图 17-20(a)在模型窗口中选择的是 Signal Generator 模块，双击该模块打开模块参

数对话框；图 17-20(b)是该模块的参数对话框。由于 Signal Generator 模块是信号发生器模块，因此用户可以在参数对话框内利用 Wave form 参数选择不同的信号波形，并设置相应波形的参数值。

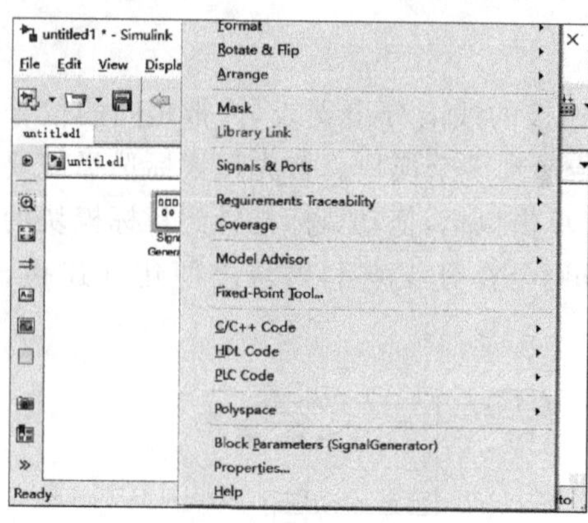

(a) 选择Signal Generator模块

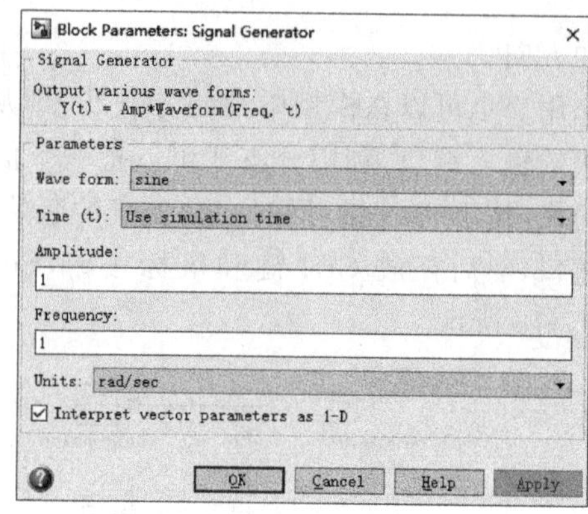

(b) 模块的参数设置对话框

图 17-20　Signal Generator 模块及其参数设置

17.2.5　设置输出提示

用户若要打开或关闭模块端口的输出提示，可以选择模型编辑器窗口 Simulation 菜单下的 Data Display 命令，如图 17-21 所示。该命令的下拉菜单中有四个选项：

(1) Remove All Value Labels：关闭所有端口的输出提示。

(2) Show Value Labels When Hovering：当鼠标移到模块上时显示端口的输出数据，当鼠标移出模块时关闭输出数据。

(3) Toggle Value Labels When Clicked：当鼠标单击选中模块时显示端口的输出数据，当鼠标再次单击该模块时关闭端口的输出提示。选择该选项，用户可以依次单击模型中的多个模块，因此可以同时观察到多个模块的输出数据。

(4) Options：修改仿真参数。

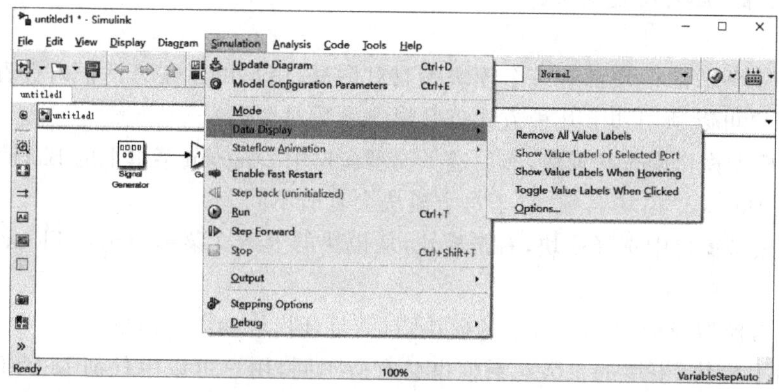

图 17-21　选择模型编辑器窗口 Simulation 菜单下的 Data Display 命令

17.3 模型的创建

用 Simulink 进行动态系统仿真的第一个环节就是创建系统的模型，系统模型是由框图表示的，而框图的最基本组成单元就是模块和信号线。因此，熟悉和掌握模块和信号线的概念及操作是创建系统模型的第一步。

17.3.1 信号线操作

模块设置好后，需要将它们按照一定的顺序连接起来才能组成完整的系统模型（模块之间的连接称为信号线）。信号线基本操作包括绘制、分支、折曲、删除等。下面逐一介绍。

1. 绘制信号线

可以采用下面的方法绘制信号线：

(1) 将鼠标指向连线起点（某个模块的输出端），此时鼠标的指针变成十字形，按住鼠标不放，并将其拖动到终点（另一模块的输入端）释放鼠标即可。

(2) 首先选中源模块，然后在按 Ctrl 键的同时，单击目标模块。

注意：信号线的箭头表示信号的传输方向；如果两个模块不在同一水平线上，连线将是一条折线，将两模块调整到同一水平线，信号线自动变成直线。

2. 信号线的移动和删除

1）信号线的移动

选中信号线，采用下面任一方法移动；

(1) 鼠标指向它，按住鼠标左键，拖动鼠标到目标位置，释放鼠标；

(2) 选择键盘上的上、下、左、右键来移动。

2）信号线的删除

选中信号线，用下面的任一方法删除：

(1) 按 Delete 键；

(2) 选择窗口菜单中的 Edit|Delete；

(3) 右击，执行 clear 或 cut 命令。

3. 信号线的分支和折曲

1）信号分支

实际模型中，某个模块的信号经常要与不同的模块进行连接，此时信号线将出现分支，如图 17-22 所示。

可采用以下方法实现分支：

(1) 按住 Ctrl 键，在信号线分支的地方按住鼠标左键，拖动鼠标到目标模块的输入端，释放 Ctrl 键和鼠标。

(2) 在信号线分支处按住鼠标左键并拖动鼠标至目标模块的输入端,然后释放鼠标。

2) 信号折曲

实际模型创建中,有时需要信号线转向,称为"折曲",如图 17-23 所示。

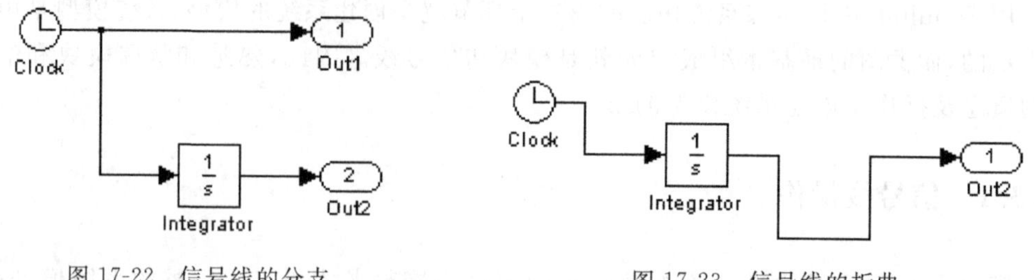

图 17-22　信号线的分支　　图 17-23　信号线的折曲

可采用以下方法实现折曲:

(1) 任意方向折曲:选中要折曲的信号线,将光标指向需要折曲的地方,按住 Shift 键,再按住鼠标左键,拖动鼠标以任意方向折曲,释放鼠标。

(2) 直角方式折曲:同上面的操作,但不要按 Shift 键。

(3) 折点的移动:选中折线,将光标指向待移的折点处,光标变成了一个小圆圈,按住鼠标左键并拖动到目标点,释放鼠标。

4. 信号线间插入模块

建模过程中,有时需要在已有的信号线上插入一个模块,如果此模块只有一个输入口和一个输出口,那么这个模块可以直接插到一条信号线中。具体操作过程是:选中要插入的模块,拖动模块到信号线上需要插入的位置,释放鼠标,如图 17-24 所示。

5. 信号线的标志

为了增强模型的可读性,可以为不同的信号做标记,同时在信号线上附加一些说明。

1) 信号线注释

双击需要添加注释的信号线,在弹出的文本编辑框中输入信号线的注释内容,如图 17-25 所示。

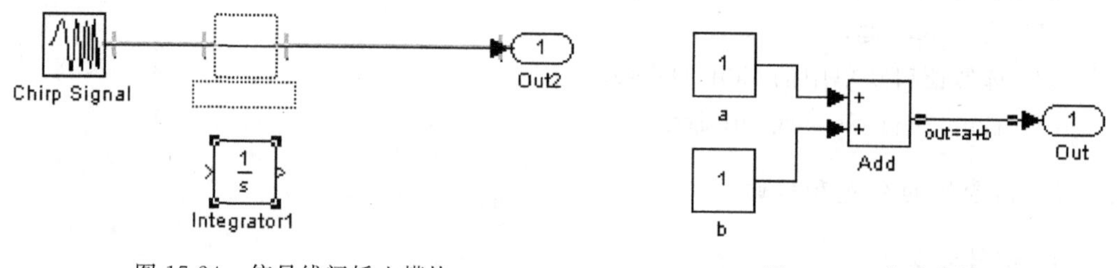

图 17-24　信号线间插入模块　　图 17-25　信号线的注释

2) 显示数据类型及信号维数

选择菜单 Display|Port data types,可在信号线上显示前一个输出的数据类型。

17.3.2 对模型的注释

对于友好的 Simulink 模型界面，对系统的模型注释是不可缺少的。使用模型注释可以使模型更易读懂，其作用如同 MATLAB 程序中的注释行，如图 17-26 所示。

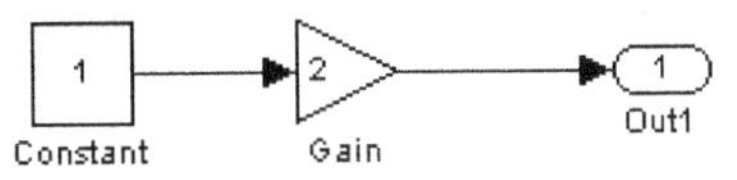

图 17-26 模型中的注释

(1) 创建模型注释：在将用作注释区的中心位置双击，出现编辑框，输入所需的文本，单击编辑框以外的区域，完成注释。

(2) 注释位置移动：直接用鼠标拖动实现。

(3) 注释的修改：单击注释，文本变为编辑状态即可修改注释信息。

(4) 删除注释：按 Shift 键，同时选中注释，然后按 Delete 键或 Backspace 键即可。

(5) 注释文本属性控制：在注释文本上右击，可以改变文本的属性，如大小、字体和对齐方式；也可以通过执行模型窗口 Format 菜单下的命令实现。

17.3.3 常用的 Source 信源

Source 库中包含了用户用于建模基本输入模块，熟悉其中常用模块的属性和用法，对模型的创建是必不可少的。表 17-3 列出了 Source 库中的所有模块及各个模块的简单功能介绍。下面对其中常用的模块的功能及参数设置进行说明。

表 17-3 Source 库简介

名 称	功 能
Chirp Signal	生成一个频率随时间线性增大正弦波信号
Clock	显示并输出当前的仿真时间
Constant	生成常数信号
Sine Wave	生成正弦波
Repeating Sequence	生成重复的任意信号
Signal Generator	信号发生器
Step	生成阶跃信号
Ramp	斜坡信号
Pulse Generator	脉冲发生器
Digital Clock	按指定采样间隔生成仿真时间
From Workspace	数据来自 MATLAB 的工作区
From File	输入数据来自某个数据文件
Ground	用来连接输入端口未连接的模块
In1	输入端
Band-Limited White Noise	生成白噪声信号
Random Number	生成正态分布的随机信号
Uniform Random Number	生成平均分布的随机信号

1. Chirp Signal

此模块可以产生一个频率随时间线性增大正弦波信号,可以用于非线性系统的频谱分析。模块的输出既可以是标量也可以是向量。

打开模块参数对话框,该模块有 4 个参数可设置。

(1) Initial frequency:信号的初始频率,其值可以是标量和向量,默认值为 0.1Hz。

(2) Target time:目标时间,即变化频率在此时刻达到设置的"目标频率",其值可以是标量或向量,默认值为 100。

(3) Frequency at target time:目标频率,其值可为标量或向量,默认值为 1Hz。

(4) Interpret vector parameters as 1-D:如果在选中状态,则模块参数的行或列值将转换成向量进行输出。

2. Clock

此模块输出每步仿真的当前仿真时间。当模块打开的时候,此时间将显示在窗口中。但是,当此模块打开时,仿真的运行会减慢。

当在离散系统中需要仿真时间时,要使用 Digital Clock。此模块对一些其他需要仿真时间的模块是非常有用的。

Clock 模块用来表示系统运行时间,此模块共有 2 个参数。

(1) Display time:此参数复选框用来指定是否显示仿真时间。

(2) Decimation:此参数是用来定义此模块的更新时间步长,默认值为 10。

3. Constant

Constant 模块产生一个常数输出信号。信号既可以是标量,也可以是向量或矩阵,具体取决于模块参数和 Interpret vector parameters as 1-D 参数的设置,如图 17-27 所示。

参数说明如下:

(1) Constant value:常数的值,可以为向量,默认值为 1。

(2) Interpret vector parameters as 1-D:在选中状态时,如果模块参数值为向量,则输出信号为一维向量,否则为矩阵。

(3) Sample time:采样时间,默认值为-1(inf)。

(4) Output data type mode:选项右边下拉菜单中的各选项选择输出数据的类型。

4. Sine Wave

此模块的功能是产生一个正弦波信号。它可以产生两类正弦曲线:基于时间模式和基于采样点模式。若在 Sine type 列表框中选择 Time based,生成的曲线是基于时间模式的正弦曲线。图 17-28 是正弦模块的参数设置窗口。

图 17-27 Constant 模块的参数设置窗口

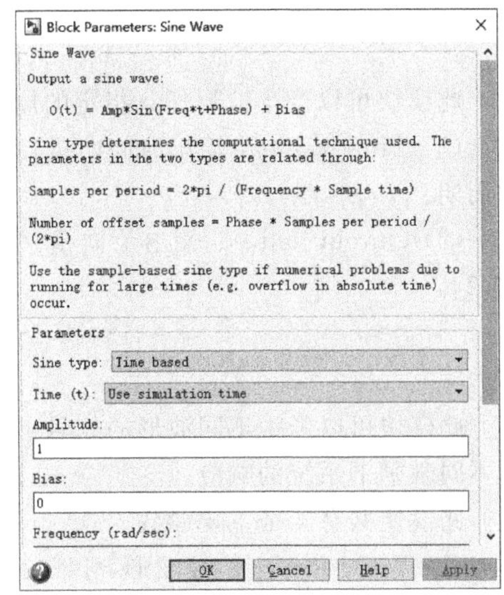

图 17-28 Sine Wave 模块的参数设置窗口

在 Time based(基于时间)模式下使用下面的公式计算输出的正弦曲线：

$$y=\text{Amplitude}\times\sin(\text{Frequency}\times\text{time}+\text{phase})+\text{bias}$$

Time based 模式下的 5 个参数分别如下：

(1) Amplitude：正弦信号的幅值，默认值为 1。

(2) Bias：偏移量，默认值为 0。

(3) Frequency：角频率(单位是 rad/s)，默认值为 1。

(4) Phase：初相位(单位是 rad)，默认值为 0。

(5) Sample time：采样间隔，默认值为 0，表示该模块工作在连续模式，大于 0 则表示该模块工作在离散模式。

Sample based(基于采样)模式下的 5 个参数如下：

(1) Amplitude：正弦信号的幅值，默认值为 1。

(2) Bias：偏移量，默认值为 0。

(3) Samples per period：每个周期的采样点，默认值为 10。

(4) Number of offset samples：采样点的偏移数，默认值为 0。

(5) Sample time：采样间隔，默认值为 0；在该模式下，必须设置为大于 0 的数。

【例 17-1】 对 sin(x)积分。

解：模型如图 17-29 所示，所有模块按照默认设置，模型运行总步长设置为 10。

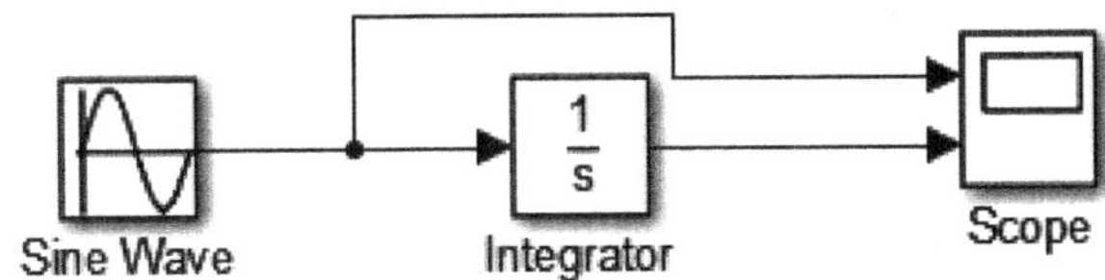

图 17-29 系统原理图

5. Repeating Sequence

此模块可以产生波形任意指定的周期标量信号，共有 2 个可设置参数。

(1) Time values：输出时间向量，默认值为[0,2]，其最大时间值即为指定周期信号的周期。

(2) Output values：输出值向量，每一个值对应于同一时间列中的时间值，默认值[0,2]。

6. Signal Generator

此模块可以产生不同波形的信号：正弦波、方波、锯齿波和随机信号波形。用于分析在不同激励下系统的响应。

此模块共有 4 个主要参数。

(1) Wave form：信号波形，可以设置为正弦波、方波、锯齿形波随机波 4 种波形，默认为正弦波。

(2) Amplitude：信号振幅，默认值为 1，可为负值(此时波形偏移 180o)。

(3) Frequency：信号频率，默认值为 1。

(4) Units：频率单位，可以设置为赫兹(Hz)和弧度/秒(rad/s)，默认值为 Hz。

7. Step

此模块是在某规定时刻于两值之间产生一个阶跃变化，既可以输出标量信号又可以输出向量信号，取决于参数的设定。

8. Ramp

此模块用来产生一个开始于指定时刻，以常数值为变化率的斜坡信号。参数说明如下：

(1) Slope：斜坡信号的斜率，默认值为 1。

(2) Start time：开始时刻，默认值为 0。

(3) Initial output：变化之前的初始输出值，默认值为 0。

9. Pulse Generator

该模块以一定的时间间隔产生标量、向量或矩阵形式的脉冲信号。主要参数说明如下：

(1) Amplitude：脉冲幅度，默认值为 1。

(2) Period：脉冲周期，默认值为 2，单位为 s。

(3) Pulse width：占空比，即信号为高电平的时间在一个周期内的比例，默认值为 50%。

(4) Phase delay：相位延迟，默认值为 0。

10. Digital Clock

此模块仅在特定的采样间隔产生仿真时间，其余时间显示保持前一次的值。该模块适用于离散系统，只有一个参数 Sample time(采样间隔)，默认值为 1s。

11. From Workspace

此模块从 MATLAB 工作区中的变量中读取数据，模块的图标中显示变量名。主要参数说明如下：

(1) Data：读取数据的变量名。

(2) Sample time：采样间隔，默认值为 0。

(3) Interpolate data：选择是否对数据插值。

(4) Form output after final data value by：确定该模块在读取完最后时刻的数据后，模块的输出值。

12. From File

此模块从指定文件中读取数据，模块将显示读取数据的文件名。文件必须包含大于两行的矩阵。其中，第一行必须是单调增加的时间点，其他行是对应时间点的数据，形式为

$$\begin{bmatrix} t_{11} & \cdots & t_{1n} \\ \vdots & \ddots & \vdots \\ t_{n1} & \cdots & t_{nn} \end{bmatrix}$$

输出的宽度取决于矩阵的行数。此模块采用时间数据来计算其输出，但在输出中不包含时间项，这意味着若矩阵为 m 行，则输出为一个行数为 $m-1$ 的向量。此模块共有 2 个可设置参数。

(1) File name：输入数据的文件名，默认为 untitled.mat。

(2) Sample time：采样间隔，默认值为 0。

13. Ground

该模块用于将其他模块的未连接输入接口接地。如果模块中存在未连接的输入接口，则仿真时会出现警告信息，使用接地模块可以避免产生这种信息。接地模块的输出是 0，与连接的输入接口的数据类型相同。

14. In1

建立外部或子系统的输入接口，可将一个系统与外部连接起来。主要参数说明如下：

(1) Port number：输入接口号，默认值为 1。

(2) Port dimensions：输入信号的维数，默认值为−1，表示动态设置维数；可以设置成 n 维向量或 $m \cdot n$ 维矩阵。

(3) Sample time：采样间隔，默认值为−1。

15. Band-Limited White Noise

此模块用来产生适用于连续或混合系统的正态分布的随机信号。此模块与 Random Number(随机数)模块的主要区别在于，此模块以一个特殊的采样速率产生输出信号，此采样速率与噪声的相关时间有关。

此模块有如下 3 个可设置参数：

(1) Noise power：白噪声的功率谱幅度值，默认为 0.1。

(2) Sample time：噪声的相关时间，默认为 0.1。

(3) Seed：随机数的随机种子，默认值为 23341。

16. Random Number

此模块用于产生正态分布的随机数。若要产生一个均匀分布的随机数，用 Uniform Random Number 模块。

此模块共有 4 个可设置参数：

(1) Mean：随机数的数学期望值，默认值为 0。

(2) Variance：随机数的方差，默认值为 1。

(3) Initial seed：起始种子数，默认值为 1。

(4) Sample time：采样间隔，默认值为 0，即连续采样。

注意：尽量避免对随机信号积分，因为在仿真中使用的算法更适于光滑信号。若需要干扰信号，可以使用 Band-Limited White Noise 模块。

17. Uniform Random Number

此模块用于产生均匀分布在指定时间区间内的有指定起始种子的随机数。“随机种子”在每次仿真开始时会重新设置。若要产生一个具有相同期望和方差的向量，需要设定参数 Initial seed 为一个向量。

此模块共有以下 4 个可设置参数：

(1) Minimum：时间间隔的最小值，默认值为－1。

(2) Maximum：时间间隔的最大值，默认值为 1。

(3) Initial seed：起始随机种子数，默认值为 0。

(4) Sample time：采样间隔，默认值为 0。

17.3.4 常用的 Sink 信宿

Sink 库中包含了用户用于建模的基本输出模块，熟悉其中模块的属性和用法，对模型的创建和结果分析是必不可少的。表 17-4 列出了 Sink 库中的所有模块及简单功能介绍。

表 17-4 Sink 库简介

名　称	功　能
Display	数值显示
Scope	示波器，显示仿真时生成的信号
Floating Scope	悬浮示波器，显示仿真时生成的信号
Out1	为子系统或外部创建一个输出端口
To Workspace	将数据写入工作区的变量中
XY Graph	使用 MATLAB 图形窗口显示信号的 X-Y 图
To File	将数据写在文件中

下面对 Source 库中的几个常用模块做详细说明。

1. Display 模块

此模块是用来显示输入信号的数值，既可以显示单个信号也可以显示向量信号或矩阵信号。该模块的作用如下：

(1) 显示数据的格式可以通过在属性对话框下选择 Format 选项来控制；

(2) 如果信号显示的范围超出了模块的边界，在该模块的右下角会出现一个黑色的三角，调整模块的大小，即可以显示全部的信号的值。

图 17-30 是输入为数组的情况，图 17-30(a)中的模块有一个黑色三角形，表示模型未显示全部输入；经过调整，黑色三角形消失，显示全部输入，如图 17-30(b)所示。

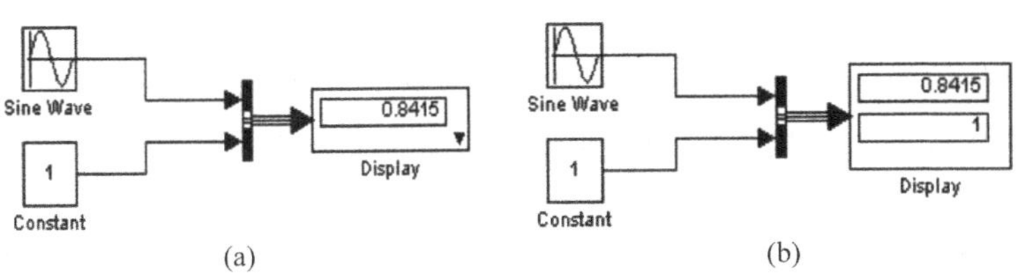

图 17-30　Display 模块用例

2. Scope 和 Floating Scope 模块

Scope 模块的显示界面与示波器类似，是以图形的方式显示指定的信号。当用户运行仿真模型时，Simulink 会把结果写入到 Scope 中，但是并不打开 Scope 窗口。仿真结束后打开 Scope 窗口，会显示 Scope 的输入信号的图形。

【例 17-2】 以示波器显示时钟信号的输出结果。

解：模型如图 17-31 所示，Scope 显示结果如图 17-32 所示。

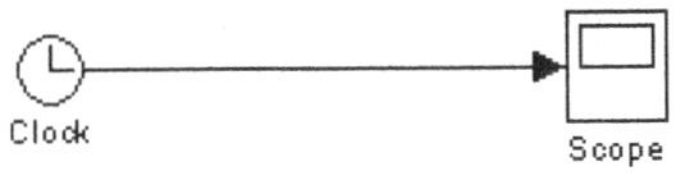

Clock　　Scope

图 17-31　Scope 模块用例

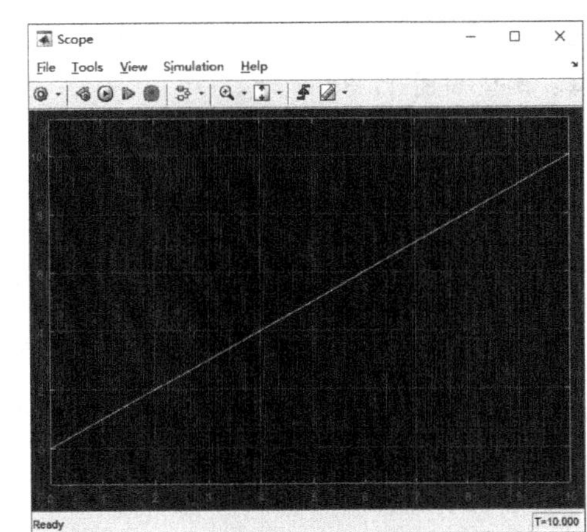

图 17-32　时钟信号显示结果

Scope 窗口中标明了 x、y 轴坐标，用户可以根据需要改变坐标轴的显示参数。在示波器窗口右击，在弹出的快捷菜单中，选择 Axes properties，即打开坐标轴属性对话框，本例中 Y-min 设置为 0,Y-max 设置为 10,Title(示波器名称)为默认值 Scope。

Scope 模块是 Sink 库中最为常用的模块,通过利用 Scope 模块窗口中工具条上的工具,可以实现对输出信号曲线进行各种控制调整,便于对输出信号分析和观察。

(1) 整体缩放和局部缩放

为了满足用户对信号进行局部观察的需要,可以分别对 x 轴、y 轴或同时对 x 轴和 y 轴(整体视图)的信号进行缩放,也可以对信号的指定范围进行缩放。按下工具栏中的相应按钮(——整体缩放, ——x 轴缩放, ——y 轴缩放),在要放大曲线的中心位置单击,每次单击都实现一次放大。

如要实现曲线的局部放大,按下工具栏中的相应按钮后,在曲线上按住鼠标左键,选定范围,释放鼠标即可得到局部的放大图。在放大的视图上双击即可恢复原视图。

(2) 自动缩放

单击工具栏中的按钮,可以自动调整显示范围,以匹配系统仿真输出信号的动态范围。还可以在显示波形上右击,在弹出的快捷菜单中选择 Autoscale 来实现。

(3) 保存与恢复坐标轴设置

在使用 Scope 观察信号时,用户可以单击按钮 ,保存当前坐标轴设置。当视图发生改变后,单击按钮可以恢复坐标轴设置。同样,可以右击,选择弹出菜单的相关菜单项实现。

(4) 悬浮示波器

悬浮示波器是一个不带接口的模块,在仿真过程中可以显示被选中的一个或多个信号。使用悬浮示波器有两种方法:直接利用 Sink 库中的 Floating Scope 模块;利用 Sink 库中的 Scope,在示波器显示窗口,单击“悬浮示波器”按钮。

3. Out1

该模块与 Source 库下的 In1 模块类似,可以为子系统或外部创建一个输出接口。

【例 17-3】 将阶跃信号的幅度扩大一倍,并以 Out1 模块为系统设置一个输出接口。

解:模型如图 17-33 所示。

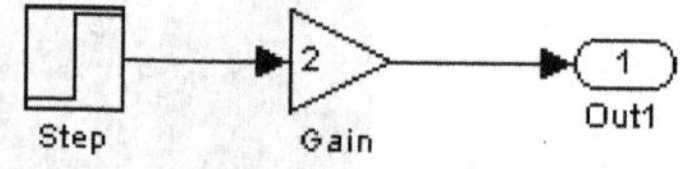

图 17-33 阶跃信号幅度扩大一倍模型

该模型中 Out1 模块为系统提供了一个输出接口,如果同时定义返回工作区的变量(通过 Configuration Parameters 中的 Data Import/Export 选项来定义),可以把输出信号(斜坡信号的积分信号)返回到定义的工作变量中。此例中时间变量和输出变量使用默认设置 tout 和 yout。

运行仿真,在 MATLAB 命令行窗口中输入如下命令绘制输出曲线:

```
>> plot(tout,yout);
```

输出曲线在 MATLAB 图形窗口显示,显示结果如图 17-34 所示。

4. To Workspace

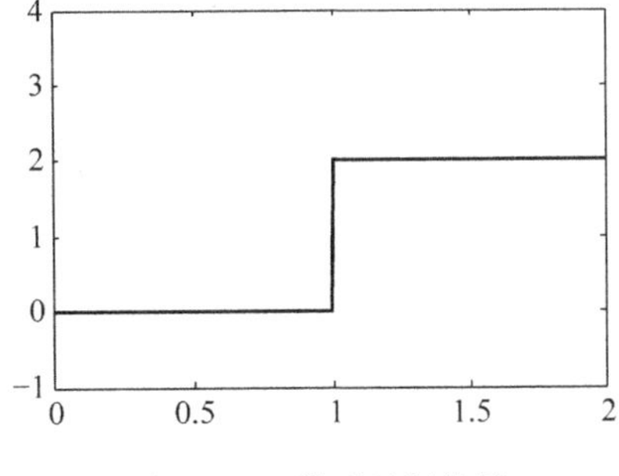

图 17-34 模型运行结果

此模块是把设置的输出变量写入到 MATLAB 工作区间。模块参数如下：

(1) Variable name：模块的输出变量，默认值 simout。

(2) Limit data points to last：限制输出数据点的数目，To Workspace 模块会自动进行截取数据的最后 n 个点，默认值 inf。

(3) Decimation：步长因子，默认值 1。

(4) Sample time：采样间隔，默认值−1。

(5) Save format：输出变量格式，可以指定为数组或结构。

5. XY Graph

此模块的功能是利用 MATLAB 的图形窗口绘制信号的 x-y 曲线。模块参数如下：

(1) x-min：x 轴的最小取值，默认值−1。

(2) x-max：x 轴的最大取值，默认值 1。

(3) y-min：y 轴的最小取值，默认值−1。

(4) y-max：y 轴的最大取值，默认值 1。

(5) Sample time：采样间隔，默认值−1。

如果一个模型中有多个 XY Graph 模块，在仿真时 Simulink 会为每一个 XY Graph 模块打开一个图形窗口。

6. To File 模块

利用该模块可以将仿真结果以 Mat 文件的格式直接保存到数据文件中。模块参数如下：

(1) Filename：保存数据的文件名，默认值 untitled. mat。如果没有指定路径，则存于 MATLAB 工作区目录。

(2) Variable name：在文件中所保存矩阵的变量名，默认值 ans。

(3) Decimation：步长因子，默认值 1。

(4) Sample time：采样间隔，默认值−1。

17.3.5 仿真的配置

构建好一个系统的模型后，在运行仿真前，必须对仿真参数进行配置。仿真参数的设置包括：仿真过程中的仿真算法、仿真的起始时刻、误差容限及错误处理方式等，还可以定义仿真结果的输出和存储方式。

首先，打开需要设置仿真参数的模型，然后在模型窗口的菜单中选择 Simulation|Configuration Parameters，就会弹出仿真参数设置对话框。

仿真参数设置部分有 9 项，用户最常用的两项为 Solver 和 Data Import/Export。

1. Solver

该部分主要完成对仿真的起止时间，仿真算法类型等的设置，如图 17-35 所示。

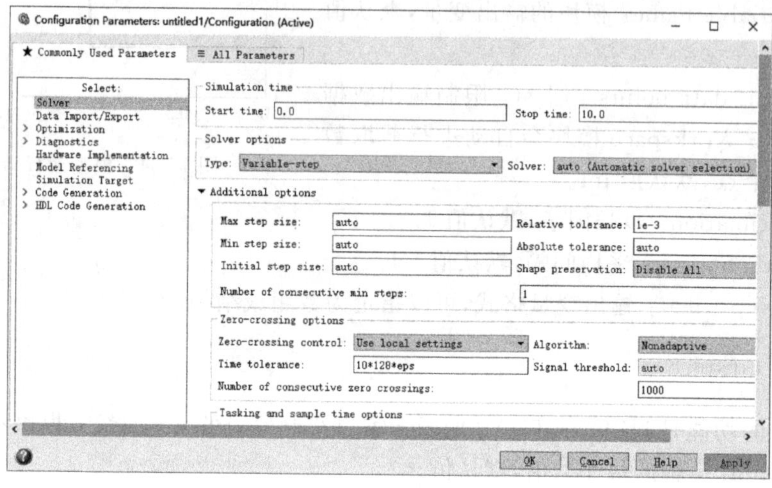

图 17-35　仿真参数对话框

2. Data Import/Export

仿真时，用户可以将仿真结果输出到 MATLAB 工作区中，也可以从工作区中载入模型的初始状态，这些都是在仿真配置中的 Data Import/Export 中完成，如图 17-36 所示。

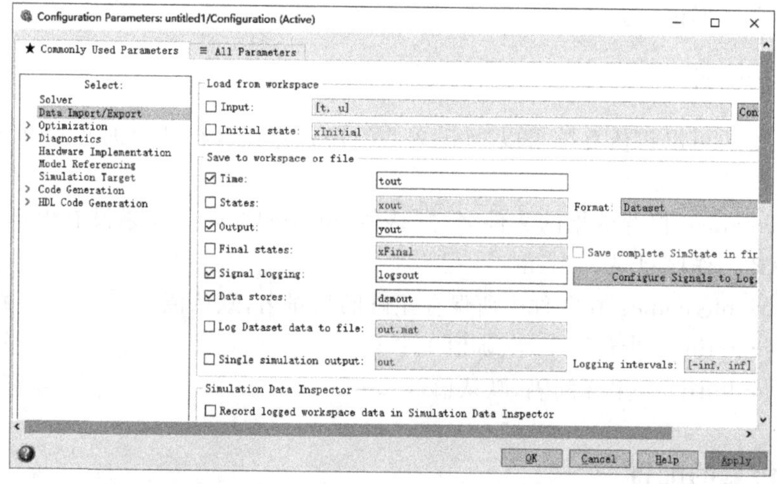

图 17-36　Data Import/Export 参数设置对话框

17.3.6 启动仿真

启动仿真模型有以下三种方式：

(1) 选择菜单 Simulation|Run；

(2) 单击工具栏上的图标▶;

(3) 在命令行窗口输入调用函数 sim('model')进行仿真。

仿真的最终目的是要通过模型得到某种计算结果,故仿真结果的分析是系统仿真的重要环节。

仿真结果的分析不仅可以通过 Simulink 提供的输出模块完成,而且 MATLAB 也提供了一些用于仿真结果分析的函数和指令。

【例 17-4】 建立一个 Simulink 模型,使得该模型满足:在 $t \leqslant 5$s 时,输出为正弦信号 sin(t);当 $t > 5$s 时,输出为 5。

解:求解过程如下:

1) 建立系统模型

根据系统数学描述选择合适的 Simulink 模块:

(1) Source 库下的 Sine Wave 模块:作为输入的正弦信号 sin(t)。

(2) Source 库下的 Clock 模块:表示系统的运行时间。

(3) Source 库下的 Constant 模块:用来产生特定的时间。

(4) Logical and Bit operations 库下的 Relational Operator 模块:实现该系统时间上的逻辑关系。

(5) Signal Routing 库下的 Switch 模块:实现系统输出随仿真时间的切换。

(6) Sink 库下的 Scope 模块:完成输出图形显示功能。

建立的系统仿真模型如图 17-37 所示。

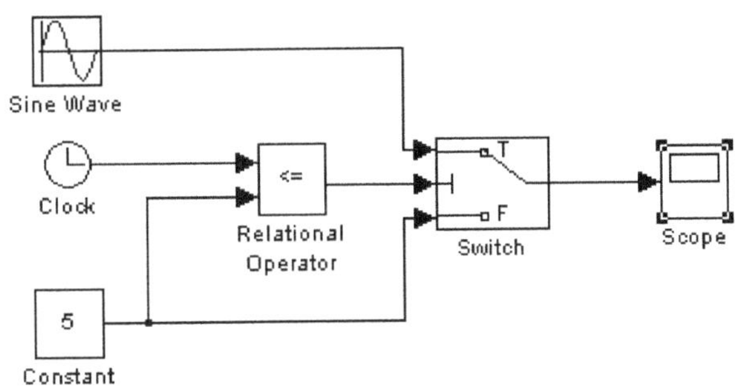

图 17-37 系统仿真模型

2) 模块参数的设置

没有提到的模块及相应的参数,均采用默认值。所用模块设置如下:

(1) Sine Wave 模块:Amplitude 为 1,Frequency 为 1,产生信号 sin$t$。

(2) Constant 模块:Constant value 为 5,设置判断 t 是大于还是小于 5 的门限值。

(3) Relational Operator 模块:Relational Operator 设为"<="。

(4) Switch 模块:Threshold 设为 0.1。(该值只需要大于 0 小于 1 即可)。

3) 仿真的配置

在进行仿真之前,需要对仿真参数进行设置。

仿真时间的设置:Start time 为 0,Stop time 为 10.0(在时间大于 5s 时系统输出才有转换,需要设置合适的仿真结束时间)。其余选项保持默认。

4）运行仿真

得到的仿真结果如图 17-38 所示。从仿真结果可以看出，在模型运行到第 5 步时，输出曲线由正弦曲线变为恒定常数 5。

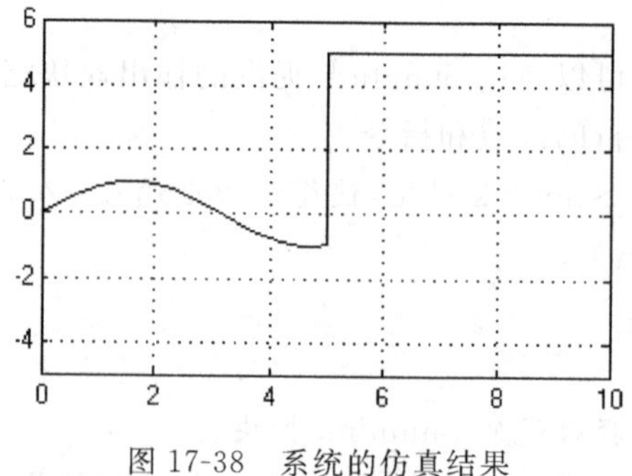

图 17-38　系统的仿真结果

17.4　Simulink 系统仿真

Simulink 是 MATLAB 最重要的组件之一，它提供一个动态系统建模、仿真和综合分析的集成环境。构建好一个系统的模型之后，需要运行模型得到仿真结果。运行一个仿真的完整过程分为三个步骤：设置仿真参数、启动仿真和仿真结果分析。

17.4.1　仿真基础

1. 设置仿真参数

Simulink 中模型的仿真参数通常在仿真参数对话框内设置。这个对话框包含了仿真运行过程中的所有设置参数，在这个对话框内，用户可以设置仿真算法、仿真的起止时间和误差容限等，还可以定义仿真结果数据的输出和存储方式，并可以设定对仿真过程中错误的处理方式。

首先选择需要设置仿真参数的模型，然后在模型窗口的 Simulation 菜单下选择 Model Configuration Parameters 命令，打开 Configuration Parameters 对话框，如图 17-39 所示。

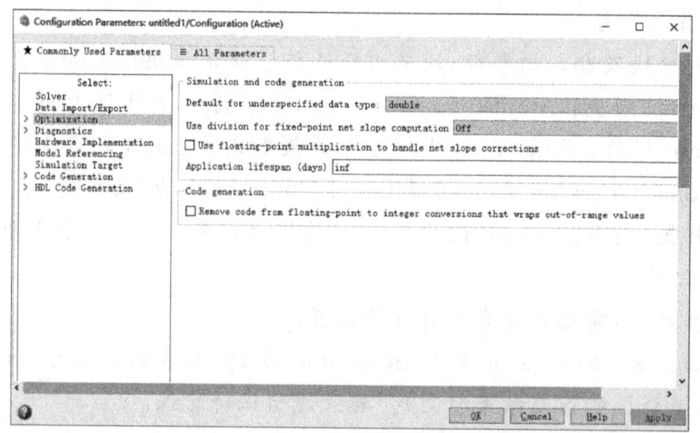

图 17-39　Configuration Parameters 对话框

在 Configuration Parameters 对话框内，用户可以根据自己的需要进行参数设置。当然，除了设置参数值外，也可以把参数指定为有效的 MATLAB 表达式，这个表达式可以由常值、工作区变量名、MATLAB 函数以及各种数学运算符号组成。

参数设置完毕后，可以单击 Apply 按钮应用设置，或者单击 OK 按钮关闭对话框。如果需要的话，也可以保存模型，以保存所设置的模型仿真参数。

关于仿真参数对话框内各选项参数的基本设置方式，将在下一节中详细介绍。

2. 控制仿真执行

Simulink 会从 Configuration Parameters 对话框内指定的起始时间开始执行仿真，仿真过程会一直持续到所定义的仿真终止时间。在这个过程中，如果有错误发生，系统会中止仿真，用户也可以手动干预仿真，如暂停或终止仿真。

在仿真运行过程中，模型窗口底部的状态条会显示仿真的进度情况。同时，Simulation 菜单上的 Run 命令会替换为 Pause 命令，模型工具条上的“启动仿真”按钮也会替换为“暂停仿真”按钮 ⏸，如图 17-40 所示。

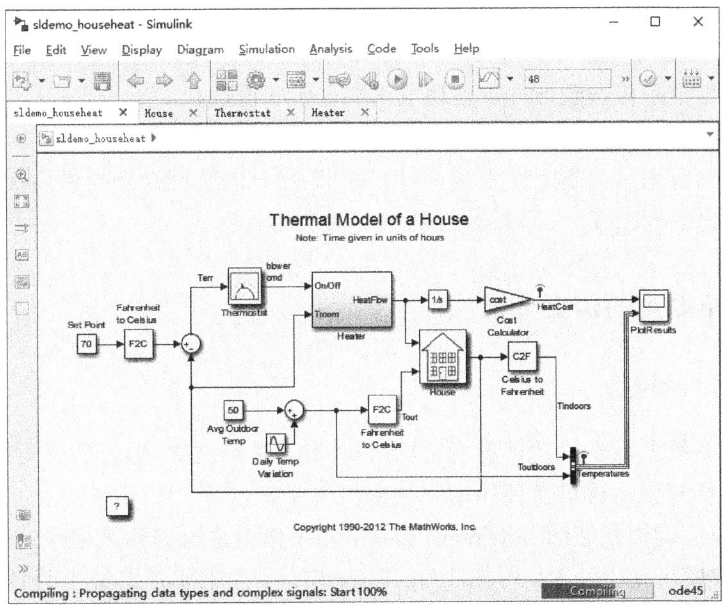

图 17-40　暂停仿真示意图

如果模型中包括了要把输出数据写入到文件或工作区中的模块，或者用户在 Simulation Parameters 对话框内选择了输出选项，那么当仿真结束时，Simulink 会把数据写入到指定的文件或工作区变量中。

3. 交互运行仿真

在仿真运行过程中，用户可以交互式执行某些操作，例如修改某些仿真参数，包括终止时间、仿真算法和最大步长、改变仿真算法。

在浮动示波器或 Display 模块上单击信号线以查看信号。更改模块参数，但不能改变下面的参数：

(1) 状态、输入或输出的数目；

(2) 采样时间；

(3) 过零数目；

(4) 任一模块参数的向量长度；

(5) 内部模块工作向量的长度。

注意：在仿真过程中，用户不能更改模型的结构，例如增加或删除线或模块，如果必须执行这样的操作，则应先停止仿真，在改变模型结构后再执行仿真，并查看更改后的仿真结果。

17.4.2 输出信号的显示

模型仿真的结果可以用数据的形式保存在文件中，也可以用图形的方式直观地显示出来。对于大多数工程设计人员来说，查看和分析结果曲线对于了解模型的内部结构，以及判断结果的准确性具有重要意义。

Simulink 仿真模型运行后，可以用下面几种方法绘制模型的输出轨迹：

(1) 将输出信号传送到 Scope 模块或 XY Graph 模块；

(2) 使用悬浮 Scope 模块和 Display 模块；

(3) 将输出数据写入到返回变量，并用 MATLAB 的绘图命令绘制曲线；

(4) 将输出数据用 To Workspace 模块写入到工作区。

17.4.3 简单系统的仿真分析

1. 建立系统模型

首先根据系统的数学描述选择合适的 Simulink 系统模块，然后按照建模方法建立此简单系统的系统模型。这里所使用的系统模块主要有：

(1) Sources 模块库中的 SineWave 模块：用来作为系统的输入信号。

(2) Math 模块库中的 Relational Operator 模块：用来实现系统中的时间逻辑关系。

(3) Sources 模块库中的 Clock 模块：用来表示系统运行时间。

(4) Nonlinear 模块库中的 Switch 模块：用来实现系统的输出选择。

(5) Math 模块库中的 Gain 模块：用来实现系统中的信号增益。

此简单系统模型如图 17-41 所示。

2. 系统模块参数设置

在完成系统模型的建立之后，需要对系统中各模块的参数进行合理的设置。这里采用的模块参数设置如下：

Sine Wave 模块：采用 Simulink 默认的参数设置，即单位幅值、单位频率的正弦信号。

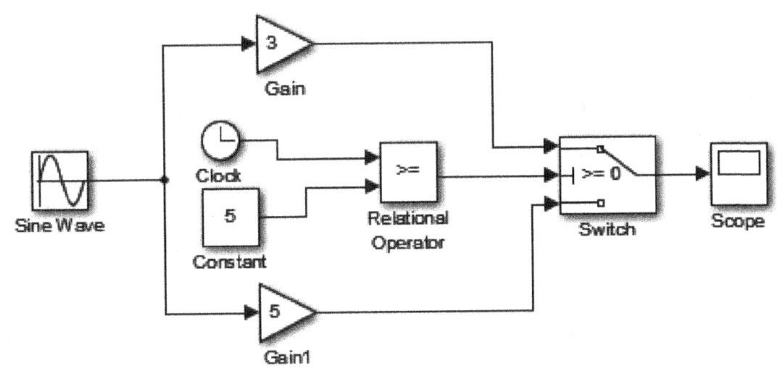

图 17-41 简单系统的系统模型

Relational Operator 模块：其参数设置为“>=”。

Clock 模块：采用默认参数设置。

Switch 模块：设定 Switch 模块的 Threshold 值为 1(其实只要大于 0 且小于或等于 1 即可，因为 Switch 模块在输入端口 2 的输入大于或等于给定的阈值 Threshold 时，模块输出为第一端口的输入，否则为第三端口的输入)，从而实现此系统的输出随仿真时间进行正确的切换。

3. 系统仿真参数设置及仿真分析

在对系统模型中各个模块进行正确且合适的参数设置之后，需要对系统仿真参数进行必要的设置以开始仿真。在默认情况下，Simulink 默认的仿真起始时间为 0s，仿真结束时间为 10s。

对于此简单系统，当时间大于 25s 时系统输出才开始转换，因此需要设置合适的仿真时间。设置仿真时间的方法为：选择菜单 Simulation 中的 Model Configuration Parameters(或使用快捷键 Ctrl+E)，打开仿真参数设置对话框，在 Solver 选项卡中设置系统仿真时间区间。设置系统仿真起始时间为 0s、结束时间为 10s，如图 17-42 所示。

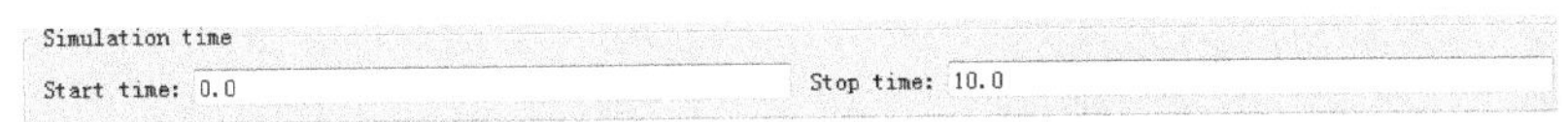

图 17-42 系统仿真时间设置

在系统模块参数与系统仿真参数设置完毕之后，用户便可以开始系统仿真。运行仿真的方法有如下几种：

(1) 选择菜单 Simulation 中的 Run；

(2) 使用系统组合热键 Ctrl+T；

(3) 使用模型编辑器工具栏中的 ▶ 按钮(即黑色三角形)。

当系统仿真结束后，双击系统模型中的 Scope 模块，显示系统仿真结果。采用默认仿真步长设置造成仿真输出曲线不光滑。

这是由于在仿真过程中没有设置合适的仿真步长，而是使用 Simulink 的默认仿真步长设置所造成的。因此，对动态系统的仿真步长需要进行合适的设置。

4. 仿真步长设置

仿真参数的选择对仿真结果有很大的影响。对于简单系统，由于系统中并不存在状态变量，因此每一次计算都应该是准确的(不考虑数据截断误差)。

在使用 Simulink 对简单系统进行仿真时，影响仿真结果输出的因素有仿真起始时间、结束时间和仿真步长。对于简单系统仿真来说，不管采用何种求解器，Simulink 总是在仿真过程中选用最大的仿真步长。

如果仿真时间区间较长，而且最大步长设置采用默认取值 auto，则会导致系统在仿真时使用大的步长，因为 Simulink 的仿真步长是通过下式得到的：

$$h=\frac{t_{\mathrm{end}}-t_{\mathrm{start}}}{50}$$

在模型创建过程中需要注意：

(1) 内存问题：通常内存越大，Simulink 的性能越好。

(2) 利用层级关系：对于复杂的模型，在模型中增加子系统层级是有好处的，因为组合模块可以简化最顶级模型，这样在阅读和理解模型时就容易一些。

(3) 整理模型：结构安排合理的模型和加注文档说明的模型是很容易阅读和理解的，模型中的信号标签和模型标注有助于说明模型的作用，因此在创建 Simulink 模型时，建议读者根据模型的功能需要，适当添加模型说明和模型标注。

(4) 建模策略：如果用户的几个模型要使用相同的模块，则可以在模型中保存这些模块，这样在创建新模型时，只要打开模型并复制所需要的模块就可以了。用户也可以把一组模块放到系统中，创建一个用户模块库，并保存这个系统，然后在 MATLAB 命令行中输入系统的名称来访问这个系统。

通常，在创建模型时，首先在草纸上设计模型，然后在计算机上创建模型。在要将各种模块组合在一起创建模型时，可把这些模块先放置在模型窗口中，然后连线。利用这种方法，用户可以减少打开模块库的次数。

本章小结

本章介绍了 Simulink 的基本功能，并对不同模块库中的模块进行了操作说明，然后对 Simulink 的模型创建作了详细介绍，最后给出了 Simulink 系统仿真相关实例。

第18章 Simulink子系统

对于简单的系统，可以直接使用前面介绍的方法建立 Simulink 仿真模型进行动态系统仿真。然而，对于复杂的动态系统，直接对系统进行建模，不论是分析系统还是设计系统，都会给用户带来不便。

本章重点介绍的 Simulink 的子系统可以较好地解决复杂系统的建模与仿真问题。

学习目标：

- 了解 Simulink 子系统；
- 熟悉子系统的使用；
- 了解自定义库的操作。

18.1 子系统介绍

当用户模型的结构非常复杂时，可以通过把多个模块组合在子系统内的方式来简化模型的外观。利用子系统创建模型有如下优点：

(1) 减少了模型窗口中显示的模块数目，从而使模型外观结构更清晰，增强了模型的可读性；

(2) 在简化模型外观结构图的基础上，保持了各模块之间的函数关系；

(3) 可以建立层级方块图，Subsystem 模块是一个层级，组成子系统的用户模块在另一层上。

在 Simulink 中创建子系统的方法有两种：

(1) 把 Ports&Subsystems 模块库中的 Subsystem 模块添加到用户模型中，然后打开 Subsystem 模块，向子系统窗口中添加所包含的模块；

(2) 先向模型中添加组成子系统的模块，然后把这些模块组合到子系统中。

1. 添加 Atomic Subsystem 模块创建子系统

首先，将 Ports&Subsystems 模块库中的 Atomic Subsystem 模块复制到模型窗口中，如图 18-1 所示。

然后,双击 Subsystem 模块,Simulink 会在当前窗口或一个新的模型窗口中打开子系统,如图 18-2 所示。

图 18-1　Subsystem 模块模型　　　图 18-2　子系统内部结构

子系统窗口中的 In1 模块表示来自于子系统外的输入,Out1 模块表示外部输出。

用户可以在子系统窗口中添加组成子系统的模块。例如,图 18-3 中的子系统包含了一个 Sum 模块,两个 In 模块和一个 Out 模块,这个子系统表示对两个外部输入求和,并将结果通过 Out 模块输出到子系统外的模块。此时,子系统的图标如图 18-3 中的右图所示。

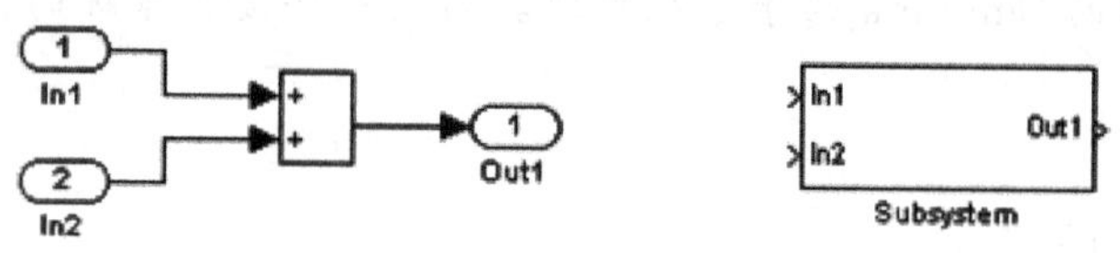

图 18-3　求和子系统

2. 组合已有模块创建子系统

如果模型中已经包含了用户想要转换为子系统的模块,那么可以把这些模块组合在一起来创建子系统。

以图 18-4 中的模型为例,用户可以用鼠标将需要组合为子系统的模块和连线用边框线选取,当释放鼠标按钮时,边框内的所有模块和线均被选中;然后选择 Edit 菜单下的 CreateSubsystem 命令,Simulink 会将所选模块用 Subsystem 模块代替,如图 18-5 所示。

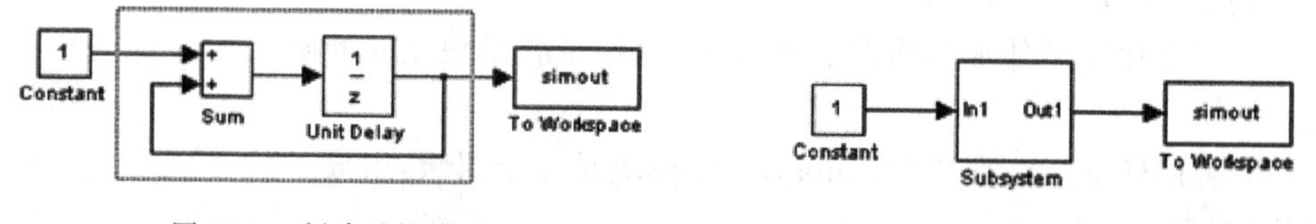

图 18-4　创建系统模型　　　图 18-5　封装子系统后图形

18.2　条件执行子系统

条件执行子系统的执行受到控制信号的控制,根据控制信号对条件子系统执行的控制方式不同,可以将条件执行子系统划分为如下三种基本类型:

1. 使能子系统

使能子系统是指当控制信号的值为正时,子系统开始执行。

2. 触发子系统

触发子系统是指当控制信号的符号发生改变时(也就是控制信号发生过零时),子系统开始执行。触发子系统的触发执行有三种形式:

(1) 控制信号上升沿触发:控制信号具有上升沿形式。

(2) 控制信号下降沿触发:控制信号具有下降沿形式。

(3) 控制信号的双边沿触发:控制信号在上升沿或下降沿时触发子系统。

3. 函数调用子系统

函数调用子系统是在用户自定义的S-函数中发出函数调用时开始执行。

18.2.1 使能子系统

使能子系统在控制信号为正值时的仿真步骤开始执行。一个使能子系统有单个的控制输入,控制输入可以是标量值或向量值。

(1) 如果控制输入是标量,那么当输入大于零时子系统开始执行;

(2) 如果控制输入是向量,那么当向量中的任一分量大于零时子系统开始执行。

假设控制输入信号是正弦波信号,那么子系统会交替使能和关闭,如图18-6所示,图中向上的箭头表示使能系统,向下的箭头表示关闭系统。

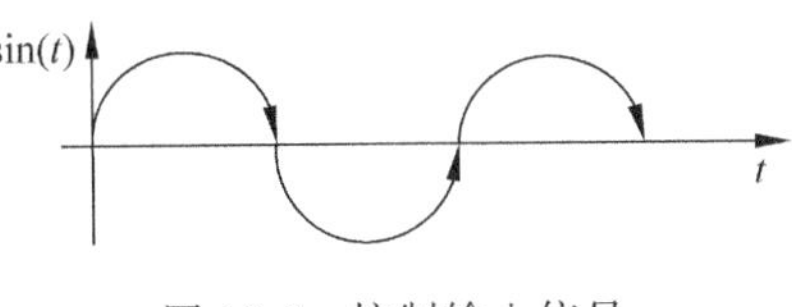

图18-6 控制输入信号

1. 创建使能子系统

若要在模型中创建使能子系统,可以从Simulink中的Ports&Subsystems模块库中把Enable模块复制到子系统内,这时Simulink会在子系统模块图标上添加一个使能符号和使能控制输入口。在使能子系统外添加Enable模块后的子系统图标如图18-7所示。

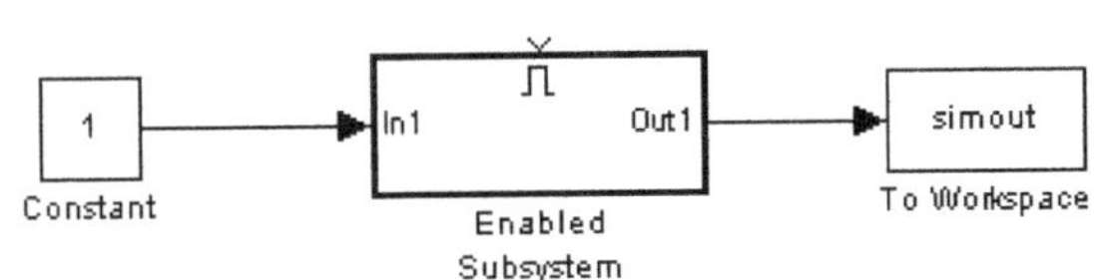

图18-7 添加Enable模块后的子系统

打开使能子系统中每个Outport输出端口模块对话框,并为Output when disabled参数选择一个选项,如图18-8所示。

选择held选项表示让输出保持最近的输出值。

选择reset选项表示让输出返回到初始条件,并设置Initial output值,该值是子系统重置时的输出初始值。

Initial output值可以为空矩阵[],此时的初始输出等于传送给Outport模块的输出值。

在执行使能子系统时，用户可以通过设置 Enable 模块参数对话框来选择子系统状态，或者选择保持子系统状态为前一时刻值，或者重新设置子系统状态为初始条件。

打开 Enable 模块对话框(如图 18-9 所示)，为 States when enabling 参数选择一个选项：

(1) 选择 held 选项表示使状态保持为最近的值；

(2) 选择 reset 选项表示使状态返回到初始条件。

Enable 模块对话框的另一个选项是 Show output port 复选框，选择这个选项表示允许用户输出使能控制信号。这个特性可以将控制信号向下传递到使能子系统，如果使能子系统内的逻辑判断依赖于数值，或者依赖于包含在控制信号中的数值，那么这个特性就非常有用。

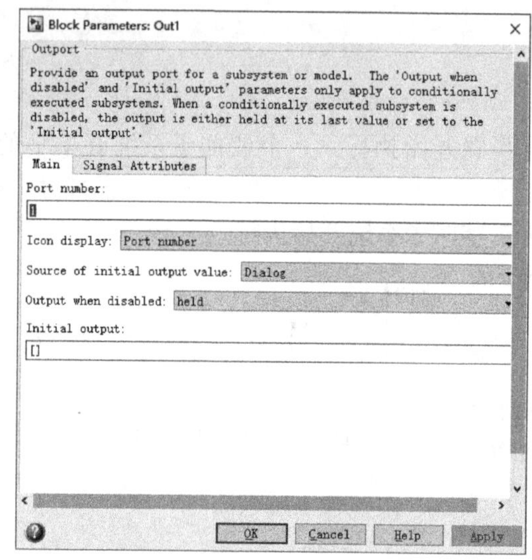

图 18-8　Out 模块对话框

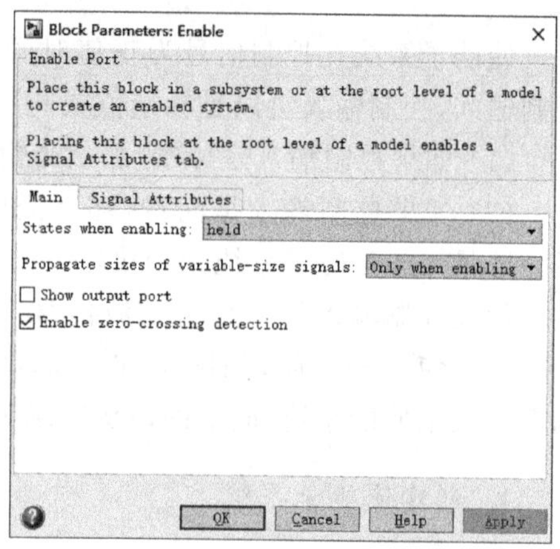

图 18-9　Enable 模块对话框

2. 允许使能子系统包含的模块

使能子系统内可以包含任意 Simulink 模块，包括 Simulink 中的连续模块和离散模块。使能子系统内的离散模块只有当子系统执行时，而且只有当该模块的采样时间与仿真的采样时间同步时才会执行，使能子系统和模型共用时钟。

使能子系统内也可以包含 Goto 模块，但是在子系统内只有状态端口可以连接到 Goto 模块。

图 18-10 中的模型包含四个离散模块和一个控制信号。

3. 使能子系统的模块约束

在使能子系统内，Simulink 会对与使能子系统输出端口相连的带有恒值采样时间的模块进行如下限制：

如果用户用带有恒值采样时间的 Model 模块或 S-函数模块与条件执行子系统的输出端口相连，那么 Simulink 会显示一个错误消息。

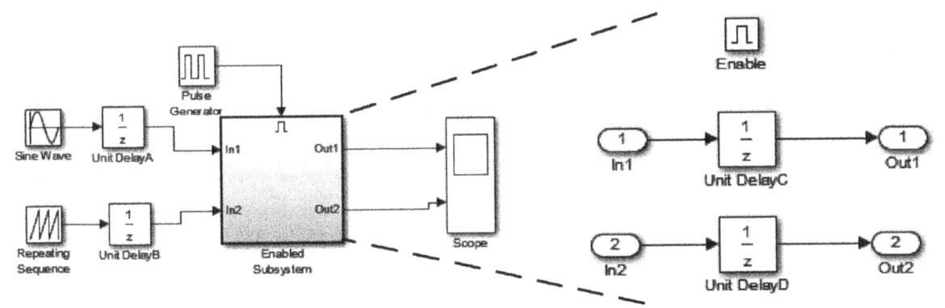

图 18-10 包含离散模块和控制信号的系统

Simulink 会把任何具有恒值采样时间的内置模块的采样时间转换为不同的采样时间，例如以条件执行子系统内的最快速离散速率作为采样时间。

为了避免 Simulink 显示错误信息或发生采样时间转换，用户可以把模块的采样时间改变为非恒值采样时间，或者使用 Signal Conversion 模块替换具有恒值采样时间的模块。下面说明如何用 Signal Conversion 模块来避免这种错误发生。

图 18-11 中的模型有两个带有恒值采样时间的模块，当仿真模型时，Simulink 会把使能子系统内 Constant 模块的采样时间转换为 Pulse Generator 模块的速率。

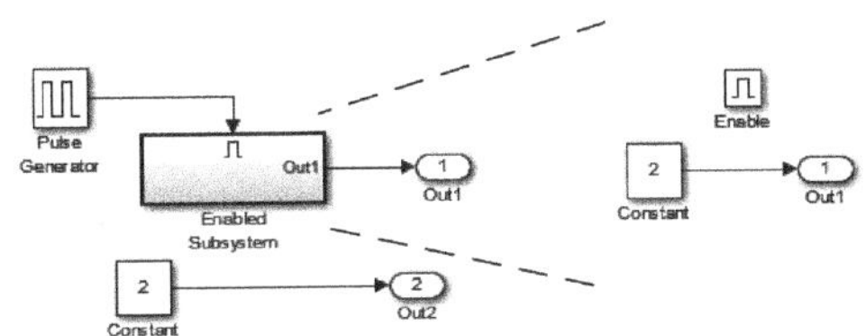

图 18-11 两个带有恒值采样时间模块的系统

如果用户选择 Format 菜单中 Sample Time Displays 子菜单下的 Colors 命令来显示采样时间的颜色，那么 Simulink 会把 Pulse Generator 模块和使能子系统显示为红色，而把使能子系统外的 Constant 模块和 Outport 模块显示为深红色，以表示这些模块仍然具有恒值采样时间。

【例 18-1】 使能子系统的建立与仿真。

解： 在此系统模型中，存在着两个由方波信号驱动的使能子系统（图中虚线框所框的子系统，以 A 与 B 表示）。

图 18-12 所示为使能子系统 A 与 B 的结构以及相应的使能状态设置。

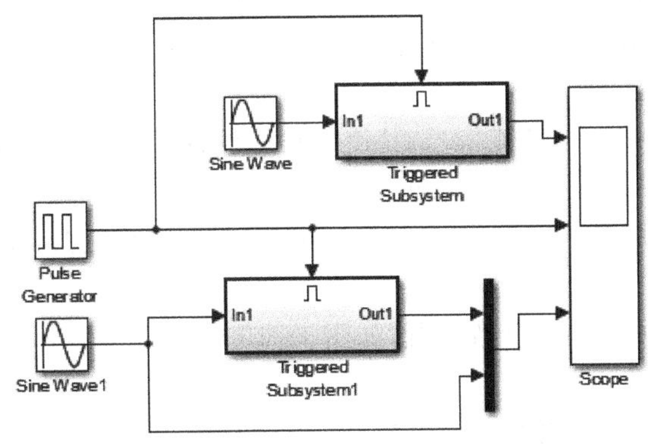

图 18-12 使能子系统

使能子系统仿真设置如图 18-13 和图 18-14 所示。

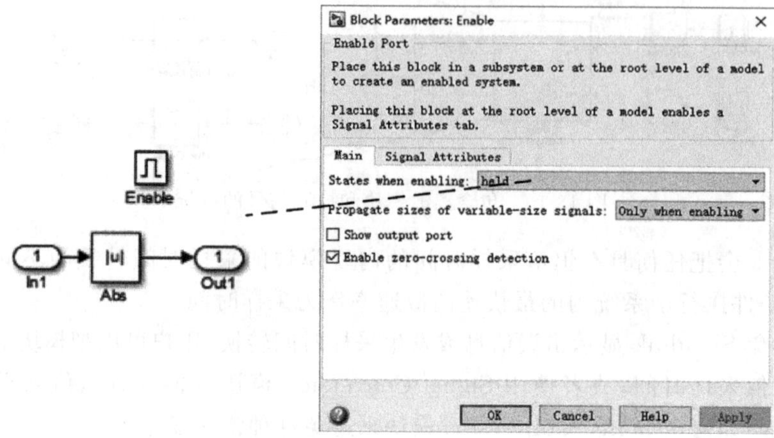

图 18-13　使能子系统使能状态设置

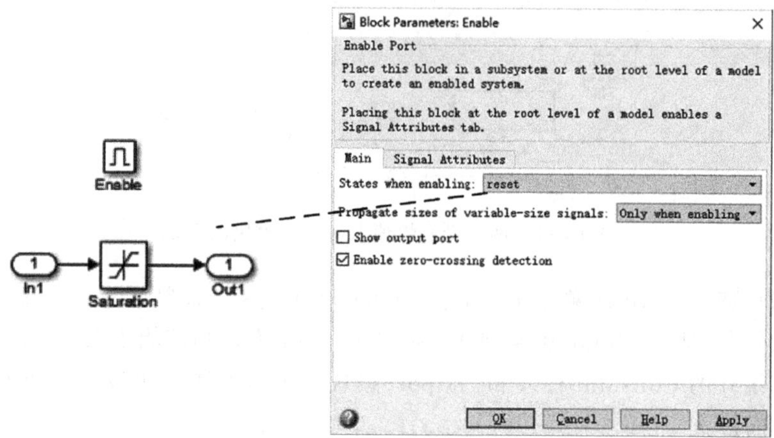

图 18-14　使能子系统使能参数设置

此系统模型中各模块的参数设置如下：

(1) 系统输入为采用默认设置的正弦信号(即单位幅值、单位频率的单位正弦信号)。

(2) 使能子系统的控制信号源，使用 Sources 模块库中的 Pulse Generator 脉冲信号发生器所产生的方波信号。其参数设置为：脉冲周期(Period)为 5s，Pulse Width 设置为 50，其余采用默认设置。

(3) 使能子系统 A 中的使能信号，其使能状态设置为重置 reset；使能子系统 B 中的使能信号，其使能状态设置为保持 held。

(4) 下方使能子系统中饱和模块(Saturation)，其参数设置为：饱和上限为 0.5，饱和下限为－0.5。

(5) 系统输出 Scope 模块参数设置，如图 18-15 所示。

系统仿真参数设置如下：

(1) 仿真时间：设置仿真时间范围为 0～20s。

(2) 求解器设置：采用默认设置，即连续变步长，具有过零检测能力的求解器。

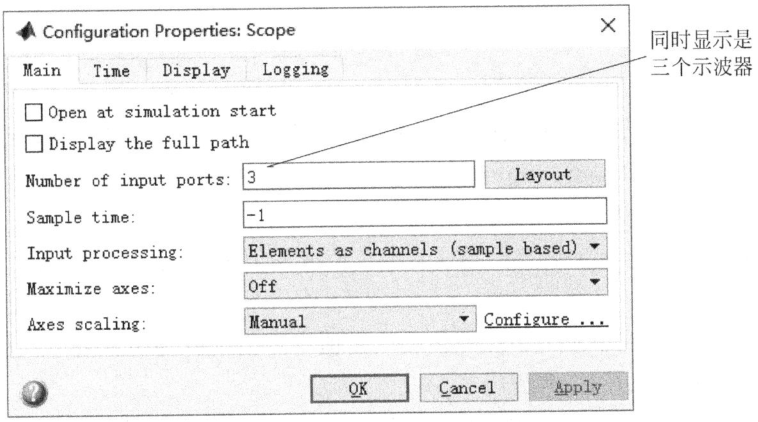

Configuration Properties: Scope

Main　Time　Display　Logging

☐ Open at simulation start

☐ Display the full path

Number of input ports: 3　Layout

Sample time: -1

Input processing: Elements as channels (sample based)

Maximize axes: Off

Axes scaling: Manual　Configure ...

OK　Cancel　Apply

同时显示是三个示波器

图 18-15　Scope 模块参数设置

Scope 模块参数设置及使能子系统仿真结果如图 18-16 所示。

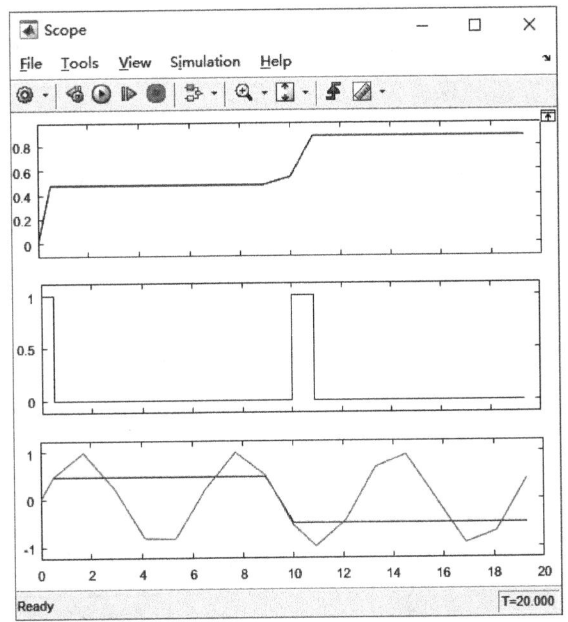

图 18-16　使能子系统的仿真结果

从图 18-16 中可以明显看出，只有在控制信号为正时，使能子系统才输出，而且设置不同的使能状态可以获得不同的结果（结果被重置或被保持）。

对于采用状态重置的使能子系统 A，其输出被重置；而采用状态保持的使能子系统 B，其输出被保持。

如果在使能子系统中存在着状态变量，那么当使能模块状态设置为重置时，它的状态变量将被重置为初始状态（可能不为零），当使能模块设置为保持时，它的状态变量将保持不变。至于系统的输出，取决于系统的状态变量以及系统的输入信号，这里不再赘述。

18.2.2 触发子系统

触发子系统也是子系统，它只有在触发事件发生时才执行。触发子系统有单个的控制输入，称为触发输入(trigger input)，它控制子系统是否执行。用户可以选择三种类型的触发事件，以控制触发子系统的执行。

(1) 上升沿触发(rising)：当控制信号由负值或零值上升为正值或零值(如果初始值为负)时，子系统开始执行；

(2) 下降沿触发(falling)：当控制信号由正值或零值下降为负值或零值(如果初始值为正)时，子系统开始执行；

(3) 双边沿触发(either)：当控制信号上升或下降时，子系统开始执行。

对于离散系统，当控制信号从零值上升或下降，且只有当这个信号在上升或下降之前已经保持零值一个以上时间步时，这种上升或下降才被认为是一个触发事件。这样就消除了由控制信号采样引起的误触发事件。

在图 18-17 所示的离散系统时间中，上升触发 R 不能发生在时间步 3，因为当上升信号发生时，控制信号在零值只保持了一个时间步。

用户可以通过把 Ports&Subsystems 模块库中的 Trigger 模块复制到子系统中的方式来创建触发子系统，Simulink 会在子系统模块的图标上添加一个触发符号和一个触发控制输入端口。

为了选择触发信号的控制类型，可打开 Trigger 模块的参数对话框，如图 18-18 所示，并在 Trigger type 参数的下拉列表中选择一种触发类型。

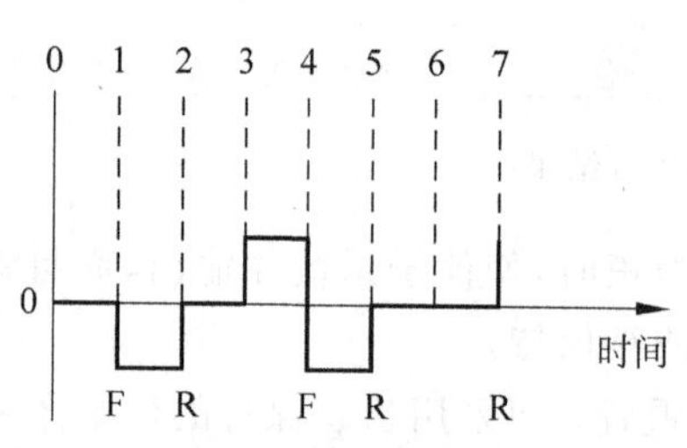

图 18-17 离散系统时间

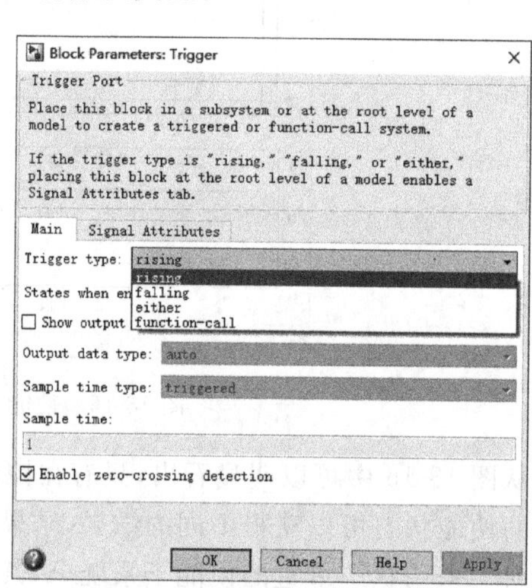

图 18-18 Trigger 模块的参数对话框

Simulink 会在 Trigger and Subsystem 模块上用不同的符号表示上升沿触发或下降沿触发，或双边沿触发。图 18-19 就是在 Subsystem 模块上显示的触发符号。

如果选择的 Trigger type 参数是 function-call 选项，那么创建的是函数调用子系统，这种触发子系统的执行是由 S-函数决定的，而不是由信号值决定的。

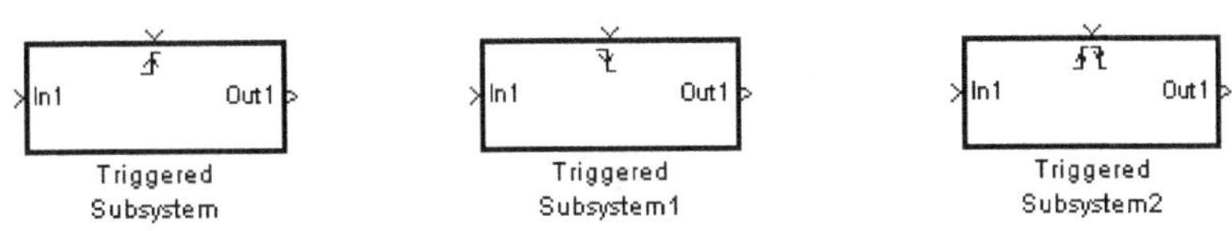

图 18-19 在 Subsystem 模块上显示的触发符号

注意：与使能子系统不同，触发子系统在两次触发事件之间一直保持输出为最终值，而且当触发事件发生时，触发子系统不能重新设置它们的状态，任何离散模块的状态在两次触发事件之间会一直保持下去。

Trigger 模块参数对话框中的 Show output port 复选项可以输出触发控制信号。如图 18-20 所示。如果选择这个选项，则 Simulink 会显示触发模块的输出端口，并输出触发信号，信号值为：

(1) 1 表示产生上升触发的信号；

(2) −1 表示产生下降触发的信号；

(3) 2 表示函数调用触发；

(4) 0 表示其用户类型触发。

Output data type 选项指定触发输出信号的数据类型，可以选择的类型有 auto、int8 或 double。auto 选项可自动把输出信号的数据类型设置为信号被连接端口的数据类型(int8 或 double)。如果端口的数据类型不是 double 或 int8，那么 Simulink 会显示错误消息。

当用户在 Trigger type 选项中选择 function-call 时，对话框底部的 Sample time type 选项将被激活，这个选项可以设置为 triggered 或 periodic，如图 18-21 所示。

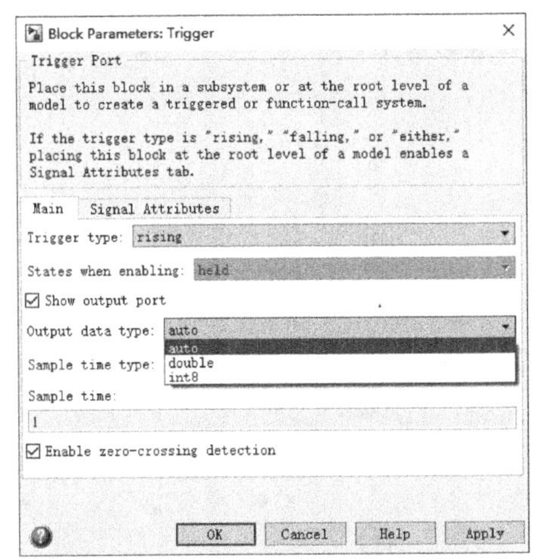

图 18-20 Show output port 复选项

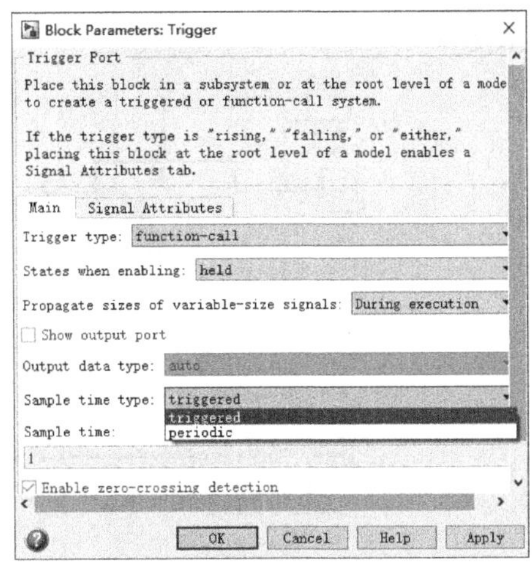

图 18-21 Sample time type 选项

如果调用子系统的上层模型在每个时间步内调用一次子系统，那么选择 periodic 选项，否则，选择 triggered 选项。当选择 periodic 选项时，Sample time 选项将被激活，该参数可以设置包含调用模块的函数调用子系统的采样时间。

图 18-22 是一个包含触发子系统的模型图，在这个系统中，子系统只有在方波触发控制信号的上升沿时才被触发。

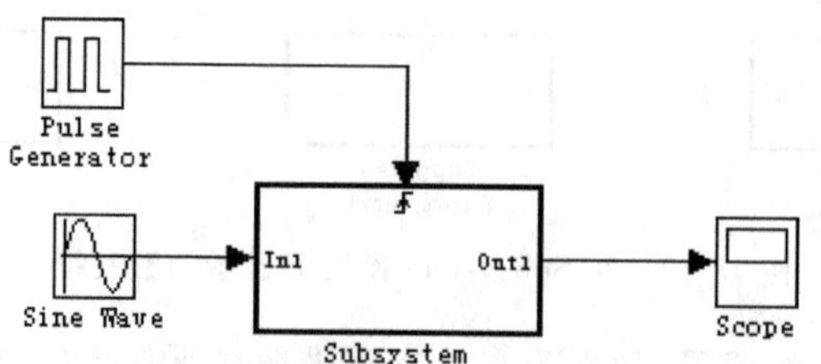

图 18-22　包含触发子系统的模型

在仿真过程中，触发子系统只在指定的时间执行，因此适合在触发子系统中使用的模块有如下两类：

(1) 具有继承采样时间的模块，如 Logical Operator 模块或 Gain 模块；

(2) 具有采样时间设置为－1 的离散模块，它表示该模块的采样时间继承驱动模块的采样时间。

当触发事件发生并且触发子系统执行时，子系统内部包含的所有模块一同被执行，Simulink 只有在执行完子系统中的所有模块后，才会转换到上一层执行其用户的模块，这种子系统的执行方式属于原子子系统。

而其用户子系统的执行过程不是这样的，如使能子系统，默认情况下，这种子系统只用于图形显示目的，属于虚拟子系统，它并不改变框图的执行方式。虚拟子系统中的每个模块都被独立对待，就如同这些模块都处于模型最顶层一样。这样，在一个仿真步中，Simulink 可能会多次进出一个系统。

【例 18-2】 触发子系统的建立与仿真分析。

在这个例子中，存在三个使用不同触发方式的触发子系统，分别是上升沿触发、下降沿触发以及双边沿触发。图 18-23 所示为此系统的系统模型。

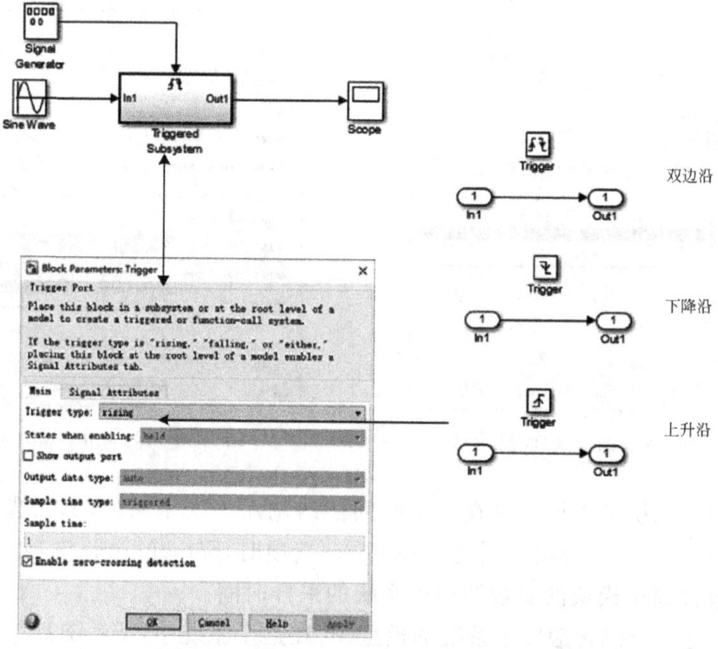

图 18-23　触发子系统的系统模型与触发类型设置

运行此系统进行仿真，仿真结果如图 18-24 所示。

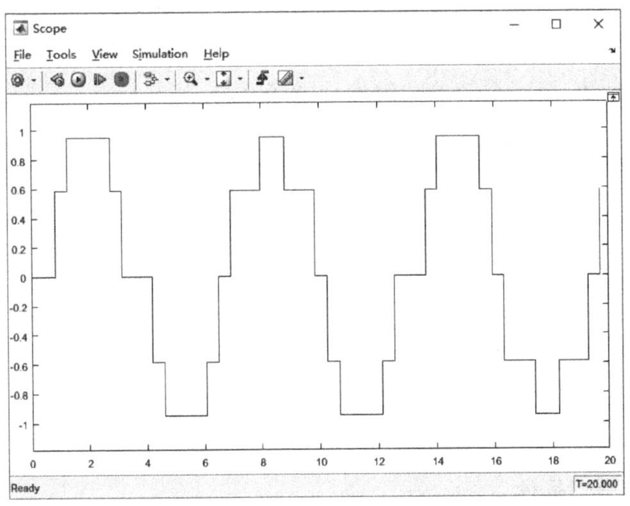

图 18-24 触发子系统的仿真结果

18.2.3 触发使能子系统

第三种条件执行子系统包含两种条件执行类型，称为触发使能子系统。这样的子系统是使能子系统和触发子系统的组合，系统的判断流程如图 18-25 所示。

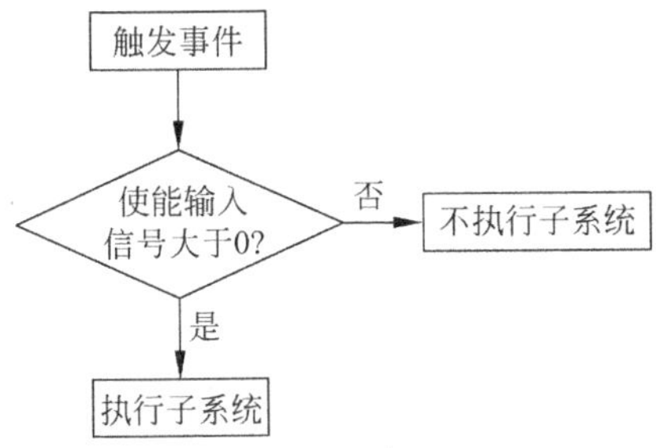

图 18-25 系统判断流程

触发使能子系统既包含使能输入端口，又包含触发输入端口，在这个子系统中，Simulink 等待一个触发事件，当触发事件发生时，Simulink 会检查使能输入端口是否为 0，并求取使能控制信号。

如果它的值大于 0，则 Simulink 执行一次子系统，否则不执行子系统。如果两个输入都是向量，则每个向量中至少有一个元素是非零值时，子系统才执行一次。

此外，子系统在触发事件发生的时间步上执行一次。换句话说，只有当触发信号和使能信号都满足条件时，系统才执行一次。

注意：Simulink 不允许一个子系统中有多于一个的 Enable 端口或 Trigger 端口。尽管如此，如果需要几个控制条件组合的话，用户可以使用逻辑操作符将结果连接到控制输入端口。

用户可以通过把 Enable 模块和 Trigger 模块从 Ports&Subsystems 模块库中复制到子系统中的方式来创建触发使能子系统，Simulink 会在 Subsystem 模块的图标上添加使能和触发符号，以及使能和触发控制输入。用户可以单独设置 Enable 模块和 Trigger 模块的参数值。图 18-26 是一个简单的触发使能子系统。

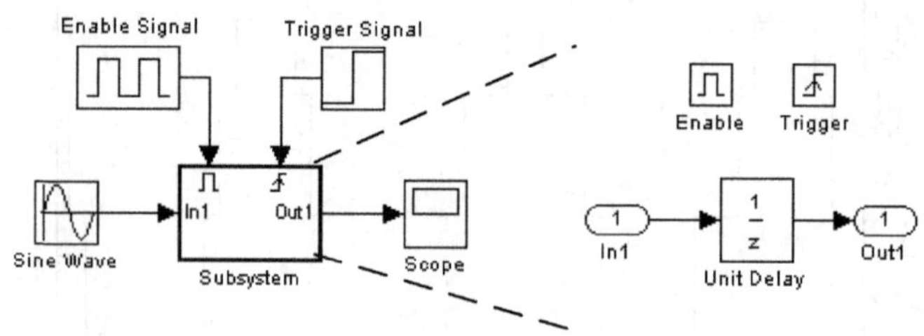

图 18-26　简单的触发使能子系统

18.3　自定义库操作

用户可以将自定义模块放在自己定制的库中，库就是指具备某种属性的一类块的集合。用户可以把外部库中的模块直接复制到用户模型中，而且当库中的源模块（称为库属块）改变时，从库中复制的块（称为引用块）也可以自动更改。

利用库的这个特性，用户可以创建自己的模块库或者使用其他用户创建的模块库，这样就可以保证用户模型始终包含这些模块的最新版本。

下面给出模块库操作的一些术语，这对于理解库的作用是非常重要的。

（1）库：某些模块的集合。

（2）库属块：库中的一个模块。

（3）引用块：库中模块的复制。

（4）关联：引用块与其库属块之间的连接，这种连接允许 Simulink 在改变库属块时也相应地更改引用块。

（5）复制：复制一个库属块或引用块，也就是复制一个库属块或其用户引用块，从而再创建一个引用块的操作，该过程如图 18-27 所示。

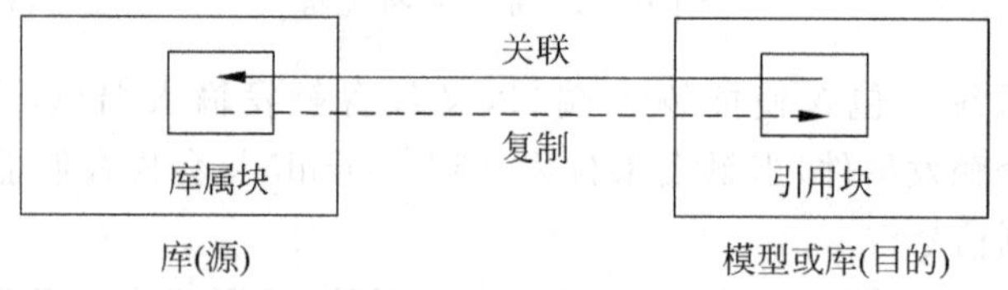

图 18-27　库属块和引用块的操作

Simulink 带有一个标准的模块库，称为 Simulink 模块库。为了创建一个新库，可从 File 菜单的 New 子菜单下选择 Library 命令，Simulink 会显示一个名称为 Library：untitled 的新窗口。用户也可以使用下面的命令创建一个库：

```
new_system('newlib','Library')
```

这个命令创建了一个名称为 newlib 的新库，用户可以用 open_system 命令显示这个库。

库创建完成后，用户就可以将任何模型中的模块或其用户库中的模块移到新库中来。如果用户希望在模型和库中的模块之间建立关联，那么必须为库中的模块进行封装。用户也可以为库中的子系统进行封装，但通常没有必要这样做。

当把库中的模块拖动到模型或其用户库中时，Simulink 会复制一个库模块，这个复制的库模块称为引用块。用户可以改变这个引用块的参数值，但不能对它进行封装，而且也不能为引用块设置回调参数。

用户在从新建的库中复制任何模块之前，必须首先将这个新库保存，这是因为在打开一个库时，这个库就被自动锁住了，用户不能更改库中的内容。若要解锁这个库，可选择 Edit 菜单下的 Library Unlock 命令，之后才能改变库中的内容。关闭这个库窗口也就锁住了这个库。

正因为模块库具有这样的特性，所以如果想要修改一个引用块，可以有下面两种不同的方式：

右击模块，在弹出的上下文菜单中选择 Link Options 下的 Go To Library Block 命令，对库进行解锁，修改库中的框图，这个操作会影响所有的引用块。

右击模块，选择 Link Options 下的 Disable Link 命令，断开库属块和引用块之间的关联，然后修改模型中的框图。这种改变只影响当前的模块，如果需要，与库之间的关联可以重新建立。

本章小结

本章首先介绍了 Simulink 仿真子系统方面的知识，然后重点介绍了使能子系统、触发子系统、触发使能系统三种常见的子系统操作方法，最后对自定义库做了简单说明。

第19章 Simulink仿真与调试

Simulink是MATLAB最重要的组件之一，它提供一个动态系统建模、仿真和综合分析的集成环境。在该环境中，无须大量编写程序，而只需要通过简单直观的鼠标操作，就可构造出复杂的系统。

本章从仿真配置、模型调试等方面介绍了Simulink的仿真与调试。

学习目标：

- 了解求解器的概念；
- 熟悉Simulink仿真性能的优化方法；
- 熟悉Simulink模型的调试与信息显示。

19.1 仿真配置

19.1.1 求解器的概念

Simulink求解器是Simulink进行动态系统仿真的核心，因此欲掌握Simulink系统的仿真原理，必须对Simulink的求解器有所了解。

离散系统的动态行为一般可以由差分方程描述。众所周知，离散系统的输入与输出仅在离散的时刻上取值，系统状态每隔固定的时间才更新一次；而Simulink对离散系统的仿真核心是对离散系统差分方程的求解。因此，Simulink可以做到对离散系统的绝对精确(除去有限的数据截断误差)。

在对纯粹的离散系统进行仿真时，需要选择离散求解器对其进行求解。用户只需选择Simulink仿真参数设置对话框中的求解器选项卡中的discrete选项，即没有连续状态的离散求解器，便可以对离散系统进行精确的求解与仿真。

与离散系统不同，连续系统具有连续的输入与输出，并且系统中一般都存在着连续的状态设置。连续系统中存在的状态变量往往是系统中某些信号的微分或积分，因此连续系统一般由微分方程或与之等价的其他方式进行描述。这就决定了使用数字计算机不可能得到连续系统的精确解，而只能得到系统的数字解(即近似解)。

Simulink 在对连续系统进行求解仿真时，其核心是对系统微分或偏微分方程进行求解。因此，使用 Simulink 对连续系统进行求解仿真时所得到的结果均为近似解，只要此近似解在一定的误差范围之内便可。对微分方程的数字求解有不同的近似解，因此 Simulink 的连续求解器有多种不同的形式，如变步长求解器 ode45、ode23、ode113，以及定步长求解器 ode5、ode4、ode3，等等。

采用不同的连续求解器会对连续系统的仿真结果与仿真速度产生不同的影响，但一般不会对系统的性能分析产生较大的影响，因为用户可以设置具有一定的误差范围的连续求解器进行相应的控制。离散求解器与连续求解器设置的不同之处如图 19-1 所示。

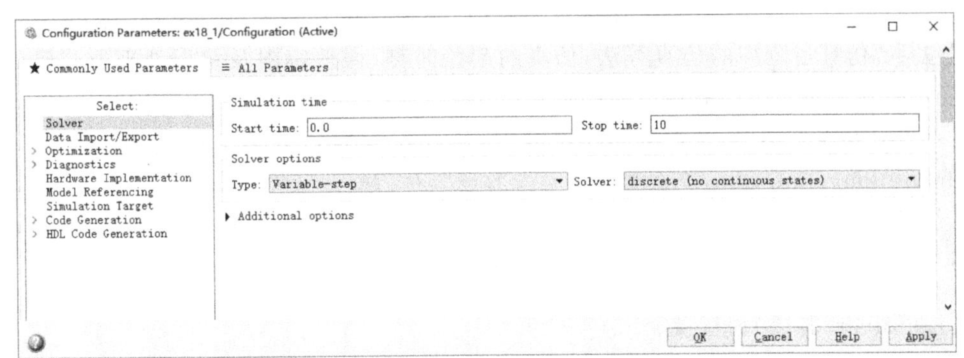

(a) 离散求解器

(b) 连续求解器

图 19-1　离散求解器与连续求解器设置的比较

为了对 Simulink 的连续求解器有一个更为深刻的理解，在此对 Simulink 的误差控制与仿真步长计算进行简单的介绍。当然，对于定步长连续求解器，并不存在着误差控制的问题；只有采用变步长连续求解器，才会根据积分误差修改仿真步长。

在对连续系统进行求解时，仿真步长计算受到绝对误差与相对误差的共同控制；系统会自动选用对系统求解影响最小的误差对步长计算进行控制。只有在求解误差满足相应的误差范围的情况下才可以对系统进行下一步仿真。

对于实际的系统而言，很少有纯粹的离散系统或连续系统，大部分系统均为混合系统。连续变步长求解器不仅考虑了连续状态的求解，而且也考虑了系统中离散状态的求解。

连续变步长求解器首先尝试使用最大步长(仿真起始时采用初始步长)进行求解,如果在这个仿真区间内有离散状态的更新,步长便减小到与离散状态的更新相吻合。

19.1.2 仿真的设置

在使用 Simulink 进行动态系统仿真时,用户可以直接将仿真结果输出到 MATLAB 基本工作区中,也可以在仿真启动时刻从基本工作区中载入模型的初始状态,所有这些都是在仿真配置的工作区属性对话框中完成的。

构建好一个系统的模型后,在运行仿真前,必须对仿真参数进行配置。仿真参数的设置包括:仿真过程中的仿真算法、仿真的起始时刻、误差容限及错误处理方式等的设置,还可以定义仿真结果的输出和存储方式。

首先打开需要设置仿真参数的模型,然后在模型窗口的菜单中选择 Simulation | ConfigurationParameters,就会弹出仿真参数设置对话框。

仿真参数设置主要部分有 5 个:Solver、Data Import/Export、Optimization、Diagnostics、Real-Time Workshop。下面对其常用设置做一下具体的说明。

1. Solver(算法)的设置

该部分主要完成对仿真的起止时间、仿真算法类型等的设置,如图 19-2 所示。

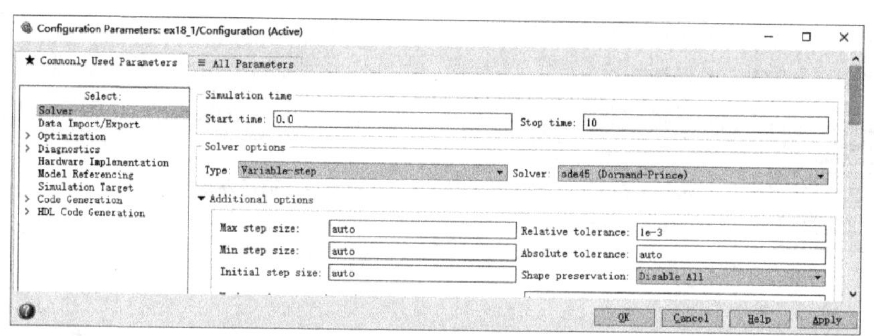

图 19-2 仿真参数对话框

1) Simulation time:仿真时间,设置仿真的时间范围

用户可以在 Start time 和 Stop time 文本框中输入新的数值来改变仿真的起始时刻和终止时刻,默认值为 Start time:0.0 和 Stop time:10.0。

提示:仿真时间与实际的时钟并不相同,前者是计算机仿真对时间的一种表示,后者是仿真的实际时间。如仿真时间为 1s,如果步长为 0.1s,则该仿真要执行 10 步,当然步长减小,总的执行时间会随之增加。仿真的实际时间取决于模型的复杂程度、算法及步长的选择,计算机的速度等诸多因素。

2) Solver options:算法选项,选择仿真算法,并对其参数及仿真精度设置

(1) Type:指定仿真步长的选取方式,包括 Variable-step(变步长)和 Fixed-step(固定步长)。

(2) Solver:选择对应的模式下所采用的仿真算法。

变步长模式下的仿真算法主要有：

① discrete(nocontinous states)：适用于无连续状态变量的系统。

② Ode45：4/5 阶龙格-库塔法，默认值算法，适用于大多数连续或离散系统，但不适用于刚性(stiff)系统，采用的是单步算法。一般来说，面对一个仿真问题最好是首先尝试Ode45。

③ Ode23：2/3 阶龙格-库塔法，它在误差限要求不高和求解的问题不太难的情况下，可能会比 Ode45 更有效，为单步算法。

④ Ode113：阶数可变算法，它在误差容许要求严格的情况下通常比 Ode45 有效，是一种多步算法，就是在计算当前时刻输出时，需要以前多个时刻的解。

⑤ Ode15s：是一种基于数值微分公式的算法，也是一种多步算法，适用于刚性系统，当用户估计要解决的问题是比较困难时，或者不能使用 Ode45 时，或者使用效果不好时，就可以用 Ode15s。

⑥ Ode23s：是一种单步算法，专门应用于刚性系统，在弱误差允许下的效果好于Ode15s。它能解决某些 Ode15s 不能有效解决的 stiff 问题。

⑦ Ode23t：这种算法适用于求解适度 stiff 的问题而用户又需要一个无数字振荡的算法的情况。

⑧ Ode23tb：在较大的容许误差下，可能比 Ode15s 方法有效。固定步长模式下的仿真算法主要有：

discrete(nocontinous states)：固定步长的离散系统的求解算法，特别是用于不存在状态变量的系统。

Ode5：是 Ode45 的固定步长版本，默认值，适用于大多数连续或离散系统，不适用于刚性系统。

Ode4：4 阶龙格-库塔法，具有一定的计算精度。

Ode3：固定步长的 2/3 阶龙格-库塔法。

Ode2：改进的欧拉法。

Ode1：欧拉法。

Ode14X：插值法。

参数设置：可以对变步长模式及固定步长模式两种模式下的参数进行设置。

(1) 变步长模式下的参数设置如下：

① Maxstepsize：它决定了算法能够使用的最大时间步长，它的默认值为“仿真时间/50”，即整个仿真过程中至少取 50 个取样点，但这样的取法对于仿真时间较长的系统则可能使取样点过于稀疏，仿真结果失真。

说明：一般建议对于仿真时间不超过 15s 的采用默认值即可，对于超过 15s 的每秒至少保证 5 个采样点，对于超过 100s 的，每秒至少保证 3 个采样点。

② Minstepsize：算法能够使用的最小时间步长。

③ Intialstepsize：初始时间步长，一般建议使用 auto 默认值即可。

④ Relativetolerance：相对误差，它是指误差相对于状态的值，是一个百分比，默认值为 1e-3，表示状态的计算值要精确到 0.1%。

⑤ Absolutetolerance：绝对误差，表示误差值的门限，或者是说在状态值为零的情况

下，可以接受的误差。如果它被设成了 auto，那么 simulink 为每一个状态设置初始绝对误差为 1e－6。

(2) 固定步长模式下的主要参数设置如下：

Tasking mode for periodic sample times 下拉菜单下的 3 个选项。

① Auto：根据模型中模块的采样速率是否一致，自动决定切换到 multitasking 或 singletasking。

② SingleTasking：单任务模式，这种模式不检查模块间的速率转换，它在建立单任务系统模型时非常有用，在这种系统就不存在任务同步问题。

③ MutiTasking：多任务模式，选择这种模式时，当 simulink 检测到模块间非法的采样速率转换时，会给出错误提示。所谓的非法采样速率转换指两个工作在不同采样速率的模块之间的直接连接。

在实时多任务系统中，如果任务之间存在非法采样速率转换，那么就有可能出现一个模块的输出在另一个模块需要时却无法利用的情况。通过检查这种转换，Multitasking 将有助于用户建立一个符合现实的多任务系统的有效模型。其余的参数一般取默认值，这里不再介绍。

2. Data Import/Export(数据输入/输出)的设置

仿真时，用户可以将仿真结果输出到 MATLAB 工作区中，也可以从工作区中载入模型的初始状态，这些都是在仿真配置中的 Data Import/Export 中完成，如图 19-3 所示。该部分有 4 个选项区。

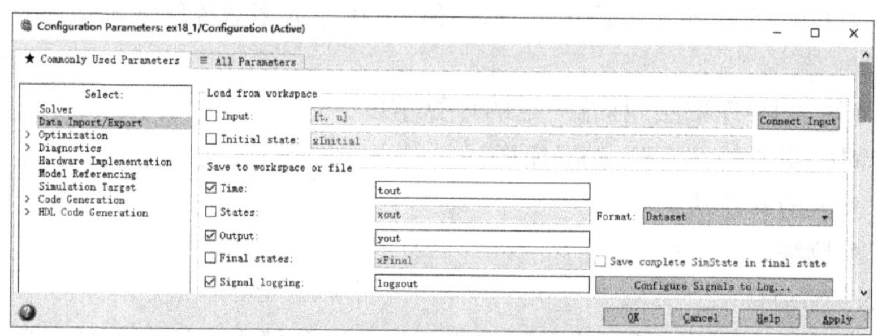

图 19-3　Data Import/Export 参数设置对话框

1) Load from workspace：从工作区载入数据

(1) Input：输入数据的变量名。

(2) Initial state：从 MATLAB 工作区获得的状态初始值的变量名。模型将从 MATLAB 工作区获取模型所有内部状态变量的初始值，而不管模块本身是否已设置。

说明：该栏中输入的应该是 MATLAB 工作区已经存在的变量，变量的次序应与模块中各个状态中的次序一致。

2) Save to workspace：保存结果到工作区

(1) Time：时间变量名，存储输出到 MATLAB 工作区的时间值，默认名为 tout。

(2) States：状态变量名，存储输出到 MATLAB 工作区的状态值，默认名为 xout。

(3) Output：输出变量名，如果模型中使用 Out 模块，那么就必须选择该栏。

(4) Final state：最终状态值输出变量名，存储输出到 MATLAB 工作区的最终状态值。

3) Save options(变量存放选项)。

(1) Limit data point to last：保存变量的数据长度。

(2) Decimation：保存步长间隔，默认值为 1，也就是对每一个仿真时间点产生值都保存；若为 2，则是每隔一个仿真时刻才保存一个值。

(3) Format：设置保存数据的格式。

4) Output options(输出选项)：允许用户控制仿真产生的输出数目

(1) Refine output：细化输出，该选项在仿真结果太差的时候提供更多的输出点，该参数是在两个仿真步之间额外输出点的个数。例如，调整因子设置为 2，仿真将在相邻两步仿真中间的时刻额外进行一次计算。采用增大细化因子的方法可以使曲线更光滑。

提示：由于这些额外输出是通过插值完成的，不改变仿真步长。在绘制系统仿真曲线时由于步长过大而使曲线不光滑时，就可以通过增大细化因子来获得好的仿真效果。该方法适合同 Ode45 方法结合使用。

(2) Produce additional output：该选项可以让用户直接指定需要增加的额外输出时间，可以在相应的时间域中输入具体的时间向量，这些额外增加的输出是通过连续插值实现的。但根据选项设置的额外输出仿真步长会调整。

(3) Produce specified output only：只输出指定时刻的仿真结果，它会改变步长来适应指定的输出时刻。在固定时刻比较多个不同的仿真过程时，常用到该选项。

(4) Refine factor：细化因子。

3. Diagnostics/Optimization/Real-Time Workshop 项的设置

(1) Diagnostics：主要设置用户在仿真过程中出现的各种错误或报警消息。用户可以在该项中进行适当的设置来定义是否需要显示相应的错误或报警消息。

(2) Optimazation：该项主要让用户设置影响仿真性能的不同选项，比如选择 Block reduction optimization 选项表示用合成模块代替模块组，从而加快模型的执行。

(3) Real-time Workshop：该项的设置和选项影响实时工作间从模型中生成代码的方式。一般采用默认设置，这里不再说明。设置好仿真参数后，就可以启动仿真了。

提示：启动仿真的方法有两种，一种是在模型窗口以菜单方式直接启动仿真，另一种是在 MATLAB 命令行窗口采用命令行方式启动仿真。

19.1.3 诊断设置

如果模型在仿真过程中产生错误，则 Simulink 在终止仿真时会打开仿真诊断查看器，如图 19-4 所示。

从图 19-4 中可以看到，错误诊断查看器由两部分组成：上半部分是错误摘要列表，详细列出了模型仿真过程中出现的所有错误条目；下半部分是错误消息说明，单击说明中蓝色的超链接区域，可以链接到模型中产生错误的具体位置。

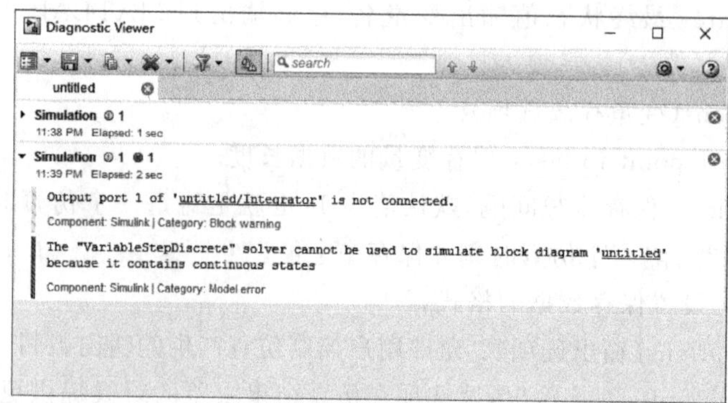

图 19-4　Simulink 模块仿真产生的错误信息

1. 错误摘要

错误摘要列表列出了造成 Simulink 终止仿真的所有错误，每条错误都包含并显示了如下信息：

(1) Message：显示消息类型，如 Blockerror（模块错误）、Warning（警告）或 Log（记录）等。

(2) Reportedby：报告产生错误的组件，如 Simulink、Stateflow、Real-TimeWorkshop 等。

(3) Source：产生错误的模型元素名称，如模块名称。

(4) Summary：错误消息，是对错误类型的简短描述。可以拉伸对话框查看完整的信息内容。

2. 错误消息

仿真诊断查看器的下半部分显示对应于错误摘要列表中所选错误的简要说明，即 Summary 中的内容。

提示：在该说明中对产生错误的模型元素添加了超链接，用户可以单击链接部分，将直接在模型中显示产生错误的元素。

例如，图 19-5 是一个系统模型，当运行仿真时，Simulink 在模型产生错误时终止了仿真，在打开错误诊断查看器显示仿真错误消息的同时，还高亮显示了产生错误的 Integrator 模块，如图 19-6 所示。

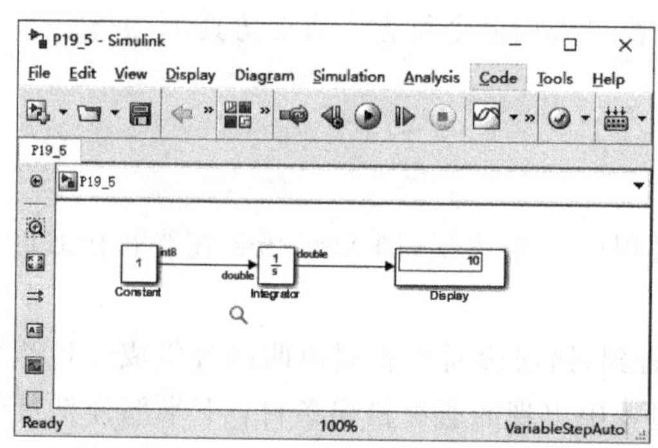

图 19-5　系统模型

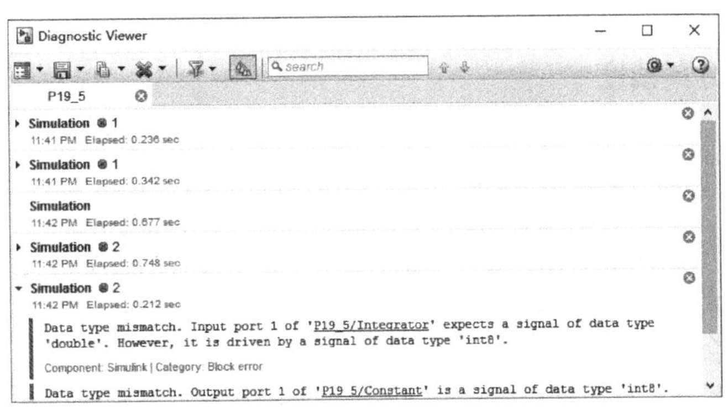

图 19-6 系统仿真产生错误

19.2 优化仿真性能

影响仿真速度的因素很多，这里给出可能降低仿真速度的一些原因，用户可以根据自己的模型试着改变某些设置，也许可以改进模型的仿真性能。

19.2.1 提高仿真速度

影响仿真速度的因素很多，主要有以下几种情况：

当模型中包含了 MATLABFcn 模块时，在仿真的每个时间步上，Simulink 都会调用 MATLAB 解释器，这样就大大降低了仿真速度。因此，只要有可能，可以使用内嵌的 Fcn 模块或 MathFunction 模块，而避免使用 MATLABFcn 模块。

M 文件的 S 函数也会使 Simulink 在每个时间步上调用 MATLAB 解释器，可以考虑把 S 函数转换为子系统或者转换为 C-MEX 文件的 S 函数。

使用 Memory 模块可以使变阶算法(如 ode15s 和 ode113)在每个时间步上重新设置为 1 阶算法。

最大步长太小会影响仿真速度。如要改变最大步长，可试着用默认值(auto)重新进行仿真。

对于大多数模型，默认的相对误差(0.1%)都足以满足模型精度。但对于那些状态改变到零的模型，如果绝对误差参数太小，模型围绕着那些接近于零的状态值进行仿真，则有可能会延长仿真时间。

仿真时间范围太长也可能影响仿真速度。改变的办法就是减小仿真时间。

模型可能是刚体模型，但却使用了非刚体算法，可以试试使用 ode15s 算法。

模型使用的采样时间彼此都不是倍数关系。混合彼此都不是倍数关系的采样时间，令算法使用足够小的步长，以满足模型中各模块的采样时间。

模型中包含代数环。代数环造成的结果就是在每个时间步上都进行迭代计算，这就大大降低了仿真性能。

模型中将 Random Number 模块的输出传递给了 Integrator 模块，对于连续系统，可以使用 Sources 库中的 Band-Limited White Noise 模块。

19.2.2 提高仿真精度

若要检查模型的仿真精度，可先在一段合理的时间范围内运行一次仿真，然后把相对误差减小到 1e－4(默认时为 1e－3)，或者减小绝对误差，再重新运行一次仿真，比较这两次的仿真结果。如果仿真结果没有明显的差异，则可以确信这个仿真结果是收敛的。

如果模型仿真在初始时刻就错过了模型中的某些重要动作，则应减小初始步长，以保证仿真过程不会越过这些重要动作。

如果仿真结果在一段时间内不稳定，则有可能是因为系统本身就是不稳定的。

如果用户使用了 ode15s 算法，则可能需要把最高阶数限制到 2，或者试着使用 ode23s 算法。

对于状态值趋近于零的模型，如果绝对误差参数太大，那么在接近于零状态值的区域附近，系统仿真不需要花费太多时间。因此，可以减小该参数值，或者在 Integrator 对话框内为某个状态调整参数值。

如果减小绝对误差仍然无法有效地改善仿真精度，则可以把相对误差参数的大小减小到容许误差，并使用更小的仿真步长。

某些模型的结构也可能会产生意想不到的或者不准确的仿真结果。例如，在代数环中使用 Derivative 模块可能会在算法的精度上造成损失。

Source 模块库中的信号源模块通常作为模型中的信号源，如果将这些信号源模块参数对话框中的 Sampletime 参数设置为－1，则模块会继承其输入模块的采样时间，但是这种继承性也可能会产生不同的仿真结果。

若其输出端模块的采样时间发生了改变，那么也可能会影响该模块的采样时间，因为采样时间也可以向后传递到输入模块。当然，这种改变也是在源模块的采样时间和与其连接模块的采样时间相同时才会发生。

以图 19-7 所示的模型为例，Simulink 会认为 SineWave 模块继承了 Discrete-TimeIntegrator 模块的采样时间，而 Discrete-TimeIntegrator 模块的采样时间设置为 1，因此 Simulink 将把 SineWave 模块的采样时间也设置为 1。仿真结果如图 19-7 所示。

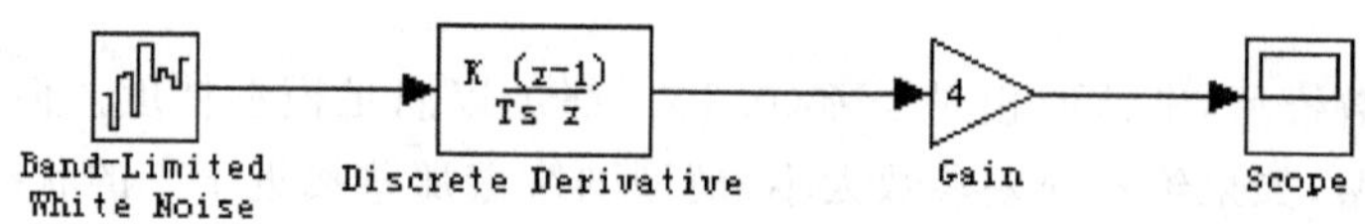

图 19-7　系统模块

用户可以选择模型窗口中 Format 菜单的 Port/Signal Displays 子菜单下的 Sample Time Colors 命令来验证模型中模块的采样时间。可以看到，模型中的所有模块都变成了红色，它们具有相同的采样时间。模型仿真后的结果如图 19-8 所示。

用连续积分模块替换 Discrete-TimeIntegrator 模块，如图 19-9 所示，选择 Edit 菜单下的 Updatediagram 命令更新模型。

此时，SineWave 模块和 Gain 模块都是连续模块，模型中的所有模块都标记为黑色。模型仿真后的结果如图 19-10 所示。

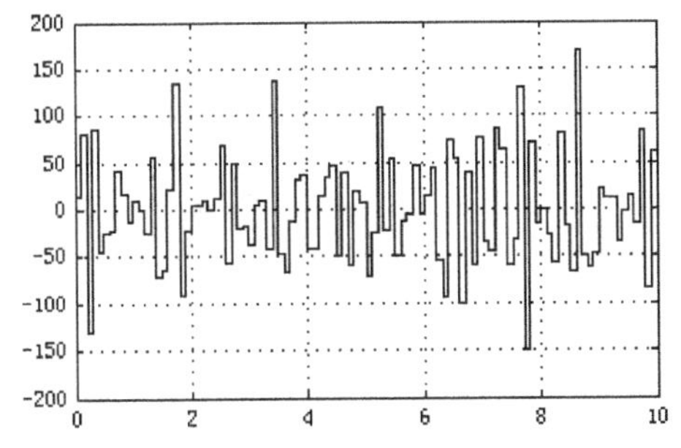

图 19-8 系统仿真结果

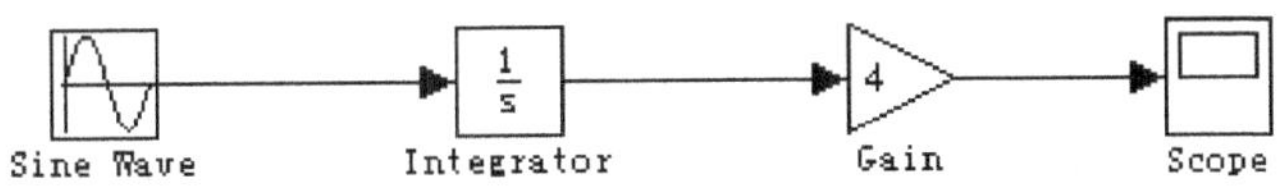

图 19-9 替换模块后的系统模型

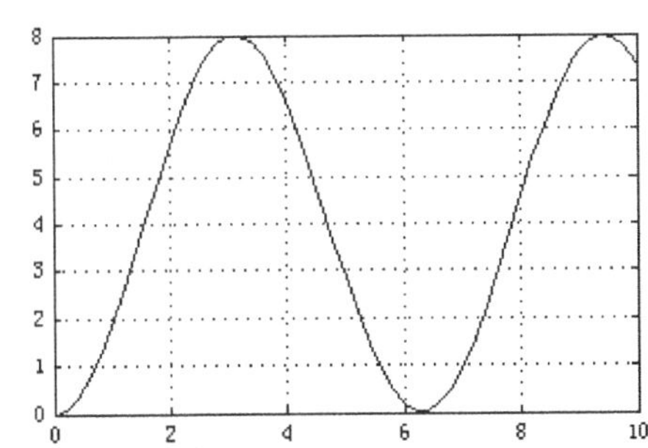

图 19-10 模型仿真结果

当模型中的采样时间向后传递时，模型源模块的采样时间实际上就依赖于与其连接的模块的采样时间了，如果改变了模块的这种连通性，也就无意中改变了源模块的采样时间。

如果模型中包含了 Sources 库中的模块，而且它的采样时间设置为－1，即继承了与其连接模块的采样时间，那么当选择 Edit 菜单下的 Updatediagram 命令更新模型，或者按下"开始仿真"按钮 仿真模型时，默认时 Simulink 会在 MATLAB 的命令行中显示警告消息。

19.3 模型调试

19.3.1 启动调试器

Simulink 调试器有两种模式：图形模式(GUI)和命令行模式。若要在 GUI 模式下启动调试器，可首先打开希望调试的模型，然后选择模型窗口中 Simulation 菜单下的

Debug 命令，即可打开调试器窗口，如图 19-11 所示。

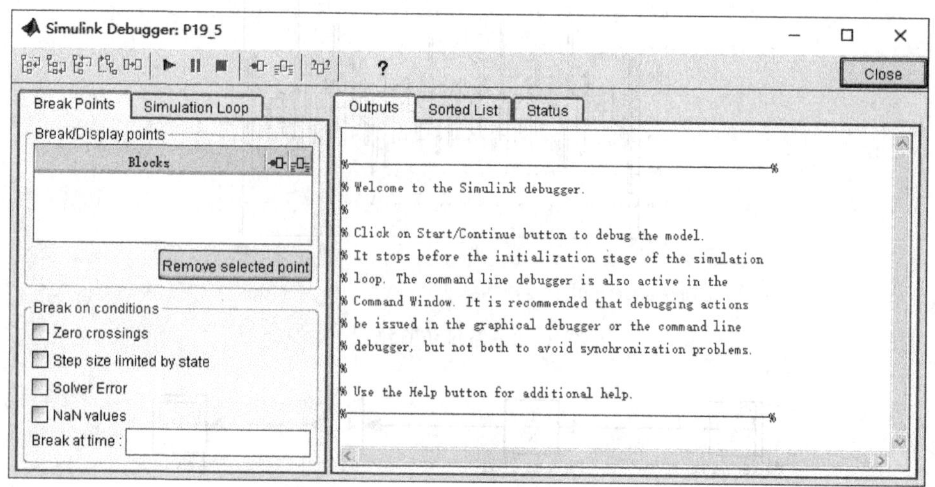

图 19-11　调试窗口

若要从 MATLAB 命令行中启动调试器，可以利用 sldebug 命令或带有 debug 选项的 sim 命令在调试器的控制下启动模型。例如下面的两个命令，均可以将文件名为 S19_2 的模型装载到内存中，同时开始仿真，并在模型执行列表中的第一个模块处停止仿真。

```
>> sim('S19_2',[0,10],simset('debug','on'))
```

或

```
>> sldebug'S19_2'
```

19.3.2　调试器的图形用户接口

调试器的图形用户接口包括工具栏和左、右两个选项面板，左侧的选项面板包括 BreakPoints 和 SimulationLoop 选项页，右侧的选项面板包括 Outputs、SortedList 和 Status 选项页。

当在 GUI 模式下启动调试器时，可单击调试器工具栏中的“开始/继续”按钮来仿真，Simulink 会在执行的第一个仿真方法处停止仿真，并在 SimulationLoop 选项面板中显示方法的名称，同时在模型方块图中显示当前的方法标注，如图 19-12 所示。

这时，用户可以设置断点、单步运行仿真、继续运行仿真到下一个断点或终止仿真、检验数据或执行其用户的调试任务。

注意：在 GUI 模式下启动调试器时，MATLAB 命令行窗口中的调试器命令行接口也将被激活。但是，用户应该避免使用命令行接口，以防止图形接口与命令行接口的同步错误。

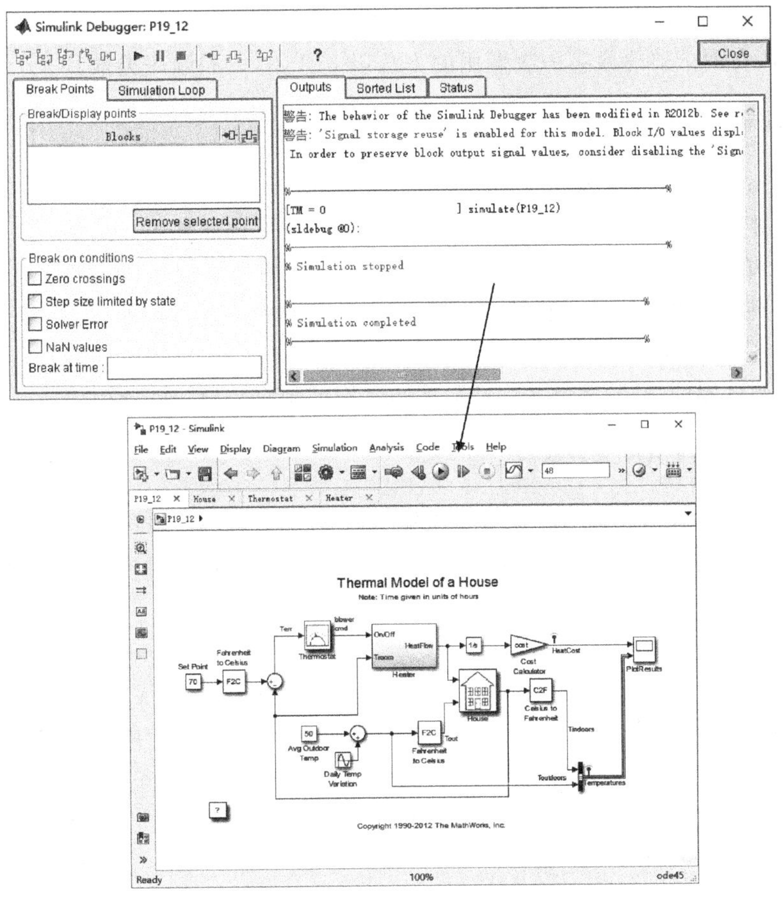

图 19-12 模型方块图中显示当前的方法标注

19.3.3 调试器的命令行接口

在调试器的命令行模式下，用户可以在 MATLAB 命令行窗口中输入调试器命令来控制调试器，也可以使用调试器命令的缩写方式控制调试器。用户可以通过在 MATLAB 命令行中输入一个空命令（也就是按下 Return 键）来重复某些命令。

当用命令行模式启动调试器时，调试器不是在调试器窗口中显示方法名称，而是在 MATLAB 命令行窗口中显示方法名称。图 19-13 就是在 MATLAB 命令行窗口中输入 sldebug'S12_2'命令后显示的调试器信息。

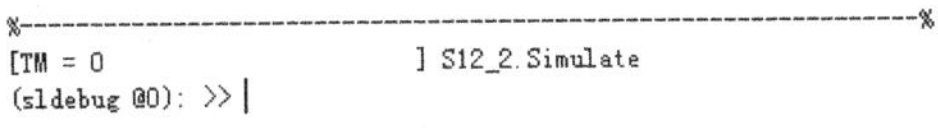
```
%----------------------------------------------------------------%
[TM = 0                     ] S12_2.Simulate
(sldebug @0): >> |
```

图 19-13 显示调试器的信息

1. 方法的 ID

有些 Simulink 命令和消息使用方法的 ID 号表示方法。方法的 ID 号是一个整数，它是方法的索引值。

在仿真循环过程中第一次调用方法时就指定了方法的 ID 号，调试器会顺序指定方法的索引值，在调试器阶段第一次调用的方法以 0 开始，以后顺序类推。

2. 模块的 ID

有些 Simulink 的调试器命令和消息使用模块的 ID 号表示模块。Simulink 在仿真的编译阶段就指定了模块的 ID 号，同时生成模型中模块的排序列表。

模块 ID 的格式为 sid:bid，这里 sid 是一个整数，用来标识包含该模块的系统（根系统或者是非纯虚系统）；bid 是模块在系统排序列表中的位置。例如，模块索引 0:1 表示在模型根系统中的第 1 个模块。

说明：调试器的 slist 命令可以显示被调试模型中每个模块的索引值。

3. 访问 MATLAB 工作区

用户可以在 sldebug 调试命令提示中输入任何 MATLAB 表达式。例如，假设此时在断点处，用户正在把时间和模型的输出记录到 tout 和 yout 变量中，那么执行下面的命令就可以绘制变量的曲线图：

(sldebug…)plot(tout,yout)

如果用户要显示的工作区的变量名与调试器窗口中输入的调试器命令部分相同或完全相同，那么将无法显示这个变量的值，但用户可以用 eval 命令解决这个问题。

例如，假设用户需要访问的变量名与 sldebug 命令中的某些字母相同，变量 s 是 step 命令名中的一部分，那么在 sldebug 命令提示中使用 eval 输入 s 时，显示的是变量 s 的值，即(sldebug…)eval('s')。

19.3.4 调试器命令

表 19-1 列出了调试器命令。表中的“重复”列表示在命令行中按下 Return 键时是否可以重复这个命令；“说明”列则对命令的功能进行了简短的描述。

表 19-1 调试器命令

命令	缩写格式	重复	说明
animate	Ani	否	使能/关闭动画模式
ashow	As	否	显示一个代数环
atrace	At	否	设置代数环跟踪级别
bafter	Ba	否	在方法后插入断点
break	B	否	在方法前插入断点
bshow	Bs	否	显示指定的模块
clear	Cl	否	从模块中清除断点
continue	C	是	继续仿真
disp	D	是	当仿真结束时显示模块的 I/O
ebreak	Eb	否	在算法错误处使能或关闭断点
elist	El	否	显示方法执行顺序

续表

命　　令	缩写格式	重　　复	说　　明
emode	Em	否	在加速模式和正常模式之间切换
etrace	Et	否	使能或关闭方法跟踪
help	? 或 h	否	显示调试器命令的帮助
nanbreak	Na	否	设置或清除非限定值中断模式
next	N	是	至下一个时间步的起始时刻
probe	P	否	显示模块数据
quit	Q	否	中断仿真
rbreak	Rb	否	当仿真要求重置算法时中断
run	R	否	运行仿真至仿真结束时刻
stimes	Sti	否	显示模型的采样时间
slist	Sli	否	列出模型的排序列表
states	State	否	显示当前的状态值
status	Stat	否	显示有效的调试选项
step	S	是	步进仿真一个或多个方法
stop	Sto	否	停止仿真
strace	I	否	设置求解器跟踪级别
systems	Sys	否	列出模型中的非纯虚系统
tbreak	Tb	否	设置或清除时间断点
trace	Tr	是	每次执行模块时显示模块的 I/O
undisp	Und	是	从调试器的显示列表中删除模块
untrace	Unt	是	从调试器的跟踪列表中删除模块
where	W	否	显示在仿真循环中的当前位置
xbreak	X	否	当调试器遇到限制算法步长状态时中断仿真
zcbreak	Zcb	否	在非采样过零事件处触发中断
zclist	Zcl	否	列出包含非采样过零的模块

19.4　显示模型信息

19.4.1　显示模型中模块的执行顺序

在模型初始化阶段，Simulink 在仿真开始运行时就确定了模块的执行顺序。在仿真过程中，Simulink 支持按执行顺序排列的这些模块，因此这个列表也就被称为排序列表。

在 GUI 模式下，调试器在它的 SortedList 面板中显示被排序和执行的模型主系统和每个非纯虚子系统，每个列表列出了子系统所包含的模块，这些模块根据计算依赖性、字母顺序和用户模块的排序规则进行排序。

这个信息对于简单系统来说并不重要，但对于大型、多速率系统来说是非常重要的，如果系统中包含了代数环，那么代数环中涉及的模块都会在这个窗口中显示出来。

图 19-14 是调试 S19_12 模型时在调试器的 SortedList 选项面板中显示的被排序的模块列表，列表中显示了模块的索引值。这样就可以确定模型中模块的 ID 号，用户可以用 ID 号作为某些调试器命令的参数。

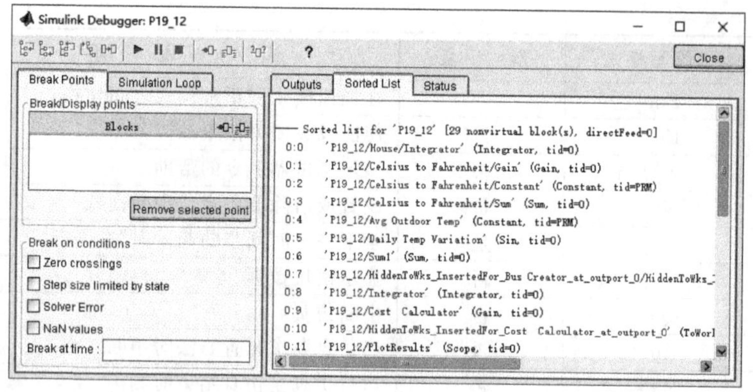

图 19-14　被排序的模块列表

在命令行模式下,用户可以用 slist 命令在 MATLAB 的命令行窗口中显示模型中模块的执行顺序,这个列表包括模块的索引值。

如果模块属于一个代数环,那么 slist 命令会在排序列表中模块的记录条目上显示一个代数环标识符,标识符的格式为

```
algId = s#n
```

其中,s 是包含代数环的子系统的索引值,n 是子系统内代数环的索引值。例如,下面的 Integrator 模块的记录条目表示该模块参与了主模型中的第一个代数循环。

```
0:1'test/ss/I1'(Integrator,tid = 0)[algId = 0#1,discontinuity]
```

用户可以用调试器中的 ashow 命令高亮显示这个模块和组成代数环的线。

19.4.2　显示模块

为了在模型方块图中确定指定索引值的模块,可在命令提示符中输入 bshows:b。这里,s:b 是模块的索引值,bshow 命令用来打开包含该模块的系统(如果需要),并在系统窗口中选择模块。

1. 显示模型中的非纯虚系统

Simulink 中的 systems 命令用来显示一列被调试模型中的非纯虚系统。

注意: systems 命令不会列出实际为纯图形的子系统。也就是说,模型图把这些子系统表示为 Subsystem 模块,而 Simulink 则把这些子系统作为父系统的一部分进行求解。

在 Simulink 模型中,根系统和触发子系统或使能子系统都是实系统,而所有其用户的子系统都是虚系统(即图形系统),因此这些系统不会出现在 systems 命令生成的列表中。

2. 显示模型中的非纯虚模块

Simulink 中的 slist 命令用来显示一列模型中的非纯虚模块，显示列表按系统分组模块。例如，下面的命令显示的是 VanderPol(S12_2)演示模型中的非虚拟模块：

```
>> sldebugS12_2
% ---------------------------------------------------------------- %
Current simulation time                     : 0.0 (MajorTimeStep)
Solver needs reset                          : no
Solver derivatives cache needs reset        : no
Zero crossing signals cache needs reset     : yes
Default command to execute on return/enter : ""
Break at zero crossing events               : disabled
Break on solver error                       : disabled
Break on failed integration step            : disabled
Time break point                            : disabled
Break on non-finite (NaN,Inf) values        : disabled
Break on solver reset request               : disabled
Display level for disp,trace,probe          : 1 (i/o,states)
Solver trace level                          : 0
Algebraic loop tracing level                : 0
Animation Mode                              : off
Window reuse                                : not supported
Execution Mode                              : Normal
Display level for etrace                    : 0 (disabled)
Break points                                : none installed
Display points                              : none installed
Trace points                                : none installed
```

3. 显示带有潜在过零的模块

Simulink 中的 zclist 命令用来显示在仿真过程中可能出现非采样过零的模块。

4. 显示代数循环

Simulink 中的 ashow 命令用来高亮显示特定的代数环或者包括指定模块的代数环。若要高亮显示特定的代数环，可输入 ashows♯n 命令，其中 s 是包含这个代数环的系统索引值，n 是系统中代数环的索引值。若要显示包含当前被选择模块的代数环，可输入 ashowgcb 命令。

若要显示包含指定模块的代数环，可输入 ashows:b 命令，其中 s:b 是模块的索引值。若要取消模型图中代数环的高亮显示，可输入 ashowclear 命令。

5. 显示调试器状态

在 GUI 模式下，用户可以利用调试器的 Status 选项面板来显示调试器状态。它包括调试器的选项值和其用户的状态信息，如图 19-15 所示。

在命令行模式下，Simulink 中的 status 命令用来显示调试器的状态设置。

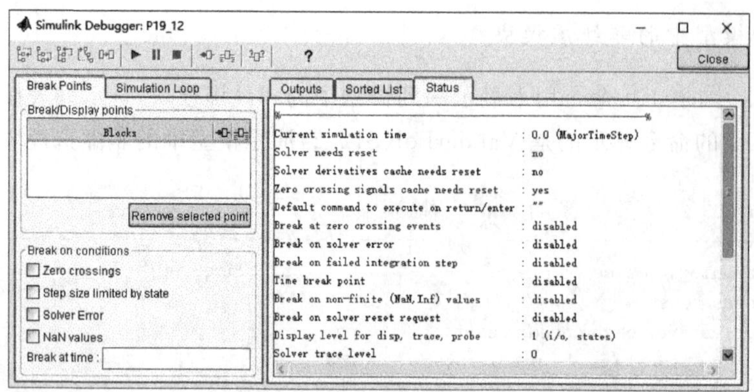

图 19-15　调试器的选项值和其用户的状态信息

本章小结

Simulink 是用于动态系统和嵌入式系统的多领域仿真和基于模型的设计工具。对各种时变系统，包括通信、控制、信号处理、视频处理和图像处理系统，Simulink 提供了交互式图形化环境和可定制模块库来对其进行设计、仿真、执行和测试。本章着重介绍了 Simulink 仿真与调试。

第20章 神经网络工具箱

神经网络工具箱是MATLAB工具箱的重要部件之一，该工具箱拥有强大的扩充功能，丰富的函数可以节约大量的编程时间。本章详细介绍神经网络工具箱及其经典应用。

学习目标：

- 熟悉MATLAB神经网络工具箱；
- 熟悉Simulink神经网络工具箱；
- 掌握神经网络的经典应用。

20.1 神经网络MATLAB工具箱

神经网络工具箱几乎包括了现有神经网络的最新成果，神经网络工具箱模型包括：

(1) 感知器；

(2) 线性网络；

(3) BP网络；

(4) 径向基函数网络；

(5) 竞争型神经网络；

(6) 自组织网络和学习向量量化网络；

(7) 反馈网络。

本节主要介绍一些常用的神经网络工具函数，对它们的使用方法、注意事项等做了说明。

20.1.1 感知器工具箱的函数

MATLAB的神经网络工具箱中提供了大量的感知器函数，下面将对这些函数的功能、调用格式、使用方法及注意事项作详细说明。

常用感知器函数见表20-1所示。

表 20-1　感知器常用函数

函数类别	名　称	用　途
感知器创建函数	newp	创建一个感知器网络
显示函数	plotpc	在感知器向量中绘制分界线
	plotpv	绘制感知器的输入向量和目标向量
性能函数	mae	平均绝对误差函数

1. 感知器创建函数

通过感知器生成函数可以创建一个感知器，并且可以对感知器进行初始化、训练和仿真等。

感知器生成函数 newp 用于创建一个感知器网络，调用格式如下：

```
net = newp
net = newp(pr,s,tf,lf)
```

其中：

net 表示生成的包含返回参数的感知器网络；

pr 表示一个 R×2 的矩阵(R 为输入向量的个数)，由输入向量的最大值和最小值组成；

s 表示神经元的个数；

tf 表示感知器的传递函数，默认的函数为 hardlim，其他的传递函数还包括 hardlims；

lf 表示感知器的学习函数，默认的函数为 learnp，其他的学习函数还包括 learnpn。

2. 显示函数

1) 分界线绘制函数 plotpc

该函数的作用是绘制感知器向量图中的分界线，其调用格式如下：

```
plotpc(W,B)      % 返回的是绘制分界线的控制权
plotpc(W,B,H)    % 包含从前的一次调用中返回的句柄，它在画新分界线之前删除旧线
```

其中：

W 表示一个 S×R 维的加权矩阵(R 不大于 3)；

B 表示 S×1 维的阈值向量；

H 表示最后一次绘制分界线的句柄。

注意：该函数不改变现有的坐标轴，一般在 plotpv 函数之后使用。

2) 输入/目标向量绘制函数 plotpv

该函数的作用是绘制感知器的输入向量和目标向量，调用格式如下：

```
plotpv(P,T)      % 以 T 为标尺，绘制 P 的列向量
plotpv(P,T,V)    % 在 V 的范围中，以 T 为标尺，绘制 P 的列向量
```

其中：

P 表示 n 个 2 或 3 维的样本，是一个 2×n 维或 3×n 维的矩阵；

T 表示一个样本点的类别，是一个 n 维的向量；

V 表示设置坐标值范围的一个向量，这个向量由输入向量的最大值和最小值组成。

利用 plotpv 函数可以在坐标图中绘出给定的样本点及其类别，不同的类别使用不同的符号。

例如，如果 T 只含一元向量，则目标为 0 的输入向量在坐标图中用“o”表示；目标为 1 的输入向量在坐标图中用“+”表示。如果 T 含二元向量，则输入向量在坐标图中采用的符号分别为：[0 0]用“o”表示；[0 1]用“+”表示；[1 0]用“*”表示；[1 1]用“×”表示。

【例 20-1】 如果给出某感知器的输入变量 P 和目标变量 T，绘制其曲线。如果给定感知器的权值和阈值，绘制其分界线。

解：MATLAB 代码如下：

```
P=[0 0 1 1; 0 1 0 1];
T=[0 0 0 1];
plotpv(P,T)        % 绘制输入向量和目标向量
```

绘制的输入和目标向量图形如图 20-1 所示。

下面的代码创建在 P 值范围内的感知器，并将其他值赋给感知器的权值和阈值，绘制其分界线。

```
net = newp(minmax(P),1);               % 根据输入 p,创建一个感知器网络
net.iw{1,1} = [ - 0.8  - 0.5];         % 设定权值
net.b{1} = 1;                          % 设定阈值
plotpc(net.iw{1,1},net.b{1})           % 绘制分界线
```

其中，minmax 为数学函数，minmax(P)表示取向量 P 范围内的最大和最小值。

绘制的分界线如图 20-2 所示。

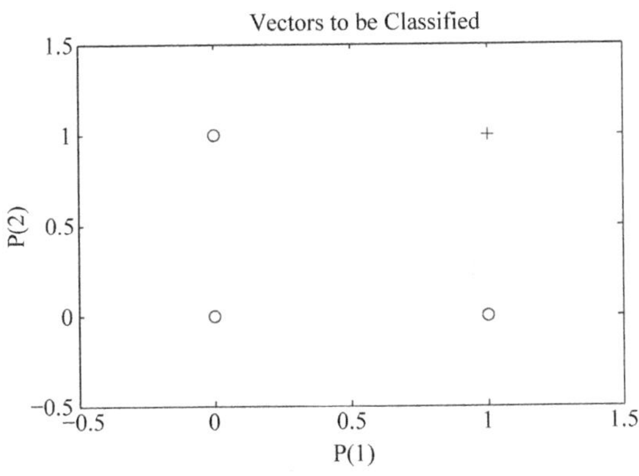

图 20-1 输入和目标向量图形

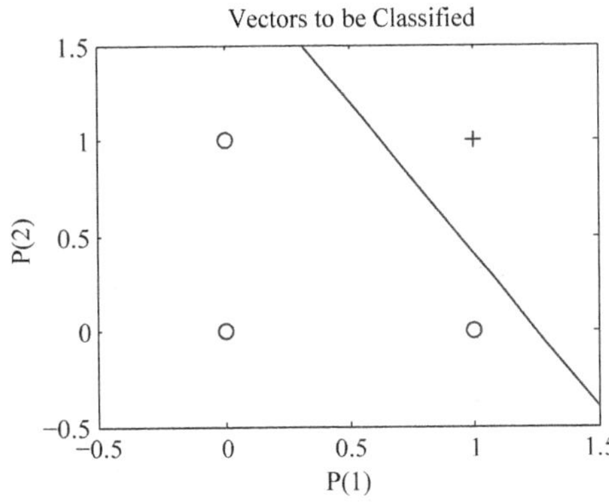

图 20-2 绘制的分界线

3）性能函数 mae

该函数以平均绝对误差为基础，确定感知器性能的函数。其调用格式如下：

```
perf = mae(E,Y,X,FP)
dPerf_dy = mae('dy',E,Y,X,perf,FP)
dPerf_dx = mae('dx',E,Y,X,perf,FP)
info = mae('code')
```

其中：

perf 表示函数的返回值，为平均绝对误差和；

E 为误差矩阵或向量（网络的目标向量和输出向量之差）；

Y 为阈值向量（可忽略）；

X 为所有权值（可忽略）；

FP 为性能参数（可忽略）。

mae(code)可根据 code 的不同，返回不同信息，code 包括：deriv——返回导数函数的名称；name——返回函数全称；pnames——返回训练函数的名称；pdefaults——返回默认的训练参数。

【例 20-2】 建立一个输入向量为－10～10 的感知器，并使用性能函数计算其平均绝对误差。

解：MATLAB 代码如下：

```
net = newp([ -10 10],1);              % 建立一个感知器
p = [ -10  -5 0 5 10];                % 设定输入向量
t = [0 0 1 1 1];                      % 设定目标向量
y = sim(net,p)                        % 计算感知器的输出
e = t - y                             % 计算目标向量与输出向量之差
perf = mae(e)                         % 计算平均绝对误差
```

输出结果如下：

```
y =
     1     1     1     1     1
e =
    -1    -1     0     0     0
perf =
    0.4000
```

【例 20-3】 感知器最重要的也是最实用的功能是对输入向量进行分类。尝试建立一个感知器模型，实现电路中“或”门的功能，从而实现对输入的分类。其中，“或”门的输入/输出关系表如表 20-2 所示。

表 20-2 “或”门的输入/输出关系表

输　入	输　出	输　入	输　出
00	0	10	1
01	1	11	1

解：MATLAB代码如下：

```
clear all
clc
P=[0 1 1 1;0 1 0 1];                  % 输入向量
T=[0 1 1 1];                          % 输出向量
net=newp(minmax(P),1);                % 建立感知器
Y=sim(net,P)                          % 仿真
net.trainParam.epochs=50;             % 设置最大训练步数
net=train(net,P,T);
Y=sim(net,P)
perf=mae(Y-T)
```

代码运行结果如下：

```
Y =
    1    1    1    1
Y =
    0    1    1    1
perf =
    0
```

感知器训练对话框如图20-3所示。

从代码运行结果可以看出，第1次计算得到的输出与目标向量不一致，经过2次训练，感知器的输出已经和目标向量一致了。在图20-3中，Progress选项中的Epoch参数为2时，感知器停止训练，这表示经过2次训练，感知器的输出向量与目标向量达到一致。

感知器训练过程的误差曲线如图20-4所示。从该图中也可以看出，经过2次训练，感知器输出达到目标值。

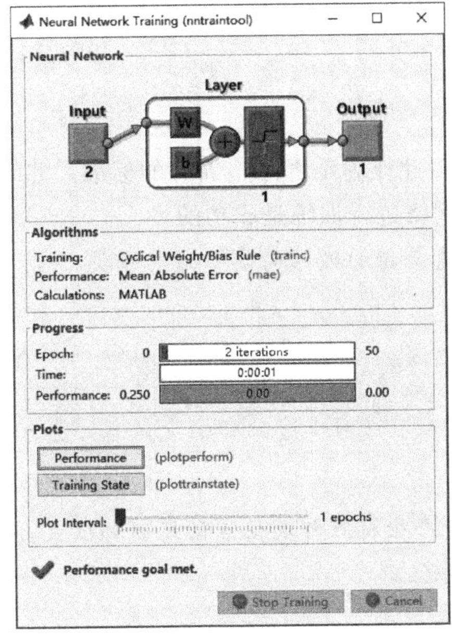

图20-3 感知器训练对话框

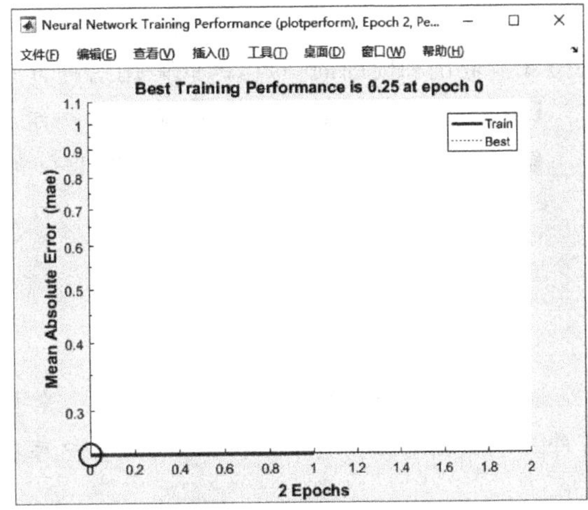

图20-4 训练过程的误差曲线

利用 trainc 函数对感知器进行训练，训练的结果非常理想，训练后的网络成功实现了“或”的功能。利用性能函数 mae，计算网络的性能，结果为 0，这说明了网络的性能非常好。

上例创建的感知器只有一个神经元，这符合神经网络的设计原则：在设计神经网络时，在同样可以达到目标值的情况下，尽量采用简单的网络结构。神经网络的结构越简单，其计算负担越轻，运行速度越快。

感知器的传递函数和学习函数都采用默认值，分别为 haedlim 和 learnp。传递函数的选取是因为感知器的输出为 0-1 的二值结构，只有采用 hardlim 才满足要求。学习函数的选取是因为输入向量中不存在奇异值，元素之间的距离也比较小，因此，采用 learnp 就足够了。

利用自适应函数 adapt 同样可以达到训练的效果。采用以下代码对感知器进行训练：

```
P = [0 1 1 1;0 1 0 1];
T = [0 1 1 1];
net = newp(minmax(P),1);
Y = sim(net,P)
e = Y - T;
while mae(e)
    [net,Y,e] = adapt(net,P,T);
end
Y = sim(net,P)
```

代码运行结果如下：

```
Y =
     1     1     1     1
Y =
     0     1     1     1
```

训练过程中采用 mae 函数来得到感知器误差，以此作为是否停止训练的标准。此时的感知器输出和前面的一致，因此采用这种方式对网络进行训练是成功的。

【例 20-4】 要求建立一个感知器，对一组存在奇异值的输入向量 P 进行分类。

解：网络的输入向量 P 和目标向量 T 分别为：

```
P = [0 0.5 1.1 21;0 0.7 1.3 70];
T = [0 1 0 1];
```

其中，T 表明了输入向量的分类情况。

输入向量的分布情况如图 20-5 所示。其中的一个坐标点与其他点的距离都很大，而另外三个点相对比较集中，因此输入向量中存在奇异值。

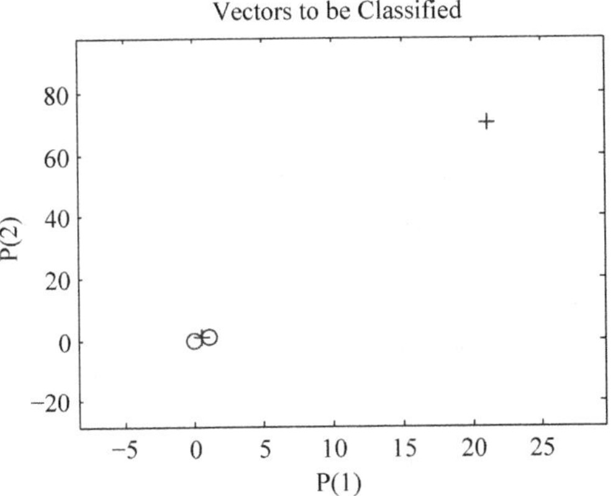

图 20-5　输入向量的分布情况

MATLAB 代码如下：

```
P = [0 0.5 1.1 21;0 0.7 1.3 70];
T = [0 1 0 1];
net = newp(minmax(P),1);
net.trainParam.epochs = 500;
net = train(net,P,T);
figure;
plotpv(P,T);
plotpc(net.iw{1},net.b{1});
```

训练过程中的误差曲线如图 20-6 所示。从图中可以看出，网络的训练过程中出现了振荡，而且训练次数也比较多。

训练得到的分界线如图 20-7 所示。

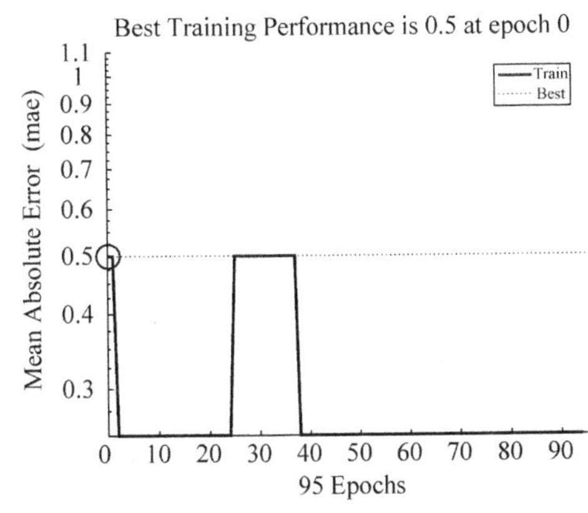

图 20-6　训练过程中的误差曲线

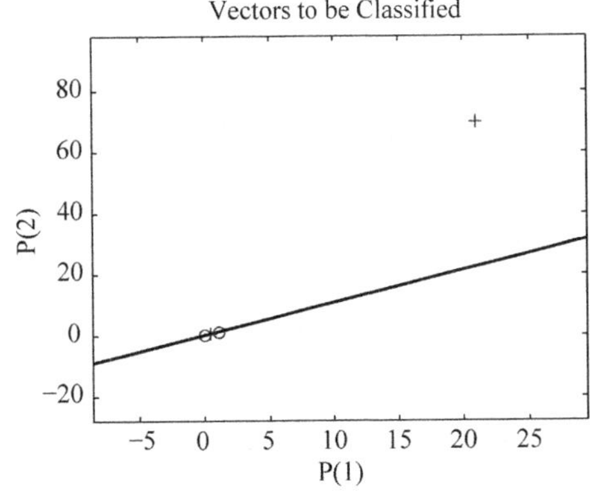

图 20-7　训练得到的分界线

由于奇异值的存在，样本点相对比较集中，因此无法看出网络的分类性能。接下来将局部放大，检查网络的分类性能。局部放大的代码如下：

```
figure;
```

```
plotpv(P,T);
plotpc(net.iw{1},net.b{1});
axis([-2 2 -2 2])
```

运行以上代码得到局部放大后的分界线如图 20-8 所示。

两类样本点中分别有一个位于分类线上，由此可知输入样本中的奇异点对网络的分类性能影响很大。

以上代码创建感知器的学习函数为 learnp，接下来利用标准训练函数 learnpn 作为网络的学习函数。除了感知器创建代码有区别之外，其余均一致。MATLAB 代码如下：

```
net = newp(minmax(P),1,'hardlim','learnpn');
```

网络的训练误差曲线如图 20-9 所示，由图可知感知器经过 189 次学习后性能为 0，相对于图 20-6 中的 95 次，网络训练时间增加了一倍。

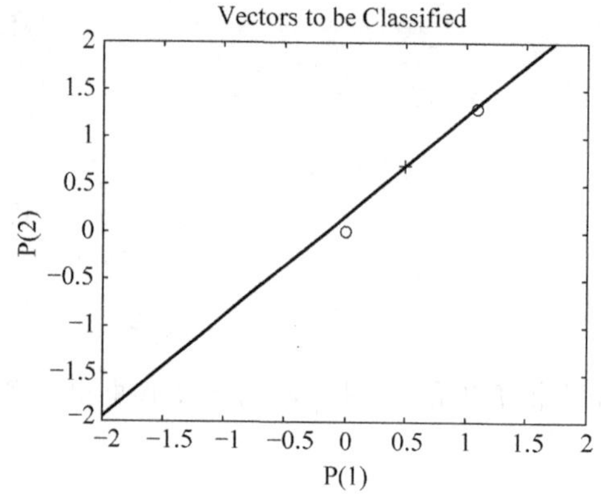

图 20-8 局部放大后的分界线

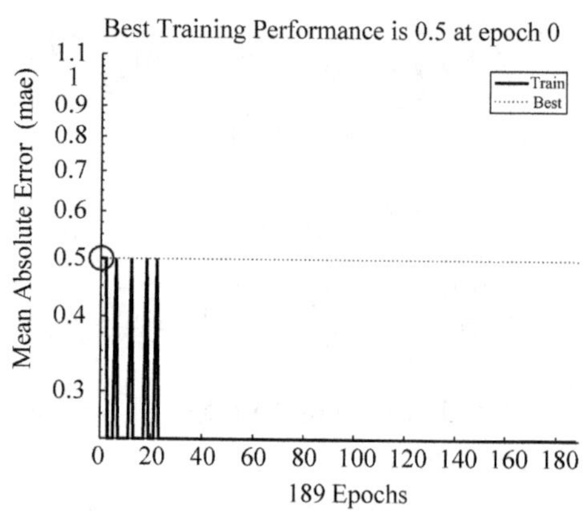

图 20-9 网络的训练误差曲线

20.1.2 线性神经网络工具箱函数

MATLAB 神经网络工具箱为线性网络提供了大量的用于网络设计、创建、分析、训练和仿真的函数。下面对这些函数的功能和使用方法进行详细介绍。

在 MATLAB 中，与线性神经网络相关的工具箱函数如表 20-3 所示。

表 20-3 与线性神经网络相关的工具箱函数

函数名称	功 能
newlind	设计一个线性网络
newlin	构造一个线性网络
purelin	线性传递函数
dotprod	极值点积函数
netsum	网络输入求和函数
initlay	网络某一层的初始化函数

续表

函数名称	功　能
initwb	网络某一层的权值和阈值的初始化函数
initzero	零权值和阈值初始化函数
init	网络的初始化函数
mae	求平均绝对误差性能函数
learnwh	LMS 学习规则
adaptwb	网络权值和阈值的自适应函数
trainwb	网络的权值和阈值训练函数
train	神经网络训练函数
maxlinlr	线性层的最大学习率
errsurf	计算误差性能曲面
sim	网络仿真函数

对于表 20-3 中所述函数，下面选取其中比较重要的几个函数进行详细介绍。

1. newlind

该函数的作用是设计一个线性网络，其使用格式如下：

```
net = newlind(P,T)
```

其中，P 为输入向量；T 为目标向量。

该函数返回一个将输入 P 设计为输入 T 的具有最小均方误差和的线性网络。

通过求解下面的线性方程，newlind 函数可以根据输入 P 和目标 T 计算一个线性网络的权值和阈值：

```
[w,b] * [P;ones] = T
```

【例 20-5】 设计一个具有如下给定输入 P 和输出目标 T 的线性网络。

P=[0 1 3 5];

T=[3 −1 2 6];

解：使用 newlind 函数来设计符合题目要求的线性网络，MATLAB 代码如下：

```
clear all
clc
P = [0 1 3 5];
T = [3 -1 2 6];
net = newlind(P,T);
Y = sim(net,P)
```

该程序运行结果如下：

```
Y =
    0.5932    1.4407    3.1356    4.8305
```

2. newlin

该函数的作用是建立一个线性网络。其使用格式如下：

```
net = newlin(PR,S,ID,LR)        % 建立一个新的线性网络
net = newlin(PR,S,0,P)          % 返回一个对输入P具有最大稳定学习率的线性网络
```

其中，PR为输入元素的最大值、最小值矩阵；S为输出向量的个数；ID为输入延迟向量，默认值为[0]；LR为网络学习率，默认值为0.01；P为输入向量的矩阵。

【例20-6】 设计一个单输入(输入范围为[−2 2])、单个神经元的线性网络，输入延迟为0和1，学习率为0.05。输入向量P和目标向量T分别为

P1=[0 −2 1 2 0 −1 1 2 0 1]

T1=[1 −1 0 2 1 0 0 1 2 1]

根据以上输入和目标向量对网络进行训练和仿真。

解：MATLAB代码如下：

```
net = newlin([ - 2 2],1,[0 1],0.05);
P1 = [0 - 2 1 2 0 - 1 1 2 0 1];
Y = sim(net,P1)
```

仿真结果如下：

```
Y =
     0     0     0     0     0     0     0     0     0
```

根据目标向量T，对网络进行自适应：

```
T1 = [1 - 1 0 2 1 0 0 1 2 1];
[net,Y,E,Pf] = adapt(net,P1,T1);
Y
```

运行程序后，得到仿真结果如下：

```
Y =
     0     0     0     0     0     0     0     0     0     0
```

【例20-7】 使用例20-6中得到的Pf作为初始条件，使建立好的线性网络适应一个新的输入向量P2=[2 0 1 −2 0 −2 0 1 1 −1]和目标向量T2=[1 −1 1 −2 1 −1 1 1 2 0]。

解：根据新的输入向量和目标向量，对线性网络进行训练，MATLAB代码如下：

```
P2 = [2 0 1 - 2 0 - 2 0 1 1 - 1];
T2 = [1 - 1 1 - 2 1 - 1 1 1 2 0];
[net,Y,E,Pf] = adapt(net,P2,T2);
Y
```

上述代码运行结果如下：

```
Y =
    1.7050    0.3250    1.0150   -1.0550    0.3250   -1.0550    0.3250    1.0150
1.0150   -0.3650
```

假如需要对上面的线性网络进行重新初始化，以便得到新的权值和阈值。用例 20-5 和例 20-6 中的输入向量训练这个初始化的线性网络，使得其输出误差达到 1，最大训练次数设置为 50。可以编写以下代码：

```
net = init(net);
P3 = [P1 P2];
T3 = [T1 T2];
net.trainParam.epochs = 50;
net.trainParam.goal = 1;
net = train(net,P3,T3);
Y = sim(net,[P1,P2])
```

得到的仿真结果如下：

```
Y =
  Columns 1 through 10
    0.3320   -1.2840    1.1400    1.9480    0.3320   -0.4760    1.1400    1.9480
  0.3320    1.1400
  Columns 11 through 20
    1.9480    0.3320    1.1400   -1.2840    0.3320   -1.2840    0.3320    1.1400
  1.1400   -0.4760
```

网络训练误差曲线如图 20-10 所示。

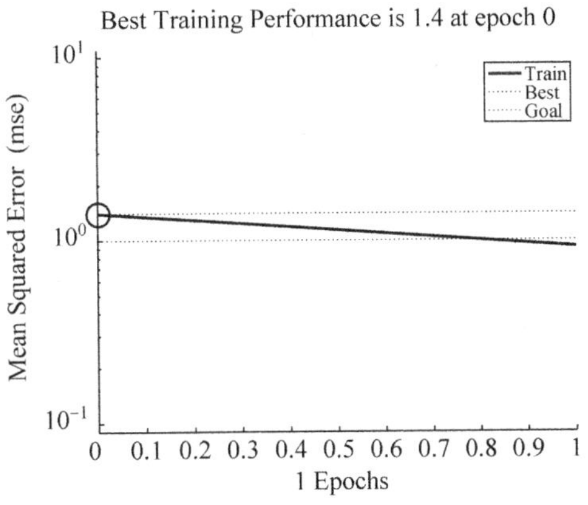

图 20-10 网络训练误差曲线

由图 20-10 可以看出，网络经过 1 步训练就达到预期目标。

线性网络是一个包含 dotprod 权值函数、netsum 网络输入函数和 purelin 传输函数的单独层网络。该层具有输入权值和阈值。权值和阈值通过 initzero 函数进行初始化。

线性层的适应或训练是用 adaptwb 或 trainwb 函数来完成的。adaptwb 及 trainwb 函数用 learnwh 学习函数修正权值和阈值，用 mse 函数来计算线性网络的误差性能。

3. purelin

该函数是线性传输函数,可根据网络的输入计算线性层的输出。其使用格式如下:

```
A = purelin(P)        % 返回与输入向量对应的值
info = purelin(code) % 返回与每一个 code 代码对应的有用信息
```

其中,P 是网络的输入。

【例 20-8】 编写 MATLAB 代码,产生 purelin 的图形。

解:编写的 MATLAB 代码如下:

```
t = -2:0.1:2;
y = purelin(t)
plot(t,y)
```

运行代码得到结果:

```
y =
  Columns 1 through 10
    -2.0000   -1.9000   -1.8000   -1.7000   -1.6000   -1.5000   -1.4000
    -1.3000   -1.2000   -1.1000
  Columns 11 through 20
    -1.0000   -0.9000   -0.8000   -0.7000   -0.6000   -0.5000   -0.4000
    -0.3000   -0.2000   -0.1000
  Columns 21 through 30
          0    0.1000    0.2000    0.3000    0.4000    0.5000
    0.6000    0.7000    0.8000    0.9000
  Columns 31 through 40
    1.0000    1.1000    1.2000    1.3000    1.4000    1.5000
    1.6000    1.7000    1.8000    1.9000
  Column 41
    2.0000
```

purelin 传递函数如图 20-11 所示。

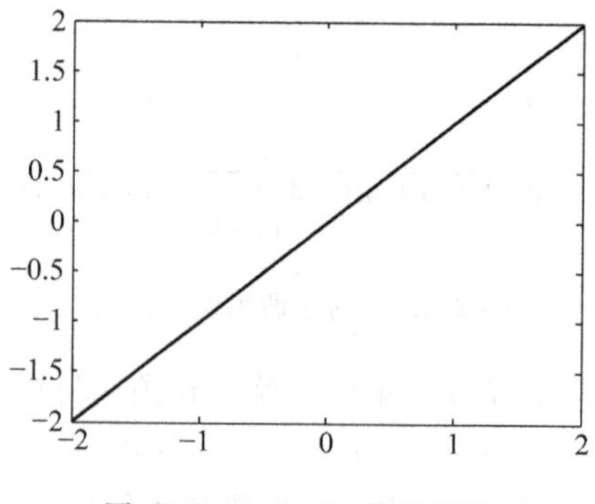

图 20-11 purelin 传递函数

一般在调用 newlin 或 newlind 函数生成一个标准的线性网络的过程中,都使用了 purelin 函数。用 purelin 函数改变网络的某一层时,需要进行如下设置:

```
NET.layers{i}.transferFcn = purelin
```

4. learnwh

该函数是LMS算法的学习函数。该函数可以修改神经元的权值和阈值。只要学习率不超出用maxlinlr函数计算的最大值,网络就可以收敛。其使用格式如下：

```
[dW,LS] = learnwh(W,P,Z,N,A,T,E,gW,gA,D,LP,LS)
[db,LS] = learnwh(b,ones(1,Q),Z,N,A,T,E,gW,gA,D,LP,LS)
info = learnwh(code)
```

其中,W是权值矩阵；P是输入向量；Z是加权输入向量；N为网络输入向量；A为输出向量；T为目标向量；E为误差向量；gW为误差性能梯度；gA为误差性能输出地图；LP为学习参数；LS为学习状态；dW为权值或阈值变化矩阵；LS为新的学习状态。

【例20-9】 给出一个具有3个输入、4个神经元的神经网络,对其定义一个随机输入P和误差E,给出其学习率lp=0.4,计算其权值变化矩阵。

解：首先随机产生输入向量和误差向量,程序如下：

```
P = rand(3,1);
E = rand(4,1);
```

根据上述输入和误差向量,计算权值变化矩阵。

```
lp.lr = 0.4;
dw = learnwh([],P,[],[],[],[],E,[],[],[],lp,[])
```

程序仿真结果为

```
P =
    0.1419
    0.4218
    0.9157
E =
    0.7922
    0.9595
    0.6557
    0.0357
dw =
    0.0450    0.1336    0.2902
    0.0545    0.1619    0.3515
    0.0372    0.1106    0.2402
    0.0020    0.0060    0.0131
```

通过调用learnwh函数,可以产出一个标准的线性网络。按照LMS算法学习准则,learnwh函数从一个给定的神经元的输入P、误差E、权值或者阈值的学习率中,可以得到该神经元的权值变化。

```
dw = lr * e * pn'
```

5. maxlinlr

该函数的作用是计算线性网络的最大学习率。其调用格式如下：

```
lr = maxlinlr(P)          % 返回一个不带阈值的线性网络所需要的最大学习率
lr = maxlinlr(P,'bias')   % 返回一个带有阈值的线性网络所需要的最大学习率
```

【例 20-10】 对于 3 组三维输入向量 P=[1 2 3;4 2 1;3 5 2]，求出其最大学习率。

解：使用函数 maxlinlr 进行求解，MATLAB 代码如下：

```
P = [1 2 3;4 2 1;3 5 2];
lr = maxlinlr(P,'bias')
```

语句执行后得到的结果为

```
lr =
    0.0149
```

6. errsurf

该函数的作用是计算单个神经元的误差曲面。其调用格式如下：

```
e = errsurf(p,t,wv,bv,f)
```

其中，P 为输入向量；t 为单目标向量；wv 为权值行向量；bv 阈值 B 的行向量；f 为传递函数，且在 wv 和 bv 上返回误差矩阵。

【例 20-11】 随机给出一个一维的单个神经元的输入和目标向量，当权值从−1～1、阈值从−3～3 变化时，计算单个 purelin 神经元的误差曲面。

解：首先随机产生输入向量和误差向量，程序如下：

```
P = [ -3  -2.2  -4.5  -3 3 3.1 1 5.1];
T = [1 0 2.5 1 0.01 0.04 3 1];
```

根据上述输入和目标向量，计算神经元的误差曲面。

```
wv = -1:0.1:1;
bv = -3:0.3:3;
e = errsurf(P,T,wv,bv,'purelin')
plotes(wv,bv,e,[60 30])
```

得到的误差曲面如图 20-12 所示。

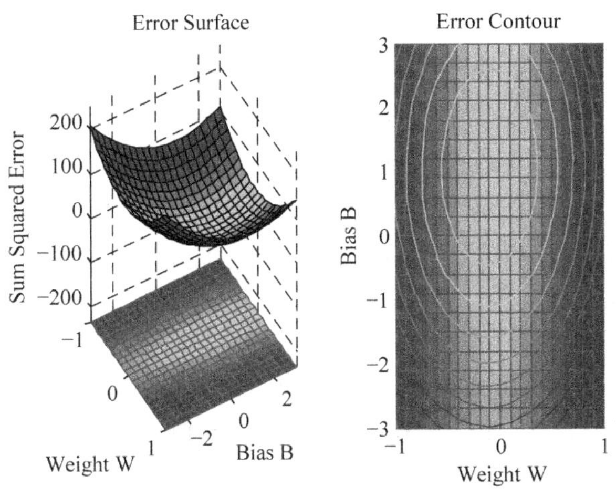

图 20-12　误差曲面

20.1.3　BP 神经网络工具箱函数

神经网络工具箱几乎涵盖了所有的神经网络的基本常用模型，如感知器和 BP 网络等。对于各种不同的网络模型，神经网络工具箱集成了多种学习算法，为用户提供了极大的方便。MATLAB 神经网络工具箱中包含了许多用于 BP 网络分析与设计的函数，BP 网络的常用函数如表 20-4 所示。

表 20-4　BP 网络的常用函数表

函数类型	函数名称	函数用途
前向网络创建函数	newcf	创建级联前向网络
	newff	创建前向 BP 网络
传递函数	logsig	S 型的对数函数
	tansig	S 型的正切函数
	purelin	纯线性函数
学习函数	learngd	基于梯度下降法的学习函数
	learngdm	梯度下降动量学习函数
性能函数	mse	均方误差函数
	msereg	均方误差规范化函数
显示函数	plotperf	绘制网络的性能
	plotes	绘制一个单独神经元的误差曲面
	plotep	绘制权值和阈值在误差曲面上的位置
	errsurf	计算单个神经元的误差曲面

对于表 20-4 中出现的函数或命令，下面给出部分介绍。

1. BP 网络创建函数 newff

该函数用于创建一个 BP 网络。调用格式为

```
net = newff
net = newff(PR,[S1 S2..SN1],{TF1 TF2..TFN1},BTF,BLF,PF)
net = newff;用于在对话框中创建一个 BP 网络.
```

其中：

net 为创建的新 BP 神经网络；

PR 为网络输入向量取值范围的矩阵；

[S1 S2…SN1]表示网络隐含层和输出层神经元的个数；

{TF1 TF2…TFN1}表示网络隐含层和输出层的传输函数，默认为 tansig；

BTF 表示网络的训练函数，默认为 trainlm；

BLF 表示网络的权值学习函数，默认为 learngdm；

PF 表示性能数，默认为 mse。

【例 20-12】 使用 newff 函数创建一个 BP 网络，并评估其性能。

解：建立一个 BP 网络，并计算其输出误差。MATLAB 代码如下：

```
clear all
clc
net = newff([ - 3 3],[6 1]);
P = [ - 3  - 2 1 0 1 2 3];
T = [0 1 1 0 0 0 1];
net = train(net,P,T);
y = sim(net,P)
e = T - y                          % 计算误差向量
net.trainParam.epochs = 100;  % 设置仿真总步长
perf = msereg(e,net)
```

运行结果如下：

```
y =
    0.0000    1.0000    0.5000   - 0.0000    0.5000    0.0000    1.0000
e =
  - 0.0000    0.0000    0.5000    0.0000   - 0.5000   - 0.0000    0.0000
perf =
    1.7529
```

BP 神经网络训练的误差变化曲线如图 20-13 所示。

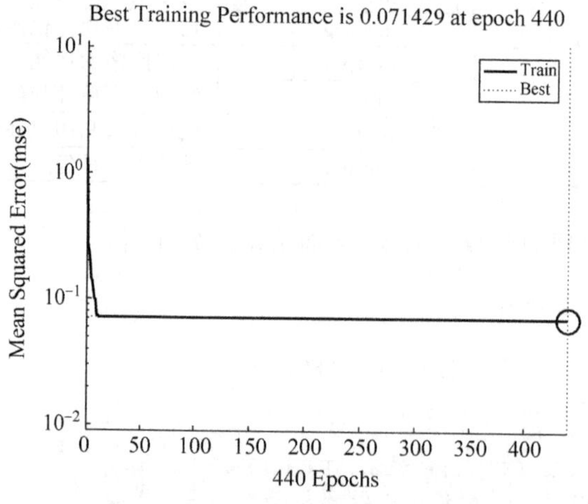

图 20-13　BP 神经网络训练的误差变化曲线

2. 传递函数

传递函数是BP网络的重要组成部分。传递函数又称为激活函数，必须是连续可微的。BP网络经常采用S型的对数或正切函数和线性函数。

1）S型的对数函数 logsig

该函数调用格式为

```
A = logsig(N)
info = logsig(code)
```

其中：

N为Q个S维的输入列向量；

A为函数返回值，位于区间(0,1)中。

2）双曲正切S型传递函数 tansig

该函数调用格式为

```
A = tansig(N)
info = tansig(code)
```

其中：

N为Q个S维的输入列向量；

A为函数返回值，位于区间(−1,1)中。

3）线性传递函数 purelin

该函数调用格式为

```
A = purelin(N)
info = purelin(code)
```

其中：

N为Q个S维的输入列向量；

A为函数返回值，A=N。

3. BP网络学习函数

1）learngd

该函数为梯度下降权值/阈值学习函数，它通过神经元的输入和误差，以及权值和阈值的学习效率，来计算权值或阈值的变化率。调用格式为

```
[dW,ls] = learngd(W,P,Z,N,A,T,E,gW,gA,D,LP,LS)
[db,ls] = learngd(b,ones(1,Q),Z,N,A,T,E,gW,gA,D,LP,LS)
info = learngd(code)
```

2）learngdm

该函数为梯度下降动量学习函数，它利用神经元的输入和误差、权值或阈值的学习

速率和动量常数，来计算权值或阈值的变化率。

4. BP 网络训练函数

1）train

该函数为神经网络训练函数，调用其他训练函数，对网络进行训练。该函数的调用格式为

```
[net,tr,Y,E,Pf,Af] = train(NET,P,T,Pi,Ai)
[net,tr,Y,E,Pf,Af] = train(NET,P,T,Pi,Ai,VV,TV)
```

2）traingd

该函数为梯度下降 BP 算法函数，traingdm 函数为梯度下降动量 BP 算法函数。

5. 显示函数

1）plotes

该函数用于绘制一个单独的神经元误差曲面。其调用格式如下：

```
plotes (WV,BV,ES,V)
```

其中：

WV 表示权值的 N 维向量；

BV 表示 M 维的阈值向量；

ES 表示误差向量组成的 M×N 维矩阵；

V 表示曲面的视角，默认为[-37.5,30]。

函数绘制的误差曲面是由权值和阈值确定的，并由函数 errsurf 计算得到。

【例 20-13】 利用函数 plotes 绘制一个神经网络的误差曲面，传递函数选取 logsig 对数函数。

解：MATLAB 程序如下：

```
clear all
clc
p = [3 2];
t = [0.4 0.8];
wv = -4:0.4:4; bv = wv;
ES = errsurf(p,t,wv,bv,'logsig');
plotes(wv,bv,ES,[60 30])
```

运行程序后得到 ES 值，如图 20-14 所示。

函数 plotes 绘制的神经网络误差曲面如图 20-15 所示。

2）errsurf

该函数用于计算单个神经元的误差曲面。其调用格式为

```
E = errsurf(P,T,WV,BV,F)
```

```
命令行窗口
>> ES

ES =

  1 至 14 列

    0.8000    0.8000    0.8000    0.7999    0.7997    0.7994    0.7987    0.7969    0.7928    0.7826    0.7575    0.6963    0.5677    0.3994
    0.8000    0.8000    0.7999    0.7998    0.7996    0.7991    0.7980    0.7955    0.7893    0.7743    0.7376    0.6519    0.4919    0.3332
    0.8000    0.8000    0.7999    0.7998    0.7994    0.7987    0.7971    0.7932    0.7841    0.7620    0.7091    0.5927    0.4075    0.2796
    0.8000    0.7999    0.7998    0.7996    0.7992    0.7981    0.7957    0.7899    0.7764    0.7441    0.6690    0.5173    0.3232    0.2430
    0.8000    0.7999    0.7998    0.7994    0.7988    0.7972    0.7935    0.7850    0.7651    0.7183    0.6142    0.4278    0.2501    0.2258
    0.7999    0.7998    0.7996    0.7992    0.7981    0.7958    0.7904    0.7778    0.7486    0.6818    0.5423    0.3313    0.1984    0.2272
    0.7999    0.7998    0.7995    0.7988    0.7972    0.7937    0.7857    0.7672    0.7248    0.6313    0.4533    0.2401    0.1741    0.2433
    0.7998    0.7996    0.7992    0.7982    0.7959    0.7907    0.7788    0.7517    0.6910    0.5639    0.3516    0.1690    0.1763    0.2681
```

图 20-14　神经网络运行得到的 ES 值

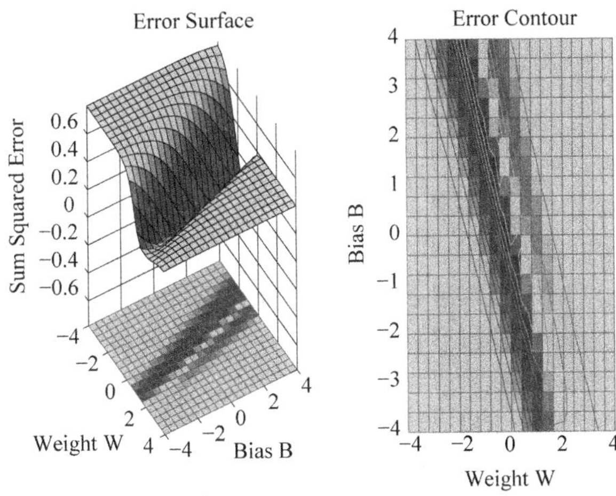

图 20-15　神经网络误差曲面

其中：

P 为输入向量；

T 为目标向量；

WV 为权值向量；

BV 为阈值向量；

F 为传递函数的名称。

【例 20-14】 利用函数 errsurf 计算单个神经元的误差曲面，要求传递函数选取 tansig 正切函数。

解：MATLAB 程序如下：

```
clear all
clc
p=[-6.0 -6.1 -4.1 -4.0 +4.0 +4.1 +6.0 +6.1];
t=[+0.0 +0.0 +.97 +.99 +.01 +.03 +1.0 +1.0];
wv=-1:.1:1; bv=-2.5:.25:2.5;
es=errsurf(p,t,wv,bv,'tansig');
plotes(wv,bv,es,[60 30])
```

运行程序得到神经网络误差曲面，如图 20-16 所示。

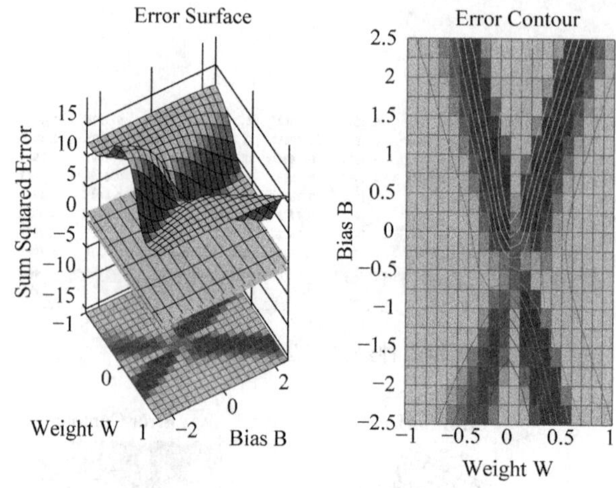

图 20-16　神经网络误差曲面

20.1.4　RBF 网络工具箱函数

众所周知，BP 网络用于函数逼近时，权值的调节采用的是负梯度下降法。这个调节权值的方法有局限性，即收敛慢和局部极小等。而 RBF 网络在逼近能力、分类能力和学习速度等方面均优于 BP 网络。

MATLAB 中提供了四个 RBF 函数的相关函数，它们都是创建两层的神经网络：第一层都是 RBF 神经网络层，第二层是线性层或者竞争层。主要区别是它们权值、阈值不同。

注意：RBF 函数网络不需要训练，在创建的时候就自动完成训练。

1. RBF 工具箱函数

下面介绍几种常用的工具箱函数。

1) net=newrbe(P,T,spread)

newrbe()函数可以快速设计一个 RBF 函数网络，且使得设计误差为 0。第一层神经元数目等于输入向量的个数，加权输入函数为 dist，网络输入函数为 netprod；第二层(线性层)神经元数模由输出向量 T 确定，加权输入函数为 dotprod，网络输入函数为 netsum。两层都有阈值。

第一层的权值初值为 p'，阈值初值为 0.8326/spread，目的是使加权输入为±spread 时，RBF 神经网络层输出为 0.5。阈值的设置决定了每一个 RBF 神经元对输入向量产生响应的区域。

【例 20-15】 使用 newrbe 函数，设定输入和输出，建立一个 RBF 神经网络，当输入为 5 时，求 RBF 网络输出。

解：设定神经网络的输入和输出为

```
P=[1 2 3];
T=[2 4.1 5.9];
```

建立 RBF 神经网络：

```
net = newrbe(P,T);
```

当输入为 5 时，求 RBF 网络的输出：

```
P = 5;
Y = sim(net,P)
```

输出得到

```
Y =
    1.7211
```

2) [net,tr]=newrb(P,T,goal,spread,MN,DF)

该函数和 newrbe 一样，只是可以自动增加网络的隐层神经元数模直到均方差满足精度或者神经元数模达到最大为止。

【例 20-16】 使用 newrb 函数和例 20-16 中的输入与输出，建立一个 RBF 神经网络，当输入为 5 时，求 RBF 网络输出。

解：建立的 MATALB 代码如下：

```
P = [1 2 3];
T = [2.0 4.1 5.9];
net = newrb(P,T);
P = 5;
Y = sim(net,P)
```

运行结果如下：

```
NEWRB, neurons = 0, MSE = 2.54
NEWRB, neurons = 2, MSE = 0
NEWRB, neurons = 3, MSE = 0
Y =
    6.1400
```

3) net=newgrnn(P,T,spread)

该函数用于建立广义回归网络。广义回归网络主要用于函数逼近，它的结构与 newbre 完全相同，但是有以下几点区别：

(1) 第二网络的权值初值为 T；

(2) 第二层没有阈值；

(3) 第二层的权值输入函数为 normpod，网络输入函数为 netsum。

【例 20-17】 使用 newgrnn 函数和例 20-16 中的输入和输出，建立一个广义回归网络。当输入为 5 时，求 RBF 网络输出。

解：建立的 MATALB 代码如下：

```
P=[1 2 3];
T=[2.0 4.1 5.9];
net=newgrnn(P,T);
P=5;
Y=sim(net,P)
```

运行结果如下：

```
Y=
    5.8445
```

4) net=newpnn(P,T,spread)

该函数用于建立概率神经网络(PNN)。该网络与前面三个网络最大的区别在于，第二层不再是线性层而是竞争层，并且竞争层没有阈值，其他同 newbre，故 PNN 网络主要用于解决分类问题。

为网络提供一输入向量后，RBF 神经网络层计算该输入向量同样本输入向量之间的距离‖dist‖，该层的输出为一个距离向量；竞争层接收距离向量为输入，计算每个模式出现的概率，通过竞争传递函数为概率最大的元素对应输出 1，否则为 0。

注意：由于第二层是竞争层，故输入/输出向量必须使用 ind2vec/vec2ind 函数进行转换，也就是将索引转换为向量或者向量转换为索引。

【例 20-18】 使用 newpnn 函数和例 20-16 中的输入和输出，建立一个概率神经网络，当输入为 5 时，求 RBF 网络输出。

解：建立的 MATALB 代码如下：

```
P=[1 2 3 4 5 6 7];
Tc=[1 2 3 2 2 3 1];
T=ind2vec(Tc);
net=newpnn(P,T);
p=5;
Y=sim(net,p)
```

运行结果如下：

```
Y=
    0
    1
    0
```

2. 转换函数

1) ind2vec

该函数用于将数据索引转换为向量组，调用格式如下：

```
vec=ind2vec(ind)
```

其中,ind 表示数据索引列向量;vec 表示函数返回值,一个稀疏矩阵,每行只有一个1,矩阵的行数等于数据索引的个数,列数等于数据索引中的最大值。

通过下面一组代码演示 ind2vec 的计算原理。在 MATLAB 的命令行窗口输入:

```
>> ind = [1 3 2 3];
vec = ind2vec(ind)
```

得到结果如下:

```
ind =
     1     3     2     3
vec =
   (1,1)        1
   (3,2)        1
   (2,3)        1
   (3,4)        1
```

可以看出,结果是一个 4×3 的矩阵,其中(x,y)是与数据索引列向量相对应的,x 是数据索引值,y 表示 x 在数据索引中的位置,由此组成了输出矩阵。

2) vec2ind

该函数用于将向量组转换为数据索引,其与 ind2vec 互逆。

例如在 MATLAB 的命令行窗口输入如下语句:

```
>> vec = [1 0 0 0; 0 0 1 0; 0 1 0 1];
>> ind = vec2ind(vec)
```

得到结果如下:

```
ind =
     1     3     2     3
```

3. 传递函数

RBF 网络中的传递函数一般使用 radbas。该函数的调用格式为

```
A = radbas(N,FP)
info = radbas(code)
```

其中,N 为输入向量矩阵,A 为函数返回矩阵,且与 N 一一对应,即 N 中的每个元素通过 RBF 函数得到 A。

info=radbas(code)表示根据 code 值的不同返回有关函数的不同信息,包括:

(1) derive——返回导函数的名称;

(2) name——返回函数全称;

(3) output——返回输入范围;

(4) active——返回可用输入范围。

如果想查看传递函数波形，可以在命令行窗口输入以下代码：

```
>> n = -5:0.1:5;
>> a = radbas(n);
>> plot(n,a)
```

得到传递函数波形如图 20-17 所示。

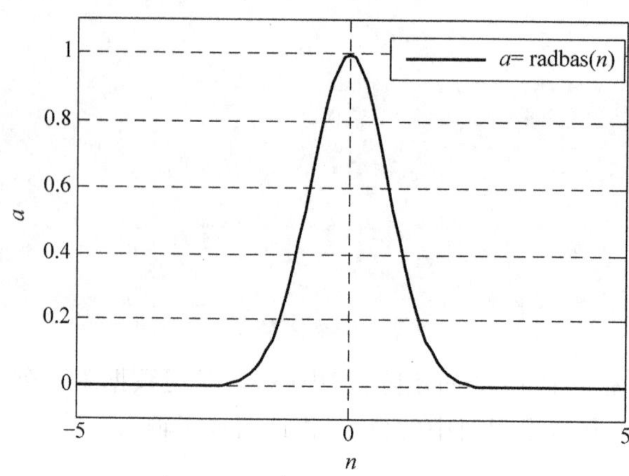

图 20-17　传递函数 ardbas 波形图

20.1.5　Hopfield 网络工具箱函数

MATLAB 神经网络工具箱包含了很多用于 Hopfield 网络设计与分析的函数，本节重点介绍几个常用函数的功能、调用格式和参数含义等。

1. Hopfield 网络创建函数

Hopfield 网络的创建函数是 newhop()，该函数的功能是生成一个 Hopfield 回归网络。其调用格式如下：

```
net = newhop(T)
```

其中，net 为生成的神经网络，且在 T 中有稳定的点；T 是具有 Q 个目标向量的 R * Q 矩阵(元素必须为－1 或 1)。

【例 20-19】 利用 newhop 函数，设定有 2 列的目标向量，建立具有 2 个稳定点的 Hopfield 神经网络。

解：首先设定具有 2 列目标向量的矩阵：

```
T = [ +1 -1; -1 +1];
```

绘制两个稳定点的 Hopfield 神经网络稳定空间图形，如图 20-18 所示。

```
plot(T(1,:),T(2,:),'r*')
axis([-1.1 1.1 -1.1 1.1])
title('Hopfield Network State Space')
xlabel('a(1)');
ylabel('a(2)');
```

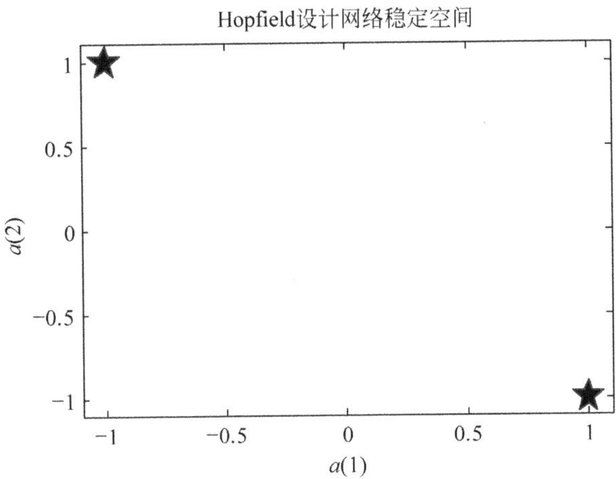

图 20-18 Hopfield 神经网络稳定空间图形

Hopfield 网络的所有可能的状态都包含在图中边界内。

```
%使用 newhop 创建 Hopfield 神经网络
net = newhop(T);
%确定目标向量处于稳定
[Y,Pf,Af] = net([],[],T);
Y
```

运行上面的代码后，得到如下结果：

```
>> demohop1
Y =
     1    -1
    -1     1
```

由此可知，网络返回的两个目标与目标向量 T 一致，所以建立的 Hopfield 网络处于稳定状态。

```
%定义随机的起始点
a = {rands(2,1)};
%Hopfield 仿真参数设定
[y,Pf,Af] = net({20},{},a);
%在网络中设定一个活动点，确定网络的两个目标点位置是否不变
record = [cell2mat(a) cell2mat(y)];
start = cell2mat(a);
hold on
plot(start(1,1),start(2,1),'bx',record(1,:),record(2,:))
```

运行以上代码得到如图 20-19 所示的图形，由图可知，Hopfield 网络的两个目标点位置没变，即在左上方和右下方。

```
% 重复模拟 25 个初始条件
color = 'rgbmy';
for i = 1:25
  a = {rands(2,1)};
  [y,Pf,Af] = net({20},{},a);
  record = [cell2mat(a) cell2mat(y)];
  start = cell2mat(a);
  plot(start(1,1),start(2,1),'kx',record(1,:),record(2,:),color(rem(i,5) + 1))
end
```

重复模拟 25 个初始条件得到的图形如图 20-20 所示。

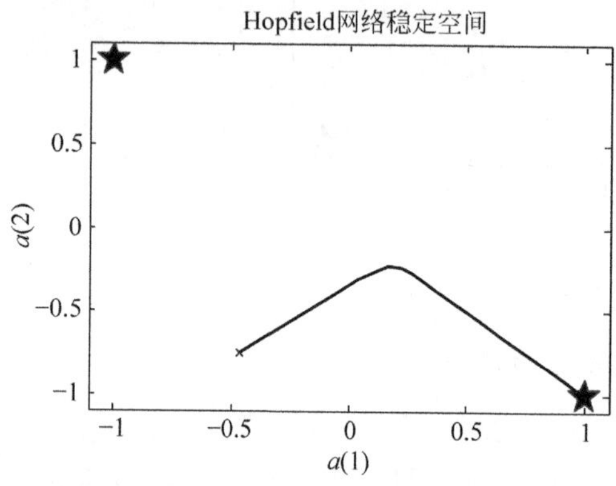

图 20-19　有一个活动点的稳定空间

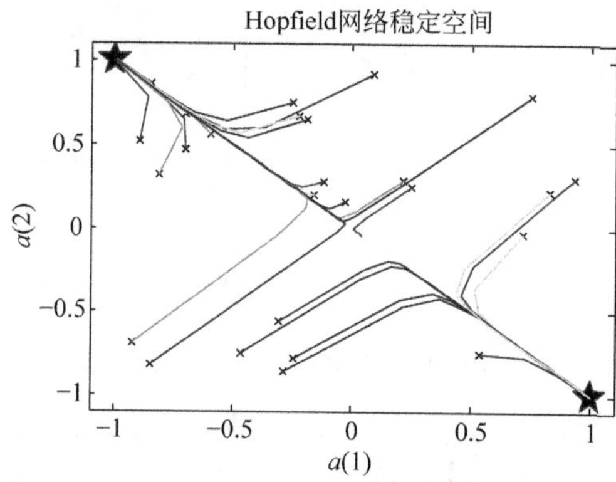

图 20-20　有 25 个活动点的稳定空间

在图 20-20 中，如果 Hopfield 网络开始接近左上角，它会去左上角，反之亦然。这种找到初始输入最近的记忆是 Hopfield 神经网络的典型能力。

Hopfield 神经网络经常应用于模式的联想记忆中。Hopfield 神经网络仅有一层，其激活函数是 satlins() 函数，层中的神经元有来自它自身的连接权和阈值。

【例 20-20】 利用 newhop 函数，设定 3 列的目标向量，建立具 2 个稳定点的 Hopfield 神经网络。

解：建立题中所要求的网络，MATLAB 代码如下：

```
clear all
clc
% 定义具有3列的目标向量
T = [ +1 +1; -1 +1; -1 -1];

% 绘制两个稳定点的Hopfield神经网络稳定空间图形
axis([ -1 1 -1 1 -1 1])
set(gca,'box','on'); axis manual; hold on;
plot3(T(1,:),T(2,:),T(3,:),'r * ')
title('Hopfield Network State Space')
xlabel('a(1)');
```

```
ylabel('a(2)');
zlabel('a(3)');
view([37.5 30]);
```

两个稳定点的 Hopfield 神经网络稳定空间图形如图 20-21 所示。

```
%利用 newhop 创建 Hopfield 神经网络
net = newhop(T);

%定义随机起始点
a = {rands(3,1)};
%Hopfield 仿真参数设定
[y,Pf,Af] = net({1 10},{},a);

%在稳定空间内设定一个活动的点
record = [cell2mat(a) cell2mat(y)];
start = cell2mat(a);
hold on
plot3(start(1,1),start(2,1),start(3,1),'bx', …
  record(1,:),record(2,:),record(3,:))
```

在稳定空间内设定一个活动点的图形如图 20-22 所示。

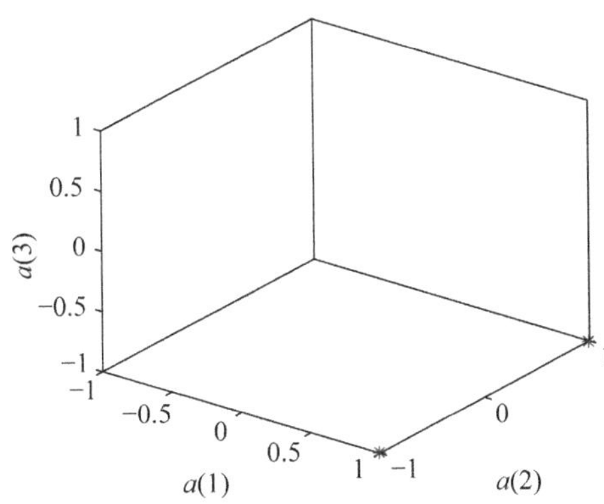

图 20-21 Hopfield 神经网络稳定空间图形

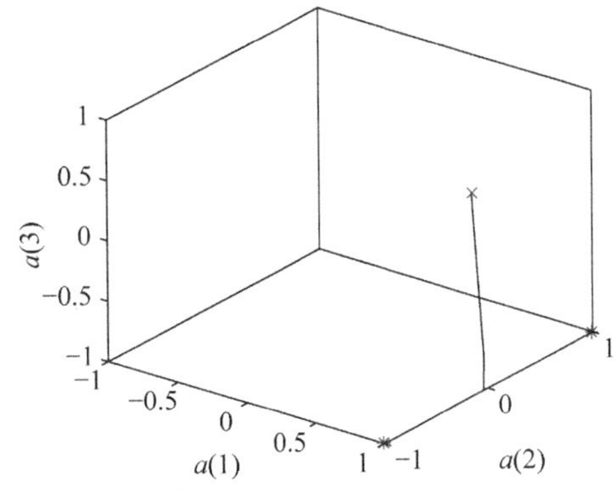

图 20-22 在稳定空间内设定一个活动的点

```
%重复模拟 25 个初始条件
color = 'rgbmy';
for i = 1:25
  a = {rands(3,1)};
  [y,Pf,Af] = net({1 10},{},a);
  record = [cell2mat(a) cell2mat(y)];
  start = cell2mat(a);
  plot3(start(1,1),start(2,1),start(3,1),'kx', …
      record(1,:),record(2,:),record(3,:),color(rem(i,5) + 1))
end
```

重复模拟 25 个起始点得到的稳定空间如图 20-23 所示。

```
%使用向量P的每一列仿真Hopfield神经网络
P=[ 1.0   -1.0   -0.5    1.00    1.00    0.0; ...
      0.0   0.0    0.0    0.00    0.00   -0.0; ...
     -1.0   1.0    0.5   -1.01   -1.00    0.0];
cla
plot3(T(1,:),T(2,:),T(3,:),'r*')
color='rgbmy';
for i=1:6
  a={P(:,i)};
  [y,Pf,Af]=net({1 10},{},a);
  record=[cell2mat(a) cell2mat(y)];
  start=cell2mat(a);
  plot3(start(1,1),start(2,1),start(3,1),'kx', ...
      record(1,:),record(2,:),record(3,:),color(rem(i,5)+1))
end
```

上述代码使得两个目标稳定点之间的起始点都进入稳定空间的中心，如图 20-24 所示。

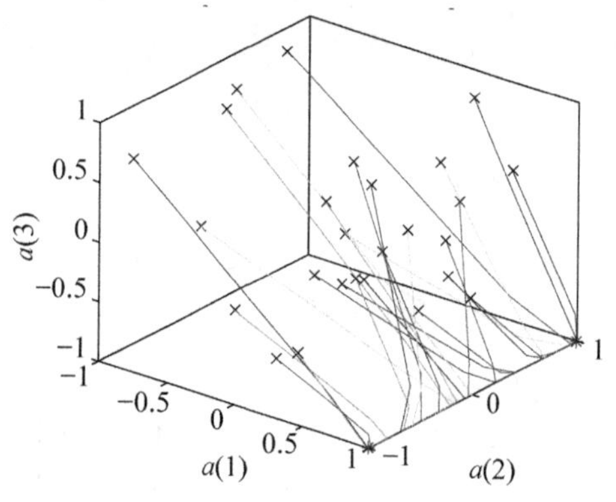

图 20-23　重复模拟 25 个起始点得到的稳定空间

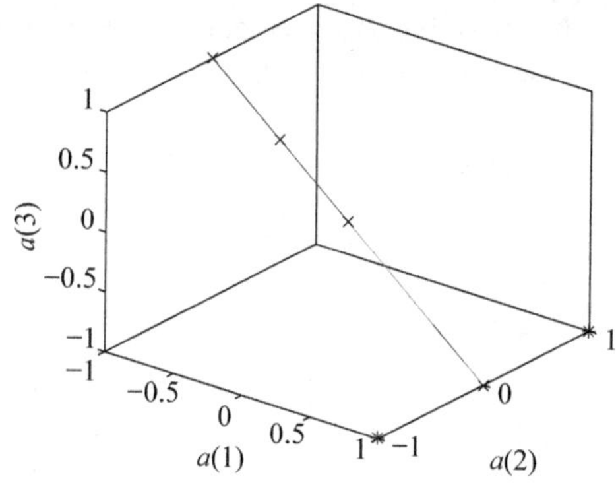

图 20-24　将两个目标稳定点之间的起始点都进入稳定空间中心

2. Hopfield 网络的传递函数

1) satlin()

该函数的功能是饱和线性传递函数，其调用格式如下：

```
A=satlin(N)
```

其中，A 输出向量矩阵；N 是由网络的输入向量组成的 S*Q 矩阵，返回的矩阵 A 与 N 的维数大小一致，A 元素的取值位于区间[0,1]内。当 N 中的元素介于 0 和 1 之间时，其输出等于输入；当输入值小于 0 时返回 -1；当输入值大于 1 时返回 1。

通过下面 MATLAB 程序：

```
n=-5:0.1:5;
a=satlin(n);
plot(n,a)
```

得到传递函数 satlin 的图形如图 20-25 所示。

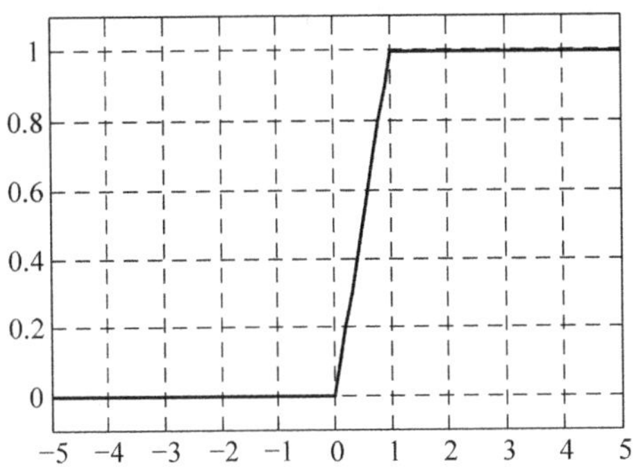

图 20-25 饱和线性传递函数图形

2）satlins()

该函数的功能是对称饱和线性传递函数，其调用格式如下：

```
A = satlins(N)
```

其中，A 输出向量矩阵；N 是由网络的输入向量组成的 S * Q 矩阵，返回的矩阵 A 与 N 的维数大小一致，A 的元素取值位于区间[−1,1]内。当 N 中的元素介于−1 和 1 之间时，其输出等于输入；当输入值小于−1 时返回−1；当输入值大于 1 时返回 1。

通过下面的 MATLAB 程序

```
n = -5:0.1:5;
a = satlins(n);
plot(n,a)
```

得到传递函数 satlins 的图形如图 20-26 所示。

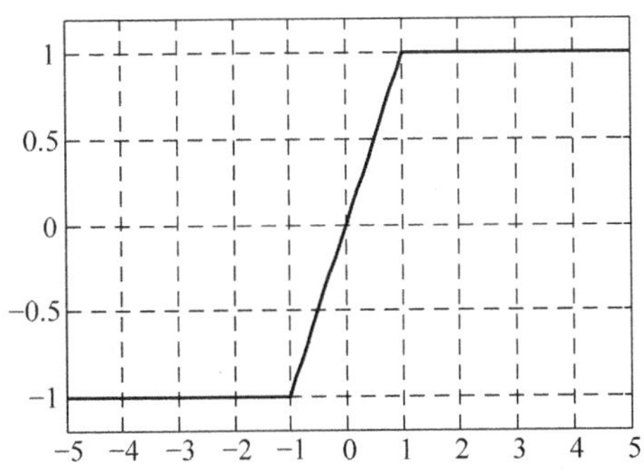

图 20-26 对称饱和线性传递函数图形

20.1.6 竞争型神经网络工具箱函数

竞争型神经网络是神经网络领域中最吸引人的话题之一。这种结构的网络能够从输入信息中找出规律，并根据这些规律来相应地调整均衡网络，使得以后的输出与之相适应。

自组织竞争型神经网络能够识别成组的相似向量，常用于进行模式分类。自组织特征映射神经网络不但能够像自组织竞争神经网络一样学习输入的分布情况，而且可以学习进行训练神经网络的拓扑结构。

MATLAB神经网络工具箱为竞争型神经网络提供了大量的函数工具。本节将详细介绍这些函数的功能、调用格式和注意事项等。

竞争型神经网络的常用函数如表20-5所示。

表20-5 竞争型神经网络的常用函数

函数名称	函数功能
compet()	竞争传输函数
nngenc()	产生一定类别的样本向量
nbgrid()	用栅格距离表示的领域矩阵
dist()	欧氏距离权值函数
nbman()	用Manhattan距离表示的领域矩阵
plotsm()	绘制竞争网络的权值矢量
initc()	初始化竞争神经网络
trainc()	训练竞争神经网络
simuc()	仿真竞争神经网络
newc()	建立一个竞争神经网络
initsm()	初始化自组织特征映射网络
learnk()	Kohonen权值学习规则函数
learnis()	Instar权值学习规则函数
learnos()	Outstar权值学习规则函数
learnh()	Hebb权值学习规则函数
learnhd()	衰减的Hebb权值学习规则函数
learnsom()	自组织特征映射权值学习函数
plotsom()	绘制自组织特征映射网络的权值矢量
trainsm()	利用Kohonen规则训练自组织特征映射网络
simusm()	仿真自组织特征映射网络
newsom()	创建一个自组织特征映射神经网络
negdist()	对输入矢量进行加权计算
netsum()	计算网络输入矢量和
midpoit()	中点权值初始化函数
mandist()	Manhattan距离权值函数
initlvq()	LVQ神经网络的初始化函数
plotvec()	用不同的颜色画矢量函数

下面介绍表20-5中几个重要的函数。

1. 竞争传输函数compet()

该函数将神经网络输入进行转换，使网络输入最大的神经元输出为1，而其余的神经元输出为0。函数compet()的调用格式为

```
Y = compet(X)   或   Y = compet(Z,b)
```

下面的代码是函数 compet 的使用示例。

```
n=[0; 1; -0.5; 0.5];
a=compet(n);
subplot(2,1,1),bar(n),ylabel('n')
subplot(2,1,2),bar(a),ylabel('a')
```

在 MATLAB 的命令行窗口中输入以上代码，结果如图 20-27 所示。

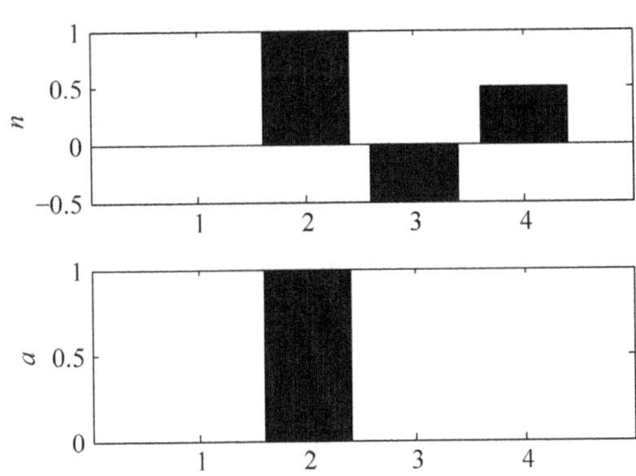

图 20-27　函数 compet 使用示例结果

从图 20-27 可以看出，输入向量 n 的第二个数最大。使用函数 compet 后得到的输出变量中，第二个数为 1，其他为 0。

如果使用 full 命令，可以得到输出变量的值如下：

```
ans =
     0
     1
     0
     0
```

2. 向量产生函数 nngenc()

该函数可以产生一定类别的样本，其调用格式为

```
X=nngenc(C,clusters,points,std_dev)
```

【例 20-21】 利用 nngenc 函数产生一定类别的样本，再建立一个竞争型神经网络来区分这些类。

解：首先使用函数 compet 产生一定类别的样本，具体代码如下：

```
bounds=[0 1; 0 1];                            % 设定边界
clusters=8;                                   % 设定簇的数量
points=10;                                    % 设定每个簇的点数
std_dev=0.05;                                 % 每个簇的标准偏差
x=nngenc(bounds,clusters,points,std_dev);     % 创建输入向量 X
```

```
%绘制输入向量 X
plot(x(1,:),x(2,:),'+r');
title('Input Vectors');
xlabel('x(1)');
ylabel('x(2)');
```

输入以上代码，得到结果如图 20-28 所示。

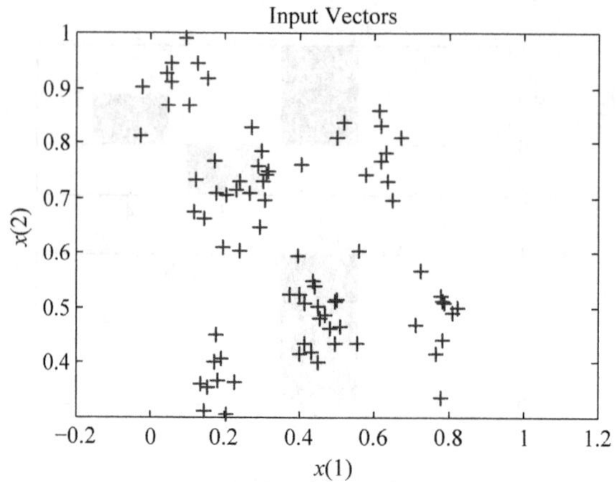

图 20-28　使用函数 compet 产生一定类别的输入样本

建立一个竞争型神经网络，并画出一个分类点，使其出现在输入向量集群中。MATLAB 代码如下：

```
net = competlayer(8,.1);
net = configure(net,x);
w = net.IW{1};
plot(x(1,:),x(2,:),'+r');
hold on;
circles = plot(w(:,1),w(:,2),'ob');
```

运行以上代码，得到结果如图 20-29 所示。

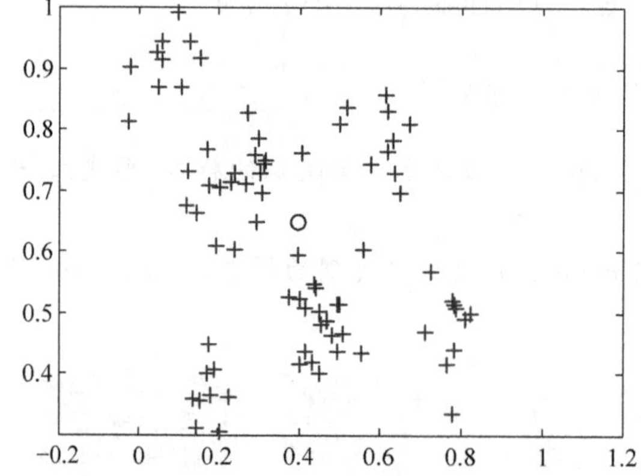

图 20-29　竞争型神经网络得到的输入向量中的分类点

训练竞争型神经网络，并更新网络权重，其 MATLAB 代码如下：

```
net.trainParam.epochs = 7;
net = train(net,x);
w = net.IW{1};
delete(circles);
plot(w(:,1),w(:,2),'ob');
```

得到分类点的结果如图 20-30 所示。从图中可以看到，随机产生的向量分成了 8 类。

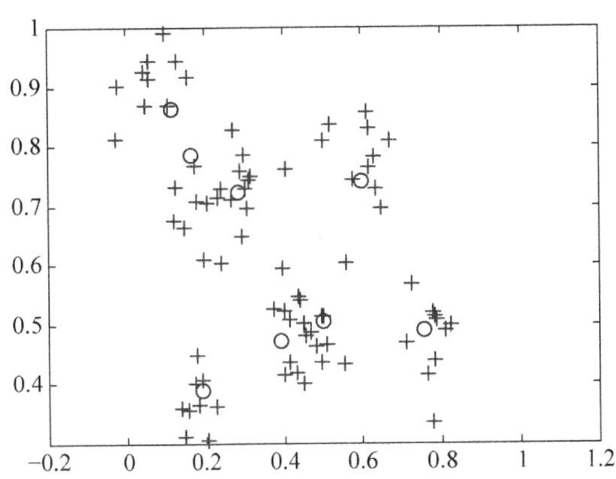

图 20-30 训练竞争型神经网络得到的结果

我们现在可以使用竞争层作为一个分类器，其中每个神经元对应于一个不同的类别。这里定义输入向量 x1=[0;0.2]，运行以下代码：

```
x1 = [0; 0.2];
y = net(x1)
```

得到表明神经元输出的结果如下：

```
y =
     1
     0
     0
     0
     0
     0
     0
     0
```

3. 训练竞争层函数 trainc()

函数 trainc()训练竞争层，对一组输入矢量分类，它从一组输入矢量中随机选取一个矢量，然后找出输入最大的神经元，并按 Kohonen 准则修改权值，从而训练竞争层网络。函数调用格式为

```
[W,b] = trainc(w,X,tp)
```

4. Konohen 权值学习函数 learnk()

函数 learnk()根据 Konohen 相关准则计算网络层的权值变化矩阵，其学习通过调整神经元的权值等于当前输入。使神经元存储输入，用于以后的识别，即 $\Delta w(i,j)=\eta(x(j)-w(i,j))$。函数调用格式为

```
[dW,NLS] = learnk(W,X,Z,N,A,T,E,gW,gA,D,LP,LS)
```

其中：
W 为 S * R 权值矩阵；
X 为 R * Q 输入向量；
Z 为 S * Q 加权输入向量；
N 为 S * Q 神经网络输入向量；
A 为 S * Q 输出向量；
T 为 S * Q 层的目标向量；
E 为 S * Q 层的误差向量；
gW 为 S * R 相对于网络性能的加权梯度向量；
gA 为 S * Q 相对于网络性能的输出梯度向量；
D 为 S * S 神经元距离矩阵；
LP 为学习参数(或者学习速率)；
LS 为学习状态。
例如，定义一个神经网络输入变量、输出变量、权值和学习速率，代码如下：

```
p = rand(2,1);
a = rand(3,1);
w = rand(3,2);
lp.lr = 0.5;
```

使用学习函数 learnk：

```
dW = learnk(w,p,[],[],a,[],[],[],[],[],lp,[])
```

得到其权值调整量为

```
dW =
    0.1947   - 0.2191
  - 0.0485   - 0.0583
  - 0.1208   - 0.3241
```

5. Instar 权值学习函数 learnis()

函数 learnis()根据 Instar 相关准则计算网络层的权值变化矩阵，用一个正比于神经

网络的学习速率来调整权值，学习一个新的矢量使之等于当前输入。这样，任何使 Instar 层引起高输出的变化，都会导致网络根据当前的输入向量学习这种变化。最终，相同的输入使网络有明显不同的输出，即 $\Delta w(i,j)=\eta y(i)(x(j)-w(i,j))$。函数调用格式为

```
[dW,NLS] = learnis(W,X,Z,N,A,T,E,gW,gA,D,LP,LS)
```

该函数的用法和各个参数的定义与函数 learnk()相同。

例如，定义一个神经网络输入变量、输出变量、权值和学习速率，代码如下：

```
p = rand(3,1);
a = rand(4,1);
w = rand(4,3);
lp.lr = 0.6;
```

使用学习函数 learnk：

```
dW = learnis(w,p,[],[],a,[],[],[],[],[],lp,[])
```

得到其权值调整量为

```
dW =
   -0.0071   -0.0426    0.1159
   -0.0504    0.0047    0.0531
    0.0290   -0.0655    0.4688
   -0.0157   -0.0108    0.0181
```

6. Outstar 权值学习函数 learnos()

函数 learnos()根据 Outstar 相关准则计算网络层的权值变化矩阵，Outstar 网络层的权可以看作是与网络层的输入矢量一样多的长期存储器。通常，Outstar 层是线性的，允许输入权值按线性层学习输入矢量。因此，存储在输入权值中的矢量可通过激活该输入得到，即 $\Delta w(i,j)=\eta(y(i)-w(i,j))/x(j)$。函数调用格式为

```
[dW,NLS] = learnos(W,X,Z,N,A,T,E,gW,gA,D,LP,LS)
```

该函数的用法和各个参数的定义同函数 learnk()。

例如，定义一个神经网络输入变量、输出变量、权值和学习速率，代码如下：

```
p = rand(2,1);
a = rand(4,1);
w = rand(4,2);
lp.lr = 0.4;
```

使用学习函数 learnk：

```
dW = learnos(w,p,[],[],a,[],[],[],[],[],lp,[])
```

得到其权值调整量为

```
dW =
   -0.0039    0.0740
   -0.2334   -0.0438
    0.1526    0.0854
    0.2702    0.2231
```

7. Hebb 权值学习规则函数 learnh()

Hebb 在 1943 年首次提出了神经元学习规则，他认为两个神经元之间的连接权值的强度与所连接的两个神经元的活化水平成正比。

也就是说，如果一个神经元的输入值大，那么其输出值也大，而且输入和神经元之间的权值也相应增大。其原理可表示为 $\Delta w(i,j)=\eta * y(i) * x(j)$。由此可以看出，第 j 个输入和第 i 个神经元之间的权值的变化量同输入 x(j)和输出 y(i)的乘积成正比。函数调用格式为

```
[dW,NLS] = learnh(W,X,Z,N,A,T,E,gW,gA,D,LP,LS)
```

该函数的用法和各个参数的定义同函数 learnk()。

例如，定义一个神经网络输入变量、输出变量、权值和学习速率，代码如下：

```
p = rand(2,1);
a = rand(3,1);
lp.lr = 0.5;
```

使用学习函数 learnk：

```
dW = learnos(w,p,[],[],a,[],[],[],[],[],lp,[])
```

得到其权值调整量为

```
dW =
   -0.0039    0.0740
   -0.2334   -0.0438
    0.1526    0.0854
    0.2702    0.2231
```

8. 衰减的 Hebb 权值学习规则函数 learnhd()

原始的 Hebb 学习规则对权值矩阵的取值未做任何限制，因而学习后权值可取任意值。为了克服这一弊病，在 Hebb 学习规则的基础上增加一个衰减项，即 $\Delta w(i,j)=\eta * y(i) * x(j) - dr * w(i,j)$。

衰减项的加入能够增加网络学习的"记忆"功能，并且能有效地对权值加以限制，衰减系数 dr 的取值应该在[0,1]范围内。

当 dr 取为 0 时，就变成原始的 Hebb 学习规则，网络学习不具备“记忆”功能；当 dr 取为 1 时，网络学习结束后权值取值很小，不过网络能“记忆”前几个循环中学习的内容。

这种改进算法可利用衰减的 Hebb 权值学习规则函数 learnhd()来实现。

函数调用格式为

```
[dW,NLS] = learnhd(W,X,Z,N,A,T,E,gW,gA,D,LP,LS)
```

该函数的用法和各个参数的定义同函数 learnk()。

例如，定义一个神经网络输入变量、输出变量、权值和学习速率，代码如下：

```
p = rand(2,1);
a = rand(3,1);
w = rand(3,2);
lp.dr = 0.05;
lp.lr = 0.5;
```

使用学习函数 learnk：

```
dW = learnhd(w,p,[],[],a,[],[],[],[],[],lp,[])
```

得到其权值调整量为

```
dW =
     0.0469     0.0096
     0.3581     0.3654
     0.2303     0.2785
```

9. 自组织特征映射权值学习函数 learnsom()

函数 learnosom()是根据所给出的学习参数 LP 开始的，其正常状态学习速率 LP.order_lr 默认值为 0.9，正常状态学习步数 LP.order_steps 默认值为 1000，调整状态学习速率 LP.tune_lr 默认值为 0.02，调整状态邻域距离 LP.tune_nd 默认值为 1。

在网络处于正常状态和调整状态时，学习速率和邻域尺寸都得到更新。函数调用格式为

```
[dW,NLS] = learnsom(W,X,Z,N,A,T,E,gW,gA,D,LP,LS)
```

该函数的用法和其余参数的定义同函数 learnk()。

函数 learnsom()的实例如下：

```
p = rand(2,1);
a = rand(6,1);
w = rand(6,2);
pos = hextop(2,3);
d = linkdist(pos);
```

```
lp.order_lr = 0.9;
lp.order_steps = 1000;
lp.tune_lr = 0.02;
lp.tune_nd = 1;
ls = [];
[dW,ls] = learnsom(w,p,[],[],a,[],[],[],[],d,lp,ls)
```

在 MATLAB 中输入以上代码,得到如下结果:

```
dW =
    0.0202    0.3628
    0.6174    0.4197
    1.5562    0.9404
    0.2175    0.5402
    0.0737    1.5821
    0.5712    0.4915
ls =
       step: 1
    nd_max: 2
```

10. 绘制自组织特征映射网络的权值矢量函数 plotsom()

函数 plotsom(W,m)用于绘制自组织映射网络的权值图,在每个神经元的权矢量(行)相应的坐标处画一点,表示相邻神经元权值的点,根据邻阵 m 用实线连接起来。如果 M(i,j)小于或等于 1,则将神经元 i 和 j 用线连接起来。

调用格式为

```
plotsom(W,m)
```

式中,W 为权值矩阵; m 为网络邻域。

【例 20-22】 建立一个输入向量分布在一个二维空间内,其变化范围为[-1 1],网络结构为 4×4 (16 个神经元)的二维自组织特征映射神经网络。

解:建立网络及训练的代码如下:

```
clear all
clc
%设定输入
P = rands(10,4);
%建立 SOM 神经网络
net = newsom(P,[44]);
%训练网络
net = train(net,P);
%绘制网络权值变化
figure(1)
plot(P(1,:)',P(2,:)','.g','markersize',20)
hold on
figure(2)
```

```
plot(P(1,:)',P(2,:)','.g','markersize',20)
hold on
plotsom(net.iw{1,1},net.layers{1}.distances)
hold off
```

运行以上代码,得到所建立的神经网络训练窗口如图 20-31 所示。

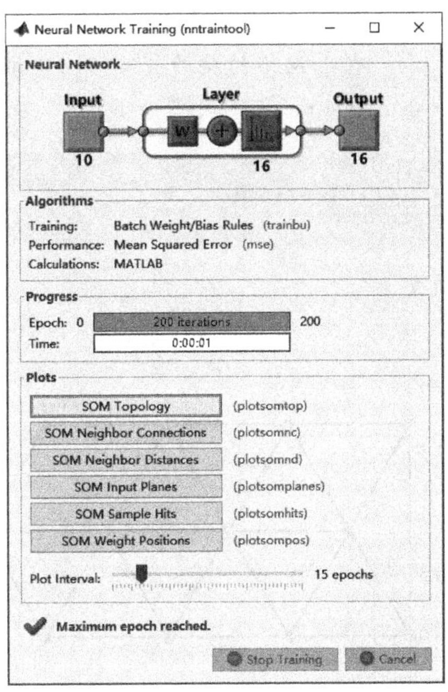

图 20-31 神经网络训练窗口

单击神经网络训练窗口中的 SOM Weight Positions 按钮,得到图 20-32 所示的网络权值所在的位置。

权值向量的变化曲线如图 20-33 所示。

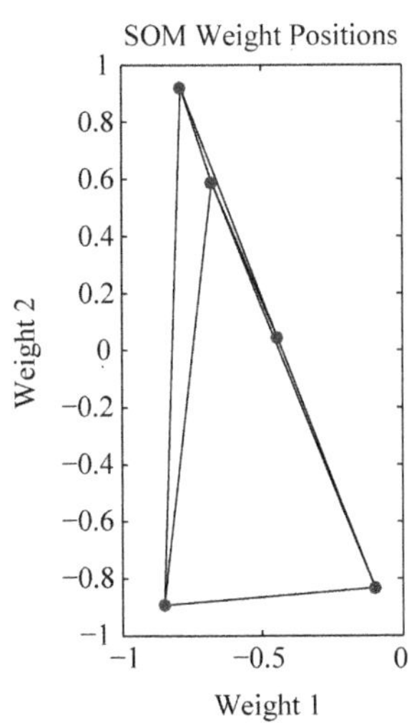

图 20-32 训练过程中网络权值所在的位置

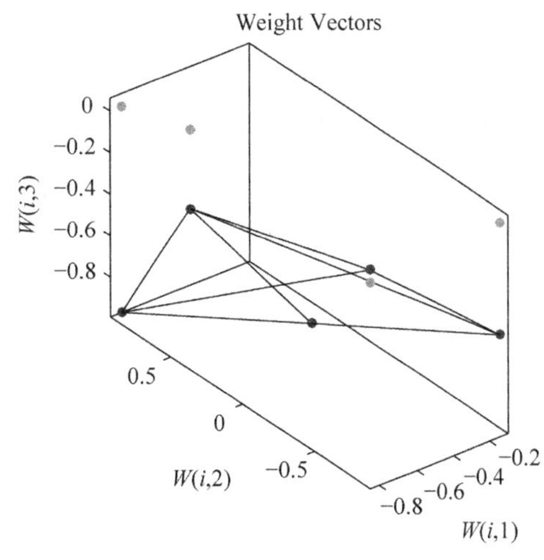

图 20-33 权值向量的变化曲线

11. 创建一个自组织特征映射网络函数 newsom()

利用 newsom()函数可建立一个自组织特征网络。其调用格式为

```
net = newsom (Xr,[d1,d2, ··· ,di])
```

【例 20-23】 建立一个输入向量分布在一个二维空间的二维自组织特征映射神经网络,其变化范围分别为[0,1]和[0,3],网络结构为 4×3(12 个神经元)。

解:建立网络可利用命令 newsom,具体代码如下:

```
net = newsom([01;0 3],[4 3]);
plotsom(net.layers{1}.positions)
```

执行结果如图 20-34 所示。

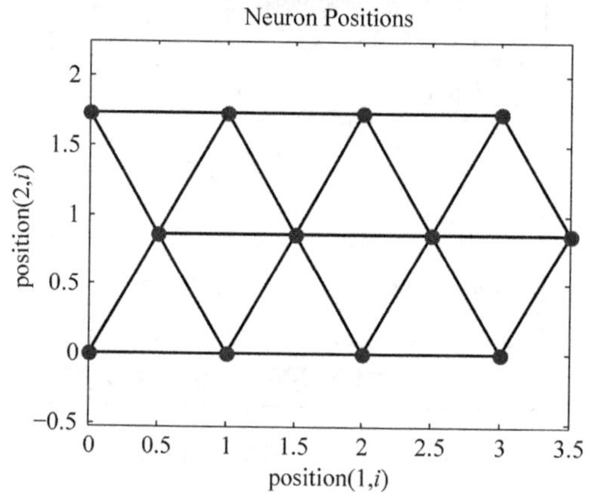

图 20-34　神经网络层的相对位置

12. 欧氏距离权值函数 dist()

大多数神经元网络的输入可通过表达式 N=w * X+b 来计算,其中 w、b 分别为权矢量和偏差矢量。但有一些神经元的输入可由函数 dist()来计算,dist()函数是一个欧氏(Euclidean)距离权值函数,它对输入进行加权,得到被加权的输入。

一般,两个向量 x 和 y 之间的欧氏(Euclidean)距离 D 定义为 D=sun((x−y).^2).^0.5。函数 dist()调用格式为

```
D = dist(W,X)
```

或

```
D = dist(pos)
```

例如,任意给定输入和权值,利用 dist()函数计算欧氏距离,其代码如下:

```
w=[1 2 3];
X=[2;2.2;0.4];
d=dist(w,X)
```

结果显示：

```
d=
    2.7928
```

13. Manhattan 距离权值函数 mandist()

mandist()函数是一个 Manhattan 距离权值函数，它对输入进行加权，得到被加权的输入。一般两个向量 x 和 y 之间的 Manhattan 距离 d 定义为 d=sum(abs(x−y))。其调用格式为

```
d=mandist(w,X)
d=mandist(pos)
```

例如，任意给定输入和权值，利用 mandist()函数计算 Manhattan 距离，其 MATLAB 代码如下：

```
W=rand(4,3);
P=rand(3,1);
Z=mandist(W,P)
pos=rand(3,10);
D=mandist(pos)
```

得到结果：

```
Z=
    1.1715
    1.2536
    1.1152
    0.9667
D=
0         0.6904    1.5209    1.2760    0.7674    1.0159    0.6139
0.7919    0.7128    0.6667
0.6904    0         1.9395    1.0512    1.2190    1.3597    0.8936
1.0150    1.0962    1.0853
1.5209    1.9395    0         1.2656    1.1267    0.7054    1.0459
1.1205    0.8433    0.8897
1.2760    1.0512    1.2656    0         1.1686    0.5602    1.1019
1.6534    1.1154    1.6816
0.7674    1.2190    1.1267    1.1686    0         0.8886    0.7124
1.4427    0.6222    0.8507
1.0159    1.3597    0.7054    0.5602    0.8886    0         0.6059
1.3361    0.5552    1.1214
0.6139    0.8936    1.0459    1.1019    0.7124    0.6059    0
0.7302    0.2026    0.5797
```

```
0.7919      1.0150      1.1205      1.6534      1.4427      1.3361      0.7302
0           0.8205      0.5920
0.7128      1.0962      0.8433      1.1154      0.6222      0.5552      0.2026
0.8205      0           0.5662
0.6667      1.0853      0.8897      1.6816      0.8507      1.1214      0.5797
0.5920      0.5662      0
```

14. 中点权值初始化函数 midpoint()

如果竞争层和自组织网络的初始权值选择在输入空间的中间区，利用该函数初始化权值会更加有效。该函数的调用格式为

```
w = midpoint(S,Xr)
```

例如，利用函数 midpoint 初始化权值，MATLAB 代码如下：

```
>> Xr = [0 1; -2 2];
>> w = midpoint(4,Xr)
```

结果显示：

```
w =
    0.5000         0
    0.5000         0
    0.5000         0
    0.5000         0
```

15. 对输入矢量进行加权函数 negdist()

函数 negdist()的调用格式为

```
d = negdist(w,X)
```

例如，利用函数 negdist 对输入向量进行加权操作，MATLAB 代码如下：

```
>> W = rand(4,3);
>> P = rand(3,1);
>> Z = negdist(W,P)
```

结果显示：

```
Z =
   -0.6733
   -0.7092
   -0.6455
   -0.9401
```

16. LVQ神经网络的初始化函数initlvq()

利用initlvq()函数可建立一个两层(一个竞争层和一个输出层)LVQ神经网络。其调用格式为

```
[W1,W2] = initlvq(X,S1,S2)
```

或

```
[W1,W2] = initlvq(X,S1,T)
```

17. 用不同的颜色画矢量函数plotvec()

函数plotvec(X,x,m)包含一个列矢量矩阵X、标记颜色的行矢量c和一个图形标志m。X的每个列矢量用图形标志画图。每列矢量X(:,i)的数据颜色为c(i)。如果m为默认,则用默认图形标志"+"。

例如,利用函数plotvec对不同的颜色画矢量,MATLAB代码如下:

```
x=[0 1 0.5 0.7; -1 2 0.5 0.1];
c=[1 2 3 4];
plotvec(x,c)
```

得到不同颜色的矢量图如图20-35所示。

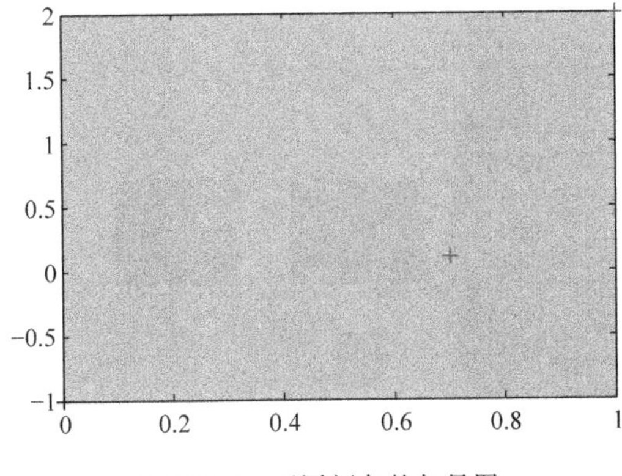

图20-35　不同颜色的矢量图

20.2　神经网络Simulink工具箱

Simulink包含进行神经网络应用设计和分析的许多工具箱函数。目前,最新的神经网络工具箱几乎完整地概括了现有的神经网络的新成果。

在Simulink神经网络工具箱中实现的神经网络预测控制器使用了一个非线性系统模型,用于预测系统未来的性能。这个控制器将计算控制输入,用于在某个未来的时间

区间里优化系统的性能。进行模型预测控制首先要建立系统的模型，然后使用控制器来预测未来的性能。

在 Simulink 库浏览窗口的 Neural Network Toolbox 节点上，通过单击鼠标右键，便可打开如图 20-36 所示的 Neural Network Toolbox 模块集窗口。

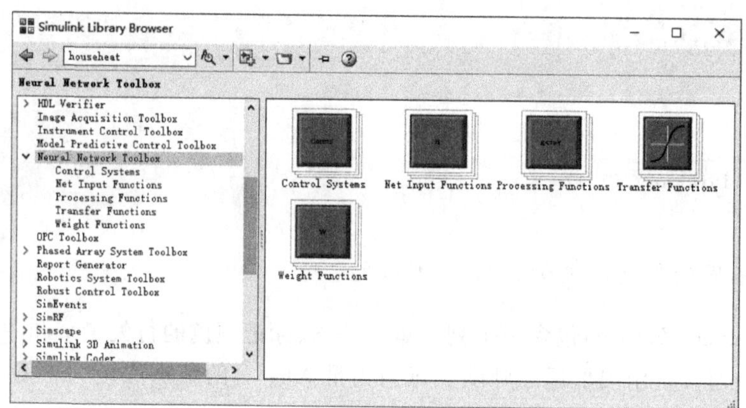

图 20-36　Neural Network Toolbox 模块集窗口

在 Neural Network Toolbox 模块包含了五个模块库，双击各个模块库的图标，便可打开相应的模块库。

1. 控制系统模块库

双击 Control Systems 模块库的图标，便可打开如图 20-37 所示的控制系统模块库窗口。

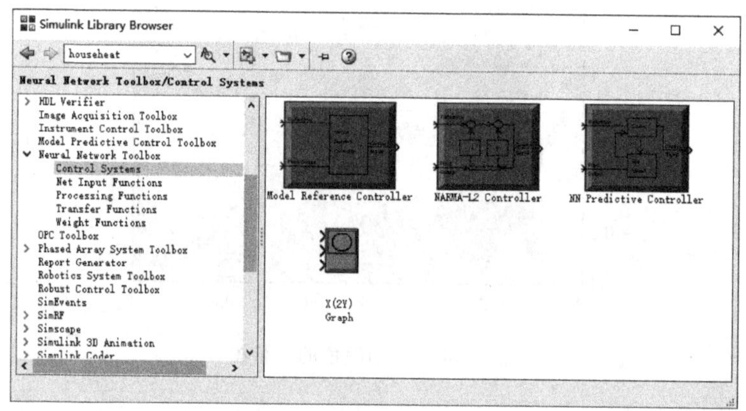

图 20-37　控制系统模块库窗口

神经网络的控制系统模块库中包含三个控制器和一个示波器。

2. 网络输入模块库

双击 Net Input Functions 模块库的图标，便可打开如图 20-38 所示的网络输入模块库窗口。

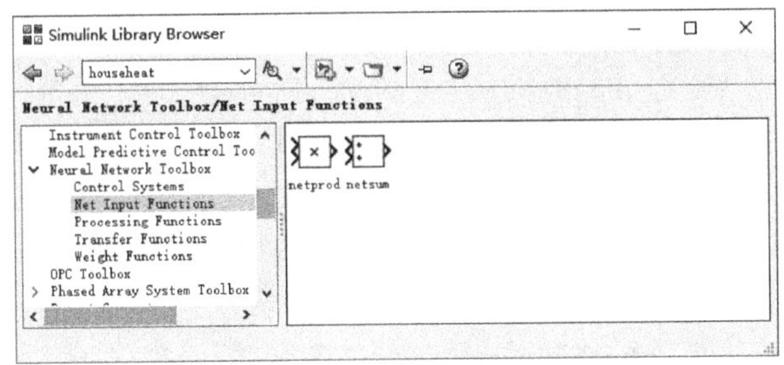

图 20-38 网络输入模块库窗口

网络输入模块库中的每一个模块都能够接收任意数目的加权输入向量、加权的层输出向量,以及偏值向量,并且返回一个网络输入向量。

3. 过程函数模块库

双击 Processing Functions 模块库的图标,便可打开如图 20-39 所示的过程函数模块库窗口。

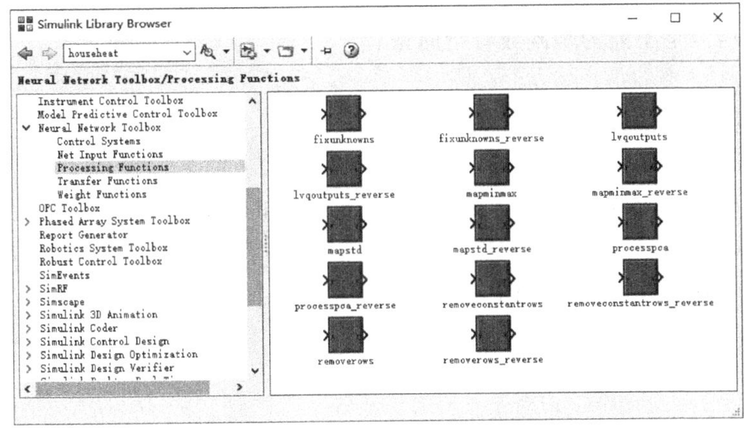

图 20-39 过程函数模块库窗口

4. 传输函数模块库

双击 Transfer Functions 模块库的图标,便可打开如图 20-40 所示的传输函数模块库窗口。传输函数模块库中的任意一个模块都能够接收一个网络输入向量,并且相应地产生一个输出向量,这个输出向量的组数和输入向量相同。

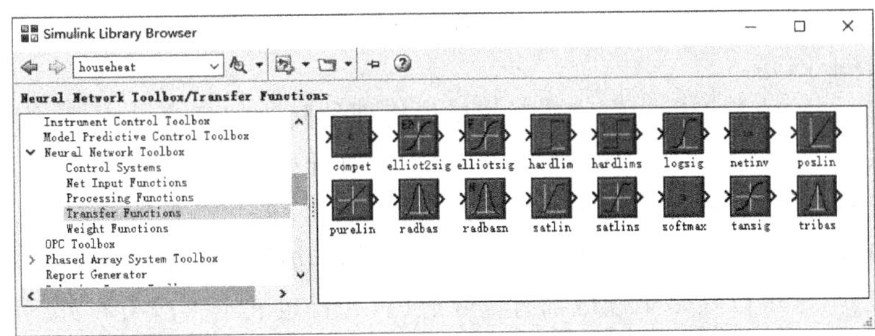

图 20-40 传输函数模块库窗口

5. 权值模块库

双击 Weight Functions 模块库的图标,便可打开如图 20-41 所示的权值模块库窗口。权值模块库中的每个模块都以一个神经元权值向量作为输入,并将其与一个输入向量(或者是某一层的输出向量)进行运算,得到神经元的加权输入值。

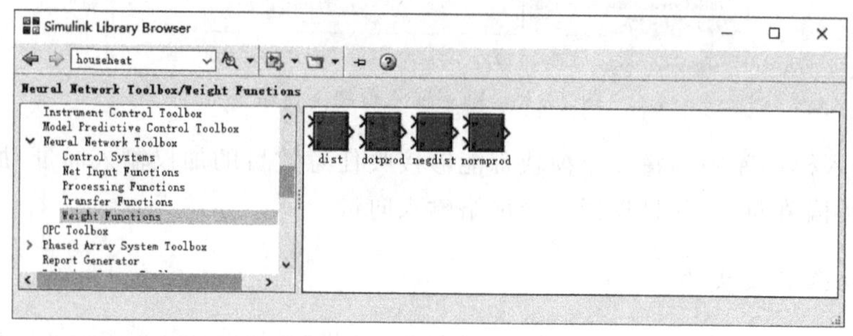

图 20-41 权值模块库窗口

上面的这些模块需要的权值向量必须定义为列向量。这是因为 Simulink 中的信号可以为列向量,但是不能为矩阵或者行向量。

20.3 经典应用

神经网络是由基本神经元相互连接,能模拟人脑的神经处理信息的方式,可以解决很多利用传统方法无法解决的难题。利用 MATLAB 及其工具箱可以完成各种神经网络的设计、训练和仿真,大大提高了工作效率。

20.3.1 遗传算法优化神经网络

遗传算法(Genetic Algorithm,GA)是由美国 Mic-hgan 大学的 John Holland 于 1975 年提出的。遗传算法是模拟达尔文的遗传选择和自然淘汰的生物进化过程的计算模型。它的思想源于生物遗传学和适者生存的自然规律,是具有“生存+检测”的迭代过程的搜索算法。

遗传算法以一种群体中的所有个体为对象,并利用随机化技术指导对一个被编码的参数空间进行高效搜索。其中,选择、交叉和变异构成了遗传算法的遗传操作;参数编码、初始群体的设定、适应度函数的设计、遗传操作设计、控制参数设定 5 个要素组成了遗传算法的核心内容。

遗传算法是一种基于生物自然选择与遗传机理的随机搜索算法,与传统搜索算法不同,遗传算法从一组随机产生的称为“种群”的初始解开始搜索过程。

遗传算法可用于分析神经网络。神经网络由于有分布存储等特点,一般难以从其拓扑结构直接理解其功能。遗传算法可对神经网络进行功能分析、性质分析和状态分析。

遗传算法虽然可以在多个领域都有实际应用,并且也展示了潜力和宽广前景;但是,遗传算法还有大量的问题需要进一步研究。

首先，在变量多、取值范围大或无给定范围时，收敛速度下降；其次，可找到最优解附近，但无法精确确定最优解位置；最后，遗传算法的参数选择仍未有定量方法。对遗传算法，还需要进一步研究其数学理论基础；需要在理论上证明它与其他优化技术相比的优劣；还需研究硬件化的遗传算法，以及遗传算法的通用编程和形式等。

种群中的每个个体是问题的一个解，称为"染色体"。染色体是一串符号，比如一个二进制字符串。这些染色体在后续迭代中不断进化，称为遗传。在每一代中用"适值"来测量染色体的好坏，生成的下一代染色体称为后代。后代是由前一代染色体通过交叉或者变异运算形成的。

在新一代形成的过程中，根据适度大小选择部分后代，淘汰部分后代。从而保持种群大小是常数。适值高的染色体被选中的概率较高，经过若干代之后，算法收敛于最好的染色体，它很可能就是问题的最优解或次优解。主要步骤如下：

(1) 编码：GA在进行搜索之前先将解空间的解数据表示成遗传空间的基因型串结构数据，这些串结构数据的不同组合便构成了不同的点。

(2) 初始群体的生成：随机产生N个初始串结构数据，每个串结构数据称为一个个体，N个个体构成了一个群体。GA以这N个串结构数据作为初始点开始迭代。

(3) 适应性值评估检测：适应性函数表明个体或解的优劣性。对于不同的问题，适应性函数的定义方式也不同。

(4) 选择：选择的目的是为了从当前群体中选出优良的个体，使它们有机会作为父代来繁殖下一代。遗传算法通过选择过程体现这一思想，进行选择的原则是适应性强的个体为下一代贡献一个或多个后代的概率大。选择实现了达尔文的适者生存原则。

(5) 交叉：交叉操作是遗传算法中最主要的遗传操作。通过交叉操作可以得到新一代个体，新个体组合了其父辈个体的特性。交叉体现了信息交换的思想。

(6) 变异：首先在群体中随机选择一个个体，对于选中的个体以一定的概率随机地改变串结构数据中某个串的值。同生物界一样，GA中变异发生的概率很低，通常取值在0.001～0.01之间。变异为新个体的产中提供了机会。

实际上，遗传算法中有两类运算：

(1) 遗传运算：交叉和变异。

(2) 进化运算：选择。

遗传算法的特点如下：

(1) GA是对问题参数的编码组进行计算，而不是针对参数本身。GA的搜索是从问题解的编码组开始，而不是从单个解开始。

(2) GA使用目标函数值(适应度)这一信息进行搜索，而不需其他信息。

(3) GA算法使用的选择、交叉、变异这三个算子都是随机操作，而不是确定规则。

【例20-24】 求函数 $f(x)=10\sin(5x)+7\cos(4x)$，$x\in[0,10]$的最大值。

解：将 x 的值用一个10位的二值形式表示为二值问题，一个10位的二值数提供的分辨率是每位(10－0)/(2^10－1)≈0.01。

将变量域[0,10]离散化为二值域[0,1023]，x＝0＋10＊b/1023，其中b是[0,1023]中的一个二值数。

1. 初始化

initpop.m 函数的功能是实现群体的初始化，popsize 表示群体的大小，chromlength 表示染色体的长度(二值数的长度)，长度大小取决于变量的二进制编码的长度(在本例中取 10 位)。

遗传算法子程序：初始化

```
% rand 随机产生每个单元为{0,1}行数为 popsize,列数为 chromlength 的矩阵,
% roud 对矩阵的每个单元进行圆整.这样产生的初始种群
function pop = initpop(popsize,chromlength)
% rand 随机产生每个单元为{0,1}行数为 popsize,列数为 chromlength 的矩阵,
% roud 对矩阵的每个单元进行圆整.这样产生的初始种群
pop = round(rand(popsize,chromlength));
```

2. 计算目标函数值

将二进制数转化为十进制数遗传算法子程序：

```
%产生[2^n 2^(n-1) … 1]的行向量,然后求和,将二进制转化为十进制
function pop2 = decodebinary(pop)
%求 pop 行和列数
[px,py] = size(pop);
for i = 1:py
pop1(:,i) = 2.^(py-i).*pop(:,i);
end
%求 pop1 的每行之和
pop2 = sum(pop1,2);
```

3. 将二进制编码转化为十进制数

decodechrom.m 函数的功能是将染色体(或二进制编码)转换为十进制，参数 spoint 表示待解码的二进制串的起始位置。

对于多个变量而言，如果有两个变量，采用 20 位表示，每个变量 10 位，则第一个变量从 1 开始，另一个变量从 11 开始。

参数 length 表示所截取的长度(本例为 10)。

遗传算法子程序：

```
%将二进制编码转换成十进制
function pop2 = decodechrom(pop,spoint,length)
pop1 = pop(:,spoint:spoint + length - 1);
pop2 = decodebinary(pop1);
```

4. 计算目标函数值

calobjvalue 函数的功能是实现目标函数的计算，其公式采用本文示例仿真，可根据不同优化问题予以修改。

遗传算法子程序：

```
%实现目标函数的计算
function [objvalue] = calobjvalue(pop)
temp1 = decodechrom(pop,1,10);                        % 将pop每行转化成十进制数
x = temp1 * 10/1023;                                  % 将二值域中的数转化为变量域的数
objvalue = 10 * sin(5 * x) + 7 * cos(4 * x);          % 计算目标函数值
```

5. 计算个体的适应值

遗传算法子程序：

```
%计算个体的适应值
function fitvalue = calfitvalue(objvalue)
global Cmin;
Cmin = 0;
[px,py] = size(objvalue);
for i = 1:px
if objvalue(i) + Cmin > 0
temp = Cmin + objvalue(i);
else
temp = 0.0;
end
fitvalue(i) = temp;
end
fitvalue = fitvalue';
```

6. 选择复制

选择或复制操作是决定哪些个体可以进入下一代。程序中采用赌轮盘选择法选择，这种方法较易实现。

遗传算法子程序如下：

```
%选择复制
function [newpop] = selection(pop,fitvalue)
totalfit = sum(fitvalue);                       % 求适应值之和
fitvalue = fitvalue/totalfit;                   % 单个个体被选择的概率
[px,py] = size(pop);
fitvalue = cumsum(fitvalue);
ms = sort(rand(px,1));                          % 从小到大排列
fitin = 1;
newin = 1;
while newin <= px
if(ms(newin))< fitvalue(fitin)
newpop(newin) = pop(fitin);
newin = newin + 1;
else
fitin = fitin + 1;
end
end
```

7. 交叉

交叉(crossover)：群体中的每个个体之间都以一定的概率 pc 交叉，即两个个体从各

自字符串的某一位置（一般是随机确定）开始互相交换，这类似生物进化过程中的基因分裂与重组。例如，假设2个父代个体x1、x2为

x1＝0100110

x2＝1010001

从每个个体的第3位开始交叉，交叉后得到2个新的子代个体为

y1＝0100001

y2＝1010110

这样，2个子代个体就分别具有了2个父代个体的某些特征。利用交叉，我们有可能由父代个体在子代组合成具有更高适合度的个体。

事实上，交叉是遗传算法区别于其他传统优化方法的主要特点之一。

交叉遗传算法子程序：

```
function [newpop] = crossover(pop,pc)
[px,py] = size(pop);
newpop = ones(size(pop));
for i = 1:2:px - 1
if(rand < pc)
cpoint = round(rand * py);
newpop(i,:) = [pop(i,1:cpoint),pop(i + 1,cpoint + 1:py)];
newpop(i + 1,:) = [pop(i + 1,1:cpoint),pop(i,cpoint + 1:py)];
else
newpop(i,:) = pop(i);
newpop(i + 1,:) = pop(i + 1);
end
end
```

8. 变异

变异(mutation)：基因的突变普遍存在于生物的进化过程中。变异是指父代中的每个个体的每一位都以概率pm翻转，即由“1”变为“0”，或由“0”变为“1”。遗传算法的变异特性可以使求解过程随机地搜索到解可能存在的整个空间，因此可以在一定程度上求得全局最优解。

遗传算法子程序：

```
%变异
function [newpop] = mutation(pop,pm)
[px,py] = size(pop);
newpop = ones(size(pop));
for i = 1:px
if(rand < pm)
mpoint = round(rand * py);
if mpoint <= 0
mpoint = 1;
end
newpop(i) = pop(i);
if any(newpop(i,mpoint)) = = 0
newpop(i,mpoint) = 1;
```

```
else
newpop(i,mpoint) = 0;
end
else
newpop(i) = pop(i);
end
end
```

9. 求出群体中最大的适应值及其个体

遗传算法子程序：

```
%求出群体中适应值最大的值
function [bestindividual,bestfit] = best(pop,fitvalue)
[px,py] = size(pop);
bestindividual = pop(1,:);
bestfit = fitvalue(1);
for i = 2:px
if fitvalue(i)> bestfit
bestindividual = pop(i,:);
bestfit = fitvalue(i);
end
end
```

10. 主程序

遗传算法主程序：

```
clear all
clf
popsize = 20;                                         % 群体大小
chromlength = 10;                                     % 字符串长度(个体长度)
pc = 0.6;                                             % 交叉概率
pm = 0.001;                                           % 变异概率

pop = initpop(popsize,chromlength);                   % 随机产生初始群体
for i = 1:20                                          % 20 为迭代次数
[objvalue] = calobjvalue(pop);                        % 计算目标函数
fitvalue = calfitvalue(objvalue);                     % 计算群体中每个个体的适应度
[newpop] = selection(pop,fitvalue);                   % 复制
[newpop] = crossover(pop,pc);                         % 交叉
[newpop] = mutation(pop,pc);                          % 变异
[bestindividual,bestfit] = best(pop,fitvalue);   % 求出群体中适应值最大的个体及其适应值
y(i) = max(bestfit);
n(i) = i;
pop5 = bestindividual;
x(i) = decodechrom(pop5,1,chromlength) * 10/1023;
pop = newpop;
end
```

```
fplot('10 * sin(5 * x) + 7 * cos(4 * x)',[0 10])
hold on
plot(x,y,'r * ')
hold off
[z index] = max(y);
% 计算最大值对应的 x 值
x5 = x(index)
y = z
```

运行上述程序得到以下结果：

```
>>
x5 =

    1.5640


y =

  16.9917
```

目标曲线和用遗传算法得到的仿真点图形如图 20-42 所示。从图中可以看出，在 x=1.5640 时，函数 f(x)有最大值为 16.9917。

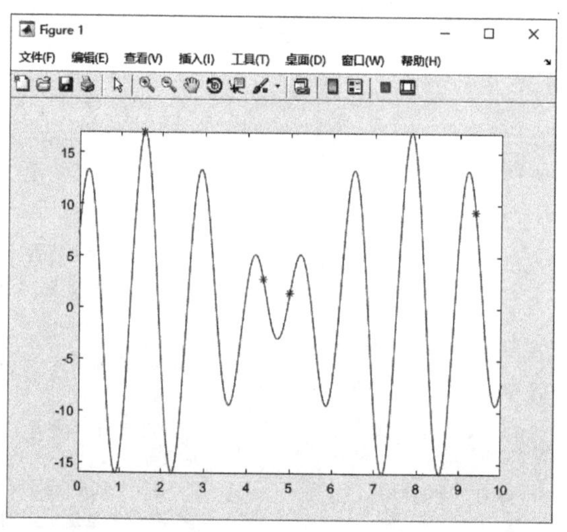

图 20-42 目标曲线和用遗传算法得到的仿真点图形

20.3.2 基于 Simulink 的神经网络控制系统

神经网络在系统辨识和动态系统控制中已经得到了非常成功的应用。由于神经网络具有全局逼近能力，使得其在对非线性系统建模和对一般情况下的非线性控制器的实现等方面应用比较普遍。

本节将介绍三种在神经网络工具箱的控制系统模块中利用 Simulink 实现的神经网络结构，它们常用于预测和控制，并已在 MATLAB 对应的神经网络工具箱中给出了实现。

这三种神经网络结构分别是：

(1) 神经网络模型预测控制；

(2) 反馈线性化控制；

(3) 模型参考控制。

使用神经网络进行控制时，通常有两个步骤：系统辨识和控制设计。

在系统辨识阶段，主要任务是对需要控制的系统建立神经网络模型；在控制设计阶段，主要使用神经网络模型来设计(训练)控制器。

注意：本节将要介绍的三种控制网络结构中，系统辨识阶段是相同的，而控制设计阶段则各不相同。

对于模型预测控制，系统模型用于预测系统未来的行为，并且找到最优的算法，用于选择控制输入，以优化未来的性能。

对于 NARMA-L2(反馈线性化)控制，控制器仅仅是将系统模型进行重整。

对于模型参考控制，控制器是一个神经网络，它被训练用于控制系统，使得系统跟踪一个参考模型，这个神经网络系统模型在控制器训练中起辅助作用。

1. 神经网络模型预测控制

神经网络预测控制器是使用非线性神经网络模型来预测未来模型性能。控制器计算控制输入，而控制输入在未来一段指定时间内将最优化模型性能。模型预测第一步是要建立神经网络模型(系统辨识)；第二步是使用控制器来预测未来神经网络性能。

1) 系统辨识

模型预测的第一步就是训练神经网络未来表示网络的动态机制。模型输出与神经网络输出之间的预测误差用来作为神经网络的训练信号，该过程如图 20-43 所示。

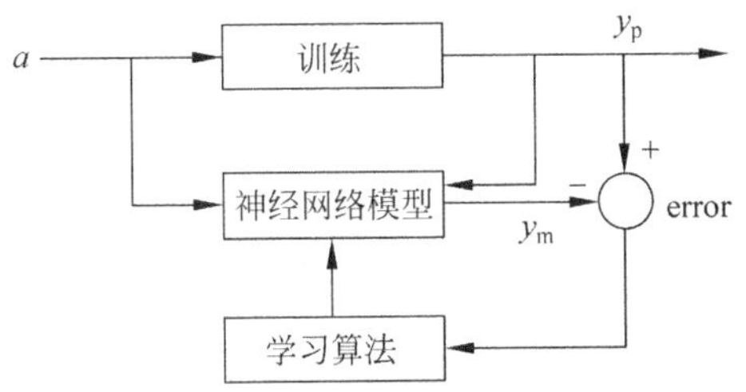

图 20-43　训练神经网络

神经网络模型利用当前输入和当前输出预测神经未来输出值。神经网络模型结构如图 20-44 所示，该网络可以以批量在线训练。

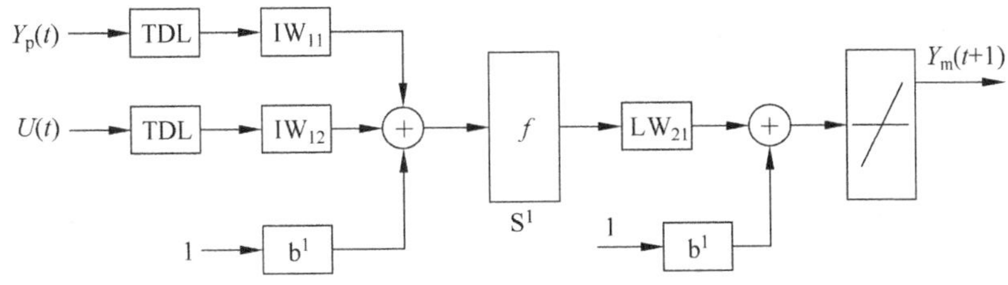

图 20-44　神经网络模型结构

2）模型预测

模型预测方法是基于水平后退的方法，神经网络模型预测在指定时间内的预测模型响应。预测使用数字最优化程序来确定控制信号，通过如下的最优化性能准则函数：

$$J=\sum_{j=1}^{N_2}\left[y_r(t+j)-y_m(t+j)\right]^2+\rho\sum_{j=1}^{N_u}\left[u(t+j-1)-u(t+j-2)\right]^2$$

式中，N_2 为预测时域长度；N_u 为控制时域长度；$u(t)$为控制信号；y_r 为期望响应，y_m 为网络模型响应，ρ 为控制量加权系数。

图 20-45 描述了模型预测控制的过程。控制器由神经网络模型和最优化方块组成，最优化方块确定 u（通过最小化 J），最优 u 值作为神经网络模型的输入，控制器方块可用 Simulink 实现。

在 MATLAB 神经网络工具箱中实现的神经网络预测控制器使用了一个非线性系统模型，用于预测系统未来的性能。

接下来，这个控制器将计算控制输入，用于在某个未来的时间区间里优化系统的性能。进行模型预测控制首先要建立系统的模型，然后使用控制器来预测未来的性能。

下面将结合 MATLAB 神经网络工具箱中提供的演示实例，介绍 Simulink 中的实现过程。

1）问题的描述

本题基于一个搅拌器（CSTR），如图 20-46 所示。

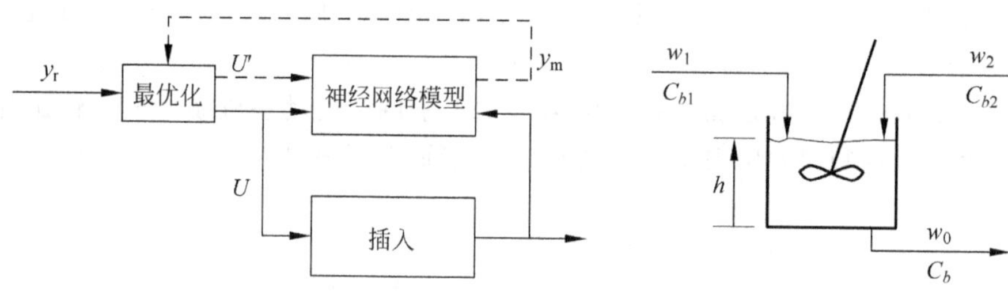

图 20-45　预测模型控制的过程

图 20-46　搅拌器

对于这个系统，其动力学模型为

$$\frac{\mathrm{d}h(t)}{\mathrm{d}t}=w_1(t)+w_2(t)-0.2\sqrt{h(t)}$$

$$\frac{\mathrm{d}C_b(t)}{\mathrm{d}t}=(C_{b1}-C_b(t))\frac{w_1(t)}{h(t)}+(C_{b2}-C_b(t))\frac{w_2(t)}{h(t)}-\frac{k_1C_b(t)}{(1+k_2C_b(t))^2}$$

其中，$h(t)$为液面高度，$C_b(t)$为产品输出浓度，$w_1(t)$为浓缩液 C_{b1} 的输入流速，$w_2(t)$为稀释液 C_{b2} 的输入流速。输入浓度设定为 $C_{b1}=24.9$，$C_{b2}=0.1$。消耗常量设置为 $k_1=1$，$k_2=1$。

控制的目标是通过调节流速 $w_2(t)$来保持产品浓度。为了简化演示过程，不妨设 $w_1(t)=0.1$。在本例中不考虑液面高度 $h(t)$。

2）建立模型

在 MATLAB 神经网络工具箱中提供了这个演示实例。只需在 MATLAB 命令行窗口中输入命令 predcstr，就会自动地调用 Simulink，并且产生如图 20-47 所示的模型窗口。

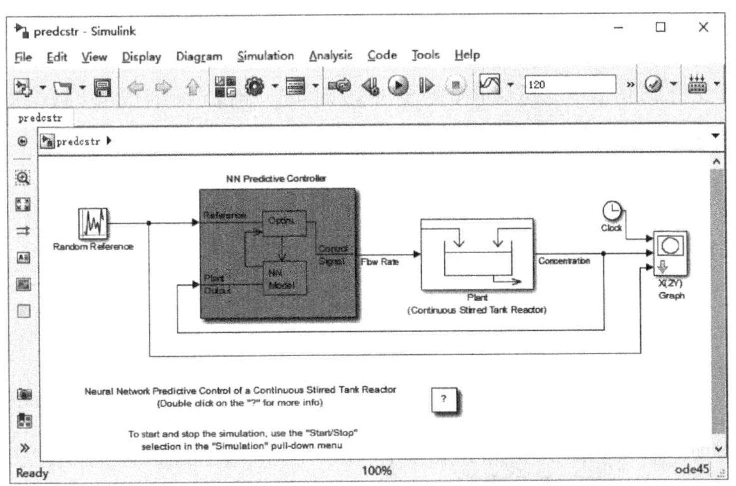

图 20-47　模型窗口

其中，神经网络预测控制模块(NN Predctive Controller)和 X(2Y) Graph 模块由神经网络模块集(Neural Network Blockset)中的控制系统模块库(Control Systems)复制得到。

图 20-47 中的 Plant(Cntinuous Stirred Tank Reactor)模块包含了搅拌器系统的 Simulink 模型。双击这个模块，可以得到具体的 Simulink 实现。

NN Predictive Controller 模块的 Control Signal 端连接到搅拌器系统模型的输入端，同时搅拌器系统模型的输出端连接到 NN Predictive Controller 模块的 Plant Output 端，参考信号连接到 NN Predictive Controller 模块的 Reference 端。

双击 NN Predctive Controller 模块，将会产生一个神经网络预测控制器参数设置窗口(Neural Network Predctive Control)，如图 20-48 所示。这个窗口用于设计模型预测控制器。

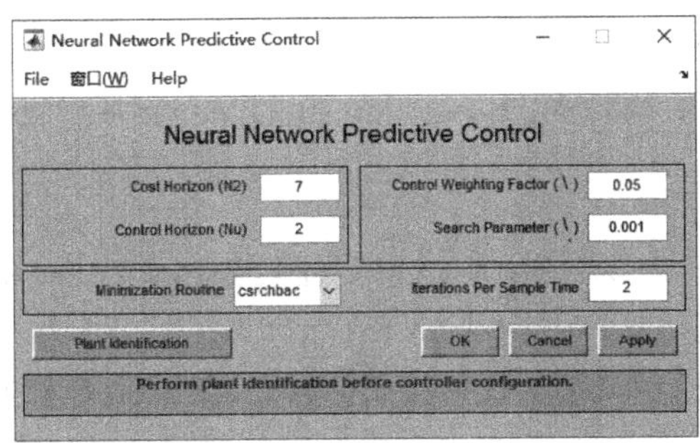

图 20-48　神经网络模型预测控制器参数设置窗口

在这个窗口中，有多项参数可以调整，用于改变预测控制算法中的有关参数。将鼠标移到相应的位置，就会出现对这一参数的说明。

3) 系统辨识

在神经网络预测控制器的窗口中单击 Plant Identification 按钮，将产生一个模型辨识参数设置窗口(Plant Identification)，用于设置系统辨识的参数，如图 20-49 所示。

4）系统仿真

在 Simulink 模型窗口中，选择 Simulation→parameter 命令设置相应的仿真参数，然后单击开始命令进行仿真。仿真过程需要一段时间。当仿真结束时，将会显示出系统的输出和参考信号，如图 20-50 所示。

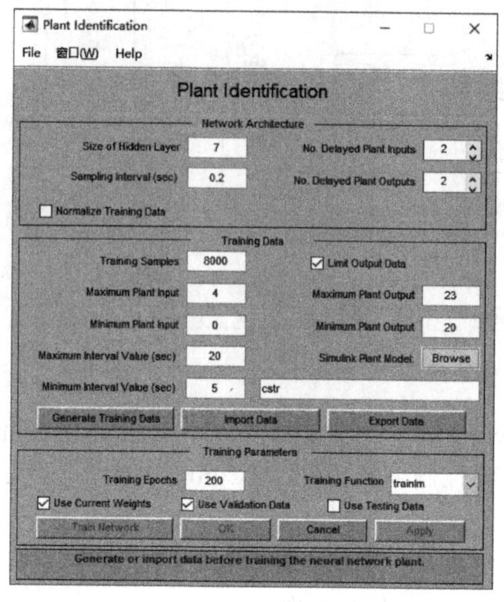

图 20-49　模型辨识参数设置窗口

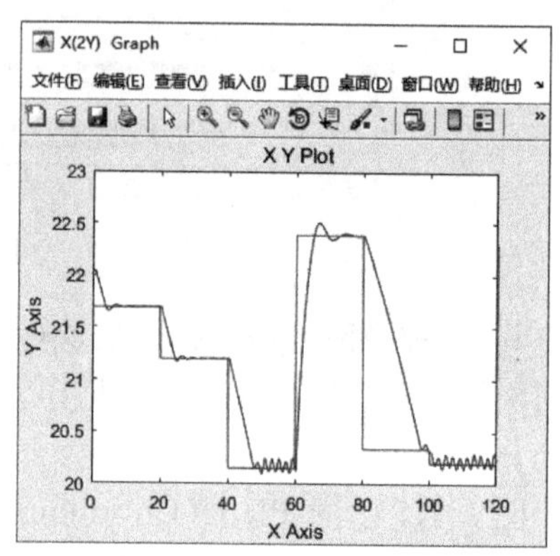

图 20-50　输出和参考信号

5）数据保存

在图 20-50 中，利用 File 选项下的 Save Workspace As…命令，可以将设计好的网络训练数据保存到工作区中或者保存到磁盘文件中。

神经网络预测控制是使用神经网络系统模型来预测系统未来的行为。优化算法用于确定控制输入，这个控制输入优化了系统在一个有限时间段里的性能。系统训练仅仅需要对于静态网络的成批训练算法，训练速度非常快。控制器不要在线的优化算法，这就需要比其用户控制器更多的计算。

2. 反馈线性化控制

反馈线性化(NARMA-L2)的中心思想是通过去掉非线性，将一个非线性系统变换成线性系统。

辨识 NARMA-L2 模型与模型预测控制一样，反馈线性化控制的第一步就是辨识被控制的系统。通过训练一个神经网络来表示系统的前向动态机制，在第一步中首先选择一个模型结构以供使用。一个用来代表一般的离散非线性系统的标准模型是非线性自回归移动平均模型(NARMA)，用下式来表示：

$$y(k+d)=N[y(k),y(k-1),\cdots,y(k-n+1),u(k),u(k-1),\cdots,u(k-n+1)]$$

式中，$u(k)$表示系统的输入，$y(k)$表示系统的输出。在辨识阶段，训练神经网络使其近似等于非线性函数 N。

如果希望系统输出跟踪一些参考曲线 $y(k+d)=y_r(k+d)$，下一步就是建立一个有如下形式的非线性控制器：

$$u(k)=G[y(k),y(k-1),\cdots,y(k-n+1),y_r(k+d),u(k-1),\cdots,u(k-n+1)]$$

使用该类控制器的问题是：如果想训练一个神经网络来产生函数 G（最小化均方差），必须使用动态反馈，且该过程相当慢。由 Narendra 和 Mukhopadhyay 提出的一个解决办法是使用近似模型来代表系统。

这里使用的控制器模型是基于 NARMA-L2 近似模型：

$$\begin{aligned}\hat{y}(k+d)=&f[y(k),y(k-1),\cdots,y(k-n+1),u(k-1),\cdots,u(k-n+1)]\\&+g[y(k),y(k-1),\cdots,y(k-n+1),u(k-1),\cdots,u(k-n+1)]u(k)\end{aligned}$$

该模型是并联形式，控制器输入 $u(k)$没有包含在非线性系统里。这种形式的优点是能解决控制器输入使系统输出跟踪参考曲线 $y(k+d)=y_r(k+d)$。

最终的控制器形式如下：

$$u(k)=\frac{y_r(k+d)-f[y(k),y(k-1),\cdots,y(k-n+1),u(k),u(k-1),\cdots,u(k-n+1)]}{g[y(k),y(k-1),\cdots,y(k-n+1),u(k),u(k-1),\cdots,u(k-n+1)]}$$

直接使用该等式会引起实现问题，因为输出 $y(k)$的同时必须得到 $u(k)$，所以采用下述模型：

$$\begin{aligned}y(k+d)=&f[y(k),y(k-1),\cdots,y(k-n+1),u(k),\cdots,u(k-n+1)]\\&+g[y(k),y(k-1),\cdots,y(k-n+1),u(k),\cdots,u(k-n+1)]\cdot u(k+1)\end{aligned}$$

式中，$d\geqslant 2$。

利用 NARMA-L2 模型，可得到如下的 NARMA-L2 控制器：

$$\begin{aligned}&u(k+1)\\&=\frac{y_r(k+d)-f[y(k),y(k-1),\cdots,y(k-n+1),u(k),u(k-1),\cdots,u(k-n+1)]}{g[y(k),y(k-1),\cdots,y(k-n+1),u(k),u(k-1),\cdots,u(k-n+1)]}\end{aligned}$$

式中，$d\geqslant 2$。

下面利用 NARMA-L2（反馈线性化）控制分析磁悬浮控制系统。

1）问题的描述

如图 20-51 所示，有一块磁铁，被约束在垂直方向上运动。在其下方有一块电磁铁，通电以后，电磁铁就会对其上的磁铁产生小电磁力作用。目标就是通过控制电磁铁，使得其上的磁铁保持悬浮在空中，不掉下来。

建立这个实际问题的动力学方程为

$$\frac{\mathrm{d}^2y(t)}{\mathrm{d}t^2}=-g+\frac{\alpha i^2(t)}{My(t)}-\frac{\beta}{M}\frac{\mathrm{d}y(t)}{\mathrm{d}t}$$

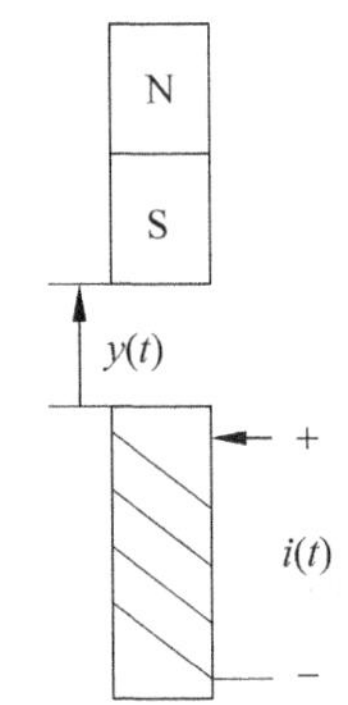

图 20-51 悬浮磁铁控制系统

式中，$y(t)$表示磁铁离电磁铁的距离，$i(t)$代表电磁铁中的电流，M 代表磁铁的质量，g 代表重力加速度，β 代表粘性摩擦系数，它由磁铁所在的容器的材料决定；α 代表场强常数，它由电磁铁上所绕的线圈圈数，以及磁铁的强度所决定。

2）建立模型

MATLAB 的神经网络工具箱中提供了这个演示实例。只需在 MATLAB 命令行窗口中输入 narmamaglev，就会自动地调用 Simulink，并且产生如图 20-52 所示的模型窗口。

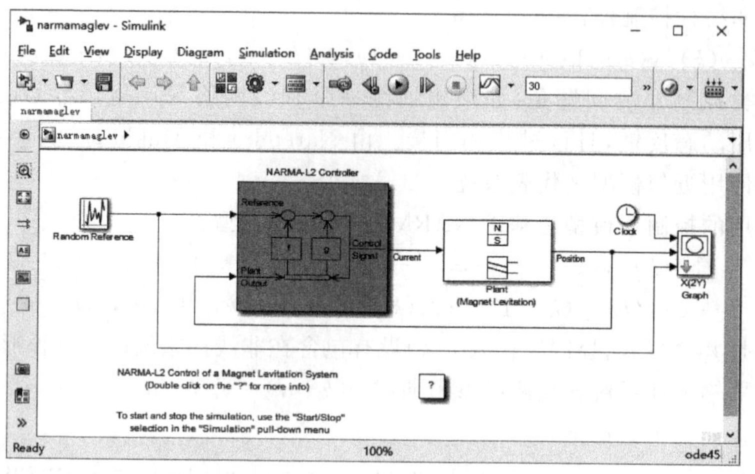

图 20-52　模型窗口

3）系统辨识

双击 NARMA-L2 Controller 模块，将会产生一个新的窗口，如图 20-53 所示。

4）系统仿真

在 Simulink 模型窗口(图 20-53)中，选择 Simulation→parameter 命令设置相应的仿真参数，然后单击 Start 命令开始仿真。仿真的过程需要一段时间。当仿真结束时，将会显示出系统的输出和参考信号，如图 20-54 所示。

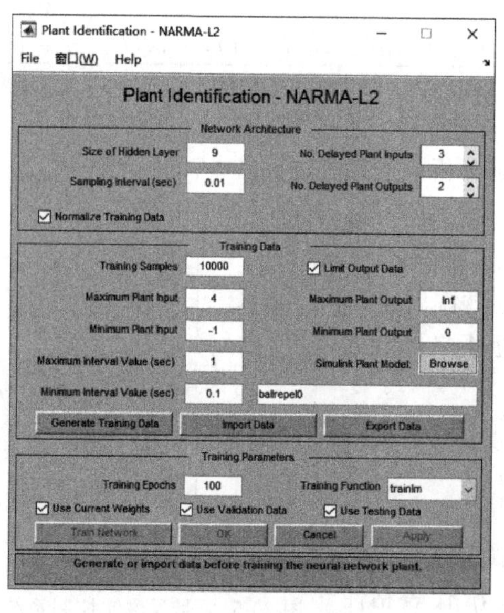

图 20-53　系统辨识参数设置窗口

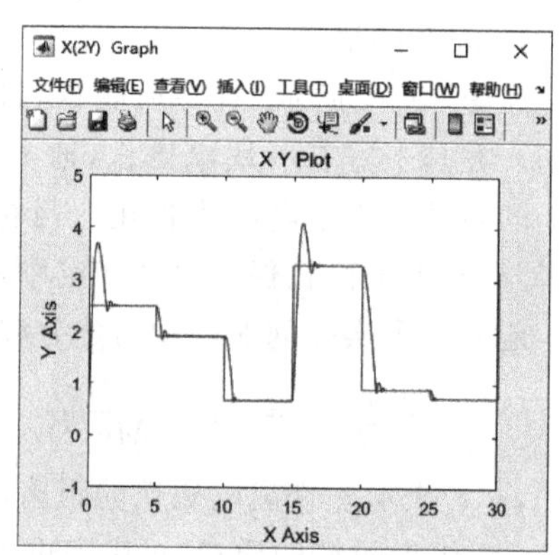

图 20-54　输出和参考信号

3. 模型参考控制

神经模型参考控制采用两个神经网络：一个控制器网络和一个实验模型网络，如图 20-55 所示。首先辨识出实验模型，然后训练控制器，使得实验输出跟随参考模型输出。

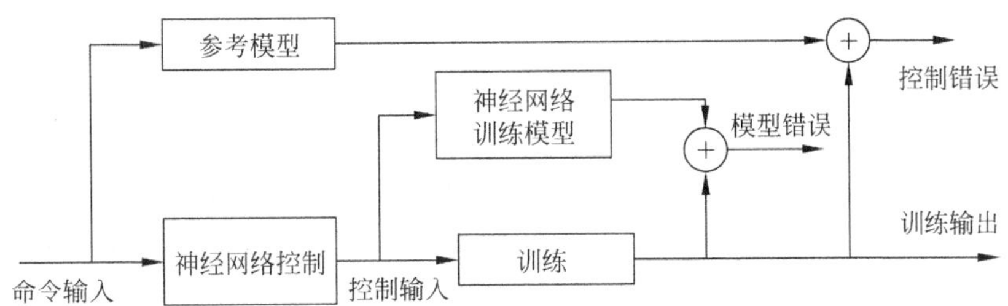

图 20-55　神经模型参考控制系统

图 20-56 显示了神经网络实验模型的详细情况，每个网络由两层组成，并且可以选择隐含层的神经元数目。

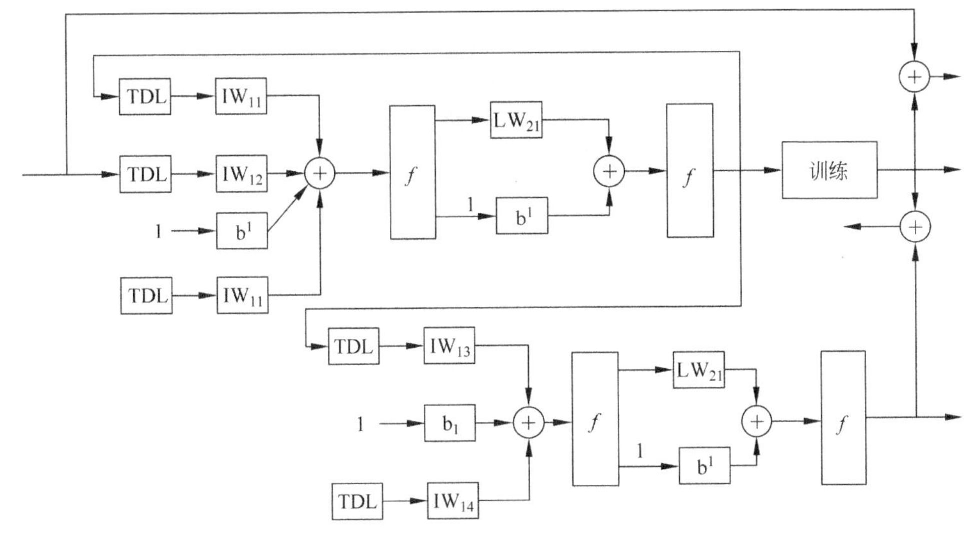

图 20-56　神经网络实验模型

有三组控制器输入：延迟的参考输入、延迟的控制输出和延迟的系统输出。对于每一种输入，可以选择延迟值。通常，随着系统阶次的增加，延迟的数目也增加。对于神经网络系统模型，有两组输入：延迟的控制器输出和延迟的系统输出。

下面结合 MATLAB 神经网络工具箱中提供的实例，来介绍神经网络控制器的训练过程。

1）问题的描述

图 20-57 中显示了一个简单的单连接机械臂，目的是控制它的运动。

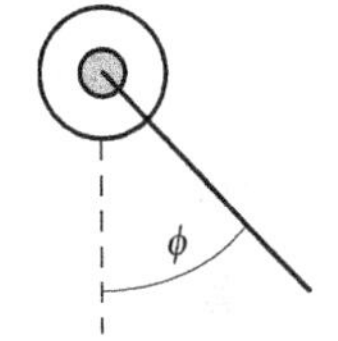

图 20-57　简单的单连接机械臂

建立它的运动方程式如下：

$$\frac{\mathrm{d}^2\Phi}{\mathrm{d}t^2}=-10\sin\Phi-2\frac{\mathrm{d}\Phi}{\mathrm{d}t}+u$$

式中，ϕ 代表机械臂的角度，u 代表 DC（直流）电机的转矩。目标是训练控制器，使得机械臂能够跟踪参考模型：

$$\frac{\mathrm{d}^2y_r}{\mathrm{d}t^2}=-9y_r-6\frac{\mathrm{d}y_r}{\mathrm{d}t}+9r$$

式中，y_r 代表参考模型的输出，r 代表参考信号。

2）模型的建立

MATLAB的神经网络工具箱提供了这个演示实例。控制器的输入包含了两个延迟参考输入、两个延迟系统输出和一个延迟控制器输出，采样间隔为0.05s。

只需在MATLAT命令行窗口中输入mrefrobotarm，就会自动地调用Simulink，并且产生如图20-58所示的模型窗口。

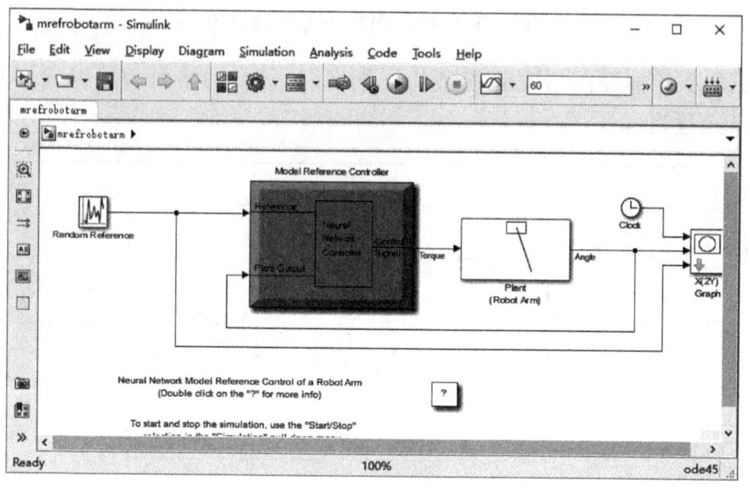

图20-58 模型窗口

双击模型参考控制模块，将会产生一个模型参考控制参数设置窗口，如图20-59所示。这个窗口用于训练模型参考神经网络。

在模型参考控制参数设置窗口的模型参考控制窗口中单击Plant Identification按钮，将会弹出一个系统辨识窗口。系统辨识过程的操作同前，当系统辨识结束后，单击图20-60中的OK按钮，返回到模型参考控制窗口，如图20-59所示。

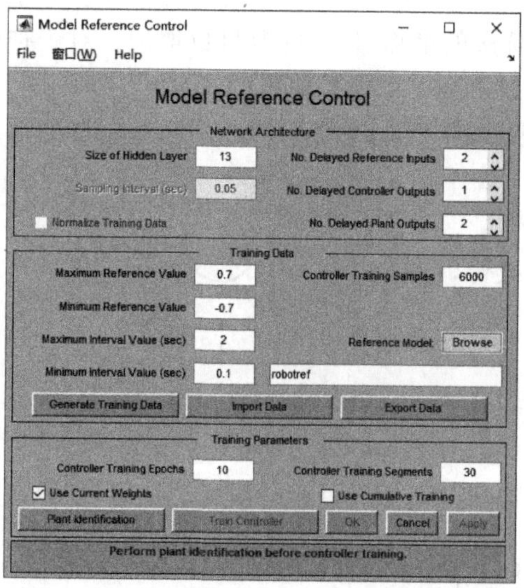

图20-59 模型参考控制参数设置窗口

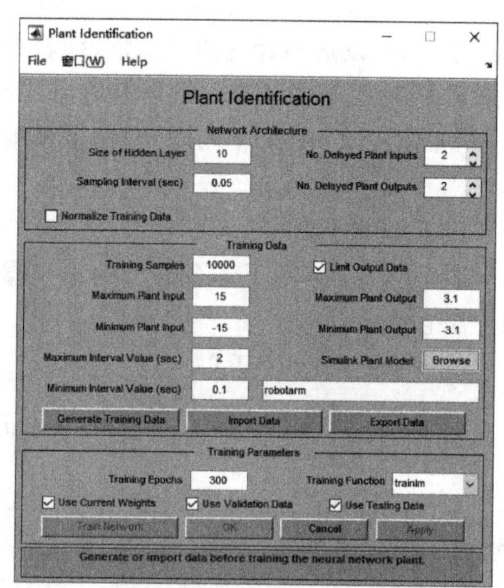

图20-60 系统辨识参数设置窗口

当系统模型神经网络辨识完成后，首先在图 20-59 所示的模型参考控制窗口中单击 Generate Training Data 按钮，程序就会提供一系列随机阶跃信号，来对控制器产生训练数据。

当接收这些数据后，就可以利用图模型参考控制参数设置窗口中的 Train Controller 按钮对控制器进行训练。控制器训练需要的时间比系统模型训练需要的时间多。这是因为控制器必须使用动态反馈算法。

如果需要使用新的数据继续训练，可以在单击 Train Controller 按钮之前再次单击 Generate Training Data 按钮或者 Import Data 按钮（要确认 Use Current Weights 被选中）。另外，如果系统模型不够准确，也会影响控制器的训练。

在模型参考控制窗口中单击 OK 按钮，将训练好的神经网络控制器权值导入 Simulink 模型。

3）系统仿真

在 Simulink 模型窗口（图 20-61）中，首先选择 Simulation→parameter 命令设置相应的仿真参数，然后选择 Start 命令开始仿真，仿真过程需要一段时间。当仿真结束时，将会显示出系统的输出和参考信号。

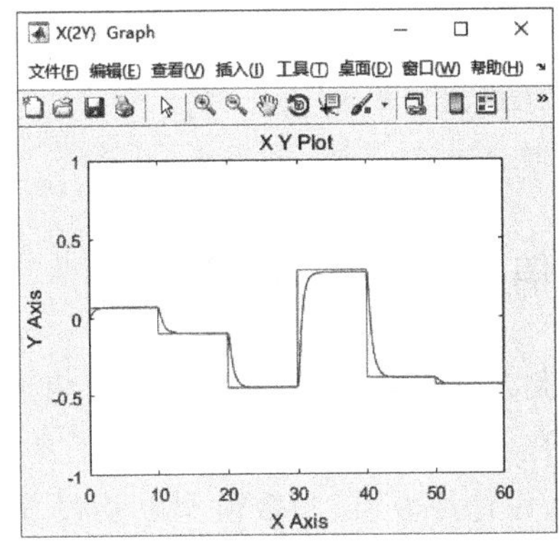

图 20-61　系统的输出和参考信号

本章小结

神经网络工具箱的存在，使得对神经网络算法不了解的用户，也可以直接应用此算法。本章首先详细介绍了神经网络 MATLAB 工具箱及其使用方法，然后介绍神经网络 Simulink 工具箱，最后举例说明神经网络工具箱的应用。

第21章 信号处理工具箱

MATLAB 信号处理工具箱提供的函数主要用于处理信号与系统的问题，并可对数字或离散的信号进行变换和滤波。工具箱为滤波器设计和谱分析提供了丰富的支持，通过信号处理工具箱的有关函数可以直接设计数字滤波器，也可以建立模拟原型并离散化。通过了解本章这些函数，可以很方便地进行各种信号处理。

学习目标：

- 了解信号处理工具箱；
- 掌握信号的产生；
- 熟练运用随机信号处理；
- 掌握滤波器设计。

21.1 信号处理工具箱建模

信号是现代工程中经常处理的对象，在通信、机械等领域有大量的应用。在 MATLAB 中，信号处理工具箱可以看作工具集合，包含生成波形、设计滤波器、参数模型以及频谱分析等多个常见功能。

以 Simulink 为基础的信号处理模块工具箱提供了信号处理中用到的各种子系统模型。用户无须编程，直接在 Simulink 环境下调用仿真，从而分析和设计信号处理系统。

在 MATLAB 命令行窗口内输入 Simulink，在出现的窗口中选择 DSP System Toolbox，打开如图 21-1 所示的信号处理工具箱。

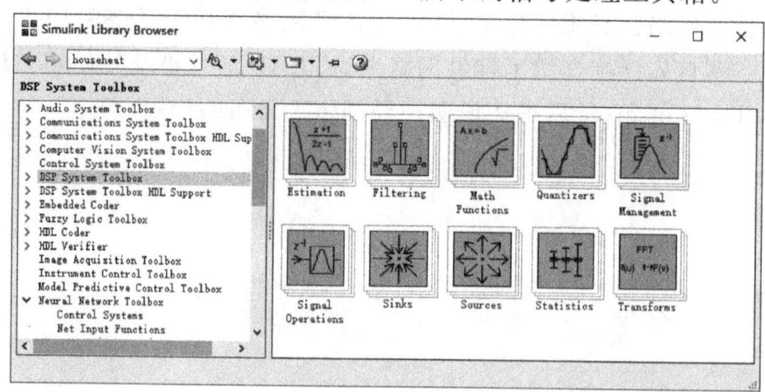

图 21-1　信号处理工具箱

通过信号处理工具箱中的模块，可以产生各种类型的信号。下面通过举例说明信号处理工具箱内模块的使用方法。

【例 21-1】 利用信号处理工具箱中的 Source 模块和数学运算模块，产生信号 $f(n)=\cos(n)-3\cos(n)$。

解：新建 Simulink 模型，并在工具箱中选择模块，以鼠标拖曳的方式将模块加入到新建的 Simulink 模型中，并放置在合适的位置上。

放置好模块后，接着连接各个模块的端口，用鼠标选择线段的开始端，按下鼠标左键不放，移动鼠标，到线段的目标端口。对其他端口进行同样的操作，连接完后如图 21-2 所示。

图中的输入和输出端口数都采用默认设定。运行仿真结果如图 21-3 所示。

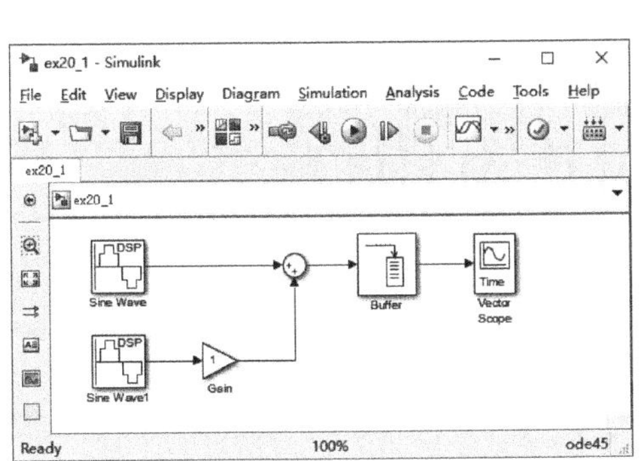

图 21-2 仿真框图界面

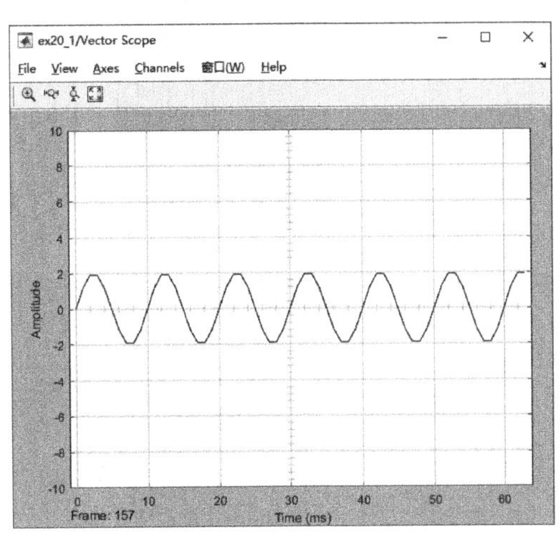

图 21-3 Vector Scope 显示的信号结果

【例 21-2】 从 MATLAB 工作区获取信号

$$x(n)=10\sin\left(2\cdot pi\cdot\frac{5}{8}\cdot n\right)$$

解：新建 Simulink 模型如图 21-4 所示。

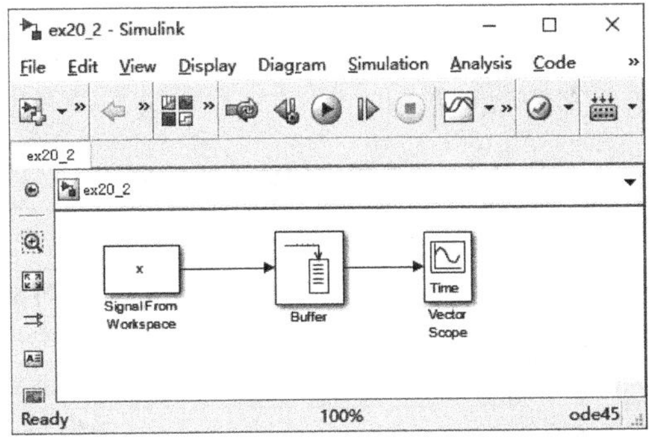

图 21-4 仿真框图界面

图中的输入和输出端口数都按照模块的默认设定。

在 MATLAB 的工作区中输入

```
>> for i = 1:100
x(i) = 10 * sin(2 * pi * 5/8 * i);
end
```

运行仿真结果如图 21-5 所示。

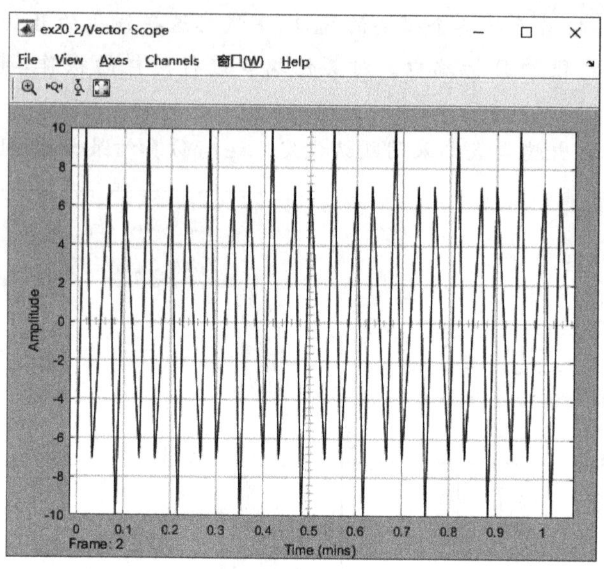

图 21-5 Vector Scope 显示的信号结果

21.2 信号的产生

在 MATLAB 信号工具箱中,信号主要分为连续信号和数字信号两种。连续信号是指时间和幅度连续的信号,也称为模拟信号。相反,数字信号是指时间和幅度离散的信号。从原理上讲,计算机只能处理数字信号。模拟信号必须经过采样和量化后变为数字信号,才能够被计算机处理。

在 MATLAB 信号工具箱中,提供了多种产生信号的函数(如表 21-1 所示)。利用这些函数,可以很方便地产生多种常见信号。

表 21-1 工具箱中的信号产生函数

函数名	功　能	函数名	功　能
sawtooth	产生锯齿波或三角波信号	pulstran	产生冲激串
square	产生方波信号	rectpule	产生非周期的方波信号
sinc	产生 sinc 函数波形	tripuls	产生非周期的三角波信号
chirp	产生调频余弦信号	diric	产生 Dirichlet 或周期 sinc 函数
gauspuls	产生高斯正弦脉冲信号	gmonopuls	产生高斯单脉冲信号
vco	电压控制振荡器		

21.2.1 锯齿波、三角波和矩形波发生器

1. sawtooth()锯齿波和三角波发生器

sawtooth(T)：产生周期为 2π，幅值为 1 的锯齿波，采样时刻由向量 T 指定。

sawtooth(T,WIDTH)：产生三角波，WIDTH 指定最大值出现的地方，其取值在 0～1 之间。当 T 由 0 增大到 WIDTH * 2π 时，函数值由 −1 增大到 1，当 T 由 WIDTH * 2π 增大到 2π 时，函数值由 1 减小到−1。

2. tripuls()非周期三角脉冲发生器

tripuls(T)：产生一个连续的、非周期的、单位高度的三角脉冲的采样，采样时刻由数组 T 指定。默认情况下，产生的是宽度为 1 的非对称三角脉冲。

tripuls(T,W)：产生一个宽度为 W 的三角脉冲。

tripuls(T,W,S)：S 为三角波的斜度。参数 S 满足 $-1<S<1$，当 $S=0$ 时，产生一个对称的三角波。

3. rectpuls()非周期矩形波发生器

【例 21-3】 生成锯齿波和三角波。

解：在 MATLAB 命令框中输入以下代码：

```
>> t = 0:.01:5;
y = sawtooth(2 * pi * 25 * t,.5);
plot(t,y,'-k','LineWidth',2)
axis([0 0.25 -1.5 1.5])
grid on
```

得到锯齿波结果如图 21-6 所示。

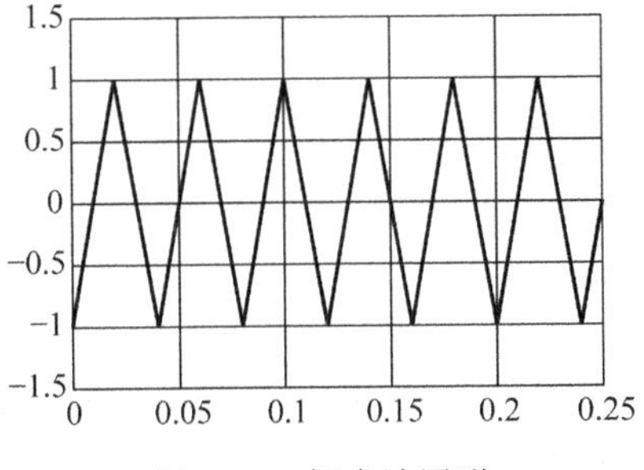

图 21-6 锯齿波图形

【例 21-4】 生成非周期三角波图形。

解：在 MATLAB 命令框中输入以下代码：

```
>> fs = 10000;
t = -1:1/fs:1;
```

```
w = .4;
x = tripuls(t,w);
plot(t,x)
grid on
```

得到三角波结果如图 21-7 所示。

【例 21-5】 产生脉冲宽度为 0.4 的非周期矩形波形。

解：在 MATLAB 命令框中输入以下代码：

```
>> fs = 10000;
t = -1:1/fs:1;
w = 1;
x = rectpuls(t,w);
plot(t,x)
grid on
```

得到矩形波结果如图 21-8 所示。

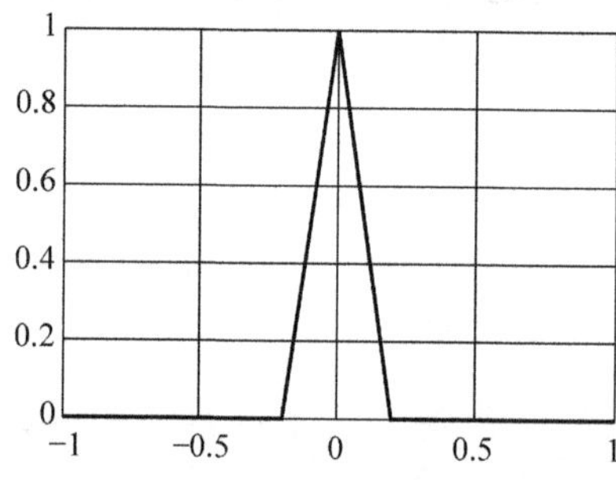

图 21-7 非周期三角脉冲波形

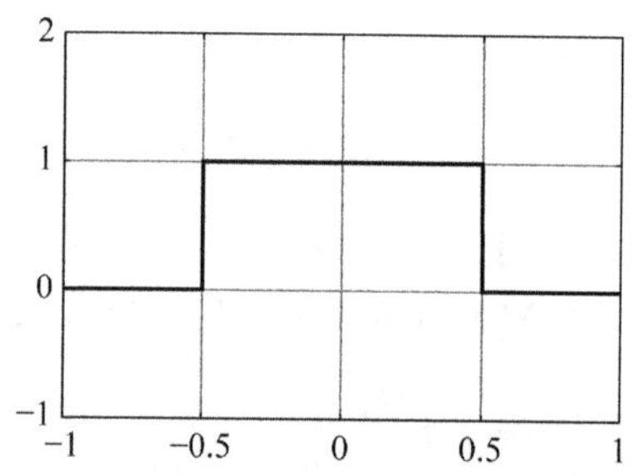

图 21-8 非周期矩形波形

21.2.2 周期 sinc 波

在 MATLAB 中，用户可以使用 diric 命令实现周期 sinc 波函数，又称为 Dirichlet 函数。Dirichlet 函数的定义是 d(x)=sin(N * x/2)/(N * sin(x/2))。diric 函数的调用格式为

```
Y = diric(X,N)
```

函数返回大小与 X 相同的矩阵，元素为 Dirichlet 函数值。N 必须为正整数，该函数将 0 到 2π 等间隔的分成 N 等分。

【例 21-6】 生成 sinc 波。

解：在 MATLAB 的命令行窗口中输入下面的代码：

```
>> x = 0:0.1:6 * pi;
y1 = diric(x,2);
y2 = diric(x,5);
```

```
plot(x,y1,'-k',x,y2,'-r','LineWidth',2)
grid on
```

得到 sinc 波结果如图 21-9 所示。

21.2.3 高斯调幅正弦波

在信息处理中,使载波的振幅按调制信号改变的方式叫调幅。高斯调幅正弦波是比较常见的调幅正弦波,通过高斯函数变换将正弦波的幅度进行调整。gauspuls 是 MATLAB 信号处理工具箱提供的信号发生函数,其调用格式如下:

YI=gauspuls(T,FC,BW):函数返回最大幅值为 1 的高斯函数调幅的正弦波的采样,其中心频率为 FC,相对带宽为 BW,时间由数组 T 给定。BW 的值必须大于 0。默认情况下,FC=1000Hz,BW=0.5。

YI=gauspuls(T,FC,BW,BWR) BWR:指定可选的频带边缘处的参考水平,以相对于正常信号峰值下降了 −BWR(单位为 dB)为边界的频带,其相对带宽为 100 * BW%。默认情况下 BWR 的值为 −6dB,其他参数设置同上,BWR 的值为负值。

TC=gauspuls('cutoff',FC,BW,BWR,TPE):返回包络相对包络峰值下降 TPE(单位为 dB)时的时间 TC。默认情况下,TPE 的值是 −60dB。其他参数设置同上,TPE 的值必须是负值。

【例 21-7】 生成一个中心频率为 50kHz 的高斯调幅正弦脉冲,其相对带宽为 0.6。同时,在包络相对于峰值下降 40dB 时截断。

解:在 MATLAB 命令行窗口中输入以下代码:

```
>> tc = gauspuls('cutoff',50e3,0.6,[],-40);
t = -tc : 1e-6 : tc;
yi = gauspuls(t,50e3,0.6);
plot(t,yi)
grid on
```

输出结果如图 21-10 所示。

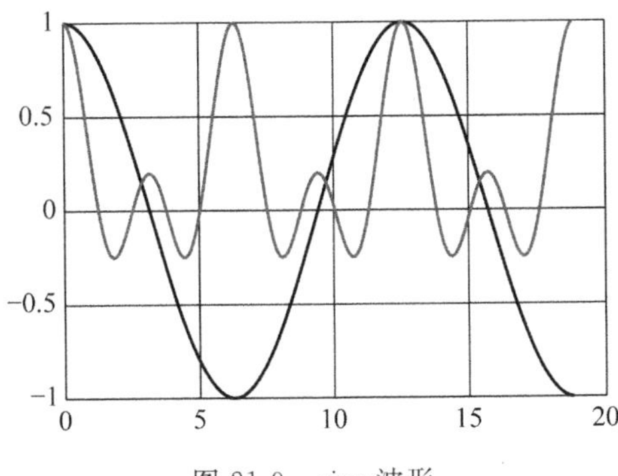

图 21-9 sinc 波形

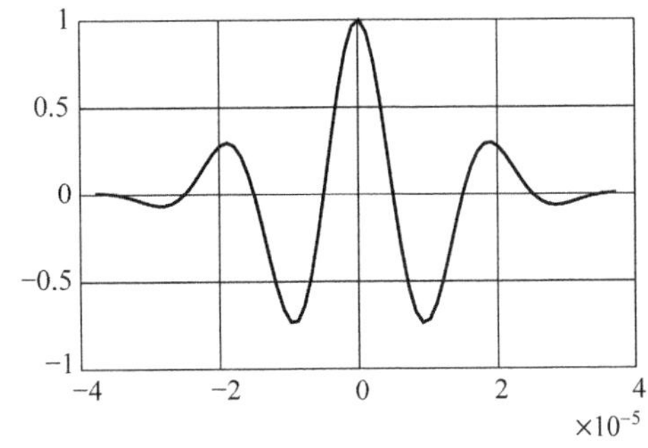

图 21-10 高斯调幅正弦波

21.2.4 调频信号

和调幅类似，使载波的频率按调制信号改变的方式被称为调频。调波后的频率变化由调制信号决定，同时调波的振幅保持不变。从波形上看，调频波像被压缩得不均匀的弹簧。在 MATLAB 中，chirp 函数可以获得在设定频率范围内按照设定方式进行的扫频信号。chirp 函数调用格式如下：

Y＝chirp(T,R0,T1,F1)：产生一个频率随时间线性变化的信号采样，其时间轴的设置由数组 T 定义。时刻 0 的瞬时频率为 F0；时刻 T1 的瞬时频率为 F1。默认情况下，F0＝0Hz，T1＝1，F1＝100Hz。

Y＝chirp(T,F0,T1,F1,'method')：method 指定改变扫频的方法。可用的方法有'linear'(线性调频)、'quadratic'(二次调频)、'logarithmic'(对数调频)。默认时为'linear'，其他参数意义同上。

Y＝chirp(T,F0,T1,F1,'method',PHI)：PHI 指定信号的初始相位，默认时 PHI 的值为 0，其他参数意义同上。

【例 21-8】 以 500Hz 的采样频率，在 3s 采样时间内，生成一个起始时刻瞬时频率是 10Hz，5s 时瞬时频率为 50Hz 的线性调频信号，并画出其曲线图及光谱图。

解：在 MATLAB 中输入以下代码：

```
>> fs = 500;
t = 0:1/fs:3;
y = chirp(t,0,1,50);
plot(t(1:200),y(1:200));
grid
```

得到的曲线图如图 21-11 所示。

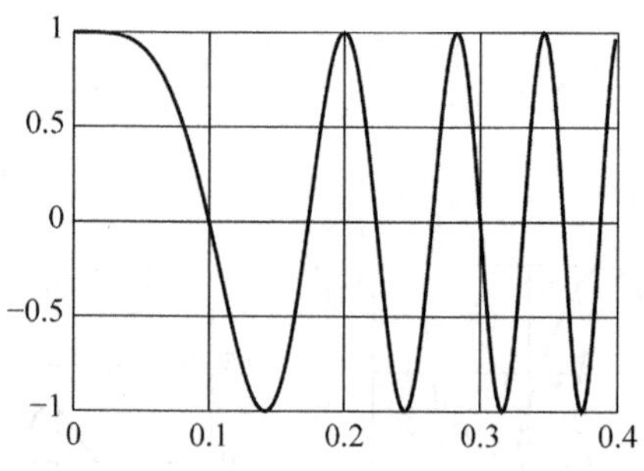

图 21-11　得到曲线图

在 MATLAB 中输入以下代码：

```
>> spectrogram(y,256,250,256,1E3,'yaxis')
```

得到的光谱图如图 21-12 所示。

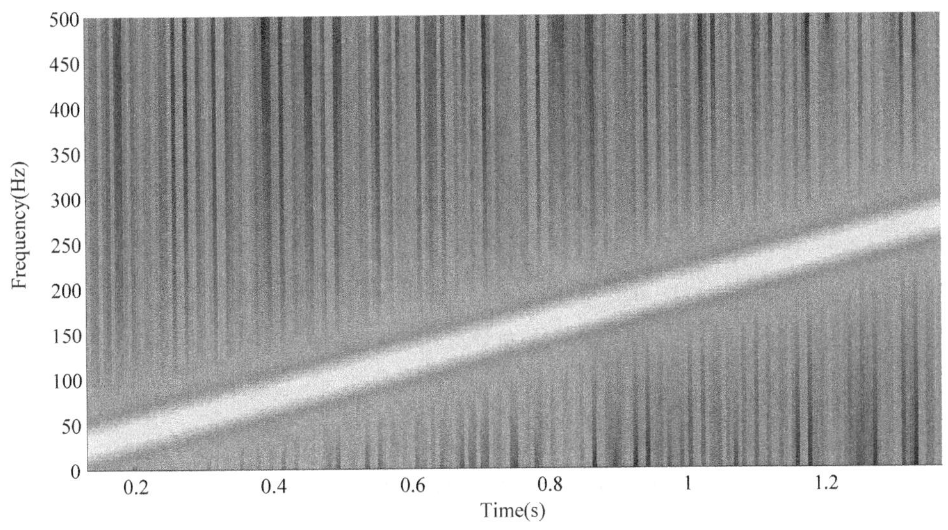

图 21-12　得到的光谱图

21.2.5　高斯分布随机序列

在信号处理中,标准正态分布随机序列是重要序列。该序列可以由 randn 函数生成,randn 函数的调用格式为

Y=randn(M,N):将生成 M 行 N 列的均值方差为 1 的标准正态分布的随机数序列。

在本节中,将利用具体的例子来说明如何产生高斯分布随机序列。

【例 21-9】 产生 500 个均值为 140、方差为 4.6 的正态分布的随机数序列,并画出其随机数发生频率分布图。

解:在 MATLAB 中输入以下代码:

```
>> clear all
clc
M = 140;
D = 4.6;
Y = M + sqrt(D) * randn(1,500);
M1 = mean(Y);
D1 = var(Y);
x = 120:0.1:170;
hist(Y,x)
grid on
```

查看绘制的结果,以上代码得到的结果如图 21-13 所示。

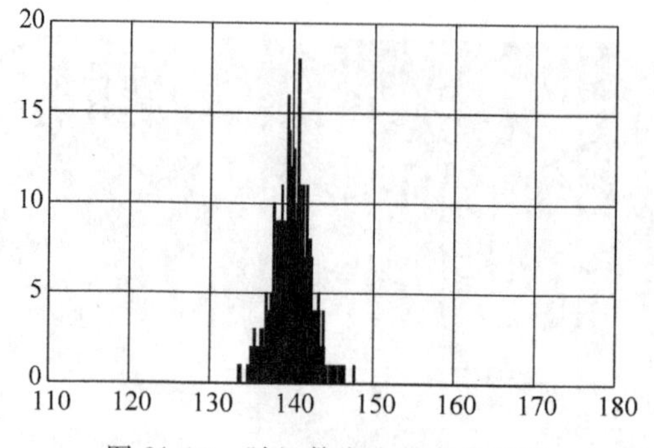

图 21-13　随机数发生频率分布图

21.3　随机信号处理

随机信号是信号处理的重要对象，在实际处理中，随机信号不能用已知的解析表达式来描述，通常使用统计学的方法来分析。本节将简单介绍随机信号的处理，以及随机信号的谱估计。

21.3.1　随机信号的互相关函数

在信号分析中，自相关函数表示同一过程不同时刻的相互依赖关系，而互相关函数是描述随机信号 $X(t)$ 和 $Y(t)$ 在两个不同时刻 t_1，t_2 的取值之间的相关程度。

在 MATLAB 中，xcorr 函数是随机信号互相关估计函数，其调用格式如下：

```
c = xcorr(x,y,maxlags,'option')
```

其中，参数 x、y 表示随机信号序列，其长度都为 N(N>1)。如果两者长度不同，则短的用 0 补齐，使得两个信号长度一样；返回值 c 表示 x、y 的互相关函数估计序列；参数 maxlags 表示 x 与 y 之间的最大延迟；参数 option 指定互相关的归一化选项，它有下面几个选项：

(1) biased：计算互相关函数的有偏互相关估计。

(2) unbiased：计算互相关函数的无偏互相关估计。

(3) coeff：系列归一化，使零延迟的自相关为 1。

(4) none：默认状态，函数执行非归一化计算相关。

下面用具体例子说明如何计算随机信号的互相关函数。

【例 21-10】　已知两个信号的表达式为 $x(t)=\cos(\pi ft)$，$y(t)=k\sin(3\pi ft+\omega)$，其中，$f$ 为 20Hz，k 为 5，ω 为 $\frac{\pi}{2}$。求这两个信号的自相关函数 $R_x(\tau)$、$R_y(\tau)$ 以及互相关函数 $R_{xy}(\tau)$。

解：在 MATLAB 命令行窗口中输入以下代码：

```
>> clear all
clc
Fs = 2000;
N = 2000;
n = 0:N-1;
```

```
t = n/Fs;
Lag = 200;
f = 20;
k = 5;
w = pi/2;
x = cos(pi * f * t);
y = k * sin(3 * pi * f * t + w);
[cx,lagsx] = xcorr(x,Lag,'unbiased');
[cy,lagsy] = xcorr(y,Lag,'unbiased');
[c,lags] = xcorr(x,y,Lag,'unbiased');
subplot(311);
plot(lagsx/Fs,cx,'r');
xlabel('t');
ylabel('Rx(t)');
title('信号 x 自相关函数');
subplot(312)
plot(lagsy/Fs,cy,'b');
xlabel('t');
ylabel('Ry(t)');
title('信号 y 自相关函数');
subplot(313);
plot(lags/Fs,c,'r');
xlabel('t');
ylabel('Rxy(t)');
title('互相关函数');
grid;
```

得到结果如图 21-14 所示。

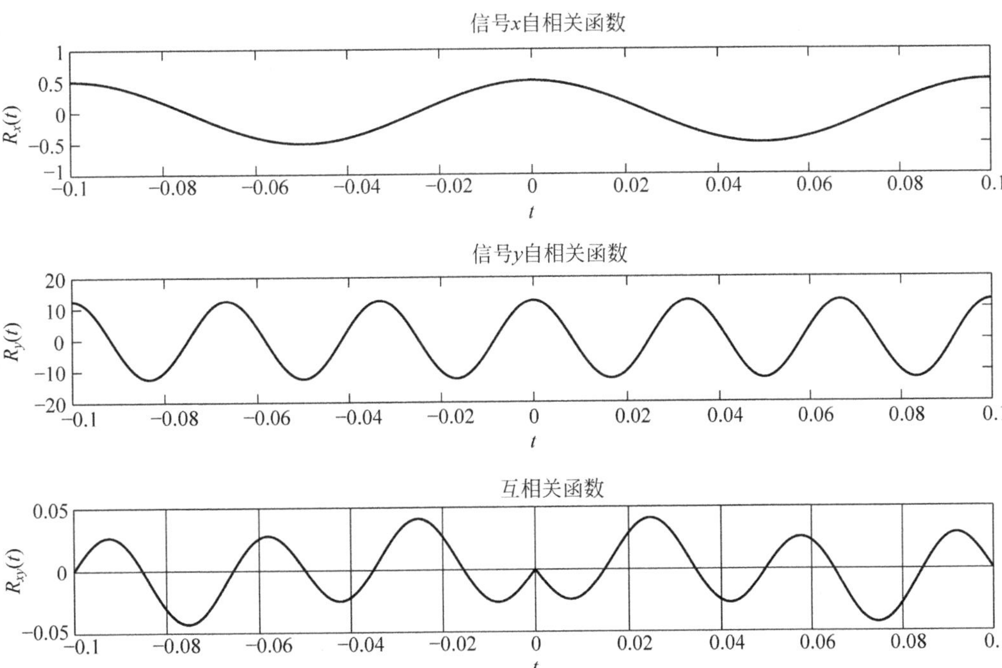

图 21-14　信号相关函数

如果想查看相关系数的变动情况，可以修改上面的两个信号的频率、振幅等参数。

21.3.2 随机信号的互协方差函数

在信号处理中，互协方差是两个信号间相似性的度量，也称为"互相关"。互协方差用于通过与已知信号比较来寻找未知信号。从表示式角度，互协方差函数是信号之间相对于时间的函数。

从本质上讲，互协方差类似于两个函数的卷积。两个随机信号 $X(t)$ 和 $Y(t)$ 的互协方差函数的表达式如下：

$$\begin{aligned}C_{xy}(t_1,t_2) &= E([X(t_1)-m_x(t_1)][Y(t_2)-m_y(t_2)]) \\ &= E[X(t_1)Y(t_2)]-m_x(t_1)E[Y(t_2)]-m_y(t_2)E[X(t_1)]+m_x(t_1)m_y(t_2) \\ &= E[X(t_1)Y(t_2)]-m_x(t_1)m_y(t_2) \\ &= R_{xy}(t_1,t_2)-m_x(t_1)m_y(t_2)\end{aligned}$$

在这个表达式中，$m_x(t)$ 和 $m_y(t)$ 分别表示两个随机信号的均值。

在 MATLAB 中，xcov 函数是互协方差估计函数，其调用格式如下：

```
[c,lags] = xcov(x,y,maxlags,'option')
```

这个表达式中，参数的含义和函数 xcorr 的含义类似。

【例 21-11】 估计一个正态分布白噪声信号 x 的自协方差 cx(n)，假设最大延迟设置为 50。

解：在 MATLAB 命令行窗口中输入以下代码：

```
>> x = randn(1,600);
[cov_x,lags] = xcov(x,50,'coeff');
stem(lags,cov_x)
```

得到的结果如图 21-15 所示。

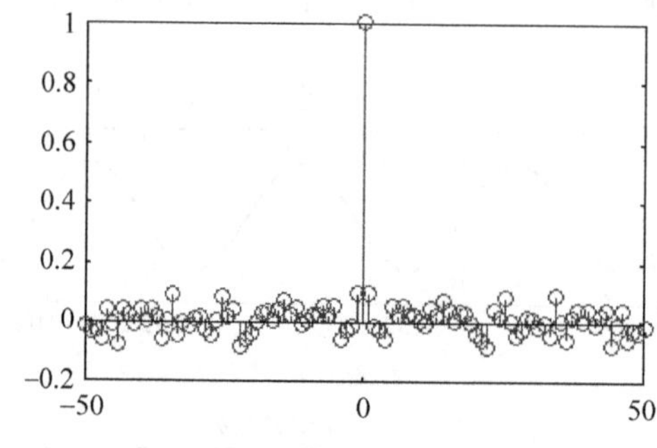

图 21-15 自协方差函数

21.3.3 谱分析——psd 函数

前面讲过，随机信号没有对应的解析表达式，但是存在相关函数。对于平稳信号，相关函数的傅里叶变换函数就是功率谱密度函数。功率谱反映了单位频带内随机信号功率的大小。在 MATLAB 信号处理工具箱中，最常用的功率谱函数是 psd 和 pwelch。功率谱密度估计函数(psd 函数)的调用格式如下：

Pxx=psd(X,NFFT,Fs,WINDOW)：返回信号向量 X 的功率谱密度估计，使用 Welch 平均周期图法。各段 NFFT 点 DFT 的幅值的平方的平均值即为 Pxx。Pxx 的长度为：当 NFFT 为偶数时，其值为 NFFT/2+1；当 NFFT 为奇数时，其值为(NFFT+1)/2；当 NFFT 为复数时，为 NFFT。当 WINDOW 为数值 n 时，则采用 n 点长的 Hanning 窗加窗。

[Pxx,F]=psd(X,NFFT,Fs,WINDOW,NOVERLAP)：返回由频率点组成的向量 F,Pxx 为点上的估值，X 在分段时相邻两段有 NOVERLAP 点重叠。其他参数同上。

[Pxx,Pxxc,F]=psd(X,NFFT,Fs,WINDOW,NOVERLAP,P)返回 Pxx 的 P * 100%置信区间 Pxxc，其中参数 P 在 0～1 间取值。其他参数同上。

psd(X, NFFT, Fs, WINDOW, NOVERLAP, P, DFLAG)：参数 DFLAG 可选 'linear'、'mean'或'none'。DFLAG 指明了在对各段加窗后进行趋势去除时使用的方式，默认或为空矩阵的情况下，NFFT 为 256，若 X 的长度小于 256 时为 X 的长度；NOVERLAP 为 0；WINDOW 为 Hanning，数值表述为 NFFT，FS 为 2，P 为 0.95，DFLAG 为'none'。其他参数同上。

【例 21-12】 采用采样频率为 2000Hz、长度为 1024 点、相邻两段重叠点数为 512，窗函数为默认值的 Welch 方法对信号 $x(t)=k\cos(\pi f_1 t)+\sin(3\pi f_2 t)+n(t)$进行功率谱估计，其中 $n(t)$正态分布白噪声，$f_1=30\text{Hz}$，$f_2=40\text{Hz}$，$k=5$。

解：在 MATLAB 命令行窗口中输入以下代码：

```
clear all
clc
fs = 2000;
t = 0:1/fs:1;
f1 = 30;
f2 = 40;
k = 5;
x = k * cos(pi * f1 * t) + sin(3 * pi * f2 * t) + randn(1,length(t));
[p,f] = psd(x,1024,1000,[],512);
plot(f,10 * log10(p/(2048/2)));
xlabel('freq Hz');
ylabel('PSD');
xlabel('freq(Hz)');
grid on
```

得到的结果如图 21-16 所示。

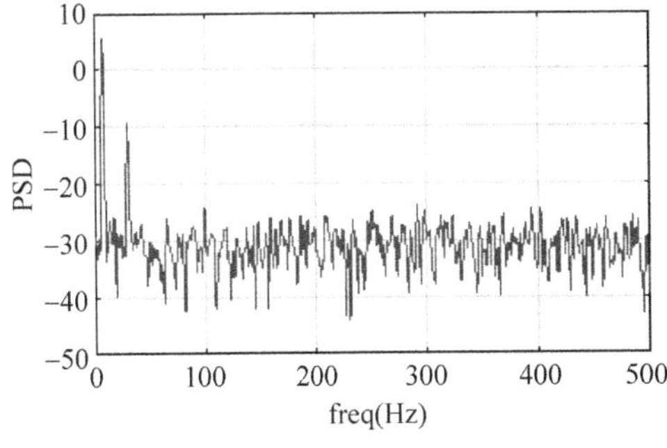

图 21-16 功率估计图

21.3.4 谱分析——pwelch 函数

在 MATLAB 中，pwelch 函数的调用格式如下：

[Pxx,w]=pwelch(x)：该函数用 Welch 方法估计输入信号向量 x 的功率谱密度 Pxx。向量 x 被分割成 8 段，每段有 50%的重叠，分割后的每一段都用汉明窗进行加窗，窗函数的长度和每一段的长度。当 x 为实数时，产生单边的 PSD；当 x 是复数时，产生双边的 PSD。

系统默认 FFT 的长度 N 为 256 和 2 的整数次幂中大于分段长度的最近的数。具体规定为，当输入 x 是实数时，Pxx 的长度为(N/2)+1，对应的归一化频率的范围为[0,π]；当输入 x 是复数时，Pxx 的长度为 N，对应的归一化频率范围为[0,2π)。

[Pxx,w]=pwelch(x,window)：如果参数 window 是正整数，则表示 Hamming 窗的长度；如果参数 window 是向量，则代表窗函数的权系数。

[Pxx,w]=pwelch(x,window,noverlap)：该调用格式指定 x 分割后每一段的长度为 window，noverlap 指定每段重叠的信号点数，noverlap 必须小于被确定的窗口长度，在默认情况下，x 被分割后的每段有 50%重叠。

[Pxx,w]=pwelch(x,window,noverlap,nfft)：整数 nfft 指定 FFT 的长度，如果 nfft 指定为空向量，则 nfft 取前面调用格式中的 N。nfft 和 x 决定了 Pxx 的长度和 w 的频率范围，具体规定为：当输入 x 为实数，nfft 为偶数时，Pxx 的长度为(nfft/2+1)，w 的范围为[0,π]；当输入 x 为实数，nfft 为奇数时，Pxx 的长度为(nfft+1)/2，w 的范围为[0,π)；当输入 x 为复数，nfft 为偶数或奇数时，Pxx 的长度为 nfft，w 的范围为[0,2π]。

[Pxx,f]=pwelch(x,window,noverlap,nfft,fs)：整数 fs 为采样频率，如果定义 fs 为空向量，则采样频率默认为 1Hz。nfft 和 x 决定 Pxx 的长度和 f 的频率范围，具体规定为：当输入 x 为实数，nfft 为偶数时，Pxx 的长度为(nfft/2+1)，f 的范围为[0,fs/2]；当输入 x 为实数，nfft 为奇数时，Pxx 的长度为(nfft+1)/2，f 的范围为[0,fs/2)；当输入 x 为复数，nfft 为偶数或奇数时，Pxx 的长度为 nfft，f 的范围为[0,fs)。

[…]=pwelch(x,window,noverlap,…,'range')：当 x 是实数的时候，函数确定 f 或 w 的频率取值范围。字符串'range'可以取'twosided'或'onesided'。'twosided'计算双边 PSD；'onesided'计算单边 PSD。

pwelch(…)：该命令在当前 Figure 窗口中绘制出功率谱密度曲线，其单位为 dB/Hz。

【例 21-13】 估计信号 $x(t)=\sin(3\pi f_1 t)+k\sin(\pi f_2 t)+n(t)$ 的功率谱密度，显示双边 PSD。采样频率为 200Hz，窗口长度为 100 点，相邻两段重叠点数为 65，FFT 长度为默认值，其中 $n(t)$ 正态分布白噪声，$f_1=100\text{Hz}$，$f_2=200\text{Hz}$，$k=3$。

解：在 MATLAB 中输入以下代码：

```
clear all
clc
fs = 200;
t = 0:1/fs:1;
```

```
f1 = 100;
f2 = 200;
k = 3;
x = sin(3 * pi * f1 * t) + k * sin(pi * f2 * t) + randn(1,length(t));
pwelch(x,100,65,[],fs,'twosided')
```

得到的结果如图 21-17 所示。

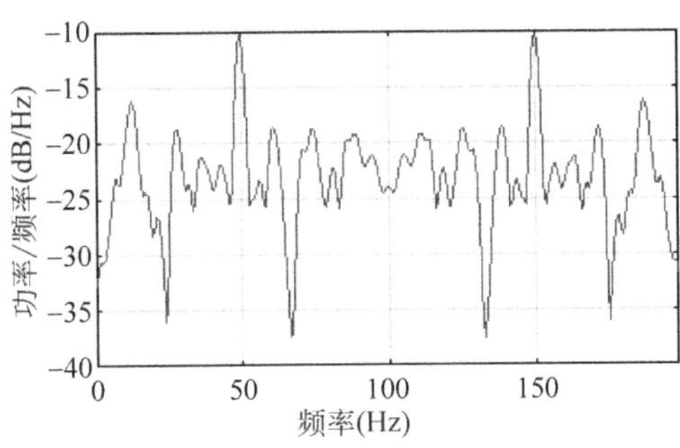

图 21-17 pwelch 函数功率谱密度估计

21.4 模拟滤波器设计

在信号领域，滤波器是非常重要的工具，其主要功能是用来区分不同频率的信号，实现各种模拟信号的处理。使用滤波器，可以对特定频率之外的频率进行有效滤除。本节主要介绍两种常用的模拟滤波器——巴特沃思滤波器和切比雪夫滤波器。

21.4.1 巴特沃斯滤波器

在信号领域中，巴特沃斯(Butterworth)滤波器的主要特性是：通带与阻带都随频率单调变化。巴特沃斯低通滤波器原型的平方幅频响应函数如下：

$$|H(j\omega)|^2 = A(\omega^2) = \frac{1}{1+\left(\frac{\omega}{\omega_c}\right)^{2N}}$$

在这个表达式中，参数 ω_c 表示滤波器的截止频率，N 表示滤波器的阶数。N 越大，通带和阻带的近似性越好。巴特沃斯滤波器有以下特点：

当 $\omega=\omega_c$，$A(\omega^2)/A(0)=1/2$，幅度衰减 $1/\sqrt{2}$，相当于 3dB 衰减点。

当 $\omega/\omega_c<1$，$A(\omega^2)$有平坦的幅度特性，相应$(\omega/\omega_c)^{2N}$随 N 的增加而趋于 0，$A(\omega^2)$趋于 1。

当 $\omega/\omega_c>1$，即在过渡带和阻带中，$A(\omega^2)$单调减小，因为 $\omega/\omega_c\gg1$，所以 $A(\omega^2)$快速下降。

在 MATLAB 中，巴特沃斯模拟低通滤波器函数调用格式如下：

[Z,P,K]=buttap(N)：函数返回 N 阶低通模拟滤波器原型的极点和增益。参数 N

表示巴特沃斯滤波器的阶数；参数 Z、P 和 K 分别为滤波器的零点、极点和增益。

【例 21-14】 绘制 5 阶和 13 阶巴特沃斯低通滤波器的平方幅频响应曲线。

解：在 MATLAB 中命令行窗口输入以下代码：

```
clear all
clc
n = 0:0.05:3;
N1 = 5;
N2 = 13;
[z1,p1,k1] = buttap(N1);
[z2,p2,k2] = buttap(N2);
[b1,a1] = zp2tf(z1,p1,k1);
[b2,a2] = zp2tf(z2,p2,k2);
[H1,w1] = freqs(b1,a1,n);
[H2,w2] = freqs(b2,a2,n);
magH1 = (abs(H1)).^2;
magH2 = (abs(H2)).^2;
plot(w1,magH1,'-k',w2,magH2,'-r','LineWidth',2);
axis([0 2.5 -0.2 1.2]);
grid
```

得到的结果如图 21-18 所示。

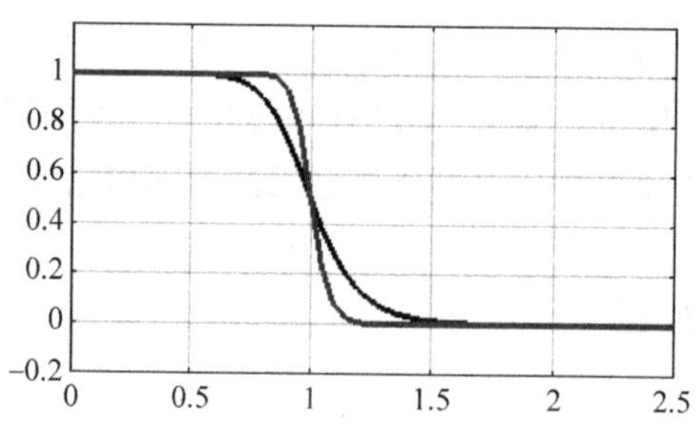

图 21-18　不同 N 值下的幅频相应曲线

21.4.2　切比雪夫Ⅰ型滤波器

巴特沃斯滤波器虽然具有前面介绍的特点，但是在实际应用中，这种滤波器并不经济。为了克服这一缺点，在实际应用中采用了切比雪夫滤波器。切比雪夫滤波器的 $H(j\omega)^2$ 在通带范围内是等幅起伏的，在通常的衰减要求下，其阶数较巴特沃思滤波器要小。

切比雪夫Ⅰ型滤波器的平方幅频响应函数如下：

$$|H(j\omega)|^2 = A(\omega^2) = \frac{1}{1+\varepsilon^2 C_N^2\left(\frac{\omega}{\omega_c}\right)}$$

在这个表达式中，参数 ε 是小于 1 的正数，表示通带内幅频波纹情况；参数 ω_c 是截止频率，参数 N 是多项式 $C_N\left(\frac{\omega}{\omega_c}\right)$ 的阶数，其中 $C_N\left(\frac{\omega}{\omega_c}\right)=\begin{cases}\cos(N\cos'(x))\\ \cos(N\cosh'(x))\end{cases}$。

在 MATLAB 中，调用切比雪夫Ⅰ型滤波器函数的命令如下：

```
[Z,P,K] = cheb1ap(N,Rp)
```

其中，参数 N 表示阶数；参数 Z、P 和 K 分别为滤波器的零点、极点和增益；Rp 为通带波纹。

【例 21-15】 绘制 7 阶切比雪夫Ⅰ型模拟低通滤波器原型的平方幅频响应曲线。

解：在 MATLAB 中输入以下代码：

```
clear all
clc
n = 0:0.01:2;
N = 7;
Rp = 0.7;
[z,p,k] = cheb1ap(N,Rp);
[b,a] = zp2tf(z,p,k);
[H,w] = freqs(b,a,n);
magH = (abs(H)).^2;
plot(w,magH,'LineWidth',2);
xlabel('w/wc');
ylabel('|H(jw)|^2')
grid
```

得到的图像如图 21-19 所示。

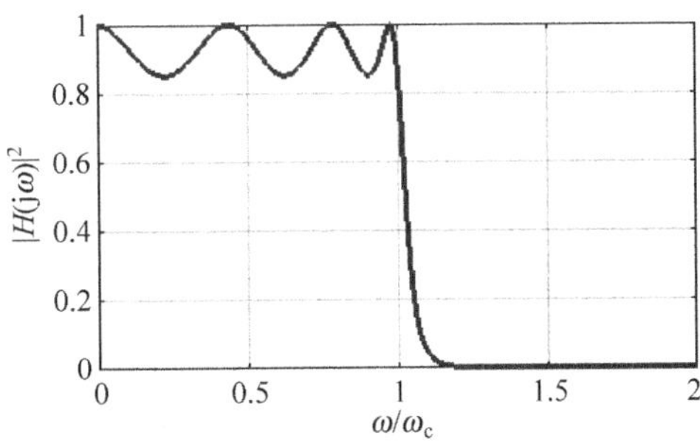

图 21-19　7 阶切比雪夫Ⅰ型模拟低通滤波的平方幅频响应曲线

21.4.3　切比雪夫Ⅱ型滤波器

在信号领域中，切比雪夫Ⅱ型滤波器的平方幅频响应函数如下：

$$|H(j\omega)|^2=A(\omega^2)=\frac{1}{\left[1+\varepsilon^2C_N^2\left(\frac{\omega}{\omega_c}\right)\right]^{-1}}$$

在这个表达式中，参数 ε 是小于 1 的正数，表示阻带内幅频波纹情况；参数 ω_c 是截止频率，N 为多项式 $C_N\left(\frac{\omega}{\omega_c}\right)$ 的阶数，其中 $C_N(x)=\begin{cases}\cos(N\cos''(x))\\ \cos(N\cosh''(x))\end{cases}$。

在 MATLAB 中，调用切比雪夫Ⅱ型滤波器的命令如下：

```
[Z,P,K] = cheb2ap(N,Rs)
```

其中，参数 N 为阶数；参数 Z、P 和 K 分别为滤波器的零点、极点和增益；Rs 为阻带波纹。

【例 21-16】 画出 12 阶切比雪夫Ⅱ型模拟低通滤波器原型的平方幅频响应曲线。

解：在 MATLAB 中输入以下代码：

```
clear all
clc
n = 0:0.001:2.5;
N = 12;
Rs = 9;
[z,p,k] = cheb2ap(N,Rs);
[b,a] = zp2tf(z,p,k);
[H,w] = freqs(b,a,n);
magH = (abs(H)).^2;
plot(w,magH,'LineWidth',2);
axis([0.4 2.5 0 1.1]);
xlabel('w/wc');
ylabel('|H(jw)|^2')
grid on
```

得到的图像如图 21-20 所示。

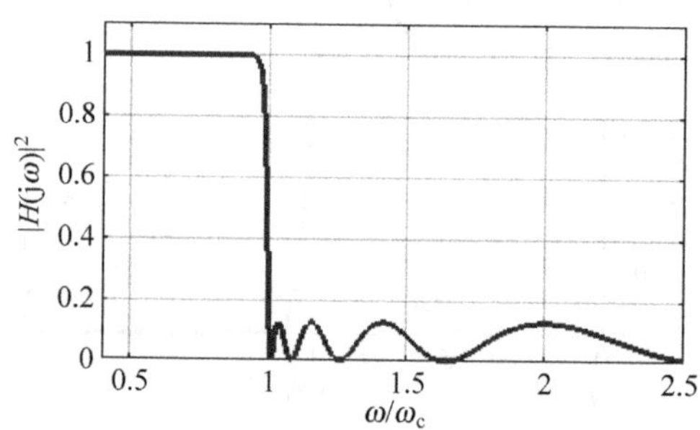

图 21-20 12 阶切比雪夫Ⅱ型模拟低通滤波的平方幅频响应曲线

21.5 IIR 数字滤波器设计

数字滤波器在通信、图像、航天和军事等许多领域都有着十分广泛的应用。使用 MATLAB 信号处理工具箱，可以很方便地求解数字滤波器的问题，还可以十分便捷地在图形化界面上编辑和修改数字滤波。在 MATLAB 中有许多自带的 IIR 数字滤波器设计函数，下面就介绍这些设计函数。

21.5.1 巴特沃斯数字滤波器设计

在 MATLAB 中，butter 函数可以用来设计数字巴特沃思滤波器。数字滤波器设计的 butter 函数调用格式如下：

[b,a]=butter(n,Wn)：设计截止频率为 Wn 的 n 阶低通滤波器。它返回滤波器系数向量 a、b 的长度为 n+1，这些系数按 z 的降幂排列为

$$H(z)=\frac{B(z)}{A(z)}=\frac{b(1)+b(2)z^{-1}+\cdots+b(n+1)z^{-n}}{a(1)+a(2)z^{-1}+\cdots+a(n+1)z^{-n}}$$

归一化截止频率 Wn 取值在[0 1]之间，这里 1 对应内奎斯特频率。如果 Wn 是二元向量，如 Wn=[w1 w2]，那么 butter 函数返回带通为 w1<ω<w2、阶数为 $2n$ 的带通数字滤波器。

[b,a]=butter(n,Wn,'ftype')：设计截止频率为 Wn 的高通或者带通数字滤波器，'ftype'为滤波器类型参数，'high'为高通滤波器；'stop'为带阻滤波器。

[z,p,k]=butter(n,Wn)或[z,p,k]=butter(n,Wn,'ftype')：这是 butter 函数的零极点形式，其返回零点和极点的 n 列向量 z、p，以及增益标量 k。其他参数同上。

[A,B,C,D]=butter(n,Wn)或[A,B,C,D]=butter(n,Wn,'ftype')：这是 butter 函数的状态空间形式，这里的 A、B、C、D 的关系如下：

$$x[n+1]=Ax(n)+Bu(n)$$

$$y[n]=Cx(n)+Du(n)$$

在以上表达式中，参数 u 表示输入向量，y 表示输出向量，x 是状态向量。其他参数同上。

模拟滤波器设计的 butter 函数调用格式如下：

```
[b,a] = butter(n,Wn,'s')
[b,a] = butter(n,Wn,'ftype','s')
[z,p,k] = butter(n,Wn,'s')
[z,p,k] = butter(n,Wn,'ftype','s')
[A,B,C,D] = butter(n,Wn,'s')
[A,B,C,D] = butter(n,Wn,'ftype','s')
```

【例 21-17】 设计 17 阶的巴特沃思高通滤波器，采样频率为 1500Hz，截止频率为 200Hz，并画出滤波器频率响应曲线。

解：在 MATLAB 命令行窗口中输入以下代码：

```
clear all
clc
N = 17;
Wn = 200/700;
[b,a] = butter(N,Wn,'high');
freqz(b,a,128,1500)
```

得到的图像如图 21-21 所示。

21.5.2 切比雪夫Ⅰ型数字滤波器设计

在 MATLAB 中，cheby1 函数可以用来设计四类数字切比雪夫Ⅰ型滤波器。它的特

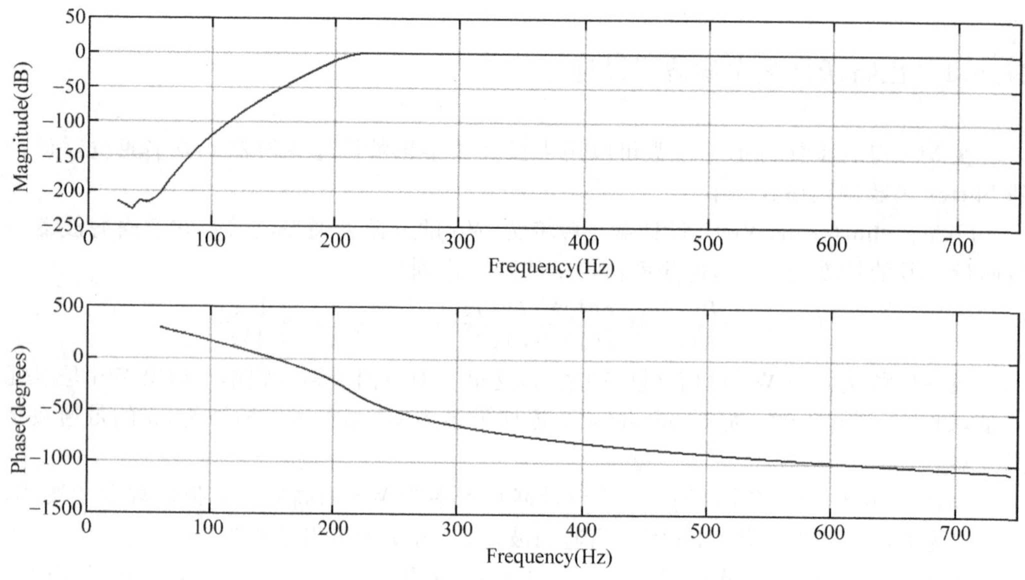

图 21-21　巴特沃斯高通滤波器频率响应曲线

性就是通带内等波纹，阻带内单调。数字滤波器设计的 cheby1 函数调用格式如下：

[b,a]=cheby1(n,Rp,Wn)：设计截止频率为 Wn、通带波纹为 Rp(dB)的 n 阶切比雪夫低通滤波器。它返回滤波器系数向量 a、b 的长度为 n+1，这些系数按 z 的降幂排列为

$$H(z)=\frac{B(z)}{A(z)}=\frac{b(1)+b(2)z^{-1}+\cdots+b(n+1)z^{-n}}{a(1)+a(2)z^{-1}+\cdots+a(n+1)z^{-n}}$$

归一化截止频率是滤波器的幅度响应为－Rp(dB)时的频率，对于 cheby1 函数来说，归一化截止频率 Wn 取值在[0 1]之间，这里 1 对应内奎斯特频率。如果 Wn 是二元向量，如 Wn=[w1 w2]，那么 cheby1 函数返回带通为 w1<ω<w2、阶数为 $2n$ 的带通数字滤波器。

[b,a]=cheby1(n,Rp,Wn,'ftype')：设计截止频率为 Wn、通带波纹为 Rp(dB)的高通或者带通数字滤波器，ftype 为滤波器类型参数，high 为高通滤波器；stop 为带阻滤波器。对于带阻滤波器，如果 Wn 是二元向量，如 Wn=[w1 w2]，那么 cheby1 函数返回带通为 w1<ω<w2、阶数为 $2n$ 的带通数字滤波器。

[z,p,k]=cheby1(n,Rp,Wn)或[z,p,k]=cheby1(n,Rp,Wn,'ftype')：这是 cheby1 函数的零极点形式，其返回零点和极点的 n 列向量 z、p，以及增益标量 k。其他参数同上。

[A,B,C,D]=cheby1(n,Rp,Wn)或[A,B,C,D]=cheby1(n,Rp,Wn,'ftype')：这是 cheby1 函数的状态空间形式，这里的 A、B、C、D 的关系如下：

$$x[n+1]=Ax(n)+Bu(n)$$
$$y[n]=Cx(n)+Du(n)$$

在以上表达式中，参数 u 表示输入向量，y 表示输出向量，x 是状态向量。其他参数同上。

模拟滤波器设计的 cheby1 函数调用格式如下：

```
[b,a] = cheby1 (n,Rp,Wn,'s')
[b,a] = cheby1 (n,Rp,Wn,'ftype','s')
[z,p,k] = cheby1 (n,Rp,Wn,'s')
[z,p,k] = cheby1 (n,Rp,Wn,'ftype','s')
```

```
[A,B,C,D] = cheby1 (n,Rp,Wn,'s')
[A,B,C,D] = cheby1 (n,Rp,Wn,'ftype','s')
```

【例 21-18】 设计 11 阶的 cheby1 型低通数字滤波器，采样频率为 1500Hz，Rp＝0.8dB，截止频率为 500Hz，并画出滤波器频率响应曲线。

解：在 MATLAB 命令行窗口中输入以下代码：

```
clear all
clc
N = 11;
Wn = 500/700;
Rp = 0.8;
[b,a] = cheby1(N,Rp,Wn);            %切比雪夫Ⅰ型低通数字滤波器函数
freqz(b,a,512,1500);
axis([0 700 -300 50]);
```

得到的图像如图 21-22 所示。

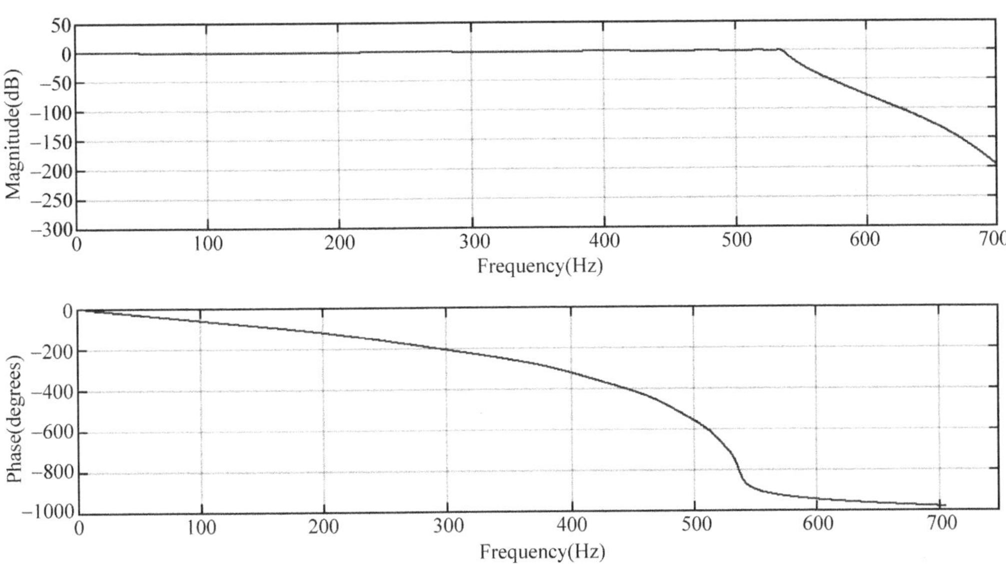

图 21-22 切比雪夫Ⅰ型低通滤波器频率响应曲线

21.5.3 切比雪夫Ⅱ型数字滤波器设计

在 MATLAB 中，cheby2 函数可以用来设计数字切比雪夫Ⅱ型滤波器。它的特性就是通带内单调，阻带内等波纹。数字滤波器设计的 cheby2 函数调用格式为

```
[b,a] = cheby2(n,Rs,Wn)
[b,a] = cheby2(n,Rs,Wn,'ftype')
[z,p,k] = cheby2(n,Rs,Wn)
[z,p,k] = cheby2(n,Rs,Wn,'ftype')
```

```
[A,B,C,D] = cheby2(n,Rs,Wn)
[A,B,C,D] = cheby2(n,Rs,Wn,'ftype')
```

数字滤波器设计 cheby2 函数的用法参见 cheby1 函数。模拟滤波器设计的 cheby2 函数调用格式为

```
[b,a] = cheby2(n,Rs,Wn,'s')
[b,a] = cheby2(n,Rs,Wn,'ftype','s')
[z,p,k] = cheby2(n,Rs,Wn,'s')
[z,p,k] = cheby2(n,Rs,Wn,'ftype','s')
[A,B,C,D] = cheby2(n,Rs,Wn,'s')
[A,B,C,D] = cheby2(n,Rs,Wn,'ftype','s')
```

【例 21-19】 设计 9 阶的 cheby2 型低通数字滤波器，采样频率为 1500Hz，Rs＝25dB，截止频率为 400Hz，并画出滤波器频率响应曲线。

解：在 MATLAB 命令行窗口中输入以下代码：

```
clear all
clc
N = 9;
Wn = 400/700;
Rs = 25;
[b,a] = cheby2(N,Rs,Wn);
freqz(b,a,512,1500);
axis([0 700 -80 50])
```

得到的图像如图 21-23 所示。

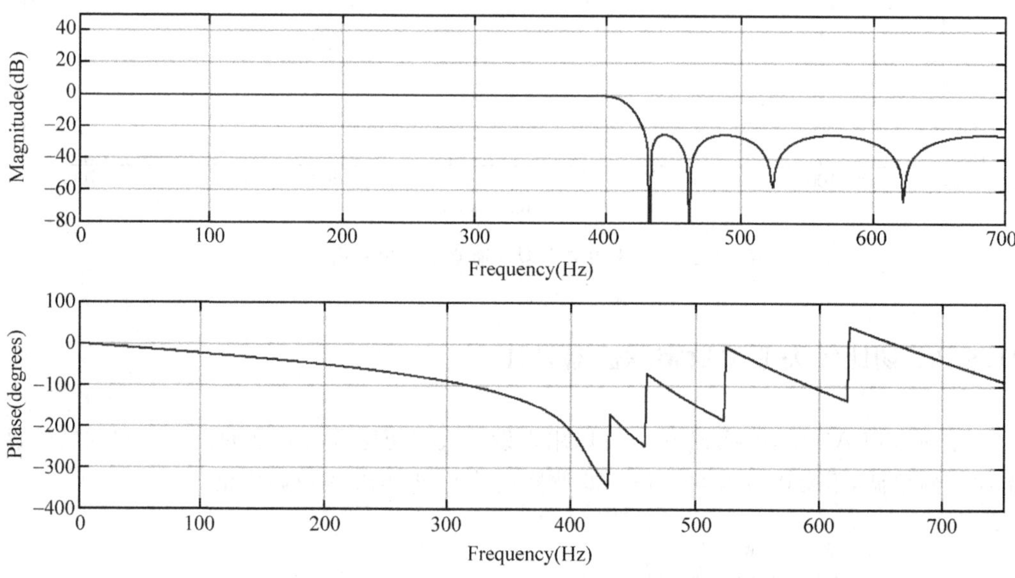

图 21-23　切比雪夫Ⅱ型低通滤波器频率响应曲线

本章小结

本章首先对信号处理工具箱建模方法做了简单介绍，然后运用信号处理工具箱函数，生成各种不同的信号。随机信号是信号处理的重要对象，本章对处理随机信号也做了说明。最后还对模拟滤波器和 IIR 数字滤波器的设计做了举例说明。

第22章 图像处理工具箱

MATLAB图像处理工具箱提供一套全方位的参照标准算法和图形工具，用于进行图像处理、分析、可视化和算法开发。可进行图像增强、图像去模糊、特征检测、降噪、图像分割、空间转换和图像配准。该工具箱中的许多功能支持多线程，可发挥多核和多处理器计算机的性能。

本章介绍了图像处理工具箱的基础知识及其应用。

学习目标：

- 理解图像处理的基本概念；
- 掌握基本的图像显示操作；
- 熟悉图像的灰度变换。

22.1 查看图像文件信息

在MATLAB中，用户可以利用命令imfinfo查看图像文件的信息。命令imfinfo的主要格式如下：

```
INFO = IMFINFO(FILENAME,FMT)
```

其中，参数FILENAME表示图像文件名称，FMT表示图像文件的格式。也可以直接使用命令imfinfo(filename)返回图像文件的信息，如文件名、格式、大小、宽度、高度等。

【例22-1】 查看图像文件的信息。

解： 建立图像文件如图22-1所示。

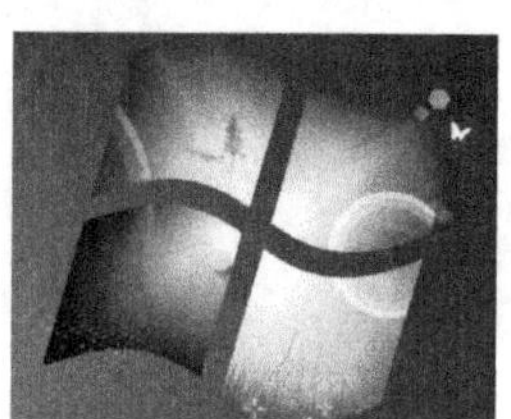

图22-1 图像文件

在命令行窗口中输入以下命令：

```
>> imfinfo('WIN7.png')
```

得到图像文件代码如下：

```
ans =

                  Filename: 'C:\Users\Administrator\Documents\MATLAB\matlab classics…'
               FileModDate: '21 - May - 2015 00:46:04'
                  FileSize: 124477
                    Format: 'png'
             FormatVersion: []
                     Width: 365
                    Height: 287
                  BitDepth: 24
                 ColorType: 'truecolor'
           FormatSignature: [137 80 78 71 13 10 26 10]
                  Colormap: []
                 Histogram: []
             InterlaceType: 'none'
              Transparency: 'none'
    SimpleTransparencyData: []
           BackgroundColor: []
           RenderingIntent: []
            Chromaticities: []
                     Gamma: []
               XResolution: 3780
               YResolution: 3780
            ResolutionUnit: 'meter'
                   XOffset: []
                   YOffset: []
                OffsetUnit: []
           SignificantBits: []
              ImageModTime: '20 May 2015 16:45:34  + 0000'
                     Title: ''
                    Author: ''
               Description: ''
                 Copyright: ''
              CreationTime: []
                  Software: ''
                Disclaimer: ''
                   Warning: ''
                    Source: ''
                   Comment: ''
                 OtherText: {'Creation time' ''}
```

22.2 显示图像

在实际应用中，用户可能需要显示各种不同效果的图像。MATLAB 的图像处理工具箱提供了多种常见的命令，下面将介绍几种常用的函数使用方法。

22.2.1 默认显示方式

在 MATLAB 中，显示图像最常用的命令是 imshow。在用户使用 MATLAB 的过程中，其实已经接触过其他显示图像的方法。但是，imshow 相对于其他的图像命令，有下面几个特点：

(1) 自动设置图像的轴和标签属性。imshow 程序代码会根据图像的特点，自动选择是否显示轴，或者是否显示标签属性。

(2) 自动设置是否显示图像的边框。程序代码会根据图像的属性，来自动选择是否显示图像的边框。

(3) 自动调用 truesize 代码程序，决定是否进行插值。

imshow 命令的常见调用格式如下：

IMSHOW(X,MAP)显示图像 X，使用 MAP 颜色矩阵。

H＝IMSHOW(…)显示图像 X，并将图像 X 的句柄返回给变量 H。

【例 22-2】 使用 imshow 命令显示图像文件。

在 MATLAB 的命令行窗口中输入以下代码：

```
>> imshow('WIN7.png')
```

得到的图像如图 22-2 所示。

22.2.2 添加颜色条

GUI 可以给图像添加颜色条控件，从而通过颜色条来判断图像中的数据数值。在图像处理工具箱中，同样可以在图像中加入颜色条。

【例 22-3】 显示图像，并在图像中加入颜色条。

解：在 MATLAB 的命令行窗口中输入以下代码：

```
>> imshow WIN7.png
>> colorbar
```

得到的结果如图 22-3 所示。

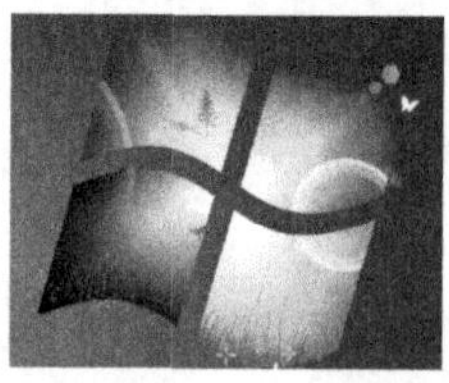

图 22-2 显示的图像

图 22-3 添加颜色条

在 MATLAB 中，如果需要打开的图像文件本身太大，imshow 命令会自动将图像文件进行调整，使图像便于显示。

22.2.3 显示多帧图像

对于多帧图像，有下面两种常见的显示方式：

(1) 在一个窗体中显示所有帧；

(2) 显示其中单独的某帧。

【例 22-4】 单独显示多帧图像中的第 20 帧。

解：首先建立多帧图像。在 MATLAB 的命令行窗口中输入以下代码：

```
>> load mri
>> montage(D,map)
```

得到多帧图像如图 22-4 所示。

要单独显示多帧图像中的第 20 帧，可以在 MATLAB 的命令行窗口中输入以下代码：

```
>> load mri
>> imshow(D(:,:,:,20))
```

得到的图像结果如图 22-5 所示。

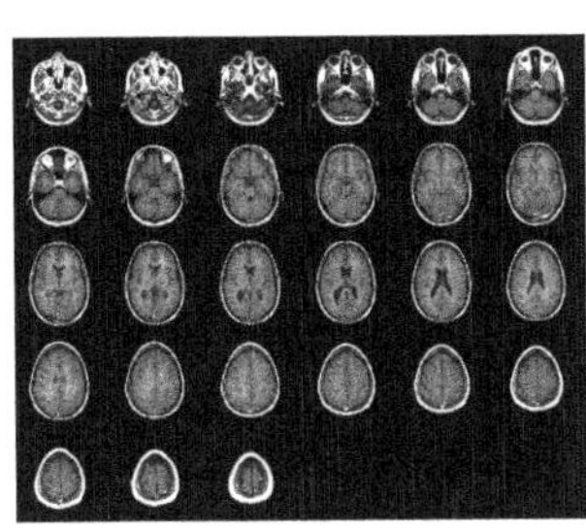

图 22-4　多帧图像

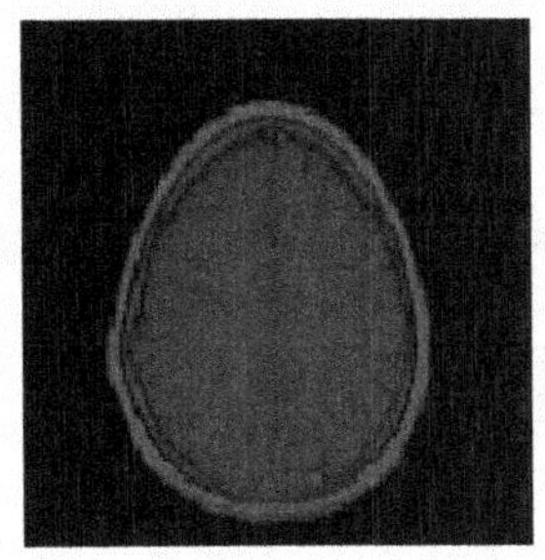

图 22-5　显示图像中第 20 帧

22.2.4 显示动画

从理论上讲，动画就是快速显示的多帧图像。在 MATLAB 中，可以使用 movie 命令来显示动画。movie 命令从多帧图像中创建动画，但是这个命令只能处理索引图，如果处理的图像不是索引图，必须先将图像格式转换为索引图。

【例 22-5】 使用动画形式显示 MRI 多帧图像。

解：在 MATLAB 命令行窗口中输入以下代码：

```
>> load mri
>> montage(D,map);
>> colormap(map),movie(mov)
```

得到的中间结果如图 22-6 所示。最后结果如图 22-7 所示。

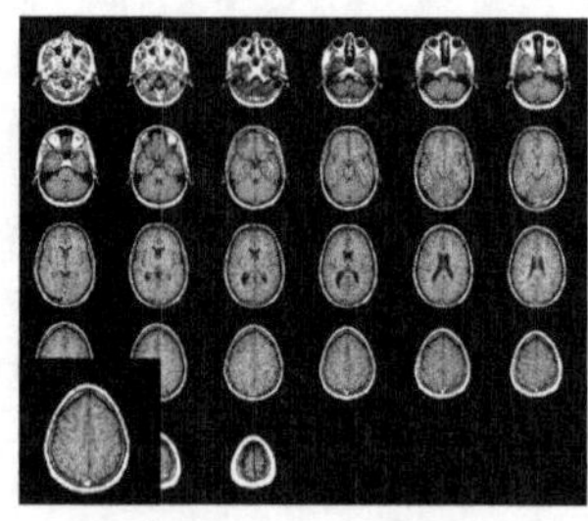

图 22-6　中间结果

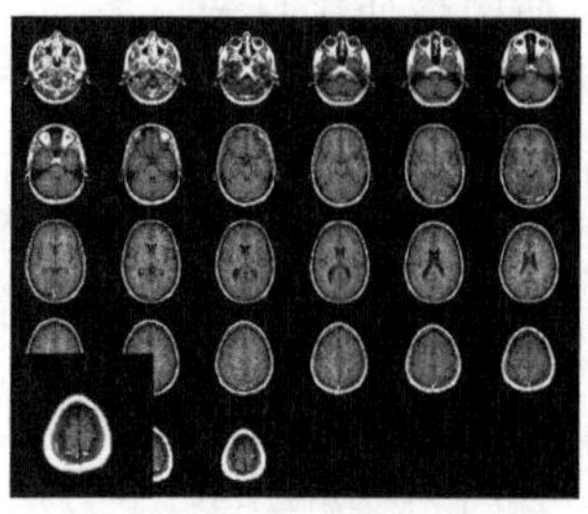

图 22-7　最后结果

在以上代码中，首先使用 immovie 命令将多帧图像转换为动画，然后使用 movie 命令来播放该动画，由于播放速度较快，以上结果只是选择其中的两段。

22.2.5　三维材质图像

前面已经介绍过如何在 MATLAB 中显示二维图像。同样地，在 MATLAB 中也可以显示"三维"图像。这种三维图像是指在三维图的表面显示二维图像。所涉及的 MATLAB 命令是 warp。warp 函数的功能是显示材质图像，使用的技术是线性插值。其常用的命令格式如下：

WARP(x,y,z,…)：在 x、y、z 三维界面上显示图像。

【例 22-6】 显示三维材质图像。

```
>> [x,y,z] = sphere;
>> A = imread('paper.jpg');
>> warp(x,y,z,A)
>> title('paper.jpg')
```

运行结果如图 22-8 所示。

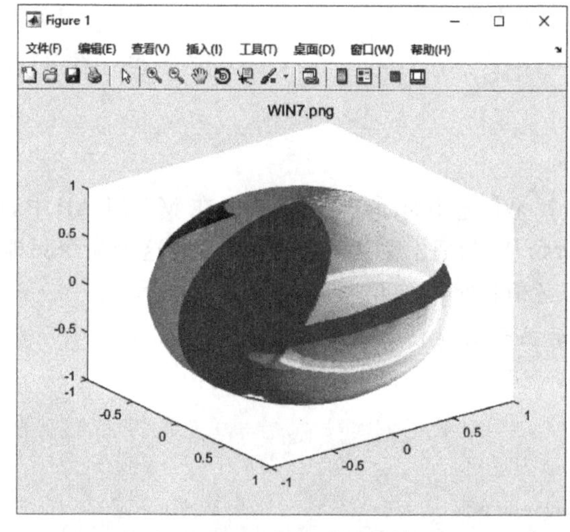

图 22-8　三维材质图像结果

22.3 图像的灰度变换

在常见的图像处理中，除了图像的几何外观变化之外，还可以修改图像的灰度。灰度变换是一种像素到像素的图像处理方法，也称为点处理(Block Operation)。

灰度变换完全由灰度变换函数 GST 确定，灰度变换函数 GST 描述了输入灰度值与输出灰度值之间的映射关系。

22.3.1 图像的直方图

在 MATLAB 中，可以对 RGB 图、灰度图和二值图进行灰度转换。同时，可以在 MATLAB 中获取不同类型图像的直方图。其中，灰度图和二值图的直方图表示不同。

在 MATLAB 图像处理工具箱中，可以使用 imhist 函数得到灰度图、二值图或者索引图的直方图，其调用格式为

```
imhist(I)
imhist(I,n)
imhist(X,map)
```

在以上调用格式中，参数 I 表示灰度图或二值图，n 为直方图的柱数。X 表示索引图，map 为对应的 Colormap。在调用格式 imhist(I,n)中，当 n 未指定时，根据 I 的不同类型可取 256(灰度图)或 2(二值图)。下面用具体的例子来分析如何在 MATLAB 中分析图像的直方图信息。

【例 22-7】 读入灰度图，显示并分析图像的直方图。

解：在 MATLAB 命令行窗口中输入以下代码：

```
>> I = imread('pout.tif');
clear all
clc
I = imread('pout.tif');
subplot(2,1,1),
imshow(I),
title('pout ');
subplot(2,1,2),
imhist(I),
title('直方图');
```

得到的图像和对应的直方图如图 22-9 所示。

22.3.2 灰度变换

在图像处理中，灰度变换的主要功能是改变图像的对比度。在 MATLAB 图像处理工具箱中，实现该功能的函数是 imadjust。对于灰度图，主要通过调整其对应的色图来实

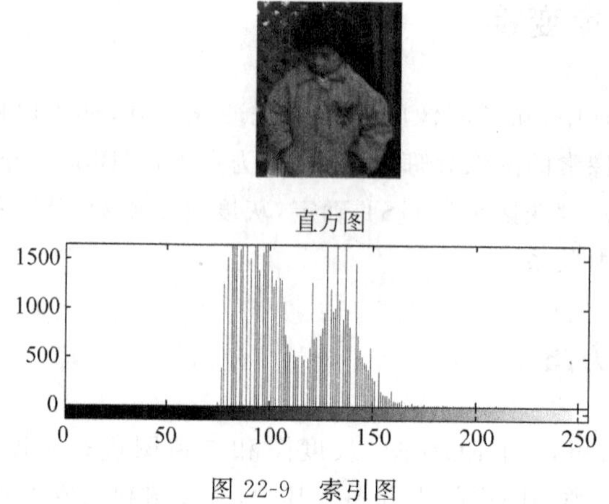

图 22-9　索引图

现；对于 RGB 图，灰度调整是通过对 R、G、B 三个通道的灰度级别的调整来实现的。

函数 imadjust 的一般调用格式为

```
J = imadjust(I)
J = imadjust(I,[low high],[bottom top])
J = imadjust(…,gamma)
newmap = imadjust(map,[low high],[bottom top],gamma)
RGB2 = imadjust(RGB1,…)
```

其中，参数 I、J 表示灰度图，参数 map、newmap 为索引图的色图，RGB1、RGB2 为 RG 图。

【例 22-8】 读入灰度图，分析对应的直方图，然后进行灰度变换。

解：读入系统自带的灰度图 pout 的数据。在 MATLAB 中输入以下代码：

```
>> I = imread('pout.tif');
```

进行灰度变换。在 MATLAB 中输入以下代码：

```
>> J = imadjust(I,[0.3,0.7],[]);
```

显示图像和直方图，并显示灰度变换后的图像和直方图。输入以下代码：

```
>> subplot(2,2,1),imshow(I),title('灰度图 pout');
subplot(2,2,2),imhist(I),title('调整前的直方图');
subplot(2,2,3),imshow(J),title('调整后的灰度图 pout');
subplot(2,2,4),imhist(J),title('调整后的直方图');
```

运行后得到的结果如图 22-10 所示。

从以上结果可以看出，经过灰度变换后，图像的直方图分布数值发生了变化。调整前的直方图中，像素数值集中在 150～200 之间。而变换后的图像直方图数值则布满整个区域。

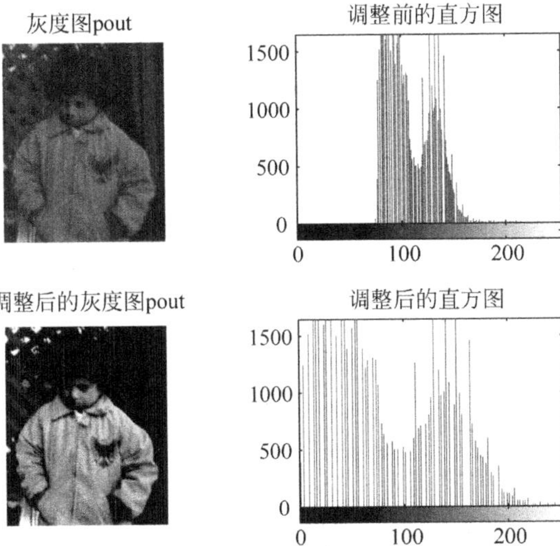

图 22-10 灰度图的灰度变换

22.3.3 均衡直方图

均衡直方图是指根据图像的直方图自动给出灰度变换函数，使得调整后图像的直方图能尽可能地接近预先定义的直方图。在 MATLAB 中可以利用函数 histeq 对灰度图和索引图做直方图均衡。

histeq 函数的调用格式如下：

```
J = histeq(I,hgram)
J = histeq(I,n)
J = histeq(I)
[J,T] = histeq(I,…)
newmap = histeq(X,map,hgram)
newmap = histeq(X,map)
[newmap,T] = histeq(X,…)
```

在以上调用格式中，参数 I、J 表示灰度图，X 表示索引图，参数 map、newmap 为对应的色图，参数 T 表示 histeq 得到的灰度变换函数，参数 hgram 为预先定义的直方图，通过 n 可以指定预定的直方图为 n 柱的平坦直方图，n 的默认数值是 64。

注意：在灰度变换中，用户指定了灰度变换函数的灰度变换，对不同的图像需要设定不同的参数。相对于均衡直方图，灰度变换的效率相对低下。

【例 22-9】 读入图像，然后对图像进行直方图均衡。

解：读入系统自带的图像 pout，然后进行直方图均衡。输入以下命令：

```
>> I = imread('pout.tif');
>> J = histeq(I);
```

显示调整前后的图像。输入以下命令：

```
>> figure(1),
subplot(1,2,1),
imshow(I),
title('调整前');
subplot(1,2,2),
imshow(J),
title('调整后');
```

得到的结果如图 22-11 所示。

显示调整前后的直方图,输入以下命令:

```
subplot(2,1,1),
imhist(I),
title('直方图均衡调整前 coins 的直方图');
subplot(2,1,2),
imhist(J),
title('直方图均衡调整后 coins 的直方图');
```

得到的结果如图 22-12 所示。

图 22-11 调整前后的图像

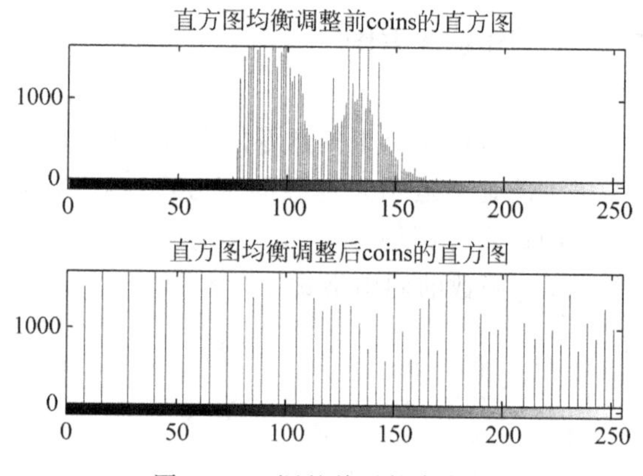

图 22-12 调整前后的直方图

22.4 图像处理工具箱的应用

MATLAB是一种功能非常强大的数学工具软件,尤其是表现在对矩阵的运算以及绘制图像方面。MATLAB中有用于图像分析的专门工具箱函数。利用这些函数,可以方便地对图像进行检测和分割。

下面举例说明,在MATLAB中应用图像处理工具箱在遗传算法解决图形处理问题中的应用。

22.4.1 道路图像阈值分割问题

图像阈值分割是一种广泛应用的分割技术,利用图像中要提取的目标区域与其背景在灰度特性上的差异,把图像看作具有不同灰度级的两类区域(目标区域和背景区域)的组合，选取一个比较合理的阈值，以确定图像中每个像素点应该属于目标区域还是背景区域，从而产生相应的二值图像。

阈值分割法的特点是：适用于目标与背景灰度有较强对比的情况，重要的是背景或物体的灰度比较单一，而且总可以得到封闭且连通区域的边界。

图 22-13　原始道路图像

【例 22-10】 选取如图 22-13 所示的道路图像来进行实验，试用遗传算法对其进行分割。并绘制原始图像和灰度图像对比图、图形分割前后对比图。

解：编写 MATLAB 代码如下：

```
function main()
clear all
close all
clc
global chrom oldpop fitness lchrom popsize cross_rate mutation_rate thresholdsum
global maxgen m n fit gen threshold A B C oldpop1 popsize1 b b1 fitness1 threshold1
A = imread('1.jpg');              % 读入道路图像
A = imresize(A,0.5);              % 利用 imresize 函数通过默认的最近邻插值将图像放大 0.5 倍
B = rgb2gray(A);                  % 灰度化
C = imresize(B,0.2);              % 将读入的图像缩小到 0.2 倍
lchrom = 10;                      % 染色体长度
popsize = 10;                     % 种群大小
cross_rate = 0.8;                 % 交叉概率
mutation_rate = 0.5;              % 变异概率
maxgen = 100;                     % 最大代数
[m,n] = size(C);
initpop;                          % 初始种群
for gen = 1:maxgen
    generation;                   % 遗传操作
end
findthreshol
%% 输出进化各曲线 %%%%%%%%%%%
figure;
gen = 1:maxgen;
plot(gen,fit(1,gen));
title('最佳适应度值进化曲线');
xlabel('代数'),
ylabel('最佳适应度值')
figure;
plot(gen,threshold(1,gen));
title('每一代的最佳阈值变化曲线');
xlabel('代数'),
ylabel('每一代的最佳阈值')
%%% 初始化种群 %%%%%%%%%%%%%
function initpop()
global lchrom oldpop popsize chrom C
imshow(C);
for i = 1:popsize
    chrom = rand(1,lchrom);
    for j = 1:lchrom
```

```
        if chrom(1,j)< 0.5
            chrom(1,j) = 0;
        else
            chrom(1,j) = 1;
        end
    end
    oldpop(i,1:lchrom) = chrom;        % 给每一个个体分配 8 位的染色体编码
end

%%%% 产生新一代个体 %%%%%%%%%
function generation()
fitness_order;                         % 计算适应度值及排序
select;                                % 选择操作
crossover;                             % 交叉
mutation;                              % 变异
%%% 计算适度值并且排序 %%%%%%%%%
function fitness_order()
global lchrom oldpop fitness popsize chrom fit gen C m n fitness1 thresholdsum
global lowsum higsum u1 u2 threshold gen oldpop1 popsize1 b1 b threshold1
if popsize >= 5
    popsize = ceil(popsize - 0.03 * gen);
end
if gen == 75                           % 当进化到末期的时候调整种群规模和交叉、变异概率
    cross_rate = 0.3;                  % 交叉概率
    mutation_rate = 0.3;               % 变异概率
end
% 如果不是第一代,则将上一代操作后的种群根据此代的种群规模装入此代种群中
if gen > 1
    t = oldpop;
    j = popsize1;
    for i = 1:popsize
        if j >= 1
            oldpop(i,:) = t(j,:);
        end
        j = j - 1;
    end
end
% 计算适度值并排序
for i = 1:popsize
    lowsum = 0;
    higsum = 0;
    lownum = 0;
    hignum = 0;
    chrom = oldpop(i,:);
    c = 0;
    for j = 1:lchrom
        c = c + chrom(1,j) * (2 ^ (lchrom - j));
    end
    b(1,i) = c * 255/(2 ^ lchrom - 1);   % 转化到灰度值
    for x = 1:m
        for y = 1:n
            if C(x,y)<= b(1,i)
                lowsum = lowsum + double(C(x,y));   % 统计低于阈值的灰度值的总和
```

```
                lownum = lownum + 1;            % 统计低于阈值的灰度值的像素的总个数
            else
                higsum = higsum + double(C(x,y));   % 统计高于阈值的灰度值的总和
                hignum = hignum + 1;            % 统计高于阈值的灰度值的像素的总个数
            end
        end
    end
    if lownum~ = 0
        u1 = lowsum/lownum;                     % u1、u2为对应于两类的平均灰度值
    else
        u1 = 0;
    end
    if hignum~ = 0
        u2 = higsum/hignum;
    else
        u2 = 0;
    end
    fitness(1,i) = lownum * hignum * (u1 - u2)^2; % 计算适度值
end
if gen == 1                                     % 如果为第一代,从小往大排序
    for i = 1:popsize
        j = i + 1;
        while j <= popsize
            if fitness(1,i)> fitness(1,j)
                tempf = fitness(1,i);
                tempc = oldpop(i,:);
                tempb = b(1,i);
                b(1,i) = b(1,j);
                b(1,j) = tempb;
                fitness(1,i) = fitness(1,j);
                oldpop(i,:) = oldpop(j,:);
                fitness(1,j) = tempf;
                oldpop(j,:) = tempc;
            end
            j = j + 1;
        end
    end
    for i = 1:popsize
        fitness1(1,i) = fitness(1,i);
        b1(1,i) = b(1,i);
        oldpop1(i,:) = oldpop(i,:);
    end
    popsize1 = popsize;
else                                            % 大于一代时进行从小到大排序
    for i = 1:popsize
        j = i + 1;
        while j <= popsize
            if fitness(1,i)> fitness(1,j)
                tempf = fitness(1,i);
                tempc = oldpop(i,:);
                tempb = b(1,i);
                b(1,i) = b(1,j);
                b(1,j) = tempb;
```

```
                fitness(1,i) = fitness(1,j);
                oldpop(i,:) = oldpop(j,:);
                fitness(1,j) = tempf;
                oldpop(j,:) = tempc;
            end
            j = j + 1;
        end
    end
end
% 对上一代群体进行排序
for i = 1:popsize1
    j = i + 1;
    while j <= popsize1
        if fitness1(1,i)> fitness1(1,j)
            tempf = fitness1(1,i);
            tempc = oldpop1(i,:);
            tempb = b1(1,i);
            b1(1,i) = b1(1,j);
            b1(1,j) = tempb;
            fitness1(1,i) = fitness1(1,j);
            oldpop1(i,:) = oldpop1(j,:);
            fitness1(1,j) = tempf;
            oldpop1(j,:) = tempc;
        end
        j = j + 1;
    end
end
% 统计每一代中的最佳阈值和最佳适应度值
if gen == 1
    fit(1,gen) = fitness(1,popsize);
    threshold(1,gen) = b(1,popsize);
    thresholdsum = 0;
else
    if fitness(1,popsize)> fitness1(1,popsize1)
        threshold(1,gen) = b(1,popsize); % 每一代中的最佳阈值
        fit(1,gen) = fitness(1,popsize); % 每一代中的最佳适应度
    else
        threshold(1,gen) = b1(1,popsize1);
        fit(1,gen) = fitness1(1,popsize1);
    end
end

%%% 精英选择 %%%%%%%%%%%%%%%
function select()
global fitness popsize oldpop temp popsize1 oldpop1 gen b b1 fitness1
% 统计前一个群体中适应值比当前群体适应值大的个数
s = popsize1 + 1;
for j = popsize1: - 1:1
    if fitness(1,popsize)< fitness1(1,j)
        s = j;
    end
end
for i = 1:popsize
```

```
    temp(i,:) = oldpop(i,:);
end
if s~ = popsize1 + 1
    if gen<50 %小于50,用上一代中适应度值大于当前代的个体随机代替当前代中的个体
        for i = s:popsize1
            p = rand;
            j = floor(p * popsize + 1);
            temp(j,:) = oldpop1(i,:);
            b(1,j) = b1(1,i);
            fitness(1,j) = fitness1(1,i);
        end
    else
        if gen<100 %50~100用上一代中适应度值大于当前代的个体代替当前代中的最差个体
            j = 1;
            for i = s:popsize1
                temp(j,:) = oldpop1(i,:);
                b(1,j) = b1(1,i);
                fitness(1,j) = fitness1(1,i);
                j = j + 1;
            end
        else %大于100,用上一代中优秀的一半代替当前代中的最差的一半,加快寻优
            j = popsize1;
            for i = 1:floor(popsize/2)
                temp(i,:) = oldpop1(j,:);
                b(1,i) = b1(1,j);
                fitness(1,i) = fitness1(1,j);
                j = j - 1;
            end
        end
    end
end
%将当前代的各项数据保存
for i = 1:popsize
    b1(1,i) = b(1,i);
end
for i = 1:popsize
    fitness1(1,i) = fitness(1,i);
end
for i = 1:popsize
    oldpop1(i,:) = temp(i,:);
end
popsize1 = popsize;
%%%%% 交叉 %%%%%%%%%%%%%%%
function crossover()
global temp popsize cross_rate lchrom
j = 1;
for i = 1:popsize
    p = rand;
    if p<cross_rate
        parent(j,:) = temp(i,:);
        a(1,j) = i;
        j = j + 1;
    end
```

```
end
j = j - 1;
if rem(j,2)~ = 0
    j = j - 1;
end
if j >= 2
    for k = 1:2:j
        cutpoint = round(rand * (lchrom - 1));
        f = k;
        for i = 1:cutpoint
            temp(a(1,f),i) = parent(f,i);
            temp(a(1,f + 1),i) = parent(f + 1,i);
        end
        for i = (cutpoint + 1):lchrom
            temp(a(1,f),i) = parent(f + 1,i);
            temp(a(1,f + 1),i) = parent(f,i);
        end
    end
end

%%%%% 变异 %%%%%%%%%%%%%%%%
function mutation()
global popsize lchrom mutation_rate temp newpop oldpop
sum = lchrom * popsize;                                  % 总基因个数
mutnum = round(mutation_rate * sum);                     % 发生变异的基因数目
for i = 1:mutnum
    s = rem((round(rand * (sum - 1))),lchrom) + 1;       % 确定所在基因的位数
    t = ceil((round(rand * (sum - 1)))/lchrom);          % 确定变异的是哪个基因
    if t < 1
        t = 1;
    end
    if t > popsize
        t = popsize;
    end
    if s > lchrom
        s = lchrom;
    end
    if temp(t,s) == 1
        temp(t,s) = 0;
    else
        temp(t,s) = 1;
    end
end
for i = 1:popsize
    oldpop(i,:) = temp(i,:);
end
%%% 查看结果 %%%%%%%%%%%%%%%%
function findthreshold_best()
global maxgen threshold m n C B A
threshold_best = floor(threshold(1,maxgen)) % threshold_best 为最佳阈值
C = imresize(B,0.3);
figure
subplot(1,2,1)
```

```
imshow(A);
title('原始道路图像')
subplot(1,2,2)
imshow(C);
title('原始道路的灰度图')
figure;
subplot(1,2,1)
imshow(C);
title('原始道路的灰度图')
[m,n] = size(C);
%用所找到的阈值分割图像
for i = 1:m
    for j = 1:n
        if C(i,j)<= threshold_best
            C(i,j) = 0;
        else
            C(i,j) = 255;
        end
    end
end
subplot(1,2,2)
imshow(C);
title('阈值分割后的道路图');
```

运行以上代码得到最优阈值为162。

```
>> threshold_best =
   162
```

每一代最佳阈值的变化曲线图如图22-14所示。

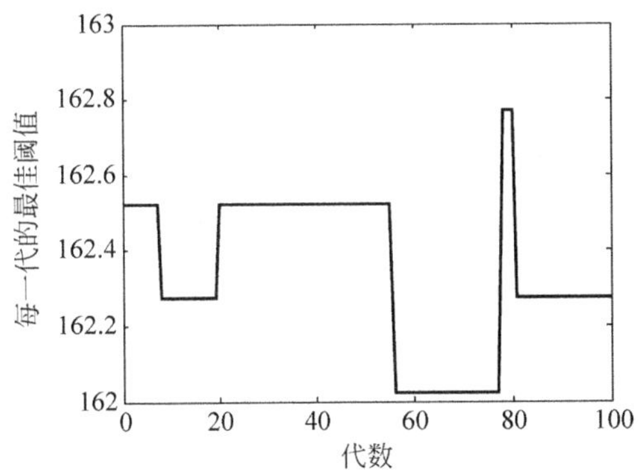

图22-14 每一代最佳阈值变化曲线

得到的原始图像和灰度图像对比图如图22-15所示。图形分割前后对比如图22-16所示。

从图22-15可以看出，图像分割后，其形状与原始图像形状类似、趋势一致，这说明所用的遗传算法是有效的。

贝叶斯分类算法也可以用于图像阈值分割。它是统计学的一种分类方法，是一类利用概率统计知识进行分类的算法。

图 22-15　原始图像和灰度图像对比图

图 22-16　图形分割前后对比图

在许多场合，朴素贝叶斯(Naïve Bayes，NB)分类算法可以与决策树和神经网络分类算法相媲美，该算法能运用到大型数据库中，而且方法简单、分类准确率高、速度快。

下面运用贝叶斯分类算法，通过 MATLAB 编程实现对图 22-13 的图像阈值分割，编写 MATLAB 程序如下：

```
%基于贝叶斯分类算法的图像阈值分割
clear
clc;
Init = imread('1.jpg');
% Im = imhist(Init);
Im = rgb2gray(Init);
subplot(1,3,1),
imhist(Im)
title('直方图')
subplot(1,3,2),
imshow(Im)
title('分割前原始图')

[x,y] = size(Im);                    % 求出图像大小
b = double(Im);
zd = double(max(Im))                 % 求出图像中最大的灰度
zx = double(min(Im))                 % 最小的灰度
T = double((zd + zx))/2;             % T赋初值,为最大值和最小值的平均值

count = double(0);                   % 记录几次循环
while 1                              % 迭代最佳阈值分割算法
    count = count + 1;
    S0 = 0.0; n0 = 0.0;              % 为计算灰度大于阈值的元素的灰度总值、个数赋值
    S1 = 0.0; n1 = 0.0;              % 为计算灰度小于阈值的元素的灰度总值、个数赋值
    for i = 1:x
        for j = 1:y
            if double(Im(i,j))> = T
                S1 = S1 + double(Im(i,j));     % 大于阈值图像点灰度值累加
                n1 = n1 + 1;                   % 大于阈值图像点个数累加
            else
                S0 = S0 + double(Im(i,j));     % 小于阈值图像点灰度值累加
                n0 = n0 + 1;                   % 小于阈值图像点个数累加
            end
        end
```

```
    end
    T0 = S0/n0;                    % 求小于阈值均值
    T1 = S1/n1;                    % 求大于阈值均值
    if abs(T - ((T0 + T1)/2))< 0.1 % 迭代至前后两次阈值相差几乎为 0 时停止迭代
        break;
    else
       T = (T0 + T1)/2;            % 在阈值 T 下,迭代阈值的计算过程
   end
end

count                              % 显示运行次数
T
i1 = im2bw(Im,T/255);              % 图像在最佳阈值下二值化
subplot(1,3,3),
imshow(i1)
title('分割后图形')
```

运行程序,得到如图 22-17 所示的图形。

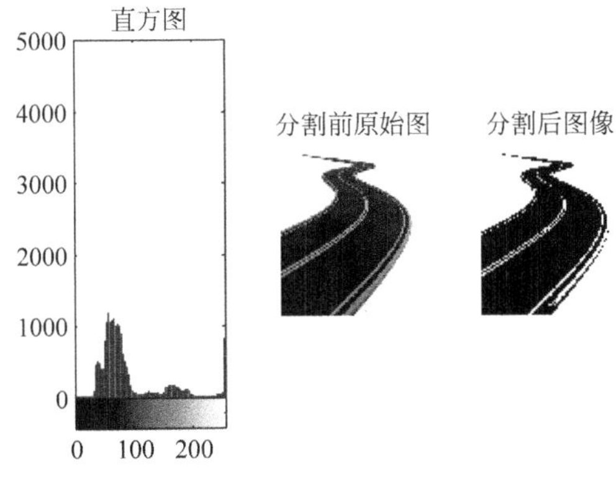

图 22-17　贝叶斯分类算法的图像阈值分割结果

22.4.2　基于遗传神经网络的图像分割

遗传算法可用于分析神经网络。神经网络由于具有分布存储等特点,一般难以从其拓扑结构直接理解其功能。遗传算法可对神经网络进行功能分析,性质分析,状态分析。

遗传算法与神经网络结合,可以用于图像分割,下面举例说明遗传神经网络应用于图像分割。

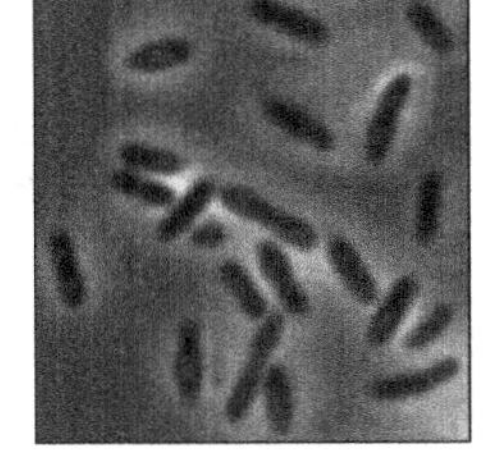

图 22-18　原始二值图像

【例 22-11】 使用遗传神经网络对图 22-18 中的所有二值图像进行分割、输出,并绘制分割前后的二值图像对比图。

解:编写 MATLAB 代码如下:

```
%%%%% 主函数 %%%%%
clear all
```

```
clc
%用于产生样本文件
generatesample('sample.mat');
%遗传神经网络训练示例
gaP = [100 0.00001];
bpP = [500 0.00001];
load('sample.mat');
gabptrain(gaP,bpP,p,t)
%神经网络分割示例
load('net.mat');                          % 已经训练好的神经网络
img = imread('a.bmp');                    % 等分割的图像
bw = segment(net,img);                    % 分割后的二值图像
figure;
subplot(1,2,1);
imshow(img);
title('分割前二值图像对比图')
subplot(1,2,2);
imshow(bw);
title('分割后二值图像对比图')
%传统 BP 训练
epochs = 200;
goal = 0.0001;
net = newcf([0 255],[7 1],{'tansig' 'purelin'});
net.trainParam.epochs = epochs;
net.trainParam.goal = goal;
load('sample.mat');
net = train(net,p,t);
%遗传 BP 训练
%遗传算法寻找最优权值阈值会用一些时间
gaP = [100 0.00001];
bpP = [500 0.00001];
gabptrain(gaP,bpP,p,t);

%%%%%子函数%%%%%
function [ ] = generatesample(path)
%generatesample 在指定路径生成适合于训练的样本
% path -- 指定路径,用于保存样本文件
p = [0:1:255];
t = zeros(1,256);
t(82:256) = 1;
save(path,'p','t');
function [ net ] = gabptrain(gaP,bpP,P,T)
%gabptrain 结合遗传算法的神经网络训练
% gaP 为遗传算法的参数信息.[遗传代数,最小适应值]
% bpP 为神经网络参数信息.[最大迭代次数,最小误差]
% P 为样本数组
% T 为目标数组
[W1,B1,W2,B2] = getWBbyga(gaP);
net = initnet(W1,B1,W2,B2,bpP);
net = train(net,P,T);
function [ net ] = initnet(W1,B1,W2,B2,paraments)
%initnet 根据指定的权值阈值,获得设置好的一个神经网络
% paraments 为神经网络参数信息.[最大迭代次数,最小误差]
```

```
epochs = 500;
goal = 0.01;
if(nargin > 4)
    epochs = paraments(1);
    goal = paraments(2);
end
net = newcf([0 255],[6 1],{'tansig' 'purelin'});
net.trainParam.epochs = epochs;
net.trainParam.goal = goal;
net.iw{1} = W1;
net.iw{2} = W2;
net.b{1} = B1;
net.b{2} = B2;
function [ W1,B1,W2,B2 ] = getWBbyga(paraments)
%getWBbyga 用遗传算法获取神经网络权值阈值参数
% paraments 为遗传算法的参数信息.[遗传代数,最小适应值].

Generations = 100;
fitnesslimit = - Inf;
if(nargin > 0)
    Generations = paraments(1);
    fitnesslimit = paraments(2);
end

[P,T,R,S1,S2,S] = nninit;
FitnessFunction = @gafitness;
numberOfVariables = S;
opts = gaoptimset('PlotFcns',{@gaplotbestf,@gaplotstopping},'Generations',Generations,
'FitnessLimit',fitnesslimit);
[x,Fval,exitFlag,Output] = ga(FitnessFunction,numberOfVariables,opts);
[W1,B1,W2,B2,P,T,A1,A2,SE,val] = gadecod(x);
function f = gafitness(y)
% 遗传算法的适应值计算
% y - 染色体个体
% f - 染色体适应度
[P,T,R,S1,S2,Q,S] = nninit;
x = y;

[W1,B1,W2,B2,P,T,A1,A2,SE,val] = gadecod(x);
f = val;
function [W1,B1,W2,B2,P,T,A1,A2,SE,val] = gadecod(x)
% 将遗传算法的编码分解为BP网络所对应的权值、阈值
% x 为一个染色体
% W1 为输入层到隐层权值
% B1 为输入层到隐层阈值
% W2 为隐层到输出层权值
% B2 为隐层到输出层阈值
% P 为训练样本
% T 为样本输出值
% A1 为输入层到隐层误差
% A2 为隐层到输出层误差
% SE 为误差平方和
% val 为遗传算法的适应值
```

```
[P,T,R,S1,S2,Q,S] = nninit;
% 前 S1 个编码为 W1
for i = 1:S1,
    W1(i,1) = x(i);
end
% 接着的 S1 * S2 个编码(即第 R * S1 个后的编码)为 W2
for i = 1:S2,
   W2(i,1) = x(i + S1);
end
% 下面的 S1 个编码(即第 R * S1 + S1 * S2 个后的编码)为 B1
for i = 1:S1,
   B1(i,1) = x(i + S1 + S2);
end
% 下面的 S2 个编码(即第 R * S1 + S1 * S2 + S1 个后的编码)为 B2
for i = 1:S2,
   B2(i,1) = x(i + S1 + S2 + S1);
end
% 计算 S1 与 S2 层的输出
[m n] = size(P);
sum = 0;
SE = 0;
for i = 1:n
   x1 = W1 * P(i) + B1;
   A1 = tansig(x1);
   x2 = W2 * A1 + B2;
   A2 = purelin(x2);
    % 计算误差平方和
    SE = sumsqr(T(i) - A2);
    sum = sum + SE;
end
val = 10/sum;                % 遗传算法的适应值
function [P,T,R,S1,S2,Q,S] = nninit
% BP 网络初始化:给出网络的训练样本 P、T
% 输入、输出数及隐含神经元数 R、S2、S1
P = [0:3:255];
T = zeros(1,86);
T(29:86) = 1;
[R,Q] = size(P);
[S2,Q] = size(T);
S1 = 6;                      % 隐含层神经元数量
S = R * S1 + S2 + S1 + S2;   % 遗传算法编码长度
function [ bw ] = segment(net,img)
% segment 利用训练好的神经网络进行分割图像
%net - 已经训练好的神经网络
%img - 等分割的图像
%输出 bw - 分割后的二值图像
[m n] = size(img);
P = img(:);
P = double(P);
P = P';
T = sim(net,P);
T(T<0.5) = 0;
T(T>0.5) = 255;
t = uint8(T);
t = t';
bw = reshape(t,m,n);
```

运行以上代码，得到如图 22-19 所示的分割前后的二值图像对比图。

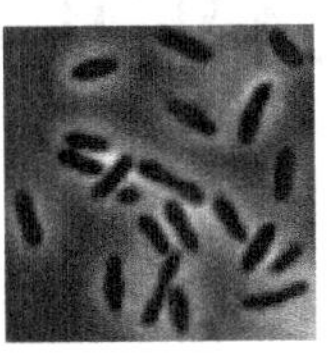

图 22-19　分割前后二值图像对比图

由图 22-19 可以看出，经过遗传神经网络算法处理后，二值图像的对比更加清晰。

本章小结

MATLAB 的图形图像工具箱功能十分强大，可以处理各种类型的图像，以不同的形式显示图像，对图像进行灰度变换等。本章首先简单介绍了图像处理工具箱的基础知识，然后对图像的显示及灰度变化做了详细说明，最后举例说明了图像处理工具箱在图像分割中的应用。

附录 A　MATLAB 基本命令

类　　型	命令	说　　明
管理命令和函数	help	在线帮助文件
	doc	装入超文本说明
	what	M、MAT、MEX 文件的目录列表
	type	列出 M 文件
	lookfor	通过 help 条目搜索关键字
	which	定位函数和文件
	Demo	运行演示程序
	Path	控制 MATLAB 的搜索路径
管理变量和工作区	Who	列出当前变量
	Whos	列出当前变量(长表)
	Load	从磁盘文件中恢复变量
	Save	保存工作区变量
	Clear	从内存中清除变量和函数
	Pack	整理工作区内存
	Size	矩阵的尺寸
	Length	向量的长度
	disp	显示矩阵或
与文件和操作系统有关的命令	cd	改变当前工作目录
	Dir	目录列表
	Delete	删除文件
	Getenv	获取环境变量值
	!	执行 DOS 操作系统命令
	Unix	执行 UNIX 操作系统命令并返回结果
	Diary	保存 MATLAB 任务
控制命令行窗口	Cedit	设置命令行编辑
	Clc	清命令行窗口
	Home	光标置左上角
	Format	设置输出格式
	Echo	底稿文件内使用的回显命令
	more	在命令行窗口中控制分页输出
启动和退出	Quit	退出 MATLAB
	Startup	引用 MATLAB 时所执行的 M 文件
	Matlabrc	主启动 M 文件
指数函数	exp	E 为底指数
	log	自然对数
	log10	10 为底的对数
	log2	2 为底的对数
	pow2	2 的幂
	sqrt	平方根

续表

类　型	命令	说　明
圆整函数和求余函数	ceil	向+∞圆整
	fix	向0圆整
	floor	向−∞圆整
	rem	求余数
	round	向靠近整数圆整
	sign	符号函数
矩阵变换函数	fiplr	矩阵左右翻转
	fipud	矩阵上下翻转
	fipdim	矩阵特定维翻转
	Rot90	矩阵反时针90翻转
	diag	产生或提取对角阵
	tril	产生下三角
	triu	产生上三角
	det	行列式的计算
其他函数	min	最小值
	mean	平均值
	std	标准差
	sort	排序
	norm	欧氏长度
	max	最大值
	median	中位数
	diff	相邻元素的差
	length	个数
	sum	总和
三角函数	sin	正弦
	sinh	双曲正弦
	asin	反正弦
	asinh	反双曲正弦
	cos	余弦
	cosh	双曲余弦
	acos	反余弦
	acosh	反双曲余弦
	tan	正切
	tanh	双曲正切
	acsch	反双曲余割
	cot	余切
	coth	双曲余切
	atan	反正切
	atan2	四象限反正切
	atanh	反双曲正切
	sec	正割
	sech	双曲正割
	asec	反正割
	asech	反双曲正割
	csc	余割
	csch	双曲余割
	acsc	反余割
	acot	反余切
	acoth	反双曲余切

续表

类　　型	命令	说　　明
复数函数	abs	绝对值
	argle	相角
	conj	复共轭
	image	复数虚部
	real	复数实部
数值函数	fix	朝零方向取整
	floor	朝负无穷大方向取整
	ceil	朝正无穷大方向取整
	round	朝最近的整数取整
	rem	除后余数
	sign	符号函数
操作符和特殊字符	zeros	零矩阵
	ones	全“1”矩阵
	eye	单位矩阵
	rand	均匀分布的随机数矩阵
	n	正态分布的随机数矩阵
	linspace	线性间隔的向量
	logspace	对数间隔的向量
	meshgrid	三维图形的 x 和 y 数组
	:	规则间隔的向量
特殊变量和常数	ans	当前的答案
	eps	相对浮点精度
	realmax	最大浮点数
	realmin	最小浮点数
	pi	圆周率值 3.1415926535897…
	i,j	虚数单位
	inf	无穷大
	nan	非数值
	flops	浮点运算次数
	nargin	函数输入变量数
	nargout	函数输出变量数
	computer	计算机类型
	isieee	采用 ieee 算术标准时,其值为
	why	简明的答案

续表

类　型	命令	说　明
x-y 图形	plot	线性图形
	loglog	对数坐标图形
	semilogx	半对数坐标图形(x 轴)
	polar	极坐标图
	bar	条形图
	stem	离散序列图或杆图
	stairs	阶梯图
	errorbar	误差条图
	semilogy	半对数坐标图形(y 轴)
	fill	绘制二维多边形填充图
	hist	直方图
	rose	角度直方图
	compass	区域图
	feather	箭头图
	fplot	绘图函数
	comet	星点图
图形注释	title	图形标题
	xlabel	x 轴标记
	ylabel	y 轴标记
	text	文本注释
	gtext	用鼠标设置文本
	grid	网格线

附录 B　Simulink 基本模块

附表 B-1　连续系统模块(Continuous)功能

模块名	功能简介	模块名	功能简介
Integrator	输入信号积分	Derivative	输入信号微分
State-Space	线性状态空间系统模型	TransportDelay	输入信号延时一个固定时间再输出
Transfer-Fcn	线性传递函数模型	Variable TransportDelay	输入信号延时一个可变时间再输出
Zero-Pole	以零极点表示的传递函数模型		

附表 B-2　离散系统模块(Discrete)功能

模块名	功能简介	模块名	功能简介
Discrete-timeIntegrator	离散时间积分器	DiscreteFilter	IIR 与 FIR 滤波器
DiscreteState-Space	离散状态空间系统模型	DiscreteZero-Pole	以零极点表示的离散传递函数模型
DiscreteTransfer-Fcn	离散传递函数模型	Zero-OrderHold	零阶采样和保持器
First-OrderHold	一阶采样和保持器	UnitDelay	一个采样周期的延时

附表 B-3　函数和平台模块(Function&Tables)功能

模块名	功能简介	模块名	功能简介
Fcn	用自定义的函数(表达式)进行运算	MATLABFcn	利用 MATLAB 的现有函数进行运算
S-Function	调用自编的 S 函数的程序进行运算	Look-UpTable	建立输入信号的查询表(线性峰值匹配)
Look-UpTable (2-D)	建立两个输入信号的查询表(线性峰值匹配)		

附表 B-4　数学运算模块(Math)功能

模块名	功能简介	模块名	功能简介
Sum	加减运算	Product	乘运算
DotProduct	点乘运算	Gain	增益模块
MathFunction	包括指数函数、对数函数、求平方、开根号等常用数学函数	Trigonometric Function	三角函数,包括正弦、余弦、正切等
MinMax	最值运算	Abs	取绝对值
Sign	符号函数	LogicalOperator	逻辑运算
Real-ImagtoComplex	由实部和虚部输入合成复数输出	Complexto Magnitude-Angle	由复数输入转为幅值和相角输出
Magnitude-AngletoComplex	由幅值和相角输入合成复数输出	ComplextoReal-Imag	由复数输入转为实部和虚部输出
RelationalOperator	关系运算		

附表 B-5 非线性模块(Nonlinear)功能

模块名	功能简介	模块名	功能简介
Saturation	饱和输出，让输出超过某一值时能够饱和	Relay	滞环比较器，限制输出值在某一范围内变化
Switch	开关选择，依据第二输入端的值，选择输出第一或第三输入端的值	Manual Switch	手动选择开关

附表 B-6 信号和系统模块(Signal&Systems)功能

模块名	功能简介	模块名	功能简介
In1	输入端	Out1	输出端
Mux	将多个单一输入转化为一个复合输出	Demux	将一个复合输入转化为多个单一输出
Ground	给未连接的输入端接地，输出 0	Terminator	连接到没有连接的输出端，终止输出
SubSystem	空的子系统	Enable	使能子系统

附表 B-7 接收器模块(Sinks)功能

模块名	功能简介	模块名	功能简介
Scope	示波器	XYGraph	显示二维图形
ToWorkspace	输出到 MATLAB 的工作区	ToFile(.mat)	输出到数据文件
Display	实时的数值显示	StopSimulation	输入非 0 时停止仿真

附表 B-8 输入源模块(Sources)功能

模块名	功能简介	模块名	功能简介
Constant	常数信号	Clock	时钟信号
FromWorkspace	输入信号来自 MATLAB 的工作区	FromFile(.mat)	输入信号来自数据文件
SignalGenerator	信号发生器，可以产生正弦、方波、锯齿波及随意波	Repeating Sequence	重复信号
PulseGenerator	脉冲发生器	SineWave	正弦波信号
Step	阶跃波信号		

参考文献

[1] MathWorks,Inc. MATLAB version 8. 7(R2016a),User's Guide,2016.

[2] MathWorks,Inc. MATLAB version 8. 5(R2015a),User's Guide,2015.

[3] MathWorks,Inc. MATLAB version 8. 3(R2014a),User's Guide,2014.

[4] 张威. MATLAB基础与编程入门. 西安：西安电子科技大学出版社,2004.

[5] 刘浩. MATLAB R2014a 完全自学一本通. 北京：电子工业出版社,2015.

[6] 郑阿奇,等. MATLAB实用教程. 北京：电子工业出版社,2004.

[7] 薛定宇,陈阳泉. 基于 MATLAB/Simulink 的系统仿真技术与应用. 北京：清华大学出版社,2002.

[8] 闻新,等. MATLAB 神经网络仿真与应用. 北京：科学出版社,2003.

[9] Dorf R C,Bishop R H. Modern Control Systems. London：Addison-Wesley Publishing Company,2001.

[10] 赵彦玲,等. MATLAB 与 Simulink 工程应用. 北京：电子工业出版社,2002.

[11] 赵海滨,等. MATLAB 应用大全. 北京：清华大学出版社,2012.

[12] Edward B. Magrab. MATLAB 原理与工程应用. 高会生,李新叶,胡智奇,等译. 北京：电子工业出版社,2002.

[13] Franklin G F,Powell J D,Emami-Naeini A. Feedback Control of Dynamic Systems. New Jersey：Prentice Hall,2002.

[14] 史峰,等. MATLAB 智能算法 30 个案例分析. 北京：北京航空航天大学出版社,2011.

[15] 王凌. 智能优化算法及其应用. 北京：科学出版社,2004.

[16] 张智星. MATLAB 程序设计与应用. 北京：清华大学出版社,2002.

[17] 张志涌,等. MATLAB 教程. 北京：北京航空航天大学出版社,2015.